中文版

3ds Max 2014/VRay 效果图制作完全自学教程

（第2版）

时代印象 编著

人民邮电出版社
北京

图书在版编目（CIP）数据

中文版3ds Max 2014/VRay效果图制作完全自学教程 / 时代印象编著. -- 2版. -- 北京 : 人民邮电出版社, 2018.4
ISBN 978-7-115-28432-7

Ⅰ. ①中… Ⅱ. ①时… Ⅲ. ①三维动画软件—教材 Ⅳ. ①TP391.414

中国版本图书馆CIP数据核字(2017)第257612号

内 容 提 要

这是一本详细介绍 3ds Max 2014/VRay 基本功能及各种常见效果制作的书。本书针对零基础读者开发，是入门级读者快速、全面掌握 3ds Max 2014/VRay 效果图制作的参考书。

本书从 3ds Max 2014 基本操作入手，结合大量的可操作性实例（181 个实战+11 个大型综合实例），全面、深入地阐述 3ds Max 2014/VRay 的建模、灯光、摄影机、材质、环境和效果、渲染和后期处理等方面的技术。

本书共 17 章，每章分别介绍一个技术板块的内容，讲解过程细腻，实例丰富，通过丰富的实战练习，读者可以轻松、有效地掌握软件技术。

本书讲解模式新颖，非常符合读者学习新知识的思维习惯。本书附带下载资源，内容包括书中所有实例的实例文件、场景文件、贴图文件、多媒体教学录像（共 192 集）、综合实例的电子书文件以及 1 套 3ds Max 2014 的专家讲堂（共 160 集），同时还准备了 500 套常用单体模型、5 套 CG 场景、15 套效果图场景、5000 多张经典贴图和 180 个高动态 HDRI 贴图赠送给读者，读者可通过在线方式获取这些资源，具体方法请参看本书前言。另外还为读者精心准备了中文版 3ds Max 2014 快捷键索引、效果图制作实用附录（内容包括常用物体折射率、常用家具尺寸和室内物体常用尺寸）和 60 种常见材质参数设置索引，以方便读者学习。

本书非常适合作为 3ds Max 初、中级读者的入门及提高参考书，尤其是零基础读者。另外，本书所有内容均采用中文版 3ds Max 2014、VRay 2.30.01 编写，请读者注意。

◆ 编　　著　时代印象
　责任编辑　张丹丹
　责任印制　陈　犇
◆ 人民邮电出版社出版发行　　北京市丰台区成寿寺路 11 号
　邮编　100164　　电子邮件　315@ptpress.com.cn
　网址　http://www.ptpress.com.cn
　北京捷迅佳彩印刷有限公司印刷
◆ 开本：880×1092　1/16
　印张：27　　　　　　2018 年 4 月第 2 版
　字数：833 千字　　　2018 年 4 月北京第 1 次印刷

定价：118.00 元

读者服务热线：(010)81055410　印装质量热线：(010)81055316
反盗版热线：(010)81055315
广告经营许可证：京东工商广登字 20170147 号

使用3ds Max制作作品时，一般遵循“建模→材质→灯光→渲染”这一基本流程。建模是一幅作品的基础，没有模型，材质和灯光就无从谈起。在3ds Max中，建模的过程就相当于现实生活中的“雕刻”过程。3ds Max中的建模方法大致可以分为内置几何体建模、复合对象建模、二维图形建模、网格建模、多边形建模、面片建模和NURBS建模7种。确切地说，它们不应该有固定的分类，因为它们之间都可以交互使用。

本书第3~8章均为建模内容，这6章用60个实例详细介绍了3ds Max的各项建模技术，其中的内置几何体建模、样条线建模、修改器建模和多边形建模最为重要，读者需要对这些建模技术中的实例勤加练习，以达到快速创建优秀模型的目的。另外，为了满足实际工作的需求，我们在实例编排上尽量做到全面覆盖，既有室内家具建模实例（如桌子、椅子、凳子、沙发、灯饰、柜子、茶几、床等），又有室内装饰品建模实例（如水果、陈设品）、室内框架建模实例（如剧场）、建筑外观建模实例（如别墅）和工业产品建模实例（如麦克风），内容几乎涵盖实际工作中遇到的所有模型。

实例名称	实战：修改参数化对象				
技术掌握	掌握如何修改参数化对象				
视频长度	00:01:12	难易指数	★☆☆☆☆	所在页	95

实例名称	实战：通过改变球体形状创建苹果				
技术掌握	掌握可编辑对象的创建方法				
视频长度	00:01:40	难易指数	★☆☆☆☆	所在页	96

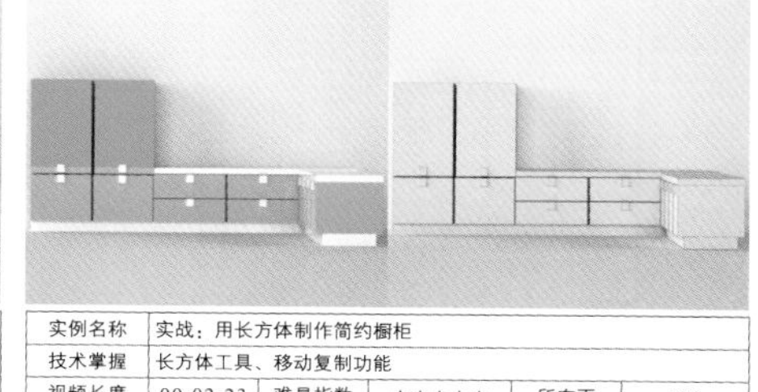

实例名称	实战：用长方体制作简约橱柜				
技术掌握	长方体工具、移动复制功能				
视频长度	00:02:23	难易指数	★★☆☆☆	所在页	100

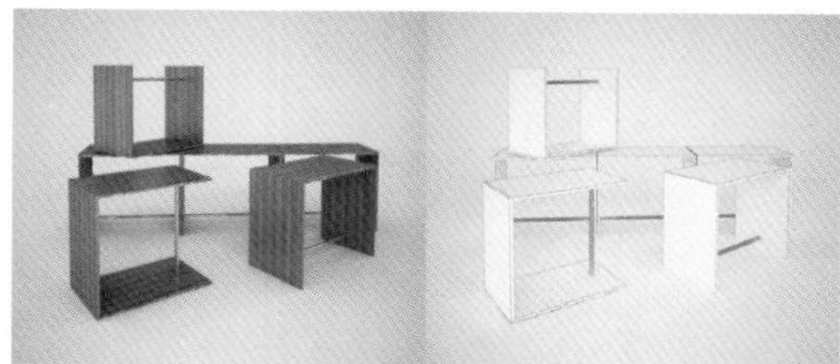

实例名称	实战：用长方体制作组合桌子				
技术掌握	长方体工具、圆柱体工具、移动复制功能、旋转复制功能				
视频长度	00:02:58	难易指数	★★☆☆☆	所在页	102

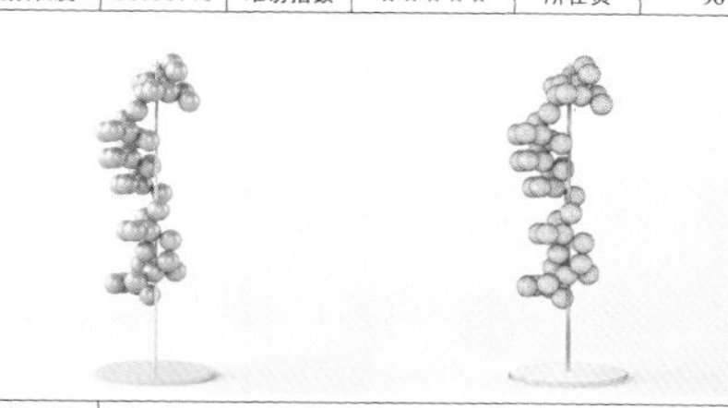

实例名称	实战：用球体制作创意灯饰				
技术掌握	球体工具、移动复制功能、组命令				
视频长度	00:03:27	难易指数	★★☆☆☆	所在页	104

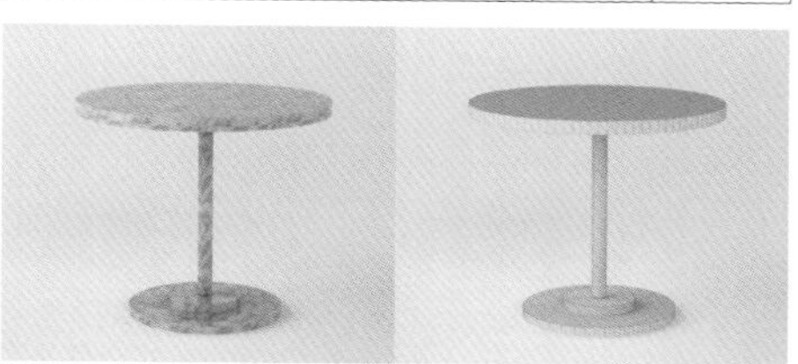

实例名称	实战：用圆柱体制作圆桌				
技术掌握	圆柱体工具、移动复制功能、对齐工具				
视频长度	00:01:39	难易指数	★☆☆☆☆	所在页	105

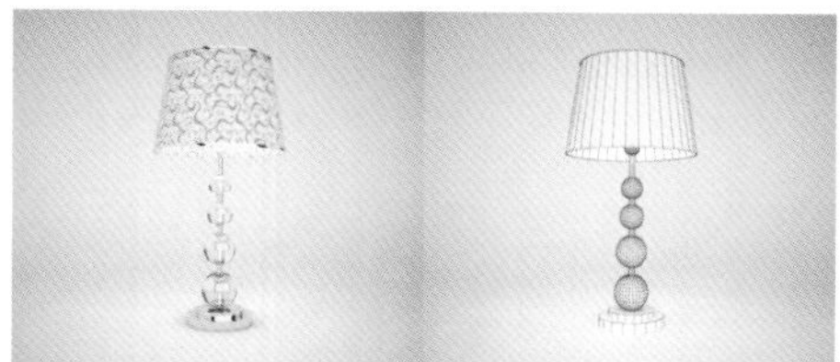

实例名称	实战：用管状体和球体制作简约台灯				
技术掌握	管状体工具、FFD 2×2×2修改器、圆柱体工具、球体工具、移动复制功能				
视频长度	00:04:23	难易指数	★★☆☆☆	所在页	106

实例名称	实战：用切角长方体制作简约餐桌椅				
技术掌握	切角长方体工具、角度捕捉切换工具、旋转复制功能、移动复制功能				
视频长度	00:03:35	难易指数	★★☆☆☆	所在页	110

实例名称	实战：用切角圆柱体制作简约茶几				
技术掌握	切角圆柱体工具、管状体工具、切角长方体工具、移动复制功能				
视频长度	00:01:55	难易指数	★☆☆☆☆	所在页	112

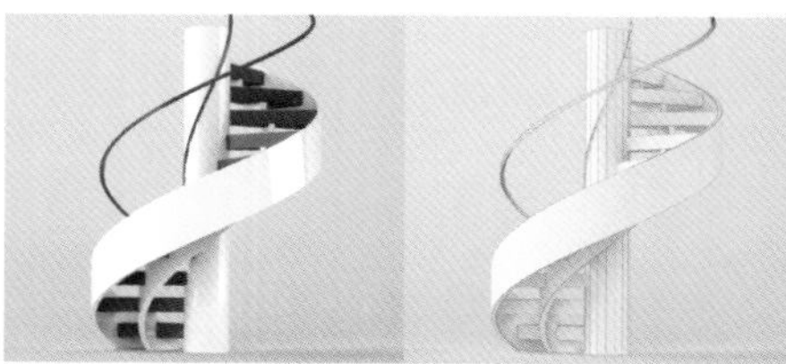

实例名称	实战：创建螺旋楼梯				
技术掌握	螺旋楼梯工具				
视频长度	00:01:38	难易指数	★☆☆☆☆	所在页	117

实例名称	实战：用植物制作垂柳				
技术掌握	植物工具、移动复制功能				
视频长度	00:01:28	难易指数	★★☆☆☆	所在页	118

实例名称	实战：用图形合并制作创意钟表				
技术掌握	图形合并工具、多边形建模技术				
视频长度	00:01:46	难易指数	★★★☆☆	所在页	121

实例名称	实战：用布尔运算制作骰子				
技术掌握	布尔工具、移动复制功能				
视频长度	00:03:48	难易指数	★★☆☆☆	所在页	123

实例名称	实战：用放样制作旋转花瓶				
技术掌握	星形工具、放样工具				
视频长度	00:03:21	难易指数	★☆☆☆☆	所在页	124

实例名称	实战：用mental ray代理物体制作会议室座椅				
技术掌握	mr代理工具				
视频长度	00:02:31	难易指数	★★☆☆☆	所在页	127

实例名称	实战：用VRay代理物体创建剧场				
技术掌握	VRay代理工具				
视频长度	00:03:03	难易指数	★★☆☆☆	所在页	129

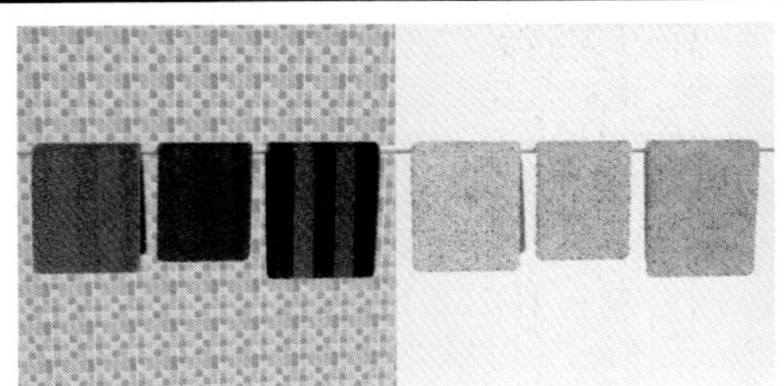

实例名称	实战：用VRay毛皮制作毛巾				
技术掌握	用VRay毛皮制作毛巾				
视频长度	00:01:10	难易指数	★☆☆☆☆	所在页	131

实例名称	实战：用VRay毛皮制作毛毯				
技术掌握	用VRay毛皮制作毛毯				
视频长度	00:01:25	难易指数	★☆☆☆☆	所在页	132

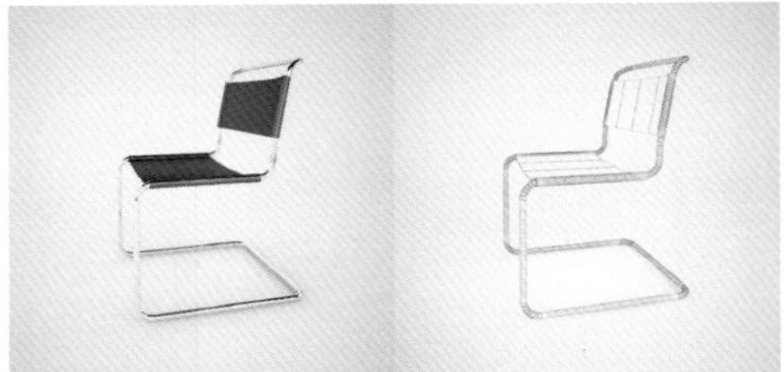

实例名称	实战：用线制作简约办公椅				
技术掌握	线工具、调节样条线的形状、附加样条线、焊接顶点				
视频长度	00:08:05	难易指数	★★★☆☆	所在页	136

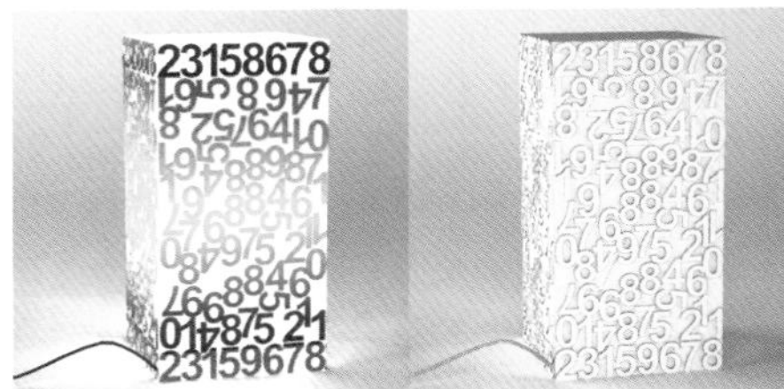

实例名称	实战：用文本制作数字灯箱				
技术掌握	文本工具、角度捕捉切换工具、线工具				
视频长度	00:03:05	难易指数	★★☆☆☆	所在页	138

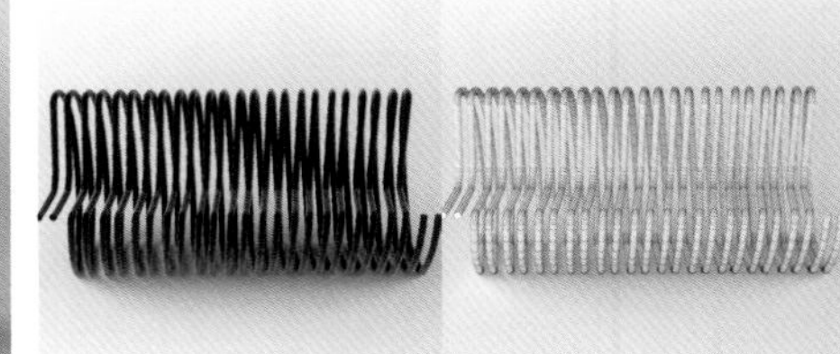

实例名称	实战：用螺旋线制作现代沙发				
技术掌握	螺旋线工具、顶点的点选与框选方法				
视频长度	00:02:40	难易指数	★★★☆☆	所在页	140

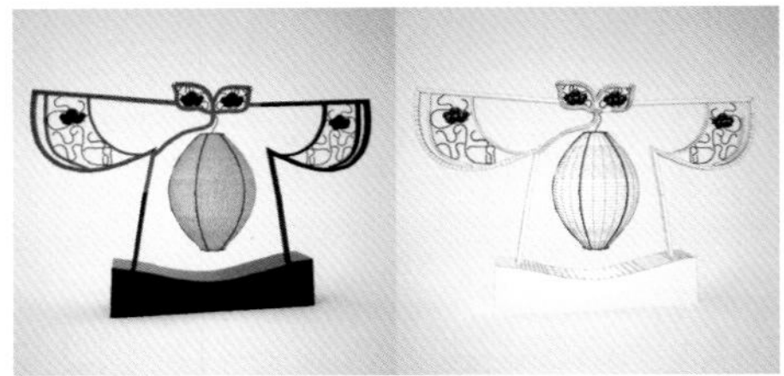

实例名称	实战：用样条线制作雕花台灯				
技术掌握	线工具、车削修改器、挤出修改器				
视频长度	00:08:58	难易指数	★★★★☆	所在页	145

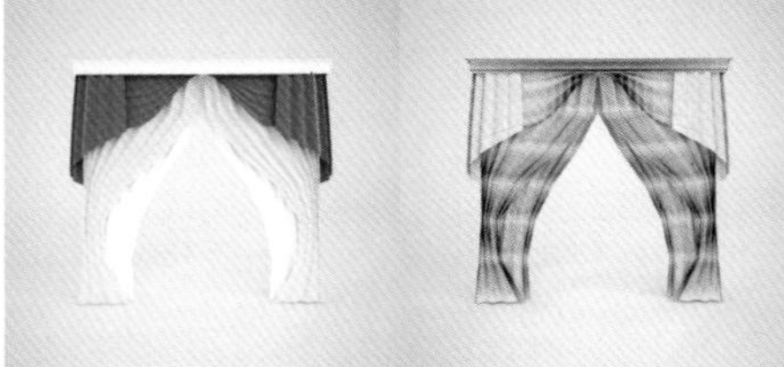

实例名称	实战：用样条线制作窗帘				
技术掌握	线工具、放样工具、FFD修改器、倒角剖面修改器				
视频长度	00:05:45	难易指数	★★★★☆	所在页	147

实例名称	实战：用样条线制作水晶灯				
技术掌握	线工具、仅影响轴技术、车削修改器、间隔工具、多边形建模技术				
视频长度	00:04:30	难易指数	★★★★☆	所在页	148

实例名称	实战：根据CAD图纸制作户型图				
技术掌握	根据CAD图纸绘制图形、挤出修改器				
视频长度	00:06:01	难易指数	★★★☆☆	所在页	151

实例名称	实战：用挤出修改器制作花朵吊灯				
技术掌握	星形工具、线工具、圆工具、挤出修改器				
视频长度	00:02:58	难易指数	★★☆☆☆	所在页	158

实例名称	实战：用倒角修改器制作牌匾				
技术掌握	矩形工具、倒角修改器、文本工具、字体的安装方法、挤出修改器				
视频长度	00:01:55	难易指数	★☆☆☆☆	所在页	160

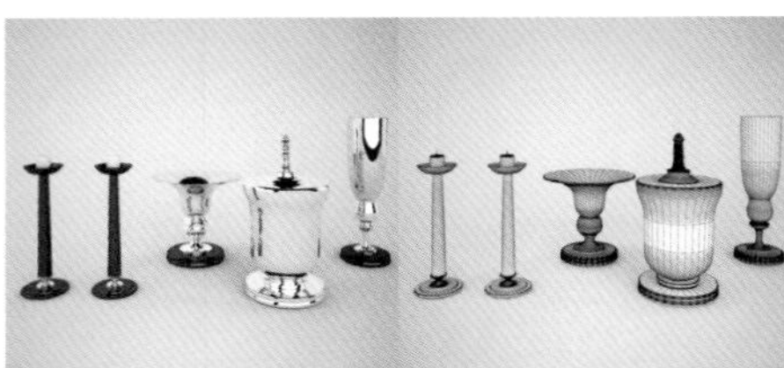

实例名称	实战：用车削修改器制作饰品				
技术掌握	线工具、车削修改器				
视频长度	00:01:45	难易指数	★★☆☆☆	所在页	161

实例名称	实战：用车削修改器制作吊灯				
技术掌握	线工具、车削修改器、放样工具、仅影响轴技术、间隔工具				
视频长度	00:07:31	难易指数	★★★★☆	所在页	162

实例名称	实战：用弯曲修改器制作花朵				
技术掌握	弯曲修改器				
视频长度	00:03:55	难易指数	★★☆☆☆	所在页	164

实例名称	实战：用扭曲修改器制作大厦						
技术掌握	扭曲修改器、FFD 4×4×4修改器、多边形建模技术						
视频长度	00:03:33	难易指数	★★★☆☆	所在页	165		

实例名称	实战：用对称修改器制作字母休闲椅						
技术掌握	对称修改器、挤出修改器						
视频长度	00:03:06	难易指数	★☆☆☆☆	所在页	167		

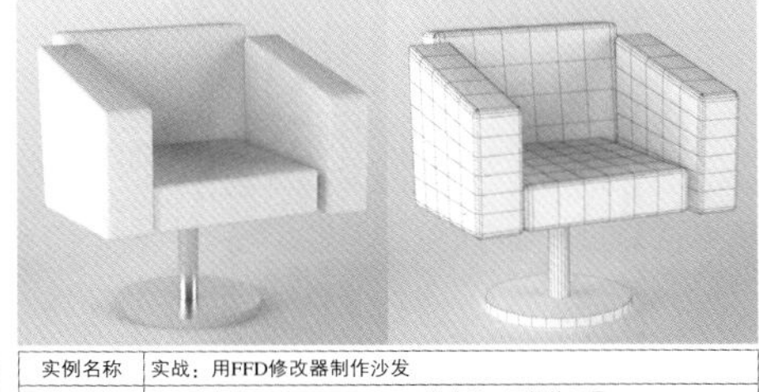

实例名称	实战：用FFD修改器制作沙发						
技术掌握	切角长方体工具、FFD 2×2×2修改器、圆柱体工具						
视频长度	00:03:41	难易指数	★★★☆☆	所在页	169		

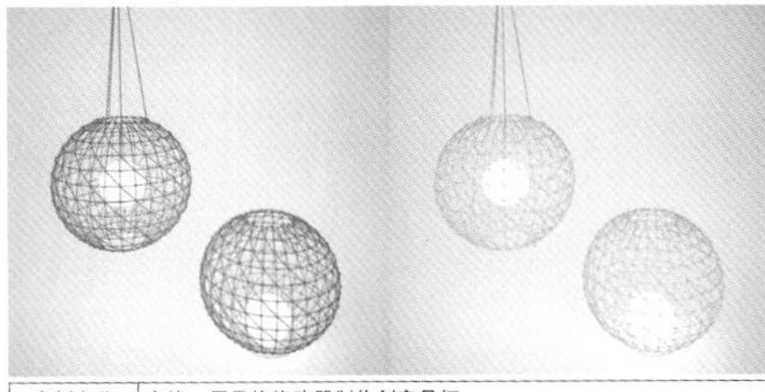

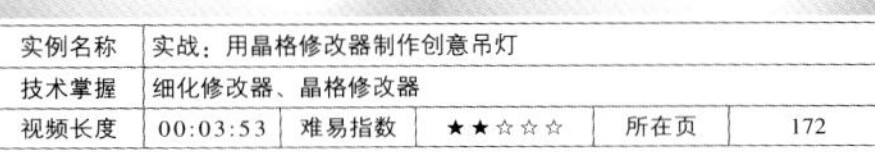

实例名称	实战：用晶格修改器制作创意吊灯						
技术掌握	细化修改器、晶格修改器						
视频长度	00:03:53	难易指数	★★☆☆☆	所在页	172		

实例名称	实战：用网格平滑修改器制作樱桃						
技术掌握	茶壶工具、FFD 3×3×3修改器、多边形建模、网格平滑修改器						
视频长度	00:01:56	难易指数	★★☆☆☆	所在页	174		

实例名称	实战：用优化与超级优化修改器优化模型						
技术掌握	优化修改器、ProOptimizer（超级优化）修改器						
视频长度	00:01:39	难易指数	★☆☆☆☆	所在页	175		

实例名称	实战：用融化修改器制作融化的糕点						
技术掌握	融化修改器						
视频长度	00:01:13	难易指数	★☆☆☆☆	所在页	177		

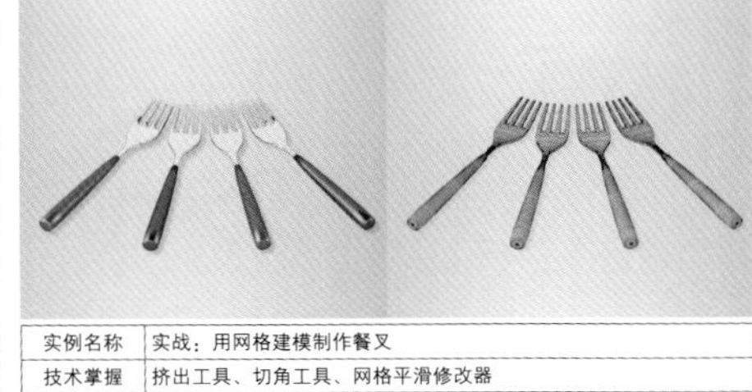

实例名称	实战：用网格建模制作餐叉						
技术掌握	挤出工具、切角工具、网格平滑修改器						
视频长度	00:05:13	难易指数	★★☆☆☆	所在页	179		

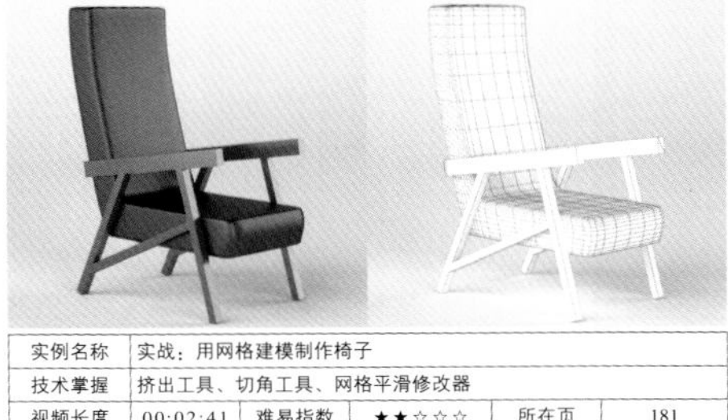

实例名称	实战：用网格建模制作椅子						
技术掌握	挤出工具、切角工具、网格平滑修改器						
视频长度	00:02:41	难易指数	★★☆☆☆	所在页	181		

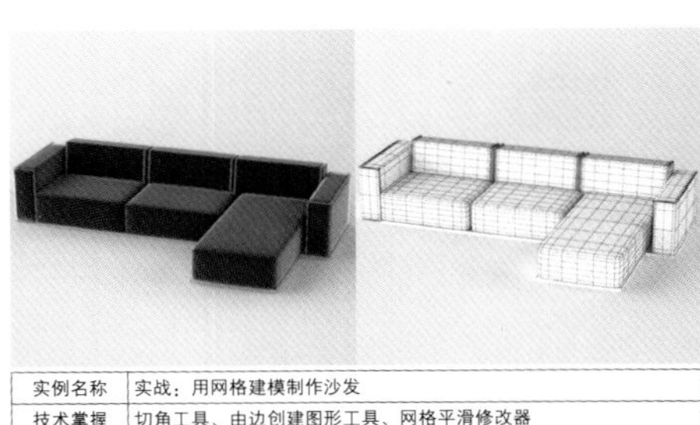

实例名称	实战：用网格建模制作沙发						
技术掌握	切角工具、由边创建图形工具、网格平滑修改器						
视频长度	00:09:06	难易指数	★★★☆☆	所在页	182		

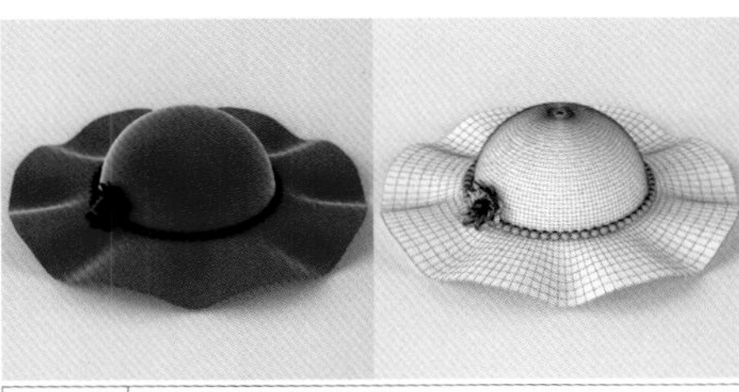

实例名称	实战：用网格建模制作大檐帽						
技术掌握	网格建模、网格平滑修改器、间隔工具						
视频长度	00:01:35	难易指数	★★☆☆☆	所在页	185		

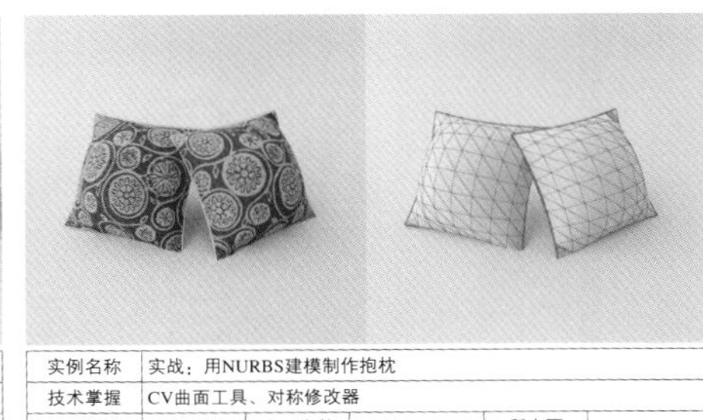

实例名称	实战：用NURBS建模制作抱枕						
技术掌握	CV曲面工具、对称修改器						
视频长度	00:01:48	难易指数	★☆☆☆☆	所在页	191		

实例名称	实战：用NURBS建模制作植物叶片						
技术掌握	CV曲面工具						
视频长度	00:03:07	难易指数	★★☆☆☆	所在页	192		

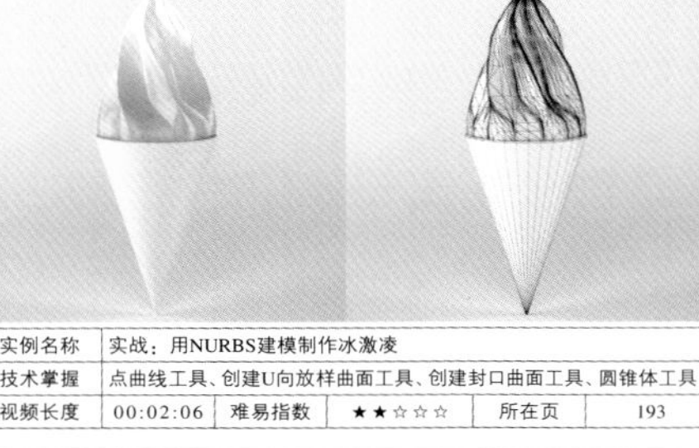

实例名称	实战：用NURBS建模制作冰激凌						
技术掌握	点曲线工具、创建U向放样曲面工具、创建封口曲面工具、圆锥体工具						
视频长度	00:02:06	难易指数	★★☆☆☆	所在页	193		

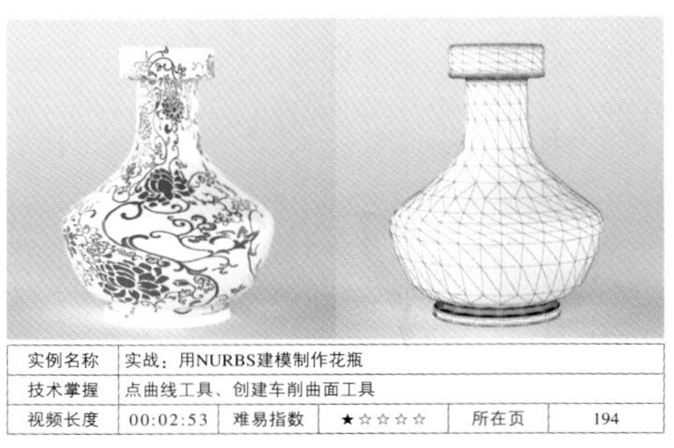

实例名称	实战：用NURBS建模制作花瓶						
技术掌握	点曲线工具、创建车削曲面工具						
视频长度	00:02:53	难易指数	★☆☆☆☆	所在页	194		

建模篇 重点

实例名称	实战：用多边形建模制作苹果				
技术掌握	多边形的顶点调节、切角工具、网格平滑修改器				
视频长度	00:03:11	难易指数	★★☆☆☆	所在页	202

实例名称	实战：用多边形建模制作单人椅				
技术掌握	调节多边形的顶点、FFD 3×3×3修改器、涡轮平滑修改器、壳修改器				
视频长度	00:04:42	难易指数	★★☆☆☆	所在页	204

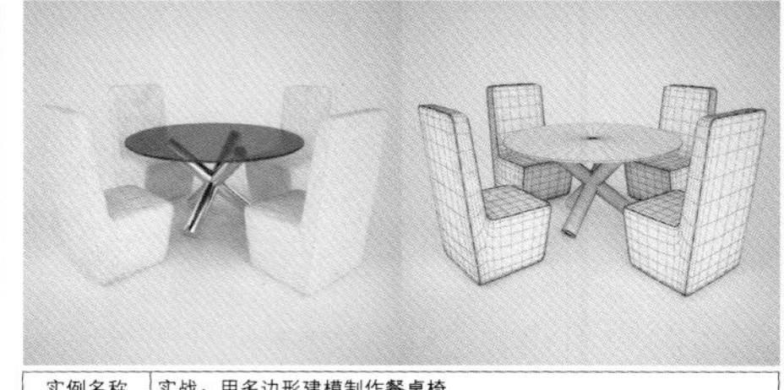

实例名称	实战：用多边形建模制作餐桌椅				
技术掌握	仅影响轴技术、调节多边形的顶点、挤出工具、切角工具				
视频长度	00:06:29	难易指数	★★★☆☆	所在页	205

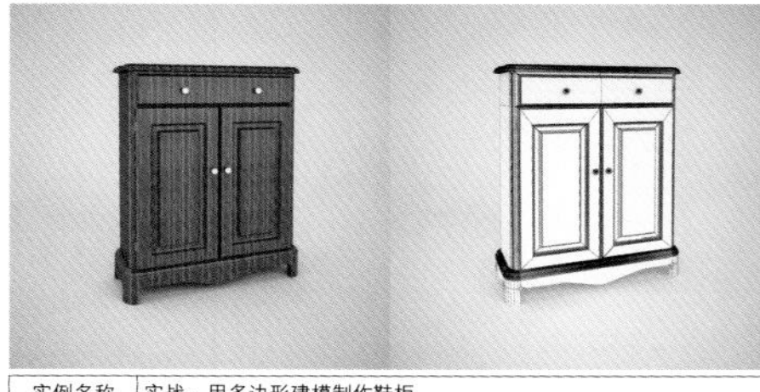

实例名称	实战：用多边形建模制作鞋柜				
技术掌握	切角工具、插入工具、倒角工具、挤出工具、连接工具、倒角剖面修改器				
视频长度	00:06:22	难易指数	★☆☆☆☆	所在页	207

实例名称	实战：用多边形建模制作雕花柜子				
技术掌握	插入工具、挤出工具、切角工具				
视频长度	00:06:30	难易指数	★★★☆☆	所在页	210

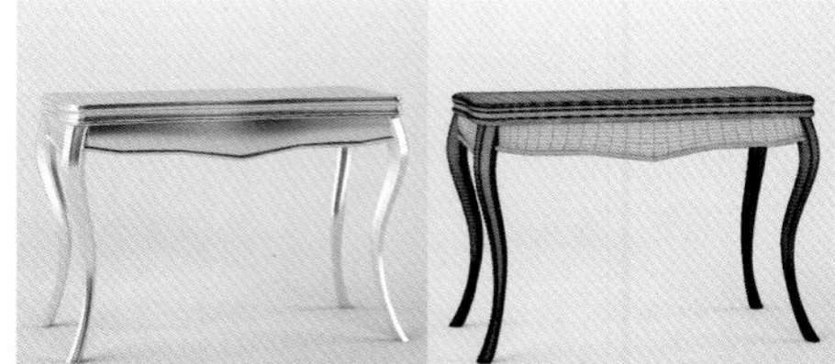

实例名称	实战：用多边形建模制作欧式边几				
技术掌握	插入工具、挤出工具、倒角工具、切角工具、利用所选内容创建图形工具				
视频长度	00:08:38	难易指数	★★★★☆	所在页	212

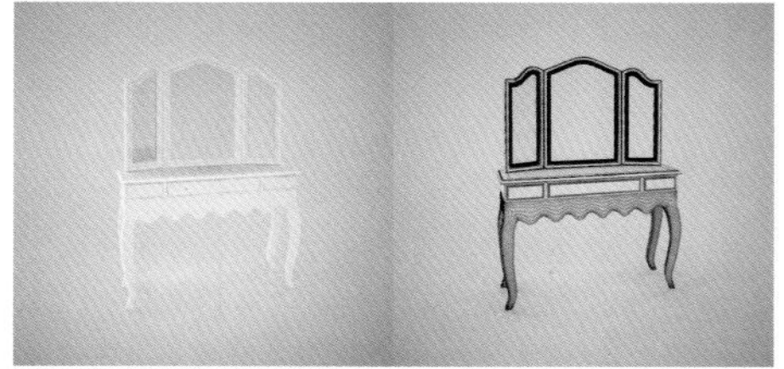

实例名称	实战：用多边形建模制作梳妆台				
技术掌握	挤出工具、切角工具、倒角工具、插入工具、倒角剖面修改器				
视频长度	00:08:33	难易指数	★★★★☆	所在页	215

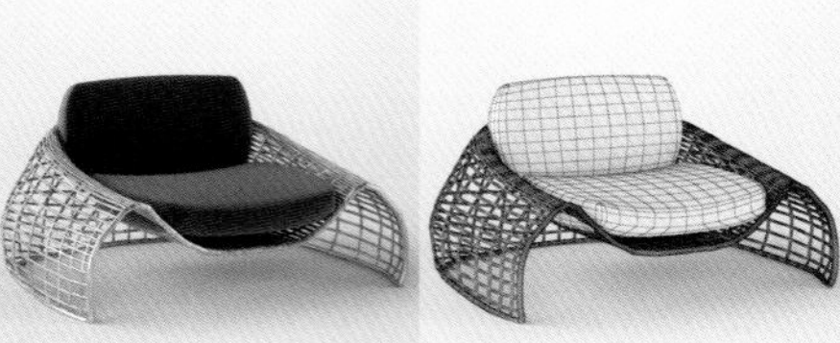

实例名称	实战：用多边形建模制作藤椅				
技术掌握	桥工具、连接工具、目标焊接工具、利用所选内容创建图形工具				
视频长度	00:09:32	难易指数	★★★★☆	所在页	218

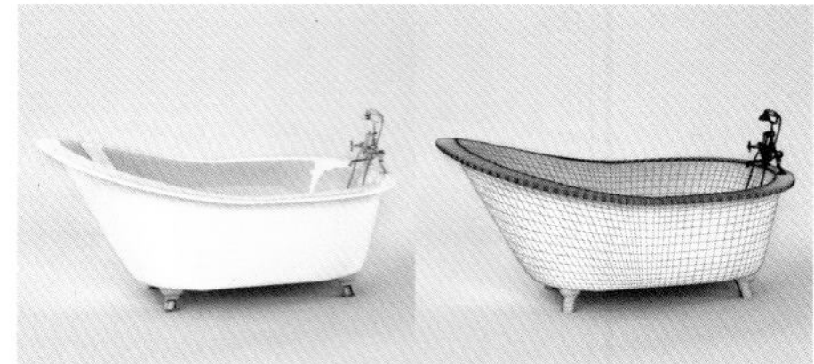

实例名称	实战：用多边形建模制作贵妃浴缸				
技术掌握	调节多边形的顶点、插入工具、挤出工具、切角工具				
视频长度	00:08:02	难易指数	★★★★☆	所在页	221

实例名称	实战：用多边形建模制作实木门				
技术掌握	切角工具、倒角工具、连接工具、移除边技术				
视频长度	00:10:59	难易指数	★★★★☆	所在页	224

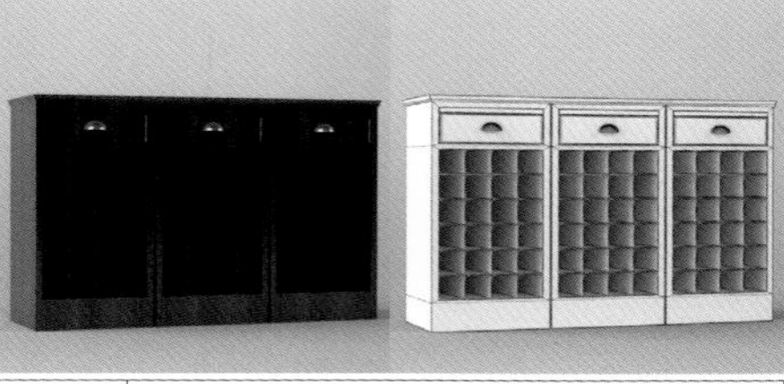

实例名称	实战：用多边形建模制作酒柜				
技术掌握	倒角工具、挤出工具、切角工具、插入工具、连接工具				
视频长度	00:05:59	难易指数	★★★★☆	所在页	226

实例名称	实战：用多边形建模制作简约别墅				
技术掌握	挤出/连接/插入/倒角/焊接/切片平面/分离工具				
视频长度	00:07:16	难易指数	★★★★★	所在页	229

实例名称	实战：用建模工具制作欧式台灯				
技术掌握	多边形顶点调整技法、连接工具				
视频长度	00:05:39	难易指数	★★☆☆☆	所在页	238

实例名称	实战：用建模工具制作橱柜				
技术掌握	倒角工具、切角工具				
视频长度	00:04:26	难易指数	★★★☆☆	所在页	239

实例名称	实战：用建模工具制作麦克风				
技术掌握	生成拓扑工具、利用所选内容创建图形工具				
视频长度	00:08:03	难易指数	★★★★☆	所在页	241

重点 灯光与摄影机篇

没有光的世界将是一片黑暗，在三维场景中也是一样，即使有精美的模型、真实的材质以及完美的动画，如果没有光照射也毫无作用，由此可见光在三维表现中的重要性。有光才有影，才能让物体呈现出三维立体感，不同的光效营造的视觉感受也不一样。灯光是视觉画面的一部分，其功能主要有3点：提供一个完整的整体氛围，展现出影像实体，营造空间的氛围；为画面着色，以塑造空间和形式；让人们集中注意力。

3ds Max中的摄影机在制作效果图和动画时非常有用。3ds Max中的摄影机只包含“标准”摄影机，而“标准”摄影机又包含“目标摄影机”和“自由摄影机”两种。安装好VRay渲染器后，摄影机列表中会增加一种VRay摄影机，而VRay摄影机又包含“VRay穹顶摄影机”和“VRay物理摄影机”两种。在这4种摄影机中，“目标摄影机”和“VRay物理摄影机”最为重要。

本书第9~10章为灯光与摄影机内容，一共安排了20个实例。灯光实例包含实际工作中经常遇到的灯光项目，如射灯、台灯、吊灯、落地灯、舞台灯光、日光、阳光、天光等（在后面的综合实例中会涉及更多的灯光项目，如灯带），同时涉及了一些很重要的灯光技术，如阴影贴图、投影贴图、三点照明等；摄影机实例包含“目标摄影机”和“VRay物理摄影机”的“景深”“运动模糊”“缩放因子”“光晕”和“快门速度”功能。

实例名称	实战：用目标灯光制作墙壁射灯				
技术掌握	目标灯光模拟射灯				
视频长度	00:07:39	难易指数	★★☆☆☆	所在页	247

实例名称	实战：用目标灯光制作餐厅夜晚灯光				
技术掌握	目标灯光模拟射灯、VRay球体灯光模拟台灯、目标聚光灯模拟吊灯				
视频长度	00:06:15	难易指数	★★☆☆☆	所在页	249

实例名称	实战：用目标聚光灯制作舞台灯光				
技术掌握	目标聚光灯模拟舞台灯光（投影贴图灯光和体积光）				
视频长度	00:03:18	难易指数	★★★☆☆	所在页	253

实例名称	实战：用目标平行光制作卧室日光				
技术掌握	目标平行光模拟日光				
视频长度	00:03:00	难易指数	★★☆☆☆	所在页	255

实例名称	实战：用目标平行光制作柔和阴影				
技术掌握	目标平行光模拟柔和阴影				
视频长度	00:02:18	难易指数	★☆☆☆☆	所在页	256

实例名称	实战：用VRay灯光制作工业产品灯光				
技术掌握	VRay灯光模拟工业产品灯光（三点照明）				
视频长度	00:03:12	难易指数	★★☆☆☆	所在页	260

实例名称	实战：用VRay灯光制作台灯照明				
技术掌握	VRay球体灯光模拟台灯				
视频长度	00:03:43	难易指数	★★☆☆☆	所在页	261

实例名称	实战：用VRay灯光制作落地灯照明				
技术掌握	VRay球体灯光模拟落地灯、目标灯光模拟射灯				
视频长度	00:04:35	难易指数	★★★☆☆	所在页	263

实例名称	实战：用VRay灯光制作客厅清晨阳光				
技术掌握	VRay太阳模拟阳光、VRay面灯光模拟天光和室内辅助光源				
视频长度	00:05:28	难易指数	★★☆☆☆	所在页	266

实例名称	实战：用VRay灯光制作餐厅柔和灯光				
技术掌握	VRay面灯光模拟室内夜景灯光、目标灯光模拟射灯				
视频长度	00:07:39	难易指数	★★★☆☆	所在页	268

实例名称	实战：用VRay灯光制作会客厅灯光				
技术掌握	VRay球体灯光模拟台灯				
视频长度	00:01:38	难易指数	★☆☆☆☆	所在页	271

实例名称	实战：用VRay灯光制作客厅夜景灯光				
技术掌握	VRay球体灯光模拟落地灯、VRay面灯光模拟天光、目标灯光模拟台灯				
视频长度	00:08:27	难易指数	★★★☆☆	所在页	272

实例名称	实战：用VRay灯光制作卧室夜景灯光				
技术掌握	VRay面灯光模拟天花板主光源、目标灯光模拟射灯				
视频长度	00:05:21	难易指数	★★★☆☆	所在页	274

实例名称	实战：用VRay太阳制作室外高架桥阳光				
技术掌握	VRay太阳模拟室外阳光				
视频长度	00:01:31	难易指数	★☆☆☆☆	所在页	277

实例名称	实战：用VRay太阳制作体育场日光				
技术掌握	VRay太阳模拟室外阳光				
视频长度	00:02:18	难易指数	★★☆☆☆	所在页	278

实例名称	实战：用目标摄影机制作玻璃杯景深				
技术掌握	用目标摄影机制作景深特效				
视频长度	00:02:22	难易指数	★★☆☆☆	所在页	285

灯光与摄影机篇 重点

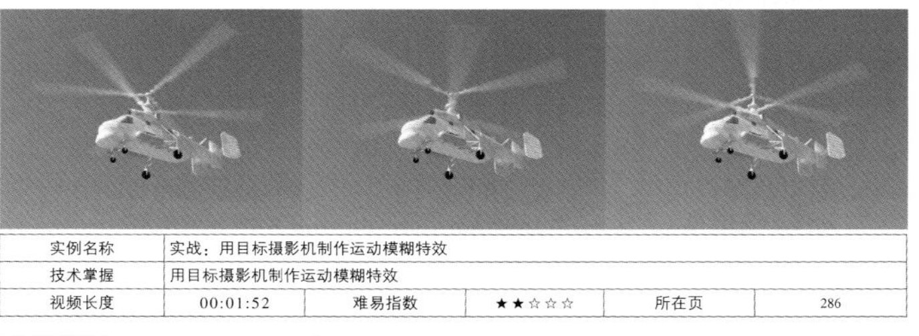

实例名称	实战：用目标摄影机制作运动模糊特效				
技术掌握	用目标摄影机制作运动模糊特效				
视频长度	00:01:52	难易指数	★★☆☆☆	所在页	286

实例名称	实战：测试VRay物理摄影机的缩放因子				
技术掌握	用缩放因子调整出图的远近关系				
视频长度	00:04:43	难易指数	★☆☆☆☆	所在页	289

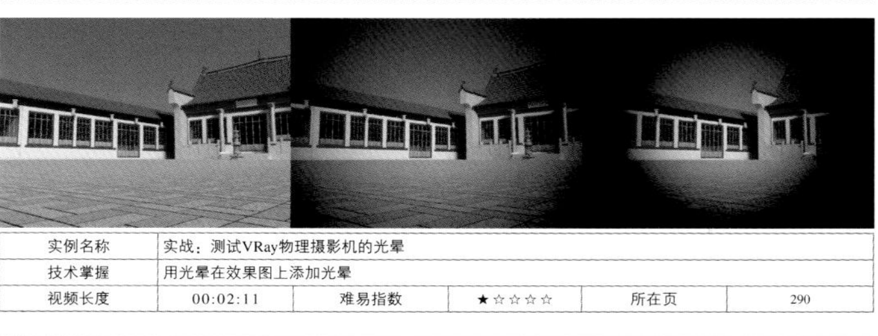

实例名称	实战：测试VRay物理摄影机的光晕				
技术掌握	用光晕在效果图上添加光晕				
视频长度	00:02:11	难易指数	★☆☆☆☆	所在页	290

实例名称	实战：测试VRay物理摄影机的快门速度				
技术掌握	用快门速度（s^-1）控制效果图的明暗程度				
视频长度	00:03:35	难易指数	★☆☆☆☆	所在页	291

环境和效果篇

在现实世界中，所有物体都不是独立存在的，周围都存在相对应的环境。身边最常见的环境有闪电、大风、沙尘、雾、光束等。环境对场景的氛围起到至关重要的作用。在3ds Max 2014中，可以为效果图场景添加云、雾、火、体积雾和体积光等环境效果。

在3ds Max 2014中，还可以为效果图场景添加“毛发和毛皮”“镜头效果”“模糊”“亮度和对比度”“色彩平衡”“景深”“文件输出”“胶片颗粒”“照明分析图像叠加”“运动模糊”和“VRay镜头效果”等效果。

本书第12章用6个实例详细介绍环境和效果在效果图中的常用功能，相比于其他内容，这部分内容可以作为辅助运用，不要求加深理解。

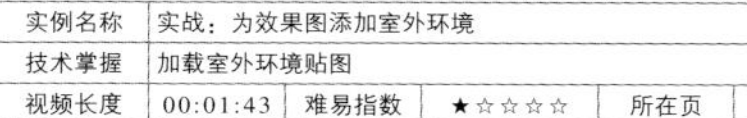

实例名称	实战：为效果图添加室外环境				
技术掌握	加载室外环境贴图				
视频长度	00:01:43	难易指数	★☆☆☆☆	所在页	337

实例名称	实战：用体积光为场景添加体积光				
技术掌握	用体积光制作体积光				
视频长度	00:03:26	难易指数	★★★☆☆	所在页	342

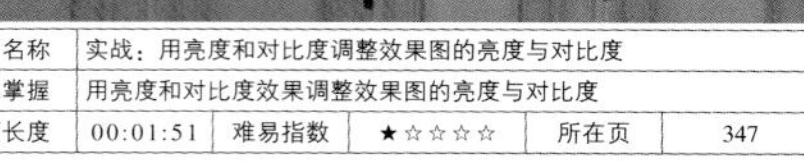

实例名称	实战：用亮度和对比度调整效果图的亮度与对比度				
技术掌握	用亮度和对比度效果调整效果图的亮度与对比度				
视频长度	00:01:51	难易指数	★☆☆☆☆	所在页	347

实例名称	实战：测试全局照明				
技术掌握	调节全局照明的染色及级别				
视频长度	00:01:48	难易指数	★☆☆☆☆	所在页	337

实例名称	实战：用色彩平衡效果调整效果图的色调				
技术掌握	用色彩平衡效果调整效果图的色调				
视频长度	00:01:50	难易指数	★☆☆☆☆	所在页	348

实例名称	实战：用镜头效果制作镜头特效	技术掌握	用镜头效果制作各种镜头特效	视频长度	00:02:52	难易指数	★★★☆☆	所在页	344

材质主要用于表现物体的颜色、质地、纹理、透明度和光泽等特性，依靠各种类型的材质可以制作出现实世界中的任何物体。通常，在制作新材质并将其应用于对象时，应该遵循这个步骤：指定材质的名称→选择材质的类型→对于标准或光线追踪材质，应选择着色类型→设置漫反射颜色、光泽度和不透明度等参数→将贴图指定给要设置贴图的材质通道，并调整参数→将材质应用于对象→如有必要，应调整UV贴图坐标，以便正确定位对象的贴图→保存材质。

本书第11章用25个实例（这些实例全部经过精挑细选，是有代表性的材质设置实例）详细介绍了3ds Max和VRay常用材质与贴图的运用，如标准材质、混合材质、多维/子对象材质、VRayMtl材质、VRay灯光材质、不透明度贴图、渐变贴图、平铺贴图、衰减贴图、噪波贴图、混合贴图和法线凹凸贴图以及各式各样的位图贴图。合理利用这些材质与贴图，可以模拟现实生活中的任何真实材质。下面的材质球就是用这些材质与贴图模拟出的各种真实材质（类似的材质球没有列出来）。

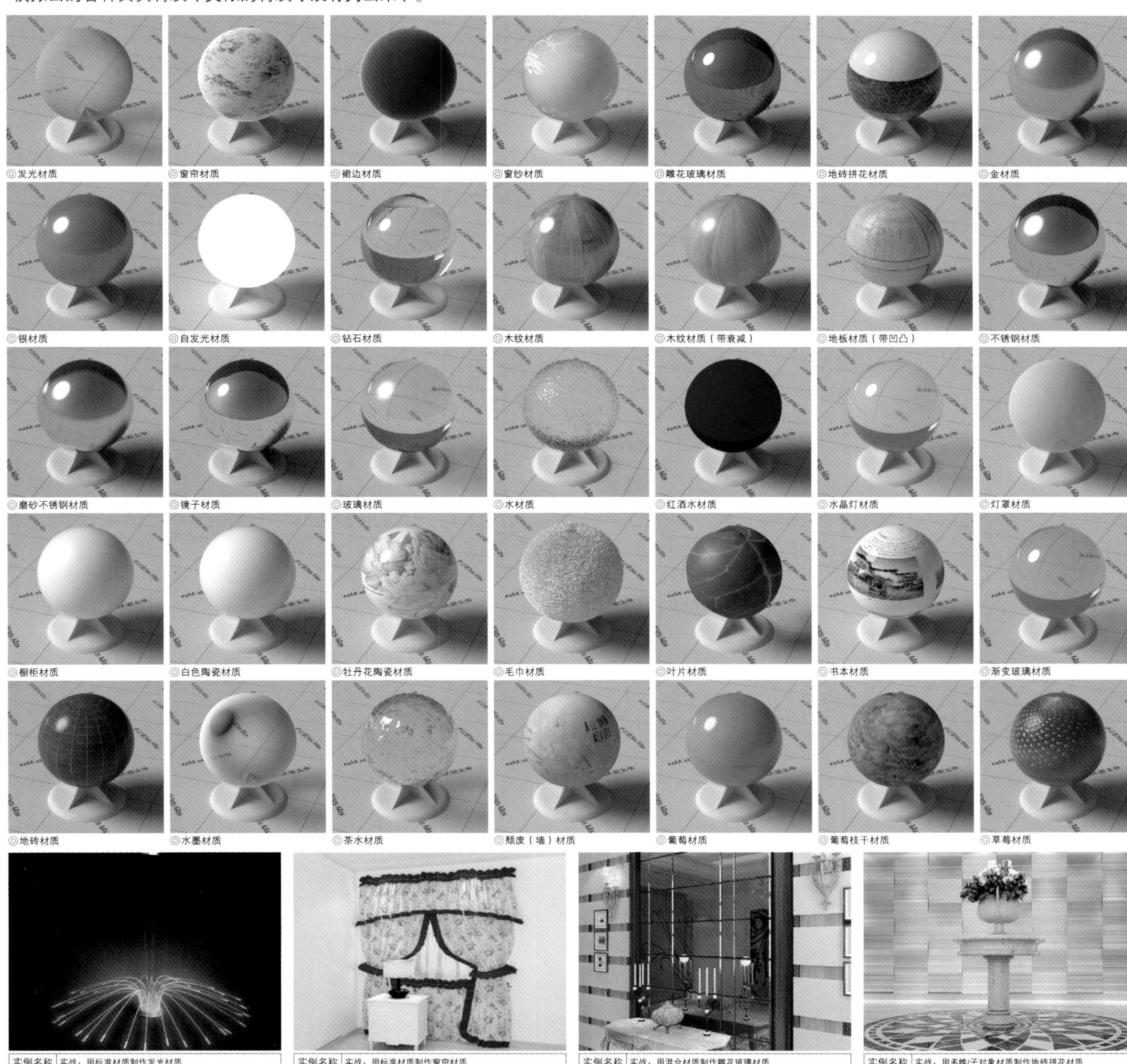

◎发光材质 ◎窗帘材质 ◎裙边材质 ◎窗纱材质 ◎雕花玻璃材质 ◎地砖拼花材质 ◎金材质

◎银材质 ◎自发光材质 ◎钻石材质 ◎木纹材质 ◎木纹材质（带衰减） ◎地板材质（带凹凸） ◎不锈钢材质

◎磨砂不锈钢材质 ◎镜子材质 ◎玻璃材质 ◎水材质 ◎红酒水材质 ◎水晶灯材质 ◎灯罩材质

◎橱柜材质 ◎白色陶瓷材质 ◎牡丹花陶瓷材质 ◎毛巾材质 ◎叶片材质 ◎书本材质 ◎渐变玻璃材质

◎地砖材质 ◎水墨材质 ◎茶水材质 ◎颓废（墙）材质 ◎葡萄材质 ◎葡萄枝干材质 ◎草莓材质

实例名称	实战：用标准材质制作发光材质				
技术掌握	用标准材质模拟发光材质				
视频长度	00:02:07	难易指数	★☆☆☆☆	所在页	300

实例名称	实战：用标准材质制作窗帘材质				
技术掌握	用标准材质、混合材质和VRayMtl材质模拟窗帘材质				
视频长度	00:05:12	难易指数	★★★☆☆	所在页	300

实例名称	实战：用混合材质制作雕花玻璃材质				
技术掌握	用混合材质模拟雕花玻璃材质				
视频长度	00:04:11	难易指数	★★☆☆☆	所在页	302

实例名称	实战：用多维/子对象材质制作地砖拼花材质				
技术掌握	用多维/子对象材质和VRayMtl材质模拟拼花材质				
视频长度	00:05:16	难易指数	★★☆☆☆	所在页	304

材质与贴图篇 

实例名称	实战：用多维/子对象材质制作金银材质				
技术掌握	用多维/子对象材质和VRayMtl材质模拟金银材质				
视频长度	00:02:56	难易指数	★★☆☆☆	所在页	305

实例名称	实战：用VRay灯光材质制作灯管材质				
技术掌握	用VRay灯光材质模拟自发光材质、用VRayMtl材质模拟地板材质				
视频长度	00:02:29	难易指数	★★☆☆☆	所在页	307

实例名称	实战：用VRay混合材质制作钻戒材质				
技术掌握	用VRay混合材质模拟钻石材质、用VRayMtl材质模拟金材质				
视频长度	00:04:02	难易指数	★★☆☆☆	所在页	308

实例名称	实战：用VRayMtl材质制作木纹材质				
技术掌握	用VRayMtl材质模拟木纹材质				
视频长度	00:05:39	难易指数	★★☆☆☆	所在页	312

实例名称	实战：用VRayMtl材质制作地板材质				
技术掌握	用VRayMtl材质模拟地板材质				
视频长度	00:02:55	难易指数	★☆☆☆☆	所在页	314

实例名称	实战：用VRayMtl材质制作不锈钢材质				
技术掌握	用VRayMtl材质模拟不锈钢材质和磨砂不锈钢材质				
视频长度	00:03:05	难易指数	★★☆☆☆	所在页	314

实例名称	实战：用VRayMtl材质制作镜子材质				
技术掌握	用VRayMtl材质模拟镜子材质				
视频长度	00:01:22	难易指数	★☆☆☆☆	所在页	315

实例名称	实战：用VRayMtl材质制作玻璃材质				
技术掌握	用VRayMtl材质模拟玻璃材质				
视频长度	00:01:56	难易指数	★☆☆☆☆	所在页	316

实例名称	实战：用VRayMtl材质制作水和红酒材质				
技术掌握	用VRayMtl材质模拟水材质和红酒材质				
视频长度	00:03:19	难易指数	★★★☆☆	所在页	316

实例名称	实战：用VRayMtl材质制作灯罩和橱柜材质				
技术掌握	用VRayMtl材质模拟灯罩材质和橱柜材质				
视频长度	00:03:06	难易指数	★★☆☆☆	所在页	318

实例名称	实战：用VRayMtl材质制作陶瓷材质				
技术掌握	用VRayMtl材质和混合材质模拟各种陶瓷材质				
视频长度	00:05:25	难易指数	★★★☆☆	所在页	319

实例名称	实战：用VRayMtl材质制作毛巾材质				
技术掌握	用VRayMtl材质、置换贴图和凹凸贴图模拟毛巾材质				
视频长度	00:02:56	难易指数	★★★☆☆	所在页	320

实例名称	实战：用不透明度贴图制作叶片材质				
技术掌握	用不透明度贴图模拟叶片材质				
视频长度	00:02:53	难易指数	★★☆☆☆	所在页	325

实例名称	实战：用位图贴图制作书本材质				
技术掌握	用位图贴图模拟书本材质				
视频长度	00:01:51	难易指数	★☆☆☆☆	所在页	327

实例名称	实战：用渐变贴图制作渐变花瓶材质				
技术掌握	用渐变贴图模拟渐变玻璃材质				
视频长度	00:03:53	难易指数	★★★☆☆	所在页	327

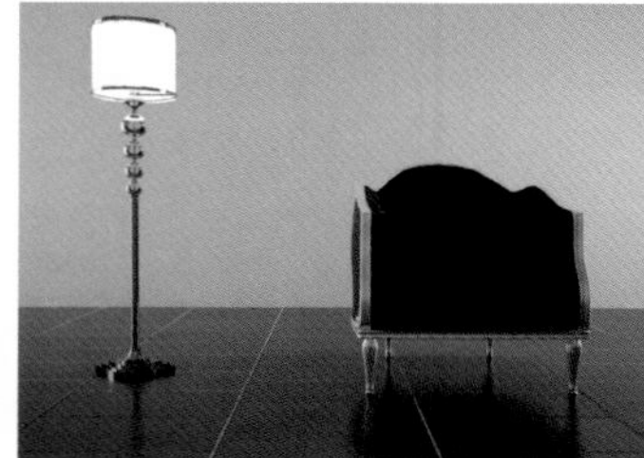

实例名称	实战：用平铺贴图制作地砖材质				
技术掌握	用平铺贴图模拟地砖材质				
视频长度	00:03:12	难易指数	★★☆☆☆	所在页	329

实例名称	实战：用衰减贴图制作水墨材质				
技术掌握	用衰减贴图模拟水墨材质				
视频长度	00:01:59	难易指数	★★☆☆☆	所在页	330

实例名称	实战：用噪波贴图制作茶水材质				
技术掌握	用位图贴图模拟青花瓷材质、用噪波贴图模拟波动的水材质				
视频长度	00:05:28	难易指数	★★★☆☆	所在页	331

实例名称	实战：用混合贴图制作颓废材质				
技术掌握	用混合贴图模拟破旧材质				
视频长度	00:02:20	难易指数	★☆☆☆☆	所在页	332

实例名称	实战：用法线凹凸贴图制作水果材质				
技术掌握	用法线凹凸贴图模拟凹凸效果				
视频长度	00:06:46	难易指数	★★★★☆	所在页	333

使用3ds Max创作作品时，一般遵循“建模→材质→灯光→渲染”这一基本流程，渲染是最后一道工序（后期处理除外）。渲染的英文为Render，翻译为“着色”，也就是对场景进行着色的过程。它是通过复杂的运算，将虚拟的三维场景投射到二维平面上，这个过程需要对渲染器进行复杂的设置。

3ds Max 2014默认的渲染器有iray渲染器、mental ray渲染器、Quicksilver硬件渲染器、VUE文件渲染器和默认扫描线渲染器，在安装好VRay渲染器之后也可以使用VRay渲染器来渲染场景。当然也可以安装一些其他的渲染插件，如Renderman、Brazil、FinalRender、Maxwell和Lightscape等。

在以上渲染器中，VRay渲染器是最重要的渲染器。VRay渲染器是保加利亚的Chaos Group公司开发的一款高质量渲染引擎，主要以插件的形式应用在3ds Max、Maya、SketchUp等软件中。由于VRay渲染器可以真实地模拟现实光照，并且操作简单，可控性也很强，因此被广泛应用于建筑表现、工业设计和动画制作等领域。VRay的渲染速度与渲染质量比较均衡，也就是说在保证较高渲染质量的前提下也具有较快的渲染速度，所以它是目前效果图制作领域最为流行的渲染器。

在一般情况下，VRay渲染的使用流程主要包含以下4个步骤。

第1步，创建摄影机以确定要表现的内容。

第2步，制作好场景中的材质。

第3步，设置测试渲染参数，然后逐步布置好场景中的灯光，并通过测试渲染确定效果。

第4步，设置最终渲染参数，然后渲染最终成品图。

本书第13章为VRay渲染器的内容，一共安排了26个实例，其中一个实例针对默认扫描线渲染器进行讲解，一个实例针对mental ray渲染器进行讲解，其余的全部是VRay渲染器重要参数的测试实例。这部分内容详细介绍了VRay渲染器的每个重要技术，如全局开关、图像采样器、颜色贴图、环境、间接照明（GI）、发光图、灯光缓存、焦散、DMC采样器和系统等。另外还介绍了一个实际工作中常用的渲染技巧，如彩色通道图的渲染方法、批处理渲染以及渲染自动保存与关机。对于这部分内容，希望读者仔细对书中的实例进行练习，同时要对重要参数多加测试，并且要仔细分析不同参数值所得到的渲染效果以及耗时对比。

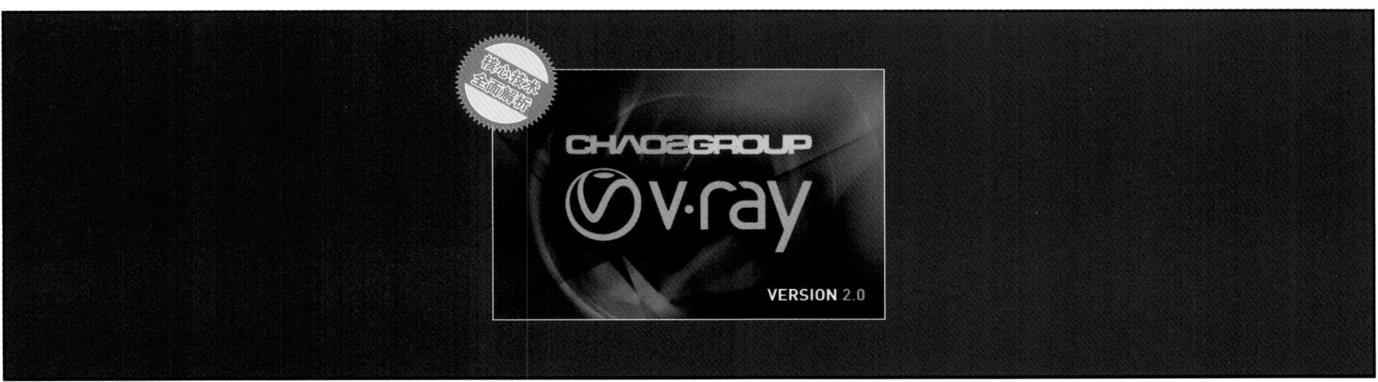

实例名称	实战：用默认扫描线渲染器渲染水墨画				
技术掌握	默认扫描线渲染器的使用方法				
视频长度	00:02:38	难易指数	★★☆☆☆	所在页	353

实例名称	实战：用mental ray渲染器渲染牛奶场景				
技术掌握	mental ray渲染器的使用方法				
视频长度	00:02:58	难易指数	★★☆☆☆	所在页	356

VRay渲染篇 重点

实例名称	实战：测试全局开关的覆盖材质				
技术掌握	覆盖材质选项的功能				
视频长度	00:01:55	难易指数	★☆☆☆☆	所在页	368

实例名称	实战：测试全局开关的光泽效果				
技术掌握	光泽效果选项的功能				
视频长度	00:02:18	难易指数	★☆☆☆☆	所在页	368

实例名称	实战：测试环境的全局照明环境（天光）覆盖				
技术掌握	全局照明环境（天光）覆盖的作用				
视频长度	00:01:43	难易指数	★☆☆☆☆	所在页	374

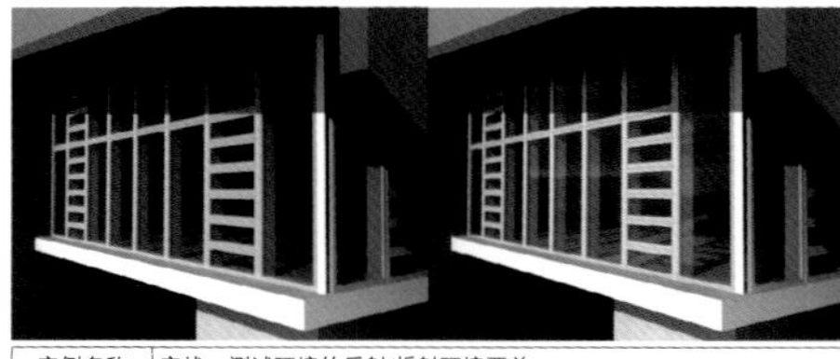

实例名称	实战：测试环境的反射/折射环境覆盖				
技术掌握	反射/折射环境覆盖的作用				
视频长度	00:02:25	难易指数	★☆☆☆☆	所在页	374

实例名称	实战：测试系统的光线计算参数				
技术掌握	最大树形深度的作用				
视频长度	00:02:12	难易指数	★☆☆☆☆	所在页	389

实例名称	实战：测试系统的渲染区域分割				
技术掌握	渲染区域分割的x/y参数的作用				
视频长度	00:03:16	难易指数	★☆☆☆☆	所在页	390

实例名称	实战：测试图像采样器的采样类型				
技术掌握	3种图像采样器的作用				
视频长度	00:05:26	难易指数	★★☆☆☆	所在页	370

实例名称	实战：测试图像采样器的反锯齿类型				
技术掌握	常用反锯齿过滤器的作用				
视频长度	00:03:12	难易指数	★★☆☆☆	所在页	372

实例名称	实战：测试颜色贴图的曝光类型				
技术掌握	用颜色贴图快速调整场景的曝光度				
视频长度	00:03:16	难易指数	★☆☆☆☆	所在页	376

实例名称	实战：测试间接照明（GI）				
技术掌握	间接照明（GI）的作用				
视频长度	00:01:59	难易指数	★★☆☆☆	所在页	378

实例名称	实战：按照一般流程渲染场景				
技术掌握	用VRay渲染器渲染场景的一般流程				
视频长度	00:20:46	难易指数	★★★★☆	所在页	358

实例名称	实战：测试全局开关的隐藏灯光				
技术掌握	隐藏灯光选项的作用				
视频长度	00:02:00	难易指数	★☆☆☆☆	所在页	367

实例名称	实战：测试灯光缓存				
技术掌握	灯光缓存的作用				
视频长度	00:02:03	难易指数	★☆☆☆☆	所在页	384

实例名称	实战：测试发光图				
技术掌握	发光图的作用				
视频长度	00:03:35	难易指数	★★★☆☆	所在页	381

实例名称	实战：测试DMC采样器的适应数量				
技术掌握	适应数量的作用				
视频长度	00:02:56	难易指数	★☆☆☆☆	所在页	386

实例名称	实战：测试DMC采样器的噪波阈值				
技术掌握	噪波阈值的作用				
视频长度	00:02:00	难易指数	★☆☆☆☆	所在页	387

所谓后期处理就是对效果图进行修饰，将渲染中不能实现的效果在后期处理中完美体现出来。后期处理是效果图制作中非常关键的一步，这个环节相当重要。在一般情况下都是使用Adobe公司的Photoshop来进行后期处理。本书第14章为Photoshop后期处理内容，一共安排了25个（鉴于彩页篇幅有限，没有全部展示出来）实例。这些实例全部针对实际工作中经常遇到的后期操作进行讲解，如调整效果图的亮度、层次感、清晰度、色彩、光效和环境。另外，请读者特别注意，在实际工作中不要照搬这些实例的参数，因为每幅效果图都有不同的要求，我们安排这些实例的目的是让读者知道“方法”，而不是“技术”。相比于其他重点内容，这部分内容只要求读者会常见的后期处理方法即可。

在效果图后期处理中，必须遵循以下3点最基本的原则。第1点，尊重设计师和业主的设计要求。第2点，遵循大多数人的审美观。第3点，保留原图的真实细节，在保证美观的前提下尽量不要进行过多修改。

实例名称	实战：用亮度/对比度调整效果图的亮度				
技术掌握	用亮度/对比度命令调整效果图的亮度				
视频长度	00:01:03	难易指数	★☆☆☆☆	所在页	398

实例名称	实战：用正片叠底调整过亮的效果图				
技术掌握	用正片叠底模式调整过亮的效果图				
视频长度	00:01:01	难易指数	★☆☆☆☆	所在页	398

实例名称	实战：用色阶调整效果图的层次感				
技术掌握	用色阶命令调整效果图的层次感				
视频长度	00:01:45	难易指数	★☆☆☆☆	所在页	399

实例名称	实战：用曲线调整效果图的层次感				
技术掌握	用曲线命令调整效果图的层次感				
视频长度	00:01:18	难易指数	★☆☆☆☆	所在页	399

实例名称	实战：用智能色彩还原调整效果图的层次感				
技术掌握	用智能色彩还原滤镜调整效果图的层次感				
视频长度	00:01:09	难易指数	★☆☆☆☆	所在页	400

实例名称	实战：用明度调整效果图的层次感				
技术掌握	用明度模式调整效果图的层次感				
视频长度	00:00:56	难易指数	★☆☆☆☆	所在页	400

实例名称	实战：用USM锐化调整效果图的清晰度				
技术掌握	用USM锐化滤镜调整效果图的清晰度				
视频长度	00:01:18	难易指数	★☆☆☆☆	所在页	401

实例名称	实战：用色相/饱和度调整色彩偏淡的效果图				
技术掌握	用色相/饱和度命令调整色彩偏淡的效果图				
视频长度	00:00:55	难易指数	★☆☆☆☆	所在页	402

实例名称	实战：用智能色彩还原调整色彩偏淡的效果图				
技术掌握	用智能色彩还原滤镜调整色彩偏淡的效果图				
视频长度	00:00:59	难易指数	★☆☆☆☆	所在页	403

实例名称	实战：用色彩平衡统一效果图的色调				
技术掌握	用色彩平衡调整图层统一效果图的色调				
视频长度	00:01:09	难易指数	★☆☆☆☆	所在页	403

实例名称	实战：用叠加增强效果图光域网的光照				
技术掌握	用叠加模式增强效果图的光域网光照				
视频长度	00:03:32	难易指数	★★★☆☆	所在页	404

实例名称	实战：用叠加为效果图添加光晕				
技术掌握	用叠加模式为效果图添加光晕				
视频长度	00:02:19	难易指数	★★☆☆☆	所在页	405

实例名称	实战：用柔光为效果图添加体积光				
技术掌握	用柔光模式为效果图添加体积光				
视频长度	00:02:01	难易指数	★★☆☆☆	所在页	406

实例名称	实战：用色相为效果图制作四季光效				
技术掌握	用色相模式为效果图制作四季光效				
视频长度	00:02:32	难易指数	★★☆☆☆	所在页	407

实例名称	实战：用透明通道为效果图添加室外环境				
技术掌握	用透明通道为效果图添加室外环境				
视频长度	00:01:25	难易指数	★☆☆☆☆	所在页	408

实例名称	实战：为效果图添加室内配饰				
技术掌握	室内配饰的添加方法				
视频长度	00:02:52	难易指数	★★☆☆☆	所在页	408

实例名称	实战：为效果图增强发光灯带环境				
技术掌握	用高斯模糊滤镜和叠加模式为效果图增强发光灯带环境				
视频长度	00:01:23	难易指数	★☆☆☆☆	所在页	409

实例名称	实战：为效果图增强地面反射环境				
技术掌握	用快速选择工具和动感模糊滤镜制作地面反射环境				
视频长度	00:02:39	难易指数	★★☆☆☆	所在页	410

◎砖墙材质

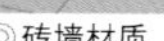

◎藤椅材质

◎环境材质

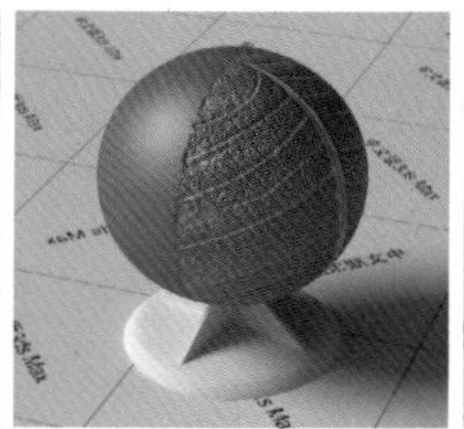

◎花叶材质

◎地板材质

◎窗框材质

◎难点模型：藤凳和藤椅-材质渲染图

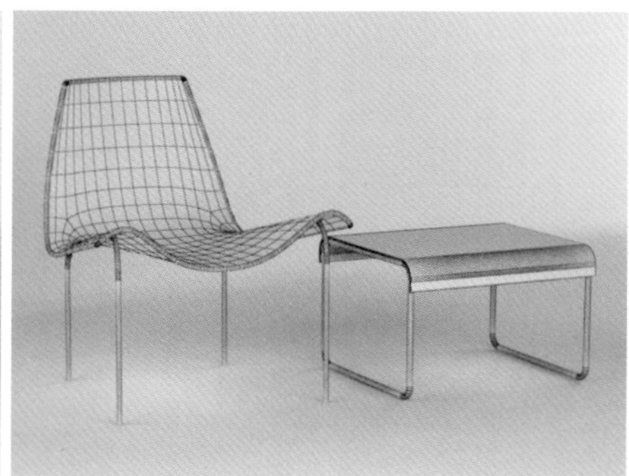

◎难点模型：藤凳和藤椅-线框渲染图

精通半开放空间：休息室纯日光表现

实例概述：本例是一个半开放的休息室空间，其中砖墙材质、藤椅材质和花叶材质的制作方法以及纯日光效果的表现方法是本例的学习要点。

技术掌握：砖墙材质、藤椅材质和花叶材质的制作方法；半开放空间纯日光效果的表现方法。

视频长度：00:29:55　难易指数：★★★★☆　所在页：412

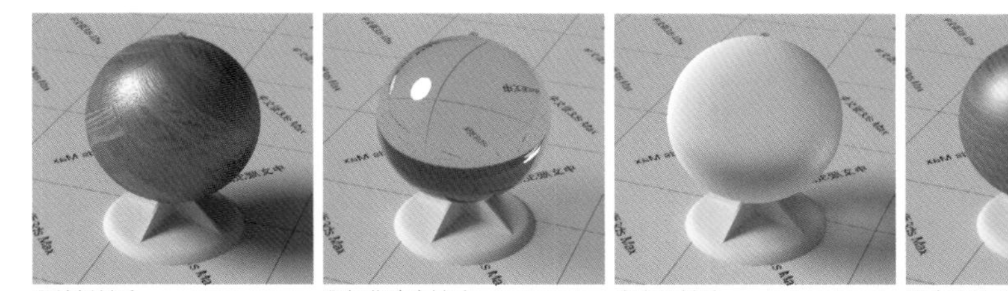

◎地板材质　◎钢化玻璃材质　◎窗纱材质

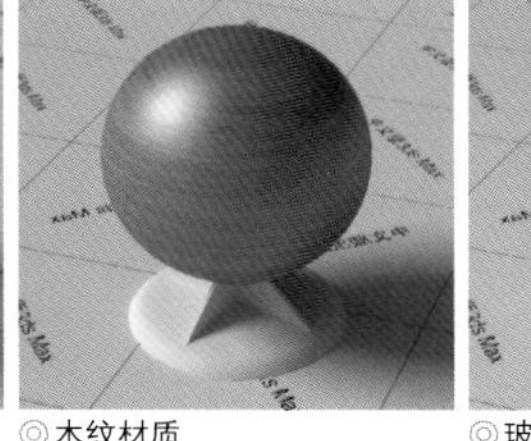

◎木纹材质

◎玻璃钢材质

◎难点模型：书桌和书架-材质渲染图

◎难点模型：书桌和书架-线框渲染图

精通半封闭空间：书房柔和阳光表现

实例概述：本例是一个半封闭的书房空间，其中钢化玻璃材质、窗纱材质和玻璃钢材质的制作方法以及柔和阳光效果的表现方法是本例的学习要点。

技术掌握：钢化玻璃材质、窗纱材质和玻璃钢材质的制作方法；半封闭空间柔和阳光效果的表现方法。

视频长度：00:22:39　难易指数：★★★★☆　所在页：412

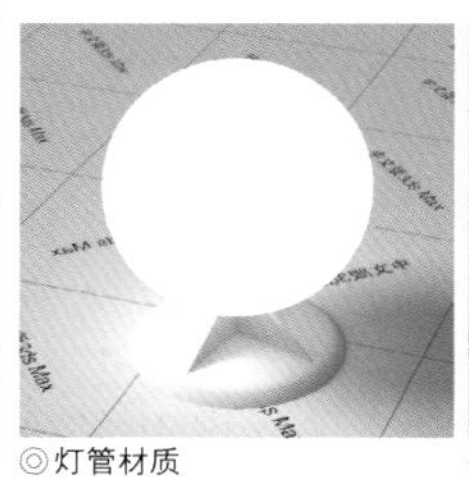
◎灯管材质

◎镜子材质

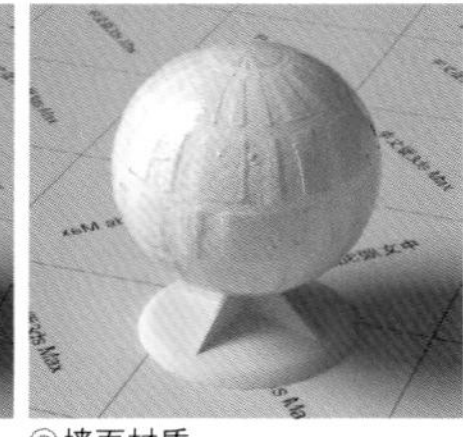
◎墙面材质

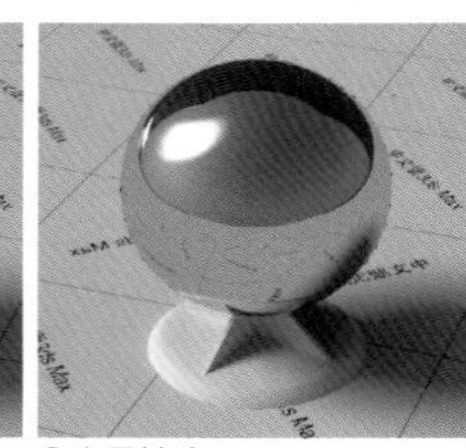
◎金属材质

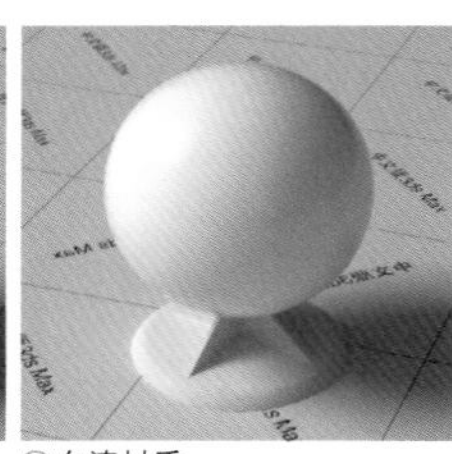
◎白漆材质

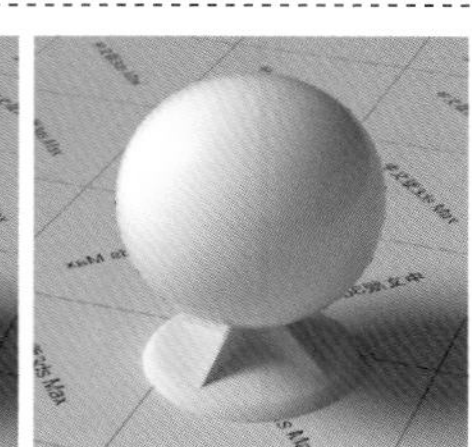
◎白瓷材质

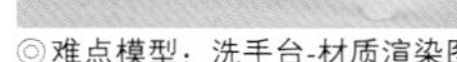
◎难点模型：洗手台-材质渲染图

◎难点模型：洗手台-线框渲染图

精通全封闭空间：卫生间室内灯光表现

实例概述：本例是一个全封闭的卫生间空间，其中灯管材质、墙面材质、金属材质、白漆材质和白瓷材质的制作方法以及室内灯光效果的表现方法是本例的学习要点。

技术掌握：灯管材质、墙面材质、金属材质、白漆材质和白瓷材质的制作方法；全封闭空间灯光效果的表现方法。

视频长度：00:22:33　　难易指数：★★★★☆　　所在页：412

◎地板材质

◎沙发材质 ◎大理石台面材质

◎墙面材质

◎地毯材质

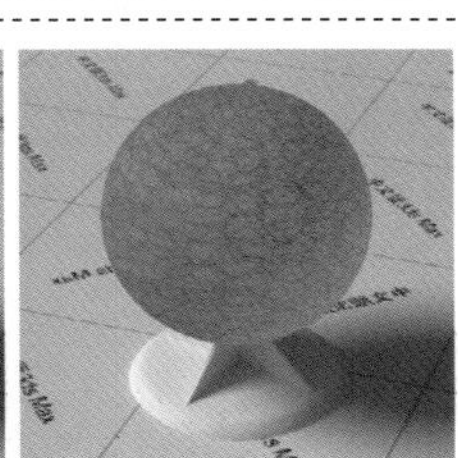

◎音响材质

◎难点模型：电视柜-材质渲染图

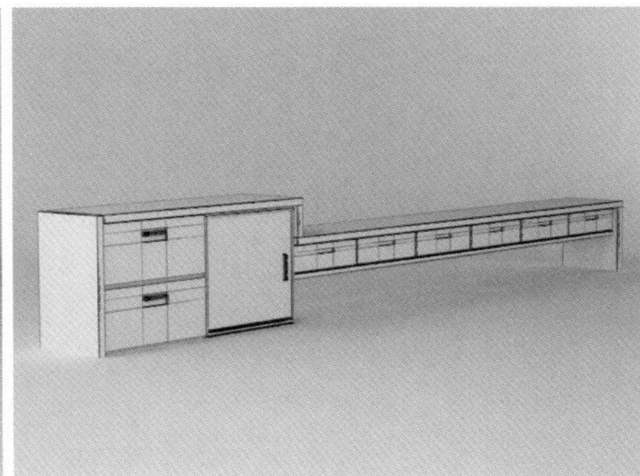

◎难点模型：电视柜-线框渲染图

精通现代空间：客厅日景灯光综合表现

实例概述：本例是一个现代风格的客厅空间，其中地板材质、沙发材质、大理石材质和音响材质的制作方法以及日景灯光效果的表现方法是本例的学习要点。

技术掌握：地板材质、沙发材质、大理石材质和音响材质的制作方法；现代风格空间日景灯光效果的表现方法。

视频长度：00:35:46　　难易指数：★★★★☆　　所在页：413

◎地板材质

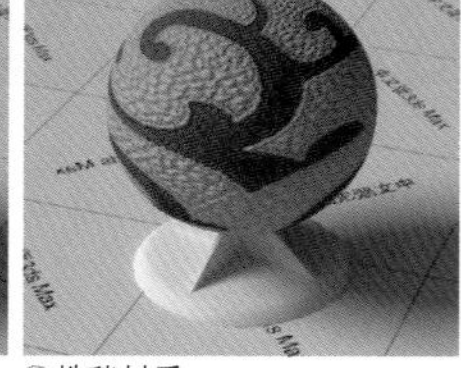
◎地毯材质

◎壁纸材质

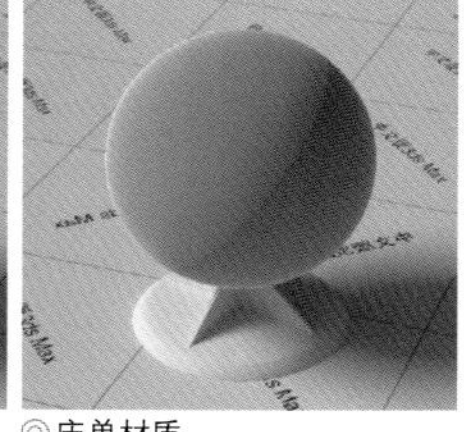
◎床单材质

◎窗帘材质

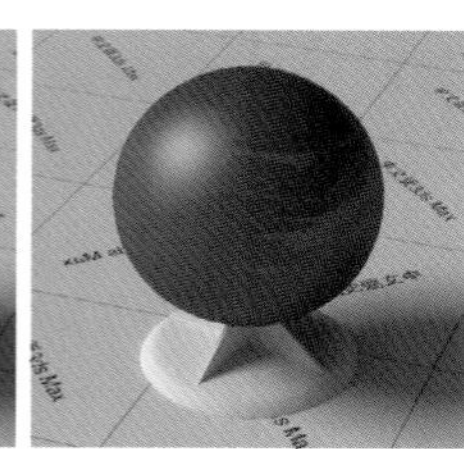
◎灯罩材质

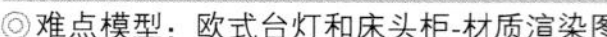
◎难点模型：欧式台灯和床头柜-材质渲染图

◎难点模型：欧式台灯和床头柜-线框渲染图

精通欧式空间：卧室夜晚灯光综合表现

实例概述：本例是一个欧式风格的豪华卧室空间，其中地板材质、床单材质、窗帘材质、灯罩材质以及夜晚灯光效果的表现方法是本例的学习要点。

技术掌握：地板材质、床单材质、窗帘材质和灯罩材质的制作方法；欧式风格空间夜景灯光的表现方法。

视频长度：00:29:28　难易指数：★★★★☆　所在页：413

◎窗纱材质

◎沙发材质

◎木纹材质

◎地面材质

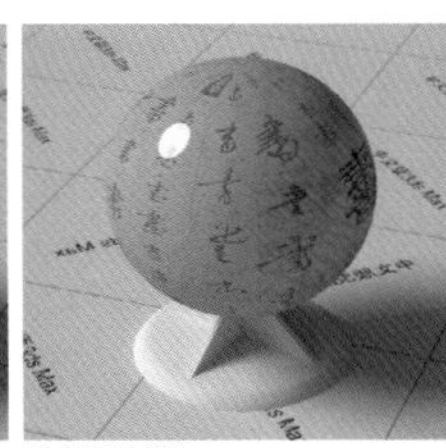
◎灯罩材质

◎瓷器材质

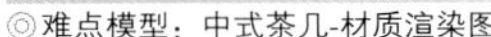
◎难点模型：中式茶几-材质渲染图

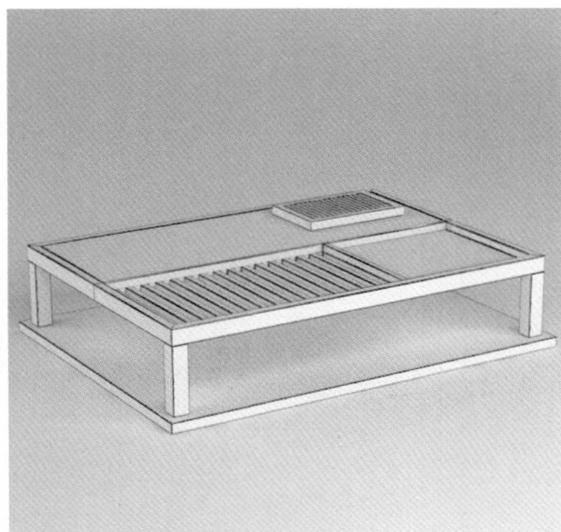
◎难点模型：中式茶几-线框渲染图

精通中式空间：别墅中庭复杂灯光综合表现

实例概述：本例是一个纵深比较大的中式别墅中庭空间，其中窗纱材质、沙发材质、灯罩材质和瓷器材质的制作方法以及大纵深空间灯光效果的表现方法是本例的学习要点。

技术掌握：窗纱材质、沙发材质、灯罩材质和瓷器材质的制作方法；大纵深空间灯光效果的表现方法。

视频长度：00:33:39　　难易指数：★★★★★　　所在页：413

◎地毯材质

◎画材质

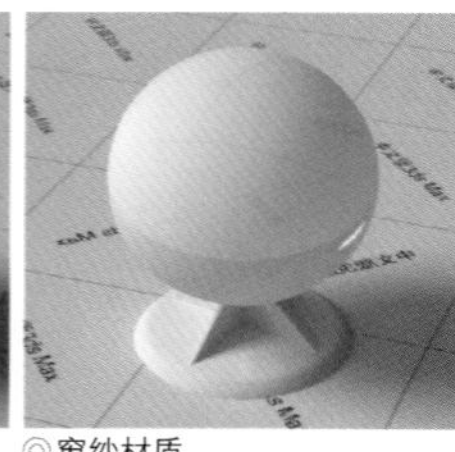
◎窗纱材质

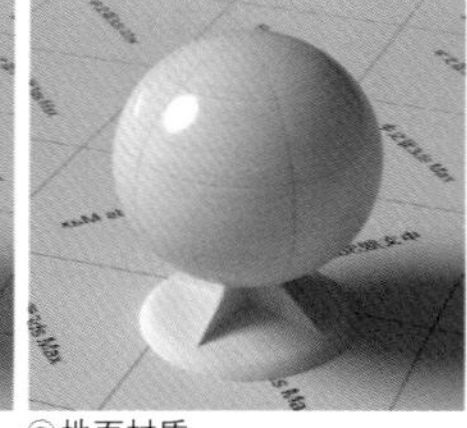
◎地面材质

◎墙纸材质

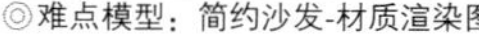
◎难点模型：简约沙发-材质渲染图

◎难点模型：简约沙发-线框渲染图

精通中式空间：接待室日光表现

实例概述：本例是一个中式风格的接待室空间，画材质和窗纱材质的制作方法以及日光效果的表现方法是本例的学习要点。

技术掌握：画材质和窗纱材质的制作方法；中式接待室日光效果的表现方法。

视频长度：00:28:15　难易指数：★★★★☆　所在页：414

◎地面材质

◎玻璃材质

◎大理石材质

◎沙发材质

◎玻璃钢材质

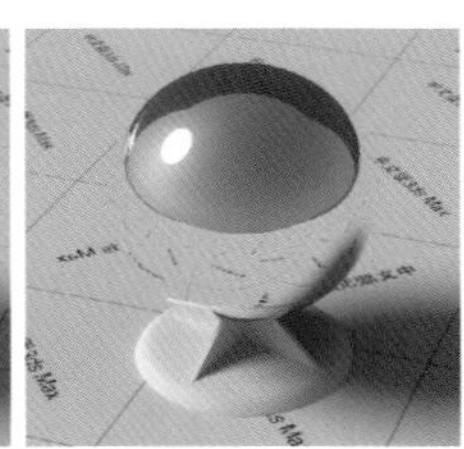
◎镜面材质

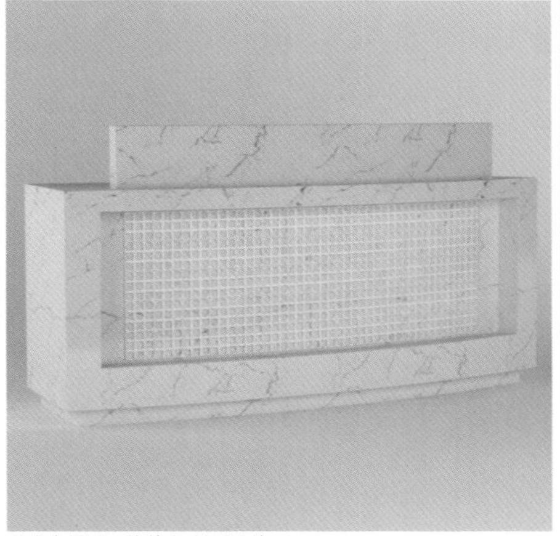
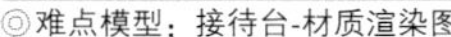
◎难点模型：接待台-材质渲染图

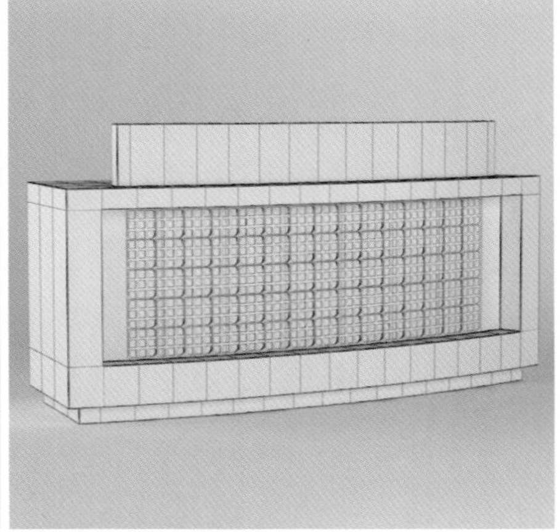
◎难点模型：接待台-线框渲染图

精通现代空间：办公室柔和灯光表现

实例概述：本例是一个现代风格的办公室空间，玻璃材质、大理石材质、沙发材质和玻璃钢材质的制作方法以及柔和灯光效果的表现方法是本例的学习要点。

技术掌握：玻璃材质、大理石材质、沙发材质和玻璃钢材质的制作方法；现代办公室柔和灯光的表现方法。

视频长度：00:23:49　难易指数：★★★★★　所在页：414

◎玻璃幕墙材质

◎大理石材质

◎沙发材质

◎镜子材质

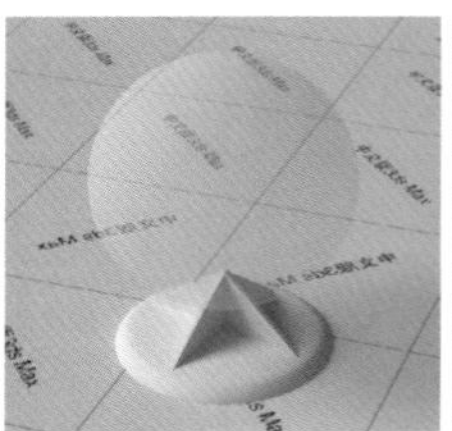

◎水晶材质

◎咖啡纹材质

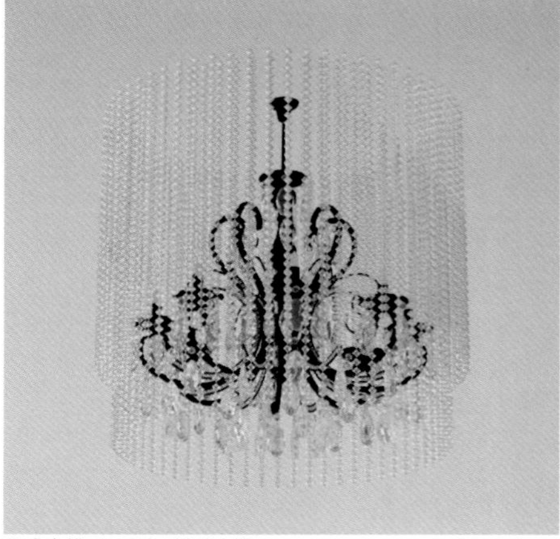

◎难点模型：吊灯-材质渲染图

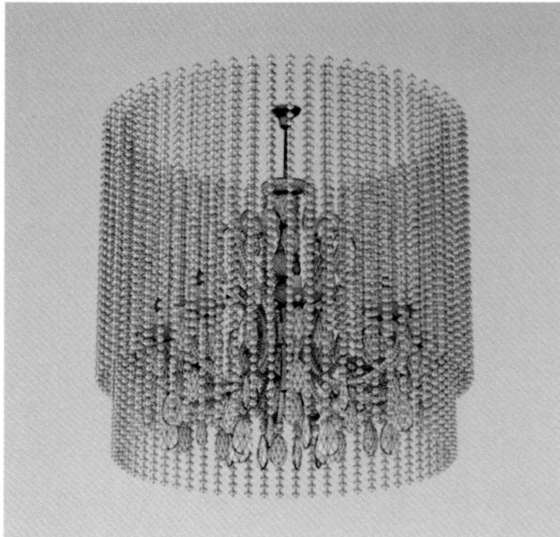

◎难点模型：吊灯-线框渲染图

精通简欧空间：电梯厅夜间灯光表现

实例概述：本例是一个简欧风格的电梯厅空间，玻璃幕墙材质和沙发材质的制作方法以及夜晚灯光效果的表现方法是本例的学习要点。

技术掌握：玻璃幕墙材质和沙发材质的制作方法；电梯厅夜晚灯光效果的表现方法。

视频长度：00:36:38　难易指数：★★★★★　所在页：414

精通建筑日景制作：地中海风格别墅多角度表现

实例概述：本例是一个超大型地中海风格的别墅场景，灯光、材质的设置方法很简单，重点在于掌握大型室外场景的制作流程，即“调整出图角度→检测模型是否存在问题→制作材质→创建灯光→设置最终渲染参数”这个流程。

技术掌握：多个摄影机角度的创建方法；模型的检测方法；大型室外建筑场景的制作流程与相关技巧。

视频长度：00:10:56　难易指数：★★★★★　所在页：415

精通建筑夜景制作：现代风格别墅多角度表现

实例概述：本例是一个超大型现代风格的别墅外观场景，墙面石材材质、地面石材、地板木纹以及池水材质是本例的学习重点，在灯光表现上主要学习月夜环境光以及多层空间布光的方法。由于本例的场景非常大，因此在材质与灯光的制作思路上与前面所讲的实例有些许不同，本例先是将材质与灯光的“细分”值设置得非常低，以方便测试渲染，待渲染成品图时再提高“细分”值。另外，本例还介绍了光子图的渲染方法。

技术掌握：石材、水纹、木纹、池水材质的制作方法；别墅夜景灯光的表现方法；光子图的渲染方法。

视频长度：00:31:43　　难易指数：★★★★★　　所在页：415

前 言

Autodesk公司的3ds Max是一款三维软件。3ds Max强大的功能，使其从诞生以来就一直受到CG界艺术家的喜爱。3ds Max在模型塑造、场景渲染、动画及特效等方面都能制作出高品质的对象（注意，3ds Max在效果图领域的应用最为广泛），这也使其在室内设计、建筑表现、影视与游戏制作等领域中占据重要地位，成为全球最受欢迎的三维制作软件之一。

本书是初学者自学中文版3ds Max 2014与VRay渲染器的经典畅销图书。全书从实用角度出发，全面、系统地讲解中文版3ds Max 2014和VRay渲染器在效果图中的所有应用功能，基本上涵盖了中文版3ds Max 2014（针对效果图领域）与VRay渲染器的全部工具、面板、对话框和菜单命令。书中在介绍软件功能的同时，还精心安排了181个具有针对性的实战实例和11个综合实例，帮助读者轻松掌握软件使用技巧和具体应用，以做到学用结合；并且全部实例都配有多媒体视频教学录像，详细演示了实例的制作过程。此外，还提供了用于查询软件功能、实例、疑难问答、技术专题的索引，还为初学者配备了效果图制作实用附录（常见物体折射率、常用家具尺寸和室内物体常用尺寸）以及60种常见材质的参数设置索引。

本书不仅补充了前一版本没有介绍的新功能，修订了前一版的纰漏，更是大幅度提升了实例的视觉效果和技术含量。同时采纳读者的建议，在实例编排上更加突出针对性和实用性，对于建模技术、灯光技术、材质技术和渲染技术均有大幅增强。

本书的结构与内容

本书共17章，具体内容介绍如下。

第1~2章主要讲解制作效果图的必备知识以及3ds Max 2014的基本操作。

第3~14章用12章内容全面介绍3ds Max的建模、灯光、摄影机、材质与贴图以及环境和效果技术，同时全面介绍VRay渲染技术以及Photoshop后期处理技术。这部分内容是本书的精髓所在，因为几乎制作效果图的所有重要技术均包含在本篇中。另外，每章均安排了针对性非常强的实战实例。

第15~17章安排了11个大型综合实例，包含6个家装空间、3个工装空间和2个建筑外观。这些综合实例全部选自实际工作的项目，并且每个空间都是精挑细选，具有非常强的针对性，基本涵盖了实际工作中的常见空间类型。另外，家装和工装实例还有难点模型的制作流程讲解。请读者注意，这部分内容的重要程度与第3~14章相同，非常重要。

本书的版面结构说明

为了达到让读者轻松自学以及深入地了解软件功能的目的，本书专门设计了“实战”“技术专题”“疑难问答”“知识链接”“技巧与提示”“综合实例”“扫码看视频”“扫码看电子书”等项目，简要介绍如下。

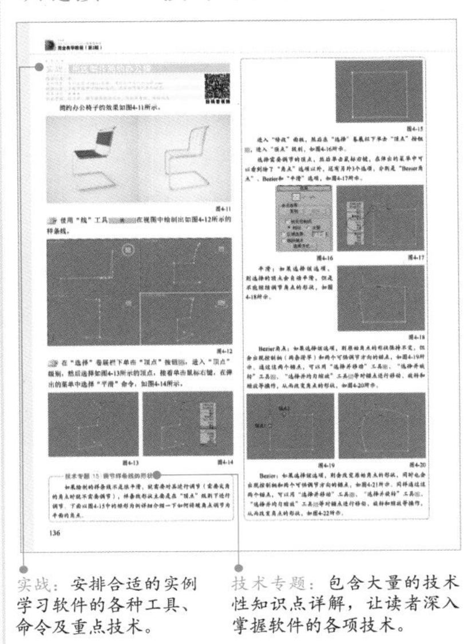

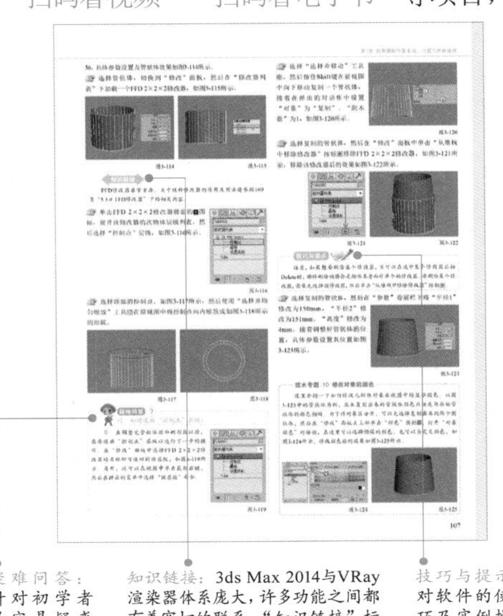

实战：安排合适的实例学习软件的各种工具、命令及重点技术。

技术专题：包含大量的技术性知识点详解，让读者深入掌握软件的各项技术。

疑难问答：针对初学者最容易疑惑的各种问题进行解答。

知识链接：3ds Max 2014与VRay渲染器体系庞大，许多功能之间都有着密切的联系。“知识链接”标出了与当前介绍的功能相关的其他知识所在的页码或章节。

技巧与提示：针对软件的使用技巧及实例操作过程中的难点进行重点提示。

综合实例：针对实际工作中的效果图项目进行综合练习。

扫码看视频：用微信扫描该二维码，即可在线观看当前案例的视频教学录像。

扫码看电子书：用微信扫描该二维码，即可在线观看当前案例的电子书。

本书检索说明

为了让读者更加方便地学习3ds Max，在学习本书内容时能轻松查找到重要内容，我们在本书的最后制作了3个附录，分别是“附录A 本书索引”“附录B 效果图制作实用附录”“附录C 常见材质参数设置索引”，简要介绍如下。

附录A 本书索引

一、3ds Max快捷键索引

附录A 包含3ds Max的快捷键索引以及本书实战、综合实例、疑难问答和技术专题的速查表。

附录B 效果图制作实用附录

一、常见物体折射率

附录B 包含常见物体的折射率、常见家具和常见室内物体的尺寸速查表。

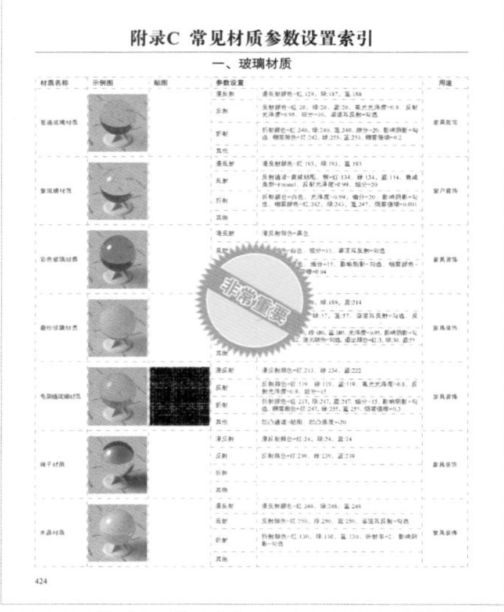

附录C 这是3大索引中最重要的一个，包含60种常见材质的参数设置索引，在“专家讲堂”中有这些材质的制作视频。

本书移动端学习说明

为了方便读者学习本书的内容，我们在本书所有“实战案例”和“综合实例”的前面都配有一个“扫码看视频”二维码，用微信扫描该二维码，可以在手机或平板电脑等设备上在线观看当前案例的视频教学录像。另外，“综合实例”的前面还配有“扫码看电子书”二维码，用微信扫描该二维码，可以在手机或平板电脑等设备上在线观看当前案例的电子书。这些视频和电子书可以通过扫描封底“资源下载”二维码下载获得。建议读者使用大屏幕的移动设备观看视频和电子书，以获得较好的阅读体验。

扫码看电子书：用微信扫描该二维码，即可在线观看当前案例的电子书。

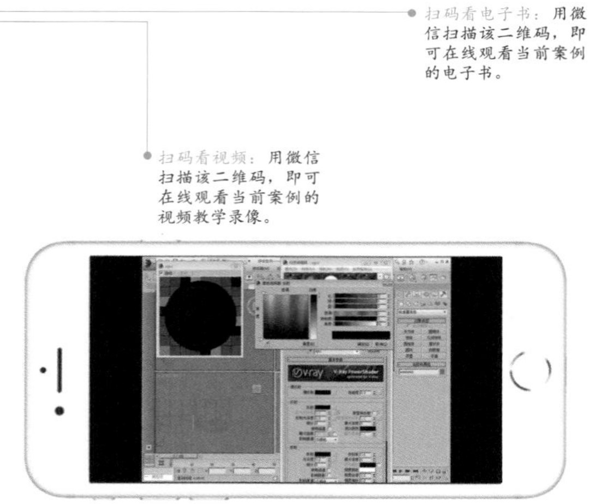

扫码看视频：用微信扫描该二维码，即可在线观看当前案例的视频教学录像。

本书学习资源说明

本书附带下载资源，内容包括本书所有实例的实例文件、场景文件、贴图文件、多媒体视频教学录像、综合实例的电子书文件，以及1套3ds Max 2014的专家讲堂，同时准备了500套常用单体模型、5套CG场景、15套效果图场景、5000多张经典位图贴图和180个高动态HDRI贴图赠送读者。读者在学完本书内容以后，可以调用这些资源进行深入练习。

售后服务

本书所有的学习资源文件均可在线下载（或在线观看视频教程），扫描“资源下载”二维码，关注我们的微信公众号即可获得资源文件下载方式。资源下载过程中如有疑问，可通过我们的在线客服或客服电话与我们联系。在学习的过程中，如果遇到问题，也欢迎您与我们交流，我们将竭诚为您服务。

资源下载

您可以通过以下方式来联系我们。

客服邮箱：press@iread360.com

客服电话：028-69182687、028-69182657

作者

2017年11月

本书学习资源介绍

本书附带下载资源，内容包含“实例文件”“场景文件”“多媒体教学”“电子书文件”“专家讲堂”和“附赠资源”6个文件夹。其中“实例文件”文件夹中包含本书所有实例的源文件、效果图和贴图；“场景文件”文件夹中包含本书所有实例用到的场景文件；“多媒体教学”文件夹中包含本书181个实战、11个综合实例的多媒体视频教学录像，共192集；“电子书文件”文件夹中包含本书所有综合实例的电子书文件，共292页；“专家讲堂”是我们专门为初学者开发，针对中文版3ds Max 2014和VRay渲染器的各种常用工具、常用技术与常见难点录制的一套多媒体视频教学录像，共160集；“附赠资源”文件夹中是我们额外赠送的学习资源，其中包含500套常用单体模型、5套大型CG场景、15套大型效果图场景、5000多张经典位图贴图和180个高动态HDRI贴图。读者可以在学完本书内容以后继续用这些资源进行练习，让自己彻底将3ds Max与VRay渲染器“一网打尽”！

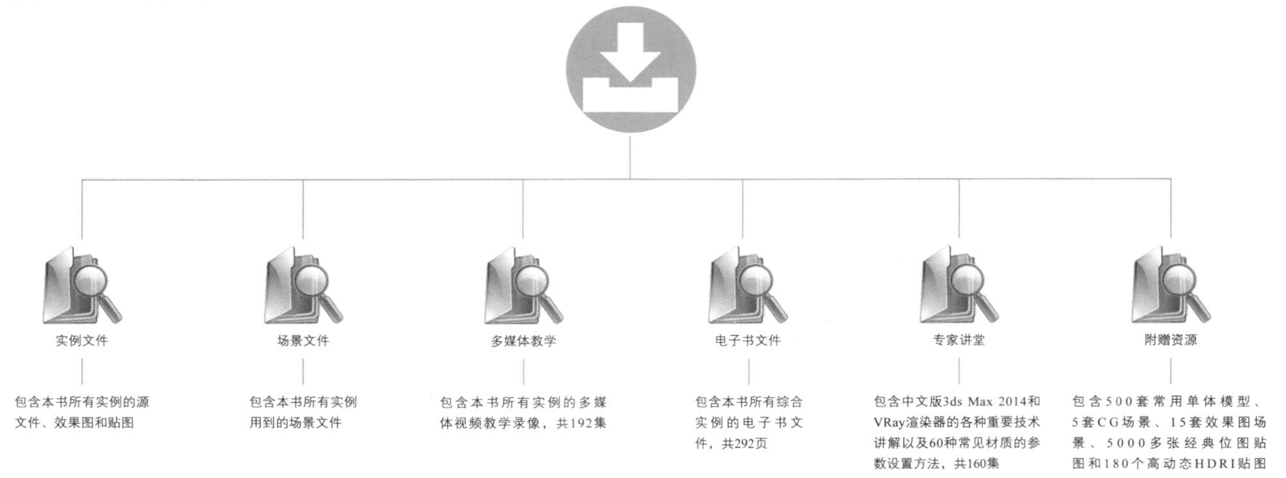

211集多媒体全自动视频教学录像

为了更方便读者学习3ds Max 2014和VRay渲染器，我们特别录制了本书所有实例的多媒体视频教学录像，分为实战（181集）和综合实例（11集）两个部分，共192集。其中“实战视频”针对3ds Max 2014和VRay渲染器的各种工具、命令以及实际工作中经常用到的各种重要技术进行讲解；“综合实例视频”针对实际工作中的各种效果图空间（6个家装空间、3个工装空间和2个建筑外观）进行全面地讲解，读者可以边观看视频，边学习本书的内容。

打开“多媒体教学”文件夹，在该文件夹中有1个“多媒体教学（启动程序）.exe”文件，双击该文件便可观看本书视频，无需其他播放器。

★温馨提示★

为了更流畅地播放多媒体视频教学与调用源文件及其他文件，请读者将下载资源中的所有内容下载到计算机硬盘中。另外，请读者珍惜我们的劳动成果，不要将视频文件上传到其他互联网网站上，如若发现，我们将依法追究其法律责任。

超值附赠5套大型CG场景、15套大型效果图场景、500套单体模型

为了让读者更方便地学习3ds Max 2014与VRay渲染器，我们专门为读者准备了5套大型CG场景、15套大型效果图场景和500套单体模型供读者练习使用。这些场景仅供练习使用，请不要用于商业用途。

资源位置：附赠资源>CG场景文件夹、效果图场景文件夹、单体模型库文件夹。

大型场景展示 ▼

部分高精度单体欧式模型展示 ▼

超值附赠180个高动态HDRI贴图、5000多张高清位图贴图

由于HDRI贴图在实际工作中经常用到，又很难找到，基于此，我们专门为读者准备了180个HDRI贴图。HDRI拥有比普通RGB格式图像（仅8bit的亮度范围）更大的亮度范围，标准的RGB图像最大亮度值是（255，255，255），如果用这样的图像结合光能传递照明一个场景的话，即使是最亮的白色也不足以提供足够的照明来模拟真实世界中的情景，渲染结果看上去会很平淡，并且缺乏对比，原因是这种图像文件将现实中大范围的照明信息仅用一个8bit的RGB图像描述。而使用HDRI的话，相当于将太阳光的亮度值（如6000%）加到光能传递计算以及反射的渲染中，得到的渲染结果将会非常真实、漂亮。

另外，我们还为读者准备了5000多张高清稀有位图贴图，这些贴图都是我们在实际工作中收集的，读者可以用这些贴图进行练习。

资源位置：附赠资源>高动态HDRI贴图文件夹、高清位图贴图文件夹。

高动态HDRI贴图展示 ▼

高清位图贴图展示 ▼

超值附赠1套专家讲堂（共160集）

为了让初学者更方便、有效地学习软件技术，我们专门录制了1套“专家讲堂”多媒体视频教学录像，共160集。

资源位置：专家讲堂文件夹

本套视频的相关特点与注意事项如下。

第1点，本套视频非常适合入门级读者观看，因为本套视频完全针对初学者开发。

第2点，本套视频采用中文版3ds Max 2014和VRay 2.30.01进行录制。无论您用的是3ds Max 2012、3ds Max 2013，还是更低版本的3ds Max 2009和3ds Max 9，都可以观看本套视频。因为无论3ds Max和VRay如何升级，其核心功能是不会变的。

第3点，本套视频包含3ds Max与VRay渲染器的一些基础操作以及核心的技术，如常用的场景对象操作工具、常用的建模工具、常用灯光、摄影机、材质与贴图、VRay渲染技术以及动画等内容，基本囊括了3ds Max和VRay的各项重要技术，相信您看完本套视频一定会有不少的收获。另外，本套视频还录制了3ds Max和VRay的常见关键技术以及本书最后的一个附录（60种常用材质的参数设定）的内容。

第4点，本套视频是由我们策划组经过长时间精心策划而录制的，主要是为了方便读者学习3ds Max，希望珍惜我们的劳动成果，不要将视频上传到其他互联网网站上，如若发现，我们将依法追究其法律责任！

第001集：3ds Max的应用领域.flv
第002集：安全启动与退出3ds Max.flv
第003集：自定义用户界面方案与颜色.flv
第004集：使用教学影片及帮助.flv
第005集：3ds Max的界面主要功能.flv
第006集：3ds Max视口控制.flv
第007集：停靠或悬浮工具栏或面板.flv
第008集：调出与隐藏工具栏.flv
第009集：添加与删除工具栏按钮.flv
第010集：自定义快捷键与鼠标快捷菜单.flv
第011集：设置显示单位与系统单位.flv
第012集：加载背景图像.flv
第013集：打开与保存场景文件.flv
第014集：导出整个场景与导出选定对象.flv
第015集：导入、合并与替换外部文件.flv
第016集：打包场景.flv
第017集：配置命令面板修改器集.flv
第018集：自动备份工程文件.flv
第019集：视图控件的使用.flv
第020集：撤消与重做场景操作工具.flv
第021集：选择、选择类似与按名称选择工具.flv
第022集：选择过滤器的使用.flv
第023集：选择并移动旋转缩放工具.flv
第024集：参考坐标系.flv
第025集：选择并操纵工具.flv
第026集：调整对象变换中心.flv
第027集：捕捉开关工具.flv
第028集：角度与百分比捕捉工具.flv
第029集：微调器切换工具的使用.flv
第030集：镜像工具.flv
第031集：对齐工具.flv
第032集：渲染工具.flv
第033集：创建标准与扩展基本体.flv
第034集：创建门、窗、楼梯、栏杆、墙与植物.flv
第035集：散布、图形合并、布尔与放样.flv
第036集：样条线的创建与编辑.flv
第037集：常用修改器.flv
第038集：选择多边形次物体层级.flv
第039集：多边形子对象的选择方法.flv
第040集：多边形顶点子对象的基础操作.flv
第041集：多边形边子对象的基础操作.flv
第042集：多边形多边形子对象的基础操作.flv
第043集：目标灯光、目标聚光灯与目标平行光.flv
第044集：VRay灯光、VRay太阳与VRay天空.flv
第045集：目标摄影机与VRay物理摄影机.flv
第046集：标准材质与VRayMtl材质.flv
第047集：其他常用材质.flv
第048集：平铺贴图、衰减贴图.flv
第049集：其他常用贴图.flv
第050集：VRay帧缓冲区.flv
第051集：全局开关常用参数.flv
第052集：图像采样器的功能.flv
第053集：颜色贴图的基本使用.flv
第054集：环境的基本使用.flv
第055集：间接照明的基本使用.flv
第056集：DMC采样器.flv
第057集：系统的基本使用.flv
第058集：多角度批处理渲染方法.flv
第059集：渲染自动保存与关机设置方法.flv
第060集：粒子创建工具.flv
第061集：动力学动画创建工具.flv
第062集：Cloth（布料）修改器.flv
第063集：自动关键点动画.flv
第064集：约束动画与变形动画.flv
第065集：骨骼与IK解算器.flv
第066集：Biped与蒙皮.flv
第067集：群组动画.flv
第068集：CAT对象动画.flv
第069集：人群流动画.flv
第070集：Gamma和LUT.flv
第071集：调整视图的照明和阴影显示.flv
第072集：精确移动与旋转对象.flv
第073集：克隆的3种方式.flv
第074集：解组与炸开的区别.flv
第075集：选择对象的5种方法.flv
第076集：修改对象的显示颜色.flv
第077集：冻结与过滤对象.flv
第078集：快速隐藏某一类对象.flv
第079集：将选定对象的显示设置为外框与透明显示对象.flv
第080集：间隔复制的基本使用.flv
第081集：仅影响轴技术.flv
第082集：处理模型上的黑斑.flv
第083集：创建与调整曲线以及样条线的技巧.flv
第084集：塌陷到与塌陷全部命令的区别.flv
第085集：软选择的使用.flv
第086集：移除顶点与删除顶点的区别.flv
第087集：查看模型信息.flv
第088集：光域网详解.flv
第089集：三点照明.flv
第090集：灯光排除技术1.flv
第091集：灯光排除技术2.flv
第092集：“摄影机校正”修改器.flv
第093集：从对象获取材质.flv
第094集：重新链接场景缺失资源.flv
第095集：创建VRay代理与重新加载代理文件.flv
第096集：渲染线框图.flv
第097集：渲染色彩通道图.flv
第098集：绑定到空间扭曲.flv
第099集：自动与手动设置关键点的使用.flv
第100集：了解动画曲线的含义.flv
第101集：普通玻璃材质.flv
第102集：磨玻璃材质.flv
第103集：彩色玻璃材质.flv
第104集：磨砂玻璃材质.flv
第105集：龟裂缝玻璃材质.flv
第106集：镜子材质.flv
第107集：水晶材质.flv
第108集：亮面不锈钢材质.flv
第109集：哑光不锈钢材质.flv
第110集：拉丝不锈钢材质.flv
第111集：银材质.flv
第112集：黄金材质.flv
第113集：黄铜材质.flv
第114集：绒布材质.flv
第115集：单色花纹绒布材质.flv
第116集：麻布材质.flv
第117集：抱枕材质.flv
第118集：毛巾材质.flv
第119集：半透明窗纱材质.flv
第120集：花纹窗纱材质.flv
第121集：软包材质.flv
第122集：普通地毯.flv
第123集：普通花纹地毯.flv
第124集：高光木纹材质.flv
第125集：哑光木纹材质.flv
第126集：木地板材质.flv
第127集：大理石地面材质.flv
第128集：人造石台面材质.flv
第129集：拼花石材材质.flv
第130集：仿旧石材材质.flv
第131集：文化石材质.flv
第132集：砖墙材质.flv
第133集：玉石材质.flv
第134集：白陶瓷材质.flv
第135集：青花瓷材质.flv
第136集：马赛克材质.flv
第137集：白色乳胶漆材质.flv
第138集：彩色乳胶漆材质.flv
第139集：烤漆材质.flv
第140集：亮光皮革材质.flv
第141集：哑光皮革材质.flv
第142集：壁纸材质.flv
第143集：普通塑料材质.flv
第144集：半透明塑料材质.flv
第145集：塑钢材质.flv
第146集：清水材质.flv
第147集：游泳池水材质.flv
第148集：红酒材质.flv
第149集：灯管材质.flv
第150集：电脑屏幕材质.flv
第151集：灯带材质.flv
第152集：环境材质.flv
第153集：叶片材质.flv
第154集：水果材质.flv
第155集：草地材质.flv
第156集：镂空藤条材质.flv
第157集：沙盘楼体材质.flv
第158集：书本材质.flv
第159集：画材质.flv
第160集：毛发地毯材质.flv

共160集

为了方便读者查询所要观看的视频，我们将本套视频的目录结构整理到一个PDF文档中，放在“专家讲堂”文件夹中，用户可以使用Adobe Reader软件或Adobe Acrobat软件查看本目录。本套视频共分为8讲：第1讲　3ds Max入门；第2讲　常用工具与命令；第3讲　建模技术；第4讲　灯光、摄影机、材质与贴图；第5讲　VRay渲染精髓；第6讲　粒子、动力学与动画；第7讲　关键技术解析；第8讲　常见材质参数设定。

中文版3ds Max 2014专家讲堂——目录

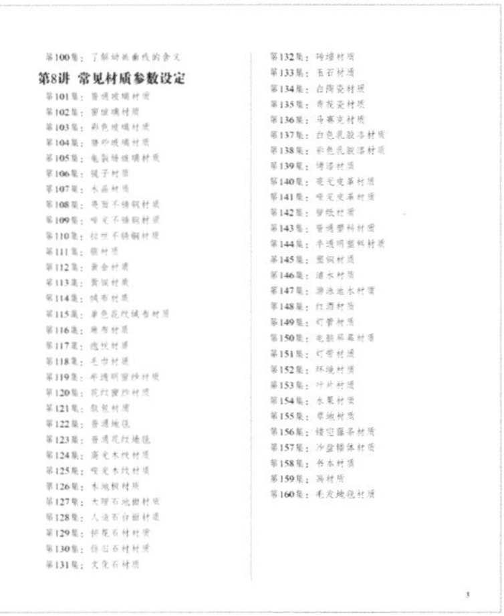

第8讲　常见材质参数设定

打开“专家讲堂”文件夹，在该文件夹中有1个“专家讲堂（启动程序）.exe”文件，双击该文件便可观看本书视频，无需其他播放器。

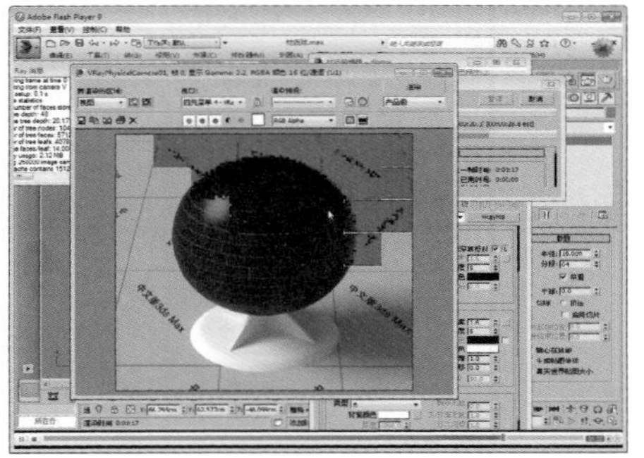

目 录

注：★重点 为3ds Max 2014和VRay的软件技术重点（读者必须完全掌握） ★重点 为重点实战（读者必须多加练习） ■■ 为实战和综合实例。

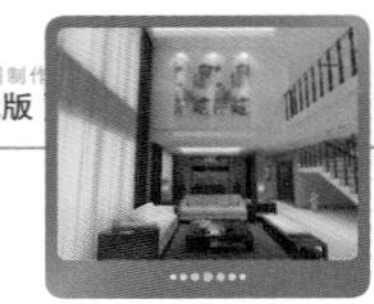

第9章 效果图制作基本功：灯光技术 244

第10章 效果图制作基本功：摄影机技术 280

第11章 效果图制作基本功：材质与贴图技术 292

附录C 常见材质参数设置索引 424

第1章 效果图制作必备知识

Learning Objectives
学习要点

38页 光与色

39页 光与影

44页 光与景

45页 摄影知识

48页 室内色彩学

49页 效果图风格

Employment direction
从业方向

家具造型设计师
工业造型设计师

室内设计表现师

建筑设计表现师

1.1 什么是效果图

效果图类似于现实中对场景拍摄的照片，不同的是效果图需要通过软件来制作虚拟的场景，然后通过渲染完成效果的“拍摄”。但要注意的是这一切都需要通过计算机来完成，与现实拍摄相同的是在制作效果图时需要把握好基本的美学知识，这样才能制作出色彩、光影都具吸引力的效果图。

由于本书内容大部分针对室内效果图制作，除了要具备最基本的光影、光景、摄影和色彩学知识外，还需要了解室内设计风格以及人体工程学，以便更好地完成效果图场景建模以及材质的制作。

1.2 光

效果图是用光做图的艺术，光在效果图中起到了很重要的作用，有光才有色、影、景。

1.2.1 光与色

没有光就没有色，光是人们感知色彩的必要条件，色来源于光，所以说光是色的源泉，色是光的表现。制作效果图会用到灯光或日光，不同的光会产生不同的色彩。光照在不同的物体上也会有不同的色彩体现。一张效果图给人的第一视觉就是画面的色彩，其次是空间，所以研究光与色的原理就是为了在效果图表现中能更好地把握光的用法，以此来达到第一视觉的美感。

光波

学过物理的人都知道用三棱镜可以将白光分成7种颜色，这7种色彩组成了人们所看到的世界。光的本质其实就是波，所以能产生反射（反弹）和折射（穿透）。一个光波周期，红色的光波最长，橙色其次，眼睛所能看到的最短光波是紫色光波。不同的光波具有不同的反射能力，眼睛看到的物体（除了物体本身会发光外）其实就是它反射过来的光，物体所表现出来的色彩就是它所反射的光波，其他的光波被吸收，吸收的光波会以热的形式进行转换，所以人们在夏天爱穿浅色的外衣就是因为浅色会把光的大多数光波反射掉。

在图1-1中，计算机用3种基色（红、绿、蓝）相互混合来表现出所有彩色。红与绿混合产生黄色、红与蓝混合产生紫色、蓝与绿混合产生青色，其中红与青、绿与紫、蓝与黄都是互补色，互补色在一起会产生视觉均衡感，所以我们经常能在效果图中观察到用蓝色的天光和暖色的灯光来表现效果图的美感。

技巧与提示

若不了解光与色的原理，可能会出现错误的判断，例如，我们经常可以观察到在道路两旁会用绿色的灯光来照射绿色的树，那么假如我们用紫色灯光来照射绿色植物会产生什么效果呢？

由于紫色是绿色的补色，因此在紫色中没有绿色的光波，而只有黄、绿、青3种色中有绿色光波，所以当紫色的灯光照在绿色植物上时就不会有绿色的光波反射出来，最后的效果就是绿色的植物会变成黑色。因此在为场景设置灯光时，首先要观察灯光所能照射到区域内的物体的色彩，然后选择灯光的色调。

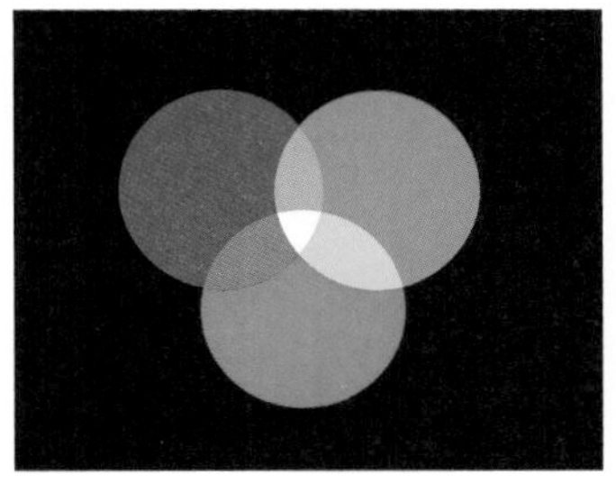

图1-1

色温

上面讲到灯光照到物体表面时，未被反射的光线会被吸收，并且会以热的形式进行转换，下面就来讲解常见光源的色温。

色温是按绝对黑体来定义的，光源在可见区域的辐射和在绝对黑体的辐射完全相同时，黑体的温度就是该光源的色温。在图1-2中，色彩纯度最高的时候，色温越高，光就越接近暖色；色温越低，光就越接近冷色。当色彩纯度不是最高的时候，色温与温度不一定成正比。虽然日常感觉太阳所照射出来的黄色比较暖和，但是色温是按照物体辐射光来定义的，因此蓝白色比黄色的色温更高。

图1-2

技巧与提示

标准烛光为1930K（K是开尔文温度单位）、钨丝灯为2760K~2900K、荧光灯为3000K、闪光灯为3800K、中午阳光为5400K、电子闪光灯为6000K、蓝天为12000K~18000K。

溢色

颜色具有传播性，主要包括漫反射传播和折射传播。当光线照到一个物体上时，物体会将部分色彩进行传播，传播后会影响周围的物体，这就是通常所说的溢色。

在图1-3中，当阳光和天光照射到草地时，草地会将其他的颜色吸收，而将绿色光波漫反射到白色墙面上。

由于白墙可以漫反射所有的光波，因此观察到的白墙颜色就变成了绿色。同样的原理，当阳光穿过蓝色的玻璃时，墙面会变成蓝色，如图1-4所示。合理运用溢色能将效果图的真实感打造到最佳效果。

图1-3

图1-4

技巧与提示

通过对本节内容的学习，读者在特殊光照的情况下，一定要清楚被照物体的色彩与光源色彩之间的关系，以及物体色彩的传播性，掌握了这些原理才能更好地把握光与色的关系。

1.2.2 光与影

随着计算机硬件和软件的发展，效果图行业也有了新的发展趋势，即通过写实的表现手法来真实地体现设计师的设计理念，这样就能更好地辅助设计师的设计工作，从而让表现和设计完美地统一起来。

要通过写实手法来表现出效果图的真实感，就必须找到一个能体现真实效果图的依据，而这个依据就是现实生活中的物理环境。只有多观察真实生活中的物体的特性，才有可能制作出照片级的效果图。而很多三维教程却对真实物理世界中的光影一带而过，这样就让很多初学者盲目地学习软件的操作技术，而丢掉了这个很重要的依据，结果连自己都不知道该怎样去表现效果。

真实物理世界中的光影关系简介

在这里先通过一个示意图（如图1-5所示）来说明真实物理世界的光影关系，这张示意图是下午3：00左右的光影效果，从图中可以看出主要光源是太阳光，在太阳光通过天空到达地面以及被地面反弹出去的过程中，就形成了天光，而天光也就成了第2光源。

图1-5

从上图中可以观察到太阳光产生的阴影比较实，而天光产生的阴影比较虚（见球体的暗部）。这是因为太阳光类似于平行光，所以产生的阴影比较实；而天光从四面八方照射球体，没有方向性，所以产生了虚而柔和的阴影。

再来看球体的亮部（太阳光直接照射的地方），它同时受到了阳光和天光的作用，但是由于阳光的亮度比较大，所以它主要呈现的是阳光的颜色；而暗部没有被阳光照射到，只受到了天光的作用，所以它呈现的是天光的蓝色；在球体的底部，由于光线照射到比较绿的草地上，反射出带绿色的光线，影响到白色球体的表面，形成了辐射现象，而呈现出带有草地颜色的绿色。

技巧与提示

在球体的暗部，还可以观察到阴影有着丰富的灰度变化，这不仅仅是因为天光照射到了暗部，更多的是由于天光和球体之间存在着光线反弹，从而使球体和地面的距离以及反弹面积影响了最后暗部的阴影变化。

那么在真实物理世界里的阳光阴影为什么会有虚边呢？图1-6所示是真实物理世界中的阳光虚边效果。

图1-6

在真实物理世界中，太阳是个很大的球体，但是它离地球很远，所以发出的光到达地球后，都近似于平行光，就因为它实际上不是平行光，所以地球上的物体在阳光的照射下会产生虚边，而这个虚边也可以近似地计算出来：（太阳的半径/太阳到地球的距离）×物体在地球上的投影距离≈0.00465×物体在地球上的投影距离。从这个计算公式中可以得出，一个身高1700mm的人，在太阳照射夹角为45°的时候，其头部产生的阴影虚边大约为11mm。根据这个科学依据，我们就可以使用VRay的球体光源来模拟真实物理世界中的阳光了，控制好VRay球光的半径和它到场景的距离就能产生真实物理世界中的阴影效果。

那为什么天光在白天的大多数时间是蓝色，而在早晨和黄昏又不一样呢？

大气本身是无色的，天空的蓝色是大气分子、冰晶、水滴等与阳光共同创作的景象，太阳发出的白光是由紫、青、蓝、绿、黄、橙、红光组成的，它们的波长依次增加，当阳光进入大气层时，波长较长的色光（如红光）的透射力比较强，能透过大气照射到地面；而波长较短的紫、蓝、青色光碰到大气分子、冰晶、水滴时，就很容易发生散射现象，被散射的紫、蓝、青色光将布满天空，从而使天空呈现出一片蔚蓝，如图1-7所示。

图1-7

在早晨和黄昏时，太阳光穿透大气层到达观察者所经过的路程要比中午的时候长很多，因此更多的光会被散射和反射掉，所以光线也没有中午的时候明亮。在到达所观察的地方时，波长较短的光（蓝色光和紫色光）几乎已经被散射掉，只剩下波长较长、穿透力较强的橙色和红色光，所以随着太阳慢慢升起，天空的颜色将从红色变成橙色。图1-8所示是早晨的天空色彩。

当落日缓缓消失在地平线以下时，天空的颜色逐渐从橙红色变为蓝色。即使太阳消失以后，贴近地平线的云层仍然会继续反射太阳的光芒，由于天空的蓝色和云层反射的红色太阳光融合在一起，所以较高天空中的薄云呈现为紫红色，几分钟后，天空会充满淡淡的蓝色，并且颜色会逐渐加深并向高空延展。图1-9所示是黄昏时的天空色彩。

图1-8　　图1-9

技巧与提示

仔细观察图1-9，其中的暗部呈现为蓝紫色，这是因为蓝、紫光被散射以后，又被另一边的天空反射回来。

下面以图1-10为例来讲解一下光线反弹。当白光照射到物体上时，物体会吸收和反弹一部分光线，吸收和反弹的多少取决于物体本身的物理属性。当遇到白色的物体时光线就会被全部反弹，当遇到黑色的物体时光线就会被全部吸收（注意，真实物理世界中不存在纯白或纯黑的物体），也就是说反弹光线的多少是由物体表面的亮度决定的。当白光照射到红色的物体上时，物体反射的光子就是红色（其他光子都被吸收了），当这些光子沿着它的路线照射到其他表面时会呈现为红色光，这种现象被称为辐射。因此相互靠近的物体的颜色会因此受到影响。

图1-10

技巧与提示

大致了解了真实世界中的光影关系后，下面来详细讲解现实生活中常见光源与阴影之间的关系。

自然光

所谓自然光，就是除人造光以外的光。在我们生活的世界里，主要的自然光来自于太阳，它给大自然带来了丰富美丽的变化，让我们看到了日出、日落，感受到了冷与暖。本节将简单讲解真实物理世界中的自然光在不同时刻和不同天气环境中的光影关系。

1.中午

在一天中，当太阳的照射角度大约为90°时，这个时刻就是中午，此时太阳光的直射强度是最强的，对比也是最大的，所以阴影也比较黑。相比其他时刻，中午的阴影层次变化也要少一点。

在强烈的光照下，物体的饱和度看起来会比其他时刻低一些，并且比较小的物体的阴影细节变化不会太丰富，所以要在真实的基础上来表现效果图，中午时刻相比于其他时刻就没有那么理想，因为表现力度和画面的层次要弱一些。例如，图1-11所示的是一幅中午时刻的小型建筑的光影效果图，其画面的对比很强烈，暗部阴影比较黑，而层次变化相对较少，所以不宜选择中午时刻来表现效果图的真实感。

图1-11

2.下午

在下午的时间段中（14:30~17:30），阳光的颜色会慢慢变得暖和一些，而照射的对比度也会慢慢降低，同时饱和度会慢慢增加，天光产生的阴影也随着太阳高度的下降而变得更加丰富。

整体来讲，下午的阳光会慢慢变暖，而暖的色彩和比较柔和的阴影会让我们观察起来感觉更舒适，特别是在日落前大约1个小时的时间里，色彩的饱和度会变得比较高，高光的暖调和暗部的冷调给我们带来了丰富的视觉感受。这个时刻的效果图表现比中午的时刻要好很多，因为此时不管是色彩还是阴影的细节都要强于中午。例如，在图1-12所示的阳光带点黄色，暗部的阴影层次比中午时刻要丰富一些，阴影带点蓝色，对比也没中午时刻那么强烈；再来看图1-13，阳光的暖色和阴影区域的冷色，使色彩的变化相对来说更加丰富，所以无论在光照还是在阴影细节的选择上，下午时刻的效果都要强于中午时刻。

图1-12

图1-13

3.日落

在日落这个时间段，阳光变成了橙色甚至是红色，光线和对比度变得更弱，较弱的阳光就使天光的效果更加突出。所以阴影色彩变得更深更冷，同时阴影也变得比较长。

日落时，天空在有云的情况下会变得更加丰富，有时还会呈现出让人感觉不可思议的美丽景象，这是因为此时的阳光看上去像是从云的下面照射出来的。例如，图1-14所示的是一张日落前的照片，阳光不是那么强烈，并且带有黄色的暖调，天光在这个时刻更加突出，暗部的阴影细节也很丰富，并且呈现出天光的冷蓝色；再来看图1-15，这是一张日落时的照片，太阳快落到地平线以下时，阳光的色彩变成了橙色，甚至带点红色，而阴影也拖得比较长，暗部的阴影呈现出蓝紫色的冷调。

图1-14

图1-15

4.黄昏

黄昏是一天中非常特别的时刻，经常给人们带来美丽的景象。当太阳落山的时候，天空中的主要光源就是天光，而天光的光线比较柔和，所以此时的阴影比较柔和，同时对比度也比较低，当然色彩的变化也变得更加丰富。

当来自地平线以下的太阳光被一些山岭或云块阻挡住时，天空中就会被分割出一条条阴影，形成一道道深蓝色的光带，这些光带好像是从地平线下的某一点（即太阳所在的位置）发出，以辐射状指向苍穹，有时还会延伸到太阳相对的天空中，呈现出万道霞光的壮丽景象，给只有色阶变化的天空增添一些富有美感的光影线条，人们把这种现象称为“曙暮晖线”。

日落之后，即太阳刚刚处于地平线以下时，在高山上面对太阳一侧的山岭和山谷中会呈现出粉红色、玫瑰红或黄色等色调，这种现象被称为“染山霞”或“高山辉”。傍晚时的“染山霞”比清晨明显，春夏季节又比秋冬季节明显，这种光照让物体的表面看起来像是染上了一层浓浓的黄色或紫红色。

在黄昏的自然环境下，如果有室内的黄色或橙色的灯光对比，整体画面会让人感觉到无比的美丽与和谐，所以黄昏时刻的光影关系也比较适合表现效果图。例如，图1-16所示的是一张黄昏时分的照片，此时太阳附近的天空呈现为红色，而附近的云彩呈现为蓝紫色，由于太阳已经落山，光线不强，被大气散射产生的天光亮度也随着降低，阴影变暗了很多，同时整个画面的饱和度也增加了不少；再来看图1-17，这是一张具有“曙暮晖线”的照片，太阳被云层压住，从云的下面照射出来，呈现出一幅很美丽的景象。

图1-16

图1-17

5.夜晚

在夜晚的时候，虽然太阳已经落山，但是天光仍然是个发光体，只是光照强度比较弱而已，因为此时的光照主要来源于被大气散射的阳光、月光以及遥远的星光，所以要注意，晚上的表现效果仍然有天光的存在。例如，图1-18所示的是一张夜幕降临时的照片，由于太阳早已经下山，天光起主要光照作用，因此屋顶都呈现为蓝色；再来看图1-19，月光起主要照明作用，整个天光比较弱，呈现为蓝紫色，月光明亮而柔和。

图1-18

图1-19

6.阴天

阴天的光线变化多样，这主要取决于云层的厚度和高度。阴天的天光色彩主要取决于太阳的高度（虽然是阴天，但太阳还是躲在云层后面），在太阳高度比较高的情况下，阴天的天光主要呈现为灰白色；在太阳的高度比较低的情况下，特别是太阳快落山时，天光的色彩会发生变化，并且呈现为蓝色。图1-20所示的是一张阴天的照片，阴影比较柔和，对比度也较低，而饱和度却比较高；再来看图1-21，这是一张太阳照射角度比较高的阴天照片，整个天光呈现为灰白色；接着看图1-22，这是一张太阳照射角度比较低的阴天照片，图像的暗部呈现为淡淡的蓝色。

图1-20

图1-21

图1-22

室内光与人造光

室内光和人造光是为了弥补在没太阳光直照以及光照不充分的情况，如阴天和晚上就需要人造光来弥补光照。同时，人造光也是人们有目的地去创造的，例如，一般的家庭照明是为了满足人们的生活需要，而办公室照明则是为了满足人们更好地工作。

随着社会的发展，室内光照也有了自身的定律，人们把居室照明分为3种，分别是集中式光源、辅助式光源和普照式光源，用它们组合起来营造一个光照环境，其亮度比例大约为5:3:1。其中5是指光照亮度最强的集中性光线（如投射灯）；3是指柔和的辅助式光源；1是指提供整个房间最基本照明的光源。

1.窗户采光

窗户采光就是室外的天光通过窗户照射到室内的光，窗户采光都比较柔和，因为窗户面积比较大（注意：在同等亮度下，光源面积越大，产生的光影越柔和）。在只有一个小窗口的情况下，虽然光影比较柔和，但是却能产生高对比的光影，这从视觉上来说是比较有吸引力的；在大窗口或多窗口的情况下，这种对比就相对弱一些。例如，图1-23所示的是一张小窗户的采光情况，由于窗户比较小，所以暗部比较暗，整张图像的对比相对比较强烈，而光影却比较柔和；再来看图1-24，这是一张大窗户的采光情况，在大窗户的采光环境下，整体画面的对比比较弱，由于窗户进光口很大，所以暗部没有那么的暗；接着看图1-25，这也是一张大窗户的采光情况，但是天光略微带点蓝色，这是因为云层的厚度和阳光的高度不同所造成的。

图1-23

图1-24

图1-25

技巧与提示

在不同的天气情况下，窗户采光的颜色也是不一样的。如果在阴天，窗户光将是白色、灰色或是淡蓝色；在晴天又将变成蓝色或白色。窗户光一旦进入室内，它首先照射到窗户附近的地板、墙面和天花板上，然后通过它们再反弹到家具上，如果反弹比较强烈就会产生辐射现象，让整个室内的色彩产生丰富的变化。

2.住宅钨灯照明

钨灯就是日常生活中常见的白炽灯，它是根据热辐射原理制成的，钨丝达到炽热状态，让电能转化为可见光，钨丝到达500℃时就开始发出可见光，随着温度的升高，光照颜色会按“红→橙黄→白”逐渐变化。人们平时看到白炽灯的颜色都和灯泡的功率有关，一个15W的灯泡照明看上去很暗，色彩呈现为红橙色，而一个200W的灯泡照明看上去就比较亮，色彩呈现为黄白色。例如，图1-26所示的是在白炽灯的照明下，高亮的区域呈现为接近白色的颜色，随着亮度的衰减，色彩慢慢变成了红色，最后成为黄色；再来看图1-27，这是一张具有灯罩的白炽灯的照明效果，光影要柔和很多，看上去并不是那么刺眼。

图1-26

图1-27

技巧与提示

通常情况下，白炽灯产生的光影都比较硬，为了得到一个柔和的光影，经常使用灯罩来让光照变得更加柔和。

3.餐厅、商店和其他商业照明

与住宅照明不一样，商业照明主要用于营造一种气氛和心情，设计师会根据不同的目的来营造不同的光照气氛。

餐厅室内照明把气氛的营造放在第1位，凡是比较讲究的餐馆，大厅一般情况都会安装吊灯，无论是用高级水晶灯，还是用吸顶灯，都可以使餐厅变得更加高雅和气派，但其造价比较高。大多数小餐馆都会选择安装组合日光灯，既经济又耐用，光线柔和适中，使顾客用餐时感到非常舒适。有些中档餐厅或快餐厅也会安装节能灯吸顶照明，俗称“满天星”，经验证明这种灯光为冷色，其造价不低而且质量较差，使用效果也非最佳，尤其是寒冷的冬季，顾客在这个环境下用餐会感到非常阴冷，而且这种色调的灯光照射在菜肴上会使菜肴失去本色，色泽艳丽的菜肴顿时变得灰暗、混浊，难上档次，所以节能灯不可取。另外，室内灯光的明暗强弱也会影响就餐顾客，一般在光线较为昏暗的地方用餐，让人没有精神，并使就餐时间加长；而光线明亮的地方会令人精神大振，使就餐时情绪兴奋，大口咀嚼有助消化和吸收，从而缩短用餐时间。例如，图1-28所示的是一个餐馆的照明效果，给人一种富丽的感觉，促进人们的食欲。

商店照明和其他照明不一样，商店照明主要是为了吸引购物者的注意力，创造合适的环境氛围，大都采用混合照明的方式，如图1-29所示。

图1-28

图1-29

商店照明的分类主要有以下6种。

第1种：普通照明，这种照明方式是给一个环境提供基本的空间照明，用来照亮整个空间。

第2种：商品照明，是对货架或货柜上的商品进行照明，保证商品在色、形、质3个方面都有很好的表现。

第3种：重点照明，也叫物体照明，主要是针对商店的某个重要物品或重要空间进行照明，如橱窗的照明就是重点照明。

第4种：局部照明，这种方式通常是装饰性照明，用来营造特殊的氛围。

第5种：作业照明，主要是针对柜台或收银台进行照明。

第6种：建筑照明，用来勾勒商店所在建筑的轮廓并提供基本的导向，以营造热闹的气氛。

4.荧光照明

荧光照明被广泛地应用在办公室、驻地、公共建筑等地方，因为这些地方需要的电能比较多，所以使用荧光照明能更多地节约电能。荧光照明的色温通常是绿色，如图1-30所示，这和我们的眼睛看到的有点不同，因为眼睛有自动白平衡功能。

图1-30

荧光照明主要有以下3大优点。

第1点：光源效率高、寿命长、经济性好。

第2点：光色丰富，适用范围广。

第3点：可得到发光面积大、阴影少而宽的照明效果，所以更适用于要求照明度均匀一致的照明场所。

5.混合照明

在日常生活中常常可以看到室外光和室内人造光混合在一起的情景，特别是在黄昏，室内的暖色光和室外天光的冷色在色彩上形成了鲜明而和谐的对比，从视觉上给人们带来一种美的感受。这种自然光和人造光的混合，常常会营造出很好的气氛，优秀的效果图在色彩方面都或多或少地对此有所借鉴。例如，图1-31所示的建筑不仅受到了室外蓝紫色天光的光照，同时在室内也有橙黄色的光照，在色彩上形成了鲜明的对比，同时又给人们一种和谐统一的感觉。

图1-31

技巧与提示

掌握混合照明还有助于提高用户对色彩对比的把握，如图1-32所示。

图1-32

6.火光和烛光

比起电灯发出的灯光，火光和烛光的光照更加丰富。火光本身的色彩变化比较丰富，并且火焰经常在跳动和闪烁，现代人经常用烛光来营造一种浪漫的气氛。例如，在图1-33中，可以观察到烛光本身的色彩非常丰富，产生的光影也比较柔和。

图1-33

1.2.3 光与景

合理用光和建立正确的场景是效果图表现的关键，换句话说就是“光与景是效果图表现的两大核心要素”。没有光，就观察不到景；没有景，光也失去了意义。光可分为自然光（如阳光、天光、月光等）和人造光（白炽灯、显示器等所发出的光）。

在通常情况下，一般使用中午、下午、傍晚、黄昏和有月光的夜晚来表现效果图，而清晨的效果图较少，原因主要是清晨的光色不是很丰富，并且人们在清晨时的活动也比其他时候少。那么是按照什么原则来确定效果所表现的时间呢？主要有两个原则：第1个是要尊重设计师和客户的要求；第2个是要按照大多数人所活动的时段。例如，人们大多在白天办公，因此办公场景设计成白天为最佳，如图1-34所示。

酒店和歌厅一般是人们晚上活动的场所，因此在制作效果图时表现晚上的效果为最佳时段，如图1-35所示。

图1-34　　图1-35

一般将一天中的6：00~18：00点定义为白天，若用一个半圆来表示一天中太阳的运动轨迹，则可以将地平线视为地面，圆弧表示太阳在一天中所处的不同时段，如图1-36所示。

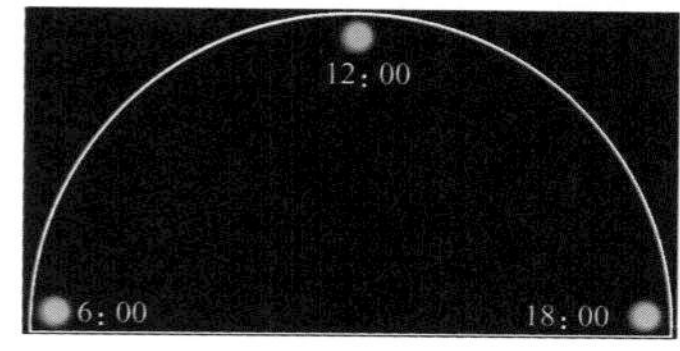

图1-36

技巧与提示

从图1-36中可以发现，白天的效果和晚上的效果在色彩上有很大的区别，这是因为白天的照明主要来自于太阳光和天光，天空主要是蓝色，所以白天室内空间的色调一般为偏冷色调；而夜晚主要是人工照明，因此一般为偏暖色调。

以一个游泳池场景来表现从早上6：00到傍晚18：00的效果图，如图1-37~图1-43所示。

6：00

图1-37

8：00

图1-38

10：00

图1-39

12：00

图1-40

14：00

图1-41

16：00

图1-42

18：00

图1-43

1.3 摄影

效果图一般按照片和现实两种方式来表现。在现实中所观察到的真实世界其实没有照片上所观察到的效果那么好，其原因有以下两点。

第1点：照片范围限制了取景的范围，但可以利用很好的构图来表达出最佳的主题效果。

第2点：摄影机功能在不断发展（如景深、运动模糊等），有很多新的技术在现实中是没有的。

1.3.1 摄影基础知识

本节将简单介绍一下镜头的种类和摄影补光技术。

镜头种类

按摄影机的镜头大致可以分为标准镜头、广角镜头、远摄镜头、鱼眼镜头和变焦镜头5种，如图1-44~图1-48所示。

图1-44

图1-45

图1-46

图1-47

图1-48

知识链接

关于摄影机镜头的更多知识请参阅第10章中的内容。

补光

摄影中一般会用到反光板进行补光，这与在效果图中用到的补光很相似。补光用的反光板在摄影中一般分为白色、银色、金色和黑色4种。

白色反光板：白色反光板反射的光线非常微弱，由于其反光性能不是很强，所以效果显得柔和、自然。

技巧与提示

白色反光板常用于对阴影部位的细节进行补光，在效果图制作中经常用到。

银色反光板：银色反光板比较亮且光滑如镜，因此能产生更为明亮的光。

技巧与提示

银色反光板也是最常用的一种反光板，使用该反光板很容易表现出水晶物体的效果。当阴天或主光不能很好地照到水晶物体时，可以直接将银色反光板置于水晶物体的下方，这样就可以将反光板接收到的光反射到物体上。

金色反光板：使用金色反光板补光与使用银色反光板补光一样，金色反光板可以像光滑的镜子一样反射光线，但是与冷调的银色反光板相反，因为它产生的光线色调是暖色调的。

技巧与提示

当光线非常明亮时，使用金色反光板或银色反光板要慎重，因为会产生多余的曝光效果。

黑色反光板：该反光板与众不同，从技术上讲它并不是反光板，而是“减光板”，其他反光板是根据加光法工作的，目的是为景物添加光量；而黑色反光板则是运用减光法来减少光量，因为在效果图的制作过程中可能会遇到个别物体的曝光使整个画面不协调，使用黑色反光板就可以避免出现曝光过度的现象。

1.3.2 构图要素

构图学是绘画和摄影中的理论，但在效果图制作中也被广泛运用。在制作效果图时，经常会发现整个画面不协调，但又苦于找不到原因，其实这主要是构图不合理造成的。本节就来学习效果图的画面构图方法。

主题

对于一张好的效果图来说，画面主题必须要突出，如果将观察到的物体尽可能都表现出来，就会造成画面零乱缺少主题。例如，在图1-49中，可以观察到餐桌和沙发区域，但是画面的视觉中心给人一种非常凌乱的感觉；而在图1-50中就能轻易地观察出沙发就是画面的主题。

图1-49

图1-50

技巧与提示

明确主题的方法一般除了确定摄影机角度以外，还可以通过增加物体的亮度或对比度来实现。

画面元素

效果图的构成是有一定画面元素的，缺少合理的元素就会影响图的视觉效果，可以将画面元素理解为构成整个画面的所有物体及光效，效果图中的画面元素一般分为设计主体、摆设、配饰、环境及灯光。

1.设计主体

设计主体是效果图中要表达的最重要部分，没有设计主体的效果图也就失去了存在的意义，因此设计主体是效果图的要点，其他元素都要以这个主体为中心来搭配。例如，在图1-51中，博古架就是整体画面中的视觉中心，其他元素都是围绕它来搭配的。

图1-51

2.摆设

摆设就是家具或功能性物品，是所有设计空间中不可缺少的物体，其风格要与设计主体相匹配（例如，客厅中的沙发、篮球场中的篮球架等）。摆设的主要目的就是要表达空间的功能、使用范围以及所适合的人群，如图1-52所示。

图1-52

3.配饰

配饰在效果图中能起到画龙点睛的作用，并且可以丰富画面以及提升效果图的档次。配饰除了要符合设计主体的风格外，还要注意实用性和合理性，例如，在卧室的床头柜上放一个台灯，如图1-53所示。

图1-53

技巧与提示

在使用配饰的时候还需要注意主人的品位习惯，例如，主人是一位严谨的科学家，而效果图中的配饰却是一束很浪漫的鲜花；主人是一位戒烟宣传大使，而为他设计的效果图的茶几上却放置一盒香烟，这样就会违背主人的个人意愿。另外，配饰也要有主次之分，在摄影机近景处要选用一些精制而重要的配饰，在远处要选用一些色彩简单的配饰，如图1-54所示。总之，在配饰的使用上要力求做到丰富、合理、实用。

图1-54

4.环境

环境一般是指为烘托室内环境而存在的室外环境。多数室内空间都有窗户，窗外的景象就是室外环境，室内的效果和室外的环境是相互决定和相互影响的。

室外环境一般要考虑以下6个因素。

第1个：时间，就是效果图中的空间所要表达的时间。

第2个：方位，主要是为了考虑窗外是阳面还是阴面效果。

第3个：季节，不同季节的室外环境是不一样的。

第4个：高度，就是效果图中的空间所处的楼层高度。

第5个：位置，就是效果图中的空间所处的位置。

第6个：天气，是指阴天还是晴天等。

技术专题 08 环境的其他解决方法

要全部掌握以上6个要素是不容易的，这里有一个简便的解决方法：就是尽量在窗上加入窗帘或窗纱，让室外有一定的亮度和色彩，这样不但可以使室内效果更加完美，也可以不用为室外景色不好确定而担心，如图1-55所示。

图1-55

在外景的控制上除了这6个要素以外，还有两个宏观的控制方法，即亮度和色彩。在阳光充足并且能照射到室内的情况下，可以将外景调整成相对亮一些的色彩，如图1-56所示；在没有阳光的情况下，可以将外景的相对色彩调整成暗一些的效果，如图1-57所示。

图1-56

图1-57

5.灯光

灯光也是画面中不可缺少的元素，它在效果图中的作用不言而喻，合理布光能使画面效果更加真实。

灯光主要是考虑空间的功能，例如，娱乐场所中的灯光要求色彩丰富，以点缀光为主，如图1-58所示，而会议厅要以光照比较明亮和光线均匀为主。

光的强弱在画面中也会起到非常重要的作用，若一张效果图看起来比较灰暗的话，主要就是光线的问题，这时就需要观察一些好的作品或现实中的一些照片来查找问题的所在。光除了能照亮场景以外，更重要的是为了突出设计要素，如图1-59所示。

图1-58

图1-59

技巧与提示

总体来讲，在光的使用上需要把握两点：第1个是功能型灯光，需要从场景的使用功能角度出发进行合理布光；第2个是烘托型灯光，主要是为了结合效果而添加一些强化画面的灯光。

1.3.3 摄影技巧

在效果图制作中，摄影技巧其实就是使用摄影机体现物体质感和层次感的技巧。

质感

在表现墙面质感时，经常会制作一些具有机理的材质或具有凸凹效果的造型。见图1-60，如果正对着墙来表现效果图（相当于物体与摄影机视点垂直），物体质感和造型视觉感观就会减弱；而使摄影机与墙面的角度相对比较小时，就会增强机理和造型的效果。

图1-60

层次感

层次感可以理解为空间的进深感，可以用设置前景的方法或加大摄影机的广角来增强效果图的层次感。前景可以分为物品前景（如图1-61所示）和框架前景两种。

图1-61

1.4 室内色彩学

本节将对室内色彩学的两大方面进行介绍，即室内色彩的基本要求和色彩与心理。掌握好了这两方面的知识，制作出来的效果图才更加符合人们的心理需求。

1.4.1 室内色彩的基本要求

室内色彩可以分为家具、纺织品、墙壁、地面、顶棚的色彩等。为了平衡室内错综复杂的色彩关系和总体色调，可以从同类色、邻近色、对比色、有彩色系和无彩色系的协调配置方式上来寻求其组合规律。

家具色彩

家具色彩是家庭色彩环境中的主色调，常用的有以下两类。

第1类：明度、纯度较高的色彩，其中有表现木纹、基本不含颜料的木色或淡黄、浅橙等偏暖色彩，这些家具纹理明晰、自然清新、雅致美观，使人能感受到木材质地的自然美。如果采用“玉眼”等特殊涂饰工艺，木材纹理会更加醒目怡人，还有遮盖木纹的象牙白、乳白色等偏冷色彩，明快光亮、纯洁淡雅，使人领略到人为材料的“工艺美”。

第2类：明度、纯度较低的色彩，其中有表现贵重木材纹理色泽的红木色（暗红）、橡木色（土黄）、柚木色（棕黄）或栗壳色（褐色）等偏暖色彩，还有咸菜色（暗绿）等偏冷色彩，这些深色家具显示了华贵、古朴凝重、端庄大方的特点。

技巧与提示

家具色彩力求单纯，最好选择单色或双色，既强调本身造型的整体感，又易于和室内色彩环境相协调。如果要在家具的同一部位上采取对比强烈的不同色彩，可以用无彩色系中的黑、白或金银等光泽色作为间隔装饰，使家具更加自然，对比更加协调，这样既醒目鲜艳，又柔和优雅。

纺织品色彩

床罩、沙发罩、台布、窗帘等纺织品的色彩也是室内色彩环境中的重要组成部分，这些物体一般采用明度、纯度较高的鲜艳色，这样才能表现出室内浓烈、明丽、活泼的气氛。

技巧与提示

在为家具配色时，可以采用“色相”进行协调，如为淡黄的家具、米黄的墙壁配上橙黄的床罩、台布，可以构成温暖、艳丽的色调；也可以采用相距较远的邻近色进行对比，起到点缀装饰的作用，以获得绚丽的效果。

纺织品色彩的选择应考虑到环境和季节等因素。对于光线充足的房间或在夏季，宜采用蓝色系的窗帘；在冬季或光线暗淡的房间，宜采用红色系的窗帘；而写字台可以铺上冷色调装饰布，以减弱视觉干扰和防止视觉疲劳；在餐桌上宜铺上橙色装饰布，以给人温暖、兴奋之感，从而增强食欲。

墙壁、地面、屋顶色彩

墙壁、地面、屋顶的色彩通常充当室内的背景色和基色，以衬托家具等物品的主色调。墙壁、屋顶的色彩一般采用一个或几个较淡的、短色距的彩色或无彩的素色，这样有利于表现室内色彩环境的主从关系、隐显关系以及空间的整体感、协调感、深远感、体积感和浮雕感。

1.墙壁色彩

对于光线充足的房间或者主人的性格比较恬静的房间，可以把主卧室或女孩子的次卧室的墙壁用苹果绿、粉绿、湖蓝等偏冷色彩来装饰，如图1-62所示；对于光线较暗的房间、起居室、饭厅或者性格活泼的男孩子的次卧室，可以用米黄、奶黄、浅紫等偏暖色彩来装饰；小面积房间的墙壁与家具可以选用相同的色彩（明度要略有不同）来搭配，这样才能统一协调，以增强空间的纵深感；对于大、中型房间的墙壁色彩和家具色彩，需要使邻近色形成比较明显的对比，这样可以使家具显得更加突出、醒目；对于色彩比较繁杂的室内环境，墙面最好采用灰、白等素色作为背景色，这样才能起到中和、平衡、过渡、转化等效果。

图1-62

2.地面色彩

地面色彩一般采用土黄、红棕、紫色等偏暖色彩来进行修饰，也可以采用青绿、湖蓝等冷色调，当然也可以采用灰、白等素色，如图1-63所示。

图1-63

技巧与提示

地面色彩具有衬托家具和墙壁的作用，宜采用同类色或邻近色进行对比，从而突出家具的轮廓，使线条更加清晰，这样就会更加富有立体感。例如，黄色、橙色的家具可以配红棕色的地面，而红色的家具可配土黄色的地面。

3.屋顶色彩

屋顶可以用彩色或白色来修饰，一般与墙壁为同一色相，但明度不同，需要自下而上产生浓淡、明暗、轻重的变化，这样有助于在视觉上扩大空间高度。

技巧与提示

白色的屋顶不仅可以加强空间感，而且能增加光线的反射和亮度。

1.4.2 色彩与心理

学习色彩与心理的主要目的是在初学效果图时能对室内色彩具有人性化的把握。不同的色彩应用在不同的空间背景上，对房间的性质、心理知觉和情感反应都可以造成很大的影响。一种特殊的色相虽然完全适用于地面，但将其运用在天棚上时，则可能产生完全不同的效果。下面将不同的色相作用于天棚、墙面、地面时的效果进行简单的分析，见下表。

颜色	天棚	墙面	地面
红色	干扰的	侵犯的、靠近的	留意的、警觉的
粉红色	精致的、愉悦舒适的或过分甜蜜的	软弱的	过于精致的
褐色	沉闷压抑的	稳妥的	稳定沉着的
橙色	发亮的、兴奋的	暖和的、发亮的	活跃明快的
黄色	发亮的、兴奋的	温暖的	上升的、有趣的
绿色	保险的	冷的、安静的、可靠的	自然的、柔软的、轻松的
蓝色	冷的、凝重的与沉闷的	冷而深远的	结实的
灰色	暗的	讨厌的	中性的
白色	空虚的	枯燥无味的，没有活力的	禁止接触的
黑色	空虚沉闷的	不祥的	奇特的、难于理解的

1.5 效果图风格

效果图风格一般分为5种，分别是中式风格、欧式古典风格、田园风格、乡村风格和现代风格。

1.5.1 中式风格

中国传统风格崇尚庄重和优雅，多采用木构架来构筑室内藻井天棚、屏风、隔扇等装饰，一般采用对称的空间构图方式，庄重而简练，空间气氛宁静雅致而简朴，如图1-64所示。

图1-64

1.5.2 欧式古典风格

人们在不断满足现代生活要求的同时，又萌发出一种向往传统、怀念古老饰品、珍爱有艺术价值的传统家具陈设的情结。于是，曲线优美、线条流动的巴洛克和洛可可风格的家具常作为居室的陈设，再配以相同格调的壁纸、帘幔、地毯、家具外罩等装饰织物，给室内增添了端庄、典雅的贵族气氛，如图1-65所示。

图1-65

1.5.3 田园风格

田园风格崇尚返璞归真、回归自然，摒弃人造材料，将木材、砖石、草藤、棉布等天然材料运用于室内设计中，如图1-66所示。

图1-66

1.5.4 乡村风格

乡村风格主要表现为尊重民间的传统习惯、风土人情，注重保持民间特色，运用地方建筑材料或传说故事等作为装饰主题，在室内环境中力求表现悠闲、舒畅的田园生活情趣，创造自然、质朴、高雅的空间气氛，如图1-67所示。

图1-67

1.5.5 现代风格

现代风格是相对于传统风格而言的，这种风格崇尚个性化和多元化，以简洁、明快、实用为原则，是现代年轻人所喜欢的一种风格，如图1-68所示。

图1-68

1.6 室内人体工程学

人体工程学是一门重要的学科，不仅要求设计师会运用，随着效果图制作水平的提高，效果图表现师也需要了解这门学科。

人体工程学可以简单概括为人在工作、学习和娱乐的环境中对人的生理和心理及行为的影响。为了让人的生理和心理及行为达到一个最合适的状态，就要求环境的尺寸、光线、色彩等因素适合人们。

1.6.1 室内人体工程学的作用

研究室内人体工程学主要有以下4个方面的作用。

第1个：人体工程学是确定人在室内活动所需空间的主要依据。根据人体工程学中的有关计测数据，从人的尺度、动作域、心理空间以及人际交往的空间来确定空间范围。

第2个：人体工程学是确定家具、设施的形体、尺度及其使用范围的主要依据。家具设施为人所使用，因此它们的形体、尺度必须以人体尺度为主要依据。同时，人们为了使用这些家具和设施，其周围必须留有活动和使用的最小空间，这些都是根据人体工程学来处理的。室内空间越小，停留时间越长，对这方面内容测试的要求也越高，例如，车厢、船舱、机舱等交通工具内部空间的设计。

第3个：人体工程学提供了适应人体的室内物理环境的最佳参数。室内物理环境主要有室内热环境、声环境、光环境、重力环境、辐射环境等。人体工程学为室内设计提供了科学的参数依据，这样在设计时就能做出正确的决策。

第4个：人体工程学为室内视觉环境设计提供了科学依据。人眼的视力、视野、光觉、色觉是视觉的要素，人体工程学通过计测得到的数据，对室内光照设计、室内色彩设计、视觉最佳区域等提供了科学的依据。

1.6.2 环境心理学与室内设计

在阐述环境心理学之前，先要了解环境和心理学的概念。环境即为“周围的境况”，相对于人而言，环境也就是围绕人们并对人们的行为产生一定影响的外界事物。环境本身具有一定的秩序、模式和结构，可以认为环境是一系列有关的多种元素与人的关系的综合。人们可以使外界事物产生变化，而这些变化了的事物，又会反过来对行为主体的人产生影响。例如，人们设计创造了简洁、明亮、高雅、有序的室内办公环境，同时环境也能使在这一环境中工作的人有良好的心理感受，能诱导人们更文明、更有效地进行工作。心理学则是研究认识、情感、意志等心理过程和能力、性格等心理特征的学科。

第2章 进入3ds Max 2014的世界

Learning Objectives
学习要点

Employment direction
从业方向

家具造型设计师

工业造型设计师

室内设计表现师

建筑设计表现师

2.1 认识3ds Max 2014

Autodesk公司出品的3ds Max是一款三维软件。3ds Max强大的功能，使其从诞生以来就一直受到CG艺术家的喜爱。随着3ds Max的升级，其功能也变得更加强大。

3ds Max在模型塑造、场景渲染、动画及特效等方面都能制作出高品质的对象，如图2-1~图2-5所示，这也使其在插画、影视动画、游戏、产品造型和效果图（3ds Max在国内以制作效果图为主）等领域中占据重要地位，成为全球最受欢迎的三维制作软件之一。

图2-1

图2-2

图2-3

图2-4

图2-5

技巧与提示

从3ds Max 2009开始，Autodesk公司推出了两个版本的3ds Max，一个是面向影视动画专业人士的3ds Max；另一个是专门为建筑师、设计师以及可视化设计量身定制的3ds Max Design。对于大多数用户而言，这两个版本是没有任何区别的。本书均采用中文版3ds Max 2014（普通版）来编写，请大家注意。

2.2 3ds Max 2014的工作界面

安装好3ds Max 2014后，可以通过以下两种方法来启动3ds Max 2014。

第1种：双击桌面上的快捷图标。

第2种：执行“开始>所有程序>Autodesk 3ds Max 2014>Autodesk 3ds Max 2014 Simplified Chinese”命令，如图2-6所示。

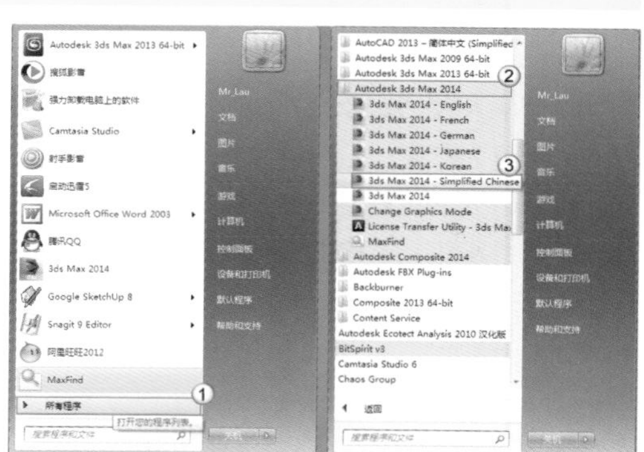

图2-6

在启动3ds Max 2014的过程中，可以观察到3ds Max 2014的启动画面，如图2-7所示。启动完成后可以看到其工作界面，如图2-8所示。3ds Max 2014的视口是四视图显示，如果要切换到单一的视图显示，可以单击界面右下角的“最大化视口切换”按钮或按Alt+W组合键，如图2-9所示。

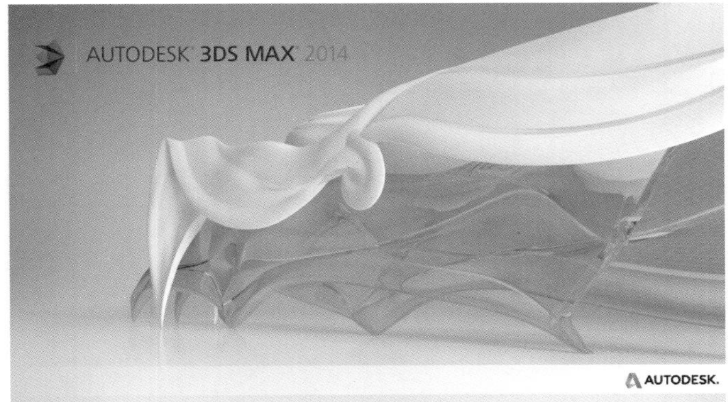

图2-7

图2-8

图2-9

技术专题 02 如何使用教学影片

在初次启动3ds Max 2014时，系统会自动弹出“欢迎使用3ds Max”对话框，其中包括6个入门视频教程，如图2-10所示。

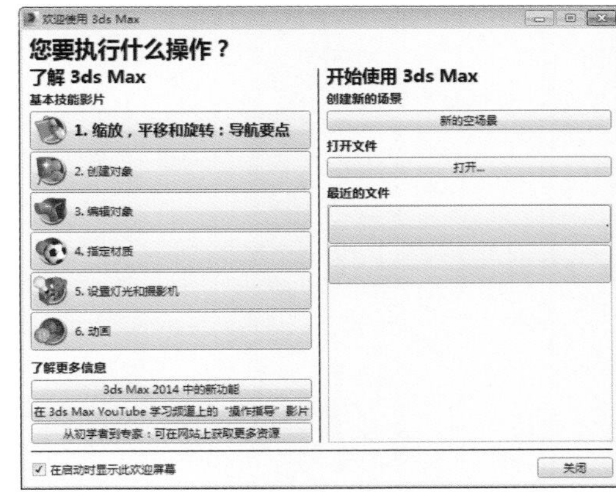

图2-10

若想在启动3ds Max 2014时不弹出“欢迎使用3ds Max”对话框，只需要在该对话框左下角关闭“在启动时显示此欢迎屏幕”选项即可，如图2-11所示；若要恢复“欢迎使用3ds Max”对话框，可以执行“帮助>欢迎屏幕”菜单命令打开该对话框，如图2-12所示。

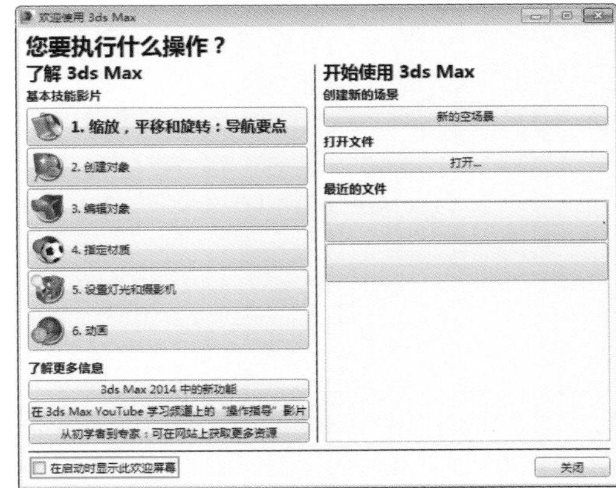

图2-11

键入关键字或短语
帮助(H)
1
Autodesk 3ds Max 帮助(A)...
新功能...
3ds Max 学习频道...
欢迎屏幕
2
教程...
学习途径(L)...
附加帮助(A)...
Search 3ds Max Commands... X
MAXScript 帮助(M)...
3ds Max 服务和支持
3ds Max 社区
反馈

图2-12

3ds Max 2014的工作界面分为标题栏、菜单栏、主工具栏、视口区域、视口布局选项卡、建模工具选项卡、命令面板、时间尺、状态栏、时间控制按钮和视口导航控制按钮11大部分，如图2-13所示。

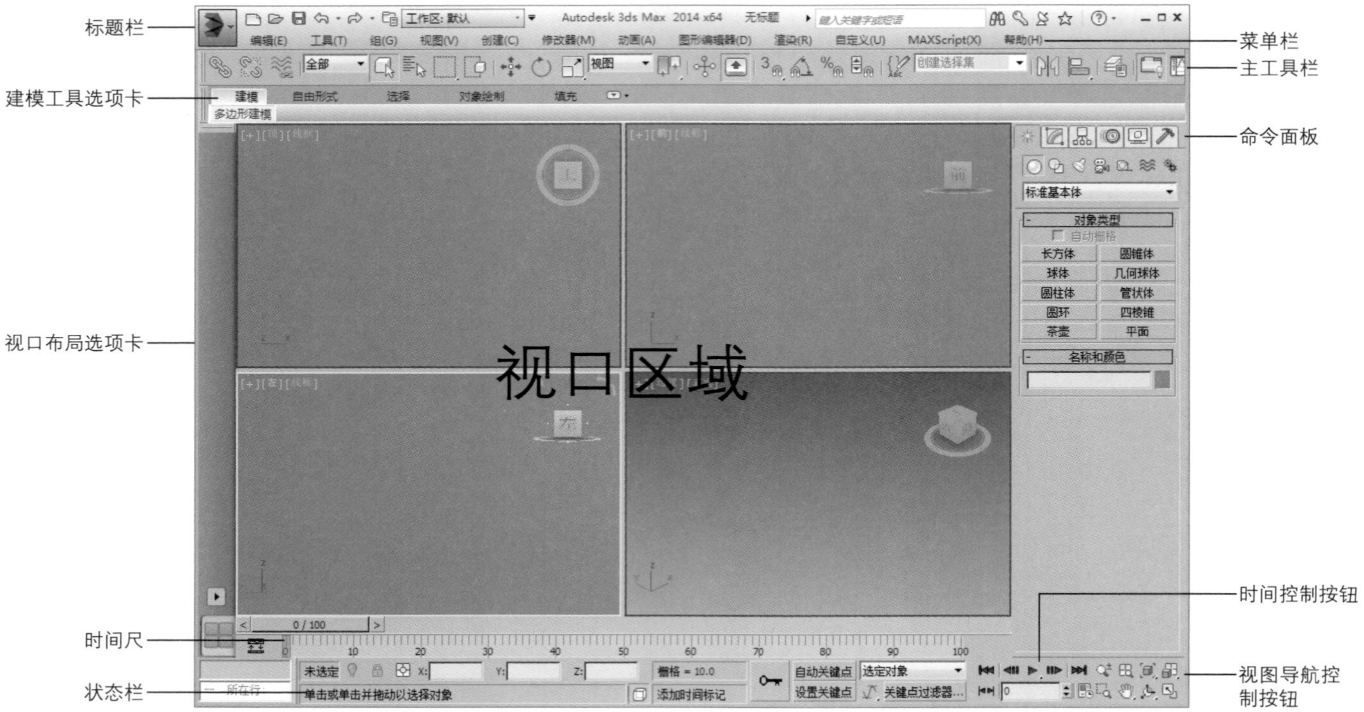

标题栏
菜单栏
主工具栏
建模工具选项卡
命令面板
视口布局选项卡
视口区域
时间控制按钮
时间尺
视图导航控制按钮
状态栏

图2-13

默认状态下的主工具栏、命令面板和视口布局选项卡分别停靠在界面的上方、右侧和左侧，可以通过拖曳的方式将其移动到视图的其他位置，这时将以浮动的面板形态呈现在视图中，如图2-14所示。

图2-14

疑难问答

问：如何将浮动的工具栏/面板恢复到停靠状态？

答：若想将浮动的工具栏/面板切换回停靠状态，可以将浮动的面板拖曳到任意一个面板或工具栏的边缘，或者直接双击工具栏/面板的标题名称也可返回到停靠状态。例如，“命令”面板是浮动在界面中的，将光标放在“命令”面板的标题名称上，然后双击鼠标左键，“命令”面板就会返回到停靠状态，如图2-15和图2-16所示。另外，也可以在工具栏/面板的顶部单击鼠标右键，然后在弹出的菜单中选择“停靠”菜单下的子命令来选择停靠位置，如图2-17所示。

图2-15

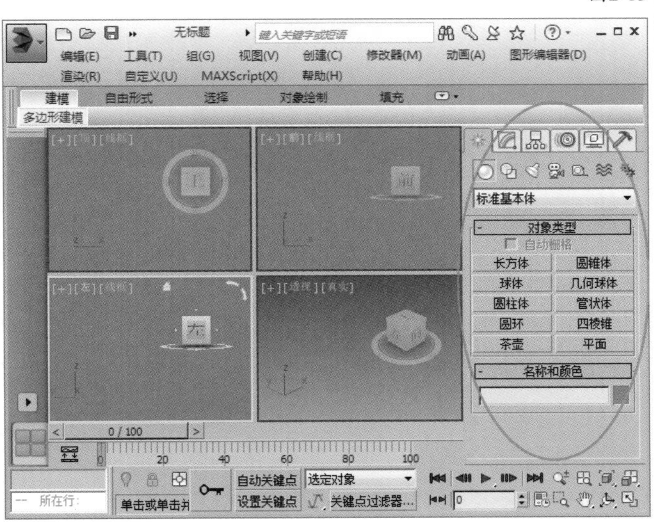

图2-16

图2-17

2.3 标题栏

3ds Max 2014的“标题栏”位于界面的最顶部。“标题栏”包含当前编辑的文件名称、软件版本信息，同时还有软件图标（这个图标也称为“应用程序”图标）、快速访问工具栏和信息中心3个非常人性化的工具栏，如图2-18所示。

图2-18

本节知识概要

知识名称	主要作用	重要程度
应用程序	集合了用于管理场景的大多数常用命令	高
快速访问工具栏	集合了用于管理场景文件的几个常用命令	中
信息中心	用于访问有关3ds Max 2014和其他Autodesk产品的信息	低

2.3.1 应用程序

单击“应用程序”图标会弹出一个用于管理场景文件的下拉菜单。这个菜单与之前版本的“文件”菜单类似，主要包括“新建”“重置”“打开”“保存”“另存为”“导入”“导出”“发送到”“参考”“管理”“属性”和“最近使用的文档”12个常用命令，如图2-19所示。

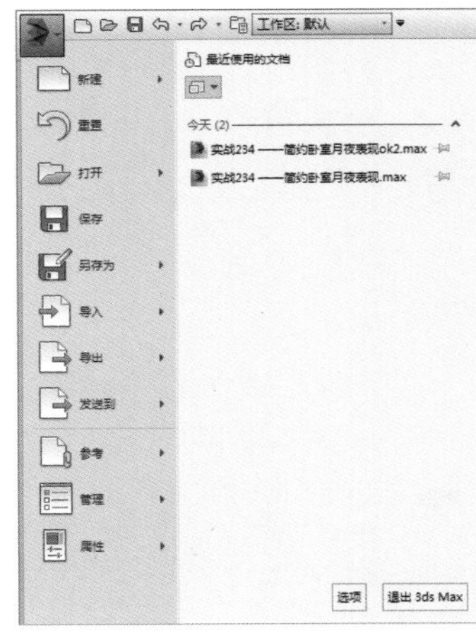

图2-19

由于“应用程序”菜单下的命令都是一些常用的命令，因此使用频率很高，这里提供了这些命令的键盘快捷键，如下表所示。请牢记这些快捷键，这样可以节省很多操作时间。

命令	快捷键
新建	Ctrl+N
打开	Ctrl+O
保存	Ctrl+S
退出3ds Max	Alt+F4

应用程序菜单介绍

新建：该命令用于新建场景，包含3种方式，如图2-20所示。

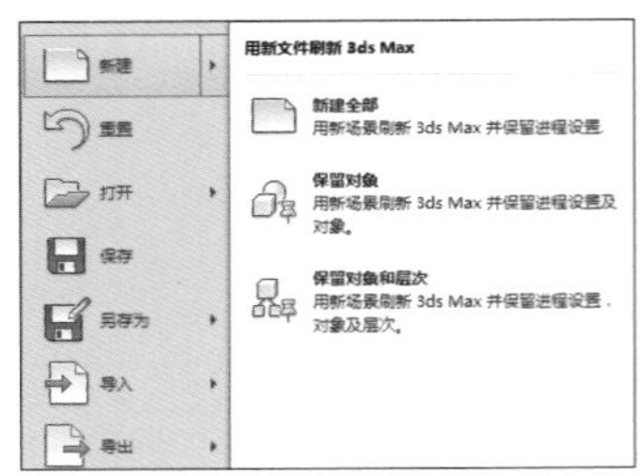

图2-20

新建全部：新建一个场景，并清除当前场景中的所有内容。

保留场景：保留场景中的对象，但是删除它们之间的任意链接以及任意动画键。

保留对象和层次：保留对象以及它们之间的层次链接，但是删除任意动画键。

在一般情况下，新建场景都用快捷键来完成，按Ctrl+N组合键可以打开“新建场景”对话框，在该对话框中可以选择新建方式，如图2-21所示，这种方式是最快捷的新建方式。

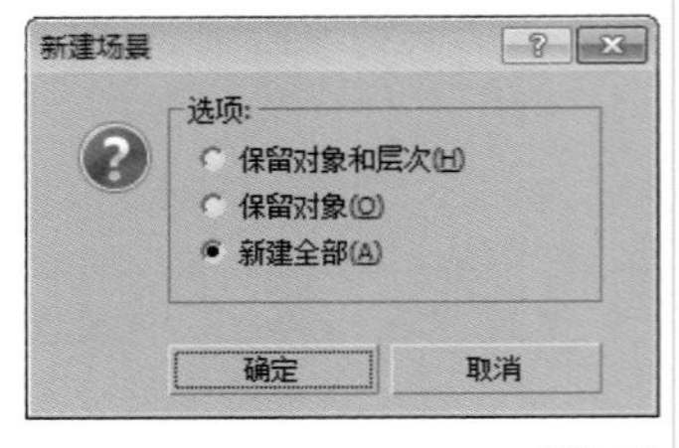

图2-21

重置：执行该命令可以清除所有数据，并重置3ds Max设置（包括视口配置、捕捉设置、“材质编辑器”、视口背景图像等）。重置可以还原启动默认设置，并且可以移除当前所做的任何自定义设置。

打开：该命令用于打开场景，包含两种方式，如图2-22所示。

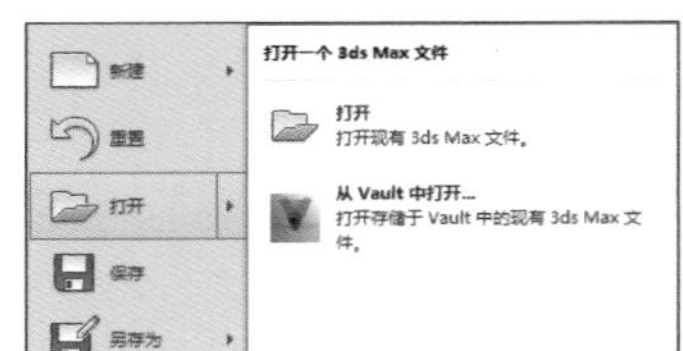

图2-22

打开：执行该命令或按Ctrl+O组合键可以打开“打开文件”对话框，在该对话框中可以选择要打开的场景文件，如图2-23所示。

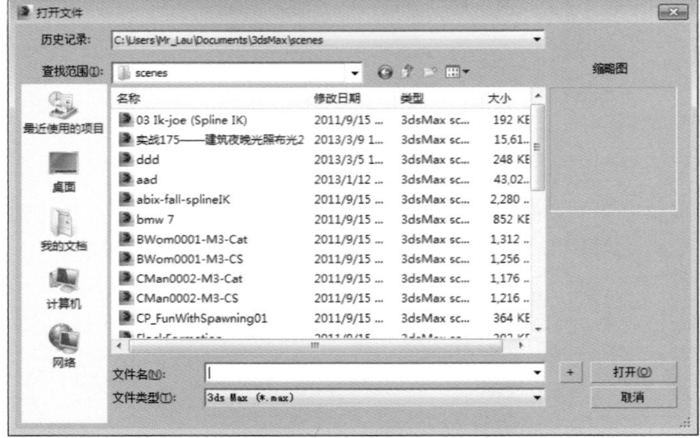

图2-23

技巧与提示

除了可以用“打开”命令打开场景以外，还有一种更为简便的方法。在文件夹中选择要打开的场景文件，然后使用鼠标左键将其直接拖曳到3ds Max的操作界面即可将其打开，如图2-24所示。

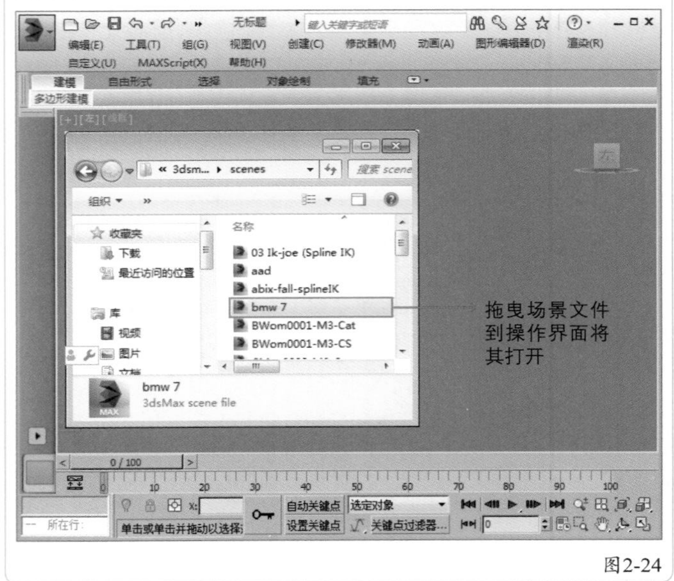

图2-24

从Vault中打开：执行该命令可以直接从 Autodesk Vault（3ds Max附带的数据管理提供程序）中打开 3ds Max文件，如图2-25所示。

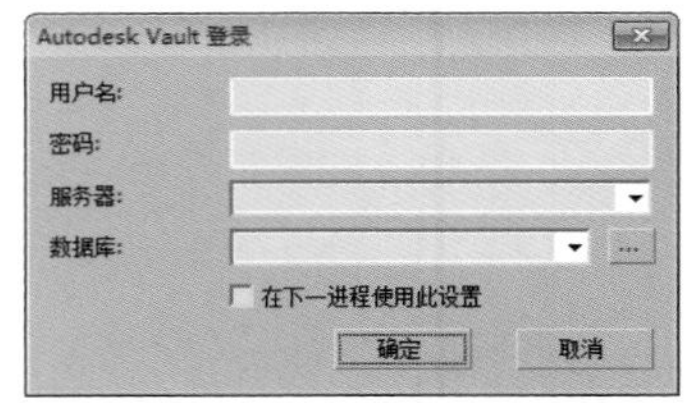

图2-25

保存：执行该命令可以保存当前场景。如果先前没有保存场景，则执行该命令会打开“文件另存为”对话框，在该对话框中可以设置文件的保存位置、文件名以及保存的类型，如图2-26所示。

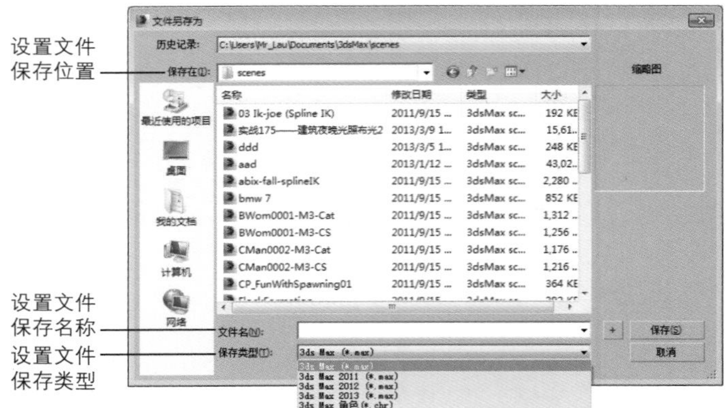

图2-26

另存为：执行该命令可以将当前场景文件另存一份，包含4种方式，如图2-27所示。

图2-27

另存为：执行该命令可以打开"文件另存为"对话框，在该对话框中可以设置文件的保存位置、文件名以及保存类型，如图2-28所示。

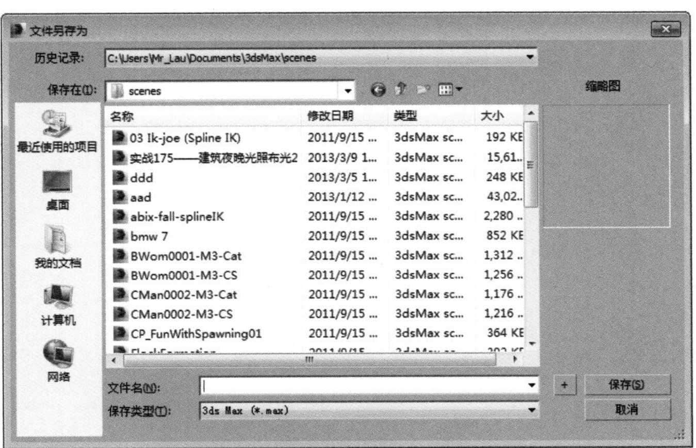

图2-28

疑难问答

问："保存"命令与"另存为"命令有何区别？

答：对于"保存"命令，如果事先已经保存了场景文件，也就是计算机硬盘中已经有这个场景文件，那么执行该命令可以直接覆盖掉这个文件；如果计算机硬盘中没有场景文件，那么执行该命令会打开"文件另存为"对话框，设置好文件保存位置、保存命令和保存类型后才能保存文件，这种情况与"另存为"命令的工作原理是一样的。

对于"另存为"命令，如果硬盘中已经存在场景文件，执行该命令同样会打开"文件另存为"对话框，可以选择另存为一个文件，也可以选择覆盖掉原来的文件；如果硬盘中没有场景文件，执行该命令还是会打开"文件另存为"对话框。

保存副本为：执行该命令可以用一个不同的文件名来保存当前场景的副本。

保存选定对象：在视口中选择一个或多个几何体对象以后，执行该命令可以保存选定的几何体。注意，只有在选择了几何体的情况下该命令才可用。

归档：这是一个比较实用的功能。执行该命令可以将创建好的场景、场景位图保存为一个ZIP压缩包。对于复杂的场景，使用该命令进行保存是一种很好的保存方法，因为这样不会丢失任何文件。

知识链接

"归档"命令在实际工作中比较常用，关于该命令的具体用法请参阅59页的"实战：用归档功能保存场景"。

导入：该命令可以加载或合并当前3ds Max场景文件以外的几何体文件，包含3种方式，如图2-29所示。

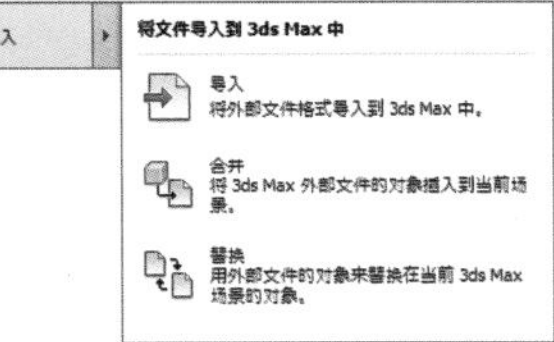

图2-29

导入：执行该命令可以打开"选择要导入的文件"对话框，在该对话框中可以选择要导入的文件，如图2-30所示。

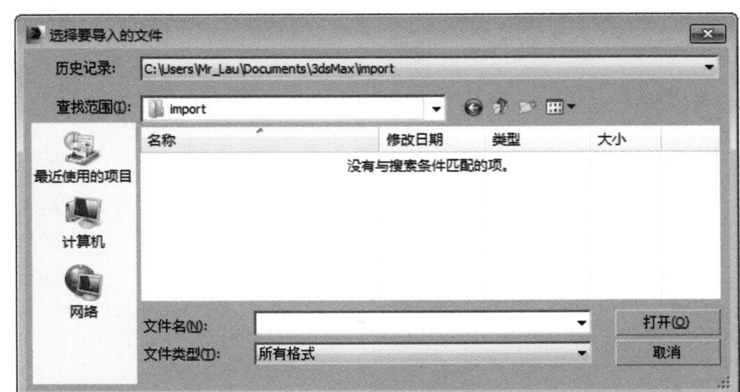

图2-30

合并：执行该命令可以打开"合并文件"对话框，在该对话框中可以将保存的场景文件中的对象加载到当前场景中，如图2-31所示。

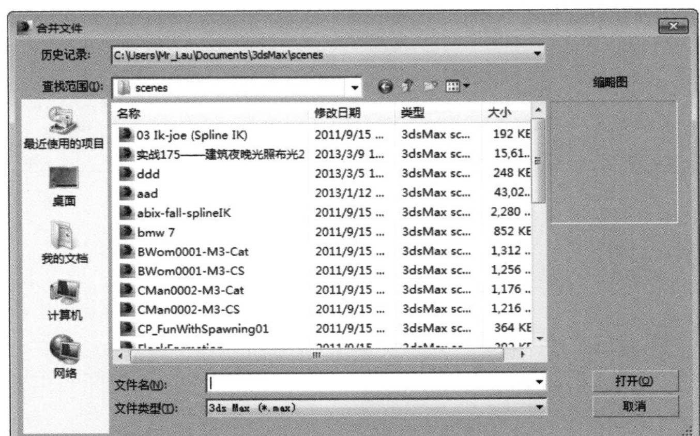

图2-31

技巧与提示

选择要合并的文件后，在"合并文件"对话框中单击"打开"按钮打开(O)，3ds Max会弹出"合并"对话框，在该对话框中可以选择要合并的文件类型，如图2-32所示。

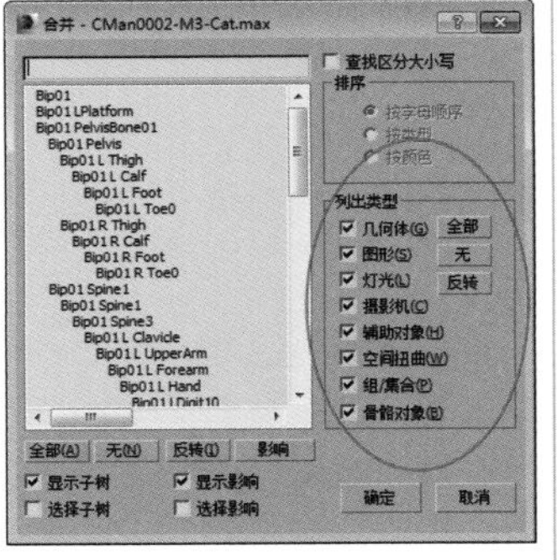

图2-32

替换：执行该命令可以替换场景中的一个或多个几何体对象。

导出：该命令可以将场景中的几何体对象导出为各种格式的文件，包含3种方式，如图2-33所示。

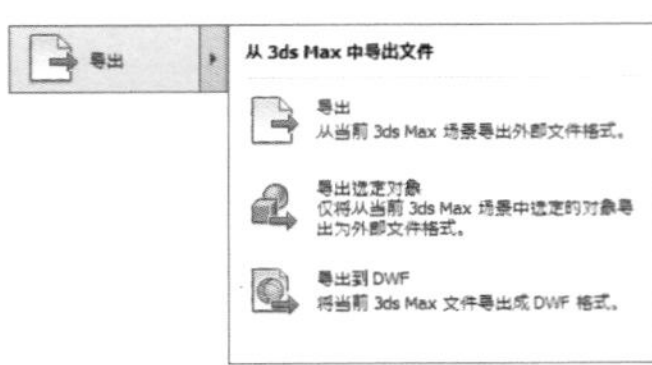

图2-33

导出：执行该命令可以导出场景中的几何体对象，在弹出的“选择要导出的文件”对话框中可以选择要导出的文件格式，如图2-34所示。

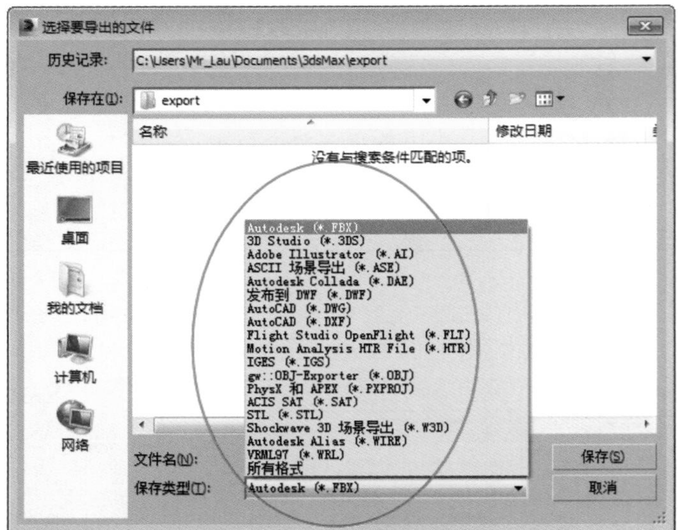

图2-34

导出选定对象：在场景中选择几何体对象以后，执行该命令可以用各种格式导出选定的几何体。

导出到DWF：执行该命令可以将场景中的几何体对象导出成dwf格式的文件。这种格式的文件可以在AutoCAD中打开。

发送到：该命令可以将当前场景发送到其他软件中，以实现交互式操作，可发送的软件有4种，如图2-35所示。

图2-35

疑难问答

问：Maya、Softimage、MotionBuilder、Mudbox是什么软件?

答：Maya（该软件是Autodesk公司的软件）是一款三维动画软件，应用对象为专业的影视广告、角色动画和电影特技等。Maya功能完善、工作灵活、易学易用，制作效率极高，渲染真实感极强，是电影中的高端制作软件，《星球大战前传》《X-MEN》《魔比斯环》等电影中都有Maya完成的画面效果。

Softimage（该软件是Autodesk公司的软件）是一款专业的3D动画制作软件。Softimage占据了娱乐业和影视业的主要市场，动画设计师们用这个软件制作出了很多优秀的影视作品，如《泰坦尼克号》《失落的世界》《第五元素》等电影中的很多镜头都是由Softimage完成的。

MotionBuilder（该软件是Autodesk公司的软件）是业界最为重要的3D角色动画制作软件之一，它集成了众多优秀的工具，为制作高质量的动画作品提供了保障。

Mudbox（该软件是Autodesk公司的软件）是一款用于数字雕刻与纹理绘画的软件，其基本操作方式与Maya（Maya也是Autodesk公司的软件）相似。

参考：该命令用于将外部的参考文件插入到3ds Max中，以供用户进行参考，可供参考的对象有5种，如图2-36所示，常使用的功能为“资源追踪”。

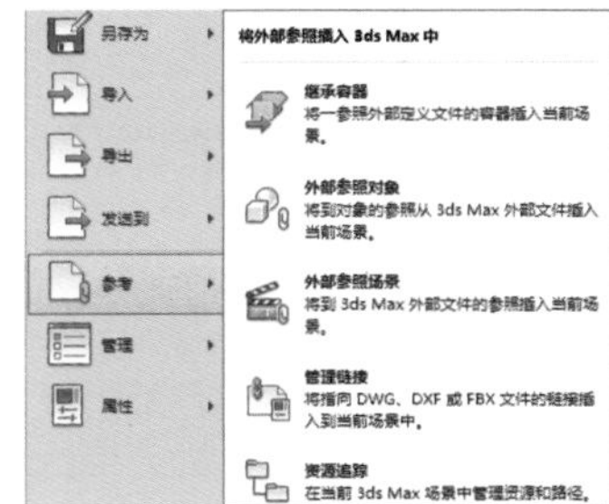

图2-36

资源追踪：执行该命令可以打开“资源追踪”对话框，在该对话框中可以检入和检出文件、将文件添加至资源追踪系统（ATS）以及获取文件的不同版本等，如图2-37所示。

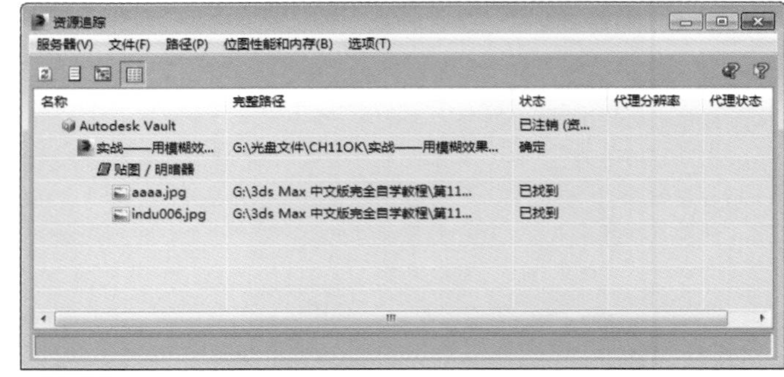

图2-37

管理：该命令用于对3ds Max的相关资源进行管理，如图2-38所示。

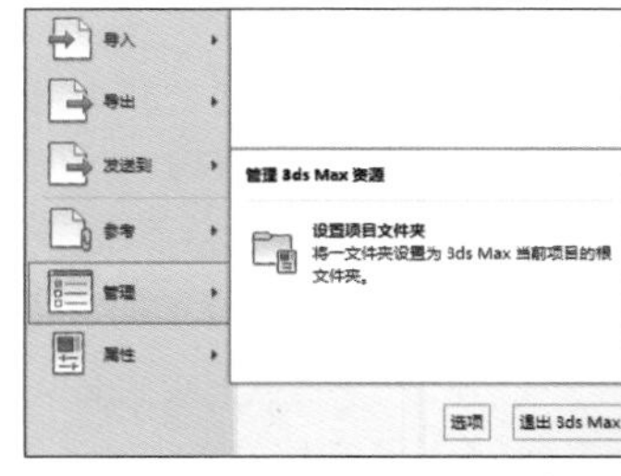

图2-38

设置项目文件：执行该命令可以打开“浏览文件夹”对话框，在该对话框中可以选择一个文件夹作为3ds Max当前项目的根文件夹，如图2-39所示。

属性：该命令用于显示当前场景的详细摘要信息和文件属性信息，如图2-40所示。

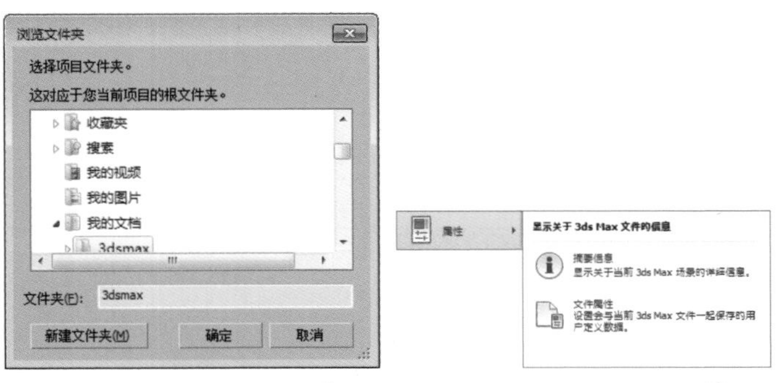

图2-39　　图2-40

选项：单击该按钮可以打开“首选项设置”对话框，在该对话中几乎可以设置3ds Max中所有的首选项，如图2-41所示。

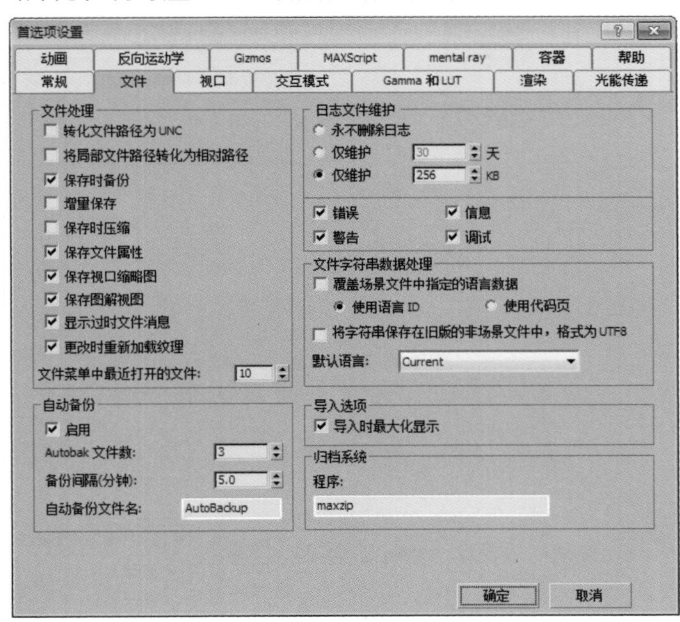

图2-41

退出3ds Max：单击该按钮可以退出3ds Max，快捷键为Alt+F4。

如果当前场景中有编辑过的对象，那么在退出时会弹出一个3ds Max对话框，提示“场景已修改。保存更改？”，用户可根据实际情况进行操作，如图2-42所示。

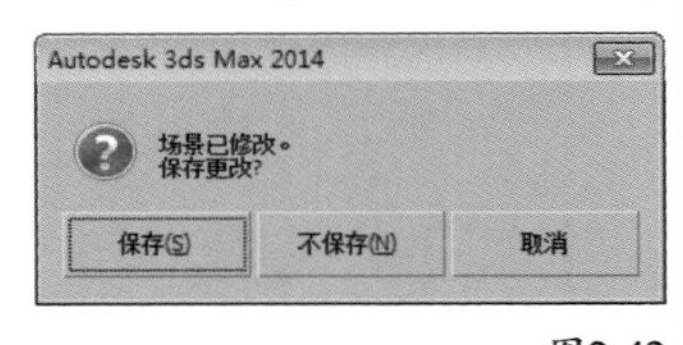

图2-42

实战：用归档功能保存场景

场景位置　场景文件>CH02>01.max
实例位置　实例文件>CH02>实战：用归档功能保存场景.zip
视频位置　多媒体教学>CH02>实战：用归档功能保存场景.flv
难易指数　★☆☆☆☆
技术掌握　掌握如何归档场景文件

扫码看视频

01 按Ctrl+O组合键打开“打开文件”对话框，然后选择“场景文件>CH02>01.max”文件，接着单击“打开”按钮，如图2-43所示，打开的场景效果如图2-44所示。

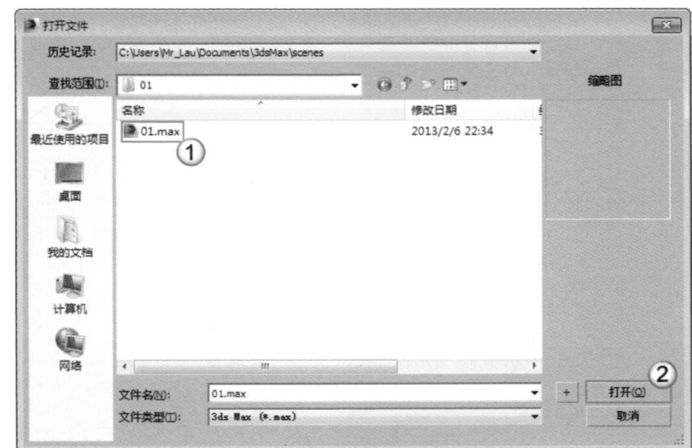

图2-43

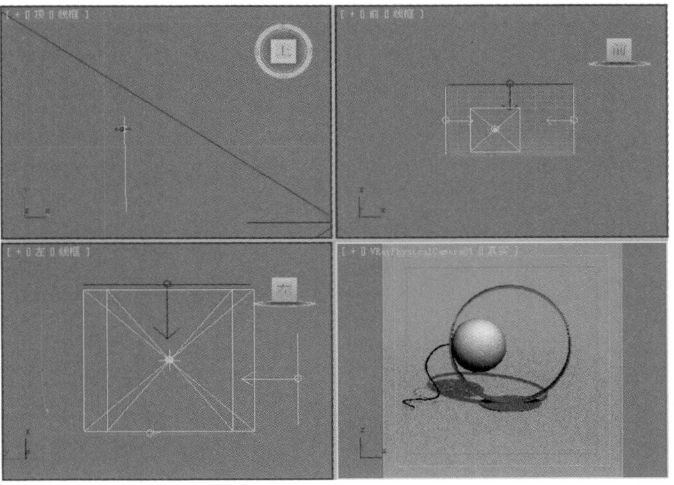

图2-44

问：为什么在摄影机视图中有很多杂点？

答：这不是杂点，而是3ds Max 2014的实时照明和阴影显示效果（默认情况下，在3ds Max 2014中打开的场景都有实时照明和阴影），如图2-45所示。如果要关闭实时照明和阴影，可以执行“视图>视口背景>配置视口背景”菜单命令，打开“视口配置”对话框，然后在“照明和阴影”选项组下关闭“高光”“天光作为环境光颜色”“阴影”“环境光阻挡”和“环境反射”选项，接着单击“应用到活动视图”按钮，如图2-46所示，这样在活动视图中就不会显示实时照明和阴影，如图2-47所示。注意，开启实时照明和阴影影会占用一定的系统资源，建议计算机配置比较低的用户关闭这个功能。

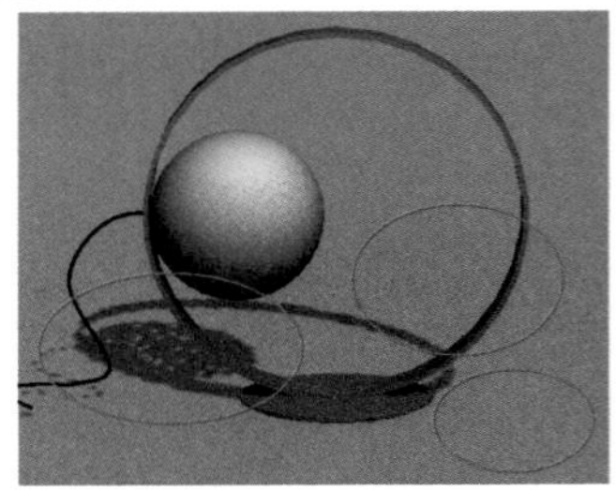

图2-45

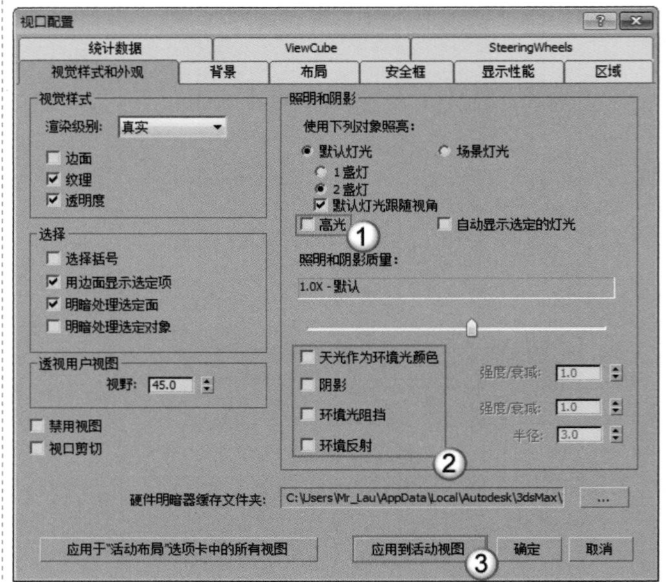

图2-46

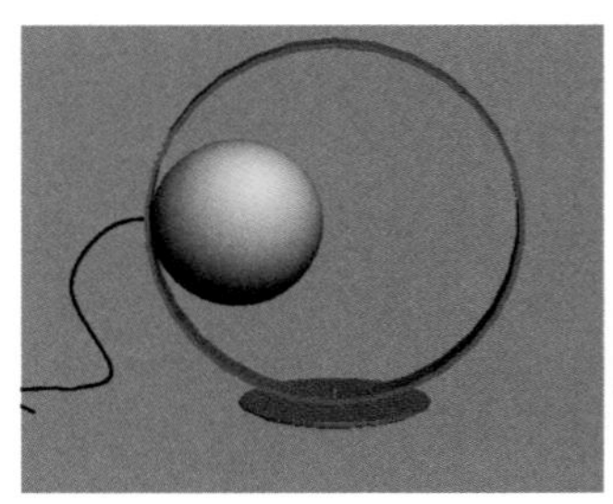

图2-47

02 单击界面左上角的"应用程序"图标，然后在弹出的菜单中执行"另存为>归档"菜单命令，如图2-48所示，接着在弹出的"文件归档"对话框中选择好保存位置和文件名，最后单击"保存"按钮，如图2-49所示。

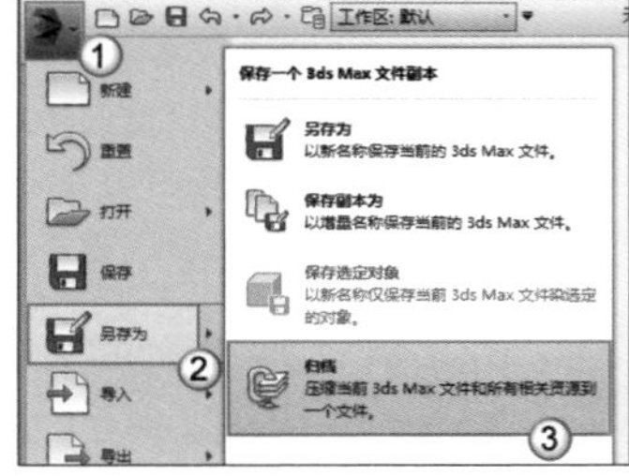

图2-48

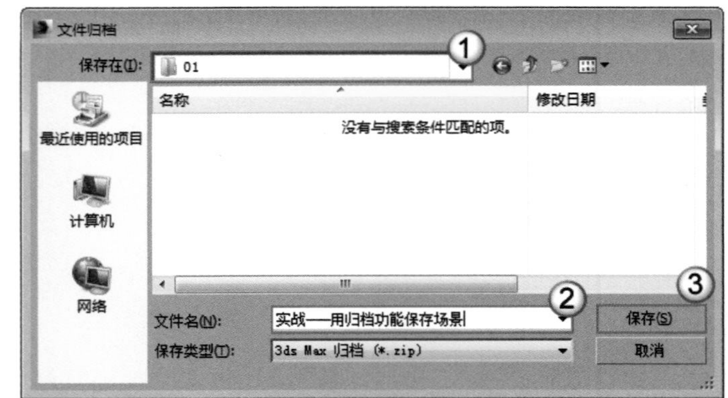

图2-49

归档场景以后，在保存位置会出现一个zip压缩包，如图2-50所示，这个压缩包中包含这个场景的所有文件以及一个归档信息文本，如图2-51所示。

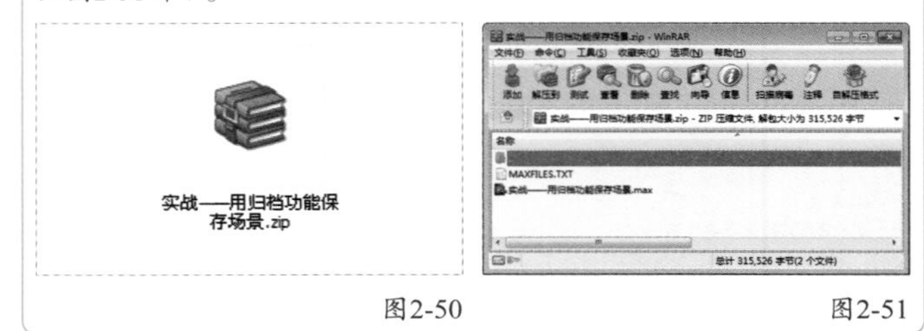

图2-50　　图2-51

2.3.2 快速访问工具栏

"快速访问工具栏"集合了用于管理场景文件的常用命令，便于用户快速管理场景文件，包括"新建""打开""保存""撤销""重做"和"设置项目文件夹"6个常用命令，同时用户也可以根据个人喜好对"快速访问工具栏"进行设置，如图2-52所示。

图2-52

知识链接

关于"新建""打开"和"保存"3个命令的用法请参阅"2.3.1 应用程序"下的相关内容；"撤销"和"重做"命令的用法请参阅61页"2.4.1 编辑菜单"下的相关内容。

2.3.3 信息中心

“信息中心”用于访问有关3ds Max 2014和其他Autodesk产品的信息，如图2-53所示。

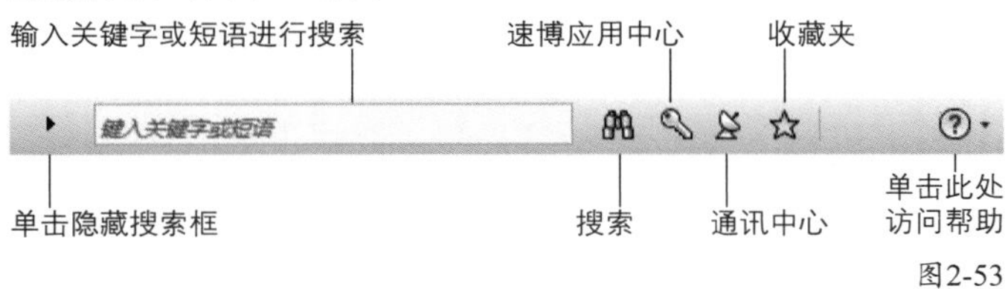

图2-53

2.4 菜单栏

“菜单栏”位于工作界面的顶端，包含“编辑”“工具”“组”“视图”“创建”“修改器”“动画”“图形编辑器”“渲染”“自定义”、MAXScript（MAX脚本）和“帮助”12个主菜单，如图2-54所示。

编辑(E) 工具(T) 组(G) 视图(V) 创建(C) 修改器(M) 动画(A) 图形编辑器(D) 渲染(R) 自定义(U) MAXScript(X) 帮助(H)

图2-54

本节知识概要

知识名称	主要作用	重要程度
编辑	用于编辑场景对象	高
工具	主要操作场景对象	高
组	对场景对象进行编组或解组	高
视图	用于控制视图的显示方式以及设置视图的相关参数	高
创建	用于创建几何体、二维图形、灯光和粒子等对象	中
修改器	用于为场景对象加载修改器	中
动画	用于制作动画	中
图形编辑器	用图形化视图方式表达场景对象的关系	中
渲染	用于设置渲染参数以及设置场景的环境效果	高
自定义	用于更改用户界面以及设置3ds Max的首选项	中
MAXScript	用于创建、打开和运行脚本	低
帮助	提供帮助信息，供用户参考学习	低

技术专题 03 菜单命令的基础知识

在执行菜单栏中的命令时可以发现，某些命令后面有与之对应的快捷键，如图2-55所示。如“移动”命令的快捷键为W键，也就是说按W键就可以切换到“选择并移动”工具。牢记这些快捷键能够节省很多操作时间。

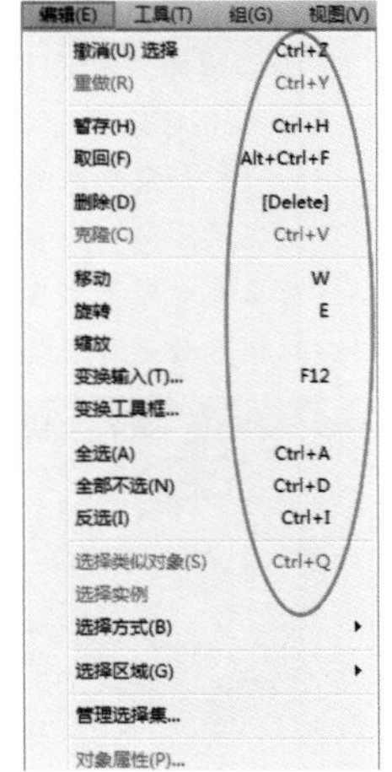

图2-55

若下拉菜单命令的后面带有省略号，则表示执行该命令后会弹出一个独立的对话框，如图2-56所示。

若下拉菜单命令的后面带有小箭头图标，则表示该命令还含有子命令，如图2-57所示。

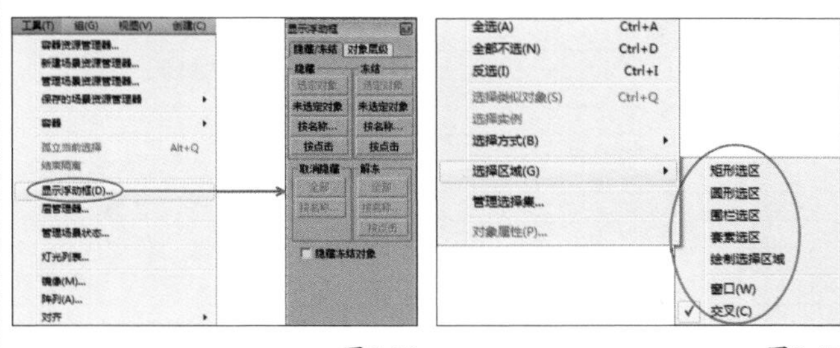

图2-56 图2-57

每个主菜单后面均有一个括号，且括号内有一个字母，如“编辑”菜单后面的（E），表示可以利用E键来执行该菜单下的命令，下面以“编辑>撤销”菜单命令为例来介绍一下这种快捷方式的操作方法。按住Alt键（在执行相应命令之前不要松开该键），然后按E键，此时字母E下面会出现下划线（E），表示该菜单被激活，同时将弹出子命令，如图2-58所示，接着按U键即可撤销当前操作，返回到上一步（按Ctrl+Z组合键也可以达到相同的效果）。

仔细观察菜单命令，会发现某些命令显示为灰色，这表示这些命令不可用，这是因为在当前操作中该命令没有合适的操作对象。比如在没有选择任何对象的情况下，“组”菜单下的命令只有一个“集合”命令处于可用状态，如图2-59所示，而在选择了对象以后，“成组”命令和“集合”命令都可用，如图2-60所示。

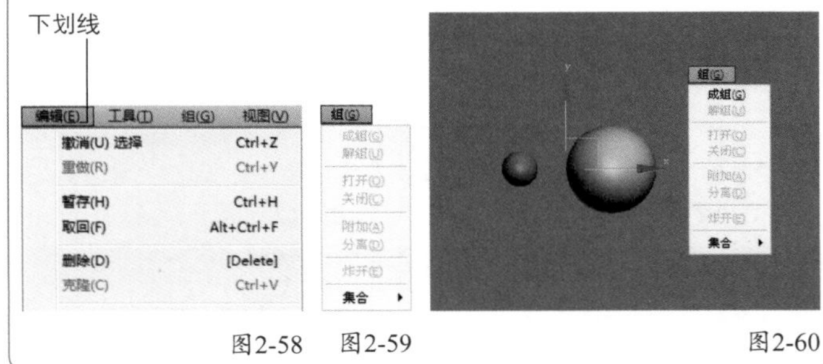

图2-58 图2-59 图2-60

2.4.1 编辑菜单

“编辑”菜单下是一些编辑对象的常用命令，基本都配有快捷键，如图2-61所示。

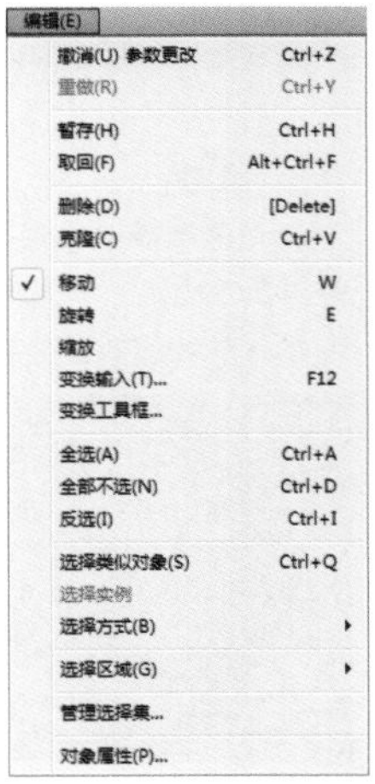

图2-61

“编辑”菜单命令的键盘快捷键如下表所示。请牢记这些快捷键，这样可以节省很多操作时间。

命令	快捷键
撤销	Ctrl+Z
重做	Ctrl+Y
暂存	Ctrl+H
取回	Alt+Ctrl+F
删除	Delete
克隆	Ctrl+V
移动	W
旋转	E
变换输入	F12
全选	Ctrl+A
全部不选	Ctrl+D
反选	Ctrl+I
选择类似对象	Ctrl+Q
选择方式>名称	H

知识链接

关于“撤销”“重做”“移动”“旋转”“缩放”“选择区域”和“管理选择集”命令的相关用法请参阅73页“2.5 主工具栏”下的相关内容。

编辑菜单命令介绍

暂存/取回：使用“暂存”命令可以将场景设置保存到基于磁盘的缓冲区，可存储的信息包括几何体、灯光、摄影机、视口配置以及选择集；使用“取回”命令还原上一个“暂存”命令存储的缓冲内容。

删除：选择对象以后，执行该命令或按Delete键可将其删除。

克隆：使用该命令可以创建对象的副本、实例或参考对象。

技术专题 04 克隆的3种方式

选择一个对象以后，执行“编辑>克隆”菜单命令或按Ctrl+V组合键可以打开“克隆选项”对话框，在该对话框中有3种克隆方式，分别是“复制”、“实例”和“参考”，如图2-62所示。

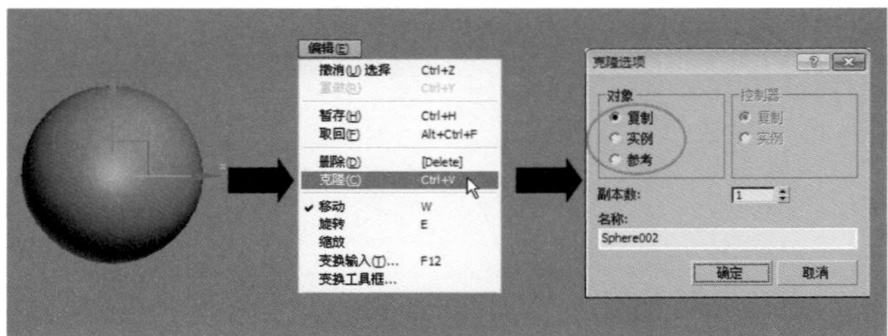

图2-62

1.复制

如果选择“复制”方式，那么将创建一个原始对象的副本对象，如图2-63所示。如果对原始对象或副本对象中的一个进行编辑，那么另外一个对象不会受到任何影响，如图2-64所示。

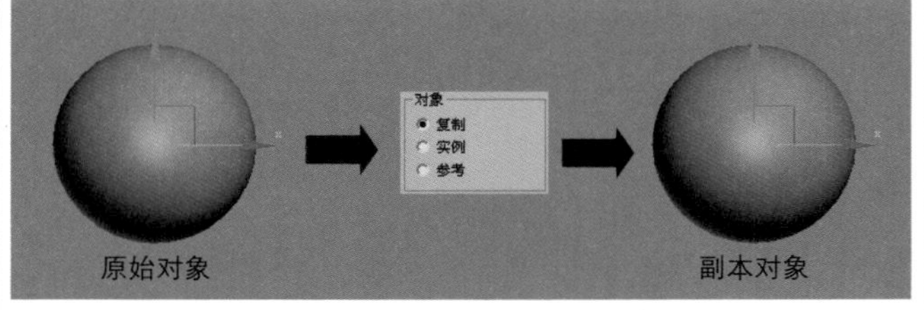

图2-63

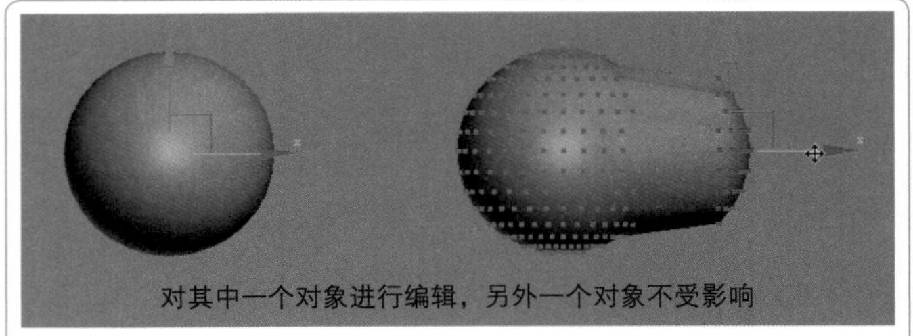

图2-64

2.实例

如果选择“实例”方式，那么将创建一个原始对象的实例对象，如图2-65所示。如果对原始对象或副本对象中的一个进行编辑，那么另外一个对象也会跟着发生变化，如图2-66所示。这种复制方式很实用，在一个场景中创建一盏目标灯光，调节好参数以后，用“实例”方式将其复制若干盏到其他位置，这时如果修改其中一盏目标灯光的参数，所有目标灯光的参数都会随着发生变化。

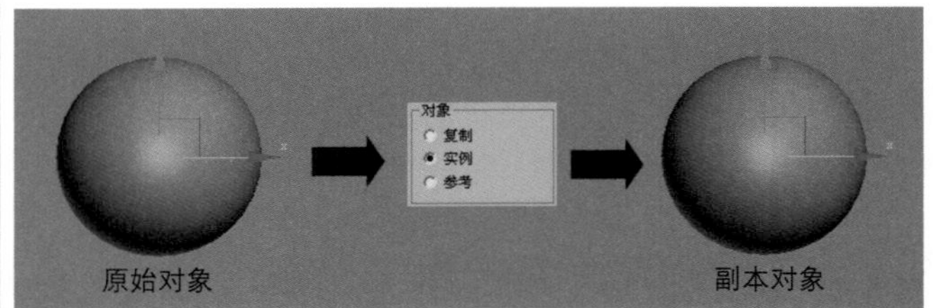

图2-65

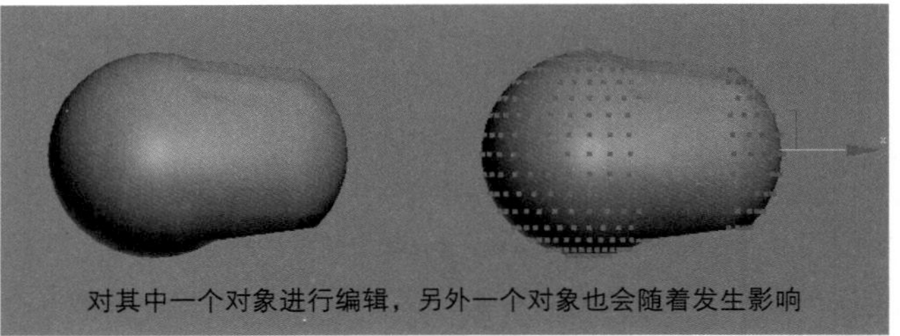

图2-66

3.参考

如果选择“参考”方式，那么将创建一个原始对象的参考对象。如果对参考对象进行编辑，那么原始对象不会发生任何变化，如图2-67所示；如果为原始对象加载一个FFD 4×4×4修改器，那么参考对象也会被加载一个相同的修改器，此时对原始对象进行编辑，那么参考对象也会跟着发生变化，如图2-68所示。注意，在一般情况下都不会用到这种克隆方式。

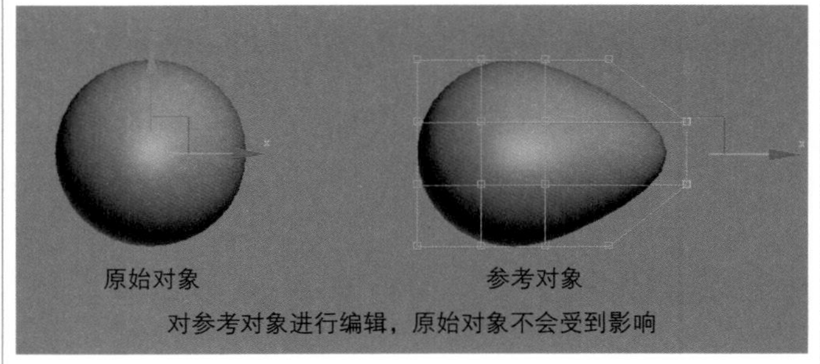

图2-67

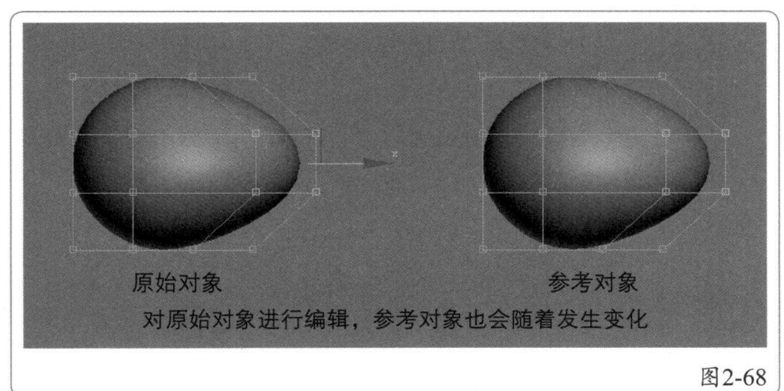

图2-68

变换输入：该命令可以用于精确设置移动、旋转和缩放变换的数值。比如，当前选择的是“选择并移动”工具，那么执行“编辑>变换输入”菜单命令可以打开“移动变换输入”对话框，在该对话框中可以精确设置对象的*x*、*y*、*z*坐标值，如图2-69所示。

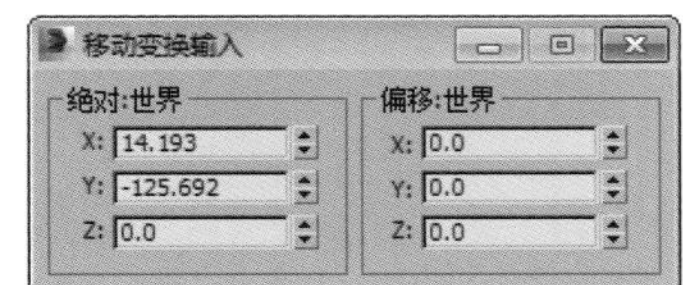

图2-69

技巧与提示

如果当前选择的是“选择并旋转”工具，执行“编辑>变换输入”菜单命令将打开“旋转变换输入”对话框，如图2-70所示；如果当前选择的是“选择并均匀缩放”工具，执行“编辑>变换输入”菜单命令将打开“缩放变换输入”对话框，如图2-71所示。

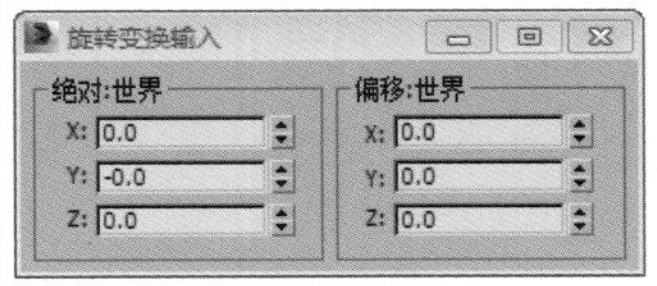

图2-70

图2-71

变换工具框：执行该命令可以打开“变换工具框”对话框，如图2-72所示。在该对话框中可以调整对象的旋转、缩放、定位以及对象的轴。

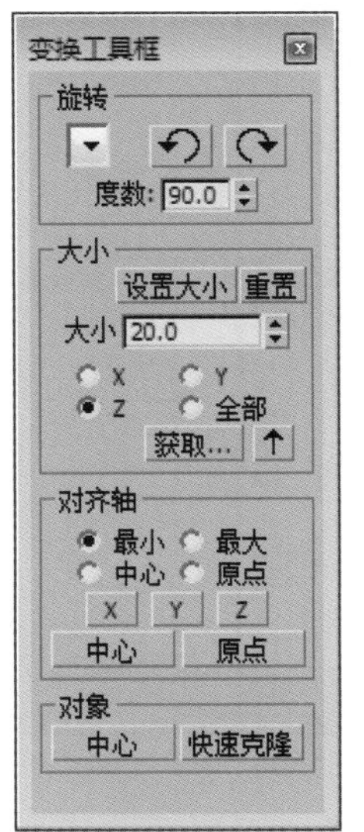

图2-72

全选：执行该命令或按Ctrl+A组合键可以选择场景中的所有对象。

技巧与提示

注意，“全选”命令是基于“主工具栏”中的“过滤器”列表而言的。比如，在“过滤器”列表中选择“全部”选项，那么执行“全选”命令可以选择场景中所有的对象；如果在“过滤器”列表中选择“L-灯光”选项，那么执行“全选”命令将选择场景中的所有灯光，而其他的对象不会被选择。

全部不选：执行该命令或按Ctrl+D组合键可以取消对任何对象的选择。

反选：执行该命令或按Ctrl+I组合键可以反向选择对象。

选择类似对象：执行该命令或按Ctrl+Q组合键可以自动选择与当前选择对象类似的所有对象。注意，类似对象是指这些对象位于同一层中，并且应用了相同的材质或不应用材质。

选择实例：执行该命令可以选择选定对象的所有实例化对象。如果对象没有实例或者选定了多个对象，则该命令不可用。

选择方式：该命令包含3个子命令，如图2-73所示。

名称：执行该命令或按H键可以打开“从场景选择”对话框，如图2-74所示。

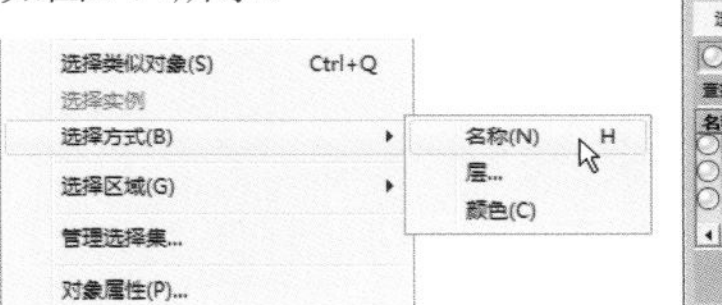

图2-73

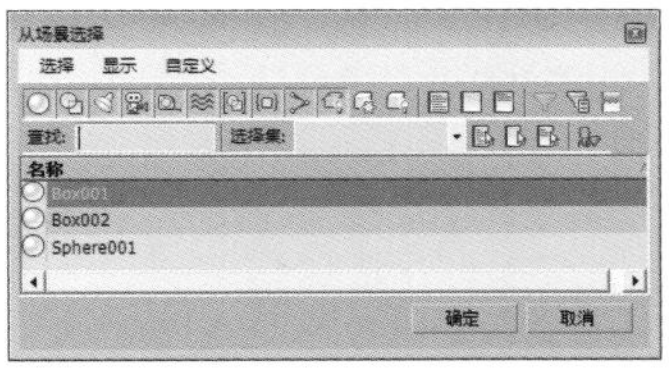

图2-74

知识链接

“名称”命令与“主工具栏”中的“按名称选择”工具是相同的，关于该命令的具体用法请参阅73页“2.5 主工具栏”下的“按名称选择”工具的相关介绍。

层：执行该命令可以打开“按层选择”对话框，如图2-75所示。在该对话框中选择一个或多个层以后，那么这些层中的所有对象都会被选择。

颜色：执行该命令可以选择与选定对象具有相同颜色的所有对象。

对象属性：选择一个或多个对象以后，执行该命令可以打开“对象属性”对话框，如图2-76所示。在该对话框中可以查看和编辑对象的“常规”“高级照明”和mental ray参数。

图2-75

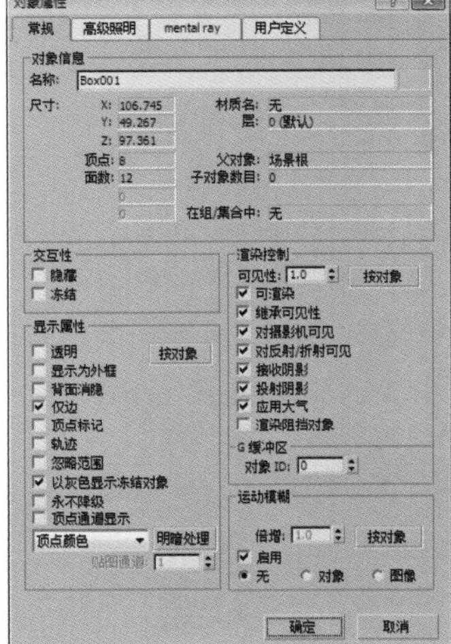

图2-76

★ 重 点 ★

2.4.2 工具菜单

“工具”菜单主要包括对物体进行基本操作的常用命令，如图2-77所示。

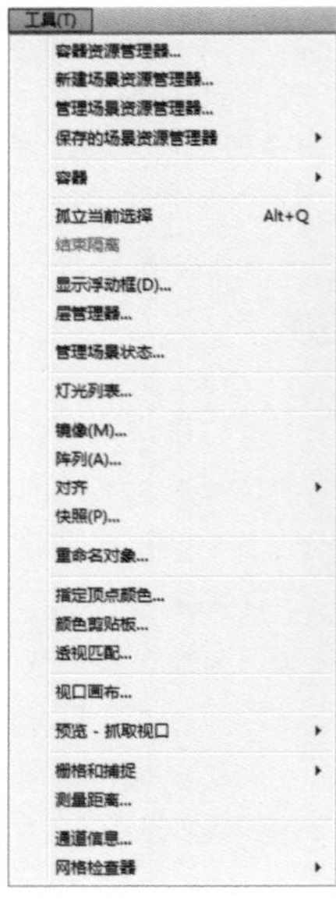

图2-77

“工具”菜单命令的键盘快捷键如下表所示。

命令	快捷键
孤立当前选择	Alt+Q
对齐>对齐	Alt+A
对齐>快速对齐	Shift+A
对齐>间隔工具	Shift+I
对齐>法线对齐	Alt+N
栅格和捕捉>捕捉开关	S
栅格和捕捉>角度捕捉切换	A
栅格和捕捉>百分比捕捉切换	Shift+Ctrl+P
栅格和捕捉>捕捉使用轴约束	Alt+D或Alt+F3

知识链接

下面只讲解在实际工作中常用的命令。另外，关于“层管理器”“镜像”“对齐”和“栅格和捕捉”命令的相关用法请参阅73页“2.5 主工具栏”下的相关介绍。

工具菜单常用命令介绍

孤立当前选择：这是一个相当重要的命令，也是一种特殊选择对象的方法，可以将选择的对象单独显示出来，以方便对其进行编辑。

知识链接

关于“孤立当前选择”命令的具体用法请参阅75页中的“技术专题：选择对象的5种方法”。

灯光列表：执行该命令可以打开“灯光列表”对话框，如图2-78所示。在该对话框中可以设置每个灯光的参数，也可以进行全局设置。

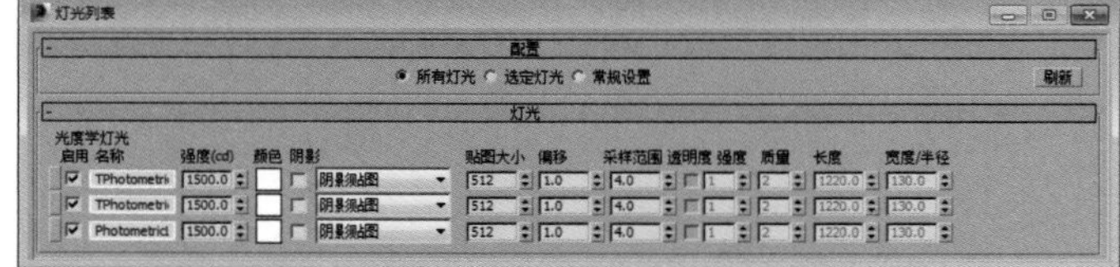

图2-78

技巧与提示

注意，“灯光列表”对话框中只显示3ds Max内置的灯光类型，不能显示VRay灯光。

阵列：选择对象以后，执行该命令可以打开“阵列”对话框，如图2-79所示。在该对话框中可以基于当前选择创建对象阵列。

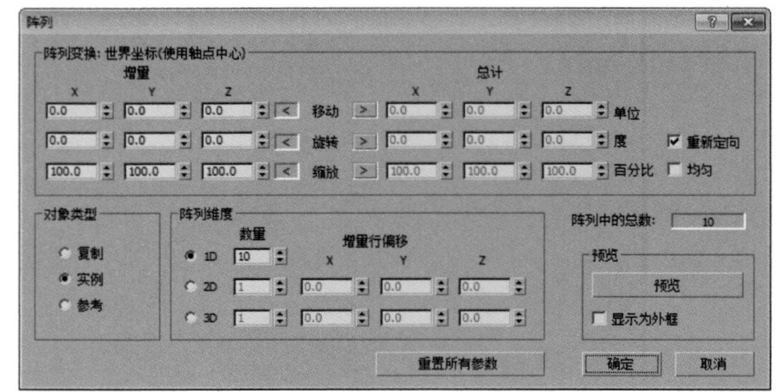

图2-79

快照：执行该命令打开“快照”对话框，如图2-80所示。在该对话框中可以随时间克隆动画对象。

重命名对象：执行该命令可以打开“重命名对象”对话框，如图2-81所示。在该对话框中可以一次性重命名若干个对象。

指定顶点颜色：该命令可以基于指定给对象的材质和场景中的照明来指定顶点颜色。

颜色剪贴板：该命令可以存储用于将贴图或材质复制到另一个贴图或材质的色样。

摄影机匹配：该命令可以使用位图背景照片和5个或多个特殊的CamPoint对象来创建或修改摄影机，以使其位置、方向和视野与创建原始照片的摄影机相匹配。

视口画布：执行该命令可以打开“视口画布”对话框，如图2-82所示。使用该对话框中的工具可以将颜色和图案绘制到视口中的对象材质中的任何贴图上。

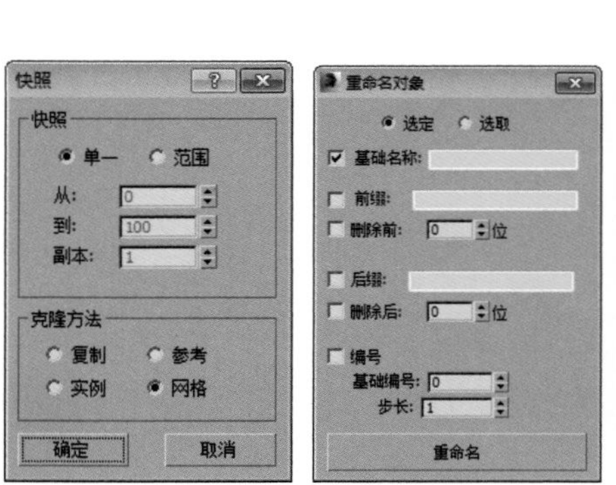

图2-80　图2-81

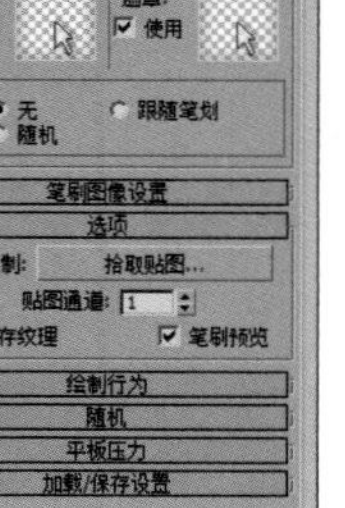

图2-82

测量距离：使用该命令可快速计算出两点之间的距离。计算的距离显示在状态栏中。

通道信息：选择对象以后，执行该命令可以打开“贴图通道信息”对话框，如图2-83所示。在该对话框中可以查看对象的通道信息。

图2-83

★重点★

2.4.3 组菜单

“组”菜单中的命令可以将场景中的一个或多个对象编成一组，同样也可以将成组的物体拆分为单个物体，如图2-84所示。

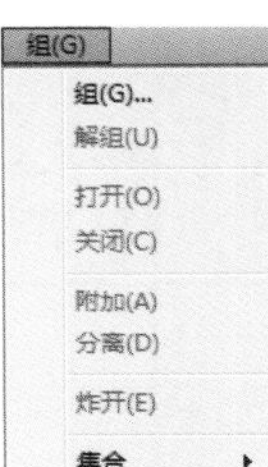

图2-84

组菜单重要命令介绍

组：选择一个或多个对象以后，执行该命令将其编为一组。

解组：将选定的组解散为单个对象。

打开：执行该命令可以暂时对组进行解组，这样可以单独操作组中的对象。

关闭：当用“打开”命令对组中的对象编辑完成以后，可以用“关闭”命令关闭打开状态，使对象恢复到原来的成组状态。

附加：选择一个对象以后，执行该命令，然后单击组对象，可以将选定的对象添加到组中。

分离：用“打开”命令暂时解组以后，选择一个对象，然后用“分离”命令可以将该对象从组中分离出来。

炸开：这是一个比较难理解的命令，下面用一个“技术专题”来进行讲解。

技术专题 05 解组与炸开的区别

要理解“炸开”命令的作用，就要先介绍“解组”命令的深层含义。先看图2-85，其中茶壶与圆锥体为“组001”，而球体与圆柱体为“组002”。选择这两个组，然后执行“组>组”菜单命令，将这两个组再编成一组，如图2-86所示。在“主工具栏”中单击“图解视图（打开）”按钮，打开“图解视图”对话框，在该对话框中可以观察到3个组以及各组与对象之间的层次关系，如图2-87所示。

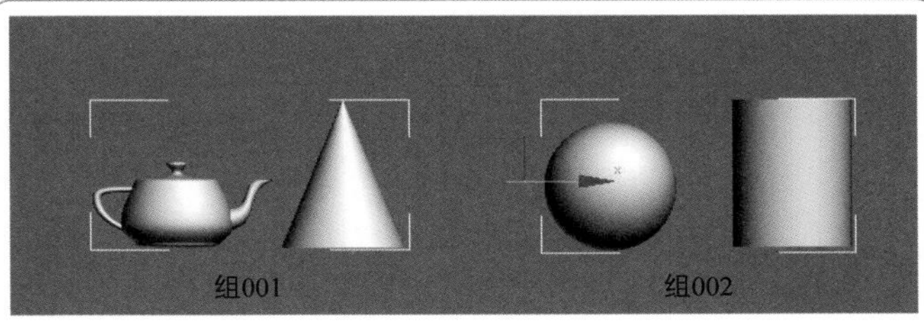

图2-85

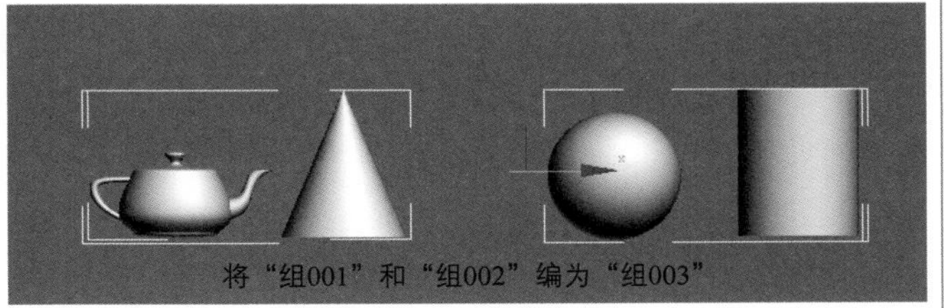

图2-86

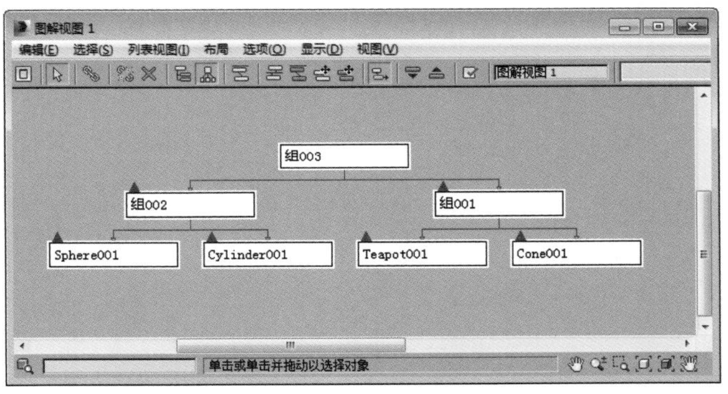

图2-87

1.解组

选择整个“组003”，然后执行“组>解组”菜单命令，然后在“图解视图”对话框中观察各组之间的关系，可以发现“组003”已经被解散了，但“组002”和“组001”仍然保留了下来，也就是说“解组”命令一次只能解开一个组，如图2-88所示。

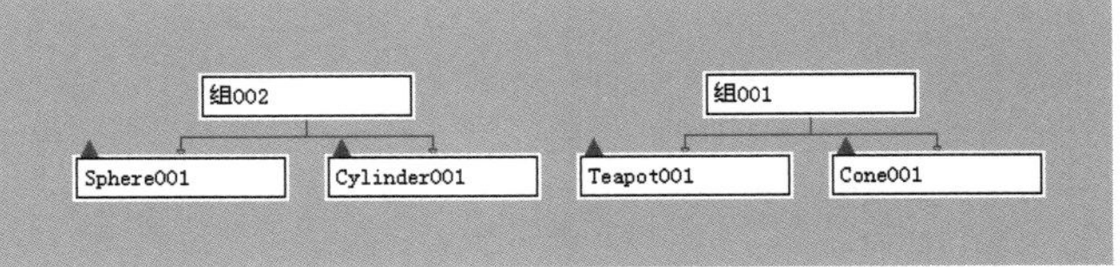

图2-88

2.炸开

同样选择“组003”，然后执行“组>炸开”菜单命令，然后在“图解视图”对话框观察各组之间的关系，可以发现所有的组都被解散了，也就是说“炸开”命令可以一次性解开所有的组，如图2-89所示。

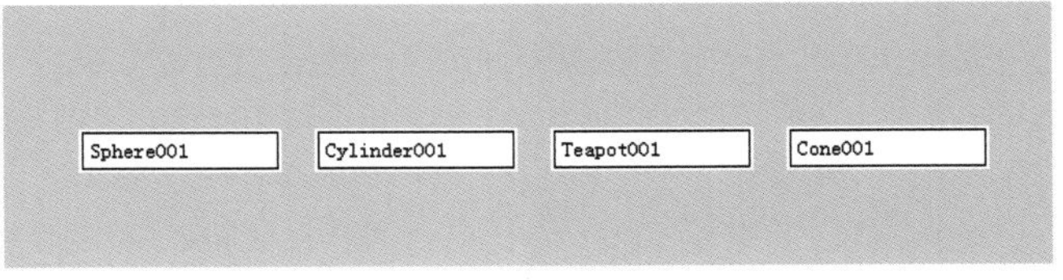

图2-89

2.4.4 视图菜单

“视图”菜单中的命令主要用来控制视图的显示方式以及设置视图的相关参数（例如，视图的配置与导航器的显示等），如图2-90所示。

图2-90

“视图”菜单命令的键盘快捷键如下表所示。

命令	快捷键
撤销视图更改	Shift+Z
重做视图更改	Shift+Y
设置活动视口>透视	P
设置活动视口>正交	U
设置活动视口>前	F
设置活动视口>顶	T
设置活动视口>底	B
设置活动视口>左	L
ViewCube>显示ViewCube	Alt+Ctrl+V
ViewCube>主栅格	Alt+Ctrl+H
SteeringWheels>切换SteeringWheels	Shift+W
SteeringWheels>漫游建筑轮子	Shift+Ctrl+J
从视图创建摄影机	Ctrl+C
xView>显示统计	7（大键盘）
视口背景>视口背景	Alt+B
视口背景>更新背景图像	Alt+ Shift+Ctrl+B
专家模式	Ctrl+X

视图菜单重要命令介绍

撤销视图更改：执行该命令可以取消对当前视图的最后一次更改。

重做视图更改：取消当前视口中最后一次撤销的操作。

视口配置：执行该命令可以打开“视口配置”对话框，如图2-91所示。在该对话框中可以设置视图的视觉样式外观、布局、安全框、显示性能等。

重画所有视图：执行该命令可以刷新所有视图中的显示效果。

设置活动视口：该菜单下的子命令用于切换当前活动视图，如图2-92所示。如当前活动视图为透视图，按F键可以切换到前视图。

保存活动X视图：执行该命令可以将该活动视图存储到内部缓冲区。X是一个变量，如当前活动视图为透视图，那么X就是透视图。

还原活动视图：执行该命令可以显示以前使用“保存活动X视图”命令存储的视图。

ViewCube：该菜单下的子命令用于设置ViewCube（视图导航器）和“主栅格”，如图2-93所示。

SteeringWheels：该菜单下的子命令用于在不同的轮子之间进行切换，并且可以更改当前轮子中某些导航工具的行为，如图2-94所示。

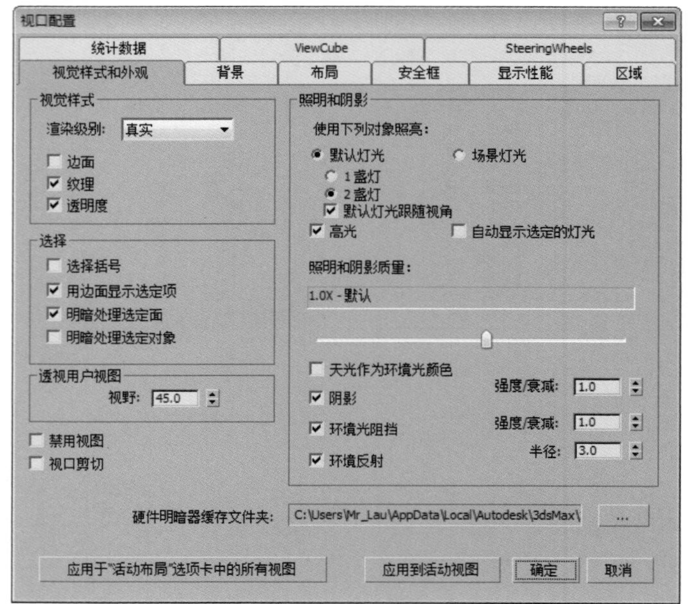

图2-91

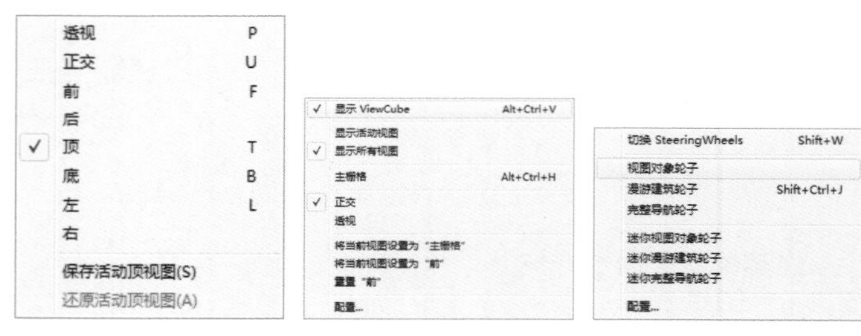

图2-92　图2-93　图2-94

从视图创建摄影机：执行该命令可以创建其视野与某个活动的透视视口相匹配的目标摄影机。

视口中的材质显示为：该菜单下的子命令用于切换视口显示材质的方式，如图2-95所示。

视口照明和阴影：该菜单下的子命令用于设置灯光的照明与阴影，如图2-96所示。

xView：该菜单下的“显示统计”和“孤立顶点”命令比较重要，如图2-97所示。

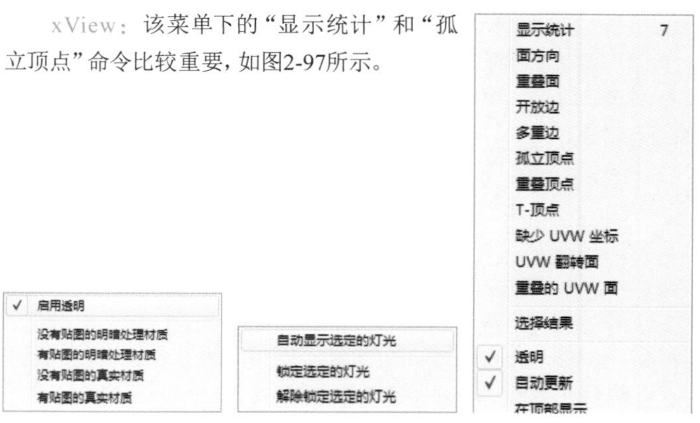

图2-95　图2-96　图2-97

显示统计：执行该命令或按大键盘上的7键，可以在视图的左上角显示整个场景或当前选择对象的统计信息，如图2-98所示。

孤立顶点：执行该命令可以在视口底部的中间位置显示出孤立的顶点数目，如图2-99所示。

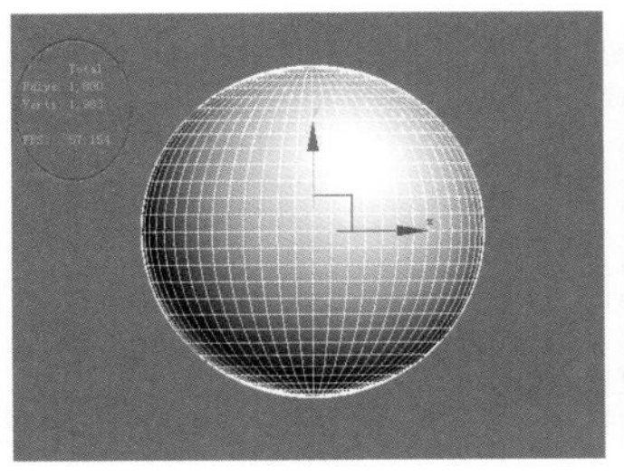

图2-98

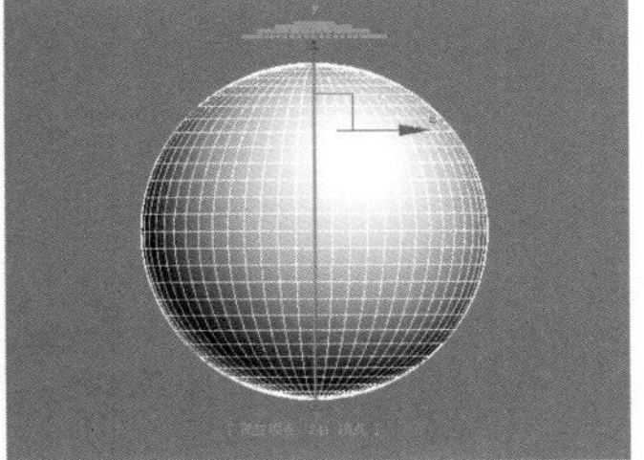

图2-99

问：什么是孤立顶点？

答："孤立顶点"就是与任何边或面不相关的顶点。"孤立顶点"命令一般在创建完一个模型以后，对模型进行最终的整理时使用，用该命令显示出孤立顶点以后可以将其删除。

视口背景：该菜单下的子命令用于设置视口的背景，如图2-100所示。设置视口背景图像有助于辅助用户创建模型。

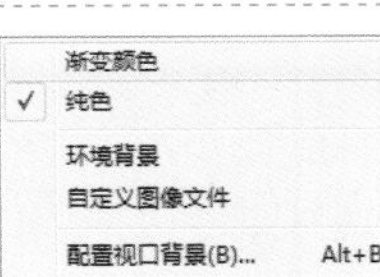

图2-100

知识链接

关于视口背景的具体设置方法请参阅67页的"实战：加载背景图像"。

显示变换Gizmo：该命令用于切换所有视口Gizmo的3轴架显示，如图2-101所示。

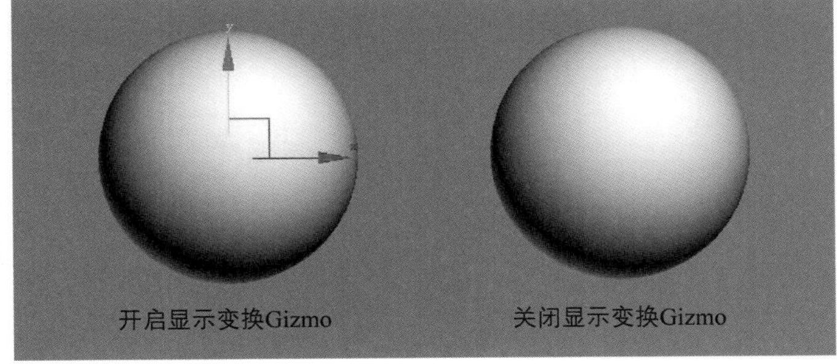

图2-101

显示重影："重影"是一种显示方式，它在当前帧之前或之后的许多帧显示动画对象的线框"重影副本"。使用"重影"可以分析和调整动画。

显示关键点时间：该命令用于切换沿动画显示轨迹上的帧数。

明暗处理选定对象：如果视口设置为"线框"显示，执行该命令可以将场景中选定的对象以"着色"方式显示出来。

显示从属关系：使用"修改"面板时，该命令用于切换从属于当前选定对象的对象的视口高亮显示。

微调器拖动期间更新：执行该命令可以在视口中实时更新显示效果。

渐进式显示：在变换几何体、更改视图或播放动画时，该命令可以用来提高视口的性能。

专家模式：启用"专家模式"后，3ds Max的界面上将不显示"主工具栏""命令"面板、"状态栏"以及所有视口导航按钮，仅显示菜单栏、时间滑块、视口和"视口布局选项卡"，如图2-102所示。

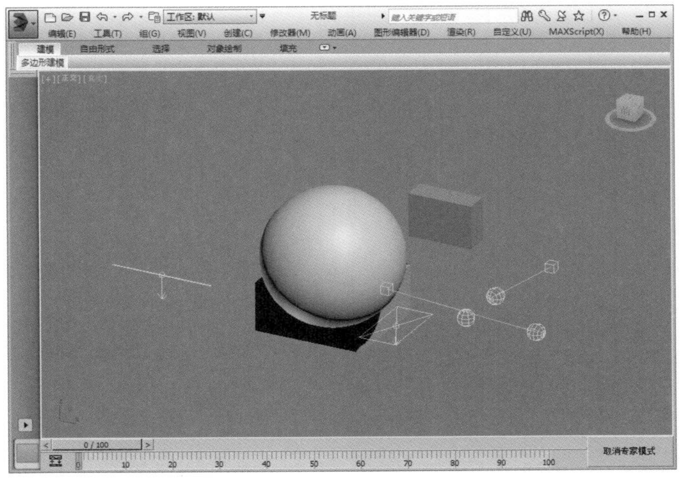

图2-102

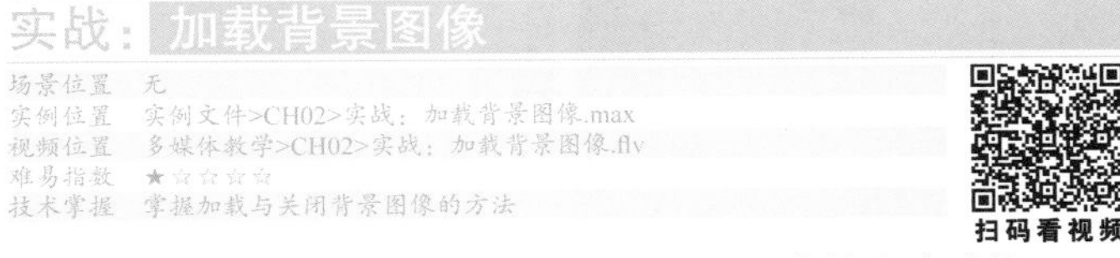

实战：加载背景图像

场景位置　无
实例位置　实例文件>CH02>实战：加载背景图像.max
视频位置　多媒体教学>CH02>实战：加载背景图像.flv
难易指数　★☆☆☆☆
技术掌握　掌握加载与关闭背景图像的方法

扫码看视频

01 执行"视图>视口背景>配置视口背景"菜单命令或按Alt+B组合键，打开"视口背景"对话框，然后在"背景"选项卡下勾选"使用文件"选项，如图2-103所示。

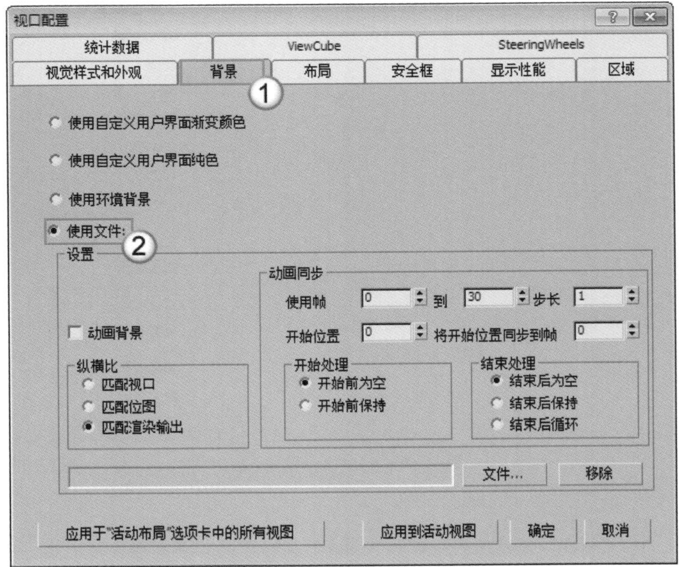

图2-103

02 在“视口背景”对话框中单击“文件”按钮 文件... ，然后在弹出的“选择背景图像”对话框中选择“实例文件>CH02>实战：加载背景图像>背景.jpg”文件，接着单击“打开”按钮 打开(O) ，最后单击“确定”按钮，如图2-104所示，此时视图的显示效果如图2-105所示。

03 如果要关闭背景图像的显示，可以在“视图>视口背景”菜单下选择“渐变颜色”或“纯色”命令。另外，还可以在视图左上角单击视口显示模式文本，然后在弹出的菜单中选择“视口背景>渐变颜色/纯色”命令，如图2-106所示。

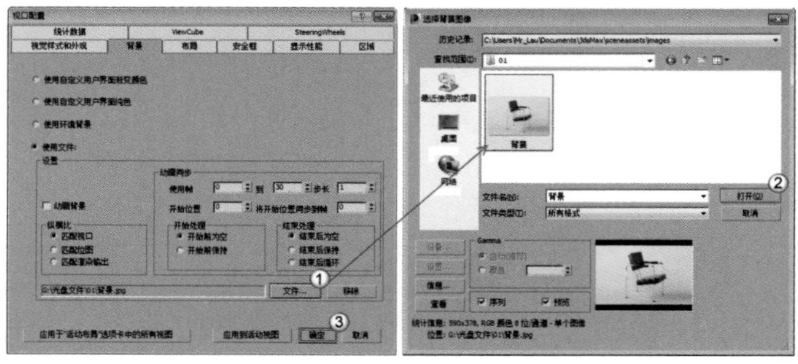

图2-104

图2-105

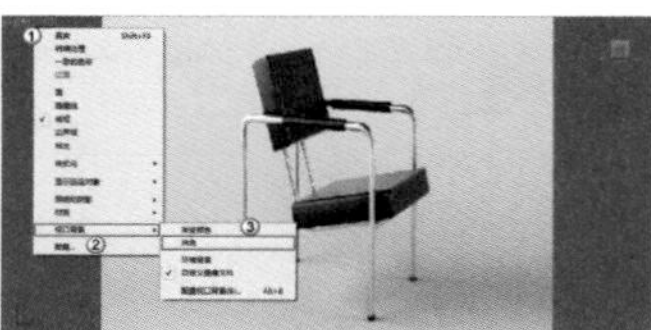

图2-106

2.4.5 创建菜单

“创建”菜单中的命令主要用来创建几何体、二维图形、灯光和粒子等对象，如图2-107所示。

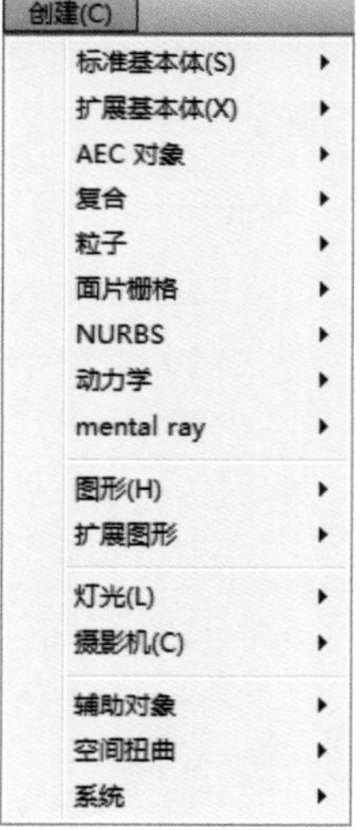

图2-107

知识链接

“创建”菜单下的命令与“创建”面板中的工具完全相同，这些命令非常重要，这里就不再讲解了，大家可参阅后面各章内容。

2.4.6 修改器菜单

“修改器”菜单中的命令集合了所有的修改器，如图2-108所示。

图-108

知识链接

“修改器”菜单下的命令与“修改”面板中的修改器完全相同，这些命令同样非常重要，大家可参阅“第5章 效果图制作基本功：修改器建模”。

2.4.7 动画菜单

“动画”菜单主要用来制作动画，包括正向动力学、反向动力学以及创建和修改骨骼的命令，如图2-109所示。

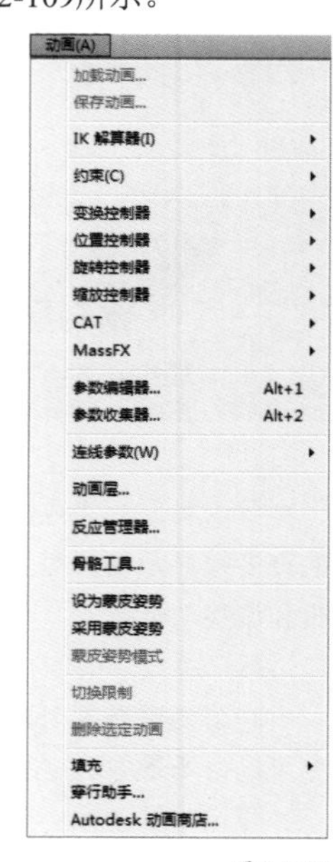

图2-109

2.4.8 图形编辑器菜单

“图形编辑器”菜单是场景元素之间用图形化视图方式来表达关系的菜单，包括“轨迹视图-曲线编辑器”“轨迹视图-摄影表”“新建图解视图”和“粒子视图”等，如图2-110所示。

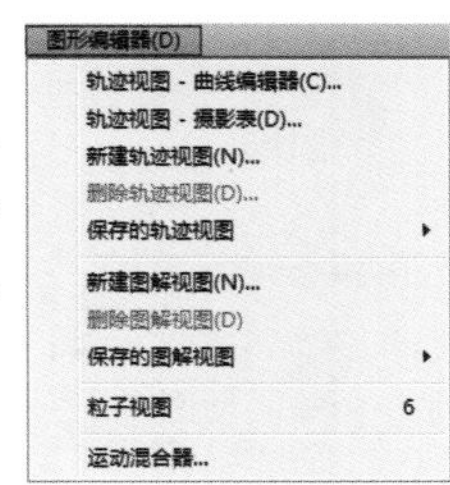

图2-110

2.4.9 渲染菜单

“渲染”菜单主要用于设置渲染参数，包括“渲染”“环境”和“效果”等命令，如图2-111所示。这个菜单下的命令将在后面的“第11章 环境和效果”以及“第12章 灯光/材质/渲染综合运用”中进行详细讲解。

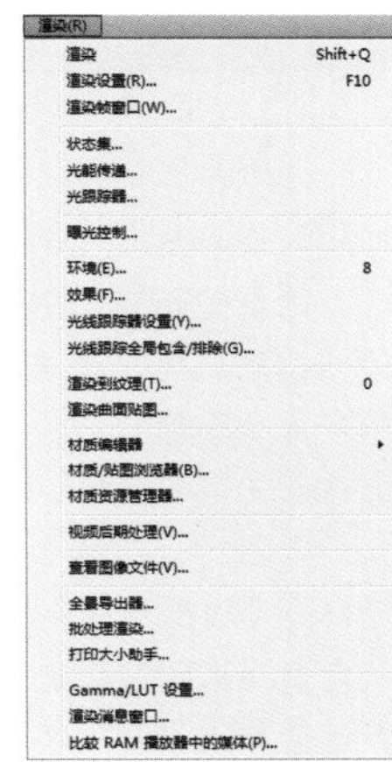

图2-111

技巧与提示

请用户特别注意，在“渲染”菜单下有一个“Gamma和LUT设置”命令，这个命令用于调整输入和输出图像以及监视器显示的Gamma和查询表（LUT）值。“Gamma和LUT设置”不仅会影响模型、材质、贴图在视口中的显示效果，而且还会影响渲染效果，而3ds Max 2014在默认情况下开启了“Gamma/LUT校正”。为了得到正确的渲染效果，需要执行“渲染>Gamma和LUT设置”菜单命令打开“首选项设置”对话框，然后在“Gamma和LUT”选项卡下关闭“启用Gamma/LUT校正”选项，并且要关闭“材质和颜色”选项组下的“影响颜色选择器”和“影响材质选择器”选项，如图2-112所示。

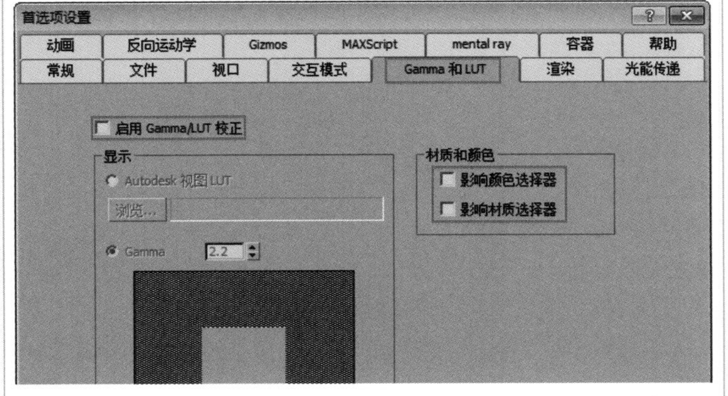

图2-112

2.4.10 自定义菜单

“自定义”菜单主要用来更改用户界面以及设置3ds Max的首选项。通过这个菜单可以定制自己的界面，同时还可以对3ds Max系统进行设置，例如设置场景单位和自动备份等，如图2-113所示。

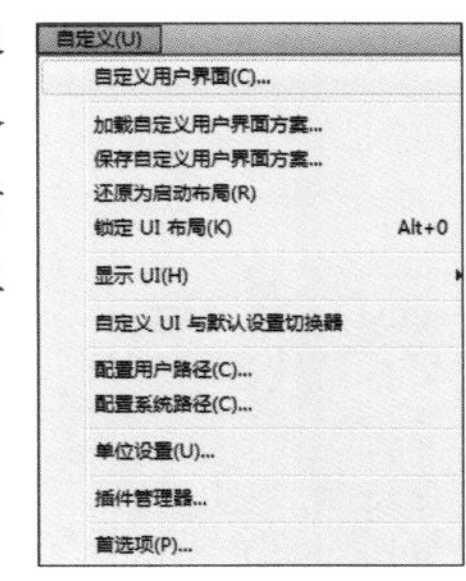

图2-113

“自定义”菜单命令的键盘快捷键如下表所示。

命令	快捷键
锁定UI布局	Alt+0
显示UI>显示主工具栏	Alt+6

自定义菜单命令介绍

自定义用户界面：执行该命令可以打开“自定义用户界面”对话框，如图2-114所示。在该对话框中可以创建一个完全自定义的用户界面，包括快捷键、四元菜单、菜单、工具栏和颜色。

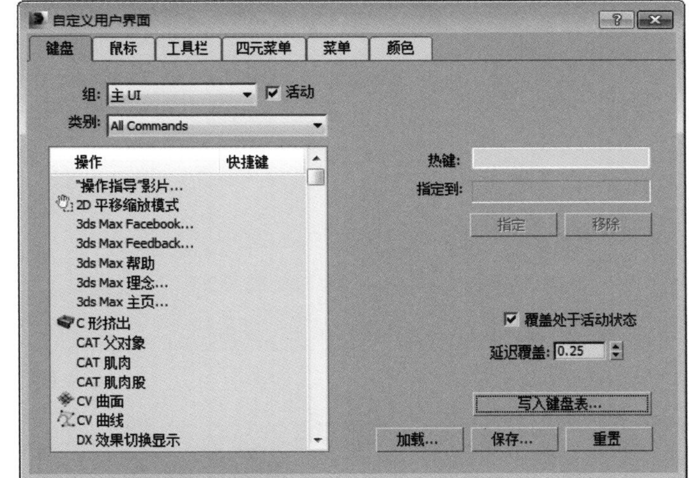

图2-114

加载自定义用户界面方案：执行该命令可以打开“加载自定义用户界面方案”对话框，如图2-115所示。在该对话框中可以选择想要加载的用户界面方案。

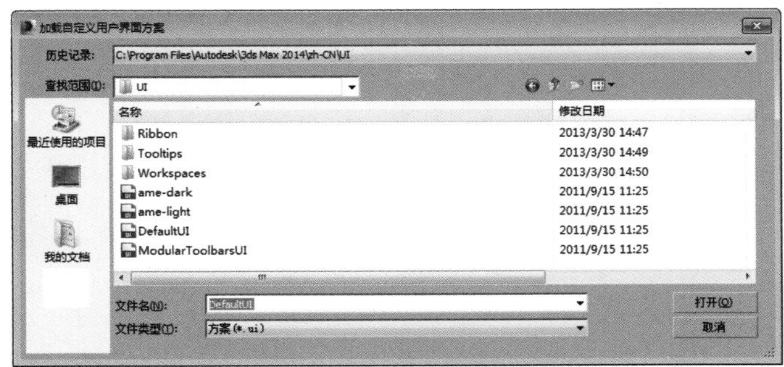

图2-115

技术专题 06 更改用户界面方案

在默认情况下，3ds Max 2014的界面颜色为黑色，如果用户的视力不好，那么很可能看不清界面上的文字，如图2-116所示。这时就可以利用“加载自定义用户界面方案”命令来更改界面颜色，在3ds Max 2014的安装路径下打开UI文件夹，然后选择想要的界面方案即可，如图2-117和图2-118所示。

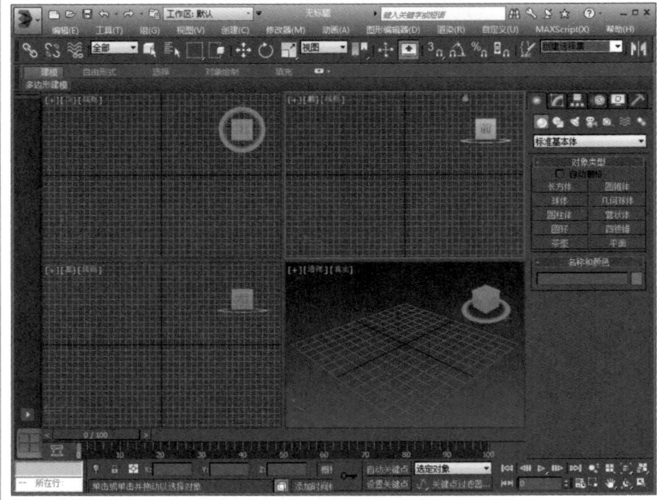

图2-116

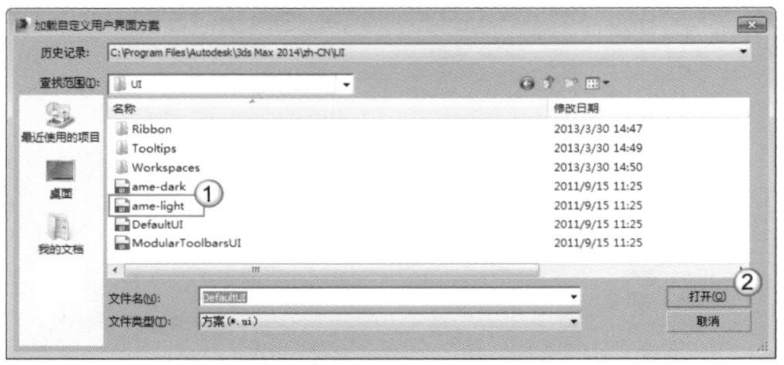

图2-117

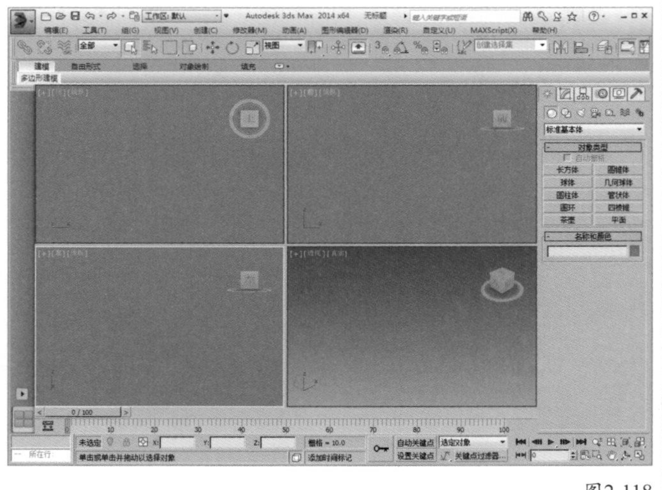

图2-118

保存自定义用户界面方案：执行该命令可以打开“保存自定义用户界面方案”对话框，如图2-119所示。在该对话框中可以保存当前状态下的用户界面方案。

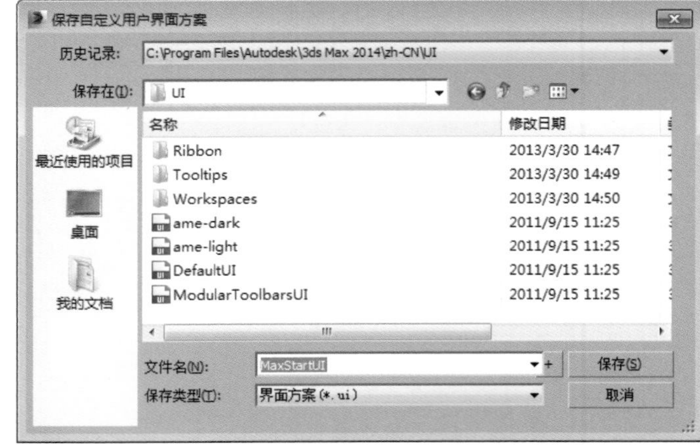

图2-119

还原为启动布局：执行该命令可以自动加载_startup.ui文件，并将用户界面返回到启动设置。

锁定UI布局：当该命令处于激活状态时，通过拖曳界面元素不能修改用户界面布局（但是仍然可以使用鼠标右键单击菜单来改变用户界面布局）。利用该命令可以防止由于鼠标单击而更改用户界面或发生错误操作（如浮动工具栏）。

显示UI：该命令包含5个子命令，如图2-120所示。勾选相应的子命令即可在界面中显示出相应的UI对象。

自定义UI与默认设置切换器：使用该命令可以快速更改程序的默认值和UI方案，以更适合用户所做的工作类型。

配置用户路径：3ds Max可以使用存储的路径来定位不同种类的用户文件，其中包括场景、图像、DirectX效果、光度学和MAXScript文件。使用“配置用户路径”命令可以自定义这些路径。

配置系统路径：3ds Max使用路径来定位不同种类的文件（其中包括默认设置、字体）并启动 MAXScript 文件。使用“配置系统路径”命令可以自定义这些路径。

单位设置：这是“自定义”菜单下最重要的命令之一，执行该命令可以打开“单位设置”对话框，如图2-121所示。在该对话框中可以在通用单位和标准单位间进行选择。

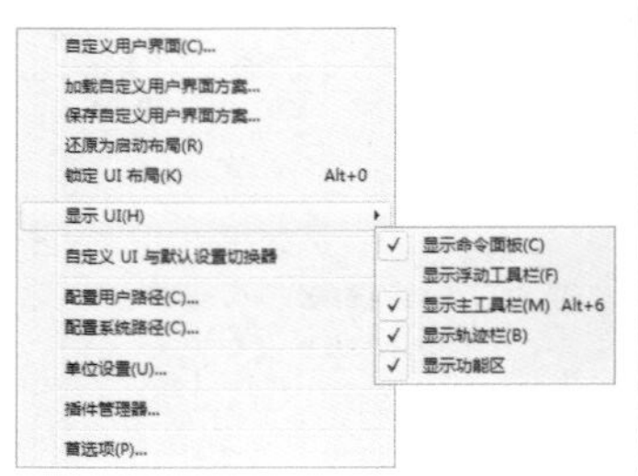

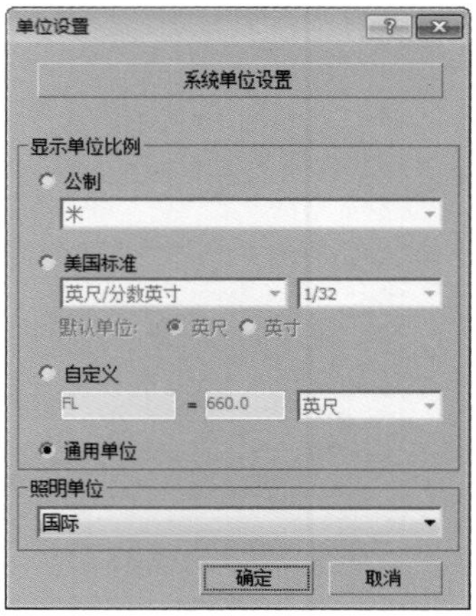

图2-120

图2-121

插件管理器：执行该命令可以打开“插件管理器”对话框，如图2-122所示。该对话框提供了位于3ds Max插件目录中所有插件的列表，包括插件描述、类型（对象、辅助对象、修改器等）、状态

（已加载或已延迟）、大小和路径。

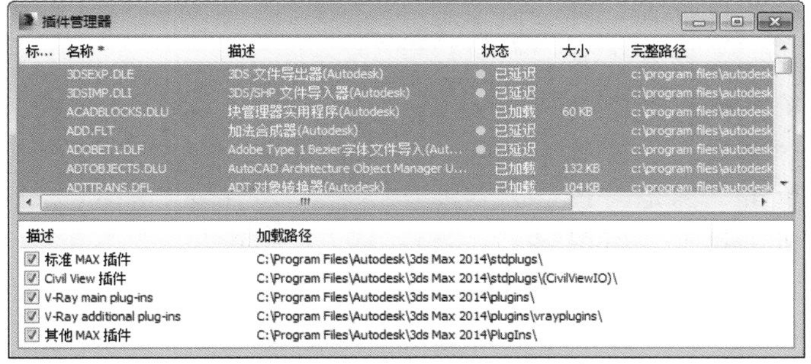

图2-122

首选项：执行该命令可以打开“首选项设置”对话框，在该对话框中几乎可以设置3ds Max所有的首选项。

在“自定义”菜单下有3个命令比较重要，分别是“自定义用户界面”“单位设置”和“首选项”命令。这些命令在下面将安排小实战来进行重点讲解。

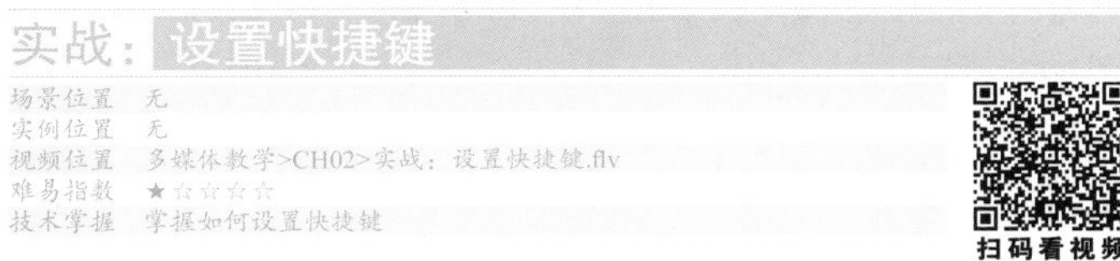

实战：设置快捷键

场景位置 无
实例位置 无
视频位置 多媒体教学>CH02>实战：设置快捷键.flv
难易指数 ★☆☆☆☆
技术掌握 掌握如何设置快捷键

扫码看视频

在实际工作中，一般都是使用快捷键来代替烦琐的操作，因为使用快捷键可以提高工作效率。3ds Max 2014内置的快捷键非常多，并且用户可以自行设置快捷键来调用常用的工具或命令。

01 执行“自定义>自定义用户界面”菜单命令，打开“自定义用户界面”对话框，然后单击“键盘”选项卡，如图2-123所示。

图2-123

02 3ds Max默认的“文件>导入文件”菜单命令没有快捷键，这里就来给它设置一个快捷键Ctrl+I。在“类别”列表中选择File（文件）菜单，然后在“操作”列表中选择“导入文件”命令，接着在“热键”框中按Ctrl+I组合键，再单击“指定”按钮 指定 ，最后单击“保存”按钮 保存... ，如图2-124所示。

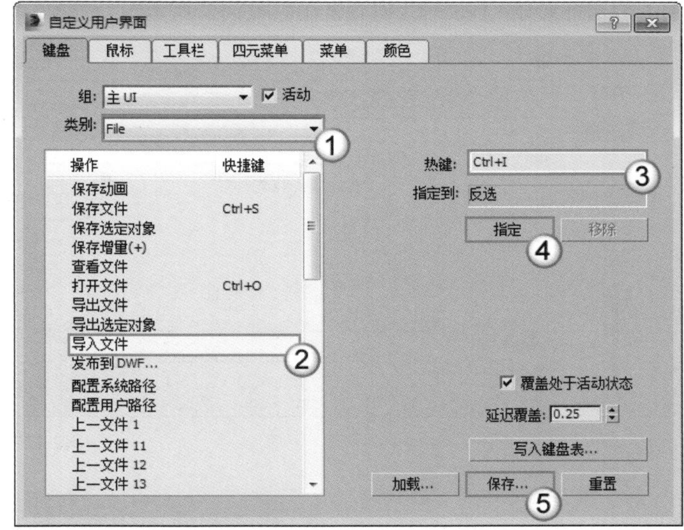

图2-124

03 单击“保存”按钮 保存... 后会弹出“保存快捷键文件为”对话框，在该对话框中为文件进行命名，然后继续单击“保存”按钮 保存(S) ，如图2-125所示。

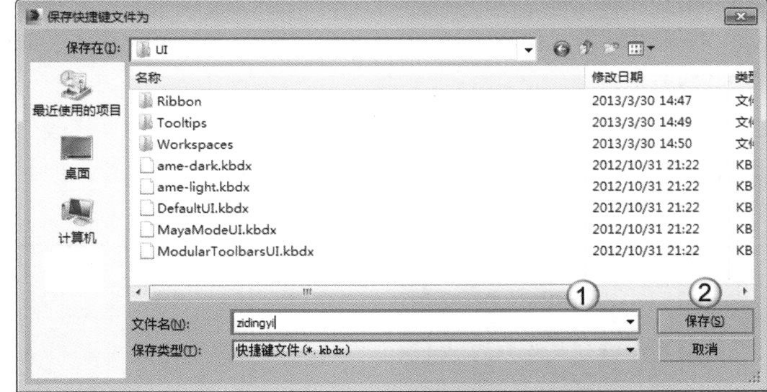

图2-125

04 在“自定义用户界面”对话框中单击“加载”按钮 加载... ，然后在弹出的“加载快捷键文件”对话框中选择前面保存好的文件，接着单击“打开”按钮 打开(O) ，如图2-126所示。

图2-126

05 关闭“自定义用户界面”对话框，然后按Ctrl+I组合键即可打开“选择要导入的文件”对话框，如图2-127所示。

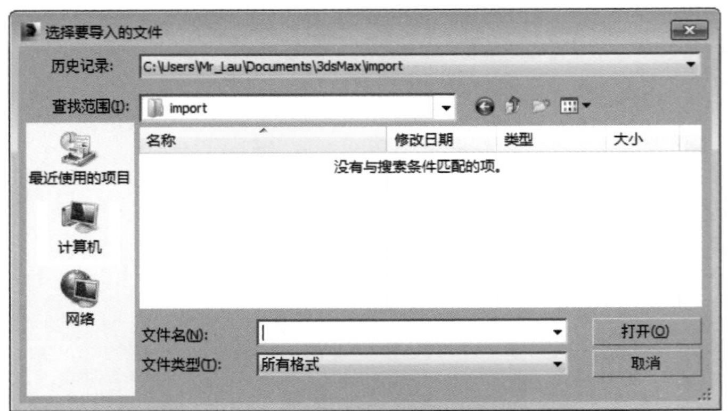

图2-127

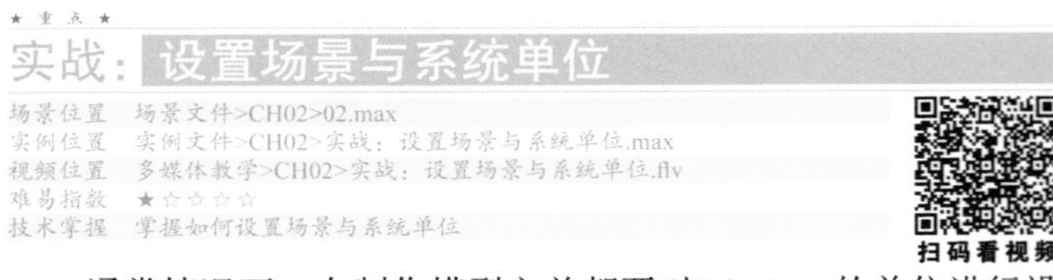

实战：设置场景与系统单位

场景位置 场景文件>CH02>02.max
实例位置 实例文件>CH02>实战：设置场景与系统单位.max
视频位置 多媒体教学>CH02>实战：设置场景与系统单位.flv
难易指数 ★☆☆☆☆
技术掌握 掌握如何设置场景与系统单位

扫码看视频

通常情况下，在制作模型之前都要对3ds Max的单位进行设置，这样才能制作出精确的模型。

01 打开“场景文件>CH02>02.max”文件，这是一个球体，如图2-128所示。

02 在“命令”面板中单击“修改”按钮，切换到“修改”面板，在“参数”卷展栏下可以观察到球体的相关参数，但是这些参数后面都没有单位，如图2-129所示。

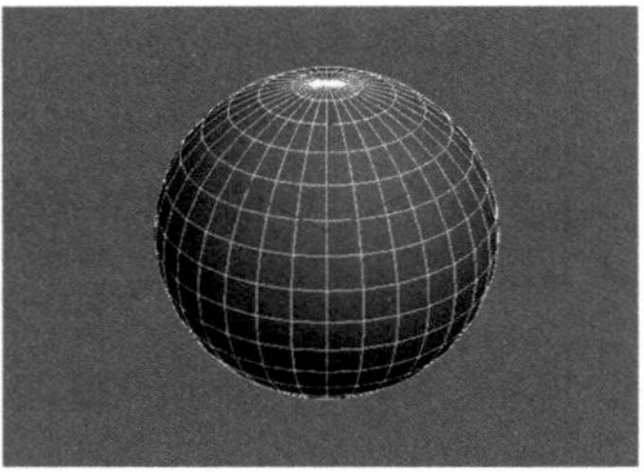

图2-128

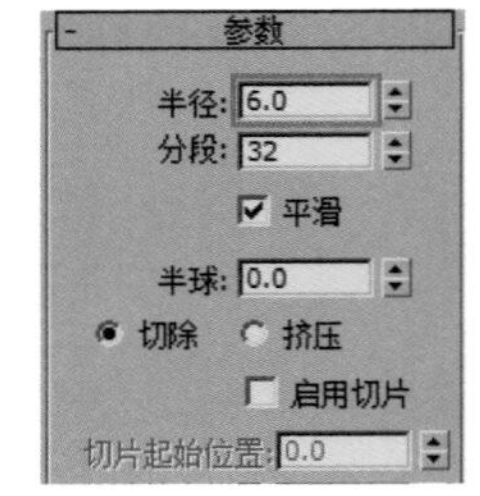

图2-129

03 下面将长方体的单位设置为mm（mm表示“毫米”）。执行“自定义>单位设置”菜单命令，打开“单位设置”对话框，然后设置“显示单位比例”为“公制”，接着在下拉列表中选择单位为“毫米”，如图2-130所示。

图2-130

04 单击“系统单位设置”按钮，然后在弹出的“系统单位设置”对话框中设置“系统单位比例”为“毫米”，接着单击“确定”按钮，如图2-131所示。

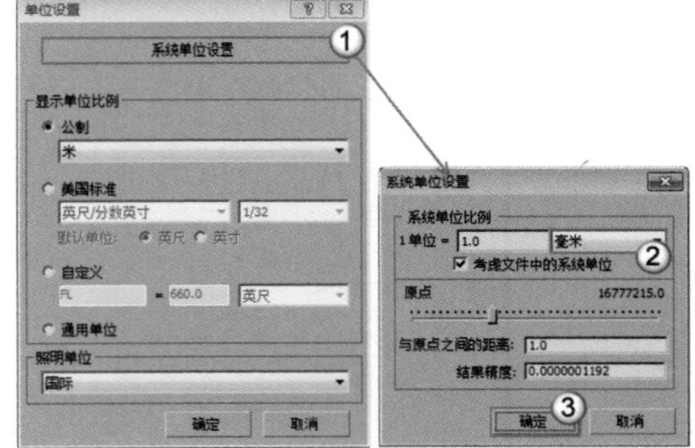

图2-131

技巧与提示

注意，“系统单位”一定要与“显示单位”保持一致，这样才更方便进行操作。

05 在场景中选择球体，然后在“命令”面板中单击“修改”按钮，切换到“修改”面板，此时在“参数”卷展栏下就可以观察到球体的“半径”参数后面带上了单位mm，如图2-132所示。

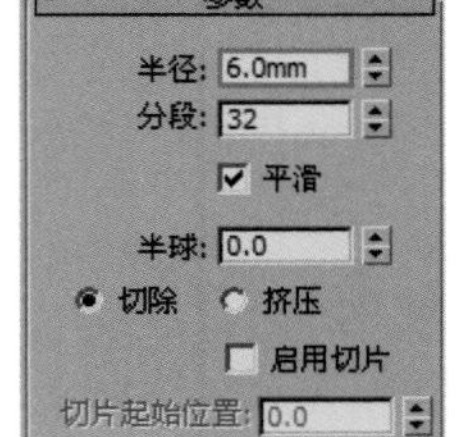

图2-132

技巧与提示

在制作室外场景时一般采用m（米）作为单位；在制作室内场景时一般采用cm（厘米）或mm（毫米）作为单位。

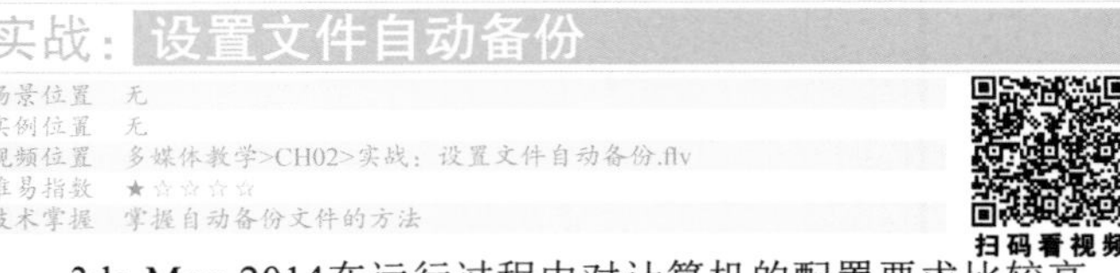

实战：设置文件自动备份

场景位置 无
实例位置 无
视频位置 多媒体教学>CH02>实战：设置文件自动备份.flv
难易指数 ★☆☆☆☆
技术掌握 掌握自动备份文件的方法

扫码看视频

3ds Max 2014在运行过程中对计算机的配置要求比较高，占用系统资源也比较大。在运行3ds Max 2014时，由于计算机配置较低和系统性能不稳定等原因会导致文件关闭或发生死机现象。当进行较为复杂的计算（如光影追踪渲染）时，一旦出现无法恢复的故障，就会丢失所做的各项操作，造成无法弥补的损失。

解决这类问题除了提高计算机的硬件配置外，还可以通过增强系统稳定性来减少死机现象。在一般情况下，可以通过以下3种方法来提高系统的稳定性。

第1种：养成经常保存场景的习惯。

第2种：在运行3ds Max 2014时，尽量不要或少启动其他程序，而且硬盘也要留有足够的缓存空间。

第3种：如果当前文件发生了不可恢复的错误，可以通过备份文件来打开前面自动保存的场景。

下面将重点讲解设置自动备份文件的方法。

执行“自定义>首选项”菜单命令，然后在弹出的“首选项设置”对话框中单击“文件”选项卡，接着在“自动备份”选项组下勾选“启用”选项，再对“Autobak文件数”和“备份间隔（分钟）”选项进行设置，最后单击“确定”按钮，如图2-133所示。

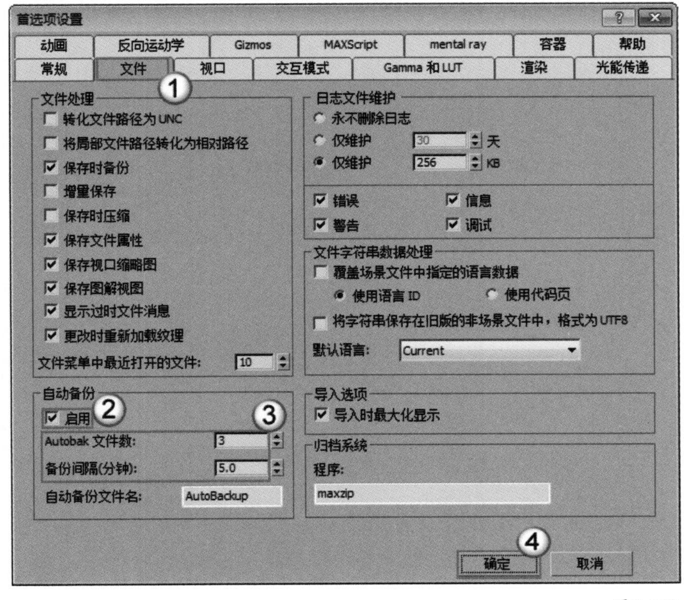

图2-133

“Autobak文件数”表示在覆盖第1个文件前要写入备份文件的数量；“备份间隔（分钟）”表示产生备份文件时间间隔的分钟数。如有特殊需要，可以适当加大或降低“Autobak文件数”和“备份间隔”的数值。

2.4.11 MAXScript（MAX脚本）菜单

MAXScript（MAX脚本）是3ds Max的内置脚本语言，MAXScript（MAX脚本）菜单下包含用于创建、打开和运行脚本的命令，如图2-134所示。

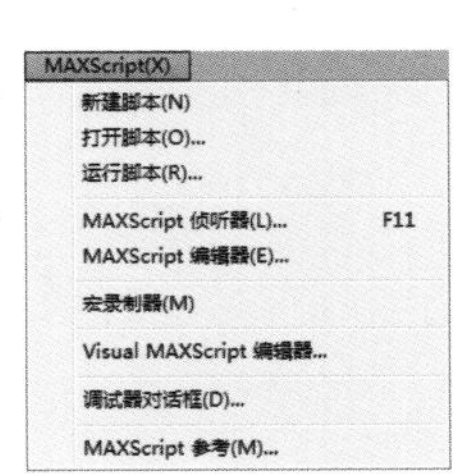

图2-134

2.4.12 帮助菜单

“帮助”菜单中主要是一些帮助信息，可以供用户参考学习，如图2-135所示。

图2-135

2.5 主工具栏

“主工具栏”中集合了最常用的一些编辑工具，图2-136所示为默认状态下的“主工具栏”。某些工具的右下角有一个三角形图标，单击该图标就会弹出下拉工具列表。以“捕捉开关”为例，单击“捕捉开关”按钮就会弹出捕捉工具列表，如图2-137所示。

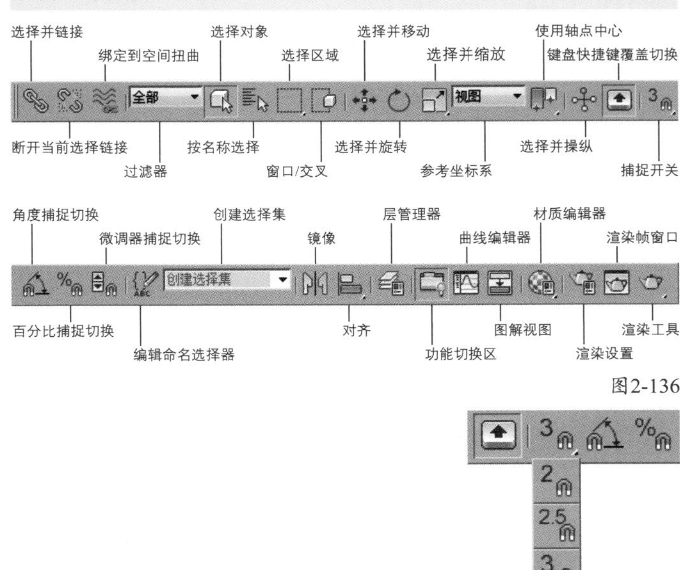

图2-136

图2-137

技巧与提示

若显示器的分辨率较低，“主工具栏”中的工具可能无法完全显示出来，这时可以将光标放置在“主工具栏”上的空白处，当光标变成手型时，使用鼠标左键左右移动“主工具栏”查看没有显示出来的工具。在默认情况下，很多工具栏都处于隐藏状态，如果要调出这些工具栏，可以在“主工具栏”的空白处单击鼠标右键，然后在弹出的菜单中选择相应的工具栏，如图2-138所示。如果要调出所有隐藏的工具栏，可以执行“自定义>显示UI>显示浮动工具栏”菜单命令，如图2-139所示，再次执行“显示浮动工具栏”命令可以将浮动的工具栏隐藏起来。

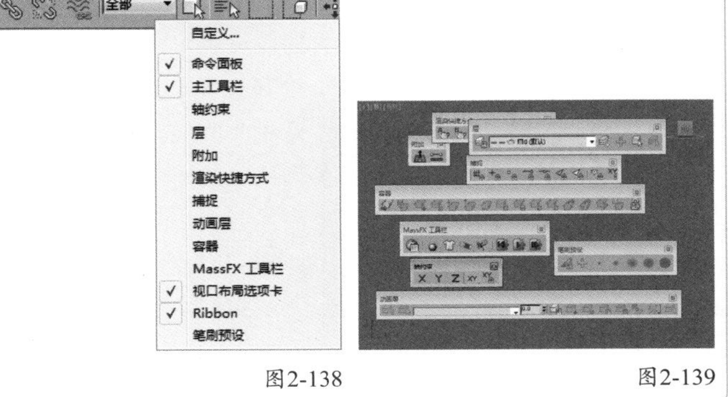

图2-138 图2-139

“主工具栏”中的工具快捷键如下表所示。

工具名称	工具图标	快捷键
选择对象		Q
按名称选择选择		H
选择并移动		W
选择并旋转		E
选择并缩放	//	R
捕捉开关	//	S
角度捕捉切换		A
百分比捕捉切换		Shift+Ctrl+P
对齐		Alt+A
快速对齐		Shift+A
法线对齐		Alt+N
放置高光		Ctrl+H
材质编辑器		M
渲染设置		F10
渲染	//	F9/Shift+Q

2.5.1 选择并链接

“选择并链接”工具主要用于建立对象之间的父子链接关系与定义层级关系，但是只能父级物体带动子级物体，而子级物体的变化不会影响到父级物体。例如，使用“选择并链接”工具将一个球体拖曳到一个导向板上，可以让球体与导向板建立链接关系，使球体成为导向板的子对象，那么在移动导向板时，球体也会随着移动；但在移动球体时，导向板不会随着移动，如图2-140所示。

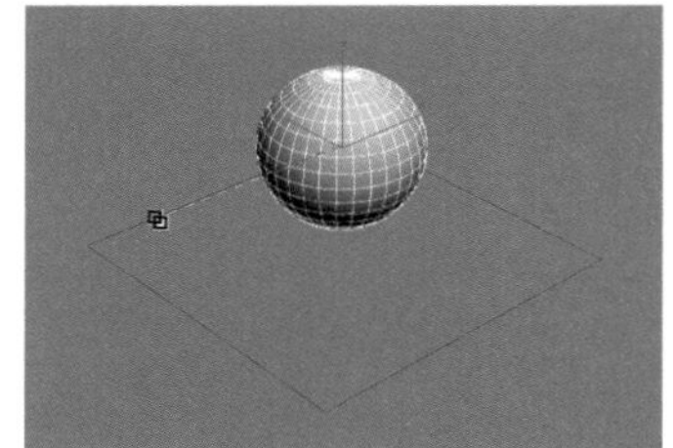

图2-140

2.5.2 断开当前选择链接

“断开当前选择链接”工具与“选择并链接”工具的作用恰好相反，用来断开链接关系。

2.5.3 绑定到空间扭曲

使用“绑定到空间扭曲”工具可以将对象绑定到空间扭曲对象上。例如，在图2-141中有一个风力和一个雪粒子，此时没有对这两个对象建立绑定关系，拖曳时间线滑块，发现雪粒子向左飘动，这说明雪粒子没有受到风力的影响。使用“绑定到空间扭曲”工具将雪粒子拖曳到风力上，当光标变成形状时松开鼠标即可建立绑定关系，如图2-142所示。绑定以后，拖曳时间线滑块，可以发现雪粒子受到风力的影响而向右飘落，如图2-143所示。

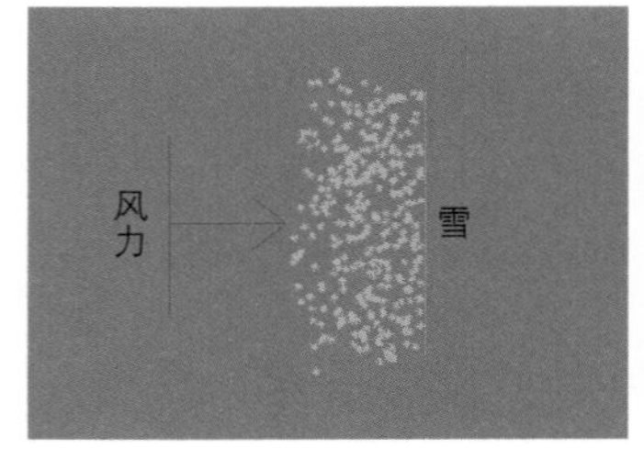

图2-141

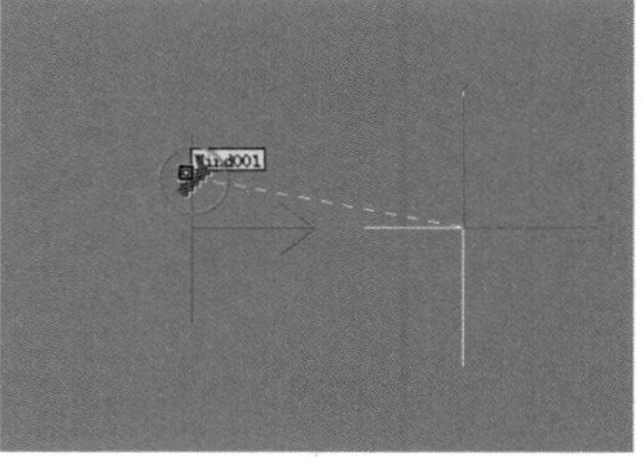

图2-142

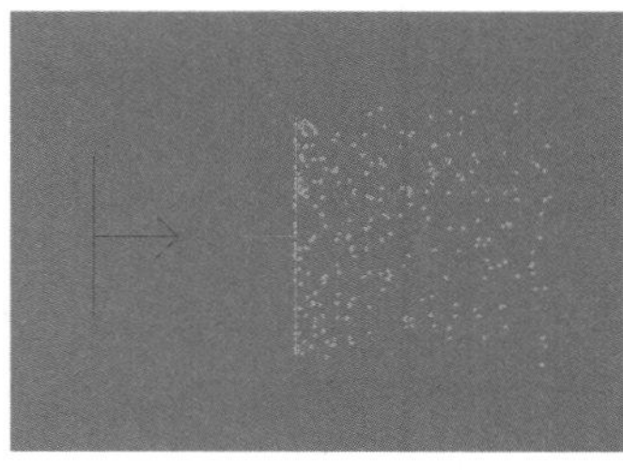

图2-143

2.5.4 过滤器

“过滤器”全部主要用来过滤不需要选择的对象类型，这对于批量选择同一种类型的对象非常有用，如图2-144所示。例如，在拉列表中选择“L-灯光”选项，那么在场景中选择对象时，只能选择灯光，而几何体、图形、摄影机等对象不会被选中，如图2-145所示。

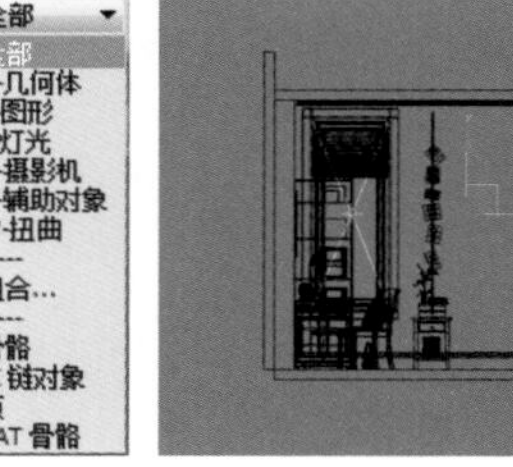

图2-144

图2-145

实战：用过滤器选择场景中的灯光

场景位置　场景文件>CH02>03.max
实例位置　无
视频位置　多媒体教学>CH02>实战：用过滤器选择场景中的灯光.flv
难易指数　★☆☆☆☆
技术掌握　掌握过滤器的用法

在较大的场景中，物体的类型可能非常多，这时要想选择处于隐藏位置的物体就会很困难，而使用“过滤器”过滤掉不需要选择的对象后，选择相应的物体就很方便了。

01 打开“场景文件>CH02>03.max”文件，从视图中可以观察到本场景包含两把椅子和4盏灯光，如图2-146所示。

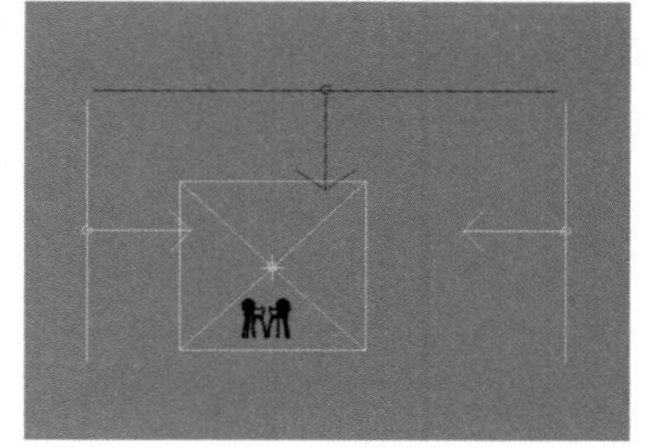

图2-146

02 如果只想选择灯光，可以在“过滤器”下拉列表中选择“L-灯光”选项，如图2-147所示，然后使用“选择对象”工具框选视图中的灯光，框选后可以发现只选择了灯光，而椅子模型并没有被选中，如图2-148所示。

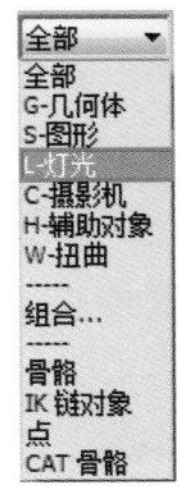

图2-147

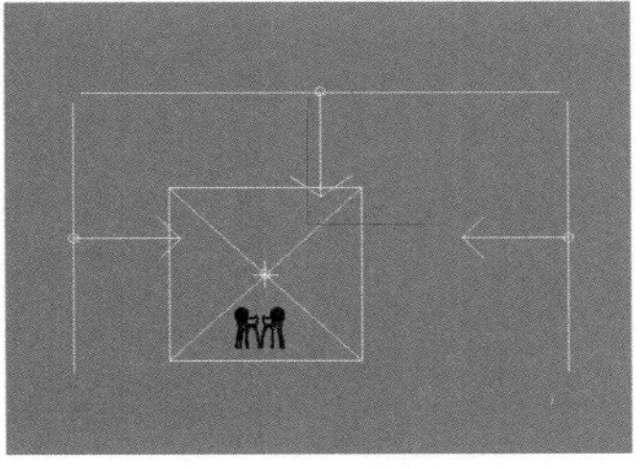

图2-148

03 如果要想选择椅子模型，可以在“过滤器”下拉列表中选择“G-几何体”选项，然后使用“选择对象”工具框选视图中的椅子模型，框选后可以发现只选择了椅子模型，而灯光并没有被选中，如图2-149所示。

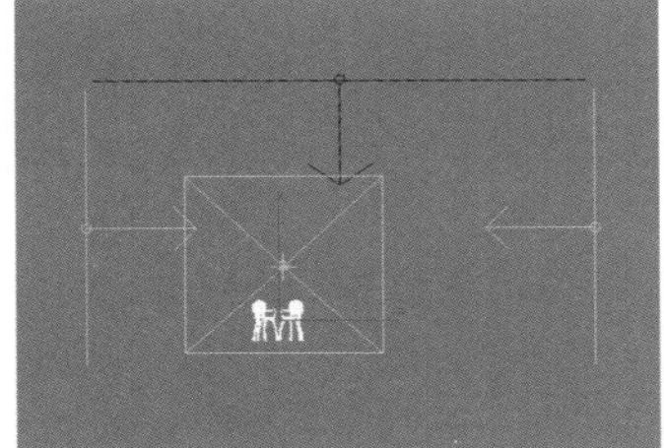

图2-149

2.5.5 选择对象

“选择对象”工具是最重要的工具之一，主要用来选择对象，对于想选择对象而又不想移动它来说，这个工具是最佳选择。使用该工具单击对象即可选择相应的对象，如图2-150所示。

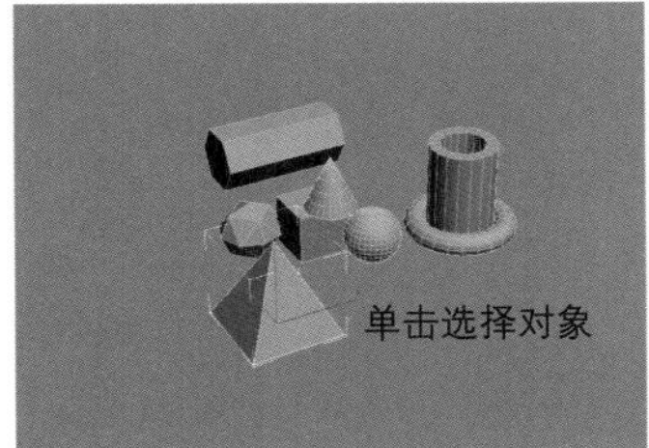

图2-150

技术专题 07 选择对象的5种方法

上面介绍使用“选择对象”工具单击对象即可将其选择，这只是选择对象的一种方法。下面介绍一下框选、加选、减选、反选、孤立选择对象的方法。

1.框选对象

这是选择多个对象的常用方法之一，适合选择一个区域的对象，如使用“选择对象”工具在视图中拉出一个选框，那么处于该选框内的所有对象都将被选中（这里以在“过滤器”列表中选择“全部”类型为例），如图2-151所示。另外，在使用“选择对象”工具框选对象时，按Q键可以切换选框的类型，如当前使用“矩形选择区域”模式，按Q键可切换为“圆形选择区域”模式，如图2-152所示，继续按Q键又会切换到“围栏选择区域”模式、“套索选择区域”模式、“绘制选择区域”模式，并一直按此顺序循环下去。

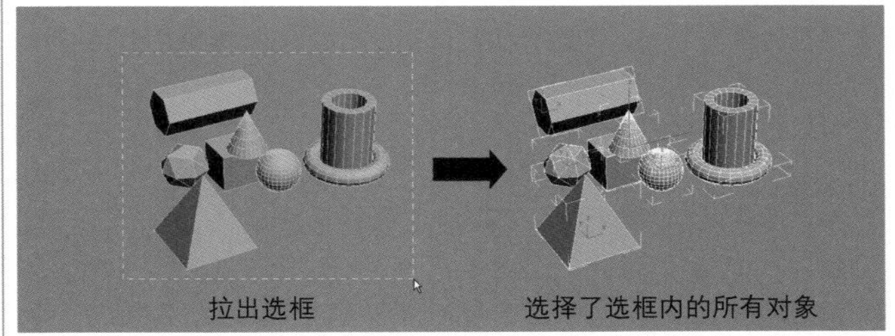

图2-151

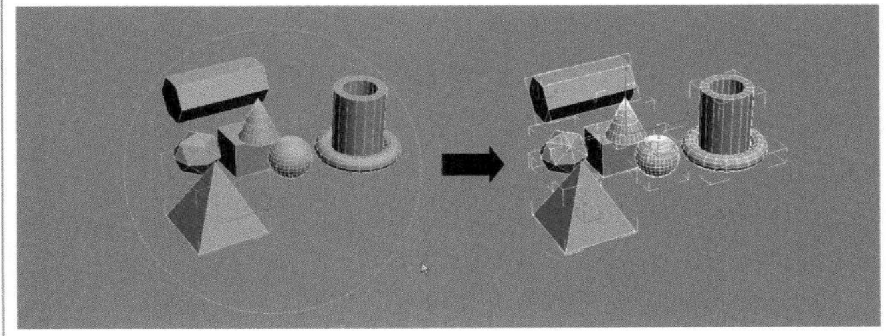

图2-152

2.加选对象

如果当前选择了一个对象，还想加选其他对象，按住Ctrl键单击其他对象，这样即可同时选择多个对象，如图2-153所示。

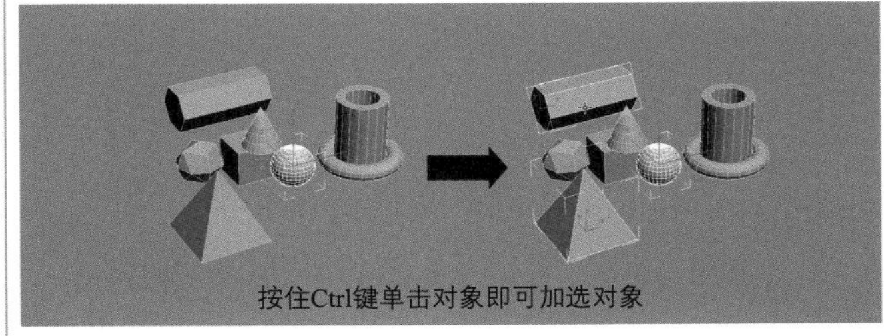

图2-153

3.减选对象

如果当前选择了多个对象，想减去某个不想选择的对象，按住Alt键单击想要减去的对象，这样即可减去当前单击的对象，如图2-154所示。

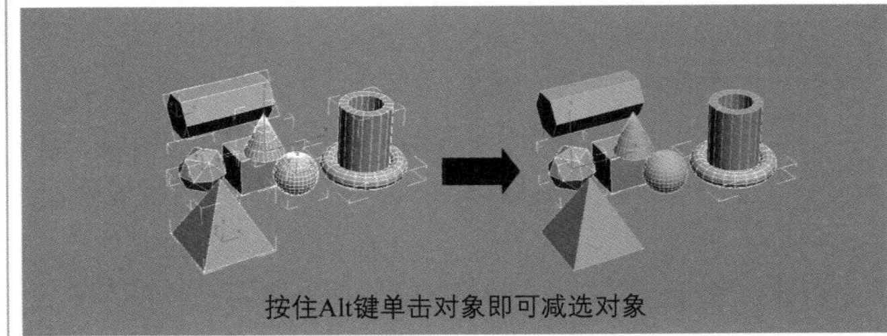

图2-154

4.反选对象

如果当前选择了某些对象，想要反选其他对象，可以按Ctrl+I组合键来完成，如图2-155所示。

5.孤立选择对象

这是一种特殊选择对象的方法，可以将选择的对象的单独显示出来，以方便对其进行编辑，如图2-156所示。

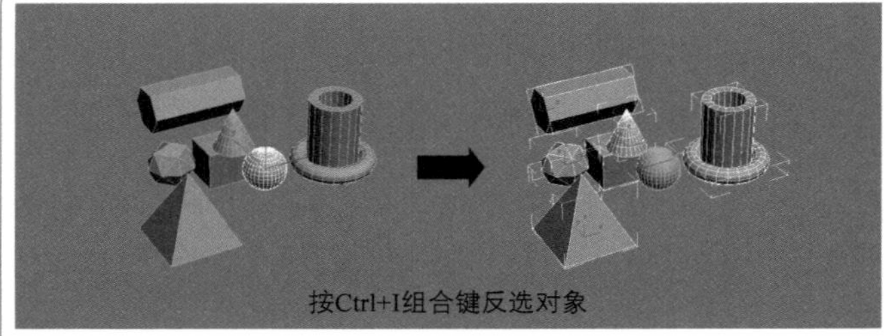

图2-155

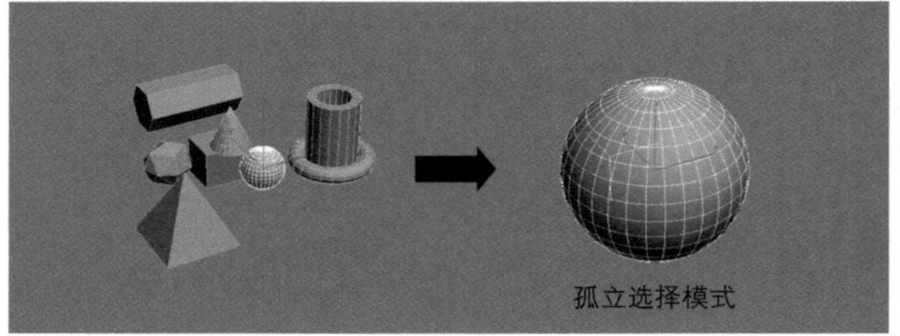

图2-156

切换孤立选择对象的方法主要有以下两种。

第1种：执行“工具>孤立当前选择”菜单命令或直接按Alt+Q组合键，如图2-157所示。

第2种：在视图中单击鼠标右键，然后在弹出的菜单中选择“孤立当前选择”命令，如图2-158所示。

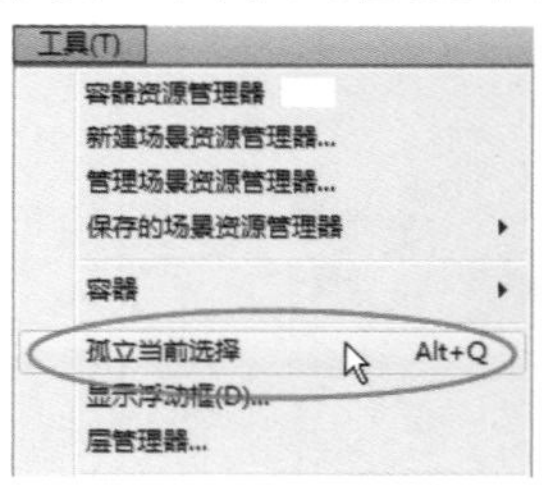

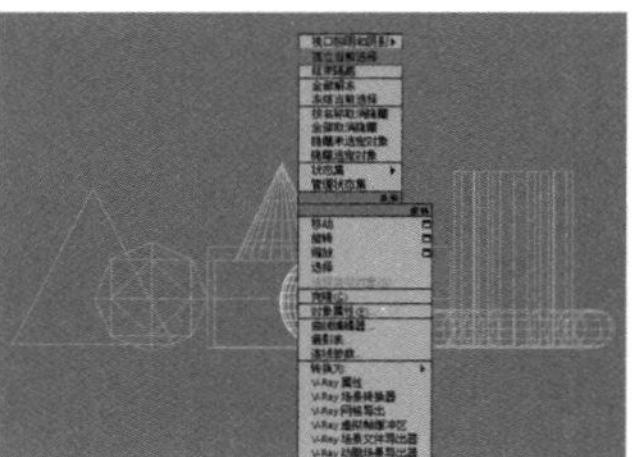

图2-157 图2-158

请大家牢记这几种选择对象的方法，这样在选择对象时可以达到事半功倍的效果。

2.5.6 按名称选择

单击“按名称选择”按钮会弹出“从场景选择”对话框，在该对话框中选择对象的名称后，单击“确定”按钮 确定 即可将其选择。例如，在“从场景选择”对话框中选择了Sphere01，单击“确定”按钮 确定 即可选择这个球体对象，可以按名称选择所需要的对象，如图2-159和图2-160所示。

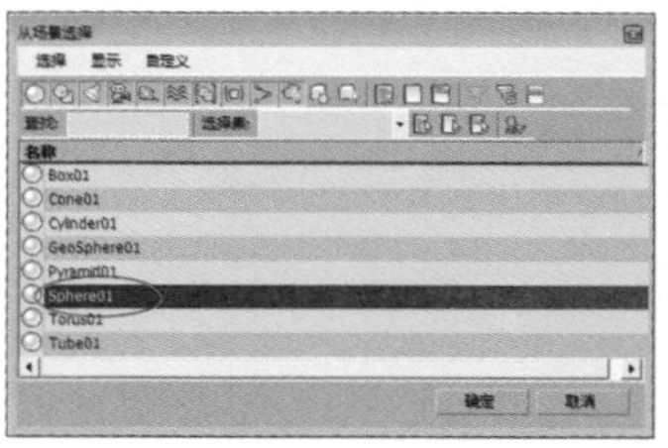

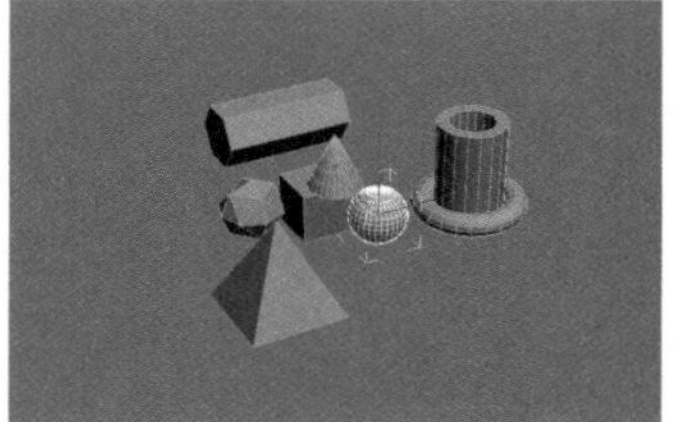

图2-159 图2-160

实战：按名称选择对象

场景位置 场景文件>CH02>04.max
实例位置 无
视频位置 多媒体教学>CH02>实战：按名称选择对象.flv
难易指数 ★☆☆☆☆
技术掌握 掌握“按名称选择”工具的用法

扫码看视频

01 打开“场景文件>CH02>04.max”文件，如图2-161所示。

02 在“主工具栏”中单击“按名称选择”按钮，打开“从场景选择”对话框，从该对话框中可以观察到场景对象的名称，如图2-162所示。

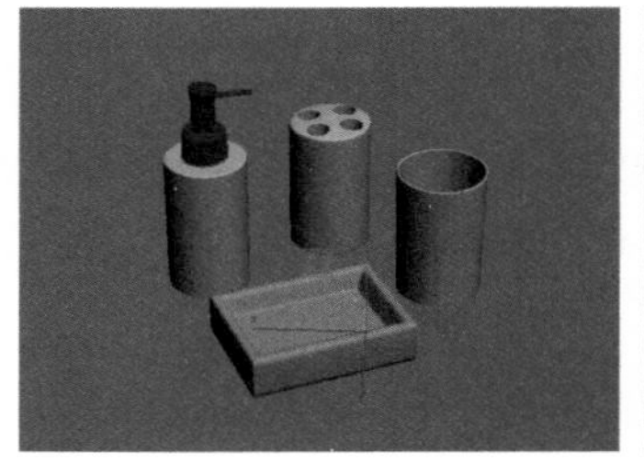

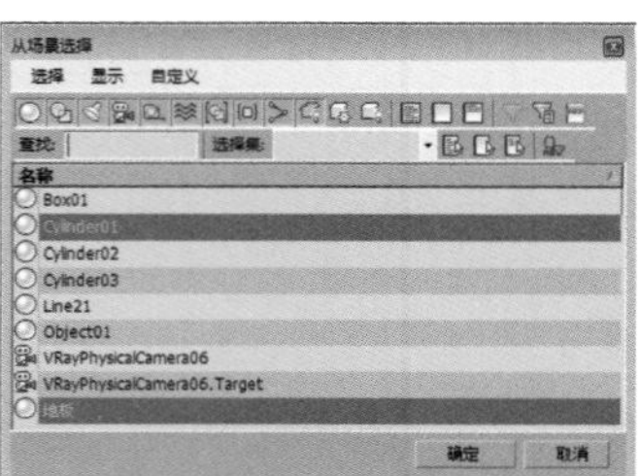

图2-161 图2-162

03 如果要选择单个对象，可以直接在“从场景选择”对话框中单击该对象的名称，然后单击“确定”按钮 确定 ，如图2-163所示。

04 如果要选择隔开的多个对象，可以按住Ctrl键依次单击对象的名称，然后单击“确定”按钮 确定 ，如图2-164所示。

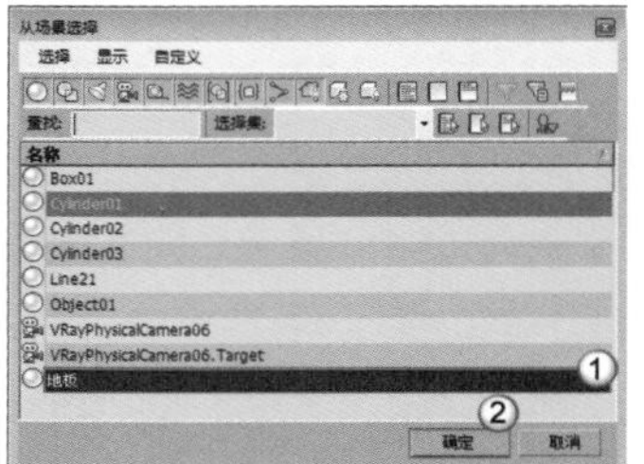

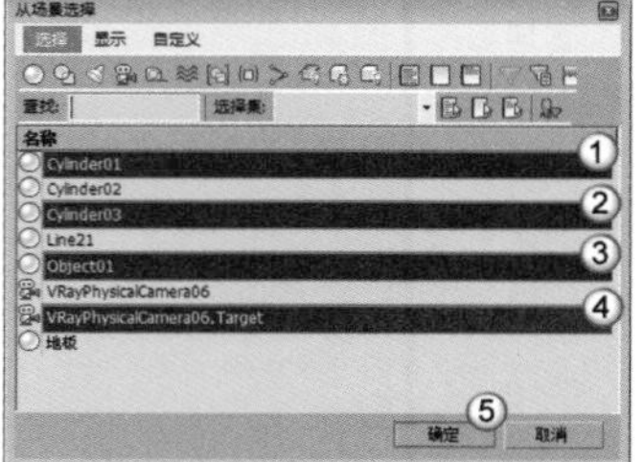

图2-163 图2-164

技巧与提示

如果当前已经选择了部分对象，那么按住Ctrl键可以进行加选，按住Alt键可以进行减选。

05 如果要选择连续的多个对象，可以按住Shift键依次单击首尾两个对象的名称，然后单击“确定”按钮 确定 ，如图2-165所示。

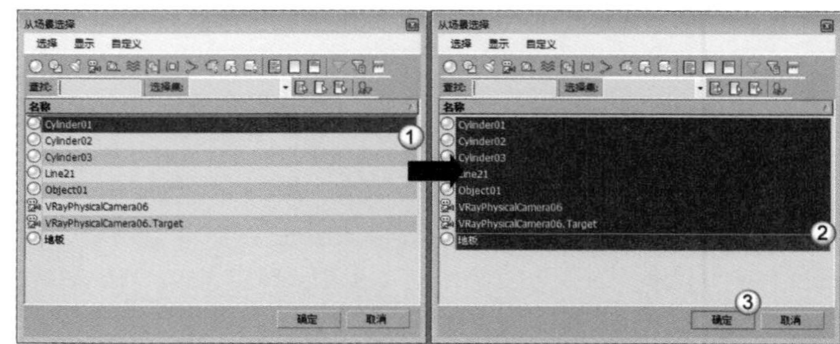

图2-165

技巧与提示

“从场景选择”对话框中有一排按钮与“创建”面板中的部分按钮是相同的，这些按钮主要用来显示对象的类型，当激活相应的对象按钮后，在下面的对象列表中就会显示出与其相对应的对象，如图2-166所示。

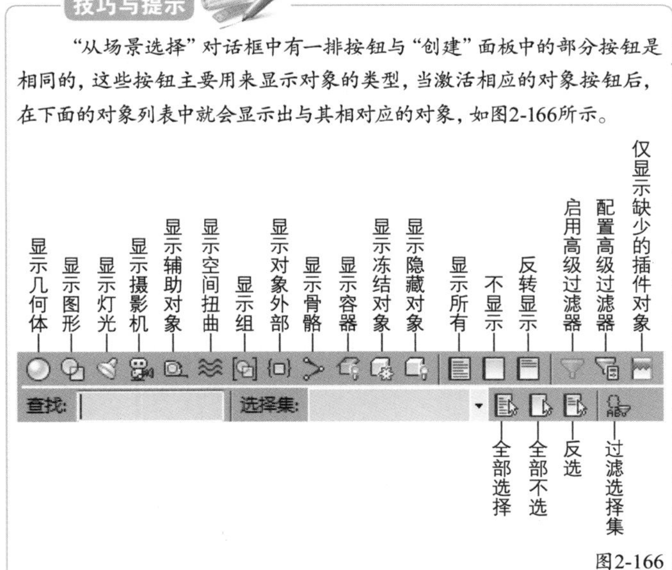

图2-166

2.5.7 选择区域

选择区域工具包含5种模式，如图2-167所示，主要用来配合“选择对象”工具一起使用。在前面的“技术专题——选择对象的5种方法”中已经介绍了其用法。

图2-167

实战：用套索选择区域工具选择对象

场景位置 场景文件>CH02>05.max
实例位置 无
视频位置 多媒体教学>CH02>实战：用套索选择区域工具选择对象.flv
难易指数 ★☆☆☆☆
技术掌握 掌握选择区域工具的用法

扫码看视频

01 打开“场景文件>CH02>05.max”文件，如图2-168所示。

图2-168

02 在“主工具栏”中单击“选择对象”按钮，然后连续按3次Q键将选择模式切换为“套索选择区域”，接着在视图中绘制一个形状区域，将刀叉模型勾选出来，如图2-169所示，释放鼠标后就选中了刀叉模型，如图2-170所示。

图2-169

图2-170

2.5.8 窗口/交叉

当“窗口/交叉”工具处于突出状态（即未激活状态）时，其显示效果为，这时如果在视图中选择对象，那么只要选择的区域包含对象的一部分即可选中该对象，如图2-171所示；当“窗口/交叉”工具处于凹陷状态（即激活状态）时，其显示效果为，这时如果在视图中选择对象，那么只有选择区域包含对象的全部才能将其选中，如图2-172所示。在实际工作中，一般都要让“窗口/交叉”工具处于未激活状态。

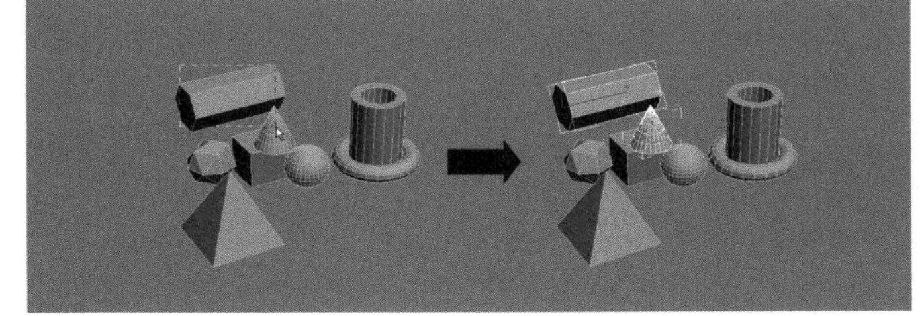

图2-171

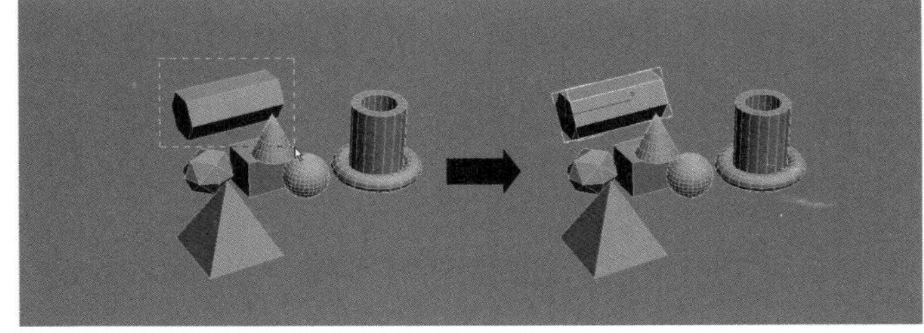

图2-172

2.5.9 选择并移动

“选择并移动”工具是最重要的工具之一（快捷键为W键），主要用来选择并移动对象，其选择对象的方法与“选择对象”工具相同。使用“选择并移动”工具可以将选中的对象移动到任何位置。当使用该工具选择对象时，在视图中会显示出坐标移动控制器，在默认的四视图中只有透视图显示的是x、y、z这3个轴向，而其他3个视图中只显示其中某两个轴向，如图2-173所示。若想要在多个轴向上移动对象，可以将光标放在轴向的中间，然后拖曳光标即可，如图2-174所示；如果想在单个轴向上移动对象，可以将光标放在这个轴向上，然后拖曳光标即可，如图2-175所示。

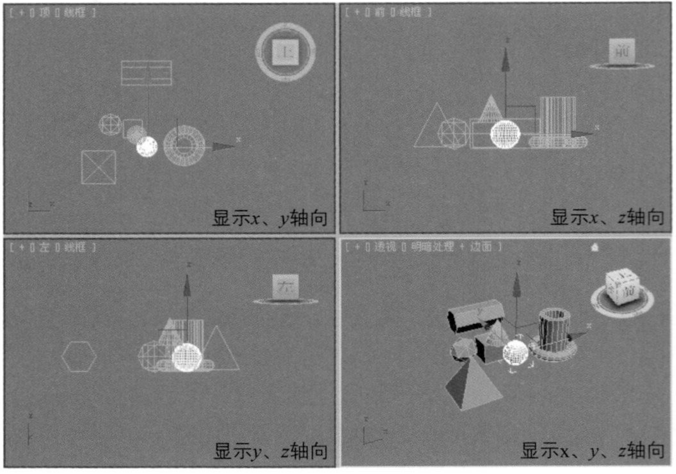

图2-173

图2-174

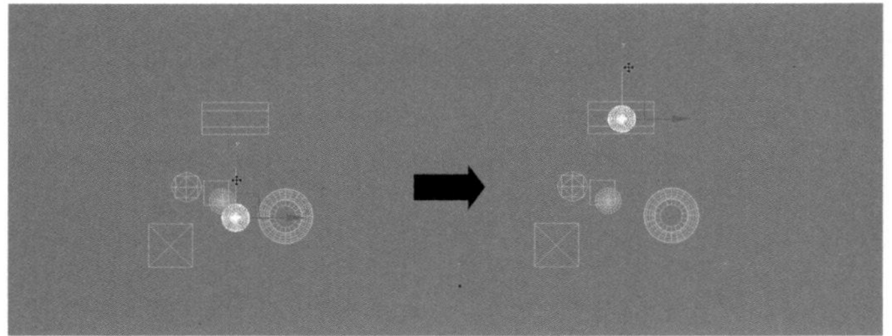

图2-175

问：可以将对象精确移动一定的距离吗？

答：可以。若想将对象精确移动一定的距离，可以在“选择并移动”工具上单击鼠标右键，然后在弹出的“移动变换输入”对话框中输入“绝对:世界”或“偏移:世界”的数值，如图2-176所示。

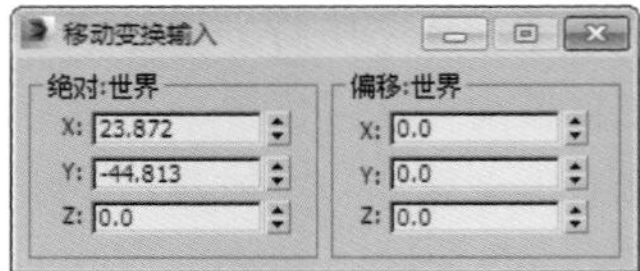

图2-176

“绝对”坐标是指对象目前所在的世界坐标位置，“偏移”坐标是指对象以屏幕为参考对象所偏移的距离。

★ 重 点 ★

实战：用选择并移动工具制作酒杯塔

场景位置　场景文件>CH02>06.max
实例位置　实例文件>CH02>实战：用选择并移动工具制作酒杯塔.max
视频位置　多媒体教学>CH02>实战：用选择并移动工具制作酒杯塔.flv
难易指数　★☆☆☆☆
技术掌握　掌握移动复制功能的运用

扫码看视频

本例使用“选择并移动”工具的移动复制功能制作的酒杯塔效果如图2-177所示。

图2-177

01 打开“场景文件>CH02>06.max”文件，如图2-178所示。

02 在“主工具栏”中单击“选择并移动”按钮，然后按住Shift键在前视图中将高脚杯沿y轴向下移动复制，接着在弹出的“克隆选项”对话框中设置“对象”为“复制”，最后单击“确定”按钮完成操作，如图2-179所示。

图2-178

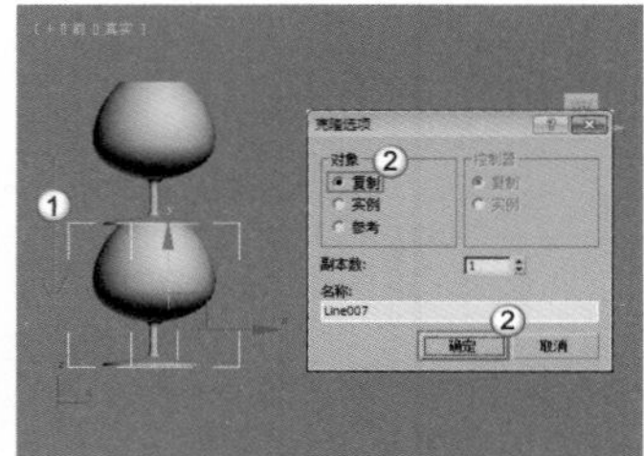

图2-179

03 在顶视图中将下层的高脚杯沿x、y轴向外拖曳到如图2-180所示的位置。

04 保持对下层高脚杯的选择，按住Shift键沿x轴向左侧移动复制，接着在弹出的“克隆选项”对话框中单击“确定”按钮，如图2-181所示。

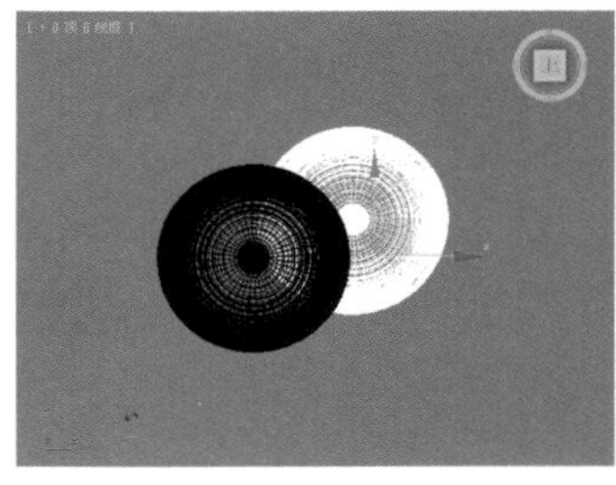

图2-180

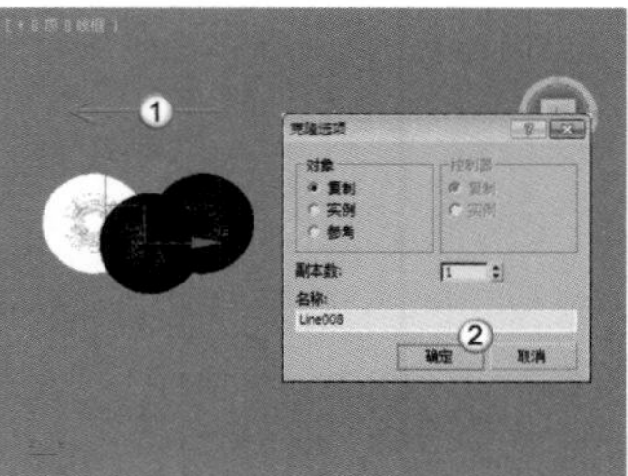

图2-181

05 采用相同的方法在下层继续复制一个高脚杯，然后调整好每个高脚杯的位置，完成后的效果如图2-182所示。

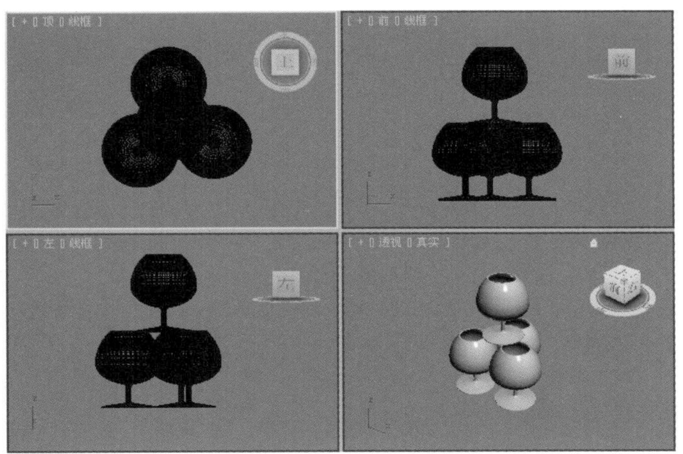

图2-182

06 将下层的高脚杯向下进行移动复制，然后向外复制一些高脚杯，得到最下层的高脚杯，最终效果如图2-183所示。

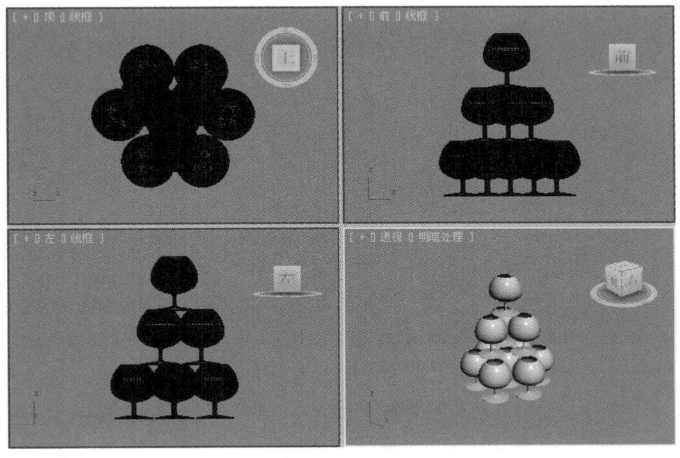

图2-183

★重点★

2.5.10 选择并旋转

"选择并旋转"工具是最重要的工具之一（快捷键为E键），主要用来选择并旋转对象，其使用方法与"选择并移动"工具相似。当该工具处于激活状态（选择状态）时，被选中的对象可以在x、y、z这3个轴上进行旋转。

疑难问答

问：可以将某个对象精确旋转一定的角度吗？

答：可以。如果要将对象精确旋转一定的角度，可以在"选择并旋转"按钮上单击鼠标右键，然后在弹出的"旋转变换输入"对话框中输入旋转角度，如图2-184所示。

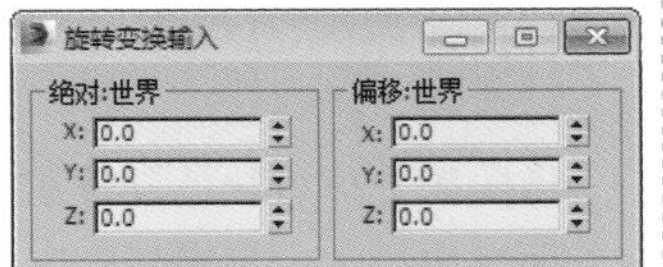

图2-184

★重点★

2.5.11 选择并缩放

"选择并缩放"工具是最重要的工具之一（快捷键为R键），主要用来选择并缩放对象。"选择并缩放"工具包含3种，如图2-185所示。使用"选择并均匀缩放"工具可以沿所有3个轴以相同量缩放对象，同时保持对象的原始比例，如图2-186所示；使用"选择并非均匀缩放"工具可以根据活动轴约束以非均匀方式缩放对象，如图2-187所示；使用"选择并挤压"工具可以创建"挤压和拉伸"效果，如图2-188所示。

选择并均匀缩放
选择并非均匀缩放
选择并挤压

图2-185

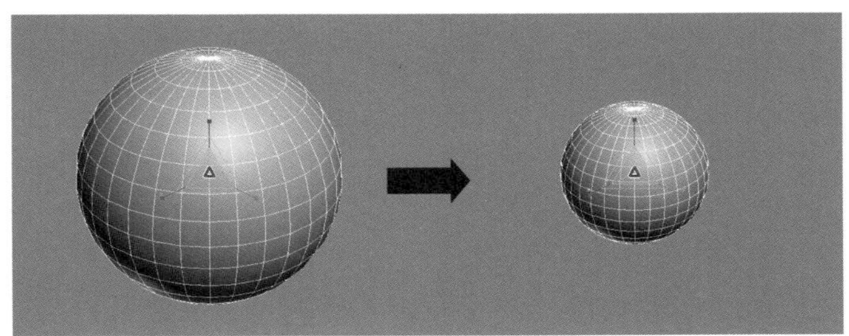

图2-186

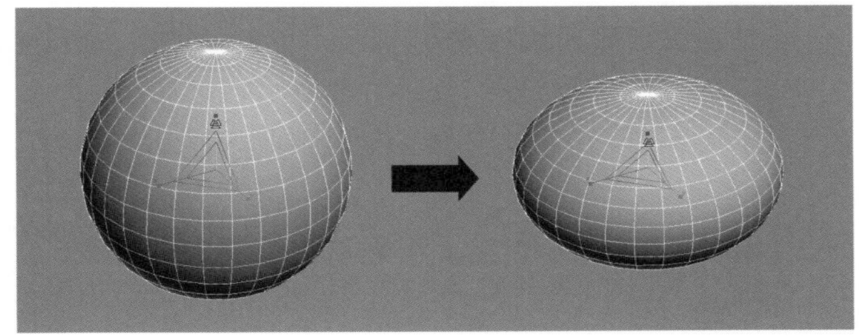

图2-187

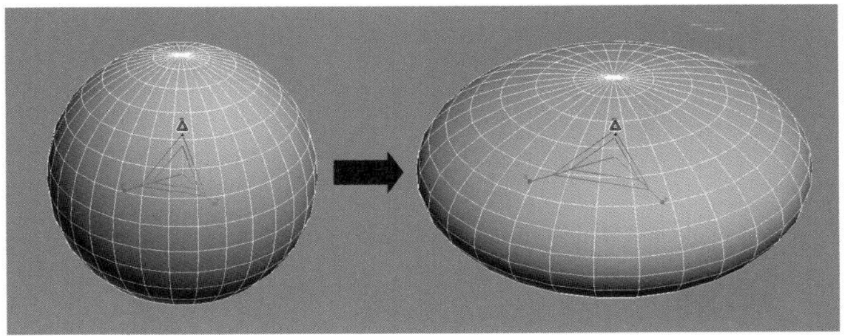

图2-188

技巧与提示

同理，"选择并缩放"工具也可以设定一个精确的缩放比例因子，具体操作方法就是在相应的工具上单击鼠标右键，然后在弹出的"缩放变换输入"对话框中输入相应的缩放比例数值，如图2-189所示。

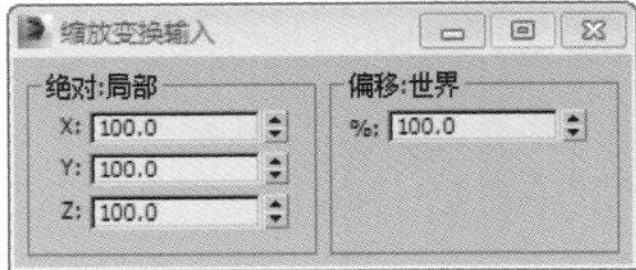

图2-189

★重点★

实战：用选择并缩放工具调整花瓶形状

场景位置　场景文件>CH02>07.max
实例位置　实例文件>CH02>实战：用选择并缩放工具调整花瓶形状.max
视频位置　多媒体教学>CH02>实战：用选择并缩放工具调整花瓶形状.flv
难易指数　★☆☆☆☆
技术掌握　掌握3种选择并缩放工具的用法

扫码看视频

01 打开“场景文件>CH02>07.max”文件，如图2-190所示。

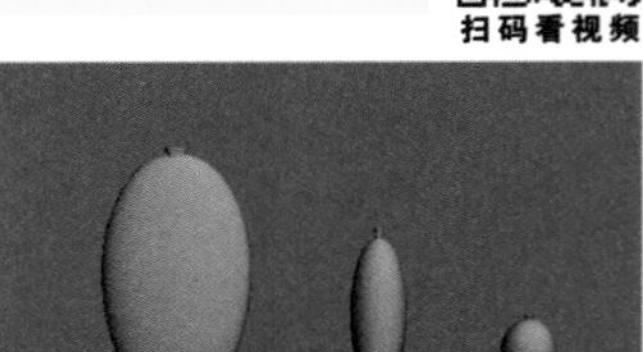

图2-190

02 在“主工具栏”中选择“选择并均匀缩放”工具，然后选择最左边的花瓶，接着在前视图中沿x轴正方向进行缩放，如图2-191所示，完成后的效果如图2-192所示。

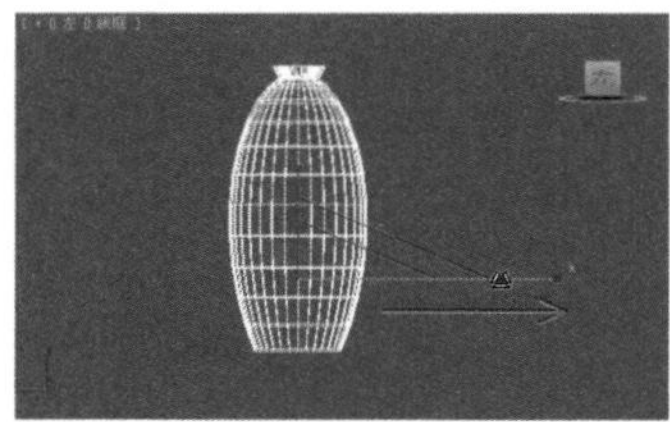

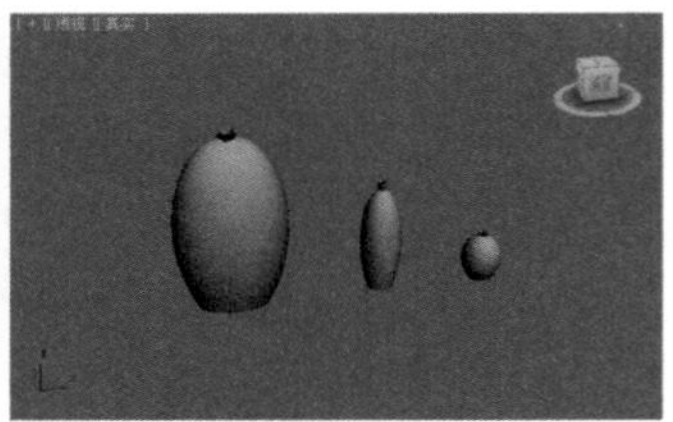

图2-191　图2-192

03 在“主工具栏”中选择“选择并非均匀缩放”工具，然后选择中间的花瓶，接着在透视图中沿y轴正方向进行缩放，如图2-193所示。

04 在“主工具栏”中选择“选择并挤压”工具，然后选择最左边的模型，接着在透视图中沿z轴负方向进行挤压，如图2-194所示。

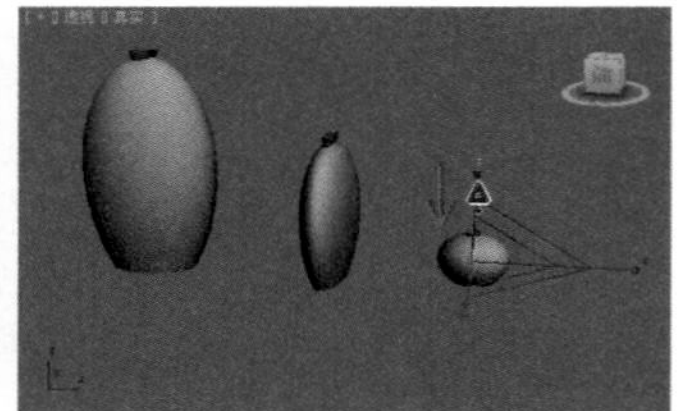

图2-193　图2-194

★重点★

2.5.12 参考坐标系

“参考坐标系”可以用来指定变换操作（如移动、旋转、缩放等）所使用的坐标系统，包括视图、屏幕、世界、父对象、局部、万向、栅格、工作区和拾取9种坐标系，如图2-195所示。

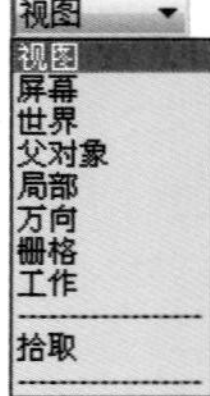

图2-195

参考坐标系介绍

视图：在默认的“视图”坐标系中，所有正交视图中的x、y、z轴都相同。使用该坐标系移动对象时，可以相对于视图空间移动对象。

屏幕：将活动视口屏幕用作坐标系。

世界：使用世界坐标系。

父对象：使用选定对象的父对象作为坐标系。如果对象未链接至特定对象，则其为世界坐标系的子对象，其父坐标系与世界坐标系相同。

局部：使用选定对象的轴心点为坐标系。

万向：万向坐标系与Euler XYZ旋转控制器一起使用，它与局部坐标系类似，但其3个旋转轴相互之间不一定垂直。

栅格：使用活动栅格作为坐标系。

工作：使用工作轴作为坐标系。

拾取：使用场景中的另一个对象作为坐标系。

2.5.13 使用轴点中心

轴点中心工具包含“使用轴点中心”工具、“使用选择中心”工具和“使用变换坐标中心”工具3种，如图2-196所示。

使用轴点中心
使用选择中心
使用变换坐标中心

图2-196

使用轴点中心工具介绍

使用轴点中心：该工具可以围绕其各自的轴点旋转或缩放一个或多个对象。

使用选择中心：该工具可以围绕其共同的几何中心旋转或缩放一个或多个对象。如果变换多个对象，该工具会计算所有对象的平均几何中心，并将该几何中心用作变换中心。

使用变换坐标中心：该工具可以围绕当前坐标系的中心旋转或缩放一个或多个对象。当使用“拾取”功能将其他对象指定为坐标系时，其坐标中心在该对象轴的位置上。

2.5.14 选择并操纵

使用“选择并操纵”工具可以在视图中通过拖曳“操纵器”来编辑修改器、控制器和某些对象的参数。

技巧与提示

“选择并操纵”工具与“选择并移动”工具不同，它的状态不是唯一的。只要选择模式或变换模式之一为活动状态，并且启用了“选择并操纵”工具，那么就可以操纵对象。但是在选择一个操纵器辅助对象之前必须禁用“选择并操纵”工具。

2.5.15 键盘快捷键覆盖切换

当关闭“键盘快捷键覆盖切换”工具时，只识别“主用户界面”快捷键；当激活该工具时，可以同时识别主UI快捷键和功能区域快捷键。一般情况都需要开启该工具。

★重点★

2.5.16 捕捉开关

"捕捉开关"工具（快捷键为S键）包含"2D捕捉"工具、"2.5D捕捉"工具和"3D捕捉"工具3种，如图2-197所示。

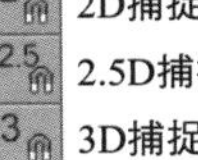

图2-197

捕捉开关介绍

2D捕捉：主要用于捕捉活动的栅格。

2.5D捕捉：主要用于捕捉结构或捕捉根据网格得到的几何体。

3D捕捉：可以捕捉3D空间中的任何位置。

技巧与提示

在"捕捉开关"上单击鼠标右键，可以打开"栅格和捕捉设置"对话框，在该对话框中可以设置捕捉类型和捕捉的相关选项，如图2-198所示。

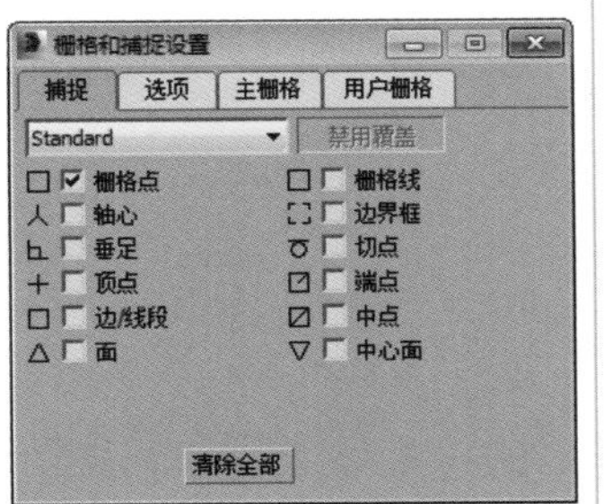

图2-198

★重点★

2.5.17 角度捕捉切换

"角度捕捉切换"工具可以用来指定捕捉的角度（快捷键为A键）。激活该工具后，角度捕捉将影响所有的旋转变换。在默认状态下以5°为增量进行旋转。

技巧与提示

若要更改旋转增量，可以在"角度捕捉切换"工具上单击鼠标右键，然后在弹出的"栅格和捕捉设置"对话框中单击"选项"选项卡，接着在"角度"选项后面输入相应的旋转增量角度，如图2-199所示。

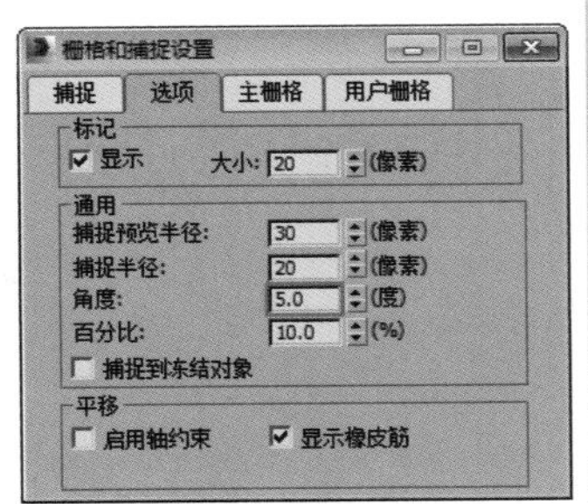

图2-199

★重点★

实战：用角度捕捉切换工具制作挂钟刻度

场景位置 场景文件>CH02>08.max
实例位置 实例文件>CH02>实战：用角度捕捉切换工具制作挂钟刻度.max
视频位置 多媒体教学>CH02>实战：用角度捕捉切换工具制作挂钟刻度.flv
难易指数 ★★☆☆☆
技术掌握 掌握"角度捕捉切换"工具的用法

扫码看视频

本例使用"角度捕捉切换"工具制作的挂钟刻度效果如图2-200所示。

图2-200

01 打开"场景文件>CH02>08.max"文件，如图2-201所示。

02 在"创建"面板中单击"球体"按钮，然后在场景中创建一个大小合适的球体，如图2-202所示。

图2-201

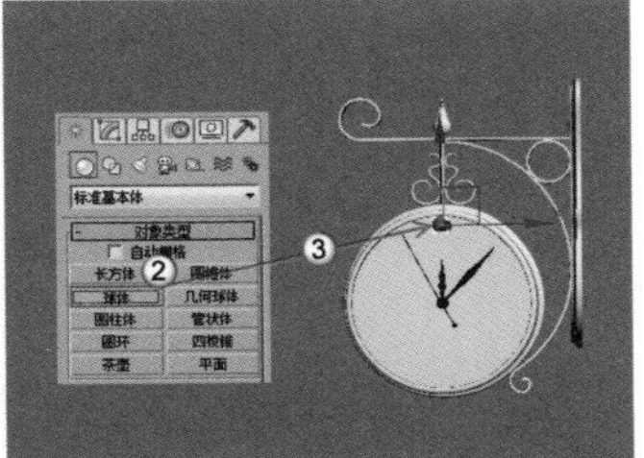

图2-202

技巧与提示

从图2-201中可以观察到挂钟没有指针刻度。在3ds Max中，制作这种具有相同角度且有一定规律的对象一般都使用"角度捕捉切换"工具来制作。

03 选择"选择并均匀缩放"工具，然后在左视图中沿x轴负方向进行缩放，如图2-203所示，接着使用"选择并移动"工具将其移动到表盘的"12点钟"的位置，如图2-204所示。

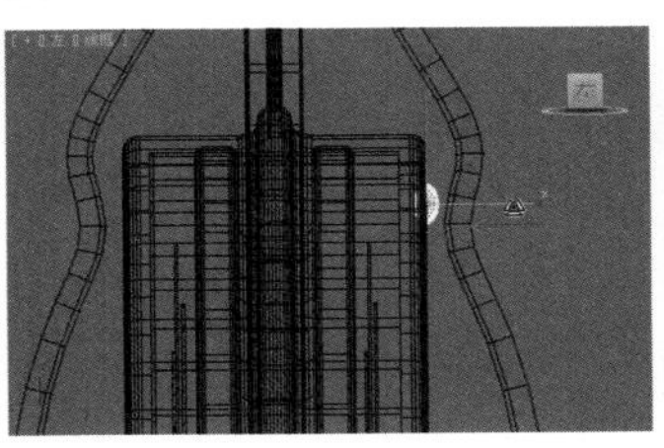

图2-203

图2-204

04 在"命令"面板中单击"层次"按钮，进入"层次"面板，然后单击"仅影响轴"按钮（此时球体上会增加一个较粗的坐标轴，这个坐标轴主要用来调整球体的轴心点位置），接着使用"选择并移动"工具将球体的轴心点拖曳到表盘的中心位置，如图2-205所示。

05 单击"仅影响轴"按钮退出"仅影响轴"模式，然后在"角度捕捉切换"工具上单击鼠标右键（注意，要使该工具处于激活状态），接着在弹出的"栅格和捕捉设置"对话框中单击

"选项"选项卡，最后设置"角度"为30度，如图2-206所示。

图2-205

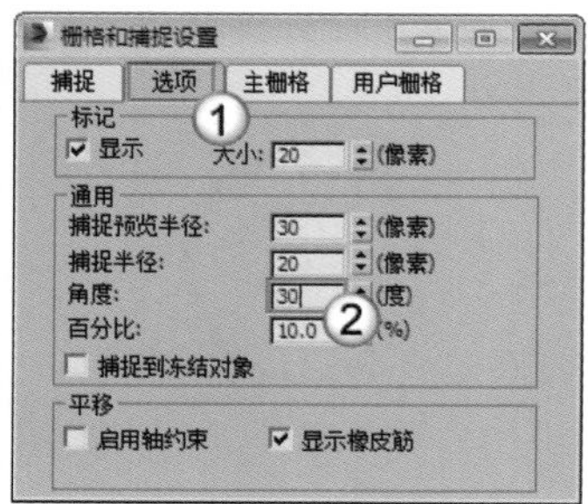

图2-206

06 选择"选择并旋转"工具，然后在前视图中按住Shift键顺时针旋转-30°，接着在弹出的"克隆选项"对话框中设置"对象"为"实例"、"副本数"为11，最后单击"确定"按钮，如图2-207所示，最终效果如图2-208所示。

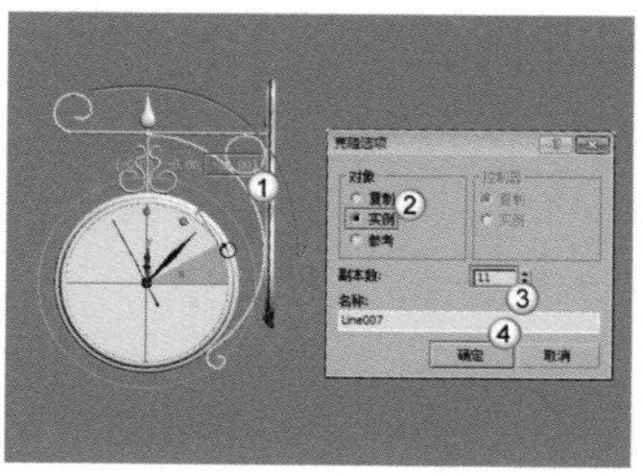

图2-207

图2-208

2.5.18 百分比捕捉切换

使用"百分比捕捉切换"工具可以将对象缩放捕捉到自定的百分比（快捷键为Shift+Ctrl+P组合键），在缩放状态下，默认每次的缩放百分比为10%。

技巧与提示

若要更改缩放百分比，可以在"百分比捕捉切换"工具上单击鼠标右键，然后在弹出的"栅格和捕捉设置"对话框中单击"选项"选项卡，接着在"百分比"选项后面输入相应的百分比数值，如图2-209所示。

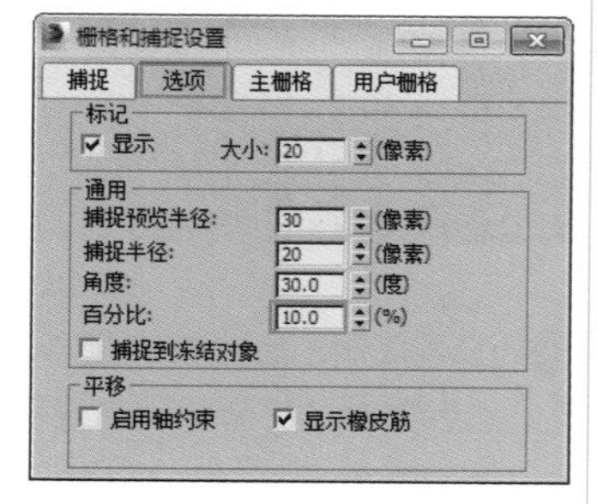

图2-209

2.5.19 微调器捕捉切换

"微调器捕捉切换"工具可以用来设置微调器单次单击的增加值或减少值。

技巧与提示

若要设置微调器捕捉的参数，可以在""微调器捕捉切换"工具上单击鼠标右键，然后在弹出的"首选项设置"对话框中单击"常规"选项卡，接着在"微调器"选项组下设置相关参数，如图2-210所示。

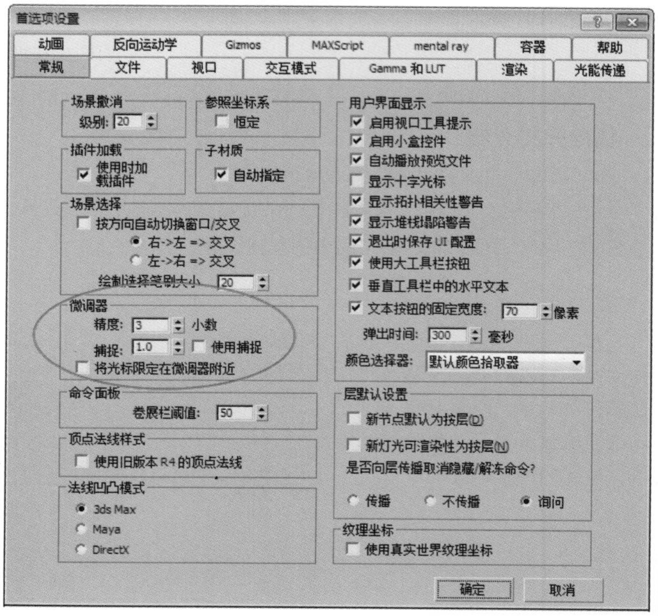

图2-210

2.5.20 编辑命名选择集

使用"编辑命名选择集"工具可以为单个或多个对象创建选择集。选中一个或多个对象后，单击"编辑命名选择集"工具可以打开"命名选择集"对话框，在该对话框中可以创建新集、删除集以及添加、删除选定对象等操作，如图2-211所示。

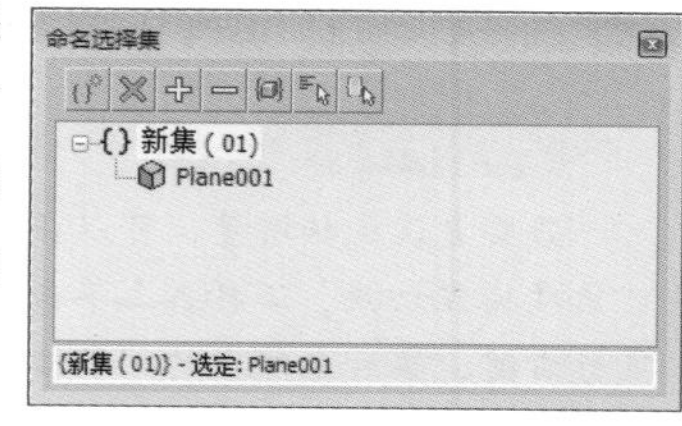

图2-211

2.5.21 创建选择集

如果选择了对象，在"创建选择集"中输入名称后就可以创建一个新的选择集；如果已经创建了选择集，在列表中可以选择创建的集。

2.5.22 镜像

使用"镜像"工具可以围绕一个轴心镜像出一个或多个副本对象。选中要镜像的对象后，单击"镜像"工具，可以打开"镜像:世界坐标"对话框，在该对话框中可以对"镜像轴""克隆当前选择"和"镜像IK限制"进行设置，如图2-212所示。

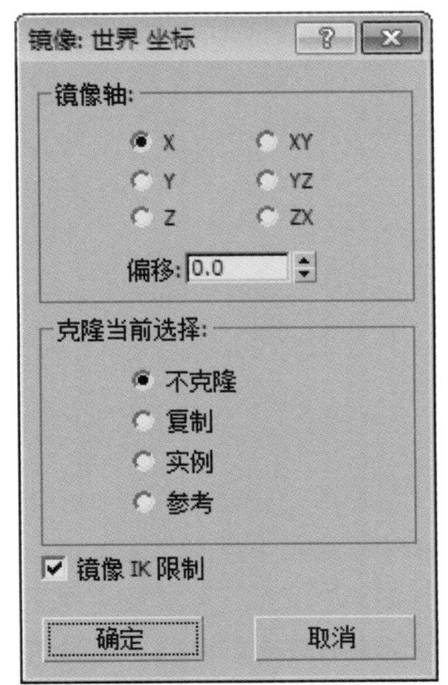

图2-212

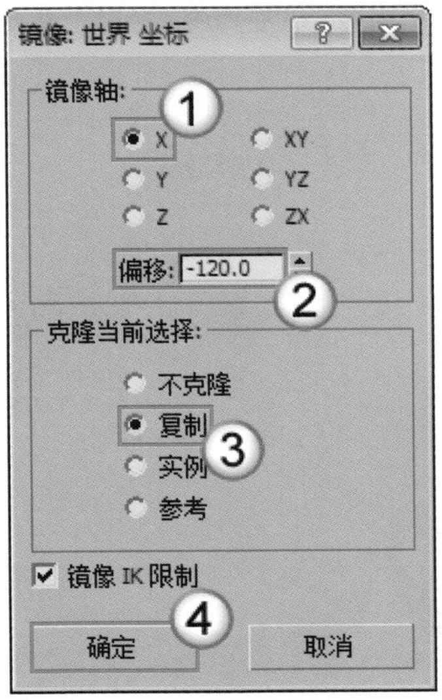

图2-215

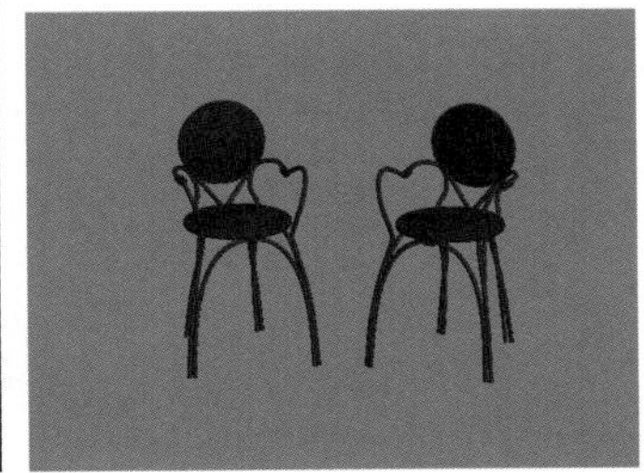

图2-216

实战：用镜像工具镜像椅子

场景位置 场景文件>CH02>09.max
实例位置 实例文件>CH02>实战：用镜像工具镜像椅子.max
视频位置 多媒体教学>CH02>实战：用镜像工具镜像椅子.flv
难易指数 ★☆☆☆☆
技术掌握 掌握"镜像"工具的用法

扫码看视频

本例使用"镜像"工具镜像的椅子效果如图2-213所示。

图2-213

01 打开"场景文件>CH02>09.max"文件，如图2-214所示。

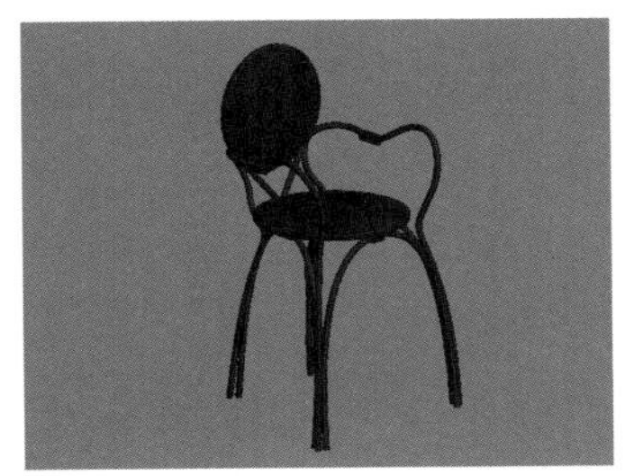

图2-214

02 选中椅子模型，然后在"主工具栏"中单击"镜像"按钮，接着在弹出的"镜像"对话框设置"镜像轴"为*x*轴、"偏移"值为-120mm，再设置"克隆当前选择"为"复制"方式，最后单击"确定"按钮，具体参数设置如图2-215所示，最终效果如图2-216所示。

2.5.23 对齐

"对齐"工具包括6种，分别是"对齐"工具、"快速对齐"工具、"法线对齐"工具、"放置高光"工具、"对齐摄影机"工具和"对齐到视图"工具，如图2-217所示。

对齐
快速对齐
法线对齐
放置高光
对齐摄影机
对齐到视图

图2-217

对齐工具介绍

对齐：使用该工具（快捷键为Alt+A）可以将当前选定对象与目标对象进行对齐。

快速对齐：使用该工具（快捷键为Shift+A）可以立即将当前选择对象的位置与目标对象的位置进行对齐。如果当前选择的是单个对象，那么"快速对齐"需要使用到两个对象的轴；如果当前选择的是多个对象或多个子对象，则使用"快速对齐"可以将选中对象的选择中心对齐到目标对象的轴。

法线对齐："法线对齐"（快捷键为Alt+N）基于每个对象的面或是以选择的法线方向来对齐两个对象。要打开"法线对齐"对话框，首先要选择对齐的对象，然后单击对象上的面，接着单击第2个对象上的面，释放鼠标后就可以打开"法线对齐"对话框。

放置高光：使用该工具（快捷键为Ctrl+H）可以将灯光或对象对齐到另一个对象，以便可以精确定位其高光或反射。在"放置高光"模式下，可以在任一视图中单击并拖曳光标。

技巧与提示

"放置高光"是一种依赖于视图的功能，所以要使用渲染视图。在场景中拖曳光标时，会有一束光线从光标处射入到场景中。

对齐摄影机：使用该工具可以将摄影机与选定的面法线进行对齐。该工具的工作原理与"放置高光"工具类似。不同的是，它是在面法线上进行操作，而不是入射角，并在释放鼠标时完成，而不是在拖曳鼠标时完成。

对齐到视图：使用该工具可以将对象或子对象的局部轴与当前视图进行对齐。该工具适用于任何可变换的选择对象。

★ 重 点 ★

实战：用对齐工具对齐办公椅

场景位置　场景文件>CH02>10.max
实例位置　实例文件>CH02>实战：用对齐工具对齐办公椅.max
视频位置　多媒体教学>CH02>实战：用对齐工具对齐办公椅.flv
难易指数　★☆☆☆☆
技术掌握　掌握“对齐”工具的用法

扫码看视频

本例使用“对齐”工具对齐办公椅后的效果如图2-218所示。

图2-218

01 打开“场景文件>CH02>10.max”文件，可以观察到场景中有两把椅子没有与其他椅子对齐，如图2-219所示。

02 选中其中一把没有对齐的椅子，然后在“主工具栏”中单击“对齐”按钮，接着单击另外一把处于正常位置的椅子，在弹出的对话框中设置“对齐位置（世界）”为“x位置”，再设置“当前对象”和“目标对象”为“轴点”，最后单击“确定”按钮 确定 ，如图2-220所示。

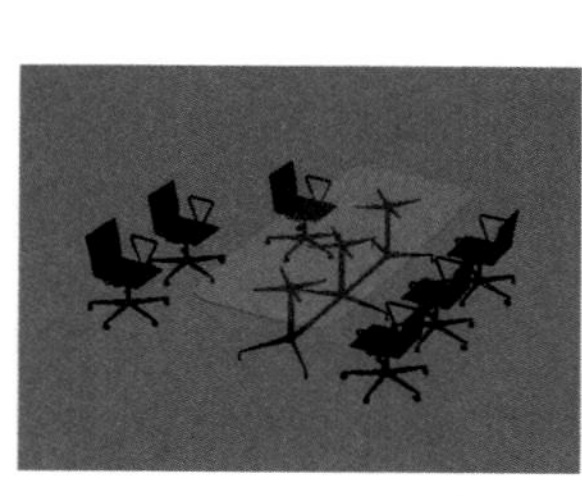

图2-219

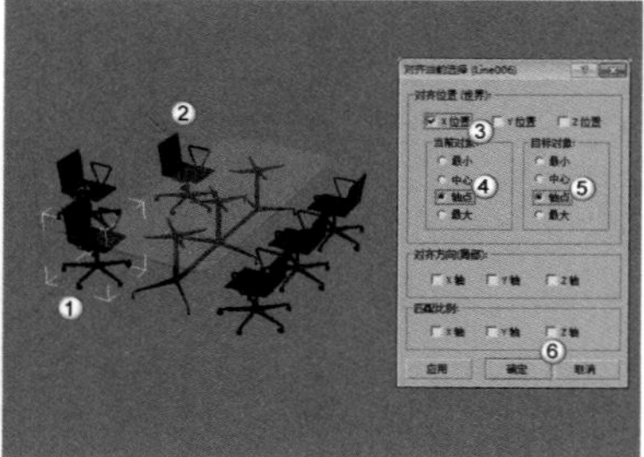

图2-220

技术专题 07 对齐参数详解

X/Y/Z位置：用来指定要执行对齐操作的一个或多个坐标轴。同时勾选这3个选项可以将当前对象重叠到目标对象上。

最小：将具有最小x/y/z值对象边界框上的点与其他对象上选定的点对齐。

中心：将对象边界框的中心与其他对象上的选定点对齐。

轴点：将对象的轴点与其他对象上的选定点对齐。

最大：将具有最大x/y/z值对象边界框上的点与其他对象上选定的点对齐。

对齐方向（局部）：包括x/y/z轴3个选项，主要用来设置选择对象与目标对象是以哪个坐标轴进行对齐。

匹配比例：包括x/y/z轴3个选项，可以匹配两个选定对象之间的缩放轴的值，该操作仅对变换输入中显示的缩放值进行匹配。

03 采用相同的方法对齐另外一把没有对齐的椅子，完成后的效果如图2-221所示。

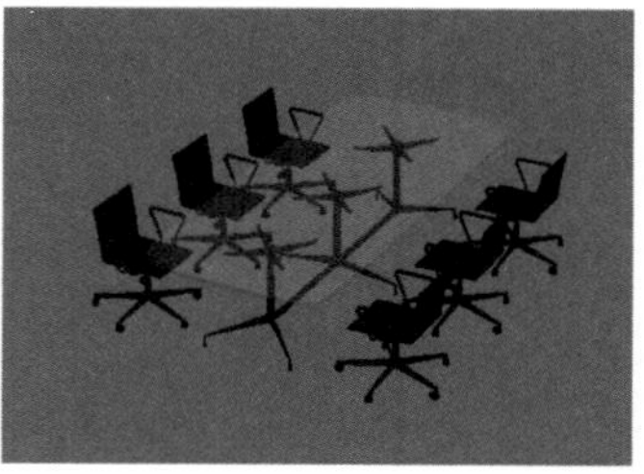

图2-221

2.5.24 层管理器

使用“层管理器”可以创建和删除层，也可以用来查看和编辑场景中所有层的设置以及与其相关联的对象。单击“层管理器”工具可以打开“层”对话框，在该对话框中可以指定光能传递中的名称、可见性、渲染性、颜色以及对象和层的包含关系等，如图2-222所示。

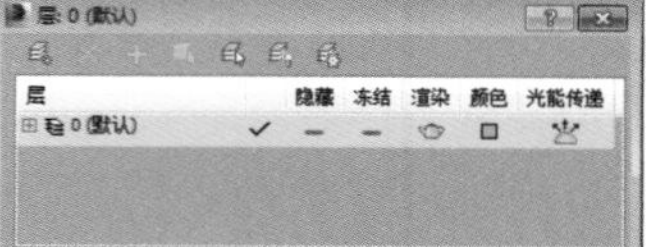

图2-222

2.5.25 功能切换区（石墨建模工具）

“功能切换区”（3ds Max 2014之前的版本称“石墨建模工具”）是优秀的PolyBoost建模工具与3ds Max的完美结合，其工具摆放的灵活性与布局的科学性大大方便了多边形建模的流程。单击“主工具栏”中的“功能切换区”按钮即可调出“建模工具”选项卡，如图2-223所示。

图2-223

2.5.26 曲线编辑器

单击“曲线编辑器”按钮可以打开“轨迹视图-曲线编辑器”对话框，如图2-224所示。“曲线编辑器”是一种“轨迹视图”模式，可以用曲线来表示运动，而“轨迹视图”模式可以使运动的插值以及软件在关键帧之间创建的对象变换更加直观化。

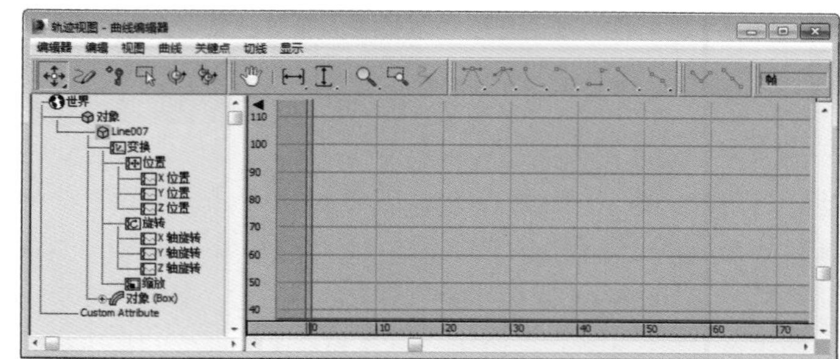

图2-224

技巧与提示

使用曲线上关键点的切线控制手柄可以轻松地观看和控制场景对象的运动效果和动画效果。

2.5.27 图解视图

"图解视图"是基于节点的场景图，通过它可以访问对象的属性、材质、控制器、修改器、层次和不可见场景关系，同时在"图解视图"对话框中可以查看、创建并编辑对象间的关系，也可以创建层次、指定控制器、材质、修改器和约束等，如图2-225所示。

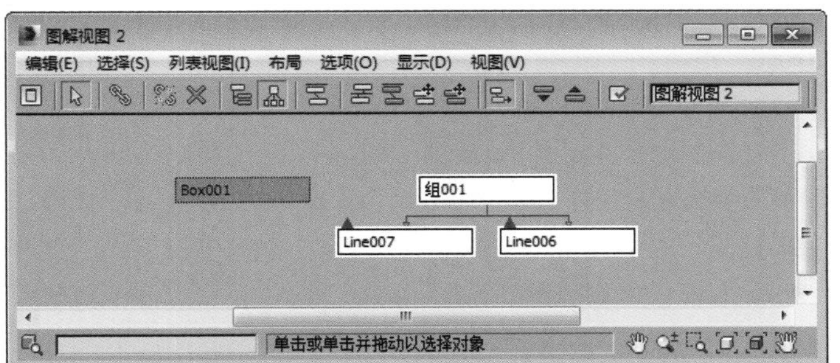

图2-225

技巧与提示

在"图解视图"对话框列表视图中的文本列表中可以查看节点，这些节点的排序是有规则性的，通过这些节点可以迅速浏览极其复杂的场景。

2.5.28 材质编辑器

"材质编辑器"是最重要的编辑器之一（快捷键为M键），主要用来编辑对象的材质。在后面的章节中将有专门的内容对其进行介绍。3ds Max 2014的"材质编辑器"分为"精简材质编辑器"和"Slate材质编辑器"两种，如图2-226和图2-227所示。

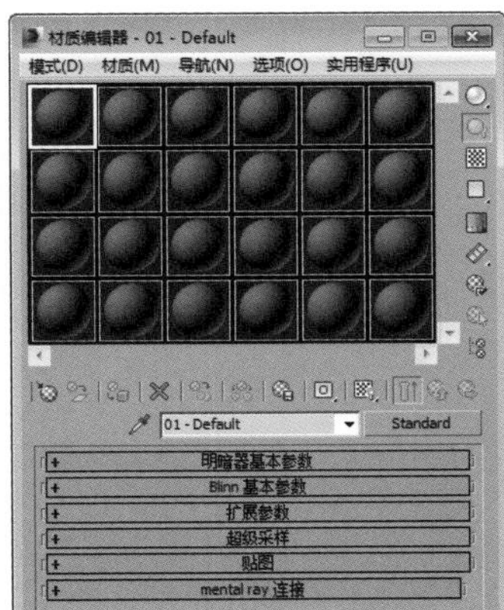

图2-226

图2-227

知识链接

关于"材质编辑器"的作用及用法请参阅292页"11.2 材质编辑器"下的相关内容。

2.5.29 渲染设置

单击"主工具栏"中的"渲染设置"按钮（快捷键为F10键）可以打开"渲染设置"对话框，所有渲染设置的参数基本上都在该对话框中完成，如图2-228所示。

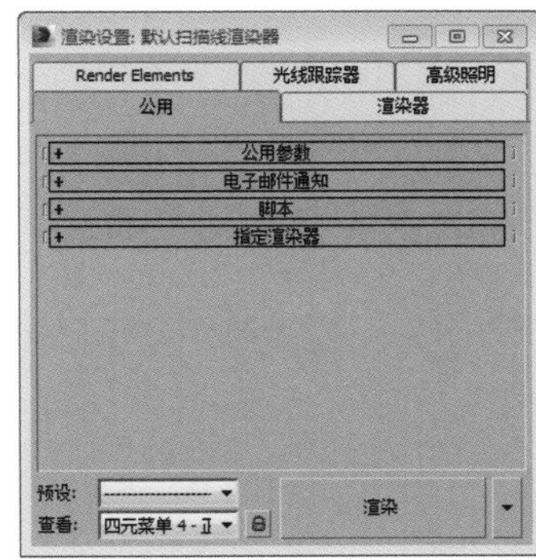

图2-228

知识链接

关于"渲染设置"对话框参数的介绍请参阅"第13章 效果图制作基本功：VRay渲染技术"中的相关内容。

2.5.30 渲染帧窗口

单击"主工具栏"中的"渲染帧窗口"按钮可以打开"渲染帧窗口"对话框，在该对话框中可执行选择渲染区域、切换图像通道和储存渲染图像等任务，如图2-229所示。

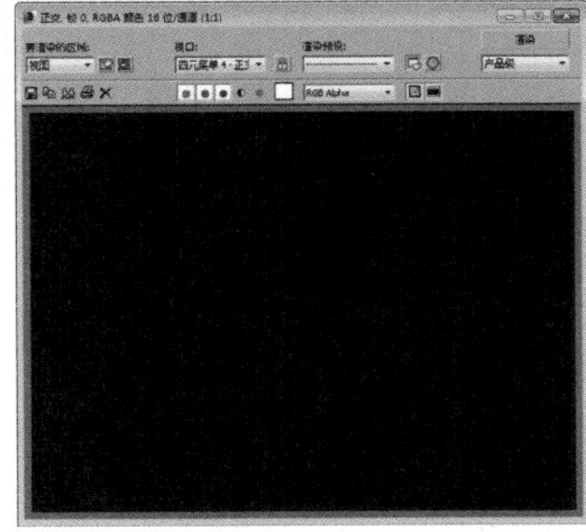

图2-229

2.5.31 渲染工具

渲染工具包含"渲染产品"工具、"渲染迭代"工具和ActiveShade工具3种，如图2-230所示。

渲染产品
渲染迭代
ActiveShade

图2-230

知识链接

关于渲染工具的作用及用法请参阅351页"13.2.2 渲染工具"下的相关内容。

2.6 视口设置

视口区域是操作界面中最大的一个区域，也是3ds Max中用于实际工作的区域，默认状态下为四视图显示，包括顶视图、左视图、前视图和透视图4个视图。在这些视图中可以从不同的角度对场景中的对象进行观察和编辑。

每个视图的左上角都会显示视图的名称以及模型的显示方式，右上角有一个导航器（不同视图显示的状态也不同），如图2-231所示。

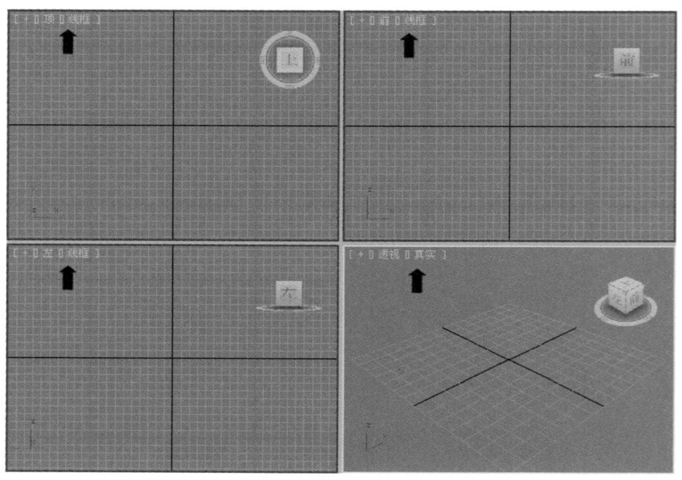

图2-231

常用的几种视图都有其相对应的快捷键，顶视图的快捷键是T键、底视图的快捷键是B键、左视图的快捷键是L键、前视图的快捷键是F键、透视图的快捷键是P键、摄影机视图的快捷键是C键。

2.6.1 视图快捷菜单

3ds Max 2014中视图的名称部分被分为3个小部分，用鼠标右键分别单击这3个部分会弹出不同的菜单，如图2-232~图2-234所示。图2-232所示菜单用于还原、激活、禁用视口以及设置导航器等；图2-233所示菜单用于切换视口的类型；图2-234所示菜单用于设置对象在视口中的显示方式。

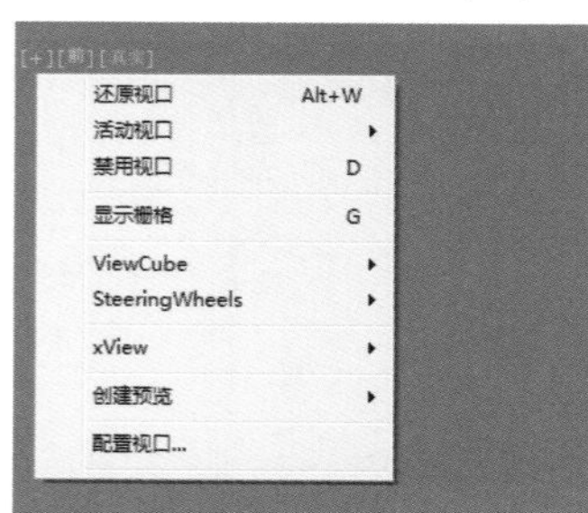

图2-232

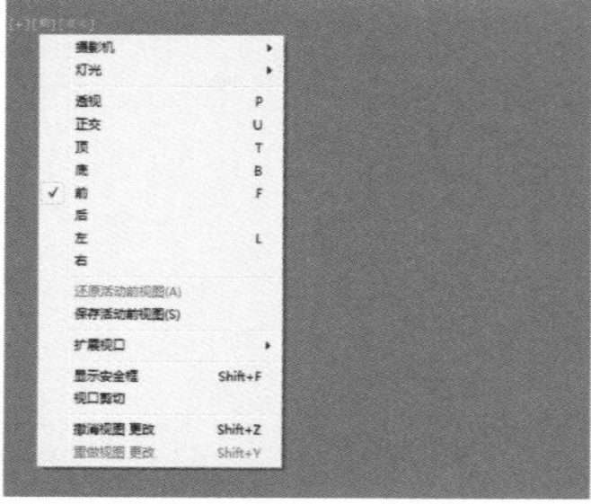

图2-233

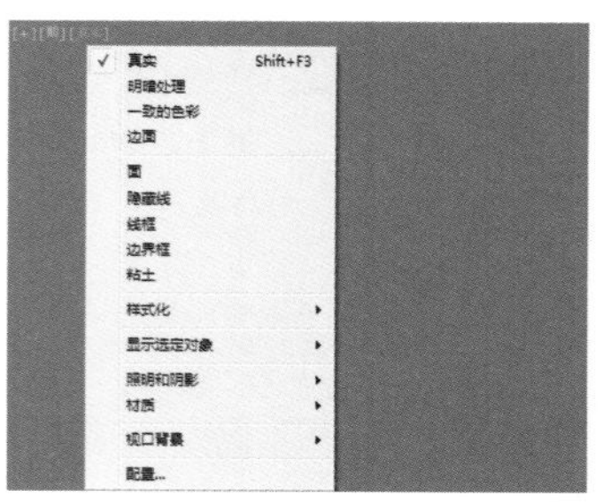

图2-234

实战：视口布局设置

场景位置 场景文件>CH02>11.max
实例位置 实例文件>CH02>实战：视口布局设置.max
视频位置 多媒体教学>CH02>实战：视口布局设置.flv
难易指数 ★☆☆☆☆
技术掌握 掌握如何设置视口的布局方式

扫码看视频

视图的划分及显示在3ds Max 2014中是可以调整的，用户可以根据观察对象的需要来改变视图的大小或视图的显示方式。

01 打开“场景文件>CH02>11.max”文件，如图2-235所示。

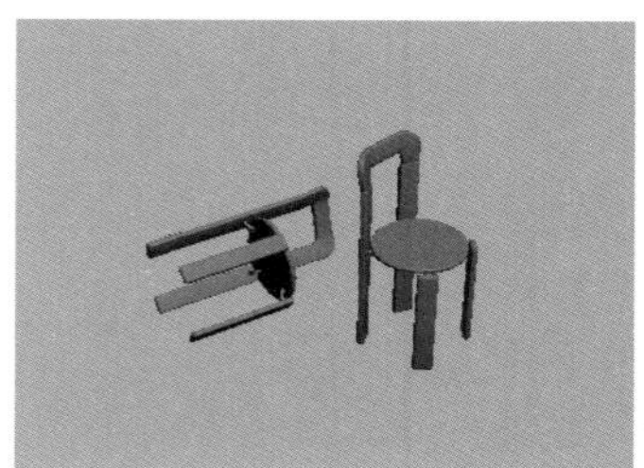

图2-235

02 执行“视图>视口背景>配置视口背景”菜单命令，打开“视口配置”对话框，然后单击“布局”选项卡，在该选项卡下预设了一些视口的布局方式，如图2-236所示。

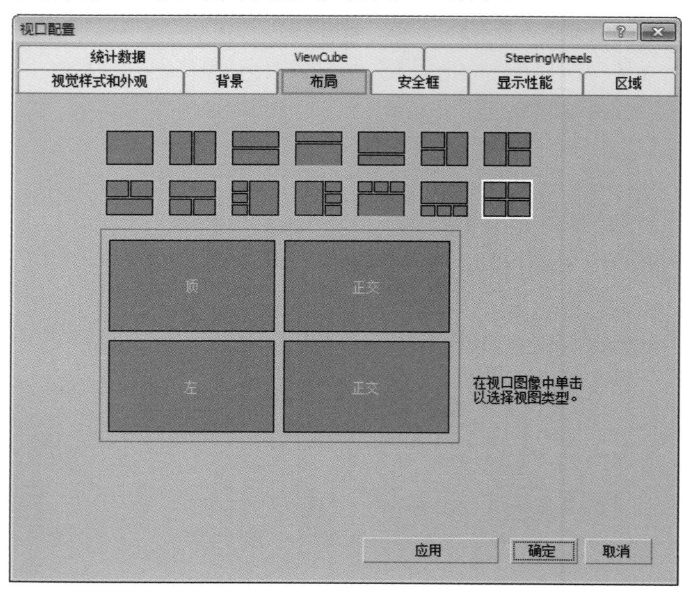

图2-236

03 选择第6个布局方式，此时在下面的缩略图中可以观察到这个视图布局的划分方式，如图2-237所示。

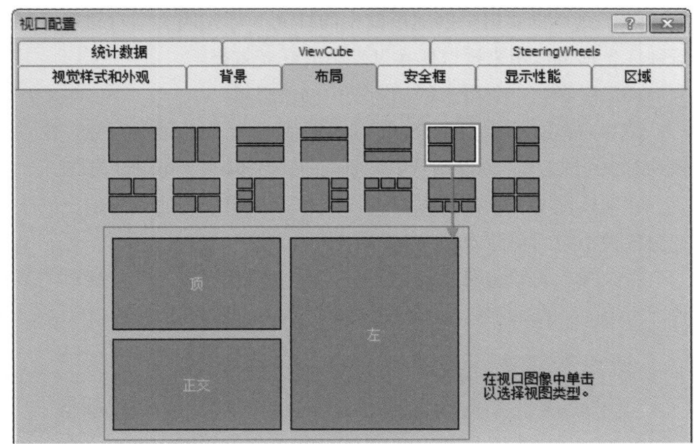

图2-237

04 在视图缩略图上单击鼠标左键或右键，在弹出的菜单中可以选择应用哪一个视图，选择好后单击“确定”按钮，如图2-238所示，重新划分后的视图效果如图2-239所示。

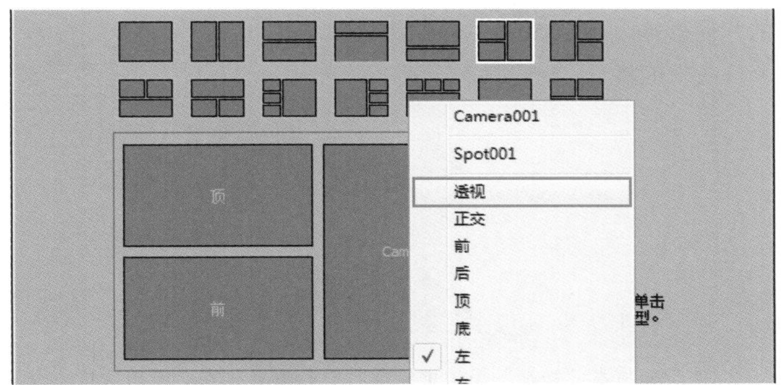

图2-238

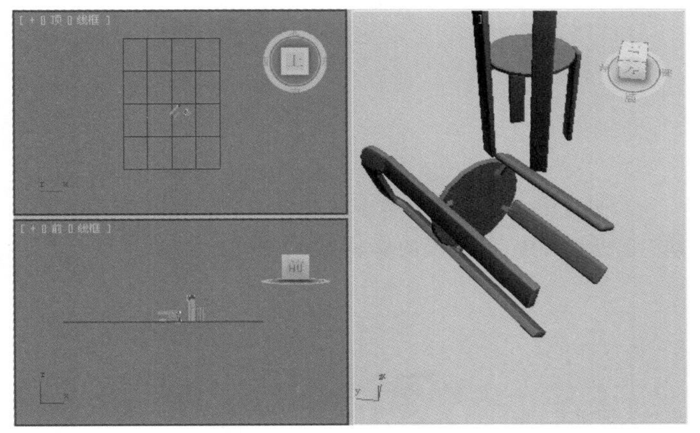

图2-239

问：可以调整视图间的比例吗？

答：可以。将光标放置在视图与视图的交界处，当光标变成“双向箭头” ↔/↕时，可以左右或上下调整视图的大小，如图2-240所示；当光标变成“十字箭头” ✥时，可以上下左右调整视图的大小，如图2-241所示。

如果要将视图恢复到原始的布局状态，可以在视图交界处单击鼠标右键，然后在弹出的菜单中选择“重置布局”命令，如图2-242所示。

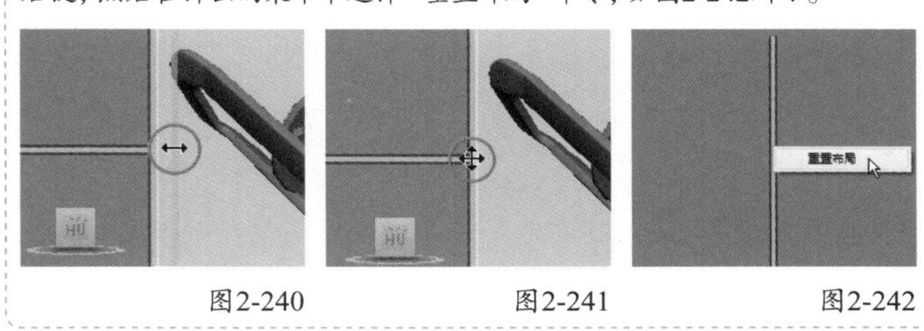

图2-240　　图2-241　　图2-242

2.6.2 视口布局选项卡

“视口布局选项卡”位于操作界面的左侧，用于快速调整视口的布局，单击“创建新的视口布局选项卡”按钮，在弹出的“标准视口布局”面板中可以选择3ds Max预设的一些标准视口布局，如图2-243所示。

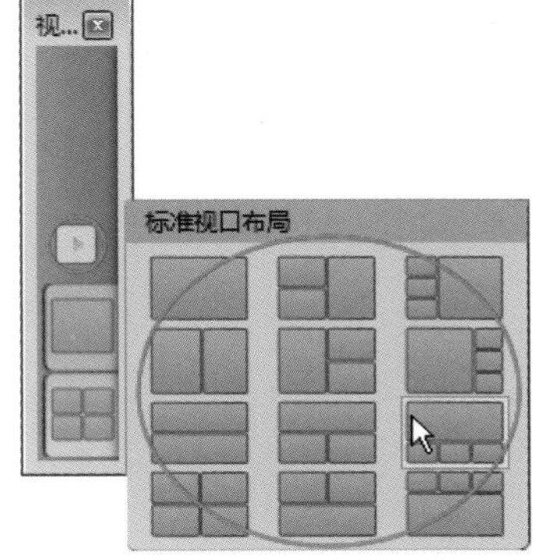

图2-243

技巧与提示

如果用户对视图的配置比较熟悉，可以关闭“视口布局选项卡”，以节省操作界面的空间。

2.6.3 切换透视图背景色

在默认情况下，3ds Max 2014的透视图的背景颜色为灰色渐变色，如图2-244所示。如果用户不习惯渐变背景色，可以执行“视图>视口背景>纯色”菜单命令，将其切换为纯色显示，如图2-245所示。

图2-244

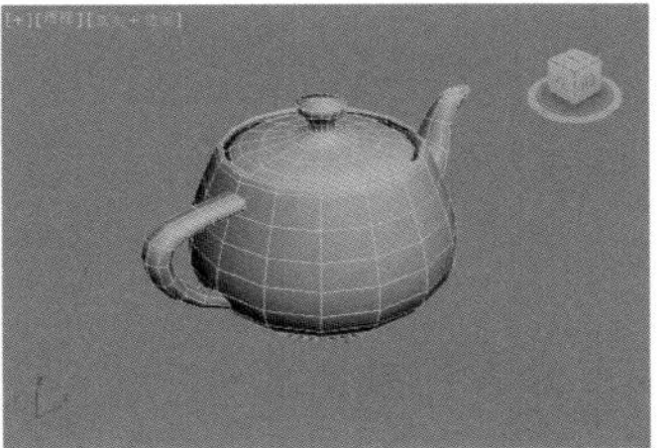

图2-245

2.6.4 切换栅格的显示

栅格是多条直线交叉而形成的网格，严格来说是一种辅助计量单位，可以基于栅格捕捉绘制物体。在默认情况，每个视图中均有栅格，如图2-246所示。如果嫌栅格有碍操作，可以按G键取消栅格显示（再次按G键可以恢复栅格显示），如图2-247所示。

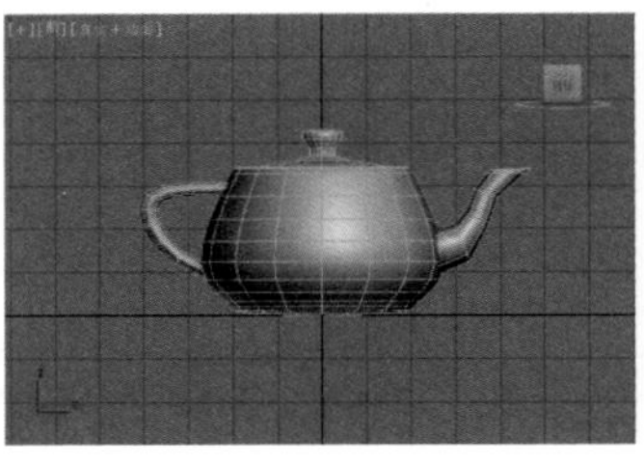

图2-246

图2-247

2.7 命令面板

“命令”面板非常重要，场景对象的操作都可以在“命令”面板中完成。“命令”面板由6个用户界面面板组成，默认状态下显示的是“创建”面板，其他面板分别是“修改”面板、“层次”面板、“运动”面板、“显示”面板和“实用程序”面板，如图2-248所示。

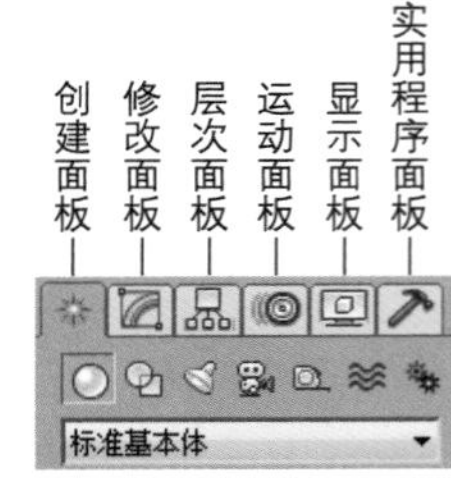

图2-248

2.7.1 创建面板

“创建”面板是最重要的面板之一，在该面板中可以创建7种对象，分别是“几何体”、“图形”、“灯光”、“摄影机”、“辅助对象”、“空间扭曲”和“系统”，如图2-249所示。

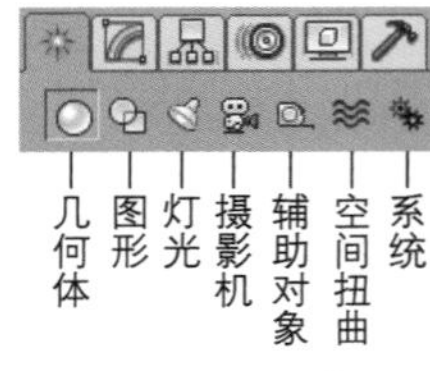

图2-249

创建面板介绍

几何体：主要用来创建长方体、球体和锥体等基本几何体，同时也可以创建出高级几何体，比如布尔、阁楼以及粒子系统中的几何体。

图形：主要用来创建样条线和NURBS曲线。

虽然样条线和NURBS曲线能够在2D空间或3D空间中存在，但是它们只有一个局部维度，可以为形状指定一个厚度以便于渲染，但这两种线条主要用于构建其他对象或运动轨迹。

灯光：主要用来创建场景中的灯光。灯光的类型有很多种，每种灯光都可以用来模拟现实世界中的灯光效果。

摄影机：主要用来创建场景中的摄影机。

辅助对象：主要用来创建有助于场景制作的辅助对象。这些辅助对象可以定位、测量场景中可渲染的几何体，并且可以设置动画。

空间扭曲：使用空间扭曲功能可以在围绕其他对象的空间中产生各种不同的扭曲效果。

系统：可以将对象、控制器和层次对象组合在一起，提供与某种行为相关联的几何体，并且包含模拟场景中的阳光系统和日光系统。

技巧与提示

关于各种对象的创建方法将在后面中的章节中分别进行详细讲解。

2.7.2 修改面板

“修改”面板是最重要的面板之一，该面板主要用来调整场景对象的参数，同样可以使用该面板中的修改器来调整对象的几何形体。图2-250所示是默认状态下的“修改”面板。

图2-250

关于如何在“修改”面板中修改对象的参数将在后面的章节中分别进行详细讲解。

实战：制作一个变形的茶壶

场景位置　无
实例位置　实例文件>CH02>实战：制作一个变形的茶壶.max
视频位置　多媒体教学>CH02>实战：制作一个变形的茶壶.flv
难易指数　★☆☆☆☆
技术掌握　初步了解“创建”面板和“修改”面板的用法

本例将用一个正常的茶壶和一个变形的茶壶来讲解“创建”面板和“修改”面板的基本用法，如图2-251所示。

图2-251

01 在“创建”面板中单击“几何体”按钮，然后单击“茶壶”按钮 茶壶 ，接着在视图中拖曳鼠标左键创建一个茶壶，如图2-252所示。

02 用“选择并移动”工具选择茶壶，然后按住Shift键在前视图中向右移动复制一个茶壶，接着在弹出的“克隆选项”对话框中设置“对象”为“复制”，最后单击“确定”按钮 确定 ，如图2-253所示。

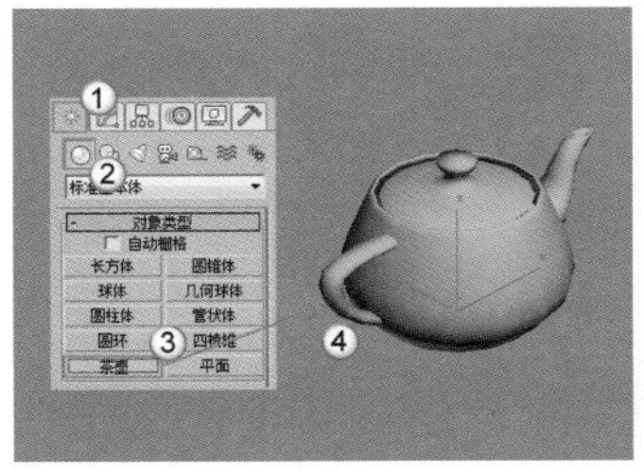

图2-252

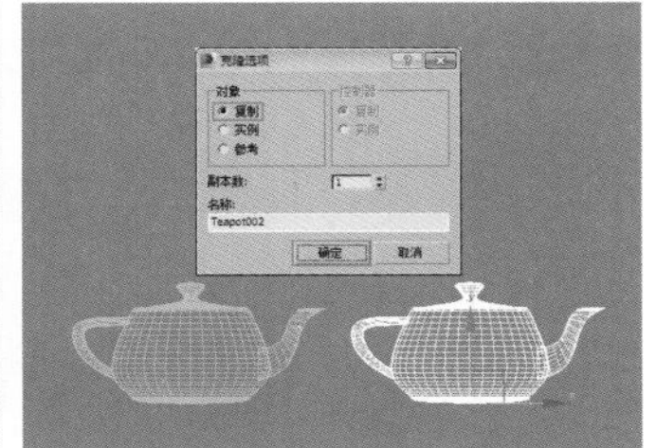

图2-253

03 选择原始茶壶，然后在“命令”面板中单击“修改”按钮，进入“修改”面板，接着在“参数”卷展栏下设置“半径”为200、“分段”为10，最后关闭“壶盖”选项，具体参数设置如图2-254所示。

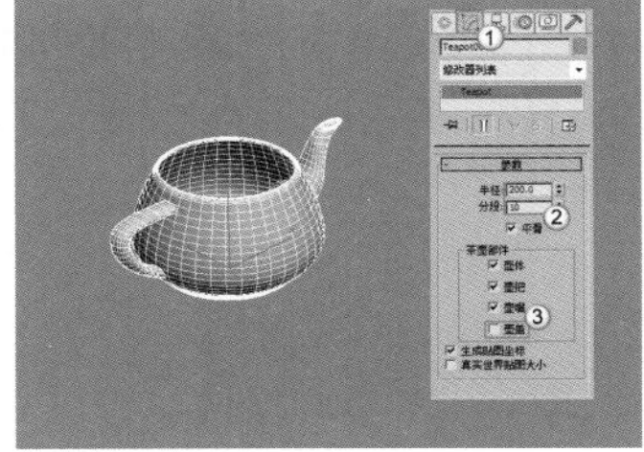

图2-254

疑难问答

问：为什么图2-254所示茶壶上有很多线框呢？

答：在默认情况下，创建的对象处于（透视图）“真实”显示方式，如图2-255所示，而图2-254所示是“真实+线框”显示方式。如果要将“真实”显示方式切换为“真实+线框”显示方式，或将“真实+线框”方式切换为“真实”显示方式，可按F4键进行切换。图2-256所示为“真实+线框”显示方式；如果要将显示方式切换为“线框”显示方式，可按F3键，其显示方式如图2-257所示。

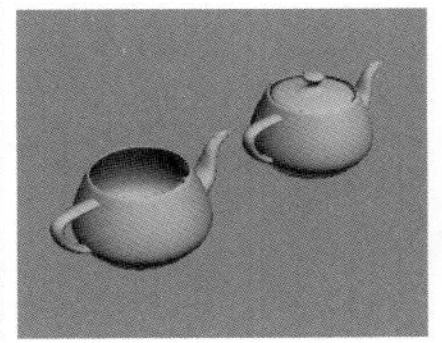

图2-255

图2-256

图2-257

04 选择原始茶壶，在“修改”面板下单击“修改器列表”，然后在下拉列表中选择FFD 2×2×2修改器，为其加载一个FFD 2×2×2修改器，如图2-258所示。

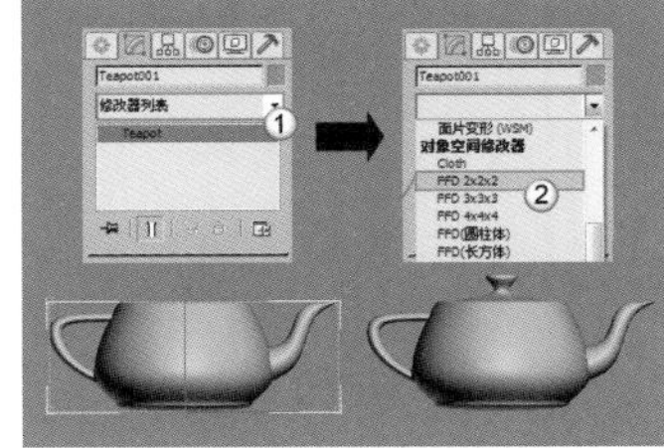

图2-258

05 在FFD 2×2×2修改器左侧单击图标，展开次物体层级列表，然后选择“控制点”次物体层级，如图2-259所示。

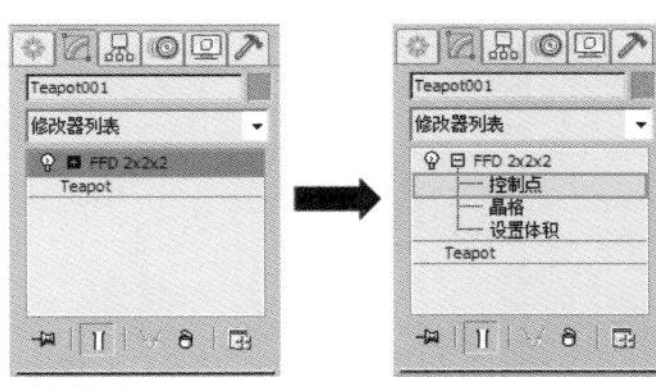

图2-259

06 用“选择并移动”工具在前视图中框选上部的4个控制点，然后沿y轴向上拖曳控制点，使其产生变形效果，如图2-260所示。

图2-260

07 保持对控制点的选择，按R键切换到“选择并均匀缩放”工具，然后在透视图中向内缩放茶壶顶部，如图2-261所示，最终效果如图2-262所示。

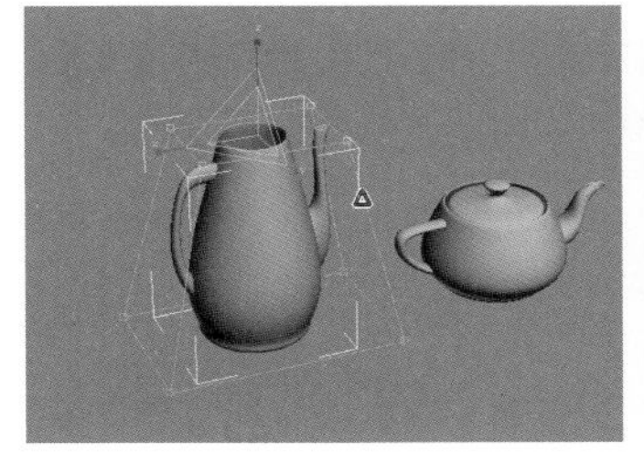

图2-261

图2-262

2.7.3 层次面板

在“层次”面板中可以访问调整对象间的层次链接信息，通过将一个对象与另一个对象相链接，可以创建对象之间的父子关系，如图2-263所示。

图2-263

层次面板介绍

轴 轴 ：该工具下的参数主要用来调整对象和修改器的中心位置，以及定义对象之间的父子关系和反向动力学IK的关节位置等，如图2-264所示。

IK IK ：该工具下的参数主要用来设置动画的相关属性，如图2-265所示。

链接信息 链接信息 ：该工具下的参数主要用来限制对象在特定轴中的移动关系，如图2-266所示。

图2-264

图2-265

图2-266

2.7.4 运动面板

“运动”面板中的工具与参数主要用来调整选定对象的运动属性，如图2-267所示。

图2-267

可以使用“运动”面板中的工具来调整关键点的时间及其缓入和缓出效果。“运动”面板还提供了“轨迹视图”的替代选项来指定动画控制器，如果指定的动画控制器具有参数，则在“运动”面板中可以显示其他卷展栏；如果“路径约束”指定给对象的位置轨迹，则“路径参数”卷展栏将添加到“运动”面板中。

2.7.5 显示面板

“显示”面板中的参数主要用来设置场景中控制对象的显示方式，如图2-268所示。

图2-268

2.7.6 实用程序面板

在“实用程序”面板中可以访问各种工具程序，包含用于管理和调用的卷展栏，如图2-269所示。

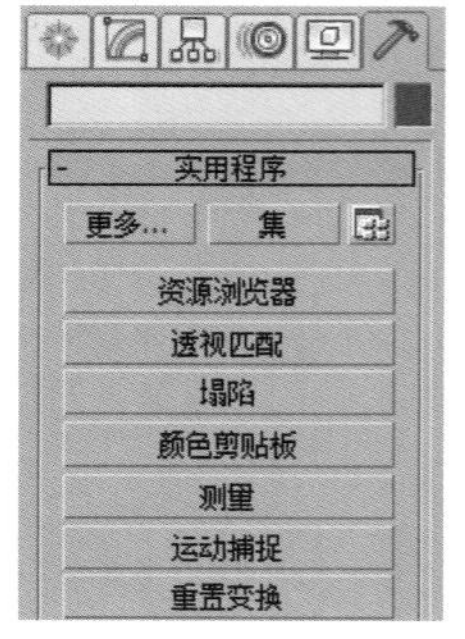

图2-269

2.8 动画控件

动画控件位于操作界面的底部，包含“时间尺”与“时间控制”按钮两大部分，主要用于预览动画、创建动画关键帧与配置动画时间等。

2.8.1 时间尺

“时间尺”包括时间线滑块和轨迹栏两大部分。时间线滑块位于视图的最下方，主要用于制定帧，默认的帧数为100帧，具体数值可以根据动画长度来进行修改。拖曳时间线滑块可以在帧之间迅速移动，单击时间线滑块左右的向左箭头图标<或向右箭头图标>可以向前或者向后移动一帧，如图2-270所示；轨迹栏位于时间线滑块的下方，主要用于显示帧数和选定对象的关键点，在这里可以移动、复制、删除关键点以及更改关键点的属性，如图2-271所示。

图2-270

图2-271

技巧与提示

在“轨迹栏”的左侧有一个“打开迷你曲线编辑器”按钮，单击该按钮可以显示轨迹视图。

实战：用时间线滑块预览动画效果

场景位置　场景文件>CH02>12.max
实例位置　实例文件>CH02>实战：用时间线滑块预览动画效果.max
视频位置　多媒体教学>CH02>实战：用时间线滑块预览动画效果.flv
难易指数　★☆☆☆☆
技术掌握　掌握如何用时间线滑块预览动画效果

扫码看视频

本例将通过一个设定好的动画来让用户初步了解动画的预览方法，如图2-272所示。

图2-272

01 打开“场景文件>CH02>12.max”文件，如图2-273所示。

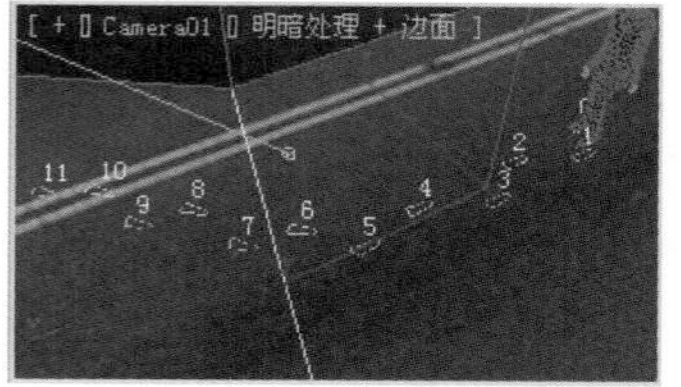

图2-273

本场景中已经制作好了动画，并且时间线滑块位于第10帧。

02 将时间线滑块分别拖曳到第10帧、34帧、60帧、80帧、100帧和120帧的位置，如图2-274所示，然后观察各帧的动画效果，如图2-275所示。

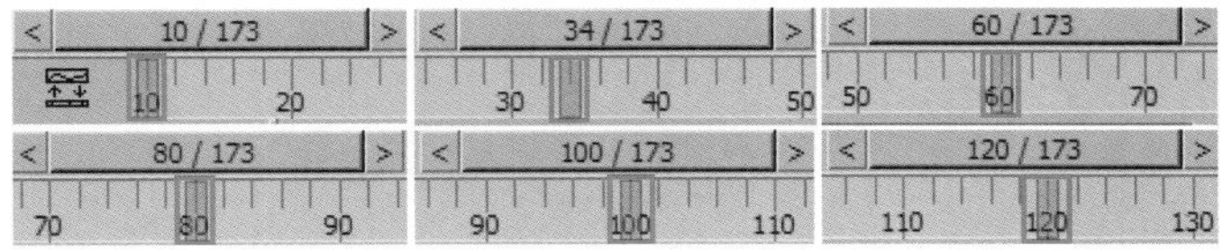

图2-274

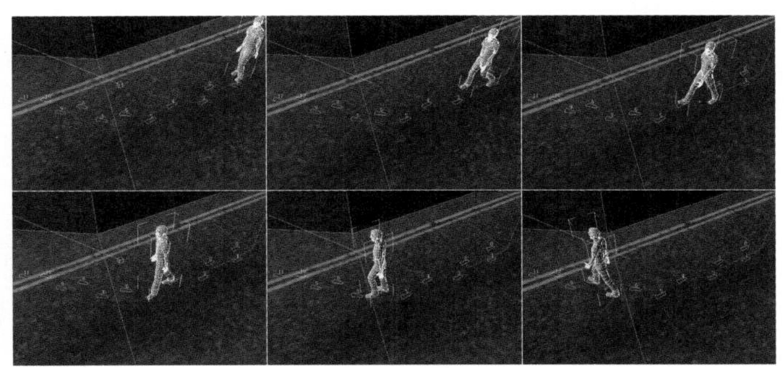

图2-275

如果计算机配置比较高，可以直接单击“播放动画”按钮▶来预览动画效果，如图2-276所示。

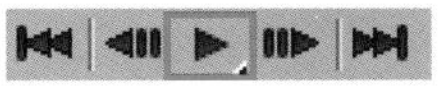

图2-276

2.8.2 时间控制按钮

“时间控制”按钮位于状态栏的右侧，这些按钮主要用来控制动画的播放效果，包括关键点控制和时间控制等，如图2-277所示。

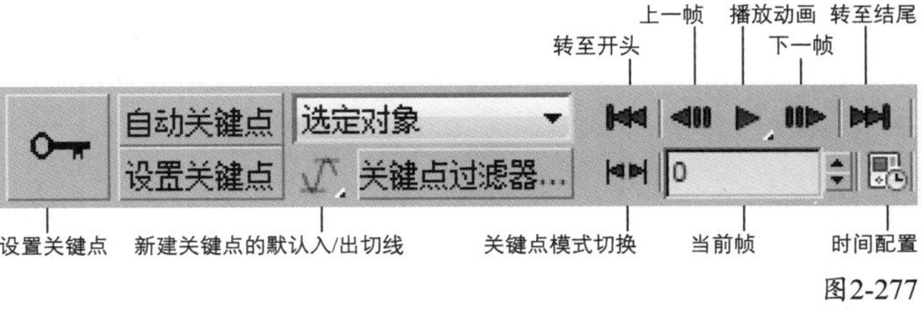

图2-277

由于本书只讲解效果图的制作，因此不会涉及动画方面的知识，用户只需要了解动画的预览方法即可。

2.9 状态栏

状态栏位于轨迹栏的下方，它提供了选定对象的数目、类型、变换值和栅格数目等信息，并且状态栏可以基于当前光标位置和当前活动程序来提供动态反馈信息，如图2-278所示。

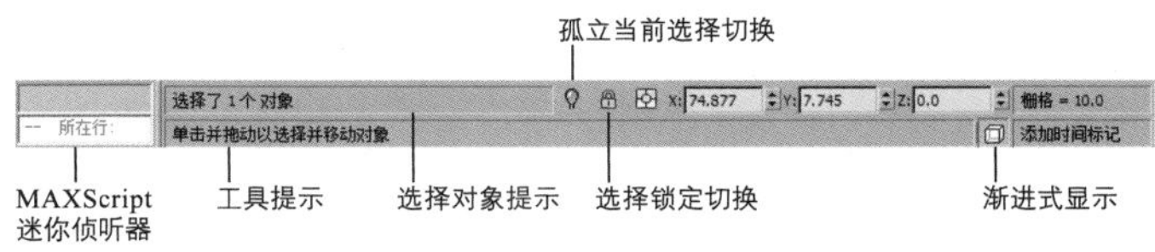

图2-278

2.10 视图导航控制按钮

“视图导航控制”按钮在状态栏的最右侧，主要用来控制视图的显示和导航。使用这些按钮可以缩放、平移和旋转活动的视图，如图2-279所示。

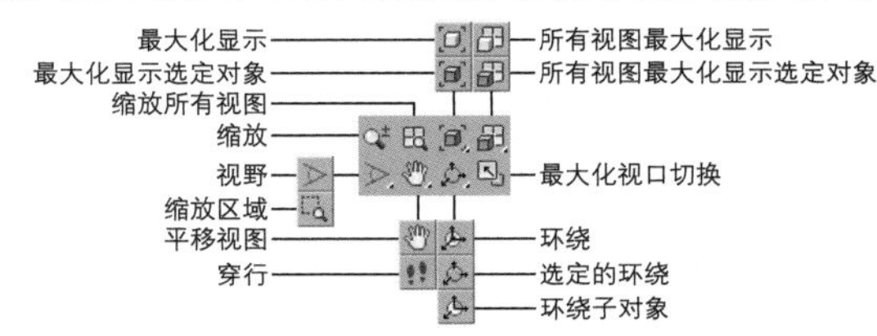

图2-279

2.10.1 所有视图可用控件

所有视图中可用的控件包含“所有视图最大化显示”工具/“所有视图最大化显示选定对象”工具、“最大化视口切换”工具。

所有视图可用控件介绍

所有视图最大化显示：将场景中的对象在所有视图中居中显示。

所有视图最大化显示选定对象：将所有可见的选定对象或对象集在所有视图中以居中最大化的方式显示。

最大化视口切换：可以将活动视口在正常大小和全屏大小之间进行切换，其快捷键为Alt+W组合键。

以上3个控件适用于所有的视图，而有些控件只能在特定的视图中才能使用，下面的内容中将依次讲解到。

实战：使用所有视图可用控件

场景位置 场景文件>CH02>13.max
实例位置 无
视频位置 多媒体教学>CH02>实战：使用所有视图可用控件.flv
难易指数 ★☆☆☆☆
技术掌握 掌握如何使用所有视图中的可用控件

扫码看视频

01 打开“场景文件>CH02>13.max”文件，可以观察到场景中的物体在4个视图中只显示出了局部，并且位置不居中，如图2-280所示。

02 如果想要整个场景的对象都居中显示，可以单击“所有视图最大化显示”按钮，效果如图2-281所示。

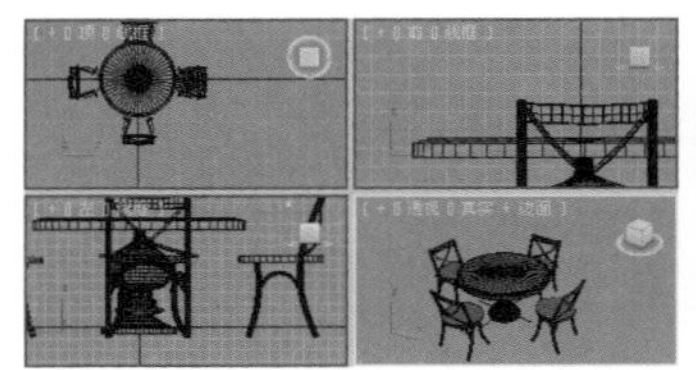
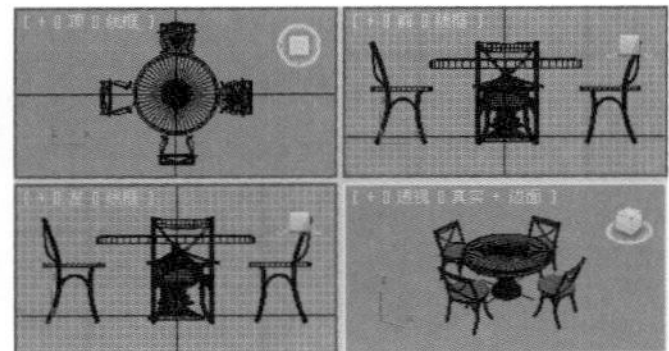

图2-280　　图2-281

03 如果想要餐桌居中最大化显示，可以在任意视图中选中餐桌，然后单击“所有视图最大化显示选定对象”按钮（也可以按快捷键Z键），效果如图2-282所示。

04 如果想要在单个视图中最大化显示场景中的对象，可以单击“最大化视图切换”按钮（或按Alt+W组合键），效果如图2-283所示。

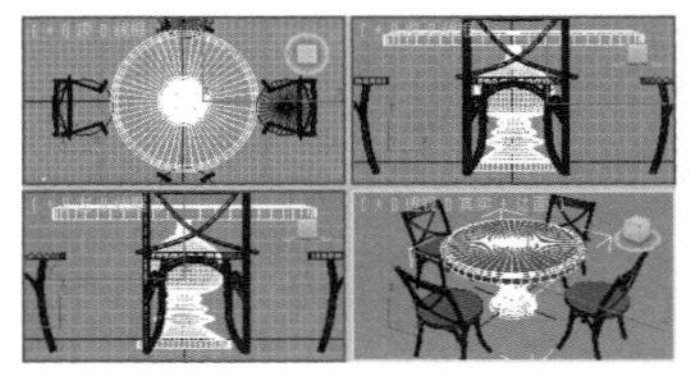

图2-282　　图2-283

疑难问答

问：为什么按Alt+W组合键不能最大化显示当前视图？

答：遇到这种情况可能是由两种原因造成的。

第1种：3ds Max出现程序错误。遇到这种情况可重启3ds Max。

第2种：可能是由于某个程序占用了3ds Max的Alt+W组合键，如腾讯QQ的“语音输入”快捷键就是Alt+W，如图2-284所示。这时可以将这个快捷键修改为其他快捷键，或直接禁用这个快捷键，如图2-285所示。

图2-284　　图2-285

2.10.2 透视图和正交视图可用控件

透视图和正交视图（正交视图包括顶视图、前视图和左视图）可用控件包括“缩放”工具、“缩放所有视图”工具、“所有视图最大化显示”工具，“所有视图最大化显示选定对象”工具（适用于所有视图）、“视野”工具、“缩放区域”工具、“平移视图”工具、“环绕”工具/“选定的环绕”工具/“环绕子对象”工具和“最大化视口切换”工具（适用于所有视图）。

透视图和正交视图控件介绍

缩放：使用该工具可以在透视图或正交视图中通过拖曳光标来调整对象的显示比例。

缩放所有视图：使用该工具可以同时调整透视图和所有正交视图中对象的显示比例。

视野：使用该工具可以调整视图中可见对象的数量和透视张角量。视野的效果与更改摄影机的镜头相关，视野越大，观察到的对象就越多（与广角镜头相关），而透视会扭曲；视野越小，观察到的对象就越少（与长焦镜头相关），而透视会展平。

缩放区域：可以放大选定的矩形区域，该工具适用于正交视图、透视和三向投影视图，但是不能用于摄影机视图。

平移视图：使用该工具可以将选定视图平移到任何位置。

技巧与提示

按住Ctrl键可以随意移动平移视图；按住Shift键可以在垂直方向和水平方向平移视图。

环绕：使用该工具可以将视口边缘附近的对象旋转到视图范围以外。

选定的环绕：使用该工具可以让视图围绕选定的对象进行旋转，同时选定的对象会保留在视口中相同的位置。

环绕子对象：使用该工具可以让视图围绕选定的子对象或对象进行旋转的同时，使选定的子对象或对象保留在视口中相同的位置。

实战：使用透视图和正交视图可用控件

场景位置　场景文件>CH02>13.max
实例位置　无
视频位置　多媒体教学>CH02>实战：使用透视图和正交视图可用控件.flv
难易指数　★☆☆☆☆
技术掌握　掌握如何使用透视图和正交视图中的可用控件

扫码看视频

01 继续使用上一实例的场景。如果想要拉近或拉远视图中所显示的对象，可以单击“视野”按钮，然后按住鼠标左键进行拖曳，如图2-286所示。

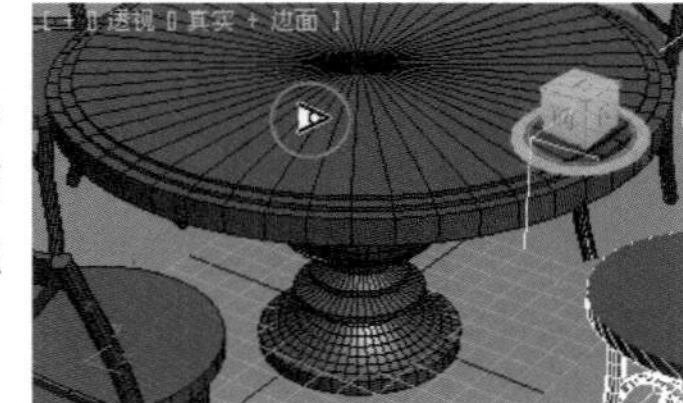

图2-286

02 如果想要观看视图中未能显示出来的对象（图2-287所示的椅子就没有完全显示出来），可以单击“平移视图”按钮，然后按住鼠标左键进行拖曳，如图2-288所示。

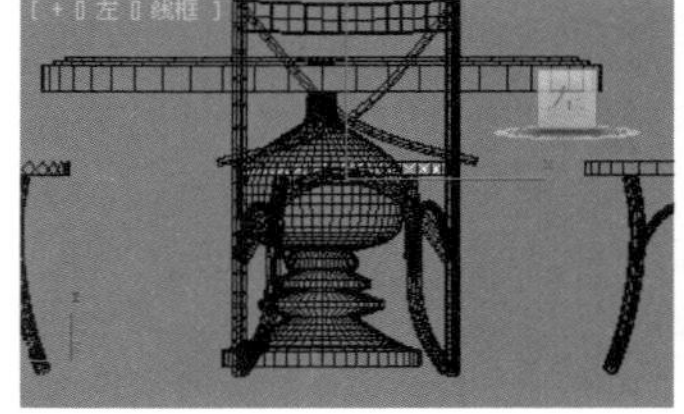
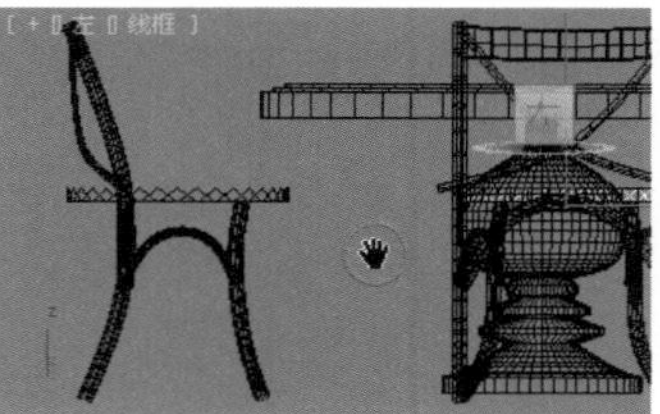

图2-287　　图2-288

2.10.3 摄影机视图可用控件

创建摄影机后，按C键可以切换到摄影机视图，该视图中的可用控件包括“推拉摄影机”工具/“推拉目标”工具/“推拉摄影机+目标”工具、“透视”工具、“侧滚摄影机”工具、“所有视图最大化显示”工具/“所有视图最大化显示选定对象”工具（适用于所有视图）、“视野”工具、“平移摄影机”工具

/“穿行”工具、“环游摄影机”工具/ “摇移摄影机”工具和“最大化视口切换”工具（适用于所有视图），如图2-289所示。

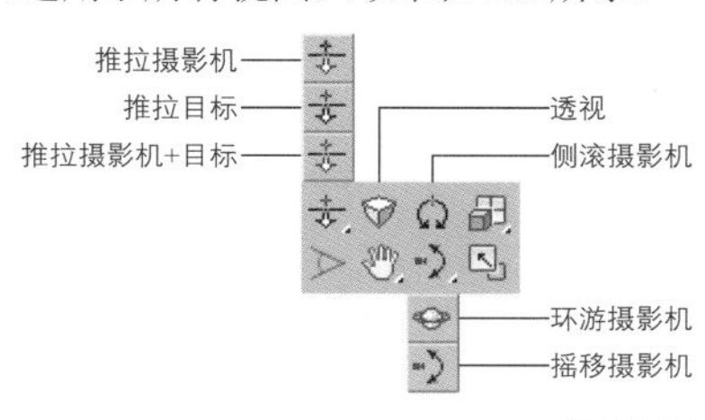

图2-289

在场景中创建摄影机后，按C键可以切换到摄影机视图，若想从摄影机视图切换回原来的视图，可以按相应视图名称的首字母。例如，要将摄影机视图切换到透视图，可按P键。

摄影机视图可用控件介绍

推拉摄影机/推拉目标/推拉摄影机+目标：这3个工具主要用来移动摄影机或其目标，同时也可以移向或移离摄影机所指的方向。

透视：使用该工具可以增加透视张角量，同时也可以保持场景的构图。

侧滚摄影机：使用该工具可以围绕摄影机的视线来旋转“目标”摄影机，同时也可以围绕摄影机局部的z轴来旋转“自由”摄影机。

视野：使用该工具可以调整视图中可见对象的数量和透视张角量。视野的效果与更改摄影机的镜头相关，视野越大，观察到的对象就越多（与广角镜头相关），而透视会扭曲；视野越小，观察到的对象就越少（与长焦镜头相关），而透视会展平。

平移摄影机/穿行：这两个工具主要用来平移和穿行摄影机视图。

按住Ctrl键可以随意移动摄影机视图；按住Shift键可以将摄影机视图在垂直方向和水平方向进行移动。

环游摄影机/摇移摄影机：使用“环游摄影机”工具可以围绕目标旋转摄影机；使用“摇移摄影机”工具可以围绕摄影机旋转目标。

当一个场景已经有了一台设置好的摄影机时，并且视图处于摄影机视图，直接调整摄影机的位置很难达到预想的最佳效果，而使用摄影机视图控件进行调整就方便多了。

实战：使用摄影机视图可用控件

场景位置 场景文件>CH02>14.max
实例位置 无
视频位置 多媒体教学>CH02>实战：使用摄影机视图可用控件.flv
难易指数 ★☆☆☆☆
技术掌握 掌握如何使用摄影机视图中的可用控件

扫码看视频

01 打开“场景文件>CH02>14.max”文件，可以在4个视图中观察到摄影机的位置，如图2-290所示。

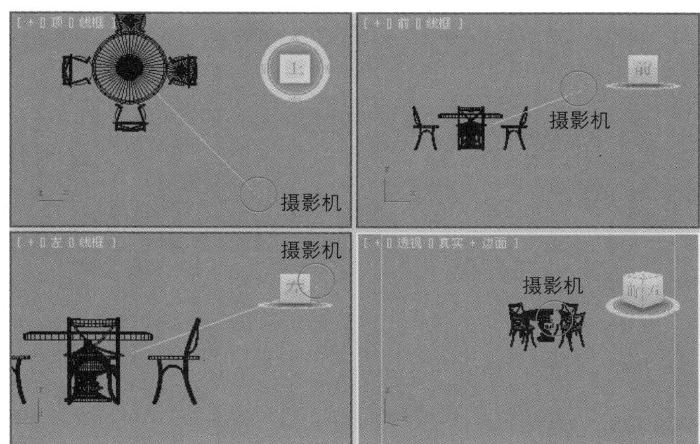

图2-290

02 选择透视图，然后按C键切换到摄影机视图，如图2-291所示。

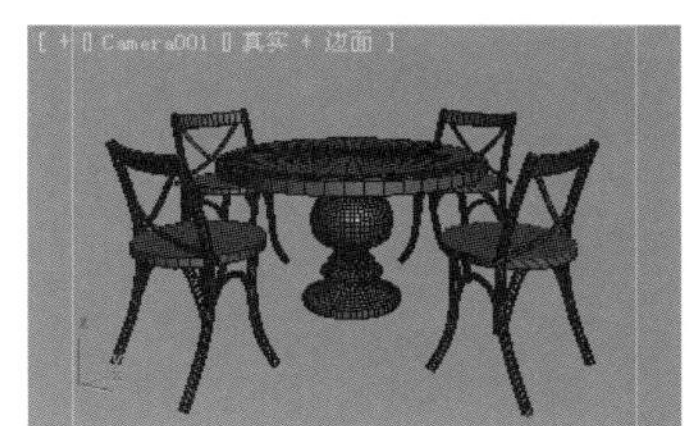

图2-291

问：摄影机视图中的黄色线框是什么？

答：这是安全框，也就是要渲染的区域，如图2-292所示。按Shift+F组合键可以开启或关闭安全框。

图2-292

03 如果想拉近或拉远摄影机镜头，可以单击“视野”按钮，然后按住鼠标左键进行拖曳，如图2-293所示。

04 如果想要一个倾斜的构图，可以单击“环绕摄影机”按钮，然后按住鼠标左键拖曳光标，如图2-294所示。

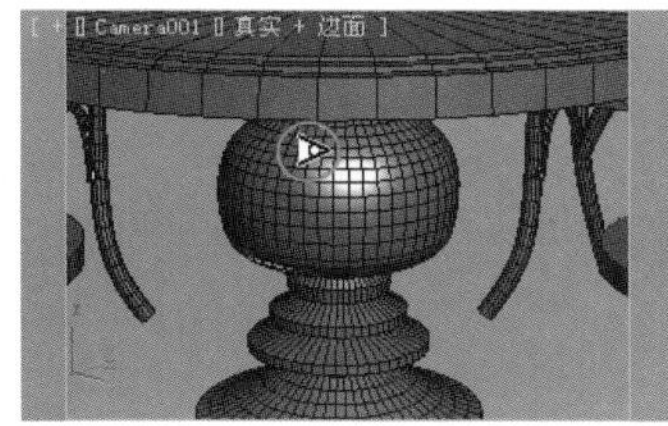

图2-293

图2-294

第3章 效果图制作基本功：内置几何体建模

Learning Objectives 学习要点

Employment direction 从业方向

家具造型设计师　工业造型设计师

室内设计表现师　建筑设计表现师

3.1 建模常识

在制作模型前，首先要明白建模的重要性、建模的思路以及建模的常用方法等。只有掌握了这些最基本的知识，才能在创建模型时得心应手。

3.1.1 为什么要建模

使用3ds Max制作作品时，一般都遵循“建模→材质→灯光→渲染”这4个基本流程。建模是一幅作品的基础，没有模型，材质和灯光就是无稽之谈。图3-1~图3-3所示是3幅非常优秀的效果图模型。

图3-1

图3-2

图3-3

3.1.2 建模思路解析

在开始学习建模之前首先需要掌握建模的思路。在3ds Max中，建模的过程就相当于现实生活中的“雕刻”过程。下面以一个壁灯为例来讲解建模的思路。图3-4所示为壁灯的效果图，图3-5所示为壁灯的线框图。

图3-4

图3-5

在创建这个壁灯模型的过程中可以先将其分解为9个独立的部分分别进行创建，如图3-6所示。

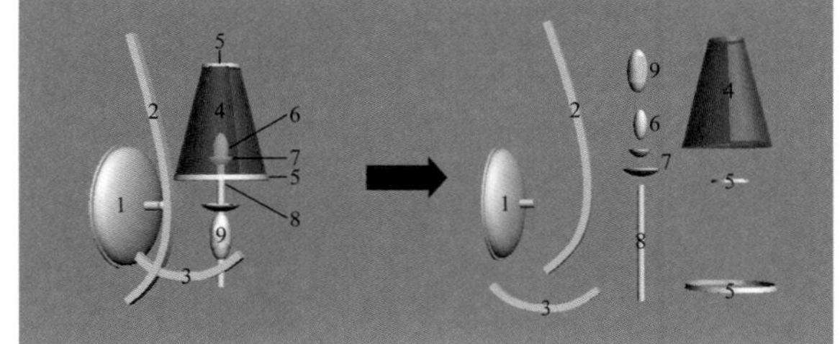

图3-6

在图3-6中，第2、3、5、6、9部分的创建非常简单，可以通过修改标准基本体（圆柱体、球体）和样条线来得到；而第1、4、7、8部分可以使用多边形建模方法进行制作。

下面以第1部分的灯座来介绍一下其制作思路。灯座形状比较接近于半个扁的球体，因此可以采用以下5个步骤来完成，如图3-7所示。

第1步：创建一个球体。

第2步：删除球体的一半。

第3步：将半个球体“压扁”。

第4步：制作出灯座的边缘。

第5步：制作灯座前面的凸起部分。

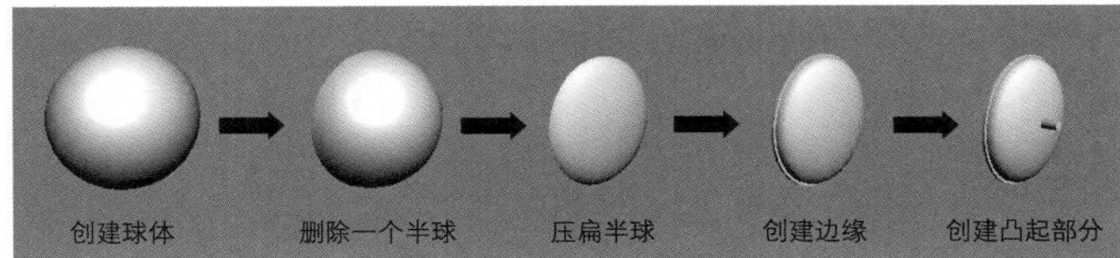

图3-7

由此可见，多数模型的创建在最初阶段都需要有一个简单的对象作为基础，然后经过转换来进一步调整。这个简单的对象就是下面即将要讲解到的“参数化对象”。

3.1.3 参数化对象与可编辑对象

3ds Max中的所有对象都是“参数化对象”与“可编辑对象”中的一种。两者并非独立存在，“可编辑对象”在多数时候都可以通过转换“参数化对象”来得到。

参数化对象

“参数化对象”是指对象的几何形态由参数变量来控制，修改这些参数就可以修改对象的几何形态。相对于“可编辑对象”而言，“参数化对象”通常是被创建出来的。

实战：修改参数化对象

场景位置　无

实例位置　实例文件>CH03>实战：修改参数化对象.max

视频位置　多媒体教学>CH03>实战：修改参数化对象.flv

难易指数　★☆☆☆☆

技术掌握　掌握如何修改参数化对象

扫码看视频

本例将通过创建3个不同形状的茶壶来加深了解参数化对象的含义。图3-8所示是本例的渲染效果。

图3-8

01 在“创建”面板中单击“茶壶”按钮 茶壶 ，然后在场景中拖曳鼠标左键创建一个茶壶，如图3-9所示。

02 在“命令”面板中单击“修改”按钮，切换到“修改”面板，在“参数”卷展栏下可以观察到茶壶部件的一些参数选项，这里将“半径”设置为20mm，如图3-10所示。

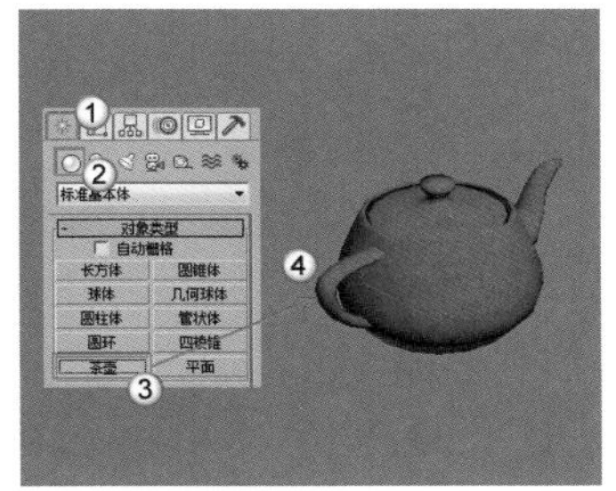

图3-9

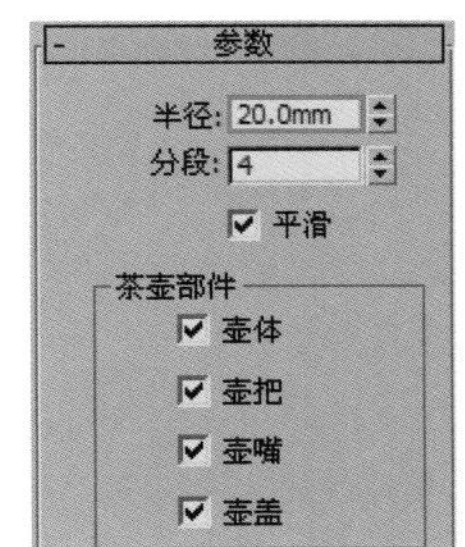

图3-10

03 用“选择并移动”工具选择茶壶，然后按住Shift键在前视图中向右拖曳鼠标左键，接着在弹出的“克隆选项”对话框中设置“对象”为“复制”、“副本数”为2，最后单击“确定”按钮 确定 ，如图3-11所示。

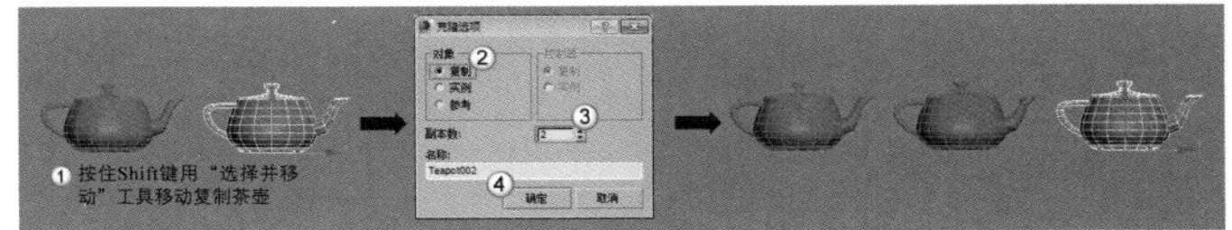

图3-11

04 选择中间的茶壶，然后在“参数”卷展栏下设置“分段”为20，接着关闭“壶把”和“壶盖”选项，茶壶就变成了如图3-12所示的效果。

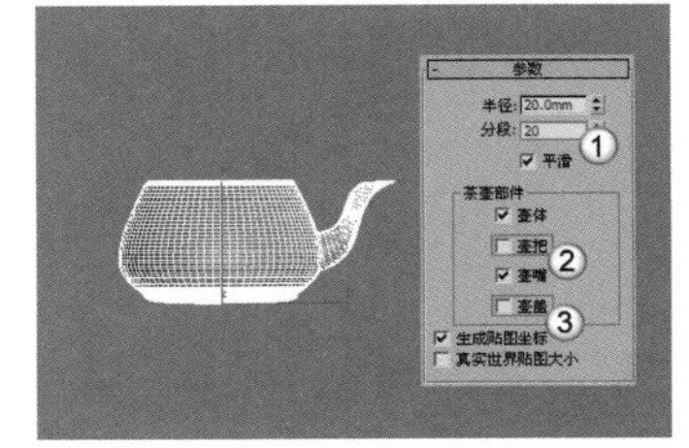

图3-12

05 选择最右边的茶壶，然后在“参数”卷展栏下将“半径”修改为10mm，接着关闭“壶把”和“壶盖”选项，茶壶就变成了如图3-13所示的效果，3个茶壶的最终对比效果如图3-14所示。

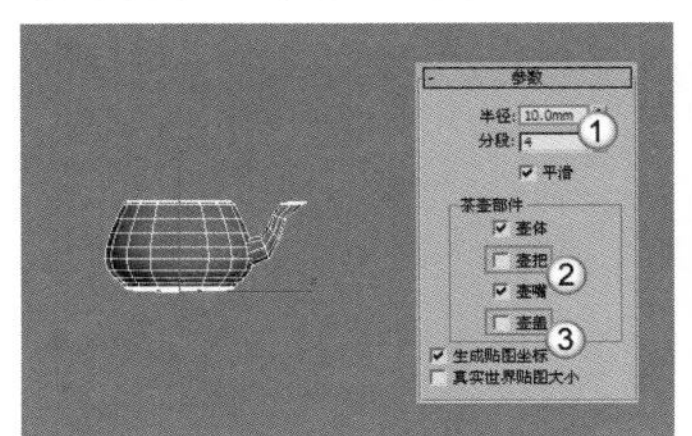

图3-13

图3-14

技巧与提示

从图3-14中可以观察到，修改参数后，第2个茶壶的表面明显比第1个茶壶更光滑，并且没有了壶把和壶盖；第3个茶壶比前两个茶壶小了很多。这就是“参数化对象”的特点，可以通过调节参数来观察到对象最直观的变化。

可编辑对象

在通常情况下，“可编辑对象”包括“可编辑样条线”“可编辑网格”“可编辑多边形”“可编辑面片”和“NURBS对象”。“参数化对象”是被创建出来的；而“可编辑对象”通常是通过转换得到的，用来转换的对象就是“参数化对象”。

通过转换生成的“可编辑对象”没有“参数化对象”的参数那么灵活，但是“可编辑对象”可以对子对象（点、线、面等元素）进行更灵活的编辑和修改，并且每种类型的“可编辑对象”都有很多用于编辑的工具。

技巧与提示

注意，上面讲的是通常情况下“可编辑对象”所包含的类型，而“NURBS对象”是一个例外。“NURBS对象”可以通过转换得到，还可以直接在“创建”面板中创建出来，此时创建出来的对象就是“参数化对象”，但是经过修改以后，这个对象就变成了“可编辑对象”。经过转换而成的“可编辑对象”就不再具有“参数化对象”的可调参数。如果想要对象既具有参数化的特征，又能够实现可编辑的目的，可以为“参数化对象”加载修改器而不进行转换。可用的修改器有“可编辑网格”“可编辑面片”“可编辑多边形”和“可编辑样条线”4种。

实战：通过改变球体形状创建苹果

场景位置　无
实例位置　实例文件>CH03>实战：通过改变球体形状创建苹果.max
视频位置　多媒体教学>CH03>实战：通过改变球体形状创建苹果.flv
难易指数　★☆☆☆☆
技术掌握　掌握“可编辑对象”的创建方法

扫码看视频

本例将通过调整一个简单的球体来创建苹果，从而让用户加深了解“可编辑对象”的含义。图3-15所示为本例的渲染效果。

图3-15

01 在“创建”面板中单击“球体”按钮 球体 ，然后在视图中拖曳光标创建一个球体，接着在“参数”卷展栏下设置“半径”为1000mm，如图3-16所示。

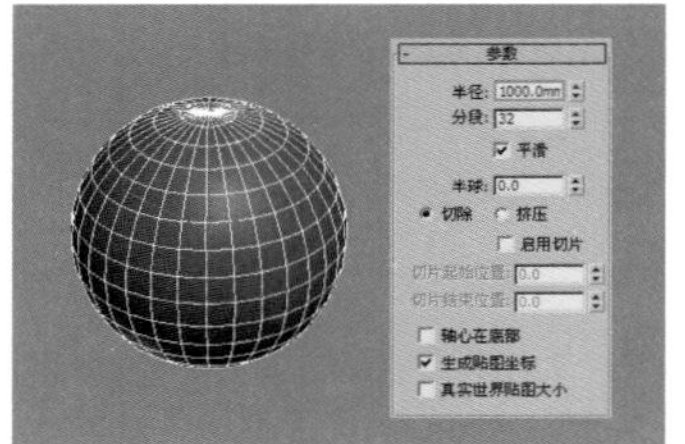

图3-16

技巧与提示

此时创建的球体属于“参数化对象”，展开“参数”卷展栏，可以观察到球体的“半径”“分段”“平滑”“半球”等参数，这些参数都可以直接进行调整，但是不能调节球体的点、线、面等子对象。

02 为了能够对球体的形状进行调整，所以需要将球体转换为“可编辑对象”。在球体上单击鼠标右键，然后在弹出的菜单中选择“转换为>转换为可编辑多边形”命令，如图3-17所示。

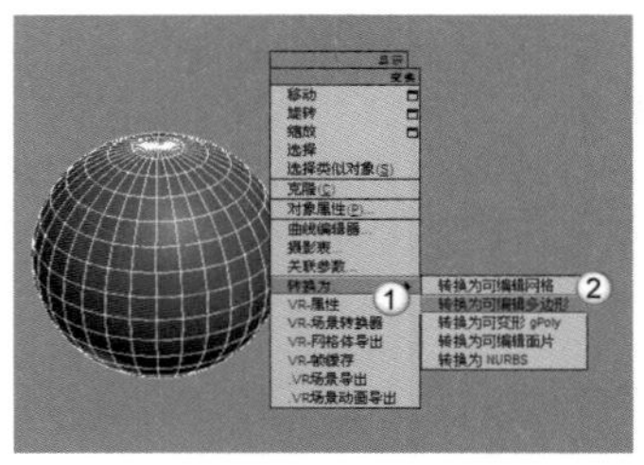

图3-17

疑难问答

问：转换为可编辑多边形后有什么作用呢？

答：将“参数化对象”转换为“可编辑多边形”后，在“修改”面板中可以观察到之前的可调参数不见了，取而代之的是一些工具按钮，如图3-18所示。

转换为可编辑多边形后，可以使用对象的子物体级别来调整对象的外形，如图3-19所示。将球体转换为可编辑多边形后，后面的建模方法就是多边形建模了。

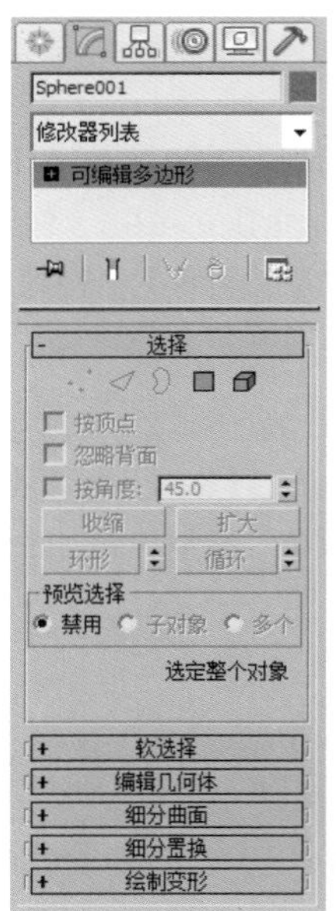

图3-18

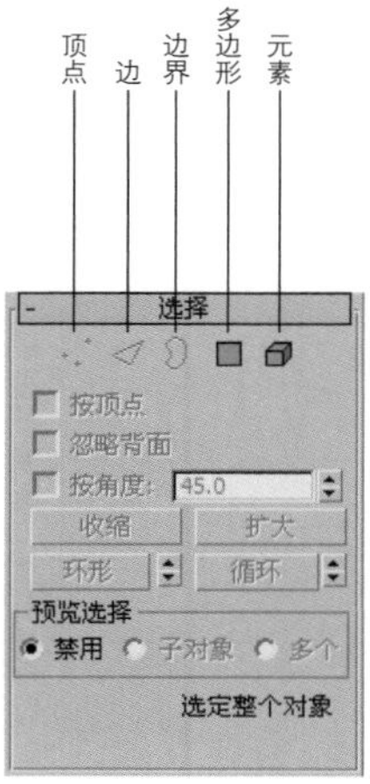

顶点 边 边界 多边形 元素

图3-19

03 展开“选择”卷展栏，然后单击“顶点”按钮 ，进入“顶点”级别，这时对象上会出现很多可以调节的顶点，并且“修改”面板中的工具按钮也会发生相应的变化，使用这些工具可以调节对象的顶点，如图3-20所示。

04 下面使用“软选择”的相关工具来调整球体形状。展开“软选择”卷展栏，然后勾选“使用软选择”选项，接着设置“衰减”为1200mm，如图3-21所示。

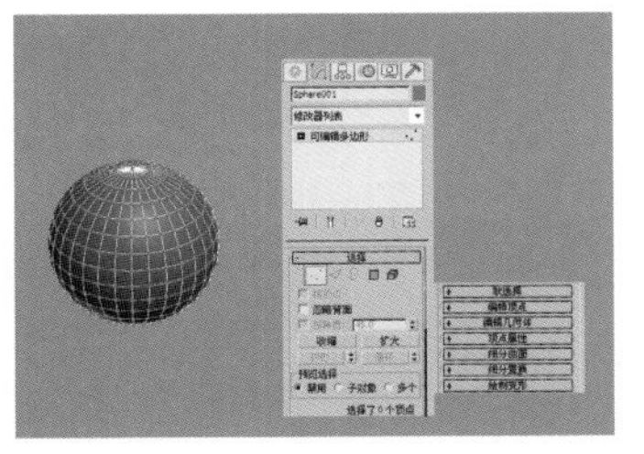

图3-20

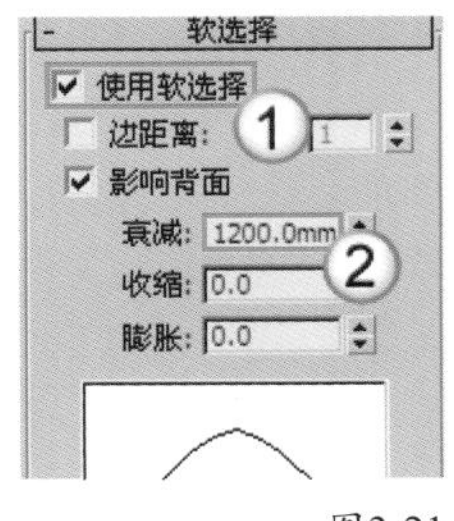

图3-21

05 用“选择并移动”工具选择底部的一个顶点，然后在前视图中将其向下拖曳一段距离，如图3-22所示。

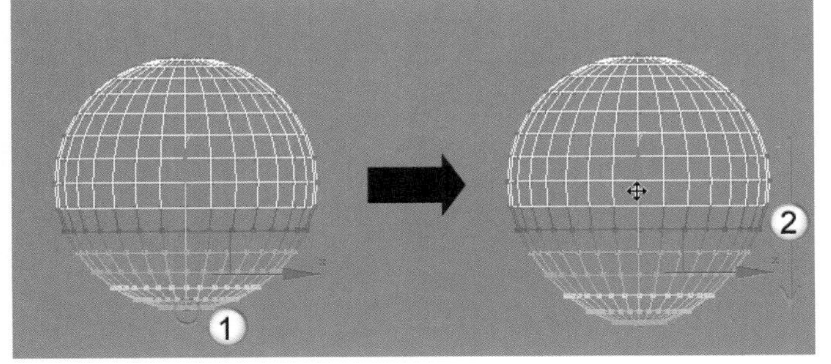

图3-22

06 在“软选择”卷展栏下将“衰减”数值修改为400mm，然后使用“选择并移动”工具将球体底部的一个顶点向上拖曳到合适的位置，使其产生向上凹陷的效果，如图3-23所示。

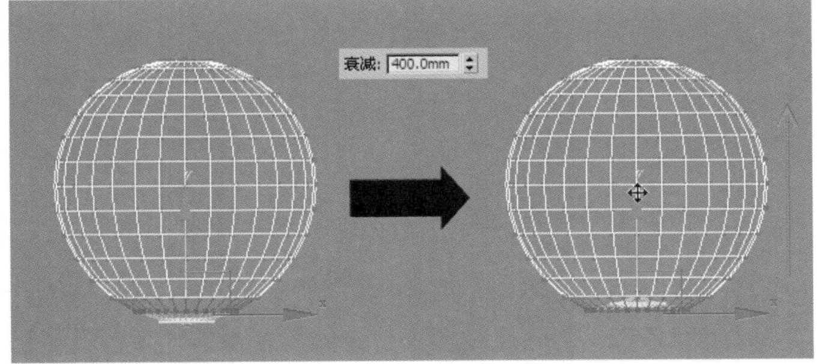

图3-23

07 选择顶部的一个顶点，然后使用“选择并移动”工具将其向下拖曳到合适的位置，使其产生向下凹陷的效果，如图3-24所示。

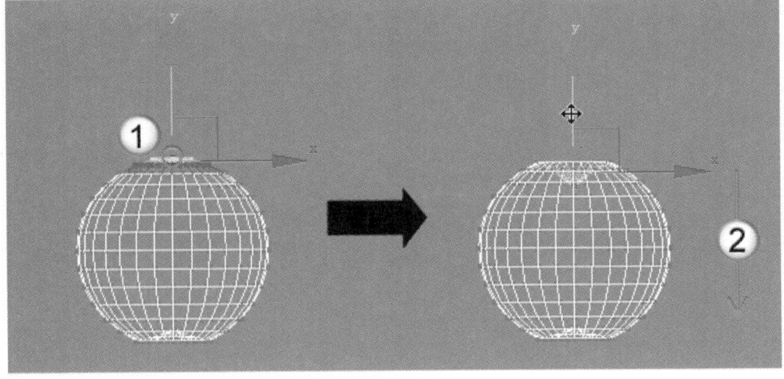

图3-24

08 选择苹果模型，然后在“修改器列表”中选择“网格平滑”修改器，接着在“细分量”卷展栏下设置“迭代次数”为2，如图3-25所示。

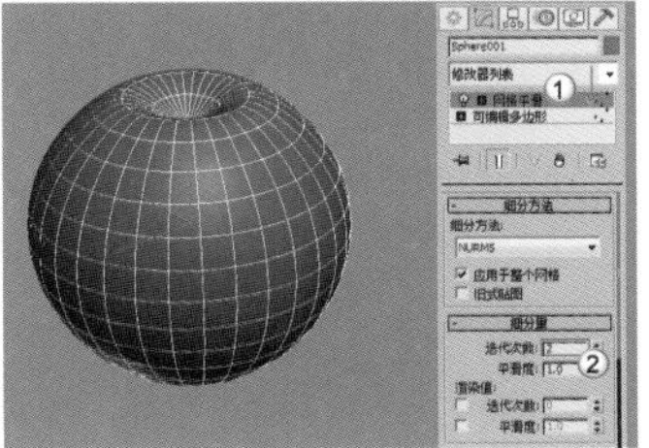

图3-25

知识链接

“网格平滑”修改器可以使模型变得更加平滑。关于该修改器的作用请参阅173页“5.3.11 平滑类修改器”下的相关内容。

3.1.4 建模的常用方法

建模的方法有很多种，大致可以分为内置几何体建模、复合对象建模、二维图形建模、网格建模、多边形建模、面片建模和NURBS建模7种。确切地说，它们不应该有固定的分类，因为它们之间都可以交互使用。

技巧与提示

在效果图领域，内置几何体建模、二维图形建模（配合修改器一起使用）和多边形建模是最重要的建模方法，因此本书主要讲解这3种建模方法，其他建模方法只是略讲。

内置几何体建模

内置几何体模型是3ds Max中自带的一些模型，用户可以直接调用这些模型。比如创建一个台阶，可以使用内置的长方体来创建，然后将其转换为“可编辑对象”，再对其进一步调节就行了。

技巧与提示

图3-26所示是一个完全使用内置模型创建的台灯，创建的过程中使用到了管状体、球体、圆柱体、样条线等内置模型。使用基本几何体和扩展基本体建模的优点在于快捷简单，只需要调节参数和摆放位置就可以完成模型的创建，但是这种建模方法只适合制作一些精度较低并且每个部分都很规则的物体。

图3-26

复合对象建模

复合对象建模是一种特殊的建模方法，包括“变形”工具 变形 、“散布”工具 散布 、“一致”工具 一致 、“连接”工具 连接 、“水滴网格”工具 水滴网格 、“图形合并”工具 图形合并 、“布尔”工具 布尔 、“地形”工具 地形 、“放样”工具 放样 、“网格化”工具 网格化 、ProBoolean工具 ProBoolean 和ProCuttler工具 ProCutter ，如图3-27所示。复合对象建模可以将两种或两种以上模型对象合并成一个对象，并且在合并的过程中可以将其记录成动画。

以一个骰子为例，骰子的形状比较接近于一个切角长方体，在每个面上都有半球形的凹陷，这样的物体如果使用“多边形”或者其他建模方法制作将会非常麻烦。但是使用“复合对象”中的“布尔”工具 布尔 或ProBoolean工具 ProBoolean 进行制作就可以很方便地在切角长方体上“挖”出一个凹陷的半球形，如图3-28所示。

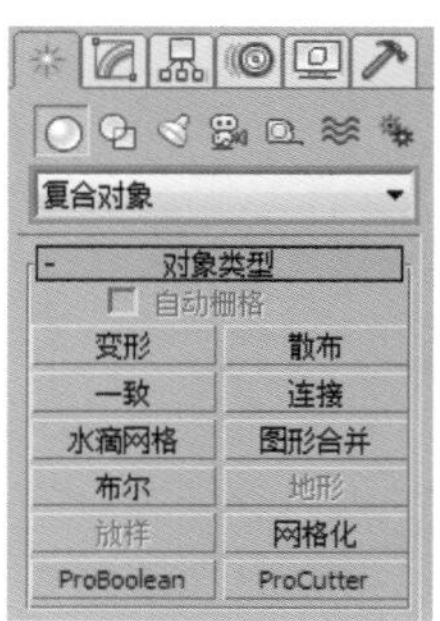

图3-27

图3-28

二维图形建模

在通常情况下，二维物体在三维世界中是不可见的，3ds Max也渲染不出来。这里所说的二维图形建模是通过绘制二维样条线，然后加载修改器将其转换为三维可渲染对象的过程。

疑难问答

问：二维图形主要用来创建哪些模型？

答：使用二维图形建模可以快速地创建可渲染的文字模型，如图3-29所示。第1个物体是二维线，后面的两个是为二维样条线加载了不同修改器后得到的三维物体效果。

除了可以使用二维图形创建文字模型外，还可以用来创建比较复杂的物体，如对称的坛子，可以先绘制出纵向截面的二维样条线，然后为二维样条线加载“车削”修改器将其变成三维物体，如图3-30所示。

图3-29

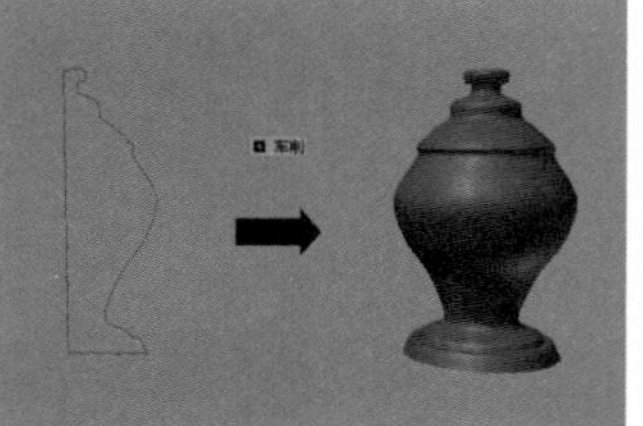

图3-30

网格建模

网格建模方法就像“编辑网格”修改器一样，可以在3种次物体级别中编辑对象，其中包含“顶点”“边”“面”“多边形”和“元素”5种可编辑对象。在3ds Max中，可以将大多数对象转换为可编辑网格对象，然后对形状进行调整。图3-31所示将一个药丸模型转换为可编辑网格对象后，其表面就变成了可编辑的三角面。

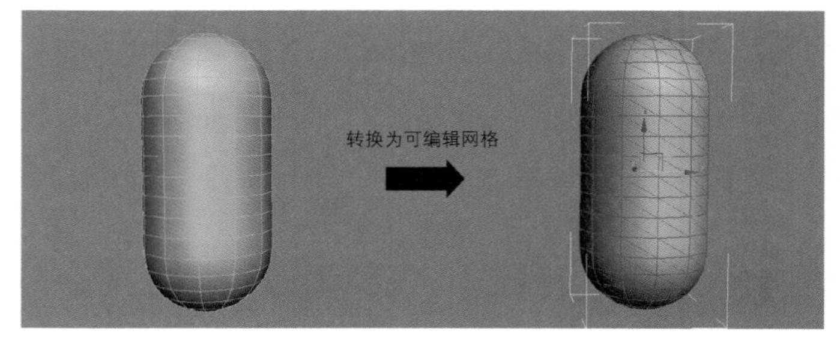

图3-31

多边形建模

多边形建模方法是最常用的建模方法（在后面章节中将重点讲解）。可编辑的多边形对象包括“顶点”“边”“边界”“多边形”和“元素”5个层级，也就是说可以分别对“顶点”“边”“边界”“多边形”和“元素”进行调整，而每个层级都有很多可以使用的工具，这就为创建复杂模型提供了很大的发挥空间。下面以一个休闲椅为例来分析多边形建模方法，如图3-32和图3-33所示。

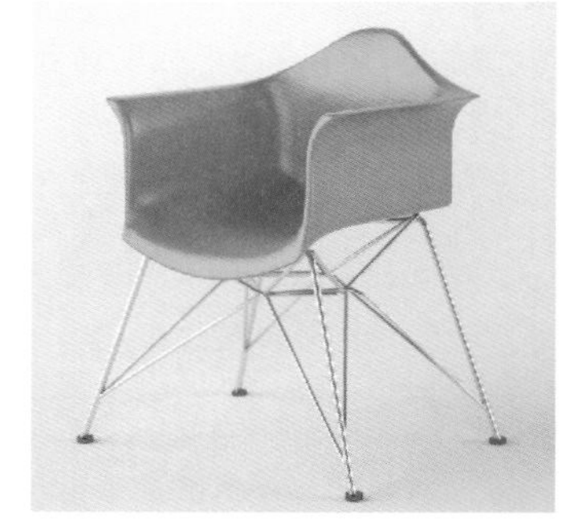

图3-32

图3-33

图3-34所示是休闲椅在四视图中的显示效果，可以观察出休闲椅至少由两个部分组成（坐垫靠背部分和椅腿部分）。坐垫靠背部分并不是规则的几何体，但其中每一部分都是由基本几何体变形而来的，从布线上可以看出构成物体大多都是四边面，这就是使用多边形建模方法创建模型的显著特点。

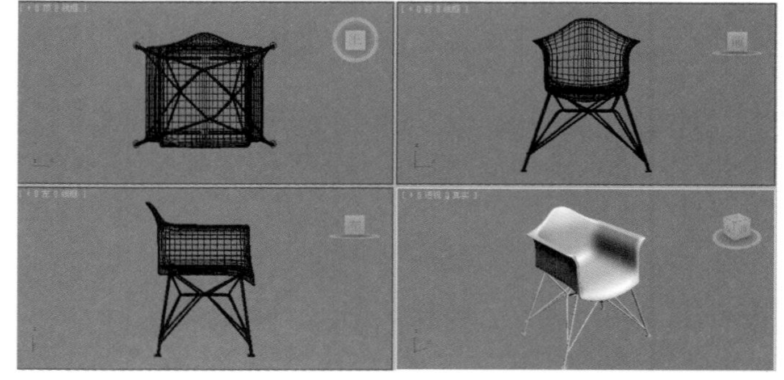

图3-34

技术专题 09 多边形建模与网格建模的区别

初次接触网格建模和多边形建模时可能会难以辨别这两种建模方式的区别。网格建模本来是3ds Max最基本的多边形加工方法，但在3ds Max 4之后被多边形建模取代了，之后网格建模逐渐被忽略，不过网格建模的稳定性要高于多边形建模；多边形建模是当前最流行的建模方法，而且建模技术很先进，有着比网格建模更多更方便的修改功能。

其实这两种方法在建模的思路上基本相同，不同点在于网格建模所编辑的对象是三角面，而多边形建模所编辑的对象是三边面、四边面或更多边的面，因此多边形建模具有更高的灵活性。

面片建模

面片建模是基于子对象编辑的建模方法，面片对象是一种独立的模型类型，可以使用编辑贝兹曲线的方法来编辑曲面的形状，并且可以使用较少的控制点来控制很大的区域，因此常用于创建较大的平滑物体。

以一个面片为例，将其转换为可编辑面片后，选中一个顶点，然后随意调整这个顶点的位置，可以观察到凸起的部分是一个圆滑的部分，如图3-35所示。而同样形状的物体，转换成可编辑多边形后，调整顶点的位置，该顶点凸起的部分会非常尖锐，如图3-36所示。

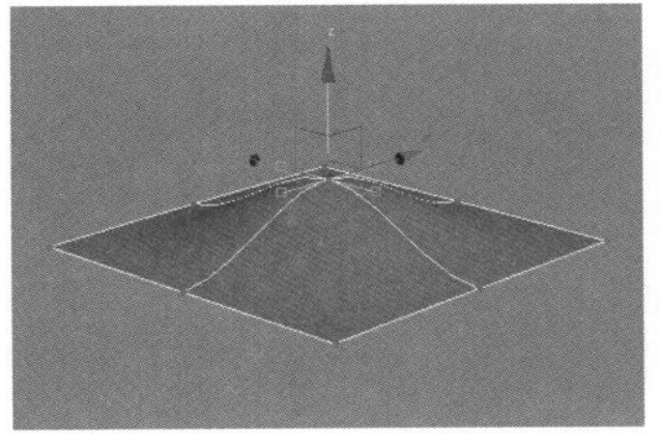

图3-35

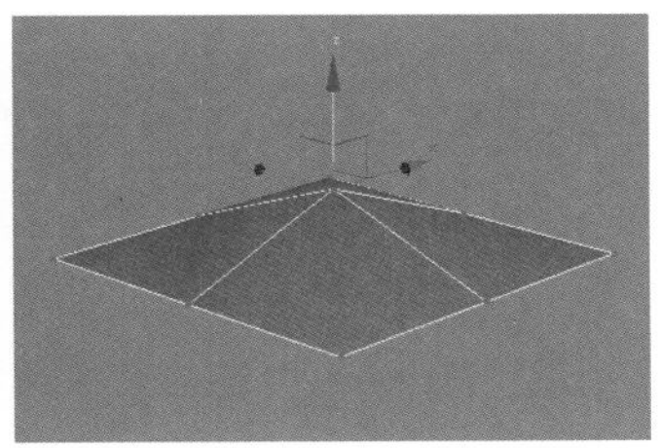

图3-36

技巧与提示

面片建模技术现在已经被淘汰，因此本书不会介绍该建模方法，同时也不会安排这方面的实例。

NURBS建模

NURBS是指Non—Uniform Rational B-Spline（非均匀有理B样条曲线）。NURBS建模适用于创建比较复杂的曲面。在场景中创建出NURBS曲线，然后进入“修改”面板，在“常规”卷展栏下单击“NURBS创建工具箱”按钮，可以打开“NURBS创建工具箱”，如图3-37所示。

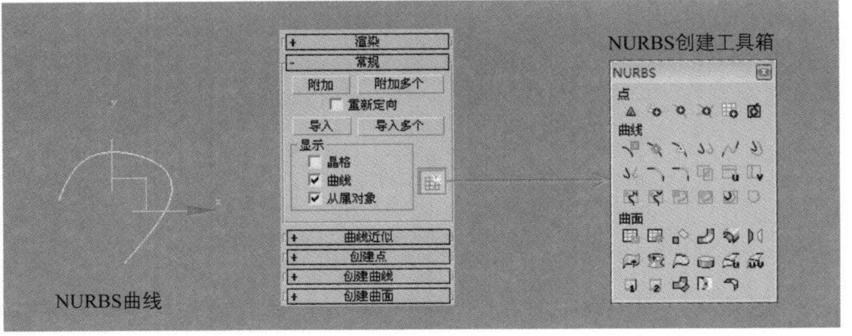

图3-37

技巧与提示

NURBS建模已成为设置和创建曲面模型的标准方法。这是因为很容易交互操作这些NURBS曲线，且创建NURBS曲线的算法效率很高，计算稳定性也很好，同时NURBS自身还配置了一套完整的造型工具，通过这些工具可以创建出不同类型的对象。同样，NURBS建模也是基于对子对象的编辑来创建对象，所以掌握了多边形建模方法之后，使用NURBS建模方法就会更加轻松一些。

3.2 创建基本体

建模是创作作品的开始，而基本体的创建和应用是一切建模的基础，可以在创建基本体模型的基础上进行修改，以便得到想要的模型。在“创建”面板中提供“标准基本体”和“扩展基本体”两种，如图3-38所示。

图3-38

图3-39~图3-44中的作品都是用基本体创建出来的，因为这些模型并不复杂，所以可以使用基本体快速制作出来，下面依次对各图进行分析。

图3-39

图3-40

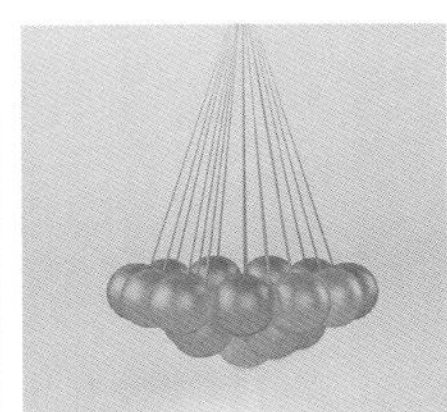

图3-41

图3-42

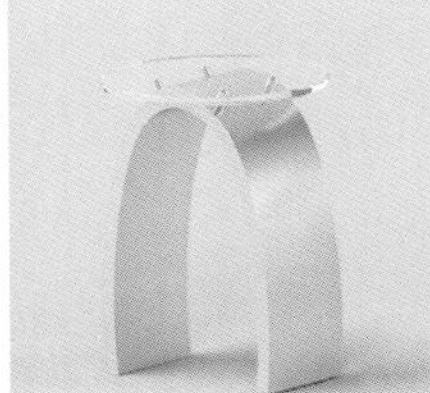

图3-43

图3-44

图3-39：场景中的沙发可以使用切角长方体进行制作，沙发腿部分可以使用圆柱体进行制作。

图3-40：衣柜看起来很复杂，制作起来却很简单，可以完全使用长方体进行拼接而成。

图3-41：这个吊灯全是用球体与样条线组成的。

图3-42：奖杯的制作使用到多种基本体，例如，球体、圆环、圆柱体、圆锥体等。

图3-43：这个茶几表面使用到切角圆柱体，而茶几的支撑部分则可以使用样条线创建出来。

图3-44：钟表的外框使用到管状体，指针和刻度使用长方体来制作即可，表盘则可以使用圆柱体进行制作。

本节重点建模工具概要

工具名称	工具图标	工具作用	重要程度
长方体	长方体	用于创建长方体	高
圆锥体	圆锥体	用于创建圆锥体	中
球体	球体	用于创建球体	高
圆柱体	圆柱体	用于创建圆柱体	高
管状体	管状体	用于创建管状体	中
圆环	圆环	用于创建圆环	中
茶壶	茶壶	用于创建茶壶	中
平面	平面	用于创建平面	高
异面体	异面体	用于创建多面体和星形	中
切角长方体	切角长方体	用于创建带圆角效果的长方体	高
切角圆柱体	切角圆柱体	用于创建带圆角效果的圆柱体	高

★ 重点 ★

3.2.1 创建标准基本体

标准基本体是3ds Max中自带的一些模型，用户可以直接创建出这些模型。在“创建”面板中单击“几何体”按钮，然后在下拉列表中选择几何体类型为“标准基本体”。标准基本体包含10种对象类型，分别是长方体、圆锥体、球体、几何球体、圆柱体、管状体、圆环、四棱锥、茶壶和平面，如图3-45所示。

图3-45

长方体

长方体是建模中最常用的几何体，现实中与长方体接近的物体很多。可以直接使用长方体创建出很多模型，如方桌、墙体等，同时还可以将长方体用作多边形建模的基础物体，其参数设置面板如图3-46所示。

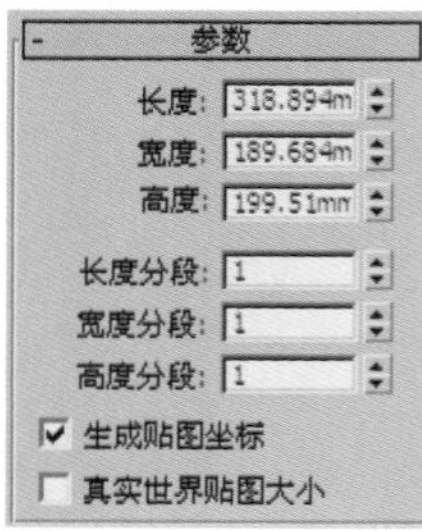

图3-46

长方体重要参数介绍

长度/宽度/高度：这3个参数决定了长方体的外形，用来设置长方体的长度、宽度和高度。

长度分段/宽度分段/高度分段：这3个参数用来设置沿着对象每个轴的分段数量。

★ 重点 ★

实战：用长方体制作简约橱柜

场景位置　无
实例位置　实例文件>CH03>实战：用长方体制作简约橱柜.max
视频位置　多媒体教学>CH03>实战：用长方体制作简约橱柜.flv
难易指数　★★☆☆☆
技术掌握　长方体工具、移动复制功能

扫码看视频

简约橱柜的效果如图3-47所示。

图3-47

01 在“创建”面板中单击“几何体”按钮，然后设置几何体类型为“标准基本体”，接着单击“长方体”按钮 长方体 ，如图3-48所示，最后在视图中拖曳光标创建一个长方体，如图3-49所示。

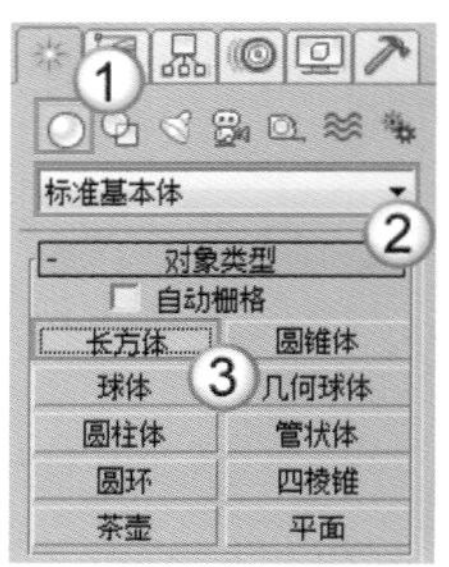

图3-48

图3-49

知识链接

在创建模型之前，首先要设置场景的单位。关于单位的设置方法请参阅第2章的“实战：设置场景与系统单位”。

02 在“命令”面板中单击“修改”按钮，进入“修改”面板，然后在“参数”卷展栏下设置“长度”为500mm、“宽度”为500mm、“高度”为400mm，具体参数设置如图3-50所示。

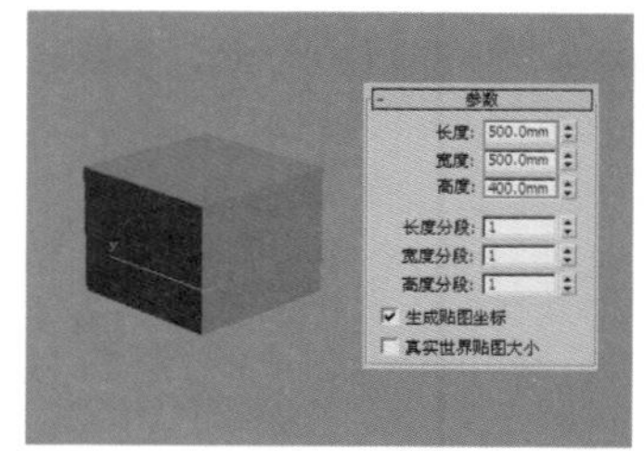

图3-50

03 用“选择并移动”工具选择长方体，然后按住Shift键在前视图中同时向右移动复制一个长方体，如图3-51所示。

04 继续在前视图中向上复制一个长方体，如图3-52所示，然后在“参数”卷展栏下将“高度”修改为800mm，如图3-53所示。

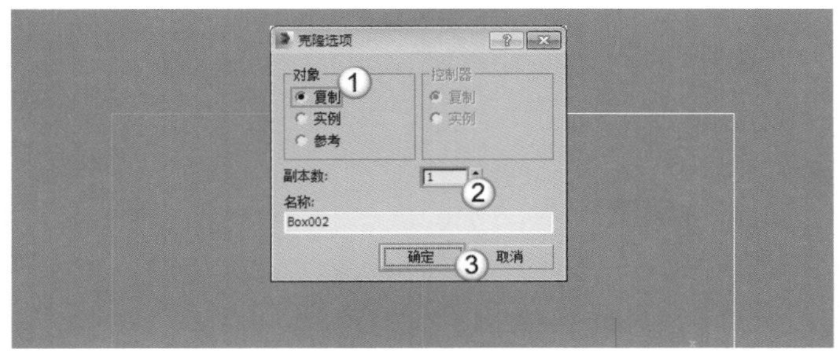

图3-51

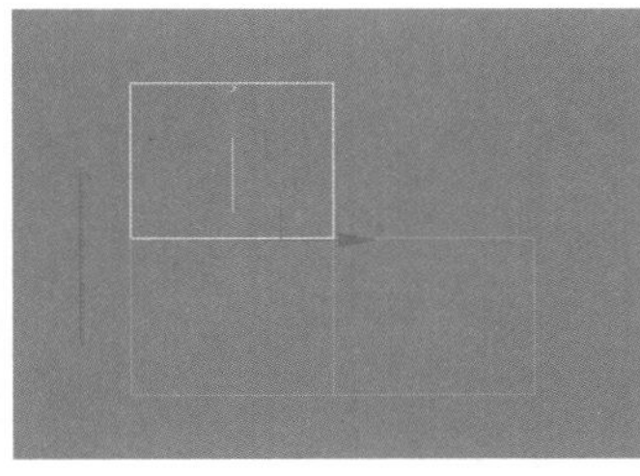

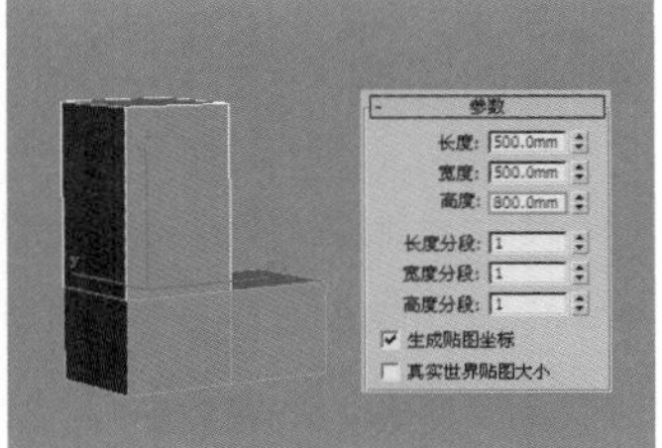

图3-52 图3-53

05 选择上一步创建的长方体，然后在前视图中向右移动复制一个长方体，如图3-54所示。

06 使用“长方体”工具 长方体 创建一个长方体，然后在“参数”卷展栏下设置“长度”为500mm、“宽度”为600mm、“高度”为200mm，模型位置如图3-55所示。

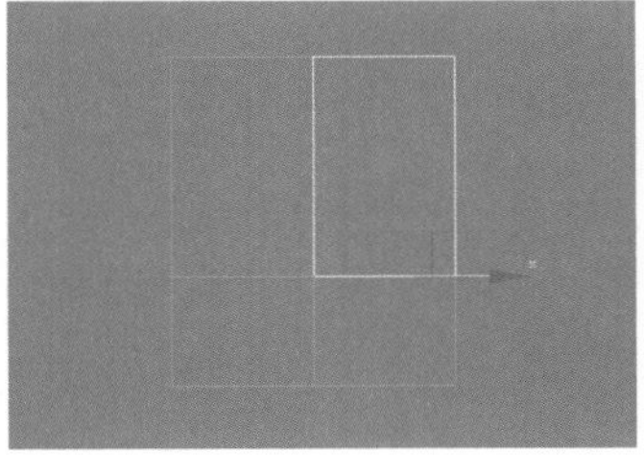

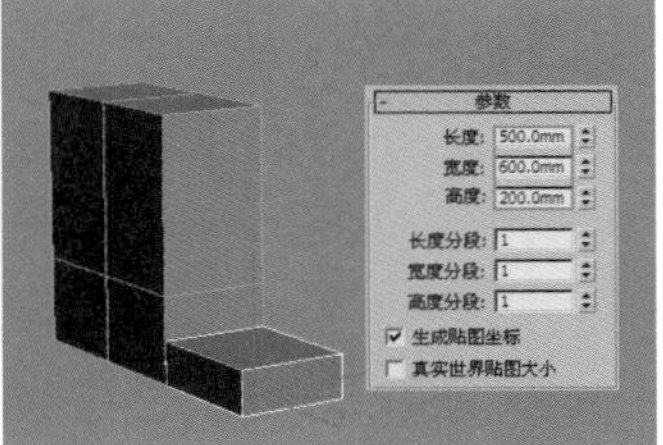

图3-54 图3-55

07 选择上一步创建的长方体，然后在前视图中向右移动复制一个长方体，如图3-56所示。

08 选择前两步创建的两个长方体，然后在前视图中向上移动复制两个长方体，如图3-57所示。

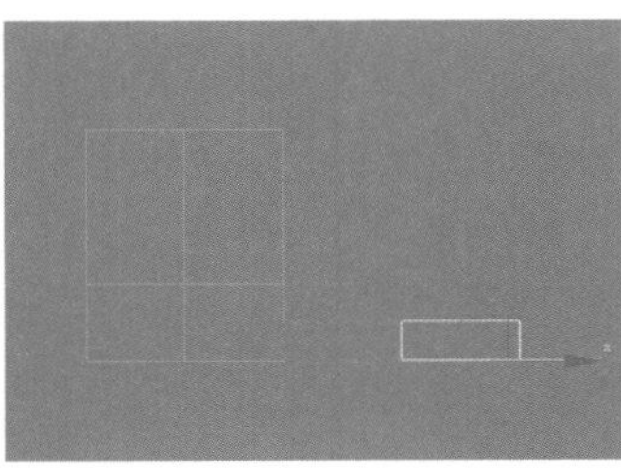

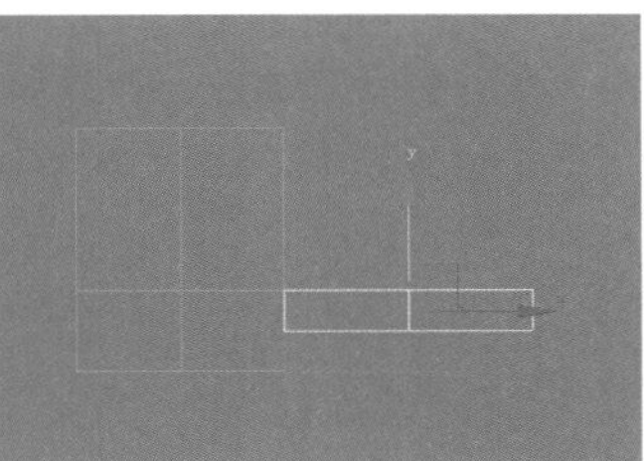

图3-56 图3-57

疑难问答

问：如何同时选择两个长方体？

答：选择一个长方体以后，按住Ctrl键可以加选另外一个长方体。

09 继续使用“长方体”工具 长方体 创建一个长方体，然后在“参数”卷展栏下设置“长度”为300mm、“宽度”为500mm、“高度”为400mm，具体参数设置及模型位置如图3-58所示。

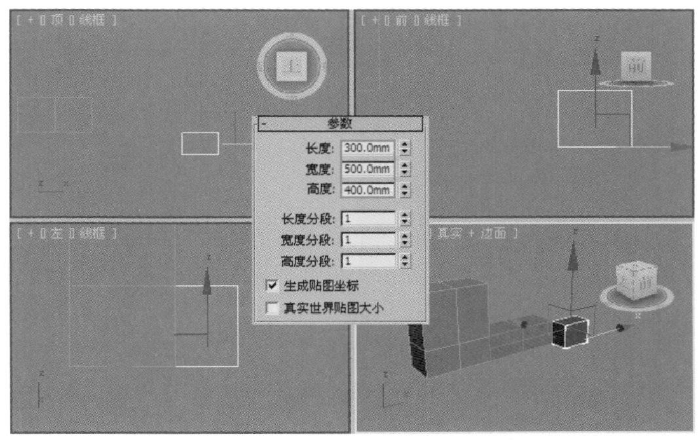

图3-58

10 选择上一步创建的长方体，然后在左视图中向右移动复制3个长方体，如图3-59所示。

11 使用“长方体”工具 长方体 创建一个长方体，然后在“参数”卷展栏下设置“长度”为500mm、“宽度”为1700mm、“高度”为50mm，具体参数设置及模型位置如图3-60所示。

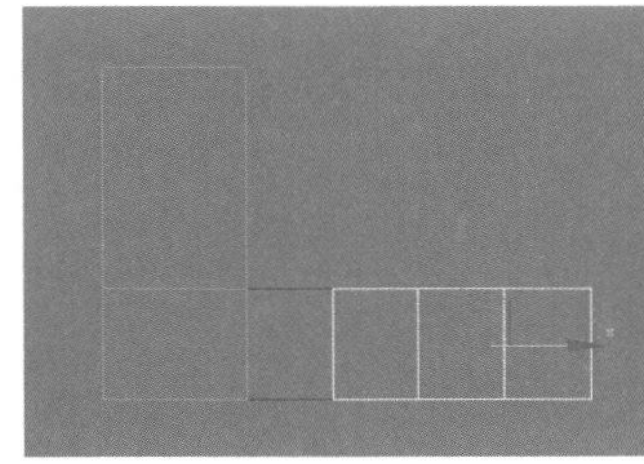

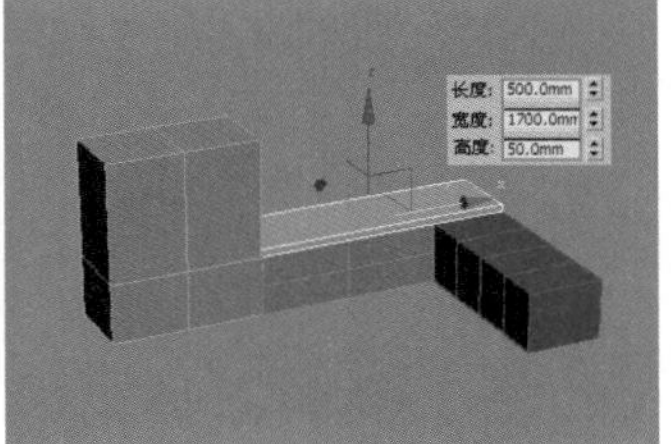

图3-59 图3-60

12 使用“长方体”工具 长方体 创建一个长方体，然后在“参数”卷展栏下设置“长度”为1250mm、“宽度”为500mm、“高度”为50mm，具体参数设置及模型位置如图3-61所示。

13 使用“长方体”工具 长方体 创建一个长方体，然后在“参数”卷展栏下设置“长度”为400mm、“宽度”为2700mm、“高度”为100mm，具体参数设置及模型位置如图3-62所示。

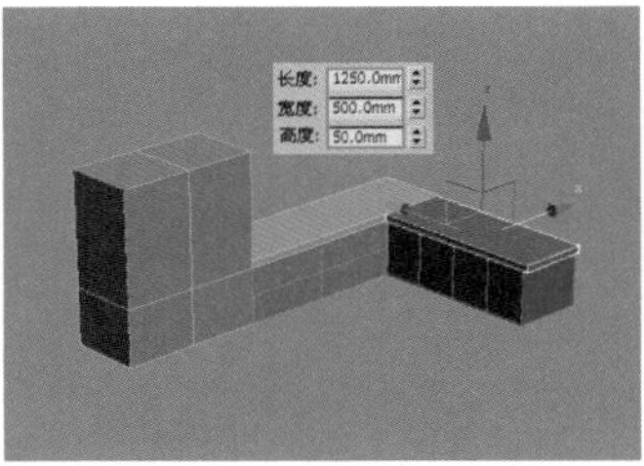

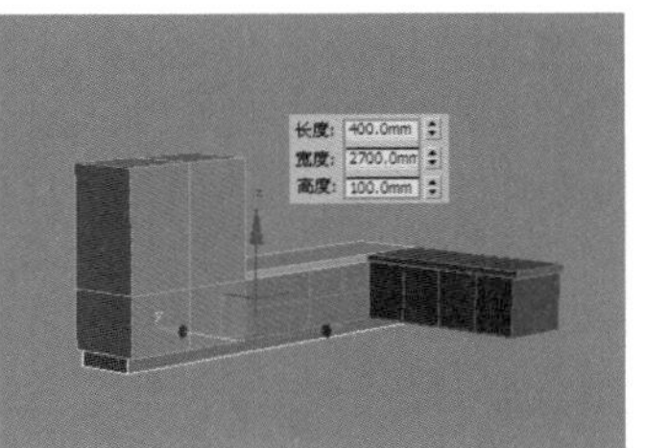

图3-61 图3-62

14 继续使用“长方体”工具 长方体 创建一个长方体，然后在“参数”卷展栏下设置“长度”为1250mm、“宽度”为400mm、“高度”为100mm，具体参数设置及模型位置如图3-63所示。

15 再次使用“长方体”工具 长方体 创建一个长方体，然后在“参数”卷展栏下设置“长度”为20mm、“宽度”为60mm、“高度”为70mm，如图3-64所示。

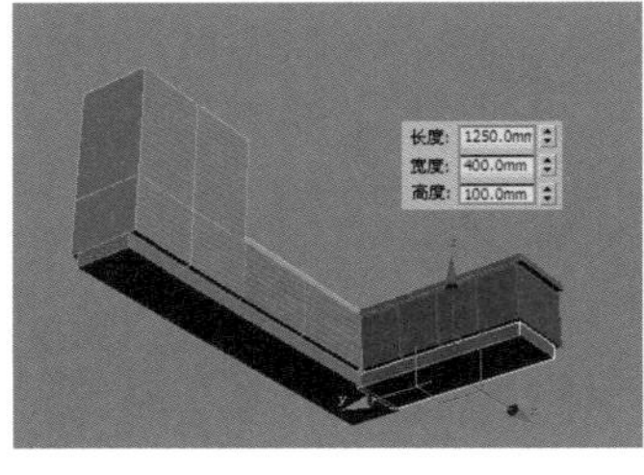
图3-63

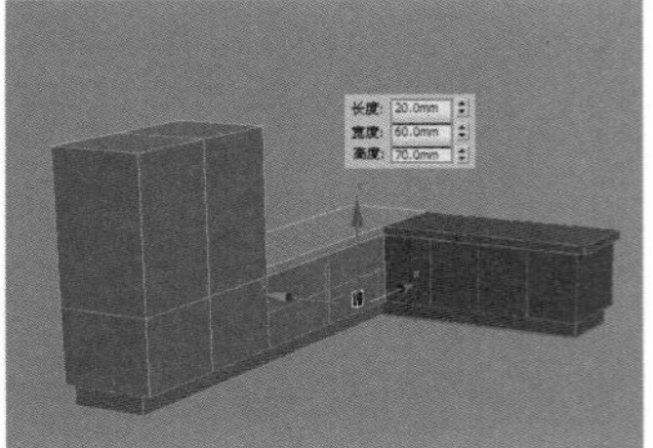
图3-64

16 用“选择并移动”工具选择上一步创建的长方体，然后按住Shift键移动复制11个长方体，如图3-65所示，接着将各个长方体放到相应的位置，最终效果如图3-66所示。

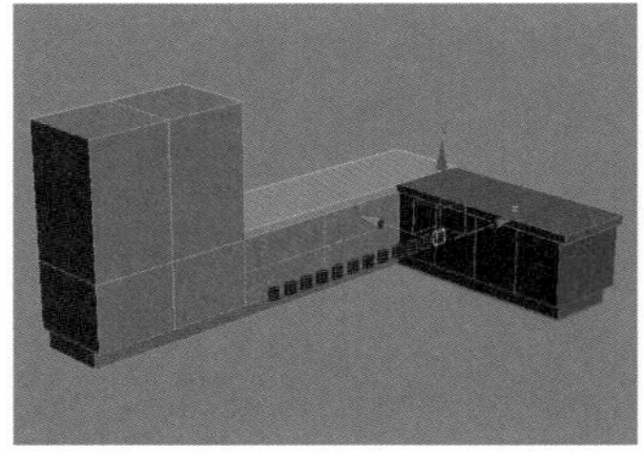
图3-65

图3-66

★ 重点 ★

实战：用长方体制作组合桌子

场景位置 无
实例位置 实例文件>CH03>实战：用长方体制作组合桌子.max
视频位置 多媒体教学>CH03>实战：用长方体制作组合桌子.flv
难易指数 ★★☆☆☆
技术掌握 长方体工具、圆柱体工具、移动复制功能、旋转复制功能

扫码看视频

组合桌子的效果如图3-67所示。

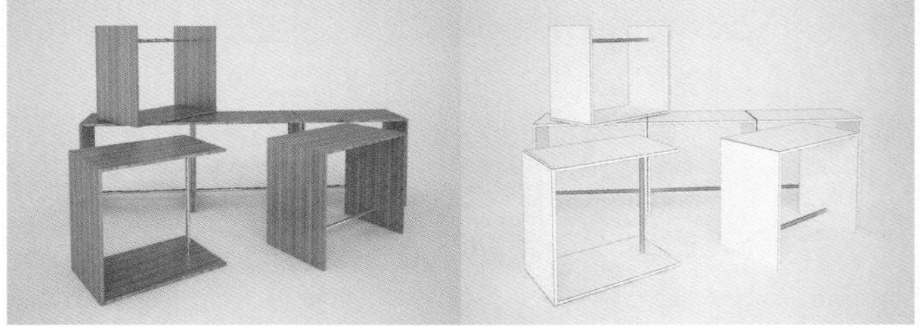
图3-67

01 在“创建”面板中单击“长方体”按钮 长方体 ，然后在视图中拖曳光标创建一个长方体，如图3-68所示。

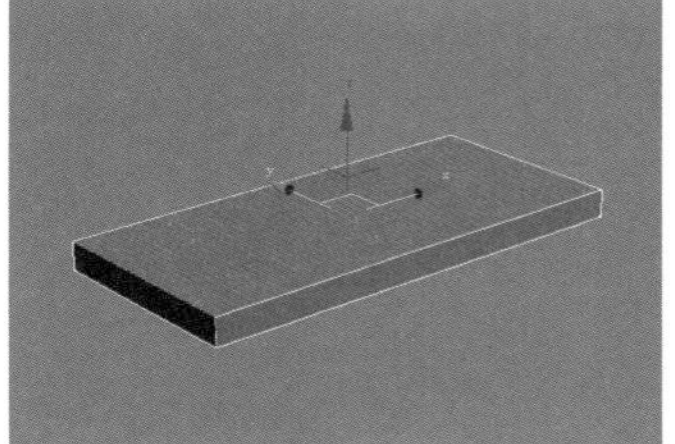
图3-68

02 在“命令”面板中单击“修改”按钮，进入“修改”面板，然后在“参数”卷展栏下设置“长度”为150mm、“宽度”为300mm、“高度”为7mm，具体参数设置及长方体效果如图3-69所示。

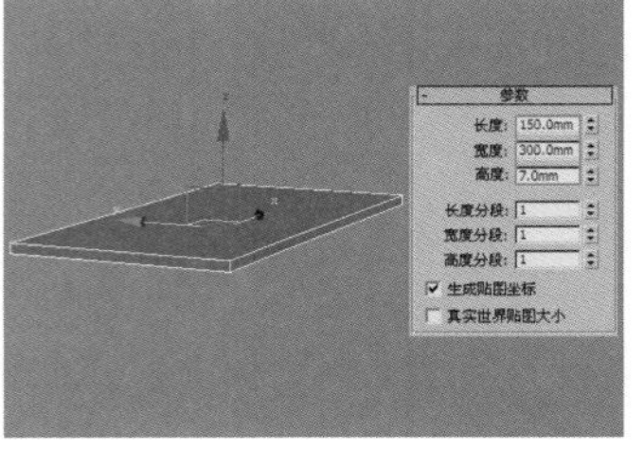
图3-69

03 使用“长方体”工具 长方体 在场景中创建一个长方体，然后在“参数”卷展栏下设置“长度”为150mm、“宽度”为7mm、“高度”为300mm，具体参数设置及长方体位置如图3-70所示。

04 按W键选择“选择并移动”工具，然后按住Shift键在顶视图中向右移动复制一个长方体，如图3-71所示。

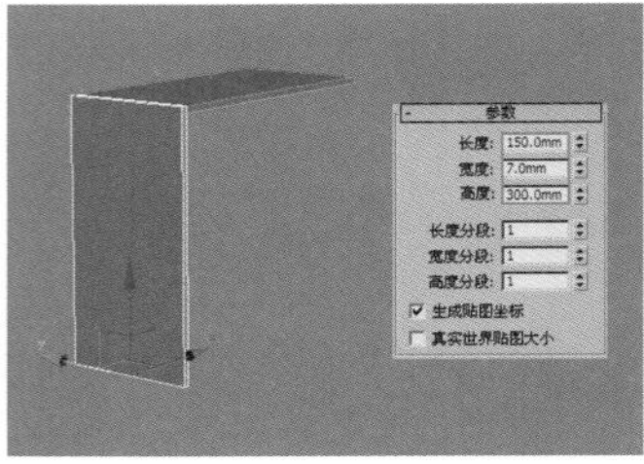
图3-70

图3-71

05 在“创建”面板中单击“圆柱体”按钮 圆柱体 ，然后在左视图中创建一个圆柱体，接着在“参数”卷展栏下设置“半径”为5mm、“高度”为290mm、“高度分段”为1，具体参数设置及圆柱体位置如图3-72所示，在透视图中的效果如图3-73所示。

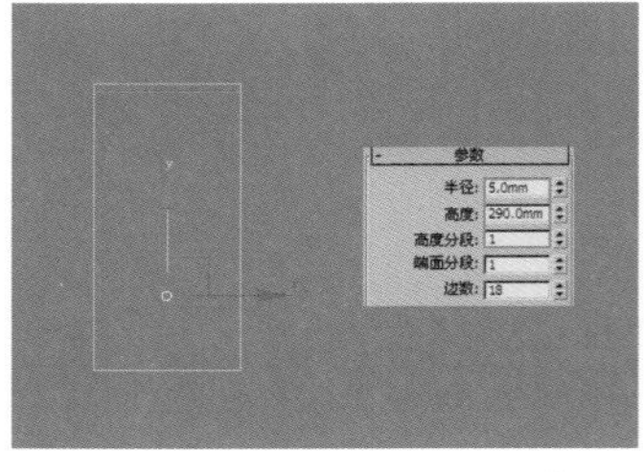
图3-72

图3-73

06 按Ctrl+A组合键全选场景中的模型，然后执行“组>组”菜单命令，为模型建立一个组，如图3-74所示。

07 按W键选择“选择并移动”工具，然后按住Shift键在前视图中向右移动复制两组模型，如图3-75所示。

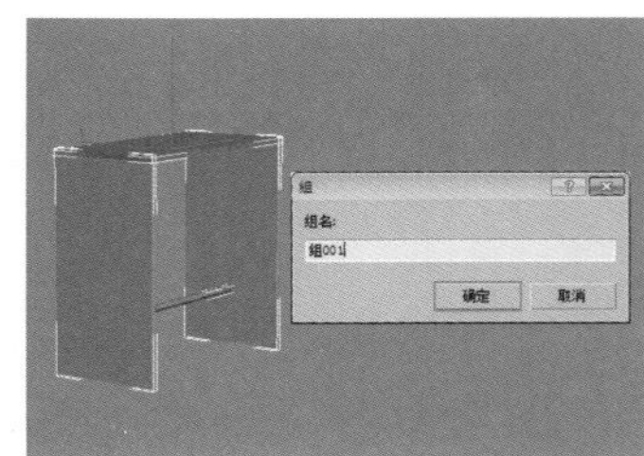
图3-74

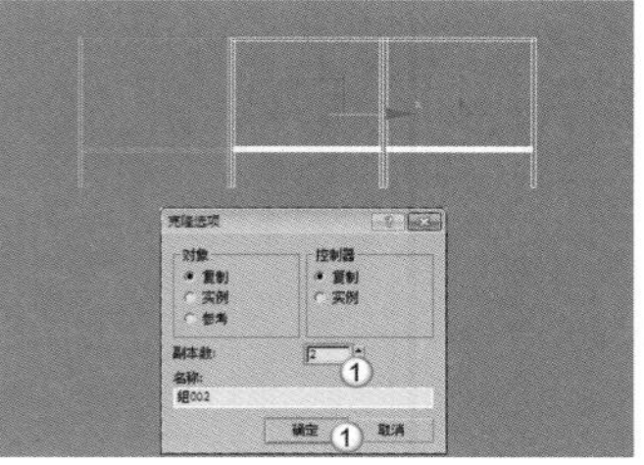
图3-75

> **技巧与提示**
>
> 将对象编为一组后进行移动复制，可以大大提高工作效率。

08 按A键激活“角度捕捉切换”工具，然后按E键选择“选择并旋转”工具，接着在前视图中按住Shift键旋转复制（旋转-180°）一组桌子，如图3-76所示。

09 使用“选择并移动”工具和“选择并旋转”工具调整好复制的桌子的位置和角度，如图3-77所示。

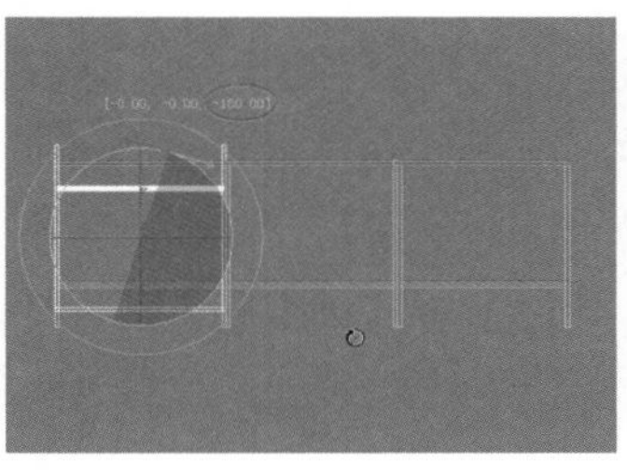

图3-76

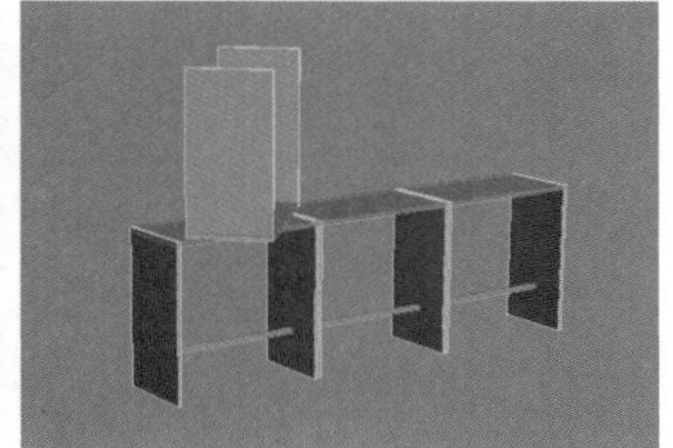

图3-77

10 使用“选择并旋转”工具继续旋转复制几组桌子，然后用“选择并移动”工具调整好各组桌子的位置，最终效果如图3-78所示。

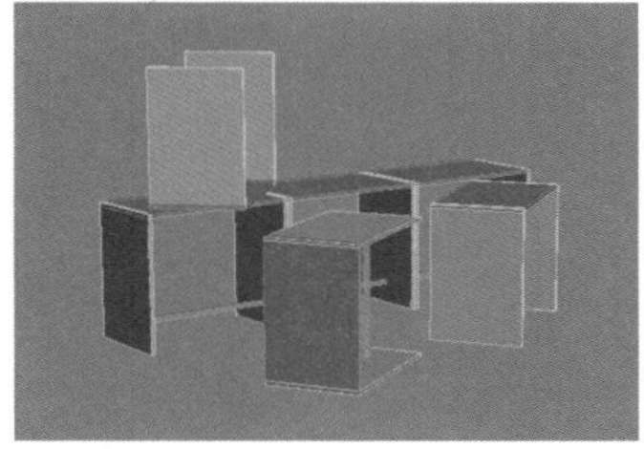

图3-78

圆锥体

圆锥体在现实生活中经常看到，如冰激凌的外壳、吊坠等，其参数设置面板如图3-79所示。

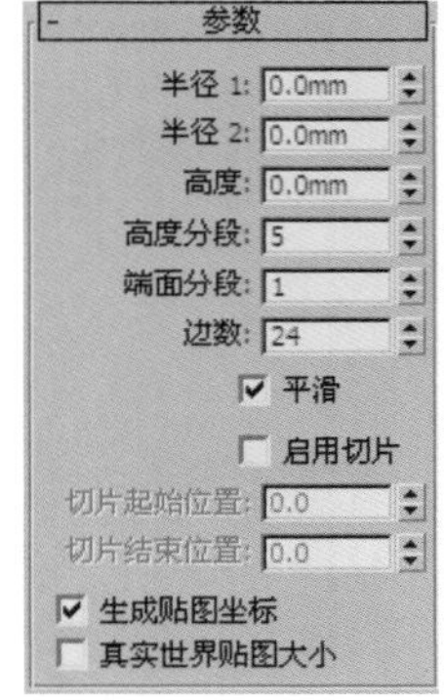

图3-79

圆锥体重要参数介绍

半径1/2：设置圆锥体的第1个半径和第2个半径，两个半径的最小值都是0。

高度：设置沿着中心轴的维度。负值将在构造平面下面创建圆锥体。

高度分段：设置沿着圆锥体主轴的分段数。

端面分段：设置围绕圆锥体顶部和底部的中心的同心分段数。

边数：设置圆锥体周围边数。

平滑：混合圆锥体的面，从而在渲染视图中创建平滑的外观。

启用切片：控制是否开启“切片”功能。

切片起始/结束位置：设置从局部x轴的零点开始围绕局部z轴的度数。

> **技巧与提示**
>
> 对于“切片起始位置”和“切片结束位置”这两个选项，正数值将按逆时针移动切片的末端；负数值将按顺时针移动切片的末端。

球体

球体也是现实生活中最常见的物体。在3ds Max中，可以创建完整的球体，也可以创建半球体或球体的其他部分，其参数设置面板如图3-80所示。

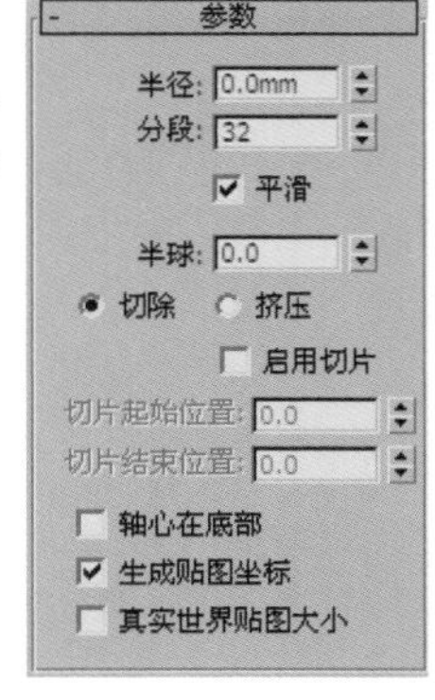

图3-80

球体重要参数介绍

半径：指定球体的半径。

分段：设置球体多边形分段的数目。分段越多，球体越圆滑，反之则越粗糙，图3-81所示是“分段”值分别为8和32时的球体对比。

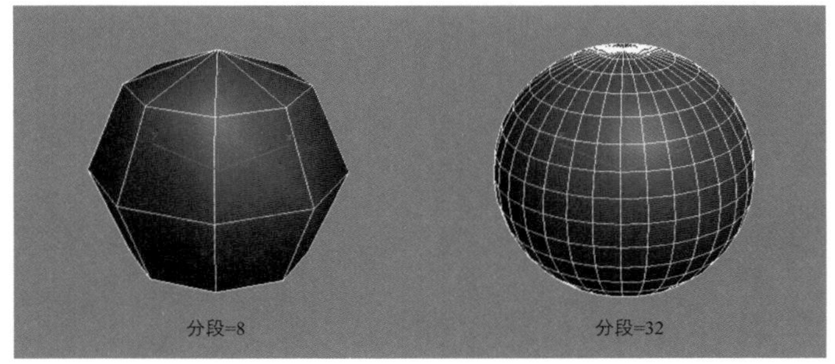

图3-81

平滑：混合球体的面，从而在渲染视图中创建平滑的外观。

半球：该值过大将从底部“切断”球体，以创建部分球体，取值范围为0~1。值为0时可以生成完整的球体；值为0.5时可以生成半球，如图3-82所示；值为1时会使球体消失。

图3-82

切除：通过在半球断开时将球体中的顶点数和面数“切除”来减少它们的数量。

挤压：保持原始球体中的顶点数和面数，将几何体向着球体的顶部挤压为越来越小的体积。

轴心在底部：在默认情况下，轴点位于球体中心的构造平面上，如图3-83所示。如果勾选“轴心在底部”选项，则会将球体沿着其局部z轴向上移动，使轴点位于其底部，如图3-84所示。

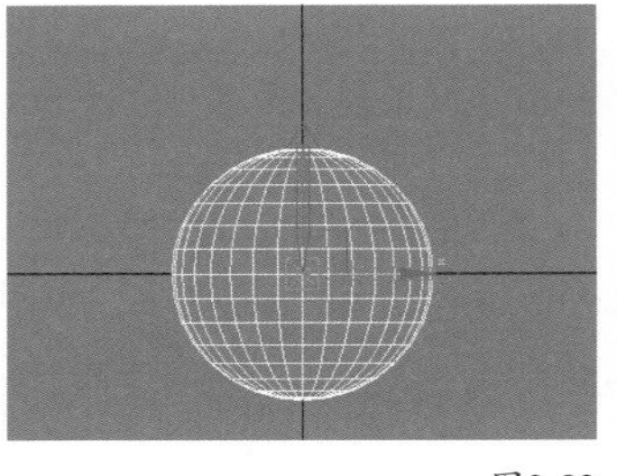
图3-83

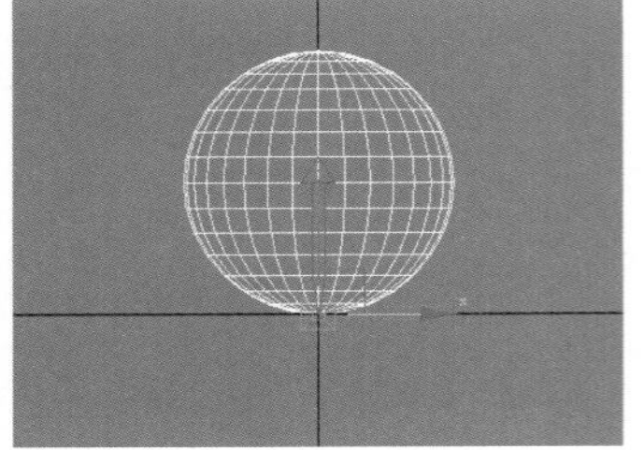
图3-84

★ 重 点 ★

实战：用球体制作创意灯饰

场景位置　无
实例位置　实例文件>CH03>实战：用球体制作创意灯饰.max
视频位置　多媒体教学>CH03>实战：用球体制作创意灯饰.flv
难易指数　★★☆☆☆
技术掌握　球体工具、移动复制功能、组命令

扫码看视频

创意灯饰的效果如图3-85所示。

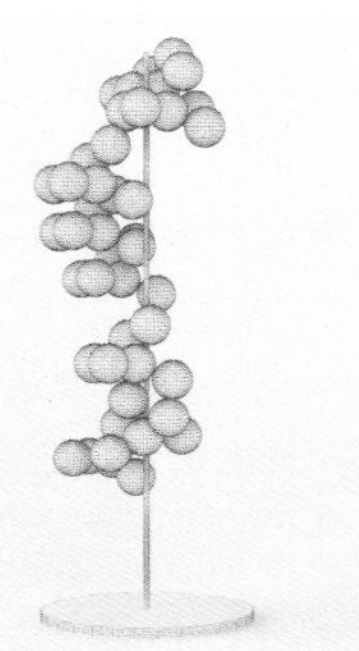
图3-85

01 在“创建”面板中单击“圆柱体”按钮 圆柱体 ，然后在场景中创建一个圆柱体，接着在“参数”卷展栏下设置“半径”为150mm、“高度”为15mm、“边数”为30，具体参数设置及模型效果如图3-86所示。

02 继续用“圆柱体”工具 圆柱体 在场景中创建一个圆柱体，然后在“参数”卷展栏下设置“半径”为4mm、“高度”为800mm、“边数”为20，具体参数设置及模型位置如图3-87所示。

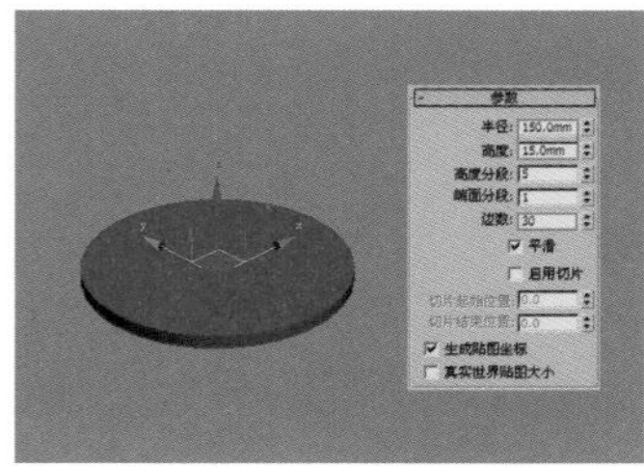
图3-86

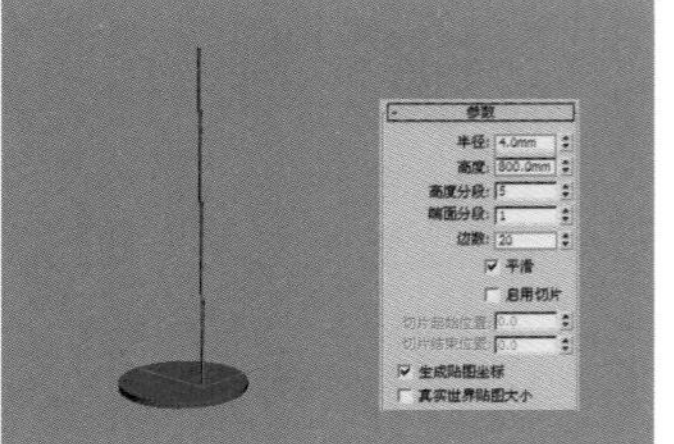
图3-87

03 使用“选择并移动”工具选择上一步创建的圆柱体，然后按住Shift键在左视图中向左移动复制一个圆柱体到如图3-88所示的位置。

04 在“创建”面板中单击“球体”按钮 球体 ，然后在场景中创建一个球体，接着在“参数”卷展栏下设置“半径”为28mm，具体参数设置及球体效果如图3-89所示。

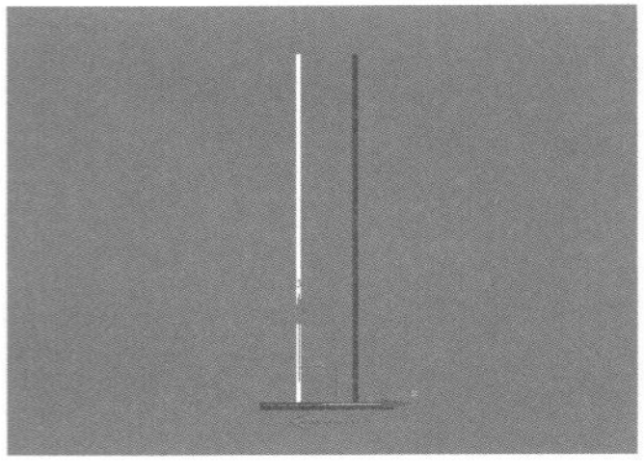
图3-88

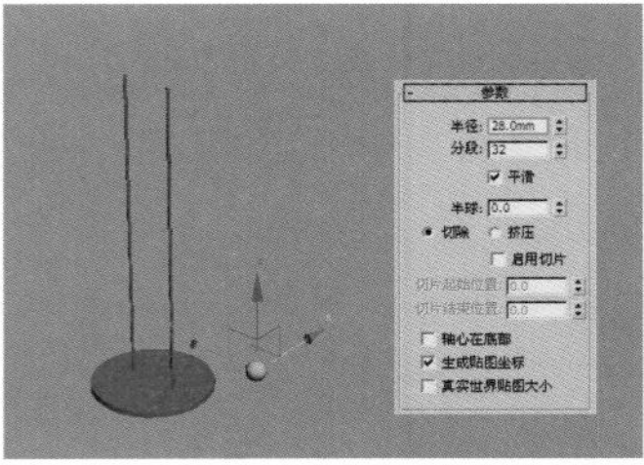
图3-89

05 使用“选择并移动”工具选择上一步创建的球体，然后按住Shift键移动复制5个球体，如图3-90所示，最后将球体调整成堆叠效果，如图3-91所示。

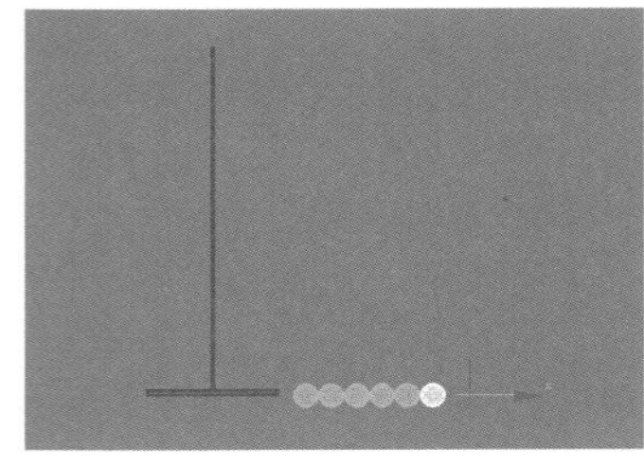
图3-90

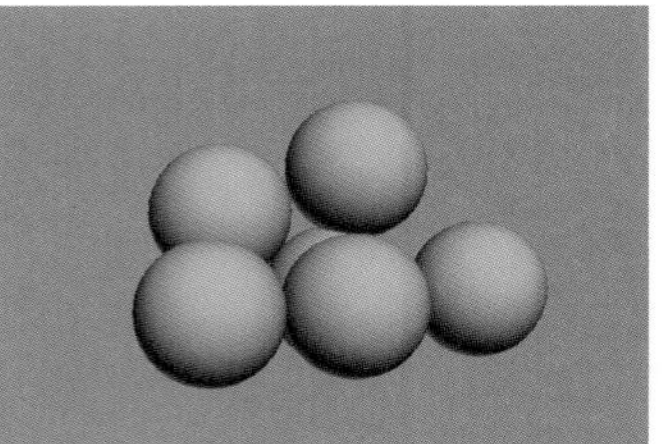
图3-91

06 选择场景中的所有球体，然后执行“组>组”菜单命令，接着在弹出的“组”对话框中单击“确定”按钮 确定 ，如图3-92所示。

07 选择“组001”，然后按住Shift键使用“选择并移动”工具移动复制7组球体，如图3-93所示。

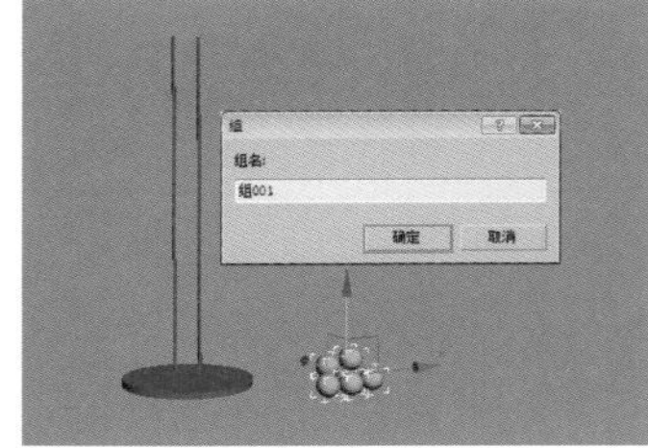
图3-92

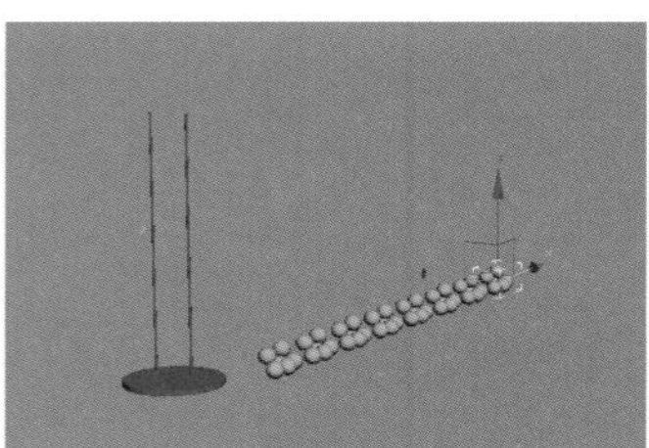
图3-93

08 使用“选择并移动”工具和“选择并旋转”工具调整好每组球体的位置和角度，最终效果如图3-94所示。

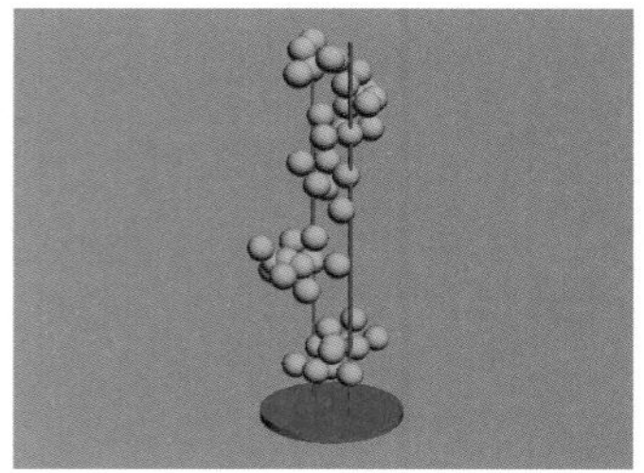
图3-94

几何球体

几何球体的形状与球体的形状很接近，学习了球体的参数之后，几何球体的参数便不难理解了，如图3-95所示。

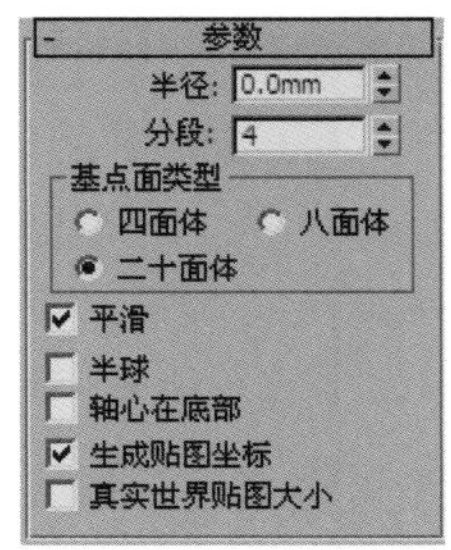

图3-95

几何球体重要参数介绍

基点面类型：选择几何球体表面的基本组成单位类型，可供选择的有“四面体”“八面体”和“二十面体”。图3-96所示分别是这3种基点面的效果。

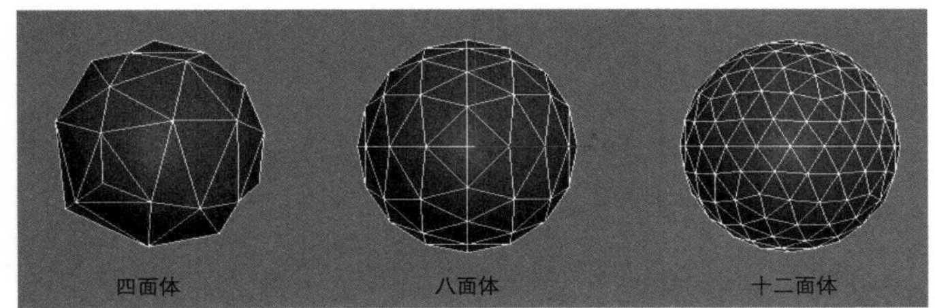

图3-96

平滑：勾选该选项后，创建出来的几何球体的表面就是光滑的；如果关闭该选项，效果则反之，如图3-97所示。

半球：若勾选该选项，创建出来的几何球体会是一个半球体，如图3-98所示。

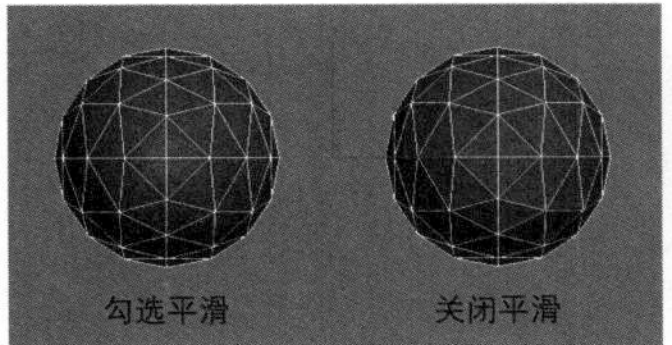

图3-97

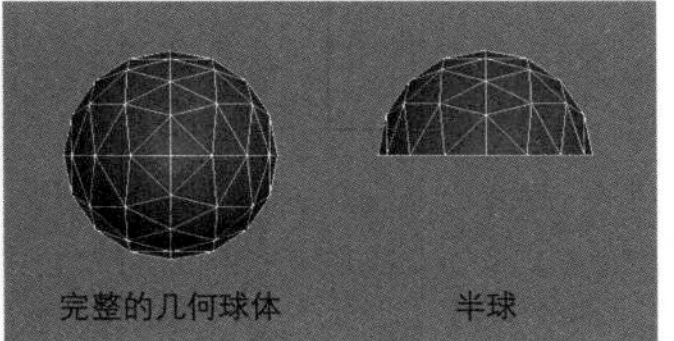

图3-98

问：几何球体与球体有什么区别吗？

答：几何球体与球体在创建出来之后可能很相似，但几何球体是由三角面构成的，而球体是由四角面构成的，如图3-99所示。

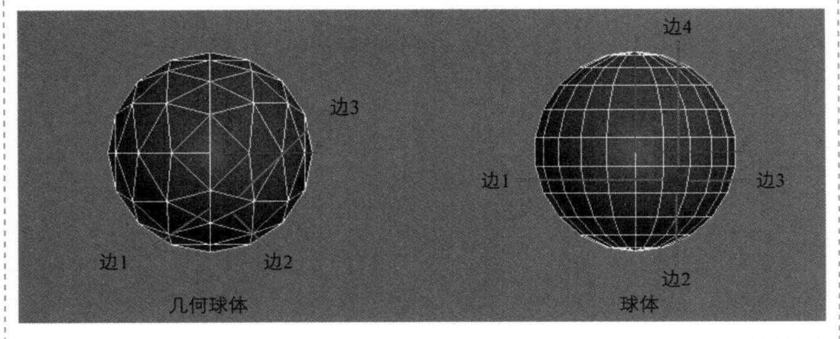

图3-99

圆柱体

圆柱体在现实中很常见，比如玻璃杯和桌腿等，制作由圆柱体构成的物体时，可以先将圆柱体转换成可编辑多边形，然后对细节进行调整，其参数设置面板如图3-100所示。

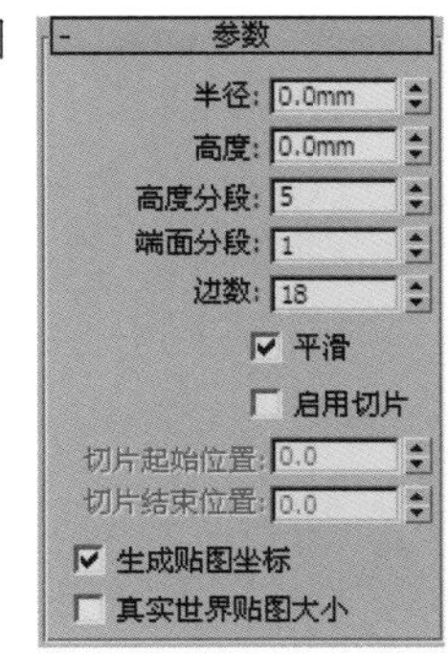

图3-100

圆柱体重要参数介绍

半径：设置圆柱体的半径。

高度：设置沿着中心轴的维度。负值将在构造平面下面创建圆柱体。

高度分段：设置沿着圆柱体主轴的分段数量。

端面分段：设置围绕圆柱体顶部和底部的中心的同心分段数量。

边数：设置圆柱体周围的边数。

★ 重 点 ★

实战：用圆柱体制作圆桌

场景位置 无
实例位置 实例文件>CH03>实战：用圆柱体制作圆桌.max
视频位置 多媒体教学>CH03>实战：用圆柱体制作圆桌.flv
难易指数 ★☆☆☆☆
技术掌握 圆柱体工具、移动复制功能、对齐工具

扫码看视频

圆桌的效果如图3-101所示。

图3-101

01 下面制作桌面。在“创建”面板中单击“圆柱体”按钮 圆柱体 ，然后在场景中拖曳光标创建一个圆柱体，接着在“参数”卷展栏下设置“半径”为55mm、“高度”为2.5mm、“边数”为30，具体参数设置及模型效果如图3-102所示。

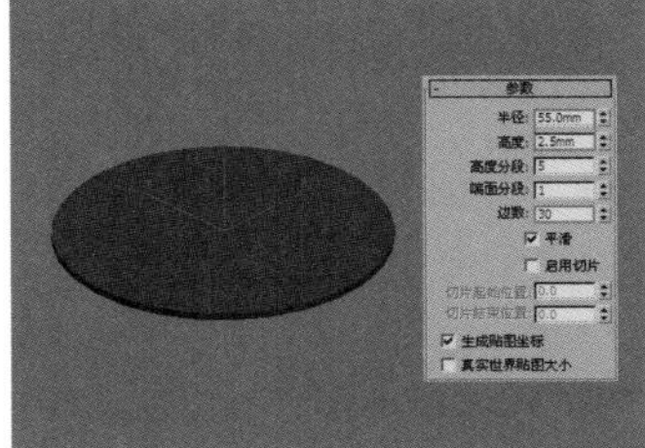

图3-102

02 选择桌面模型，然后按住Shift键使用“选择并移动”工具在前视图中向下移动复制一个圆柱体，接着在弹出的“克隆选项”对话框中设置“对象”为“复制”，如图3-103所示。

03 选择复制出来的圆柱体，然后在“参数”卷展栏下设置

“半径”为3mm、“高度”为60mm，具体参数设置及模型效果如图3-104所示。

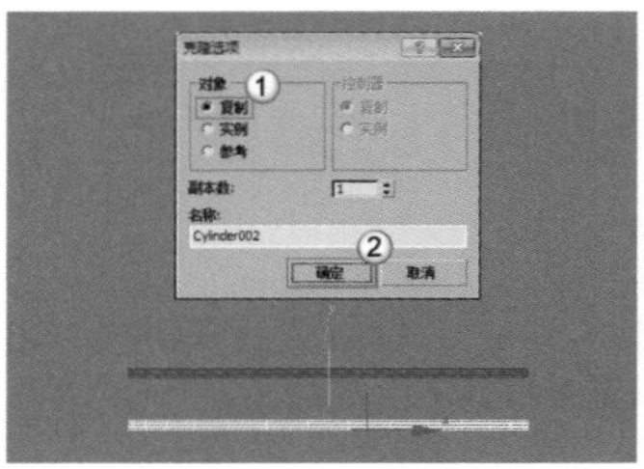
图3-103

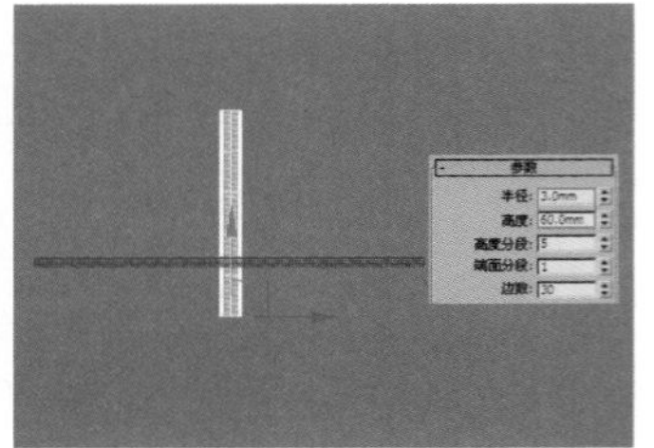
图3-104

04 切换到前视图，选择复制出来的圆柱体，在“主工具栏”中单击“对齐”按钮，然后单击最先创建的圆柱体，如图3-105所示，接着在弹出的对话框中设置“对齐位置（屏幕）”为“y位置”、“当前对象”为“最大”、“目标对象”为“最小”，具体参数设置及对齐效果如图3-106所示。

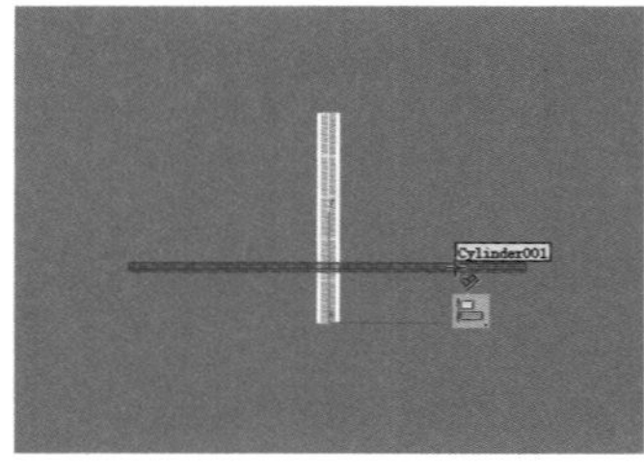
图3-105

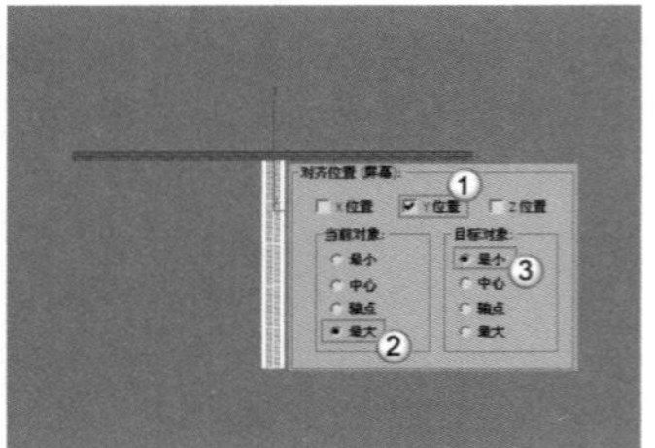
图3-106

05 选择桌面模型，然后按住Shift键使用“选择并移动”工具在前视图中向下移动复制一个圆柱体，接着在弹出的“克隆选项”对话框中设置“对象”为“复制”、“副本数”为2，如图3-107所示。

06 选择中间的圆柱体，然后将“半径”修改为15mm，接着将最下面圆柱体的“半径”修改为25mm，如图3-108所示。

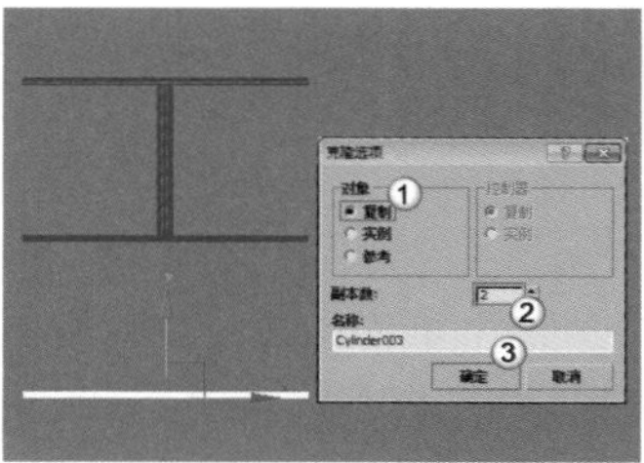
图3-107

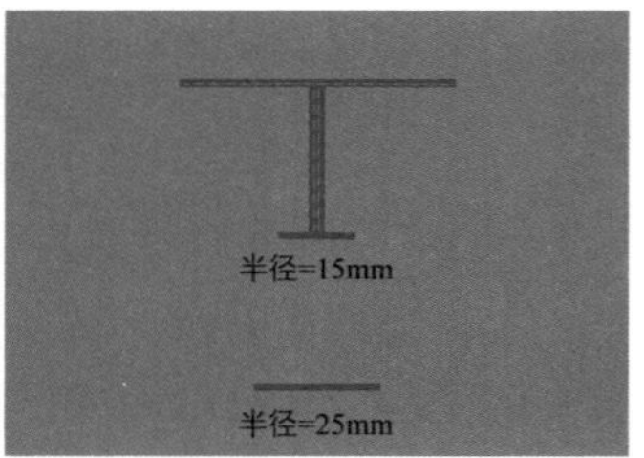

图3-108

07 采用步骤（4）的方法用“对齐”工具在前视图中将圆柱体进行对齐，完成后的效果如图3-109所示，最终效果如图3-110所示。

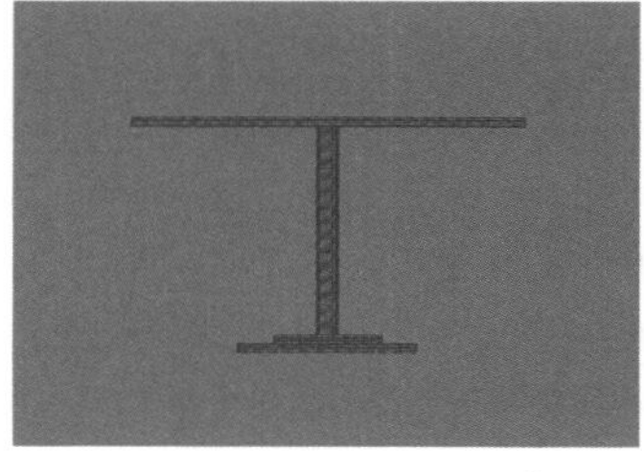
图3-109

图3-110

管状体

管状体的外形与圆柱体相似，不过管状体是空心的，因此管状体有两个半径，即外径（半径1）和内径（半径2），其参数设置面板如图3-111所示。

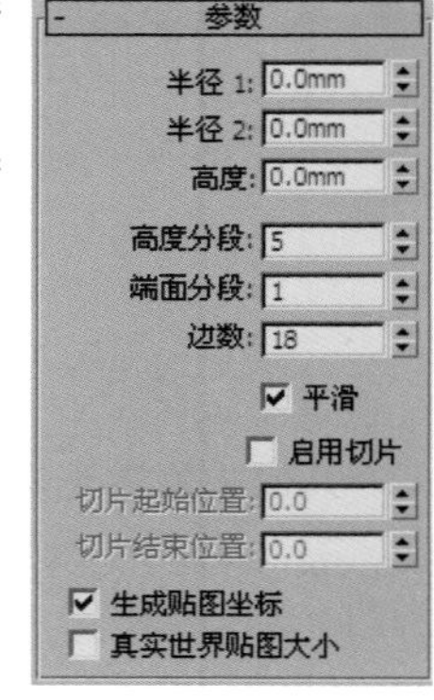

图3-111

管状体重要参数介绍

半径1/半径2：“半径1”是指管状体的外径；“半径2”是指管状体的内径，如图3-112所示。

图3-112

高度：设置沿着中心轴的维度。负值将在构造平面下面创建管状体。

高度分段：设置沿着管状体主轴的分段数量。

端面分段：设置围绕管状体顶部和底部的中心的同心分段数量。

边数：设置管状体周围边数。

★ 重点 ★

实战：用管状体和球体制作简约台灯

场景位置 无
实例位置 实例文件>CH03>实战：用管状体和球体制作简约台灯.max
视频位置 多媒体教学>CH03>实战：用管状体和球体制作简约台灯.flv
难易指数 ★★☆☆☆
技术掌握 管状体工具、FFD2×2×2修改器、圆柱体工具、球体工具、移动复制功能

扫码看视频

简约台灯的效果如图3-113所示。

图3-113

01 使用“管状体”工具 管状体 在场景中创建一个管状体，然后在“参数”卷展栏下设置“半径1”为149mm、“半径2”为150mm、“高度”为240mm、“高度分段”为1、“端面分段”为1、“边数”为

36，具体参数设置及管状体效果如图3-114所示。

02 选择管状体，切换到"修改"面板，然后在"修改器列表"下加载一个FFD 2×2×2修改器，如图3-115所示。

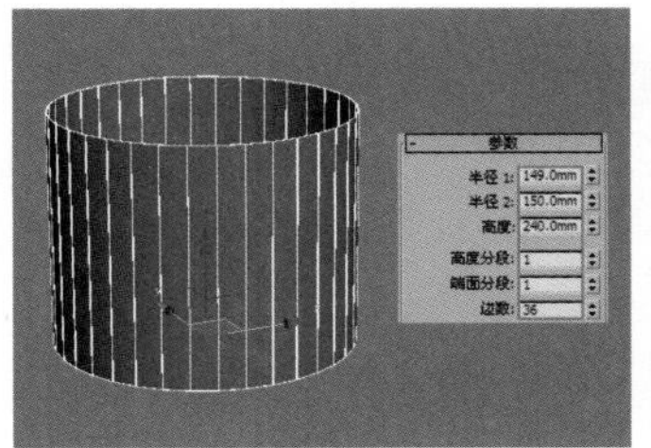
图3-114

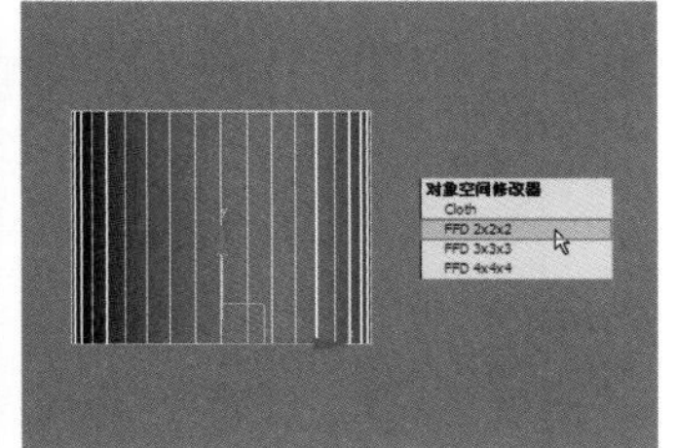
图3-115

知识链接

FFD修改器非常重要。关于这种修改器的作用及用法请参阅169页"5.3.9 FFD修改器"下的相关内容。

03 单击FFD 2×2×2修改器前面的⊞图标，展开该修改器的次物体层级列表，然后选择"控制点"层级，如图3-116所示。

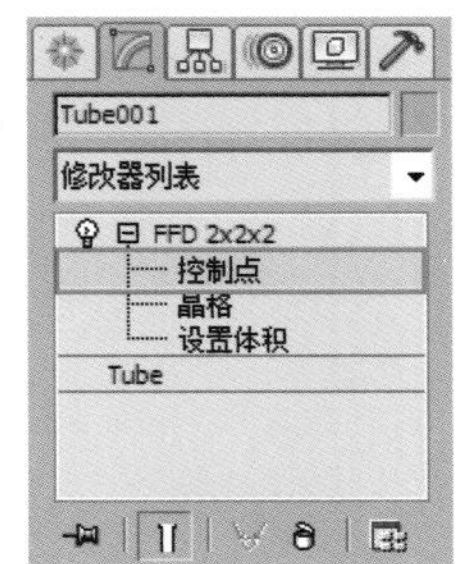

图3-116

04 选择顶部的控制点，如图3-117所示，然后使用"选择并均匀缩放"工具在顶视图中将控制点向内缩放成如图3-118所示的形状。

图3-117

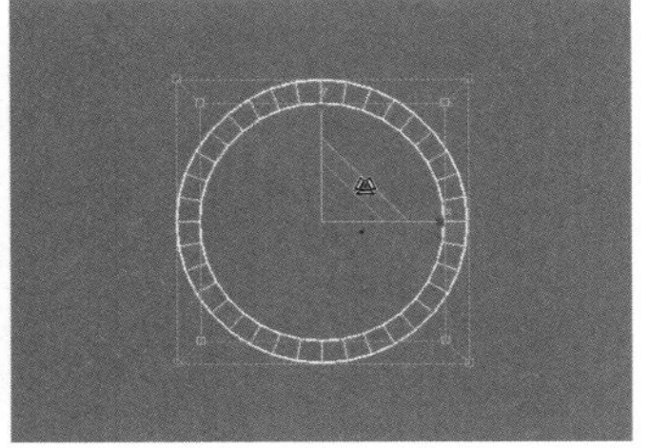
图3-118

疑难问答

问：如何退出"控制点"层级？

答：在调整完管状体顶部的形状以后，需要退出"控制点"层级以进行下一步的操作。在"修改"面板中选择FFD 2×2×2修改器的名称即可返回到顶层级，如图3-119所示。另外，还可以在视图中单击鼠标右键，然后在弹出的菜单中选择"顶层级"命令。

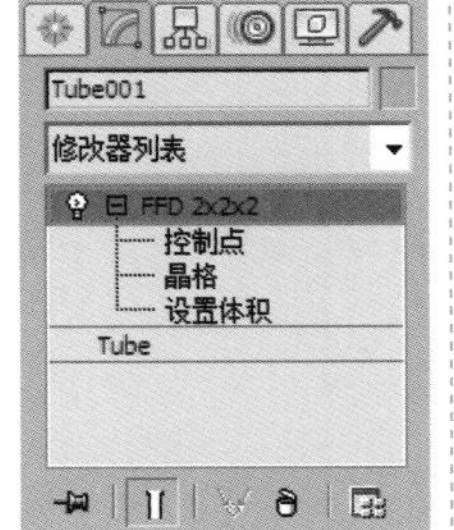

图3-119

05 选择"选择并移动"工具，然后按住Shift键在前视图中向下移动复制一个管状体，接着在弹出的对话框中设置"对象"为"复制"、"副本数"为1，如图3-120所示。

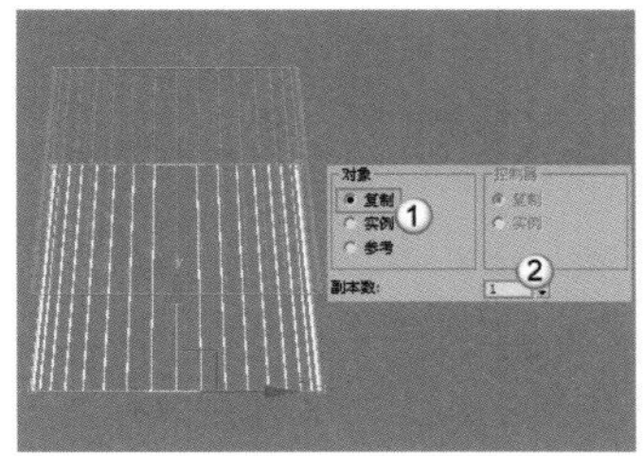
图3-120

06 选择复制的管状体，然后在"修改"面板中单击"从堆栈中移除修改器"按钮移除FFD 2×2×2修改器，如图3-121所示，移除该修改器后的效果如图3-122所示。

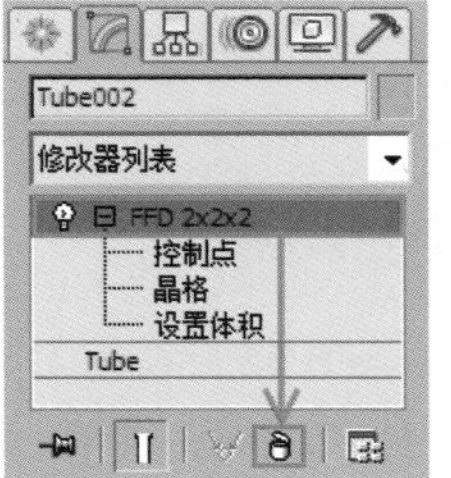

图3-121

图3-122

技巧与提示

注意，如果想要删除某个修改器，不可以在选中某个修改器后按Delete键，那样删除的将会是物体本身而非单个的修改器。要删除某个修改器，需要先选择该修改器，然后单击"从堆栈中移除修改器"按钮。

07 选择复制的管状体，然后在"参数"卷展栏下将"半径1"修改为150mm、"半径2"修改为151mm、"高度"修改为4mm，接着调整好管状体的位置，具体参数设置及位置如图3-123所示。

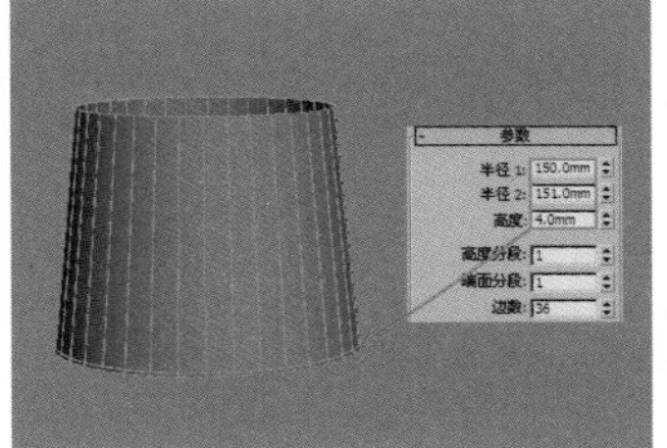
图3-123

技术专题 10 修改对象的颜色

这里介绍一下如何修改几何体对象在视图中的显示颜色。以图3-123中的管状体为例，原本复制出来的管状体颜色应该是与原始管状体的颜色相同。为了将对象区分开，可以先选择复制出来的两个圆柱体，然后在"修改"面板左上部单击"颜色"图标，打开"对象颜色"对话框，在这里可以选择预设的颜色，也可以自定义颜色，如图3-124所示，修改颜色后的效果如图3-125所示。

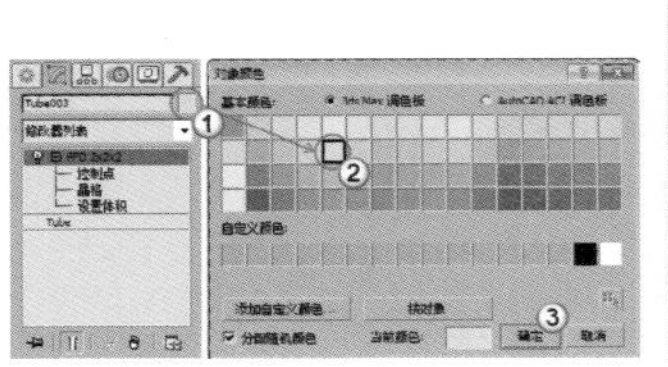
图3-124

图3-125

08 按住Shift键用“选择并移动”工具在前视图中向上移动，复制一个管状体到如图3-126所示的位置。

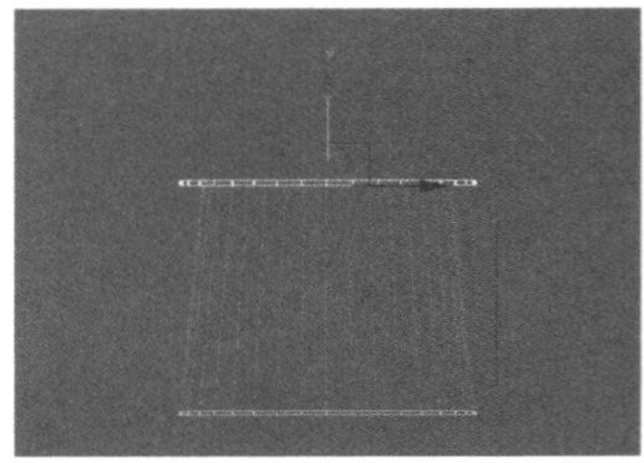

图3-126

在复制对象到某个位置时，一般都不可能一步到位，这就需要调整对象的位置。调整对象位置需要在各个视图中进行调整。

09 选择复制的管状体，然后在“参数”卷展栏下将“半径1”修改为124mm、“半径2”修改为125mm，如图3-127所示。

10 使用“圆柱体”工具圆柱体在场景中创建一个圆柱体，然后在“参数”卷展栏下设置“半径”为7mm、“高度”为340mm、“高度分段”为1，具体参数设置及圆柱体位置如图3-128所示。

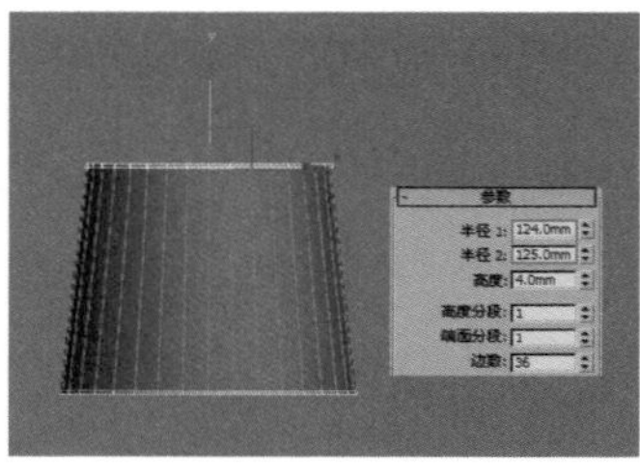

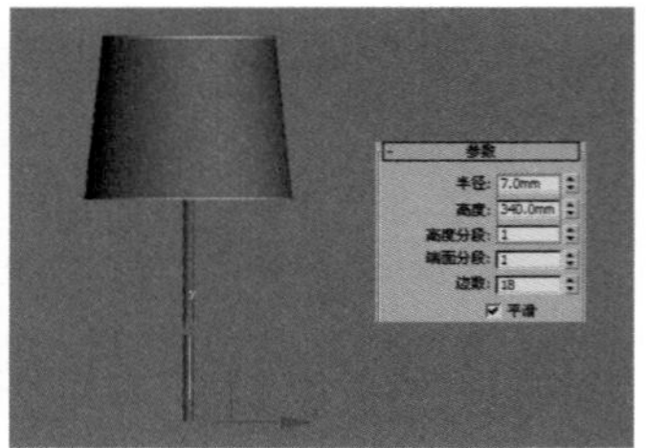

图3-127　　图3-128

11 继续使用“圆柱体”工具圆柱体在上一步创建的圆柱体底部创建一个圆柱体，然后在“参数”卷展栏下设置“半径”为50mm、“高度”为20mm、“高度分段”为1，具体参数设置及其位置如图3-129所示。

12 按住Shift键用“选择并移动”工具在前视图中向下移动复制一个圆柱体，然后在“参数”卷展栏下将“半径”修改为70mm，具体参数设置及圆柱体位置如图3-130所示。

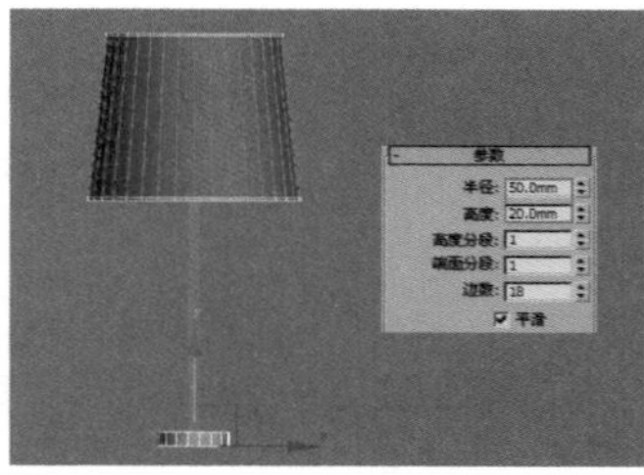

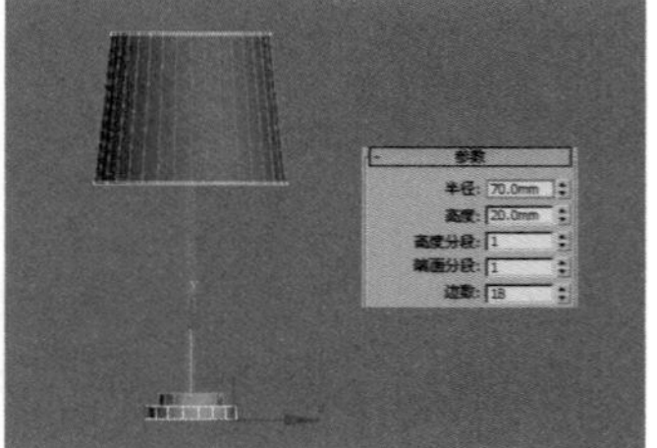

图3-129　　图3-130

13 使用“球体”工具球体在场景中创建一个球体，然后在“参数”卷展栏下设置“半径”为38mm，具体参数设置及球体位置如图3-131所示。

14 继续使用“球体”工具球体在球体的上方创建4个球体（“半径”值逐渐减小），最终效果如图3-132所示。

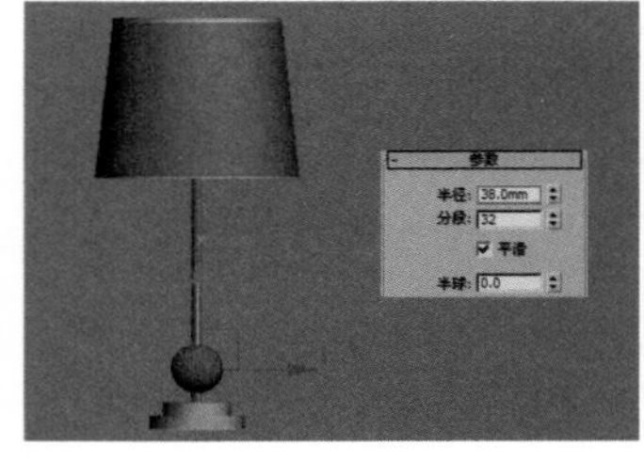

图3-131　　图3-132

圆环

圆环可以用于创建环形或具有圆形横截面的环状物体，其参数设置面板如图3-133所示。

图3-133

圆环重要参数介绍

半径1：设置从环形的中心到横截面圆形的中心的距离，这是环形环的半径。

半径2：设置横截面圆形的半径。

旋转：设置旋转的度数，顶点将围绕通过环形中心的圆形非均匀旋转。

扭曲：设置扭曲的度数，横截面将围绕通过环形中心的圆形逐渐旋转。

分段：设置围绕环形的分段数目。通过减小该数值，可以创建多边形环，而不是圆形。

边数：设置环形横截面圆形的边数。通过减小该数值，可以创建类似于棱锥的横截面，而不是圆形。

四棱锥

四棱锥的底面是正方形或矩形，侧面是三角形，其参数设置面板如图3-134所示。

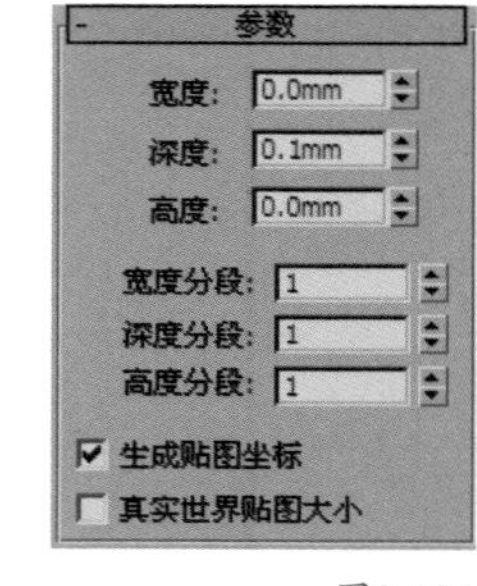

图3-134

四棱锥重要参数介绍

宽度/深度/高度：设置四棱锥对应面的维度。

宽度分段/深度分段/高度分段：设置四棱锥对应面的分段数。

茶壶

茶壶在室内场景中是经常使用到的一个物体，使用"茶壶"工具 茶壶 可以方便快捷地创建出一个精度较低的茶壶，其参数设置面板如图3-135所示。

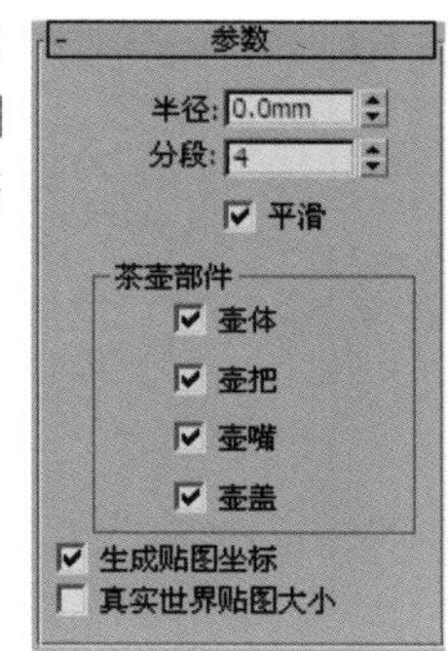

图3-135

茶壶重要参数介绍

半径：设置茶壶的半径。

分段：设置茶壶或其单独部件的分段数。

平滑：混合茶壶的面，从而在渲染视图中创建平滑的外观。

茶壶部件：选择要创建茶壶的部件，包含"壶体""壶把""壶嘴"和"壶盖"4个部件。图3-136所示是一个完整的茶壶与缺少相应部件的茶壶。

图3-136

平面

平面在建模过程中使用的频率非常高，例如，墙面和地面等，其参数设置面板如图3-137所示。

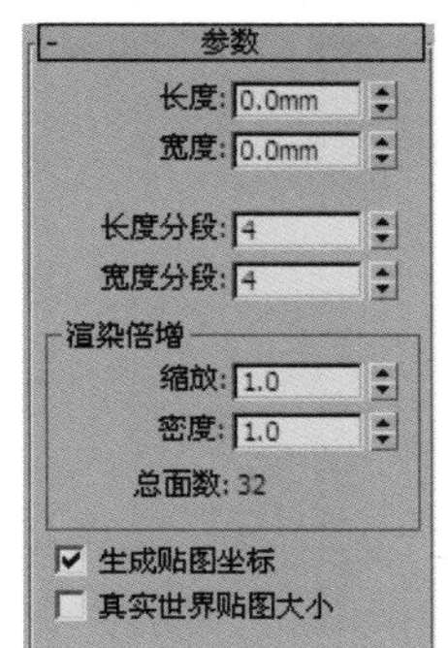

图3-137

平面重要参数介绍

长度/宽度：设置平面对象的长度和宽度。

长度分段/宽度分段：设置沿着对象每个轴的分段数量。

技术专题 11 为平面添加厚度

在默认情况下创建出来的平面是没有厚度的，如果要让平面产生厚度，需要为平面加载"壳"修改器，然后适当调整"内部量"和"外部量"数值即可，如图3-138所示。关于修改器的用法将在后面的章节中进行讲解。

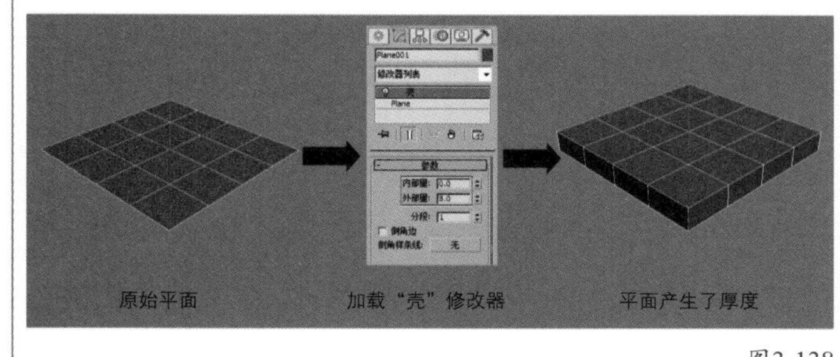

图3-138

★ 重点 ★

3.2.2 创建扩展基本体

"扩展基本体"是基于"标准基本体"的一种扩展物体，共有13种，分别是异面体、环形结、切角长方体、切角圆柱体、油罐、胶囊、纺锤、L-Ext、球棱柱、C-Ext、环形波、软管和棱柱，如图3-139所示。

有了这些扩展基本体，就可以快速地创建一些简单的模型，如使用"软管"工具 软管 制作冷饮吸管、使用"油罐"工具 油罐 制作货车油罐、使用"胶囊"工具 胶囊 制作胶囊药物等。图3-140所示是所有的扩展基本体。

图3-139

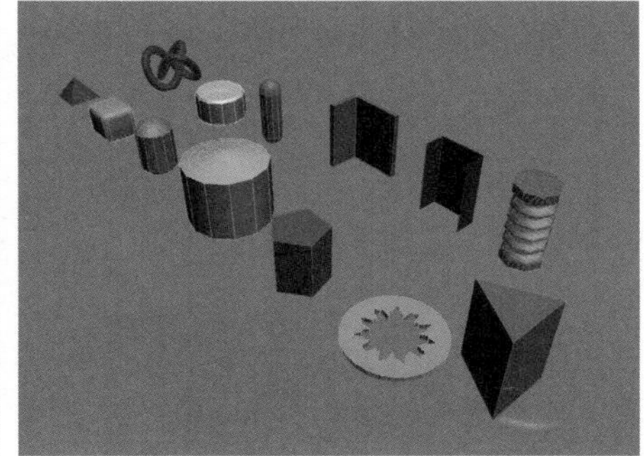

图3-140

技巧与提示

并不是所有的扩展基本体都很实用，本节只讲解在实际工作中比较常用的一些扩展基本体。

异面体

异面体是一种很典型的扩展基本体，可以用它来创建四面体、立方体和星形等，其参数设置面板如图3-141所示。

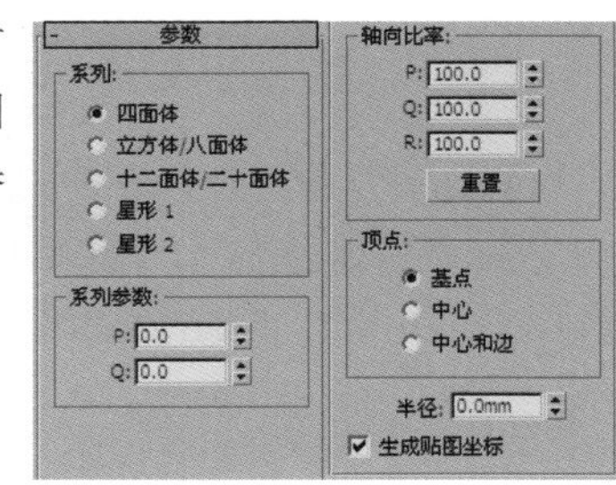

图3-141

异面体重要参数介绍

系列：在这个选项组下可以选择异面体的类型。图3-142所示是5种异面体效果。

图3-142

系列参数：P、Q两个选项主要用来切换多面体顶点与面之间的关联关系，其数值范围为0~1。

轴向比率：多面体可以拥有多达3种多面体的面，如三角形、方形或五角形。这些面可以是规则的，也可以是不规则的。如果多面体只有一种或两种面，则只有一个或两个轴向比率参数处于活动状态，不活动的参数不起作用。P、Q、R控制多面体一个面反射的轴。如果调整了参数，单击“重置”按钮 重置 可以将P、Q、R的数值恢复到默认值100。

顶点：这个选项组中的参数决定多面体每个面的内部几何体。“中心”和“中心和边”选项会增加对象中的顶点数，因从而增加面数。

半径：设置任何多面体的半径。

切角长方体

切角长方体是长方体的扩展物体，可以快速创建带圆角效果的长方体，其参数设置面板如图3-143所示。

图3-143

切角长方体重要参数介绍

长度/宽度/高度：用来设置切角长方体的长度、宽度和高度。

圆角：切开倒角长方体的边，以创建圆角效果。图3-144所示是长度、宽度和高度相等，而“圆角”值分别为1mm、3mm和6mm的切角长方体效果。

图3-144

长度分段/宽度分段/高度分段：设置沿着相应轴的分段数量。

圆角分段：设置切角长方体圆角边的分段数。

实战：用切角长方体制作简约餐桌椅

场景位置　无
实例位置　实例文件>CH03>实战：用切角长方体制作简约餐桌椅.max
视频位置　多媒体教学>CH03>实战：用切角长方体制作简约餐桌椅.flv
难易指数　★★☆☆☆
技术掌握　切角长方体工具、角度捕捉切换工具、旋转复制功能、移动复制功能

扫码看视频

简约餐桌椅的效果如图3-145所示。

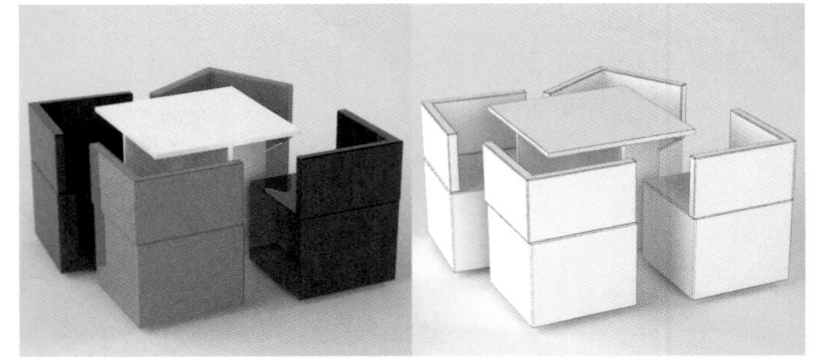

图3-145

01 设置几何体类型为“扩展基本体”，然后使用“切角长方体”工具 切角长方体 在场景中创建一个切角长方体，接着在“参数”卷展栏下设置“长度”为1200mm、“宽度”为40mm、“高度”为1200mm、“圆角”为0.4mm、“圆角分段”为3，具体参数设置及模型效果如图3-146所示。

02 按A键激活“角度捕捉切换”工具，然后按E键选择“选择并旋转”工具，接着按住Shift键在前视图中沿z轴旋转90°，在弹出的“克隆选项”对话框中设置“对象”为“复制”，最后单击“确定”按钮 确定 ，如图3-147所示。

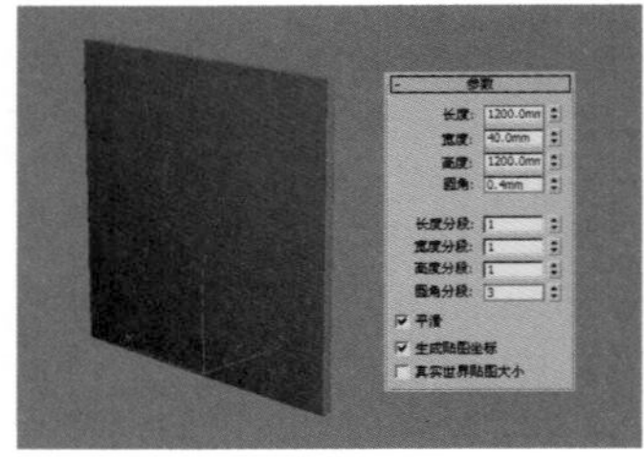

图3-146　图3-147

03 使用“切角长方体”工具 切角长方体 在场景中创建一个切角长方体，然后在“参数”卷展栏下设置“长度”为1200mm、“宽度”为1200mm、“高度”为40mm、“圆角”为0.4mm、“圆角分段”为3，具体参数设置及模型位置如图3-148所示。

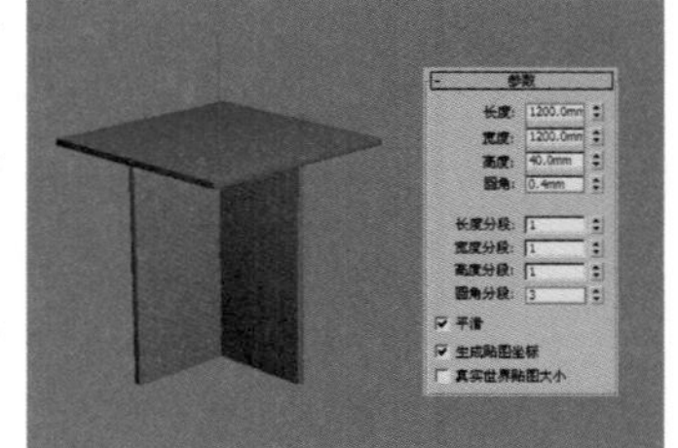

图3-148

04 继续使用“切角长方体”工具 切角长方体 在场景中创建一个切角长方体，然后在“参数”卷展栏下设置“长度”为850mm、“宽度”为850mm、“高度”为700mm、“圆角”为10mm、“圆角分段”为3，具体参数设置及模型位置如图3-149所示。

05 使用“切角长方体”工具 切角长方体 在场景中创建一个切角长方体，然后在“参数”卷展栏下设置“长度”为80mm、“宽度”为850mm、“高度”为500mm、“圆角”为8mm、“圆角分段”为2，具体参数设置及模型位置如图3-150所示。

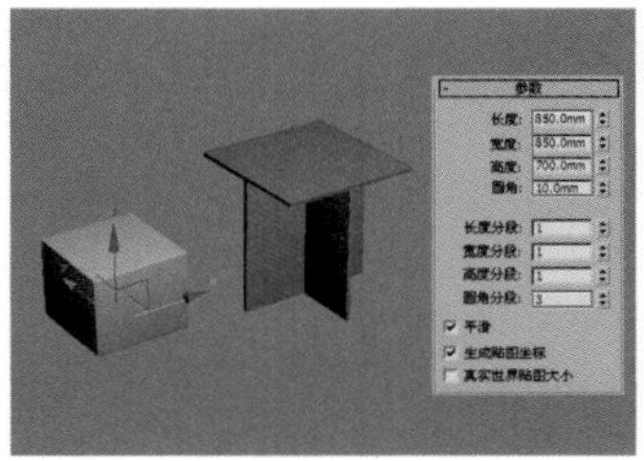

图3-149

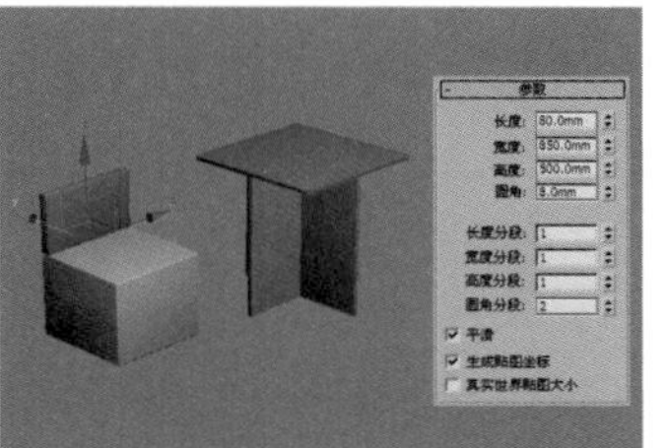

图3-150

06 使用“选择并旋转”工具选择上一步创建的切角长方体，然后按住Shift键在前视图中沿z轴旋转90°，接着在弹出的“克隆选项”对话框中设置“对象”为“实例”，最后单击“确定”按钮 确定 ，如图3-151所示。

07 使用“选择并移动”工具选择上一步复制的切角长方体，然后将其调整到如图3-152所示的位置。

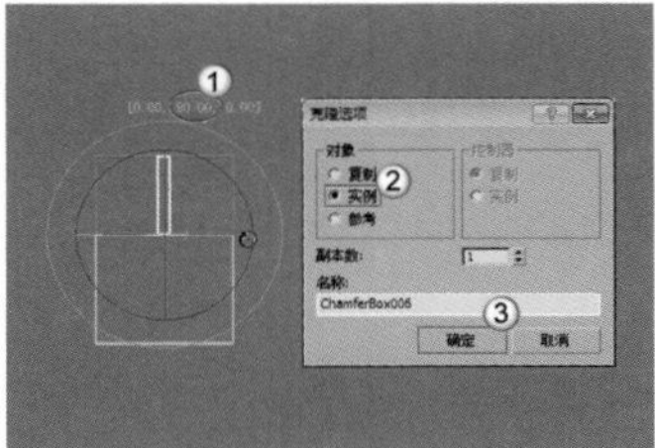

图3-151

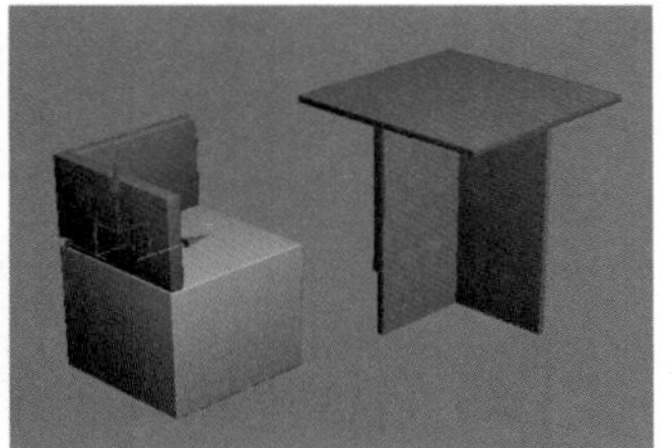

图3-152

08 选择椅子的所有部件，然后执行“组>组”菜单命令，接着在弹出的“组”对话框中单击“确定”按钮 确定 ，如图3-153所示。

09 选择“组002”，然后按住Shift键使用“选择并移动”工具移动复制3组椅子，如图3-154所示。

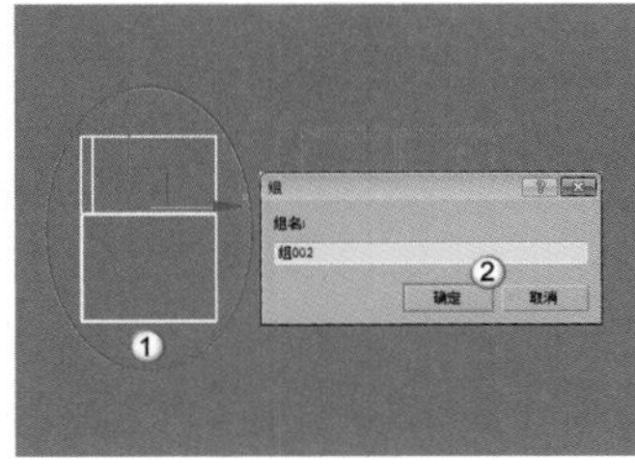

图3-153

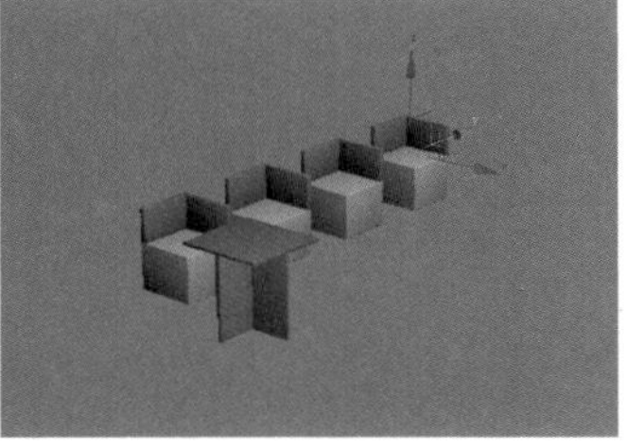

图3-154

10 使用“选择并移动”工具和“选择并旋转”工具调整好各把椅子的位置和角度，最终效果如图3-155所示。

图3-155

疑难问答

问：为什么椅子上有黑色的色斑？

答：这是由于创建模型时启用了“平滑”选项，如图3-156所示。解决这种问题有以下两种方法。

图3-156

第1种：关闭模型的“平滑”选项，模型会恢复正常，如图3-157所示。

第2种：为模型加载“平滑”修改器，模型也会恢复正常，如图3-158所示。

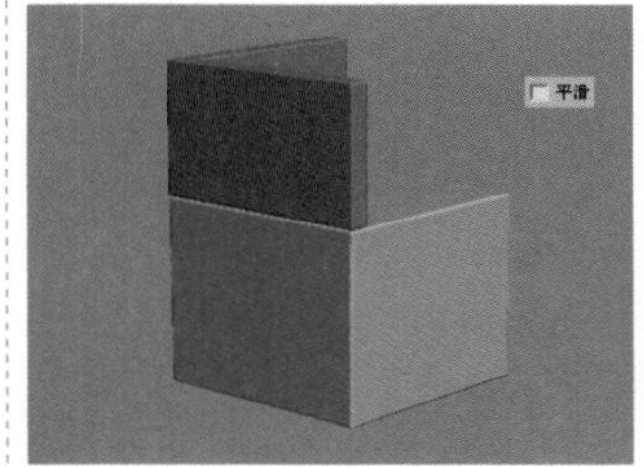

图3-157

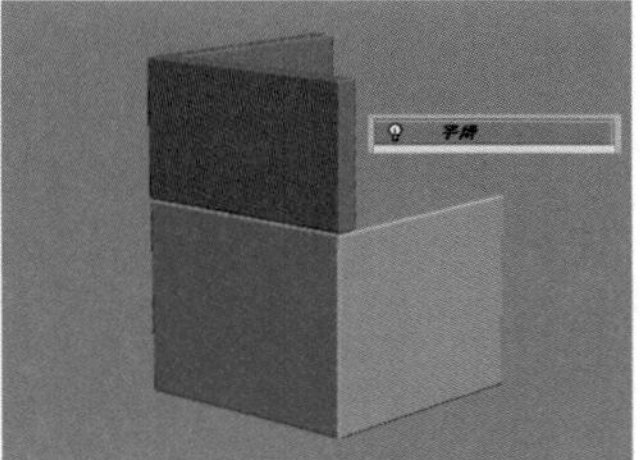

图3-125

切角圆柱体

切角圆柱体是圆柱体的扩展物体，可以快速创建出带圆角效果的圆柱体，其参数设置面板如图3-159所示。

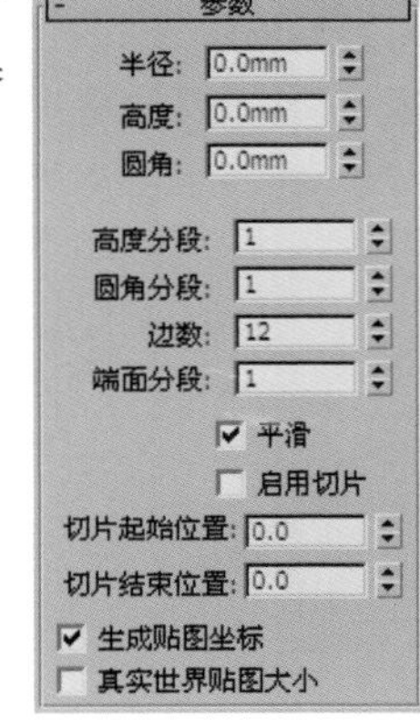

图3-159

切角圆柱体重要参数介绍

半径：设置切角圆柱体的半径。

高度：设置沿着中心轴的维度。负值将在构造平面下面创建切角圆柱体。

圆角：斜切切角圆柱体的顶部和底部封口边。

高度分段：设置沿着相应轴的分段数量。

圆角分段：设置切角圆柱体圆角边的分段数。

边数：设置切角圆柱体周围的边数。

端面分段：设置沿着切角圆柱体顶部和底部的中心和同心分段的数量。

★ 重点 ★

实战：用切角圆柱体制作简约茶几

场景位置 无
实例位置 实例文件>CH03>实战：用切角圆柱体制作简约茶几.max
视频位置 多媒体教学>CH03>实战：用切角圆柱体制作简约茶几.flv
难易指数 ★☆☆☆☆
技术掌握 切角圆柱体工具、管状体工具、切角长方体工具、移动复制功能

扫码看视频

简约茶几的效果如图3-160所示。

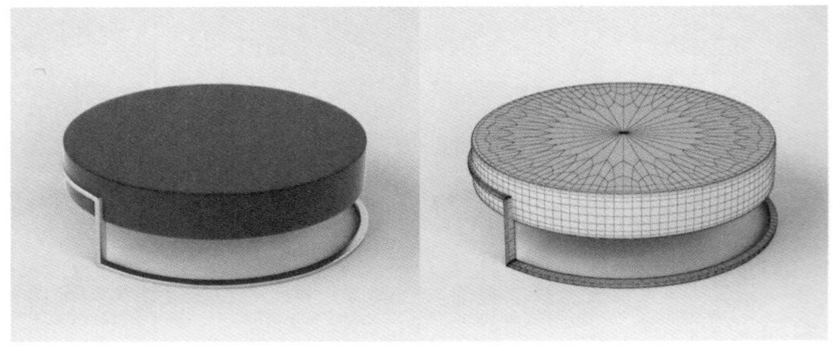

图3-160

01 下面创建桌面模型。使用“切角圆柱体”工具 切角圆柱体 在场景中创建一个切角圆柱体，然后在“参数”卷展栏下设置“半径”为50mm、“高度”为20mm、“圆角”为1mm、“高度分段”为1、“圆角分段”为4、“边数”为24、“端面分段”为1，具体参数设置及模型效果如图3-161所示。

02 下面创建支架模型。设置几何体类型为“标准基本体”，然后使用“管状体”工具 管状体 在桌面的上边缘创建一个管状体，接着在“参数”卷展栏下设置“半径1”为50.5mm、“半径2”为48mm、“高度”为1.6mm、“高度分段”为1、“端面分段”为1、“边数”为36，再勾选“启用切片”选项，最后设置“切片起始位置”为-200、“切片结束位置”为53，具体参数设置及模型位置如图3-162所示。

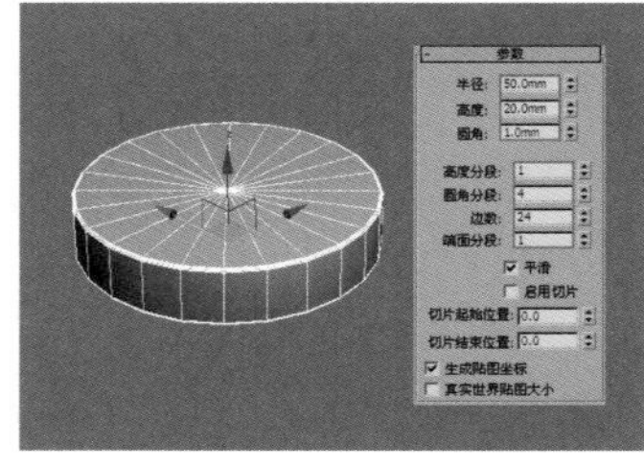

图3-161

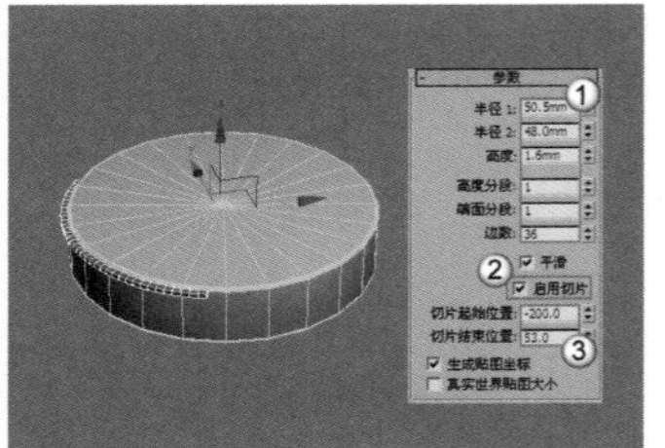

图3-162

03 使用“切角长方体”工具 切角长方体 在管状体末端创建一个切角长方体，然后在“参数”卷展栏下设置“长度”为2mm、“宽度”为2mm、“高度”为30mm、“圆角”为0.2mm、“圆角分段”为3，具体参数设置及模型位置如图3-163所示。

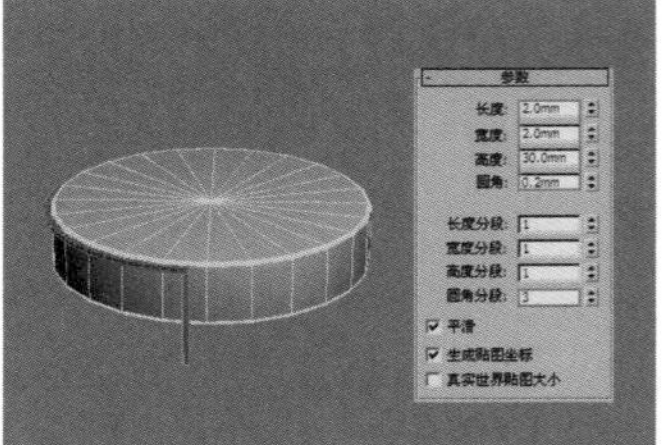

图3-163

04 使用“选择并移动”工具选择上一步创建的切角长方体，然后按住Shift键的同时移动复制一个切角长方体到如图3-164所示的位置。

05 使用“选择并移动”工具选择管状体，然后按住Shift键在左视图中向下移动复制一个管状体到如图3-165所示的位置。

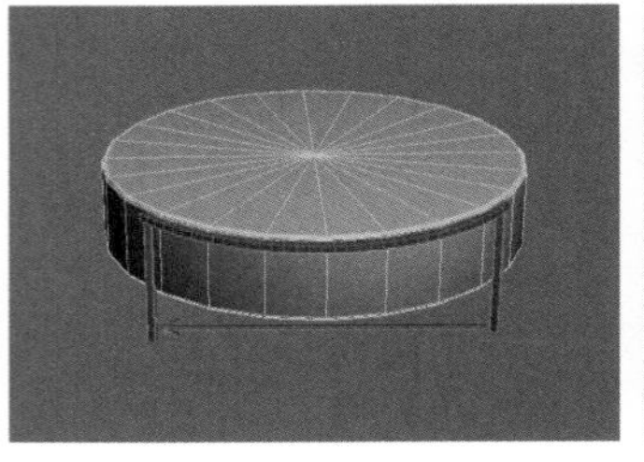

图3-164

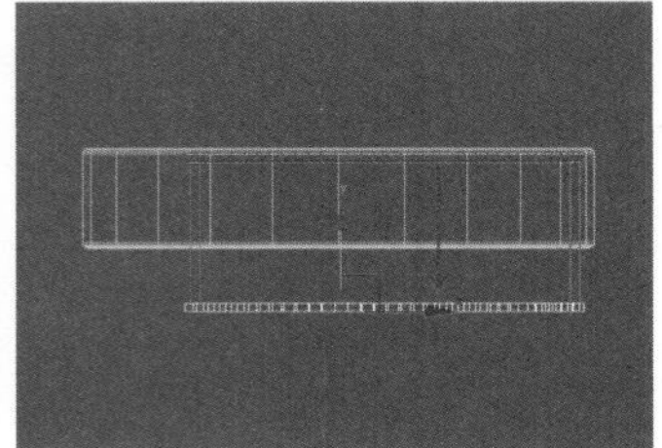

图3-165

06 选择复制的管状体，然后在“参数”卷展栏下将“切片起始位置”修改为56、“切片结束位置”修改为-202，如图3-166所示，最终效果如图3-167所示。

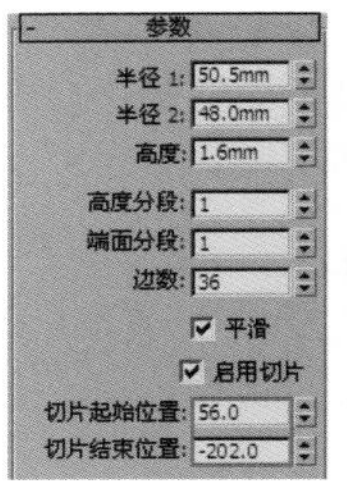

图3-166

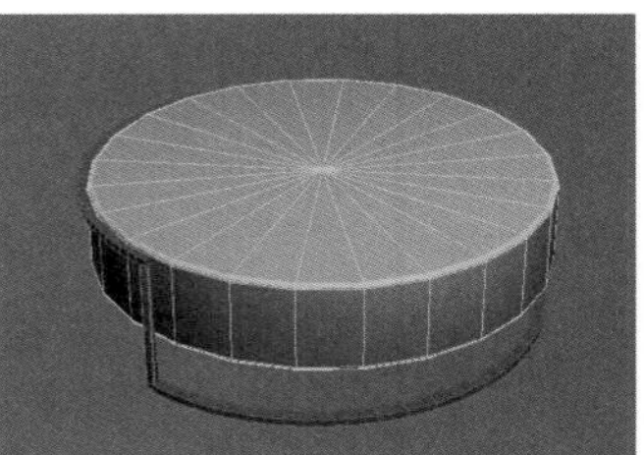

图3-167

胶囊

使用“胶囊”工具 胶囊 可以创建出半球状带有封口的圆柱体，其参数设置面板如图3-168所示。

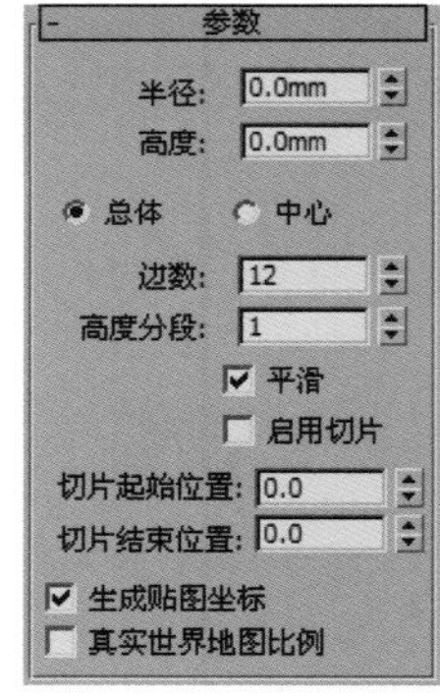

图3-168

胶囊重要参数介绍

半径：用来设置胶囊的半径。

高度：设置胶囊中心轴的高度。

总体/中心：决定“高度”值指定的内容。“总体”指定对象的总体高度；“中心”指定圆柱体中部的高度，不包括其圆顶封口。

边数：设置胶囊周围的边数。

高度分段：设置沿着胶囊主轴的分段数量。

平滑：启用该选项时，胶囊表现会变得平滑；反之则有明显的转折效果。

启用切片：控制是否启用“切片”功能。

切片起始/结束位置：设置从局部x轴的零点开始围绕局部z轴的度数。

L-Ext/C-Ext

使用L-Ext工具 L-Ext 可以创建并挤出L形的对象，其参数设置面板如图3-169所示；使用C–Ext工具 C-Ext 可以创建并挤出C形的对象，其参数设置面板如图3-170所示。

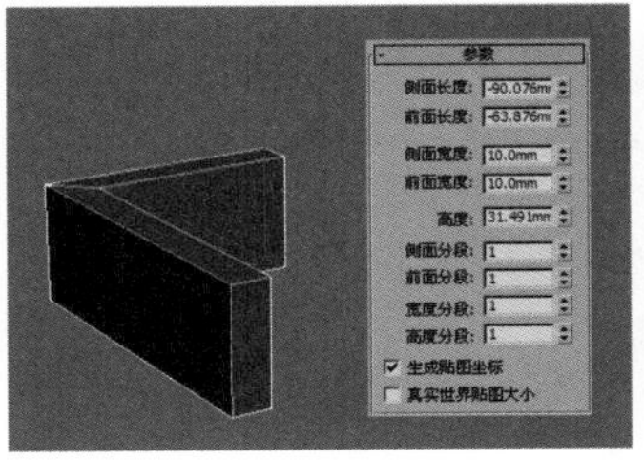

图3-169

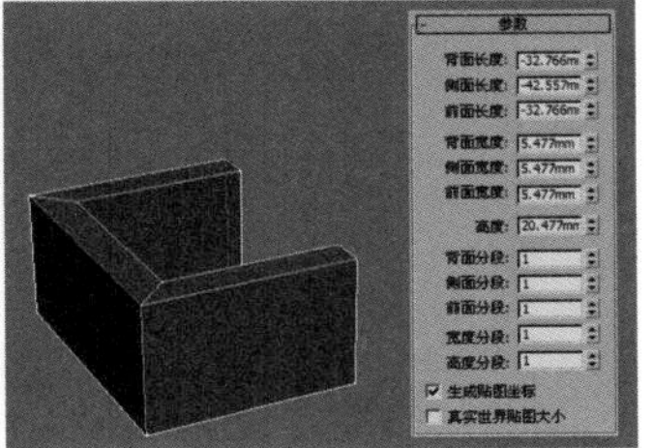

图3-170

软管

软管是一种能连接两个对象的弹性物体，有点类似于弹簧，但它不具备动力学属性，如图3-171所示，其参数设置面板如图3-172所示。下面对各个参数选项组分别进行讲解。

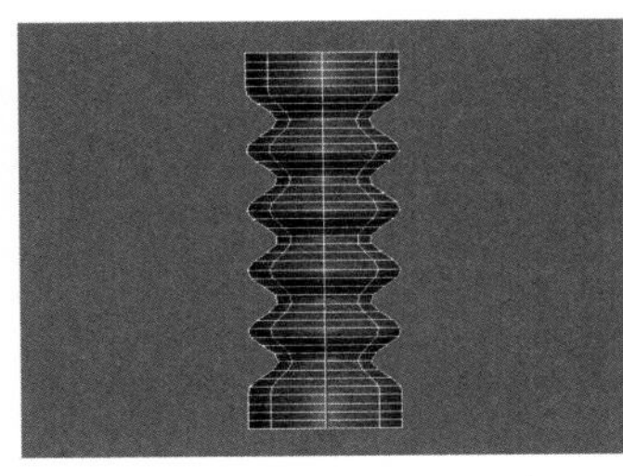

图3-171

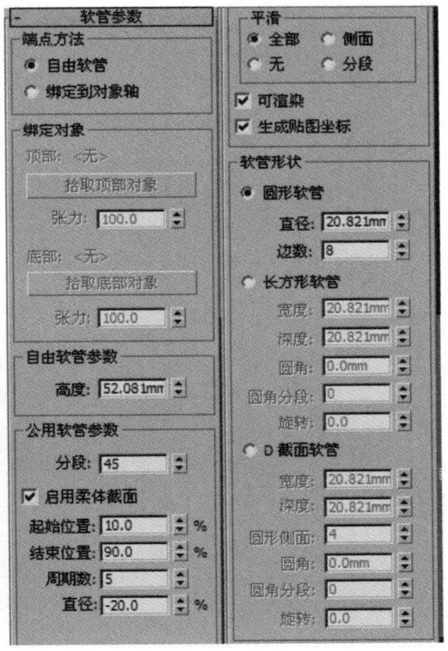

图3-172

软管参数介绍

① 端点方法选项组

自由软管：如果只是将软管作为一个简单的对象，而不绑定到其他对象，则需要勾选该选项。

绑定到对象轴：如果要把软管绑定到对象，该选项必须勾选。

② 绑定对象选项组

顶部<无>：显示顶部绑定对象的名称。

拾取顶部对象 拾取顶部对象 ：使用该按钮可以拾取顶部对象。

张力：当软管靠近底部对象时，该选项主要用来设置顶部对象附近软管曲线的张力大小。若减小张力，顶部对象附近将产生弯曲效果；若增大张力，远离顶部对象的地方将产生弯曲效果。

底部<无>：显示底部绑定对象的名称。

拾取底部对象 拾取底部对象 ：使用该按钮可以拾取底部对象。

张力：当软管靠近顶部对象时，该选项主要用来设置底部对象附近软管曲线的张力。若减小张力，底部对象附近将产生弯曲效果；若增大张力，远离底部对象的地方将产生弯曲效果。

> **技巧与提示**
>
> 只有选择了“绑定到对象轴”选项时，“绑定对象”选项组中的参数才可用。

③ 自由软管参数选项组

高度：用于设置软管未绑定时的垂直高度或长度（当选择“自由软管”选项时，该选项才可用）。

④ 公用软管参数选项组

分段：设置软管长度的总分段数。当软管弯曲时，增大该值可以使曲线更加平滑。

启用柔体截面：启用该选项时，“起始位置”“结束位置”“周期数”和“直径”4个参数才可用，可以用来设置软管的中心柔体截面；若关闭该选项，软管的直径和长度会保持一致。

起始位置：软管的始端到柔体截面开始处所占软管长度的百分比。在默认情况下，软管的始端是指对象轴出现的一端，默认值为10%。

结束位置：软管的末端到柔体截面结束处所占软管长度的百分比。在默认情况下，软管的末端是指与对象轴出现的相反端，默认值为90%。

周期数：柔体截面中的起伏数目。可见周期的数目受限于分段的数目。如果分段值不够大，不足以支持周期数目，则不会显示出所有的周期，其默认值为5。

> **技巧与提示**
>
> 要设置合适的分段数目，首先应设置周期，然后增大分段数目，直到可见周期停止变化为止。

直径：周期外部的相对宽度。如果设置为负值，则比总的软管直径要小；如果设置为正值，则比总的软管直径要大。

平滑：定义要进行平滑处理的几何体，其默认设置为“全部”。

全部：对整个软管都进行平滑处理。

侧面：沿软管的轴向进行平滑处理。

无：不进行平滑处理。

分段：仅对软管的内截面进行平滑处理。

可渲染：如果启用该选项，则使用指定的设置对软管进行渲染；如果关闭该选项，则不对软管进行渲染。

生成贴图坐标：设置所需的坐标，以对软管应用贴图材质，其默认设置为启用。

⑤ 软管形状参数选项组

圆形软管：设置软管为圆形的横截面。

直径：软管端点处的最大宽度。

边数：软管边的数目，其默认值为8。设置“边数”为3表示三角形的横截面；设置“边数”为4表示正方形的横截面；设置“边数”为5表示五边形的横截面。

长方形软管：设置软管为长方形的横截面。

宽度：指定软管的宽度。

深度：指定软管的高度。

圆角：设置横截面的倒角数值。若要使圆角可见，“圆角分段”数值必须设置为1或更大。

圆角分段：设置每个圆角上的分段数目。

旋转：指定软管沿其长轴的方向，其默认值为0。

D截面软管：与“长方形软管”类似，但有一条边呈圆形，以形成D形状的横截面。

宽度：指定软管的宽度。

深度：指定软管的高度。

圆形侧面：圆边上的分段数目。该值越大，边越平滑，其默认值为4。

圆角：指定将横截面上圆边的两个角倒为圆角的数值。要使圆角可见，“圆角分段”数值必须设置为1或更大。

圆角分段：指定每个圆角上的分段数目。

旋转：指定软管沿其长轴的方向，其默认值为0。

3.3 创建门/窗/楼梯对象

在3ds Max中，不但可以轻松创建如长方体、圆柱体和球体等基本体，还可以通过调整简单的参数创建门、窗户和楼梯模型，如图3-173所示。

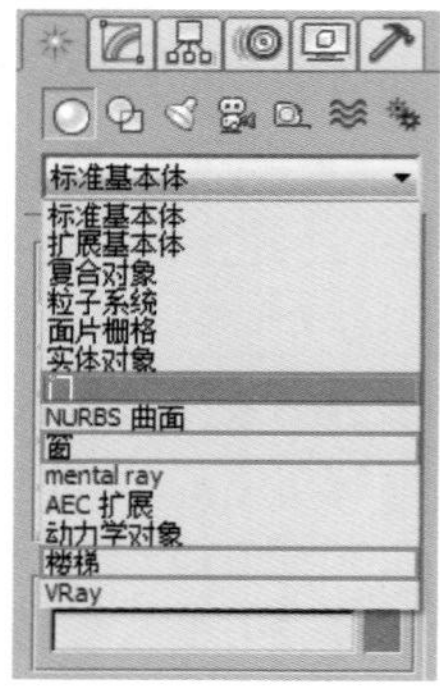

图3-173

技巧与提示

注意，虽然可以直接使用3ds Max创建出简单的门、窗户和楼梯模型，但是在实际工作中，这些模型往往过于简单，而不能达到要求，因此在大多数情况下，门、窗户和楼梯模型都使用多边形建模来进行制作。

3.3.1 门

3ds Max 2014提供了3种内置的门模型，包括“枢轴门”“推拉门”和“折叠门”，如图3-174所示。“枢轴门”是在一侧装有铰链的门；“推拉门”有一半是固定的，另一半可以推拉；“折叠门”的铰链装在中间以及侧端，就像壁橱门一样。

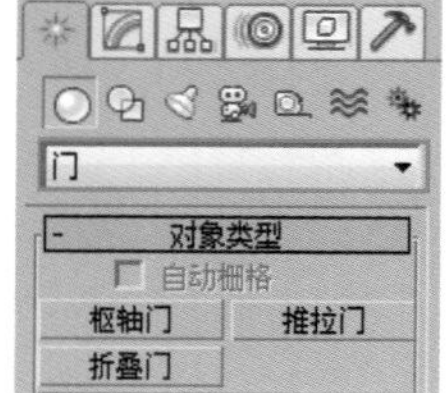

图3-174

这3种门的参数大部分都是相同的，下面先对相同的参数部分进行讲解。图3-175所示是“枢轴门”的参数设置面板。所有的门都有高度、宽度和深度，在创建之前可以先选择创建的顺序，如“宽度/深度/高度”或“宽度/高度/深度”。

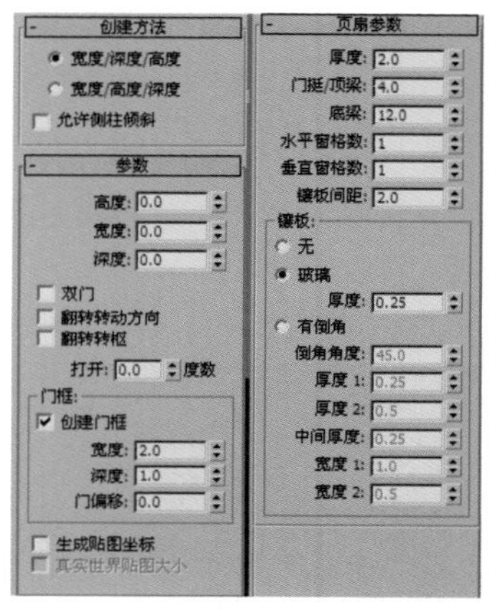

图3-175

门对象的相同参数介绍

宽度/深度/高度：首先创建门的宽度，然后创建门的深度，接着创建门的高度。

宽度/高度/深度：首先创建门的宽度，然后创建门的高度，接着创建门的深度。

允许侧柱倾斜：允许创建倾斜门。

高度/宽度/深度：设置门的总体高度/宽度/深度。

打开：使用枢轴门时，指定以角度为单位的门打开的程度；使用推拉门和折叠门时，指定门打开的百分比。

门框：用于控制是否创建门框和设置门框的宽度和深度。

创建门框：控制是否创建门框。

宽度：设置门框与墙平行方向的宽度（启用“创建门框”选项时才可用）。

深度：设置门框从墙投影的深度（启用“创建门框”选项时才可用）。

门偏移：设置门相对于门框的位置，该值可以为正，也可以为负（启用“创建门框”选项时才可用）。

生成贴图坐标：为门指定贴图坐标。

真实世界贴图大小：控制应用于对象的纹理贴图材质所使用的缩放方法。

厚度：设置门的厚度。

门挺/顶梁：设置顶部和两侧的面板框的宽度。

底梁：设置门脚处的面板框的宽度。

水平窗格数：设置面板沿水平轴划分的数量。

垂直窗格数：设置面板沿垂直轴划分的数量。

镶板间距：设置面板之间的间隔宽度。

镶板：指定在门中创建面板的方式。

无：不创建面板。

玻璃：创建不带倒角的玻璃面板。

厚度：设置玻璃面板的厚度。

有倒角：勾选该选项可以创建具有倒角的面板。

倒角角度：指定门的外部平面和面板平面之间的倒角角度。

厚度1：设置面板的外部厚度。

厚度2：设置倒角从起始处的厚度。

中间厚度：设置面板内面的厚度。

宽度1：设置倒角从起始处的宽度。

宽度2：设置面板内面的宽度。

技巧与提示

门参数除了这些公共参数外，每种类型的门还有一些细微的差别，下面依次讲解。

枢轴门

“枢轴门”只在一侧用铰链进行连接，也可以制作成为双门，双门具有两个门元素，每个元素在其外边缘处用铰链进行连接，如图3-176所示。“枢轴门”包含3个特定的参数，如图3-177所示。

图3-176

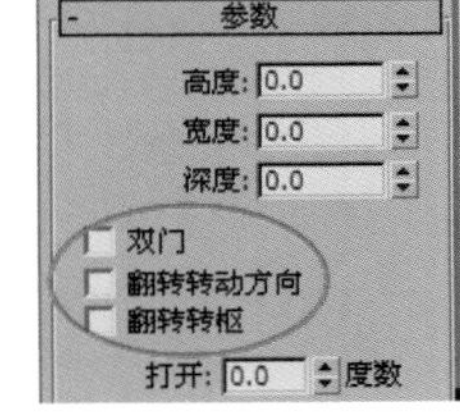

图3-177

枢轴门特定参数介绍

双门：制作一个双门。

翻转转动方向：更改门转动的方向。

翻转转枢：在与门面相对的位置放置门转枢（不能用于双门）。

推拉门

“推拉门”可以左右滑动，就像火车在铁轨上前后移动一样。推拉门有两个门元素，一个保持固定，另一个可以左右滑动，如图3-178所示。“推拉门”包含两个特定的参数，如图3-179所示。

图3-178

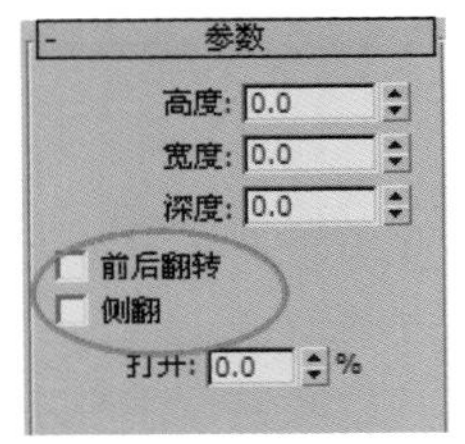

图3-179

推拉门特定参数介绍

前后翻转：指定哪个门位于最前面。

侧翻：指定哪个门保持固定。

折叠门

“折叠门”就是可以折叠起来的门，在门的中间和侧面有一个转枢装置，如果是双门的话，就有4个转枢装置，如图3-180所示。“折叠门”与另外两个门一样，也包含3个特定的参数，如图3-181所示。

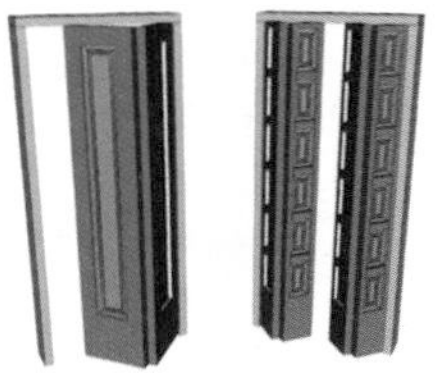

图3-180

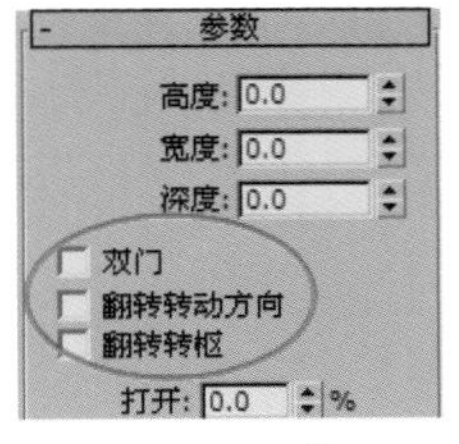

图3-181

折叠门特定参数介绍

双门：勾选该选项可以创建双门。

翻转转动方向：翻转门的转动方向。

翻转转枢：翻转侧面的转枢装置（该选项不能用于双门）。

3.3.2 窗

3ds Max 2014中提供了6种内置的窗户模型，使用这些内置的窗户模型可以快速创建所需要的窗户，如图3-182所示。

图3-182

6种窗户介绍

遮篷式窗：这种窗户有一扇通过铰链与其顶部相连，如图3-183所示。

平开窗：这种窗户的一侧有一个固定的窗框，可以向内或向外转动，如图3-184所示。

固定窗：这种窗户是固定的，不能打开，如图3-185所示。

图3-183 图3-184 图3-185

旋开窗：这种窗户可以在垂直中轴或水平中轴上进行旋转，如图3-186所示。

伸出式窗：这种窗户有3扇窗框，其中两扇窗框打开时就像反向的遮蓬，如图3-187所示。

推拉窗：推拉窗有两扇窗框，其中一扇窗框可以沿着垂直或水平方向滑动，如图3-188所示。

图3-186 图3-187 图3-188

由于窗户的参数比较简单，因此只讲解这6种窗户的公共参数，如图3-189所示。

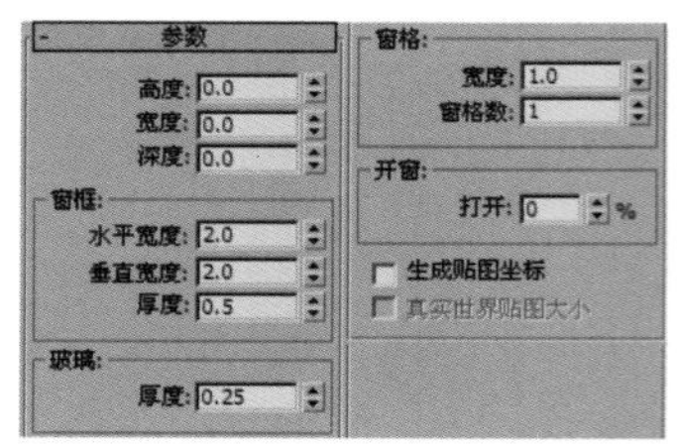

图3-189

6种窗户的公共参数介绍

高度：设置窗户的总体高度。

宽度：设置窗户的总体宽度。

深度：设置窗户的总体深度。

窗框：控制窗框的宽度和深度。

水平宽度：设置窗口框架在水平方向的宽度（顶部和底部）。

垂直宽度：设置窗口框架在垂直方向的宽度（两侧）。

厚度：设置框架的厚度。

玻璃：用来指定玻璃的厚度等参数。

厚度：指定玻璃的厚度。

窗格：用于设置窗格的宽度与窗格数量。

宽度：设置窗框中窗格的宽度（深度）。

窗格数：设置窗中的窗框数。

开窗：设置窗户的打开程度。

打开：指定窗打开的百分比。

3.3.3 楼梯

楼梯在室内外场景中是很常见的一种物体，按梯段组合形式来分可分为直梯、折梯、旋转梯、弧形梯、U形梯和直圆梯6种。3ds Max 2014提供了4种内置的参数化楼梯模型，分别是“直线楼梯”“L型楼梯”“U型楼梯”和“螺旋楼梯”，如图3-190所示。这4种楼梯的参数比较简单，并且每种楼梯都包括“开放式”“封闭式”和“落地式”3种类型，完全可以满足室内外的模型需求。

以上4种楼梯都包括“参数”卷展栏、“支撑梁”卷展栏、“栏杆”卷展栏和“侧弦”卷展栏，而“螺旋楼梯”还包括“中柱”卷展栏，如图3-191所示。

图3-190

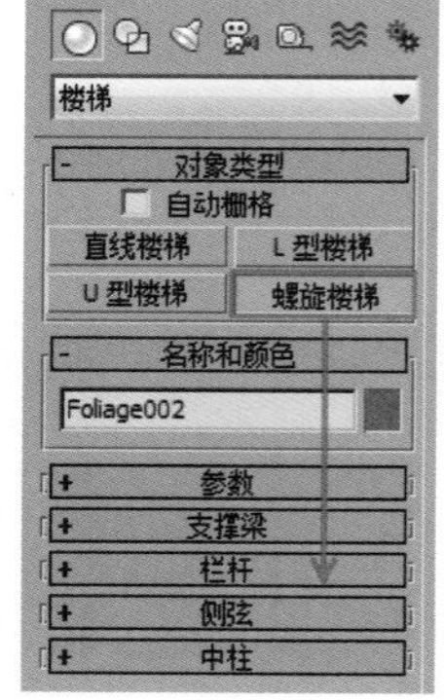

图3-191

这4种楼梯中，“L型楼梯”是最常见的一种，下面就以“L型楼梯”为例来讲解楼梯的参数，如图3-192所示。

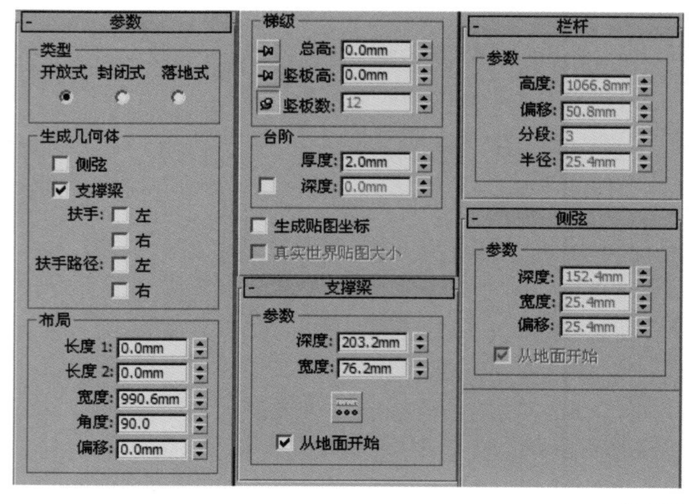

图3-192

L型楼梯参数介绍

① 参数卷展栏

类型：该选项组中的参数主要用来设置楼梯的类型。

开放式：创建一个开放式的梯级竖板楼梯。

封闭式：创建一个封闭式的梯级竖板楼梯。

落地式：创建一个带有封闭式梯级竖板和两侧具有封闭式侧弦的楼梯。

生成几何体：该选项组中的参数主要用来设置需要生成的楼梯零部件。

侧弦：沿楼梯梯级的端点创建侧弦。

支撑梁：在梯级下创建一个倾斜的切口梁，该梁支撑着台阶。

扶手：创建左扶手和右扶手。

扶手路径：创建左扶手路径和右扶手路径。

布局：该选项组中的参数主要用来设置楼梯的布局效果。

长度1：设置第1段楼梯的长度。

长度2：设置第2段楼梯的长度。

宽度：设置楼梯的宽度，包括台阶和平台。

角度：设置平台与第2段楼梯之间的角度，范围为-90°~90°。

偏移：设置平台与第2段楼梯之间的距离。

梯级：该选项组中的参数主要用来调整楼梯的梯级形状。

总高：设置楼梯级的高度。

竖板高：设置梯级竖板的高度。

竖板数：设置梯级竖板的数量（梯级竖板总是比台阶多一个，隐式梯级竖板位于上板和楼梯顶部的台阶之间）。

当调整这3个选项中的其中两个选项时，必须锁定剩下的一个选项，要锁定该选项，可以单击选项前面的按钮。

台阶：该选项组中的参数主要用来调整台阶的形状。

厚度：设置台阶的厚度。

深度：设置台阶的深度。

生成贴图坐标：为楼梯对象应用贴图坐标。

真实世界贴图大小：控制应用于对象的纹理贴图材质所使用的缩放方法。

② 支撑梁卷展栏

深度：设置支撑梁离地面的深度。

宽度：设置支撑梁的宽度。

支撑梁间距：设置支撑梁的间距。单击该按钮会弹出“支撑梁间距”对话框，在该对话框中可设置支撑梁的一些参数。

从地面开始：控制支撑梁是从地面开始，还是与第1个梯级竖板平齐，或是否将支撑梁延伸到地面以下。

只有在“生成几何体”选项组中开启“支撑梁”选项，该卷展栏下的参数才可用。

③ 栏杆卷展栏

高度：设置栏杆离台阶的高度。

偏移：设置栏杆离台阶端点的偏移量。

分段：设置栏杆中的分段数目。值越高，栏杆越平滑。

半径：设置栏杆的厚度。

只有在“生成几何体”选项组中开启“扶手”选项时，该卷展栏下的参数才可用。

④ 侧弦卷展栏

深度：设置侧弦离地板的深度。

宽度：设置侧弦的宽度。

偏移：设置地板与侧弦的垂直距离。

从地面开始：控制侧弦是从地面开始，还是与第1个梯级竖板平齐，或是将侧弦延伸到地面以下。

只有在“生成几何体”选项组中开启“侧弦”选项时，该卷展栏中的参数才可用。

★ 重点 ★

实战：创建螺旋楼梯

场景位置 无
实例文件 实例文件>CH03>实战：创建螺旋楼梯.max
视频位置 多媒体教学>CH03>实战：创建螺旋楼梯.flv
难易指数 ★☆☆☆☆
技术掌握 螺旋楼梯工具

扫码看视频

螺旋楼梯的效果如图3-193所示。

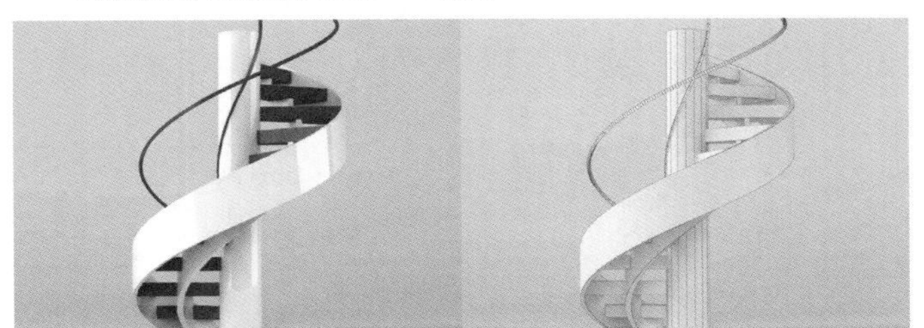

图3-193

01 设置几何体类型为“楼梯”，然后使用“螺旋楼梯”工具 螺旋楼梯 在场景中拖曳光标，随意创建一个螺旋楼梯，如图3-194所示。

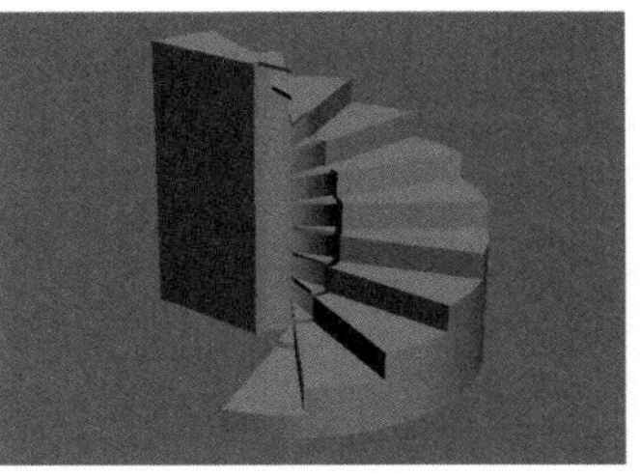

图3-194

02 切换到“修改”面板，展开“参数“卷展栏，然后在“生成几何体”卷展栏下勾选“侧弦”和“中柱”选项，接着勾选“扶手”的“内表面”和“外表面”选项；在“布局”选项组下设置“半径”为1200mm、“旋转”为1、“宽度”为1000mm；在“梯级”选项组下设置“总高”为3600mm、“竖板高”为300mm；在“台阶”选项组下设置“厚度”为160mm，具体参数设置如图3-195所示，楼梯效果如图3-196所示。

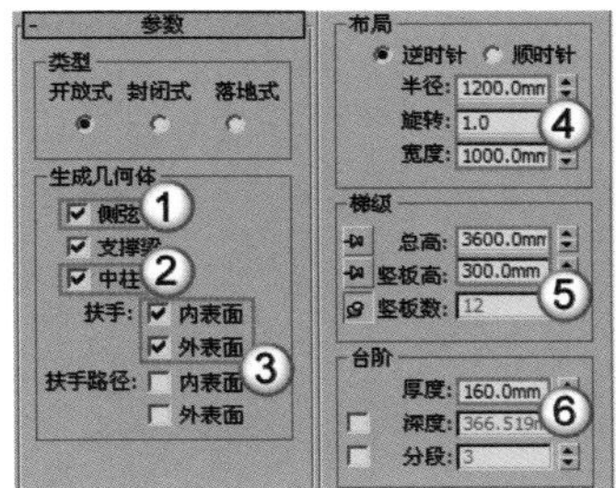

图3-195

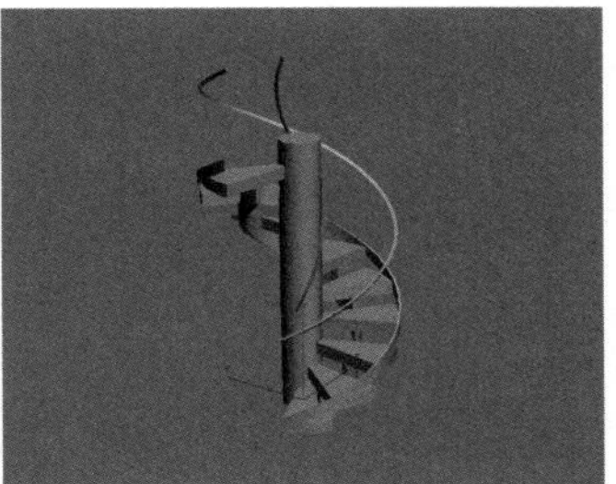

图3-196

03 展开“支撑梁”卷展栏，然后在“参数”选项组下设置“深度”为200mm、“宽度”为700mm，具体参数设置及模型效果如图3-197所示。

04 展开“栏杆”卷展栏，然后在“参数”选项组下设置“高度”为100mm、“偏移”为50mm、“半径”为25mm，具体参数设置及模型效果如图3-198所示。

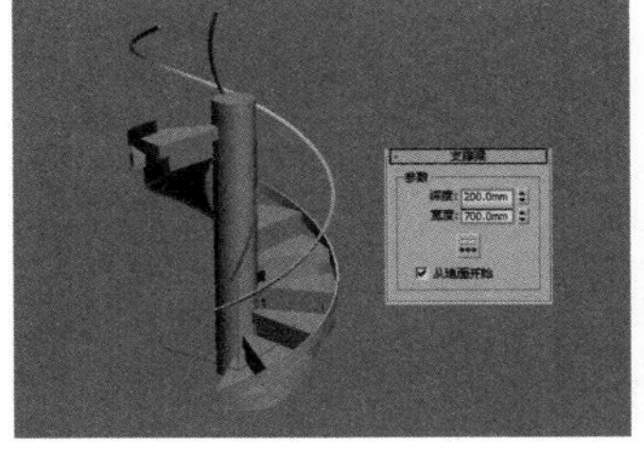

图3-197

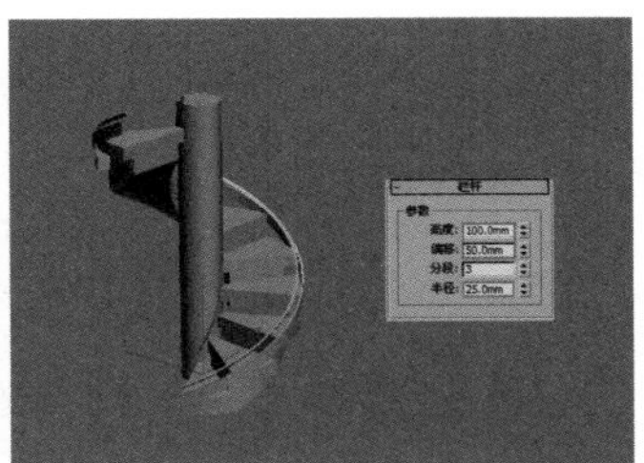

图3-198

05 展开“侧弦”卷展栏，然后在“参数”选项组下设置“深度”为600mm、“宽度”为50mm、“偏移”为25mm，具体参数设置及模型效果如图3-199所示。

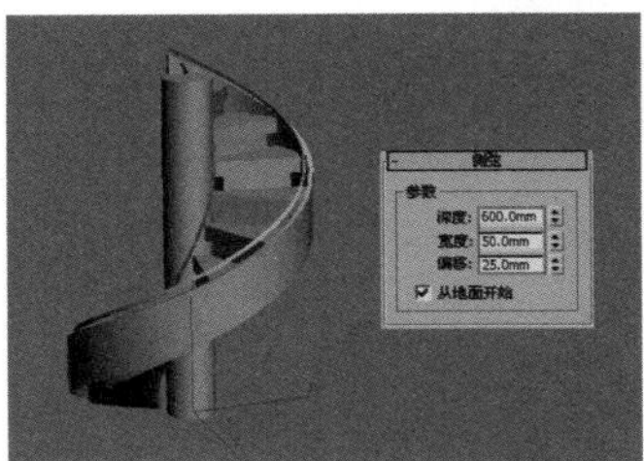

图3-199

06 展开“中柱”卷展栏，然后在“参数”选项组下设置“半径”为250mm，具体参数设置及最终效果如图3-200所示。

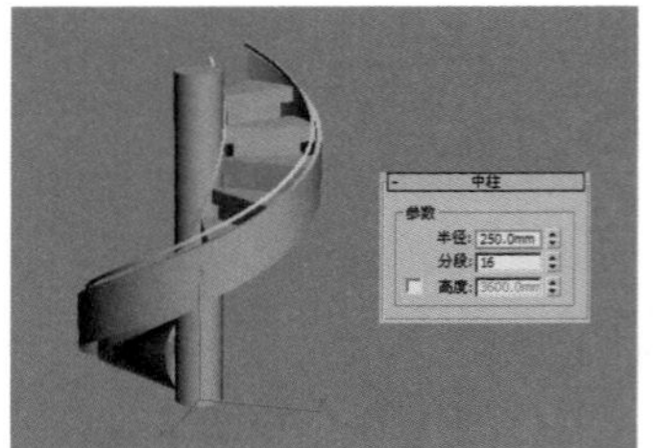

图3-200

3.4 创建AEC扩展对象

“AEC扩展”对象专门用于建筑、工程和构造等领域，使用“AEC扩展”对象可以提高创建场景的效率。“AEC扩展”对象包括“植物”“栏杆”和“墙”3种类型，如图3-201所示。

图3-201

3.4.1 植物

使用“植物”工具 植物 可以快速地创建3ds Max预设的植物模型。植物的创建方法很简单，首先将几何体类型切换为“AEC扩展”，然后单击“植物”按钮 植物 ，接着在“收藏的植物”卷展栏下选择树种，最后在视图中拖曳光标就可以创建相应的树木，如图3-202所示。

植物的参数设置面板如图3-203所示。

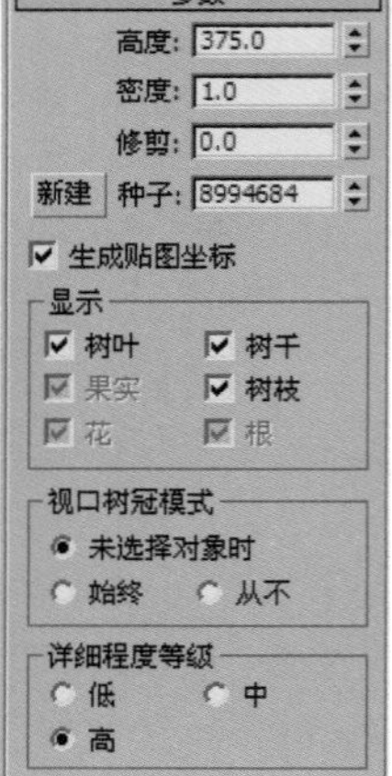

图3-202 图3-203

植物参数介绍

高度：控制植物的近似高度，这个高度不一定是实际高度，只是一个近似值。

密度：控制植物叶子和花朵的数量。值为1时表示植物具有完整的叶子和花朵；值为5 时表示植物具有1/2的叶子和花朵；值为0时表示植物没有叶子和花朵。

修剪：只适用于具有树枝的植物，可以用来删除与构造平面平行的不可见平面下的树枝。值为0时表示不进行修剪；值为1时表示尽可能修剪植物上的所有树枝。

技巧与提示

3ds Max从植物上修剪植物取决于植物的种类，如果是树干，则永不进行修剪。

新建 新建 ：显示当前植物的随机变体，其旁边是种子的显示数值。

显示：该选项组中的参数主要用来控制植物的叶子、果实、花、树干、树枝和根的显示情况。勾选相应选项后，相应的对象就会在视图中显示出来。

视口树冠模式：该选项用来设置树冠在视图中的显示模式。

未选择对象时：未选择植物时以树冠模式显示植物。

始终：始终以树冠模式显示植物。

从不：从不以树冠模式显示植物，但是会显示植物的所有特性。

技巧与提示

植物的树冠是覆盖植物最远端（如叶子、树枝和树干的最远端）的一个壳。

详细程度等级：该选项组用来设置植物的渲染精度级别。

低：这种级别用来渲染植物的树冠。

中：这种级别用来渲染减少了面的植物。

高：以最高的细节级别渲染植物的所有面。

技巧与提示

减少面数的方式因植物而异，但通常的做法是删除植物中较小的元素（比如树枝和树干中的面数）。

实战：用植物制作垂柳

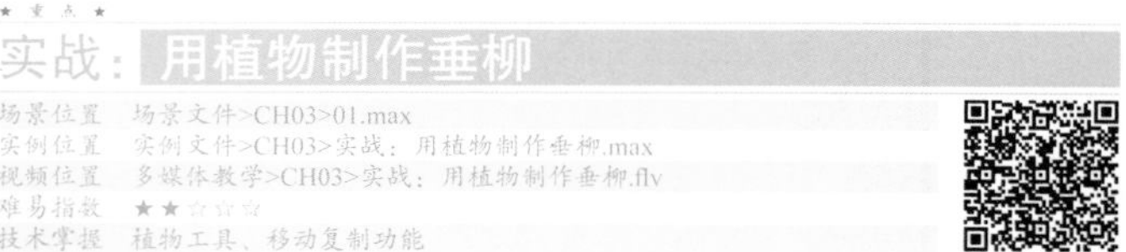

场景位置 场景文件>CH03>01.max
实例位置 实例文件>CH03>实战：用植物制作垂柳.max
视频位置 多媒体教学>CH03>实战：用植物制作垂柳.flv
难易指数 ★★☆☆☆
技术掌握 植物工具、移动复制功能

扫码看视频

垂柳效果如图3-204所示。

图3-204

01 设置几何体类型为“AEC扩展”，然后单击“植物”按钮 植物 ，接着在“收藏的植物”卷展栏下选择“垂柳”树种，最后在视图中拖曳光标创建一棵垂柳，如图3-205所示。

02 选择上一步创建的垂柳，然后在“参数”卷展栏下设置“高度”为480mm、“密度”为0.8、“修剪”为0.1，接着设置“视口树冠模式”为“从不”，具体参数设置如图3-206所示。

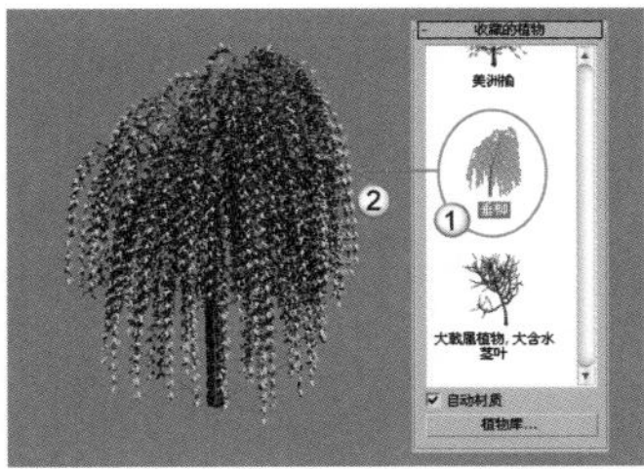
图3-205

图3-206

疑难问答

问：如果创建的植物外形不合适怎么办？

答：在修改完参数后，如果植物的外形并不是所需要的，可以在“参数”卷展栏下单击“新建”按钮 新建 修改“种子”数值，这样可以随机产生不同的树木形状，如图3-207和图3-208所示。

图3-207

图3-208

03 单击界面左上角的“应用程序”图标，然后执行“导入>合并”菜单命令，接着在弹出的“合并文件”对话框中选择“场景文件>CH03>01.max”文件，并在弹出的“合并”对话框中单击“确定”按钮 确定 ，如图3-209所示，最后调整好垂柳的位置，如图3-210所示。

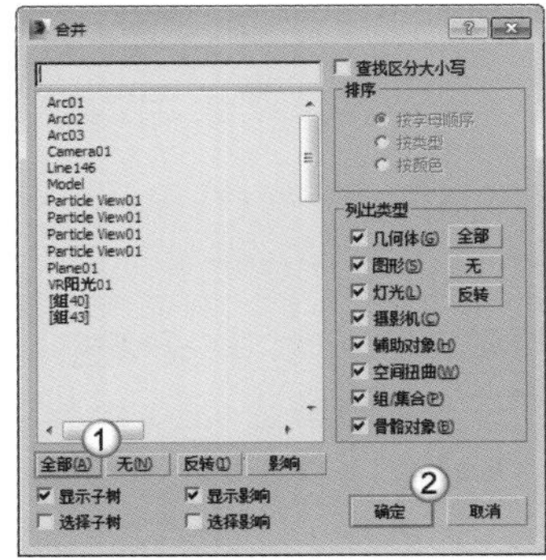
图3-209

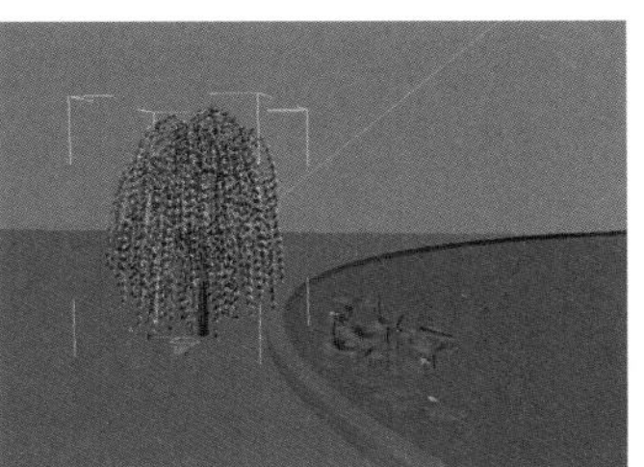
图3-210

04 使用“选择并移动”工具选择垂柳模型，然后按住Shift键移动复制4株垂柳到如图3-211所示的位置，接着调整好每株垂柳的位置，最终效果如图3-212所示。

图3-211

图3-212

3.4.2 栏杆

“栏杆”对象的组件包括“栏杆”“立柱”和“栅栏”。3ds Max提供了两种创建栏杆的方法：第1种是创建有拐角的栏杆；第2种是通过拾取路径来创建异形栏杆，如图3-213所示。栏杆的参数包含“栏杆”“立柱”和“栅栏”3个卷展栏，如图3-214所示。

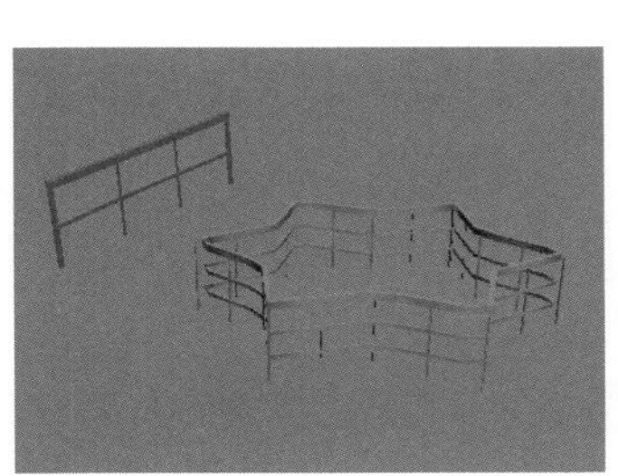
图3-213

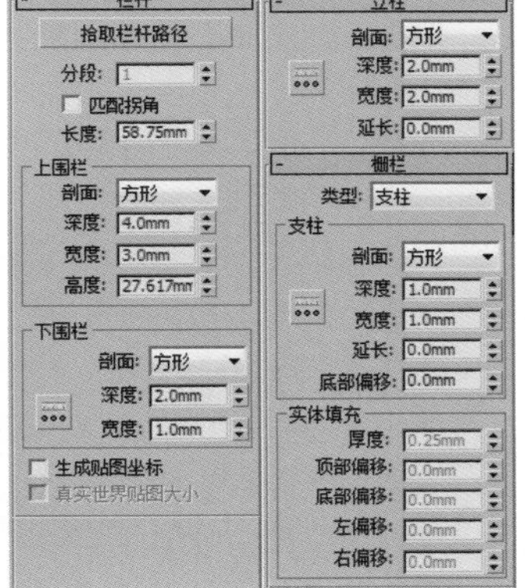

图3-214

栏杆参数介绍

① 栏杆卷展栏

拾取栏杆路径 拾取栏杆路径 ：单击该按钮可以拾取视图中的样条线来作为栏杆路径。

分段：设置栏杆对象的分段数（只有在使用“拾取栏杆路径”工具 拾取栏杆路径 时才能使用该选项）。

匹配拐角：在栏杆中放置拐角，以匹配栏杆路径的拐角。

长度：设置栏杆的长度。

上围栏：该选项组主要用来调整上围栏的相关参数。

剖面：指定上栏杆的横截面形状。

深度：设置上栏杆的深度。

宽度：设置上栏杆的宽度。

高度：设置上栏杆的高度。

下围栏：该选项组主要用来调整下围栏的相关参数。

剖面：指定下栏杆的横截面形状。

深度：设置下栏杆的深度。

宽度：设置下栏杆的宽度。

下围栏间距 ：设置下围栏之间的间距。单击该按钮后会弹出一个对话框，在该对话框中可设置下栏杆间距的一些参数。

生成贴图坐标：为栏杆对象分配贴图坐标。

真实世界贴图大小：控制应用于对象的纹理贴图材质所使用的缩放方法。

② 立柱卷展栏

剖面：指定立柱的横截面形状。

深度：设置立柱的深度。

宽度：设置立柱的宽度。

延长：设置立柱在上栏杆底部的延长量。

立柱间距：设置立柱的间距。单击该按钮后会弹出一个对话框，在该对话框中可设置立柱间距的一些参数。

如果将“剖面”设置为“无”，则“立柱”卷展栏中的其他参数将不可用。

③ 栅栏卷展栏

类型：指定立柱之间的栅栏类型，有“无”“支柱”和“实体填充”3个选项。

支柱：该选项组中的参数只有当栅栏类型设置为“支柱”时才可用。

剖面：设置支柱的横截面形状，有方形和圆形两个选项。

深度：设置支柱的深度。

宽度：设置支柱的宽度。

延长：设置支柱在上栏杆底部的延长量。

底部偏移：设置支柱与栏杆底部的偏移量。

支柱间距：设置支柱的间距。单击该按钮后会弹出一个对话框，在该对话框中可设置支柱间距的一些参数。

实体填充：该选项组中的参数只有当栅栏类型设置为“实体填充”时才可用。

厚度：设置实体填充的厚度。

顶部偏移：设置实体填充与上栏杆底部的偏移量。

底部偏移：设置实体填充与栏杆底部的偏移量。

左偏移：设置实体填充与相邻左侧立柱之间的偏移量。

右偏移：设置实体填充与相邻右侧立柱之间的偏移量。

3.4.3 墙

墙对象由3个子对象构成，这些对象类型可以在“修改”面板中进行修改。编辑墙的方法和样条线比较类似，可以分别对墙本身以及其顶点、分段和轮廓进行调整。

创建墙模型的方法比较简单，首先将几何体类型设置为“AEC扩展”，然后单击“墙”按钮，接着在视图中拖曳光标就可以创建墙体，如图3-215所示。

单击“墙”按钮后，会弹出墙的两个创建参数卷展栏，分别是“键盘输入”和“参数”卷展栏，如图3-216所示。

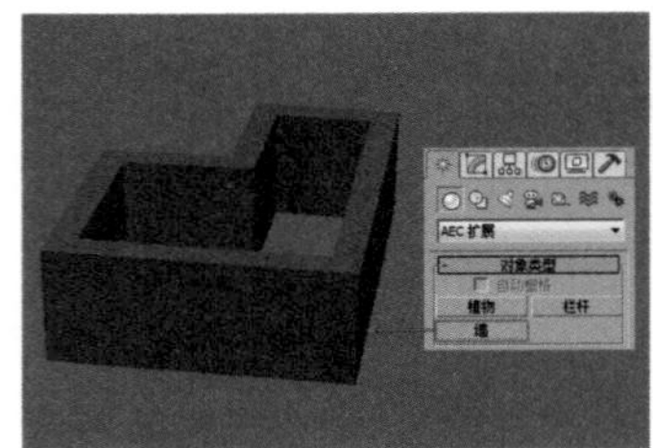

图3-215

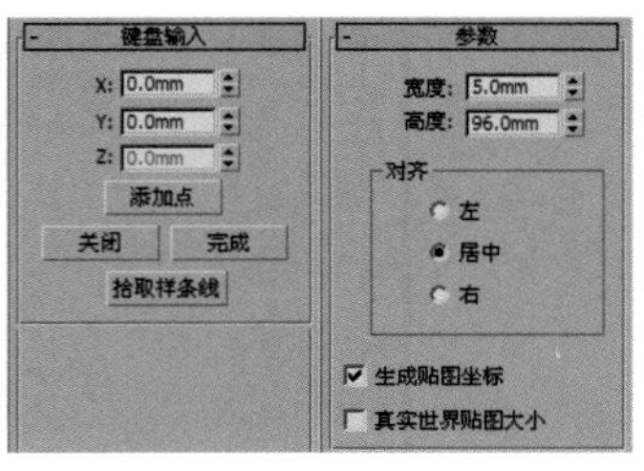

图3-216

墙参数介绍

① 键盘输入卷展栏

X/Y/Z：设置墙分段在活动构造平面中的起点的*x*/*y*/*z*轴坐标值。

添加点：根据输入的*x*/*y*/*z*轴坐标值来添加点。

关闭：单击该按钮可以结束墙对象的创建，并在最后1个分段端点与第1个分段起点之间创建出分段，以形成闭合的墙体。

完成：单击该按钮可以结束墙对象的创建，使端点处于断开状态。

拾取样条线：单击该按钮可以拾取场景中的样条线，并将其作为墙对象的路径。

② 参数卷展栏

宽度：设置墙的厚度，其范围为0.01~100mm，默认设置为5mm。

高度：设置墙的高度，其范围为0.01~100mm，默认设置为96mm。

对齐：指定门的对齐方式，共有以下3种。

左：根据墙基线（墙的前边与后边之间的线，即墙的厚度）的左侧边进行对齐。如果启用“栅格捕捉”功能，则墙基线的左侧边将捕捉到栅格线。

居中：根据墙基线的中心进行对齐。如果启用“栅格捕捉”功能，则墙基线的中心将捕捉到栅格线。

右：根据墙基线的右侧边进行对齐。如果启用“栅格捕捉”功能，则墙基线的右侧边将捕捉到栅格线。

生成贴图坐标：为墙对象应用贴图坐标。

真实世界贴图大小：控制应用于对象的纹理贴图材质所使用的缩放方法。

3.5 创建复合对象

使用3ds Max内置的模型就可以创建出很多优秀的模型，但是在很多时候还会使用复合对象，因为使用复合对象创建模型可以大大节省建模时间。

复合对象建模工具包括10种，分别是“变形”工具、“散布”工具、“一致”工具、“连接”工具、“水滴网格”工具、“图形合并”工具、“布尔”工具、“地形”工具、“放样”工具、“网格化”工具、ProBoolean工具ProBoolean和ProCuttler工具，如图3-217所示。在这10种工具中，将重点介绍“散布”工具、“图形合并”工具图形合并、“布尔”工具布尔、“放样”工具放样和ProBoolean工具ProBoolean的用法。

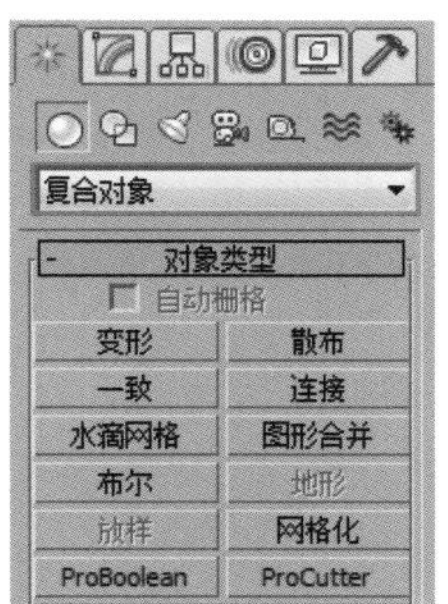

图3-217

本节建模工具概要

工具名称	工具图标	工具作用	重要程度
散布	散布	将所选源对象散布为阵列或散布到分布对象的表面	中
图形合并	图形合并	将一个或多个图形嵌入到其他对象的网格中，或从网格中移除	高
布尔	布尔	对两个或两个以上的对象进行并集、差集、交集运算	高
放样	放样	将一个二维图形作为沿某个路径的剖面，从而生成复杂的三维对象	高
ProBoolean	ProBoolean	与“布尔”工具相似	中

3.5.1 散布

“散布”是复合对象的一种形式，将所选源对象散布为阵列，或散布到分布对象的表面，如图3-218所示。

图3-218

注意，源对象必须是网格对象或是可以转换为网格对象的对象。如果当前所选的对象无效，则“散布”工具不可用。

这里只讲解“拾取分布对象”卷展栏下的参数，如图3-219所示。

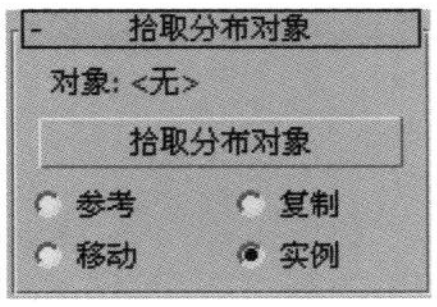

图3-219

拾取分布对象卷展栏参数介绍

对象<无>：显示使用“拾取分布对象”工具拾取分布对象选择的分布对象的名称。

拾取分布对象拾取分布对象：单击该按钮，然后在场景中单击一个对象，可以将其指定为分布对象。

参考/复制/移动/实例：用于指定将分布对象转换为散布对象的方式。它可以作为参考、副本（复制）、实例或移动的对象（如果不保留原始图形）进行转换。

★重点★

3.5.2 图形合并

使用“图形合并”工具图形合并可以将一个或多个图形嵌入到其他对象的网格中或从网格中移除，其参数设置面板如图3-220所示。

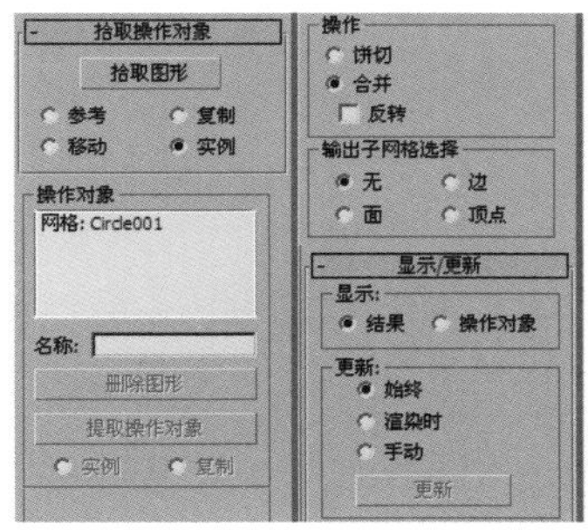

图3-220

图形合并参数介绍

① 拾取操作对象卷展栏

拾取图形拾取图形：单击该按钮，然后单击要嵌入网格对象中的图形，图形可以沿图形局部的z轴负方向投射到网格对象上。

参考/复制/移动/实例：指定如何将图形传输到复合对象中。

操作对象：在复合对象中列出所有操作对象。

删除图形删除图形：从复合对象中删除选中图形。

提取操作对象提取操作对象：提取选中操作对象的副本或实例。在“操作对象”列表中选择操作对象时，该按钮才可用。

实例/复制：指定如何提取操作对象。

操作：该组选项中的参数决定如何将图形应用于网格中。

饼切：切去网格对象曲面外部的图形。

合并：将图形与网格对象曲面合并。

反转：反转“饼切”或“合并”效果。

输出子网格选择：该组选项中的参数提供了指定将哪个选择级别传送到“堆栈”中。

② 显示/更新卷展栏

显示：确定是否显示图形操作对象。

结果：显示操作结果。

操作对象：显示操作对象。

更新：该选项组中的参数用来指定何时更新显示结果。

始终：始终更新显示。

渲染时：仅在场景渲染时更新显示。

手动：仅在单击“更新”按钮后更新显示。

更新更新：当选中除“始终”选项之外的任一选项时，该按钮才可用。

★重点★

实战：用图形合并制作创意钟表

场景位置　场景文件>CH03>02.max
实例位置　实例文件>CH03>实战：用图形合并制作创意钟表.max
视频位置　多媒体教学>CH03>实战：用图形合并制作创意钟表.flv
难易指数　★★★☆☆
技术掌握　图形合并工具、多边形建模技术

创意钟表的效果如图3-221所示。

01 打开“场景文件>CH03>02.max”文件，这是一个蝴蝶图形，如图3-222所示。

02 在“创建”面板中单击“圆柱体”按钮 圆柱体 ，然后在前视图创建一个圆柱体，接着在“参数”卷展栏下设置“半径”为100mm、“高度”为100mm、“高度分段”为1、“边数”为30，具体参数设置及模型效果如图3-223所示。

图3-221

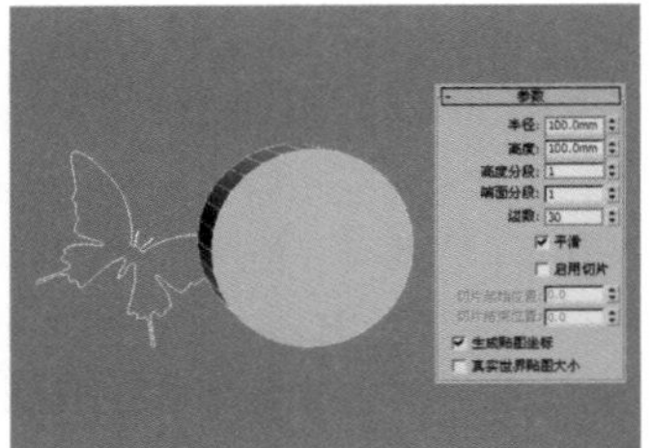

图3-222　　图3-223

03 使用“选择并移动”工具在各个视图中调整好蝴蝶图形的位置，如图3-224所示。

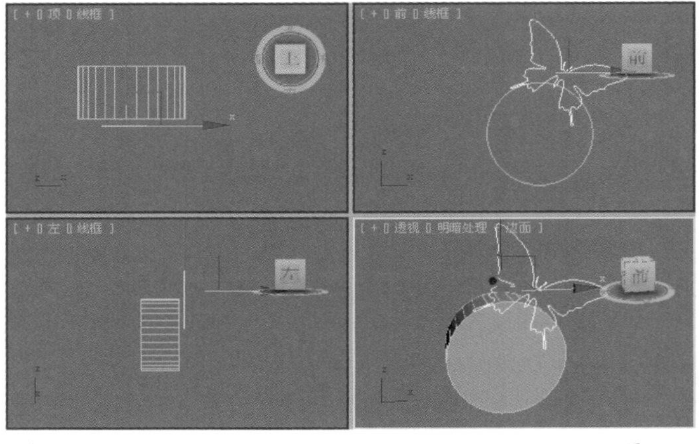

图3-224

04 选择圆柱体，设置几何体类型为“复合对象”，然后单击“图形合并”按钮 图形合并 ，接着在“拾取操作对象”卷展栏下单击“拾取图形”按钮 拾取图形 ，最后在视图中单击蝴蝶图形，此时在圆柱体的相应位置就会出现蝴蝶的部分映射图形，如图3-225所示。

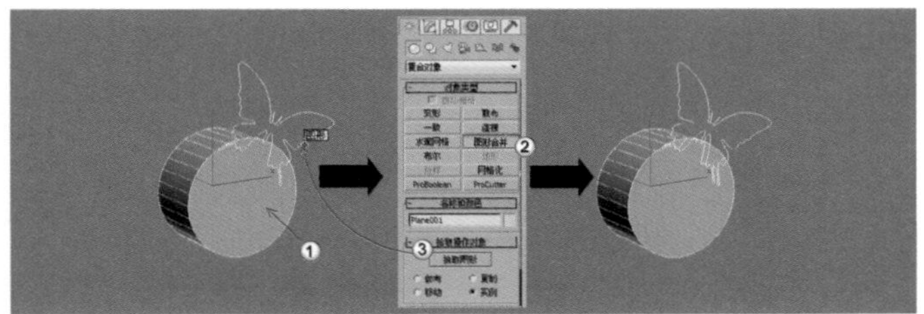

图3-225

05 选择圆柱体，然后单击鼠标右键，接着在弹出的菜单中选择“转换为>转换为可编辑多边形”命令，如图3-226所示。

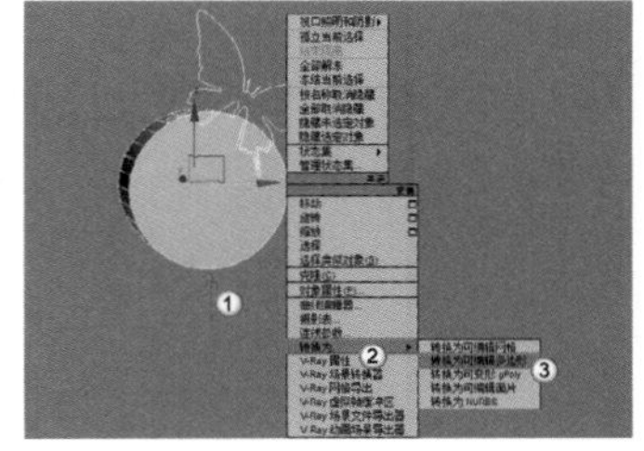

图3-226

知识链接

将圆柱体转换为可编辑多边形以后，对该物体的操作基本就属于多边形建模的范畴了。关于多边形建模技法请参阅“第8章 效果图制作基本功：多边形建模”中的相关内容。

06 进入“修改”面板，在“选择”卷展栏下单击“多边形”按钮，进入“多边形”级别，然后选择如图3-227所示的多边形，接着按Ctrl+I组合键反选多边形，最后按Delete键删除选择的多边形，操作完成后再次单击“多边形”按钮，退出“多边形”级别，效果如图3-228所示。

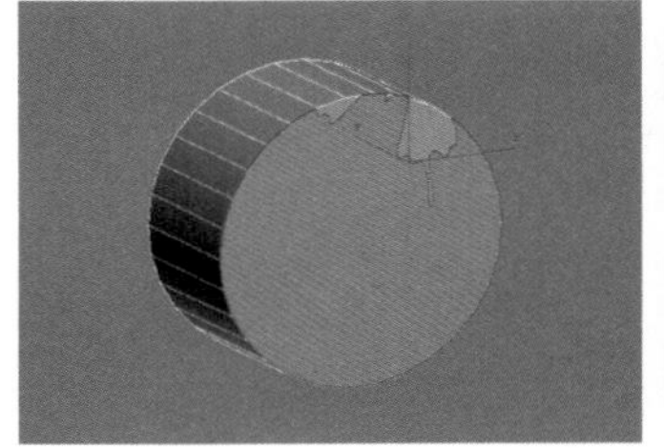

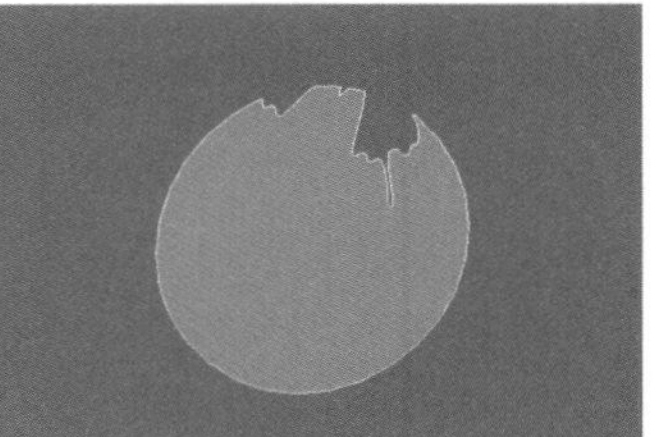

图3-227　　图3-228

技巧与提示

为了方便操作，可以在选择多边形之前按Alt+Q组合键进入“孤立选择”模式（也可以在右键菜单中选择“孤立当前选择”命令），这样可以单独对圆柱体进行操作，如图3-229所示。

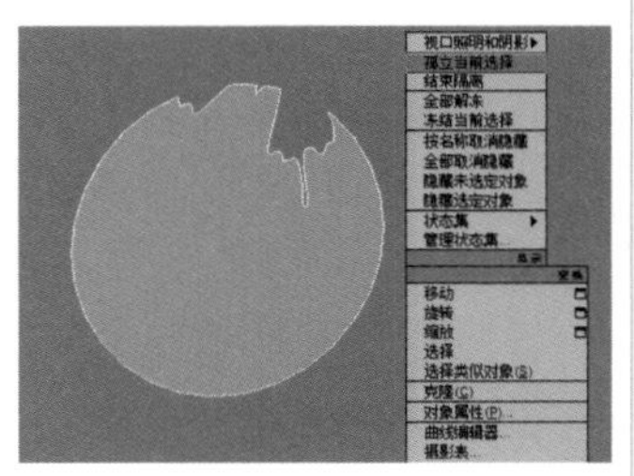

图3-229

07 选择蝴蝶图形，然后单击鼠标右键，接着在弹出的菜单中选择“转换为>转换为可编辑多边形”命令，最后使用“选择并移动”工具将蝴蝶拖曳到如图3-230所示的位置。

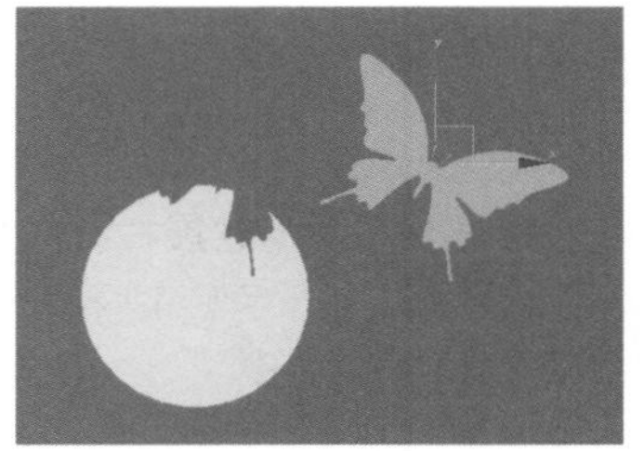

图3-230

08 使用“选择并移动”工具选择蝴蝶，然后按住Shift键移动复制两只蝴蝶，接着用“选择并均匀缩放”工具调整好其大小，如图3-231所示。

09 使用“圆柱体”工具 圆柱体 在场景中创建两个圆柱体，具体参数设置如图3-232所示。

图3-231

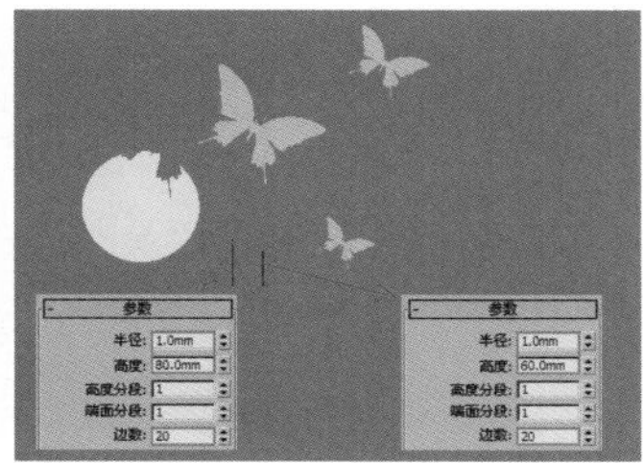

图3-232

10 使用“球体”工具 球体 在场景中创建一个圆柱体，然后在“参数”卷展栏下设置“半径”为3mm，具体参数设置及模型位置如图3-233所示。

11 使用“选择并移动”工具将两个圆柱体摆放到表盘上，然后用“选择并旋转”工具调整好其角度，最终效果如图3-234所示。

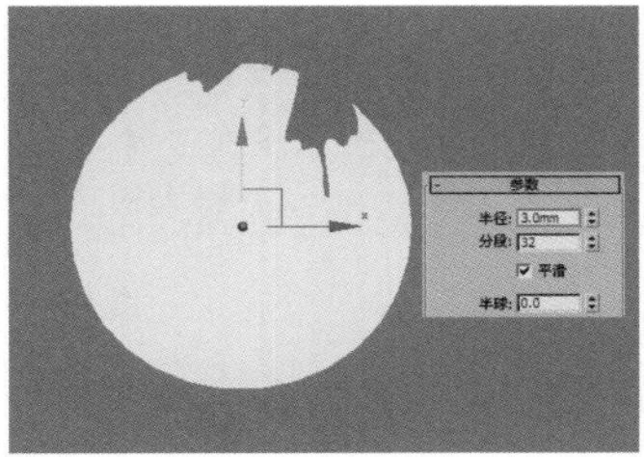

图3-233

图3-234

★ 重 点 ★

3.5.3 布尔

“布尔”运算是通过对两个或两个以上的对象进行并集、差集、交集运算，从而得到新的物体形态。“布尔”运算的参数设置面板如图3-235所示。

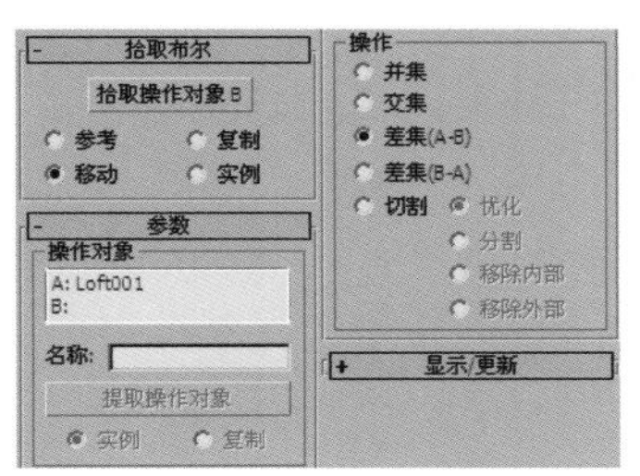

图3-235

布尔重要参数介绍

拾取运算对象B 拾取操作对象 B：单击该按钮可以在场景中选择另一个运算物体来完成“布尔”运算。以下4个选项用来控制运算对象B的方式，必须在拾取运算对象B之前确定采用哪种方式。

参考：将原始对象的参考复制品作为运算对象B，若以后改变原始对象，同时也会改变布尔物体中的运算对象B，但是改变运算对象B时，不会改变原始对象。

复制：复制一个原始对象作为运算对象B，而不改变原始对象（当原始对象还要用在其他地方时采用这种方式）。

移动：将原始对象直接作为运算对象B，而原始对象本身不再存在（当原始对象无其他用途时采用这种方式）。

实例：将原始对象的关联复制品作为运算对象B，若以后对两者的任意一个对象进行修改时都会影响另一个。

操作对象：主要用来显示当前运算对象的名称。

操作：指定采用何种方式来进行“布尔”运算。

并集：将两个对象合并，相交的部分将被删除，运算完成后两个物体将合并为一个物体。

交集：将两个对象相交的部分保留下来，删除不相交的部分。

差集A-B：在A物体中减去与B物体重合的部分。

差集B-A：在B物体中减去与A物体重合的部分。

切割：用B物体切除A物体，但不在A物体上添加B物体的任何部分，共有“优化”“分割”“移除内部”和“移除外部”4个选项可供选择。“优化”是在A物体上沿着B物体与A物体相交的面来增加顶点和边数，以细化A物体的表面；“分割”是在B物体切割A物体部分的边缘，并且增加了一排顶点，利用这种方法可以根据其他物体的外形将一个物体分成两部分；“移除内部”是删除A物体在B物体内部的所有片段面；“移除外部”是删除A物体在B物体外部的所有片段面。

技巧与提示

物体在进行“布尔”运算后随时都可以对两个运算对象进行修改，“布尔”运算的方式和效果也可以进行编辑修改，并且“布尔”运算的修改过程可以记录为动画，表现出神奇的切割效果。

★ 重 点 ★

实战：用布尔运算制作骰子

场景位置 无
实例位置 实例文件>CH03>实战：用布尔运算制作骰子.max
视频位置 多媒体教学>CH03>实战：用布尔运算制作骰子.flv
难易指数 ★★☆☆☆
技术掌握 布尔工具、移动复制功能

扫码看视频

骰子的效果如图3-236所示。

图3-236

01 使用“切角长方体”工具 切角长方体 在场景中创建一个切角长方体，然后在“参数”卷展栏下设置“长度”为80mm、“宽度”为80mm、“高度”为80mm、“圆角”为5mm、“圆角分段”为5，具体参数设置及模型效果如图3-237所示。

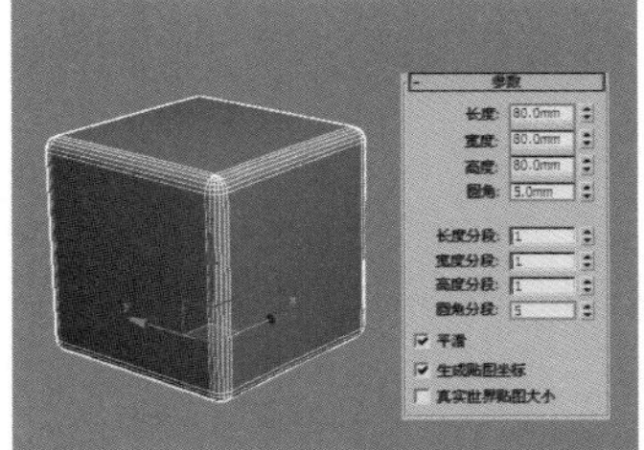

图3-237

02 使用“球体”工具 球体 在场景中创建一个球体，然后在“参数”卷展栏下设置“半径”为8.2mm，模型位置如图3-238所示。

03 按照每个面的点数复制一些球体，并将其分别摆放在切角长方体的6个面上，如图3-239所示。

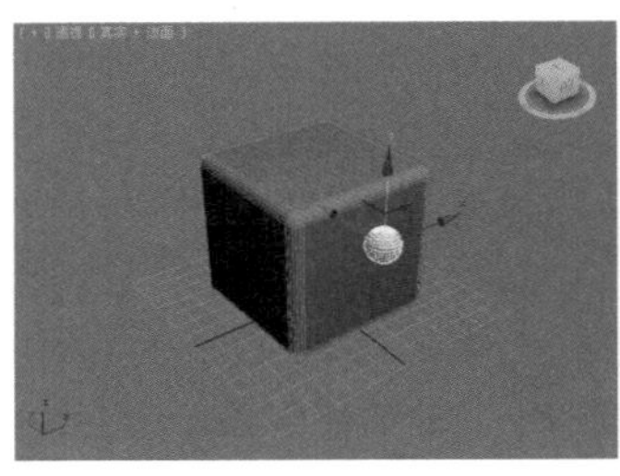

图3-238

图3-239

技巧与提示

骰子的点数由1~6个内陷的半球组成，为了在切角长方体中“挖”出这些点数，下面就要使用“布尔”工具 布尔 来制作。

04 下面需要将这些球体塌陷为一个整体。选择所有的球体，在“命令”面板中单击“实用程序”按钮，然后单击“塌陷”按钮 塌陷 ，接着在“塌陷”卷展栏下单击“塌陷选定对象”按钮 塌陷选定对象 ，这样就将所有球体塌陷成了一个整体，如图3-240所示。

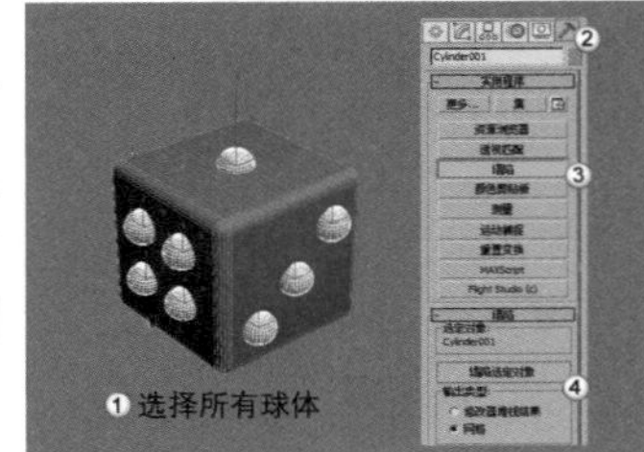

图3-240

疑难问答

问：有快速选择球体的方法吗？

答：有。这里就以步骤04中要选择的所有球体为例来介绍两种快速选择物体的方法。

第1种：可以先选择切角长方体，然后按Ctrl+I组合键反选物体，就可以选择全部的球体。

第2种：选择切角长方体，然后单击鼠标右键，在弹出的菜单中选择“冻结当前选择”命令，将其冻结出来，如图3-241所示，再在视图中拖曳光标即可框选所有的球体。冻结对象以后，如果要解冻，可以在右键菜单中选择“全部解冻”命令。

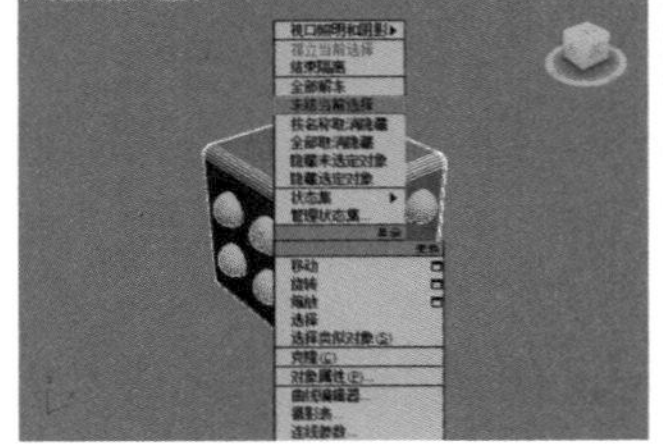

图3-241

05 选择切角长方体，然后设置几何体类型为“复合对象”，单击“布尔”按钮 布尔 ，接着在“拾取布尔”卷展栏下设置“运算”为“差集A-B”，再单击“拾取操作对象B”按钮 拾取操作对象B ，最后在视图中拾取球体，如图3-242所示，最终效果如图3-243所示。

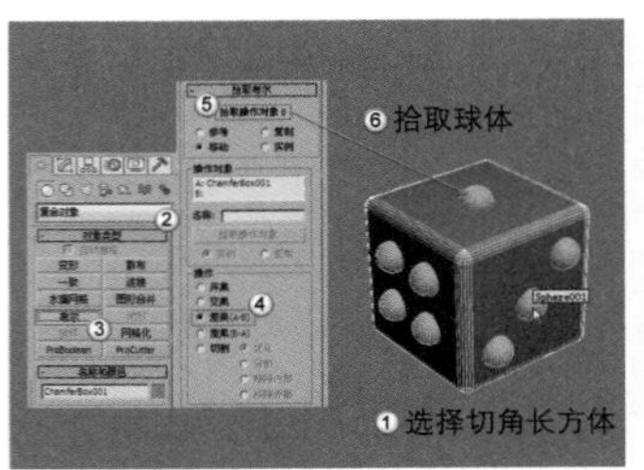

图3-242

图3-243

3.5.4 放样

“放样”是将一个二维图形作为沿某个路径的剖面，从而生成复杂的三维对象。“放样”是一种特殊的建模方法，能快速地创建多种模型，其参数设置面板如图3-244所示。

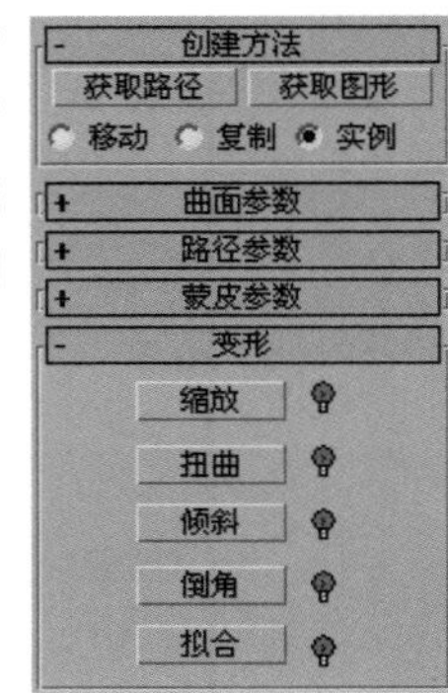

图3-244

放样重要参数介绍

获取路径 获取路径 ：将路径指定给选定图形或更改当前指定的路径。

获取图形 获取图形 ：将图形指定给选定路径或更改当前指定的图形。

移动/复制/实例：用于指定路径或图形转换为放样对象的方式。

缩放 缩放 ：使用“缩放”变形可以从单个图形中放样对象，该图形在其沿着路径移动时只改变其缩放。

扭曲 扭曲 ：使用“扭曲”变形可以沿着对象的长度创建盘旋或扭曲的对象，扭曲将沿着路径指定旋转量。

倾斜 倾斜 ：使用“倾斜”变形可以围绕局部x轴和y轴旋转图形。

倒角 倒角 ：使用“倒角”变形可以制作出具有倒角效果的对象。

拟合 拟合 ：使用“拟合”变形可以使用两条拟合曲线来定义对象的顶部和侧剖面。

实战：用放样制作旋转花瓶

场景位置 无
实例位置 实例文件>CH03>实战：用放样制作旋转花瓶.max
视频位置 多媒体教学>CH03>实战：用放样制作旋转花瓶.flv
难易指数 ★★☆☆☆
技术掌握 星形工具、放样工具

扫码看视频

旋转花瓶的效果如图3-245所示。

01 在“创建”面板中单击“图形”按钮，然后设置图形类型为“样条线”，接着单击“星形”按钮 星形 ，如图3-246所示。

02 在视图中绘制一个星形，然后在“参数”卷展栏下设置“半径1”

为50mm、“半径2”为34mm、“点”为6、“圆角半径1”为7mm、“圆角半径2”为8mm，具体参数设置及图形效果如图3-247所示。

图3-245

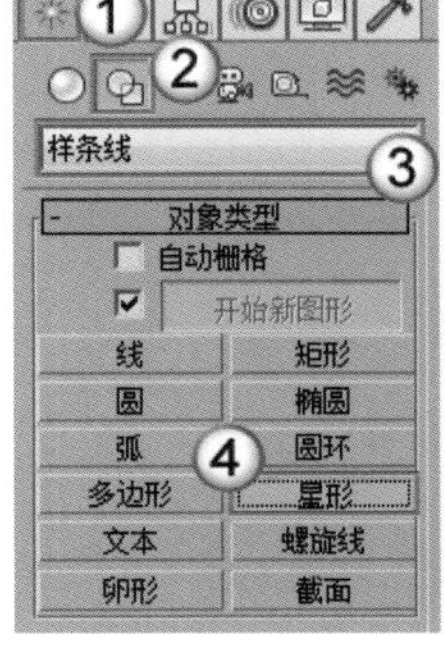

图3-346

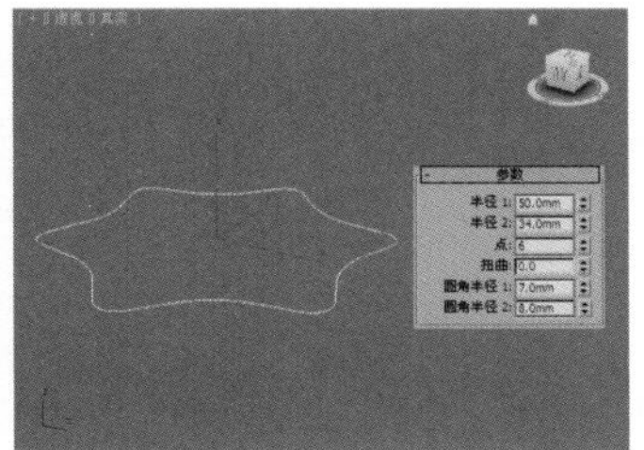

图3-247

03 在“图形”面板中单击“线”按钮 线 ，然后在前视图中按住Shift键绘制一条样条线作为放样路径，如图3-248所示。

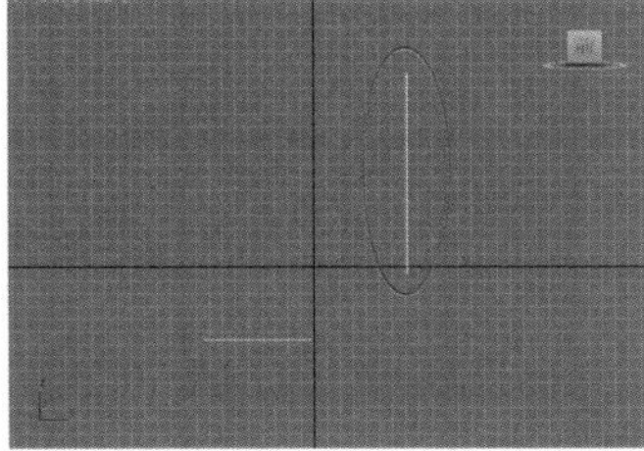

图3-248

04 选择星形，设置几何体类型为“复合对象”，然后单击“放样”按钮 放样 ，接着在“创建方法”卷展栏下单击“获取路径”按钮 获取路径 ，最后在视图中拾取之前绘制的样条线路径，如图3-249所示，放样效果如图3-250所示。

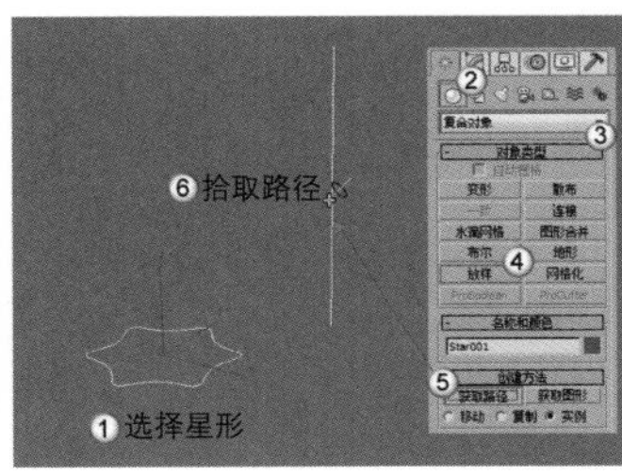

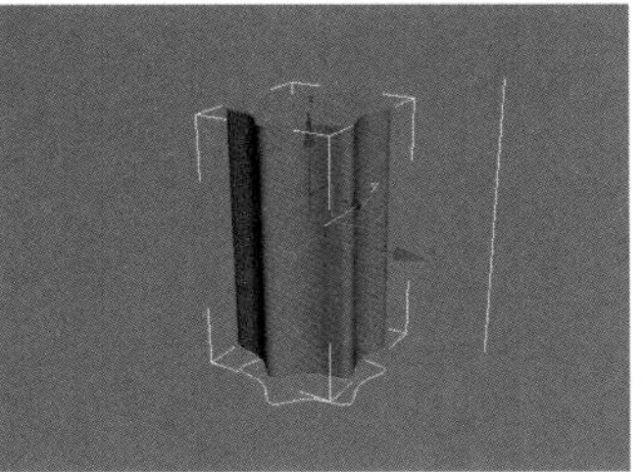

图3-249　　图3-250

05 进入“修改”面板，然后在“变形”卷展栏下单击“缩放”按钮 缩放 ，打开“缩放变形”对话框，接着将缩放曲线调整成如图3-251所示的形状，模型效果如图3-252所示。

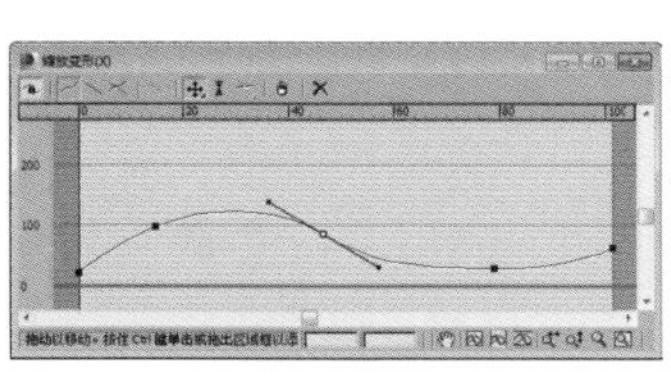
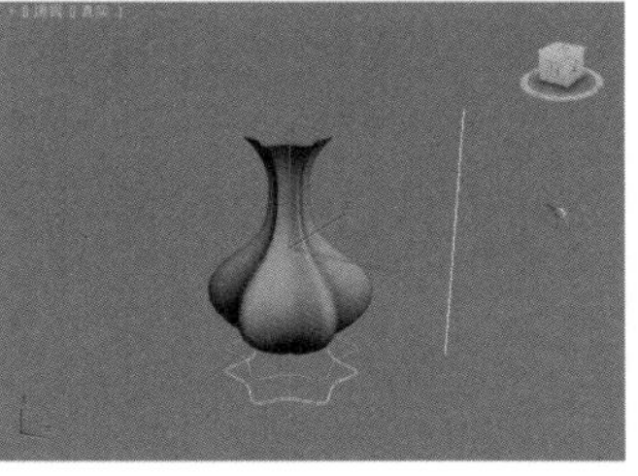

图3-251　　图3-252

技术专题 12 调节曲线的形状

在“缩放变形”对话框中的工具栏上有“移动控制点”工具和“插入角点”工具，用这两个工具就可以调节曲线的形状。但要注意，在调节角点前，需要在角点上单击鼠标右键，然后在弹出的菜单中选择“Bezier-平滑”命令，这样调节的曲线才是平滑的，如图3-253所示。

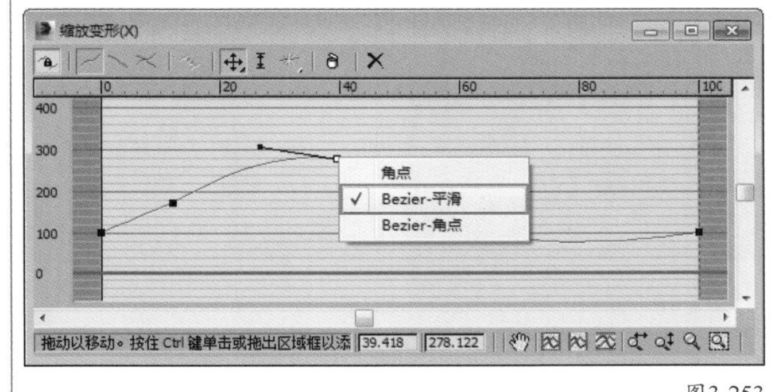

图3-253

06 在“变形”卷展栏下单击“扭曲”按钮 扭曲 ，然后在弹出的“扭曲变形”对话框中将曲线调节成如图3-254所示的形状，最终效果如图3-255所示。

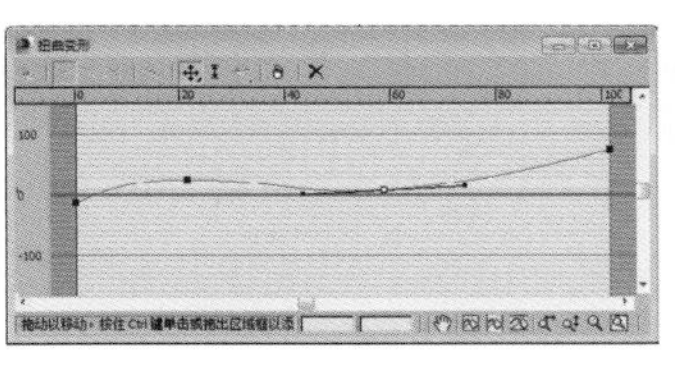
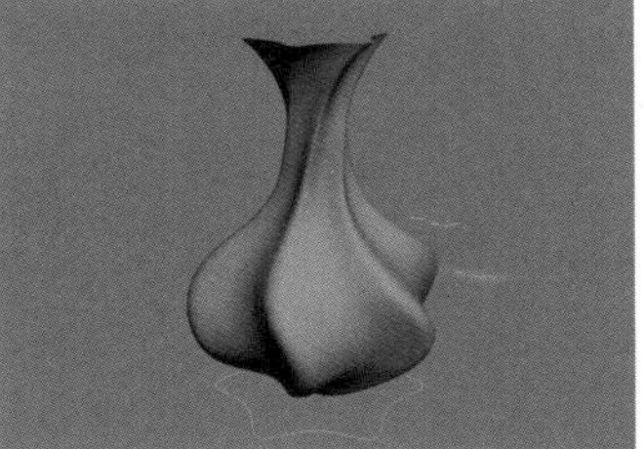

图3-254　　图3-255

3.5.5 ProBoolean

ProBoolean复合对象与前面的“布尔”复合对象很接近，但是与传统的“布尔”复合对象相比，ProBoolean复合对象更具优势。因为ProBoolean运算之后生成的三角面较少，网格布线更均匀，生成的顶点和面也相对较少，并且操作更容易、更快捷，其参数设置面板如图3-256所示。

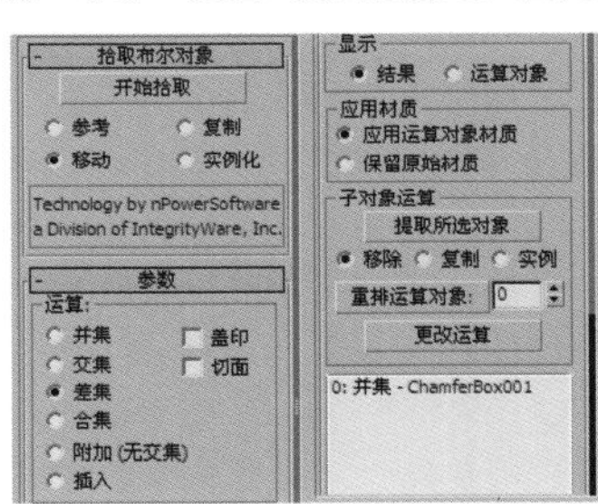

图3-256

知识链接

关于ProBoolean工具的参数含义就不再介绍了，用户可参考前面“布尔”工具的参数介绍。

3.6 创建mental ray代理对象

mental ray代理对象主要运用在大型场景中。当一个场景中包含多个相同的对象时就可以使用mental ray代理物体，比如在图3-257和图3-258中有许多的植物，这些植物在3ds Max中使用实体进行渲染将会占用非常多的内存，所以植物部分可以使用mental ray代理物体进行制作。

图3-257

图3-258

技巧与提示

代理物体尤其适用在具有大量多边形物体的场景中，这样既可以避免将其转换为mental ray格式，又无需在渲染时显示源对象，同时也可以节约渲染时间和渲染时所占用的内存。但是使用代理物体会降低对象的逼真度，并且不能直接编辑代理物体。

3.6.1 源对象

mental ray代理对象的基本原理是创建“源”对象（也就是需要被代理的对象），然后将这个“源”对象转换为mr代理格式。若要使用代理物体时，可以将代理物体替换掉“源”对象，然后删除“源”对象（因为已经没有必要在场景显示“源”对象）。在渲染代理物体时，渲染器会自动加载磁盘中的代理对象，这样就可以节省很多内存。

用户在使用代理对象时需要注意一点：不能无限制地复制代理对象，如果代理对象太多，导致计算机无法承担负荷，很可能会出现“卡机”或是3ds Max自动关闭的现象。因此，用户要根据自己的计算机配置并结合实际场景的需求来合理复制代理对象。

技术专题 13 加载mental ray渲染器

需要注意的是，mental ray代理对象必须在mental ray渲染器中才能使用，所以使用mental ray代理物体前需要将渲染器设置成mental ray渲染器。在3ds Max 2014中，如果要将渲染器设置为mental ray渲染器，可以按F10键打开“渲染设置”对话框，然后单击“公用”选项卡，展开“指定渲染器”卷展栏，接着单击第1个“选择渲染器”按钮...，最后在弹出的对话框中选择渲染器为mental ray渲染器，如图3-259所示。

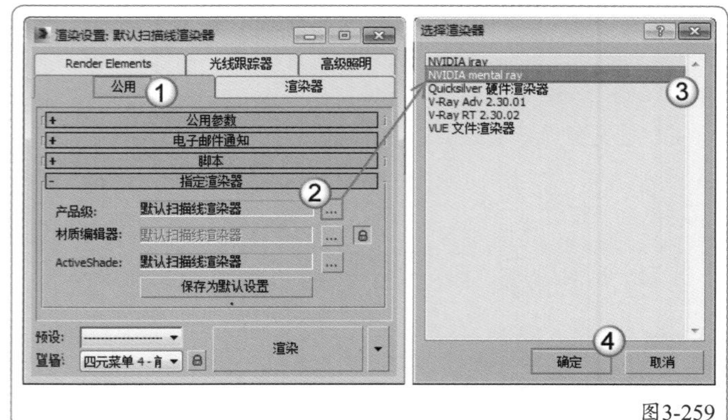

图3-259

3.6.2 mr代理参数

随意创建一个几何体，然后设置几何体类型为mental ray，接着单击“mr代理”按钮 mr 代理 ，打开代理物体的参数设置面板，如图3-260所示。

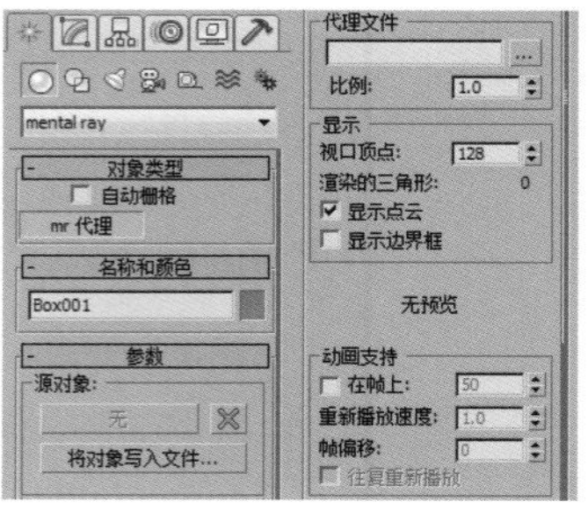

图3-260

mental ray代理参数介绍

① 源对象选项组

None（无） None ：若在场景中选择了“源”对象，这里将显示“源”对象的名称；若没有选择“源”对象，这里将显示为None（无）。

清除源对象：单击该按钮可以将“源”对象的名称恢复为None（无），但不会影响代理对象。

将对象写入文件 将对象写入文件... ：将对象保存为MIB格式的文件，随后可以使用“代理文件”将MIB格式的文件加载到其他的mental ray代理对象中。

疑难问答

问：MIB是什么文件？

答：MIB格式的文件仅包含几何体，不包含材质，但是可以对每个示例或mental ray代理对象的副本应用不同的材质。

② 代理文件选项组

浏览...：单击该按钮可以选择要加载为被代理对象的MIB文件。

比例：调整代理对象的大小，当然也可以使用“选择并均匀缩放”工具来调整代理对象的大小。

③ 显示选项组

视口顶点：以代理对象的点云形式来显示顶点数。

渲染的三角形：设置当前渲染的三角形的数量。

显示点云：勾选该选项后，代理对象在视图中将始终以点云（一组顶点）的形式显示。该选项一般与“显示边界框”选项一起使用。

显示边界框：勾选该选项后，代理对象在视图中将始终以边界框的形式显示出来。该选项只有在开启“显示点云”选项后才可用。

④ 预览窗口选项组

预览窗口：该窗口用来显示MIB文件在当前帧存储的缩略图。

若没有选择对象，该窗口将不会显示对象的缩览图。

⑤ 动画支持选项组

在帧上：勾选该选项后，如果当前MIB文件为动画序列的一部分，则会播放代理对象中的动画；若关闭该选项，代理对象仍然保持在最后的动画帧状态。

重新播放速度：用于调整播放动画的速度。例如，如果加载100帧的动画，设置“重新播放速度”为0.5（半速），那么每一帧将播放两次，所以总共就播放了200帧的动画。

帧偏移：让动画从某一帧开始播放（不是从起始帧开始播放）。

往复重新播放：开启该选项后，动画播放完后将重新开始播放，并一直循环下去。

★ 重 点 ★

实战：用mental ray代理物体制作会议室座椅

场景位置　场景文件>CH03>03-1.max、03-2.3DS、03-3.3DS
实例位置　实例文件>CH03>实战：用mental ray代理物体制作会议室座椅.max
视频位置　多媒体教学>CH03>实战：用mental ray代理物体制作会议室座椅.flv
难易指数　★★☆☆☆
技术掌握　mr代理工具

扫码看视频

会议室座椅代理物体的效果如图3-261所示。

图3-261

01 打开“场景文件>CH03>03-1.max”文件，如图3-262所示。

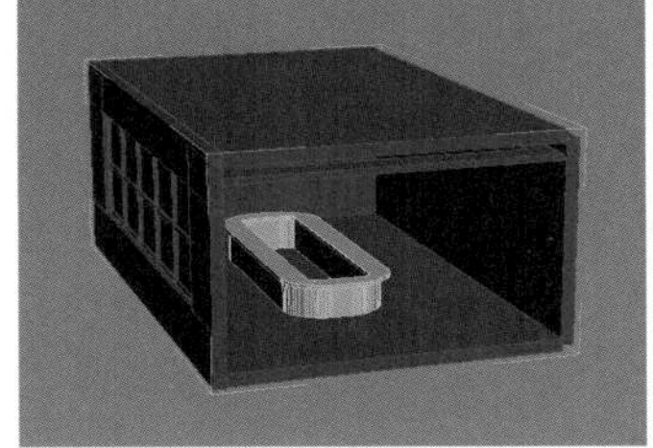

图3-262

02 下面创建mental ray代理对象。单击界面左上角的“应用程序”图标，然后执行“导入>导入”菜单命令，接着在弹出的“选择要导入的文件”对话框中选择“场景文件>CH03>03-2.3DS”文件，最后在弹出的“3DS导入”对话框中设置“是否:”为“合并对象到当前场景。”，如图3-263所示，导入后的效果如图3-264所示。

图3-263

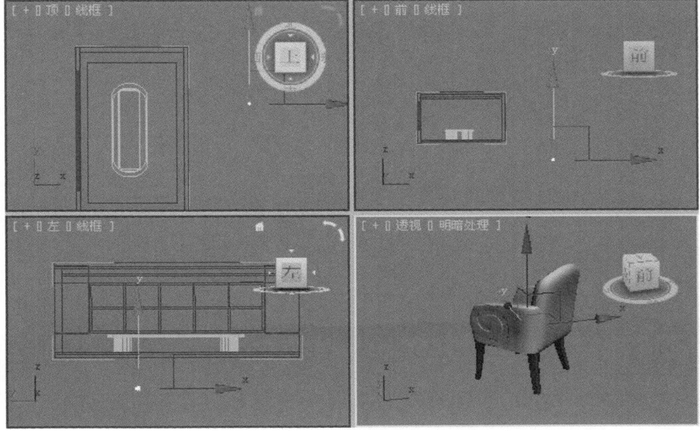

图3-264

03 使用“选择并移动”工具、“选择并旋转”工具和“选择并均匀缩放”工具调整好座椅的位置、角度与大小，完成后的效果如图3-265所示。

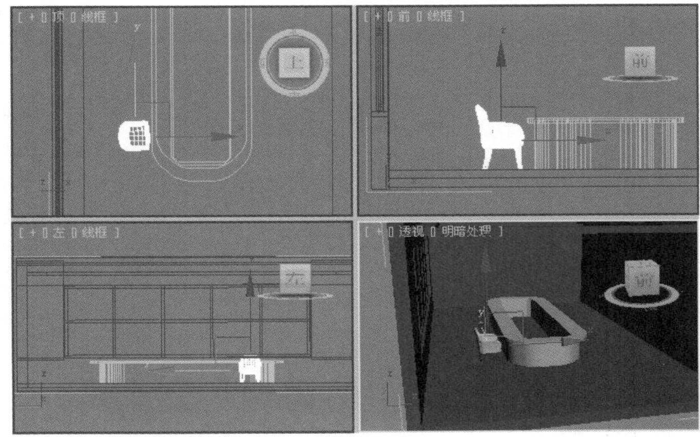

图3-265

04 设置几何体类型为mental ray，然后单击“mr代理”按钮

mr 代理，如图3-266所示。

05 在“参数”卷展栏下单击“将对象写入文件”按钮 将对象写入文件... ，然后在视图中拖曳光标创建一个代理图形，如图3-267所示。

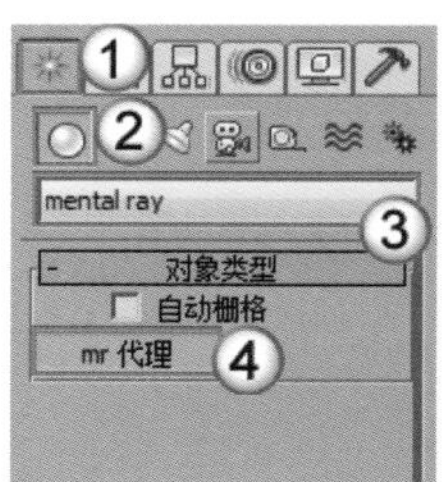

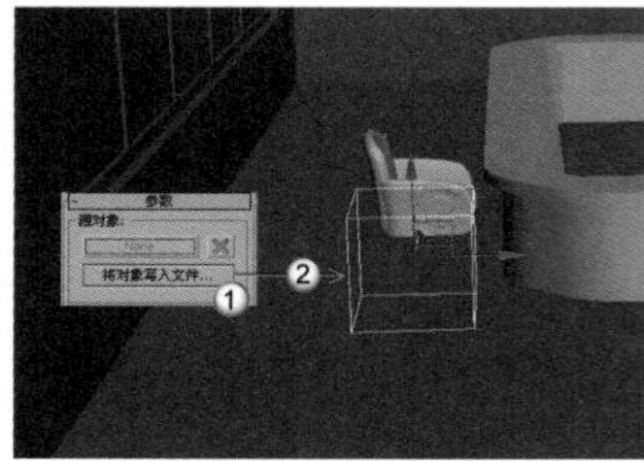

图3-266　　图3-267

技巧与提示

在单击“将对象写入文件”按钮 将对象写入文件... 时，3ds Max可能会弹出“mr代理错误”对话框，单击“确定”按钮 确定 即可，如图3-268所示。

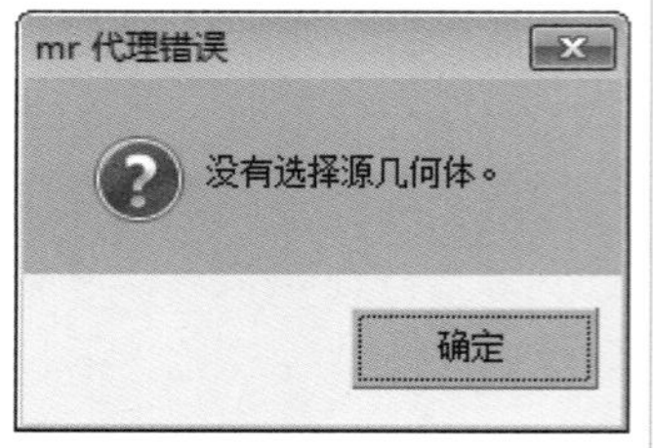

图3-268

06 切换到“修改”面板，在“参数”卷展栏下单击None（无）按钮 None ，然后在视图中单击之前导入的椅子模型，如图3-269所示。

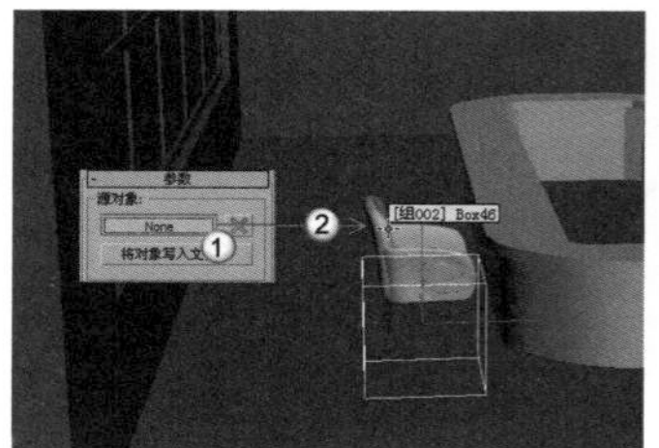

图3-269

07 继续在“参数”卷展栏下单击“将对象写入文件”按钮 将对象写入文件... ，然后在弹出的“写入mr代理文件”对话框中进行保存（保存完毕后，在“代理文件”选项组下会显示代理物体的保存路径），接着设置“比例”为0.03，最后勾选“显示边界框”选项，具体参数设置如图3-270所示。

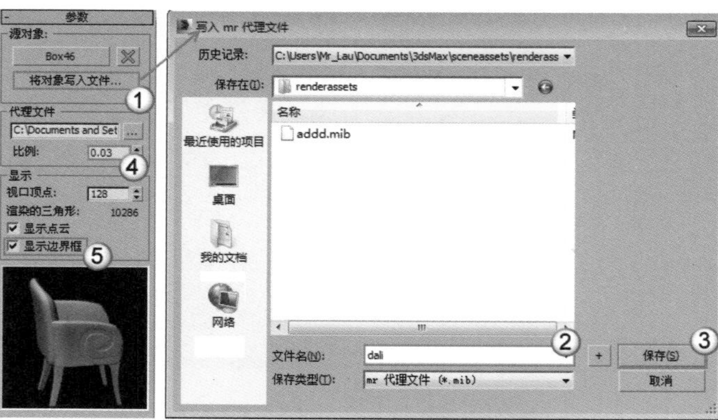

图3-270

技巧与提示

代理完毕后，椅子模型便以mr代理对象的形式显示在视图中，并且是以点的形式显示，如图3-271所示。

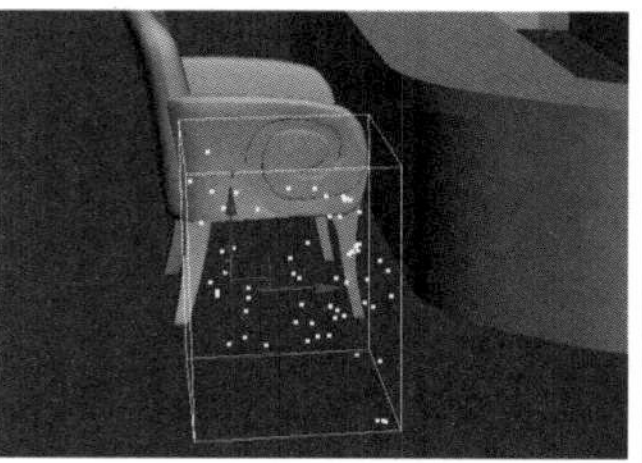

图3-271

08 使用复制功能将代理物体复制到会议桌的四周，如图3-272所示。

图3-272

09 继续导入“场景文件>CH03>03-3.3DS”文件，如图3-273所示，然后采用相同的方法创建茶杯代理物体，最终效果如图3-274所示。

图3-273　　图3-274

技巧与提示

代理物体在视图中是以点的形式显示的，只有使用mental ray渲染器渲染后才是真实的模型效果。

3.7 创建VRay对象

安装好VRay渲染器之后，在“创建”面板下的几何体类型中就会出现一个VRay选项。该物体类型包含4种，分别是“VRay代理”“VRay毛皮”“VRay平面”和“VRay球体”，如图3-275所示。

图3-275

技术专题 14 加载VRay渲染器

当需要使用VRay物体时就需要将渲染器设置为VRay渲染器。首先按F10键打开“渲染设置”对话框，然后在“公用”选项卡下展开“指定渲染器”卷展栏，接着单击第1个“选择渲染器”按钮...，最后在弹出的对话框中选择渲染器为VRay渲染器，如图3-276所示。

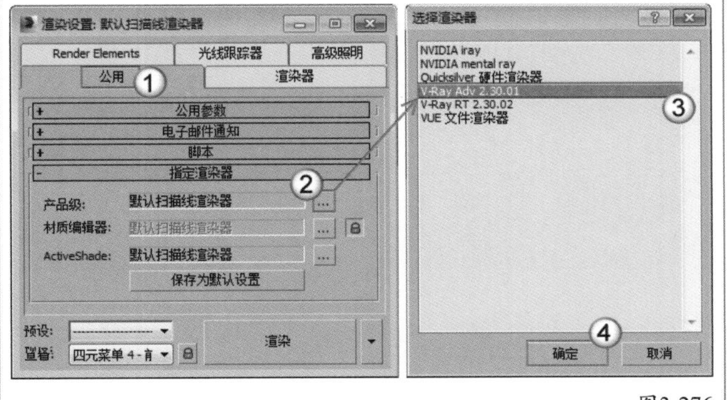

图3-276

本节建模工具概述

工具名称	工具图标	工具作用	重要程度
VRay代理	VR代理	用代理网格代替场景中的实体进行渲染	高
VRay毛皮	VR毛皮	创建毛发效果	高
VRay平面	VR平面	创建无限延伸的平面	低

3.7.1 VRay代理

“VRay代理”物体在渲染时可以从硬盘中将文件（外部文件）导入到场景中的“VRay代理”网格内，场景中代理物体的网格是一个低面物体，可以节省大量的物理内存以及虚拟内存，一般在物体面数较多或重复情况较多时使用。其使用方法是在物体上单击鼠标右键，然后在弹出的菜单中选择“VRay网格体导出”命令，接着在弹出的“VRay网格体导出”对话框中进行相应设置即可（该对话框主要用来保存VRay网格代理物体的路径），如图3-277所示。

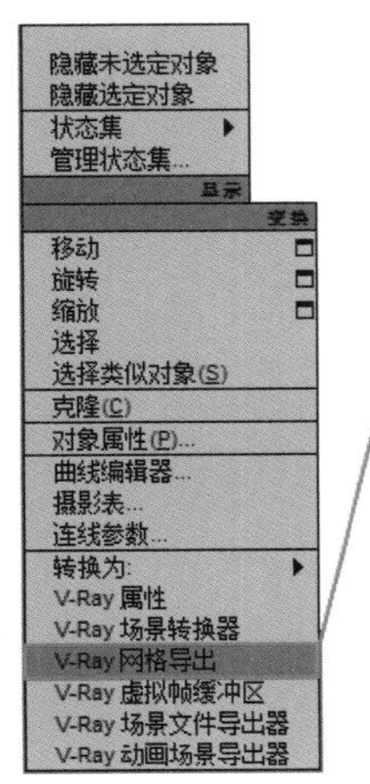

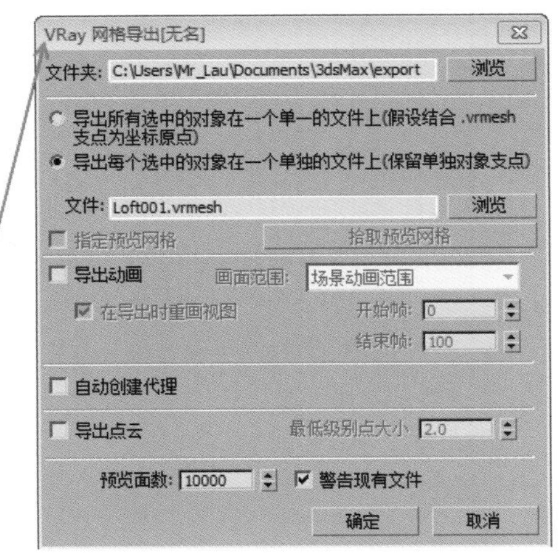

图3-277

VRay网格导出对话框重要参数介绍

文件夹：代理物体所保存的路径。

导出所有选中的对象在一个单一的文件上：将多个物体合并成一个代理物体进行导出。

导出每个选中的对象在一个单独的文件上：为每个物体创建一个文件进行导出。

导出动画：勾选该选项后，可以导出动画。

自动创建代理：勾选该选项后，系统会自动完成代理物体的创建和导入，同时源物体将被删除；如果关闭该选项，则需要增加一个步骤，就是在VRay物体中选择VRay代理物体，然后从网格文件中选择已经导出的代理物体来实现代理物体的导入。

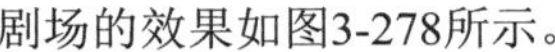

实战：用VRay代理物体创建剧场

场景位置 场景文件>CH03>04-1.max、04-2.3DS
实例位置 实例文件>CH03>实战：用VRay代理物体创建剧场.max
视频位置 多媒体教学>CH03>实战：用VRay代理物体创建剧场.flv
难易指数 ★★☆☆☆
技术掌握 VRay代理工具

扫码看视频

剧场的效果如图3-278所示。

图3-278

01 打开“场景文件>CH03>04-1.max”文件，如图3-279所示。

02 下面创建VRay代理对象。导入“场景文件>CH03>04-2.3DS”文件，然后将其摆放在如图3-280所示的位置。

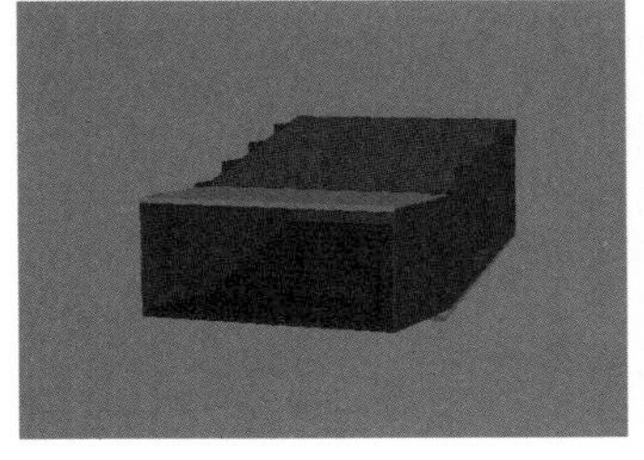

图3-279　　图3-280

03 选择椅子模型，然后单击鼠标右键，并在弹出的菜单中选择“VRay网格体导出”命令，接着在弹出的“VRay网格体导出”对话框中单击“文件夹”选项后面的“浏览”按钮 浏览 ，为其设置一个合适的保存路径，再为其设置一个名称，最后单击“确定”按钮 确定 ，如图3-282所示。

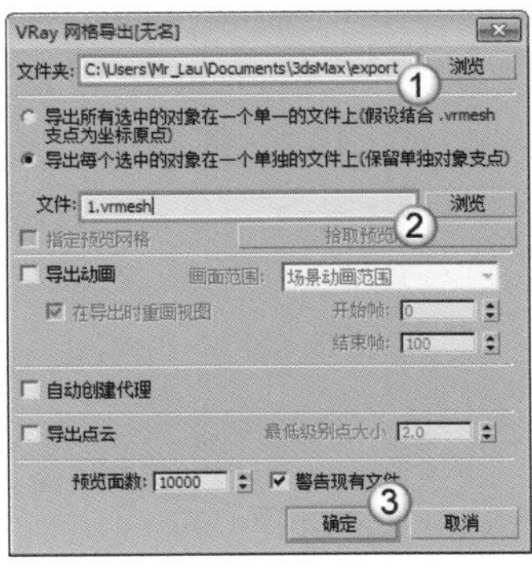

图3-281

技巧与提示

导出网格以后，在保存路径下就会出现一个格式为.vrmesh的代理文件，如图3-282所示。

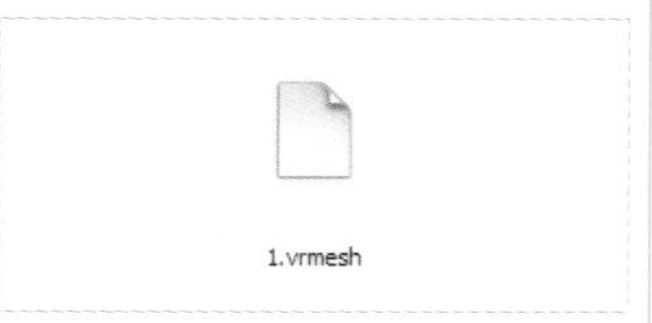

图3-282

04 设置几何体类型为VRay，然后单击“VRay代理”按钮 VR代理 ，接着在“网格代理参数”卷展栏下单击“浏览”按钮 浏览 ，找到前面导出的1.vrmesh文件，如图3-283所示，最后在视图中单击鼠标左键，此时场景中就会出现代理椅子模型（原来的椅子可以将其隐藏起来），如图3-284所示。

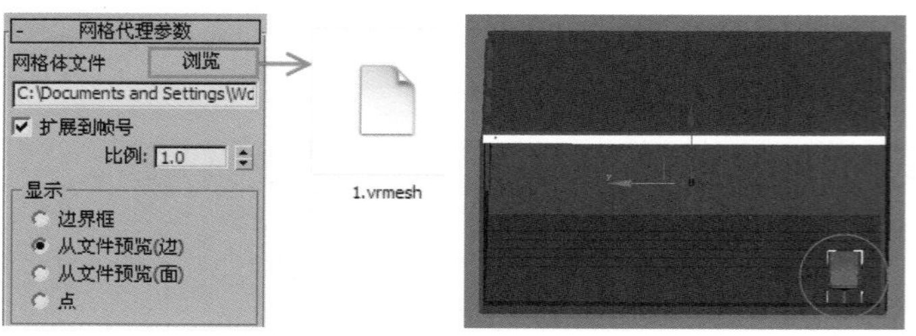

图3-283　　图3-284

疑难问答

问：如何隐藏对象？

答：如果要隐藏某个对象，可以先将其选中，然后单击鼠标右键，在弹出的菜单中选择“隐藏选定对象”命令。

05 利用复制功能复制一些代理物体，将其排列在剧场中，最终效果如图3-285所示。

图3-285

3.7.2 VRay毛皮

使用“VRay毛皮”工具 VR毛皮 可以创建物体表面的毛发效果，多用于模拟地毯、毛巾、草坪以及动物的皮毛等，如图3-286和图3-287所示。

图3-286

图3-287

加载VRay渲染器后，随意创建一个物体，然后设置几何体类型为VRay，接着单击“VRay毛皮”按钮 VR毛皮 ，就可以为选中的对象创建VRay毛皮，如图3-288所示。

VRay毛皮的参数只有3个卷展栏，分别是“参数”“贴图”和“视口显示”卷展栏，如图3-289所示。

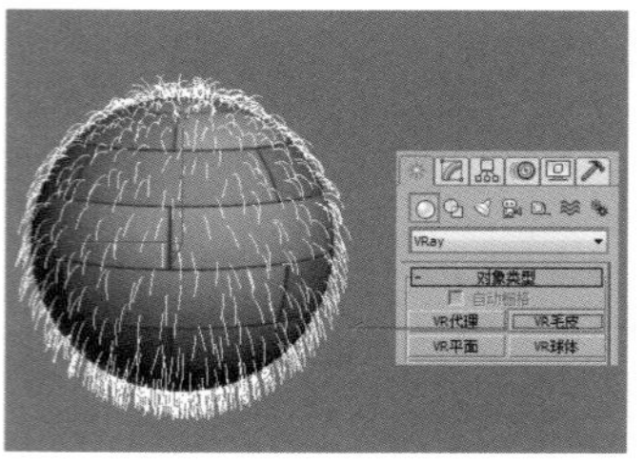

图3-288

图3-289

参数卷展栏

展开“参数”卷展栏，如图3-290所示。

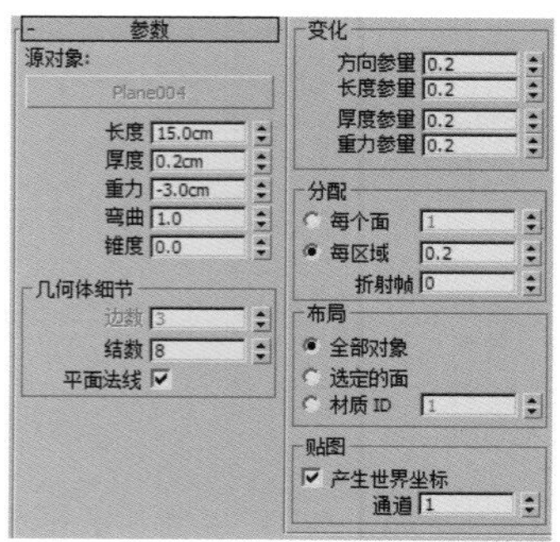

图3-290

参数卷展栏参数介绍

① 源对象选项组

源对象：指定需要添加毛发的物体。

长度：设置毛发的长度。

厚度：设置毛发的厚度。

重力：控制毛发在z轴方向被下拉的力度，也就是通常所说的“重量”。

弯曲：设置毛发的弯曲程度。

锥度：用来控制毛发锥化的程度。

② 几何体细节选项组

边数：目前这个参数还不可用，在以后的版本中将开发多边形的毛发。

结数：用来控制毛发弯曲时的光滑程度。值越大，表示段数越多，弯曲的毛发越光滑。

平面法线：这个选项用来控制毛发的呈现方式。当勾选该选项时，毛发将以平面方式呈现；当关闭该选项时，毛发将以圆柱体方式呈现。

③ 变化选项组

方向参量：控制毛发在方向上的随机变化。值越大，表示变化越强烈；0表示不变化。

长度参量：控制毛发长度的随机变化。1表示变化越强烈；0表示不变化。

厚度参量：控制毛发粗细的随机变化。1表示变化越强烈；0表示不变化。

重力参量：控制毛发受重力影响的随机变化。1表示变化越强烈；0表示不变化。

④ 分配选项组

每个面：用来控制每个面产生的毛发数量，因为物体的每个面不都是均匀的，所以渲染出来的毛发也不均匀。

每区域：用来控制每单位面积中的毛发数量，这种方式下渲染的毛发比较均匀。

折射帧：指定源物体获取到计算面大小的帧，获取的数据将贯穿整个动画过程。

⑤ 布局选项组

全部对象：启用该选项后，全部的面都将产生毛发。

选定的面：启用该选项后，只有被选择的面才能产生毛发。

材质ID：启用该选项后，只有指定了材质ID的面才能产生毛发。

⑥ 贴图选项组

产生世界坐标：所有的UVW贴图坐标都是从基础物体中获取，但该选项的W坐标可以修改毛发的偏移量。

通道：指定在W坐标上将被修改的通道。

贴图卷展栏

展开“贴图”卷展栏，如图3-291所示。

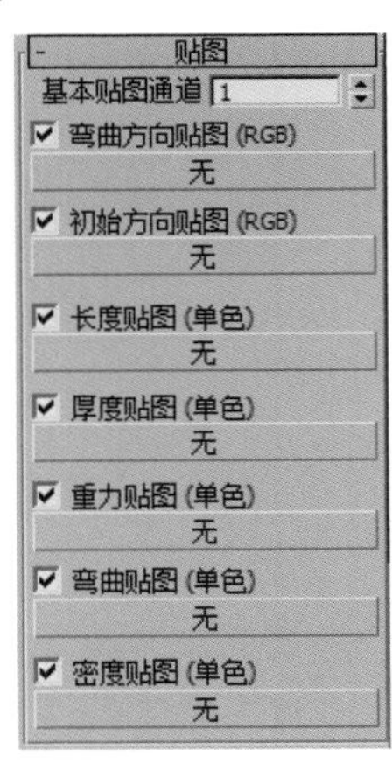

图3-291

贴图卷展栏参数介绍

基本贴图通道：选择贴图的通道。

弯曲方向贴图（RGB）：用彩色贴图来控制毛发的弯曲方向。

初始方向贴图（RGB）：用彩色贴图来控制毛发根部的生长方向。

长度贴图（单色）：用灰度贴图来控制毛发的长度。

厚度贴图（单色）：用灰度贴图来控制毛发的粗细。

重力贴图（单色）：用灰度贴图来控制毛发受重力的影响。

弯曲贴图（单色）：用灰度贴图来控制毛发的弯曲程度。

密度贴图（单色）：用灰度贴图来控制毛发的生长密度。

视口显示卷展栏

展开“视口显示”卷展栏，如图3-292所示。

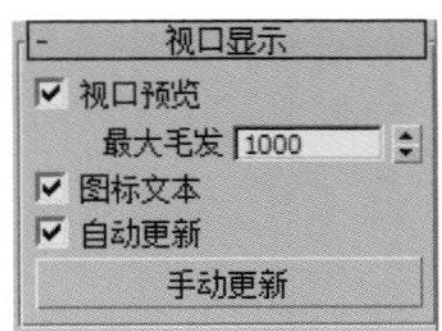

图3-292

视口显示卷展栏参数介绍

视口预览：当勾选该选项时，可以在视图中预览毛发的生长情况。

最大毛发：数值越大，就可以更加清楚地观察毛发的生长情况。

图标文本：勾选该选项后，可以在视图中显示VRay毛皮的图标和文字，如图3-293所示。

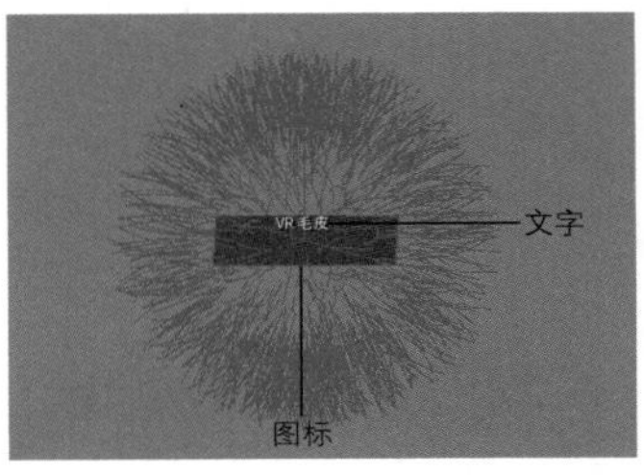

图3-293

自动更新：勾选该选项后，当改变毛发参数时，3ds Max会在视图中自动更新毛发的显示情况。

手动更新 手动更新：单击该按钮可以手动更新毛发在视图中的显示情况。

实战：用VRay毛皮制作毛巾

场景位置 场景文件>CH03>05.max
实例位置 实例文件>CH03>实战：用VRay毛皮制作毛巾.max
视频位置 多媒体教学>CH03>实战：用VRay毛皮制作毛巾.flv
难易指数 ★☆☆☆☆
技术掌握 用VRay毛皮制作毛巾

扫码看视频

毛巾的效果如图3-294所示。

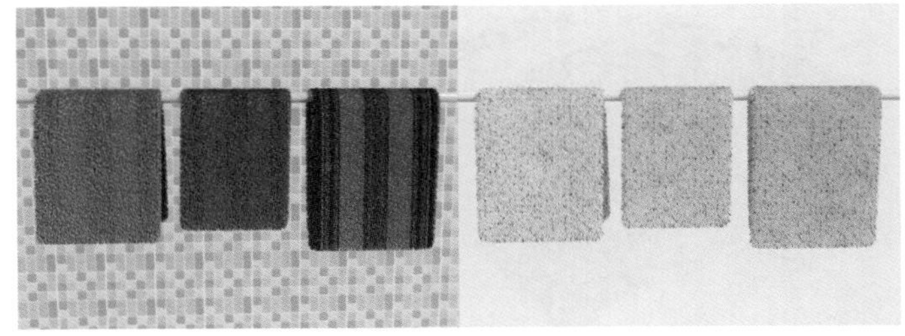

图3-294

01 打开“场景文件>CH03>05.max”文件，如图3-295所示。

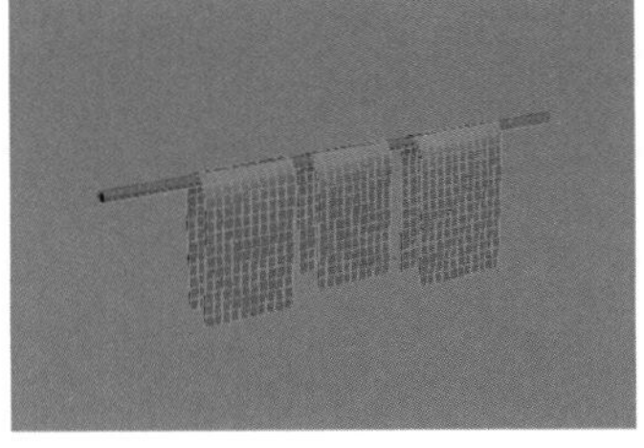

图3-295

02 选择一块毛巾，然后设置几何体类型为VRay，接着单击“VRay毛皮”按钮 VR毛皮，此时毛巾上会长出毛发，如图3-296所示。

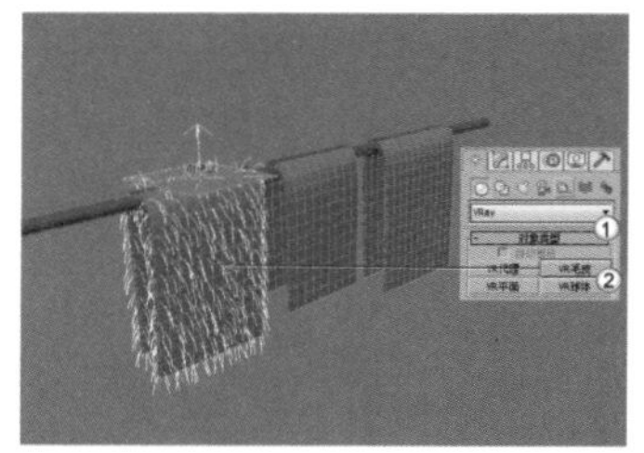

图3-296

03 展开“参数”卷展栏，然后在“源对象”选项组下设置“长度”为3mm、“厚度”为0.2mm、“重力”为-3.0mm、“弯曲”为0.8，接着在“变化”选项组下设置“方向参量”为0.1、“重力参量”为1，具体参数设置如图3-297所示，毛发的效果如图3-298所示。

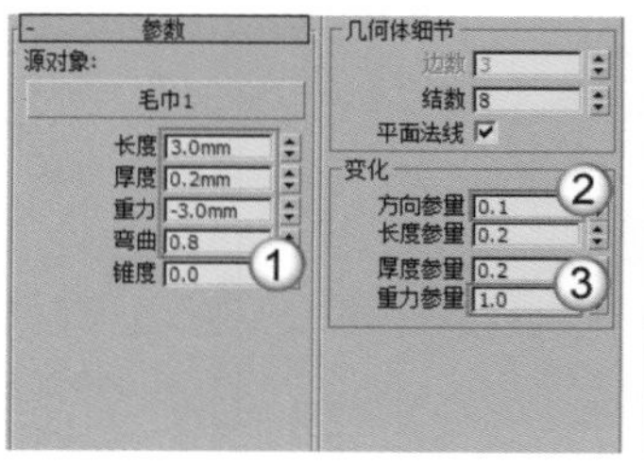

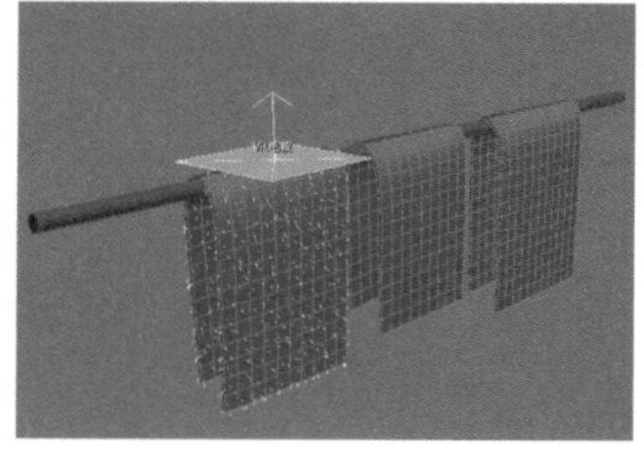

图3-297　　图3-298

04 采用相同的方法为另外两块毛巾创建毛发，完成后的效果如图3-299所示。

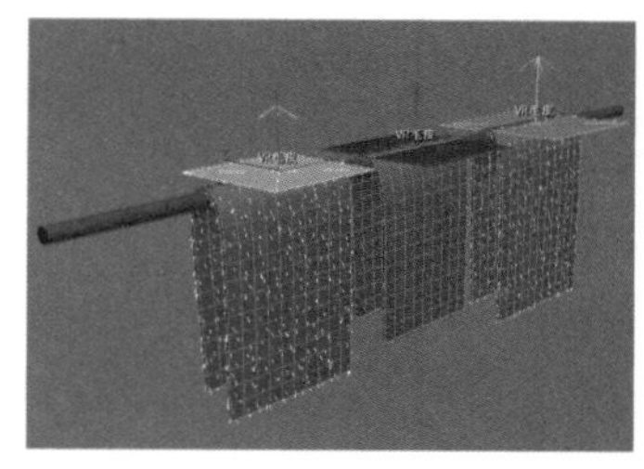

图3-299

05 按F9键渲染当前场景，最终效果如图3-300所示。

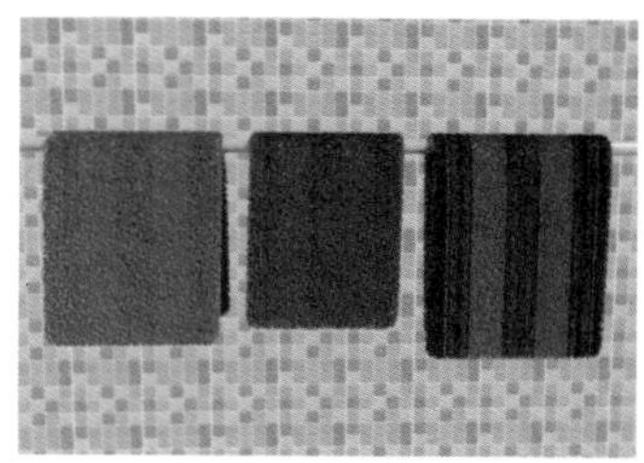

图3-300

★重点★

实战：用VRay毛皮制作毛毯

场景位置　场景文件>CH03>06.max
实例位置　实例文件>CH03>实战：用VRay毛皮制作毛毯.max
视频位置　多媒体教学>CH03>实战：用VRay毛皮制作毛毯.flv
难易指数　★☆☆☆☆
技术掌握　用VRay毛皮制作毛毯

扫码看视频

毛毯的效果如图3-301所示。

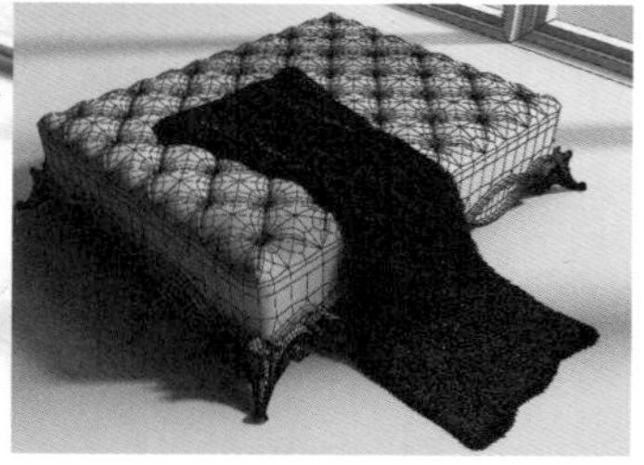

图3-301

01 打开“场景文件>CH03>06.max”文件，如图3-302所示。

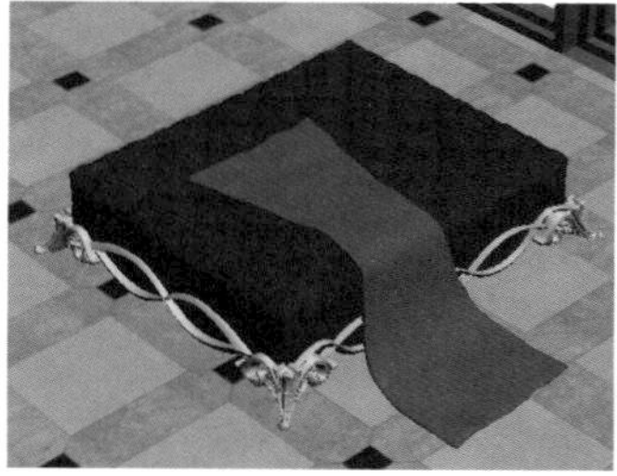

图3-302

02 设置几何体类型为VRay，然后选择毛毯模型，接着单击“VRay毛皮”按钮 VR毛皮 ，效果如图3-303所示。

图3-303

03 展开“参数”卷展栏，然后在“源对象”选项组下设置“长度”为50mm、“厚度”1mm、“重力”为-5.34mm、“弯曲”为6、“锥度”为1，接着在“分配”选项组下勾选“每个面”选项，并设置其值为3，具体参数设置如图3-304所示，最终效果如图3-305所示。

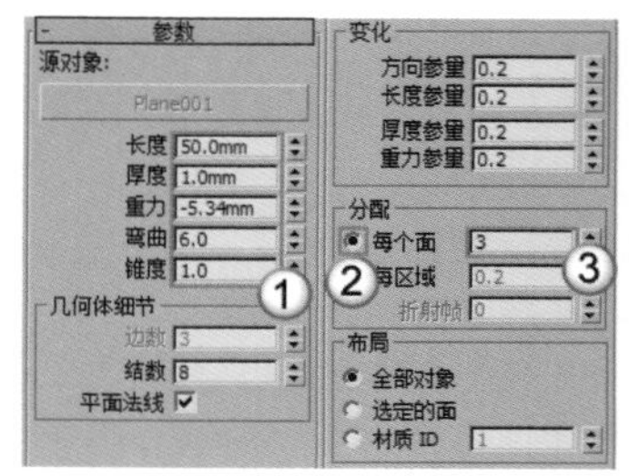

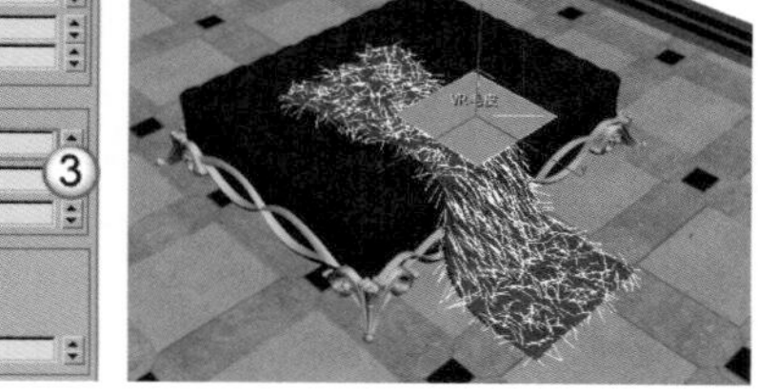

图3-304　　图3-305

问：为什么制作出来的毛发那么少？

答：在默认情况下，视图中的毛发显示数量为1000，如图3-306所示。如果要在视图中显示更多的毛发，可以在"视口显示"卷展栏下修改"最大毛发"的数值，图3-307所示是设置其值为10000时的毛发效果。

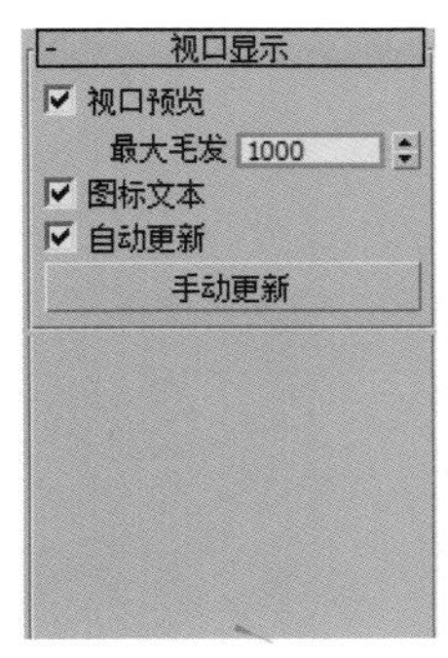

图3-306

图3-307

3.7.3 VRay平面

VRay平面可以理解为无限延伸的平面，可以为这个平面指定材质，并且可以对其进行渲染。在实际工作中，一般用VRay平面来模拟无限延伸的地面和水面等，如图3-308和图3-309所示。

图3-308

图3-309

技巧与提示

VRay平面的创建方法比较简单，单击"VRay平面"按钮 VR平面，然后在视图中单击鼠标左键就可以创建一个VRay平面，如图3-310所示。

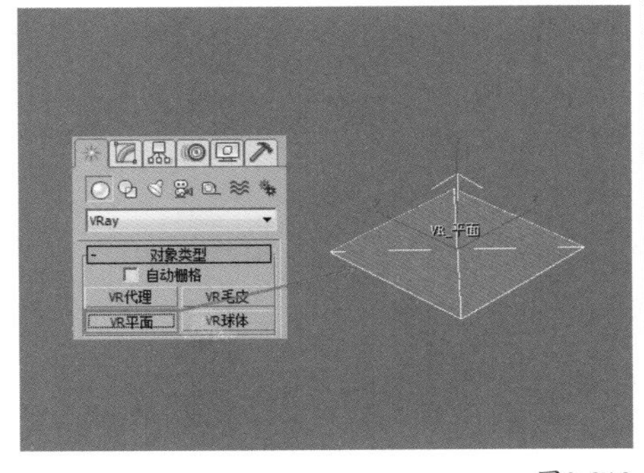

图3-310

第4章 效果图制作基本功：样条线建模

Learning Objectives 学习要点

135页 线

138页 文本

140页 螺旋线

145页 调节可编辑样条线

149页 仅影响轴技术

151页 根据CAD图纸制作户型图

Employment direction 从业方向

家具造型设计师

工业造型设计师

室内设计表现师

建筑设计表现师

4.1 样条线

二维图形由一条或多条样条线组成，而样条线又由顶点和线段组成，所以只要调整顶点的参数及样条线的参数就可以生成复杂的二维图形，利用这些二维图形又可以生成三维模型。图4-1~图4-3所示是一些优秀的样条线作品。

图4-1

图4-2

图4-3

在“创建”面板中单击“图形”按钮，然后设置图形类型为“样条线”。这里有11种样条线，分别是线、矩形、圆、椭圆、弧、圆环、多边形、星形、文本、螺旋线和截面，如图4-4所示。

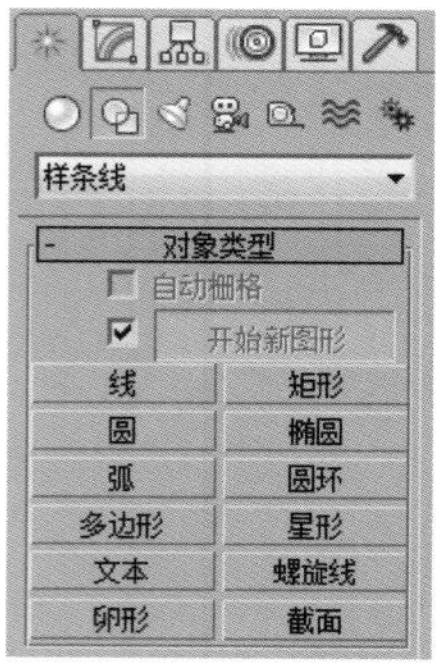

图4-4

技巧与提示

样条线的应用非常广泛，其建模速度相当快。例如，在3ds Max 2014中制作三维文字时，可以直接使用“文本”工具 文本 输入文本，然后将其转换为三维模型。另外，还可以导入AI矢量图形生成三维物体。选择相应的样条线工具后，在视图中拖曳光标就可以绘制出相应的样条线，如图4-5所示。

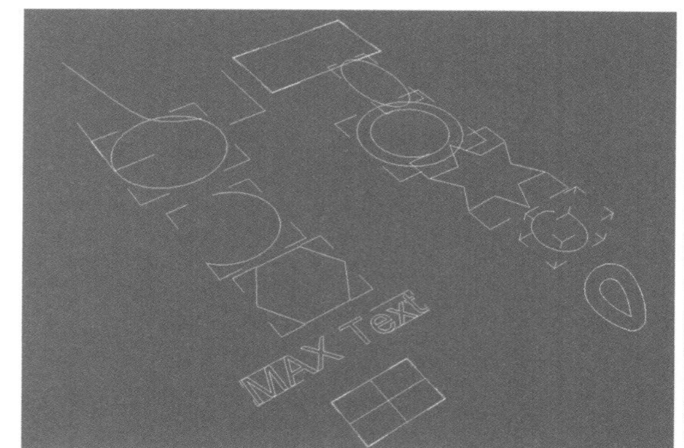

图4-5

本节重点建模工具概要

工具名称	工具图标	工具作用	重要程度
线	线	绘制任何形状的样条线	高
文本	文本	创建文本图形	中
螺旋线	螺旋线	创建开口平面或螺旋线	中

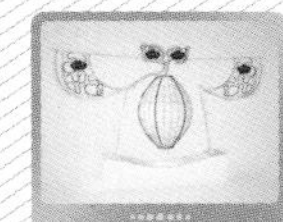
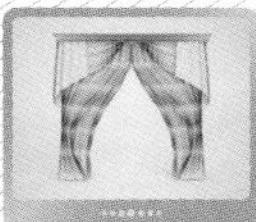

★ 重点 ★

4.1.1 线

线是建模中最常用的一种样条线，其使用方法非常灵活，形状也不受约束，可以封闭也可以不封闭，拐角处可以是尖锐也可以是圆滑的。线的顶点有3种类型，分别是“角点”“平滑”和Bezier。

线的参数包括4个卷展栏，分别是“渲染”卷展栏、“插值”卷展栏、“创建方法”卷展栏和“键盘输入”卷展栏，如图4-6所示。

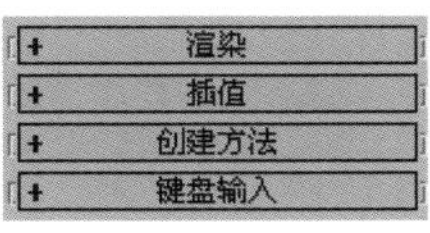

图4-6

渲染卷展栏

展开“渲染”卷展栏，如图4-7所示。

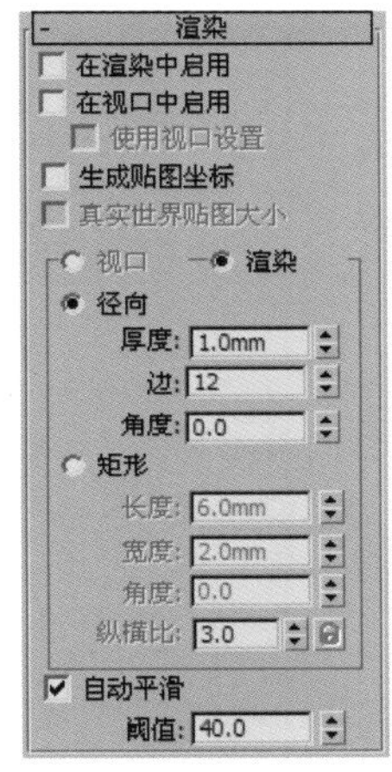

图4-7

渲染卷展栏参数介绍

在渲染中启用：勾选该选项才能渲染出样条线；若不勾选，将不能渲染出样条线。

在视口中启用：勾选该选项后，样条线会以网格的形式显示在视图中。

使用视口设置：该选项只有在开启“在视口中启用”选项时才可用，主要用于设置不同的渲染参数。

生成贴图坐标：控制是否应用贴图坐标。

真实世界贴图大小：控制应用于对象的纹理贴图材质所使用的缩放方法。

视口/渲染：当勾选“在视口中启用”选项时，样条线将显示在视图中；当同时勾选“在视口中启用”和“渲染”选项时，样条线在视图和渲染中都可以显示出来。

径向：将3D网格显示为圆柱形对象，其参数包含“厚度”“边”和“角度”。“厚度”选项用于指定视图或渲染样条线网格的直径，其默认值为1，范围为0~100；“边”选项用于在视图或渲染器中为样条线网格设置边数或面数（例如值为4表示一个方形横截面）；“角度”选项用于调整视图或渲染器中横截面的旋转位置。

矩形：将3D网格显示为矩形对象，其参数包含“长度”“宽度”“角度”和“纵横比”。“长度”选项用于设置沿局部y轴的横截面大小；“宽度”选项用于设置沿局部x轴的横截面大小；“角度”选项用于调整视图或渲染器中的横截面的旋转位置；“纵横比”选项用于设置矩形横截面的纵横比。

自动平滑：启用该选项可以激活下面的“阈值”选项，调整“阈值”数值可以自动平滑样条线。

插值卷展栏

展开“插值”卷展栏，如图4-8所示。

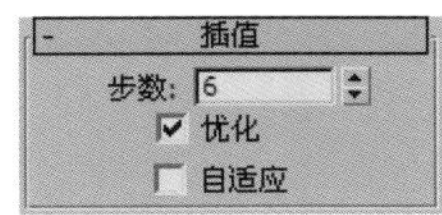

图4-8

插值卷展栏参数介绍

步数：手动设置每条样条线的步数。

优化：启用该选项后，可以从样条线的直线线段中删除不需要的步数。

自适应：启用该选项后，系统会自适应设置每条样条线的步数，以生成平滑的曲线。

创建方法卷展栏

展开“创建方法”卷展栏，如图4-9所示。

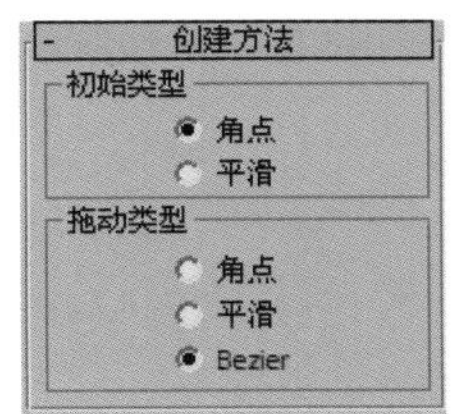

图4-9

创建方法卷展栏参数介绍

初始类型：指定创建第1个顶点的类型，共有以下两个选项。

角点：通过顶点产生一个没有弧度的尖角。

平滑：通过顶点产生一条平滑的、不可调整的曲线。

拖动类型：当拖曳顶点位置时，设置所创建顶点的类型。

角点：通过顶点产生一个没有弧度的尖角。

平滑：通过顶点产生一条平滑、不可调整的曲线。

Bezier：通过顶点产生一条平滑、可以调整的曲线。

键盘输入卷展栏

展开“键盘输入”卷展栏，如图4-10所示。该卷展栏下的参数可以通过键盘输入来完成样条线的绘制。

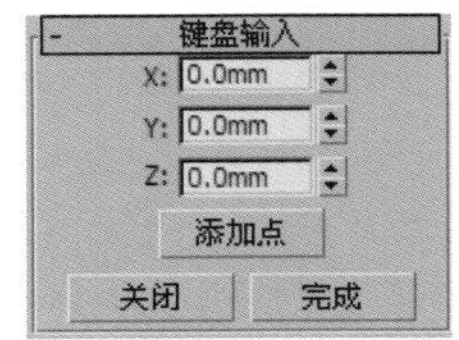

图4-10

★ 重 点 ★

实战：用线制作简约办公椅

场景位置　无
实例位置　实例文件>CH04>实战：用线制作简约办公椅.max
视频位置　多媒体教学>CH04>实战：用线制作简约办公椅.flv
难易指数　★★★☆☆
技术掌握　线工具、调节样条线的形状、附加样条线、焊接顶点

扫码看视频

简约办公椅子的效果如图4-11所示。

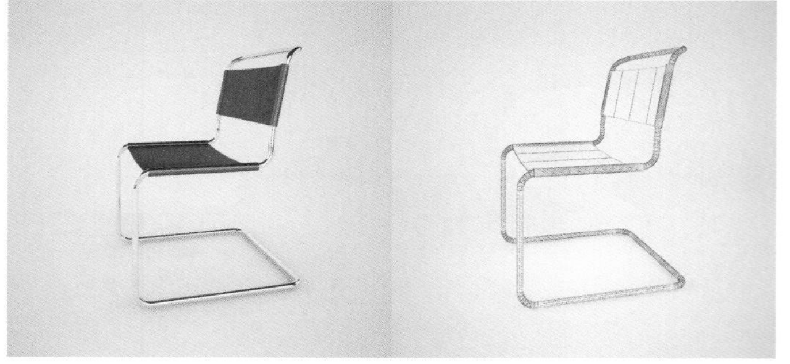

图4-11

01 使用“线”工具 线 在视图中绘制出如图4-12所示的样条线。

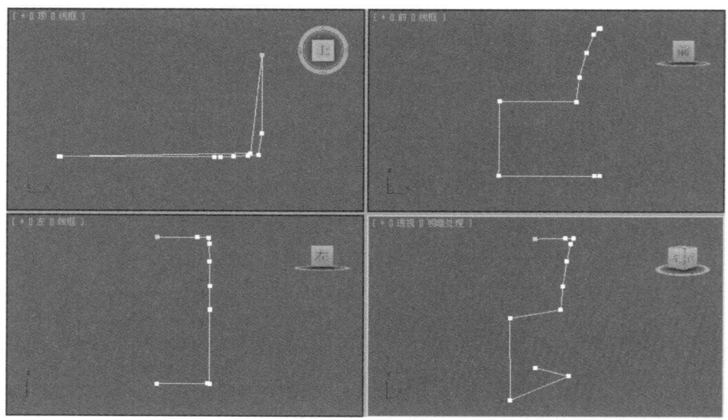

图4-12

02 在“选择”卷展栏下单击“顶点”按钮，进入“顶点”级别，然后选择如图4-13所示的顶点，接着单击鼠标右键，在弹出的菜单中选择“平滑”命令，如图4-14所示。

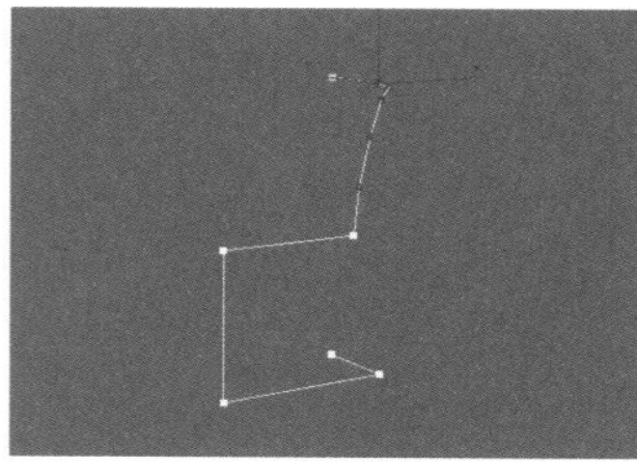

图4-13

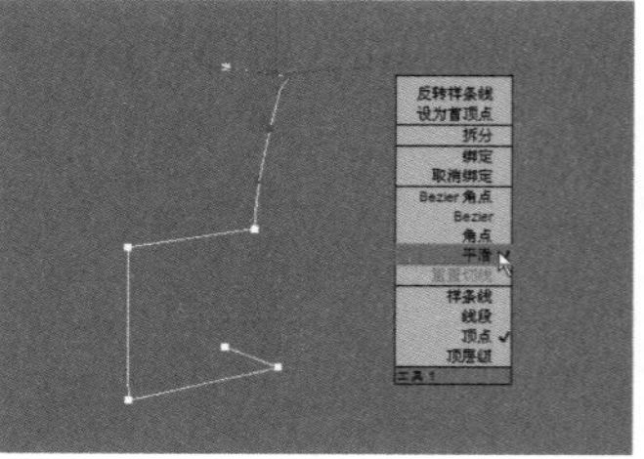

图4-14

技术专题 15 调节样条线的形状

如果绘制的样条线不是很平滑，就需要对其进行调节（需要尖角的角点时就不需要调节），样条线形状主要是在“顶点”级别下进行调节。下面以图4-15中的矩形为例详细介绍一下如何将硬角点调节为平面的角点。

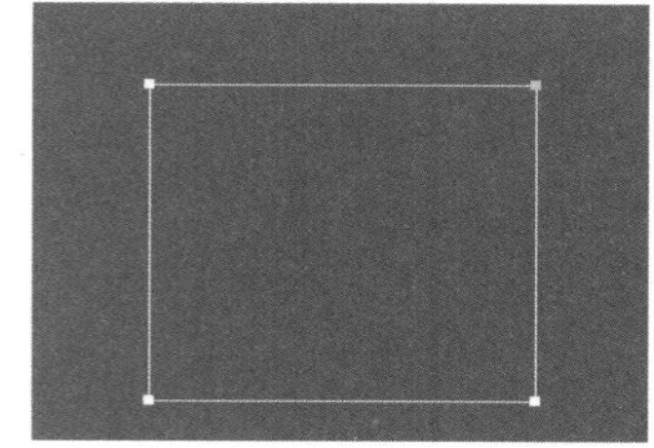

图4-15

进入“修改”面板，然后在“选择”卷展栏下单击“顶点”按钮，进入“顶点”级别，如图4-16所示。

选择需要调节的顶点，然后单击鼠标右键，在弹出的菜单中可以看到除了“角点”选项以外，还有另外3个选项，分别是“Bezier角点”、Bezier和“平滑”选项，如图4-17所示。

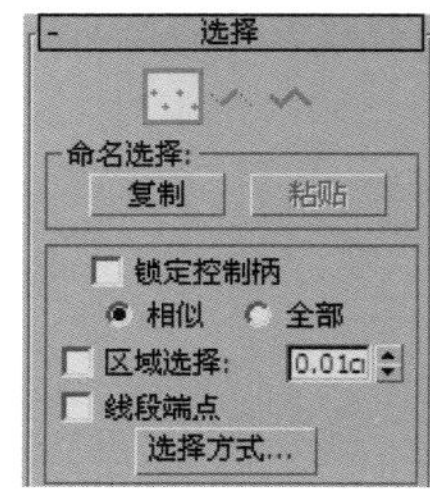

图4-16

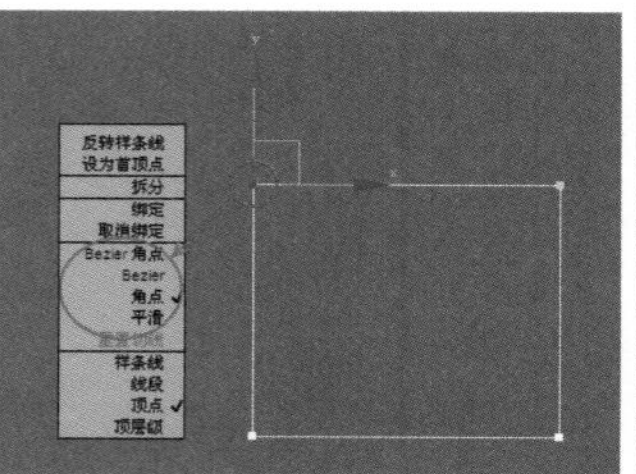

图4-17

平滑：如果选择该选项，则选择的顶点会自动平滑，但是不能继续调节角点的形状，如图4-18所示。

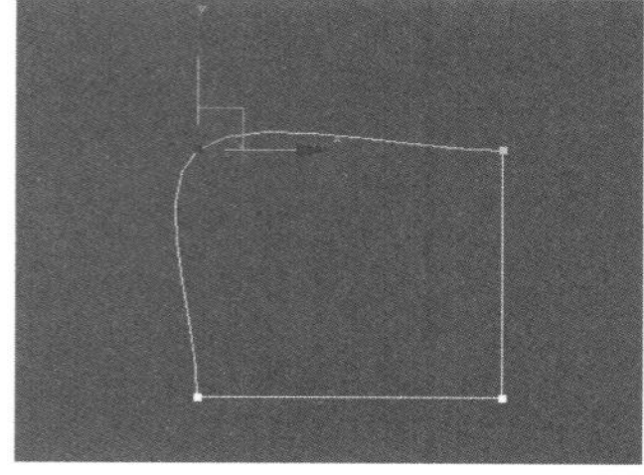

图4-18

Bezier角点：如果选择该选项，则原始角点的形状保持不变，但会出现控制柄（两条滑竿）和两个可供调节方向的锚点，如图4-19所示。通过这两个锚点，可以用“选择并移动”工具、“选择并旋转”工具、“选择并均匀缩放”工具等对锚点进行移动、旋转和缩放等操作，从而改变角点的形状，如图4-20所示。

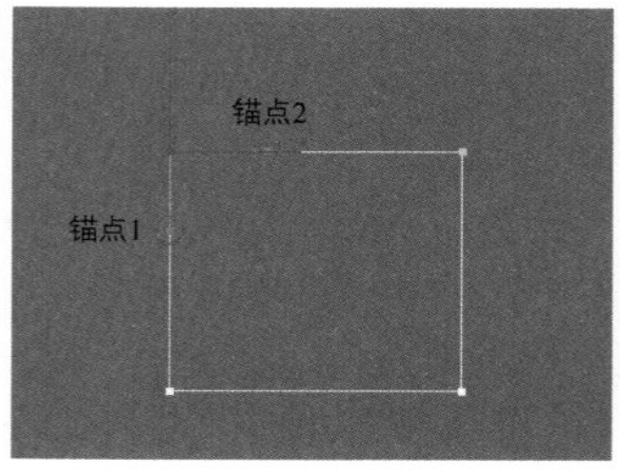

图4-19

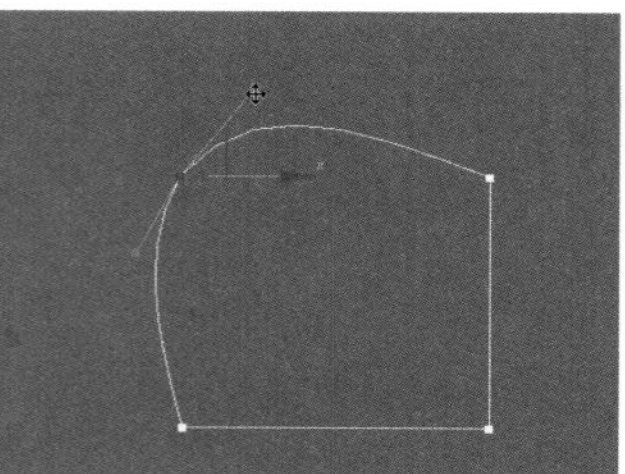

图4-20

Bezier：如果选择该选项，则会改变原始角点的形状，同时也会出现控制柄和两个可供调节方向的锚点，如图4-21所示。同样通过这两个锚点，可以用“选择并移动”工具、“选择并旋转”工具、“选择并均匀缩放”工具等对锚点进行移动、旋转和缩放等操作，从而改变角点的形状，如图4-22所示。

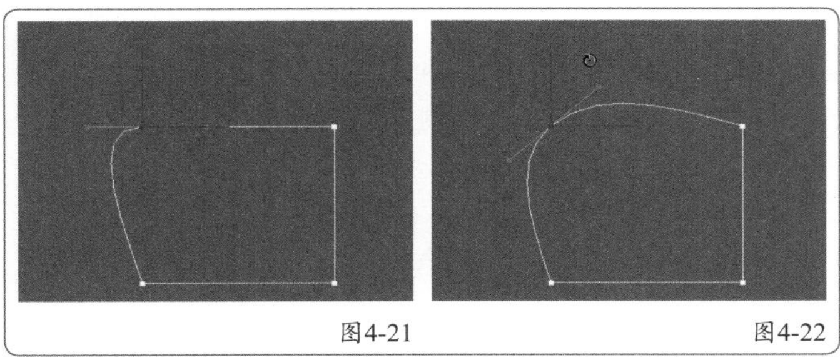

图4-21　　图4-22

03 选择如图4-23所示的顶点，展开“几何体”卷展栏，然后在“圆角”按钮 圆角 后面的输入框中输入220mm，接着按Enter键确认圆角操作，如图4-24所示。

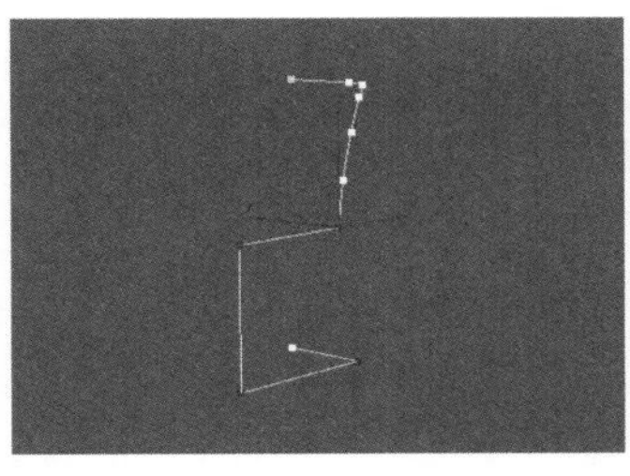

图4-23

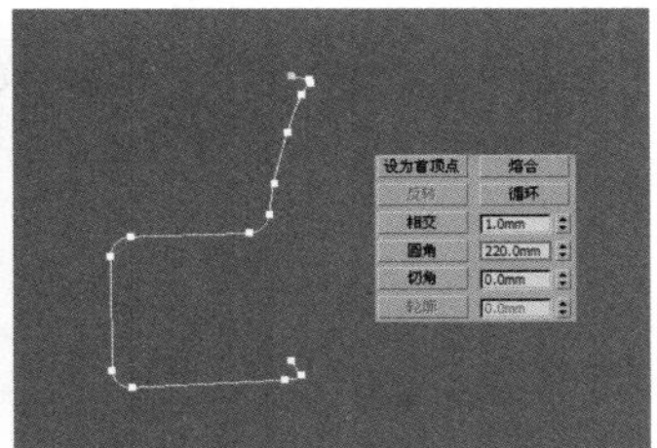

图4-24

疑难问答

问：为什么设置的圆角不正确？

答：注意，由于本例绘制的样条线没有准确的数值，因此将样条线的顶点圆角设置为220mm不一定能得到想要的圆角效果。基于此，用户需要根据实际情况来自行设定圆角数值。

04 返回到顶层级，然后在“主工具栏”中单击“镜像”按钮，打开“镜像:世界坐标”对话框，接着设置“镜像轴”为y轴、“克隆当前选择”为“复制”，如图4-25所示，效果如图4-26所示。

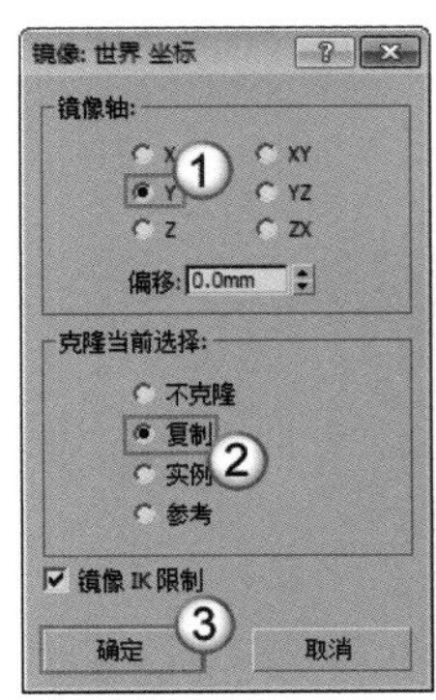

图4-25

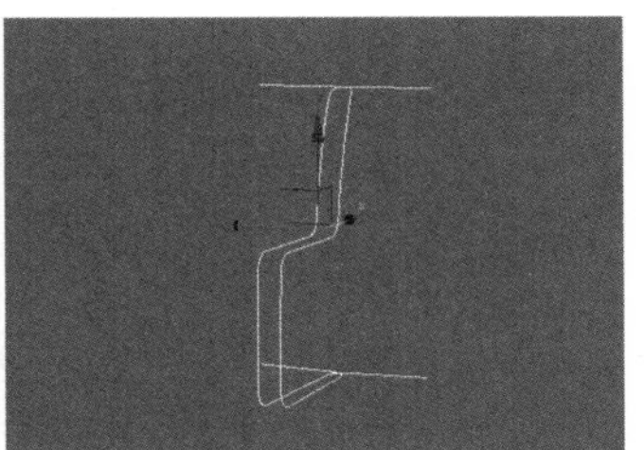

图4-26

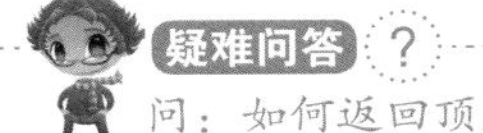

疑难问答

问：如何返回顶层级？

答：在“顶点”级别下，如果要返回顶层级，可以在视图中单击鼠标右键，然后在弹出的菜单中选择“顶层级”命令。

05 使用“选择并移动”工具在视图中调整好镜像样条线的位置，如图4-27所示。

06 选择样条线，然后在“渲染”卷展栏下勾选“在渲染中启用”和“在视口中启用”选项，接着设置“径向”的“厚度”为80mm，如图4-28所示。

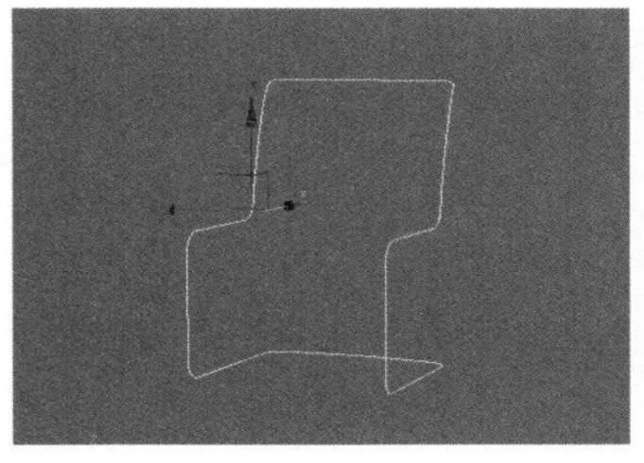

图4-27

图4-28

技术专题 16 附加样条线与焊接顶点

这里可能会遇到一个问题，选择两条样条线无法设置“渲染”参数。这是因为这两条样条线是分开的（即两条样条线），只能对其分别进行设置。因此，在设置“渲染”参数之前需要将两条样条线附加成一个整体，然后对端点顶点进行焊接。具体操作流程如下。

第1步：附加样条线。选择其中一条样条线，然后在“几何体”卷展栏下单击“附加”按钮 附加 ，接着在视图中单击另外一条样条线，如图4-29所示，这样就可以将两条样条线附加成一个整体，如图4-30所示。

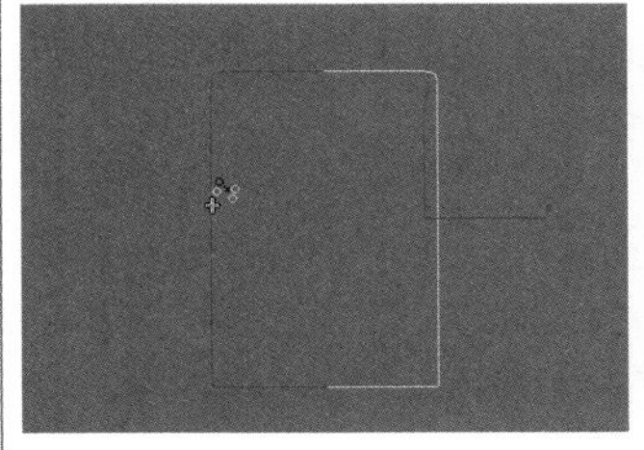

图4-29

图4-30

第2步：焊接顶点。进入“顶点”级别，在左视图中选择顶部的两个顶点（在视觉上看似一个顶点，但实际上是两个顶点。在“选择”卷展栏下可以观察到选择的顶点数目），如图4-31所示，然后在“几何体”卷展栏下“焊接”按钮 焊接 后面的输入框中输入10mm，接着单击“焊接”按钮 焊接 确认焊接操作，如图4-32所示。焊接完成后再对顶部的两个顶点进行焊接。

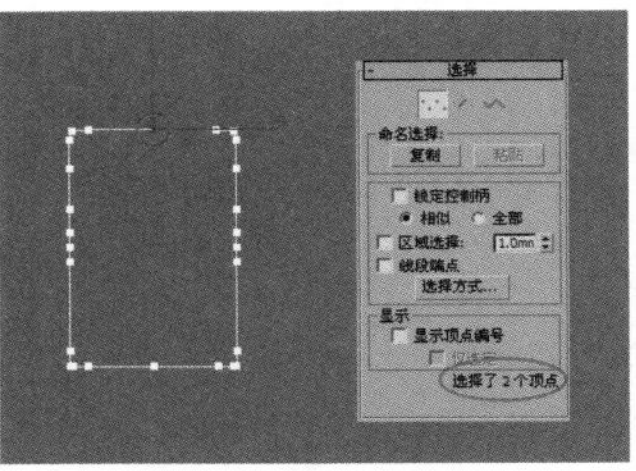

图4-31

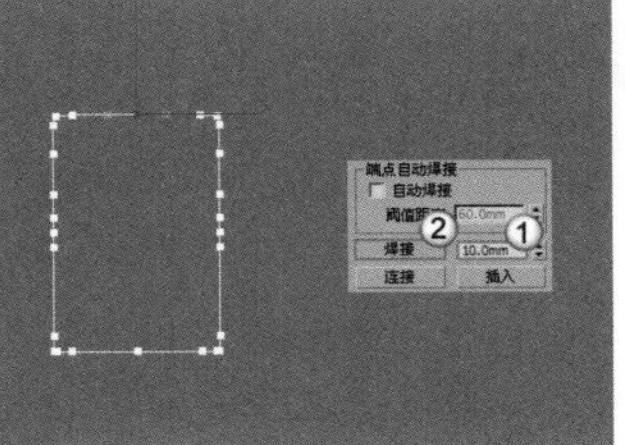

图4-32

07 使用“圆”工具 圆 在左视图中绘制圆形，然后在“参数”卷展栏下设置“半径”为45mm，如图4-33所示。

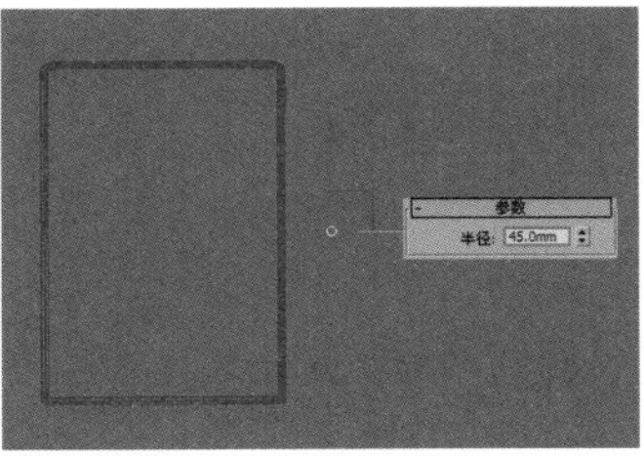

图4-33

08 选择圆形，然后在“渲染”卷展栏下勾选“在渲染中启用”和“在视口中启用”选项，接着勾选“矩形”选项，再设置“长度”为1300mm、“宽度”为20mm，如图4-34所示，最后调整好圆形的位置，如图4-35所示。

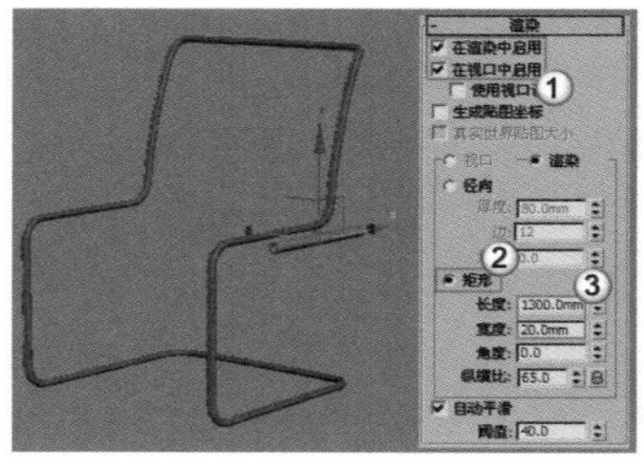

图4-34

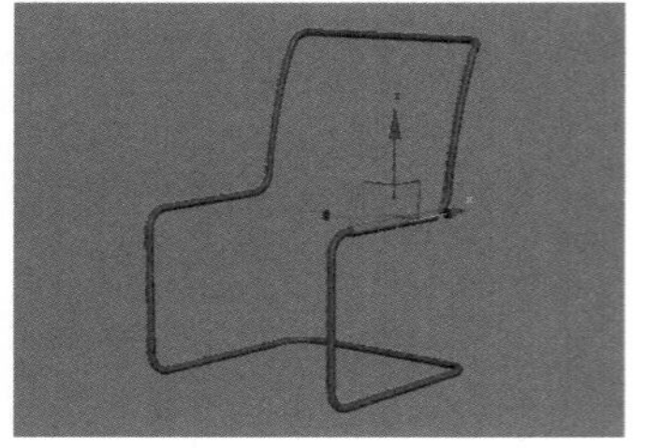

图4-35

09 按住Shift键使用“选择并移动”工具移动复制一个圆形到另外一个扶手处，如图4-36所示。

10 采用相同的方法制作另外两个圆形，如图4-37所示。

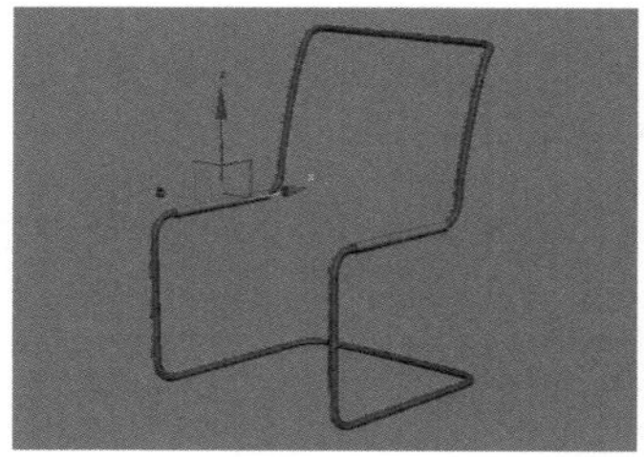

图4-36

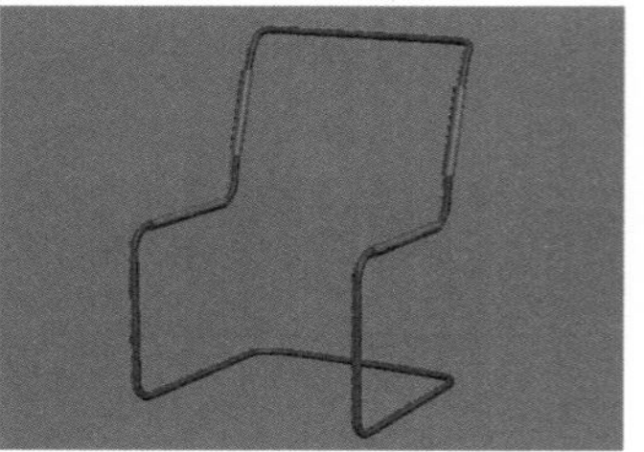

图4-37

11 使用“线”工具 线 在左视图中绘制一条如图4-38所示的样条线，然后在“渲染”卷展栏下勾选“在渲染中启用”和“在视口中启用”选项，接着勾选“矩形”选项，最后设置“长度”为20mm、“宽度”为1300mm，如图4-39所示。

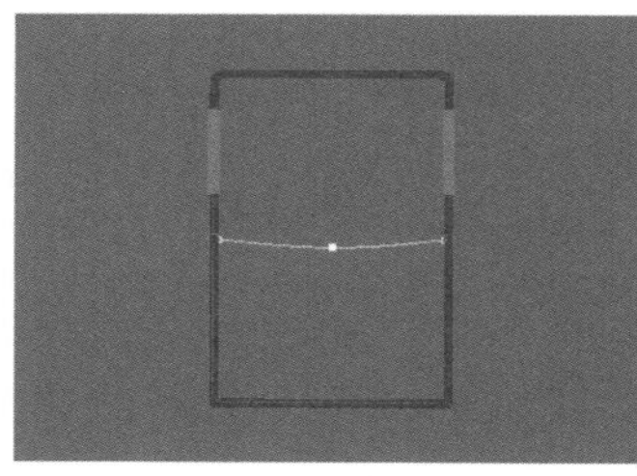

图4-38

图4-39

12 采用相同的方法制作靠背部分，最终效果如图4-40所示。

图4-40

★重点★

4.1.2 文本

使用文本样条线可以很方便地在视图中创建文字模型，并且可以更改字体类型和字体大小。文本的参数如图4-41所示（“渲染”和“插值”两个卷展栏中的参数与“线”工具的参数相同）。

图4-41

文本重要参数介绍

斜体：单击该按钮可以将文本切换为斜体，如图4-42所示。

下划线：单击该按钮可以将文本切换为下划线文本，如图4-43所示。

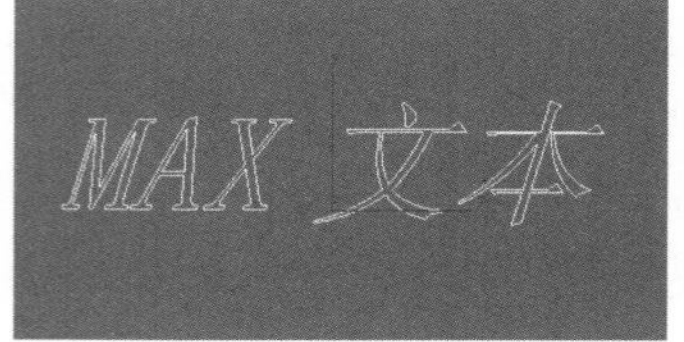

图4-42

图4-43

左对齐：单击该按钮可以将文本对齐到边界框的左侧。

居中：单击该按钮可以将文本对齐到边界框的中心。

右对齐：单击该按钮可以将文本对齐到边界框的右侧。

对正：分隔所有文本行以填充边界框的范围。

大小：设置文本高度，其默认值为100mm。

字间距：设置文字间的间距。

行间距：调整行间的间距（只对多行文本起作用）。

文本：在此可以输入文本，若要输入多行文本，可以按Enter键切换到下一行。

★重点★

实战：用文本制作数字灯箱

场景位置 无
实例位置 实例文件>CH04>实战：用文本制作数字灯箱.max
视频位置 多媒体教学>CH04>实战：用文本制作数字灯箱.flv
难易指数 ★★☆☆☆
技术掌握 文本工具、角度捕捉切换工具、线工具

扫码看视频

数字灯箱的效果如图4-44所示。

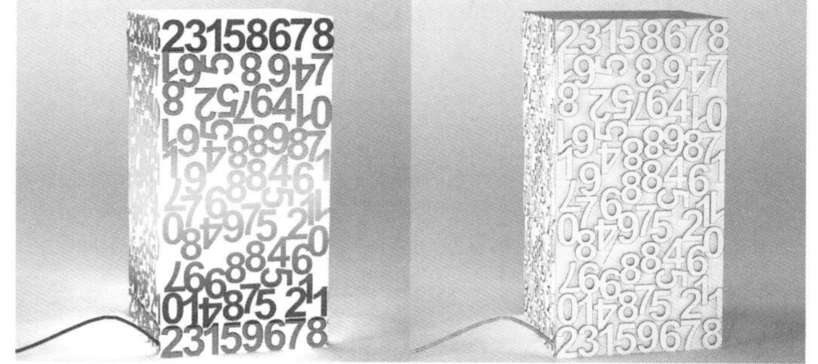

图4-44

01 使用“长方体”工具 长方体 创建一个长方体，然后在“参数”卷展栏下设置“长度”为19.685mm、“宽度”为19.685mm、“高度”为39.37mm，具体参数设置及模型效果如图4-45所示。

02 使用“文本”工具 文本 在前视图中创建一个文本，然后在“参数”卷展栏下设置“字体”为Arial Bold、“大小”为5.906mm，接着在“文本”输入框中输入数字1，具体参数设置及文本效果如图4-46所示。

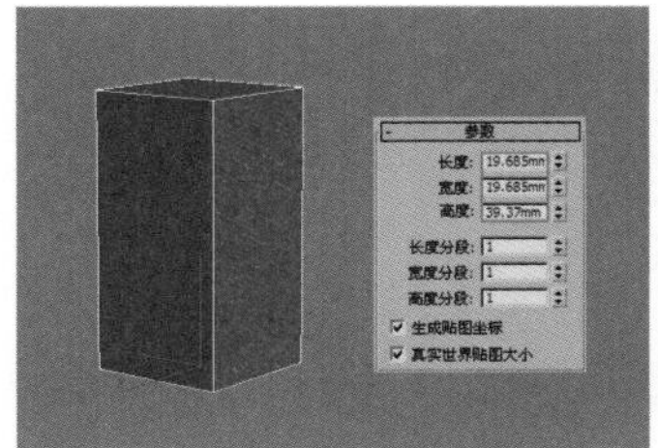

图4-45

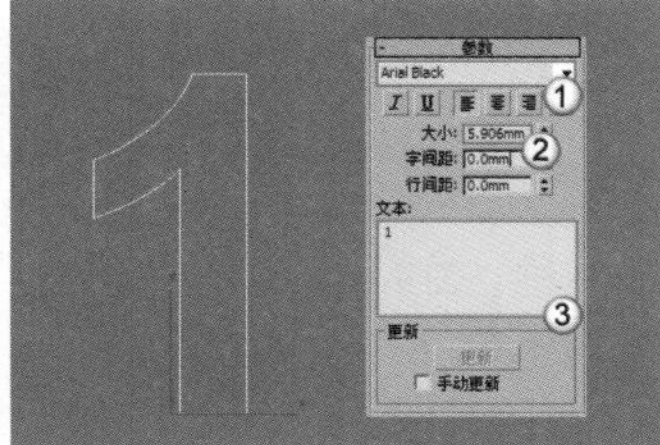

图4-46

03 使用“文本”工具 文本 在前视图中创建其他的文本2、3、4、5、6、7、8、9、0，完成后的效果如图4-47所示。

图4-47

技巧与提示

步骤（3）其实可以采用更简单的方法来制作。先用“选择并移动”工具将数字1复制9份，然后在“文本”输入框中将数字改为其他数字即可，这样可以节省很多操作时间。

04 选择所有的文本，然后在“修改器列表”中为文本加载一个“挤出”修改器，接着在“参数”卷展栏下设置“数量”为0.197mm，具体参数设置及模型效果如图4-48所示。

05 使用“选择并移动”工具和“选择并旋转”工具调整好文本的位置和角度，完成后的效果如图4-49所示。

图4-48

图4-49

06 使用“选择并移动”工具将文本移动复制到长方体的面上，直到铺满整个面为止，如图4-50所示。

07 选择所有的文本，然后执行“组>组”菜单命令，接着在弹出的“组”对话框中单击“确定”按钮 确定 ，如图4-51所示。

图4-50

图4-51

08 选择“组001”，按A键激活“角度捕捉切换”工具，然后按E键选择“选择并旋转”工具，接着按住Shift键在前视图中沿z轴旋转90°复制一份文本，如图4-52所示，最后用“选择并移动”工具将复制的文本放在如图4-53所示的位置。

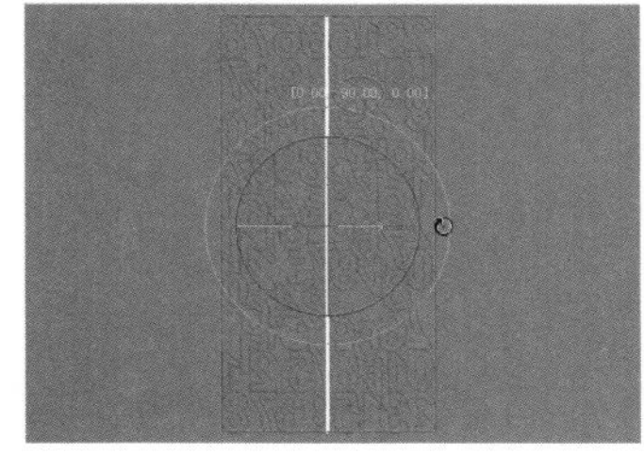

图4-52

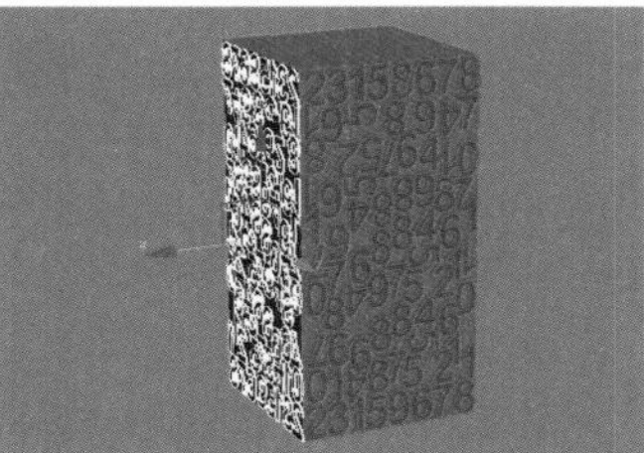

图4-53

09 使用“选择并移动”工具继续移动复制两份文本到另外两个侧面上，如图4-54所示。

10 使用“线”工具 线 在前视图中绘制一条如图4-55所示的样条线。

图4-54

图4-55

11 选择样条线，然后在“渲染”卷展栏勾选“在渲染中启用”和“在视口中启用”选项，接着设置“径向”的“厚度”为0.394mm，具体参数设置如图4-56所示，最终效果如图4-57所示。

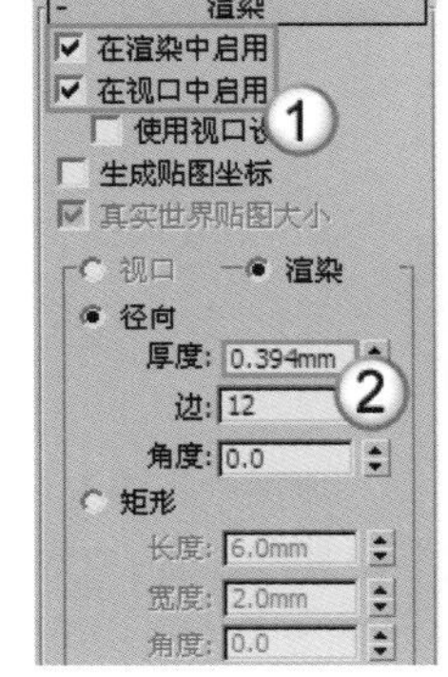

图4-56

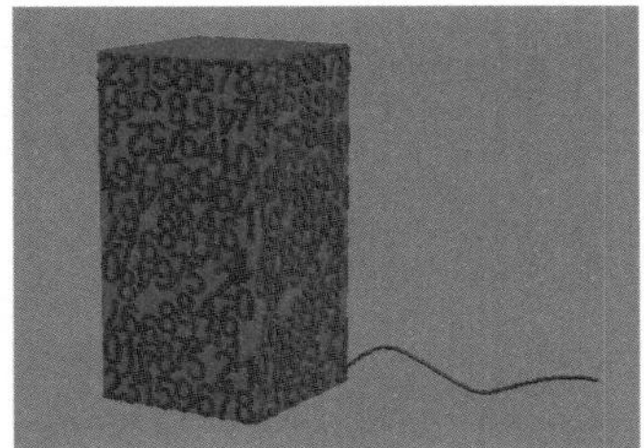

图4-57

★ 重点 ★

4.1.3 螺旋线

使用“螺旋线”工具 螺旋线 可以创建开口平面或螺旋线，其创建参数如图4-58所示。

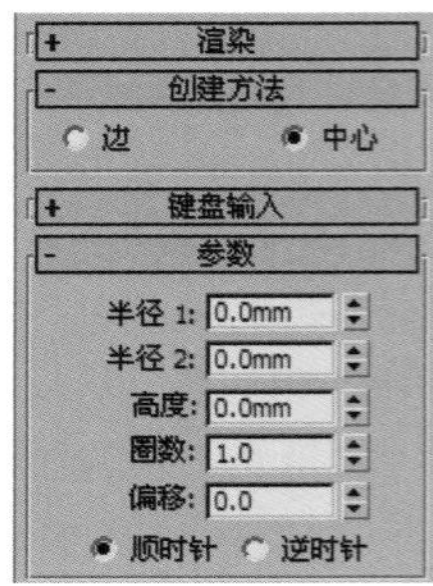

图4-58

螺旋线重要参数介绍

边：以螺旋线的边为基点开始创建。

中心：以螺旋线的中心为基点开始创建。

半径1/半径2：设置螺旋线起点和终点的半径。

高度：设置螺旋线的高度。

圈数：设置螺旋线起点和终点之间的圈数。

偏移：强制在螺旋线的一端累积圈数。高度为0时，偏移的影响不可见。

顺时针/逆时针：设置螺旋线的旋转是顺时针还是逆时针。

知识链接

关于螺旋线的“渲染”参数及“键盘输入”参数请参阅“4.1.1 线”中的相关内容。

★ 重点 ★

实战：用螺旋线制作现代沙发

场景位置 无
实例位置 实例文件>CH04>实战：用螺旋线制作现代沙发.max
视频位置 多媒体教学>CH04>实战：用螺旋线制作现代沙发.flv
难易指数 ★★★☆☆
技术掌握 螺旋线工具、顶点的点选与框选方法

扫码看视频

现代沙发的效果如图4-59所示。

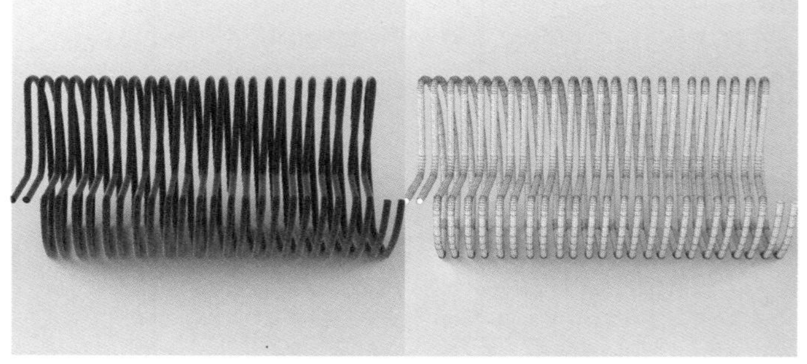

图4-59

01 使用螺旋线”工具 螺旋线 在左视图中拖曳光标创建一条螺旋线，然后在“参数”卷展栏下设置 “半径1” 和 “半径2” 为500mm、 “高度” 为2000mm、 “圈数” 为12，具体参数设置及螺旋线的效果如图4-60所示。

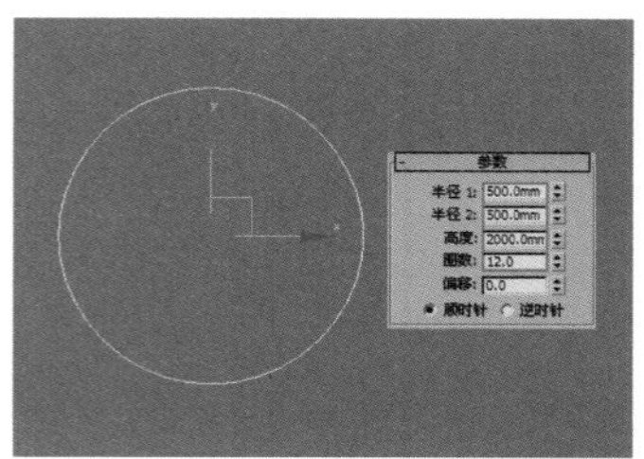

图4-60

技巧与提示

在左视图中创建的螺旋线看不到效果，要在其他3个视图中才能看到。图4-61所示是在透视图中的效果。

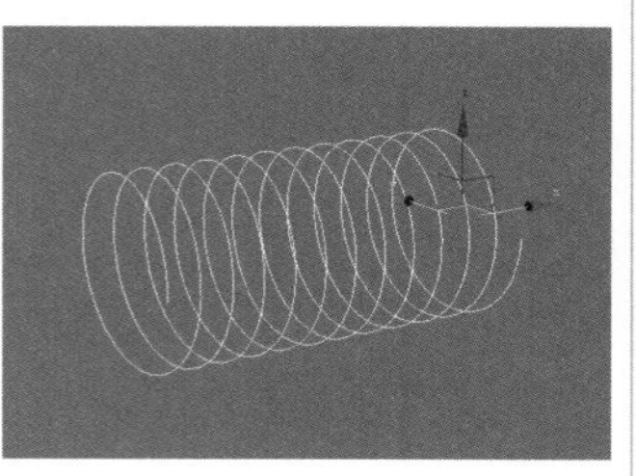

图4-61

02 选择螺旋线，然后单击鼠标右键，接着在弹出的菜单中选择“转换为>转换为可编辑样条线”命令，如图4-62所示。

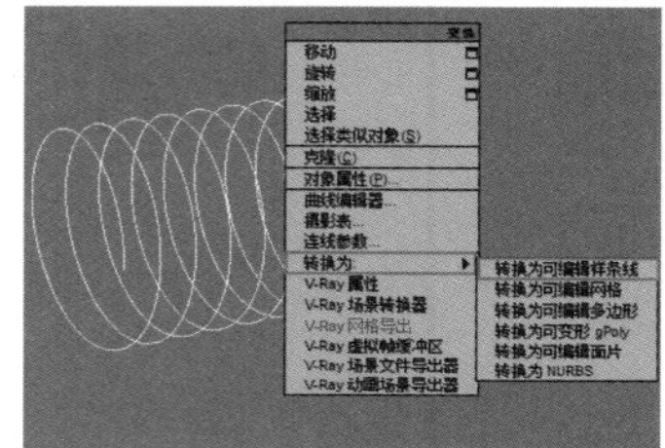

图4-62

03 切换到“修改”面板，然后在“选择”卷展栏下单击“顶点”按钮，进入“顶点”级别，接着在左视图中选择如图4-63所示的顶点，最后按Delete键删除所选顶点，效果如图4-64所示。

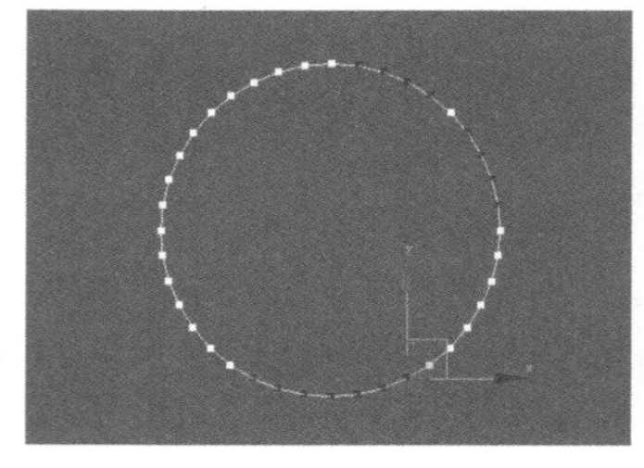

图4-63

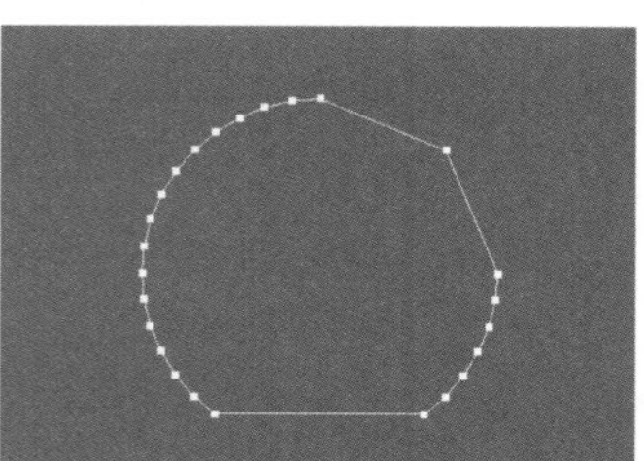

图4-64

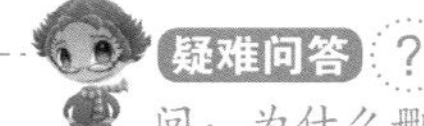

疑难问答

问：为什么删除顶点后的效果不正确？

答：如果用户删除顶点后的效果与图4-64对应不起来，可能是选择方式不正确的原因。选择方式一般分为“点选”和“框选”两种，下面详细介绍一下这两种方法的区别（这两种选择方法要视情况而定）。

点选：顾名思义，点选就是单击鼠标左键进行选择，一次性只能选择一个顶点，如图4-65中所选顶点就是采用点选方式进行选择的，按Delete键删除顶点后得到如图4-66所示的效果。很明显点选得到的效果不能达到要求，也就是说用户很可能是采用点选方式造成的错误。

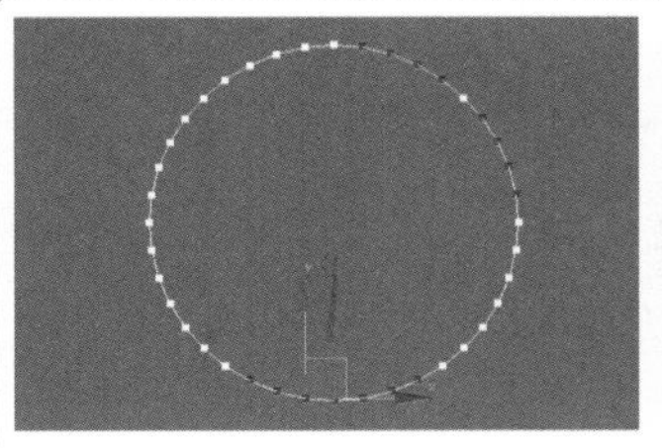
图4-65

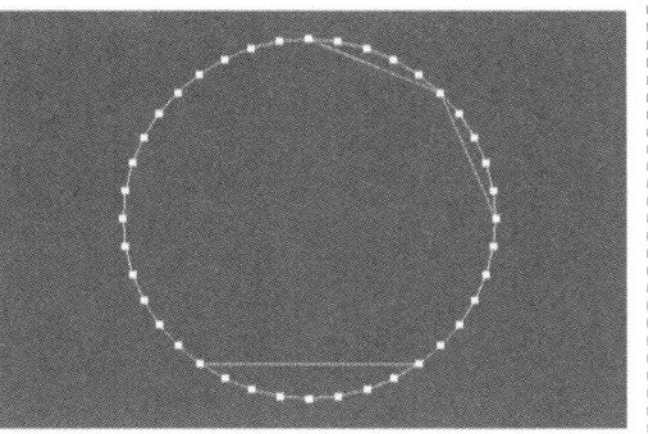
图4-66

框选：这种选择方式主要用来选择处于一个区域内的对象（步骤03就是框选）。比如框选如图4-67所示的顶点，那么处于选框区域内的所有顶点都将被选中，如图4-68所示。

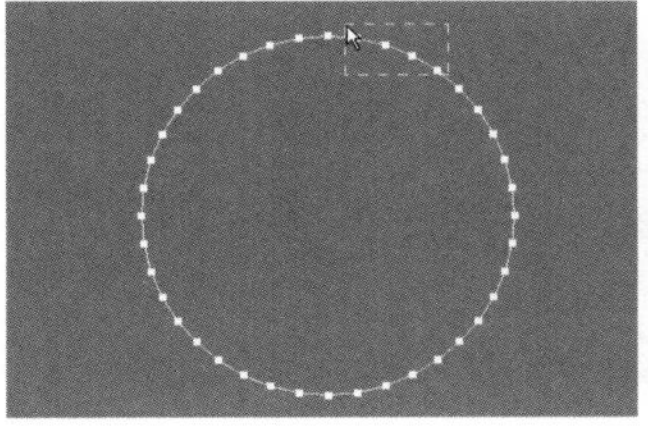
图4-67

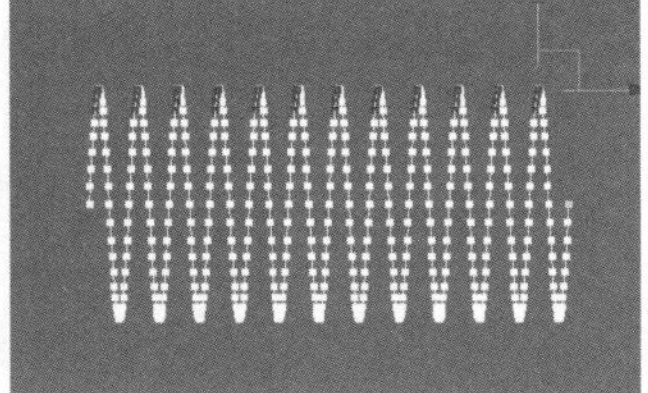
图4-68

04 使用"选择并移动"工具在左视图中框选如图4-69所示的一组顶点，然后将其拖曳到如图4-70所示的位置。

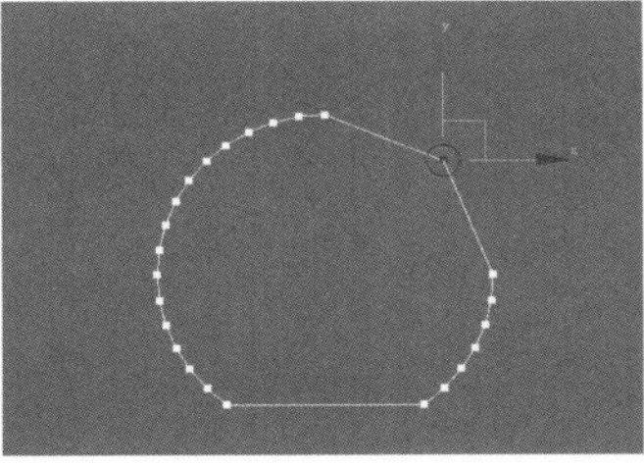
图4-69

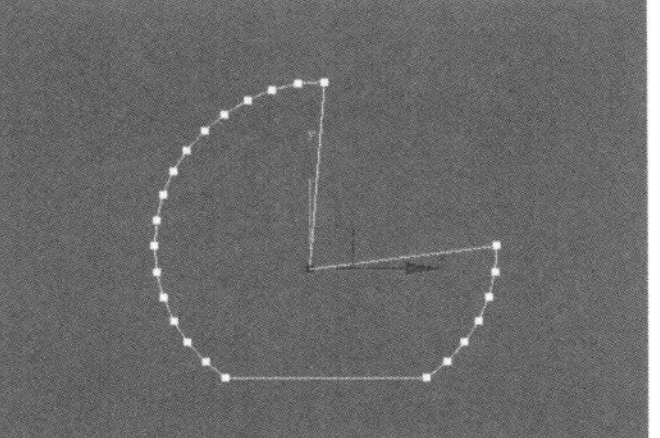
图4-70

05 继续使用"选择并移动"工具在左视图中框选如图4-71所示的两组顶点，然后将其向下拖曳到如图4-72所示的位置，接着分别将各组顶点向内收拢，如图4-73所示。

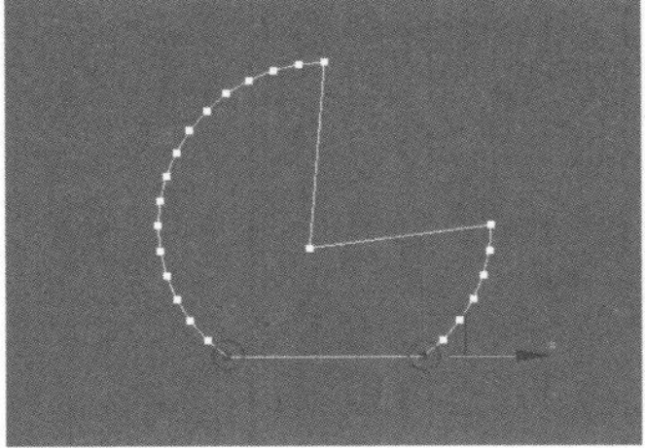
图4-71

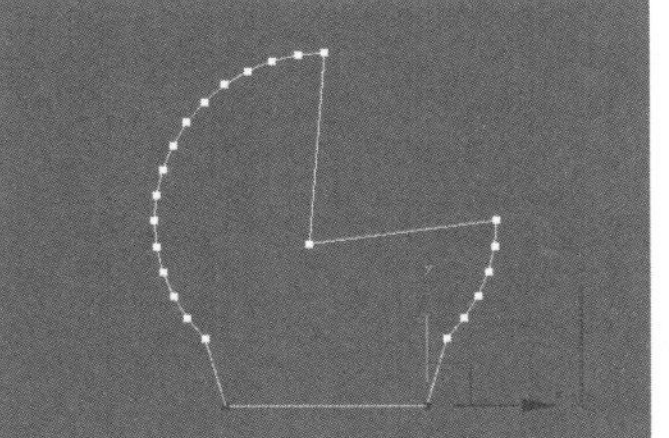
图4-72

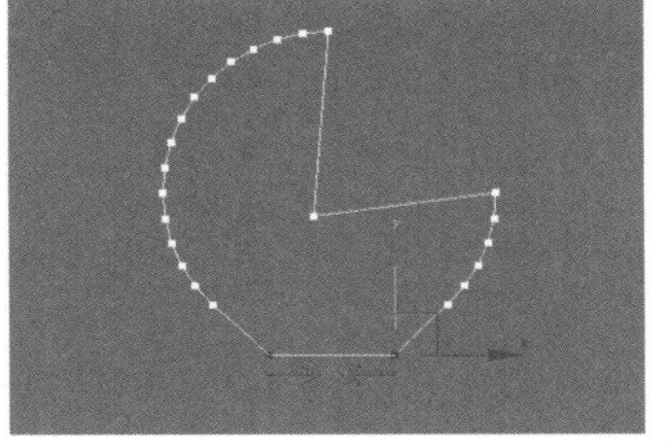
图4-73

06 在左视图中框选如图4-74所示的一组顶点，然后展开"几何体"卷展栏，接着在"圆角"按钮 圆角 后面的输入框中输入120mm，最后按Enter键确认操作，如图4-75所示。

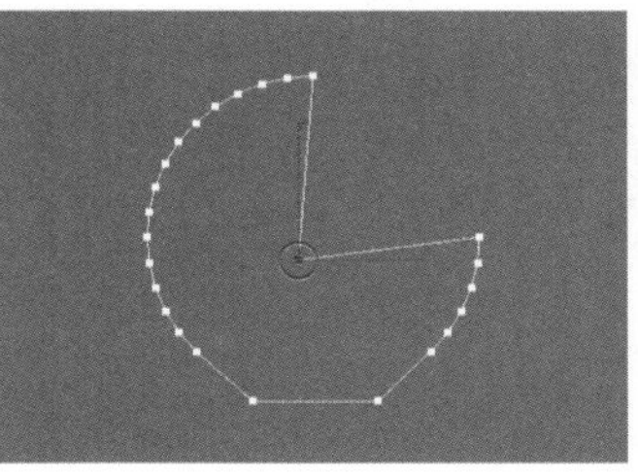
图4-74

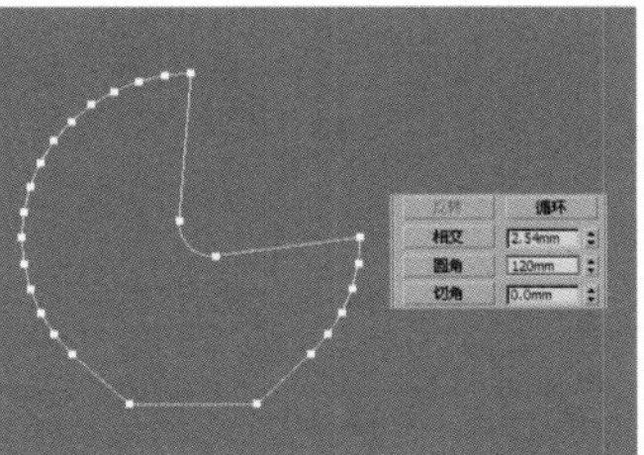
图4-75

07 继续在左视图中框选如图4-76所示的4组顶点，然后展开"几何体"卷展栏，接着在"圆角"按钮 圆角 后面的输入框中输入50mm，最后按Enter键确认操作，如图4-77所示。

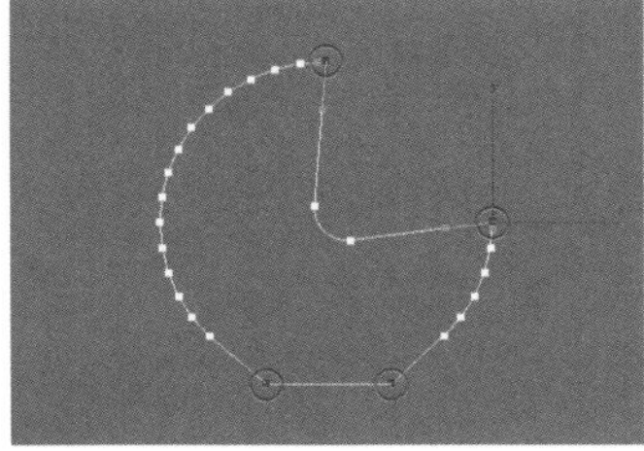
图4-76

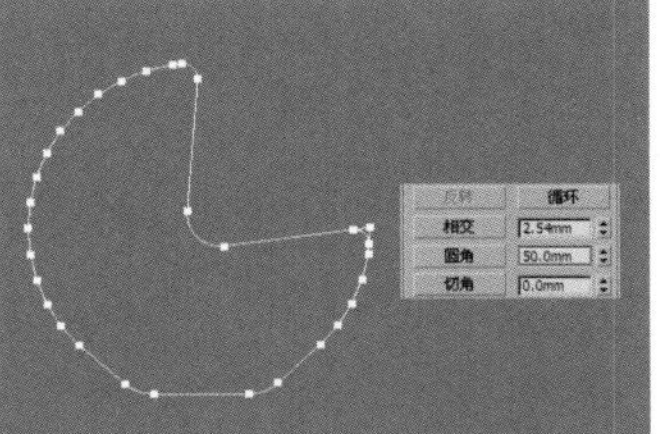
图4-77

08 在"选择"卷展栏下单击"顶点"按钮，退出"顶点"级别，然后在"渲染"卷展栏下勾选"在渲染中启用"和"在视口中启用"选项，接着设置"径向"的"厚度"为40mm，具体参数设置及模型效果如图4-78所示。

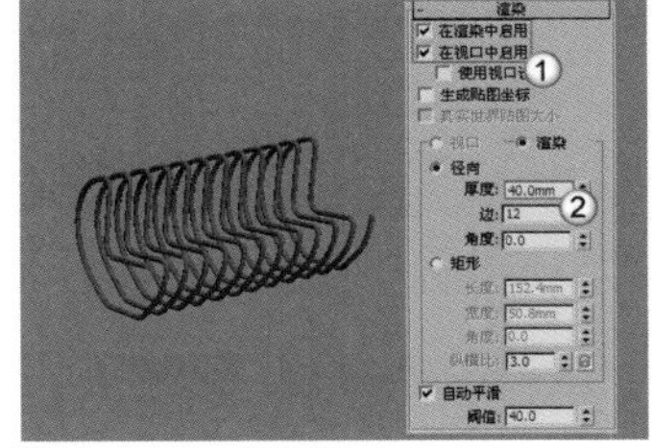
图4-78

09 使用"选择并移动"工具选择模型，然后按住Shift键在前视图中向左或向右移动复制一个模型，如图4-79所示，最终效果如图4-80所示。

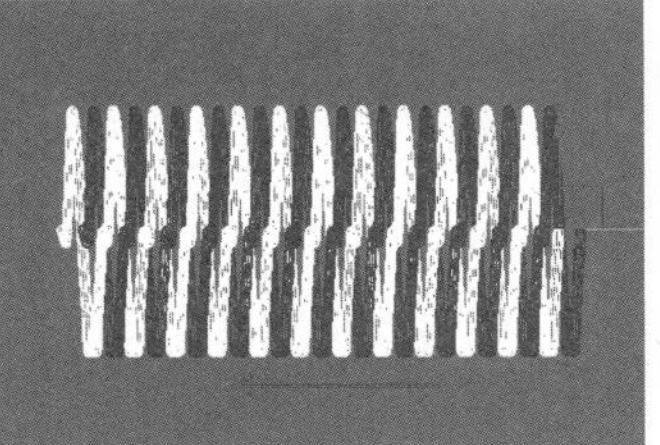
图4-79

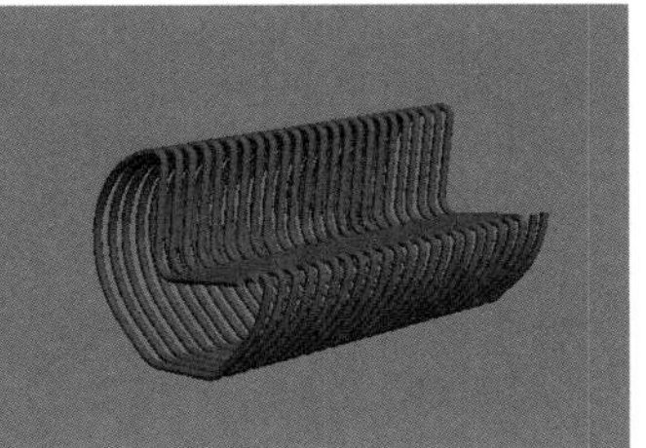
图4-80

4.1.4 其他样条线

除了以上3种样条线以外，还有9种样条线，分别是矩形、圆、椭圆、弧、圆环、多边形、星形、卵形和截面，如图4-81所示。这9种样条线都很简单，其参数也很容易理解，在此就不再进行介绍。

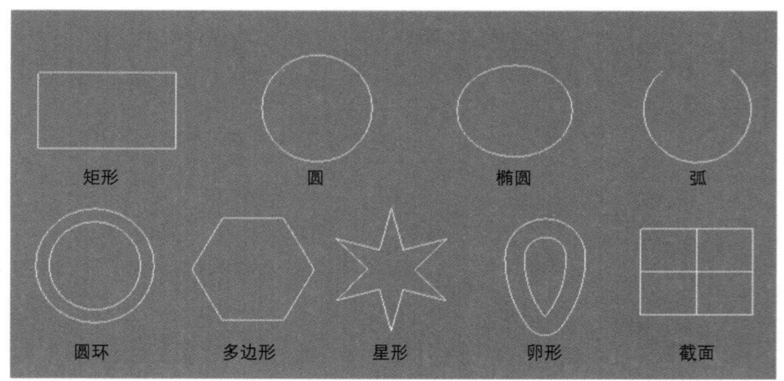

图4-81

4.2 扩展样条线

设置图形类型为“扩展样条线”，这里共有5种类型的扩展样条线，分别是“墙矩形”“通道”“角度”“T形”和“宽法兰”，如图4-82所示。这5种扩展样条线在前视图中的显示效果如图4-83所示。

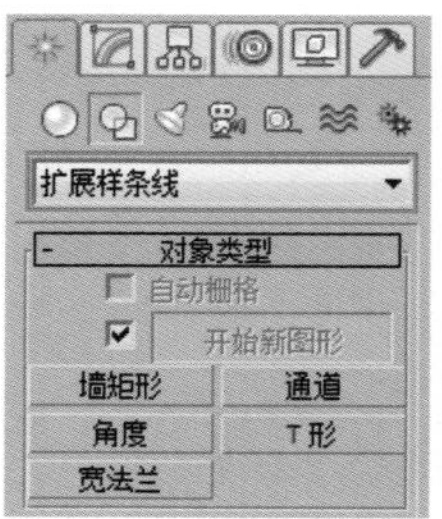

图4-82

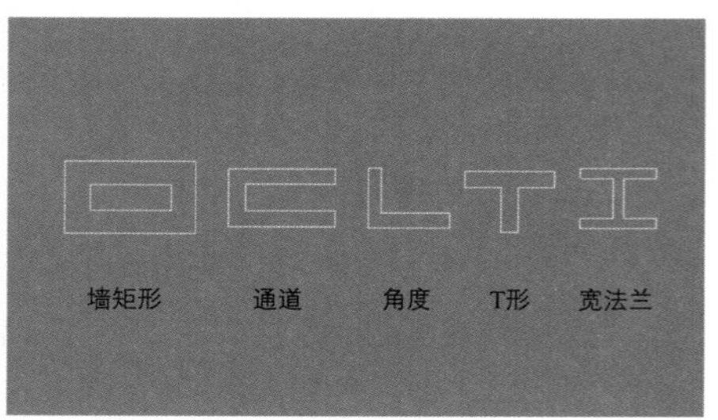

图4-83

扩展样条线的创建方法和参数设置比较简单，与样条线的使用方法基本相同，因此在这里就不多加讲解了。实际上“扩展样条线”就是“样条线”的补充，让用户在建模时节省时间；但是只有在特殊情况下才使用扩展样条线来建模，而且还得配合其他修改器一起来完成。二维图形建模中还有一个“NURBS曲线”建模方法，这一部分内容将在后面的章节中进行讲解。

4.3 编辑样条线

虽然3ds Max 2014提供了很多种二维图形，但是也不能完全满足创建复杂模型的需求，因此就需要对样条线的形状进行修改，并且由于绘制出来的样条线都是参数化对象，只能对参数进行调整，所以就需要将样条线转换为可编辑样条线。

4.3.1 转换为可编辑样条线

将样条线转换为可编辑样条线的方法有以下两种。

第1种：选择样条线，然后单击鼠标右键，接着在弹出的菜单中选择“转换为>转换为可编辑样条线”命令，如图4-84所示。

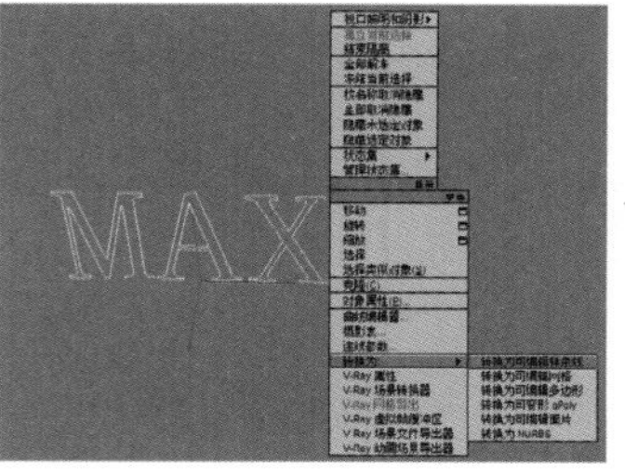

图4-84

技巧与提示

在将样条线转换为可编辑样条线前，样条线具有创建参数（“参数”卷展栏），如图4-85所示。转换为可编辑样条线以后，“修改”面板的修改器堆栈中的Text就变成了“可编辑样条线”选项，并且没有了“参数”卷展栏，但增加了“选择”“软选择”和“几何体”3个卷展栏，如图4-86所示。

图4-85

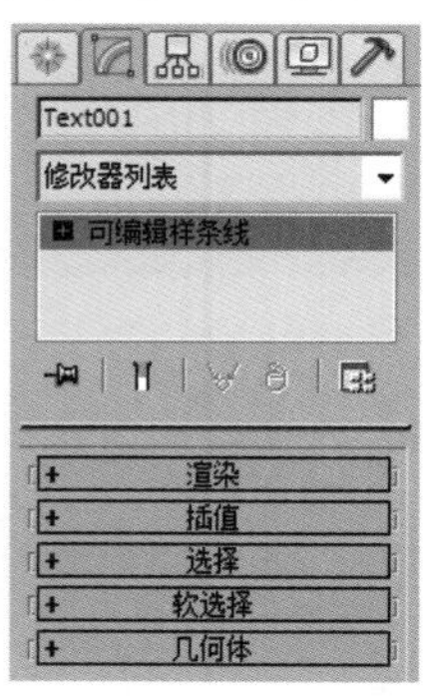

图4-86

第2种：选择样条线，然后在“修改器列表”中为其加载一个“编辑样条线”修改器，如图4-87所示。

图4-87

问：两种转换方法有区别吗？

答：有一定的区别。与第1种方法相比，第2种方法的修改器堆栈中不只包含“编辑样条线”选项，同时还保留了原始的样条线（也包含“参数”卷展栏）。当选择“编辑样条线”选项时，其卷展栏包含“选择”“软选择”和“几何体”卷展栏，如图4-88所示；当选择Text选项时，其卷展栏包括“渲染”“插值”和“参数”卷展栏，如图4-89所示。

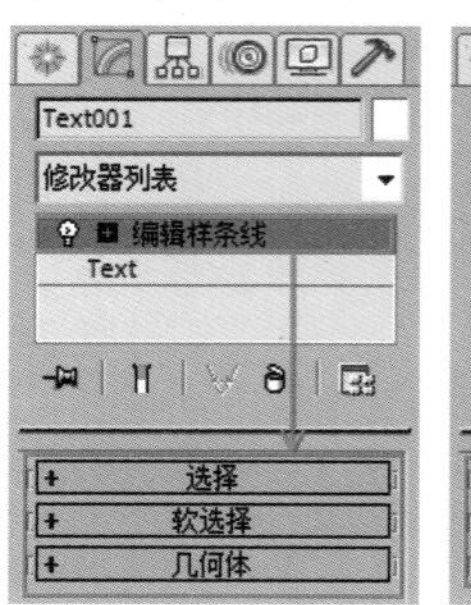

图4-88

图4-89

★重点★

4.3.2 调节可编辑样条线

将样条线转换为可编辑样条线后，可编辑样条线就包含5个卷展栏，分别是“渲染”“插值”“选择”“软选择”和“几何体”卷展栏，如图4-90所示。

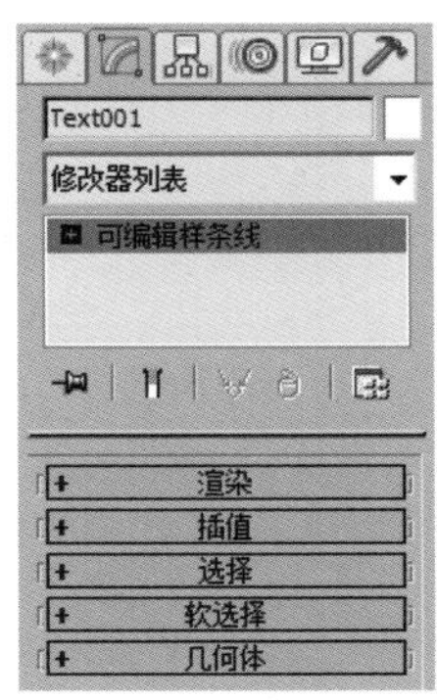

图4-90

下面只介绍“选择”“软选择”和“几何体”3个卷展栏下的相关参数，另外两个卷展栏请参阅“4.1.1 线”中的相关内容。

选择卷展栏

“选择”卷展栏主要用来切换可编辑样条线的操作级别，如图4-91所示。

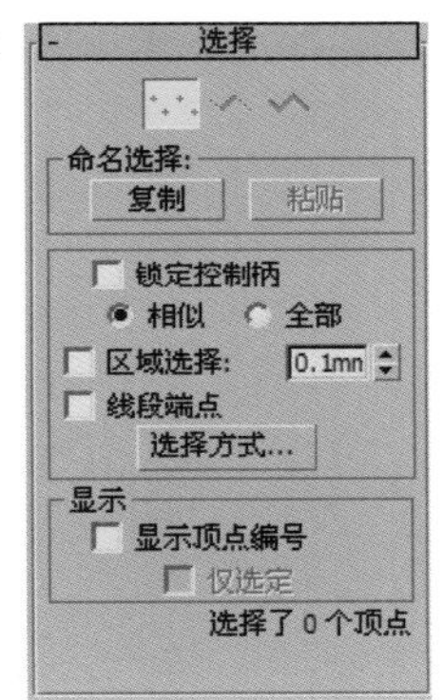

图4-91

选择卷展栏参数介绍

顶点：用于访问“顶点”子对象级别，在该级别下可以对样条线的顶点进行调节，如图4-92所示。

线段：用于访问“线段”子对象级别，在该级别下可以对样条线的线段进行调节，如图4-93所示。

样条线：用于访问“样条线”子对象级别，在该级别下可以对整条样条线进行调节，如图4-94所示。

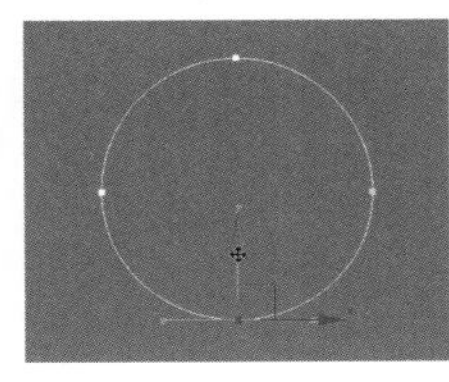
图4-92

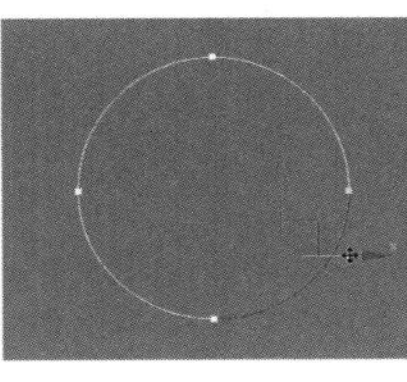
图4-93

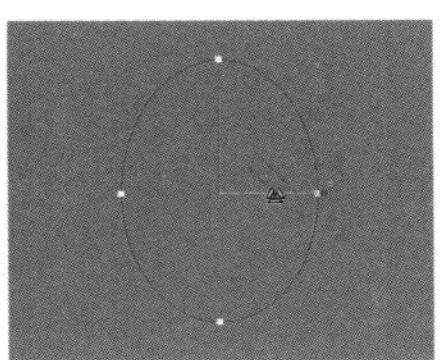
图4-94

命名选择：该选项组用于复制和粘贴命名选择集。

复制 复制：将命名选择集放置到复制缓冲区。

粘贴 粘贴：从复制缓冲区中粘贴命名选择集。

锁定控制柄：关闭该选项时，即使选择了多个顶点，用户每次也只能变换一个顶点的切线控制柄；勾选该选项时，可以同时变换多个Bezier和Bezier角点控制柄。

相似：拖曳传入向量的控制柄时，所选顶点的所有传入向量将同时移动。同样，移动某个顶点上的传出切线控制柄将移动所有所选顶点的传出切线控制柄。

全部：当处理单个Bezier角点顶点并且想要移动两个控制柄时，可以使用该选项。

区域选择：该选项允许自动选择所单击顶点的特定半径中的所有顶点。

线段端点：勾选该选项后，可以通过单击线段来选择顶点。

选择方式 选择方式...：单击该按钮可以打开“选择方式”对话框，如图4-95所示。在该对话框中可以选择所选样条线或线段上的顶点。

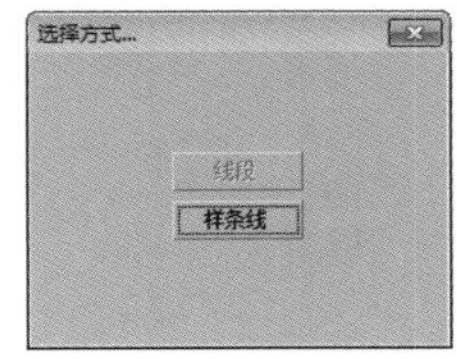

图4-95

显示：该选项组用于设置顶点编号的显示方式。

显示顶点编号：启用该选项后，3ds Max将在任何子对象级别的所选样条线的顶点旁边显示顶点编号，如图4-96所示。

仅选择：启用该选项后（要启用“显示顶点编号”选项时，该选项才可用），仅在所选顶点旁边显示顶点编号，如图4-97所示。

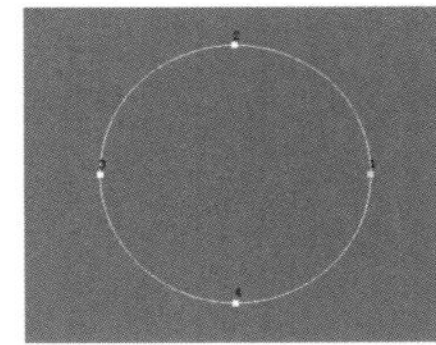
图4-96

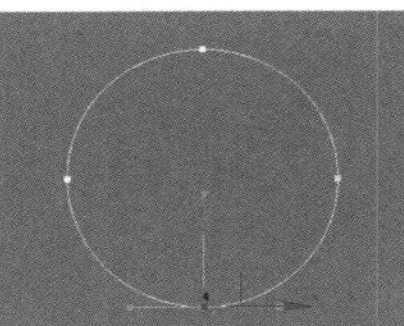
图4-97

软选择卷展栏

“软选择”卷展栏下的参数选项允许部分地选择显式选择邻接处的子对象，如图4-98所示。这将会使显式选择的行为就像被磁场包围了一样。在对子对象进行变换时，在场中被部分选定的子对象就会以平滑的方式进行绘制。

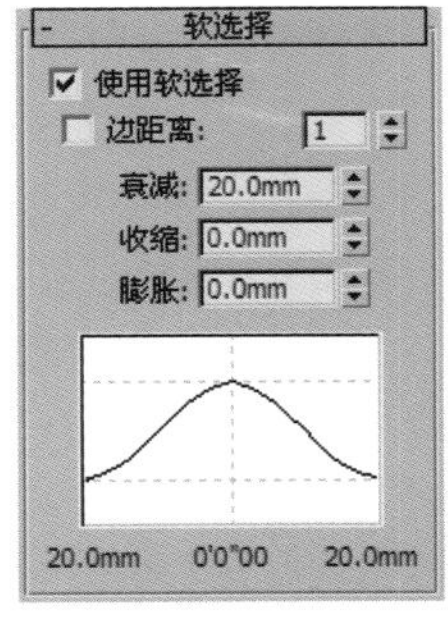

图4-98

软选择卷展栏参数介绍

使用软选择：启用该选项后，3ds Max会将样条线曲线变形应用到所变换的选择周围的未选定子对象。

边距离：启用该选项后，可以将软选择限制到指定的边数。

衰减：用以定义影响区域的距离。它是用当前单位表示从中心到球体边的距离。使用越高的“衰减”数值，就可以实现更平缓的斜坡。

收缩：用于沿着垂直轴提高并降低曲线的顶点。数值为负数时，将生成凹陷，而不是点；数值为0时，收缩将跨越该轴生成平滑变换。

膨胀：用于沿着垂直轴展开和收缩曲线。受“收缩”选项的限制，“膨胀”选项设置膨胀的固定起点。“收缩”值为0mm，并且“膨胀”值为1mm时，将会产生最为平滑的凸起。

软选择曲线图：以图形的方式显示软选择是如何进行工作的。

几何体卷展栏

“几何体”卷展栏下是一些编辑样条线对象和子对象的相关参数与工具，如图4-99所示。

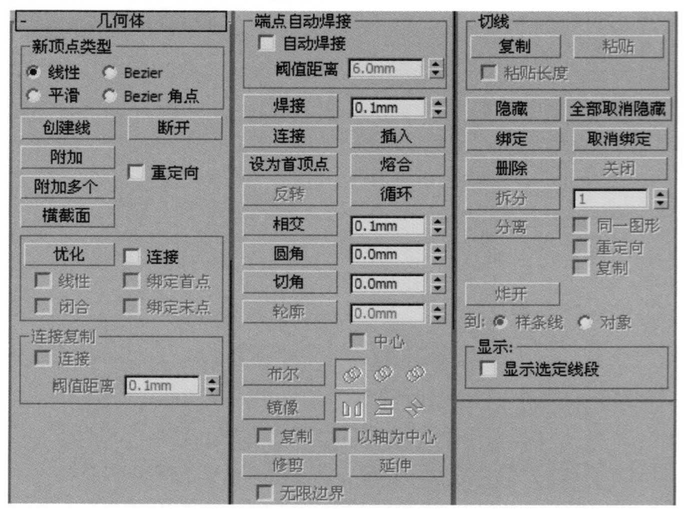

图4-99

几何体卷展栏参数与工具介绍

新顶点类型：该选项组用于选择新顶点的类型。

线性：新顶点具有线性切线。

Bezier：新顶点具有Bezier切线。

平滑：新顶点具有平滑切线。

Bezier角点：新顶点具有Bezier角点切线。

创建线：向所选对象添加更多样条线。这些线是独立的样条线子对象。

断开：在选定的一个或多个顶点拆分样条线。选择一个或多个顶点，然后单击“断开”按钮可以创建拆分效果。

附加：将其他样条线附加到所选样条线。

附加多个：单击该按钮可以打开“附加多个”对话框，该对话框包含场景中所有其他图形的列表。

重定向：启用该选项后，将重新定向附加的样条线，使每个样条线的创建局部坐标系与所选样条线的创建局部坐标系对齐。

横截面：在横截面形状外面创建样条线框架。

优化：这是最重要的工具之一，可以在样条线上添加顶点，且不更改样条线的曲率值。

连接：启用该选项时，通过连接新顶点可以创建一个新的样条线子对象。使用“优化”工具添加顶点后，“连接”选项会为每个新顶点创建一个单独的副本，然后将所有副本与一个新样条线相连。

线性：启用该选项后，通过使用“角点”顶点可以使新样条直线中的所有线段成为线性。

绑定首点：启用该选项后，可以使在优化操作中创建的第一个顶点绑定到所选线段的中心。

闭合：如果用该选项后，将连接新样条线中的第一个和最后一个顶点，以创建一个闭合的样条线；如果关闭该选项，“连接”选项将始终创建一个开口样条线。

绑定末点：启用该选项后，可以使在优化操作中创建的最后一个顶点绑定到所选线段的中心。

连接复制：该选项组在“线段”级别下使用，用于控制是否开启连接复制功能。

连接：启用该选项后，按住Shift键复制线段的操作将创建一个新的样条线子对象，以及将新线段的顶点连接到原始线段顶点的其他样条线。

阈值距离：确定启用“连接复制”选项时将使用的距离软选择。数值越高，创建的样条线就越多。

端点自动焊接：该选项组用于自动焊接样条线的端点。

自动焊接：启用该选项后，会自动焊接在与同一样条线的另一个端点的阈值距离内放置和移动的端点顶点。

阈值距离：用于控制在自动焊接顶点之前，顶点可以与另一个顶点接近的程度。

焊接：这是最重要的工具之一，可以将两个端点顶点或同一样条线中的两个相邻顶点转化为一个顶点。

连接：连接两个端点顶点以生成一个线性线段。

插入：插入一个或多个顶点，以创建其他线段。

设为首顶点：指定所选样条线中的哪个顶点为第一个顶点。

熔合：将所有选定顶点移至它们的平均中心位置。

反转：该工具在“样条线”级别下使用，用于反转所选样条线的方向。

循环：选择顶点以后，单击该按钮可以循环选择同一条样条线上的顶点。

相交：在属于同一个样条线对象的两个样条线的相交处添加顶点。

圆角：在线段会合的地方设置圆角，以添加新的控制点。

切角：用于设置形状角部的倒角。

轮廓：这是最重要的工具之一，在“样条线”级别下使用，用于创建样条线的副本。

中心：如果关闭该选项，原始样条线将保持静止，而仅仅一侧的轮廓偏移到“轮廓”工具指定的距离；如果启用该选项，原始样条线和轮廓将从一个不可见的中心线向外移动到由“轮廓”工具指定的距离。

布尔：对两个样条线进行2D布尔运算。

并集：将两个重叠样条线组合成一个样条线。在该样条线中，重叠的部分会被删除，而保留两个样条线不重叠的部分，构成一个样条线。

差集：从第1个样条线中减去与第2个样条线重叠的部分，并删除第2个样条线中剩余的部分。

交集：仅保留两个样条线的重叠部分，并且会删除两者的不重叠部分。

镜像：对样条线进行相应的镜像操作。

水平镜像▯：沿水平方向镜像样条线。

垂直镜像▯：沿垂直方向镜像样条线。

双向镜像▯：沿对角线方向镜像样条线。

复制：启用该选项后，可以在镜像样条线时复制（而不是移动）样条线。

以轴为中心：启用该选项后，可以以样条线对象的轴点为中心镜像样条线。

修剪 修剪 ：清理形状中的重叠部分，使端点接合在一个点上。

延伸 延伸 ：清理形状中的开口部分，使端点接合在一个点上。

无限边界：为了计算相交，启用该选项可以将开口样条线视为无穷长。

切线：使用该选项组中的工具可以将一个顶点的控制柄复制并粘贴到另一个顶点。

复制 复制 ：激活该按钮，然后选择一个控制柄，可以将所选控制柄切线复制到缓冲区。

粘贴 粘贴 ：激活该按钮，然后单击一个控制柄，可以将控制柄切线粘贴到所选顶点。

粘贴长度：如果启用该选项，还可以复制控制柄的长度；如果关闭该选项，则只考虑控制柄角度，而不改变控制柄长度。

隐藏 隐藏 ：隐藏所选顶点和任何相连的线段。

全部取消隐藏 全部取消隐藏 ：显示任何隐藏的子对象。

绑定 绑定 ：允许创建绑定顶点。

取消绑定 取消绑定 ：允许断开绑定顶点与所附加线段的连接。

删除 删除 ：在“顶点”级别下，可以删除所选的一个或多个顶点，以及与每个要删除顶点相连的那条线段；在“线段”级别下，可以删除当前形状中任何选定的线段。

关闭 关闭 ：通过将所选样条线的端点顶点与新线段相连，以关闭该样条线。

拆分 拆分 ：通过添加由指定的顶点数来细分所选线段。

分离 分离 ：允许选择不同样条线中的几个线段，然后拆分（或复制）它们，以构成一个新图形。

同一图形：启用该选项后，将关闭“重定向”功能，并且“分离”操作将使分离的线段保留为形状的一部分（而不是生成一个新形状）。如果还启用了“复制”选项，则可以结束在同一位置进行的线段的分离副本。

重定向：移动和旋转新的分离对象，以便对局部坐标系进行定位，并使其与当前活动栅格的原点对齐。

复制：复制分离线段，而不是移动它。

炸开 炸开 ：通过将每个线段转化为一个独立的样条线或对象，来分裂任何所选样条线。

到：设置炸开样条线的方式，包含“样条线”和“对象”两种。

显示：控制是否开启“显示选定线段”功能。

显示选定线段：启用该选项后，与所选顶点子对象相连的任何线段将高亮显示为红色。

4.3.3 将二维样条线转换成三维模型

将二维样条线转换成三维模型的方法有很多，常用的方法是为模型加载“挤出”“倒角”或“车削”修改器。图4-100所示是为一个样条线加载“车削”修改器后得到的三维模型效果。

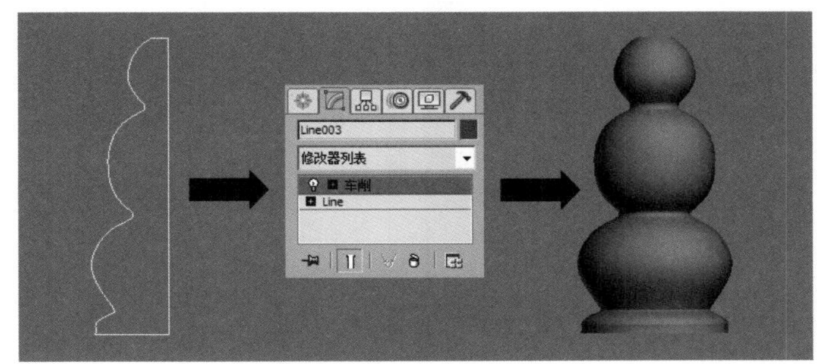

图4-100

★ 重 点 ★

实战：用样条线制作雕花台灯

场景位置 无
实例位置 实例文件>CH04>实战：用样条线制作雕花台灯.max
视频位置 多媒体教学>CH04>实战：用样条线制作雕花台灯.flv
难易指数 ★★★★☆
技术掌握 线工具、车削修改器、挤出修改器

雕花台灯的效果如图4-101所示。

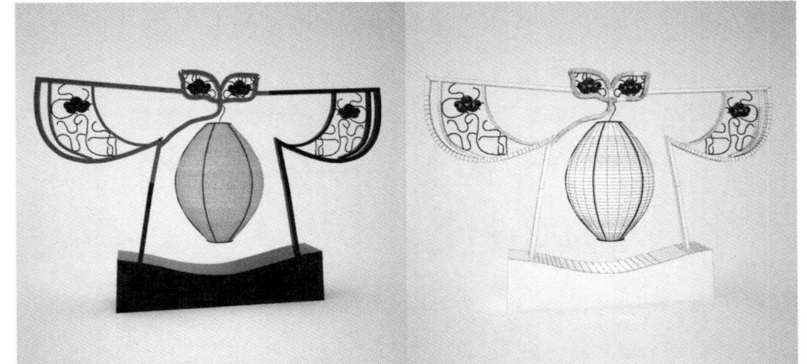

图4-101

01 使用“线”工具 线 在前视图中绘制如图4-102所示的样条线，然后继续绘制如图4-103所示的样条线。

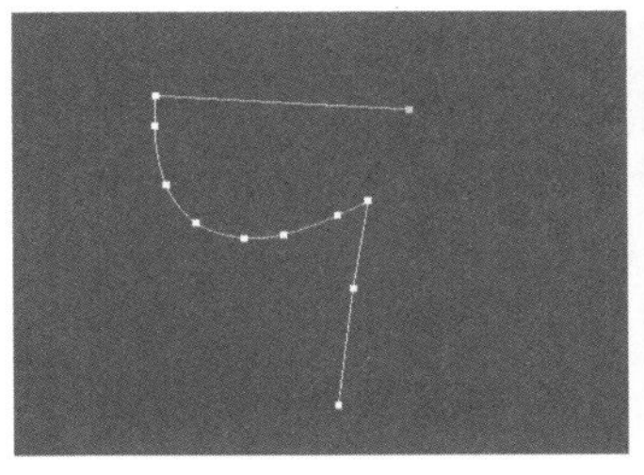

图4-102

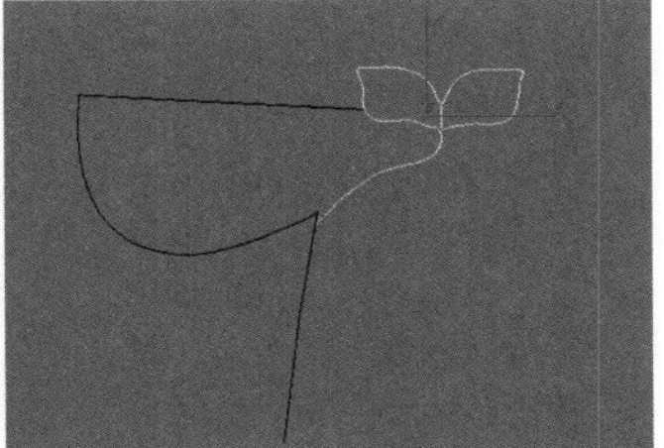

图4-103

02 分别选择两条样条线，然后在“渲染”卷展栏下勾选“在渲染中启用”和“在视口中启用”选项，接着勾选“矩形”选项，最后设置“长度”为60mm、“宽度”为40mm，具体参数设置如图4-104所示。

03 使用“线”工具 线 在前视图中绘制如图4-105所示

的样条线，然后在"渲染"卷展栏下勾选"在渲染中启用"和"在视口中启用"选项，接着设置"径向"的"厚度"为8mm，具体参数设置如图4-106所示。

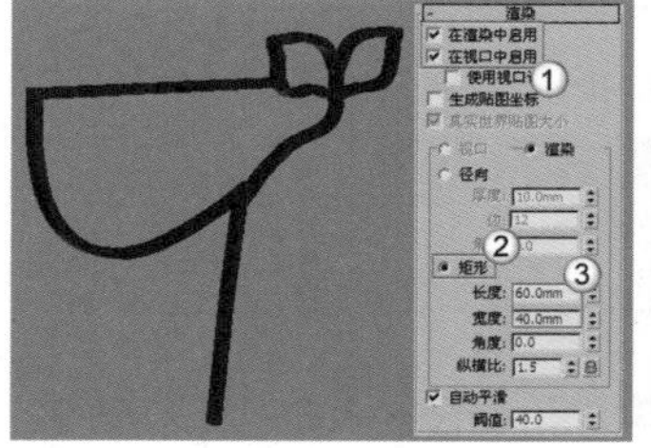
图4-104

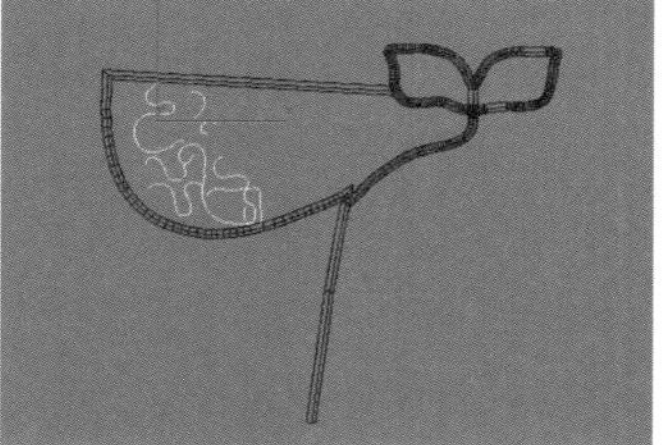
图4-105

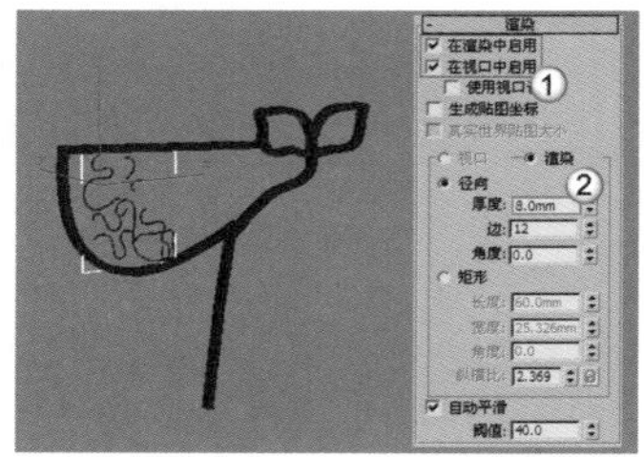
图4-106

04 采用相同的方法制作其他雕花，完成后的效果如图4-107所示。

05 选择除了叶片雕花外的所有模型，然后执行"组>组"菜单命令，为其建立一个组，如图4-108所示。

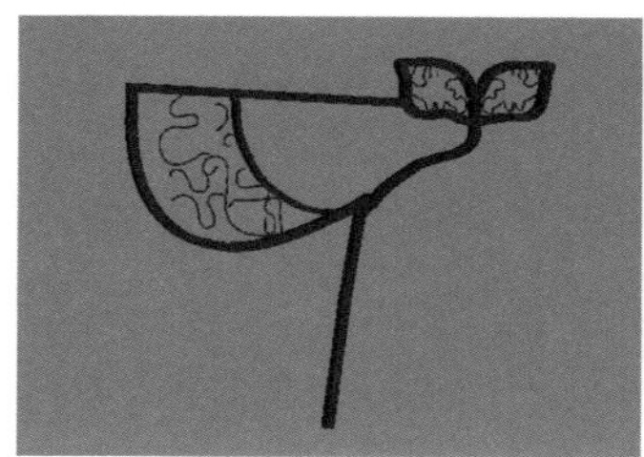
图4-107

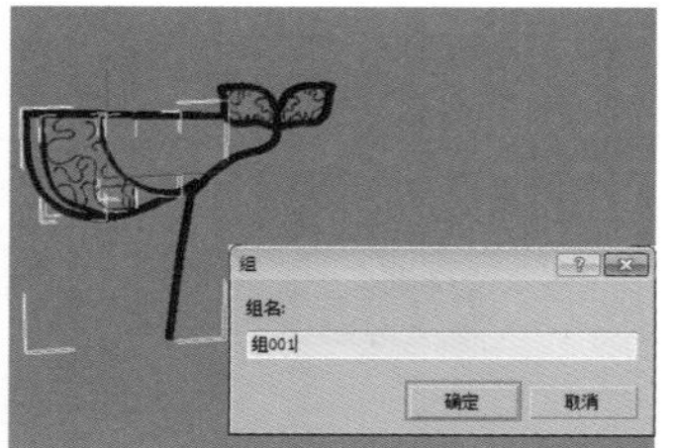
图4-108

06 选择"组001"，然后在"主工具栏"中单击"镜像"按钮，打开"镜像:世界坐标"对话框，接着设置"镜像轴"为x轴、"克隆当前选择"为"复制"，如图4-109所示，最后调整好镜像模型的位置，如图4-110所示。

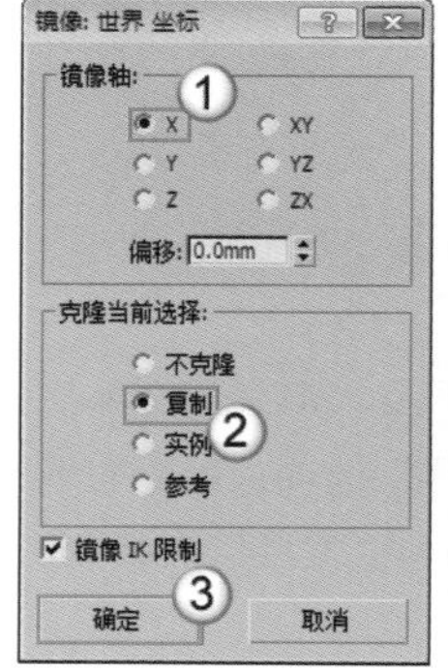

图4-109

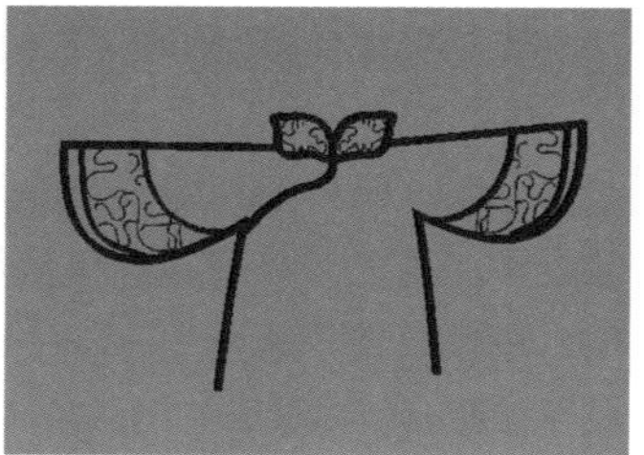
图4-110

07 使用"线"工具 线 在前视图中绘制如图4-111所示的样条线。

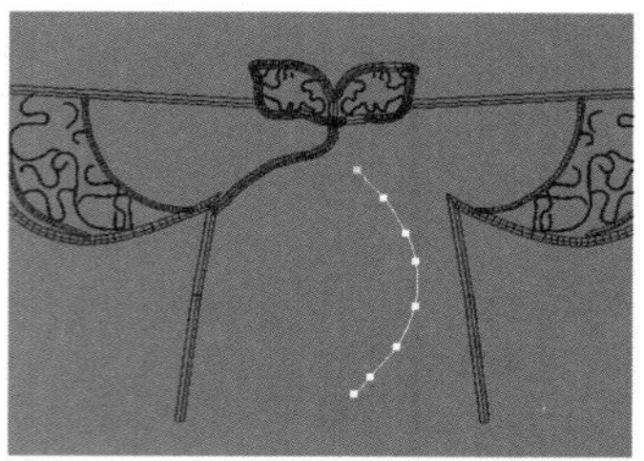
图4-111

08 在"修改器列表"中为样条线加载一个"车削"修改器，然后在"参数"卷展栏下设置"方向"为y轴 Y 、"对齐"方式为"最小" 最小 ，如图4-112所示，效果如图4-113所示。

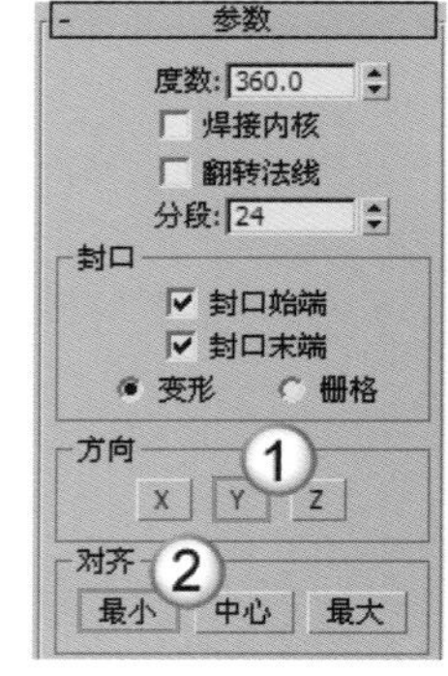

图4-112

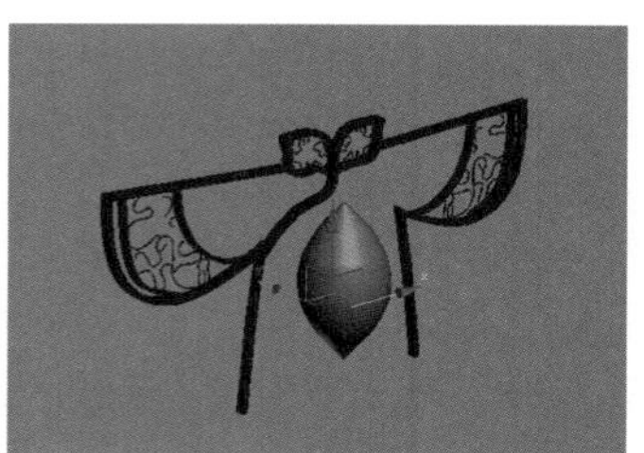
图4-113

09 选择"车削"修改器的"轴"层级，然后使用"选择并移动"工具在前视图中向左移动轴，如图4-114所示。

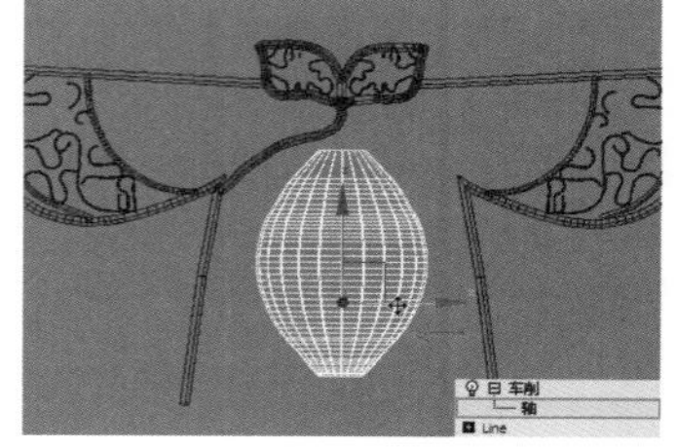
图4-114

知识链接

"车削"修改器相当重要。关于该修改器的作用与用法请参阅161页"5.3.3 车削修改器"中的相关内容。

10 使用"线"工具 线 在前视图中绘制如图4-115所示的样条线，然后在"渲染"卷展栏下勾选"在渲染中启用"和"在视口中启用"选项，接着设置"径向"的"厚度"为7mm，具体参数设置如图4-116所示。

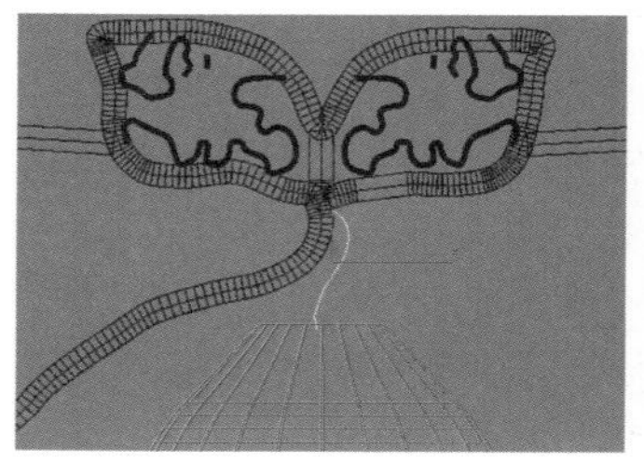
图4-115

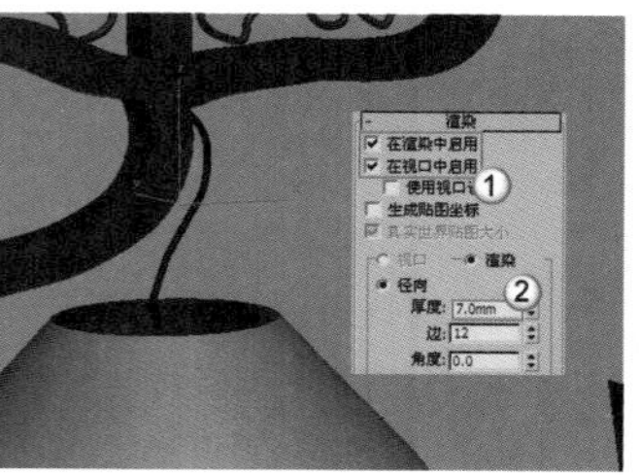
图4-116

11 继续使用"线"工具 线 制作灯罩上的其他挂线，完成后的效果如图4-117所示。

12 使用“线”工具 线 在前视图中绘制如图4-118所示的样条线。

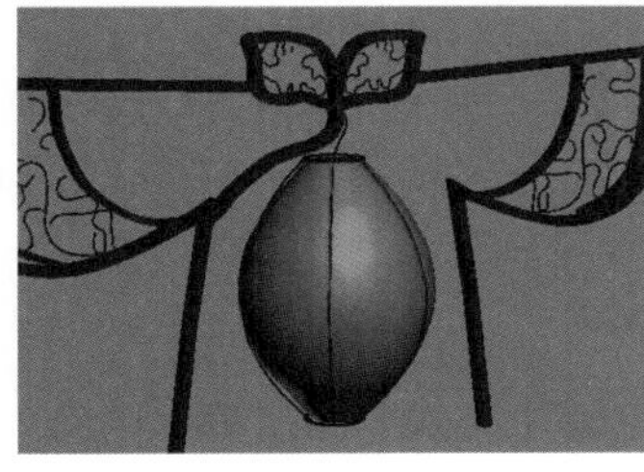

图4-117

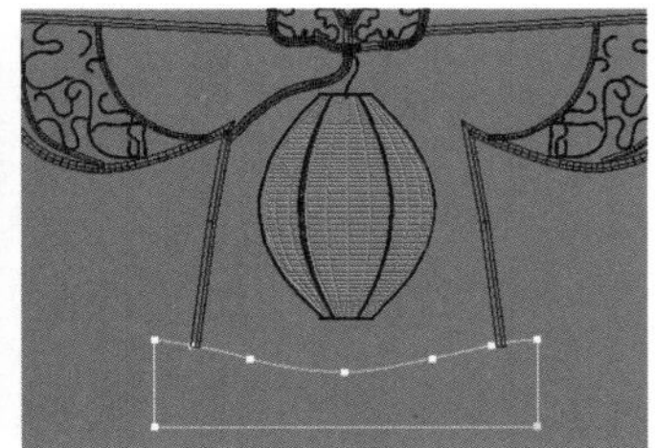

图4-118

13 为样条线加载一个“挤出”修改器，然后在“参数”卷展栏下设置“数量”为400mm，具体参数设置如图4-119所示，最终效果如图4-120所示。

图4-119

图4-120

疑难问答

问：为什么得不到理想的挤出效果？

答：由于每个人绘制的扩展样条线的比例大小都不一致，且本例没有给出相应的创建参数，因此如果设置“挤出”修改器的“数量”为400mm，就很难得到与图4-120所示相似的模型效果。也就是说，“挤出”修改器的“数量”值要根据扩展样条线的大小比例自行调整。

★ 重点 ★

实战：用样条线制作窗帘

场景位置	无
实例位置	实例文件>CH04>实战：用样条线制作窗帘.max
视频位置	多媒体教学>CH04>实战：用样条线制作窗帘.flv
难易指数	★★★★☆
技术掌握	线工具、放样工具、FFD修改器、倒角剖面修改器

扫码看视频

窗帘的效果如图4-121所示。

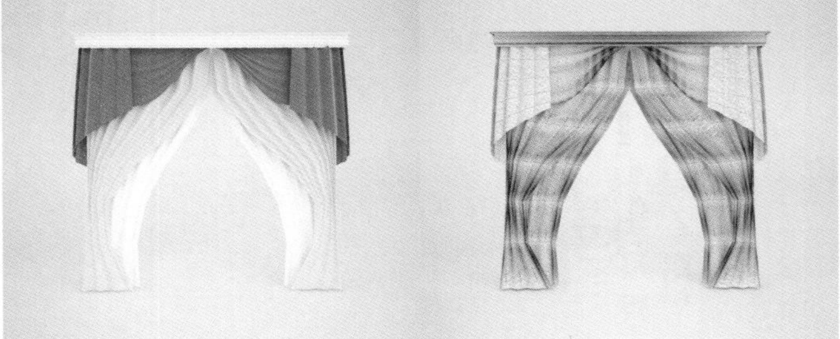

图4-121

01 使用“线”工具 线 在顶视图中绘制两条如图4-122所示的样条线，然后在前视图中绘制一条如图4-123所示的样条线。

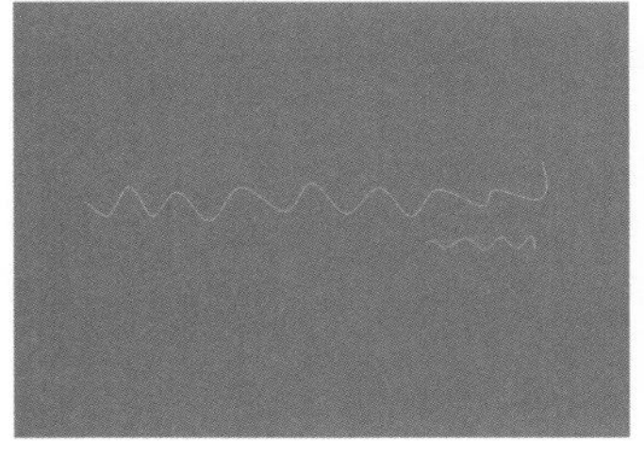

图4-122

图4-123

02 选择上一步绘制的直线，设置几何体类型为“复合对象”，然后单击“放样”按钮 放样 ，接着在“创建方法”卷展栏下单击“获取图形”按钮 获取图形 ，最后在视图中拾取顶部的样条线，如图4-124所示，效果如图4-125所示。

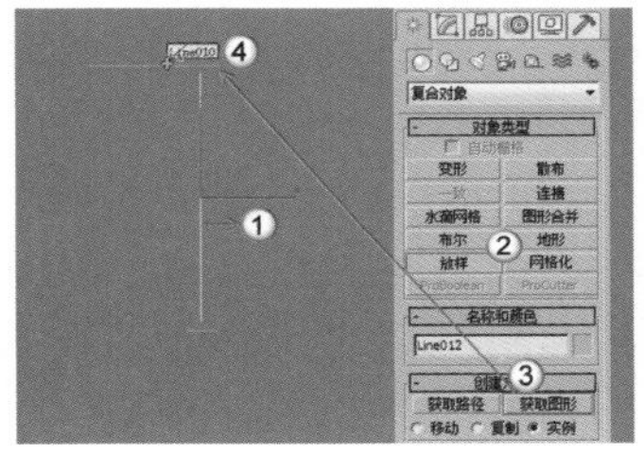

图4-124

图4-125

03 在“创建方法”卷展栏下设置“路径”为100，然后在“创建方法”卷展栏下单击“获取图形”按钮 获取图形 ，接着在视图中拾取底部的样条线，如图4-126所示，效果如图4-127所示。

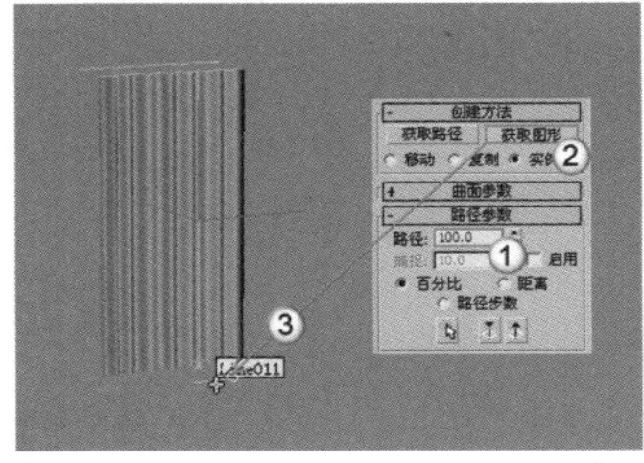

图4-126

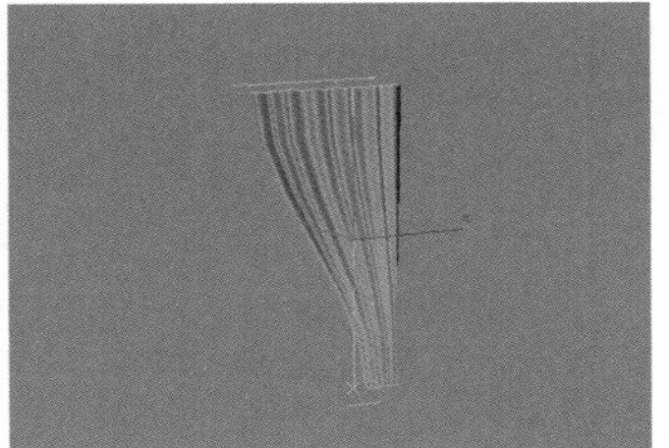

图4-127

04 为窗帘模型加载一个FFD 4×4×4修改器，然后在“控制点”层级下将模型调整成如图4-128所示的形状。

05 采用相同的方法继续制作一个如图4-129所示的窗帘模型。

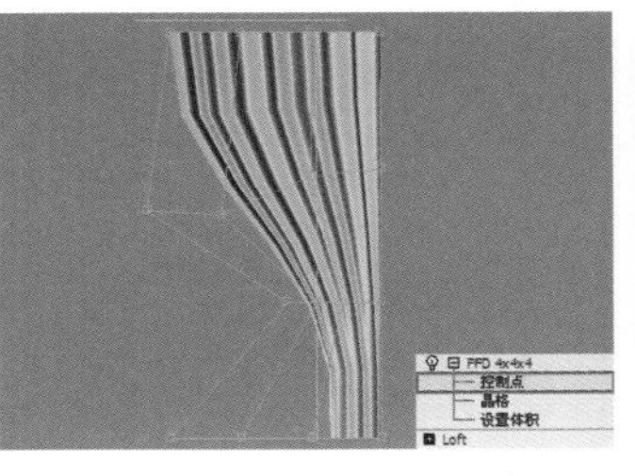

图4-128

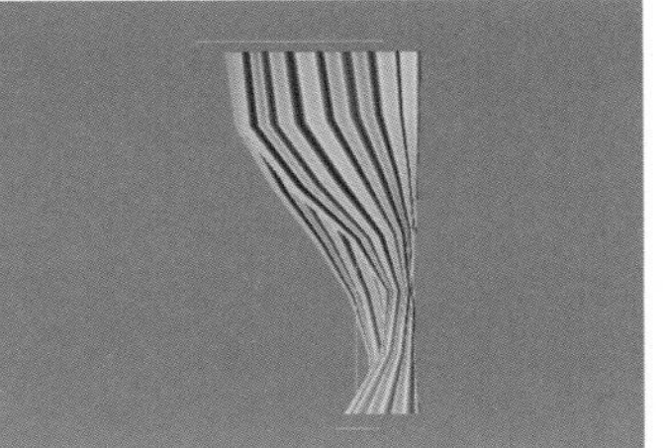

图4-129

06 使用“线”工具 线 在视图中绘制一条如图4-130所示的

样条线，然后为其加载一个“挤出”修改器，接着在“参数”卷展栏下设置“数量”为140mm、“分段”为5，如图4-131所示。

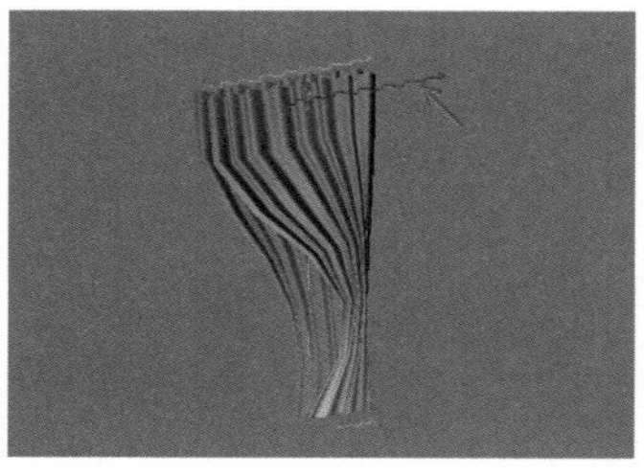

图4-130

图4-131

07 为窗帘模型加载一个FFD 3×3×3修改器，然后在“控制点”层级下将其调整成如图4-132所示的效果。

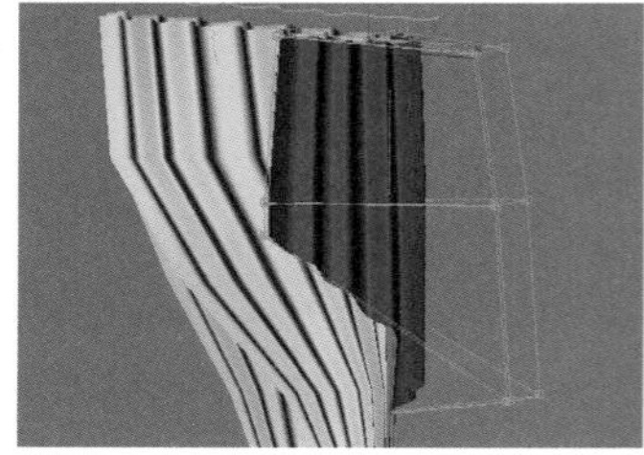

图4-132

08 选择所有的窗帘模型，然后在“主工具栏”中单击“镜像”按钮，打开“镜像:世界坐标”对话框，接着设置“镜像轴”为x轴、“克隆当前选择”为“复制”，如图4-133所示，最后调整好镜像模型的位置，如图4-134所示。

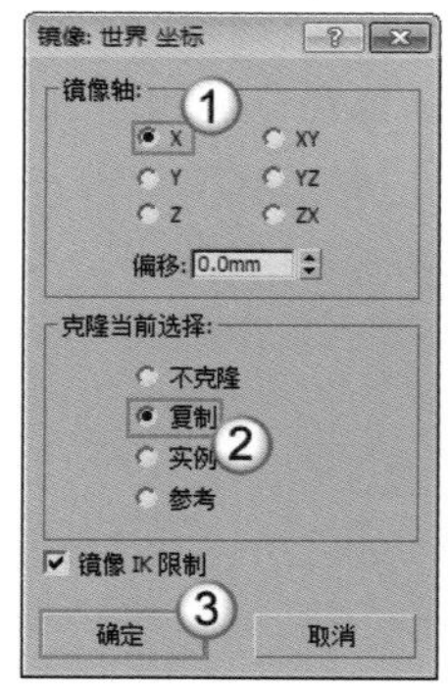

图4-133

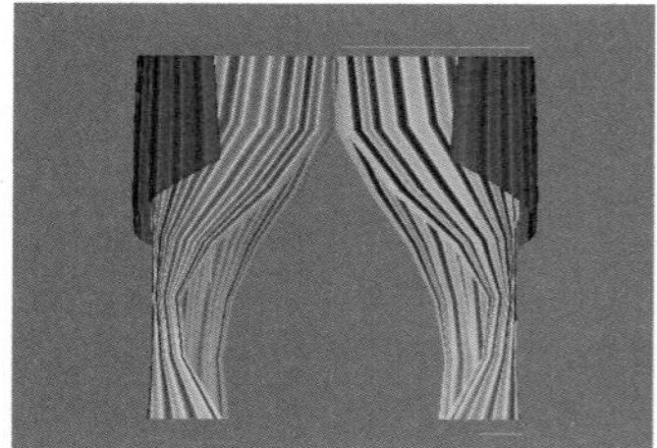

图4-134

09 使用“线”工具 线 在左视图中绘制一条如图4-135所示的样条线，然后为其加载一个“挤出”修改器，接着在“参数”卷展栏下设置“数量”为260mm、“分段”为30，如图4-136所示。

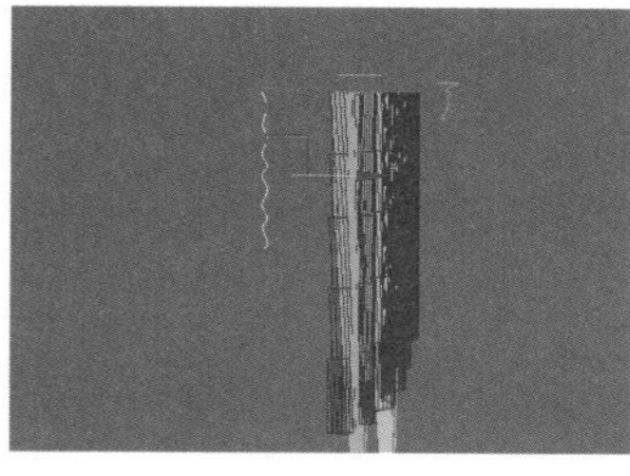

图4-135

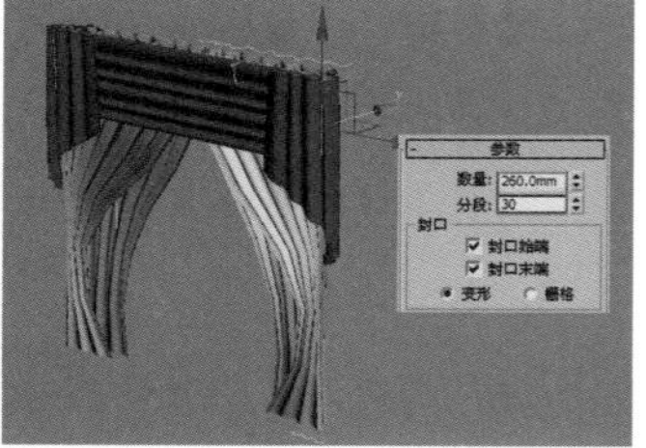

图4-136

10 选择挤出的模型加载一个FFD（长方体）修改器，然后在“FFD参数”卷展栏下单击“设置点数”按钮 设置点数 ，接着在弹出的“设置FFD尺寸”对话框中设置点数为5×5×5，如图4-137所示，最后在“控制点”层级下将模型调整成如图4-138所示的效果。

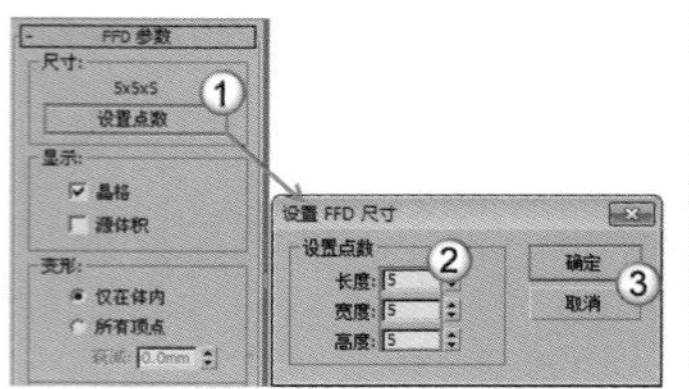

图4-137

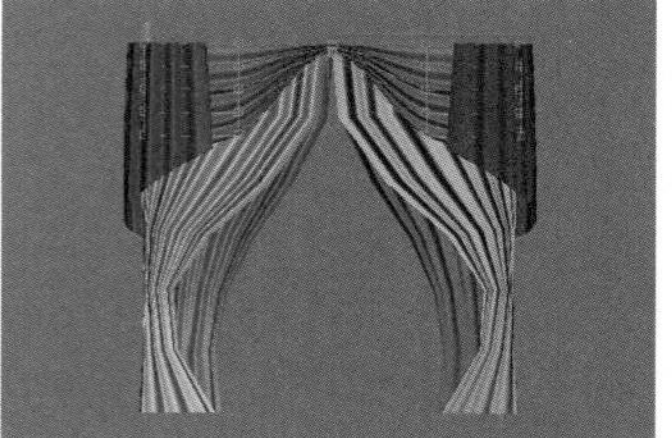

图4-138

11 使用“线”工具 线 在顶视图中绘制一条如图4-139所示的样条线，然后在左视图中绘制一条如图4-140所示的样条线。

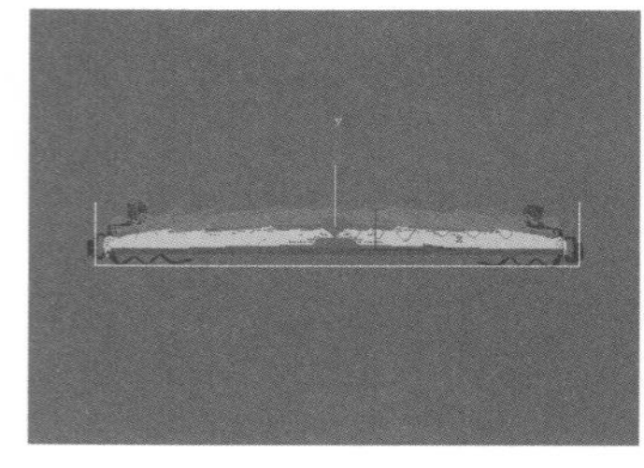

图4-139

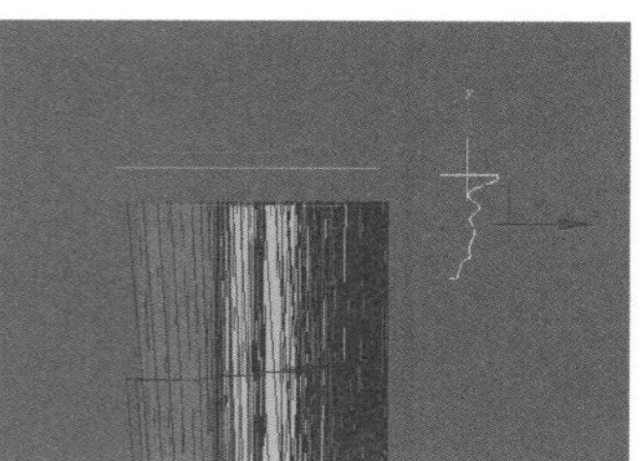

图4-140

12 选择在顶视图中绘制的样条线，然后为其加载一个“倒角剖面”修改器，接着在“参数”卷展栏下单击“拾取剖面”按钮 拾取剖面 ，最后拾取在左视图中绘制的样条线，如图4-141所示，最终效果如图4-142所示。

图4-141

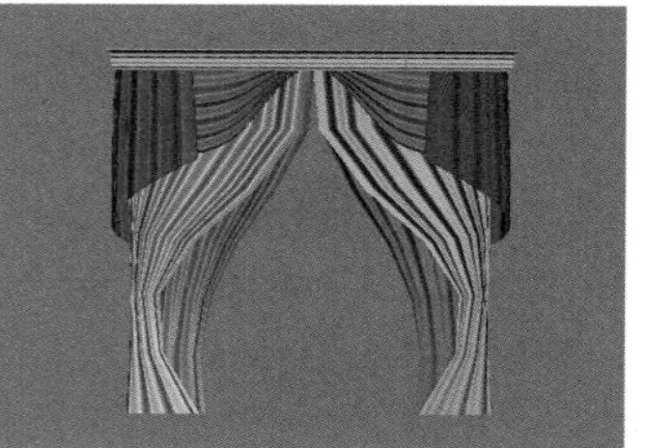

图4-142

★ 重 点 ★

实战：用样条线制作水晶灯

场景位置	无
实例位置	实例文件>CH04>实战：用样条线制作水晶灯.max
视频位置	多媒体教学>CH04>实战：用样条线制作水晶灯.flv
难易指数	★★★★☆
技术掌握	线工具、仅影响轴技术、车削修改器、间隔工具、多边形建模技术

扫码看视频

水晶灯的效果如图4-143所示。

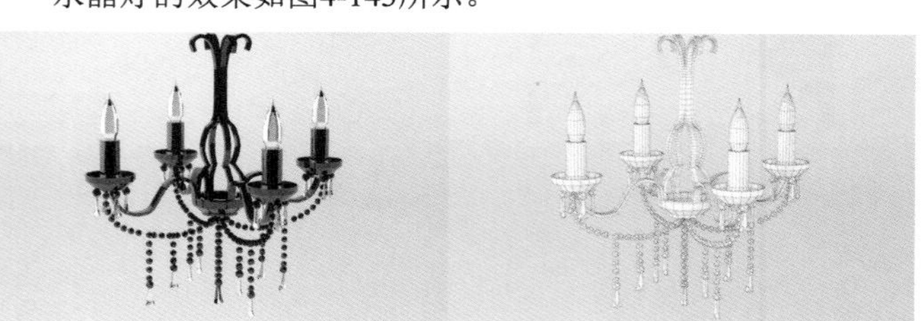

图4-143

01 使用“线”工具 线 在前视图中绘制一条如图4-144所示的样条线。

02 选择样条线，然后在“渲染”卷展栏下勾选“在渲染中启用”和“在视口中启用”选项，接着勾选“矩形”选项，最后设置“长度”为7mm、“宽度”为4mm，如图4-145所示。

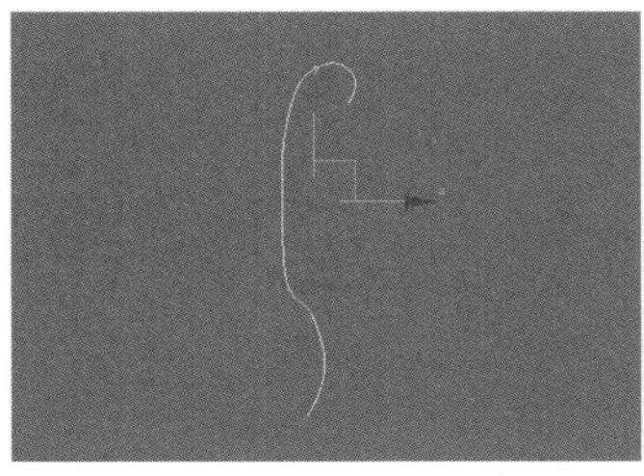

图4-144

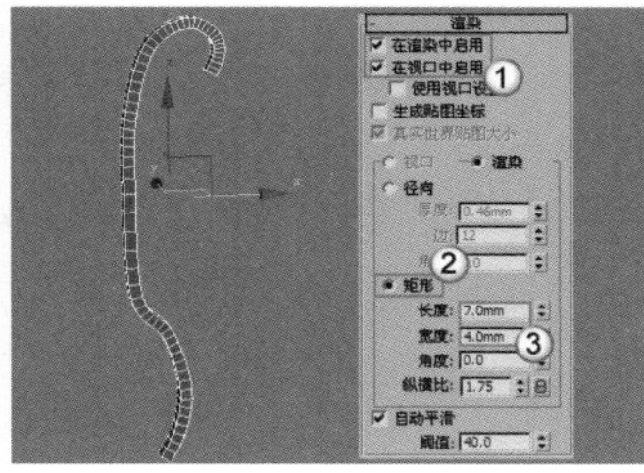

图4-145

03 选择模型，在“创建”面板中单击“层次”按钮切换到“层次”面板，然后在“调整轴”卷展栏下单击“仅影响轴”按钮 仅影响轴 ，接着在前视图中将轴心点拖曳到如图4-146所示的位置，最后再次单击“仅影响轴”按钮 仅影响轴 ，退出“仅影响轴”模式。

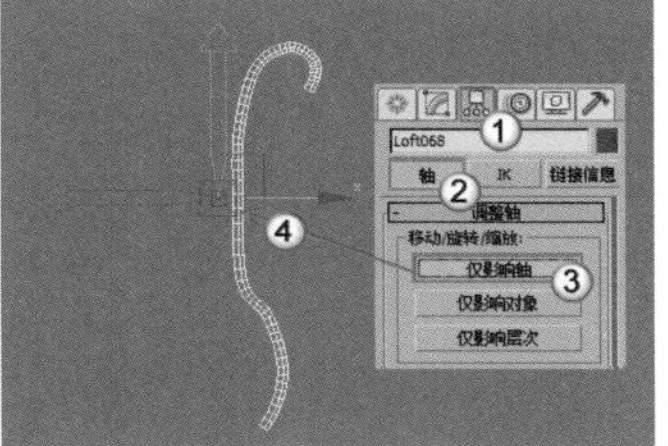

图4-146

技术专题 17 “仅影响轴”技术解析

“仅影响轴”技术是一个非常重要的轴心点调整技术。利用该技术调整好轴点的中心以后，就可以围绕这个中心点旋转复制出具有一定规律的对象。比如在图4-147中有两个球体（这两个球体是在顶视图中的显示效果），如果要围绕红色球体旋转复制3个紫色球体（以90°为基数进行复制），那么就必须先调整紫色球体的轴点中心。具体操作过程如下。

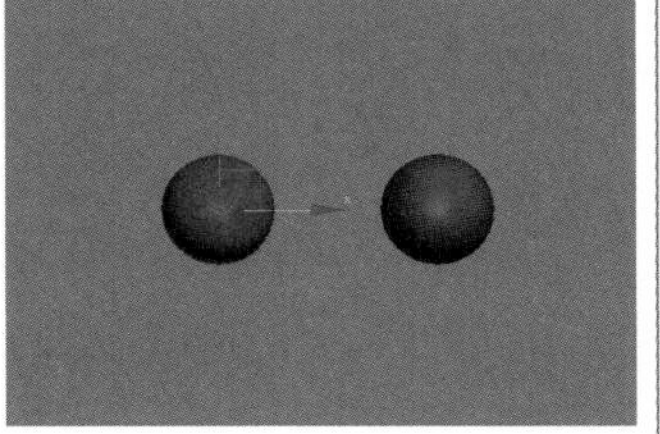

图4-147

第1步：选择紫色球体，在“创建”面板中单击“层次”按钮切换到“层次”面板，然后在“调整轴”卷展栏下单击“仅影响轴”按钮 仅影响轴 ，此时可以观察到紫色球体的轴点中心位置，如图4-148所示，接着用“选择并移动”工具将紫色球体的轴心点拖曳到红色球体的轴点中心位置，如图4-149所示。

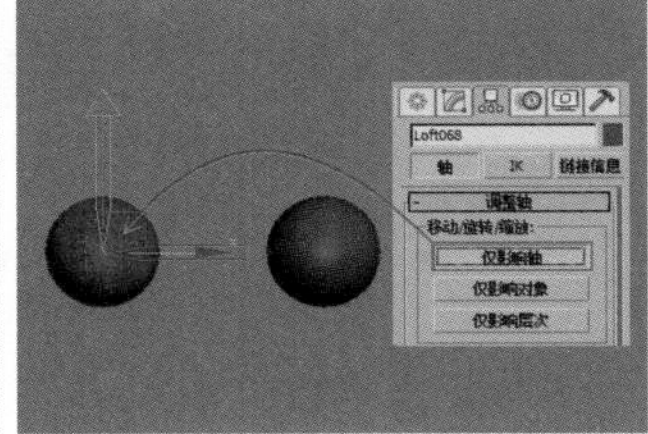

图4-148

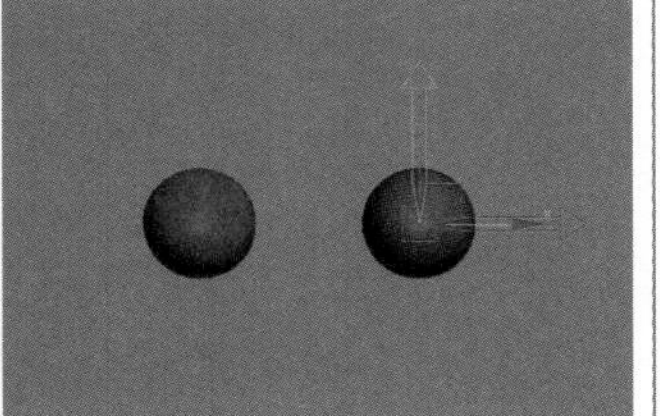

图4-149

第2步：再次单击“仅影响轴”按钮 仅影响轴 ，退出“仅影响轴”模式，然后按住Shift键使用“选择并旋转”工具将紫色球体旋转复制3个（设置旋转角度为90°），如图4-150所示，这样就得到了一组以红色球体为中心的3个紫色球体，效果如图4-151所示。

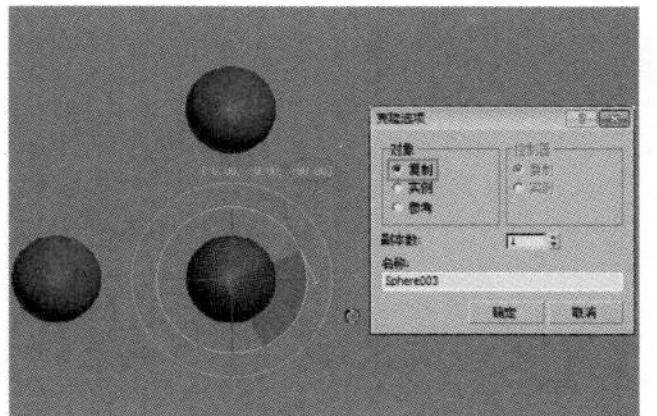

图4-150

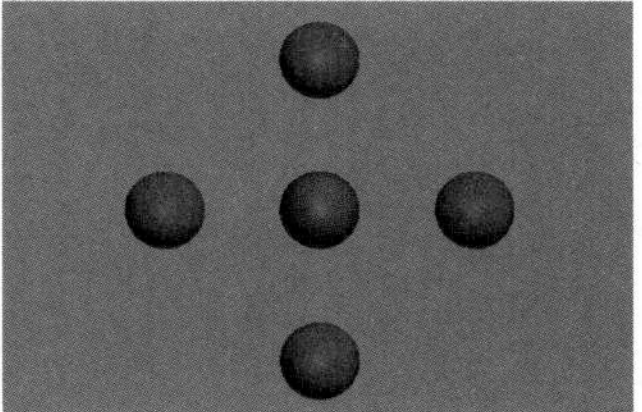

图4-151

04 选择模型，然后按住Shift键使用“选择并旋转”工具旋转复制3个模型，如图4-152所示，效果如图4-153所示。

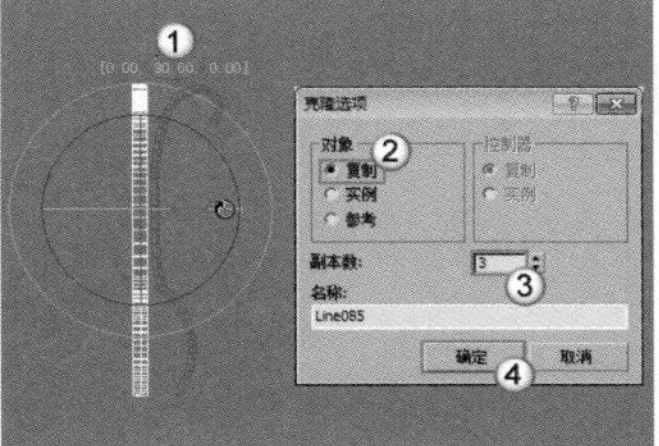

图4-152

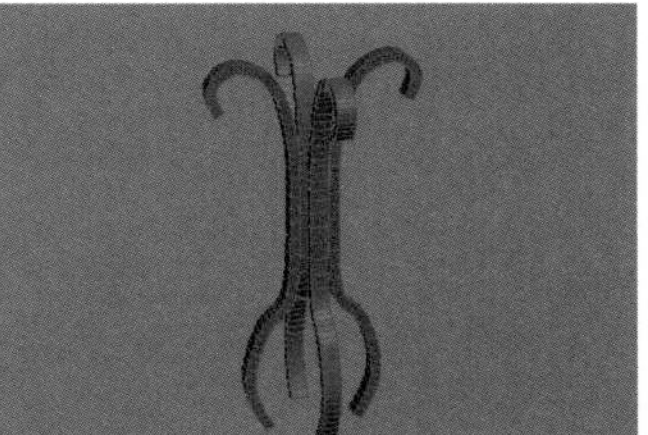

图4-153

05 使用“线”工具 线 在前视图中绘制一条如图4-154所示的样条线。

06 选择样条线，然后在“修改器列表”中为其加载一个“车削”修改器，接着在“参数”卷展栏下设置“方向”为y轴 Y 、“对齐”方式为“最小” 最小 ，如图4-155所示。

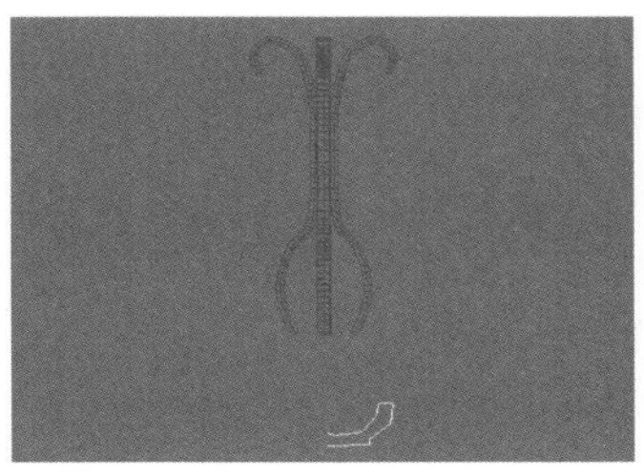

图4-154

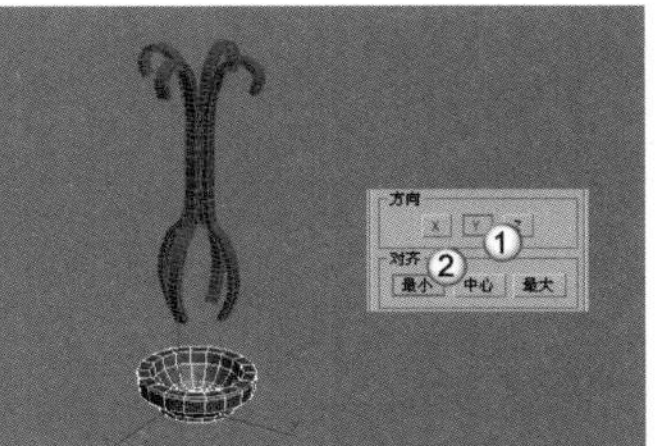

图4-155

07 使用“线”工具 线 在前视图中绘制一条如图4-156所示的样条线，然后在“渲染”卷展栏下勾选“在渲染中启用”和“在视口中启用”选项，接着勾选“矩形”选项，最后设置“长度”为6mm、“宽度”为4mm，如图4-157所示。

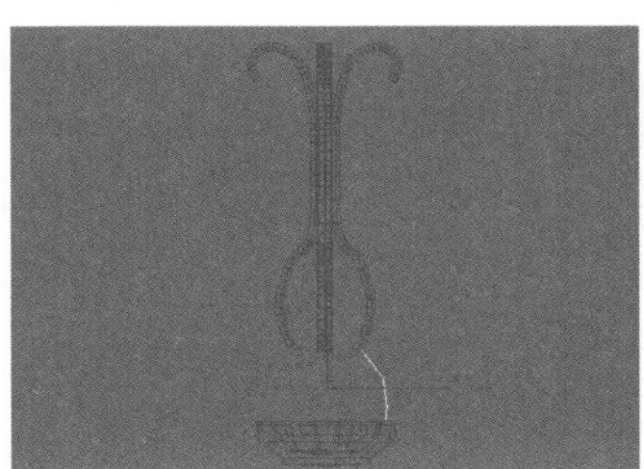

图4-156

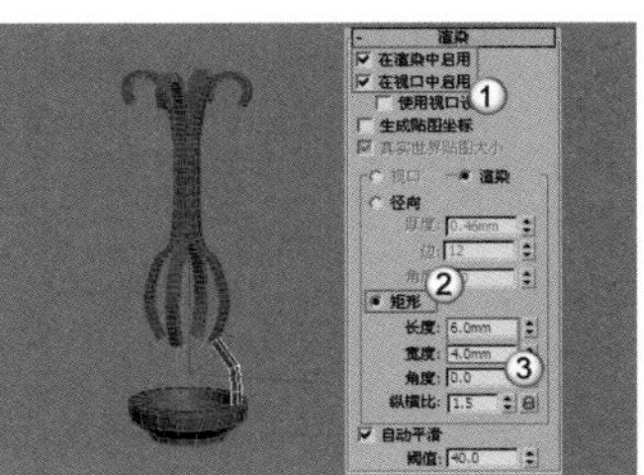

图4-157

08 采用步骤03~步骤04的方法旋转复制3个模型，完成后的效果如图4-158所示。

09 使用“线”工具 线 在前视图中绘制一条如图4-159所示的样条线。

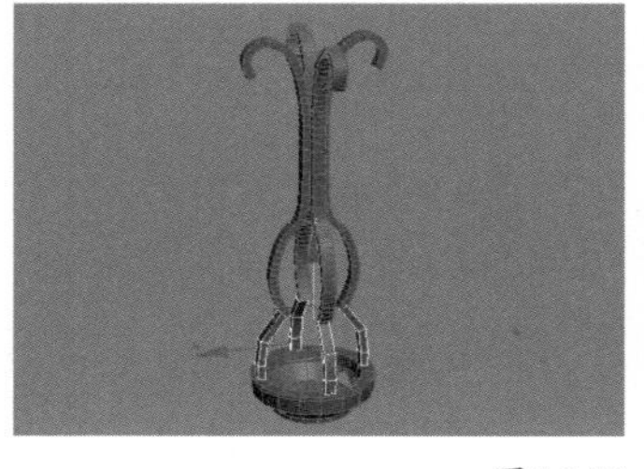
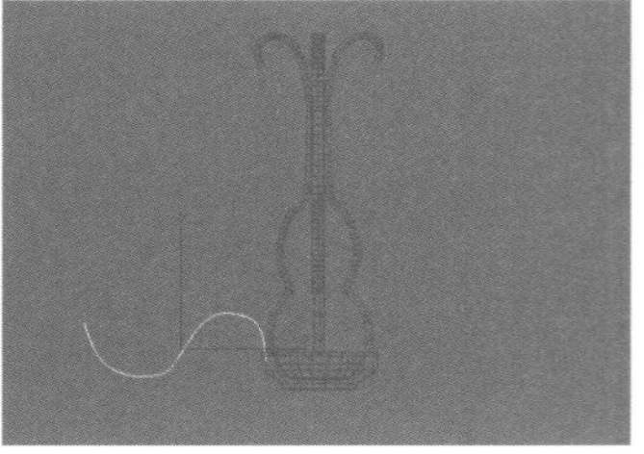
图4-158　　图4-159

10 选择样条线，然后在“渲染”卷展栏下勾选“在渲染中启用”和“在视口中启用”选项，接着勾选“矩形”选项，最后设置“长度”为10mm、“宽度”为4mm，具体参数设置及模型效果如图4-160所示。

11 继续使用“线”工具 线 在前视图中绘制一条如图4-161所示的样条线。

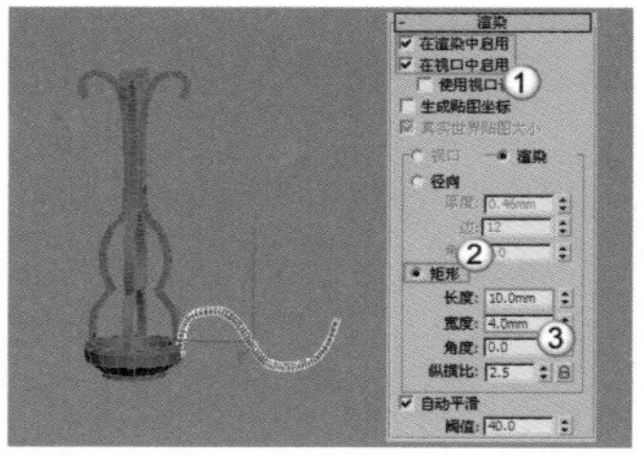

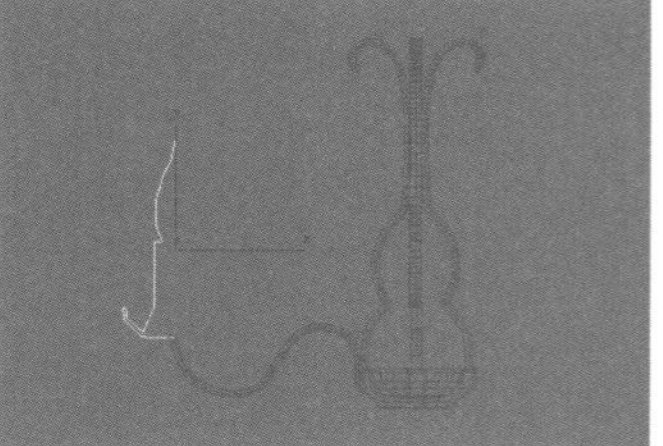
图4-160　　图4-161

12 在“修改器列表”中为样条线加载一个“车削”修改器，然后在“参数”卷展栏下设置“方向”为y轴 Y 、“对齐”方式为“最小” 最小 ，具体参数设置及模型效果如图4-162所示。

13 再次使用“线”工具 线 在前视图中绘制一条如图4-163所示的样条线。

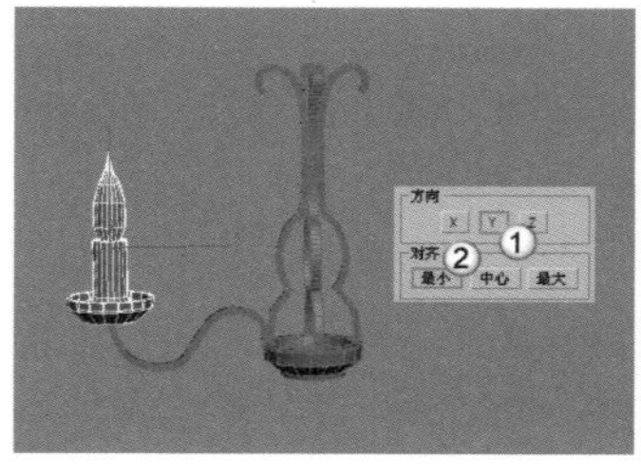

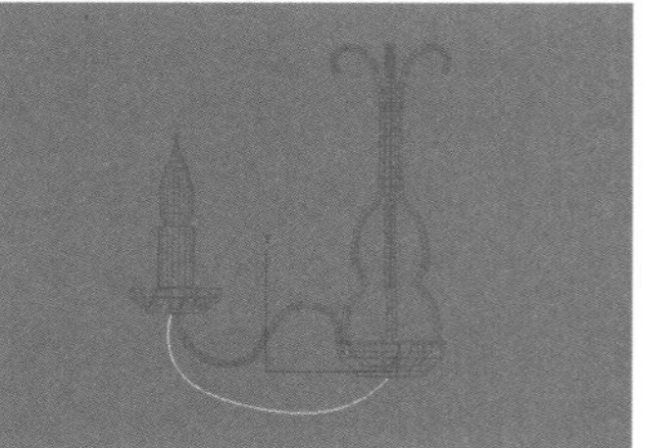
图4-162　　图4-163

14 使用“异面体”工具 异面体 在场景中创建一个大小合适的异面体，然后在“参数”卷展栏下设置“系列”为“十二面体/二十面体”，如图4-164所示。

15 在“主工具栏”中的空白区域单击鼠标右键，然后在弹出的菜单中选择“附加”命令，以调出“附加”工具栏，如图4-165所示。

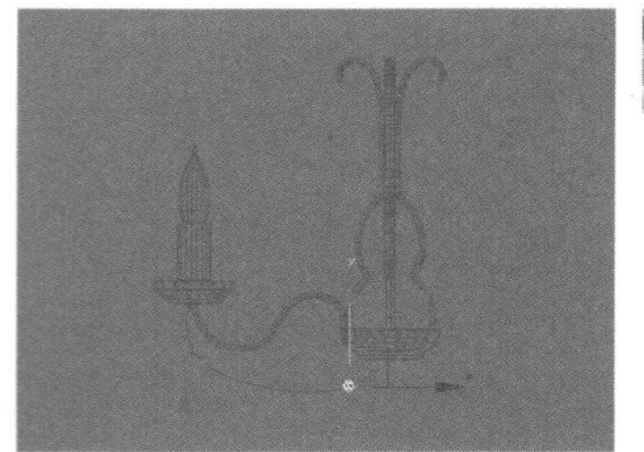
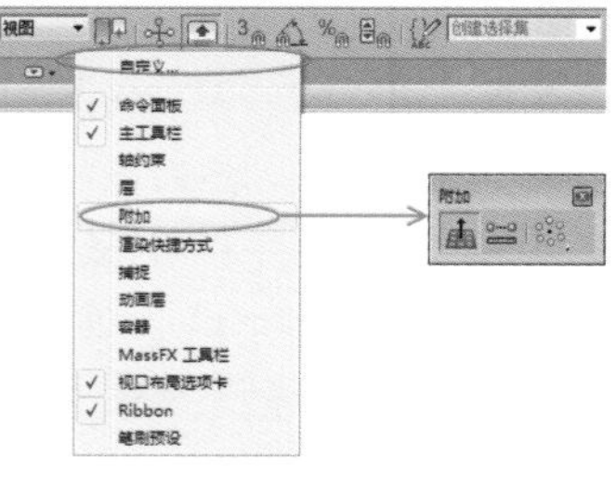

图4-164　　图4-165

16 选择异面体，然后在“附加”工具栏中单击“间隔工具”按钮，打开“间隔工具”对话框，如图4-166所示。

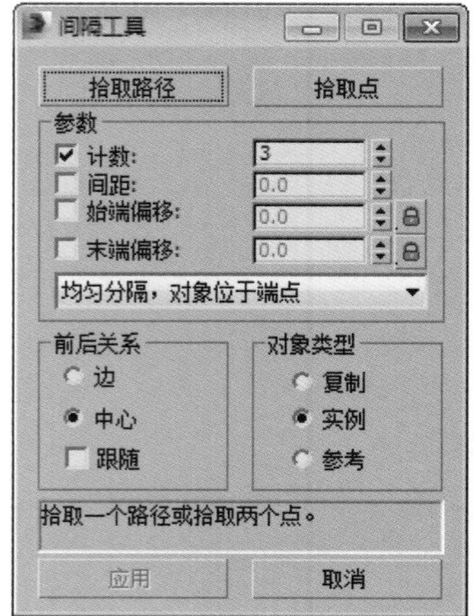

图4-166

疑难问答

问：“间隔工具”在哪？

答：在默认情况下，“间隔工具”不会显示在“附加”工具栏上（处于隐藏状态），需要按住鼠标左键单击“阵列”工具不放，在弹出的工具列表中才能选择“间隔工具”，如图4-167所示。

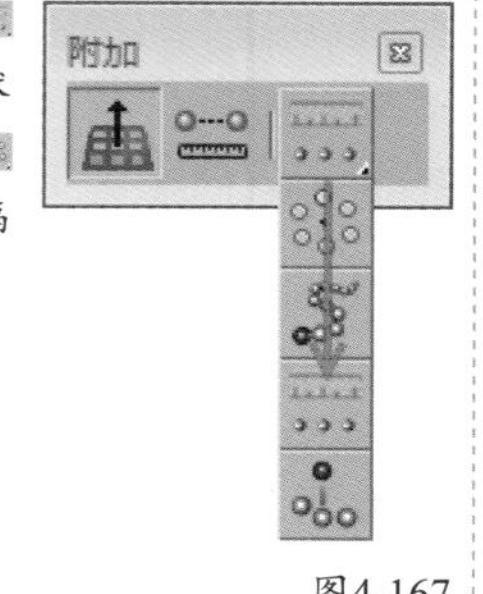

图4-167

17 在“间隔工具”对话框中单击“拾取路径”按钮 拾取路径 ，然后在视图中拾取样条线，接着在“参数”选项组下设置“计数”为20，最后单击“应用”按钮 应用 和“关闭”按钮 关闭 ，具体操作流程及效果如图4-168所示。

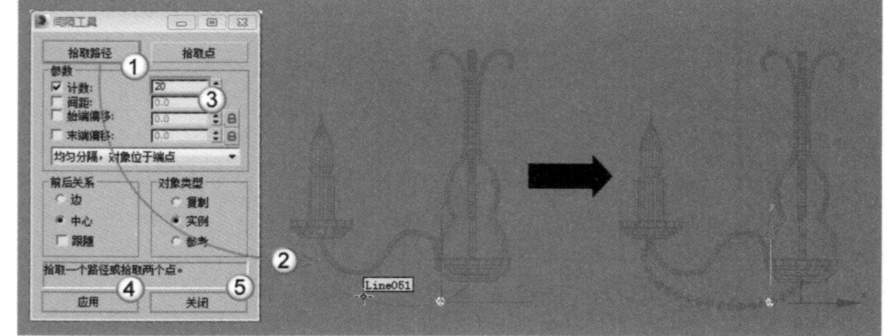
图4-168

18 使用复制功能制作其他异面体装饰物，完成后的效果如图4-169所示。

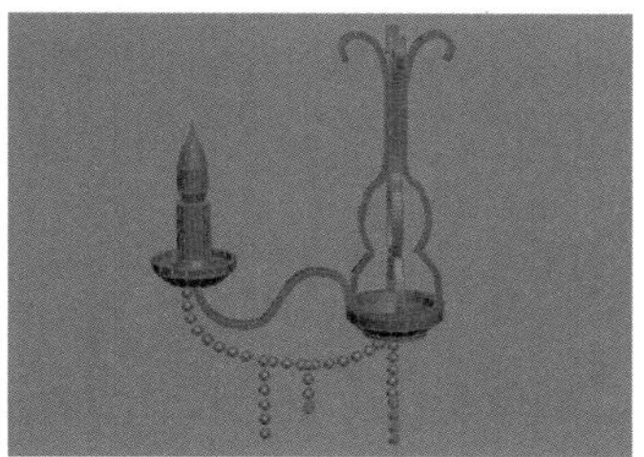

图4-169

19 使用“异面体”工具 异面体 在场景中创建两个大小合适的异面体，然后在“参数”卷展栏下设置“系列”为“十二面体/二十面体”，效果如图4-170所示。

20 选择下面的异面体，然后单击鼠标右键，接着在弹出的菜单中选择“转换为>转换为可编辑多边形”命令，如图4-171所示。

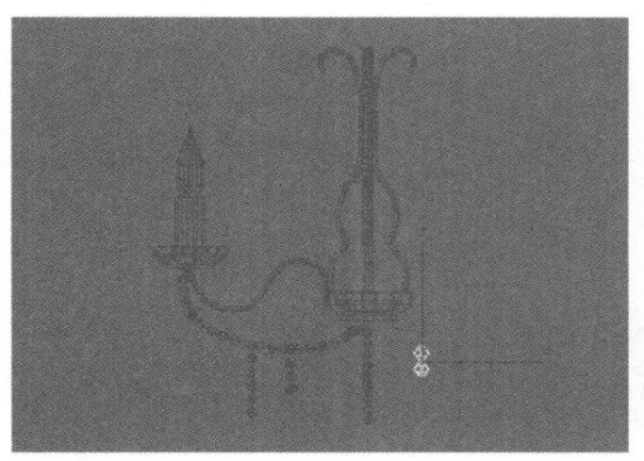

图4-170

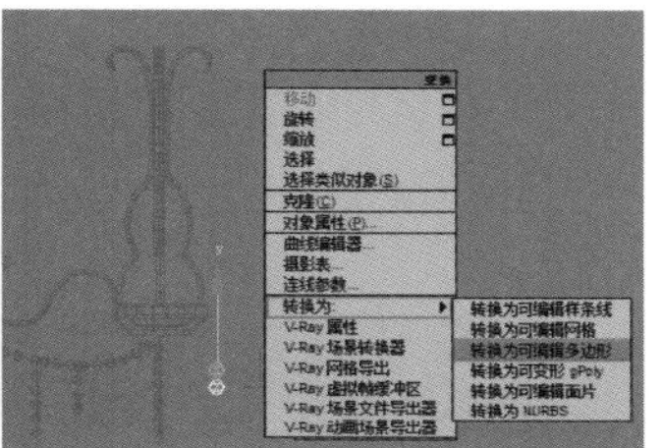

图4-171

将异面体转换为可编辑多边形以后，对该物体的操作基本就属于多边形建模的范畴了。关于多边形建模技法请参阅“第8章 效果图制作基本功：多边形建模”中的相关内容。

21 在“选择”卷展栏下单击“点”按钮，进入“顶点”级别，然后选择所有的顶点，接着用“选择并缩放”工具将其向内缩放压扁，如图4-172所示，再选择顶部的3个顶点，最后用“选择并移动”工具将其向上拖曳到如图4-173所示的位置。

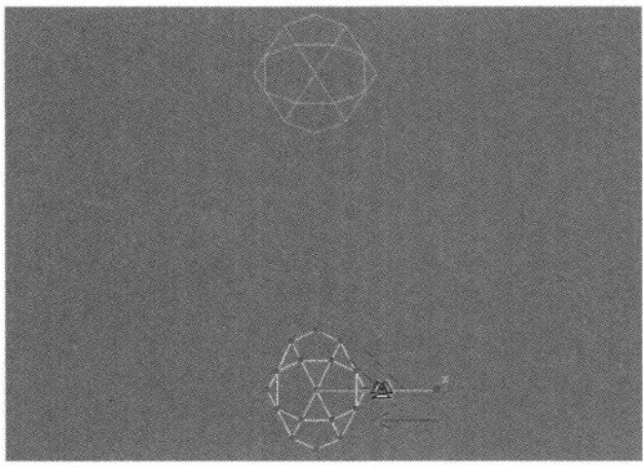

图4-172

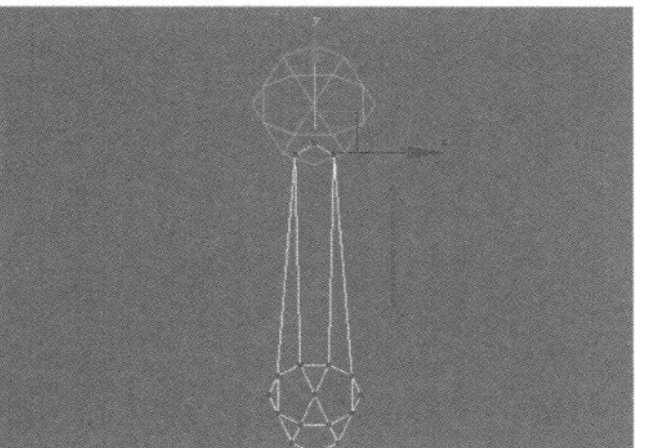

图4-173

22 利用复制功能将制作好的吊坠复制到相应的位置，完成后的效果如图4-174所示。

图4-174

23 选择如图4-175所示的模型，然后为其创建一个组。

24 选择模型组，然后采用步骤03~步骤04的方法旋转复制3组模型，最终效果如图4-176所示。

图4-175

图4-176

★ 重点 ★

实战：根据CAD图纸制作户型图

场景位置 场景文件>CH04>01.dwg
实例位置 实例文件>CH04>实战：根据CAD图纸制作户型图.max
视频位置 多媒体教学>CH04>实战：根据CAD图纸制作户型图.flv
难易指数 ★★★☆☆
技术掌握 根据CAD图纸绘制图形、挤出修改器

户型图的效果如图4-177所示。

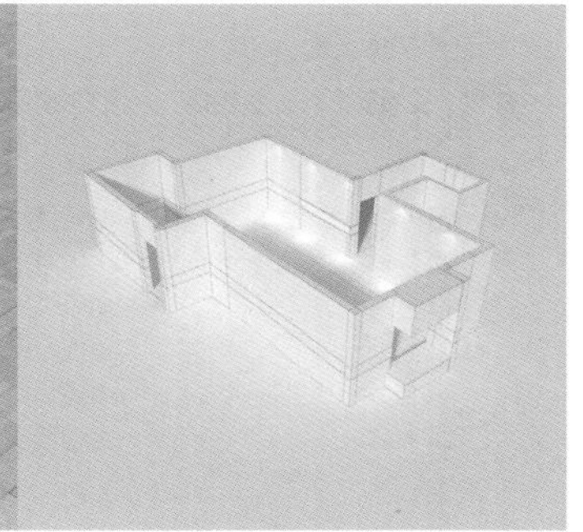

图4-177

01 单击界面左上角的“应用程序”图标，然后执行“导入>导入”菜单命令，接着在弹出的“选择要导入的文件”对话框中选择“场景文件>CH04>01.dwg”文件，导入CAD文件后的效果如图4-178所示。

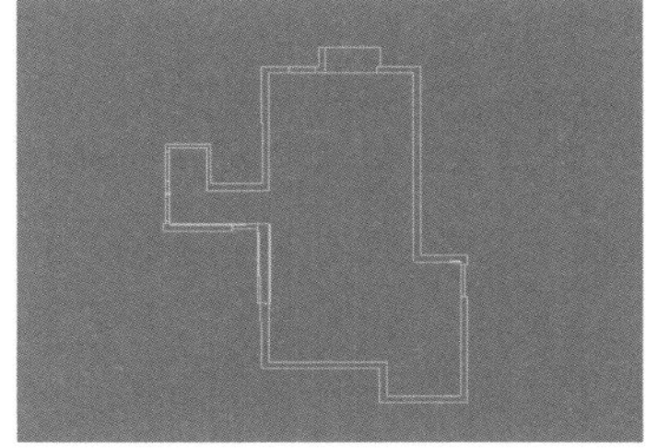

图4-178

在实际工作中，客户一般都会提供一个CAD图纸文件（即.dwg文件），然后要求建模师根据图纸中的尺寸创建模型。由于本例只是介绍如何根据CAD图纸创建模型，因此没有给出具体的图纸尺寸。

02 选择所有的线，然后单击鼠标右键，接着在弹出的菜单中选择“冻结当前选择”命令，如图4-179所示。

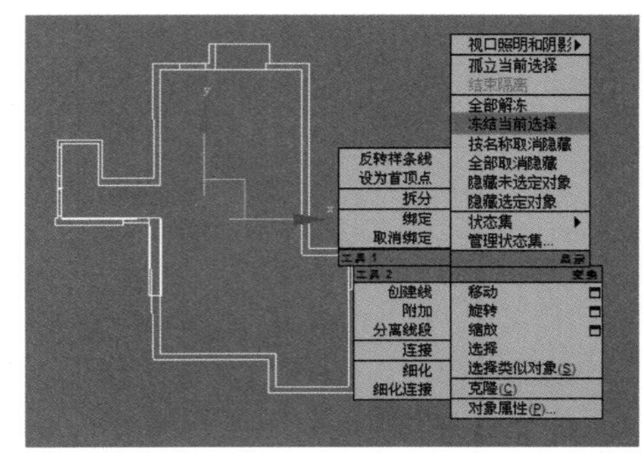

图4-179

疑难问答 ?

问：冻结线后有什么作用？

答：冻结线后，在绘制线或进行其他操作时，就不用担心操作失误选择到参考线。

03 在“主工具栏”中的“捕捉开关”按钮上单击鼠标右键，然后在弹出的“栅格和捕捉设置”对话框中单击“捕捉”选项卡，接着勾选“顶点”选项，如图4-180所示，再单击“选项”选项卡，最后勾选“捕捉到冻结对象”和“启用轴约束”选项选项，如图4-181所示。

04 按S键激活“捕捉开关”，然后使用“线”工具 线 根据CAD图纸中的线在顶视图中绘制如图4-182所示的样条线。

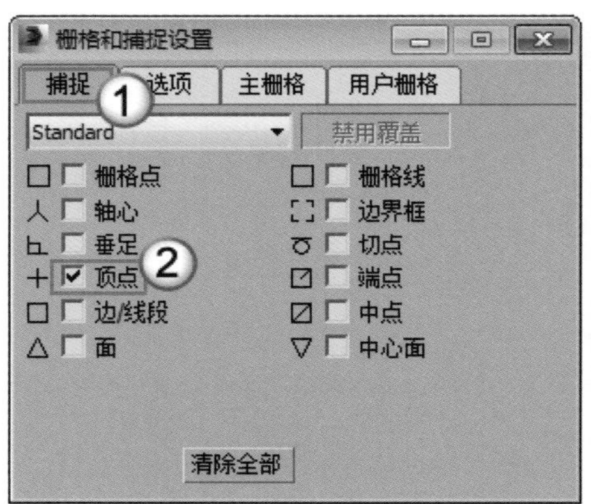

图4-180

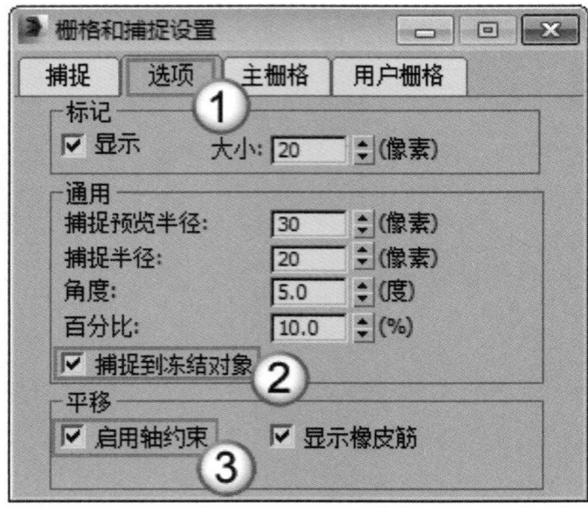

图4-181

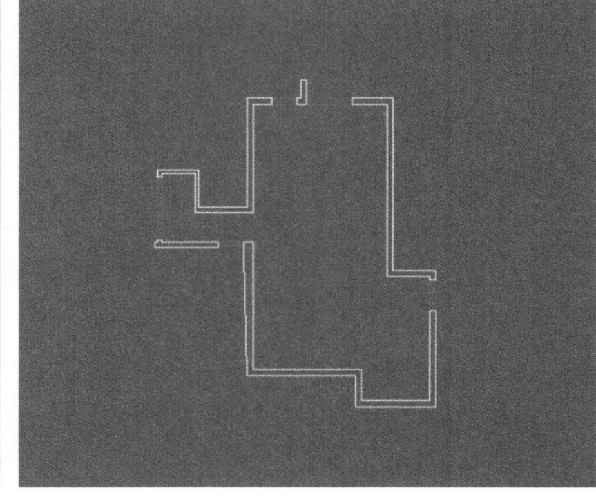
图4-182

技巧与提示

在参照CAD图纸绘制样条线时，很多情况下，绘制的样条线很可能超出了3ds Max视图中的显示范围，此时可以按I键，视图会自动沿绘制的方向进行适当的调整。

05 选择所有的样条线，然后在“修改器列表”中为其加载一个“挤出”修改器，接着在“参数”卷展栏下设置“数量”为2800mm，具体参数设置及模型效果如图4-183所示。

06 使用“矩形”工具 矩形 和“线”工具 线 根据CAD图纸中的线在顶视图中绘制如图4-184所示的图形（黑色的图形）。

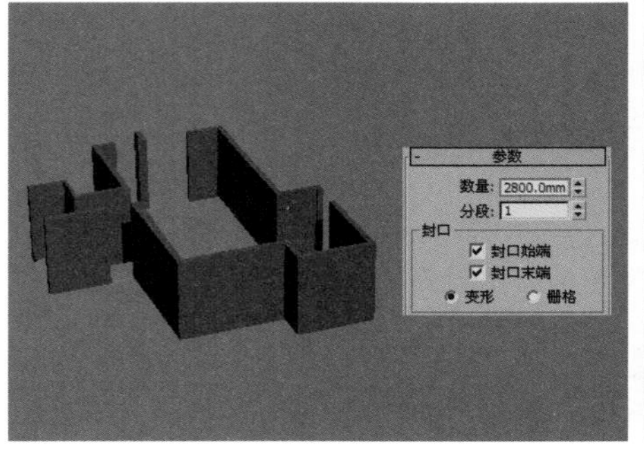

图4-183

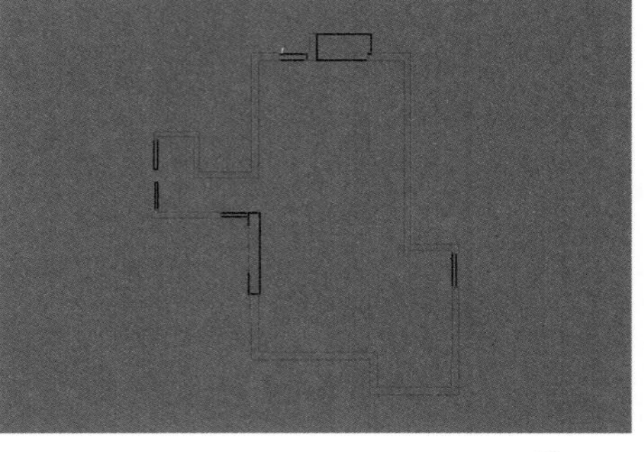
图4-184

07 选择上一步绘制的样条线，然后在“修改器列表”中为其加载一个“挤出”修改器，接着在“参数”卷展栏下设置“数量”为500mm，具体参数设置及模型效果如图4-185所示。

08 继续使用“线”工具 线 根据CAD图纸中的线在顶视图中绘制如图4-186所示的样条线。由于样条线太多，这里再提供一张孤立选择模式的样条线图，如图4-187所示。

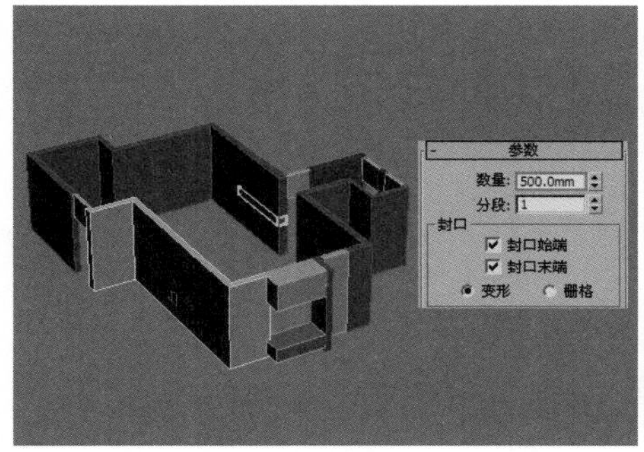

图4-185

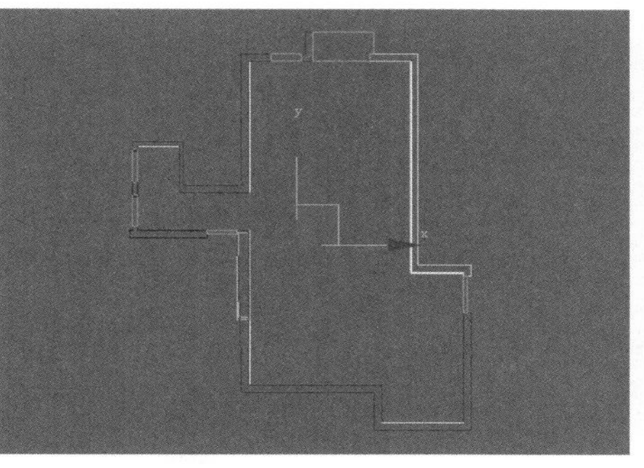
图4-186

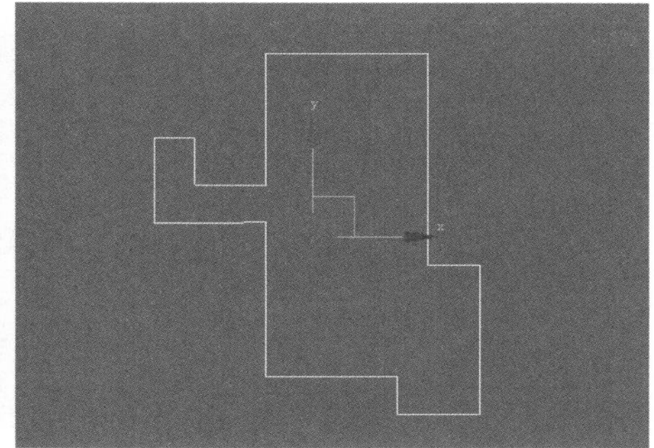
图4-187

09 在“修改器列表”中为样条线加载一个“挤出”修改器，然后在“参数”卷展栏下设置“数量”为100mm，最终效果如图4-188所示。

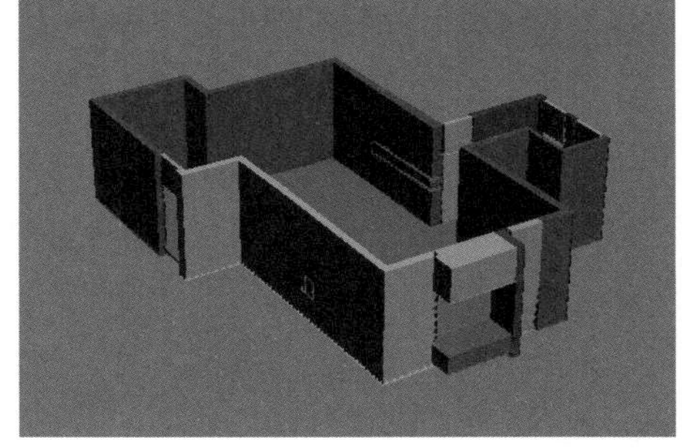
图4-188

第5章 效果图制作基本功：修改器建模

Learning Objectives 学习要点

158页 挤出修改器

159页 倒角修改器

161页 车削修改器

169页 FFD修改器

171页 晶格修改器

173页 平滑类修改器

Employment direction 从业方向

家具造型设计师

工业造型设计师

室内设计表现师

建筑设计表现师

5.1 修改器的基础知识

"修改"面板是3ds Max很重要的一个组成部分，而修改器堆栈则是"修改"面板的"灵魂"。所谓"修改器"，就是可以对模型进行编辑，改变其几何形状及属性的命令。

修改器对于创建一些特殊形状的模型具有非常大的优势，因此在使用多边形建模等建模方法很难达到模型要求时，不妨采用修改器进行制作。图5-1~图5-3所示是一些使用修改器制作的优秀模型。

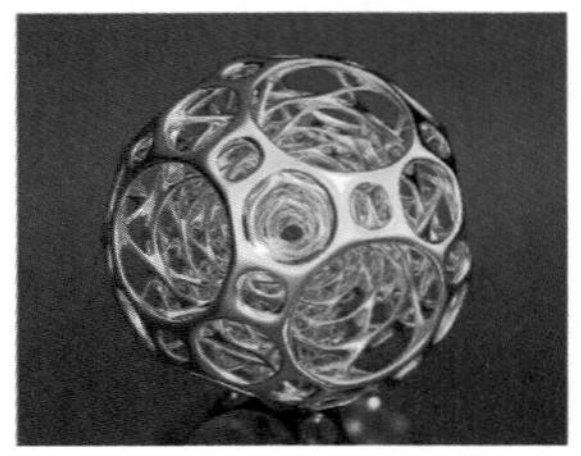
图5-1

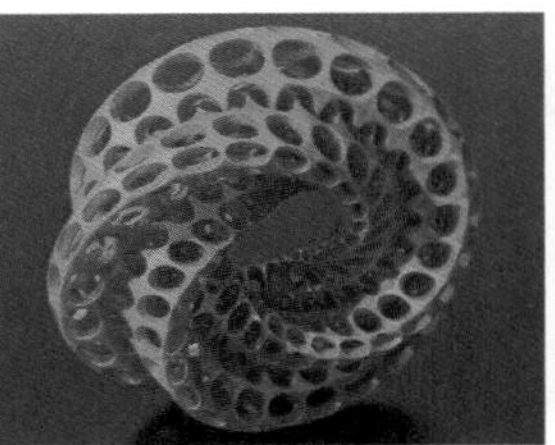
图5-2

图5-3

技巧与提示

修改器可以在"修改"面板中的"修改器列表"中进行加载，也可以在"菜单栏"中的"修改器"菜单下进行加载，这两个地方的修改器完全一样。

5.1.1 修改器堆栈

进入"修改"面板，可以看到修改器堆栈中的工具，如图5-4所示。

图5-4

修改器堆栈工具介绍

锁定堆栈：激活该按钮可以将堆栈和"修改"面板的所有控件锁定到选定对象的堆栈中。即使在选择了视图中的另一个对象后，也可以继续对锁定堆栈的对象进行编辑。

显示最终结果开/关切换：激活该按钮后，会在选定的对象上显示整个堆栈的效果。

使唯一：激活该按钮可以将关联的对象修改成独立对象，这样可以对选择集中的对象单独进行操作（只有在场景中拥有选择集的时候该按钮才可用）。

从堆栈中移除修改器：若堆栈中存在修改器，单击该按钮可以删除当前的修改器，并清除由该修改器引发的所有更改。

疑难问答

问：可以直接按Delete键删除修改器吗？

答：不行。如果想要删除某个修改器，不可以在选中某个修改器后按Delete键，那样删除的将会是物体本身而非单个修改器。要删除某个修改器，需要先选择该修改器，然后单击"从堆栈中移除修改器"按钮。

配置修改器集：单击该按钮将弹出一个子菜单，这个菜单中的命令主要用于配

置在“修改”面板中怎样显示和选择修改器，如图5-5所示。

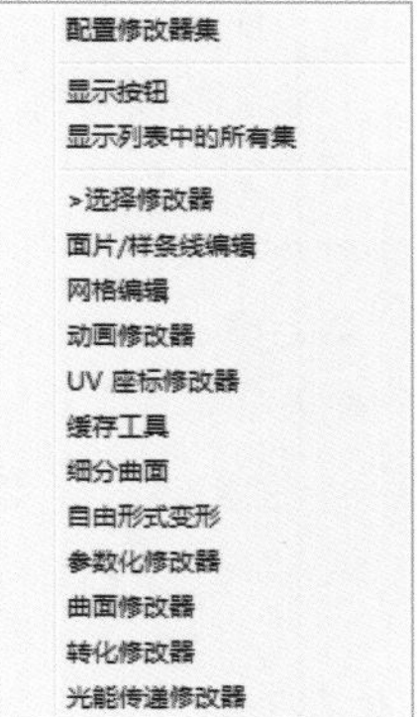

图5-5

5.1.2 为对象加载修改器

为对象加载修改器的方法非常简单。选择一个对象后，进入“修改”面板，然后单击“修改器列表”后面的▾按钮，接着在弹出的下拉列表中就可以选择相应的修改器，如图5-6所示。

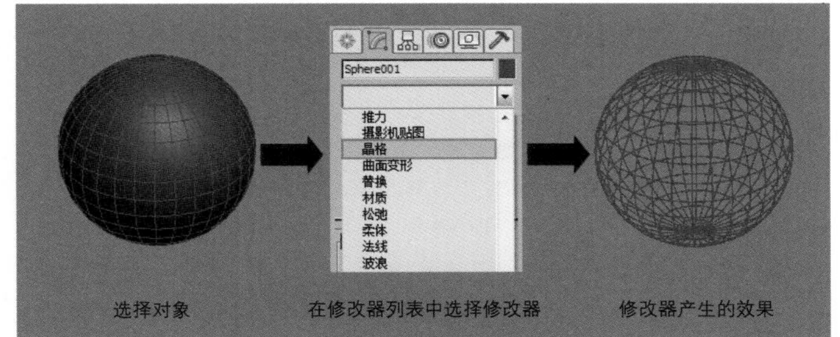

图5-6

5.1.3 修改器的排序

修改器的排列顺序非常重要，先加入的修改器位于修改器堆栈的下方，后加入的修改器则在修改器堆栈的顶部，不同的顺序对同一物体起到的效果是不一样的。

图5-7所示是一个管状体，下面以这个物体为例来介绍修改器的顺序对效果的影响，同时介绍如何调整修改器之间的顺序。

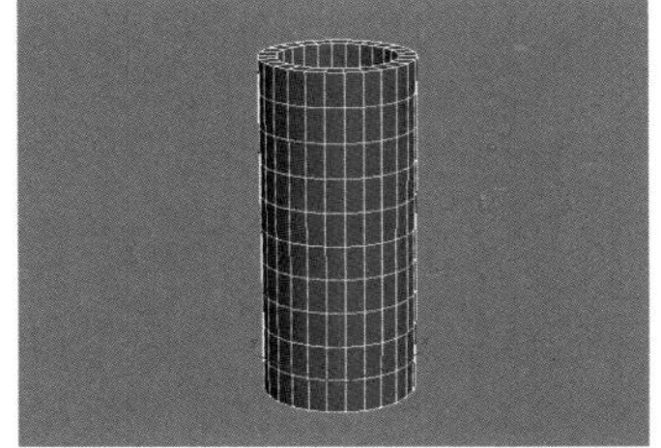

图5-7

先为管状体加载一个“扭曲”修改器，然后在“参数”卷展栏下设置扭曲的“角度”为360，这时管状体便会产生大幅度的扭曲变形，如图5-8所示。

继续为管状体加载一个“弯曲”修改器，然后在“参数”卷展栏下设置弯曲的“角度”为90，这时管状体会发生很自然的弯曲变形，如图5-9所示。

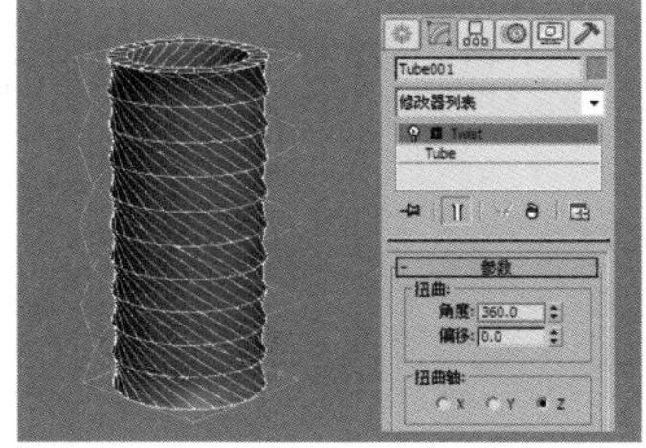

图5-8

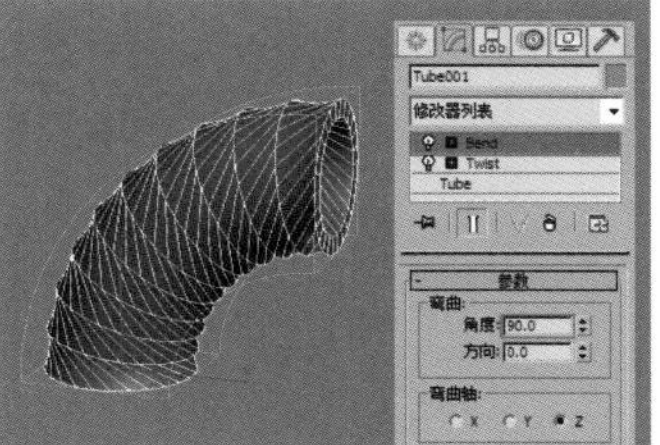

图5-9

下面调整两个修改器的位置。用鼠标左键单击“弯曲”修改器不放，然后将其拖曳到“扭曲”修改器的下方后松开鼠标左键（拖曳时修改器下方会出现一条蓝色的线），调整排序后可以发现管状体的效果发生了很大的变化，如图5-10所示。

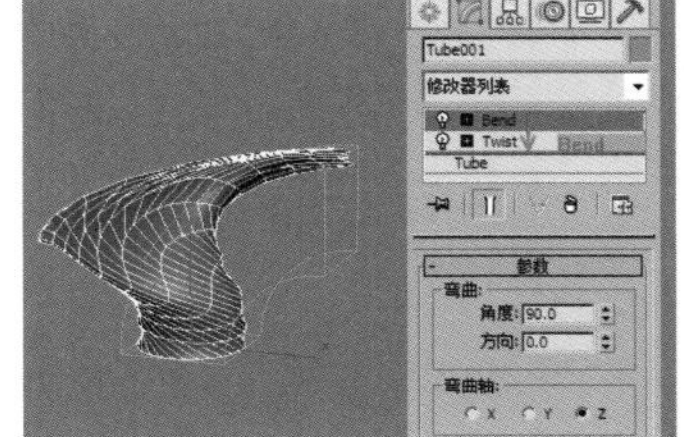

图5-10

在修改器堆栈中，如果要同时选择多个修改器，可以先选中一个修改器，然后按住Ctrl键单击其他修改器进行加选，如果按住Shift键则可以选中多个连续的修改器。

5.1.4 启用与禁用修改器

在修改器堆栈中可以看到每个修改器前面都有个小灯泡图标，这个图标表示这个修改器的启用或禁用状态。当小灯泡显示为亮的状态时，代表这个修改器是启用的；当小灯泡显示为暗的状态时，代表这个修改器被禁用了。单击这个小灯泡即可切换启用和禁用状态。

以图5-11中的修改器堆栈为例，这里为一个球体加载了3个修改器，分别是“晶格”修改器、“扭曲”修改器和“波浪”修改器，并且这3个修改器都被启用了。

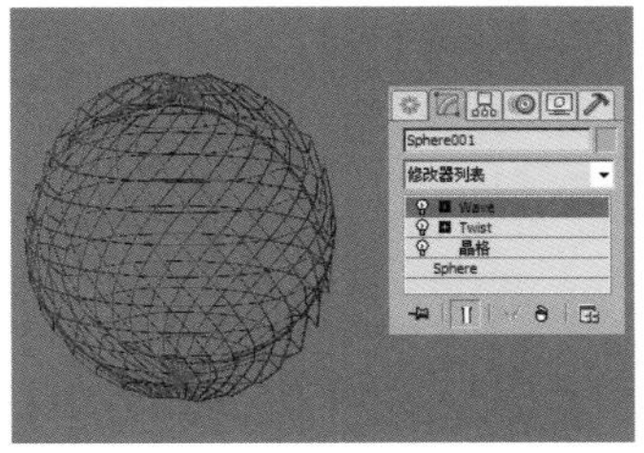

图5-11

选择底层的“晶格”修改器，当“显示最终结果”按钮被禁用时，场景中的球体不能显示该修改器之上的所有修改器的效果，如图5-12所示。如果单击“显示最终结果”按钮，使其处于激活状态，即可在选中底层修改器的状态下显示所有修改器的修改结果，如图5-13所示。

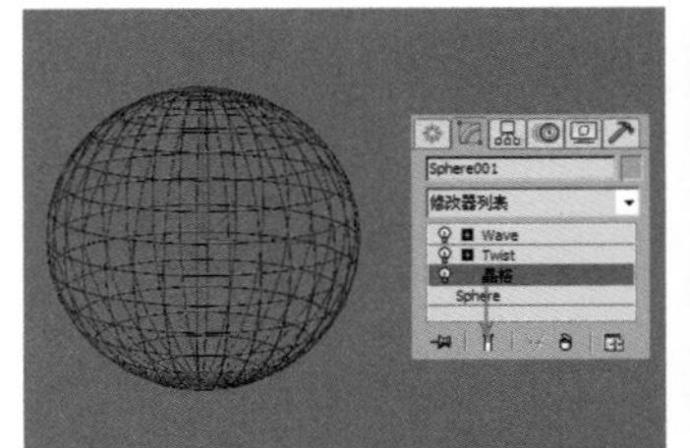

图5-12

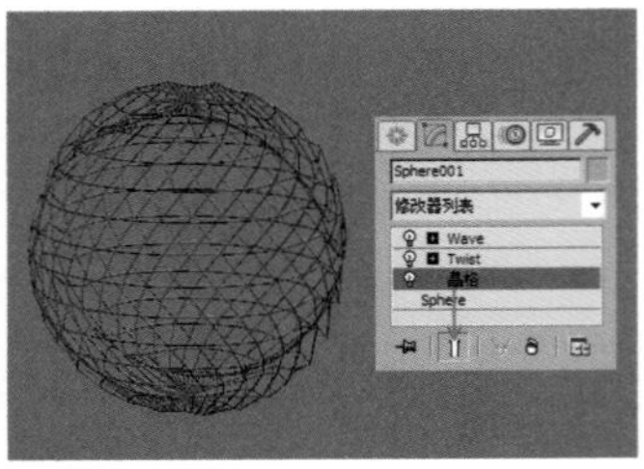

图5-13

如果要禁用“波浪”修改器，可以单击该修改器前面的小灯泡图标，使其变为灰色即可，这时物体的形状也随着发生了变化，如图5-14所示。

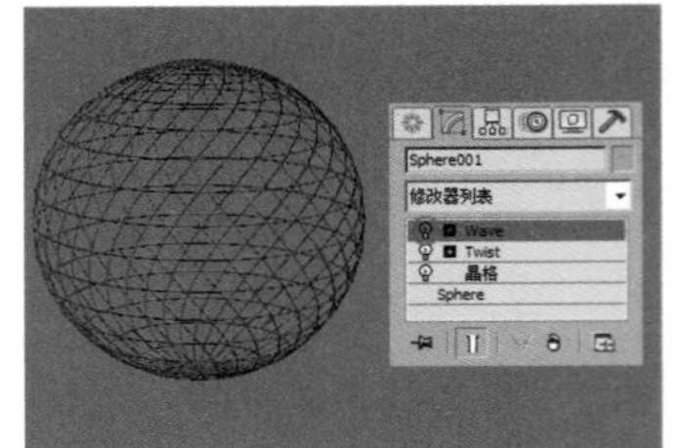

图5-14

5.1.5 编辑修改器

在修改器上单击鼠标右键会弹出一个菜单，该菜单中包括一些对修改器进行编辑的常用命令，如图5-15所示。

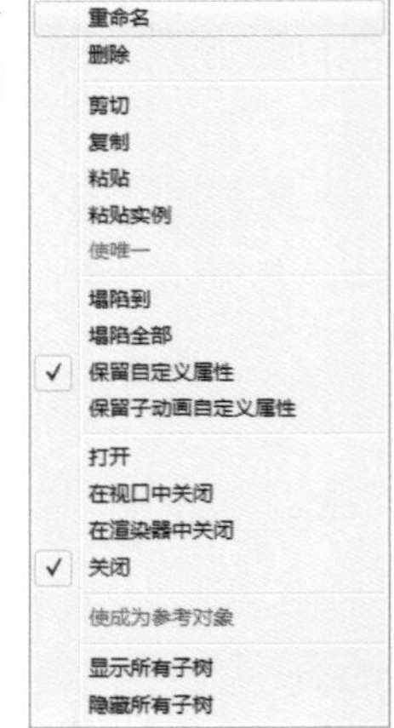

图5-15

从菜单中可以观察到修改器是可以复制到其他物体上的，复制的方法有以下两种。

第1种：在修改器上单击鼠标右键，然后在弹出的菜单中选择“复制”命令，接着在需要的位置单击鼠标右键，在弹出的菜单中选择“粘贴”命令即可。

第2种：直接将修改器拖曳到场景中的某一物体上。

在选中某一修改器后，如果按住Ctrl键将其拖曳到其他对象上，可以将这个修改器作为实例粘贴到其他对象上；如果按住Shift键将其拖曳到其他对象上，就相当于将源物体上的修改器剪切并粘贴到新对象上。

5.1.6 塌陷修改器堆栈

塌陷修改器会将该物体转换为可编辑网格，并删除其中所有的修改器，这样可以简化对象，还能够节约内存。但是塌陷之后就不能对修改器的参数进行调整了，并且也不能将修改器的历史恢复到基准值。

塌陷修改器有“塌陷到”和“塌陷全部”两种方法。使用“塌陷到”命令可以塌陷到当前选定的修改器，也就是说删除当前及列表中位于当前修改器下面的所有修改器，保留当前修改器上面的所有修改器；而使用“塌陷全部”命令，会塌陷整个修改器堆栈，删除所有修改器，并使对象变成可编辑网格。

技术专题 18 塌陷到与塌陷全部命令的区别

以图5-16中的修改器堆栈为例，处于最底层的是一个圆柱体，可以将其称为“基础物体”（注意，基础物体一定是处于修改器堆栈的最底层），而处于基础物体之上的是“弯曲”“扭曲”和“松弛”3个修改器。

图5-16

在“扭曲”修改器上单击鼠标右键，然后在弹出的菜单中选择“塌陷到”命令，此时系统会弹出“警告:塌陷到”对话框，如图5-17所示。在“警告:塌陷到”对话框中有3个按钮，分别为“暂存/是”按钮、“是”按钮和“否”按钮。如果单击“暂存/是”按钮可以将当前对象的状态保存到“暂存”缓冲区，然后才应用“塌陷到”命令，执行“编辑/取回”菜单命令，可以恢复到塌陷前的状态；如果单击“是”按钮，将塌陷“扭曲”修改器和“弯曲”两个修改器，而保留“松弛”修改器，同时基础物体会变成“可编辑网格”物体，如图5-18所示。

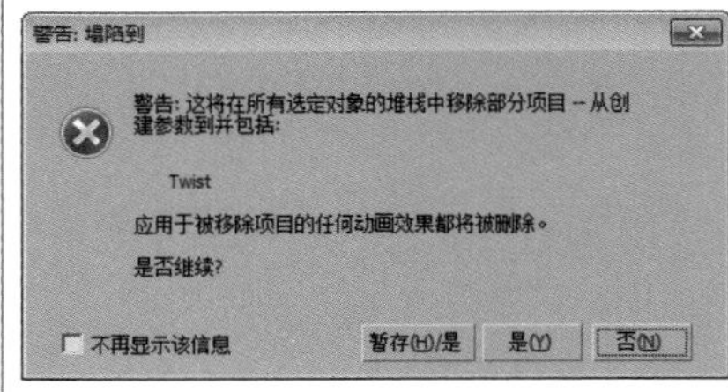

图5-17

图5-18

下面对同样的物体执行“塌陷全部”命令。在任意一个修改器上单击鼠标右键，然后在弹出的菜单中选择“塌陷全部”命令，此时系统会弹出“警告:塌陷全部”对话框，如图5-19所示。如果单击“是”按钮后，将塌陷修改器堆栈中的所有修改器，并且基础物体也会变成“可编辑网格”物体，如图5-20所示。

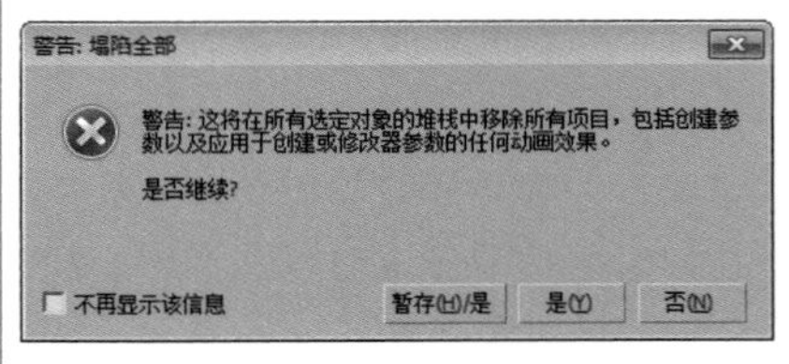

图5-19

图5-20

5.2 修改器的种类

修改器有很多种，按照类型的不同被划分在几个修改器集合中。在“修改”面板下的“修改器列表”中，3ds Max将这些修改器默认分为“选择修改器”“世界空间修改器”和“对象空间修改器”3大部分，如图5-21所示。

选择修改器
网格选择
面片选择
多边形选择
体积选择
世界空间修改器
Hair 和 Fur (WSM)
摄影机贴图 (WSM)
曲面变形 (WSM)
曲面贴图 (WSM)
点缓存 (WSM)
粒子流碰撞图形 (WSM)
细分 (WSM)
置换网格 (WSM)
贴图缩放器 (WSM)
路径变形 (WSM)
面片变形 (WSM)
对象空间修改器
Cloth
FFD 2x2x2

图5-21

5.2.1 选择修改器

“选择修改器”集合中包括“网格选择”“面片选择”“多边形选择”和“体积选择”4种修改器，如图5-22所示。

选择修改器
网格选择
面片选择
多边形选择
体积选择

图5-22

选择修改器简要介绍

网格选择：可以选择网格子对象。

面片选择：选择面片子对象，之后可以对面片子对象应用其他修改器。

多边形选择：选择多边形子对象，之后可以对其应用其他修改器。

体积选择：可以选择一个对象或多个对象选定体积内的所有子对象。

5.2.2 世界空间修改器

“世界空间修改器”集合基于世界空间坐标，而不是基于单个对象的局部坐标系，如图5-23所示。当应用了一个世界空间修改器之后，无论物体是否发生了移动，它都不会受到任何影响。

世界空间修改器
Hair 和 Fur (WSM)
摄影机贴图 (WSM)
曲面变形 (WSM)
曲面贴图 (WSM)
点缓存 (WSM)
粒子流碰撞图形 (WSM)
细分 (WSM)
置换网格 (WSM)
贴图缩放器 (WSM)
路径变形 (WSM)
面片变形 (WSM)

图5-23

世界空间修改器简要介绍

Hair和Fur（WSM）（毛发和毛皮（WSM））：用于为物体添加毛发。该修改器可应用于要生长头发的任意对象，既可以应用于网格对象，也可以应用于样条线对象。

摄影机贴图（WSM）：使摄影机将UVW贴图坐标应用于对象。

曲面变形（WSM）：该修改器的工作方式与“路径变形（WSM）”修改器相同，只是它使用的是NURBS点或CV曲面，而不是使用曲线。

点缓存（WSM）：该修改器可以将修改器动画存储到磁盘文件中，然后使用磁盘文件中的信息来播放动画。

粒子流碰撞图形（WSM）：该修改器可以让标准的网格对象使粒子产生类似于导向板的作用。

曲面贴图（WSM）：将贴图指定给NURBS曲面，并将其投射到修改的对象上。

细分（WSM）：提供用于光能传递处理创建网格的一种算法。处理光能传递需要网格的元素尽可能地接近等边三角形。

置换网格（WSM）：用于查看置换贴图的效果。

贴图缩放器（WSM）：用于调整贴图的大小，并保持贴图比例不变。

路径变形（WSM）：可以根据图形、样条线或NURBS曲线路径将对象进行变形。

面片变形（WSM）：可以根据面片将对象进行变形。

5.2.3 对象空间修改器

“对象空间修改器”集合中的修改器非常多，如图5-24所示。这个集合中的修改器主要应用于单独对象，使用的是对象的局部坐标系，因此当移动对象时，修改器也会随着移动。

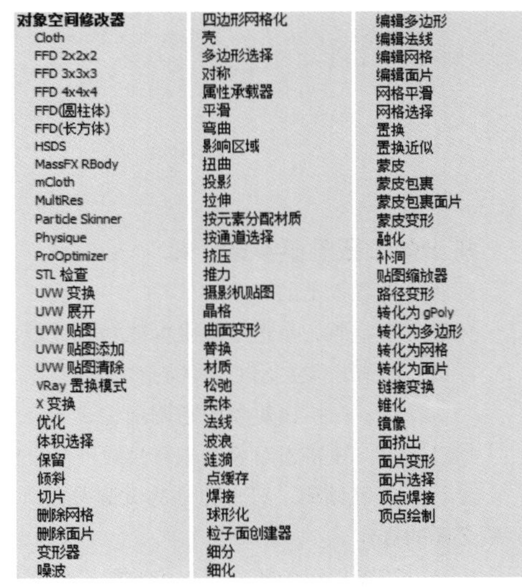

图5-24

知识链接

“对象空间修改器”非常重要，在下面的“5.3 常用修改器”中将作为重点内容进行讲解。

5.3 常用修改器

在“对象空间修改器”集合中有很多修改器，本节就针对这个集合中最为常用的一些修改器进行详细介绍。熟练运用这些修改器，可以大量简化建模流程，节省操作时间。

本节修改器概述

修改器名称	主要作用	重要程度
挤出	为二维图形添加深度	高
倒角	将图形挤出为3D对象，并应用倒角效果	高
车削	绕轴旋转一个图形或NURBS曲线来创建3D对象	高
弯曲	在任意轴上控制物体的弯曲角度和方向	高
扭曲	在任意轴上控制物体的扭曲角度和方向	高
对称	围绕特定的轴向镜像对象	高
置换	重塑对象的几何外形	中
噪波	使对象表面的顶点随机变动	中
FFD	自由变形物体的外形	高
晶格	将图形的线段或边转化为圆柱形结构	高
平滑	平滑几何体	高
优化	减少对象中面和顶点的数目	中
融化	将现实生活中的融化效果应用到对象上	中

★重点★

5.3.1 挤出修改器

“挤出”修改器可以将深度添加到二维图形中，并且可以将对象转换成一个参数化对象，其参数设置面板如图5-25所示。

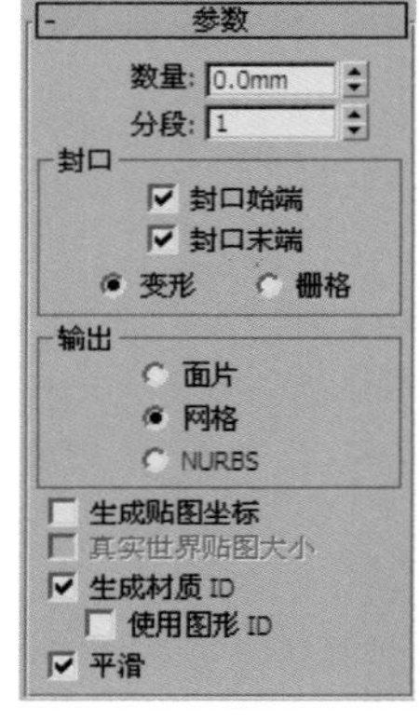

图5-25

挤出修改器重要参数介绍

数量：设置挤出的深度。

分段：指定要在挤出对象中创建的线段数目。

封口：用来设置挤出对象的封口，共有以下4个选项。

封口始端：在挤出对象的初始端生成一个平面。

封口末端：在挤出对象的末端生成一个平面。

变形：以可预测、可重复的方式排列封口面，这是创建变形目标所必需的操作。

栅格：在图形边界的方形上修剪栅格中安排的封口面。

输出：指定挤出对象的输出方式，共有以下3个选项。

面片：产生一个可以折叠到面片对象中的对象。

网格：产生一个可以折叠到网格对象中的对象。

NURBS：产生一个可以折叠到NURBS对象中的对象。

生成贴图坐标：将贴图坐标应用到挤出对象中。

真实世界贴图大小：控制应用于对象的纹理贴图材质所使用的缩放方法。

生成材质ID：将不同的材质ID指定给挤出对象的侧面与封口。

使用图形ID：将材质ID指定给挤出生成的样条线线段，或指定给在NURBS挤出生成的曲线子对象。

平滑：将平滑应用于挤出图形。

★重点★

实战：用挤出修改器制作花朵吊灯

场景位置 无
实例位置 实例文件>CH05>实战：用挤出修改器制作花朵吊灯.max
视频位置 多媒体教学>CH05>实战：用挤出修改器制作花朵吊灯.flv
难易指数 ★★☆☆☆
技术掌握 星形工具、线工具、圆工具、挤出修改器

扫码看视频

花朵吊灯的效果如图5-26所示。

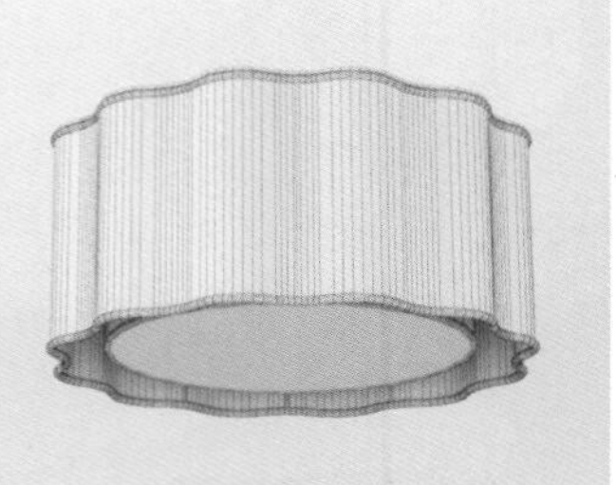

图5-26

01 使用“星形”工具 星形 在顶视图中绘制一个星形，然后在“参数”卷展栏下设置“半径1”为70mm、“半径2”为60mm、“点”为12、“圆角半径1”为10mm、“圆角半径2”为6mm，具体参数设置及星形效果如图5-27所示。

02 选择星形，然后在“渲染”卷展栏下勾选“在渲染中启用”和“在视口中启用”选项，接着设置“径向”的“厚度”为2.5mm，具体参数设置及模型效果如图5-28所示。

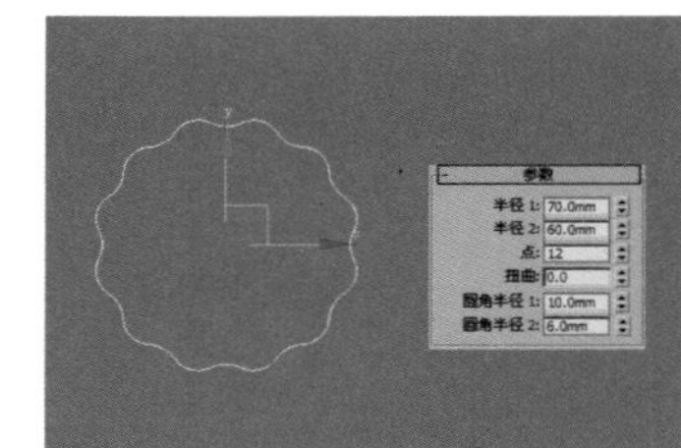

图5-27

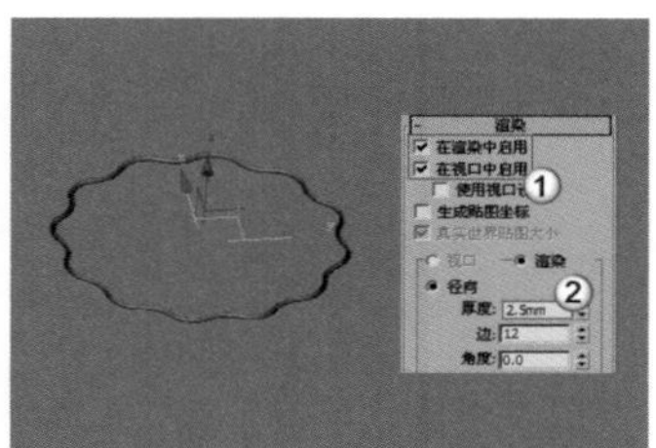

图5-28

03 切换到前视图，然后按住Shift键使用“选择并移动”工具向下移动复制一个星形，如图5-29所示。

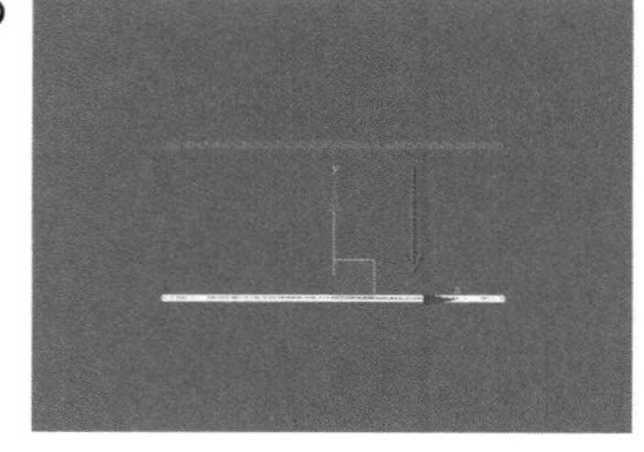

图5-29

04 继续复制一个星形到两个星形的中间，如图5-30所示，然后在“渲染”卷展栏下勾选“矩形”选项，接着设置“长度”为60mm、“宽度”为0.5mm，模型效果如图5-31所示。

05 使用“线”工具 线 在前视图中绘制一条如图5-32所示的样条线，然后在“渲染”卷展栏下勾选“在渲染中启用”和“在视口中启用”选项，接着设置“径向”的“厚度”为1.2mm，如图5-33所示。

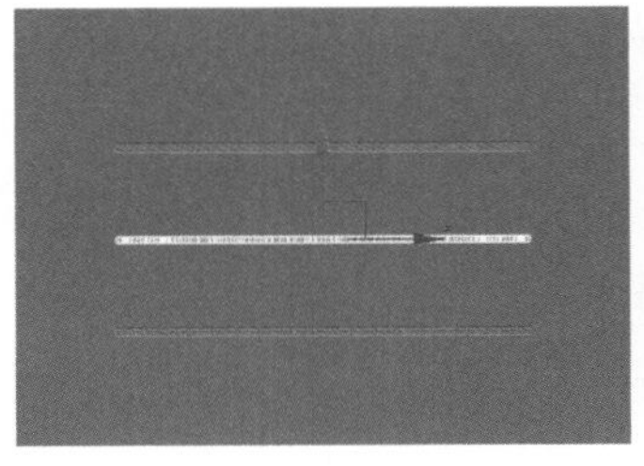

图5-30

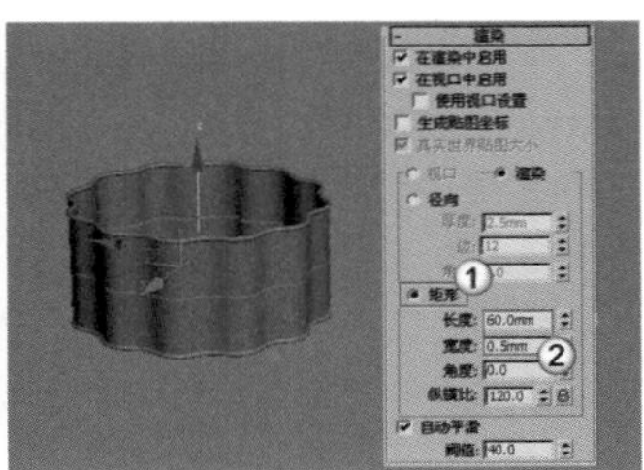

图5-31

图5-32

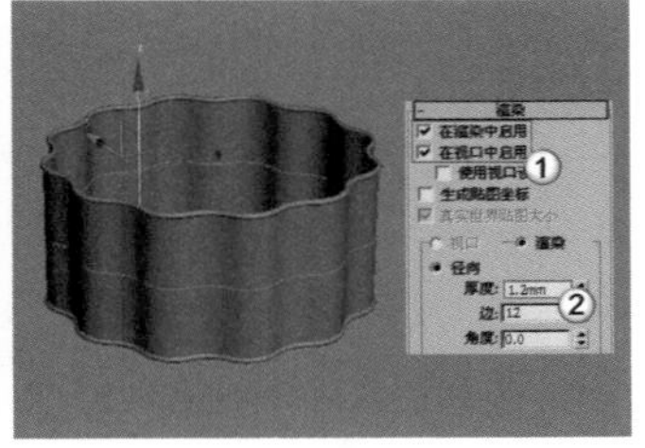

图5-33

06 使用“仅影响轴”技术和“选择并旋转”工具围绕星形复制一圈样条线，完成后的效果如图5-34所示。

07 将前面创建的星形复制一个到如图5-35所示的位置（需要关闭“在渲染中启用”和“在视口中启用”选项）。

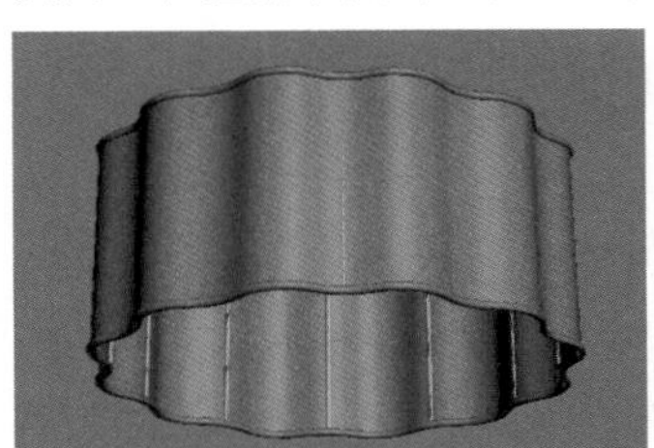

图5-34

图5-35

08 为星形加载一个“挤出”修改器，然后在“参数”卷展栏下设置“数量”为1mm，具体参数设置及模型效果如图5-36所示。

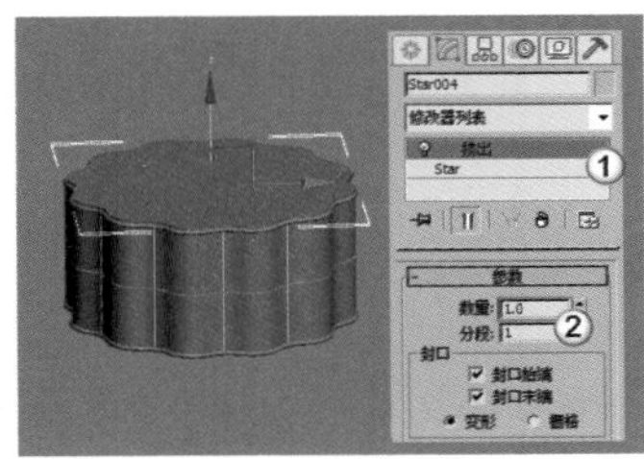

图5-36

09 使用“圆”工具 圆 在顶视图中绘制一个圆形，然后在“参数”卷展栏下设置“半径”为50mm，如图5-37所示，接着在“渲染”卷展栏下勾选“在渲染中启用”和“在视口中启用”选项，最后设置“径向”的“厚度”为1.8mm，如图5-38所示。

10 选择上一步绘制的圆形，然后按Ctrl+V组合键在原始位置复制一个圆形（需要关闭“在渲染中启用”和“在视口中启用”选项），接着为其加载一个“挤出”修改器，最后在“参数”卷展栏下设置“数量”为1mm，如图5-39所示。

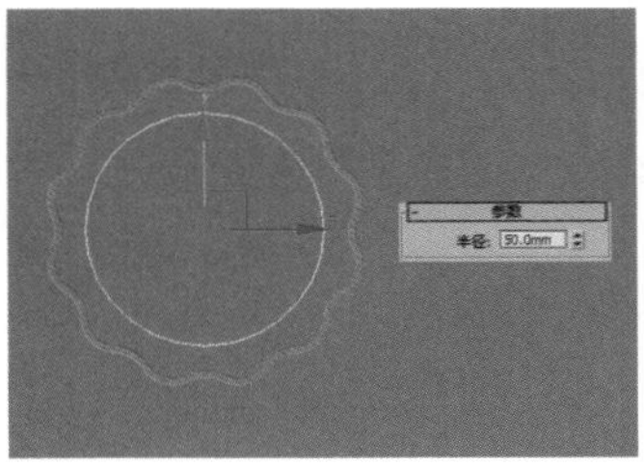

图5-37

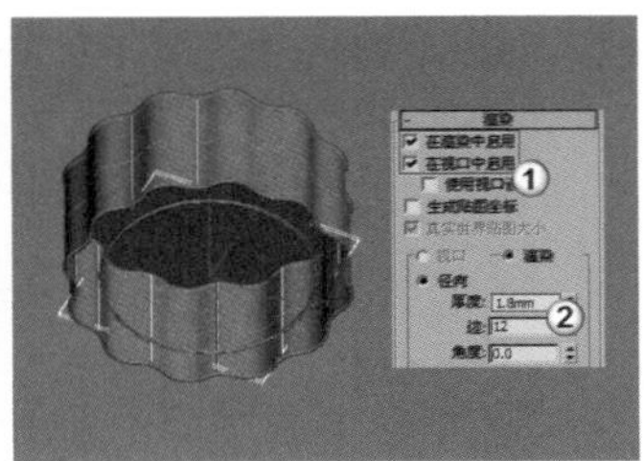

图5-38

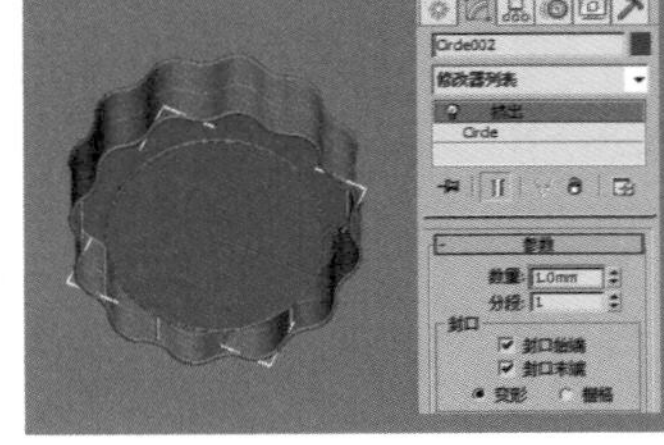

图5-39

11 选择没有进行挤出的圆形，然后按Ctrl+V组合键在原始位置复制一个圆形，接着在“渲染”卷展栏下勾选“矩形”选项，最后设置“长度”为56mm、“宽度”为0.5mm，如图5-40所示，最终效果如图5-41所示。

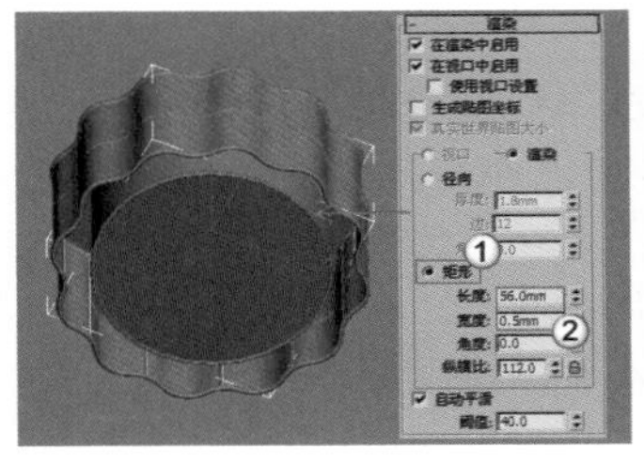

图5-40

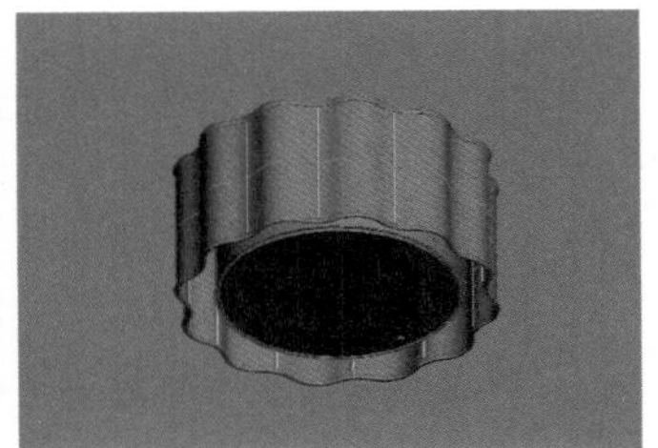

图5-41

5.3.2 倒角修改器

“倒角”修改器可以将图形挤出为3D对象，并在边缘应用平滑的倒角效果，其参数设置面板包含“参数”和“倒角值”两个卷展栏，如图5-42所示。

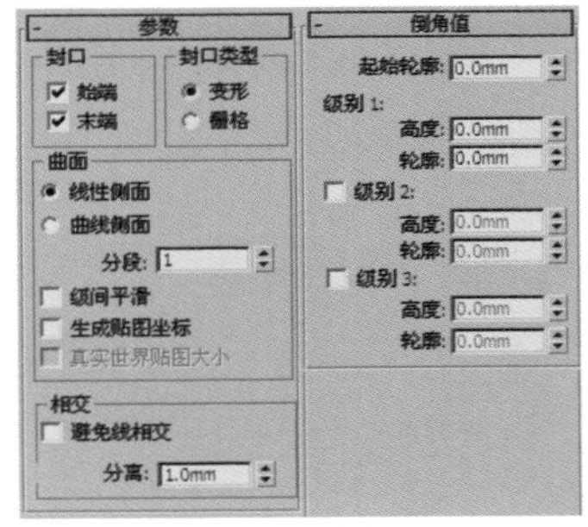

图5-42

倒角修改器重要参数介绍

封口：指定倒角对象是否要在一端封闭开口。

始端：用对象的最低局部z值（底部）对末端进行封口。

末端：用对象的最高局部z值（底部）对末端进行封口。

封口类型：指定封口的类型。

变形：创建适合的变形封口曲面。

栅格：在栅格图案中创建封口曲面。

曲面：控制曲面的侧面曲率、平滑度和贴图。

线性侧面：勾选该选项后，级别之间会沿着一条直线进行分段插补。

曲线侧面：勾选该选项后，级别之间会沿着一条Bezier曲线进行分段插补。

分段：在每个级别之间设置中级分段的数量。

级间平滑：控制是否将平滑效果应用于倒角对象的侧面。

生成贴图坐标：将贴图坐标应用于倒角对象。

真实世界贴图大小：控制应用于对象的纹理贴图材质所使用的缩放方法。

相交：防止重叠的相邻边产生锐角。

避免线相交：防止轮廓彼此相交。

分离：设置边与边之间的距离。

起始轮廓：设置轮廓到原始图形的偏移距离。正值会使轮廓变大；负值会使轮廓变小。

级别1：包含以下两个选项。

高度：设置“级别1”在起始级别之上的距离。

轮廓：设置“级别1”的轮廓到起始轮廓的偏移距离。

级别2：在“级别1”之后添加一个级别。

高度：设置“级别1”之上的距离。

轮廓：设置“级别2”的轮廓到“级别1”轮廓的偏移距离。

级别3：在前一级别之后添加一个级别，如果未启用“级别2”，“级别3”会添加在“级别1”之后。

高度：设置到前一级别之上的距离。

轮廓：设置“级别3”的轮廓到前一级别轮廓的偏移距离。

★重点★

实战：用倒角修改器制作牌匾

场景位置　无
实例位置　实例文件>CH05>实战：用倒角修改器制作牌匾.max
视频位置　多媒体教学>CH05>实战：用倒角修改器制作牌匾.flv
难易指数　★☆☆☆☆
技术掌握　矩形工具、倒角修改器、文本工具、字体的安装方法、挤出修改器

扫码看视频

牌匾的效果如图5-43所示。

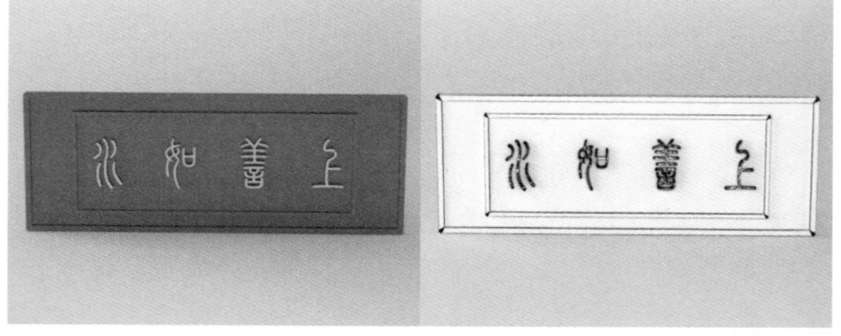

图5-43

01 使用“矩形”工具 矩形 在前视图中绘制一个矩形，然后在“参数”卷展栏下设置“长度”为100mm、“宽度”为260mm、“角半径”为2mm，如图5-44所示。

02 为矩形加载一个“倒角”修改器，然后在“倒角值”卷展栏下设置“级别1”的“高度”为6mm，接着勾选“级别2”选项，并设置其“轮廓”为-4mm，最后勾选“级别3”选项，并设置其“高度”为-2mm，具体参数设置及模型效果如图5-45所示。

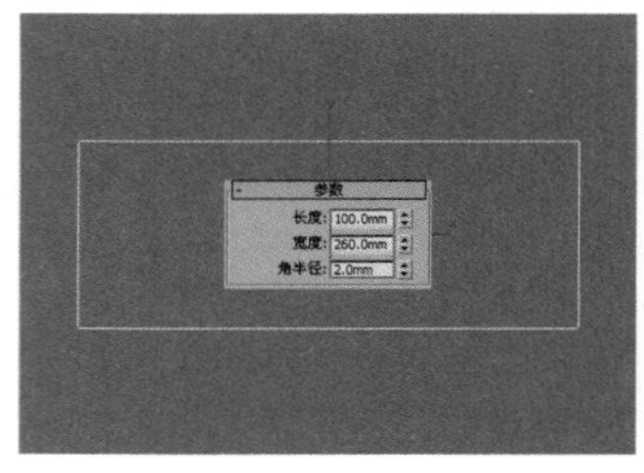

图5-44

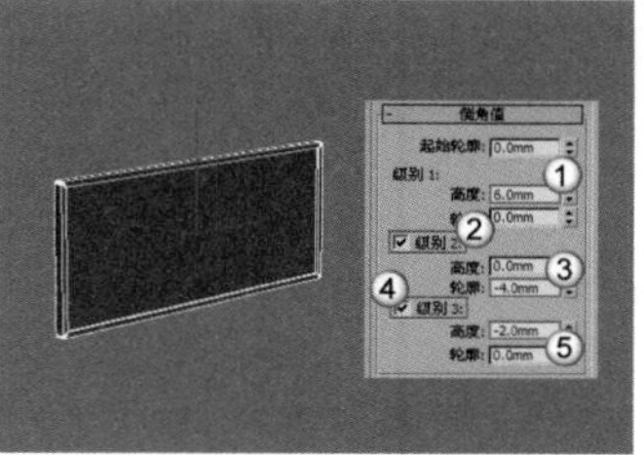

图5-45

03 使用“选择并移动”工具选择模型，然后在左视图中移动复制一个模型，并在弹出的“克隆选项”对话框中设置“对象”为“复制”，如图5-46所示。

04 切换到前视图，然后使用“选择并均匀缩放”工具将复制的模型缩放到合适的大小，如图5-47所示。

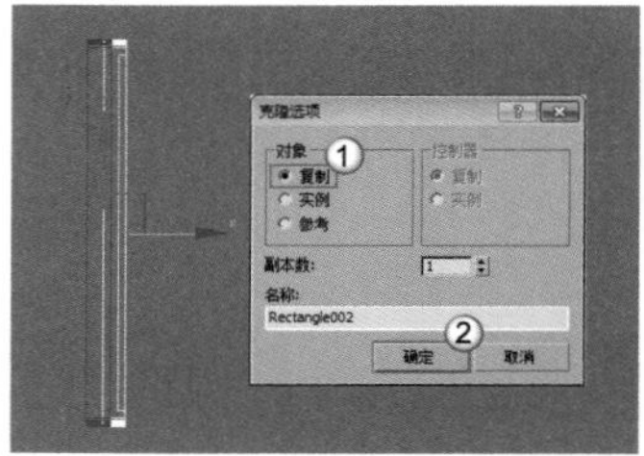

图5-46

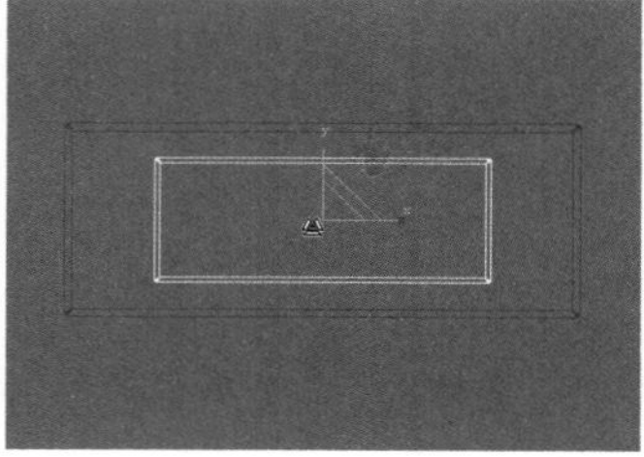

图5-47

05 展开“倒角值”卷展栏，然后将“级别1”的“高度”修改为2mm，接着将“级别2”的“轮廓”修改为-2.8mm，最后将“级别3”的“高度”修改为-1.5mm，具体参数设置及模型效果如图5-48所示。

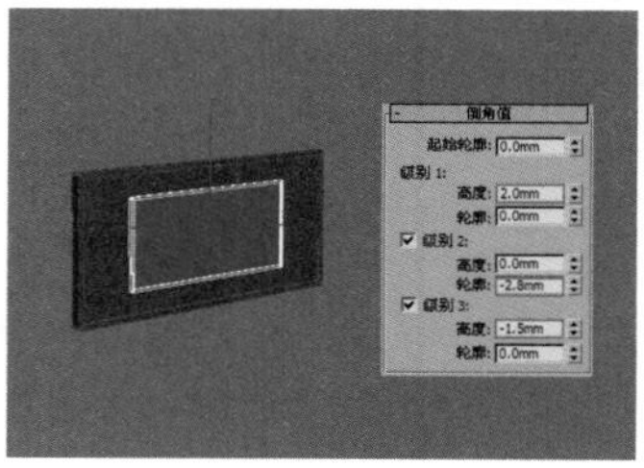

图5-48

06 使用“文本”工具 文本 在前视图单击鼠标左键创建一个默认的文本，然后在“参数”卷展栏下设置字体为“汉仪篆书繁”、“大小”为50mm，接着在“文本”输入框中输入“水如善上”4个字，如图5-49所示，文本效果如图5-50所示。

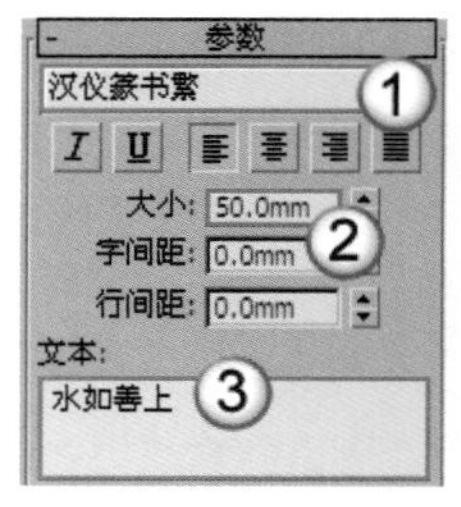

图5-49

图5-50

技术专题 19 字体的安装方法

这里可能有些初学者会发现自己的计算机中没有“汉仪篆书繁”字体，这是很正常的，因为这种字体要去互联网下载才能使用。下面介绍一下字体的安装方法。

第1步：选择下载的字体，然后按Ctrl+C组合键复制字体，接着执行“开始>控制面板”命令，如图5-51所示。

图5-51

第2步：在“控制面板”中双击“外观和个性化”项目，如图5-52所示，接着在弹出的面板中单击“字体”项目，如图5-53所示。

图5-52

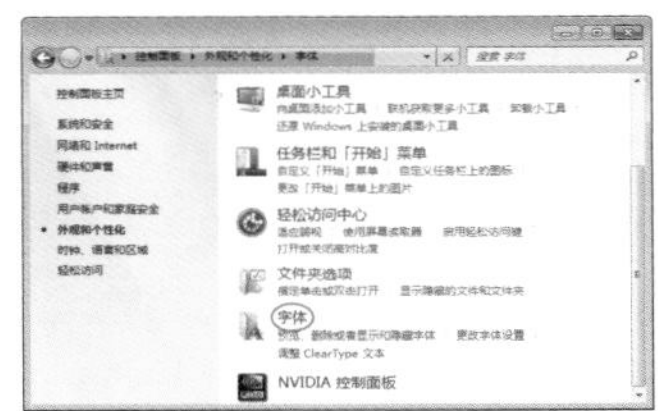

图5-53

第3步：在弹出的“字体”文件夹中按Ctrl+V组合键粘贴字体，此时字体会自动进行安装，如图5-54所示。

图5-54

07 为文本加载一个“挤出”修改器，然后在“参数”卷展栏下设置“数量”为1.5mm，最终效果如图5-55所示。

图5-55

★ 重点 ★

5.3.3 车削修改器

“车削”修改器可以通过围绕坐标轴旋转一个图形或NURBS曲线来生成3D对象，其参数设置面板如图5-56所示。

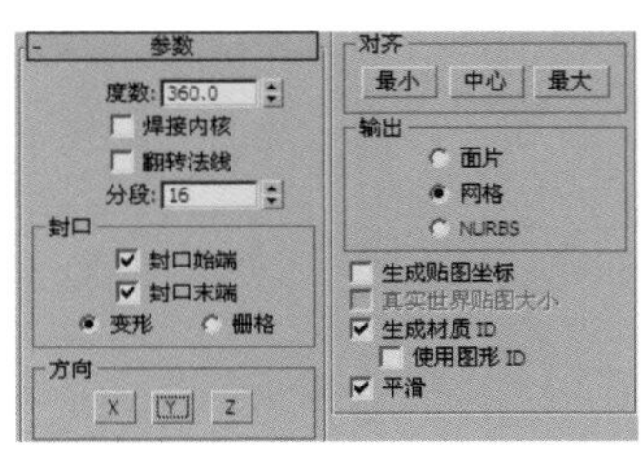

图5-56

车削修改器重要参数介绍

度数：设置对象围绕坐标轴旋转的角度，其范围为0°~360°，默认值为360°。

焊接内核：通过焊接旋转轴中的顶点来简化网格。

翻转法线：使物体的法线翻转，翻转后物体的内部会外翻。

分段：在起始点之间设置在曲面上创建的插补线段的数量。

封口：如果设置车削对象的“度数”小于360°，该选项用来控制是否在车削对象的内部创建封口。

封口始端：车削的起点，用来设置封口的最大程度。

封口末端：车削的终点，用来设置封口的最大程度。

变形：按照创建变形目标所需的可预见且可重复的模式来排列封口面。

栅格：在图形边界的方形上修剪栅格中安排的封口面。

方向：设置轴的旋转方向，共有x、y和z这3个轴可供选择。

对齐：设置对齐的方式，共有“最小”“中心”和“最大”3种方式可供选择。

输出：指定车削对象的输出方式，共有以下3种。

面片：产生一个可以折叠到面片对象中的对象。

网格：产生一个可以折叠到网格对象中的对象。

NURBS：产生一个可以折叠到NURBS对象中的对象。

★ 重点 ★

实战：用车削修改器制作饰品

场景位置	无
实例位置	实例文件>CH05>实战：用车削修改器制作饰品.max
视频位置	多媒体教学>CH05>实战：用车削修改器制作饰品.flv
难易指数	★★☆☆☆
技术掌握	线工具、车削修改器

扫码看视频

饰品组合的效果如图5-57所示。

图5-57

01 使用“线”工具 线 在前视图中绘制如图5-58所示的样条线。

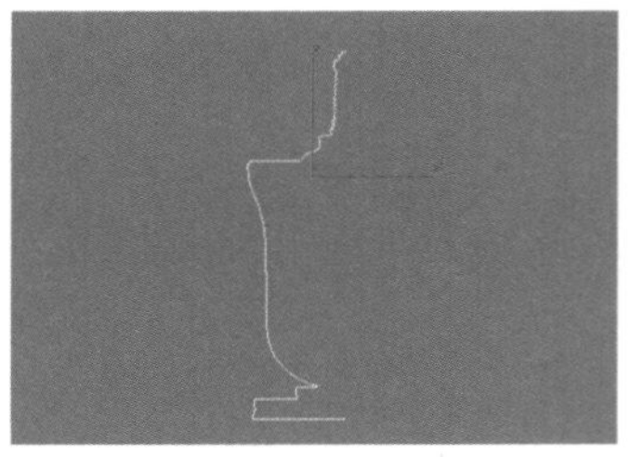

图5-58

02 为样条线加载一个“车削”修改器，然后在“参数”卷展栏下设置“分段”为32，接着设置“方向”为y轴 Y 、“对齐”方式为“最大” 最大 ，如图5-59所示，效果如图5-60所示。

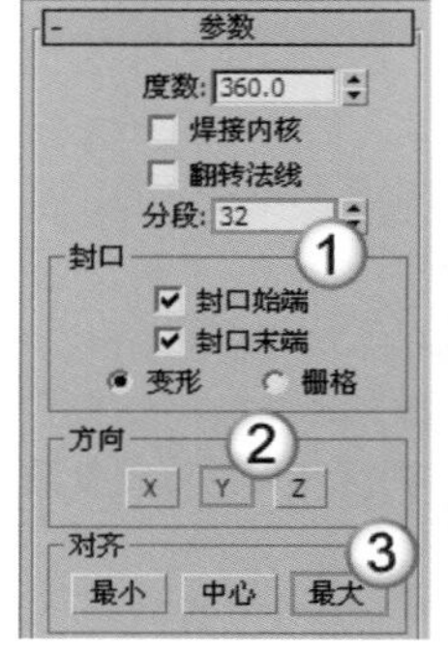

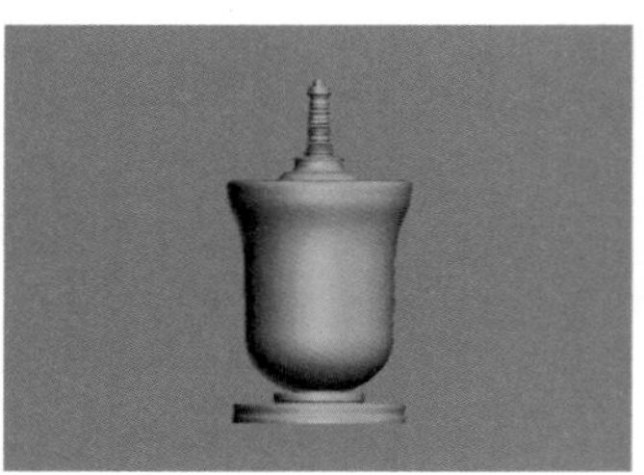

图5-59　　图5-60

03 继续使用“线”工具 线 在前视图中绘制4条如图5-61所示的样条线，然后分别为每条样条线加载“车削”修改器（参数与上个步骤相同），最终效果如图5-62所示。

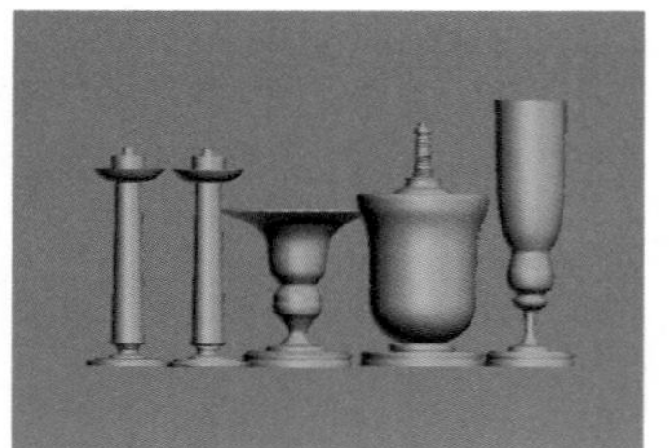

图5-61　　图5-62

★ 重点 ★

实战：用车削修改器制作吊灯

场景位置	无
实例位置	实例文件>CH05>实战：用车削修改器制作吊灯.max
视频位置	多媒体教学>CH05>实战：用车削修改器制作吊灯.flv
难易指数	★★★★☆
技术掌握	线工具、车削修改器、放样工具、仅影响轴技术、间隔工具

吊灯的效果如图5-63所示。

图5-63

01 使用“线”工具 线 在前视图中绘制一条如图5-64所示的样条线。

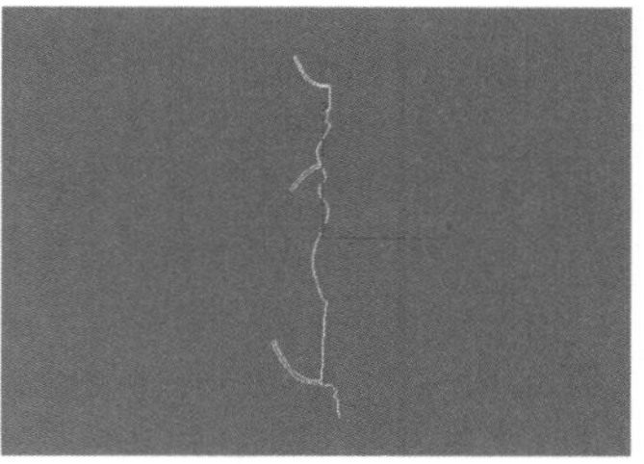

图5-64

02 为样条线加载一个“车削”修改器，然后在“参数”卷展栏下设置“分段”为12、接着设置“方向”为y轴 Y 、“对齐”方式为“最大” 最大 ，最后关闭“平滑”选项，如图5-65所示，效果如图5-66所示。

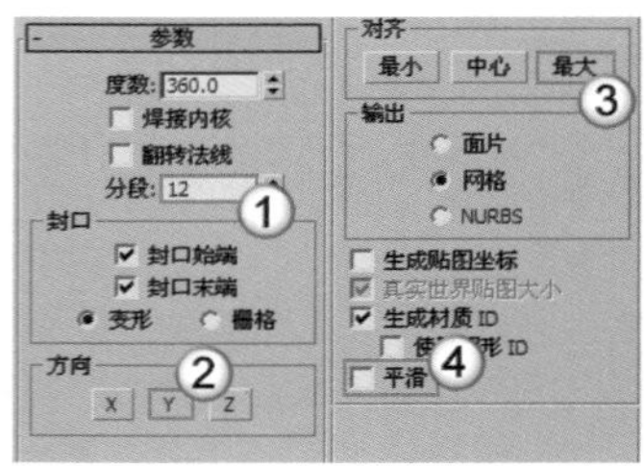

图5-65　　图5-66

03 使用“线”工具 线 在前视图中绘制如图5-67所示的样条线，然后为其加载一个“车削”修改器，接着在“参数”卷展栏下设置“方向”为y轴 Y 、“对齐”方式为“最大” 最大 ，如图5-68所示。

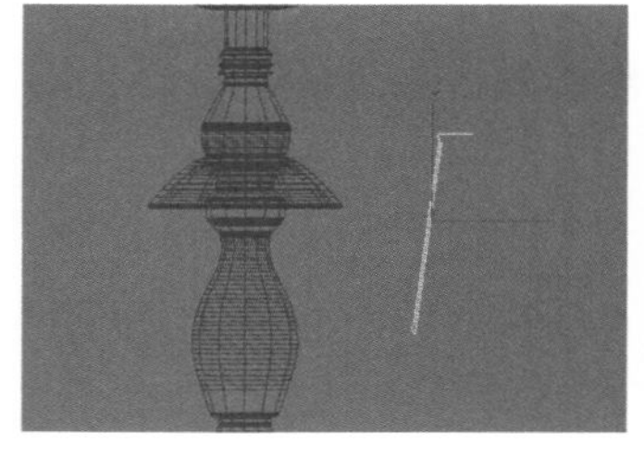

图5-67　　图5-68

04 继续使用“线”工具 线 在前视图中绘制一条如图5-69所示的样条线。

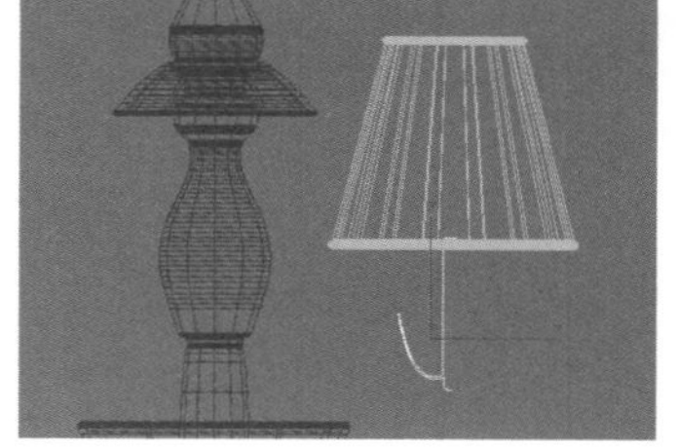

图5-69

05 为样条线加载一个“车削”修改器，然后在“参数”卷展栏下设置“分段”为12、接着设置“方向”为y轴 Y 、“对齐”方式为“最大” 最大 ，最后关闭“平滑”选项，如图5-70所示，效果如图5-71所示。

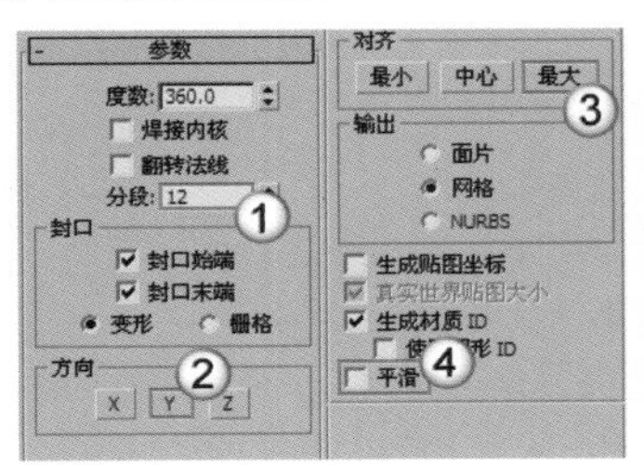

图5-70　　图5-71

06 使用“线”工具 线 在左视图中绘制一条如图5-72所示的样条线，然后使用“星形”工具 星形 在前视图中创建一个星形，接着在“参数”卷展栏下设置“半径1”为5mm、“半径2”为4mm、“点”为8、“扭曲”为0、“圆角半径1”为0.5mm、“圆角半径2”为0.3mm，具体参数设置如图5-73所示。

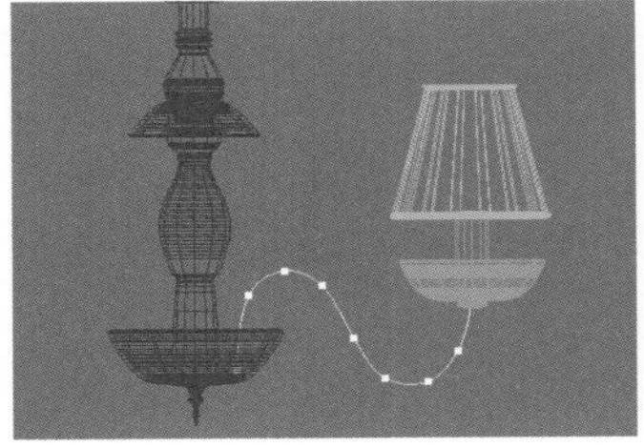

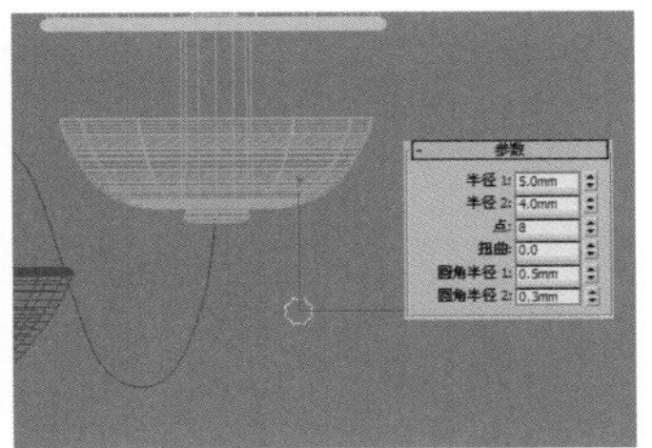

图5-72　　图5-73

07 选择样条线，设置几何体类型为“复合对象”，然后单击“放样”按钮 放样 ，接着在“创建方法”卷展栏下单击“获取图形”按钮 获取图形 ，最后在视图中拾取星形，效果如图5-74所示。

08 选择主轴以外的模型，然后执行“组>组”菜单命令，为其建立一个组，如图5-75所示。

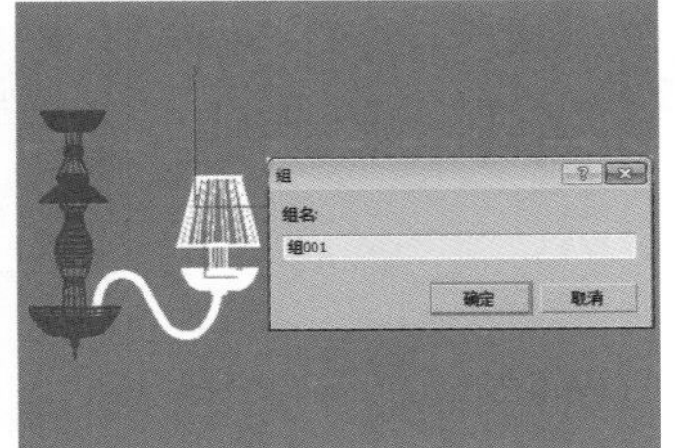

图5-74　　图5-75

09 在“命令”面板中单击“层次”按钮，切换到“层次”面板，然后单击“仅影响轴”按钮 仅影响轴 ，接着在顶视图中将轴心点拖曳到吊灯主轴的中心，如图5-76所示。调整完成后再次单击“仅影响轴”按钮 仅影响轴 ，退出“仅影响轴”模式。

图5-76

10 按A键激活“角度捕捉切换”工具，然后在顶视图中按住Shift键用“选择并旋转”工具旋转（旋转-60°）复制“组001”，接着在弹出的“克隆选项”对话框中设置“副本数”为5，如图5-77所示，效果如图5-78所示。

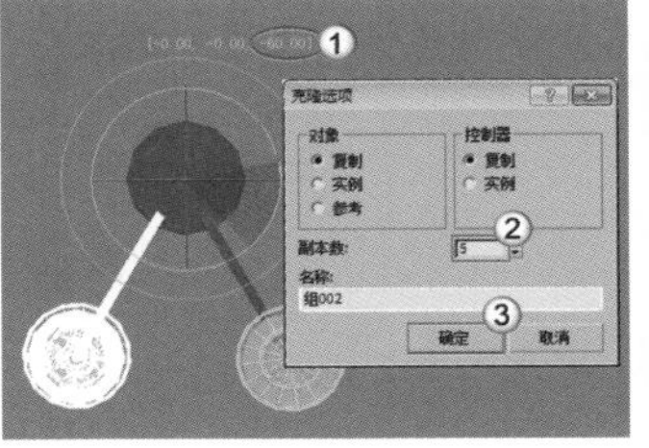

图5-77　　图5-78

11 使用“线”工具 线 在左视图中绘制一条如图5-79所示的样条线。

图5-79

12 使用“球体”工具 球体 在场景中创建一个球体，然后在“参数”卷展栏下设置“半径”为3.5mm，如图5-80所示，接着使用“选择并挤压”工具沿x轴将球体挤压成如图5-81所示的形状。

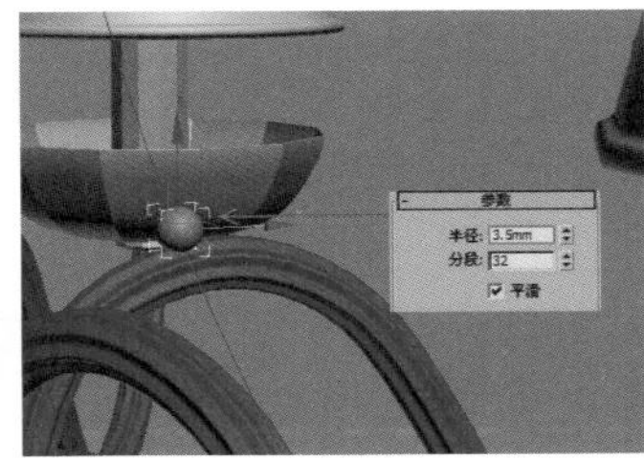

图5-80　　图5-81

13 使用“圆”工具 圆 在视图中绘制一个圆形，然后在“渲染”卷展栏下勾选“在渲染中启用”和“在视口中启用”选项，接着设置“径向”的“厚度”为0.4mm，如图5-82所示。

14 选择压扁的球体和圆形，然后为其建立一个组，接着在“主工具栏”中的空白位置单击鼠标右键，最后在弹出的菜单中选择“附加”命令，调出“附加”工具栏，如图5-83所示。

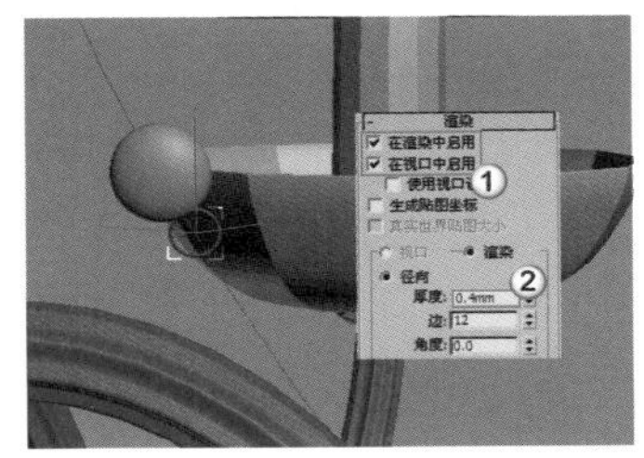

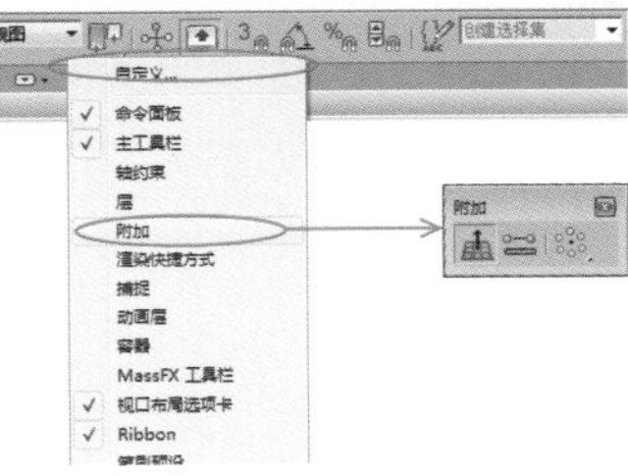

图5-82　　图5-83

15 选择组，然后在“附加”工具栏中单击“间隔工具”按钮，打开“间隔工具”对话框，单击“拾取路径”按钮拾取路径，接着在视图中拾取样条线，最后设置"计数"为32、"前后关系"为"跟随"，如图5-84所示，效果如图5-85所示。

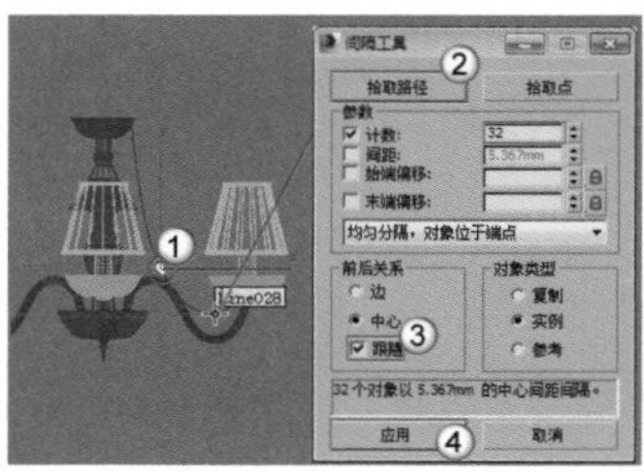

图5-84

图5-85

16 在"主工具栏"中设置"参考坐标系"为"局部"，如图5-86所示，然后使用"选择并旋转"工具调整好各组模型的角度，如图5-87所示。

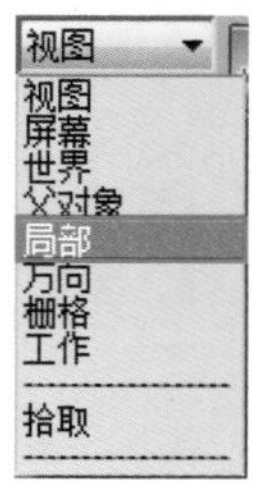

图5-86

图5-87

17 利用"仅影响轴"技术和"选择并旋转"工具在顶视图中旋转复制5份模型，完成后的效果如图5-88所示。

18 继续创建吊灯的其他装饰模型，最终效果如图5-89所示。

图5-88

图5-89

5.3.4 弯曲修改器

"弯曲"修改器可以使物体在任意3个轴上控制弯曲的角度和方向，也可以对几何体的一段限制弯曲效果，其参数设置面板如图5-90所示。

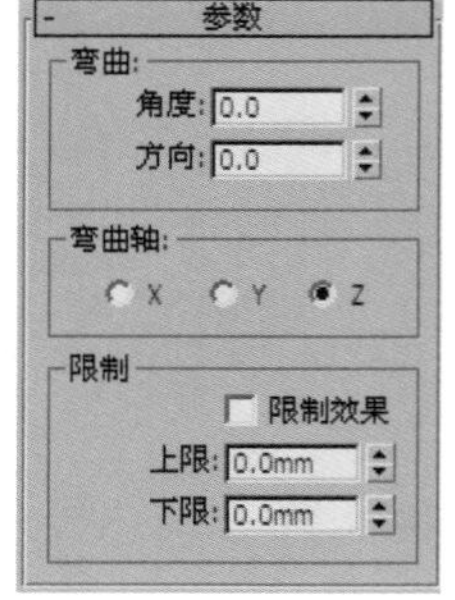

图5-90

弯曲修改器重要参数介绍

角度：从顶点平面设置要弯曲的角度，范围为-999999~999999。

方向：设置弯曲相对于水平面的方向，范围为-999999~999999。

X/Y/Z：指定要弯曲的轴，默认轴为z轴。

限制效果：将限制约束应用于弯曲效果。

上限：以世界单位设置上部边界，该边界位于弯曲中心点的上方，超出该边界弯曲不再影响几何体，其范围为0~999999。

下限：以世界单位设置下部边界，该边界位于弯曲中心点的下方，超出该边界弯曲不再影响几何体，其范围为-999999~0。

实战：用弯曲修改器制作花朵

场景位置 场景文件>CH05>01.max
实例位置 实例文件>CH05>实战：用弯曲修改器制作花朵.max
视频位置 多媒体教学>CH05>实战：用弯曲修改器制作花朵.flv
难易指数 ★★☆☆☆
技术掌握 弯曲修改器

扫码看视频

花朵的效果如图5-91所示。

图5-91

01 打开"场景文件>CH05>01.max"文件，如图5-92所示。

02 选择其中一枝开放的花朵，然后为其加载一个"弯曲"修改器，接着在"参数"卷展栏下设置"角度"为105、"方向"为180、"弯曲轴"为y轴，具体参数设置及模型效果如图5-93所示。

图5-92

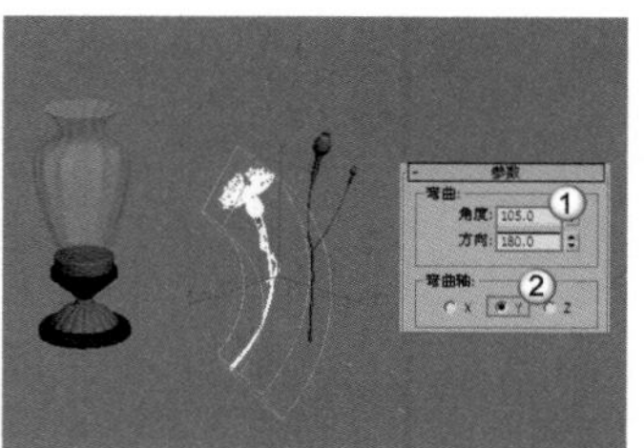

图5-93

03 选择另一枝花朵，然后为其加载一个"弯曲"修改器，接着在"参数"卷展栏下设置"角度"为53、"弯曲轴"为y轴，具体参数设置及模型效果如图5-94所示。

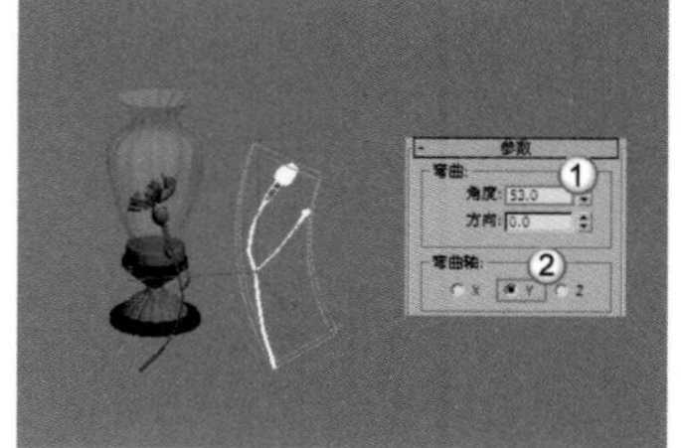

图5-94

04 选择开放的花朵模型，然后按住Shift键使用"选择并旋转"工具旋转复制19枝花朵（注意，要将每枝花朵调整成参差不齐的效果），如图5-95所示。

图5-95

05 继续使用“选择并旋转”工具对另外一枝花朵进行复制（复制9枝），如图5-96所示。

06 使用“选择并移动”工具将两束花朵放入花瓶中，最终效果如图5-97所示。

图5-96

图5-97

★ 重点 ★

5.3.5 扭曲修改器

“扭曲”修改器与“弯曲”修改器的参数比较相似，但是“扭曲”修改器产生的是扭曲效果，而“弯曲”修改器产生的是弯曲效果。“扭曲”修改器可以在对象几何体中产生一个旋转效果（就像拧湿抹布），并且可以控制任意3个轴上的扭曲角度，同时也可以对几何体的一段限制扭曲效果，其参数设置面板如图5-98所示。

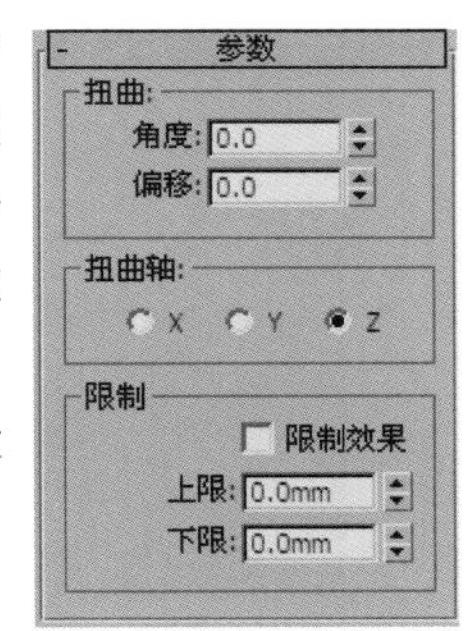

图5-98

知识链接

“扭曲”修改器的参数含义请参阅“弯曲”修改器。

★ 重点 ★

实战：用扭曲修改器制作大厦

场景位置 无
实例位置 实例文件>CH05>实战：用扭曲修改器制作大厦.max
视频位置 多媒体教学>CH05>实战：用扭曲修改器制作大厦.flv
难易指数 ★★★☆☆
技术掌握 扭曲修改器、FFD 4×4×4修改器、多边形建模技术

扫码看视频

大厦的效果如图5-99所示。

01 使用“长方体”工具 长方体 在场景中创建一个长方体，然后在“参数”卷展栏下设置“长度”为30mm、“宽度”为27mm、“高度”为205mm、“长度分段”为2、“宽度分段”为2、“高度分段”为13，具体参数设置及模型效果如图5-100所示。

02 为长方体加载一个“扭曲”修改器，然后在“参数”卷展栏下设置“角度”为160、“扭曲轴”为z轴，具体参数设置及模型效果如图5-101所示。

图5-99

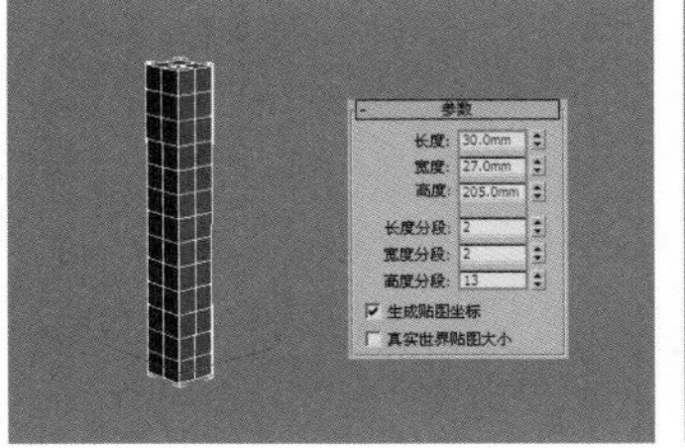

图5-100

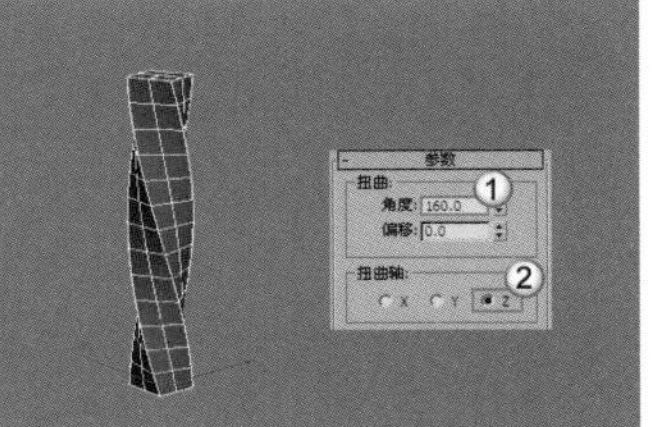

图5-101

技巧与提示

这里将“高度分段”数值设置得比较大，主要是为了在后面加载“扭曲”修改器时能得到良好的扭曲效果。

03 为模型加载一个FFD 4×4×4修改器，然后选择“控制点”层级，如图5-102所示，接着使用“选择并均匀缩放”工具在透视图中将顶部的控制点稍微向内缩放，同时将底部的控制点稍微向外缩放，以形成顶面小、底面大的效果，如图5-103所示。

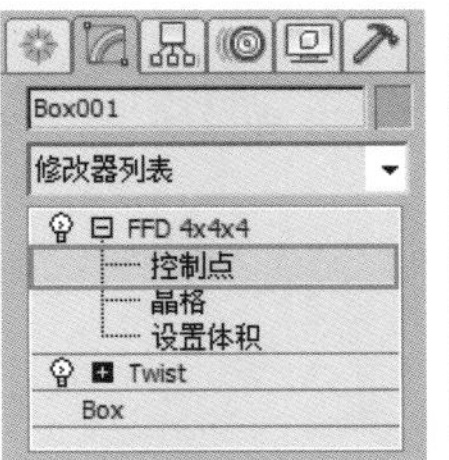

图5-102

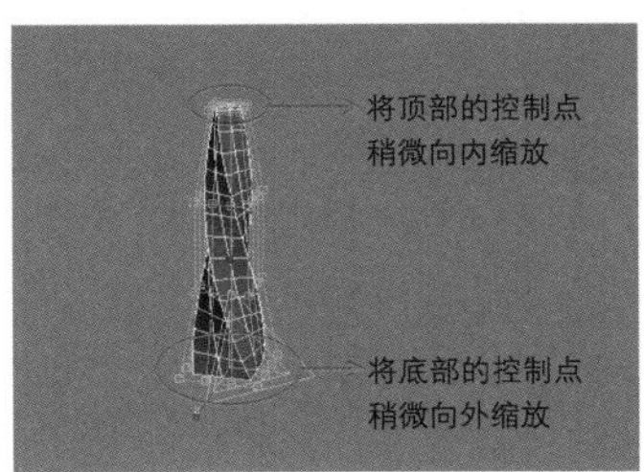

图5-103

知识链接

FFD修改器是一种非常重要的修改器，关于这种修改器的详细介绍请参阅“5.3.9 FFD修改器”。

04 为模型加载一个“编辑多边形”修改器，然后在“选择”卷展栏下单击“边”按钮，进入“边”级别，如图5-104所示。

05 切换到前视图，然后框选竖向上的边，如图5-105所示，接着在“选择”卷展栏下单击“循环”按钮  循环，这样可以选择所有竖向上的边，如图5-106所示。

图5-104

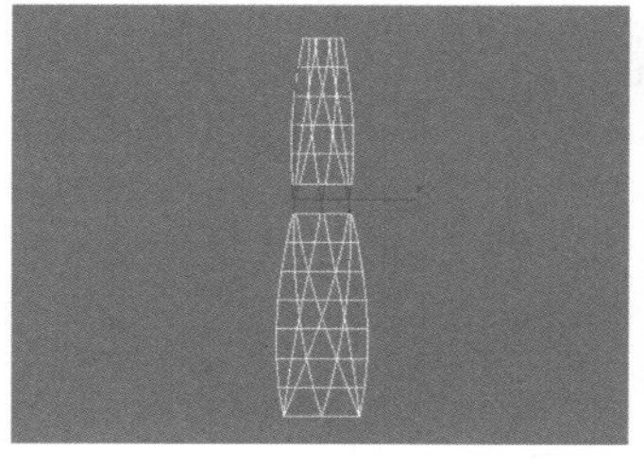
图5-105

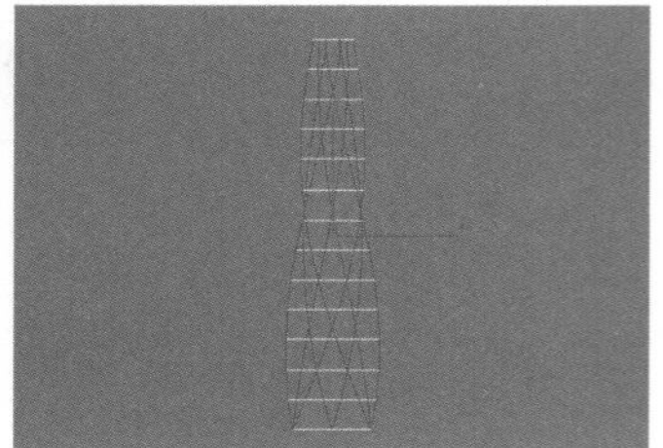
图5-106

06 切换到顶视图，然后按住Alt键在中间区域拖曳光标，减去顶部与底部的边，如图5-107所示，这样就只选择了竖向上的边，如图5-108所示。

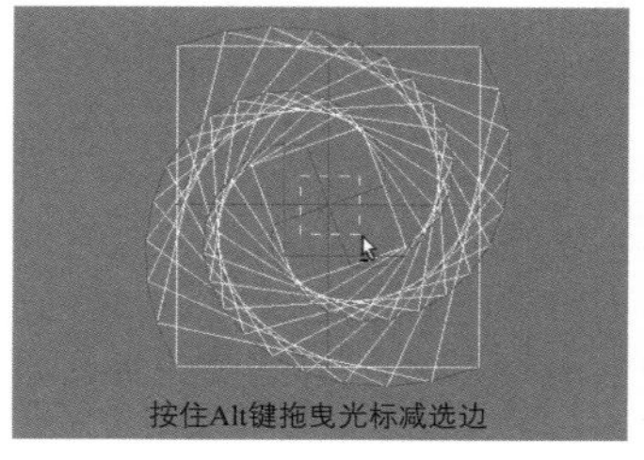

图5-107

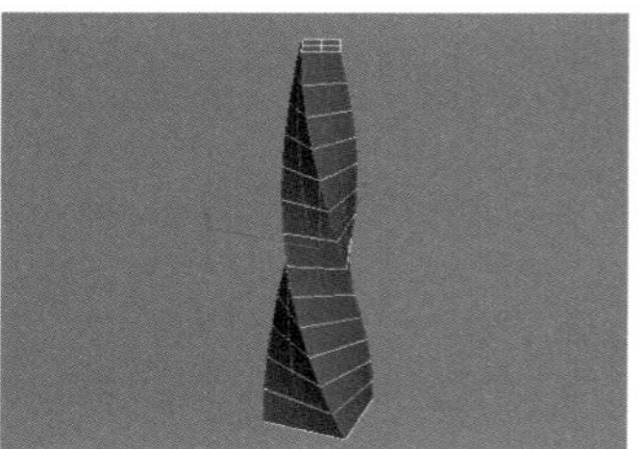
图5-108

07 保持对竖向边的选择，在“编辑边”卷展栏下单击“连接”按钮 连接 后面的“设置”按钮，然后设置“分段”为2，接着单击“确定”按钮，如图5-109所示。

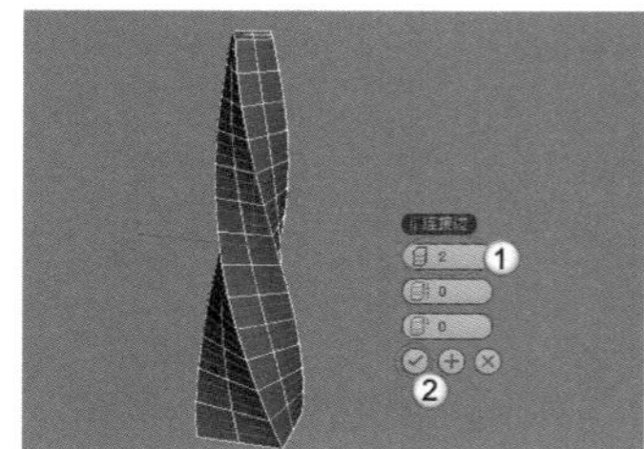
图5-109

08 在前视图中任意选择一条横向上的边，如图5-110所示，然后在“选择”卷展栏下单击“循环”按钮 循环 ，这样可以选择这个经度上的所有横向边，如图5-111所示，接着单击“环形”按钮 环形 ，选择纬度上的所有横向边，如图5-112所示。

09 切换到顶视图，然后按住Alt键在中间区域拖曳光标，减去顶部与底部的边，如图5-113所示，这样就只选择了横向上的边，如图5-114所示。

10 保持对横向边的选择，在“编辑边”卷展栏下单击“连接”按钮 连接 后面的“设置”按钮，然后设置“分段”为2，如图5-115所示。

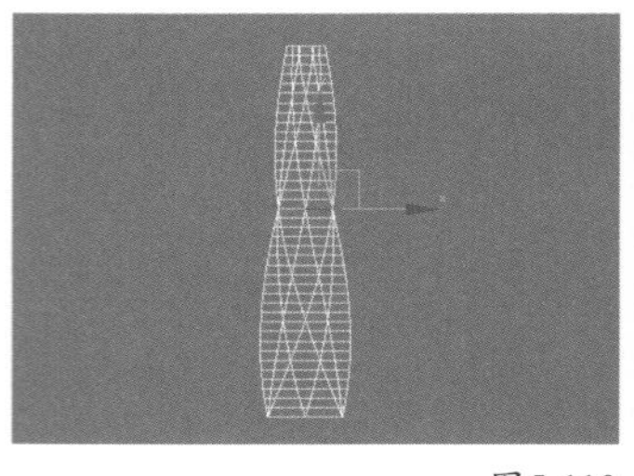
图5-110

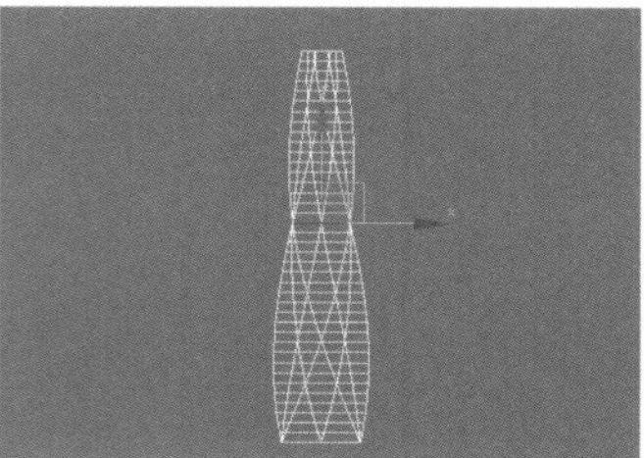
图5-111

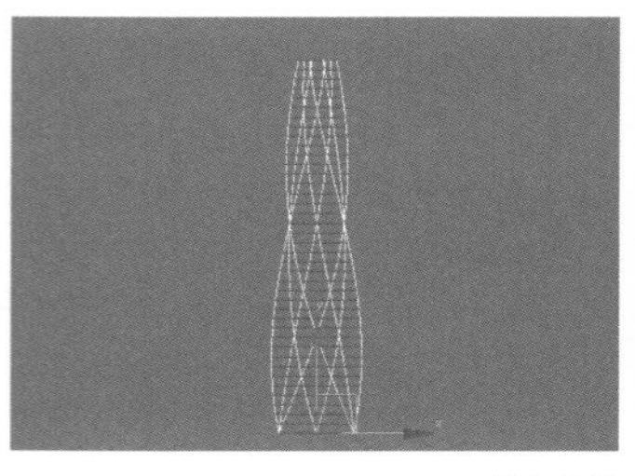
图5-112

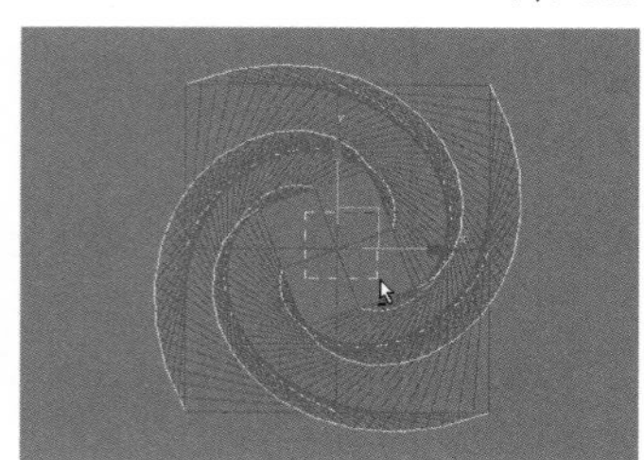
图5-113

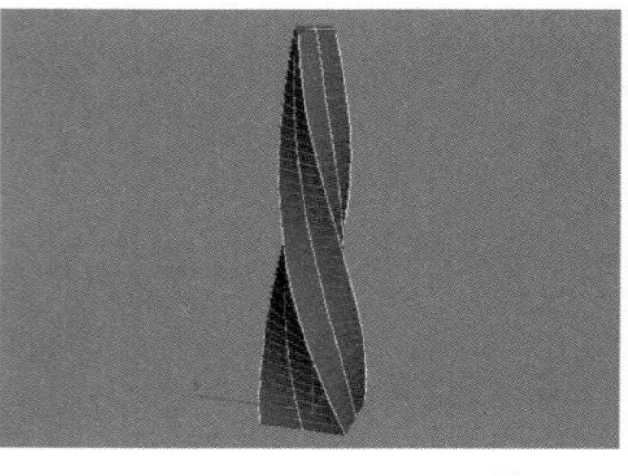
图5-114

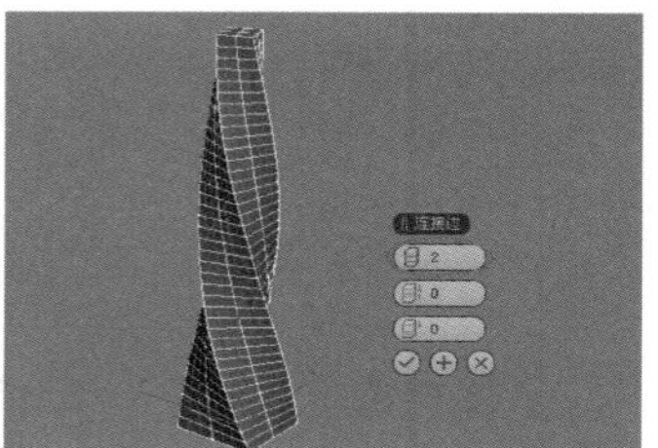
图5-115

11 在“选择”卷展栏下单击“多边形”按钮，进入“多边形”级别，然后在前视图中框选除了顶部和底部以外的所有多边形，如图5-116所示，选择的多边形效果如图5-117所示。

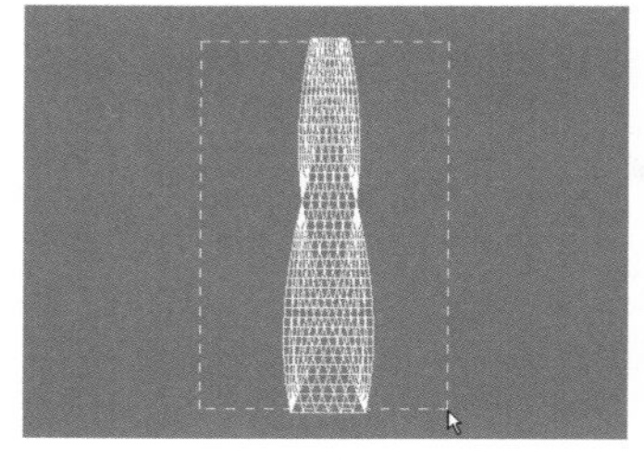
图5-116

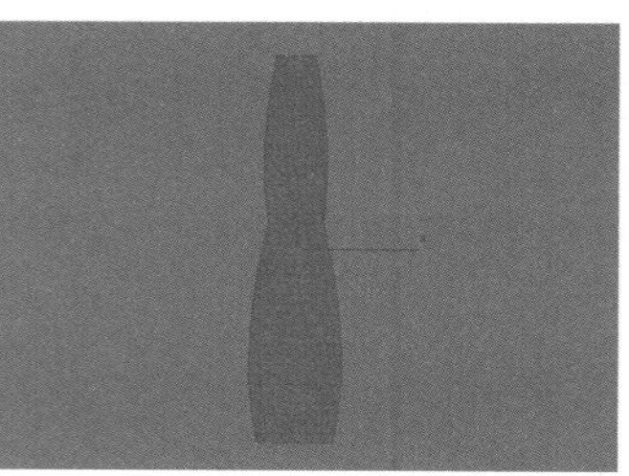
图5-117

12 保持对多边形的选择，在“编辑多边形”卷展栏下单击“插入”按钮 插入 后面的“设置”按钮，然后设置“插入类型”为“按多边形”，接着设置“数量”为0.7mm，如图5-118所示。

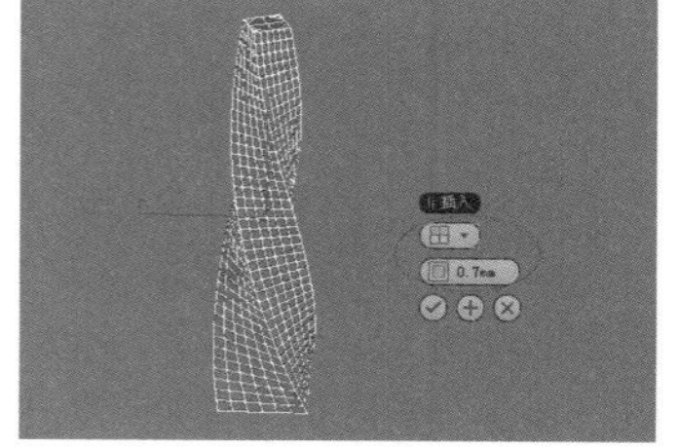
图5-118

13 保持对多边形的选择，在“编辑多边形”卷展栏下单击

“挤出”按钮后面的“设置”按钮，然后设置“挤出类型”为“按多边形”，接着设置“高度”为-0.7mm，如图5-119所示，最终效果如图5-120所示。

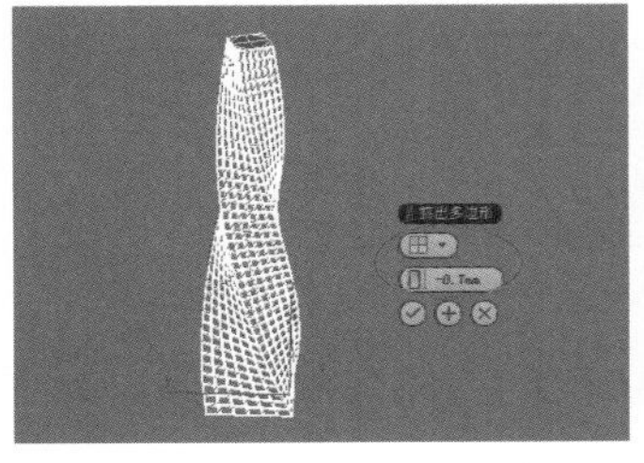

图5-119

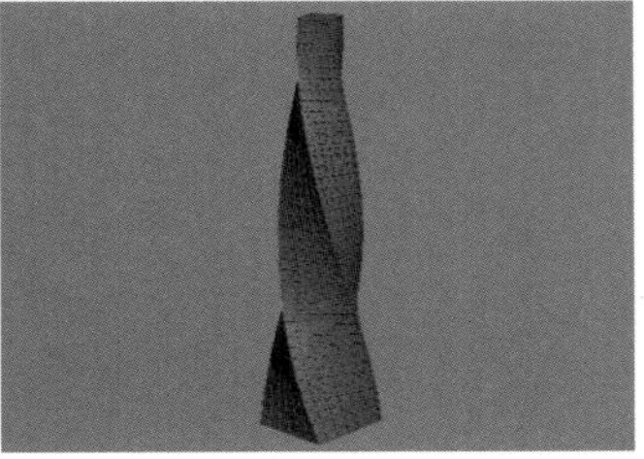

图5-120

技巧与提示

本例的大厦模型虽然从外观上看起来比较复杂，但是实际操作起来并不复杂，只是涉及了一些技巧性的东西。由于到目前为止还没有正式讲解多边形建模知识，因此本例对使用“编辑多边形”修改器编辑模型的操作步骤讲解得非常仔细。

5.3.6 对称修改器

“对称”修改器可以围绕特定的轴向镜像对象，在构建角色模型、船只或飞行器时特别有用，其参数设置面板如图5-121所示。

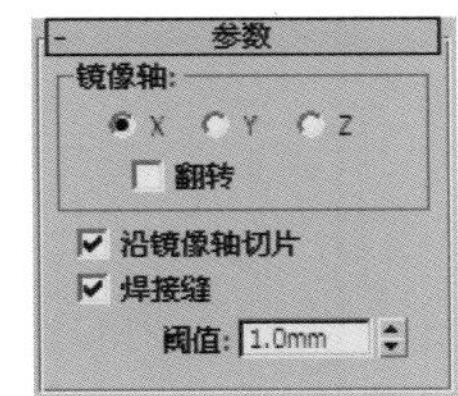

图5-121

对称修改器参数介绍

镜像轴：用于设置镜像的轴。

X/Y/Z：指定执行对称所围绕的轴。

翻转：启用该选项后，可以翻转对称效果的方向。

沿镜像轴切片：启用该选项后，可以使镜像Gizmo在定位于网格边界内部时作为一个切片平面。

焊接缝：启用该选项后，可以确保沿镜像轴的顶点在阈值以内时能自动焊接。

阈值：该参数设置的值代表顶点在自动焊接起来之前的接近程度。

实战：用对称修改器制作字母休闲椅

场景位置　无
实例位置　实例文件>CH05>实战：用对称修改器制作字母休闲椅.max
视频位置　多媒体教学>CH05>实战：用对称修改器制作字母休闲椅.flv
难易指数　★☆☆☆☆
技术掌握　对称修改器、挤出修改器

扫码看视频

字母休闲椅的效果如图5-122所示。

01 使用“线”工具 线 在前视图中绘制如图5-123所示的样条线。

02 为样条线加载一个“挤出”修改器，然后在“参数”卷展栏下设置“数量”为130mm，具体参数设置及模型效果如图5-124所示。

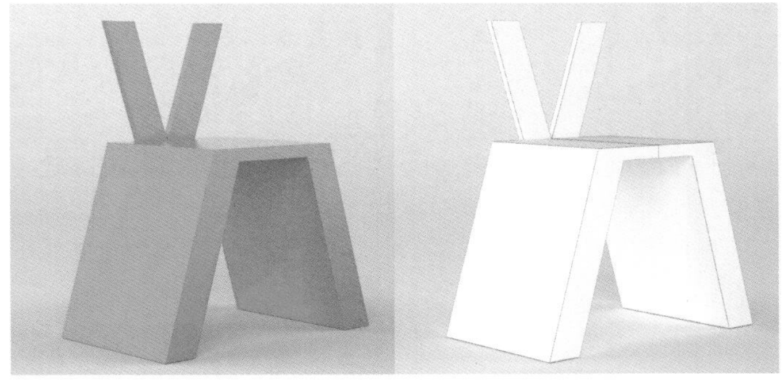

图5-122

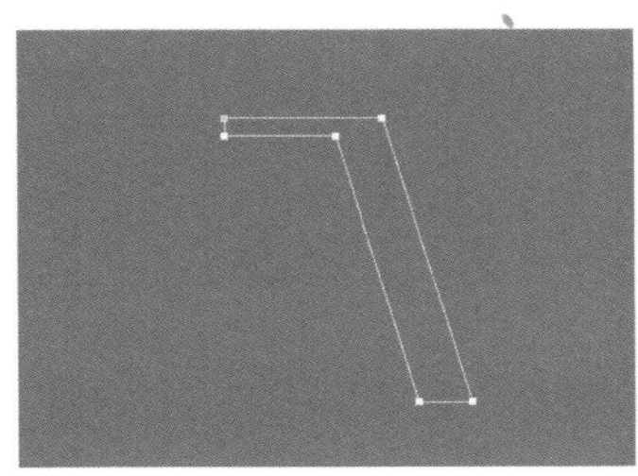

图5-123

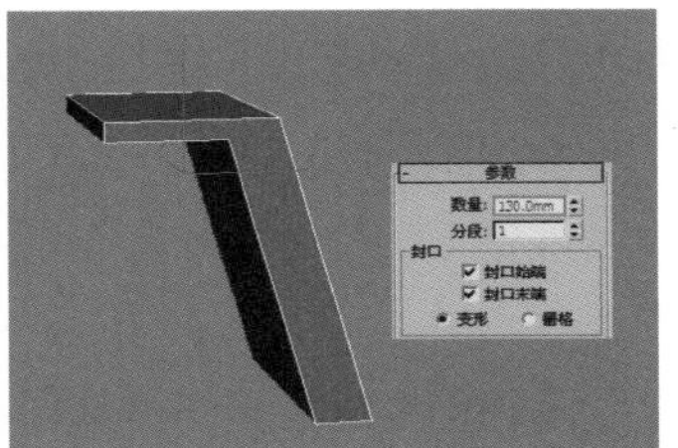

图5-124

03 为模型加载一个“对称”修改器，然后在“参数”卷展栏下设置“镜像轴”为x轴，具体参数设置及模型效果如图5-125所示。

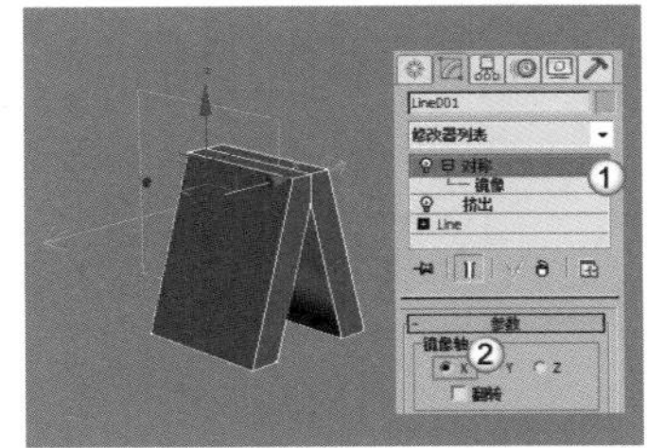

图5-125

04 选择“对称”修改器的“镜像”次物体层级，然后在前视图中用“选择并移动”工具向左拖曳镜像Gizmo，如图5-126所示，效果如图5-127所示。

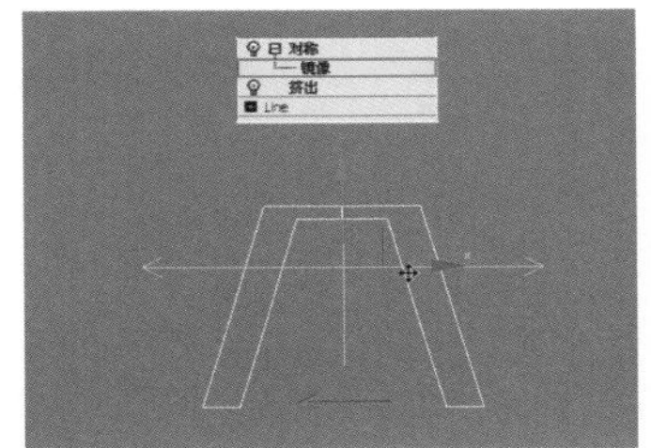

图5-126

图5-127

05 用“线”工具 线 在前视图中绘制如图5-128所示的样条线，然后为其加载一个“挤出”修改器，接着在“参数”卷展栏下设置“数量”为6mm，具体参数设置及模型效果如图5-129所示。

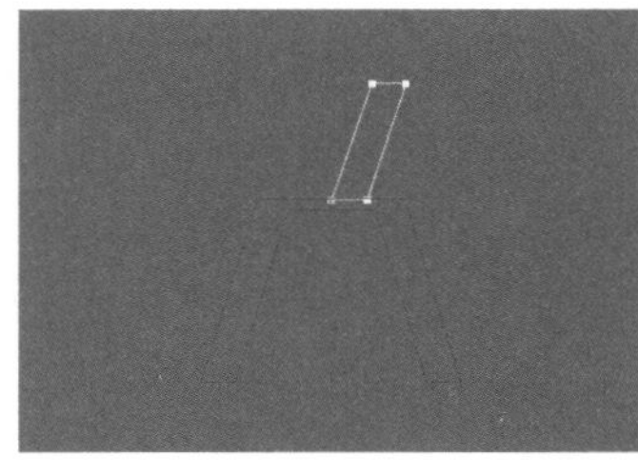

图5-128

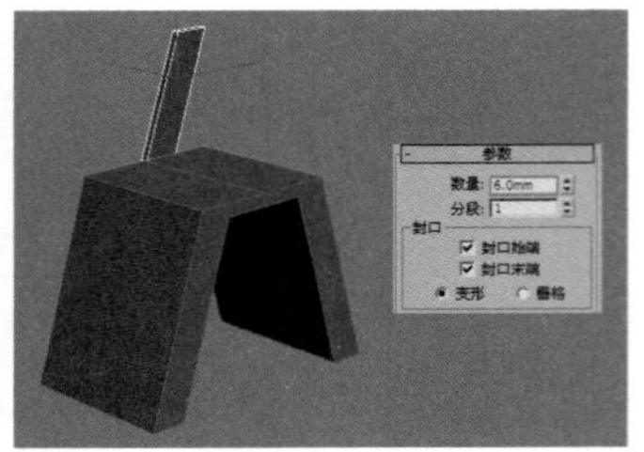

图5-129

06 为模型加载一个“对称”修改器，然后在“参数”卷展栏下设置“镜像轴”为x轴，效果如图5-130所示。

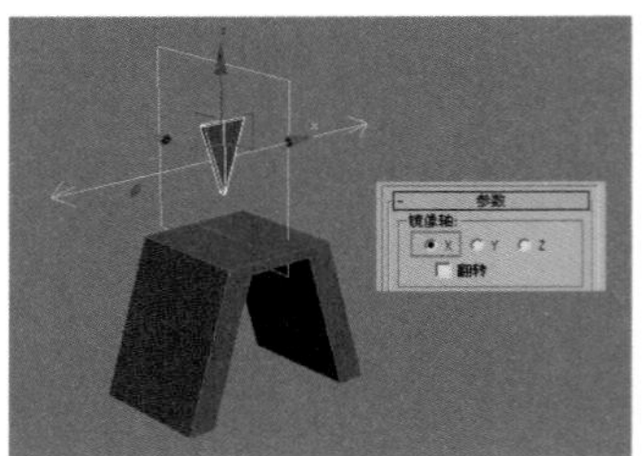

图5-130

07 选择“对称”修改器的“镜像”次物体层级，然后在前视图中用“选择并移动”工具向左拖曳镜像Gizmo，如图5-131所示，效果如图5-132所示。

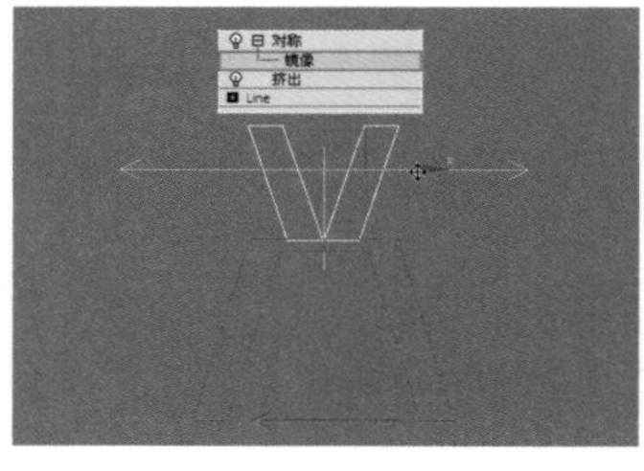

图5-131

图5-132

5.3.7 置换修改器

“置换”修改器是以力场的形式来推动和重塑对象的几何外形的，可以直接从修改器的Gizmo（也可以使用位图）来应用它的变量力，其参数设置面板如图5-133所示。

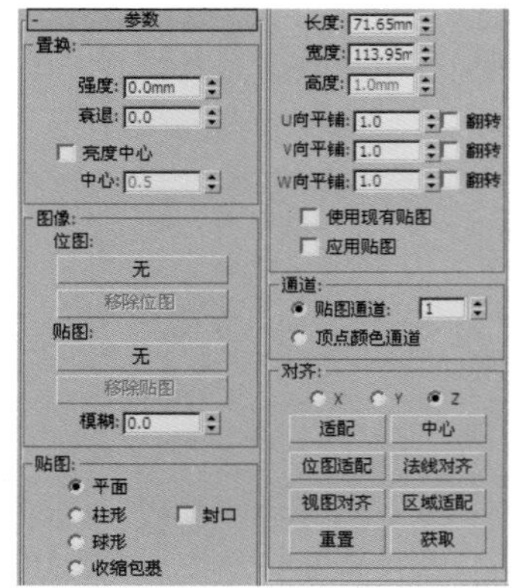

图5-133

置换修改器重要参数介绍

① 置换选项组

强度：设置置换的强度，数值为0时没有任何效果。

衰退：如果设置“衰减”数值，则置换强度会随距离的变化而衰减。

亮度中心：决定使用什么样的灰度作为0置换值。勾选该选项以后，可以设置下面的“中心”数值。

② 图像选项组

位图/贴图：加载位图或贴图。

移除位图/贴图：移除指定的位图或贴图。

模糊：模糊或柔化位图的置换效果。

③ 贴图选项组

平面：从单独的平面对贴图进行投影。

柱形：以环绕在圆柱体上的方式对贴图进行投影。启用“封口”选项可以从圆柱体的末端投射贴图副本。

球形：从球体出发对贴图进行投影，位图边缘在球体两极的交汇处均为奇点。

收缩包裹：从球体投射贴图，与“球形”贴图类似，但是它会截去贴图的各个角，然后在一个单独的极点将它们全部结合在一起，并在底部创建一个奇点。

长度/宽度/高度：指定置换Gizmo的边界框尺寸，其中高度对“平面”贴图没有任何影响。

U/V/W向平铺：设置位图沿指定尺寸重复的次数。

翻转：沿相应的U/V/W轴翻转贴图的方向。

使用现有贴图：让置换使用堆栈中较早的贴图设置，如果没有为对象应用贴图，该功能将不起任何作用。

应用贴图：将置换UV贴图应用到绑定对象。

④ 通道选项组

贴图通道：指定UVW通道用来贴图，其后面的数值框用来设置通道的数目。

顶点颜色通道：开启该选项可以对贴图使用顶点颜色通道。

⑤ 对齐选项组

X/Y/Z：选择对齐的方式，可以选择沿x/y/z轴进行对齐。

适配 适配：缩放Gizmo以适配对象的边界框。

中心 中心：相对于对象的中心来调整Gizmo的中心。

位图适配 位图适配：单击该按钮可以打开“选择图像”对话框，可以缩放Gizmo来适配选定位图的纵横比。

法线对齐 法线对齐：单击该按钮可以将曲面的法线进行对齐。

视图对齐 视图对齐：使Gizmo指向视图的方向。

区域适配 区域适配：单击该按钮可以将指定的区域进行适配。

重置 重置：将Gizmo恢复到默认值。

获取 获取：选择另一个对象并获得它的置换Gizmo设置。

5.3.8 噪波修改器

“噪波”修改器可以使对象表面的顶点进行随机变动，从而让表面变得起伏不规则，常用于制作复杂的地形、地面和水面效果，并且“噪波”修改器可以应用在任何类型的对象上，其参数设置面板如图5-134所示。

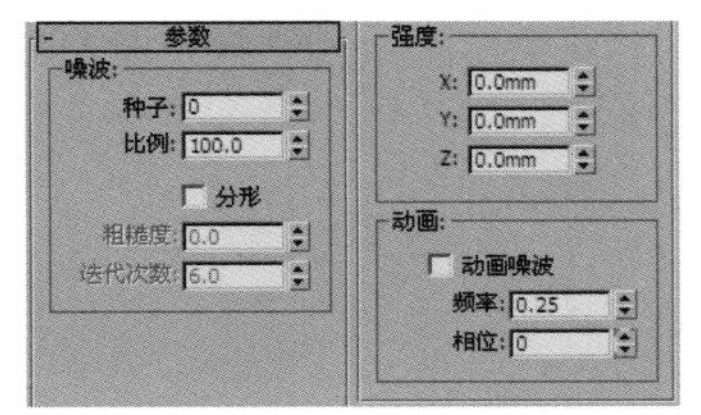

图5-134

噪波修改器重要参数介绍

种子：从设置的数值中生成一个随机起始点。该参数在创建地形时非常有用，因为每种设置都可以生成不同的效果。

比例：设置噪波影响的大小（不是强度）。较大的值可以产生平滑的噪波，较小的值可以产生锯齿现象非常严重的噪波。

分形：控制是否产生分形效果。勾选该选项以后，下面的“粗糙度”和“迭代次数”选项才可用。

粗糙度：决定分形变化的程度。

迭代次数：控制分形功能所使用的迭代数目。

X/Y/Z：设置噪波在*x*/*y*/*z*坐标轴上的强度（至少为其中一个坐标轴输入强度数值）。

★ 重 点 ★

5.3.9 FFD修改器

FFD是“自由变形”的意思，FFD修改器即“自由变形”修改器。FFD修改器包含5种类型，分别是FFD 2×2×2修改器、FFD 3×3×3修改器、FFD 4×4×4修改器、FFD（长方体）修改器和FFD（圆柱体）修改器，如图5-135所示。这种修改器是使用晶格框包围住选中的几何体，然后通过调整晶格的控制点来改变封闭几何体的形状。

FFD 2x2x2
FFD 3x3x3
FFD 4x4x4
FFD(长方体)
FFD(圆柱体)

图5-135

由于FFD修改器的使用方法基本都相同，因此这里选择FFD（长方体）修改器来进行讲解，其参数设置面板如图5-136所示。

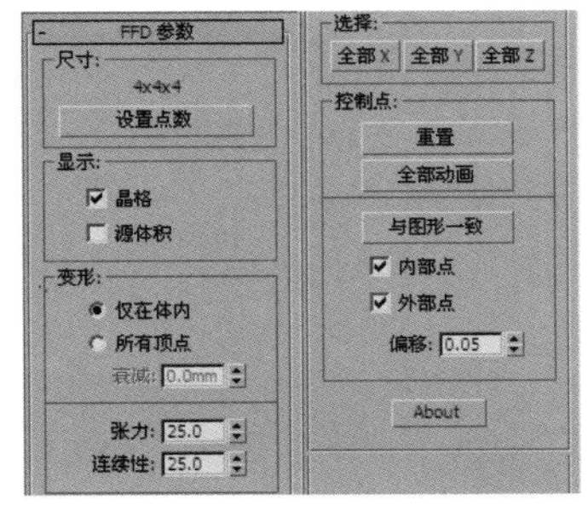

图5-136

FFD（长方体）修改器重要参数介绍

① 尺寸选项组

点数：显示晶格中当前的控制点数目，例如4×4×4、2×2×2、2×3×4等。

设置点数 设置点数：单击该按钮可以打开“设置FFD尺寸”对话框，在该对话框中可以设置晶格中所需控制点的数目，如图5-137所示。

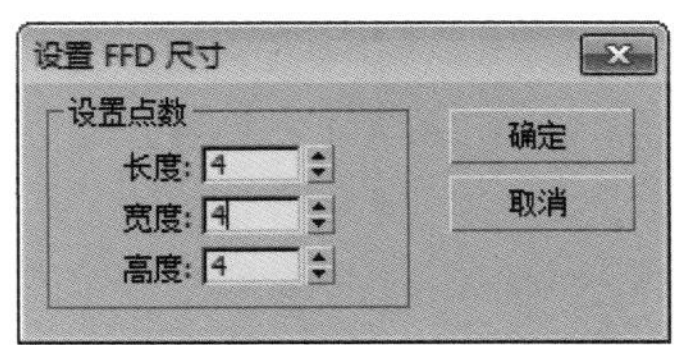

图5-137

② 显示选项组

晶格：控制是否使连接控制点的线条形成栅格。

源体积：开启该选项可以将控制点和晶格以未修改的状态显示出来。

③ 变形选项组

仅在体内：只有位于源体积内的顶点会变形。

所有顶点：所有顶点都会变形。

衰减：决定FFD的效果减为0时离晶格的距离。

张力/连续性：调整变形样条线的张力和连续性。虽然无法看到FFD中的样条线，但晶格和控制点代表着控制样条线的结构。

④ 选择选项组

全部X 全部X/全部Y 全部Y/全部Z 全部Z：选中沿着由这些轴指定的局部维度的所有控制点。

⑤ 控制点选项组

重置 重置：将所有控制点恢复到原始位置。

全部动画化 全部动画：单击该按钮可以将控制器指定给所有的控制点，使他们在轨迹视图中可见。

与图形一致 与图形一致：在对象中心控制点位置之间沿直线方向来延长线条，可以将每一个FFD控制点移到修改对象的交叉点上。

内部点：仅控制受“与图形一致”影响的对象内部的点。

外部点：仅控制受“与图形一致”影响的对象外部的点。

偏移：设置控制点偏移对象曲面的距离。

About（关于）About：显示版权和许可信息。

★ 重 点 ★

实战：用FFD修改器制作沙发

场景位置 无
实例位置 实例文件>CH05>实战：用FFD修改器制作沙发.max
视频位置 多媒体教学>CH05>实战：用FFD修改器制作沙发.flv
难易指数 ★★★☆☆
技术掌握 切角长方体工具、FFD 2×2×2修改器、圆柱体工具

扫码看视频

沙发的效果如图5-138所示。

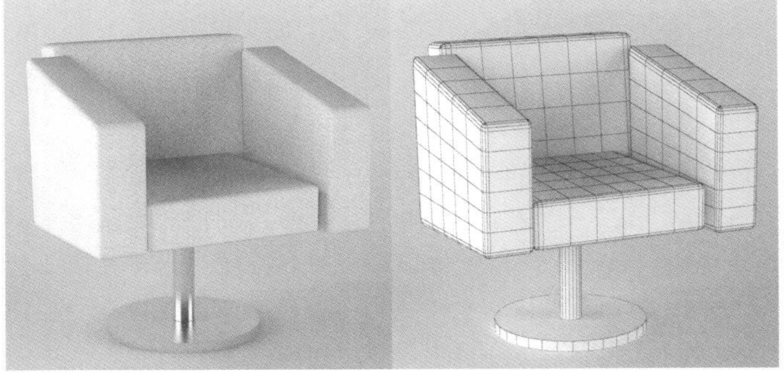

图5-138

01 使用“切角长方体”工具 切角长方体 在场景中创建一个切角长方体，然后在“参数”卷展栏下设置“长度”为1000mm、“宽度”为300mm、“高度”为600mm、“圆角”为30mm，接着设置“长度分段”为5、“宽度分段”为1、“高度分段”为6、“圆角分段”为3，具体参数设置及模型效果如图5-139所示。

02 按住Shift键使用“选择并移动”工具移动复制一个模型，然后在弹出的“克隆选项”对话框中设置“对象”为“实例”，如图5-140所示。

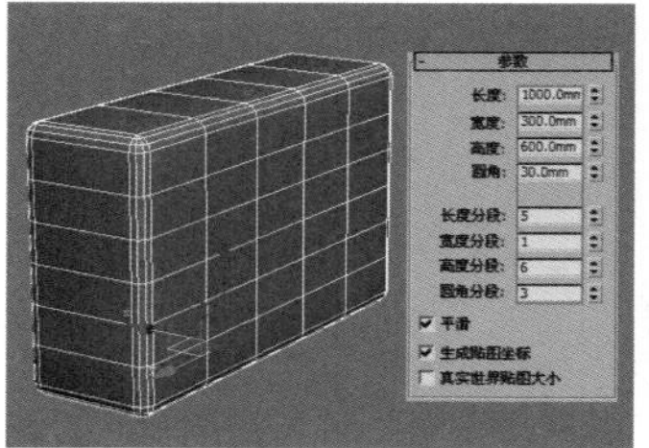

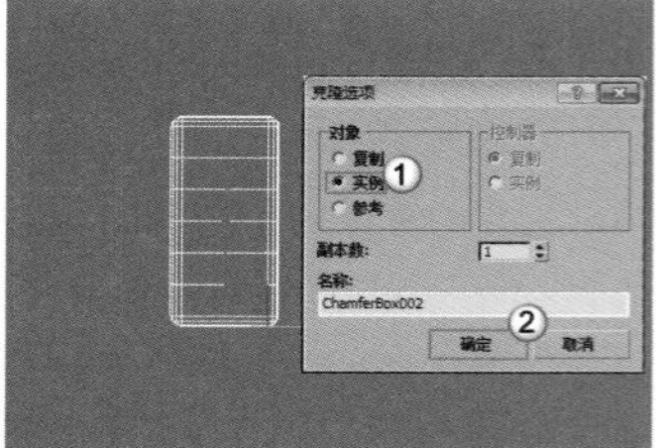

图5-139　　图5-140

03 为其中一个切角长方体加载一个FFD 2×2×2修改器，然后选择“控制点”次物体层级，接着在左视图中用“选择并移动”工具框选右上角的两个控制点，如图5-141所示，最后将其向下拖曳一段距离，如图5-142所示。

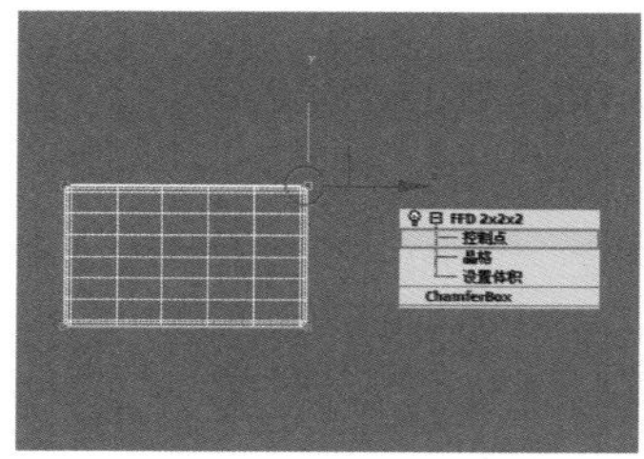

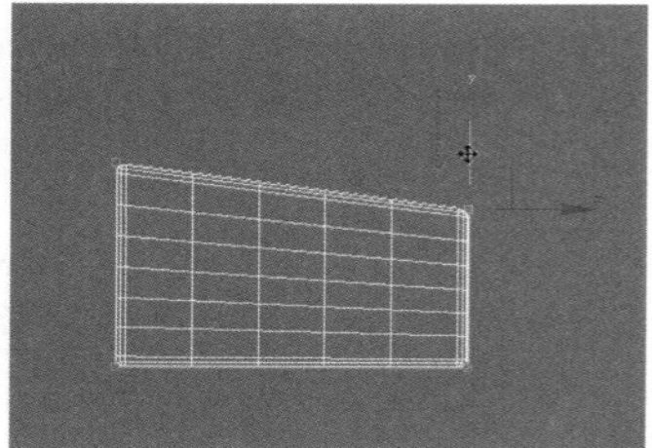

图5-141　　图5-142

技巧与提示

由于前面采用的是“实例”复制法，因此只需要调节其中一个切角长方体的形状，另外一个会跟着一起发生变化，如图5-143所示。

图5-143

04 在前视图中框选如图5-144所示的4个控制点，然后用“选择并移动”工具将其向上拖曳一段距离，如图5-145所示。

05 退出“控制点”次物体层级，然后按住Shift键使用“选择并移动”工具移动复制一个模型到中间位置，接着在弹出的“克隆选项”对话框中设置“对象”为“复制”，如图5-146所示。

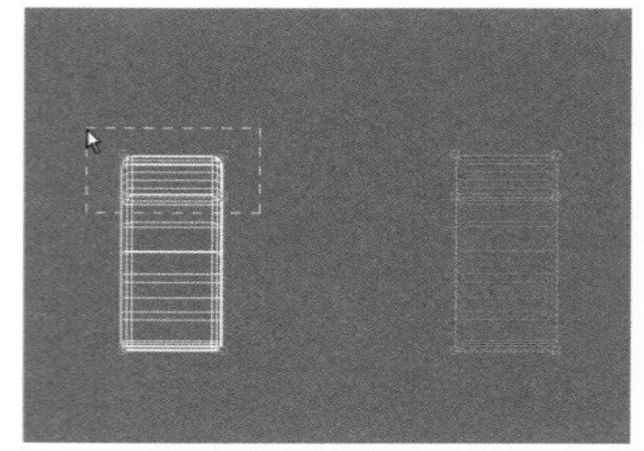

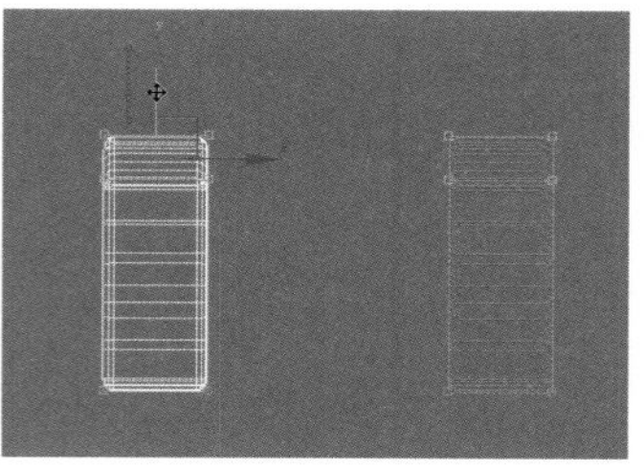

图5-144　　图5-145

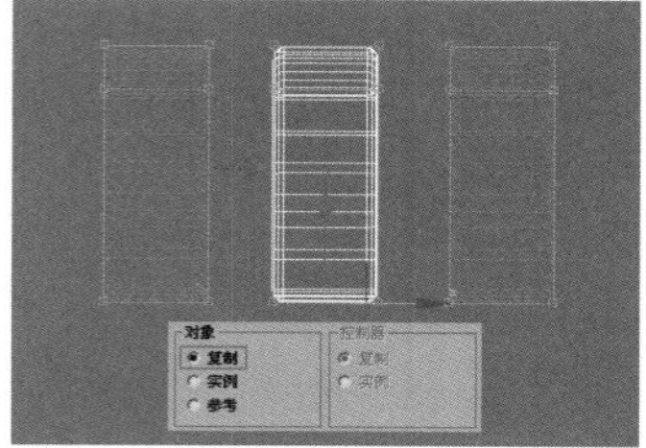

图5-146

疑难问答

问：如何退出“控制点”次物体层级？

答：退出“控制点”次物体层级的方法有以下两种。

第1种：在修改器堆栈中选择FFD 2×2×2修改器的顶层级，如图5-147所示。

第2种：在视图中单击鼠标右键，然后在弹出的菜单中选择“顶层级”命令，如图5-148所示。

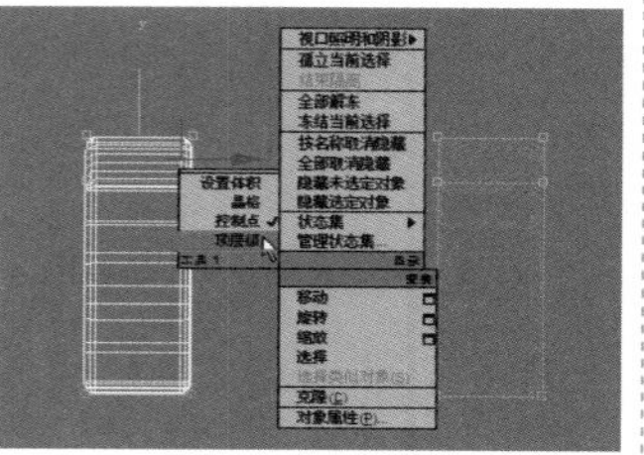

图5-147　　图5-148

06 展开“参数”卷展栏，然后在“控制点”选项组下单击“重置”按钮 重置 ，将控制点产生的变形效果恢复到原始状态，如图5-149所示。

07 按R键选择“选择并均匀缩放”工具，然后在前视图中沿x轴将中间的模型横向放大，如图5-150所示。

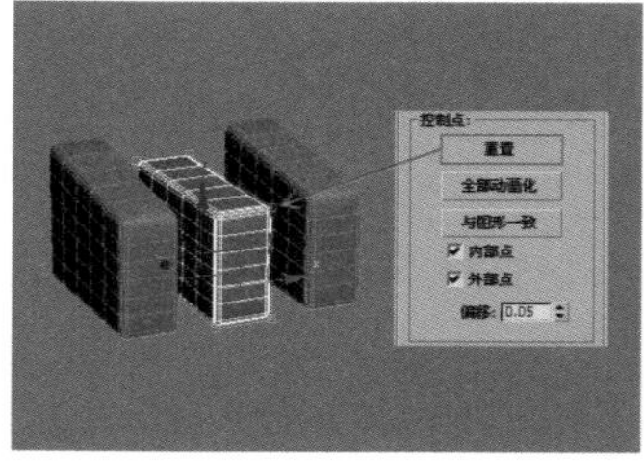

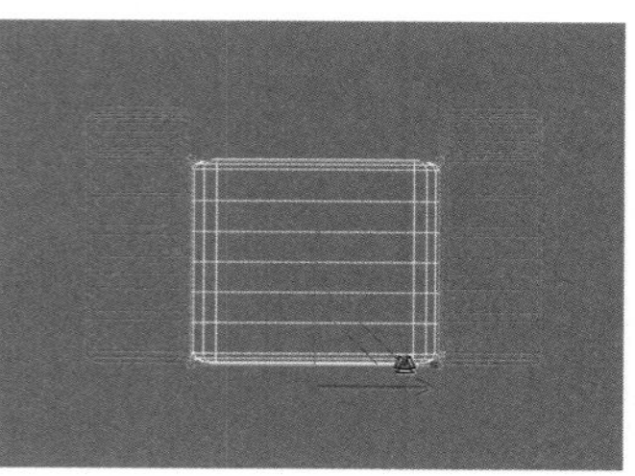

图5-149　　图5-150

08 进入“控制点”次物体层级，然后在前视图中框选顶部的4个控制点，如图5-151所示，接着用“选择并移动”工具将其向下拖曳到如图5-152所示的位置。

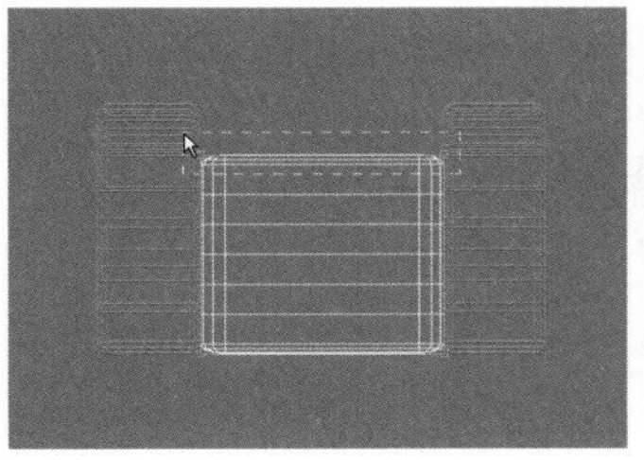

图5-151

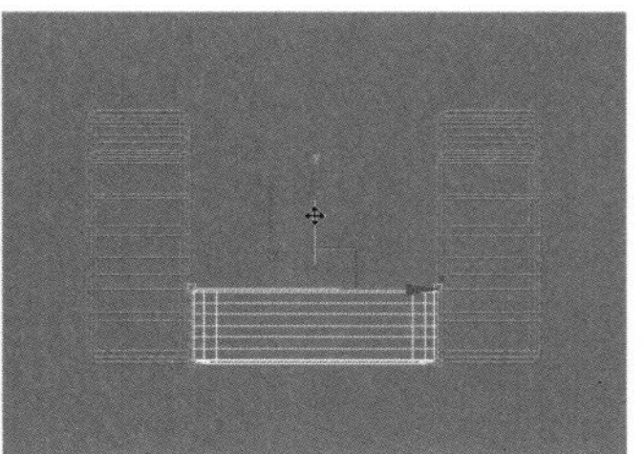

图5-152

09 退出“控制点”次物体层级，然后按住Shift键使用“选择并移动”工具移动复制一个扶手模型，接着在弹出的“克隆选项”对话框中设置“对象”为“复制”（复制完成后重置控制点产生的变形效果），如图5-153所示。

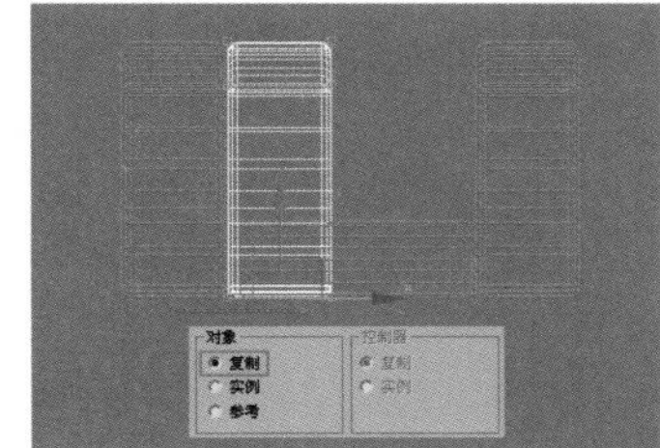

图5-153

10 进入“控制点”次物体层级，然后在左视图中框选右侧的4个控制点，如图5-154所示，接着用“选择并移动”工具将其向左拖曳到如图5-155所示的位置。

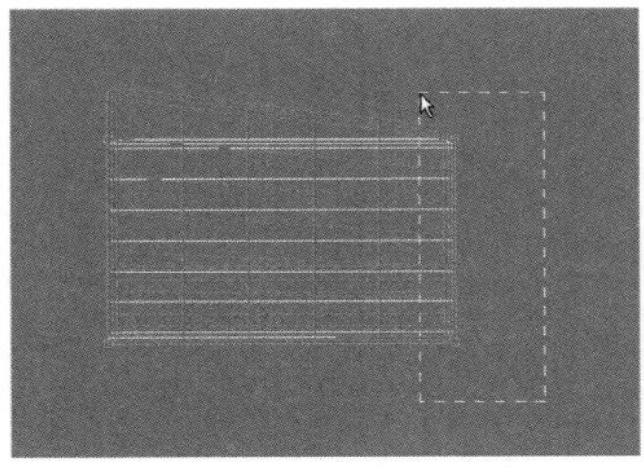

图5-154

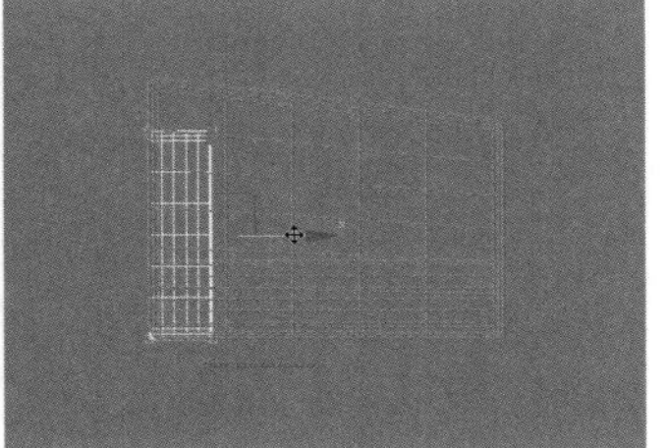

图5-155

11 在左视图中框选顶部的4个控制点，然后用“选择并移动”工具将其向上拖曳到如图5-156所示的位置，接着将其向左拖曳到如图5-157所示的位置。

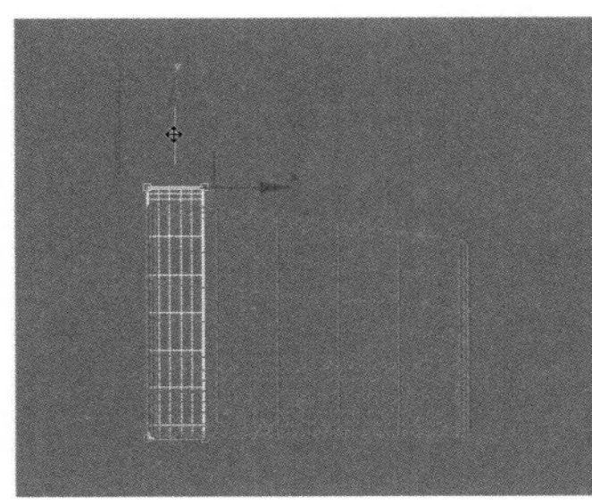

图5-156

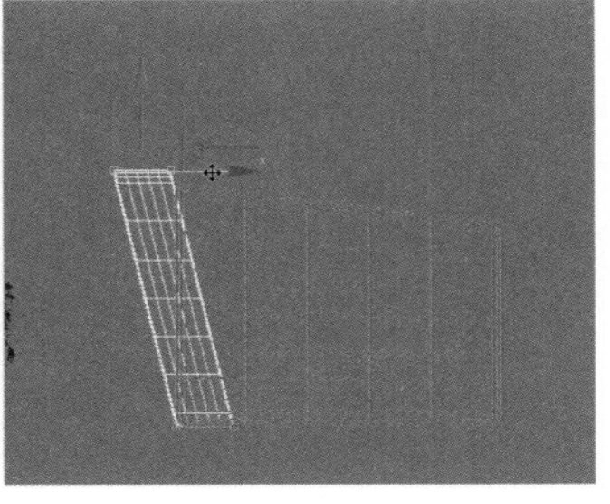

图5-157

12 在前视图中框选右侧的4个控制点，如图5-158所示，然后用“选择并移动”工具将其向右拖曳到如图5-159所示的位置。完成后退出“控制点”次物体层级。

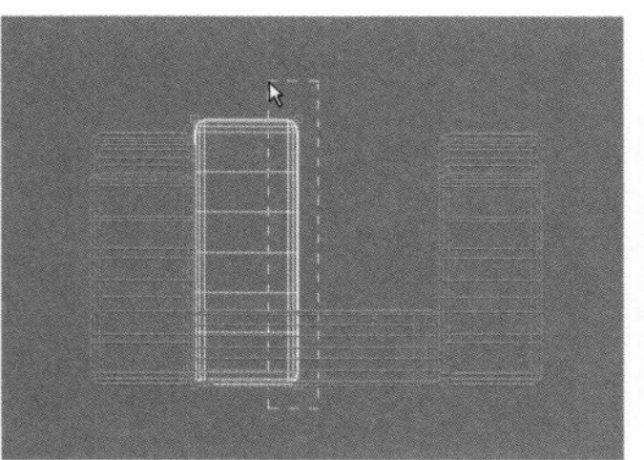

图5-158

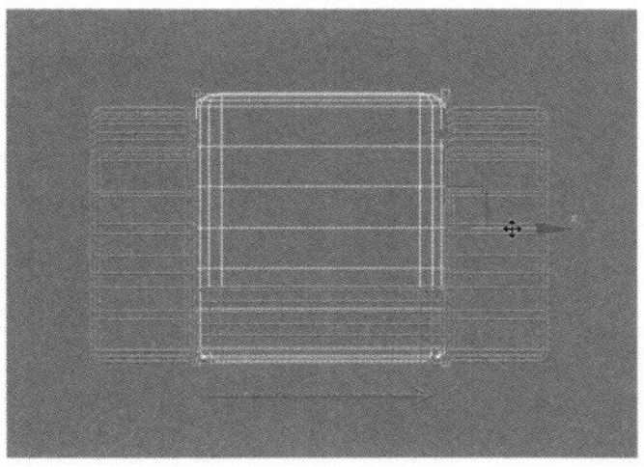

图5-159

经过一系列的调整，沙发的整体效果就完成了，如图5-160所示。

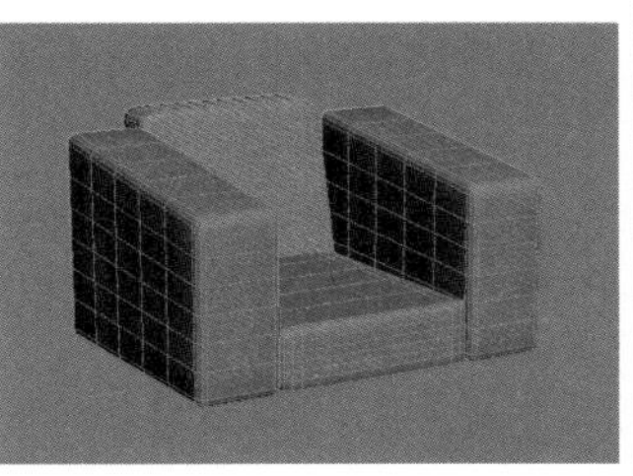

图5-160

13 使用“圆柱体”工具 圆柱体 在场景中创建一个圆柱体，然后在“参数”卷展栏下设置“半径”为50mm、“高度”为500mm、“高度分段”为1，具体参数设置及模型位置如图5-161所示。

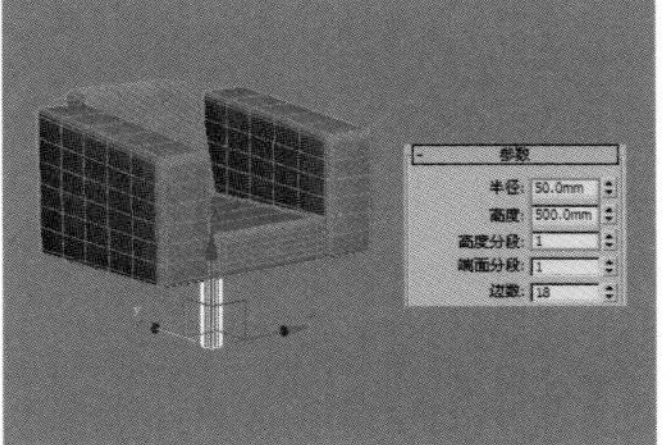

图5-161

14 在前视图中将圆柱体复制一个，然后在“参数”卷展栏下设置“半径”为350mm、“高度”为50mm、“边数”为32，具体参数设置及模型位置如图5-162所示，最终效果如图5-163所示。

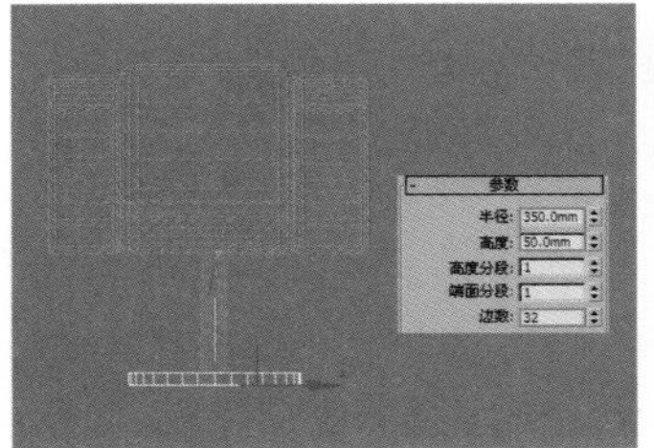

图5-162

图5-163

★重点★

5.3.10 晶格修改器

“晶格”修改器可以将图形的线段或边转化为圆柱形结构，并在顶点上产生可选择的关节多面体，其参数设置面板如图5-164所示。

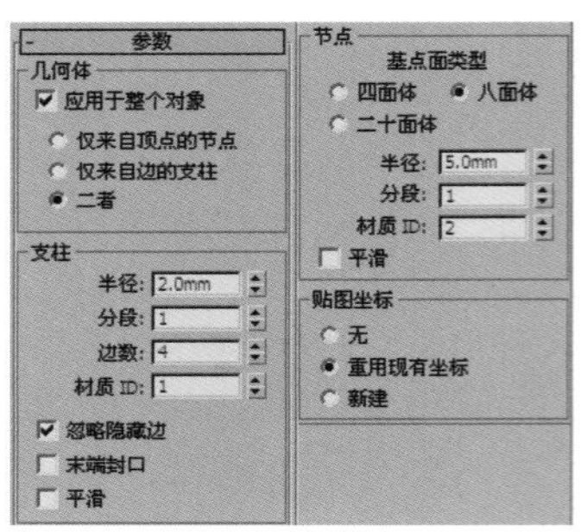

图5-164

晶格修改器重要参数介绍

① 几何体选项组

应用于整个对象：将“晶格”修改器应用到对象的所有边或线段上。

仅来自顶点的节点：仅显示由原始网格顶点产生的关节（多面体）。

仅来自边的支柱：仅显示由原始网格线段产生的支柱（多面体）。

二者：显示支柱和关节。

② 支柱选项组

半径：指定结构的半径。

分段：指定沿结构的分段数目。

边数：指定结构边界的边数目。

材质ID：指定用于结构的材质ID，这样可以使结构和关节具有不同的材质ID。

忽略隐藏边：仅生成可视边的结构。如果禁用该选项，将生成所有边的结构，包括不可见边。图5-165所示是开启与关闭“忽略隐藏边”选项时的对比效果。

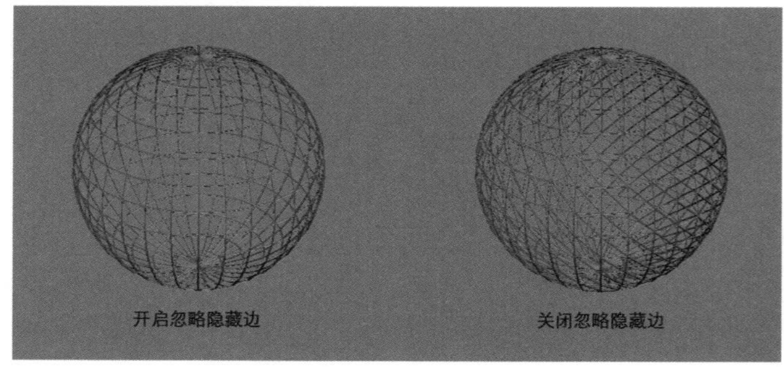

图5-165

末端封口：将末端封口应用于结构。

平滑：将平滑应用于结构。

③ 节点选项组

基点面类型：指定用于关节的多面体类型，包括“四面体”“八面体”和“二十面体”3种类型。注意，“基点面类型”对“仅来自边的支柱”选项不起作用。

半径：设置关节的半径。

分段：指定关节中的分段数目。分段数越多，关节形状越接近球形。

材质ID：指定用于结构的材质ID。

平滑：将平滑应用于关节。

④ 贴图坐标选项组

无：不指定贴图。

重用现有坐标：将当前贴图指定给对象。

新建：将圆柱形贴图应用于每个结构和关节。

使用“晶格”修改器可以基于网格拓扑来创建可渲染的几何体结构，也可以用来渲染线框图。

★ 重点 ★

实战：用晶格修改器制作创意吊灯

场景位置　无
实例位置　实例文件>CH05>实战：用晶格修改器制作创意吊灯.max
视频位置　多媒体教学>CH05>实战：用晶格修改器制作创意吊灯.flv
难易指数　★★☆☆☆
技术掌握　细化修改器、晶格修改器

扫码看视频

创意吊灯的效果如图5-166所示。

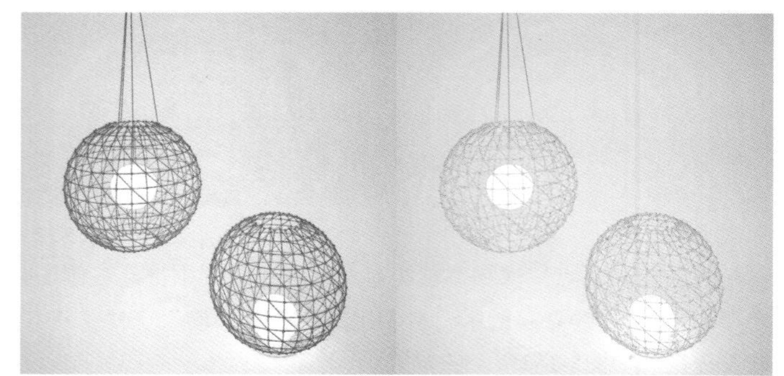

图5-166

01 使用“球体”工具 球体 在视图中创建一个球体，然后在“参数”卷展栏下设置“半径”为150mm、“分段”为16，接着勾选“轴心在底部”选项，如图5-167所示。

02 为球体加载一个“细化”修改器（保持默认设置），效果如图5-168所示。

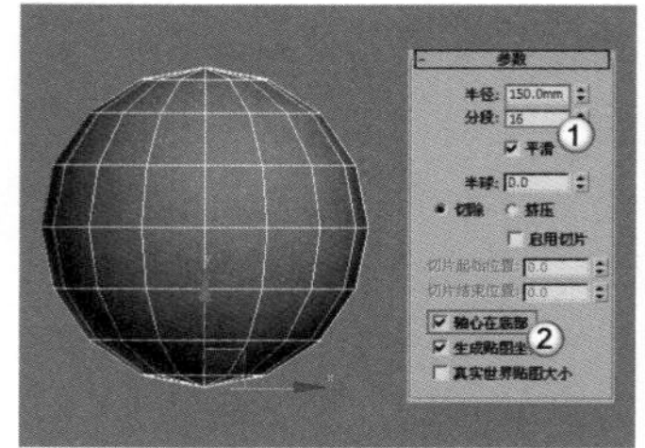

图5-167

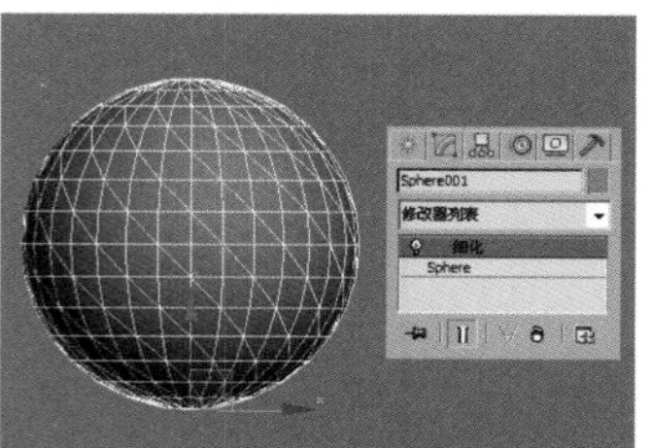

图5-168

问：加载“细化”修改器有何用？

答：这里加载“细化”修改器的主要作用并不是为了细化模型，而是为了重新分布球体的布线。

03 为球体加载一个“编辑多边形”修改器，然后在“选择”卷展栏下单击“顶点”按钮，接着在前视图中选择如图5-169所示的顶点，最后按Delete键删除顶点，效果如图5-170所示。

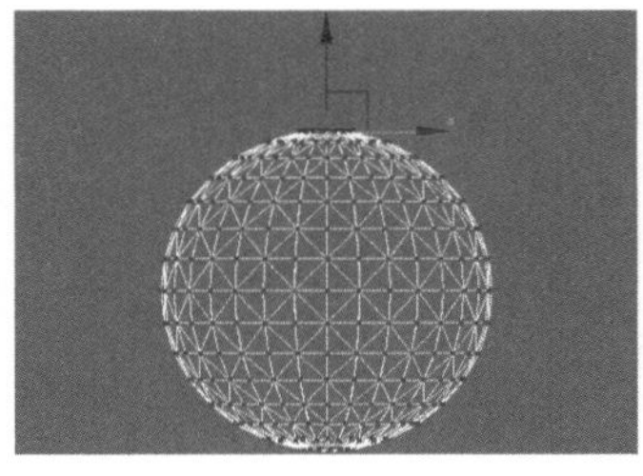
图5-169

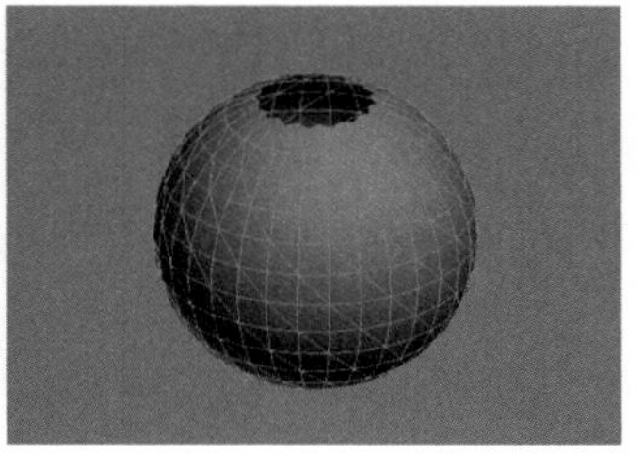
图5-170

04 为模型加载一个“晶格”修改器，展开“参数”卷展栏，然后在“支柱”选项组下设置“半径”为0.8mm、“边数”为5，接着在“节点”选项组下设置“基点面类型”为“二十面体”类型，并设置“半径”为3mm，具体参数设置如图5-171所示，效果如图5-172所示。

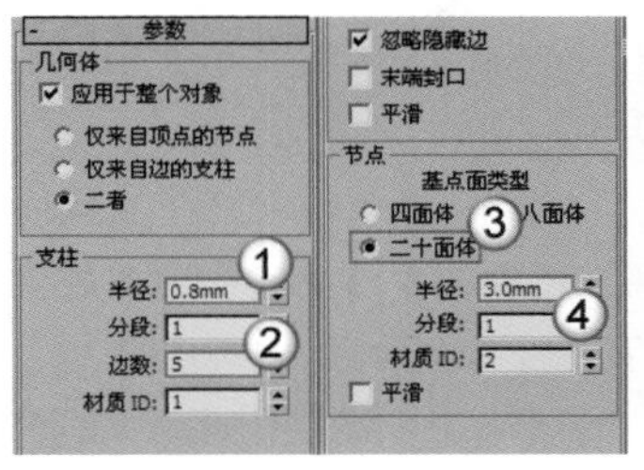

图5-171

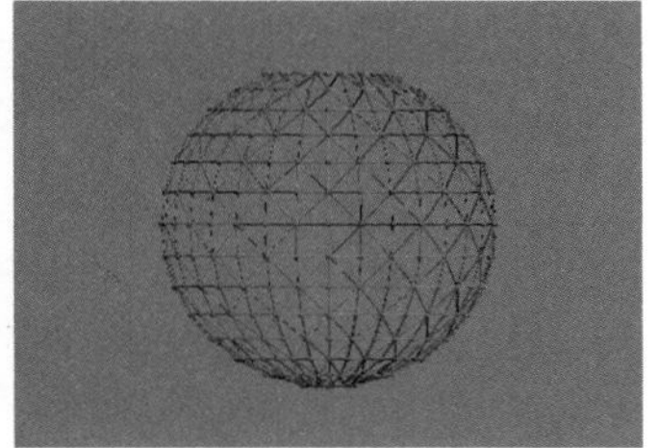
图5-172

05 使用“切角圆柱体”工具 切角圆柱体 在晶格吊灯的底部创建一个切角圆柱体，然后在“参数”卷展栏下设置“半径”为60mm、“高度”为3mm、“圆角”为0.3mm、“边数”为32，具体参数设置及其位置如图5-173所示。

06 使用“球体”工具 球体 在晶格吊灯内部创建一个球体，然后在“参数”卷展栏下设置“半径”为55mm、“分段”为32，接着勾选“轴心在底部”选项，具体参数设置及其位置如图5-174所示。

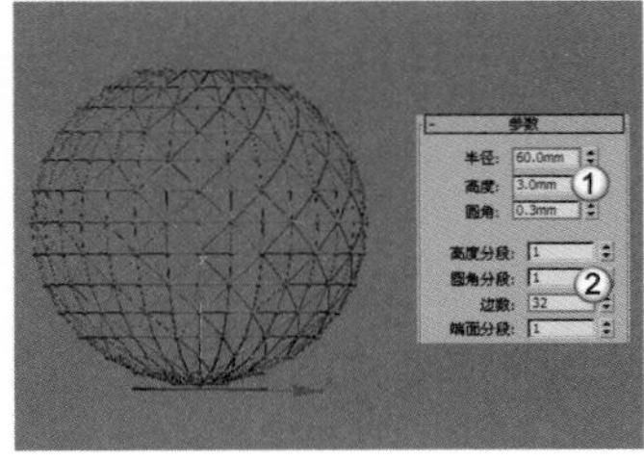
图5-173

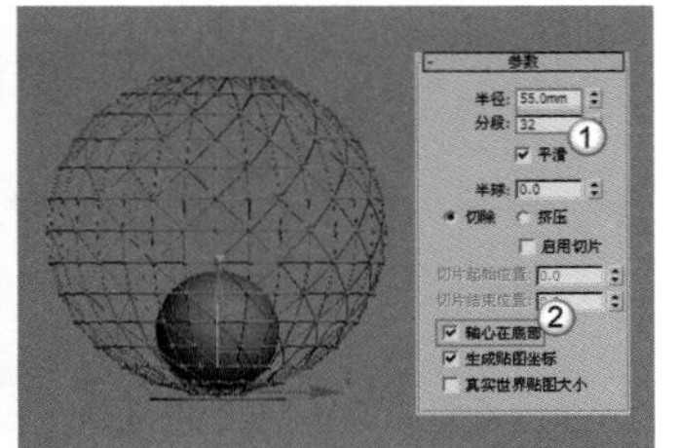
图5-174

07 利用移动复制功能将晶格吊灯和球体复制一份，然后调整好各个对象的位置，如图5-175所示。

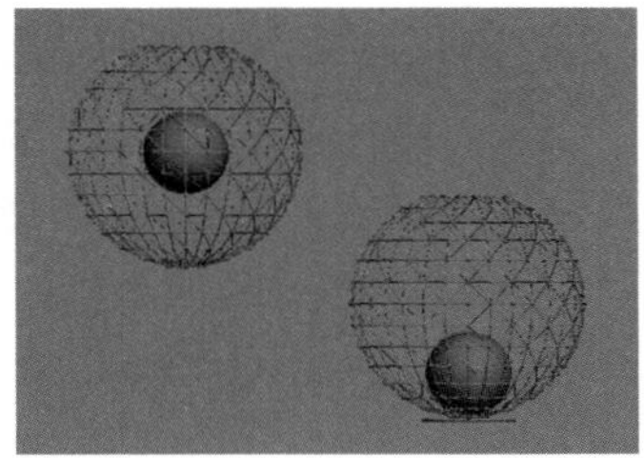
图5-175

08 使用“线”工具 线 在前视图中绘制如图5-176所示的样条线，然后在“渲染”卷展栏下勾选“在渲染中启用”和“在视口中启用”选项，接着设置“径向”的“厚度”为2mm，最终效果如图5-177所示。

图5-176

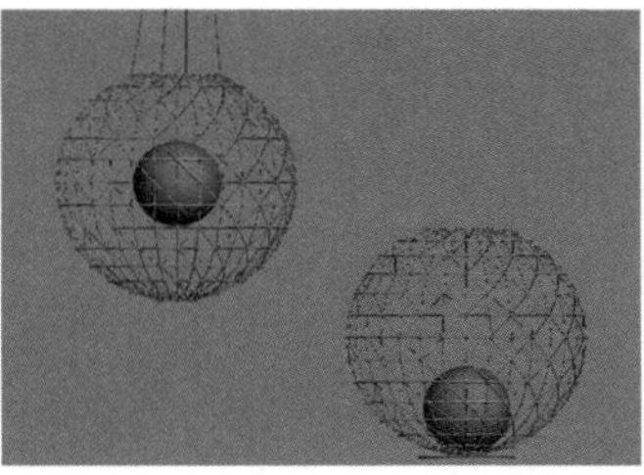
图5-177

5.3.11 平滑类修改器

“平滑”修改器、“网格平滑”修改器和“涡轮平滑”修改器都可以用来平滑几何体，但是在效果和可调节性上有所差别。简单地说，对于相同的物体，“平滑”修改器的参数比其他两种修改器要简单一些，但是平滑的强度不强；“网格平滑”修改器与“涡轮平滑”修改器的使用方法相似，但是后者能够更快并更有效率地利用内存，不过“涡轮平滑”修改器在运算时容易发生错误。因此，在实际工作中“网格平滑”修改器是其中最常用的一种。下面就针对“网格平滑”修改器进行讲解。

“网格平滑”修改器可以通过多种方法来平滑场景中的几何体，它允许细分几何体，同时可以使角和边变得平滑，其参数设置面板如图5-178所示。下面只介绍“细分方法”卷展栏与“细分量”卷展栏下的参数选项。

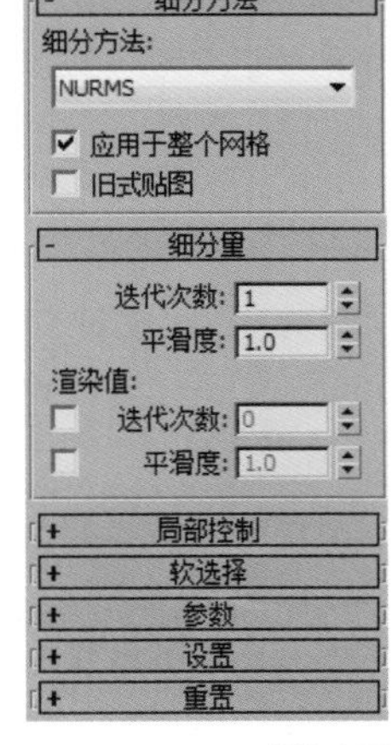

图5-178

网格平滑修改器重要参数介绍

细分方法：选择细分的方法共有“经典”、NURMS和“四边形输出”3种方法。“经典”方法可以生成三面和四面的多面体，如图5-179所示；NURMS方法生成的对象与可以为每个控制顶点设置不同权重的NURBS对象相似，这是默认设置，如图5-180所示；“四边形输出”方法仅生成四面多面体，如图5-181所示。

图5-179

图5-180

图5-181

应用于整个网格：启用该选项后，平滑效果将应用于整个对象。

迭代次数：设置网格细分的次数，这是最常用的一个参数，其数值的大小直接决定了平滑的效果，取值范围为0~10。增加该值时，每次新的迭代会通过在迭代之前对顶点、边和曲面创建平滑差补顶点来细分网格。图5-182所示是"迭代次数"为1、2、3时的平滑效果对比。

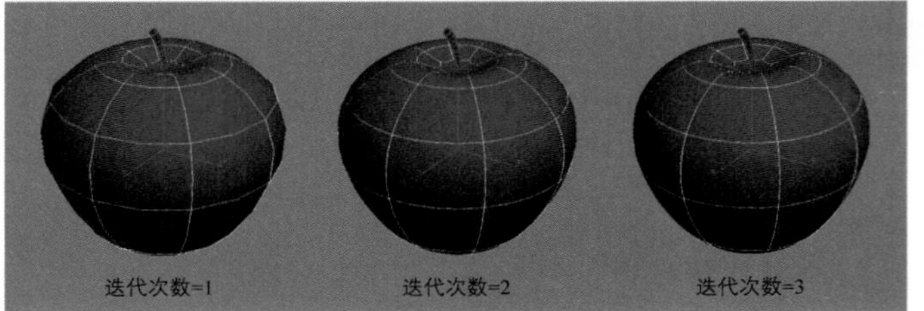

图5-182

"网格平滑"修改器的参数虽然有7个卷展栏，但是基本上只会用到"细分方法"和"细分量"卷展栏下的参数，特别是"细分量"卷展栏下的"迭代次数"。

平滑度：为多尖锐的锐角添加面以平滑锐角，计算得到的平滑度为顶点连接的所有边的平均角度。

渲染值：用于在渲染时对对象应用不同平滑"迭代次数"和不同的"平滑度"值。在一般情况下，使用较低的"迭代次数"和较低的"平滑度"值进行建模，而使用较高值进行渲染。

★ 重点 ★

实战：用网格平滑修改器制作樱桃

场景位置　无
实例位置　实例文件>CH05>实战：用网格平滑修改器制作樱桃.max
视频位置　多媒体教学>CH05>实战：用网格平滑修改器制作樱桃.flv
难易指数　★★☆☆☆
技术掌握　茶壶工具、FFD 3×3×3修改器、多边形建模、网格平滑修改器

扫码看视频

樱桃的效果如图5-183所示。

图5-183

01 下面制作盛放樱桃的杯子模型。使用"茶壶"工具 茶壶 在场景中创建一个茶壶，然后在"参数"卷展栏下设置"半径"为80mm、"分段"为10，接着关闭"壶把""壶嘴"和"壶盖"选项，具体参数设置及模型效果如图5-184所示。

02 为杯子模型加载一个FFD 3×3×3修改器，然后选择"控制点"次物体层级，接着在前视图中选择如图5-185所示的控制点，最后用"选择并均匀缩放"工具在透视图中将其向内缩放成如图5-186所示的形状。

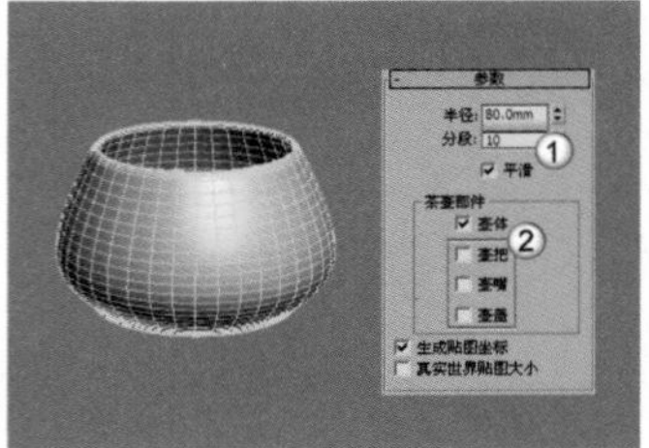

图5-184

图5-185

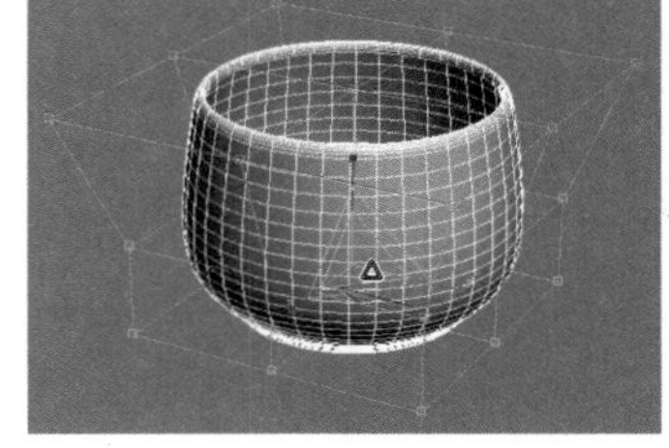

图5-186

03 使用"选择并移动"工具在前视图中将中间和顶部的控制点向上拖曳到如图5-187所示的位置，效果如图5-188所示。

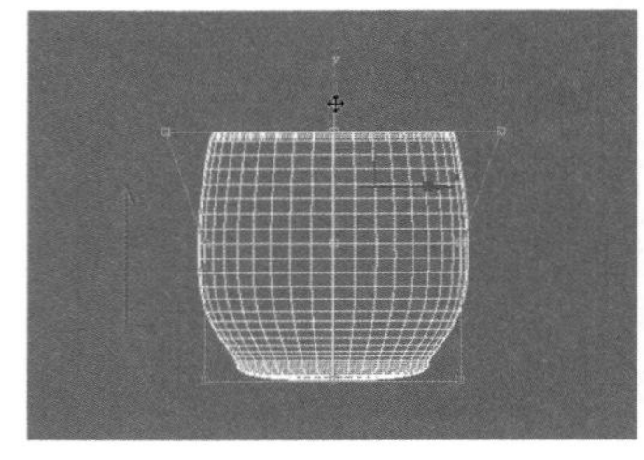

图5-187

图5-188

04 下面制作樱桃模型。使用"球体"工具 球体 在场景中创建一个球体，然后在"参数"卷展栏下设置"半径"为20mm、"分段"为8，接着关闭"平滑"选项，具体参数设置及模型效果如图5-189所示。

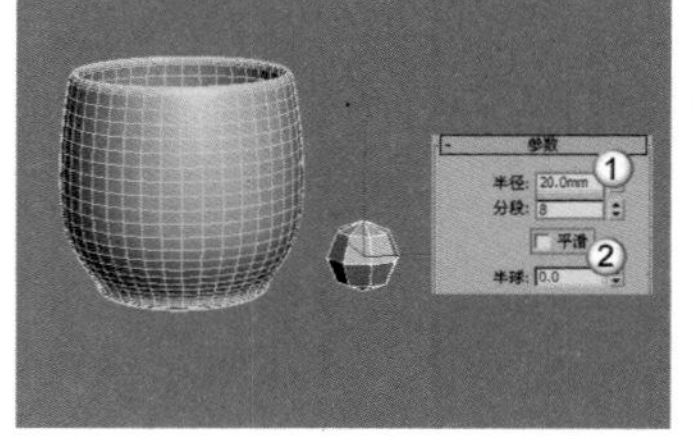

图5-189

问：为什么要关闭"平滑"选项？

答：关闭"平滑"选项后，将其转换为可编辑多边形时，模型上就不会存在过多的顶点，这样编辑起来更方便一些。

05 选择球体，然后单击鼠标右键，接着在弹出的菜单中选择"转换为>转换为可编辑多边形"命令，如图5-190所示。

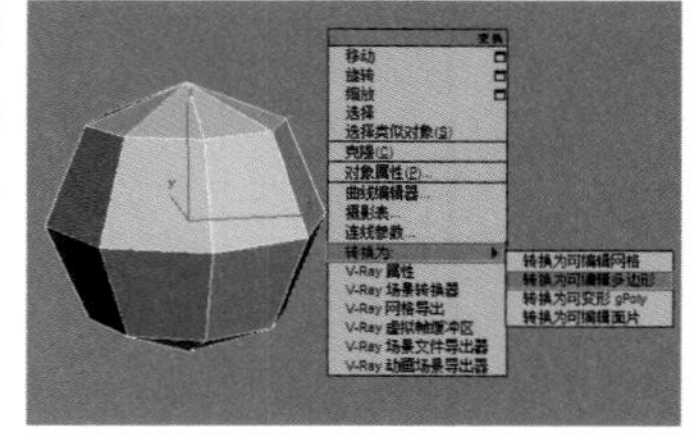

图5-190

06 在“选择”卷展栏下单击“顶点”按钮，进入“顶点”级别，然后在前视图中选择如图5-191所示的顶点，接着使用“选择并移动”工具将其向下拖曳到如图5-192所示的位置。

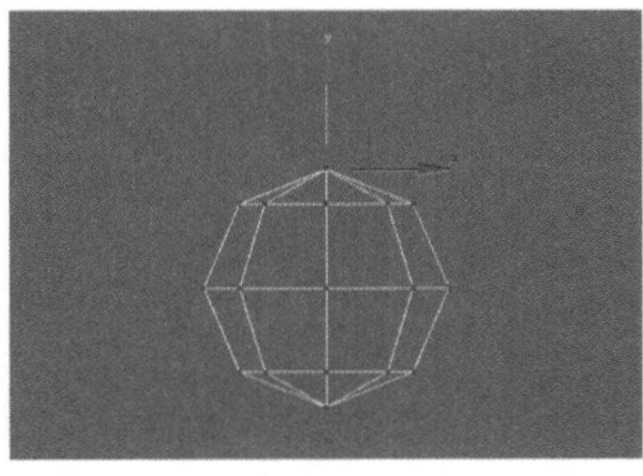

图5-191

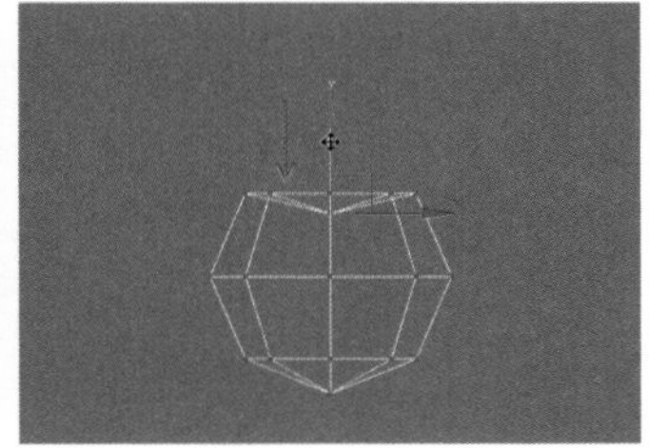

图5-192

07 为模型加载一个“网格平滑”修改器，然后在“细分量”卷展栏下设置“迭代次数”为2，如图5-193所示，模型效果如图5-194所示。

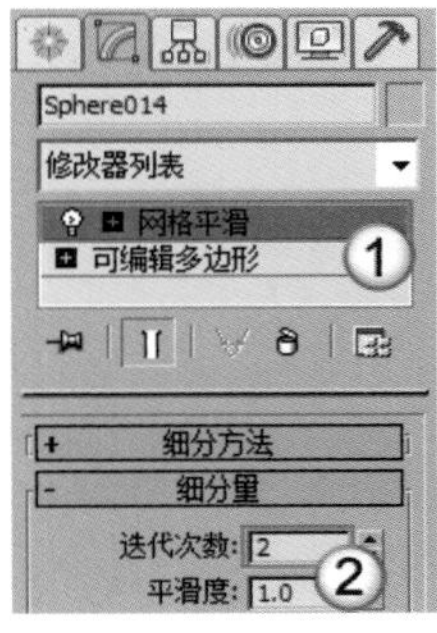

图5-193

图5-194

技巧与提示

注意，“迭代次数”的数值并不是设置得越大越好，只要能达到理想效果就行。

08 利用多边形建模方法制作出樱桃把模型，完成后的效果如图5-195所示。

09 利用复制功能复制一些樱桃，然后将其摆放在杯子内和地上，最终效果如图5-196所示。

图5-195

图5-196

知识链接

由于樱桃把模型的制作不是本例的重点，并且制作方法比较简单，主要使用多边形建模方法来制作（先创建一个圆柱体，然后将其转换为可编辑多边形，接着在“顶点”级别下对模型的形状调整成樱桃把形状，最后再用“网格平滑”修改器对其进行平滑处理即可）。关于多边形建模技法，请参阅“第8章 效果图制作基本功：多边形建模”。

5.3.12 优化修改器

使用“优化”修改器可以减少对象中面和顶点的数目，这样可以简化几何体并加速渲染速度，其参数设置面板如图5-197所示。

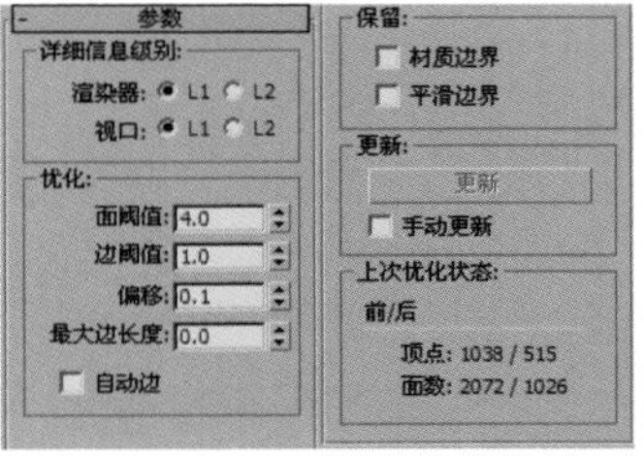

图5-197

优化修改器参数介绍

① 详细信息级别选项组

渲染器L1/L2：设置默认扫描线渲染器的显示级别。

视口L1/L2：同时为视图和渲染器设置优化级别。

② 优化选项组

面阈值：设置用于决定哪些面会塌陷的阈值角度。值越低，优化越少，但是会更好地接近原始形状。

边阈值：为开放边（只绑定了一个面的边）设置不同的阈值角度。较低的值将会保留开放边。

偏移：帮助减少优化过程中产生的细长三角形或退化三角形，它们会导致渲染时产生缺陷效果。较高的值可以防止三角形退化，默认值0.1就足以减少细长的三角形，取值范围为0~1。

最大边长度：指定最大长度，超出该值的边在优化时将无法拉伸。

自动边：控制是否启用任何开放边。

③ 保留选项组

材质边界：保留跨越材质边界的面塌陷。

平滑边界：优化对象并保持其平滑。启用该选项时，只允许塌陷至少共享一个平滑组的面。

④ 更新选项组

更新 更新 ：使用当前优化设置来更新视图显示效果。只有启用“手动更新”选项时，该按钮才可用。

手动更新：开启该选项后，可以使用上面的“更新”按钮 更新 。

⑤ 上次优化状态选项组

前/后：使用“顶点”和“面数”来显示上次优化的结果。

实战：用优化与超级优化修改器优化模型

场景位置　场景文件>CH05>02.max
实例位置　实例文件>CH05>实战：用优化与超级优化修改器优化模型.max
视频位置　多媒体教学>CH05>实战：用优化与超级优化修改器优化模型.flv
难易指数　★☆☆☆☆
技术掌握　优化修改器、ProOptimizer（超级优化）修改器

扫码看视频

模型优化前后的对比效果如图5-198所示。

01 打开“场景文件>CH05>02.max”文件，然后按7键在视图的左上角显示出多边形和顶点的数量，目前的多边形数量为35182个、顶点数量是37827个，如图5-199所示。

图5-198

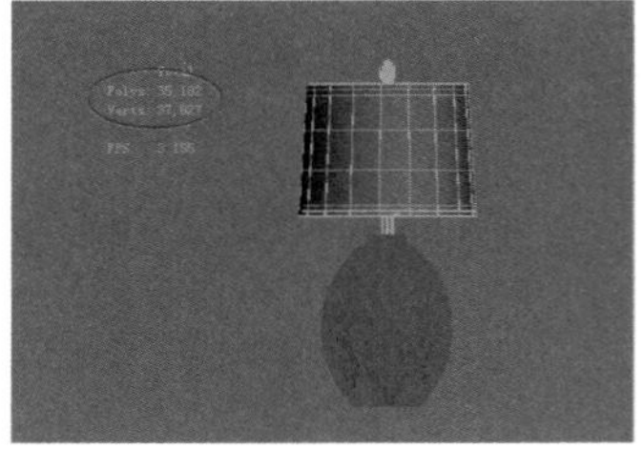

图5-199

如果在一个很大的场景中每个物体都有这么多的多边形数量，那么系统在运行时将会非常缓慢，因此可以对不重要的物体进行优化。

02 为灯座模型加载一个“优化”修改器，然后在“参数”卷展栏下设置“优化”的“面阈值”为10，如图5-200所示，这时从视图的左上角可以发现多边形数量变成了28804个、顶点数量变成了15016个，说明模型已经优化了，如图5-201所示。

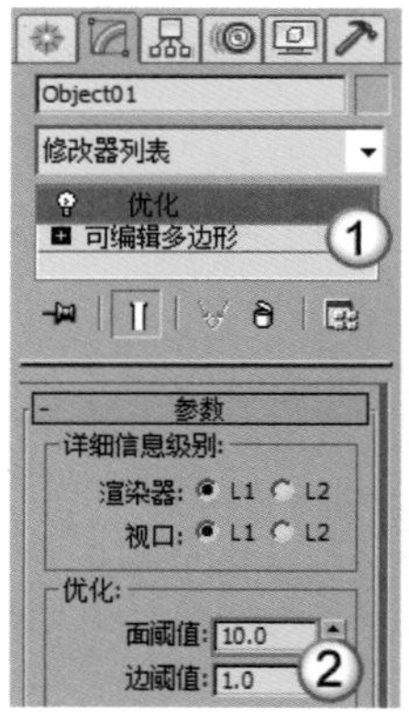

图5-200

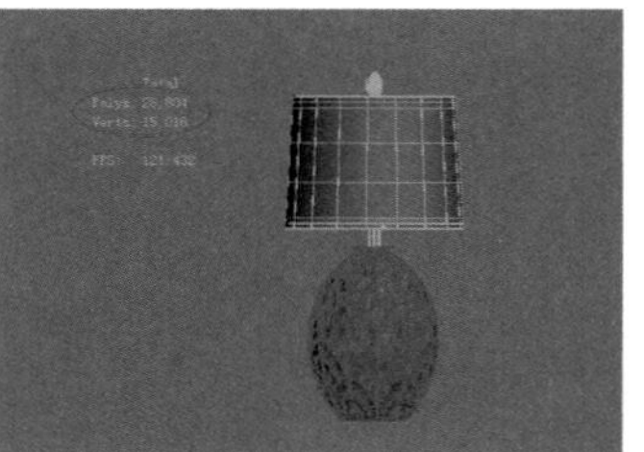

图5-201

03 在修改器堆栈中选择“优化”修改器，然后单击“从堆栈中移除修改器”按钮，删除“优化”修改器，如图5-202所示。

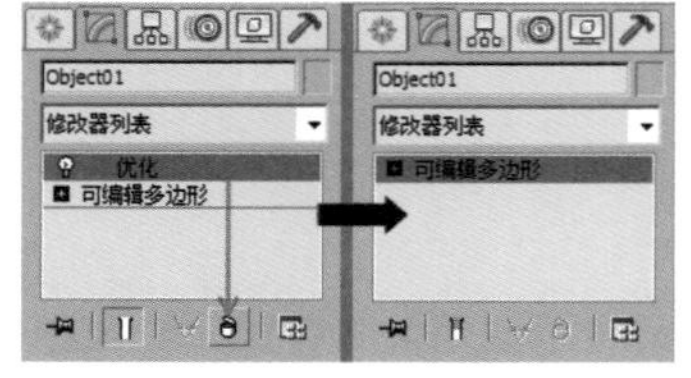

图5-202

04 为灯座模型加载一个ProOptimizer（超级优化）修改器，然后在“优化级别”卷展栏下单击“计算”按钮，计算完成后设置“顶点%”为20，如图5-203所示，这时从视图的左上角可以发现多边形数量变成了15824个、顶点数量变成了8526个，如图5-204所示。

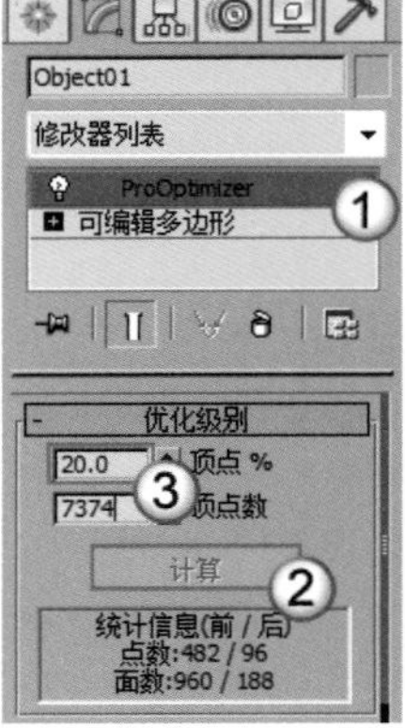

图5-203

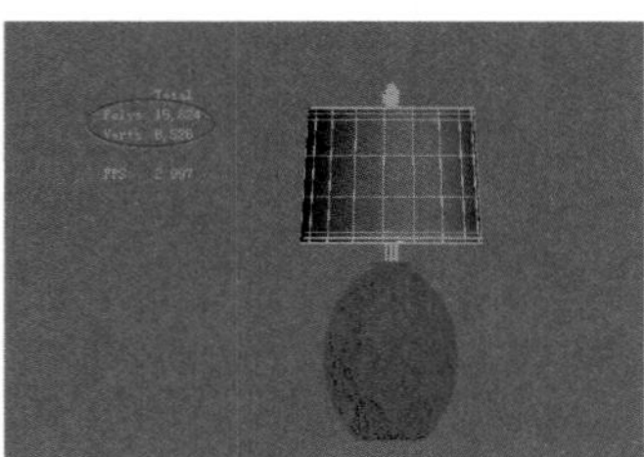

图5-204

ProOptimizer（超级优化）修改器与“优化”修改器的功能一样，都是用来减少模型的多边形（面）数量和顶点数量。

5.3.13 融化修改器

“融化”修改器可以将现实生活中的融化效果应用到对象上，常用于创建食物模型，其参数设置面板如图5-205所示。

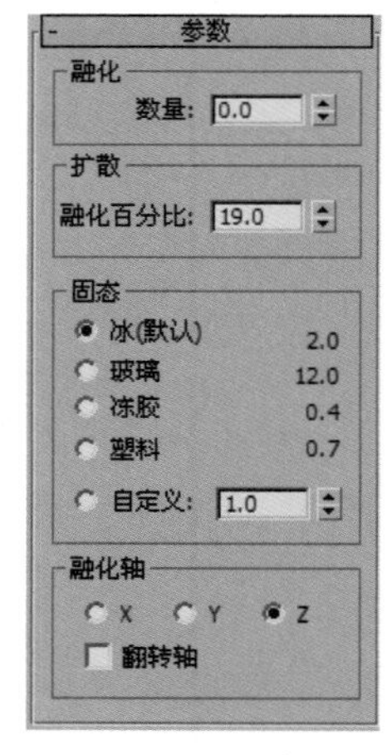

图5-205

融化修改器参数介绍

① 融化选项组

数量：设置融化的程度。

② 扩散选项组

融化百分比：设置对象的融化百分比。

③ 固态选项组

冰（默认）：默认选项，为固态的冰效果。

玻璃：模拟玻璃效果。

冻胶：产生在中心处显著的下垂效果。

塑料：相对的固体，但是在融化时其中心稍微下垂。

自定义：将固态设置为0.2~30的任何值。

④ 融化轴选项组

X/Y/Z：选择围绕哪个轴（对象的局部轴）产生融化效果。

翻转轴：通常融化会沿着指定的轴从正向朝着负向发生。启用“翻转轴”选项后，可以翻转这一方向。

★ 重 点 ★

实战：用融化修改器制作融化的糕点

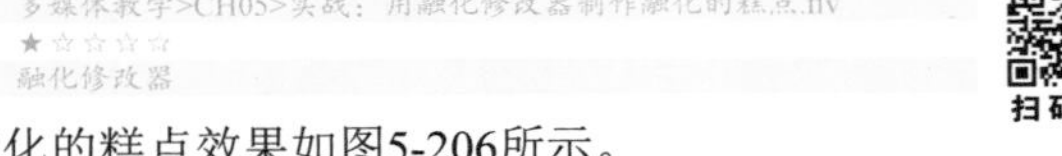

场景位置 场景文件>CH05>03.max
实例位置 实例文件>CH05>实战：用融化修改器制作融化的糕点.max
视频位置 多媒体教学>CH05>实战：用融化修改器制作融化的糕点.flv
难易指数 ★☆☆☆☆
技术掌握 融化修改器

扫码看视频

融化的糕点效果如图5-206所示。

图5-206

01 打开“场景文件>CH05>03.max”文件，如图5-207所示。

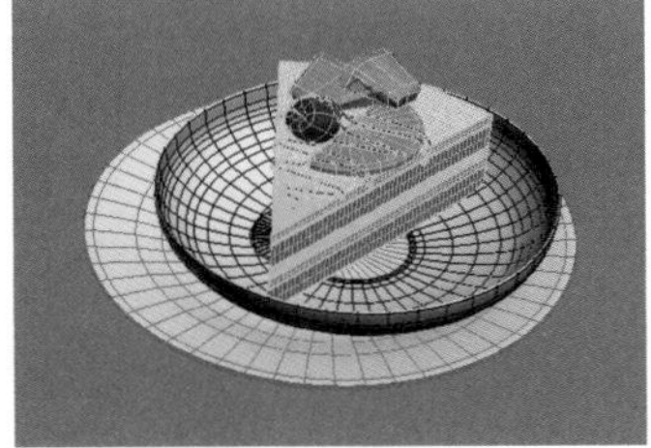

图5-207

02 为糕点模型加载一个“融化”修改器，然后在“参数”卷展栏下设置“融化”的“数量”为30、“扩散”的“融化百分比为”10，接着设置“固态”为“自定义”，并设置其数值为0.5，最后设置“融化轴”为z轴，具体参数设置如图5-208所示，效果如图5-209所示。

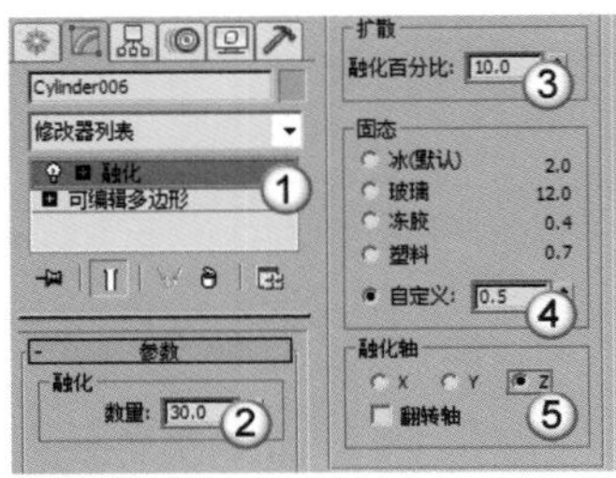

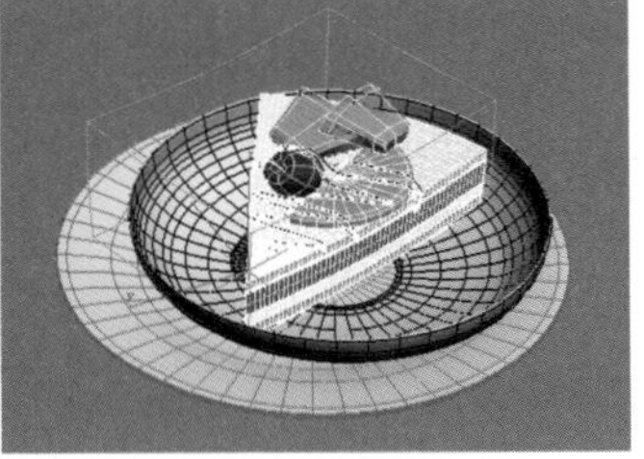

图5-208 图5-209

03 由于融化效果不是很明显，因此将“融化”的“数量”修改为100，如图5-210所示，最终效果如图5-211所示。

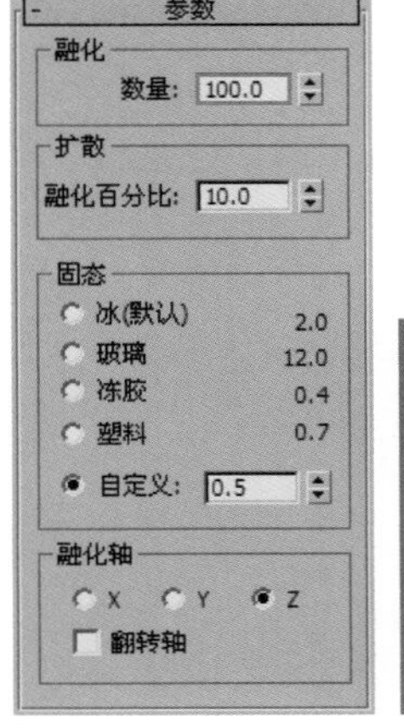

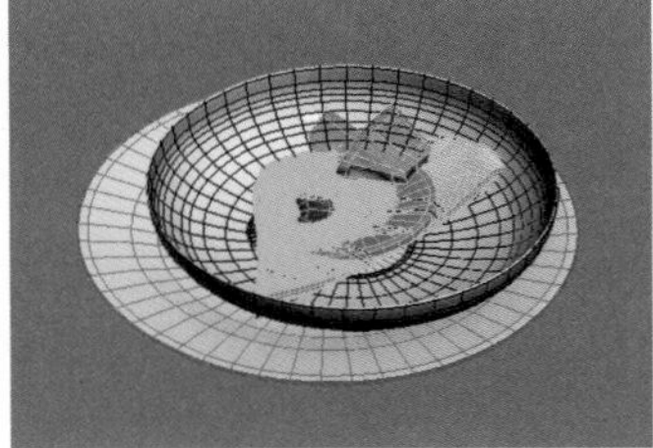

图5-210 图5-211

第6章 效果图制作基本功：网格建模

Learning Objectives 学习要点

Employment direction 从业方向

家具造型设计师

工业造型设计师

室内设计表现师

建筑设计表现师

6.1 转换网格对象

网格建模是3ds Max高级建模中的一种，与多边形建模的制作思路相类似。使用网格建模可以进入到网格对象的“顶点”“边”“面”“多边形”和“元素”级别下编辑对象。图6-1和图6-2所示是比较优秀的网格建模作品。

图6-1

图6-2

与多边形对象一样，网格对象也不是创建出来的，而是经过转换而来的。将物体转换为网格对象的方法主要有以下4种。

第1种：在对象上单击鼠标右键，然后在弹出的菜单中选择“转换为>转换为可编辑网格”命令，如图6-3所示。转换为可编辑网格对象后，在修改器堆栈中可以观察到对象会变成“可编辑网格”对象，如图6-4所示。注意，通过这种方法转换成的可编辑网格对象的创建参数将全部丢失。

第2种：选中对象，然后在修改器堆栈中的对象上单击鼠标右键，接着在弹出的菜单中选择“可编辑网格”命令，如图6-5所示。这种方法与第1种方法一样，转换成的可编辑网格对象的创建参数将全部丢失。

第3种：选中对象，然后为其加载一个“编辑网格”修改器，如图6-6所示。通过这种方法转换成的可编辑网格对象的创建参数不会丢失，仍然可以调整。

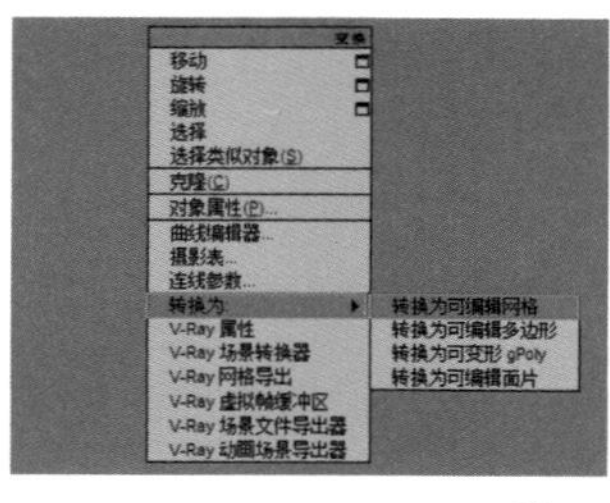

图6-3

图6-4

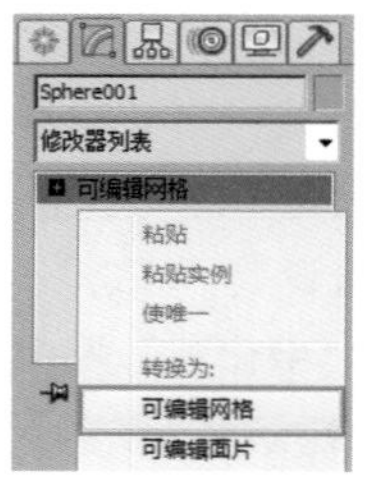

图6-5

图6-6

第4种：选中对象，在“创建”面板中单击“实用程序”按钮，切换到“实用程序”面板，然后单击“塌陷”按钮 塌陷 ，接着在“塌陷”卷展栏下设置“输出类型”为“网格”，最后单击“塌陷选定对象”按钮 塌陷选定对象 ，如图6-7所示。

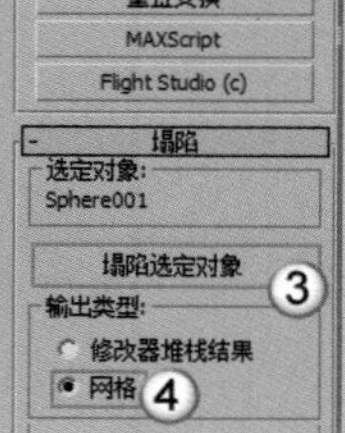

图6-7

疑难问答

问：网格建模与多边形建模有什么区别？

答：网格建模本来是3ds Max最基本的多边形加工方法，但在3ds Max 4之后被多边形建模取代了，之后网格建模逐渐被忽略，不过网格建模的稳定性要高于多边形建模；多边形建模是当前最流行的建模方法，而且建模技术很先进，有着比网格建模更多更方便的修改功能。其实这两种方法在建模的思路上基本相同，不同点在于网格建模所编辑的对象是三角面，而多边形建模所编辑的对象是三边面、四边面或更多边的面，因此多边形建模具有更高的灵活性。

6.2 编辑网格对象

网格建模是一种能够基于子对象进行编辑的建模方法，网格子对象包含顶点、边、面、多边形和元素5种。网格对象的参数设置面板共有4个卷展栏，分别是“选择”“软选择”“编辑几何体”和“曲面属性”卷展栏，如图6-8所示。

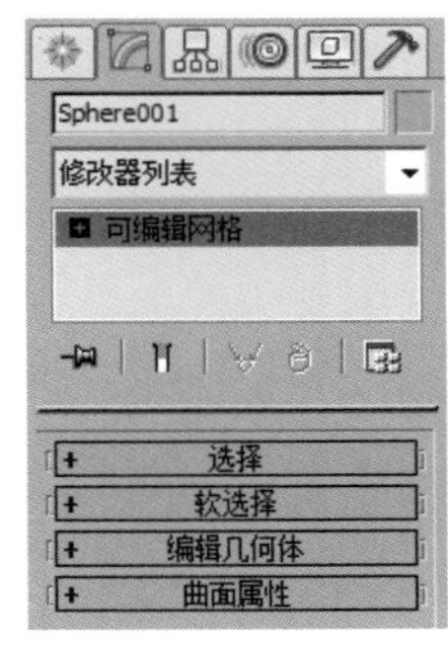

图6-8

关于“可编辑网格”对象的参数与工具介绍请参阅“第8章　效果图制作基本功：多边形建模”。

★重点★

实战：用网格建模制作餐叉

场景位置　无
实例位置　实例文件>CH06>实战：用网格建模制作餐叉.max
视频位置　多媒体教学>CH06>实战：用网格建模制作餐叉.flv
难易指数　★★☆☆☆
技术掌握　挤出工具、切角工具、网格平滑修改器

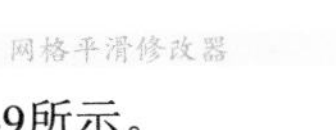

餐叉的效果如图6-9所示。

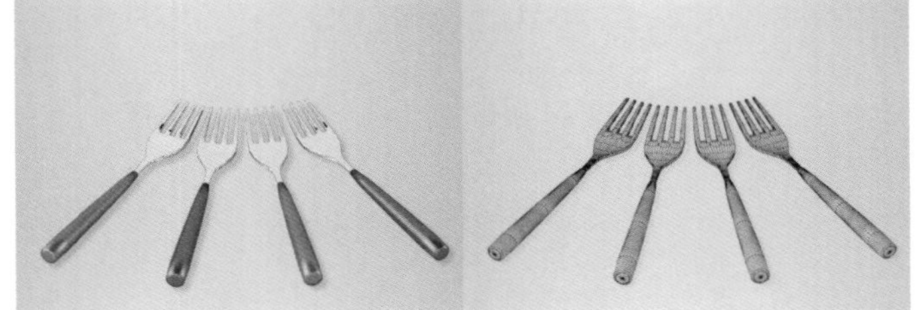

图6-9

01 下面创建叉头模型。使用“长方体”工具 长方体 在场景中创建一个长方体，然后在“参数”卷展栏下设置“长度”为100mm、“宽度”为80mm、“高度”为8mm、“长度分段”为2、“宽度分段”为7、“高度分段”为1，具体参数设置及模型效果如图6-10所示。

02 选择长方体，然后单击鼠标右键，接着在弹出的菜单中选择“转换为>转换为可编辑网格”命令，如图6-11所示。

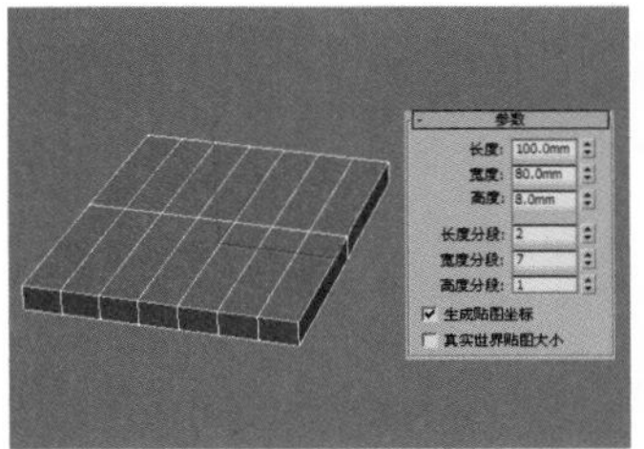

图6-10

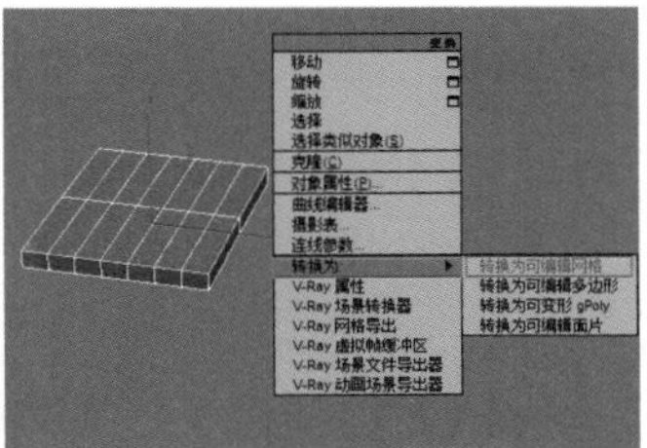

图6-11

03 在“选择”卷展栏下单击“顶点”按钮，进入“顶点”级别，然后在顶视图中框选底部的顶点，如图6-12所示，接着用“选择并均匀缩放”工具将其向内缩放成如图6-13所示的效果。

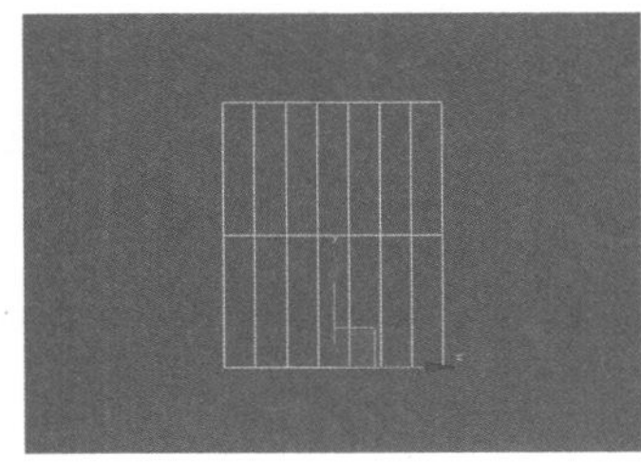

图6-12

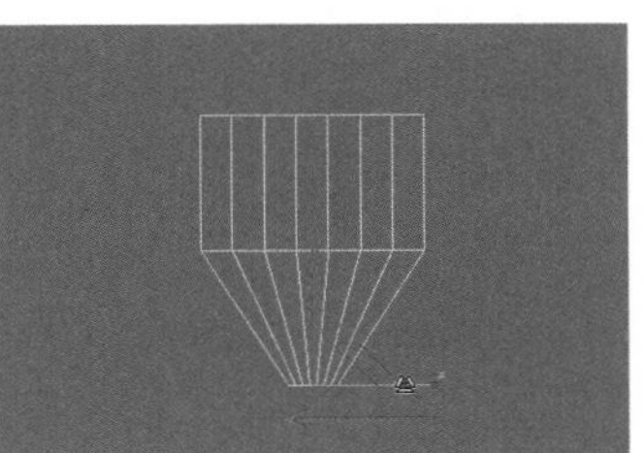

图6-13

04 在“选择”卷展栏下单击“多边形”按钮，进入“多边形”级别，然后选择如图6-14所示的多边形，接着在“编辑几何体”卷展栏下的“挤出”按钮 挤出 后面的输入框中输入50mm，最后按Enter键确认挤出操作，如图6-15所示。

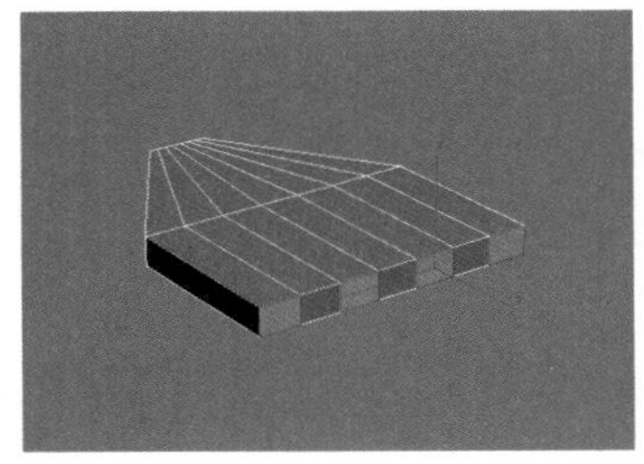

图6-14

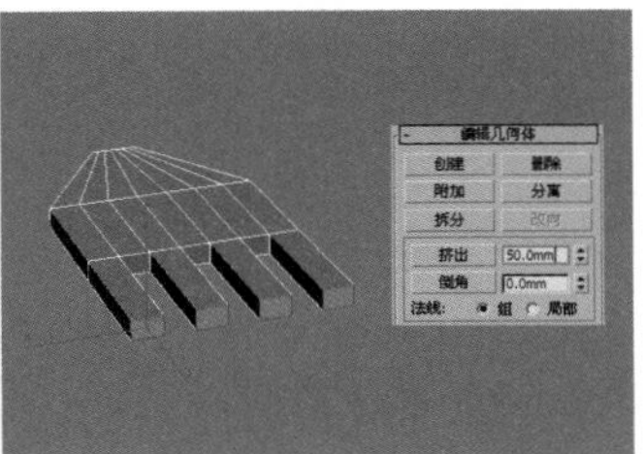

图6-15

05 进入“顶点”级别，然后在顶视图中框选顶部的顶点，接着使用“选择并均匀缩放”工具将其缩放成如图6-16所示的效果。

06 保持对顶点的选择，使用“选择并移动”工具在左视图中将其向左拖曳一段距离，如图6-17所示，然后在前视图中将所选顶点向上拖曳到如图6-18所示的位置。

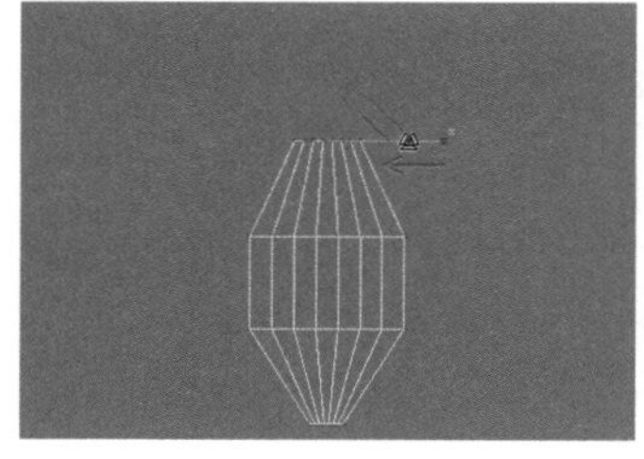
图6-16

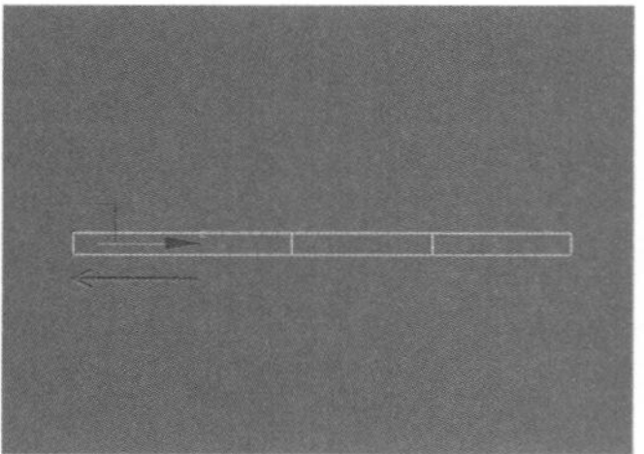
图6-17

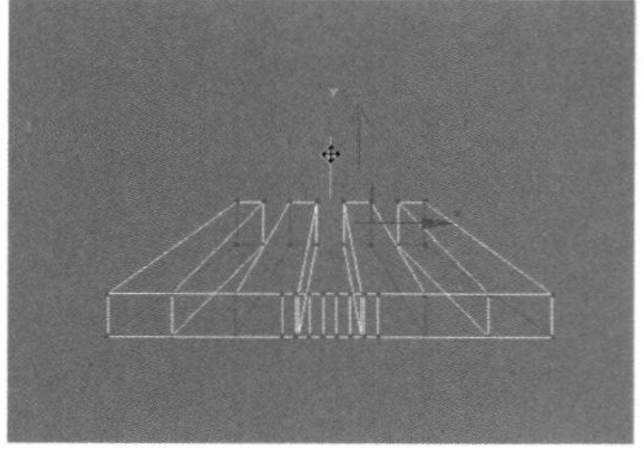
图6-18

07 进入“多边形”级别，然后选择如图6-19所示的多边形，接着在“编辑几何体”卷展栏下的“挤出”按钮 挤出 后面的输入框中输入60mm，最后按Enter键确认挤出操作，如图6-20所示。

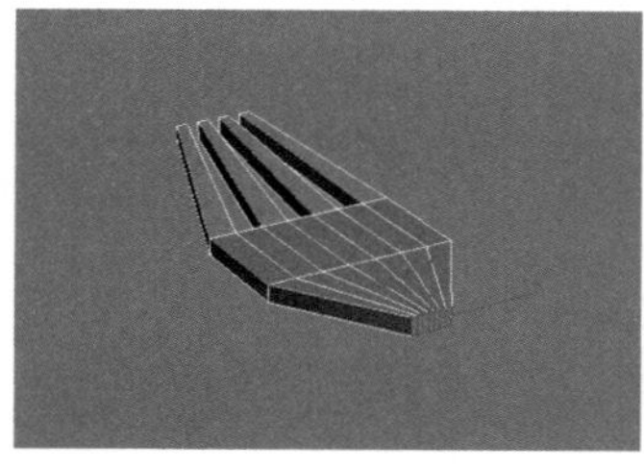
图6-19

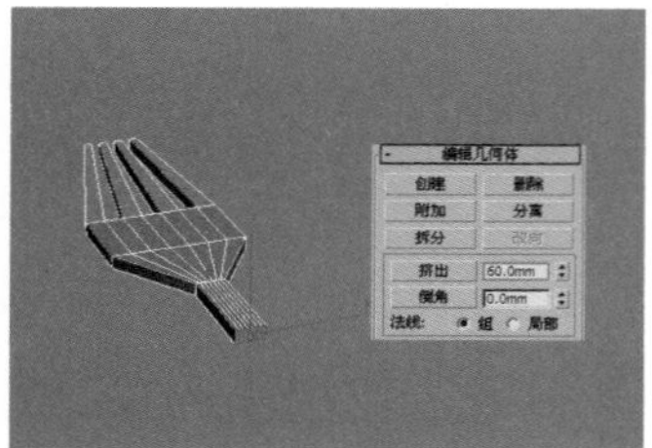
图6-20

08 保持对多边形的选择，再次将其挤出20mm，效果如图6-21所示，然后使用“选择并均匀缩放”工具在前视图中将其放大到如图6-22所示的效果。

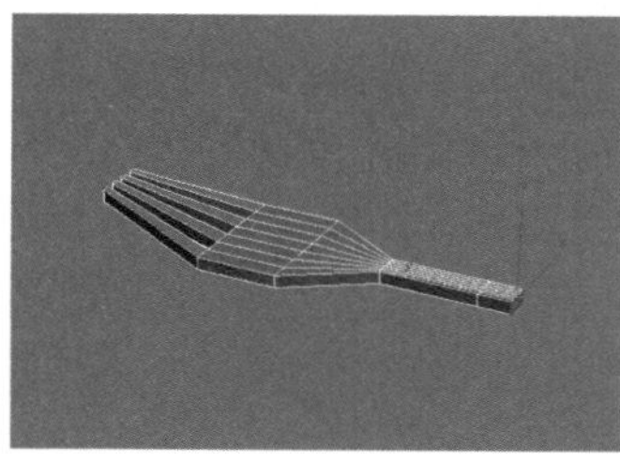
图6-21

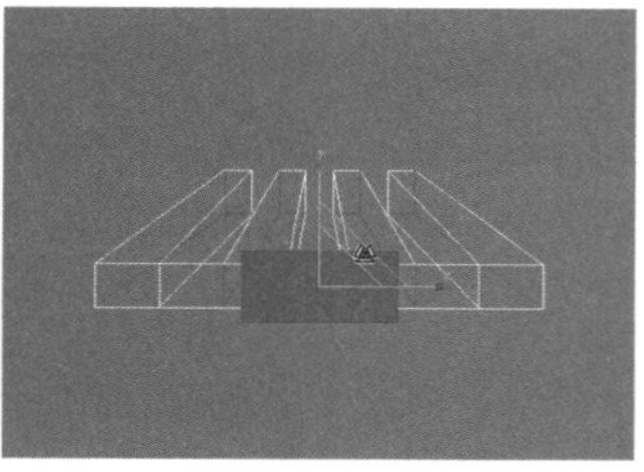
图6-22

09 进入“边”级别，然后选择如图6-23所示的边，接着在“编辑几何体”卷展栏下的“切角”按钮 切角 后面的输入框中输入0.5mm，最后按Enter键确认挤出操作，如图6-24所示。

问：有快速选择边的方法吗？

答：在网格建模中，不能像多边形建模那样对边进行“环形”和“循环”选择，这是网格建模最大的缺点之一。

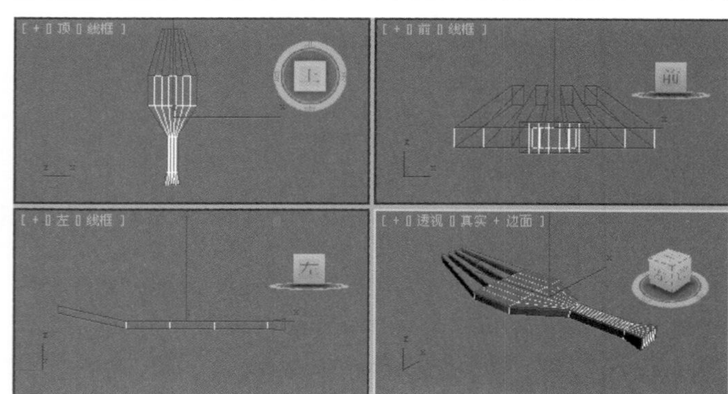
图6-23

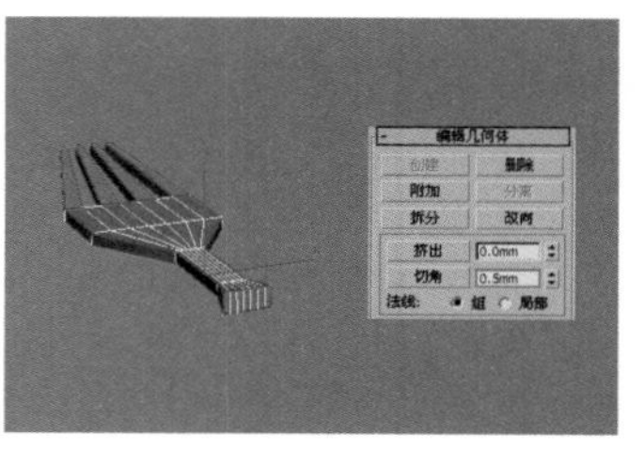
图6-24

10 为模型加载一个“网格平滑”修改器，然后在“细分量”卷展栏下设置“迭代次数”为2，如图6-25所示。

11 下面创建把手模型。使用“圆柱体”工具 圆柱体 在前视图中创建一个圆柱体，然后在“参数”卷展栏下设置“半径”为10mm、“高度”为320mm、“高度分段”为1，具体参数设置及圆柱体在透视图中的效果如图6-26所示。

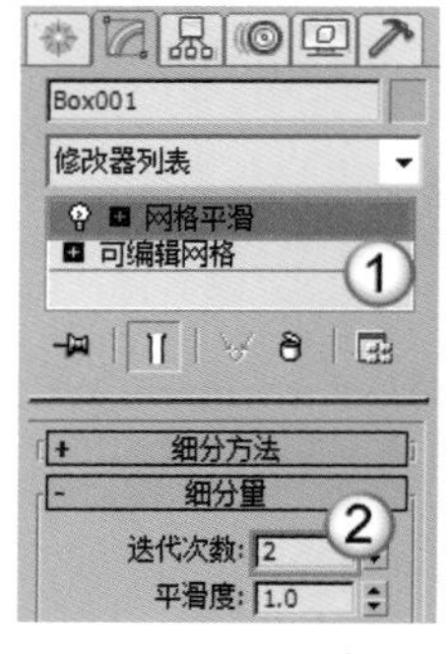

图6-25

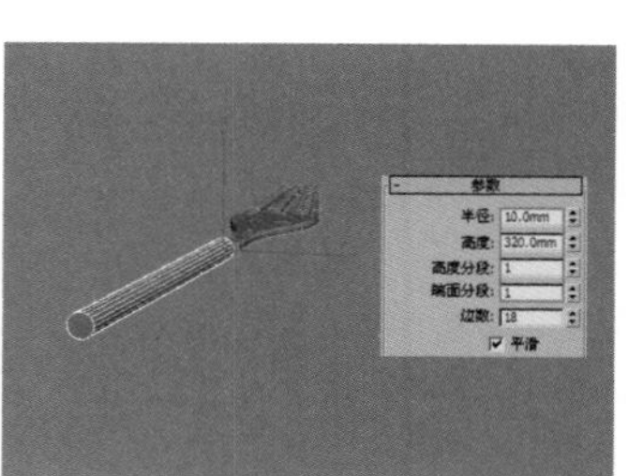
图6-26

12 将圆柱体转换为可编辑网格对象，然后进入“顶点”级别，接着选择顶部的顶点，如图6-27所示，最后使用“选择并均匀缩放”工具在前视图中将其放大到如图6-28所示的效果。

图6-27

图6-28

疑难问答

问：有快速选择顶点的方法吗？

答：这里只需要选择顶部的顶点，可以直接在左视图中进行框选，如图6-29所示。

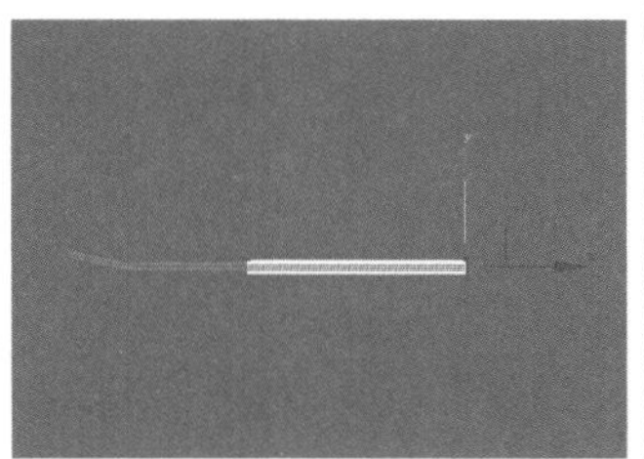

图6-29

13 进入“边”级别，然后选择顶部和顶部的环形边，如图6-30所示，接着在“编辑几何体”卷展栏下的“切角”按钮 切角 后面的输入框中输入2.5mm，最后按Enter键确认挤出操作，如图6-31所示。

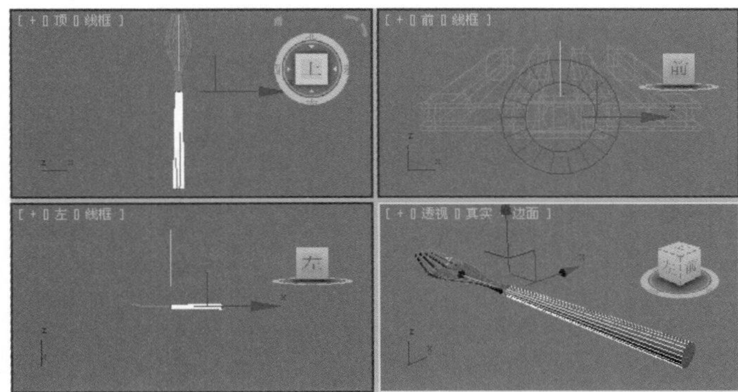

图6-30

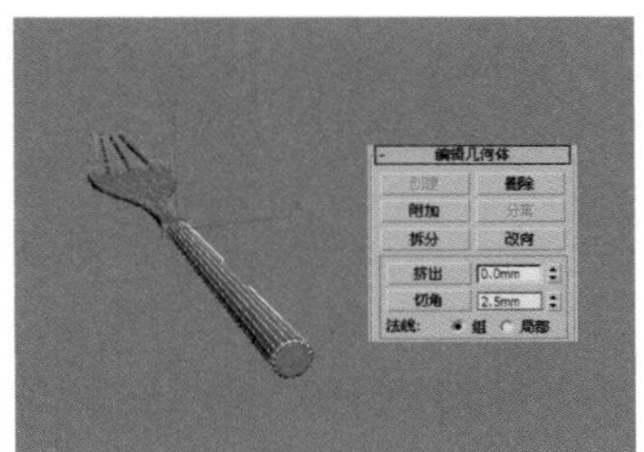

图6-31

14 为把手模型加载一个“网格平滑”修改器，然后在“细分量”卷展栏下设置“迭代次数”为2，最终效果如图6-32所示。

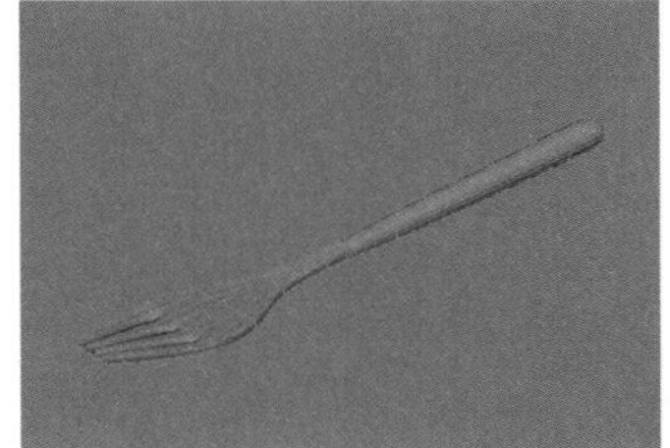

图6-32

★重点★

实战：用网格建模制作椅子

场景位置 无
实例位置 实例文件>CH06>实战：用网格建模制作椅子.max
视频位置 多媒体教学>CH06>实战：用网格建模制作椅子.flv
难易指数 ★★☆☆☆
技术掌握 挤出工具、切角工具、网格平滑修改器

扫码看视频

椅子的效果如图6-33所示。

图6-33

01 使用“长方体”工具 长方体 在场景中创建一个长方体，然后在“参数”卷展栏下设置“长度”为540mm、“宽度”为2000mm、“高度”为4300mm、“长度分段”为1、“宽度分段”为1、“高度分段”为4，具体参数设置及模型效果如图6-34所示。

02 将长方体转换为可编辑网格，然后进入“顶点”级别，接着在前视图中使用“选择并移动”工具调整好顶点的位置，如图6-35所示。

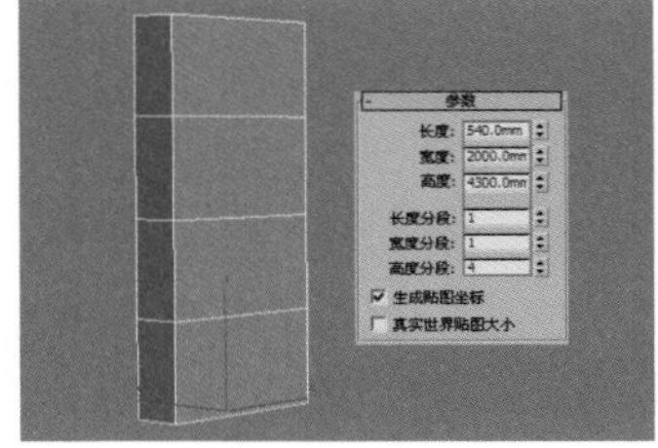

图6-34

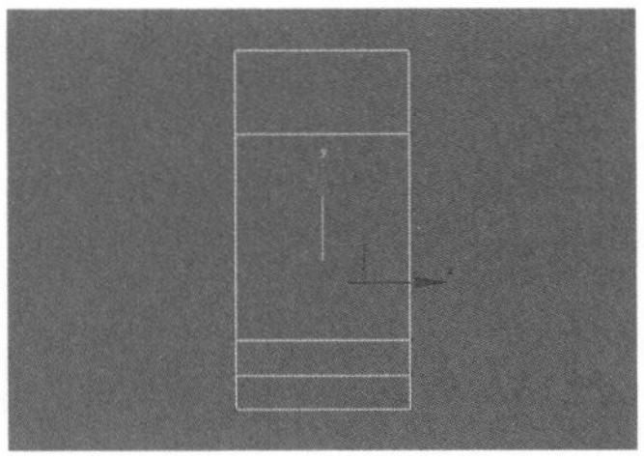

图6-35

03 在左视图中选择如图6-36所示的顶点，然后使用“选择并移动”工具将其向右拖曳到如图6-37所示的位置。

图6-36

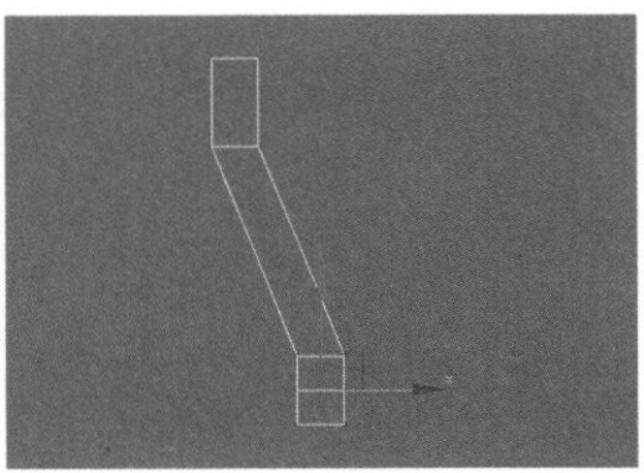

图6-37

04 进入“多边形”级别，然后选择如图6-38所示的多边形，接着将其挤出2500mm，如图6-39所示。

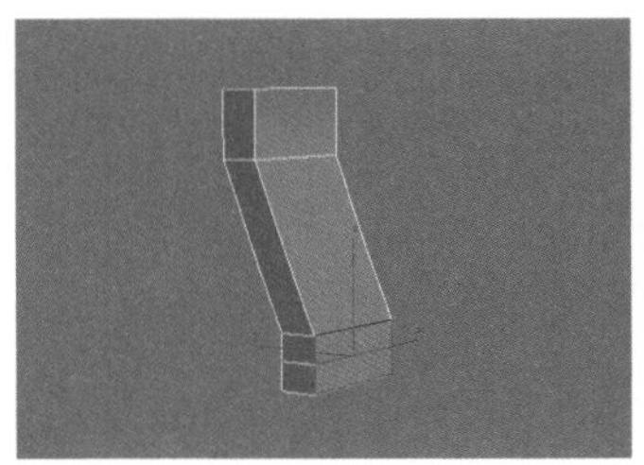

图6-38

图6-39

知识链接

关于多边形的挤出方法请参阅前一个实例。

05 进入“顶点”级别，然后在左视图中选择如图6-40所示的顶点，接着使用“选择并移动”工具将其向上拖曳至如图6-41所示的位置。

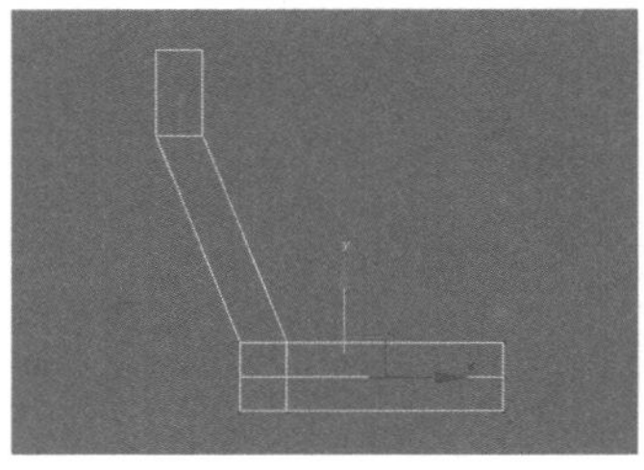

图6-40

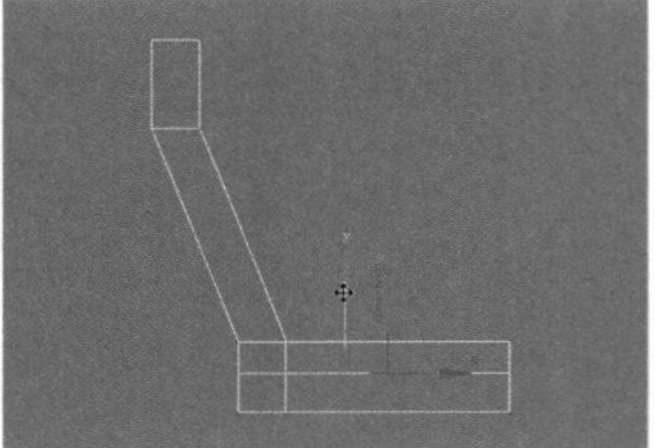

图6-41

06 在左视图中选择如图6-42所示的顶点，然后使用“选择并移动”工具将其向右拖曳至如图6-43所示的位置。

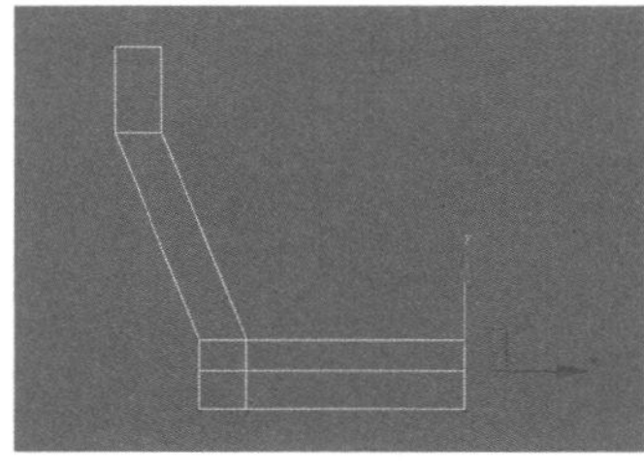

图6-42

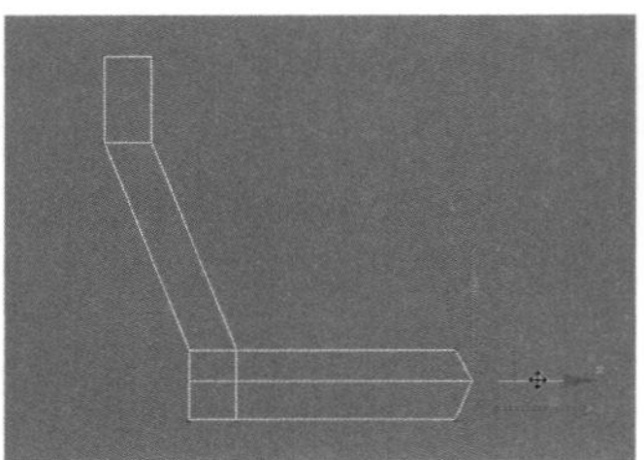

图6-43

07 在“选择”卷展栏下单击“边”按钮，进入“边”级别，然后选择如图6-44所示的边，接着将其切角设置为15mm，如图6-45所示。

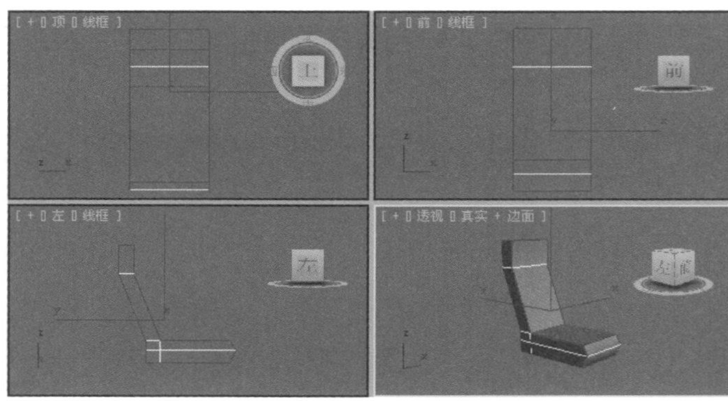

图6-44

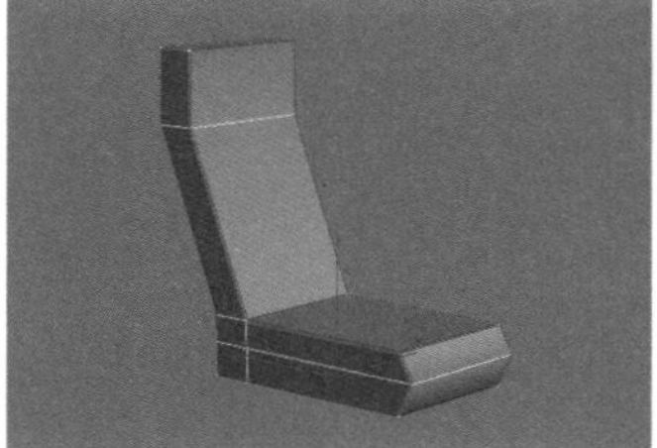

图6-45

08 为椅子模型加载一个“网格平滑”修改器，然后在“细分量”卷展栏下设置“迭代次数”为1，如图6-46所示。

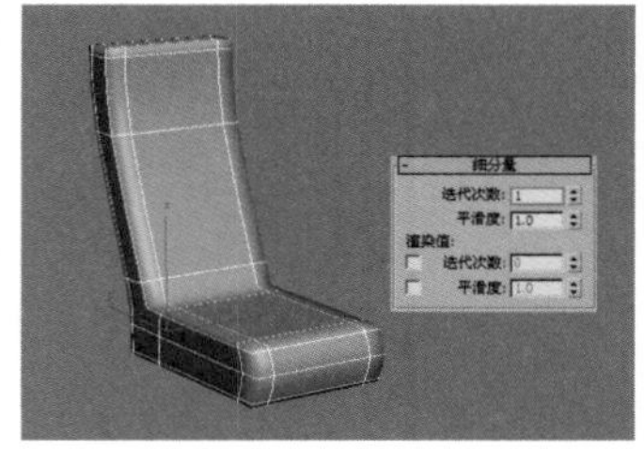

图6-46

09 使用“线”工具 线 在视图中绘制如图6-47所示的样条线。这里提供一张孤立选择图，如图6-48所示。

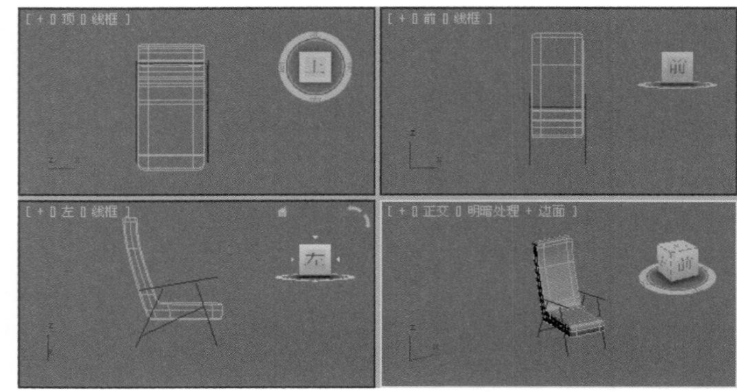

图6-47

图6-48

10 在“参数”卷展栏下开启样条线的“在渲染中启用”和“在视口中启用”功能，然后调整好“矩形”的“长度”和“宽度”数值，如图6-49所示，最终效果如图6-50所示。

图6-49

图6-50

★重点★

实战：用网格建模制作沙发

场景位置	无
实例位置	实例文件>CH06>实战：用网格建模制作沙发.max
视频位置	多媒体教学>CH06>实战：用网格建模制作沙发.flv
难易指数	★★★☆☆
技术掌握	切角工具、由边创建图形工具、网格平滑修改器

扫码看视频

沙发的效果如图6-51所示。

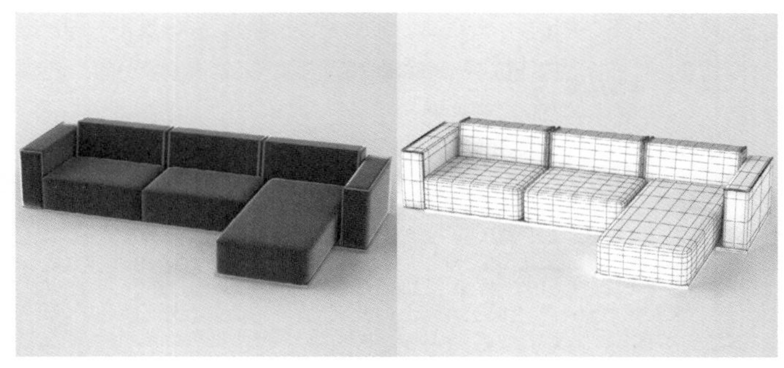

图6-51

01 下面制作扶手模型。使用“长方体”工具 长方体 在场景中创建一个长方体，然后在“参数”卷展栏下设置“长度”为700mm、“宽度”为200mm、“高度”为450mm，具体参数设置及模型效果如图6-52所示。

02 将长方体转换为可编辑网格，进入“边”级别，然后选择所有的边，接着将其切角设置为15mm，如图6-53所示。

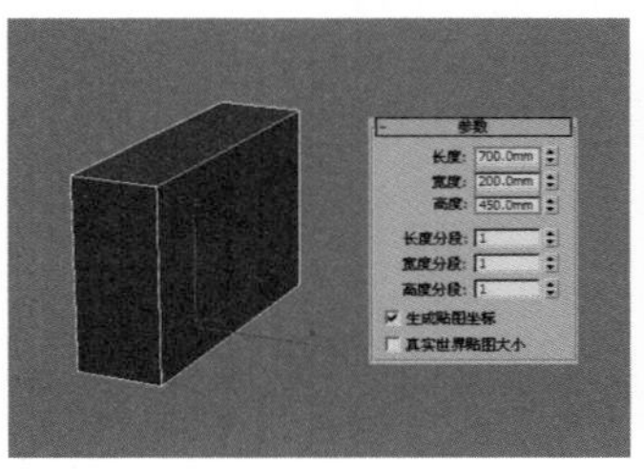

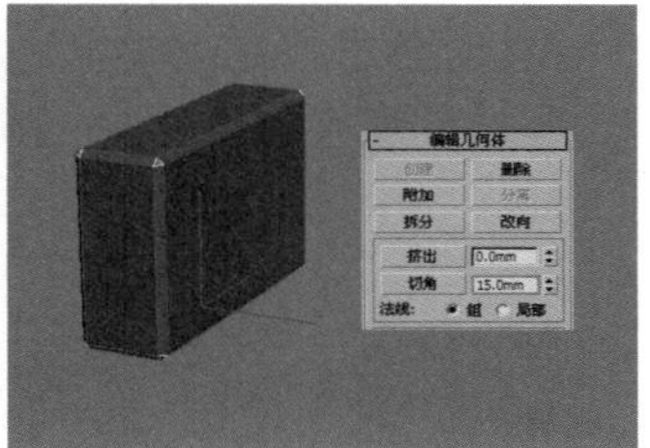

图6-52 图6-53

03 选择如图6-54所示的边，然后在“选择”卷展栏下单击“由边创建图形”按钮 由边创建图形 ，接着在弹出的“创建图形”对话框中设置“图形类型”为“线性”，如图6-55所示。

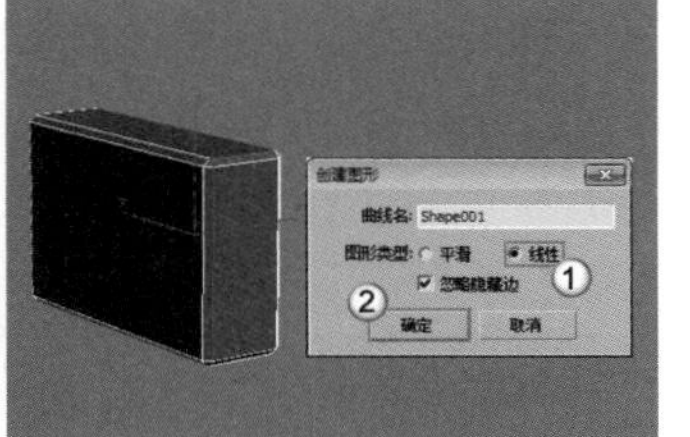

图6-54 图6-55

技术专题 20 由边创建图形

网格建模中的“由边创建图形”工具 由边创建图形 与多边形建模中的“利用所选内容创建图形”工具 利用所选内容创建图形 类似，都是利用所选边来创建图形。下面以图6-56中的一个网格球体来详细介绍一下该工具的使用方法（在球体的周围创建一个圆环图形）。

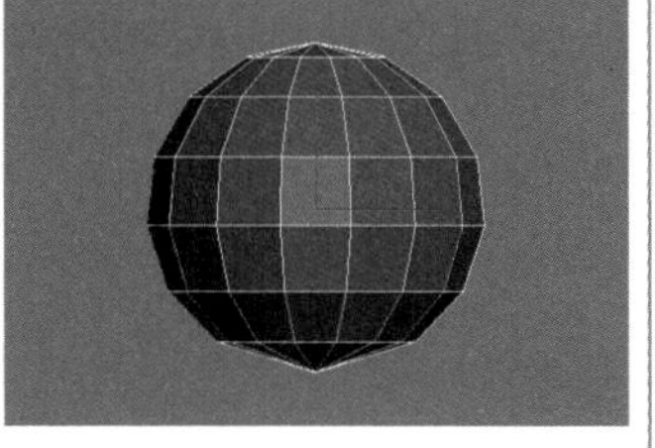

图6-56

第1步：进入“边”级别，然后在前视图中框选中间的边，如图6-57所示。

第2步：在“编辑几何体”卷展栏下单击“由边创建图形”按钮 由边创建图形 ，打开“创建图形”对话框，如图6-58所示。

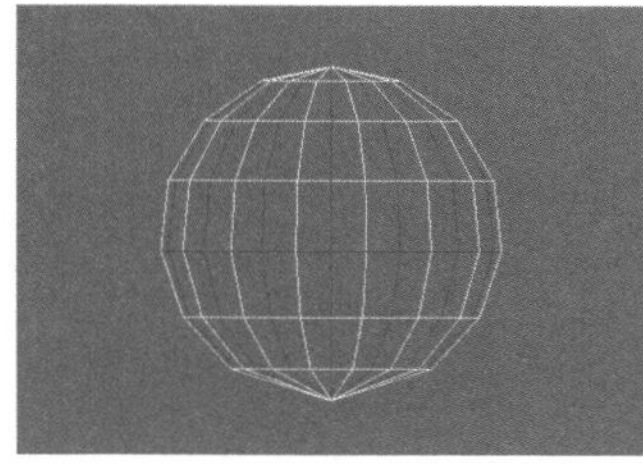

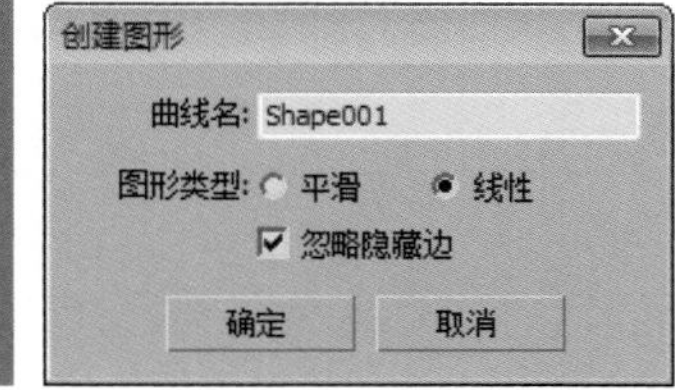

图6-57 图6-58

第3步：选择一种图形类型。如果选择“平滑”类型，则图形非常平滑，如图6-59所示；如果选择“线性”类型，则图形具有明显的转折，如图6-60所示。

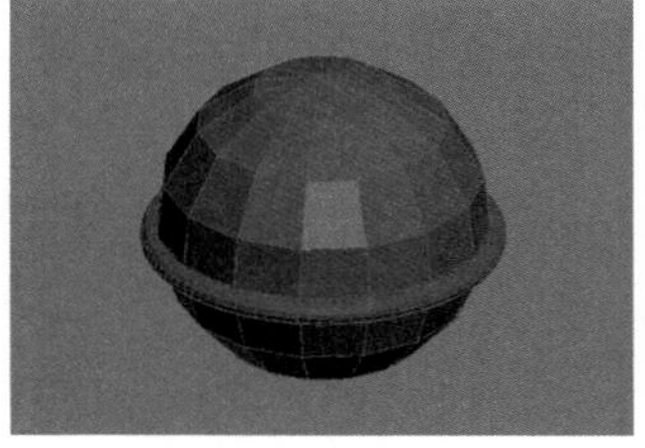

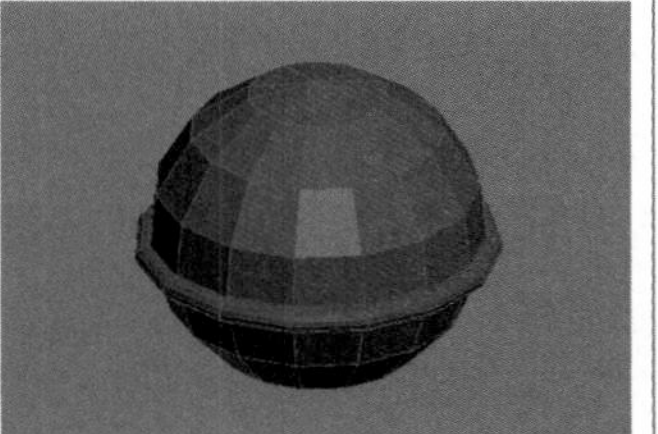

图6-59 图6-60

04 按H键打开“从场景选择”对话框，然后选择图形Shape001，如图6-61所示，接着在“渲染”卷展栏下勾选“在渲染中启用”和“在视口中启用”选项，最后设置“径向”的“厚度”为15mm、“边”为10，具体参数设置及图形效果如图6-62所示。

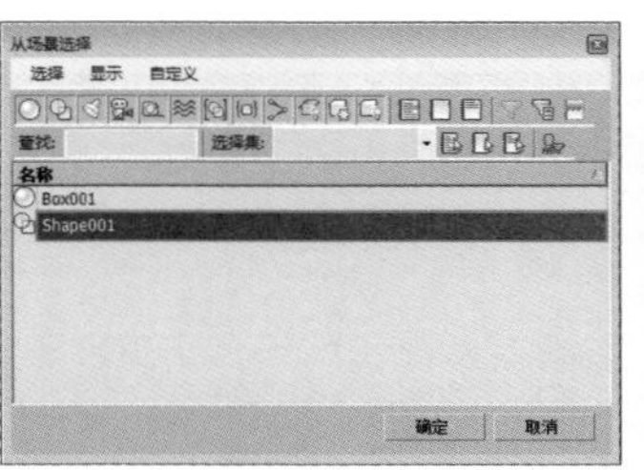

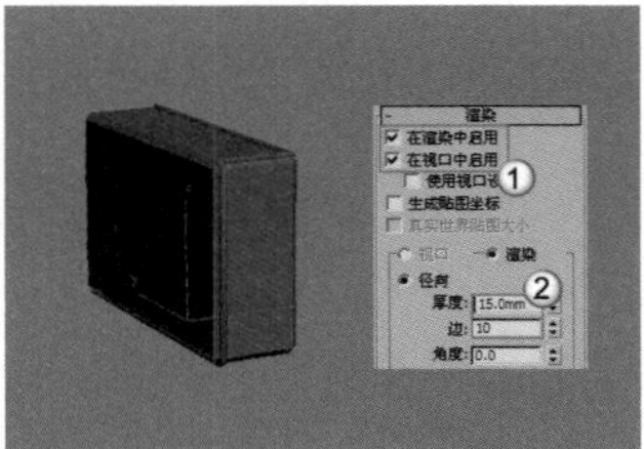

图6-61 图6-62

05 为扶手模型加载一个“网格平滑”修改器，然后在“细分量”卷展栏下设置“迭代次数”为2，具体参数设置及模型效果如图6-63所示。

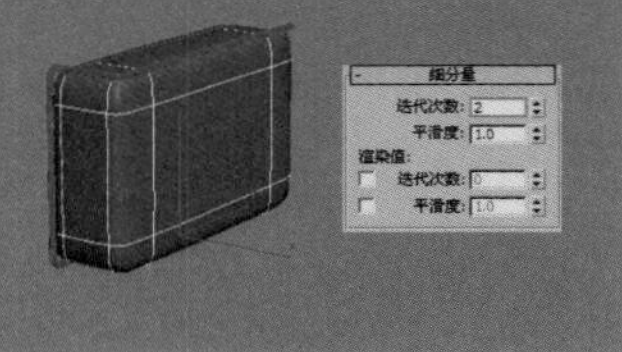

图6-63

06 选择扶手和图形，然后为其创建一个组，接着在“主工具栏”中单击“镜像”按钮，最后在弹出的“镜像:世界坐标”

对话框中设置“镜像轴”为x轴、“偏移”为-1000mm、“克隆当前选择”为“复制”，如图6-64所示。

07 下面制作靠背模型。使用“长方体”工具 长方体 在场景中创建一个长方体，然后在“参数”卷展栏下设置“长度”为200mm、“宽度”为800mm、“高度”为500mm、“长度分段”为3、“宽度分段”为3、“高度分段”为5，具体参数设置及模型效果如图6-65所示。

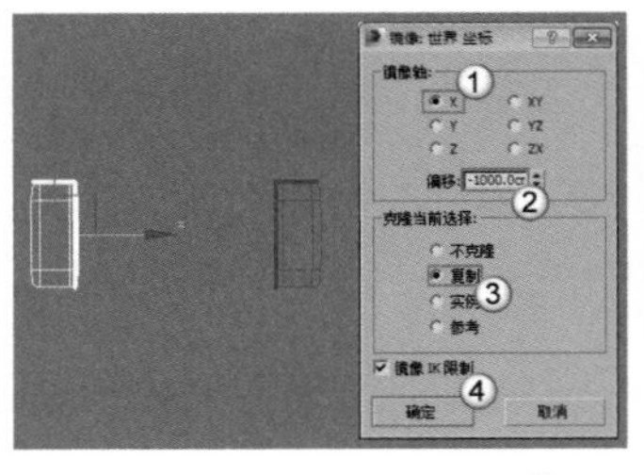

图6-64

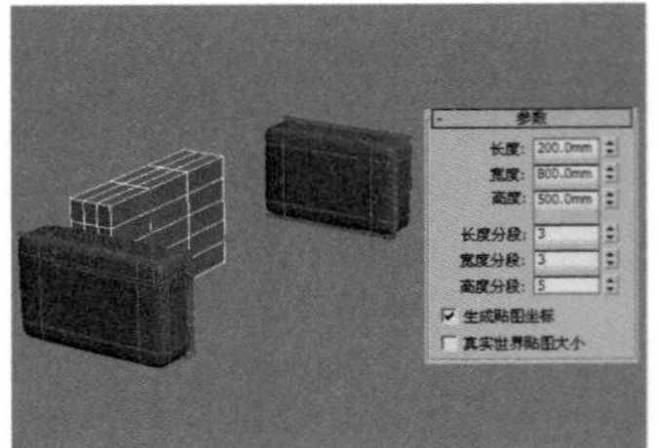

图6-65

08 将长方体转换为可编辑网格，进入“顶点”级别，然后在左视图中使用“选择并移动”工具将顶点调整成如图6-66所示的效果，调整完成后在透视图中的效果如图6-67所示。

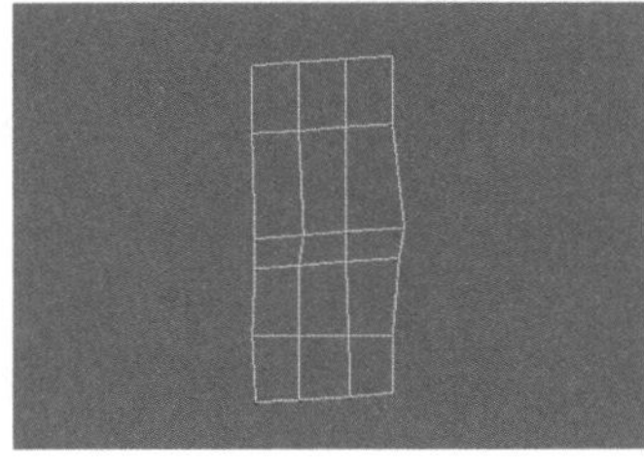

图6-66

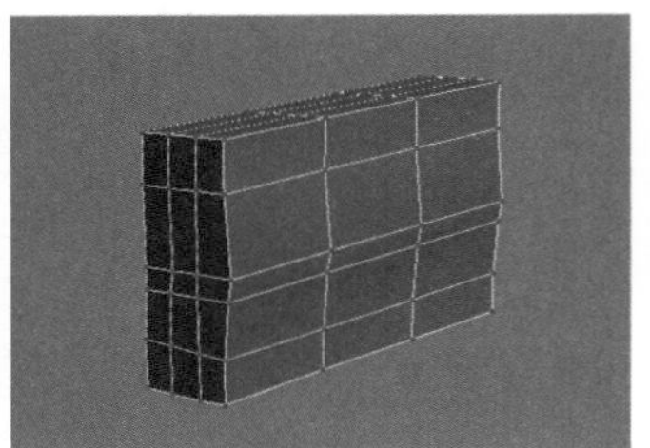

图6-67

09 进入“边”级别，然后选择如图6-68所示的边，接着将其切角设置为15mm，如图6-69所示。

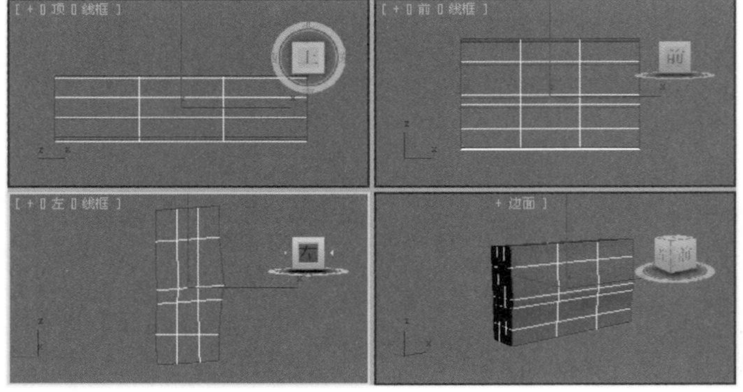

图6-68

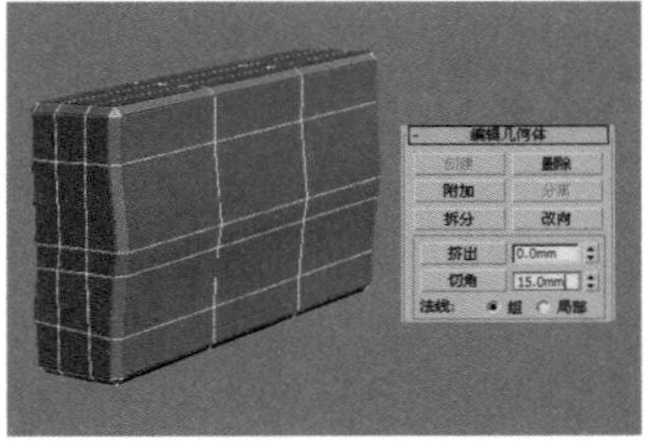

图6-69

10 选择如图6-70所示的边，然后在“选择”卷展栏下单击“由边创建图形”按钮 由边创建图形 ，接着在弹出的“创建图形”对话框中设置“图形类型”为“线性”，如图6-71所示，效果如图6-72所示。

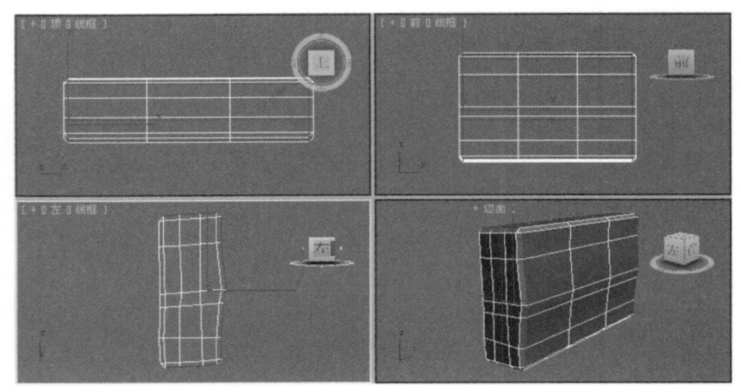

图6-70

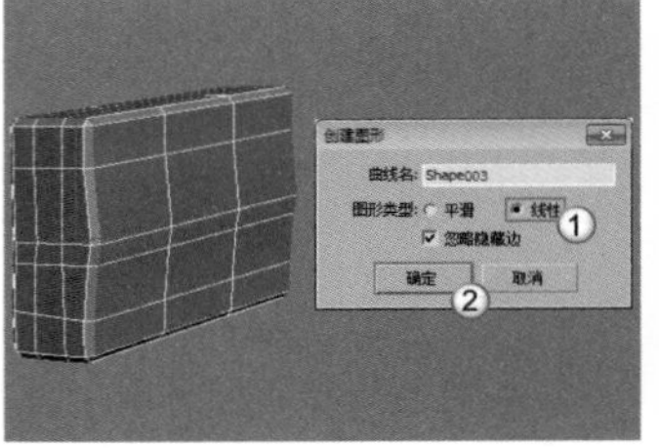

图6-71

图6-72

技巧与提示

由于在前面已经创建了一个图形，且已经设置了“渲染”参数，因此步骤10中的图形不用再设置“渲染”参数。

11 为靠背模型加载一个“网格平滑”修改器，然后在“细分量”卷展栏下设置“迭代次数”为1，具体参数设置及模型效果如图6-73所示。

12 为靠背模型和图形创建一个组，然后复制两组靠背模型，接着调整好各个模型的位置，完成后的效果如图6-74所示。

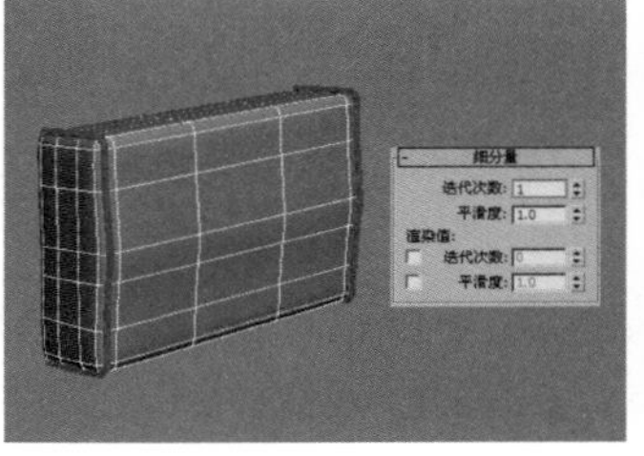

图6-73

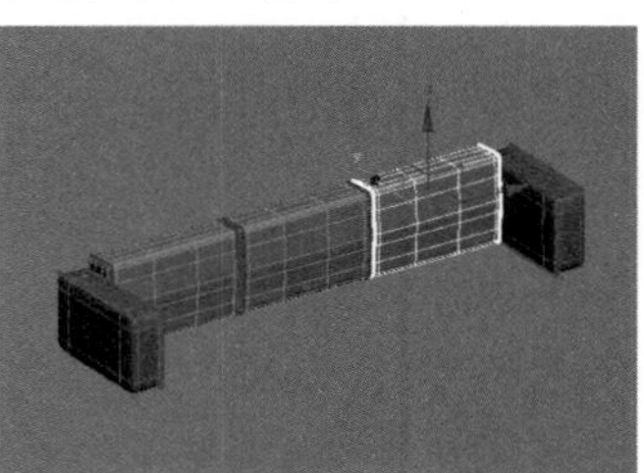

图6-74

13 下面制作坐垫模型。使用“长方体”工具 长方体 在场景中创建一个长方体，然后在“参数”卷展栏下设置“长度”为450mm、“宽度”为800mm、“高度”200mm，具体参数设置及模型位置如图6-75所示。

14 将长方体转换为可编辑网格，进入“边”级别，然后选择所有的边，接着将其切角设置为20mm，如图6-76所示。

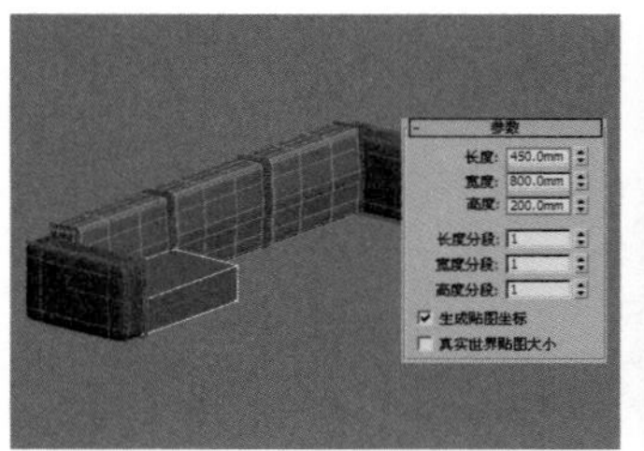
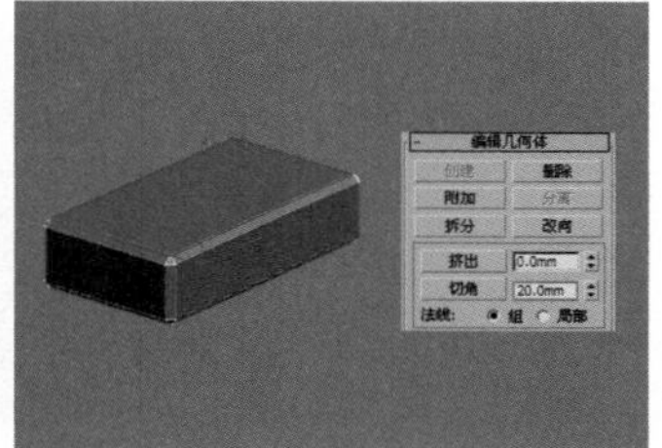

图6-75 图6-76

15 为模型加载一个"网格平滑"修改器，然后在"细分量"卷展栏下设置"迭代次数"为2，具体参数设置及模型效果如图6-77所示，接着复制一个坐垫模型，效果如图6-78所示。

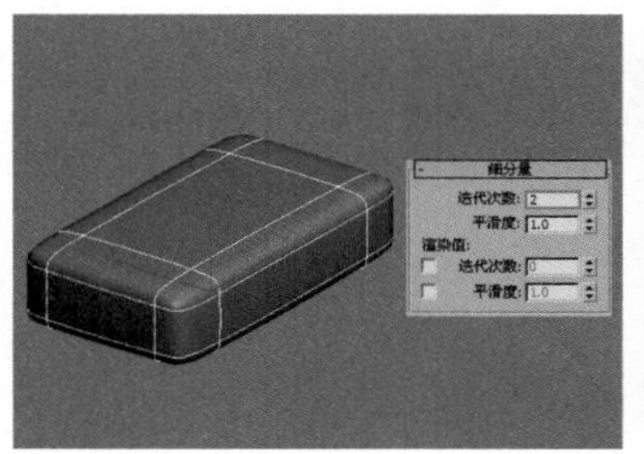
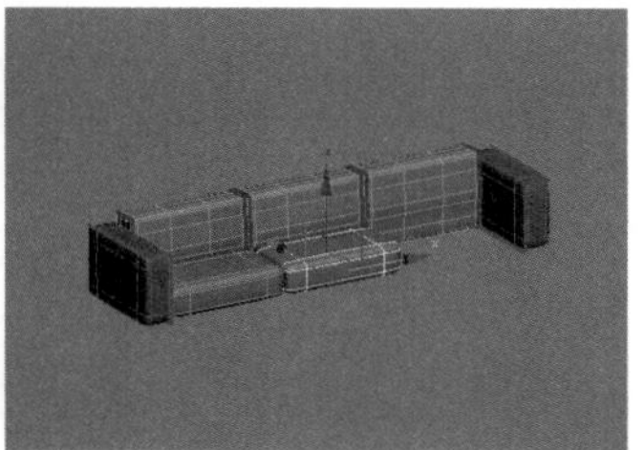

图6-77 图6-78

16 继续使用"长方体"工具 长方体 在场景中创建一个长方体，然后在"参数"卷展栏下设置"长度"为2000mm、"宽度"为800mm、"高度"为200mm，具体参数设置及模型位置如图6-79所示。

17 采用步骤14和步骤15的方法处理好模型，完成后的效果如图6-80所示。

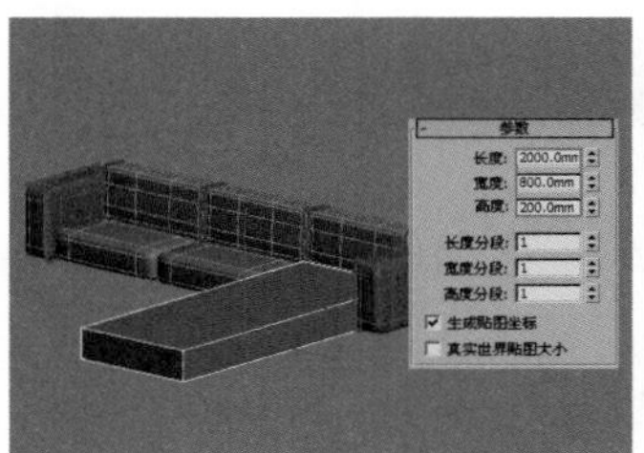
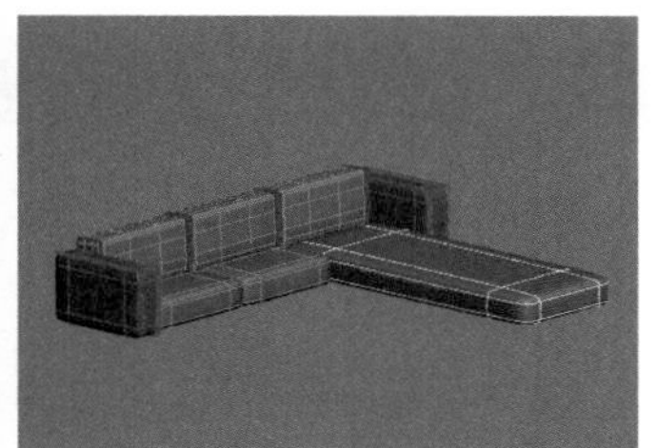

图6-79 图6-80

18 使用"线"工具 线 在顶视图中绘制如图6-81所示的样条线。这里提供一张孤立选择图，如图6-82所示。

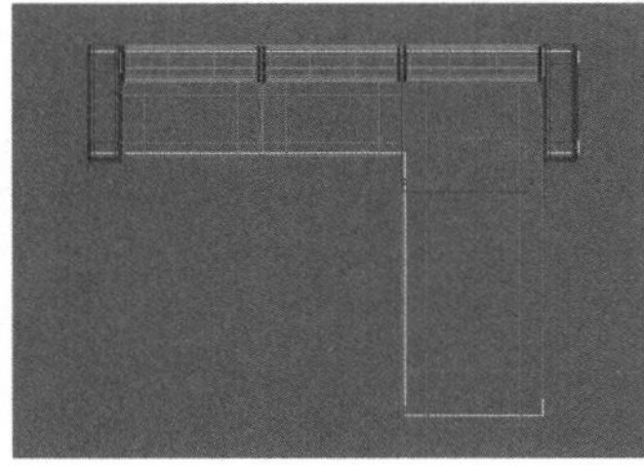
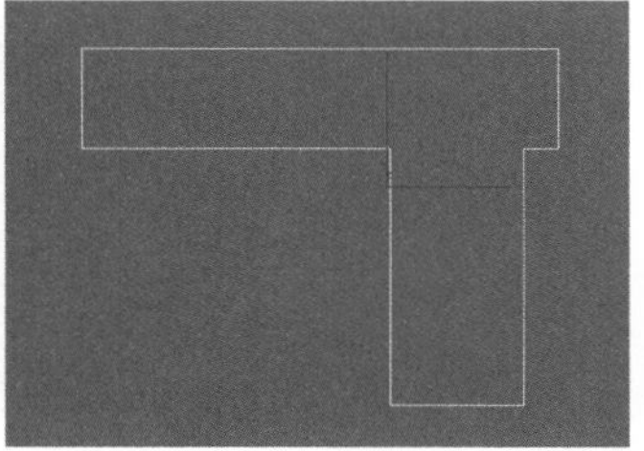

图6-81 图6-82

19 选择样条线，然后在"渲染"卷展栏下勾选"在渲染中启用"和"在视口中启用"选项，接着勾选"矩形"选项，最后设置"长度"为46mm、"宽度"为22mm，具体参数设置及模型效果如图6-83所示，最终效果如图6-84所示。

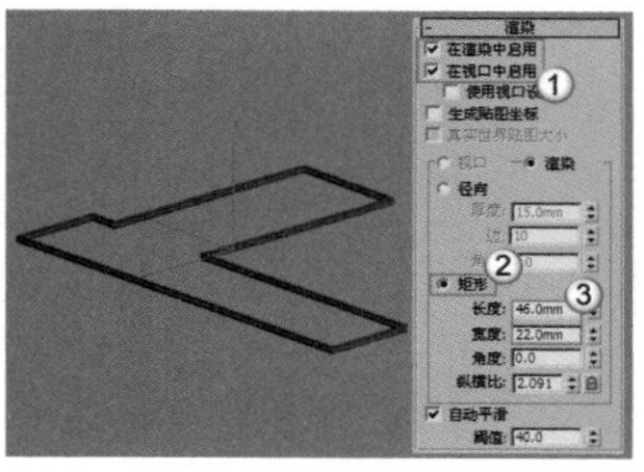
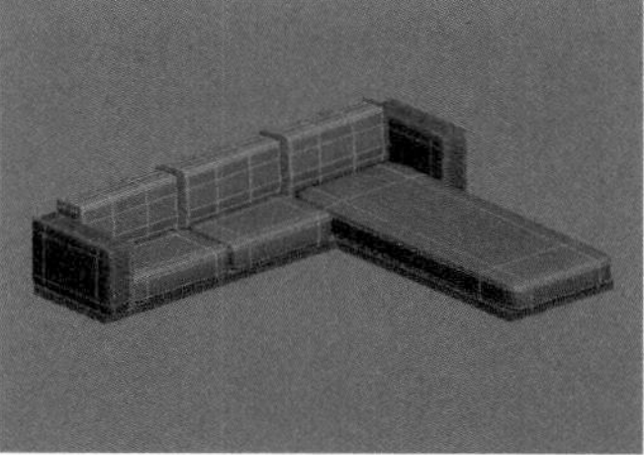

图6-83 图6-84

★重点★

实战：用网格建模制作大檐帽

场景位置 场景文件>CH06>01.max
实例位置 实例文件>CH06>实战：用网格建模制作大檐帽.max
视频位置 多媒体教学>CH06>实战：用网格建模制作大檐帽.flv
难易指数 ★★☆☆☆
技术掌握 网格建模、网格平滑修改器、间隔工具

扫码看视频

大檐帽的效果如图6-85所示。

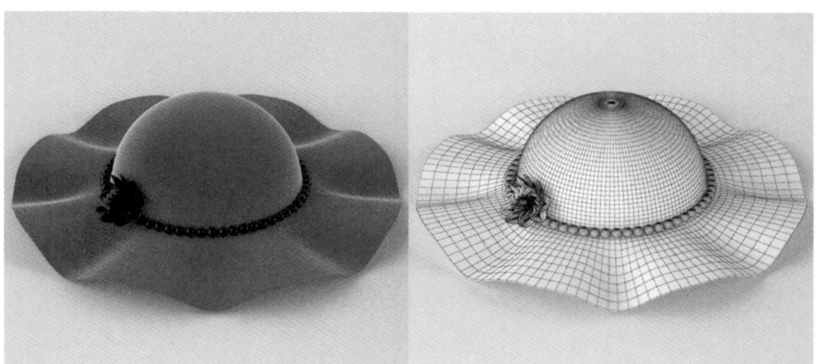

图6-85

01 使用"球体"工具 球体 在场景中创建一个球体，然后在"参数"卷展栏下设置"半径"为400mm、"分段"为32，具体参数设置及球体效果如图6-86所示。

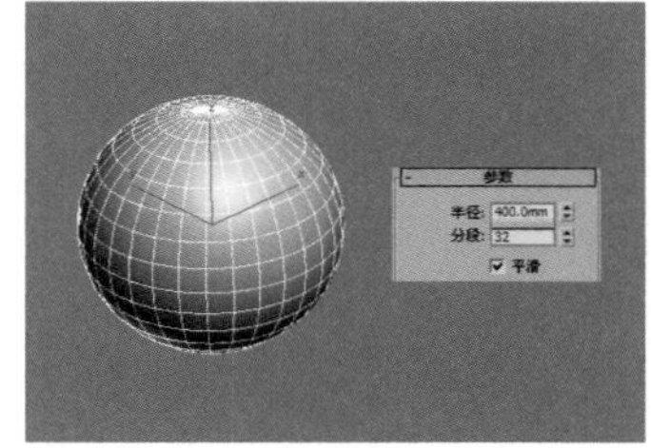

图6-86

02 将球体转换为可编辑网格，进入"顶点"级别，然后在前视图中框选如图6-87所示的顶点，接着按Delete键将其删除，效果如图6-88所示。

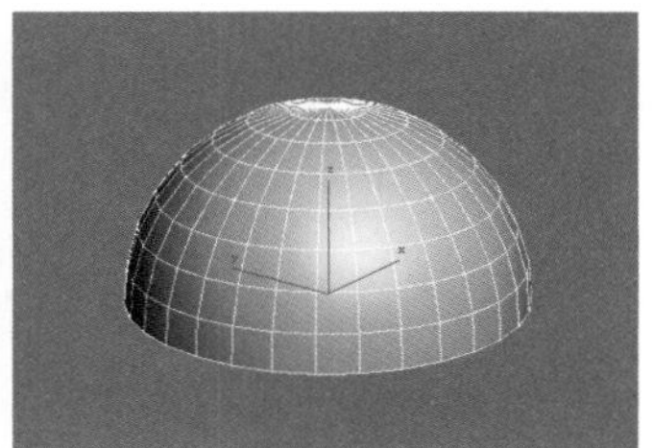

图6-87 图6-88

03 进入“边”级别，然后在前视图中选择底部的一圈边，如图6-89所示，接着在顶视图中按住Shift键等比例使用“选择并均匀缩放”工具将边拖曳（复制）3次，如图6-90所示，复制完成后的效果如图6-91所示。

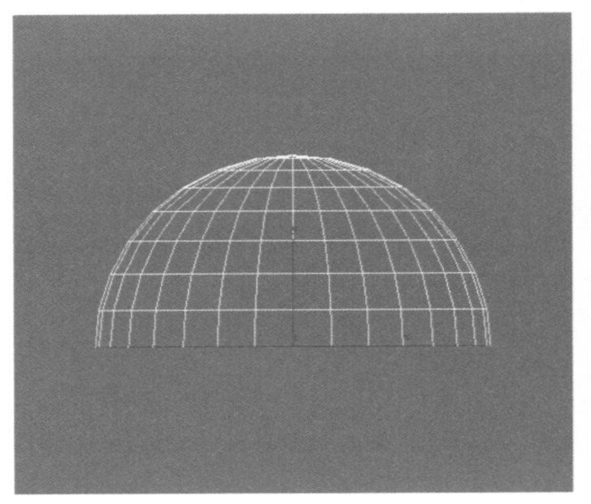
图6-89

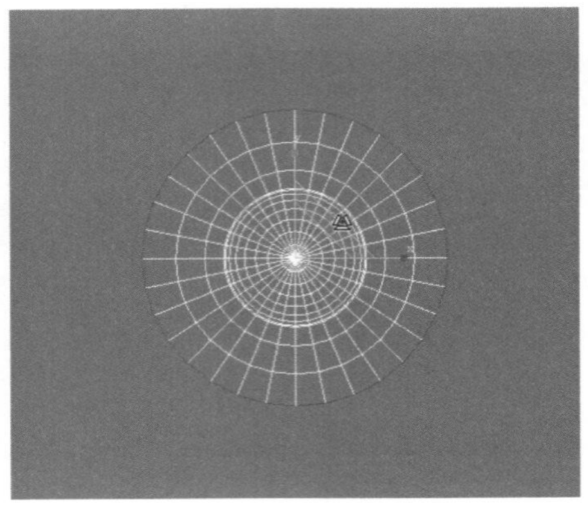
图6-90

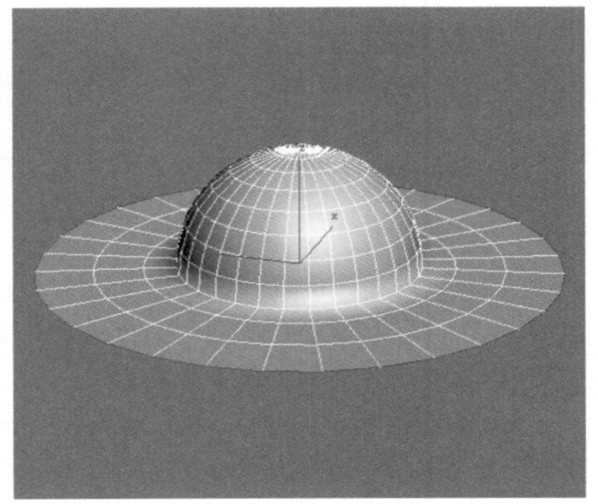
图6-91

04 在顶视图中选择如图6-92所示的边，然后使用“选择并移动”工具在前视图中将所选边向下拖曳一段距离，如图6-93所示，完成后的效果如图6-94所示。

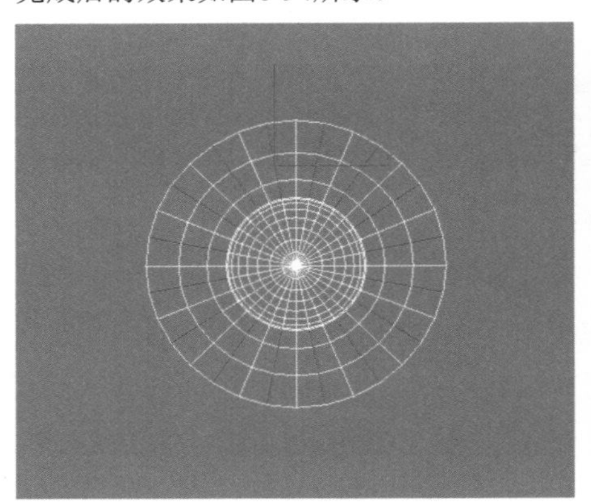
图6-92

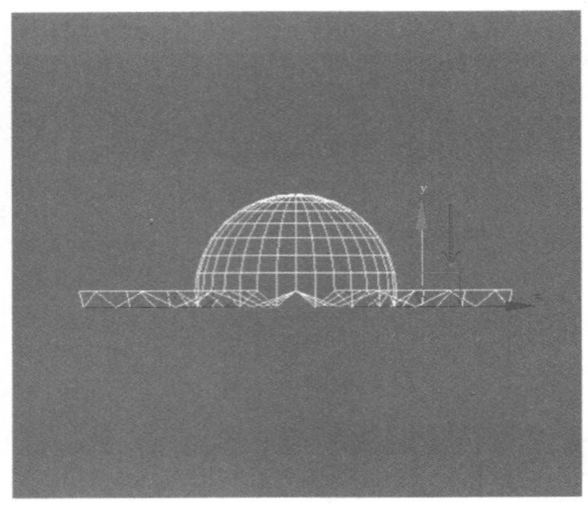
图6-93

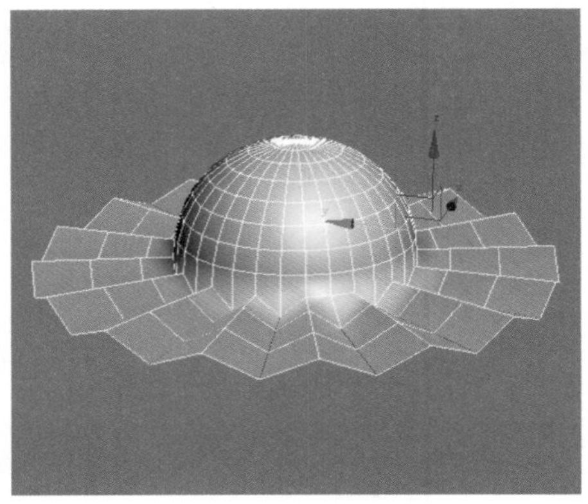
图6-94

05 为模型加载一个“网格平滑”修改器，然后在“细分量”卷展栏下设置“迭代次数”为2，具体参数设置及模型效果如图6-95所示。

06 使用“圆”工具 圆 在顶视图中绘制一个圆形，然后在“参数”卷展栏下设置“半径”为407mm，如图6-96所示。

07 使用“球体”工具 球体 在场景中创建一个球体，然后在“参数”卷展栏下设置“半径”为21mm、“分段”为16，具体参数设置及球体位置如图6-97所示。

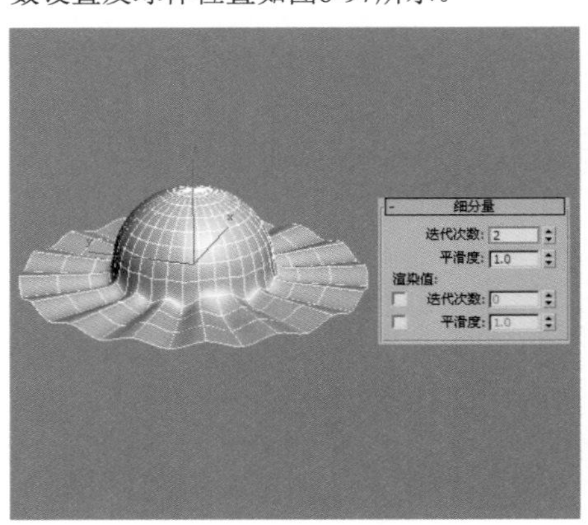

图6-95

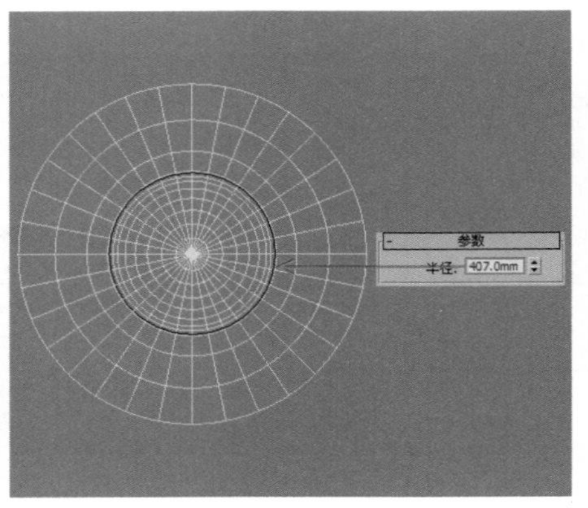

图6-96

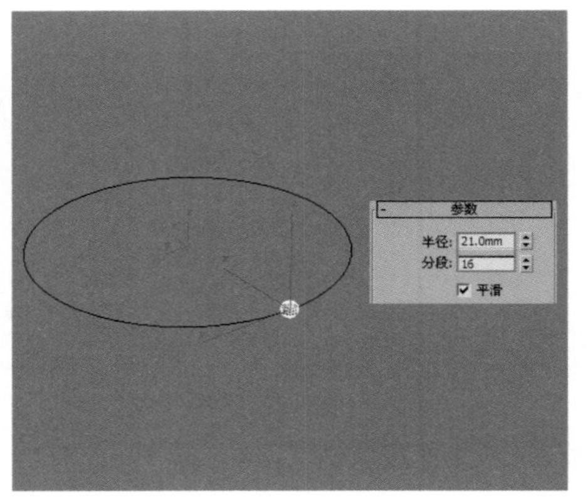

图6-97

08 在“主工具栏”中的空白区域单击鼠标右键，然后在弹出的菜单中选择“附加”命令，以调出“附加”工具栏，如图6-98所示。

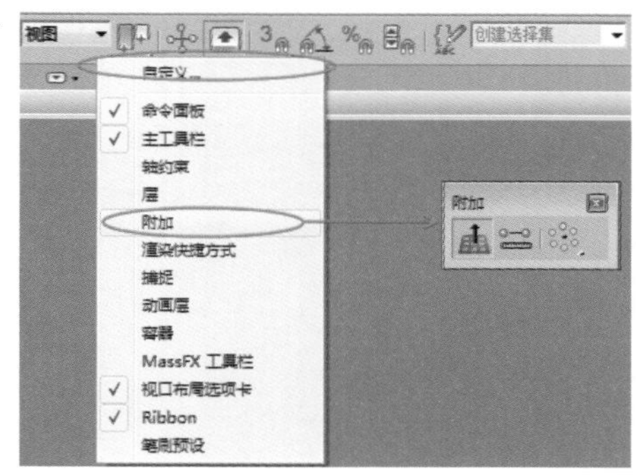

图6-98

09 选择球体，在“附加”工具栏中单击“间隔工具”按钮，打开“间隔工具”对话框，然后单击“拾取路径”按钮，接着在场景中拾取圆形，最后在“参数”选项组下设置“计数”为50，具体操作流程及计数效果如图6-99所示。

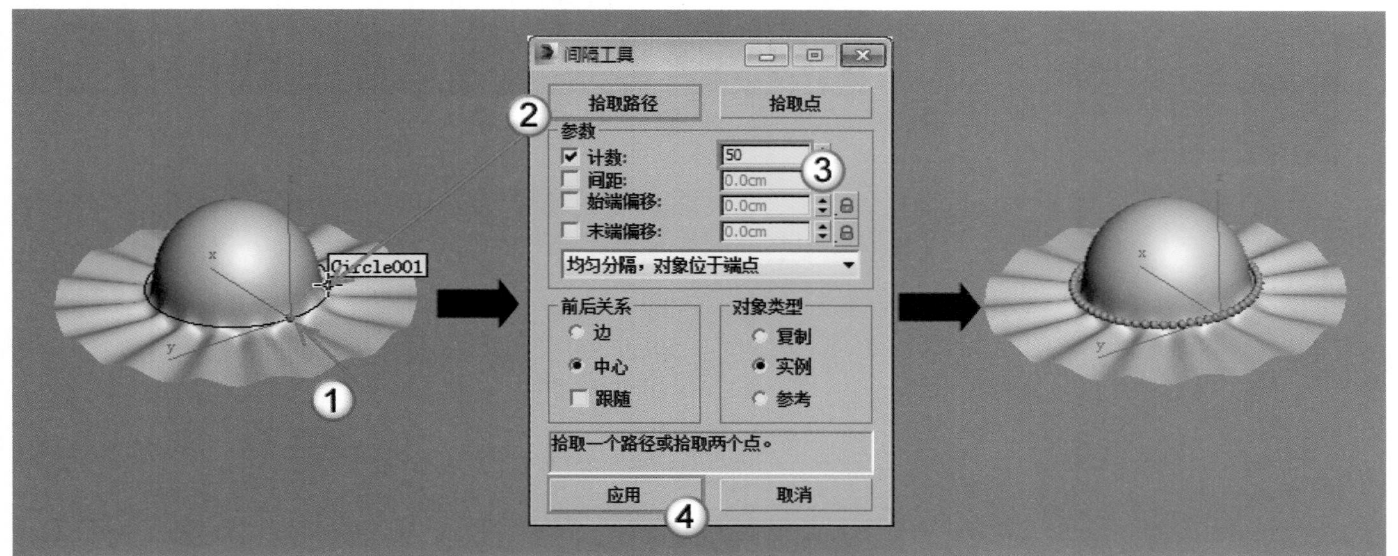

图6-99

10 单击界面左上角的“应用程序”图标，然后执行“导入>合并”菜单命令，接着在弹出的“合并文件”对话框中选择“场景文件>CH06>01.max”文件（花饰模型），最终效果如图6-100所示。

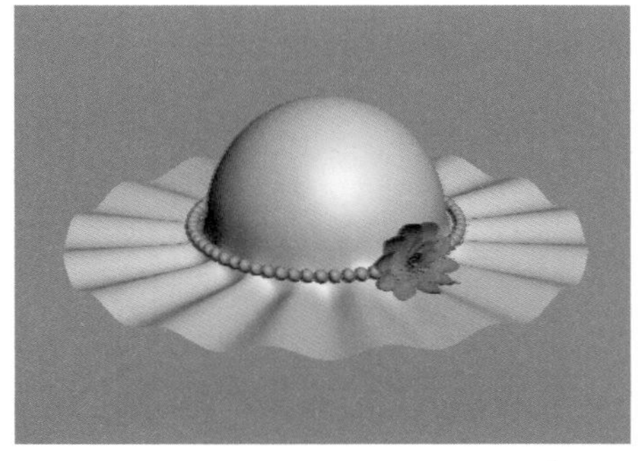

图6-100

第7章 效果图制作基本功：NURBS建模

Learning Objectives 学习要点

Employment direction 从业方向

家具造型设计师

工业造型设计师

室内设计表现师

建筑设计表现师

7.1 NURBS基础知识

NURBS建模是一种高级建模方法，所谓NURBS就是Non—Uniform Rational B-Spline（非均匀有理B样条曲线）。NURBS建模适合于创建一些复杂的弯曲曲面。图7-1~图7-4所示是一些比较优秀的NURBS建模作品。

图7-1

图7-2

图7-3

图7-4

7.1.1 NURBS对象类型

NBURBS对象包含NURBS曲面和NURBS曲线两种，如图7-5和图7-6所示。

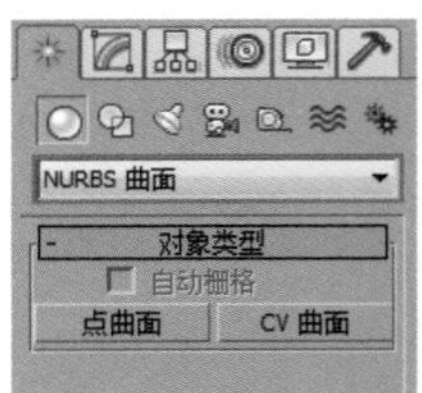

图7-5

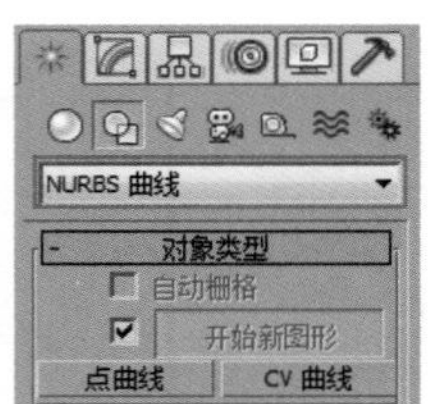

图7-6

NURBS曲面

NURBS曲面包含“点曲面”和“CV曲面”两种。“点曲面”由点来控制曲面的形状，每个点始终位于曲面的表面上，如图7-7所示；“CV曲面”由控制顶点（CV）来控制模型的形状，CV形成围绕曲面的控制晶格，而不是位于曲面上，如图7-8所示。

图7-7

图7-8

NURBS曲线

NURBS曲线包含“点曲线”和“CV曲线”两种。“点曲线”由点来控制曲线的形状，每个点始终位于曲线上，如图7-9所示；“CV曲线”由控制顶点（CV）来控制曲线

的形状，这些控制顶点不必位于曲线上，如图7-10所示。

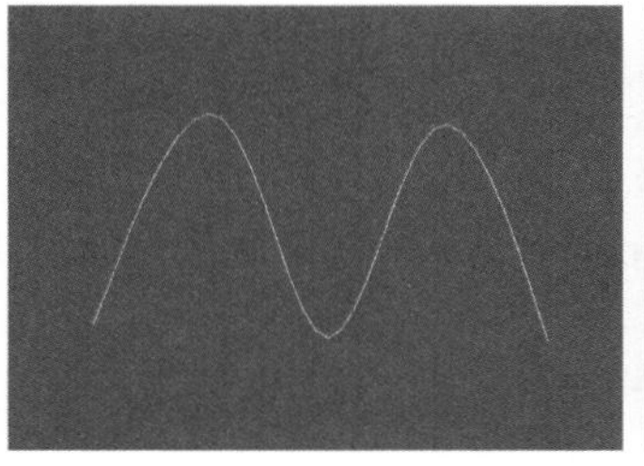

图7-9

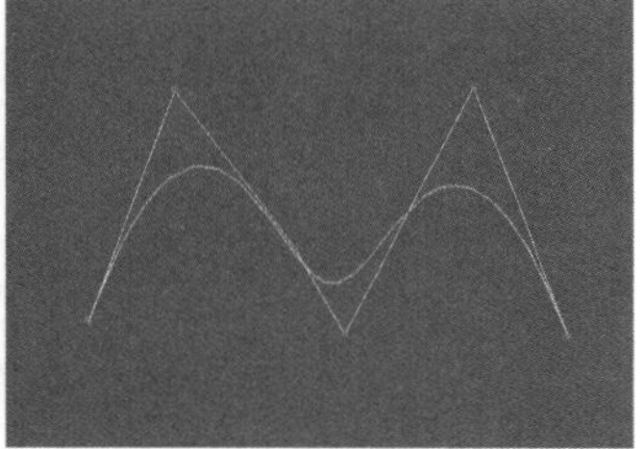

图7-10

7.1.2 创建NURBS对象

创建NURBS对象的方法很简单，如果要创建NURBS曲面，可以将几何体类型切换为“NURBS曲面”，然后使用“点曲面”工具 点曲面 和“CV曲面”工具 CV 曲面 即可创建相应的曲面对象；如果要创建NURBS曲线，可以将图形类型切换为“NURBS曲线”，然后使用“点曲线”工具 点曲线 和“CV曲线”工具 CV 曲线 即可创建相应的曲线对象。

7.1.3 转换NURBS对象

NURBS对象可以直接创建出来，也可以通过转换的方法将对象转换为NURBS对象。将对象转换为NURBS对象的方法主要有以下3种。

第1种：选择对象，然后单击鼠标右键，接着在弹出的菜单中选择“转换为>转换为NURBS”命令，如图7-11所示。

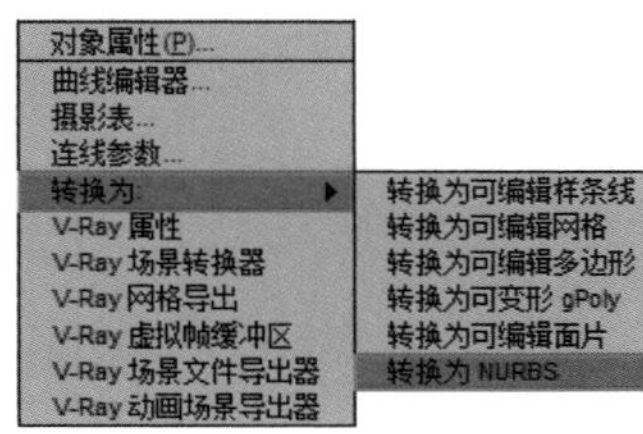

图7-11

第2种：选择对象，然后进入“修改”面板，接着在修改器堆栈中的对象上单击鼠标右键，最后在弹出的菜单中选择NURBS命令，如图7-12所示。

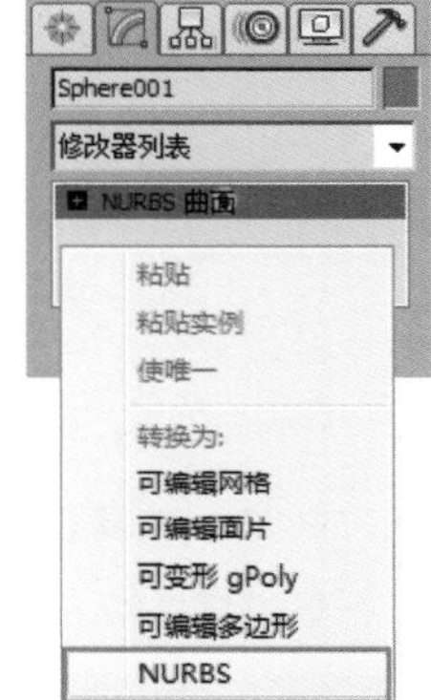

图7-12

第3种：为对象加载“挤出”或“车削”修改器，然后设置“输出”为NURBS，如图7-13所示。

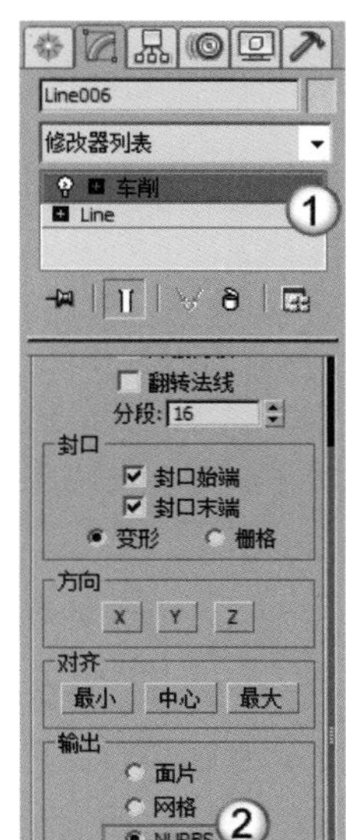

图7-13

7.2 编辑NURBS对象

在NURBS对象的参数设置面板中共有7个卷展栏（以NURBS曲面对象为例），分别是“常规”“显示线参数”“曲面近似”“曲线近似”“创建点”“创建曲线”和“创建曲面”卷展栏，如图7-14所示。

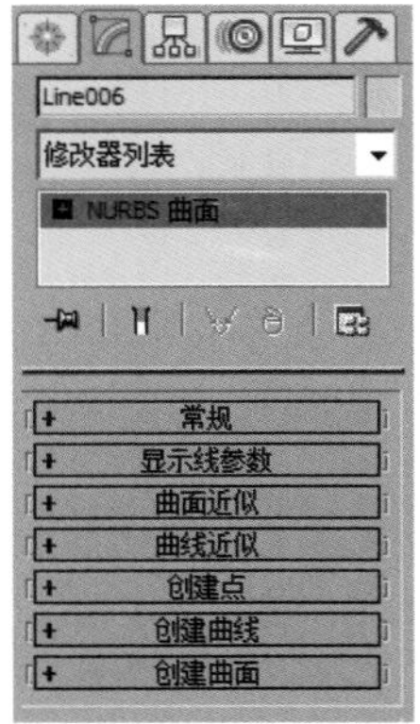

图7-14

7.2.1 常规卷展栏

“常规”卷展栏下包含用于编辑NURBS对象的常用工具（如“附加”工具、“附加多个”工具、“导入”工具、“导入多个”工具等）以及NURBS对象的显示方式，另外还包含一个“NURBS创建工具箱”按钮（单击该按钮可以打开“NURBS创建工具箱”），如图7-15所示。

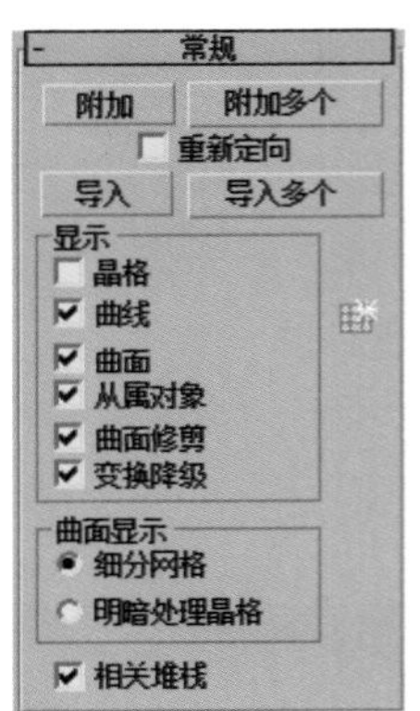

图7-15

7.2.2 显示线参数卷展栏

“显示线参数”卷展栏下的参数主要用来指定显示NURBS曲面所用的“U向线数”和“V向线数”的数值，如图7-16所示。

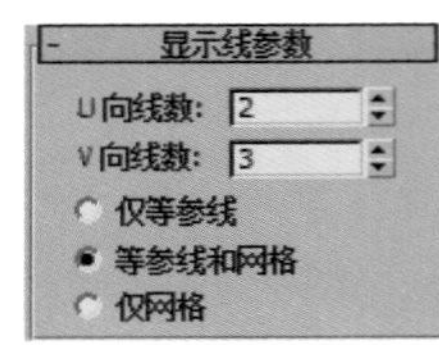

图7-16

7.2.3 曲面/曲线近似卷展栏

“曲面近似”卷展栏下的参数主要用于控制视图和渲染器的曲面细分，可以根据不同的需求来选择“高”“中”“低”3种不同的细分预设，如图7-17所示；“曲线近似”卷展栏与“曲面近似”卷展栏相似，主要用于控制曲线的步数及细分级别，如图7-18所示。

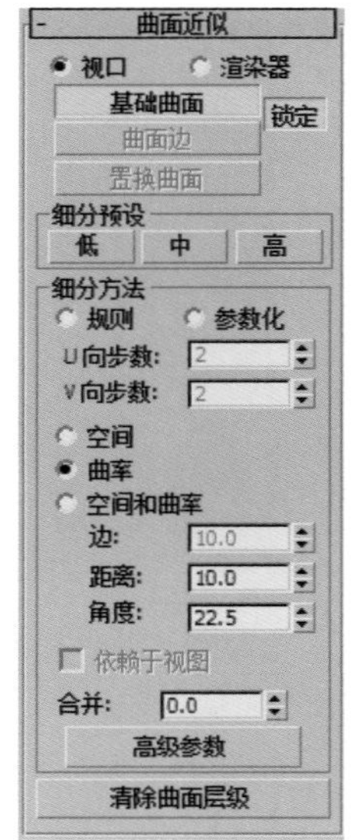

图7-17

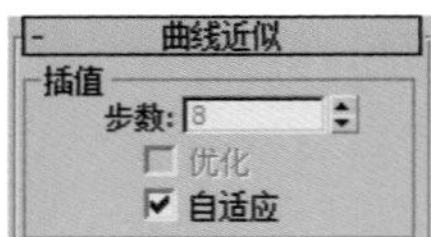

图7-18

7.2.4 创建点/曲线/曲面卷展栏

“创建点”“创建曲线”和“创建曲面”卷展栏中的工具与“NURBS工具箱”中的工具相对应，主要用来创建点、曲线和曲面对象，如图7-19、图7-20和图7-21所示。

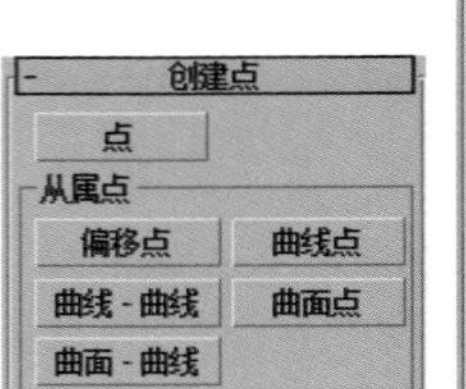

图7-19

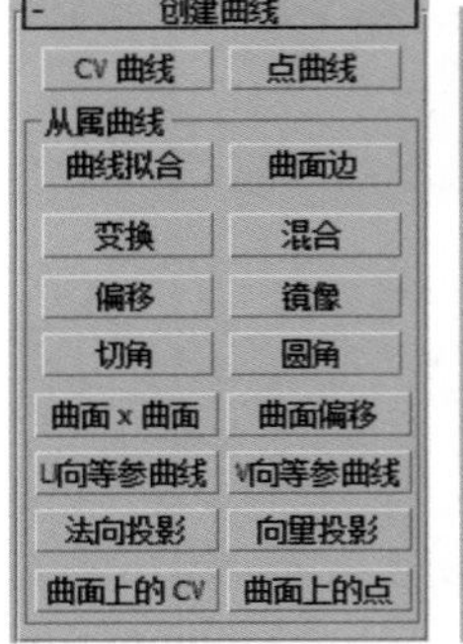

图7-20

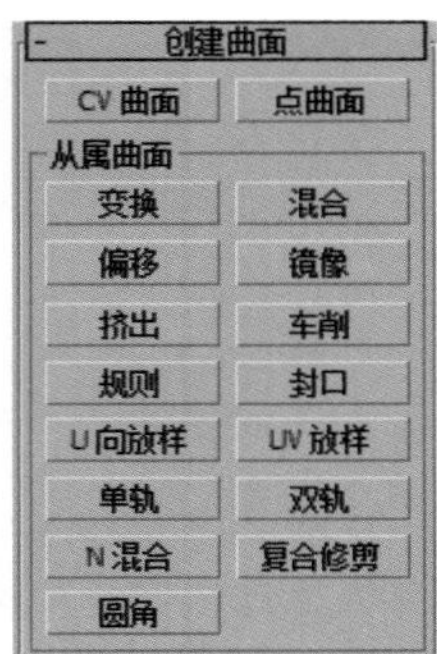

图7-21

知识链接

“创建点”“创建曲线”和“创建曲面”3个卷展栏中的工具是NURBS中最重要的对象编辑工具，关于这些工具的含义请参阅“7.3 NURBS创建工具箱”下的相关内容。

7.3 NURBS创建工具箱

在“常规”卷展栏下单击“NURBS创建工具箱”按钮打开“NURBS工具箱”，如图7-22所示。“NURBS工具箱”中包含用于创建NURBS对象的所有工具，主要分为3个功能区，分别是“点”功能区、“曲线”功能区和“曲面”功能区。

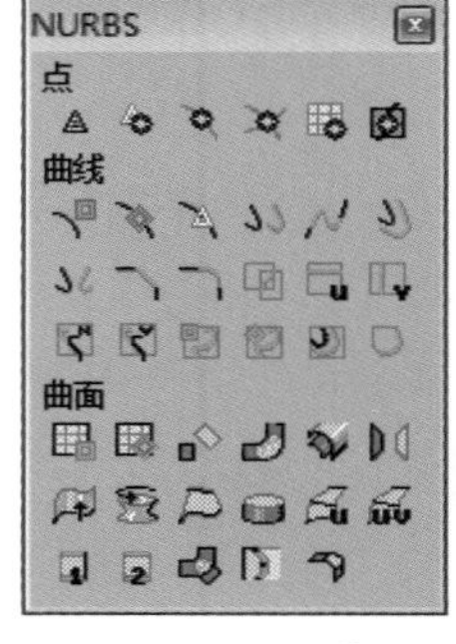

图7-22

NURBS工具箱工具介绍

① 创建点的工具

创建点：创建单独的点。

创建偏移点：根据一个偏移量创建一个点。

创建曲线点：创建从属曲线上的点。

创建曲线-曲线点：创建一个从属于“曲线-曲线”的相交点。

创建曲面点：创建从属于曲面上的点。

创建曲面-曲线点：创建从属于“曲面-曲线”的相交点。

② 创建曲线的工具

创建CV曲线：创建一条独立的CV曲线子对象。

创建点曲线：创建一条独立点曲线子对象。

创建拟合曲线：创建一条从属的拟合曲线。

创建变换曲线：创建一条从属的变换曲线。

创建混合曲线：创建一条从属的混合曲线。

创建偏移曲线：创建一条从属的偏移曲线。

创建镜像曲线：创建一条从属的镜像曲线。

创建切角曲线：创建一条从属的切角曲线。

创建圆角曲线：创建一条从属的圆角曲线。

创建曲面-曲面相交曲线：创建一条从属于“曲面-曲面”的相交曲线。

创建U向等参曲线：创建一条从属的U向等参曲线。

创建V向等参曲线：创建一条从属的V向等参曲线。

创建法向投影曲线：创建一条从属于法线方向的投影曲线。

创建向量投影曲线：创建一条从属于向量方向的投影曲线。

创建曲面上的CV曲线：创建一条从属于曲面上的CV曲线。

创建曲面上的点曲线：创建一条从属于曲面上的点曲线。

创建曲面偏移曲线：创建一条从属于曲面上的偏移曲线。

创建曲面边曲线：创建一条从属于曲面上的边曲线。

③ 创建曲面的工具

创建CV曲线：创建独立的CV曲面子对象。

创建点曲面：创建独立的点曲面子对象。

创建变换曲面：创建从属的变换曲面。

创建混合曲面：创建从属的混合曲面。

创建偏移曲面：创建从属的偏移曲面。

创建镜像曲面：创建从属的镜像曲面。

创建挤出曲面：创建从属的挤出曲面。

创建车削曲面：创建从属的车削曲面。

创建规则曲面：创建从属的规则曲面。

创建封口曲面：创建从属的封口曲面。

创建U向放样曲面：创建从属的U向放样曲面。

创建UV放样曲面：创建从属的UV向放样曲面。

创建单轨扫描：创建从属的单轨扫描曲面。

创建双轨扫描：创建从属的双轨扫描曲面。

创建多边混合曲面：创建从属的多边混合曲面。

创建多重曲线修剪曲面：创建从属的多重曲线修剪曲面。

创建圆角曲面：创建从属的圆角曲面。

★ 重点 ★

实战：用NURBS建模制作抱枕

场景位置　无
实例位置　实例文件>CH07>实战：用NURBS建模制作抱枕.max
视频位置　多媒体教学>CH07>实战：用NURBS建模制作抱枕.flv
难易指数　★☆☆☆☆ 
技术掌握　CV曲面工具、对称修改器

扫码看视频

抱枕的效果如图7-23所示。

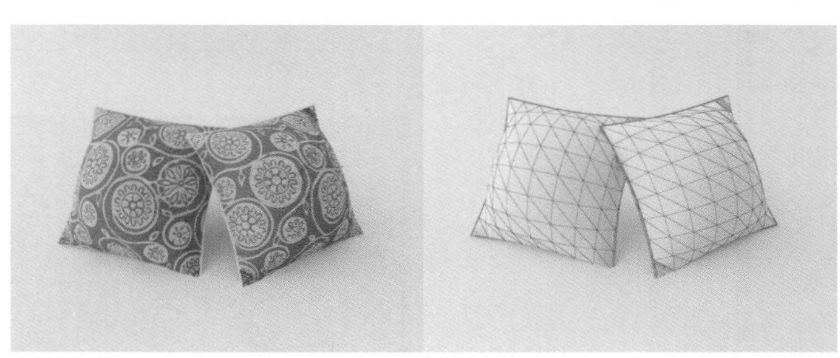

图7-23

01 使用“CV曲面”工具 CV曲面 在前视图中创建一个CV曲面，然后在“创建参数”卷展栏下设置“长度”和“宽度”为300mm、“长度CV数”和“宽度CV数”为4，接着按Enter键确认操作，具体参数设置如图7-24所示，效果如图7-25所示。

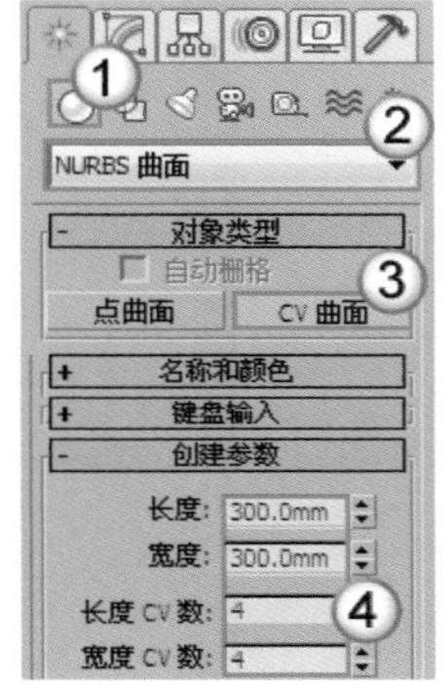

图7-24

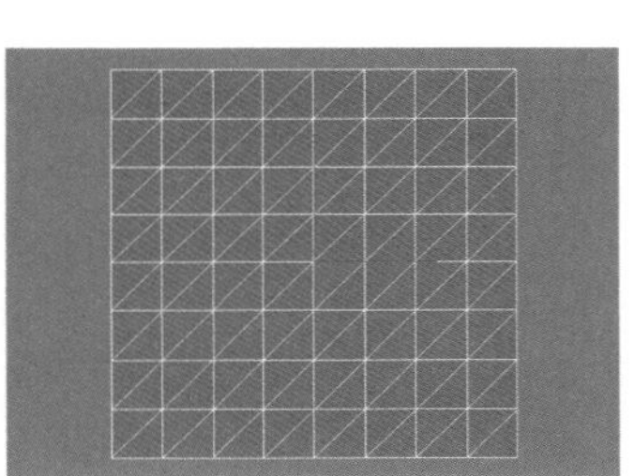

图7-25

02 进入“修改”面板，选择NURBS曲面的“曲面CV”次物体层级，然后选择中间的4个CV点，如图7-26所示，接着使用“选择并均匀缩放”工具在前视图中将其向外缩放成如图7-27所示的效果。

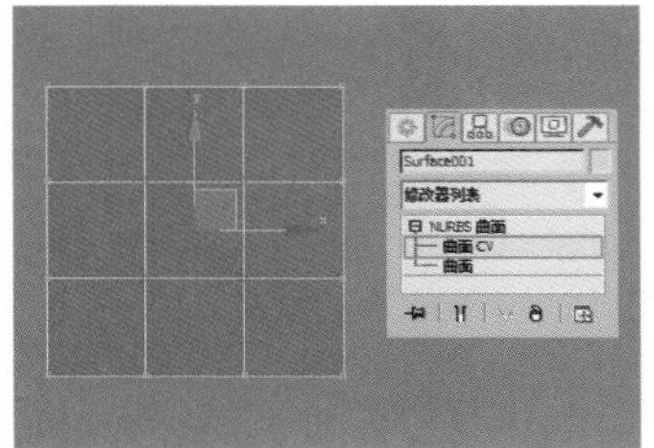

图7-26

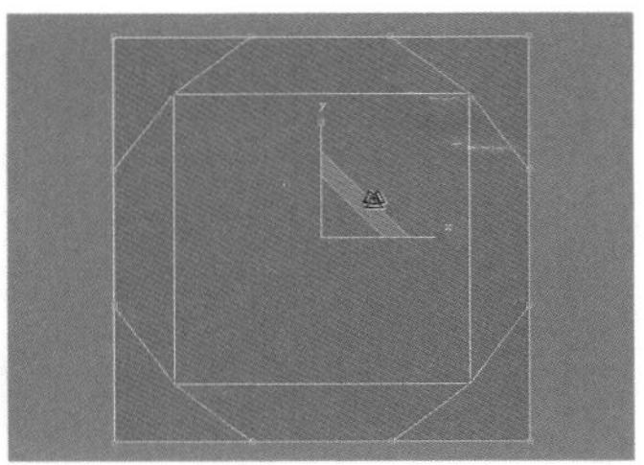

图7-27

03 选择如图7-28所示的CV点，然后使用“选择并均匀缩放”工具在前视图中将其向内缩放成如图7-29所示的效果。

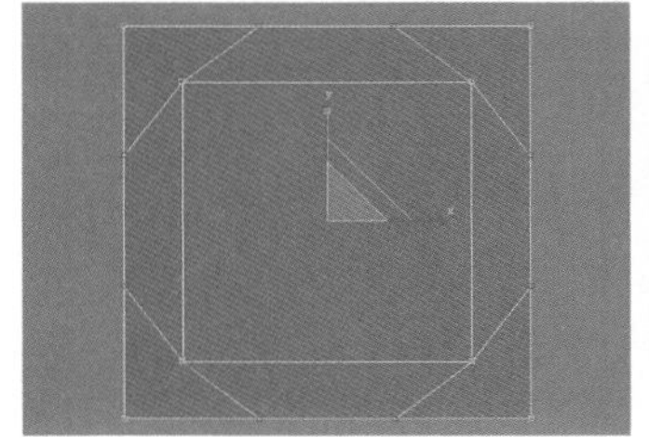

图7-28

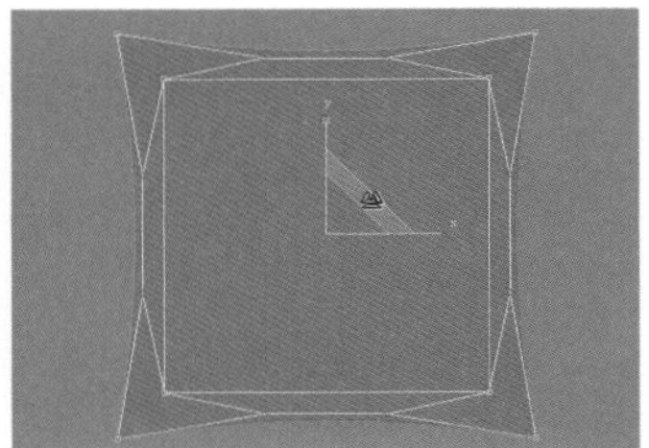

图7-29

04 使用“选择并移动”工具在左视图中将中间的4个CV点向右拖曳一段距离，如图7-30所示。

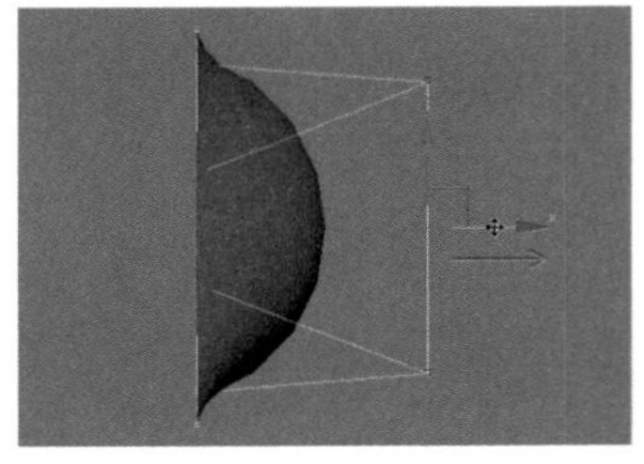

图7-30

05 为模型加载一个“对称”修改器，然后在“参数”卷展栏下设置“镜像轴”为z轴，接着取消“沿镜像轴切片”选项，最后设置“阈值”为2.5，具体参数设置如图7-31所示，最终效果如图7-32所示。

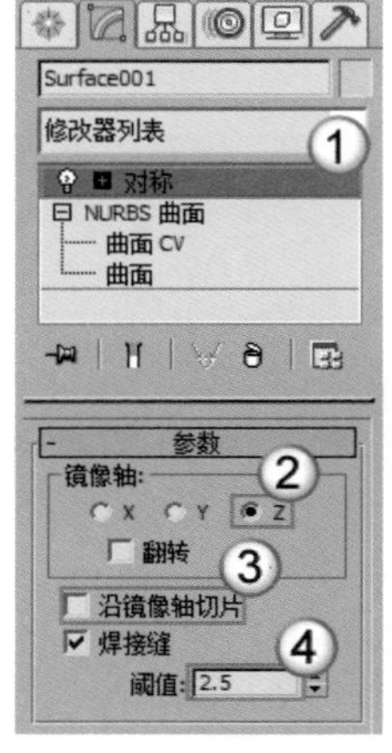

图7-31

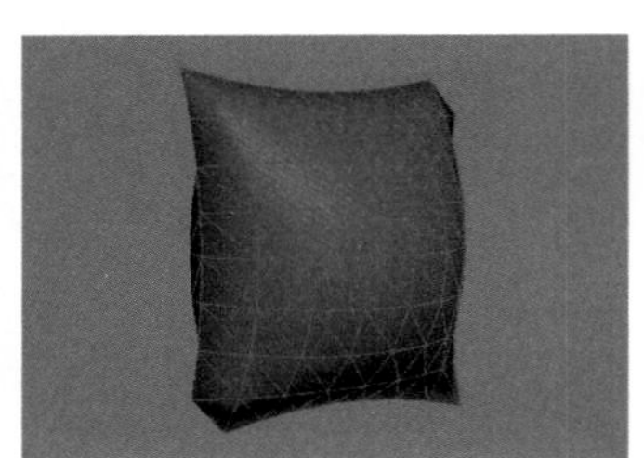

图7-32

06 选择“对称”修改器的“镜像”次物体层级，然后在左视图中将镜像轴调整好，使两个模型刚好拼合在一起，如图7-33所示，最终效果如图7-34所示。

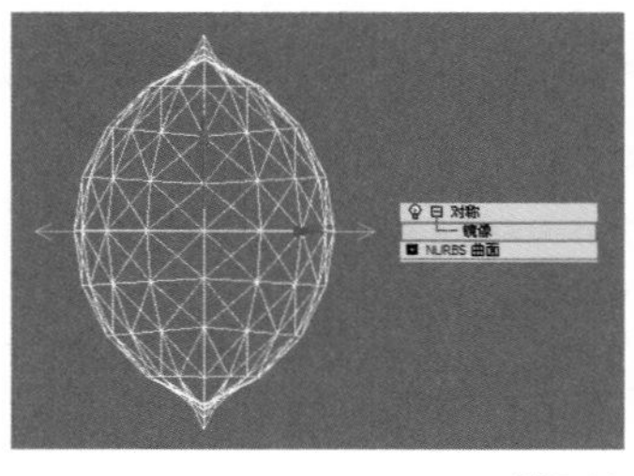

图7-33

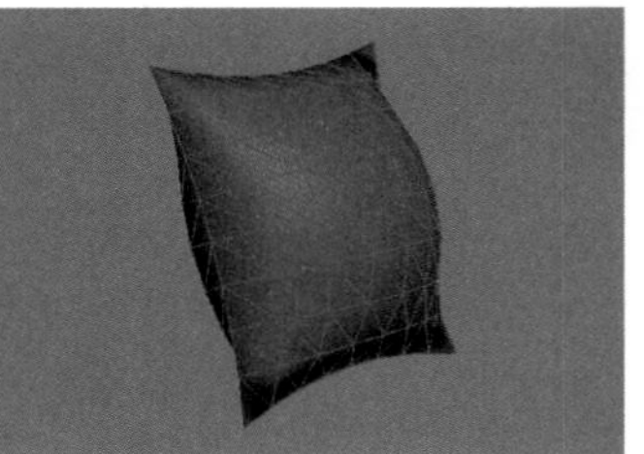

图7-34

★ 重点 ★

实战：用NURBS建模制作植物叶片

场景位置 场景文件>CH07>01.max
实例位置 实例文件>CH07>实战：用NURBS建模制作植物叶片.max
视频位置 多媒体教学>CH07>实战：用NURBS建模制作植物叶片.flv
难易指数 ★★☆☆☆
技术掌握 CV曲面工具

扫码看视频

植物叶片的效果如图7-35所示。

01 使用“CV曲面”工具 CV 曲面 在前视图中创建一个CV曲面，然后在“创建参数”卷展栏下设置“长度”为6mm、“宽度”为13mm、“长度CV数”和“宽度CV数”为5，接着按Enter键确认操作，具体参数设置及模型效果如图7-36所示。

02 选择NURBS曲面的“曲面CV”次物体层级，然后在顶视图中使用“选择并移动”工具将左侧的4个CV点调节成如图7-37所示的形状。

图7-35

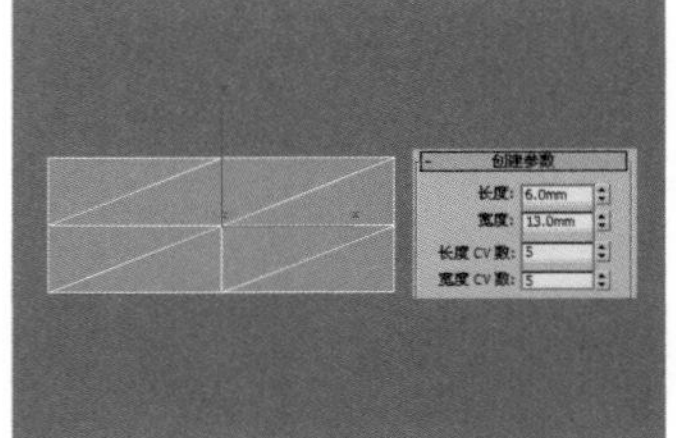

图7-36

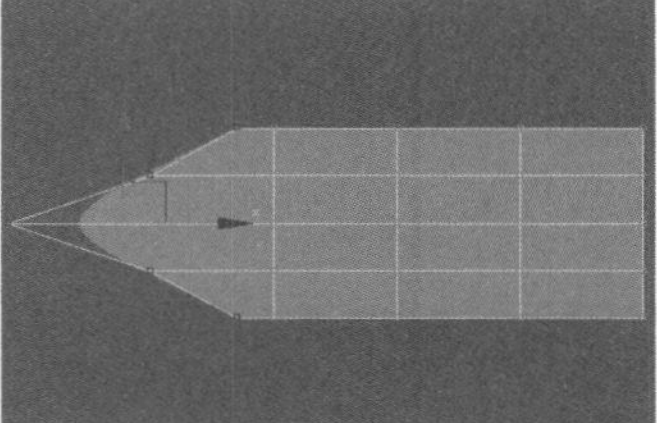

图7-37

03 选择如图7-38所示的6个CV点，然后使用“选择并均匀缩放”工具在前视图中将其向上缩放成如图7-39所示的效果。

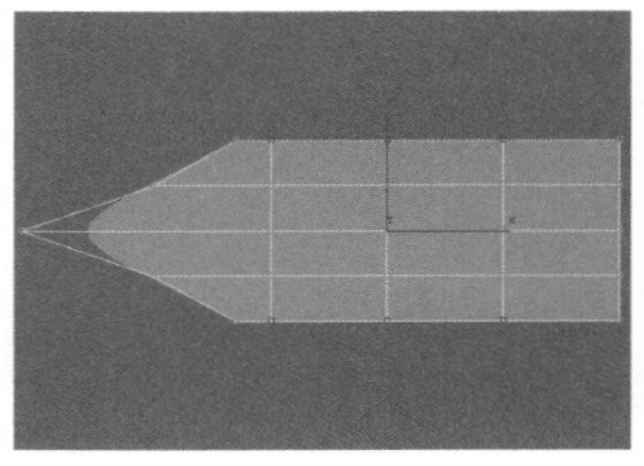

图7-38

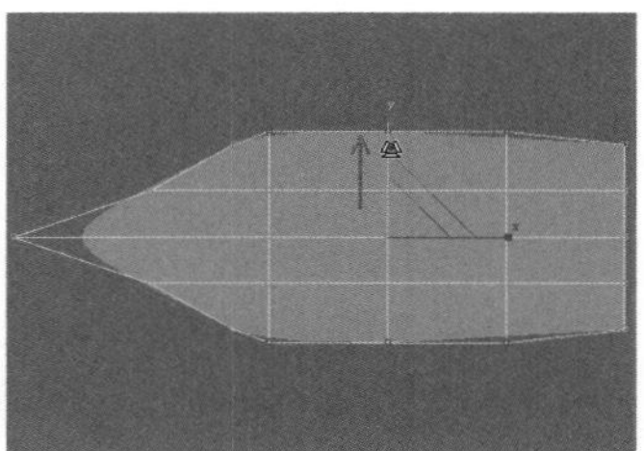

图7-39

04 选择如图7-40所示的两个CV点，然后使用“选择并均匀缩放”工具在视图中将其向上缩放成如图7-41所示的效果。

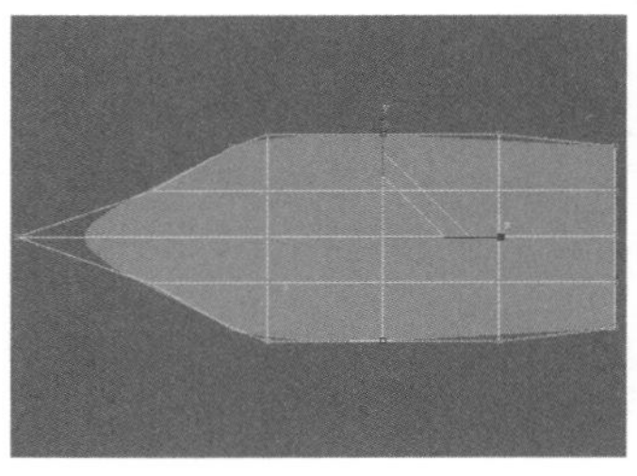

图7-40

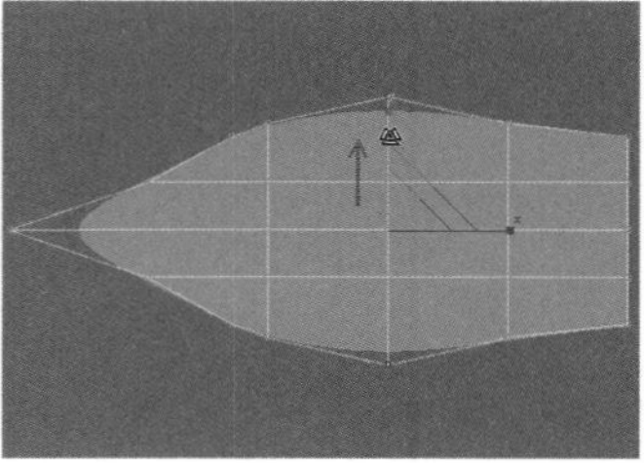

图7-41

05 采用相同的方法调节好右侧的CV点，完成后的效果如图7-42所示。

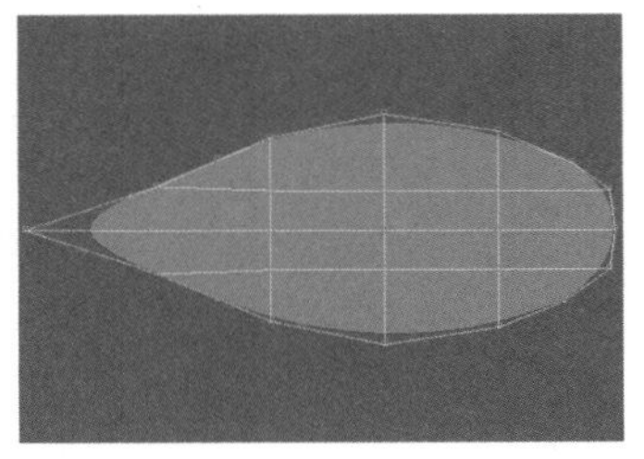

图7-42

06 在顶视图中选择如图7-43所示的CV点，然后使用“选择并移动”工具在前视图中将其向下拖曳到如图7-44所示的位置。

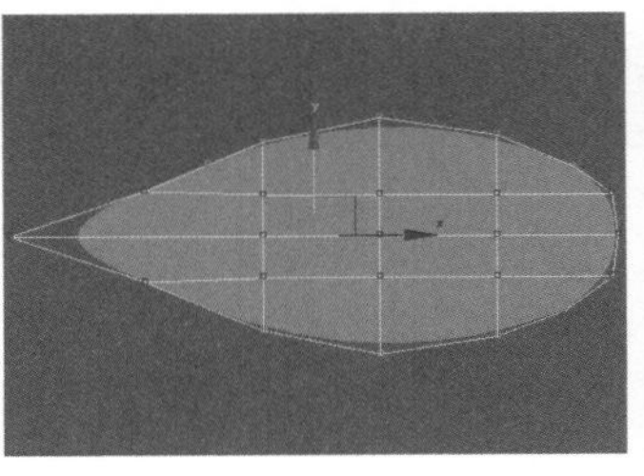

图7-43

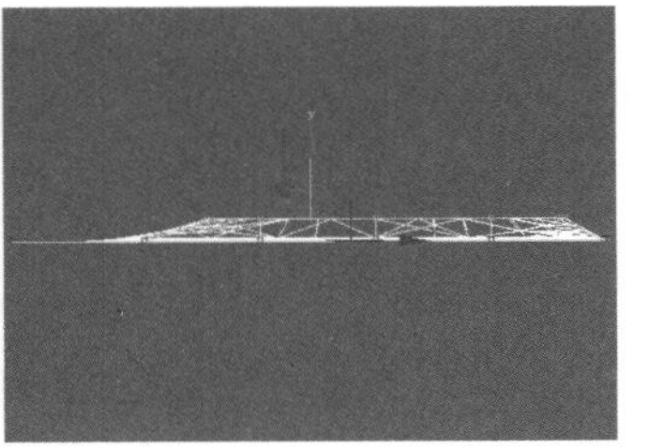

图7-44

07 在顶视图中选择如图7-45所示的CV点，然后使用“选择并移动”工具在前视图中将其向上拖曳到如图7-46所示的位置。

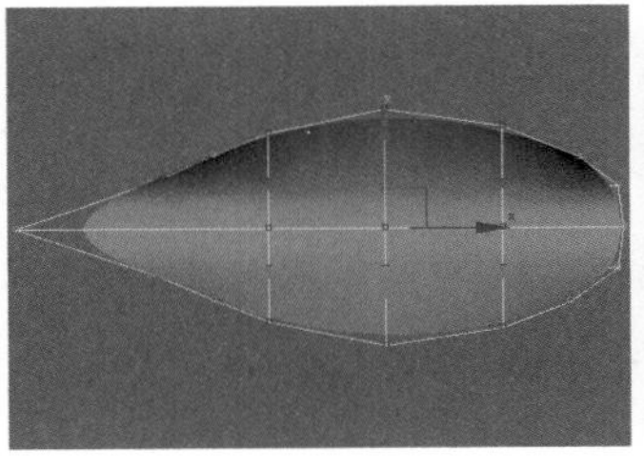

图7-45

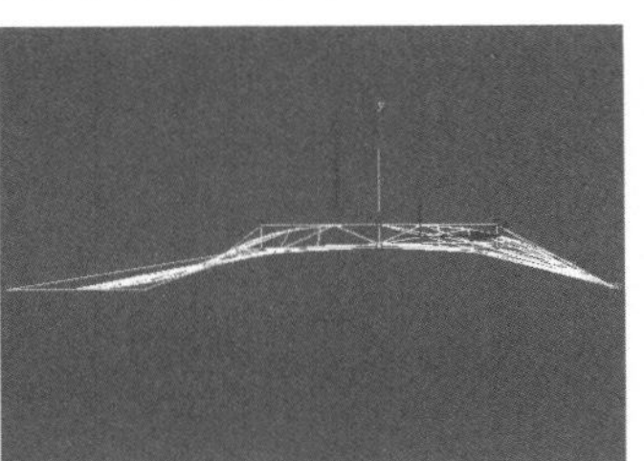

图7-46

08 继续对叶片的细节进行调节，完成后的效果如图7-47所示。

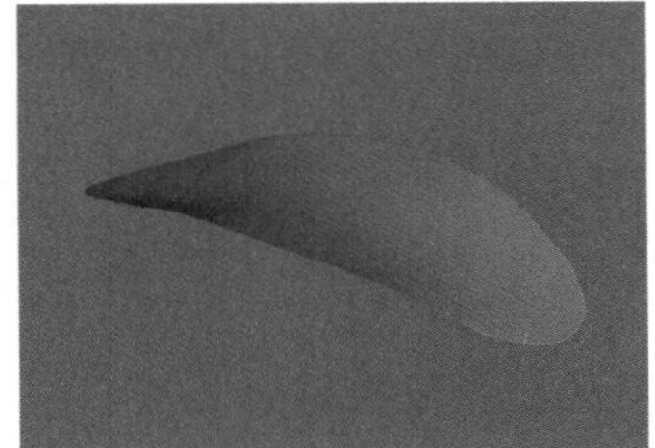

图7-47

09 单击界面左上角的“应用程序”图标，然后执行“导入>合并”菜单命令，接着在弹出的“合并文件”对话框中选择“场景文件>CH07>01.max”文件，最后将叶片放在枝头上，如图7-48所示。

图7-48

10 利用复制功能复制一些叶片到枝头上，并适当调整其大小和位置，最终效果如图7-49所示。

图7-49

★ 重点 ★

实战：用NURBS建模制作冰激凌

场景位置 无
实例位置 实例文件>CH07>实战：用NURBS建模制作冰激凌.max
视频位置 多媒体教学>CH07>实战：用NURBS建模制作冰激凌.flv
难易指数 ★★☆☆☆
技术掌握 点曲线工具、创建U向放样曲面工具、创建封口曲面工具、圆锥体工具

扫码看视频

冰激凌的效果如图7-50所示。

图7-50

01 设置图形类型为“NURBS曲线”，然后使用“点曲线”工具 点曲线 在顶视图中绘制如图7-51所示的点曲线。

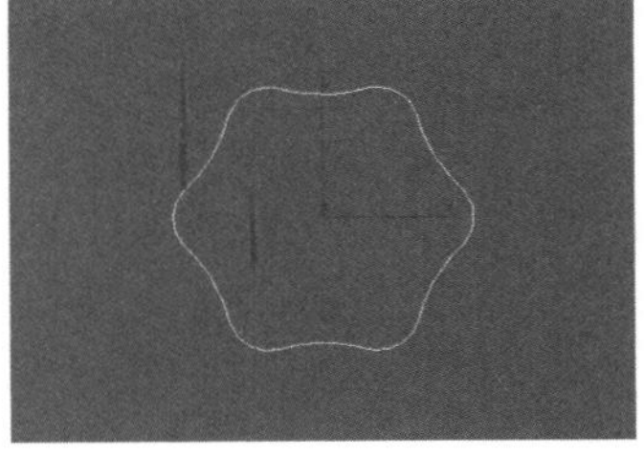

图7-51

02 继续使用“点曲线”工具 点曲线 在顶视图中绘制点曲线，调整好各个点曲线之间的间距，完成后的效果如图7-52所示。

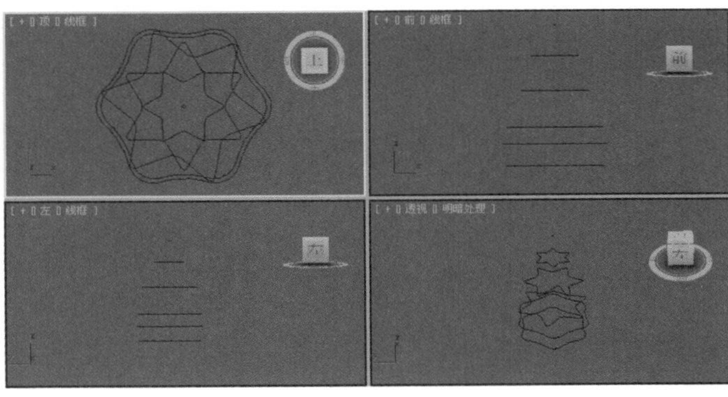

图7-52

03 切换到“修改”面板，然后在“常规”卷展栏下单击“NURBS创建工具箱”按钮，打开“NURBS创建工具箱”，接着在“NURBS创建工具箱”中单击“创建U向放样曲面”按钮，最后在视图中从上到下依次单击点曲线，单击完成后按鼠标右键结束操作，如图7-53所示，放样完成后的模型效果如图7-54所示。

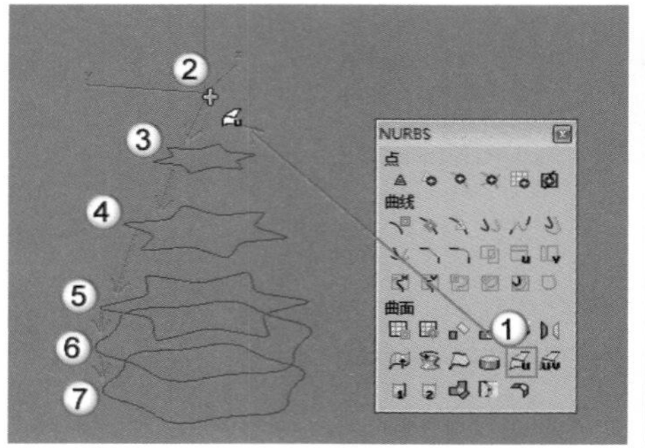

图7-53

图7-54

04 在“NURBS创建工具箱”中单击“创建封口曲面”按钮，然后在视图中单击最底部的截面（对其进行封口操作），如图7-55所示，封口后的模型效果如图7-56所示。

05 使用“圆锥体”工具 圆锥体 在场景中创建一个大小合适的圆锥体，其位置如图7-57所示。

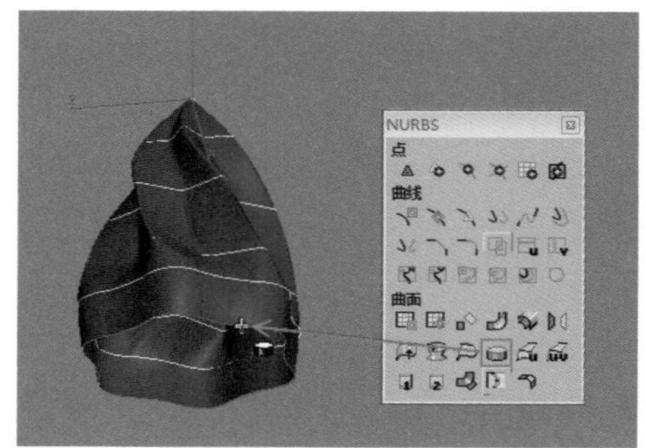

图7-55

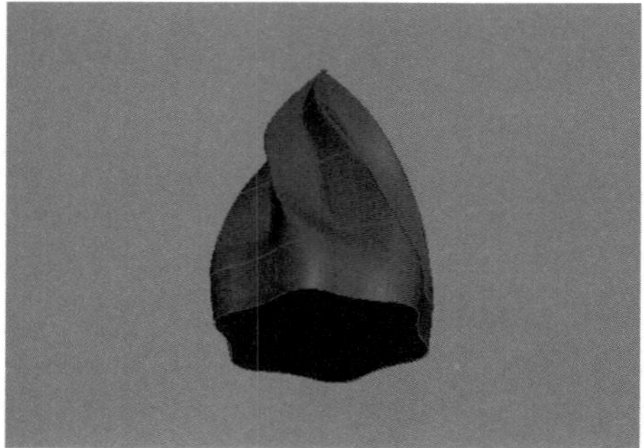
图7-56

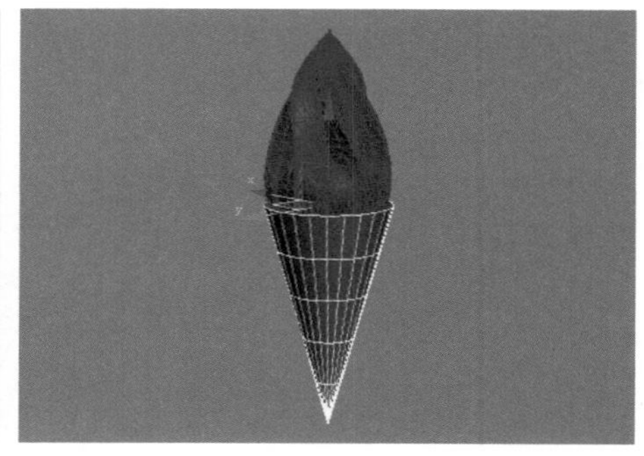
图7-57

06 选择圆锥体，然后单击鼠标右键，在弹出的菜单中选择“转换为>转换为可编辑多边形”命令，接着在“选择”卷展栏下单击“多边形”按钮，进入“多边形”级别，再选择顶部的多边形，如图7-58所示，最后按Delete键删除所选多边形，最终效果如图7-59所示。

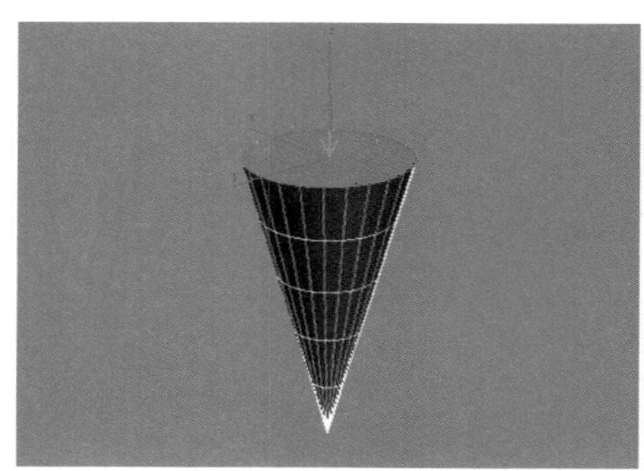
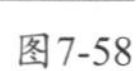
图7-58

图7-59

★ 重点 ★

实战：用NURBS建模制作花瓶

场景位置 无
实例位置 实例文件>CH07>实战：用NURBS建模制作花瓶.max
视频位置 多媒体教学>CH07>实战：用NURBS建模制作花瓶.flv
难易指数 ★★☆☆☆
技术掌握 点曲线工具、创建车削曲面工具

扫码看视频

花瓶的效果如图7-60所示。

图7-60

01 设置图形类型为“NURBS曲线”，然后使用“点曲线”工具 点曲线 在前视图中绘制如图7-61所示的点曲线。

02 在“常规”卷展栏下单击“NURBS创建工具箱”按钮，打开“NURBS创建工具箱”，接着在“NURBS创建工具箱”中单击“创建车削曲面”按钮，最后在视图中单击点曲线，如图7-62所示，效果如图7-63所示。

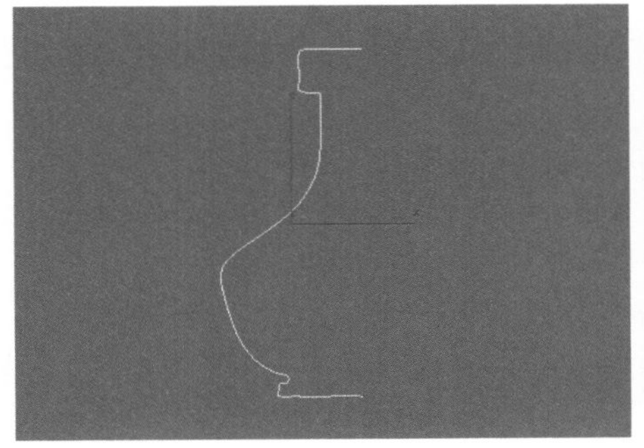

图7-61

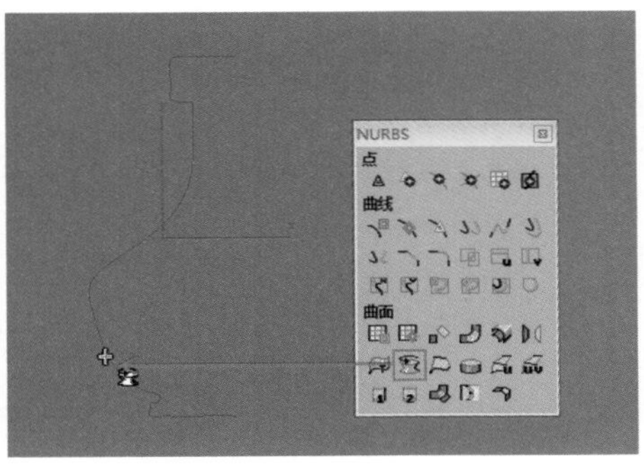

图7-62

图7-63

技巧与提示

注意，在车削点曲线以后，不要单击鼠标右键完成操作，因为还需要调节车削曲线的相关参数。如果已经确认操作，可以按Ctrl+Z组合键返回到上一步，然后重新对点曲线进行车削操作。

03 在“车削曲面”卷展栏下设置“方向”为y轴 Y 、“对齐”方式为“最大” 最大 ，如图7-64所示，最终效果如图7-65所示。

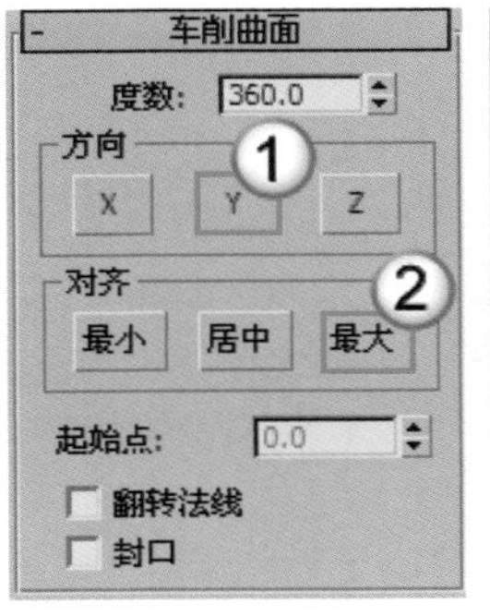

图7-64

图7-65

第8章 效果图制作基本功：多边形建模

Learning Objectives 学习要点

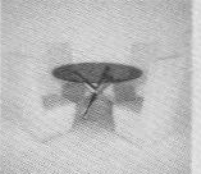

Employment direction 从业方向

家具造型设计师　工业造型设计师

室内设计表现师　建筑设计表现师

8.1 转换多边形对象

多边形建模作为当今的主流建模方式，已经被广泛应用到游戏角色、影视、工业造型、室内外等模型制作中。多边形建模方法在编辑上更加灵活，对硬件的要求也很低，其建模思路与网格建模的思路很接近，不同点在于网格建模只能编辑三角面，而多边形建模对面数没有任何要求。图8-1~图8-3所示是一些比较优秀的多边形建模作品。

图8-1

图8-2

图8-3

技巧与提示

本章全部是关于多边形建模的内容。多边形建模非常重要，希望读者对本章的每节内容都仔细领会。另外，本章所安排的实例（包含水果、桌椅、柜子、边几、梳妆台、浴缸、别墅、灯具和工业产品）都具有一定的针对性，希望用户对每个实例都勤加练习，不但要掌握其制作方法，还要在制作过程中掌握多边形建模的思路与相关技巧。

在编辑多边形对象之前首先要明确多边形对象不是创建出来的，而是塌陷（转换）出来的。将物体塌陷为多边形的方法主要有以下4种。

第1种：选中对象，然后在界面左上角“建模”选项卡中单击“建模”按钮 建模 ，接着单击“多边形建模”按钮 多边形建模 ，最后在弹出的面板中单击“转化为多边形”按钮，如图8-4所示。注意，通过这种方法转换的多边形的创建参数将全部丢失。

第2种：在对象上单击鼠标右键，然后在弹出的菜单中选择“转换为>转换为可编辑多边形”命令，如图8-5所示。同样，通过这种方法转换的多边形的创建参数将全部丢失。

第3种：为对象加载“编辑多边形”修改器，如图8-6所示。通过这种方法转换的多边形的创建参数将保留下来。

第4种：在修改器堆栈中选中对象，然后单击鼠标右键，接着在弹出的菜单中选择“可编辑多边形”命令，如图8-7所示。同样，通过这种方法转换的多边形的创建参数将全部丢失。

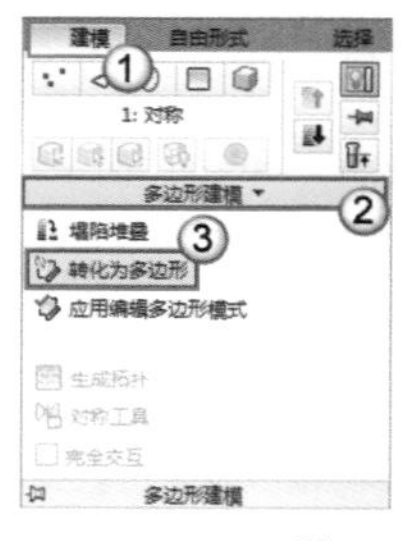

图8-4

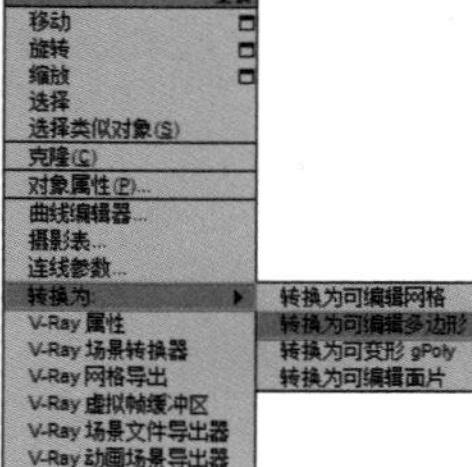

图8-5

图8-6

图8-7

8.2 编辑多边形对象

将物体转换为可编辑多边形对象后，就可以对可编辑多边形对象的顶点、边、边界、多边形和元素分别进行编辑。

可编辑多边形的参数设置面板中包括6个卷展栏，分别是“选择”卷展栏、“软选择”卷展栏、“编辑几何体”卷展栏、“细分曲面”卷展栏、“细分置换”卷展栏和“绘制变形”卷展栏，如图8-8所示。

+ 选择
+ 软选择
+ 编辑几何体
+ 细分曲面
+ 细分置换
+ 绘制变形

图8-8

请注意，在选择了不同的次物体级别以后，可编辑多边形的参数设置面板也会发生相应的变化，比如在“选择”卷展栏下单击“顶点”按钮，进入“顶点”级别以后，在参数设置面板中就会增加两个对顶点进行编辑的卷展栏，如图8-9所示。而如果进入“边”级别和“多边形”级别以后，又会增加对边和多边形进行编辑的卷展栏，如图8-10和图8-11所示。

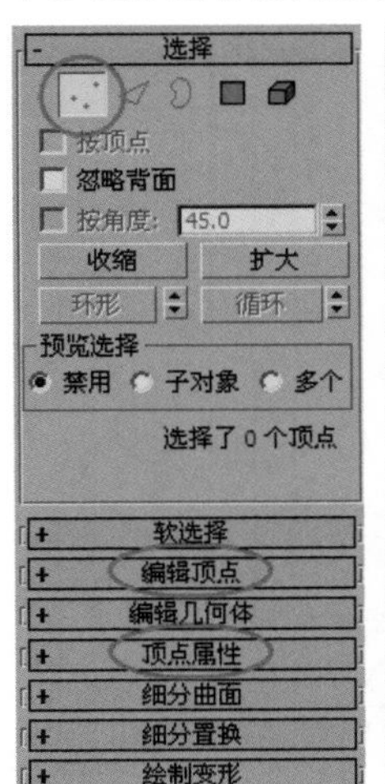

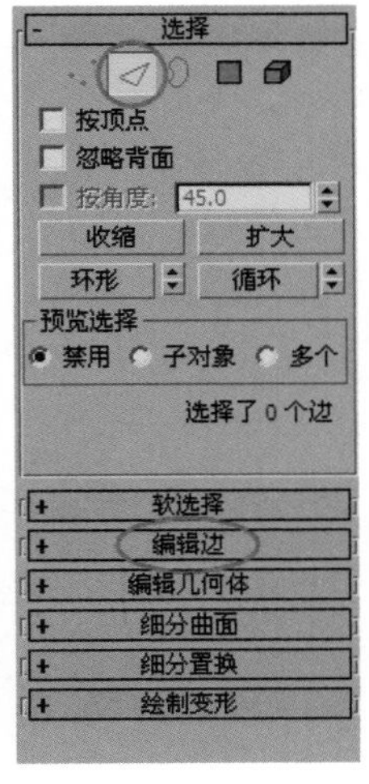

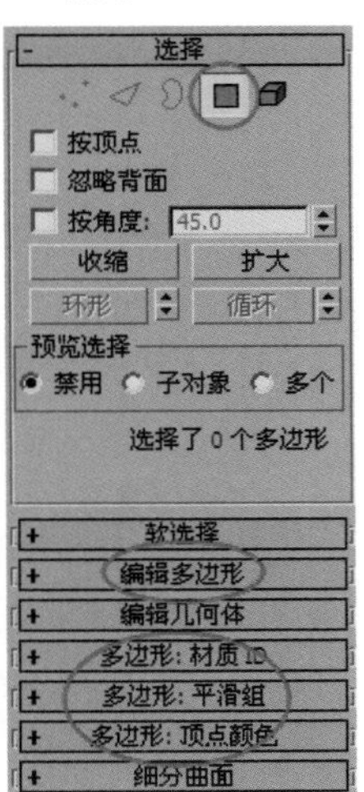

图8-9　图8-10　图8-11

在下面的内容中，将着重对“选择”卷展栏、“软选择”卷展栏和“编辑几何体”卷展栏进行详细讲解，同时还要对“顶点”级别下的“编辑顶点”卷展栏、“边”级别下的“编辑边”卷展栏以及“多边形”级别下的“编辑多边形”卷展栏进行重点讲解。其他卷展栏下的参数在实际工作中不是很常用，只需要了解大致功能即可。

本节知识概要

卷展栏名称	主要作用	重要程度
选择	访问多边形子对象级别以及快速选择子对象	高
软选择	部分选择子对象，变换子对象时以平滑方式过渡	中
编辑几何体	全局修改多边形对象，适用于所有子对象级别	高
编辑顶点	编辑可编辑多边形的顶点子对象	高
编辑边	编辑可编辑多边形的边子对象	高
编辑多边形	编辑可编辑多边形的多边形子对象	高

技巧与提示

请注意，这6个卷展栏的作用与实际用法读者必须完全掌握。

★重点★

8.2.1 选择卷展栏

“选择”卷展栏下的工具与选项主要用来访问多边形子对象级别以及快速选择子对象，如图8-12所示。

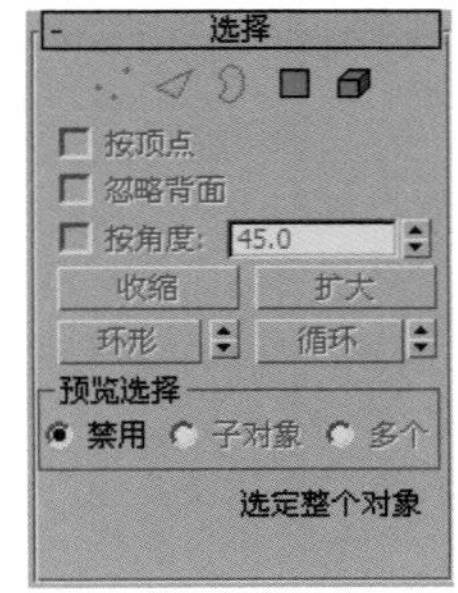

图8-12

选择卷展栏工具/参数介绍

顶点：用于访问“顶点”子对象级别。

边：用于访问“边”子对象级别。

边界：用于访问“边界”子对象级别，可从中选择构成网格中孔洞边框的一系列边。边界总是由仅在一侧带有面的边组成，并总是为完整循环。

多边形：用于访问“多边形”子对象级别。

元素：用于访问“元素”子对象级别，可从中选择对象中所有连续的多边形。

按顶点：除了“顶点”级别外，该选项可以在其他4种级别中使用。启用该选项后，只有选择所用的顶点才能选择子对象。

忽略背面：启用该选项后，只能选中法线指向当前视图的子对象。比如启用该选项以后，在前视图中框选如图8-13所示的顶点，但只能选择正面的顶点，而背面不会被选择到，图8-14所示是在左视图中的观察效果；如果取消该选项，在前视图中同样框选相同区域的顶点，则背面的顶点也会被选择，图8-15所示是在顶视图中的观察效果。

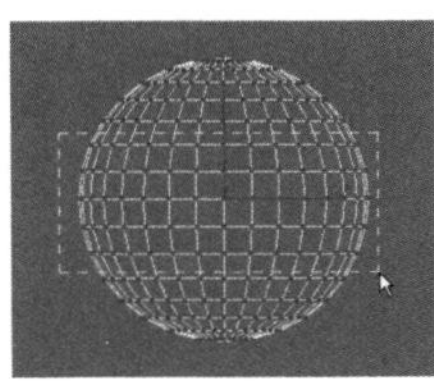
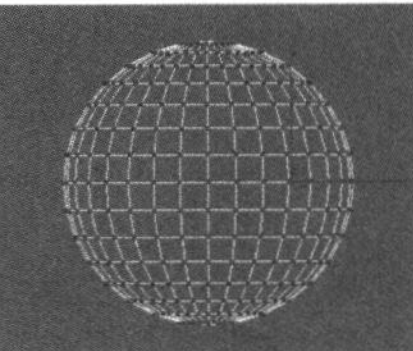
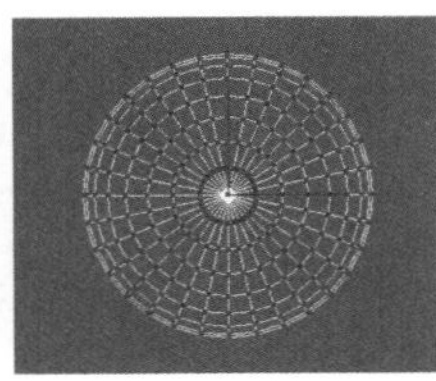

图8-13　图8-14　图8-15

按角度：该选项只能用在“多边形”级别中。启用该选项时，如果选择一个多边形，3ds Max会基于设置的角度自动选择相邻的多边形。

收缩 收缩：单击一次该按钮，可以在当前选择范围中向内减少一圈对象。

扩大 扩大：与“收缩”相反，单击一次该按钮，可以在当前选择范围中向外增加一圈对象。

环形 环形：该工具只能在“边”和“边界”级别中使用。在选中一部分子对象后，单击该按钮可以自动选择平行于当前对象的其他对象。比如选择一条如图8-16所示的边，然后单击"环形"按钮 环形，可以选择整个纬度上平行于选定边的边，如图8-17所示。

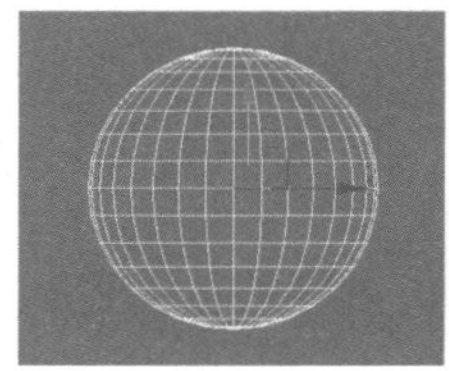

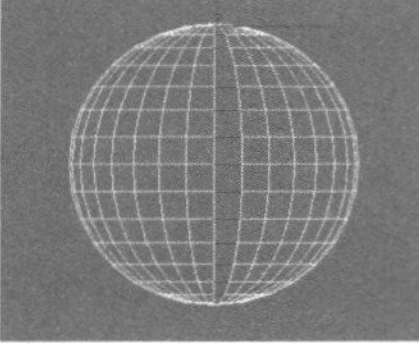

图8-16　图8-17

循环 循环：该工具同样只能在"边"和"边界"级别中使用。在选中一部分子对象后，单击该按钮可以自动选择与当前对象在同一曲线上的其他对象。比如选择如图8-18所示的边，然后单击"循环"按钮 循环，可以选择整个经度上的边，如图8-19所示。

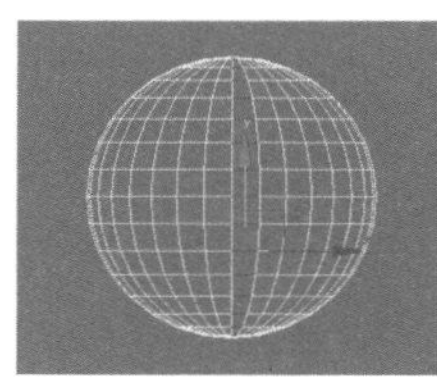

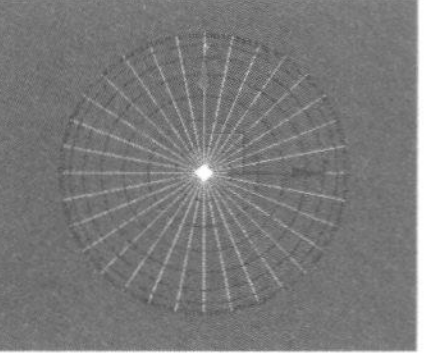

图8-18　图8-19

预览选择：在选择对象之前，通过这里的选项可以预览光标滑过处的子对象，有"禁用""子对象"和"多个"3个选项可供选择。

8.2.2 软选择卷展栏

"软选择"是以选中的子对象为中心向四周扩散，以放射状方式来选择子对象。在对选择的部分子对象进行变换时，可以让子对象以平滑的方式进行过渡。另外，可以通过控制"衰减""收缩"和"膨胀"的数值来控制所选子对象区域的大小及对子对象控制力的强弱，并且"软选择"卷展栏还包含了绘制软选择的工具，如图8-20所示。

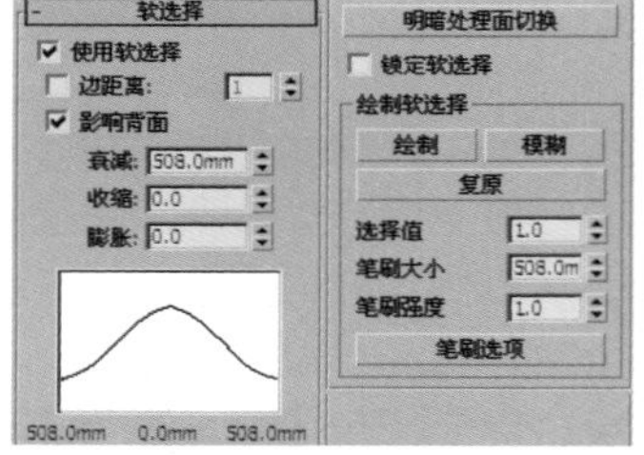

图8-20

软选择卷展栏工具/参数介绍

使用软选择：控制是否开启"软选择"功能。启用后，选择一个或一个区域的子对象，那么会以这个子对象为中心向外选择其他对象。比如框选如图8-21所示的顶点，那么软选择就会以这些顶点为中心向外进行扩散选择，如图8-22所示。

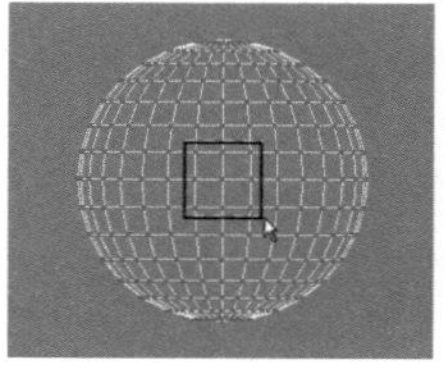

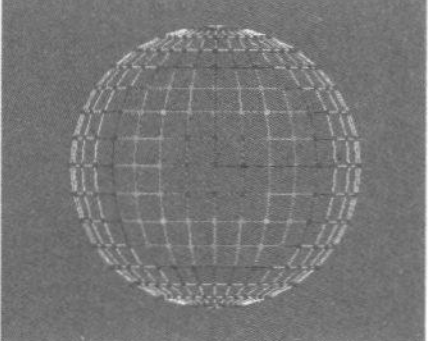

图8-21　图8-22

技术专题 21 软选择的颜色显示

在用软选择选择子对象时，选择的子对象是以红、橙、黄、绿、蓝5种颜色进行显示的。处于中心位置的子对象显示为红色，表示这些子对象被完全选择，在操作这些子对象时，它们将被完全影响，然后依次是橙、黄、绿、蓝的子对象。

边距离：启用该选项后，可以将软选择限制到指定的面数。

影响背面：启用该选项后，那些与选定对象法线方向相反的子对象也会受到相同的影响。

衰减：用以定义影响区域的距离，默认值为20mm。"衰减"数值越高，软选择的范围也就越大。图8-23和图8-24所示是将"衰减"设置为500mm和800mm时的选择效果对比。

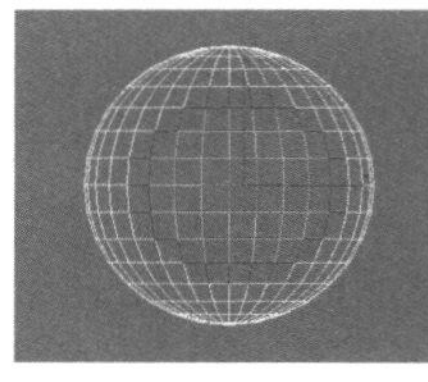

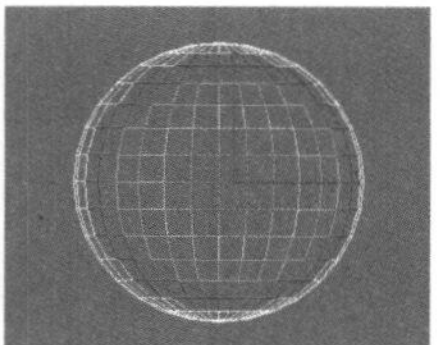

图8-23　图8-24

收缩：设置区域的相对"突出度"。

膨胀：设置区域的相对"丰满度"。

软选择曲线图：以图形的方式显示软选择是如何进行工作的。

明暗处理面切换 明暗处理面切换：只能用在"多边形"和"元素"级别中，用于显示颜色渐变，如图8-25所示。它与软选择范围内面上的软选择权重相对应。

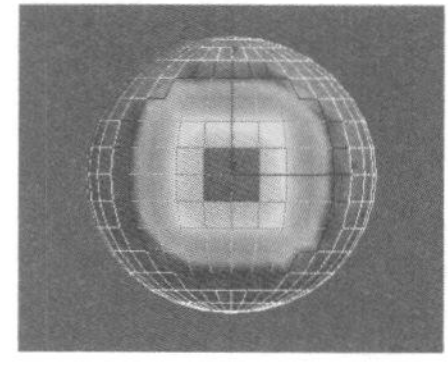

图8-25

锁定软选择：锁定软选择，以防止按程序的选择进行更改。

绘制 绘制：可以在使用当前设置的活动对象上绘制软选择。

模糊 模糊：可以通过绘制来软化现有绘制软选择的轮廓。

复原 复原：以通过绘制的方式还原软选择。

选择值：整个值表示绘制的或还原的软选择的最大相对选择。笔刷半径内周围顶点的值会趋向于0衰减。

笔刷大小：用来设置圆形笔刷的半径。

笔刷强度：用来设置绘制子对象的速率。

笔刷选项 笔刷选项：单击该按钮可以打开"绘制选项"对话框，如图8-26所示。在该对话框中可以设置笔刷的更多属性。

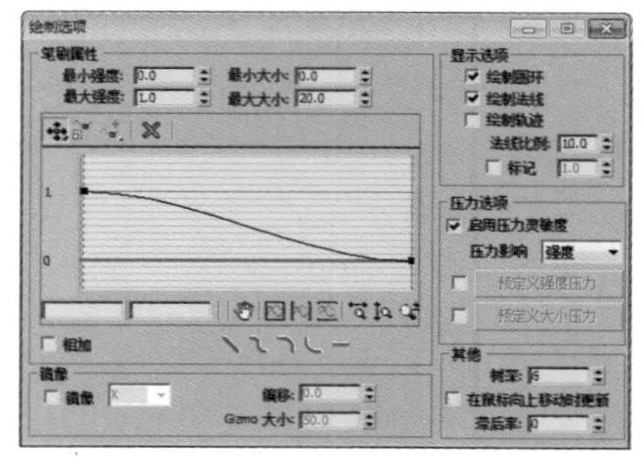

图8-26

8.2.3 编辑几何体卷展栏

“编辑几何体”卷展栏下的工具适用于所有子对象级别，主要用来全局修改多边形几何体，如图8-27所示。

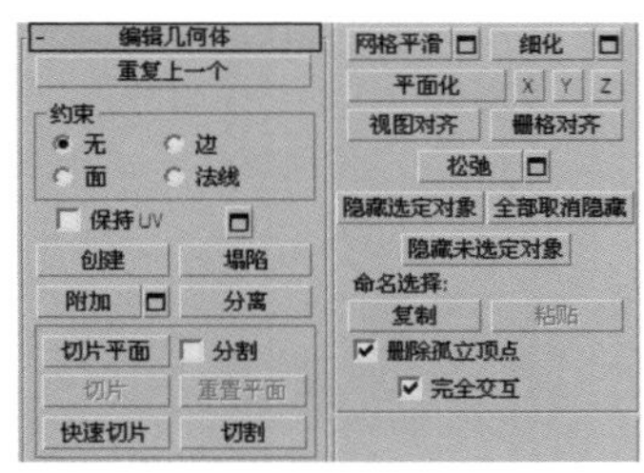

图8-27

编辑几何体卷展栏工具/参数介绍

重复上一个 重复上一个：单击该按钮可以重复使用上一次使用的命令。

约束：使用现有的几何体来约束子对象的变换，共有“无”“边”“面”和“法线”4种方式可供选择。

保持UV：启用该选项后，可以在编辑子对象的同时不影响该对象的UV贴图。

设置▣：单击该按钮可以打开“保持贴图通道”对话框，如图8-28所示。在该对话框中可以指定要保持的顶点颜色通道或纹理通道（贴图通道）。

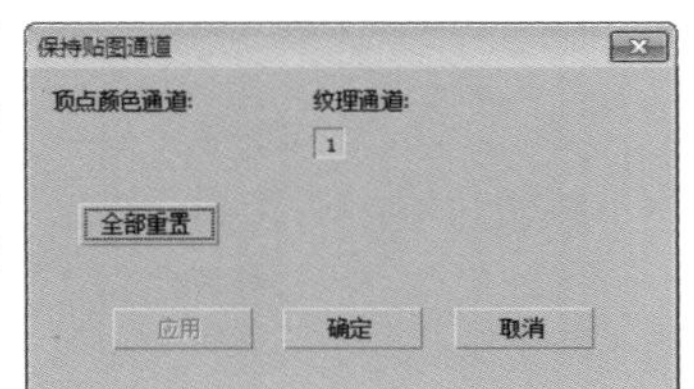

图8-28

创建 创建：创建新的几何体。

塌陷 塌陷：通过将顶点与选择中心的顶点焊接，使连续选定子对象的组产生塌陷。

“塌陷”工具 塌陷 类似于“焊接”工具 焊接，但是该工具不需要设置“阈值”数值就可以直接塌陷在一起。

附加 附加：使用该工具可以将场景中的其他对象附加到选定的可编辑多边形中。

分离 分离：将选定的子对象作为单独的对象或元素分离出来。

切片平面 切片平面：使用该工具可以沿某一平面分开网格对象。

分割：启用该选项后，可以通过“快速切片”工具 快速切片 和“切割”工具 切割 在划分边的位置处创建两个顶点集合。

切片 切片：可以在切片平面位置处执行切割操作。

重置平面 重置平面：将执行过“切片”的平面恢复到之前的状态。

快速切片 快速切片：可以将对象进行快速切片，切片线沿着对象表面，所以可以更加准确地进行切片。

切割 切割：可以在一个或多个多边形上创建新的边。

网格平滑 网格平滑：使选定的对象产生平滑效果。

细化 细化：增加局部网格的密度，从而方便处理对象的细节。

平面化 平面化：强制所有选定的子对象成为共面。

视图对齐 视图对齐：使对象中的所有顶点与活动视图所在的平面对齐。

栅格对齐 栅格对齐：使选定对象中的所有顶点与活动视图所在的平面对齐。

松弛 松弛：使当前选定的对象产生松弛现象。

隐藏选定对象 隐藏选定对象：隐藏所选定的子对象。

全部取消隐藏 全部取消隐藏：将所有的隐藏对象还原为可见对象。

隐藏未选定对象 隐藏未选定对象：隐藏未选定的任何子对象。

命名选择：用于复制和粘贴子对象的命名选择集。

删除孤立顶点：启用该选项后，选择连续子对象时会删除孤立顶点。

完全交互：启用该选项后，如果更改数值，将直接在视图中显示最终的结果。

8.2.4 编辑顶点卷展栏

进入可编辑多边形的“顶点”级别以后，在“修改”面板中会增加一个“编辑顶点”卷展栏，如图8-29所示。这个卷展栏下的工具全部是用来编辑顶点的。

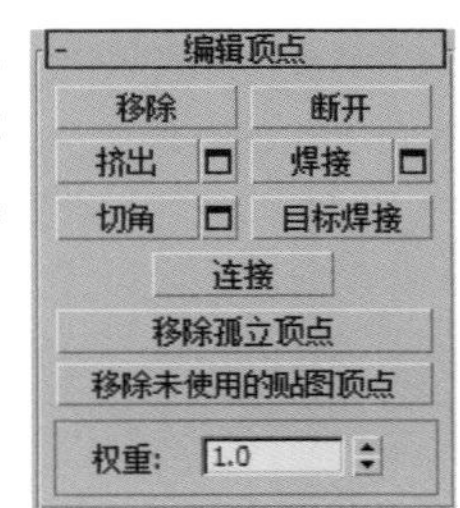

图8-29

编辑顶点卷展栏工具/参数介绍

移除 移除：选中一个或多个顶点以后，单击该按钮可以将其移除，然后接合起使用它们的多边形。

技术专题 22 移除顶点与删除顶点的区别

这里详细介绍一下移动顶点与删除顶点的区别。

移除顶点：选中一个或多个顶点以后，单击“移除”按钮 移除 或按Backspace键即可移除顶点，但也只能是移除了顶点，而面仍然存在，如图8-30所示。注意，移除顶点可能导致网格形状发生严重变形。

删除顶点：选中一个或多个顶点以后，按Delete键可以删除顶点，同时也会删除连接到这些顶点的面，如图8-31所示。

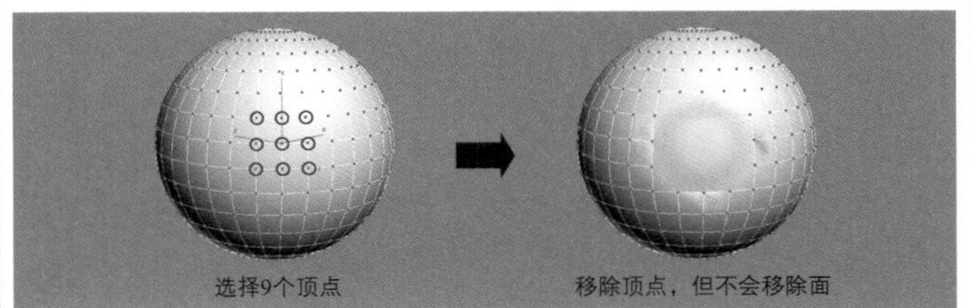

图8-30

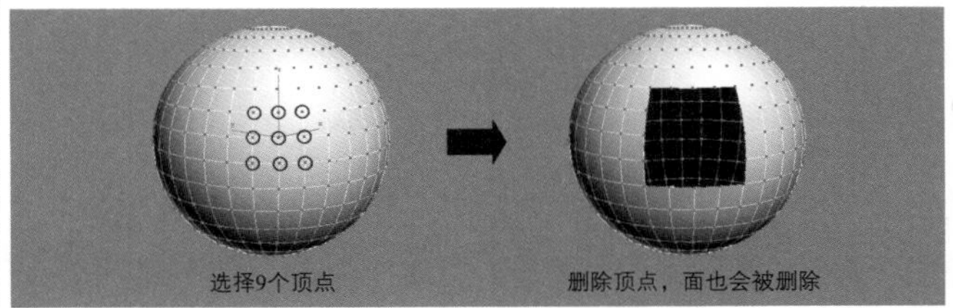

图8-31

断开 断开 ：选中顶点以后，单击该按钮可以在与选定顶点相连的每个多边形上都创建一个新顶点，这可以使多边形的转角相互分开，使它们不再相连于原来的顶点上。

挤出 挤出 ：直接使用这个工具可以手动在视图中挤出顶点，如图8-32所示。如果要精确设置挤出的高度和宽度，可以单击后面的“设置”按钮，然后在视图中的“挤出顶点”对话框中输入数值即可，如图8-33所示。

图8-32

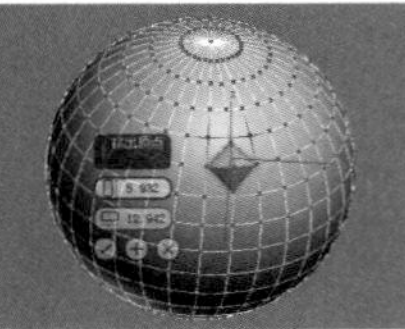

图8-33

焊接 焊接 ：对“焊接顶点”对话框中指定的“焊接阈值”范围之内连续选中的顶点进行合并，合并后所有边都会与产生的单个顶点连接。单击后面的“设置”按钮可以设置“焊接阈值”。

切角 切角 ：选中顶点以后，使用该工具在视图中拖曳光标，可以手动为顶点切角，如图8-34所示。单击后面的“设置”按钮，在弹出的“切角”对话框中可以设置精确的“顶点切角量”数值，同时还可以将切角后的面“打开”，以生成孔洞效果，如图8-35所示。

图8-34

图8-35

目标焊接 目标焊接 ：选择一个顶点后，使用该工具可以将其焊接到相邻的目标顶点，如图8-36所示。

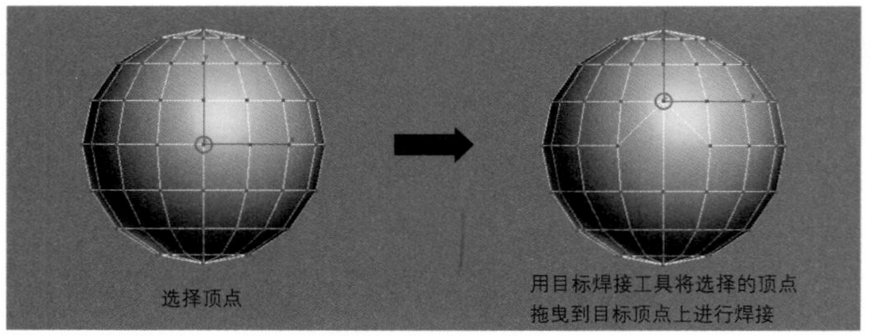

图8-36

技巧与提示

“目标焊接”工具 目标焊接 只能焊接成对的连续顶点。也就是说，选择的顶点与目标顶点有一个边相连。

连接 连接 ：在选中的对角顶点之间创建新边，如图8-37所示。

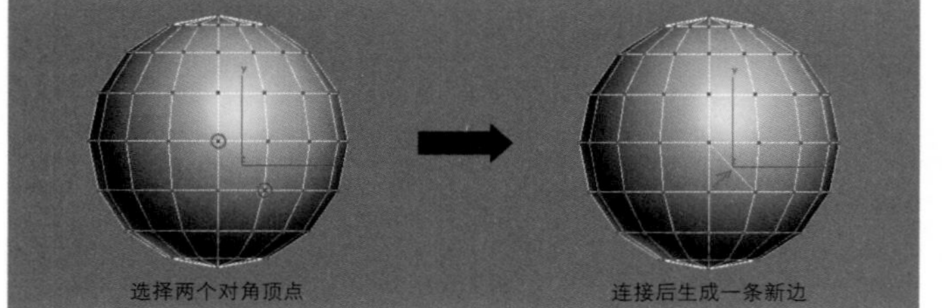

图8-37

移除孤立顶点 移除孤立顶点 ：删除不属于任何多边形的所有顶点。

移除未使用的贴图顶点 移除未使用的贴图顶点 ：某些建模操作会留下未使用的（孤立）贴图顶点，它们会显示在“展开UVW”编辑器中，但是不能用于贴图，单击该按钮就可以自动删除这些贴图顶点。

权重：设置选定顶点的权重，供NURMS细分选项和“网格平滑”修改器使用。

8.2.5 编辑边卷展栏

进入可编辑多边形的“边”级别以后，在“修改”面板中会增加一个“编辑边”卷展栏，如图8-38所示。这个卷展栏下的工具全部是用来编辑边的。

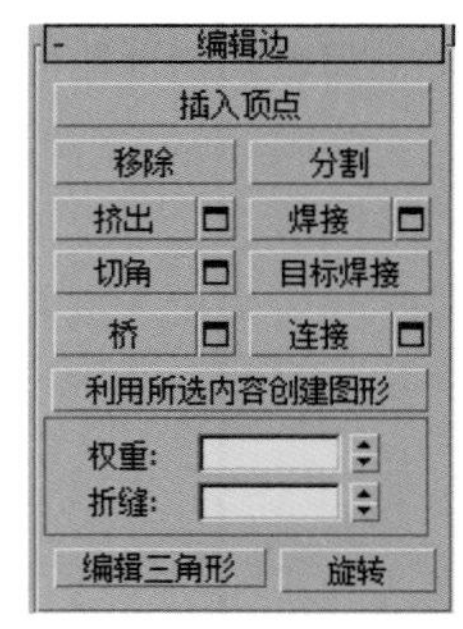

图8-38

编辑边卷展栏工具/参数介绍

插入顶点 插入顶点 ：在“边”级别下，使用该工具在边上单击鼠标左键，可以在边上添加顶点，如图8-39所示。

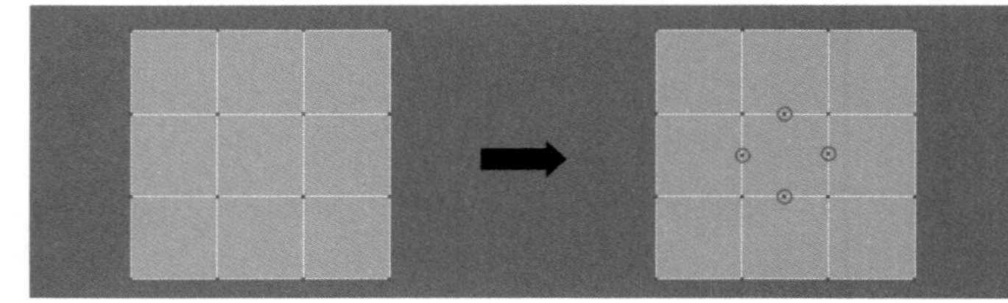

图8-39

移除 移除 ：选择边以后，单击该按钮或按Backspace键可以移除边，如图8-40所示；如果按Delete键，将删除边以及与边连接的面，如图8-41所示。

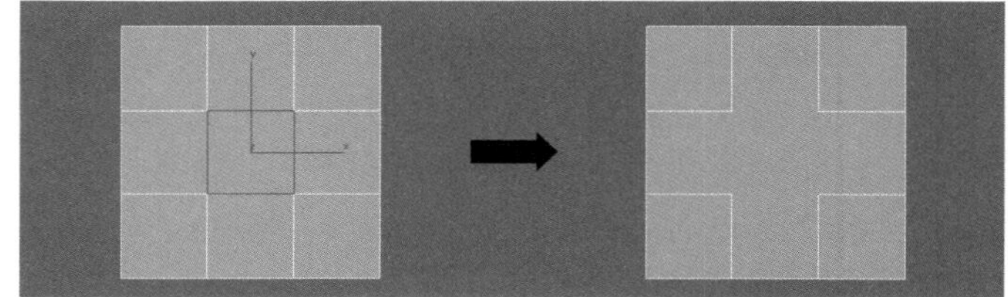

图8-40

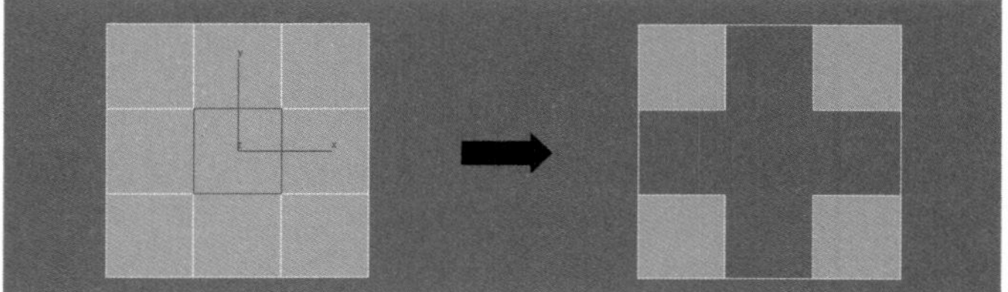

图8-41

分割 分割 ：沿着选定边分割网格。对网格中心的单条边应用时，不会起任何作用。

挤出 挤出 ：直接使用这个工具可以手动在视图中挤出边。如果要精确设置挤出的高度和宽度，可以单击后面的“设置”按钮□，然后在视图中的“挤出边”对话框中输入数值即可，如图8-42所示。

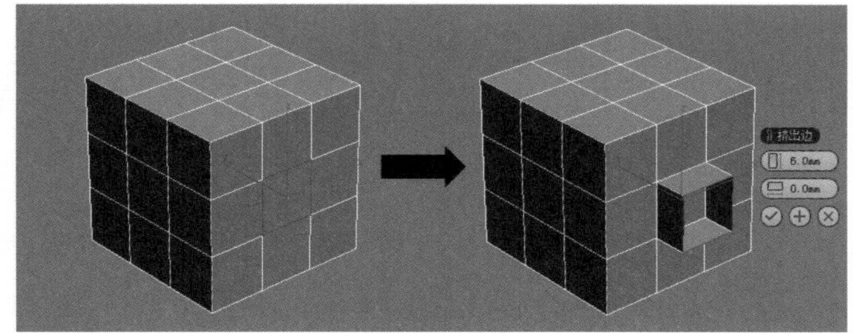

图8-42

焊接 焊接 ：组合“焊接边”对话框指定的“焊接阈值”范围内的选定边。只能焊接仅附着一个多边形的边，也就是边界上的边。

切角 切角 ：这是多边形建模中使用频率最高的工具之一，可以为选定边进行切角（圆角）处理，从而生成平滑的棱角，如图8-43所示。

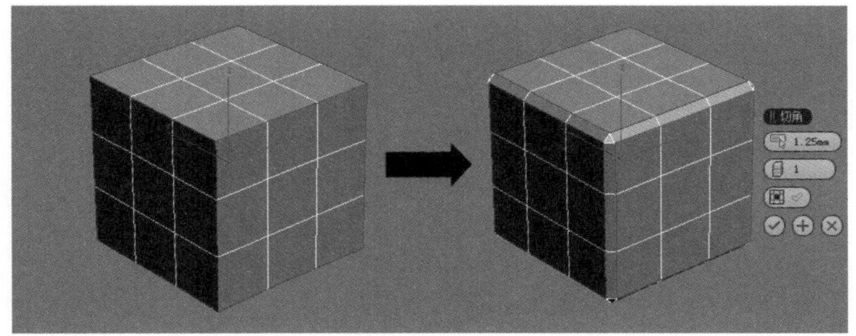

图8-43

在很多时候为边进行切角处理以后，都需要模型加载“网格平滑”修改器，以生成非常平滑的模型，如图8-44所示。

图8-44

目标焊接 目标焊接 ：用于选择边并将其焊接到目标边。只能焊接仅附着一个多边形的边，也就是边界上的边。

桥 桥 ：使用该工具可以连接对象的边，但只能连接边界边，也就是只在一侧有多边形的边。

连接 连接 ：这是多边形建模中使用频率最高的工具之一，可以在每对选定边之间创建新边，对于创建或细化边循环特别有用。比如选择一对竖向的边，则可以在横向上生成边，如图8-45所示。

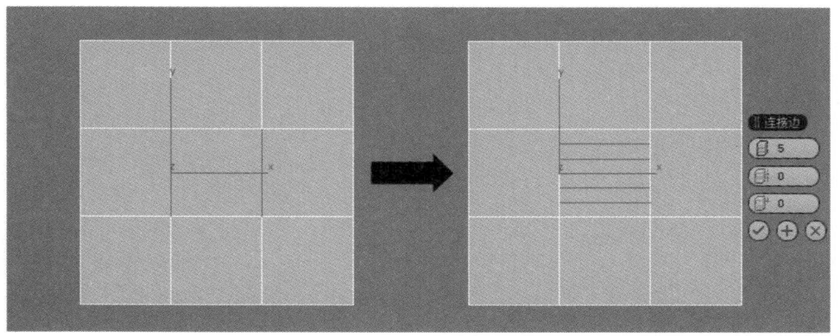

图8-45

利用所选内容创建新图形 利用所选内容创建图形 ：这是多边形建模中使用频率最高的工具之一，可以将选定的边创建为样条线图形。选择边以后，单击该按钮弹出一个“创建图形”对话框，在该对话框中可以设置图形名称以及设置图形的类型，如果选择“平滑”类型，则生成的平滑的样条线，如图8-46所示；如果选择“线性”类型，则样条线的形状与选定边的形状保持一致，如图8-47所示。

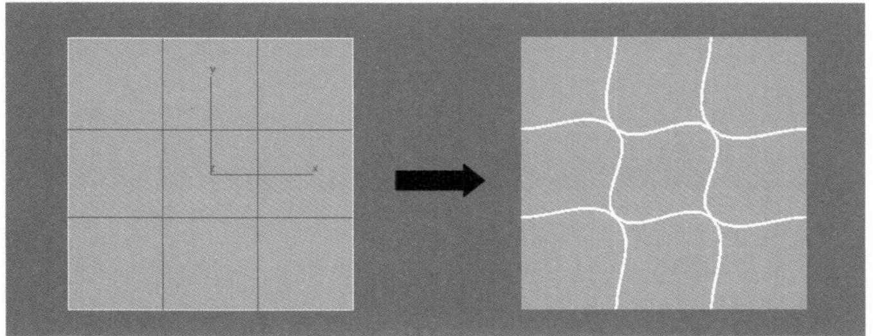

图8-46

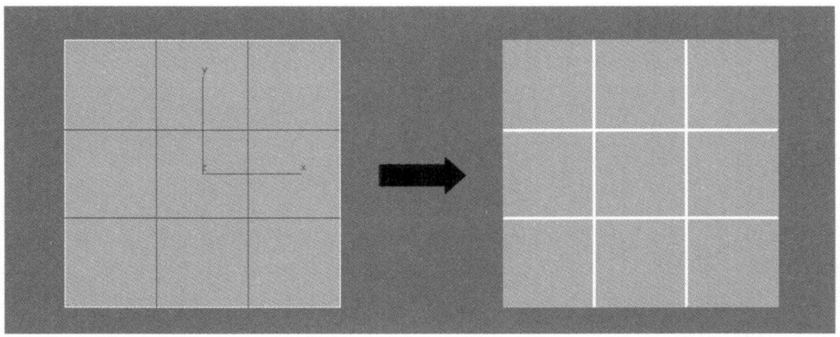

图8-47

权重：设置选定边的权重，供NURMS细分选项和“网格平滑”修改器使用。

拆缝：指定对选定边或边执行的折缝操作量，供NURMS细分选项和“网格平滑”修改器使用。

编辑三角形 编辑三角形 ：用于修改绘制内边或对角线时多边形细分为三角形的方式。

旋转 旋转 ：用于通过单击对角线修改多边形细分为三角形的方式。使用该工具时，对角线可以在线框和边面视图中显示为虚线。

★重点★

8.2.6 编辑多边形卷展栏

进入可编辑多边形的“多边形”级别以后，在“修改”面板中会增加一个“编辑多边形”卷展栏，如图8-48所示。这个卷展栏下的工具全部是用来编辑多边形的。

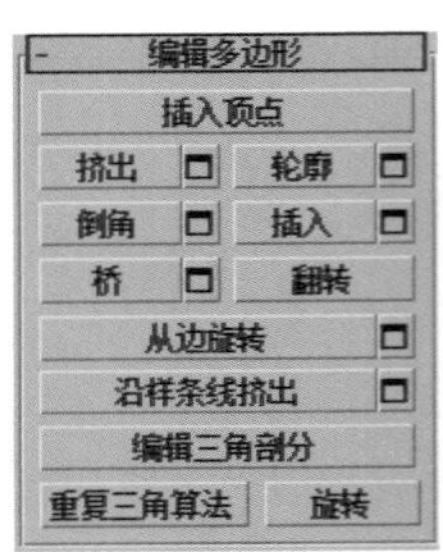

图8-48

编辑多边形卷展栏工具介绍

插入顶点 插入顶点 ：用于手动在多边形上插入顶点（单击即可插入顶点），以细化多边形，如图8-49所示。

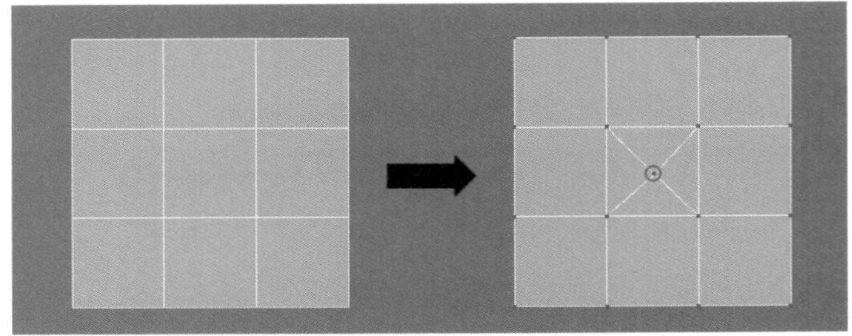

图8-49

挤出 挤出 ：这是多边形建模中使用频率最高的工具之一，可以挤出多边形。如果要精确设置挤出的高度，可以单击后面的“设置”按钮，然后在视图中的“挤出边”对话框中输入数值即可。挤出多边形时，“高度”为正值时可向外挤出多边形，为负值时可向内挤出多边形，如图8-50所示。

图8-50

轮廓 轮廓 ：用于增加或减小每组连续的选定多边形的外边。

倒角 倒角 ：这是多边形建模中使用频率最高的工具之一，可以挤出多边形，同时为多边形进行倒角，如图8-51所示。

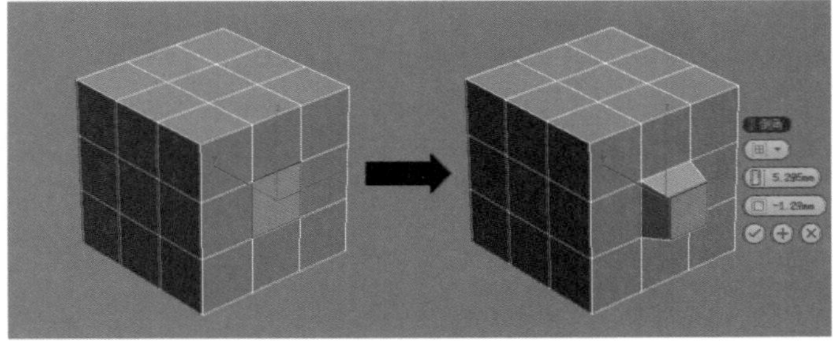

图8-51

插入 插入 ：执行没有高度的倒角操作，即在选定多边形的平面内执行该操作，如图8-52所示。

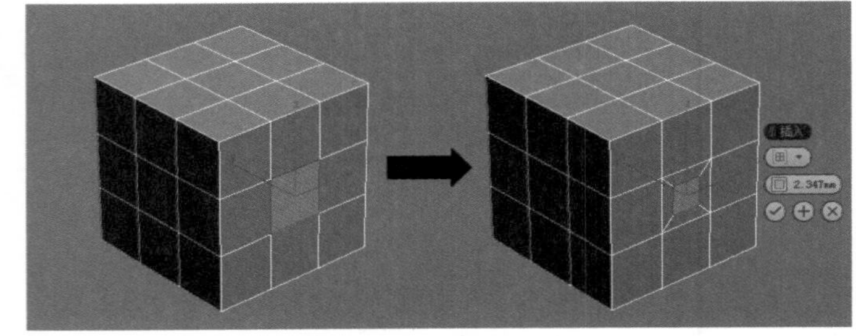

图8-52

桥 桥 ：使用该工具可以连接对象上的两个多边形或多边形组。

翻转 翻转 ：反转选定多边形的法线方向，从而使其面向用户的正面。

从边旋转 从边旋转 ：选择多边形后，使用该工具可以沿着垂直方向拖动任何边，以便旋转选定多边形。

沿样条线挤出 沿样条线挤出 ：沿样条线挤出当前选定的多边形。

编辑三角剖分 编辑三角剖分 ：通过绘制内边修改多边形细分为三角形的方式。

重复三角算法 重复三角算法 ：在当前选定的一个或多个多边形上执行最佳三角剖分。

旋转 旋转 ：使用该工具可以修改多边形细分为三角形的方式。

★ 重点 ★

实战：用多边形建模制作苹果

场景位置	无
实例位置	实例文件>CH08>实战：用多边形建模制作苹果.max
视频位置	多媒体教学>CH08>实战：用多边形建模制作苹果.flv
难易指数	★★☆☆☆
技术掌握	多边形的顶点调节、切角工具、网格平滑修改器

扫码看视频

苹果的效果如图8-53所示。

图8-53

01 使用“球体”工具 球体 在场景中创建一个球体，然后在“参数”卷展栏下设置“半径”为50mm、“分段”为12，具体参数设置及模型效果如图8-54所示。

02 选择球体，然后单击鼠标右键，接着在弹出的菜单中选择“转换为>转换为可编辑多边形”命令，将其转换为可编辑多边形，如图8-55所示。

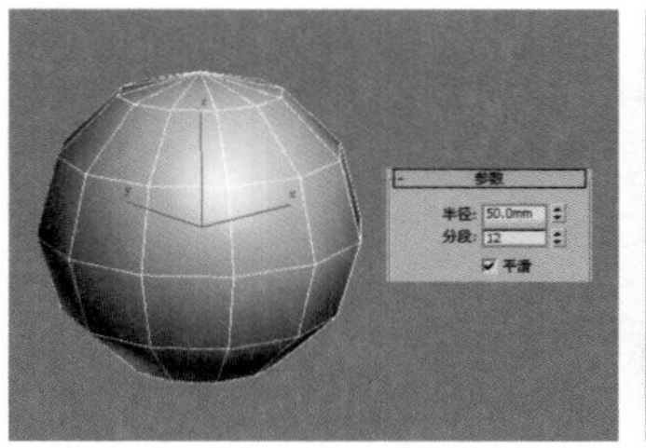

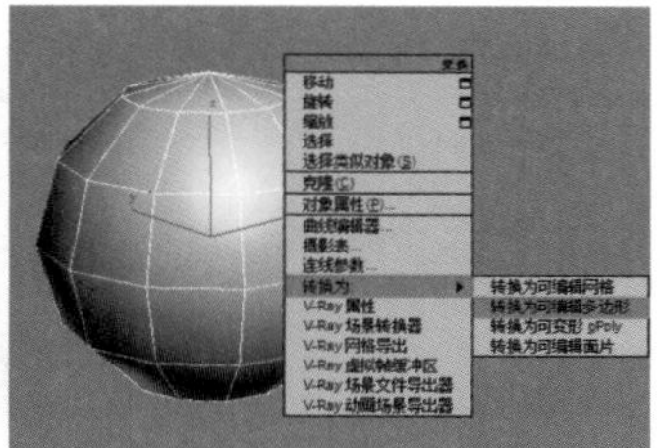

图8-54　　图8-55

03 在“选择”卷展栏下单击“顶点”按钮，进入“顶点”级别，然后在顶视图中选择顶部的一个顶点，如图8-56所示，接着使用“选择并移动”工具在前视图中将其向下拖曳到如图8-57所示的位置。

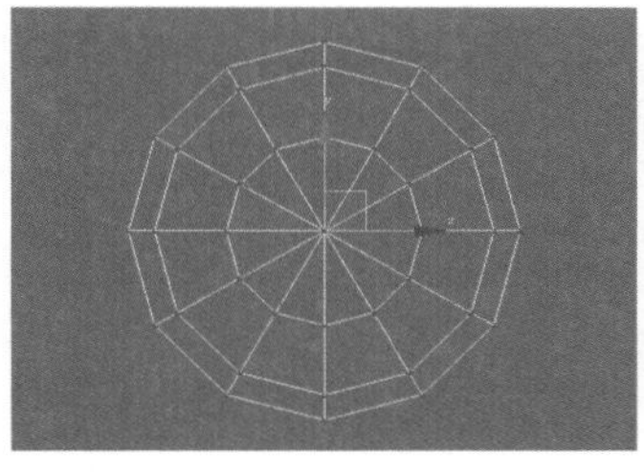

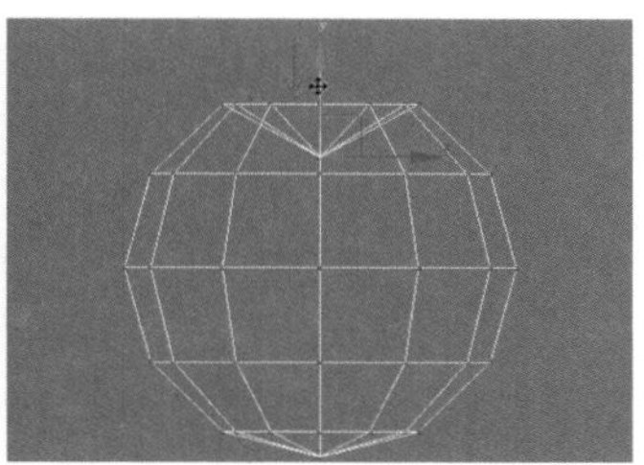

图8-56　　图8-57

疑难问答

问：为什么调整的顶点不正确？

答：这里在选择顶部的顶点时，只能用点选，不能用框选。如果用框选会同时选择顶部与底部的两个顶点，如图8-58所示，这样在前视图中调整顶点时会产生如图8-59所示的效果，这显然是错误的。

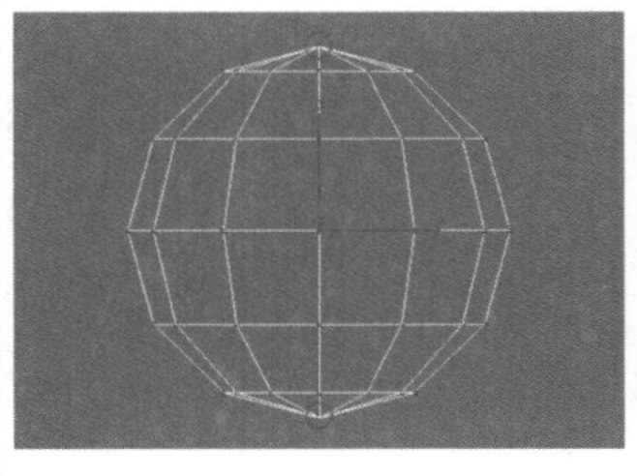

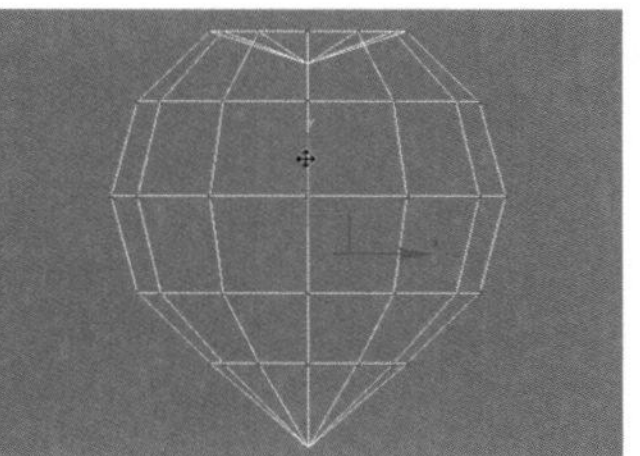

图8-58　　图8-59

04 在顶视图中选择（注意，这里也是点选）如图8-60所示的5个顶点，然后使用“选择并移动”工具在前视图中将其向上拖曳到如图8-61所示的位置。

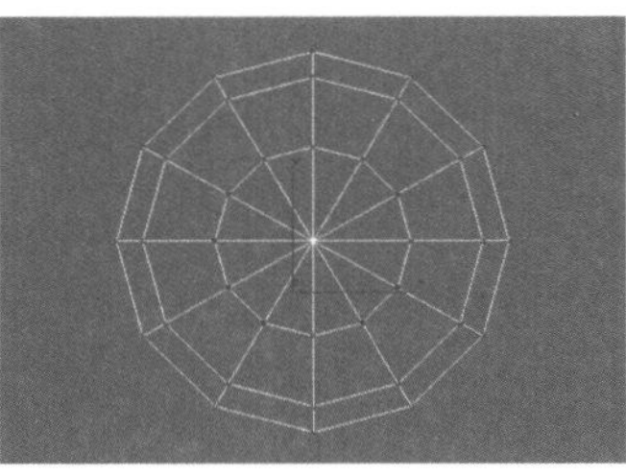

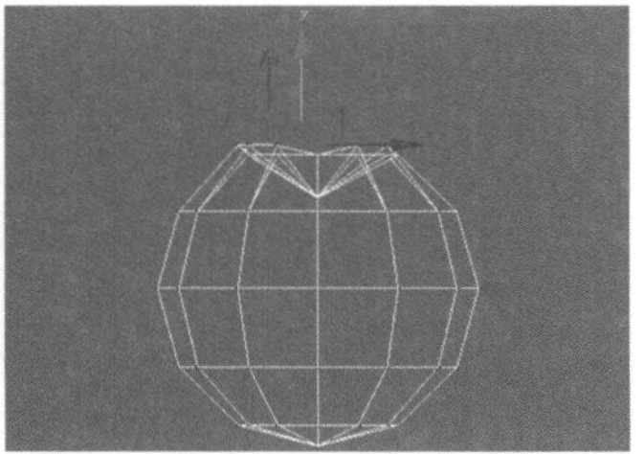

图8-60　　图8-61

05 在“选择”卷展栏下单击“边”按钮，进入“边”级别，然后在顶视图中选择（点选）如图8-62所示的一条边，接着单击“循环”按钮 循环 ，这样可以选择一圈边，如图8-63所示。

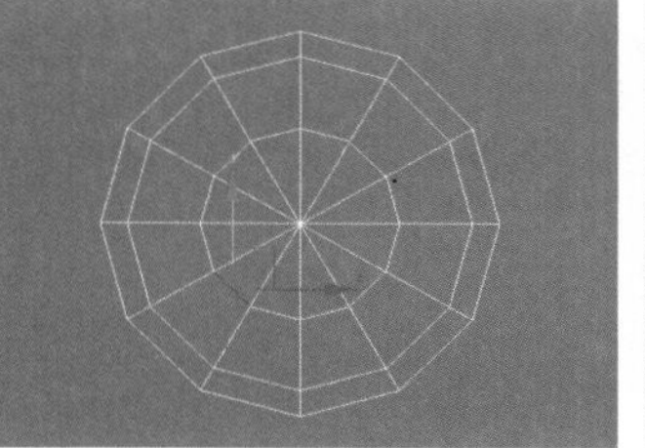

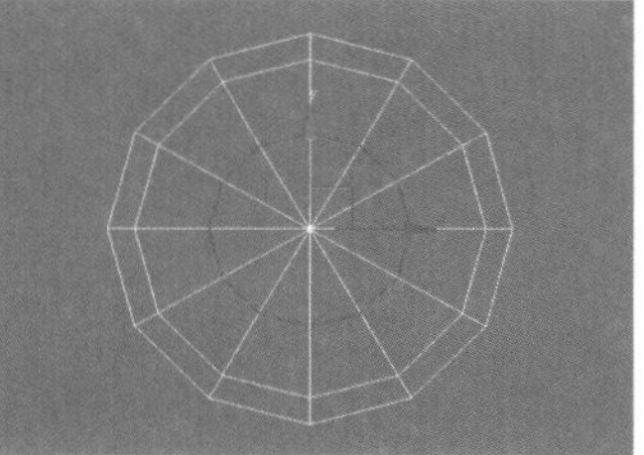

图8-62　　图8-63

06 保持对边的选择，在“编辑边”卷展栏下单击“切角”按钮 切角 后面的“设置”按钮，然后设置“边切角量”为6.3mm，接着单击“确定”按钮完成操作，如图8-64所示。

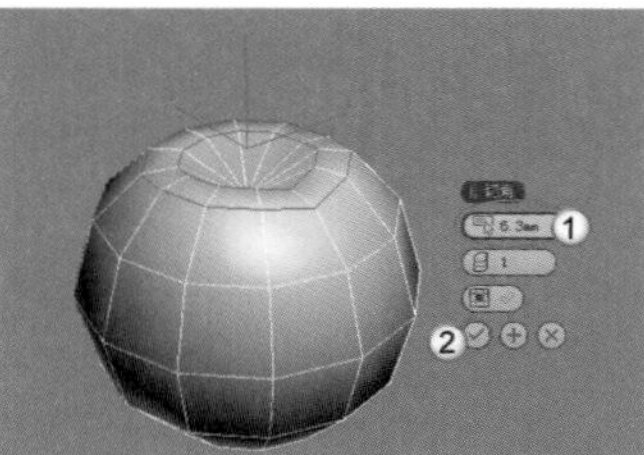

图8-64

07 进入“顶点”级别，然后在前视图中选择底部的一个顶点，如图8-65所示，接着使用“选择并移动”工具将其向上拖曳到如图8-66所示的位置。

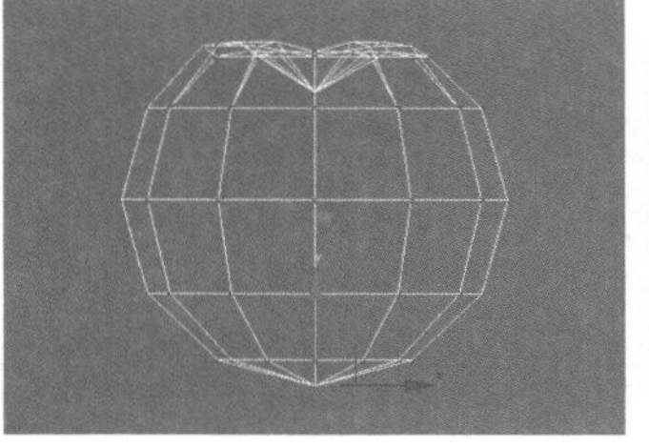

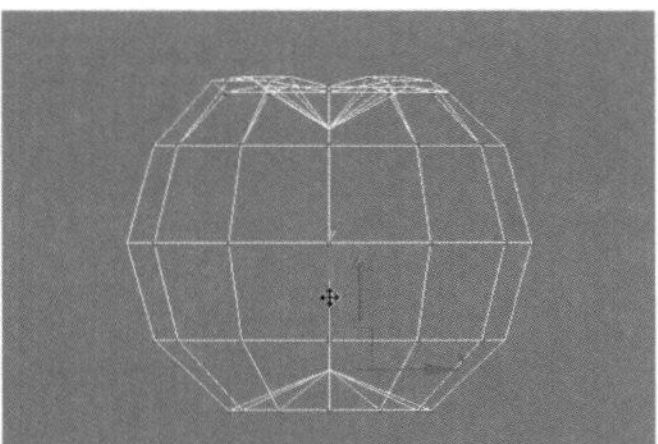

图8-65　　图8-66

08 在透视图中选择如图8-67所示的5个顶点，然后使用“选择并移动”工具在前视图中将其稍微向上拖曳一段距离，如图8-68所示。

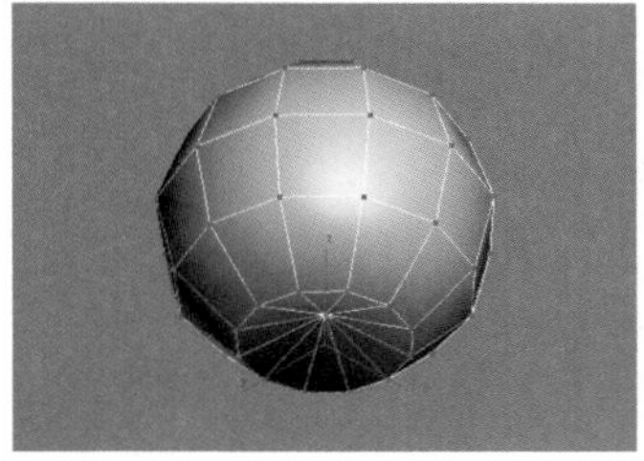

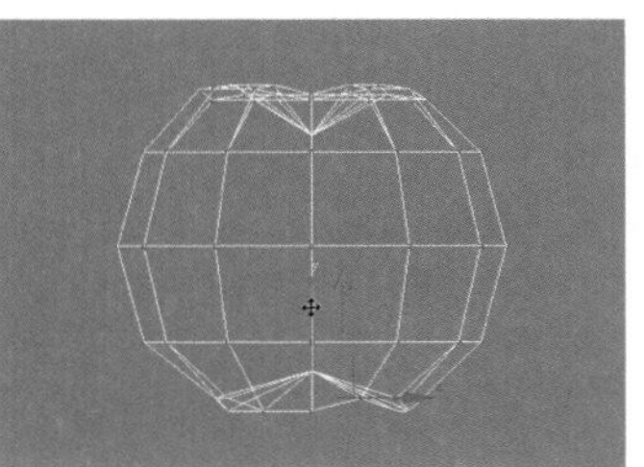

图8-67　　图8-68

09 为模型加载一个“网格平滑”修改器，然后在“细分量”卷展栏下设置“迭代次数”为2，效果如图8-69所示。

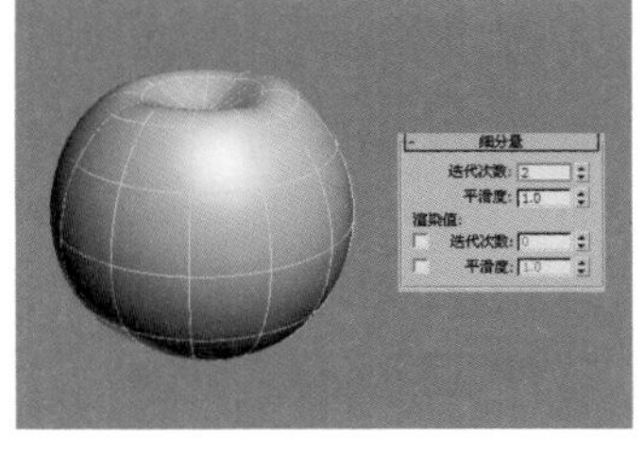

图8-69

10 下面制作苹果把的模型。使用“圆柱体”工具 圆柱体 在场景中创建一个圆柱体，然后在“参数”卷展栏下设置“半径”为2mm、“高度”为15mm、“高度分段”为5，具体参数设置及模型位置如图8-70所示。

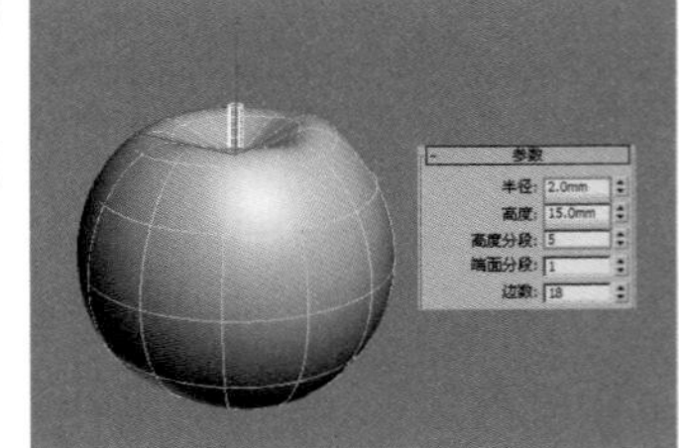

图8-70

11 将圆柱体转换为可编辑多边形，进入“顶点”级别，然后在前视图中选择如图8-71所示的一个顶点，然后使用“选择并移动”工具将其稍微向下拖曳一段距离，如图8-72所示。

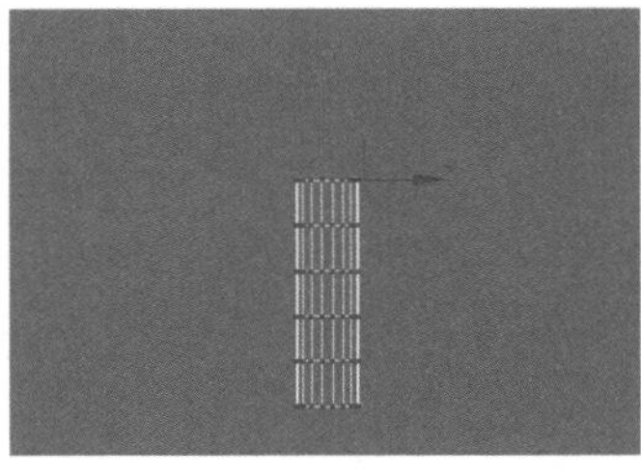

图8-71

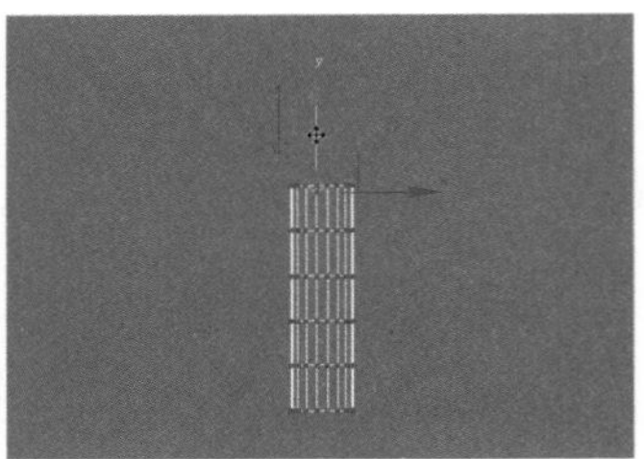

图8-72

12 在前视图中选择（框选）如图8-73所示的一个顶点，然后使用“选择并均匀缩放”工具在透视图中将其向内缩放成如图8-74所示的效果。

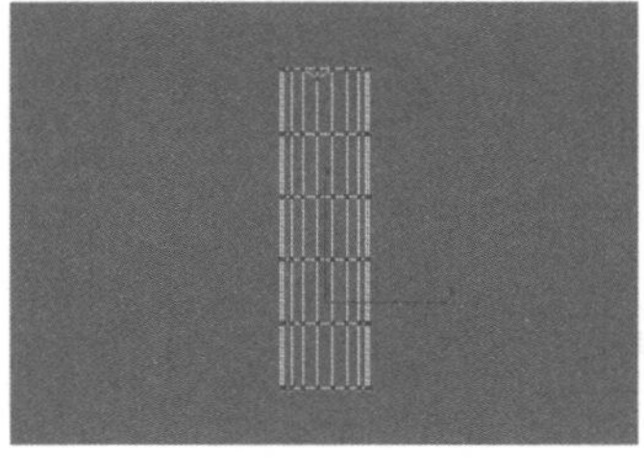

图8-73

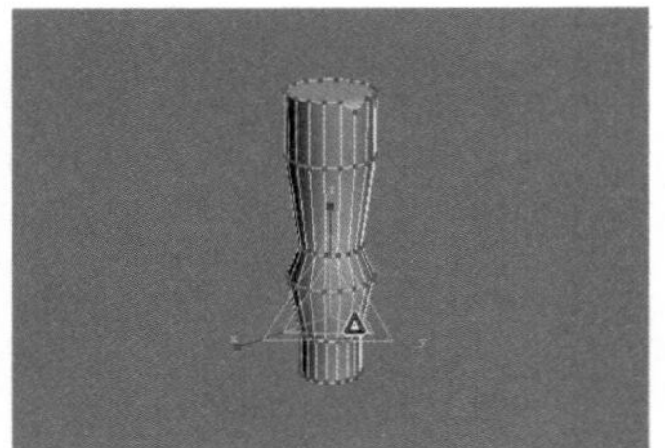

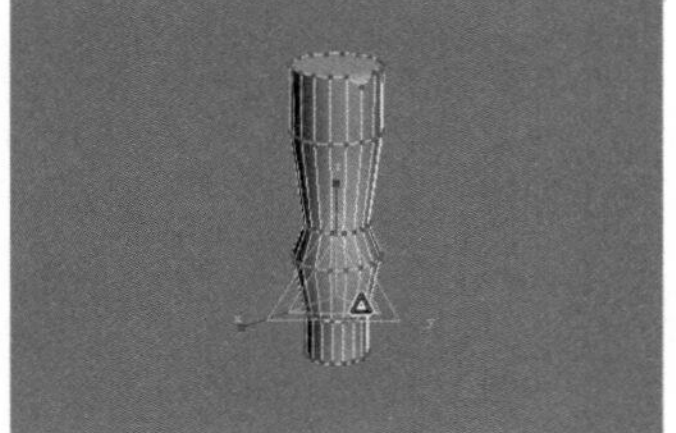

图8-74

13 继续对把模型的细节进行调整，最终效果如图8-75所示。

图8-75

★ 重点 ★

实战：用多边形建模制作单人椅

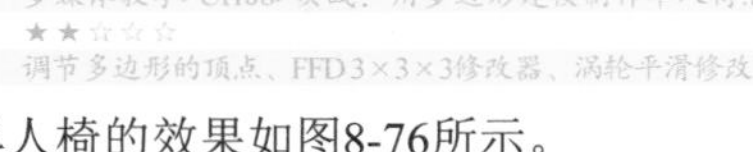

场景位置	无
实例位置	实例文件>CH08>实战：用多边形建模制作单人椅.max
视频位置	多媒体教学>CH08>实战：用多边形建模制作单人椅.flv
难易指数	★★☆☆☆
技术掌握	调节多边形的顶点、FFD3×3×3修改器、涡轮平滑修改器、壳修改器

扫码看视频

单人椅的效果如图8-76所示。

图8-76

01 使用“平面”工具 平面 在场景中创建一个平面，然后在“参数”卷展栏下设置“长度”为500mm、“宽度”为460mm、“长度分段”和“宽度分段”为5，如图8-77所示。

02 选择平面，然后单击鼠标右键，接着在弹出的菜单中选择“转换为>转换为可编辑多边形”命令，如图8-78所示。

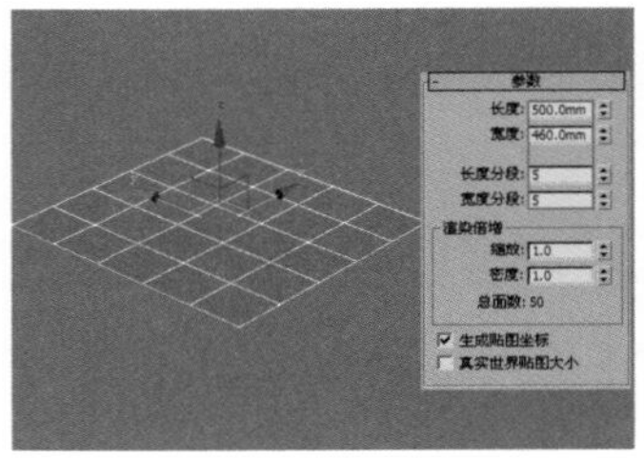

图8-77

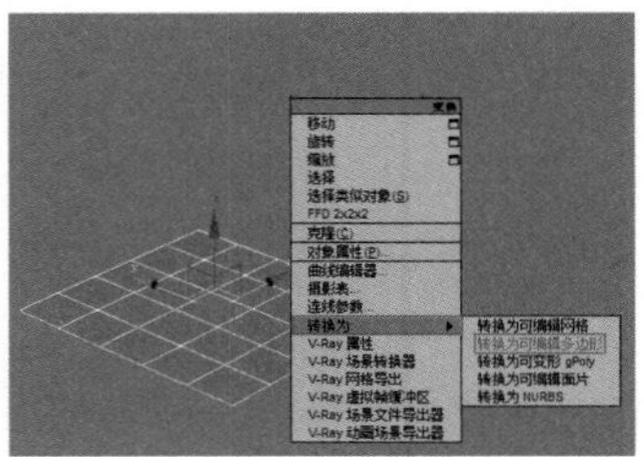

图8-78

03 在“选择”卷展栏下单击“顶点”按钮，进入“顶点”级别，然后在顶视图中选择4个边角上的顶点，如图8-79所示，接着使用“选择并均匀缩放”工具将顶点向内缩放成如图8-80所示的效果。

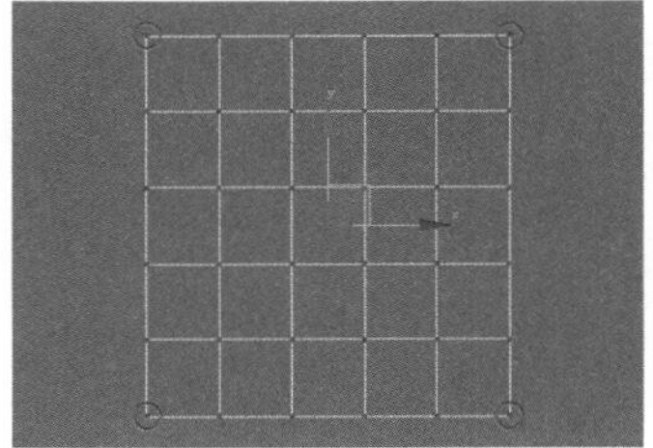

图8-79

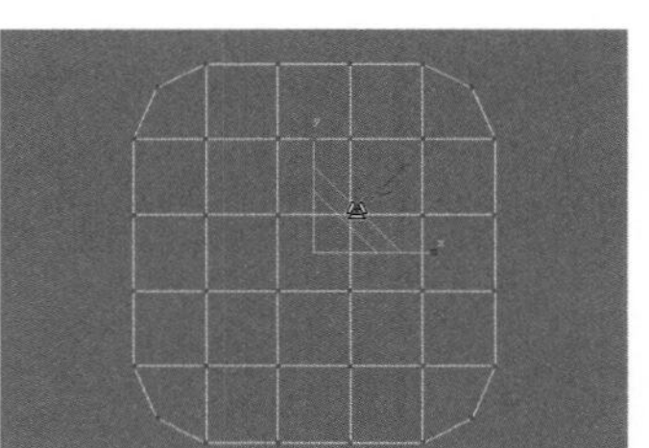

图8-80

04 切换到左视图，然后使用“选择并移动”工具将右侧的两组顶点调整成如图8-81所示的效果，在透视图中的效果如图8-82所示。

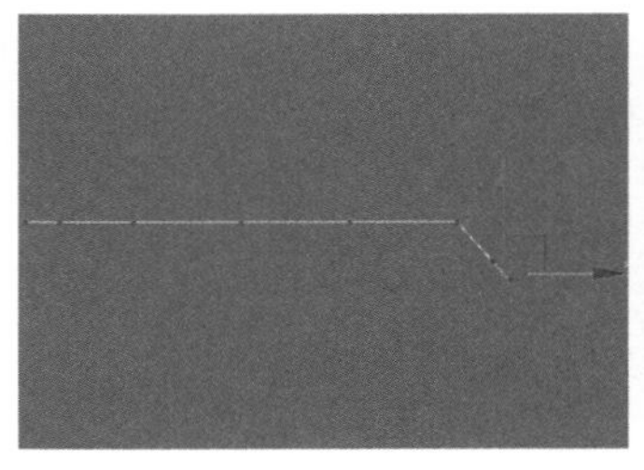

图8-81

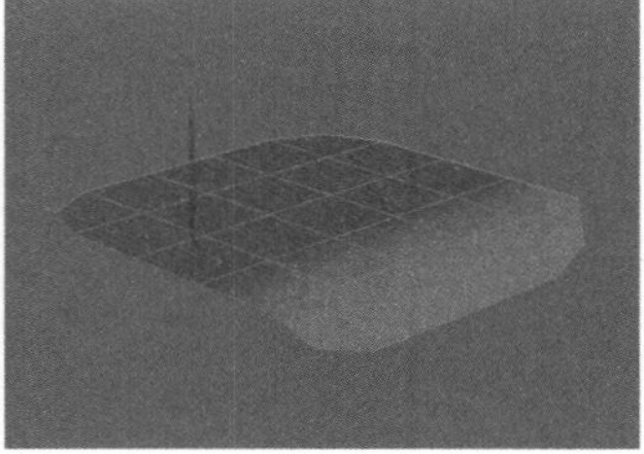

图8-82

05 为模型加载一个FFD 3×3×3修改器，然后选择该修改器的“控制点”层级，接着在前视图中框选中间的控制点，如图8-83

所示，最后使用“选择并移动”工具将控制点向下拖曳一段距离，如图8-84所示。

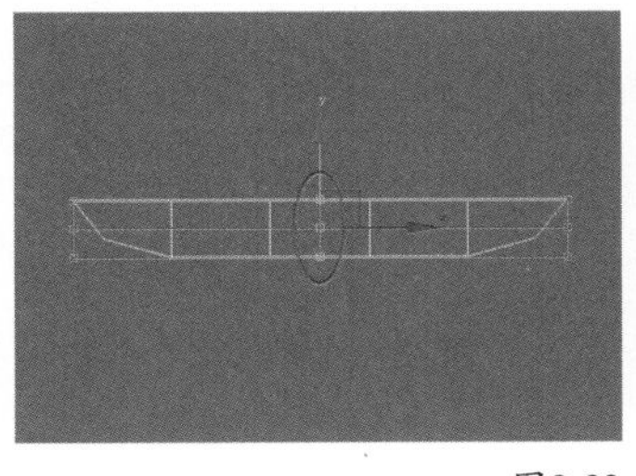

图8-83

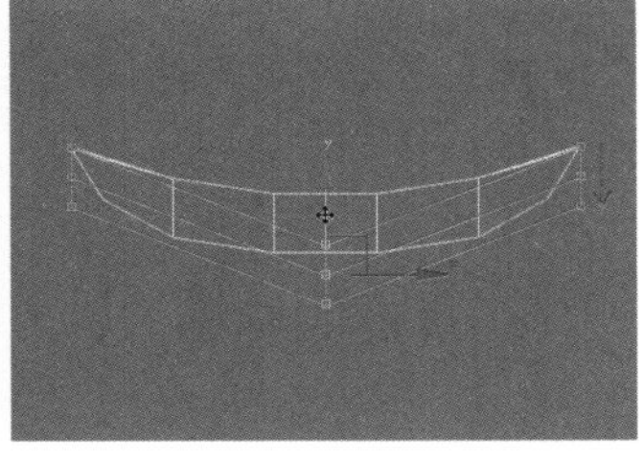

图8-84

06 为模型加载一个“涡轮平滑”修改器，然后在“涡轮平滑”卷展栏下设置“迭代次数”为2，具体参数设置及模型效果如图8-85所示。

07 继续为模型加载一个“壳”修改器，然后在“参数”卷展栏下设置“外部量”为10mm，具体参数设置及模型效果如图8-86所示。

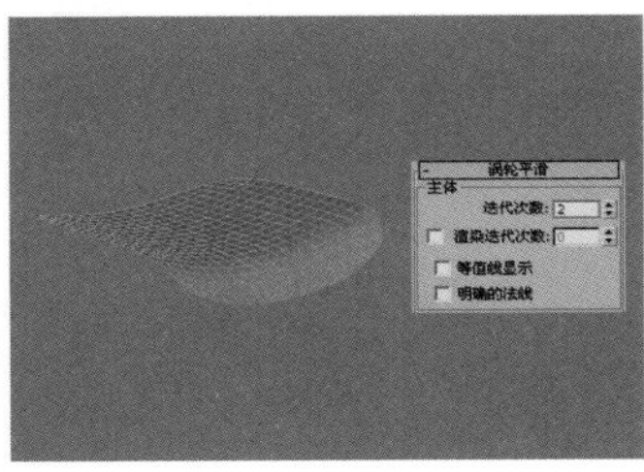

图8-85

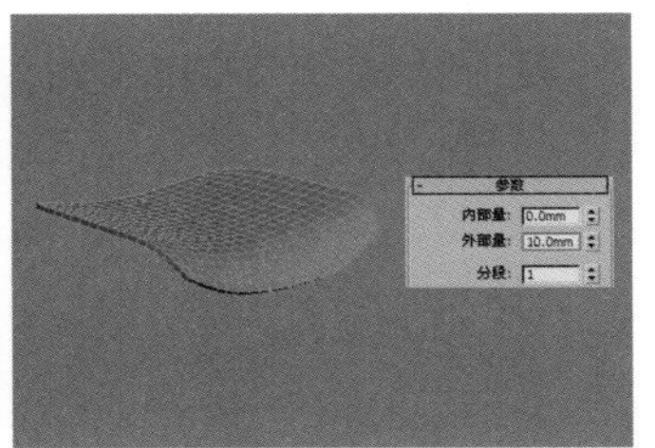

图8-86

08 采用相同的方法制作出靠背模型，完成后的效果如图8-87所示。

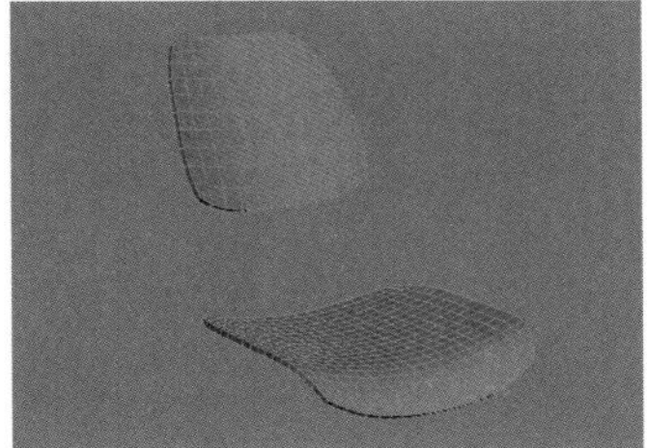

图8-87

09 使用“线”工具 线 在前视图中绘制一条如图8-88所示的样条线，然后在“渲染”卷展栏下勾选“在渲染中启用”和“在视口中启用”选项，接着设置“径向”的“厚度”为15mm，如图8-89所示。

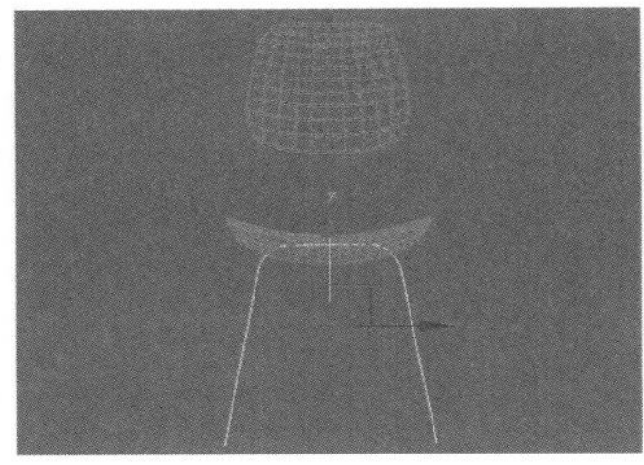

图8-88

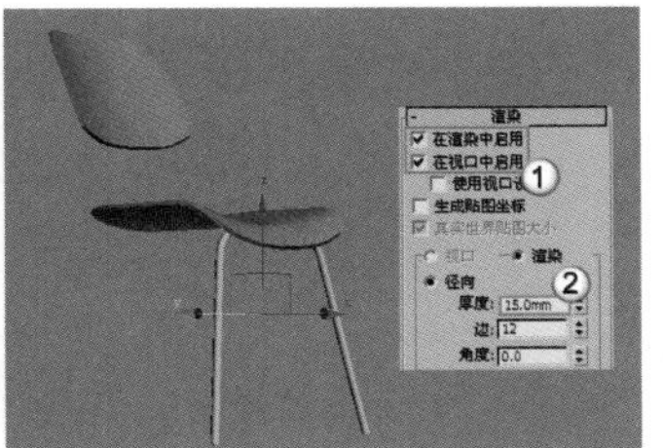

图8-89

10 继续使用“线”工具 线 制作剩余的椅架模型，最终效果如图8-90所示。

图8-90

★ 重 点 ★

实战：用多边形建模制作餐桌椅

场景位置 无
实例位置 实例文件>CH08>实战：用多边形建模制作餐桌椅.max
视频位置 多媒体教学>CH08>实战：用多边形建模制作餐桌椅.flv
难易指数 ★★★☆☆
技术掌握 仅影响轴技术、调节多边形的顶点、挤出工具、切角工具

扫码看视频

餐桌椅的效果如图8-91所示。

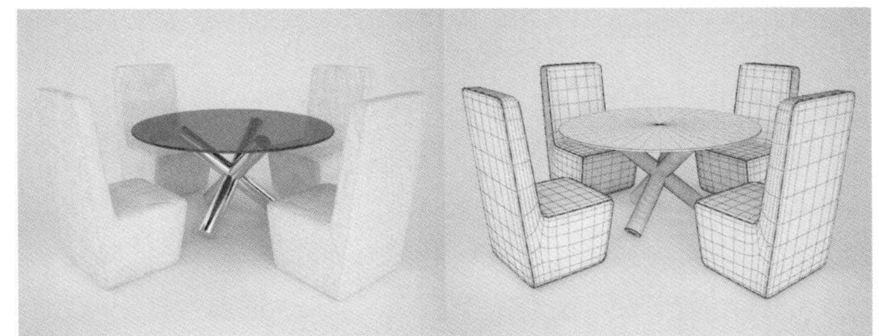

图8-91

01 下面制作桌子模型。使用“切角圆柱体”工具 切角圆柱体 在场景中创建出一个切角圆柱体，然后在“参数”卷展栏下设置“半径”为750mm、“高度”为20mm、“圆角”为2mm、“边数”为36，具体参数设置及模型效果如图8-92所示。

02 继续使用“切角圆柱体”工具 切角圆柱体 在场景中创建一个切角圆柱体，然后在“参数”卷展栏下设置“半径”为65mm、“高度”为1000mm、“圆角”为5mm、“圆角分段”为3、“边数”为36，具体参数设置及模型位置如图8-93所示。

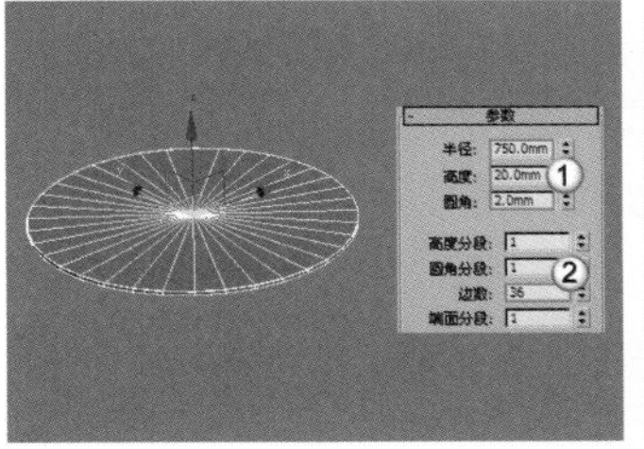

图8-92

图8-93

03 选择上一步创建的圆柱体，然后使用“选择并旋转”工具将其旋转到如图8-94所示的角度。

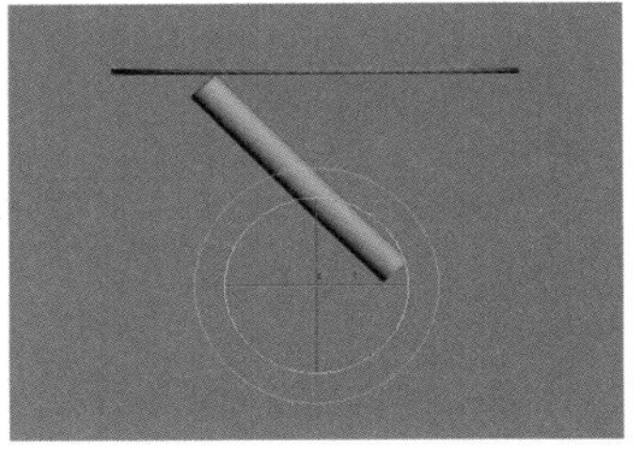

图8-94

04 在“命令”面板中单击“层级”按钮，然后单击“仅影响轴”按钮 仅影响轴 ，接着在顶视图中将轴心点拖曳到桌面的中心位置，如图8-95所示。调整完成后再次单击“仅影响轴”按钮 仅影响轴 ，退出“仅影响轴”模式。

05 按A键激活“角度捕捉切换”工具，然后按住Shift键使用“选择并旋转”工具在顶视图中旋转（旋转-90°）复制切角圆柱体，接着在弹出的对话框中设置“副本数”为3，如图8-96所示。

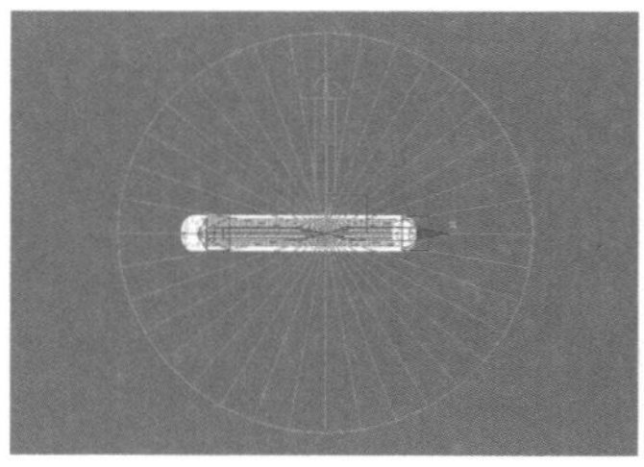

图8-95

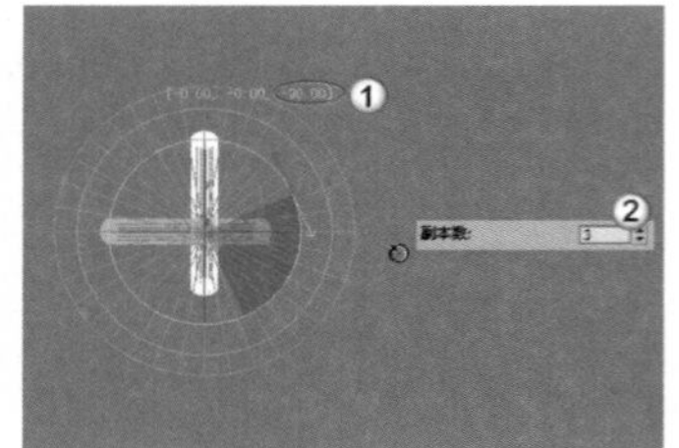

图8-96

06 下面制作椅子模型。使用“长方体”工具 长方体 在场景中创建一个长方体，然后在“参数”卷展栏下设置“长度”为650mm、“宽度”为650mm、“高度”为500mm、“长度分段”为2，具体参数设置及模型效果如图8-97所示。

07 将长方体转换为可编辑多边形，进入“顶点”级别，然后使用“选择并移动”工具在顶视图中将中间的顶点向下拖曳到如图8-98所示的位置。

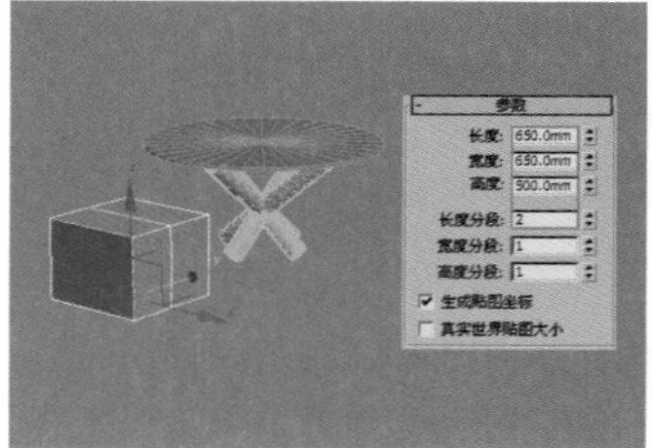

图8-97

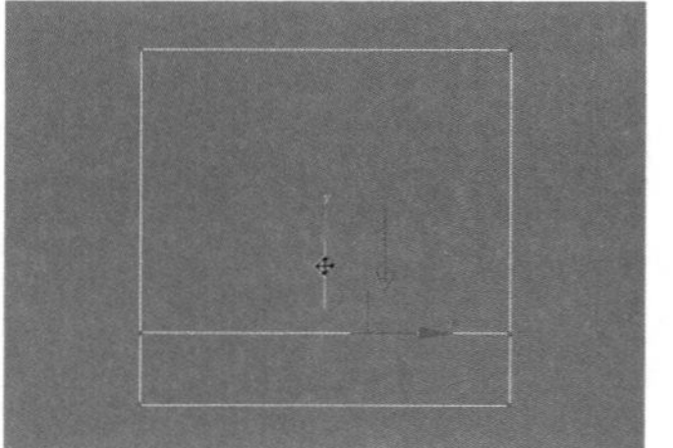

图8-98

技巧与提示

为了方便对长方体的操作，可以按Alt+Q组合键进入“孤立选择”模式。另外，单击鼠标右键，在弹出的菜单中选择“孤立当前选择”命令，也可以进入“孤立显示”模式，如图8-99所示。

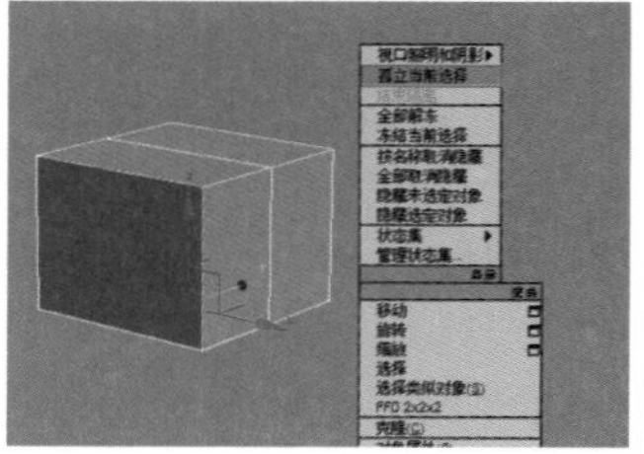

图8-99

08 在前视图中选择顶部的顶点，如图8-100所示，然后使用“选择并均匀缩放”工具将顶点向内缩放成如图8-101所示的效果。

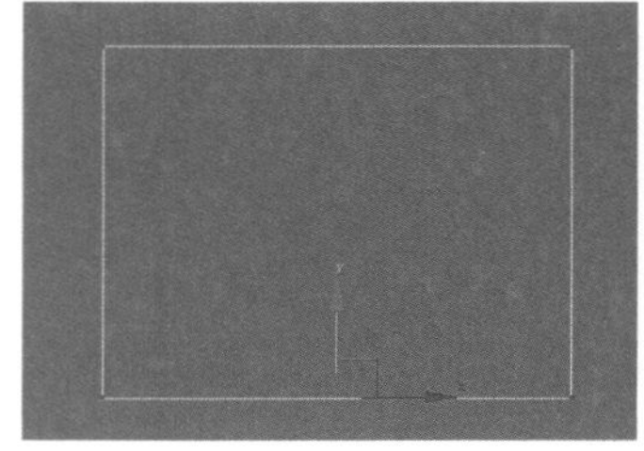

图8-100

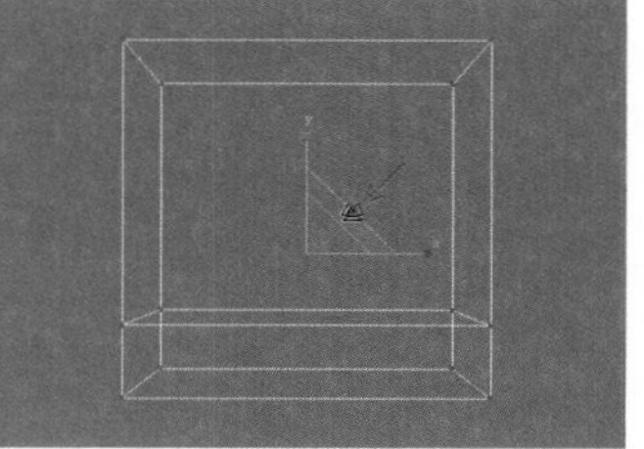

图8-101

09 在“选择”卷展栏下单击“多边形”按钮，进入“多边形”级别，然后选择如图8-102所示的多边形，接着在“编辑多边形”卷展栏下单击“挤出”按钮 挤出 后面的“设置”按钮，最后设置“高度”为820mm，如图8-103所示。

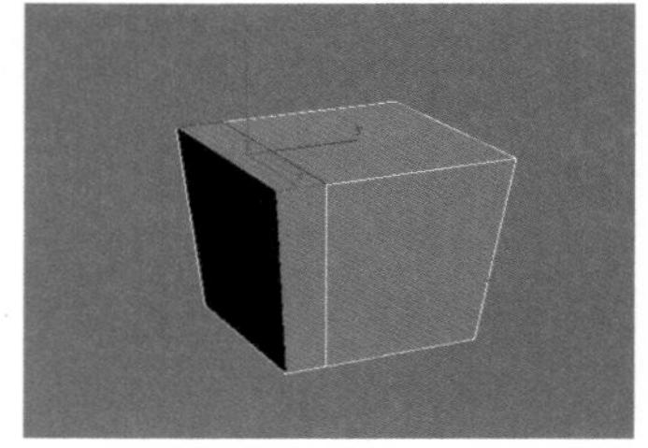

图8-102

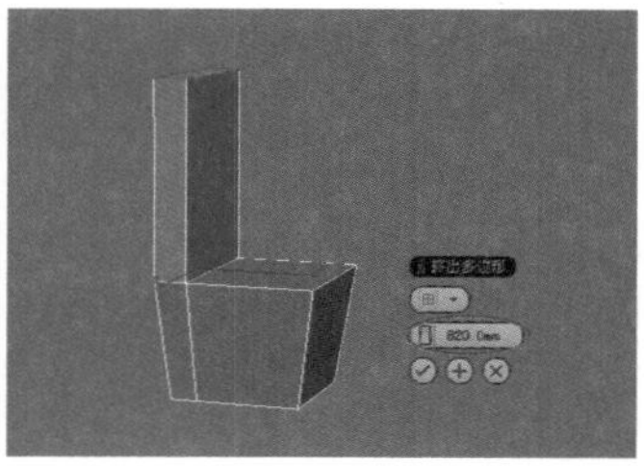

图8-103

10 在“选择”卷展栏下单击“边”按钮，进入“边”级别，然后选择如图8-104所示的边，接着在“编辑边”卷展栏下单击“切角”按钮 切角 后面的“设置”按钮，最后设置“边切角量”为15mm，如图8-105所示。

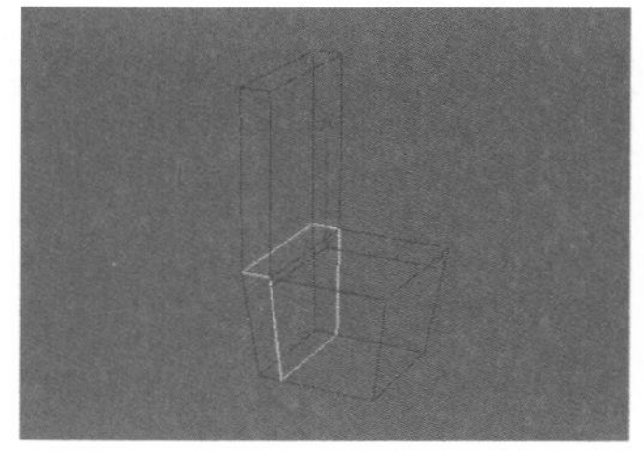

图8-104

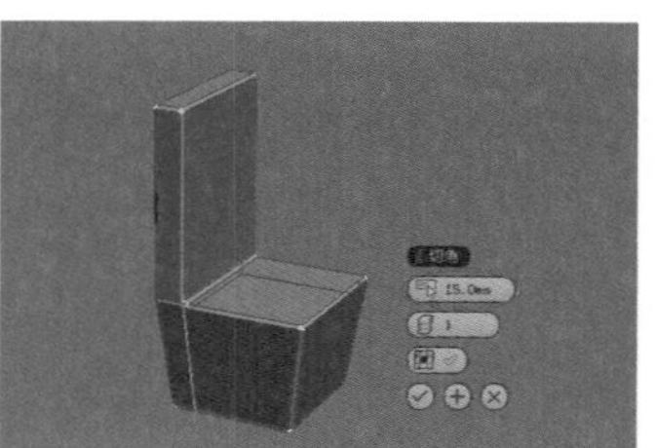

图8-105

11 为模型加载一个“涡轮平滑”修改器，然后在“涡轮平滑”卷展栏下设置“迭代次数”为2，如图8-106所示。

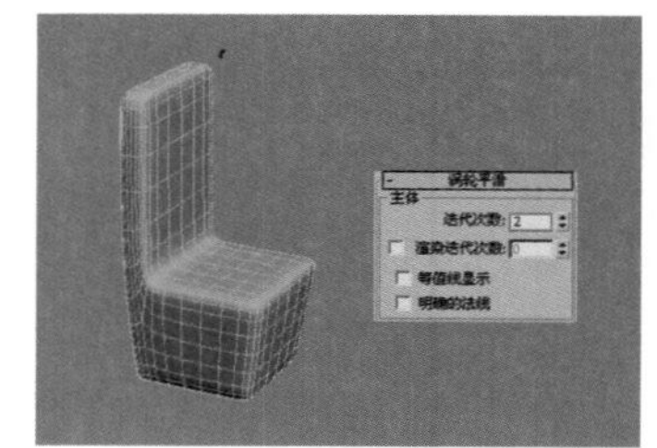

图8-106

12 再次将模型转换为可编辑多边形，进入“边”级别，然后选择如图8-107所示的边，接着在“编辑边”卷展栏下单击“利用所选内容创建图形”按钮 利用所选内容创建图形 ，最后在弹出的“创建图形”对话框中设置“图形类型”为“线性”，如图8-108所示。

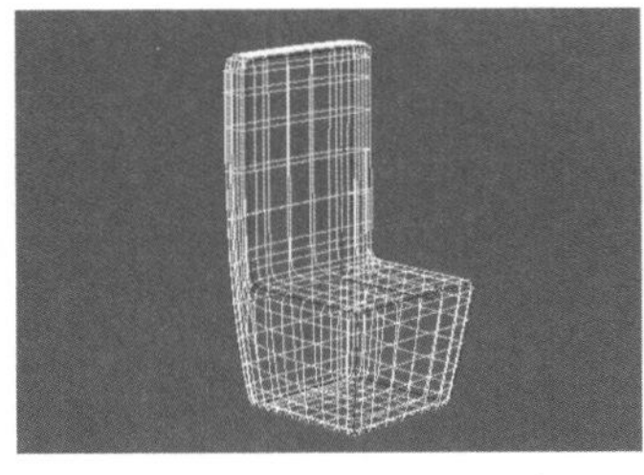

图8-107

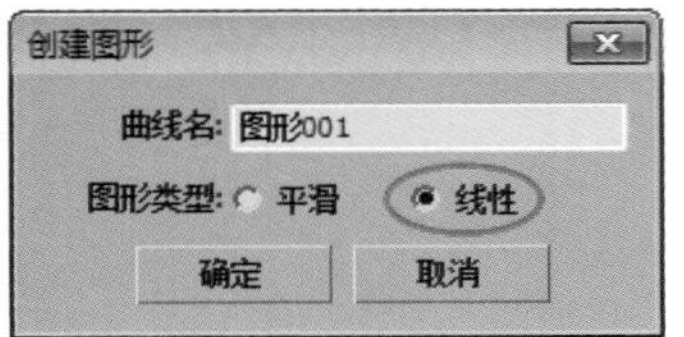

图8-108

13 选择“图形001”，然后在“渲染”卷展栏下勾选“在渲染中启用”和“在视口中启用”选项，接着设置“径向”的“厚度”为8mm，具体参数设置及图形效果如图8-109所示。

图8-109

疑难问答

问：为何总是选择不到图形?

答：由于图形与椅子模型紧挨在一起，因此用鼠标很难选择到图形。为了一次性选择到图形，可以按H键打开“从场景选择”对话框，然后选择“图形001”即可，如图8-110所示。

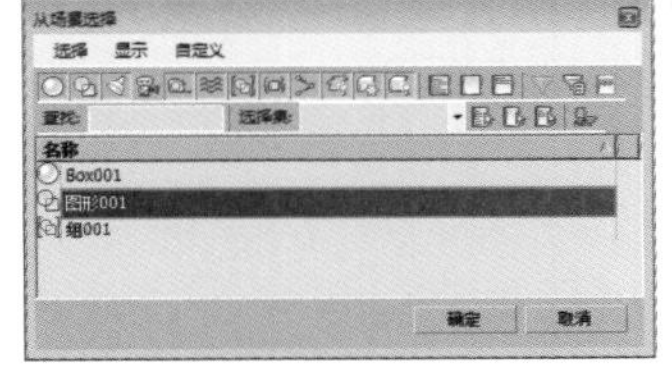

图8-110

14 同时选择椅子模型和“图形001”，然后为其加载一个FFD 4×4×4修改器，接着选择“控制点”层级，最后在左视图中将模型调整成如图8-111所示的形状。

15 利用“仅影响轴”技术和“选择并旋转”工具围绕餐桌旋转复制4把椅子，最终效果如图8-112所示。

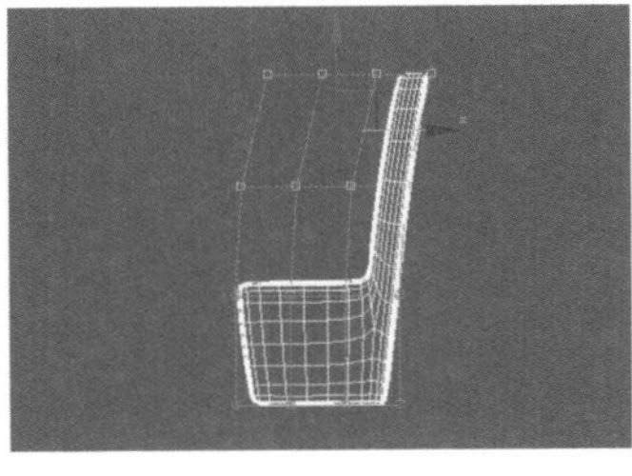

图8-111

图8-112

★ 重点 ★

实战：用多边形建模制作鞋柜

场景位置	无
实例位置	实例文件>CH08>实战：用多边形建模制作鞋柜.max
视频位置	多媒体教学>CH08>实战：用多边形建模制作鞋柜.flv
难易指数	★★★☆☆
技术掌握	切角工具、插入工具、倒角工具、挤出工具、连接工具、倒角剖面修改器

扫码看视频

鞋柜的效果如图8-113所示。

图8-113

01 使用“长方体”工具 长方体 在场景中创建一个长方体，然后在“参数”卷展栏下设置“长度”为320mm、“宽度”为900mm、“高度”为1000mm、“长度分段”为1、“宽度分段”和“高度分段”为2，具体参数设置及模型效果如图8-114所示。

02 将长方体转换为可编辑多边形，进入“顶点”级别，然后使用“选择并移动”工具在前视图中将中间的顶点向上拖曳到如图8-115所示的位置。

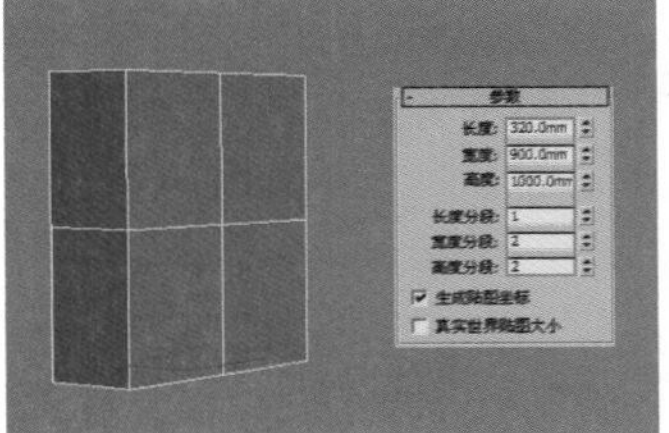

图8-114

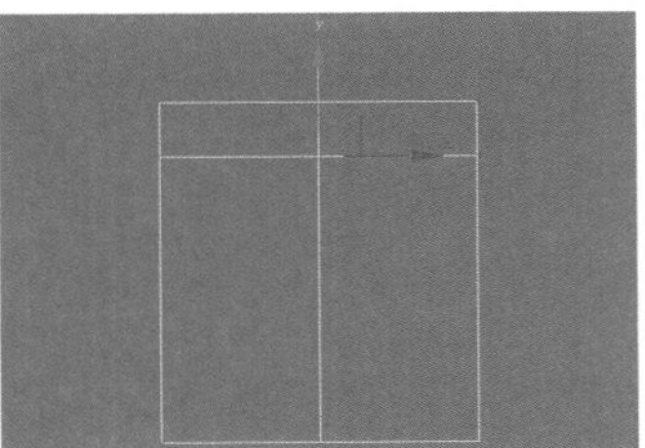

图8-115

03 进入“边”级别，然后选择如图8-116所示的边，接着在“编辑边”卷展栏下单击“切角”按钮 切角 后面的“设置”按钮，最后设置“边切角量”为20mm，如图8-117所示。

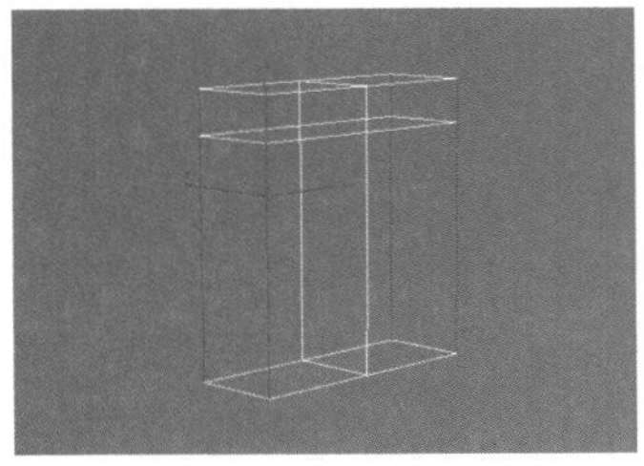

图8-116

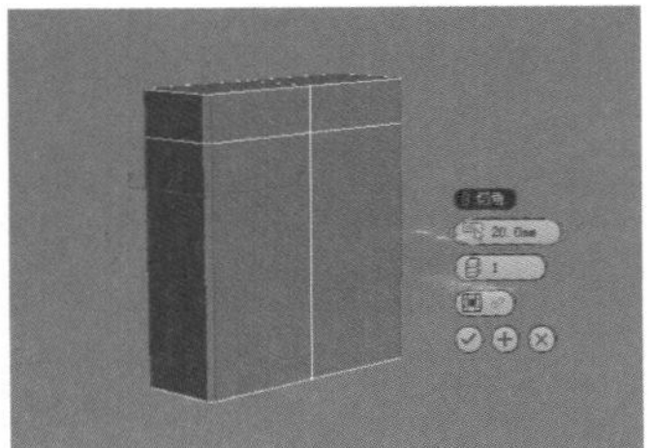

图8-117

04 进入“多边形”级别，然后选择如图8-118所示的多边形，接着在“编辑多边形”卷展栏下单击“插入”按钮 插入 后面的“设置”按钮，最后设置“数量”为15mm，如图8-119所示。

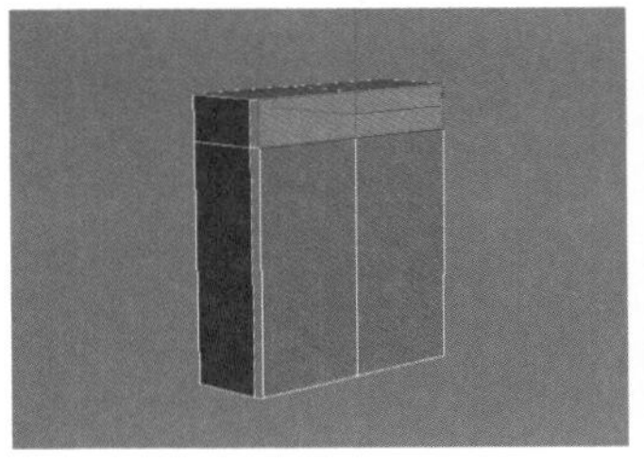

图8-118

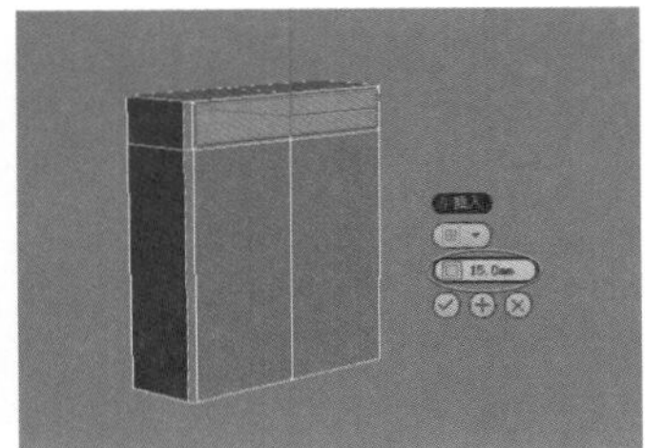

图8-119

05 选择如图8-120所示的多边形，然后在“编辑多边形”卷展栏下单击“插入”按钮 插入 后面的“设置”按钮，接着设置“数量”为10mm，如图8-121所示。

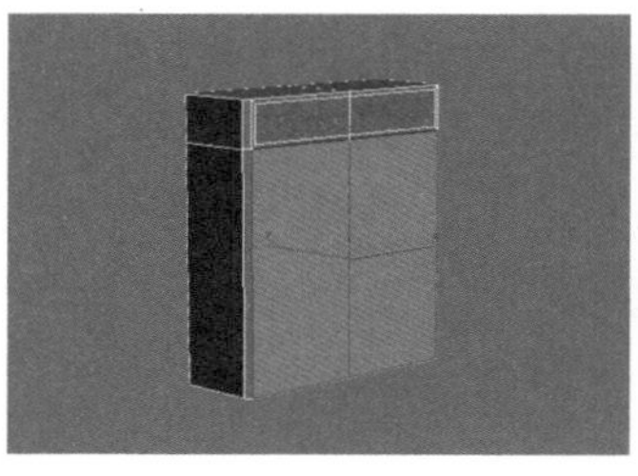
图8-120

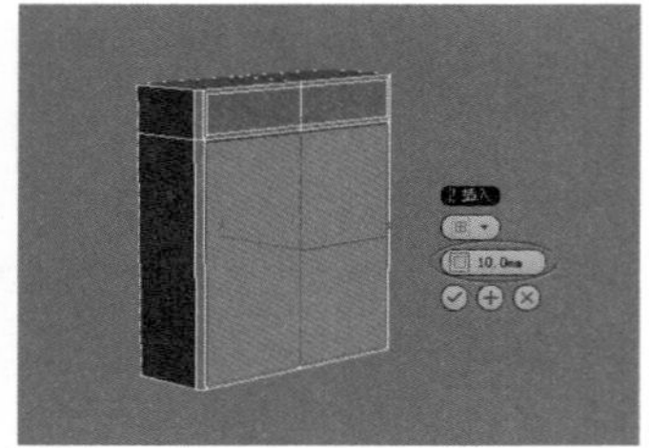

图8-121

06 选择如图8-122所示的多边形，然后在“编辑多边形”卷展栏下单击“倒角”按钮 倒角 后面的“设置”按钮，接着设置“高度”为13mm、“轮廓”为-1mm，如图8-123所示。

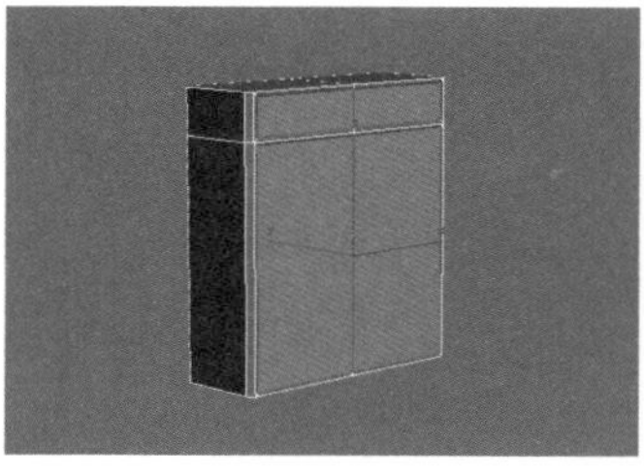
图8-122

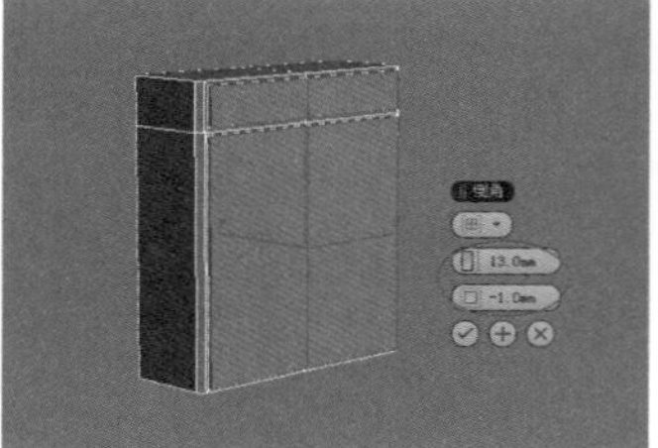

图8-123

07 选择如图8-124所示的多边形，然后在“编辑多边形”卷展栏下单击“插入”按钮 插入 后面的“设置”按钮，接着设置“数量”为10mm，如图8-125所示。

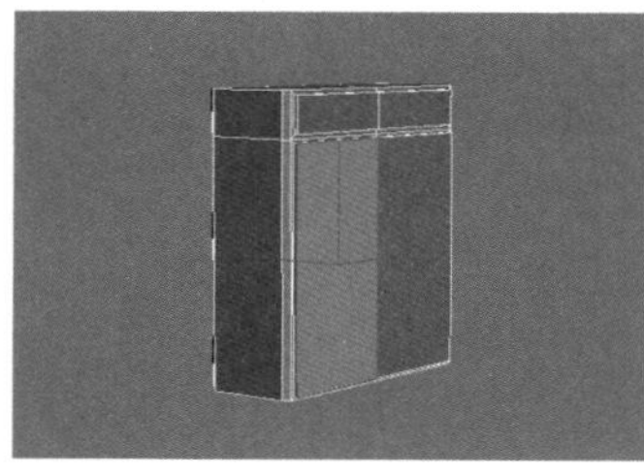
图8-124

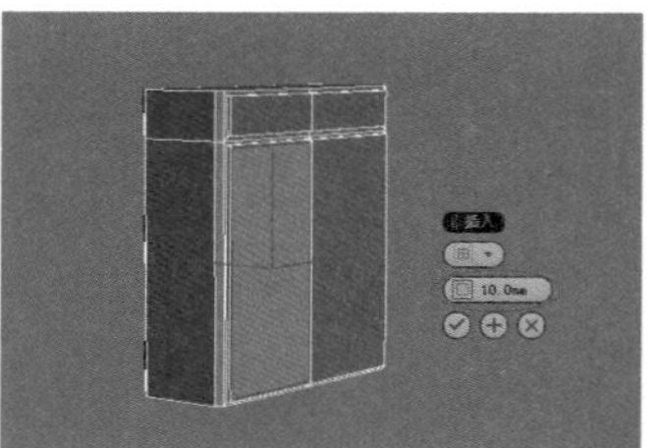

图8-125

08 采用相同的方法将另外一侧的多边形也插入10mm，如图8-126所示。

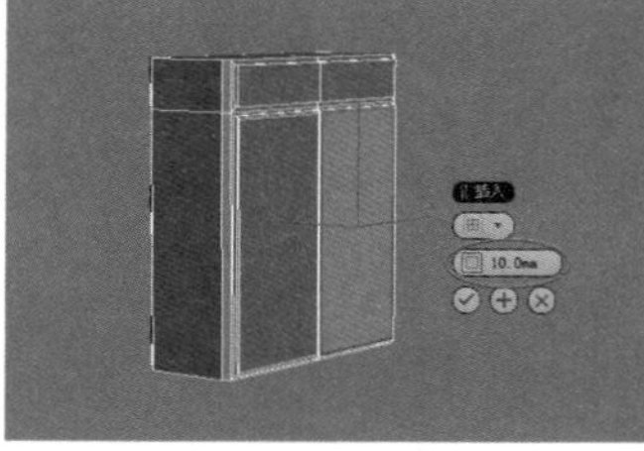

图8-126

问：为何不同时插入两个多边形？

答：如果同时选择两个多边形进行插入，则将两个多边形视为一个多边形进行插入，如图8-127所示。

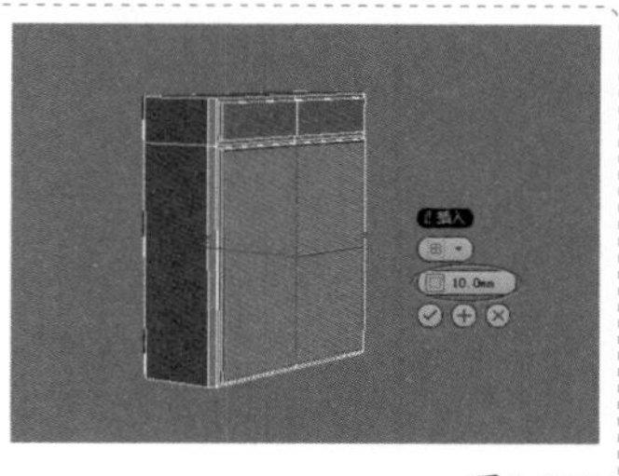

图8-127

09 选择如图8-128所示的多边形，然后在“编辑多边形”卷展栏下单击“倒角”按钮 倒角 后面的“设置”按钮，接着设置“高度”为8mm、“轮廓”为-1mm，如图8-129所示。

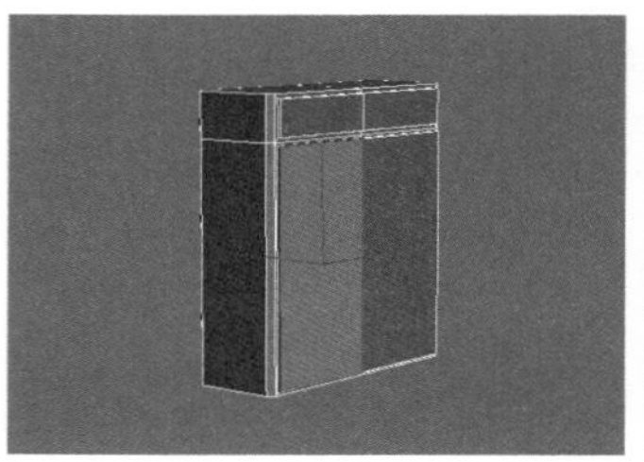
图8-128

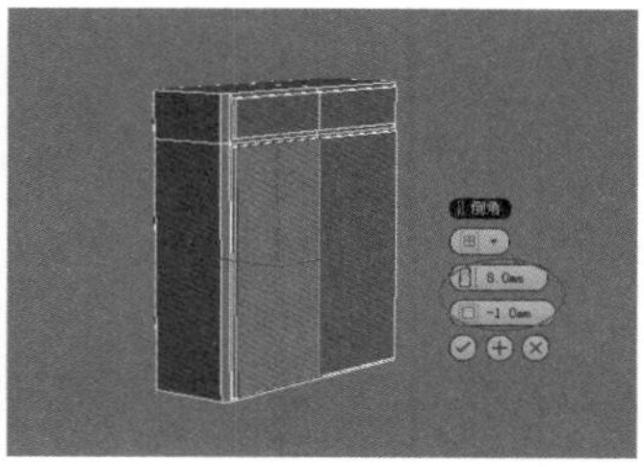

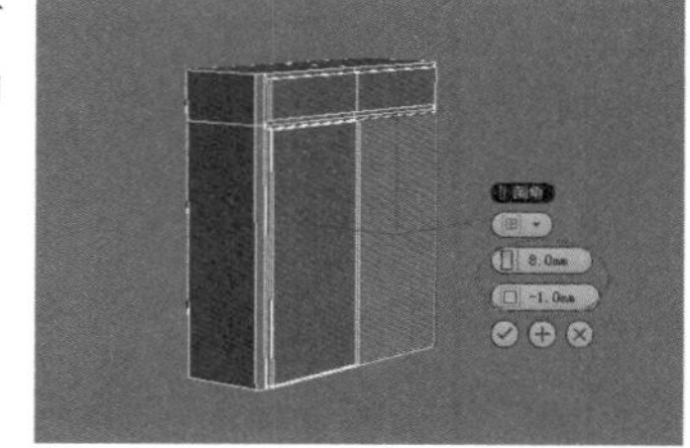

图8-129

10 采用相同的方法将另外一侧的多边形也进行相同的倒角操作，如图8-130所示。

图8-130

11 选择如图8-131所示的多边形，然后在“编辑多边形”卷展栏下单击“插入”按钮 插入 后面的“设置”按钮，接着设置“数量”为10mm，如图8-132所示。

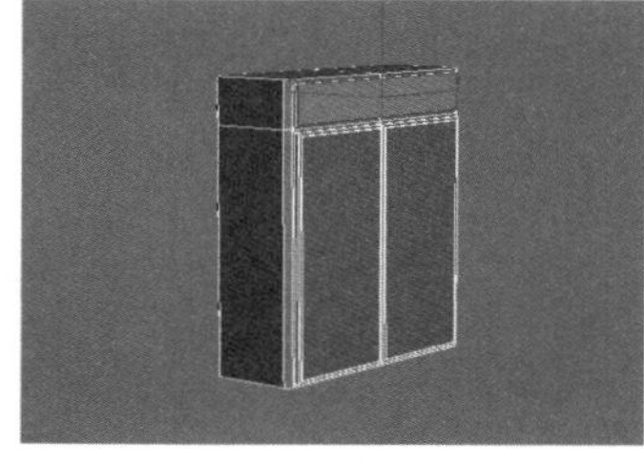
图8-131

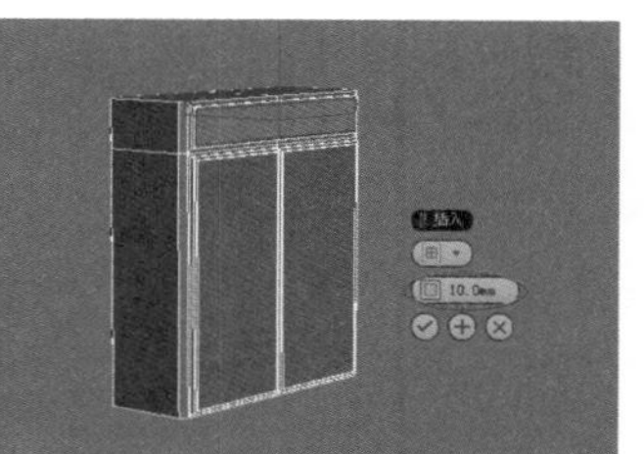

图8-132

12 保持对多边形的选择，在“编辑多边形”卷展栏下单击“倒角”按钮 倒角 后面的“设置”按钮，然后设置“高度”为8mm、“轮廓”为-1mm，如图8-133所示。

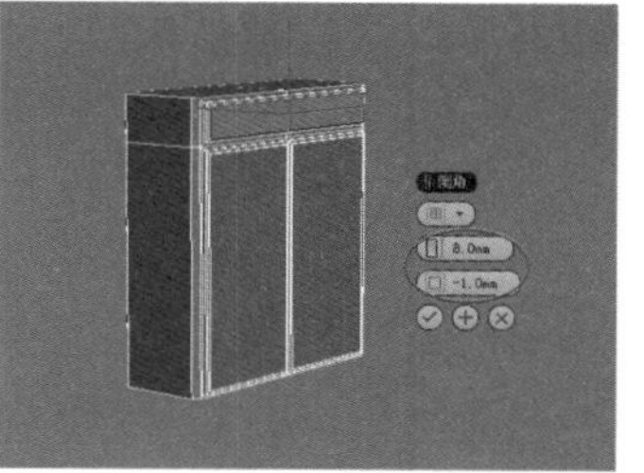

图8-133

13 选择如图8-134所示的多边形，然后在“编辑多边形”卷展栏下单击“插入”按钮 插入 后面的“设置”按钮▣，接着设置“数量”为60mm，如图8-135所示。

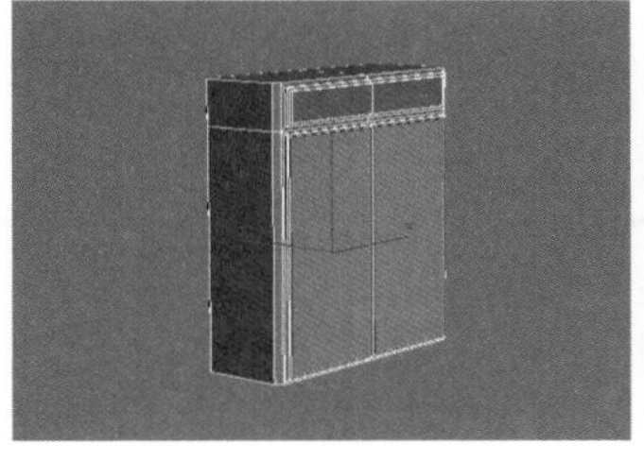

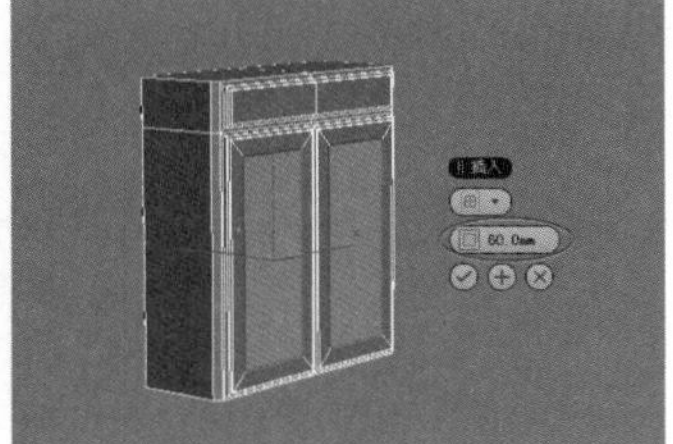

图8-134 图8-135

14 保持对多边形的选择，在“编辑多边形”卷展栏下单击“倒角”按钮 倒角 后面的“设置”按钮▣，然后设置“高度”为-3mm、“轮廓”为-2mm，如图8-136所示。

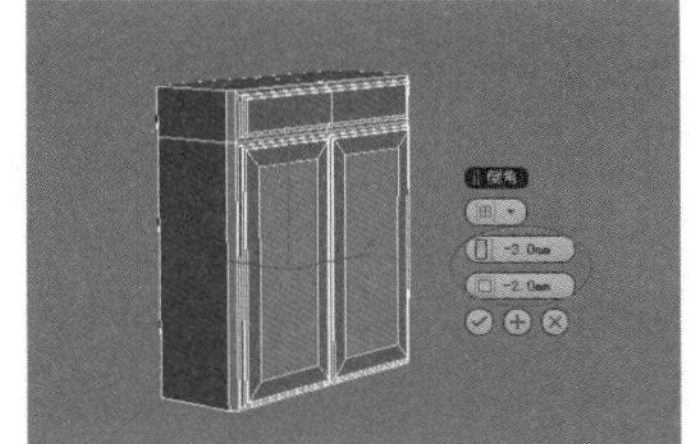

图8-136

15 使用“线”工具 线 在顶视图中绘制一条如图8-137所示的样条线，然后在前视图中继续绘制一条如图8-138所示的样条线。

图8-137 图8-138

16 为先绘制的样条线加载一个“倒角剖面”修改器，然后在“参数“卷展栏下单击“拾取剖面”按钮 拾取剖面 ，接着在视图中拾取另一条样条线，如图8-139所示，效果如图8-140所示。

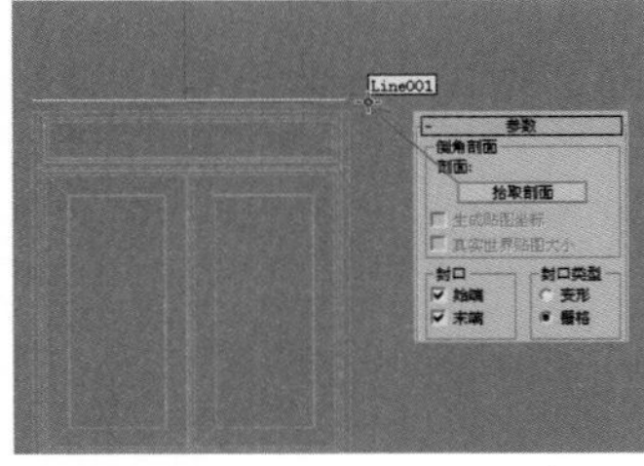

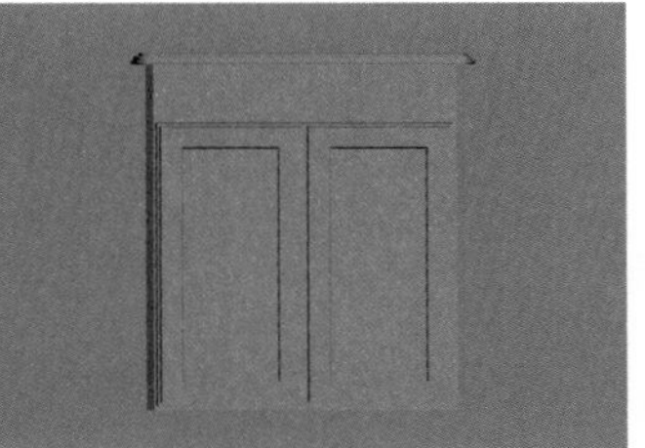

图8-139 图8-140

疑难问答

问：“倒角剖面”修改器有何作用?

答：“倒角剖面”修改器可以使用一个图形路径作为倒角的截剖面来挤出一个图形。

17 使用“矩形”工具 矩形 在顶视图中绘制一个如图8-141所示的圆角矩形。这里提供一张孤立选择图，如图8-142所示。

图8-141 图8-142

18 为圆角矩形加载一个“倒角剖面”修改器，然后在“参数”卷展栏下单击“拾取剖面”按钮 拾取剖面 ，接着在视图中拾取前面绘制的样条线，如图8-143所示，效果如图8-144所示。

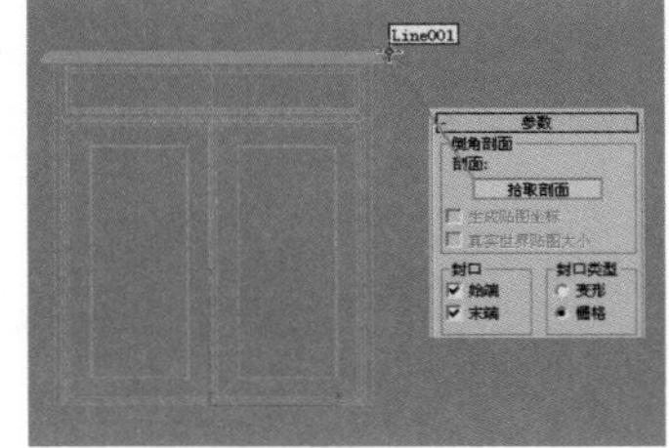

图8-143 图8-144

19 将底座模型转换为可编辑多边形，进入“多边形”级别，然后选择如图8-145所示的多边形，接着在“编辑多边形”卷展栏下单击“挤出”按钮 挤出 后面的“设置”按钮▣，最后设置“高度”为40mm，如图8-146所示。

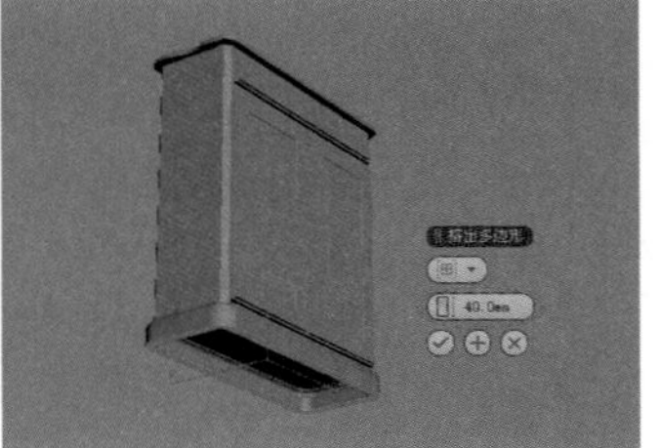

图8-145 图8-146

20 选择如图8-147所示的多边形，然后在“编辑多边形”卷展栏下单击“挤出”按钮 挤出 后面的“设置”按钮▣，接着设置“高度”为70mm，如图8-148所示。

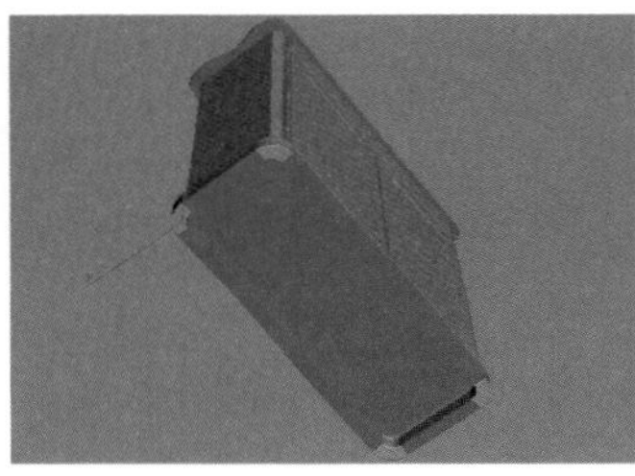

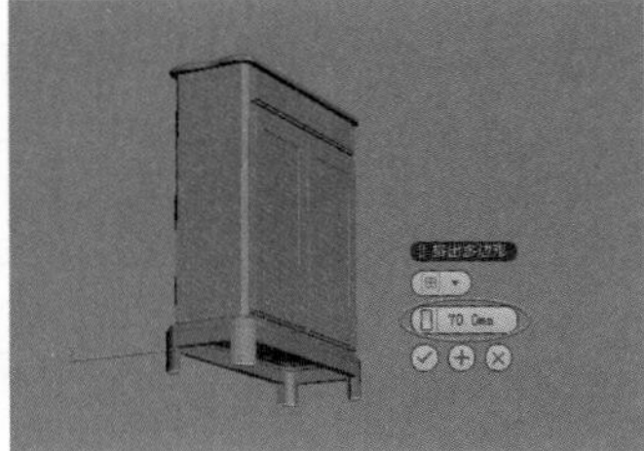

图8-147 图8-148

21 进入“边”级别，然后选择如图8-149所示的边，接着在“编辑边”卷展栏下单击“连接”按钮 连接 后面的“设置”

按钮▣，最后设置“分段”为3，如图8-150所示。

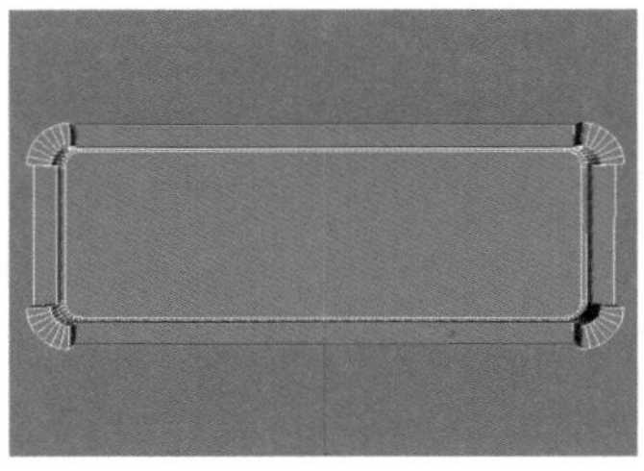

图8-149

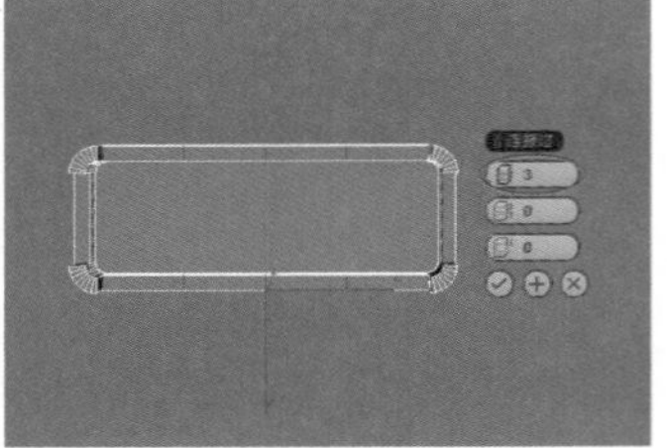

图8-150

22 进入“顶点”级别，然后在前视图中使用“选择并移动”工具✥将中间的顶点向下拖曳到如图8-151所示的位置，整体效果而3-152所示。

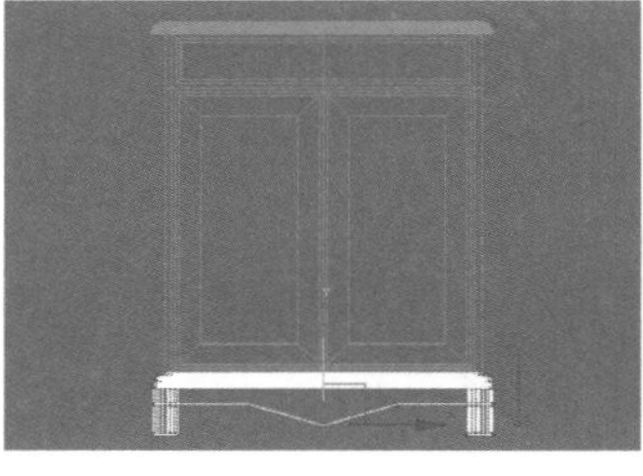

图8-151

图8-152

23 使用“线”工具 线 在顶视图中绘制一条如图8-153所示的样条线。这里提供一张孤立选择图，如图8-154所示。

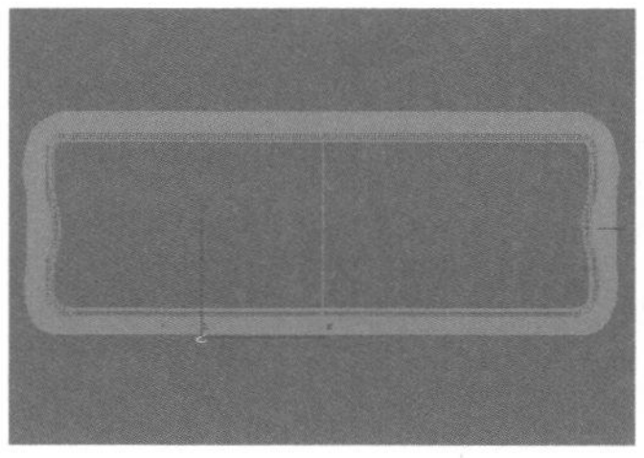

图8-153

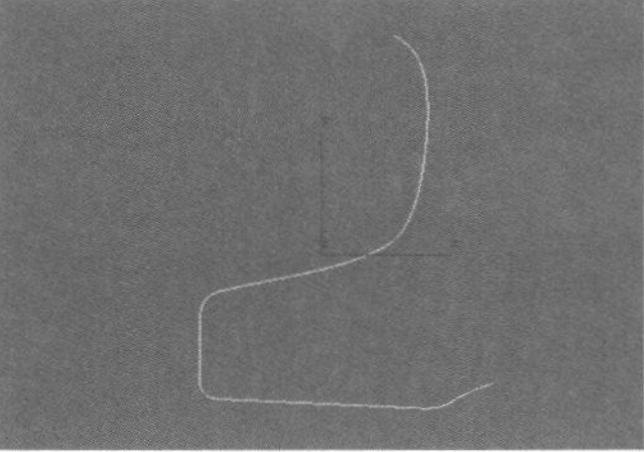

图8-154

24 为样条线加载一个“车削”修改器，然后在“参数”卷展栏下设置“分段”为32，接着设置“方向”为*y*轴 Y 、“对齐”方式为“最大” 最大 ，如图8-155所示，最后复制3个把手到其他位置，最终效果如图8-156所示。

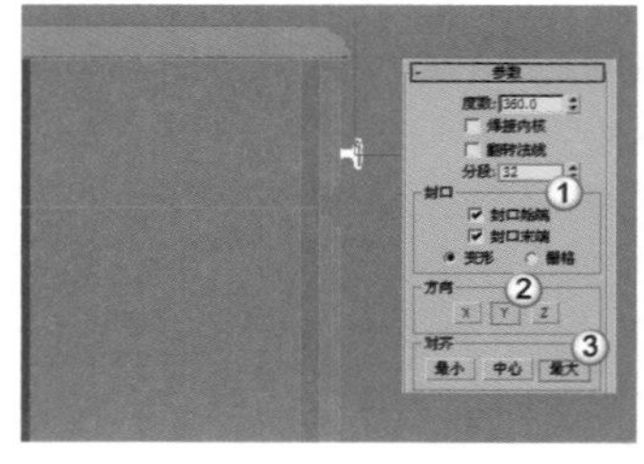

图8-155

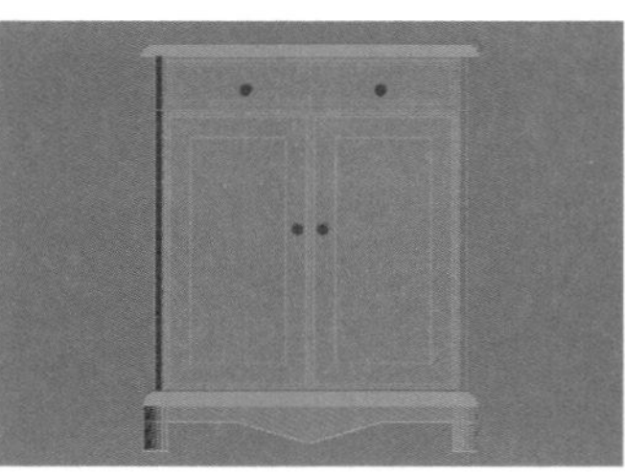

图8-156

★ 重点 ★

实战：用多边形建模制作雕花柜子

场景位置　无
实例位置　实例文件>CH08>实战：用多边形建模制作雕花柜子.max
视频位置　多媒体教学>CH08>实战：用多边形建模制雕花作柜子.flv
难易指数　★★★☆☆
技术掌握　插入工具、挤出工具、切角工具

扫码看视频

雕花柜子的效果如图8-157所示。

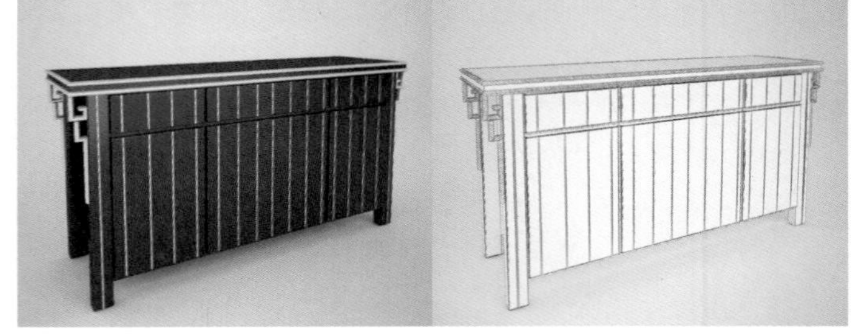

图8-157

01 使用“长方体”工具 长方体 在场景中创建一个长方体，然后在“参数”卷展栏下设置“长度”为400mm、“宽度”为1400mm、“高度”为30mm，具体参数设置及模型效果如图8-158所示。

02 继续使用“长方体“工具 长方体 在场景中创建一个长方体，然后在“参数”卷展栏下设置“长度”为390mm、“宽度”为1150mm、“高度”为600mm、“长度分段”为1、“宽度分段”为3、“高度分段”为2，具体参数设置及模型位置如图8-159所示。

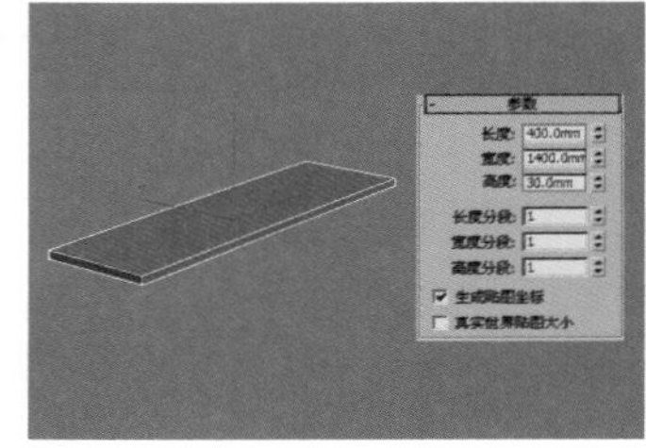

图8-158

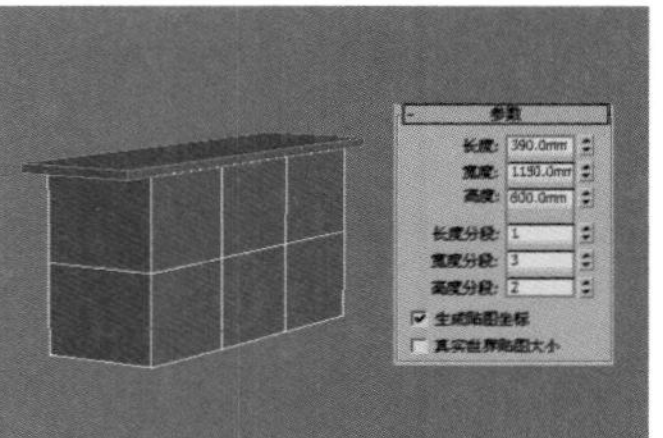

图8-159

03 将上一步创建的长方体转换为可编辑多边形，然后进入“顶点”级别，接着使用“选择并移动”工具✥在前视图中将中间的顶点向上拖曳到如图8-160所示的位置。

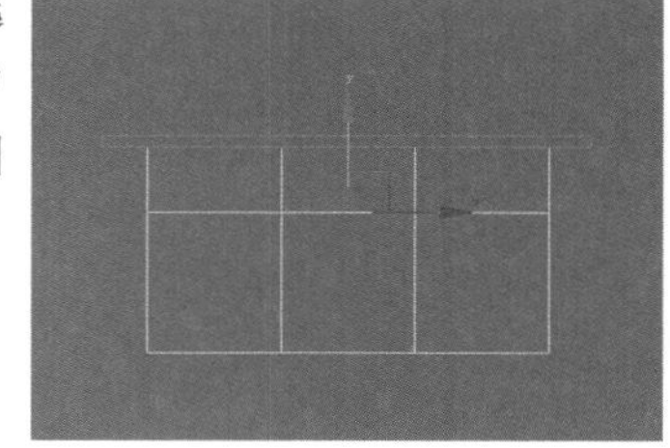

图8-160

04 进入“多边形”级别，然后选择如图8-161所示的多边形，接着在“编辑多边形”卷展栏下单击“插入”按钮 插入 后面的“设置”按钮▣，最后设置“插入类型”为“按多边形”、“数量”为5mm，如图8-162所示。

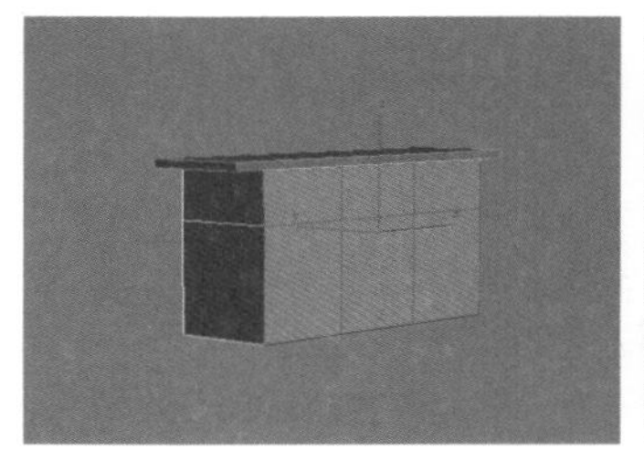

图8-161

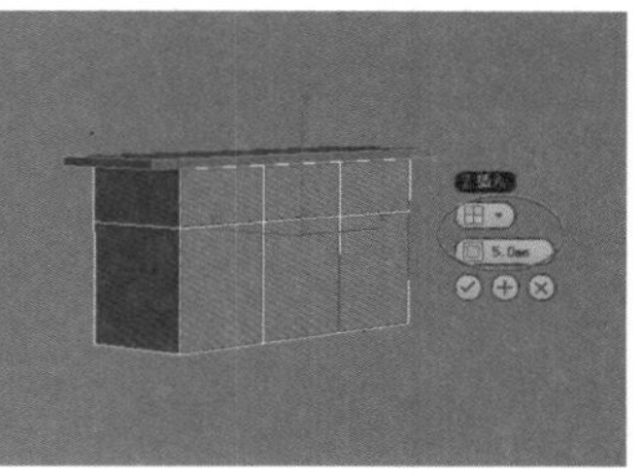

图8-162

05 保持对多边形的选择，在“编辑多边形”卷展栏下单击“挤出”按钮 挤出 后面的“设置”按钮，然后设置“高度”为8mm，如图8-163所示。

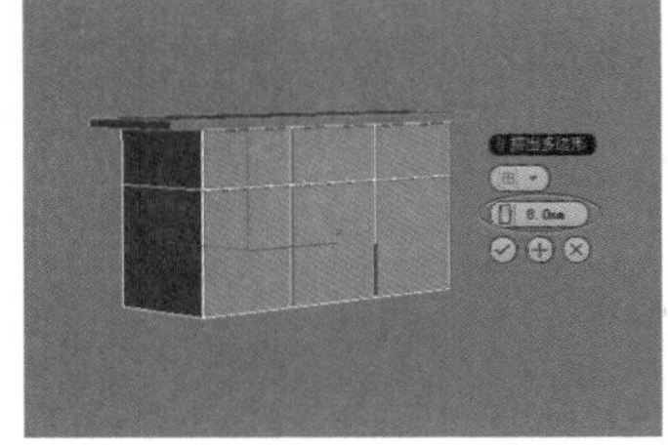

图8-163

06 进入“边”级别，然后选择如图8-164所示边，接着在“编辑边”卷展栏下单击“切角”按钮 切角 后面的“设置”按钮，最后设置“边切角量”为2mm、“分段”为3，如图8-165所示。

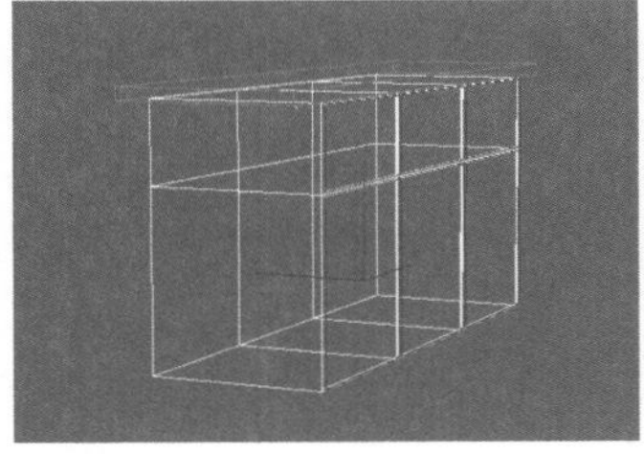

图8-164

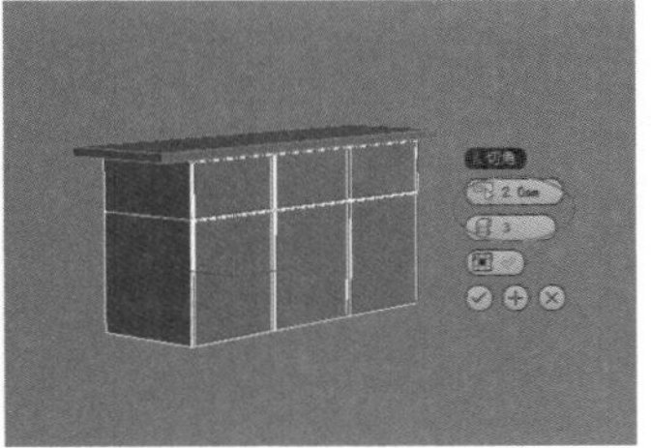

图8-165

07 使用“切角长方体”工具 切角长方体 在场景中创建一个切角长方体，然后在“参数”卷展栏下设置“长度”为40mm、“宽度”为60mm、“高度”为680mm、“圆角”为2mm、“圆角分段”为3，具体参数设置及模型位置如图8-166所示，接着复制3个切角长方体到另外3个桌角处，如图8-167所示。

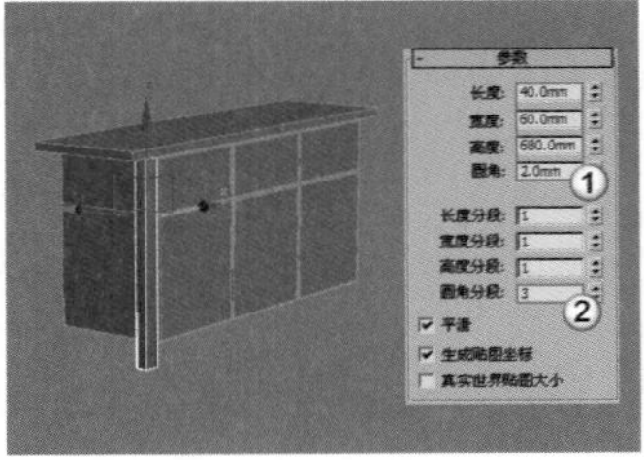

图8-166

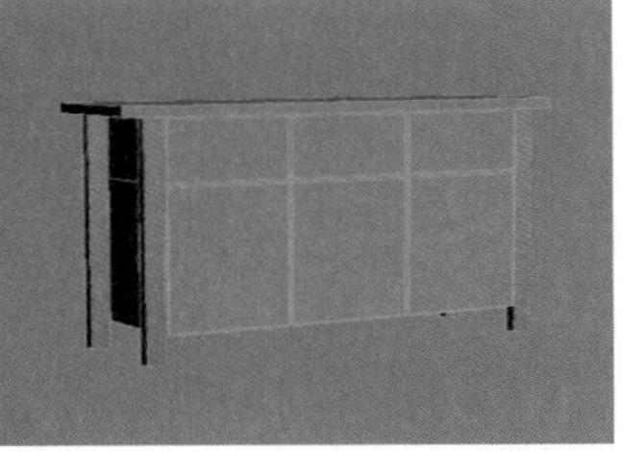

图8-167

08 使用“矩形”工具 矩形 在顶视图中绘制一个矩形，然后在“参数”卷展栏下设置“长度”为400mm、“宽度”为1400mm，如图8-168所示。

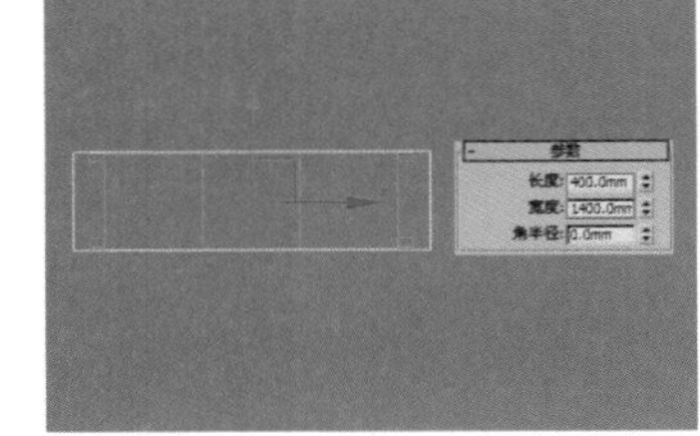

图8-168

09 选择矩形，然后在“渲染”卷展栏下勾选“在渲染中启用”和“在视口中启用”选项，最后设置“径向”的“厚度”为18mm，具体参数设置及图形位置如图8-169所示，接着向下复制一个矩形到如图8-170所示的位置。

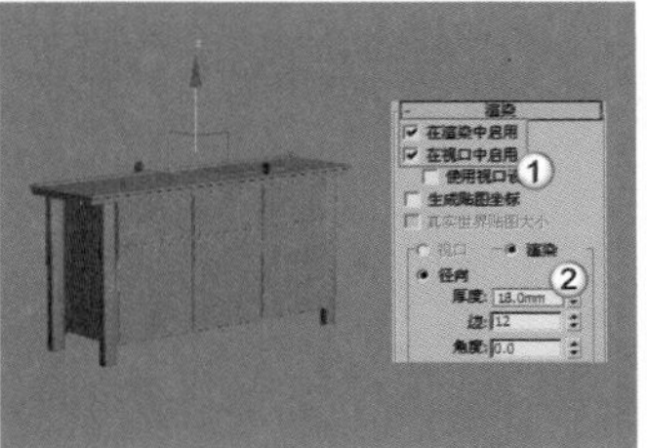

图8-169

图8-170

10 使用“线”工具 线 在前视图中绘制一条如图8-171所示的样条线。这里提供一张孤立选择图，如图8-172所示。

图8-171

图8-172

11 选择样条线，然后在“渲染”卷展栏下勾选“在渲染中启用”和“在视口中启用”选项，接着设置“径向”的“厚度”为15mm，具体参数设置及图形效果如图8-173所示。

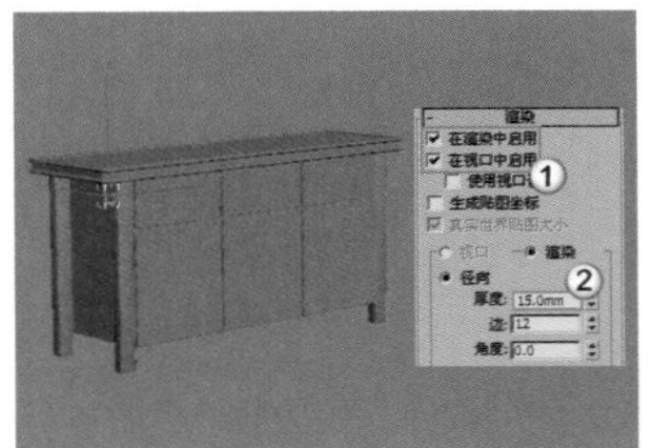

图8-173

12 继续使用“线”工具 线 制作如图8-174所示的雕花模型，然后将雕花模型复制3份到其他3处，如图8-175所示。

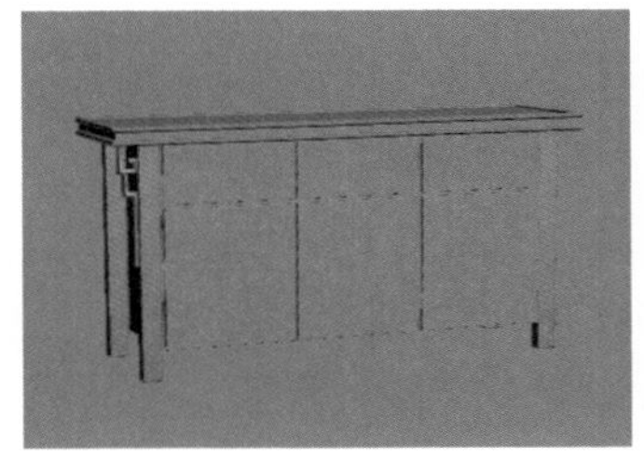

图8-174

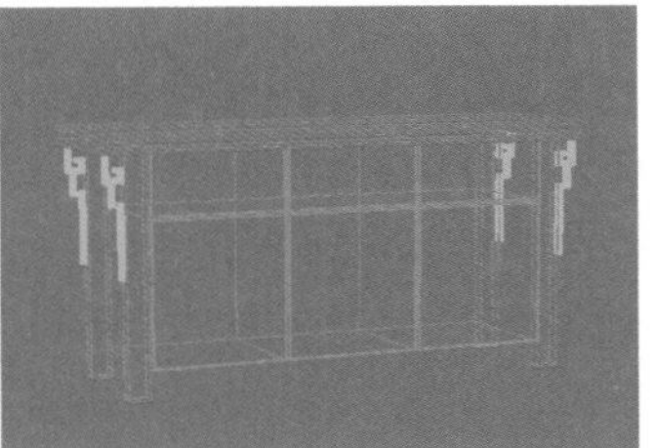

图8-175

13 使用“线”工具 线 在前视图中绘制一条如图8-176所示的样条线，然后在“渲染”卷展栏下勾选“在渲染中启用”和“在视口中启用”选项，接着设置“径向”的“厚度”为8mm，具体参数设置及图形效果如图8-177所示。

14 将样条线复制一些到其他位置，最终效果如图8-178所示。

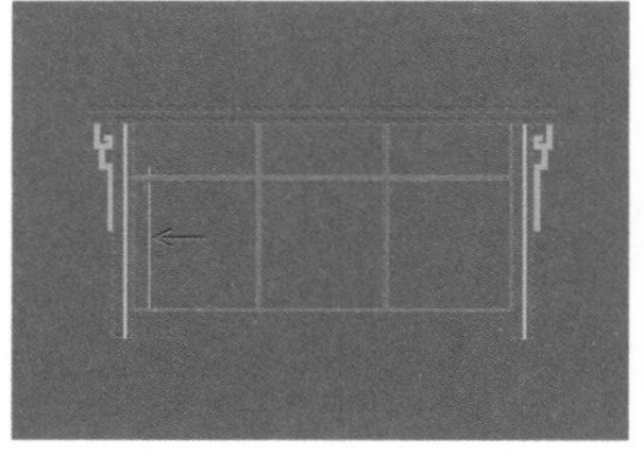

图8-176

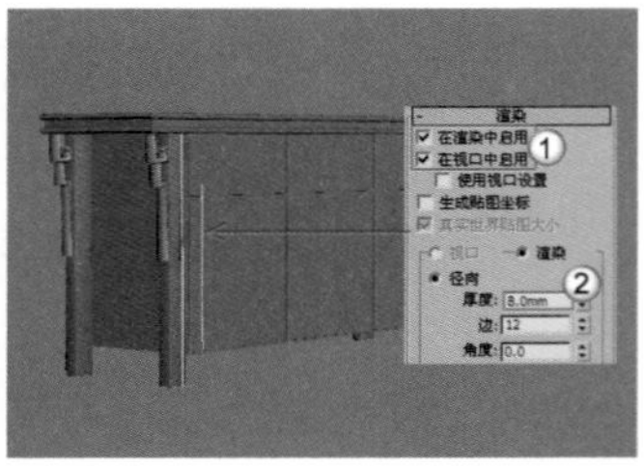

图8-177

图8-178

★ 重点 ★

实战：用多边形建模制作欧式边几

场景位置 无
实例位置 实例文件>CH08>实战：用多边形建模制作欧式边几.max
视频位置 多媒体教学>CH08>实战：用多边形建模制作欧式边几.flv
难易指数 ★★★★☆
技术掌握 插入工具、挤出工具、倒角工具、切角工具、利用所选内容创建图形工具

扫码看视频

欧式边几的效果如图8-179所示。

图8-179

01 下面制作桌面模型。使用“长方体”工具 长方体 在场景中创建一个长方体，然后在“参数”卷展栏下设置“长度”为600mm、“宽度”为1200mm、“高度”为60mm、“长度分段”为4、“宽度分段”为6、“高度分段”为3，具体参数设置及模型效果如图8-180所示。

02 将长方体转换为可编辑多边形，进入“顶点”级别，然后在顶视图中将顶点调整成如图8-181所示的效果。

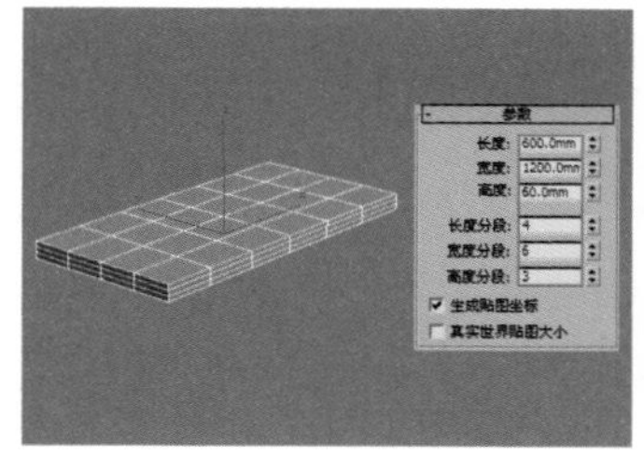

图8-180

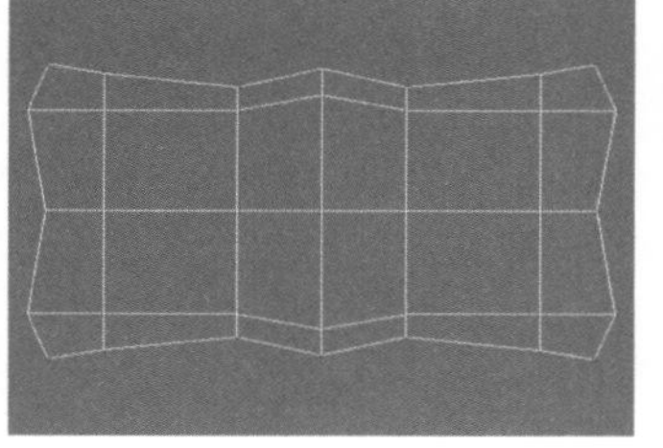

图8-181

知识链接

关于顶点的调节方法请参阅前面的实例。

03 进入“多边形”级别，然后选择如图8-182所示的多边形，接着在“编辑多边形”卷展栏下单击“插入”按钮 插入 后面的“设置”按钮，最后设置“数量”为10mm，如图8-183所示。

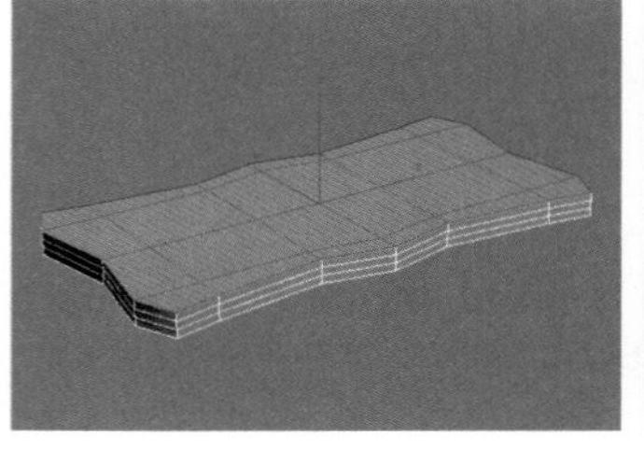

图8-182

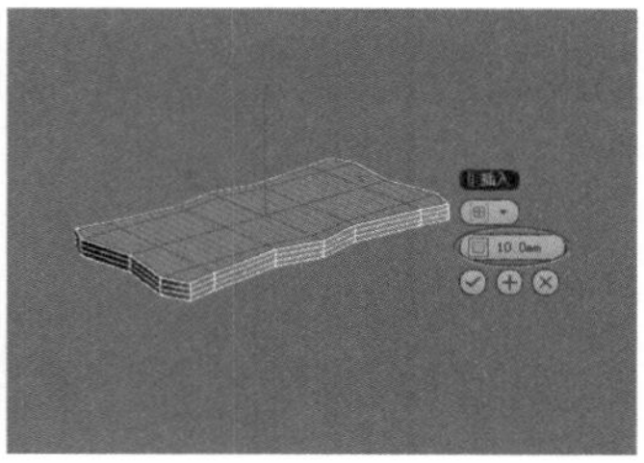

图8-183

04 保持对多边形的选择，在“编辑多边形”卷展栏下单击“挤出”按钮 挤出 后面的“设置”按钮，接着设置“高度”为10mm，如图8-184所示。

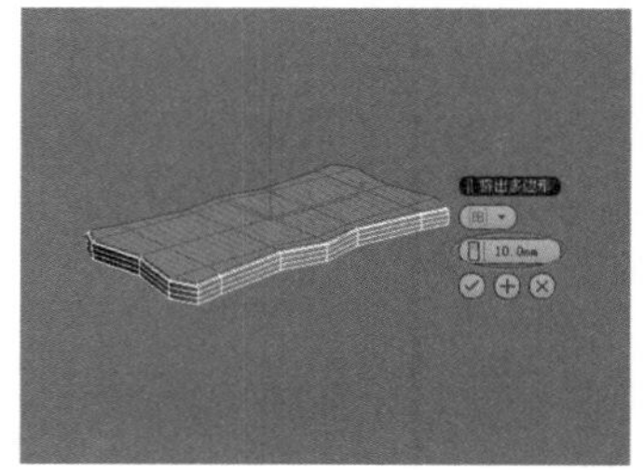

图8-184

05 选择如图8-185所示的多边形，然后在“编辑多边形”卷展栏下单击“倒角”按钮 倒角 后面的“设置”按钮，接着设置“倒角类型”为“局部法线”、“高度”为-8mm、“轮廓”为-3mm，如图8-186所示。

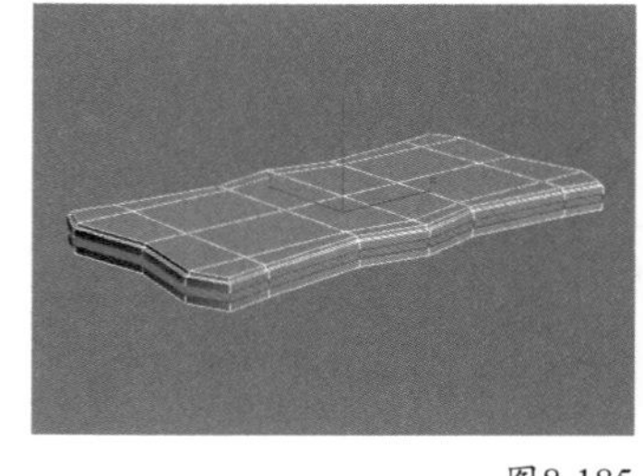

图8-185

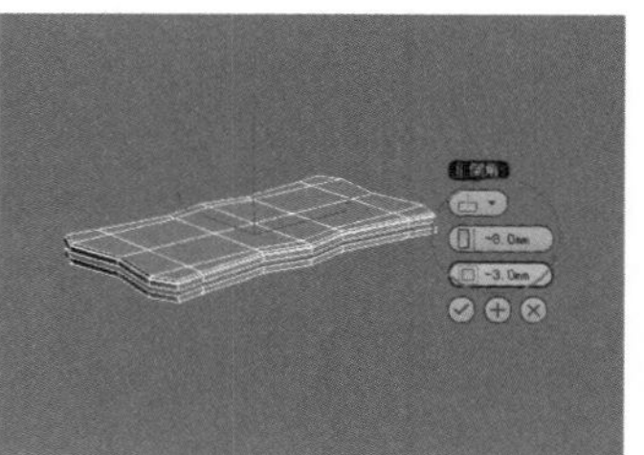

图8-186

06 进入“边”级别，然后选择如图8-187所示的边，接着在“编辑边”卷展栏下单击“切角”按钮 切角 后面的“设置”按钮，最后设置“边切角量”为15mm，如图8-188所示。

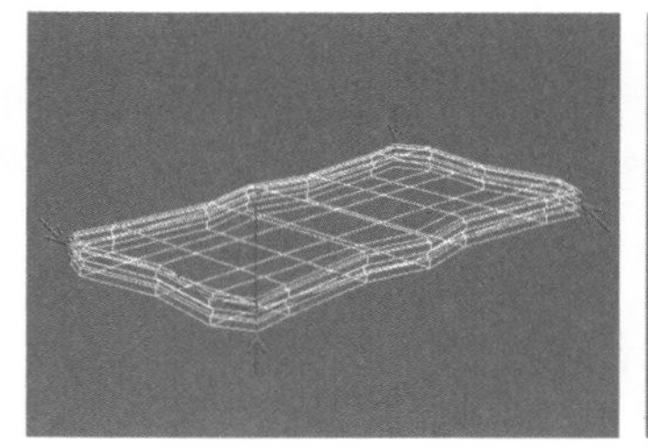

图8-187

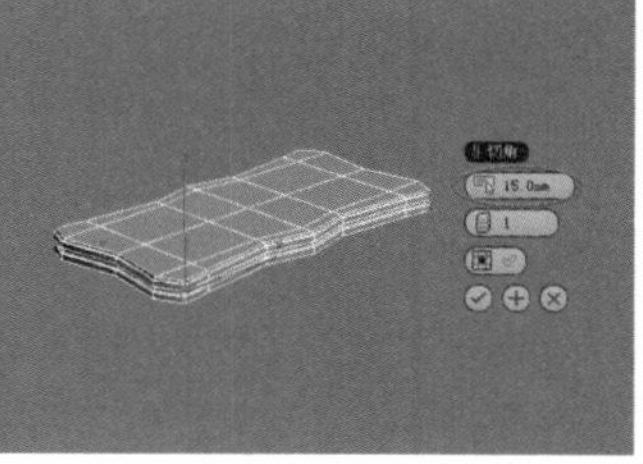

图8-188

07 选择如图8-189所示的边，然后在“编辑边”卷展栏下单击“切角”按钮 切角 后面的“设置”按钮，接着设置“边切角量”为1.5mm，如图8-190所示。

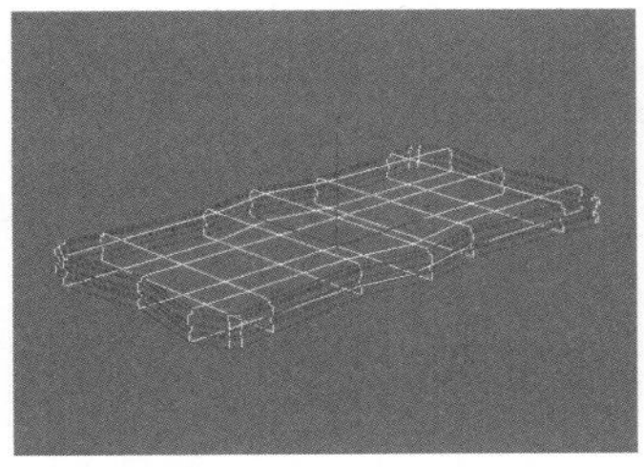
图8-189

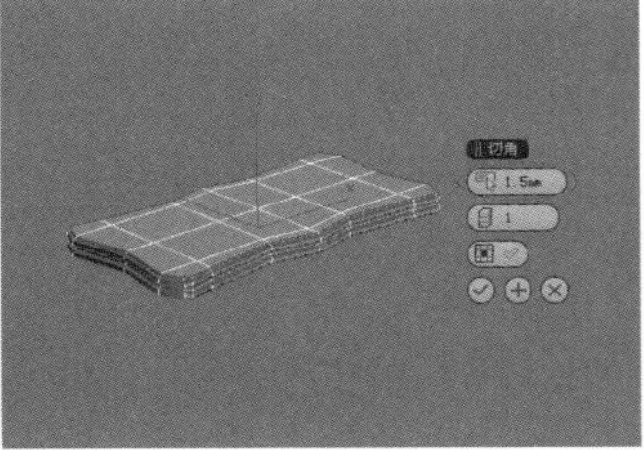
图8-190

08 为模型加载一个“网格平滑”修改器，然后在“细分量”卷展栏下设置“迭代次数”为2，如图8-191所示。

09 使用“长方体”工具 长方体 在场景中创建一个长方体，然后在“参数”卷展栏下设置“长度”为10mm、“宽度”为1200mm、“高度”为200mm、“长度分段”为1、“宽度分段”为6、“高度分段”为2，具体参数设置及模型效果如图8-192所示。

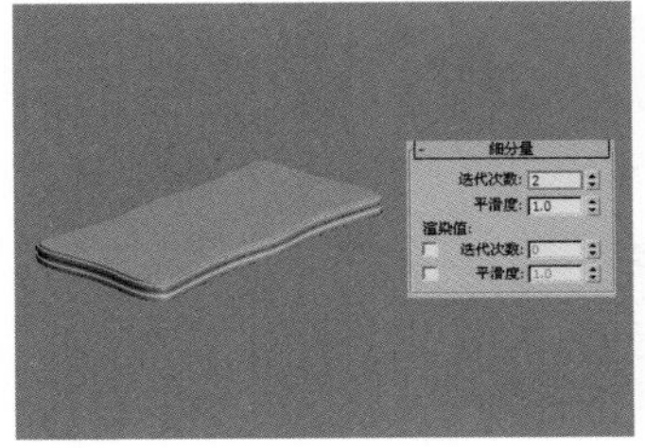
图8-191

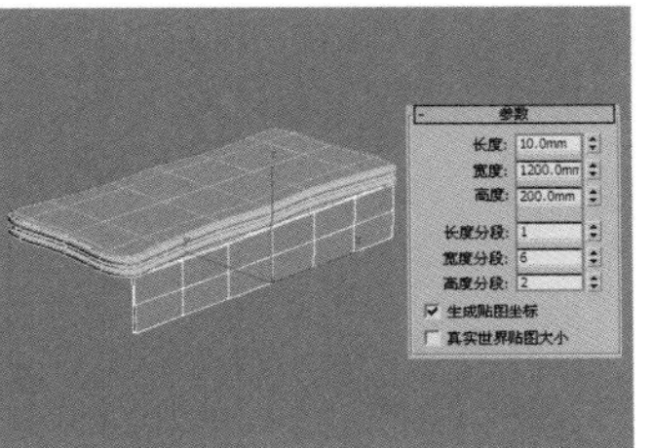
图8-192

10 将长方体转换为可编辑多边形，然后进入“顶点”级别，接着在各个前视图中将顶点调整成如图8-193所示的效果。

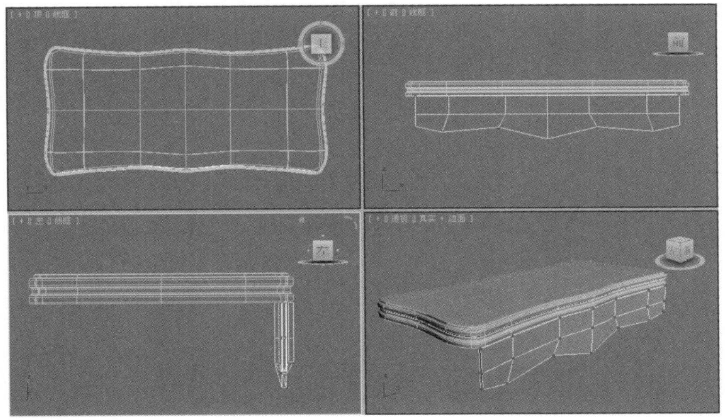
图8-193

11 进入“边”级别，然后选择如图8-194所示的边，接着在“编辑边”卷展栏下单击“切角”按钮 切角 后面的“设置”按钮，最后设置“边切角量”为1.5mm，如图8-195所示。

12 为模型加载一个“网格平滑”修改器，然后在“细分量”卷展栏下设置“迭代次数”为2，具体参数设置及模型效果如图8-196所示。

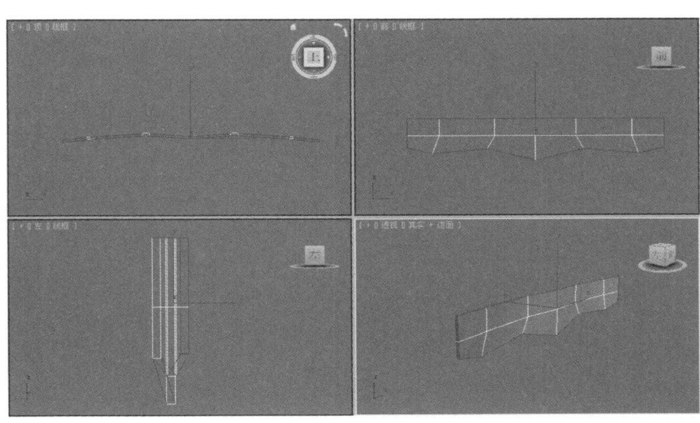
图8-194

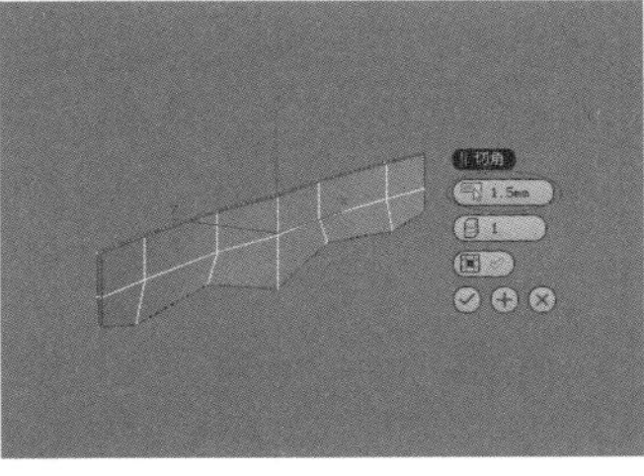
图8-195

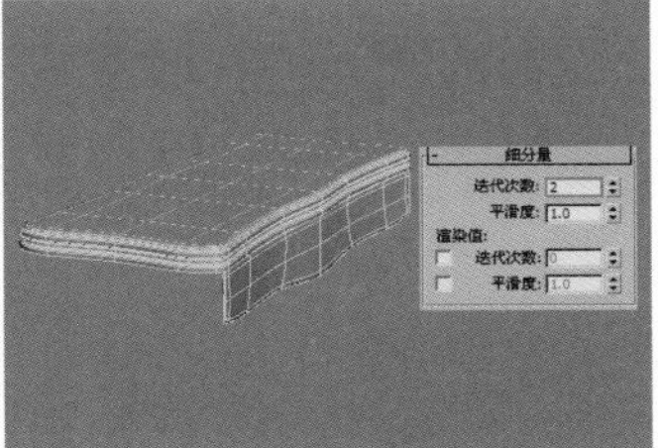
图8-196

13 使用“长方体”工具 长方体 在场景中创建一个长方体，然后在“参数”卷展栏下设置“长度”为580mm、“宽度”为10mm、“高度”为200mm、“长度分段”为4、“宽度分段”为1、“高度分段”为2，具体参数设置及模型位置如图8-197所示。

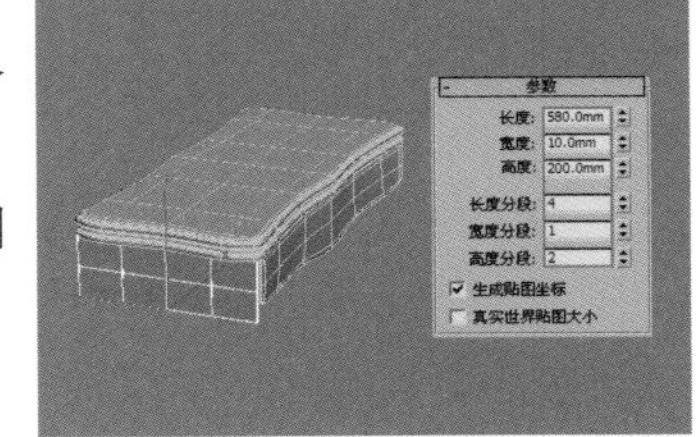
图8-197

14 将长方体转换为可编辑多边形，然后进入“顶点”级别，接着在各个视图中将顶点调整成如图8-198所示的效果。

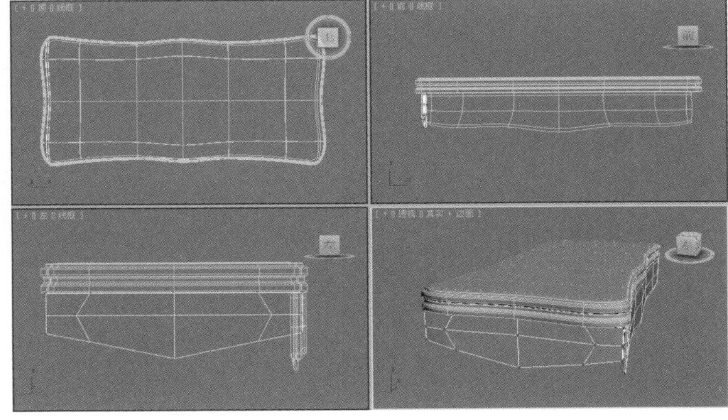
图8-198

15 进入“边”级别，然后选择如图8-199所示的边，接着在“编辑边”卷展栏下单击“切角”按钮 切角 后面的“设置”按钮■，最后设置“边切角量”为1.5mm，如图8-200所示。

16 为模型加载一个“网格平滑”修改器，然后在“细分量”卷展栏下设置“迭代次数”为2，具体参数设置及模型效果如图8-201所示。

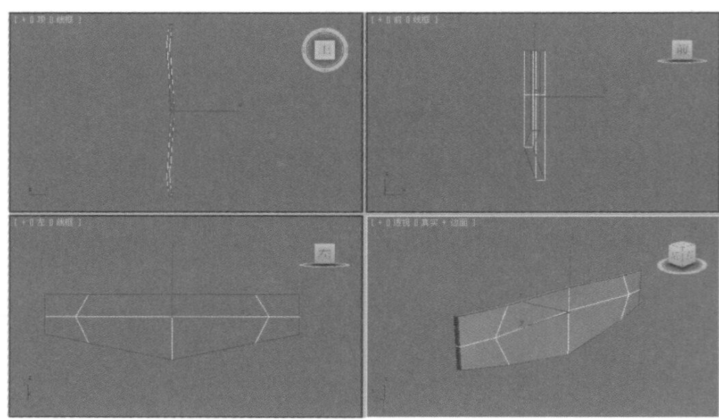

图8-199

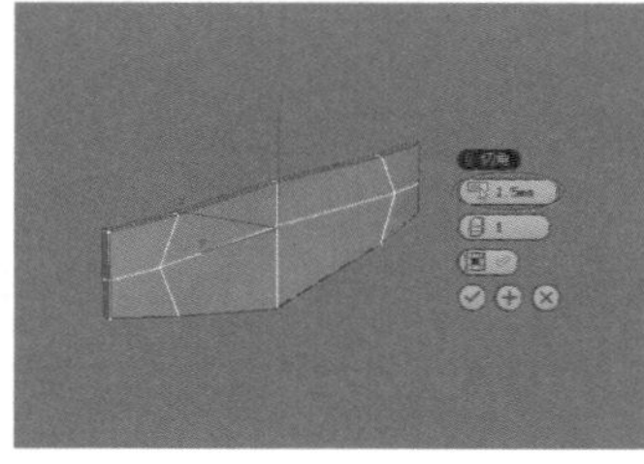

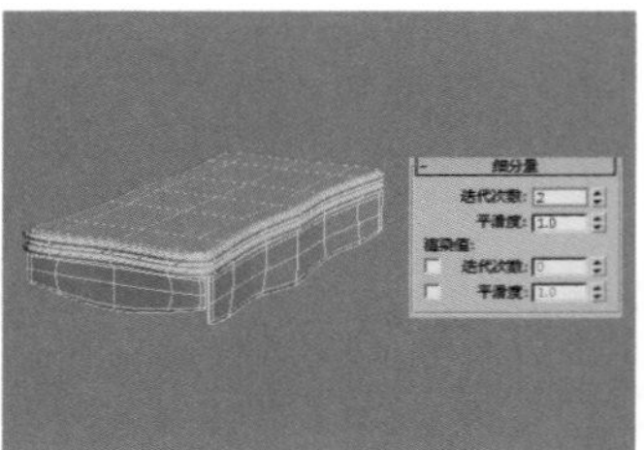

图8-200　　图8-201

17 为桌面下的两个模型建立一个组，如图8-202所示，然后切换到顶视图，接着在“主工具栏”中单击“镜像”按钮，在弹出的“镜像:世界坐标”对话框中设置“镜像轴”为xy、“偏移”为200mm、“克隆当前选择”为“实例”，具体参数设置如图8-203所示，最后调整好镜像模型的位置，如图8-204所示。

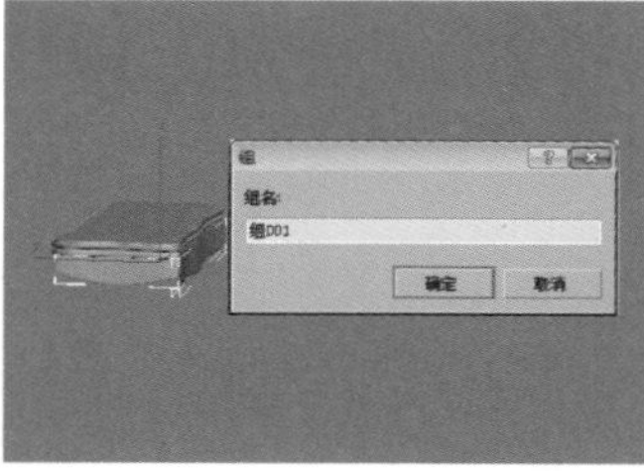

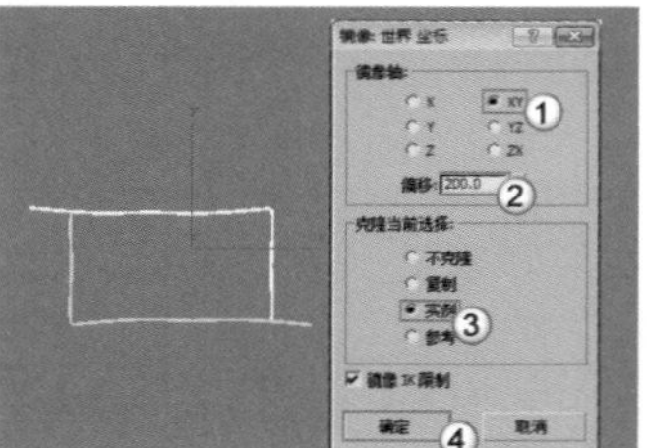

图8-202　　图8-203

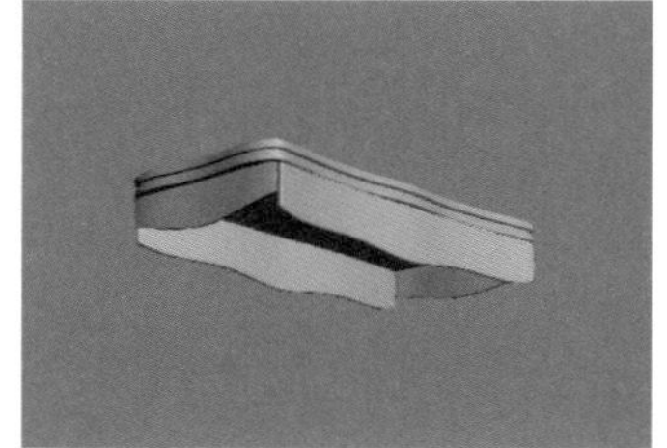

图8-204

18 使用“长方体”工具 长方体 在场景中创建一个长方体，然后在“参数”卷展栏下设置“长度”为60mm、“宽度”为60mm、“高度”为1000mm、“长度分段”为2、“宽度分段”为2、“高度分段”为7，具体参数设置及模型位置如图8-205所示。

19 将长方体转换为可编辑多边形，进入“顶点”级别，然后在前视图中将顶点调整成如图8-206所示的效果。

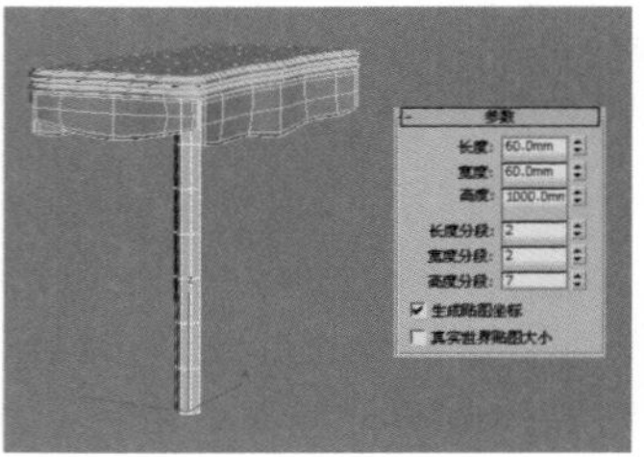

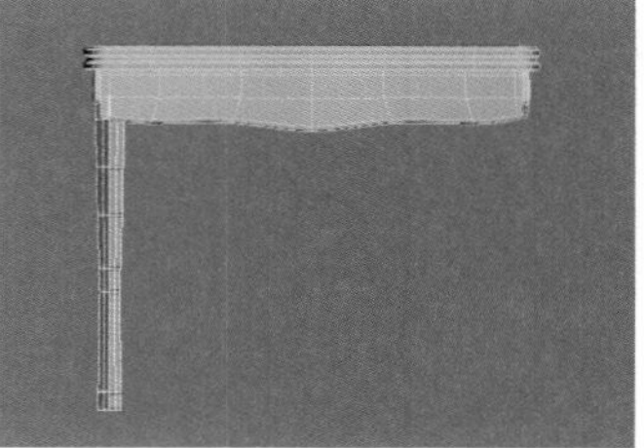

图8-205　　图8-206

20 进入“边”级别，然后选择如图8-207所示的边，接着在“编辑边”卷展栏下单击“切角”按钮 切角 后面的“设置”按钮■，最后设置“边切角量”为2mm，如图8-208所示。

21 为模型加载一个“细化”修改器，然后在“参数”卷展栏下设置“操作于”方式为“多边形”■、“迭代次数”为2，具体参数设置及模型效果如图8-209所示。

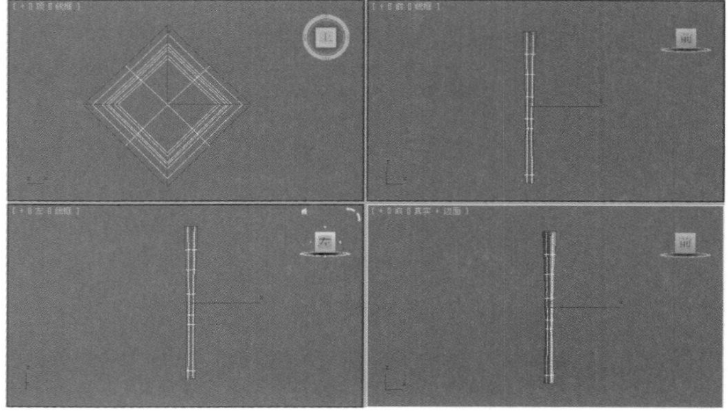

图8-207

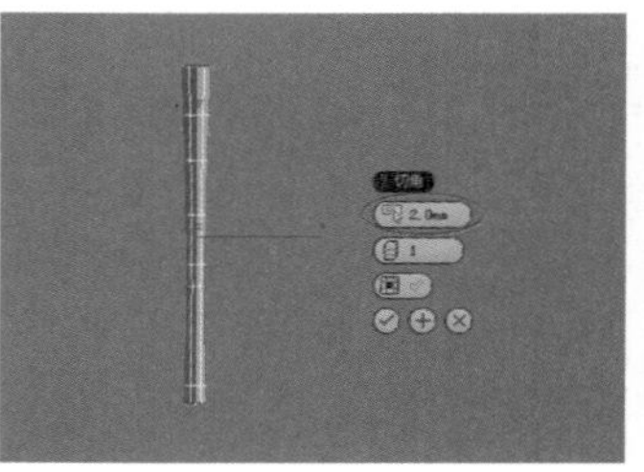

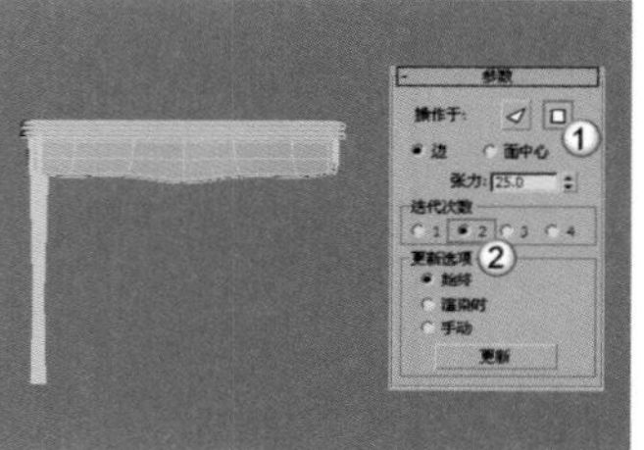

图8-208　　图8-209

22 为模型加载一个FFD（长方体）修改器，然后在“FFD参数”卷展栏下单击“设置点数”按钮 设置点数 ，打开“设置FFD尺寸”对话框，接着设置“高度”为5，如图8-210所示，最后在“控制点”次物体层级下将模型调整成如图8-211所示的效果。

23 为模型加载一个“网格平滑”修改器，然后在“细分量”卷展栏下设置“迭代次数”为2，如图8-212所示。

24 利用“镜像”工具或复制功能复制3个模型到边几的另外3个角上，如图8-213所示。

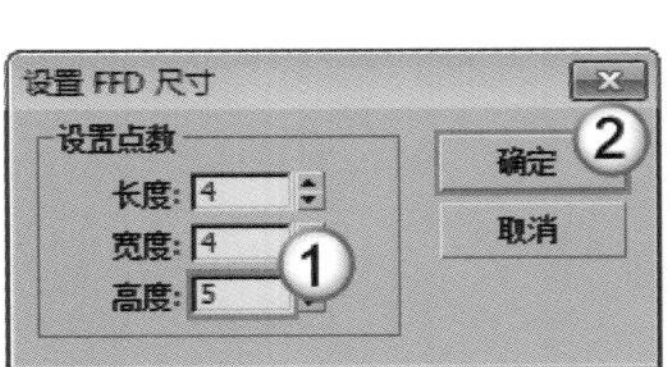

图8-210

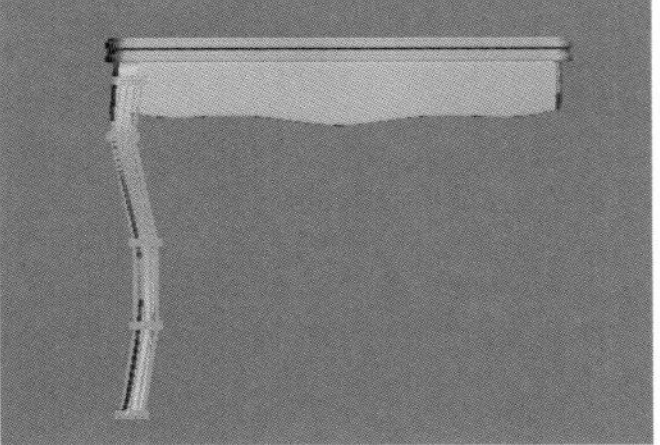

图8-211

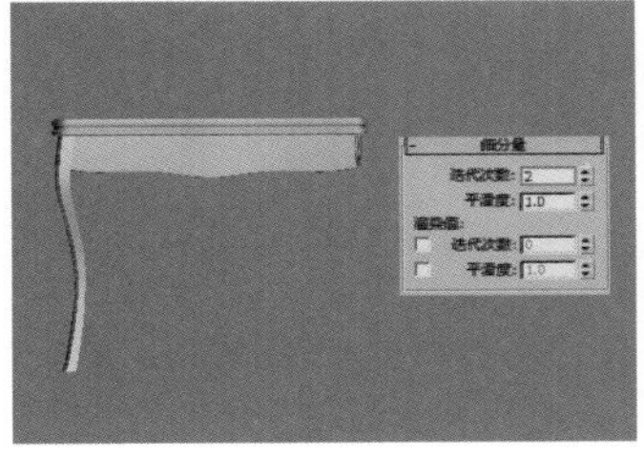

图8-212

图8-213

25 选择苇布模型，进行“边”级别，然后选择如图8-214所示的边，接着在“编辑边”卷展栏下单击“利用所选内容创建图形”按钮，最后在弹出的“创建图形”对话框中设置“图形类型”为“线性”，如图8-215所示。

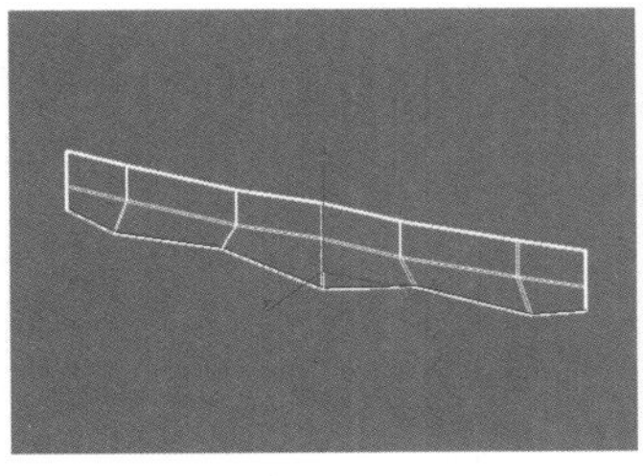

图8-214

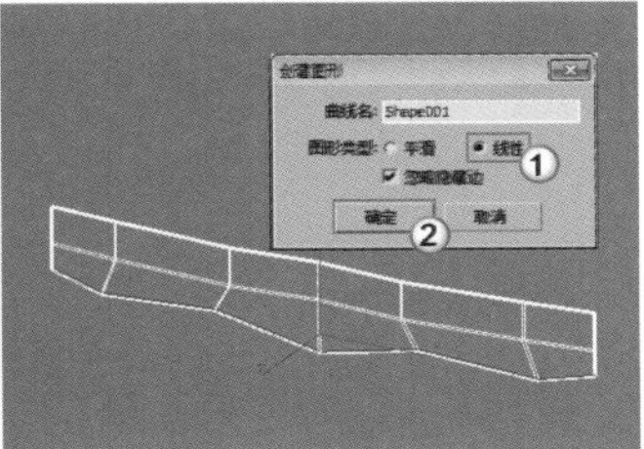

图8-215

疑难问答

问：怎么选择不到边？

答：由于苇布模型加载了“网格平滑”修改器，那么在选择该模型时，首先选中的就是“网格平滑”修改器，而没有选择模型本身，如图8-216所示。因此，如果要选择边，就要选择“可编辑多边形”，即苇布模型，如图8-217所示。

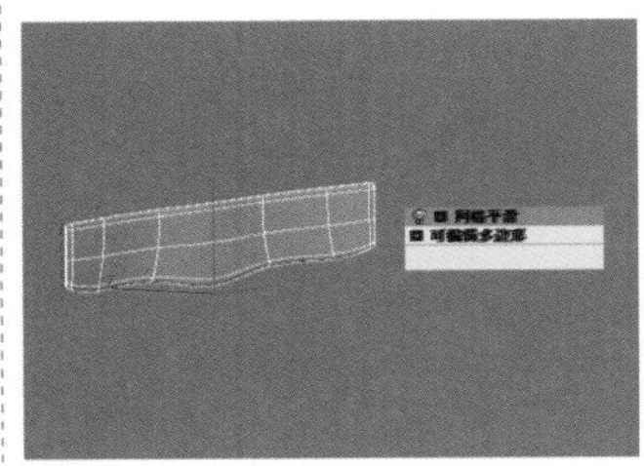

图8-216

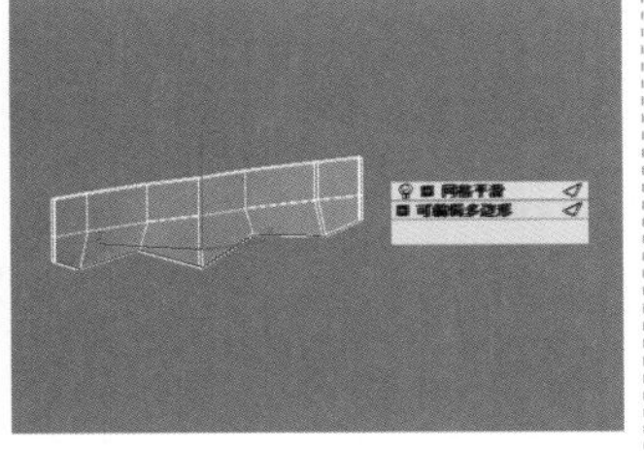

图8-217

26 选择“图形001”，然后在“渲染”卷展栏下勾选“在渲染中启用”和“在视口中启用”选项，接着设置“径向”的“厚度”为20mm，具体参数设置及图形效果如图8-218所示。

27 采用相同的方法制作出其他的镶边，最终效果如图8-219所示。

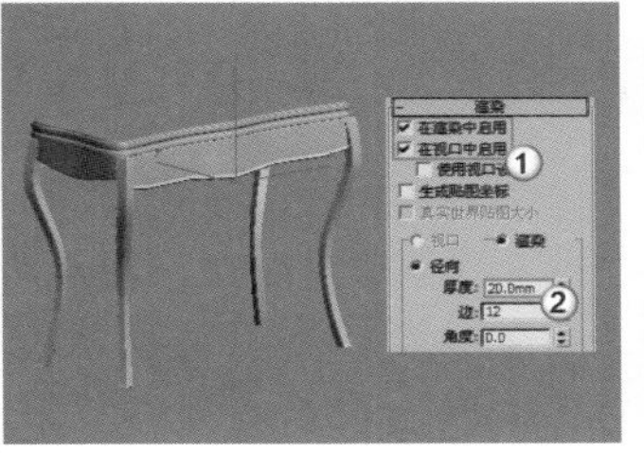

图8-218

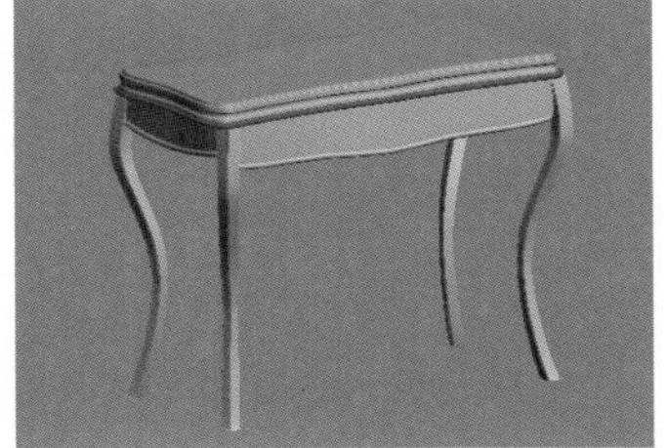

图8-219

实战：用多边形建模制作梳妆台

场景位置 无
实例位置 实例文件>CH08>实战：用多边形建模制作梳妆台.max
视频位置 多媒体教学>CH08>实战：用多边形建模制作梳妆台.flv
难易指数 ★★★★☆
技术掌握 挤出工具、切角工具、倒角工具、插入工具、倒角剖面修改器

扫码看视频

梳妆台的效果如图8-220所示。

图8-220

01 使用“长方体”工具 长方体 在场景中创建一个长方体，然后在“参数”卷展栏下设置“长度”为740mm、“宽度”为2800mm、“高度”为260mm、“长度分段”为5、“宽度分段”为15、“高度分段”为1，具体参数设置及模型效果如图8-221所示。

02 将长方体转换为可编辑多边形，进入“多边形”级别，然后选择如图8-222所示的多边形，接着在“编辑多边形”卷展栏下单击“挤出”按钮 挤出 后面的“设置”按钮，并设置“高度”为200mm，如图8-223所示，最后连续单击6次“应用并继续”按钮⊕，继续挤出6次多边形（实际上一共执行了7次挤出操作），如图8-224所示。

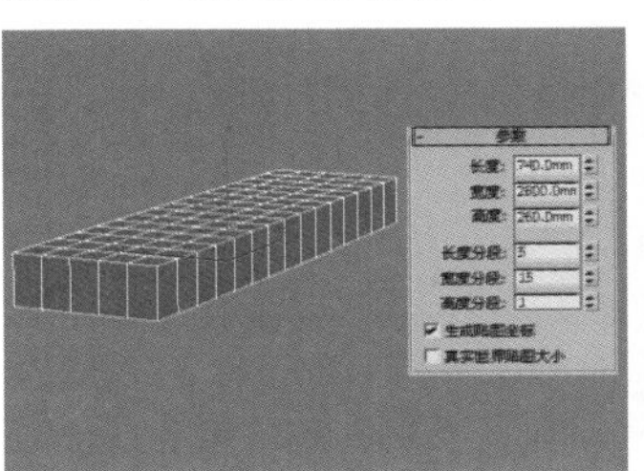

图8-221

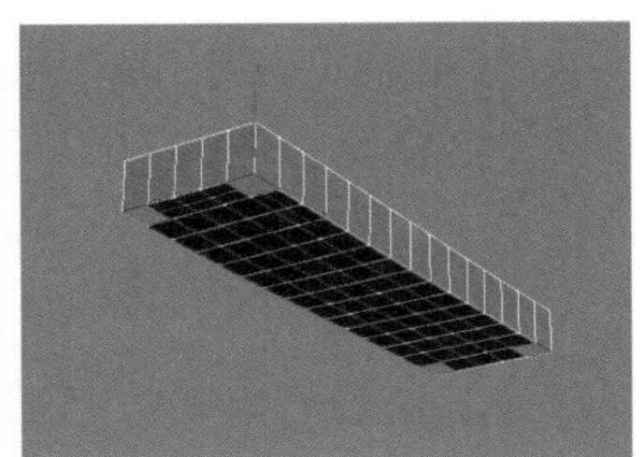

图8-222

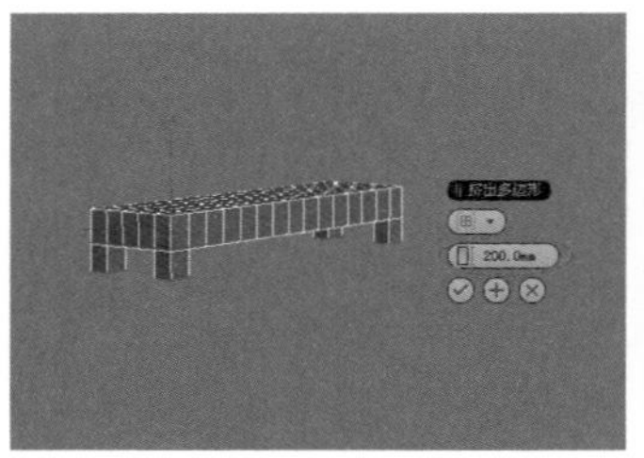

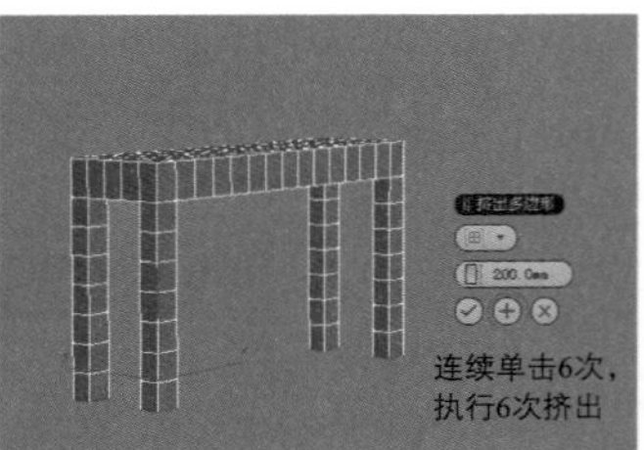

图8-223　　图8-224

03 进入“顶点”级别，然后使用“选择并均匀缩放”工具在前视图中将腿部的顶点调整成如图8-225所示的效果，接着使用“选择并移动”工具将上部的顶点调整成如图8-226所示的效果。

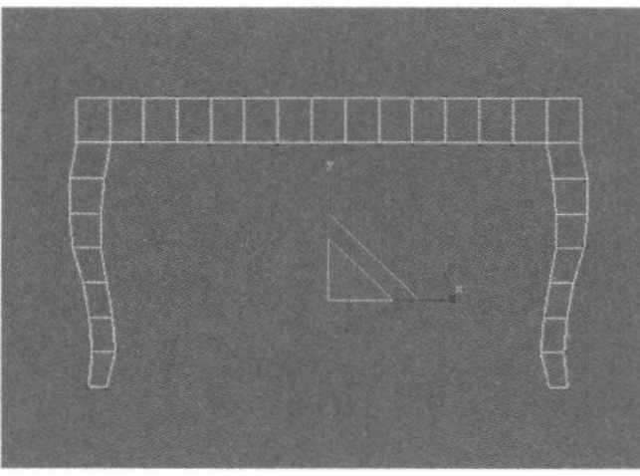

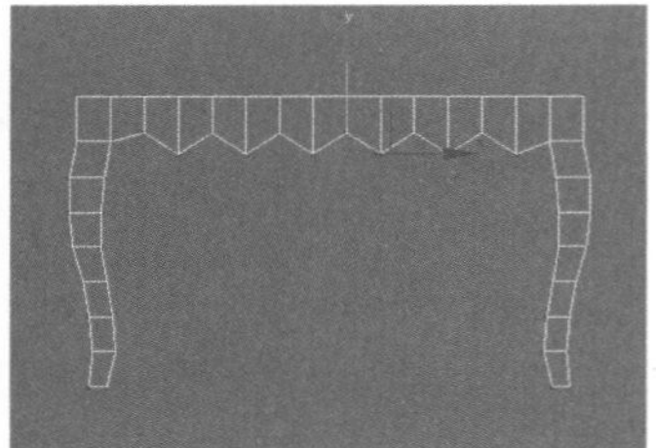

图8-225　　图8-226

04 进入“边”级别，然后选择如图8-227所示的边，接着在“编辑边”卷展栏下单击“切角”按钮 切角 后的“设置”按钮，最后设置“边切角量”为5mm，如图8-228所示。

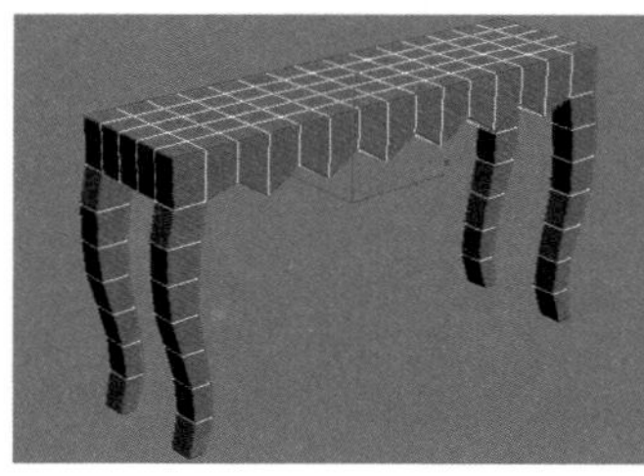

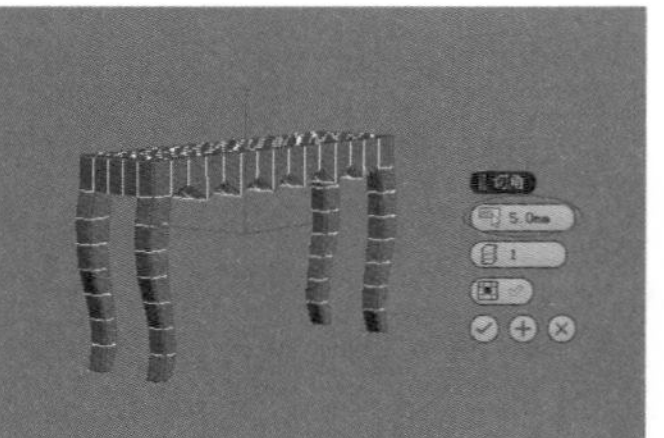

图8-227　　图8-228

05 为模型加载一个“涡轮平滑”修改器，然后在“涡轮平滑”卷展栏下设置“迭代次数”为2，如图8-229所示。

06 使用“长方体”工具 长方体 在场景中创建一个长方体，然后在“参数”卷展栏下设置“长度”为800mm、“宽度”为2800mm、“高度”为350mm、“长度分段”为1、“宽度分段”为3、“高度分段”为1，具体参数设置及模型位置如图8-230所示。

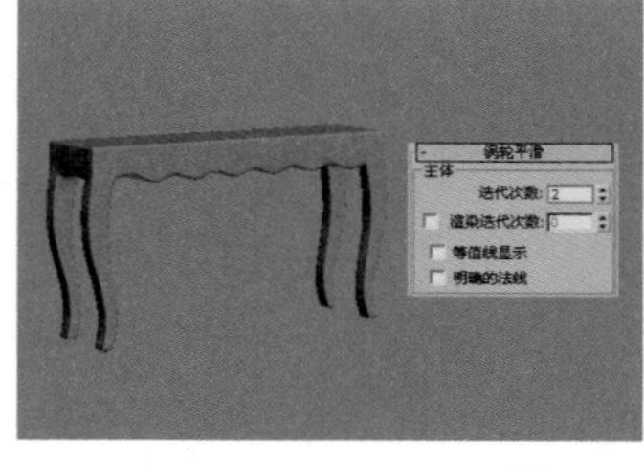

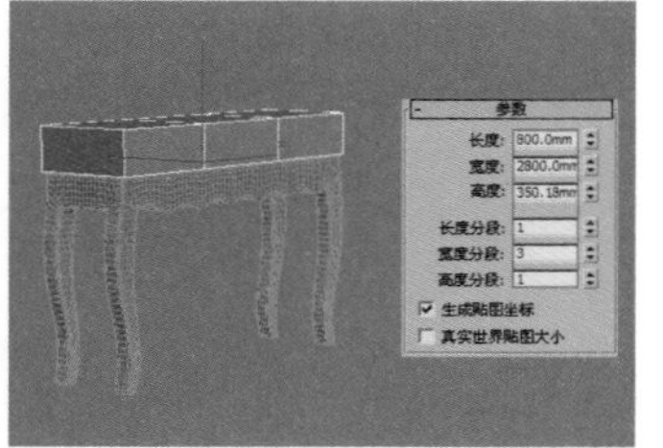

图8-229　　图8-230

07 将长方体转换为可编辑多边形，进入“多边形”级别，然后选择如图8-231所示的多边形，接着在“编辑多边形”卷展栏下单击“倒角”按钮 倒角 后面的“设置”按钮，最后设置“高度”为30mm、“轮廓”为60mm，如图8-232所示。

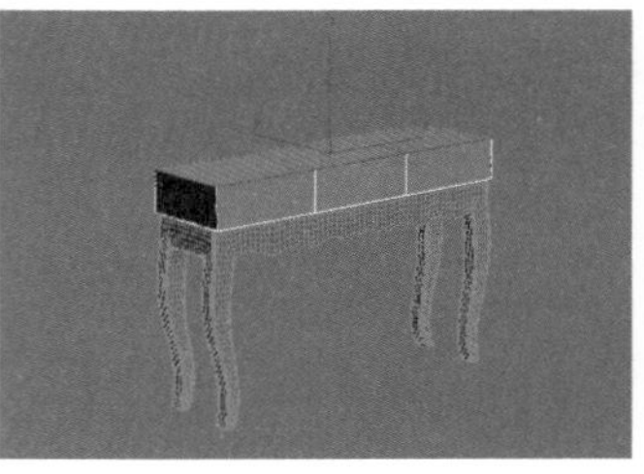

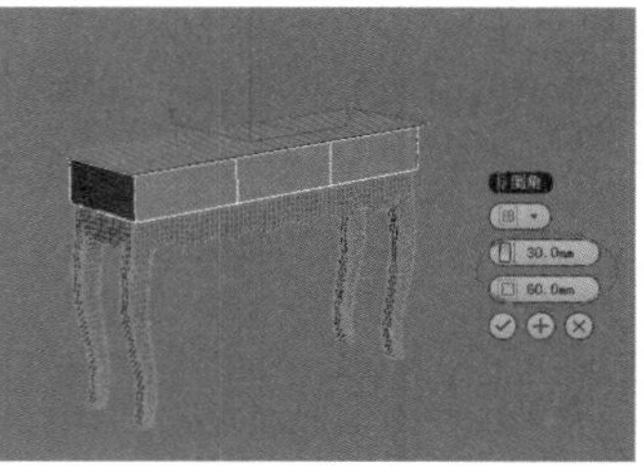

图8-231　　图8-232

08 保持对多边形的选择，在“编辑多边形”卷展栏下单击“倒角”按钮 倒角 后面的“设置”按钮，然后设置“高度”为30mm、“轮廓”为-60mm，如图8-233所示。

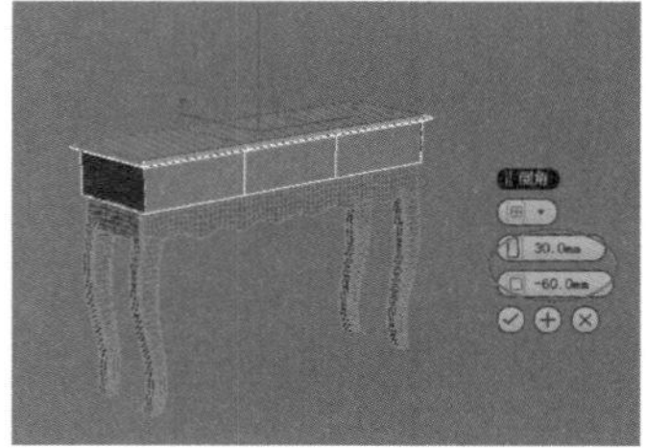

图8-233

09 进入“边”级别，然后选择如图8-234所示的边，接着在“编辑边”卷展栏下单击“切角”按钮 切角 后面的“设置”按钮，最后设置“边切角量”为3mm，如图8-235所示。

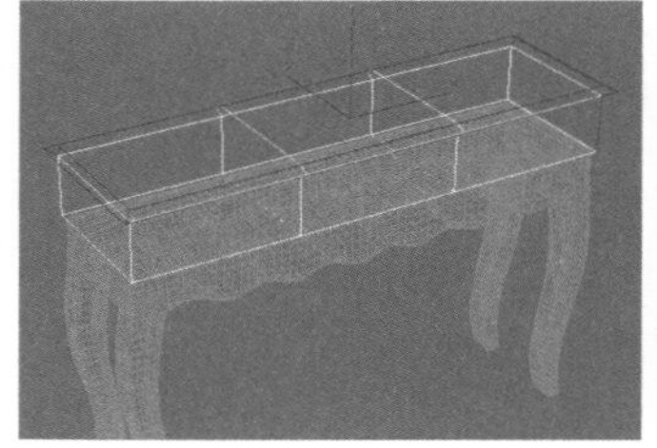

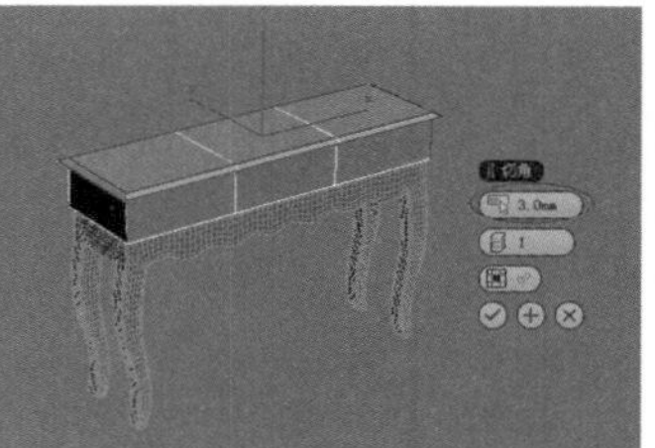

图8-234　　图8-235

10 进入“顶点”级别，然后使用“选择并均匀缩放”工具在前视图中将中间的顶点调整成如图8-236所示的效果。

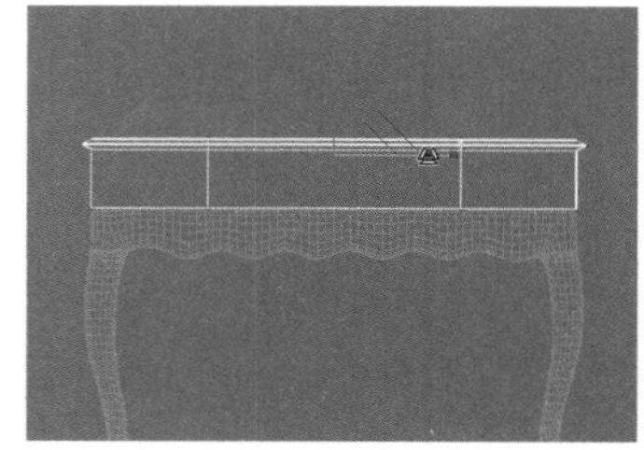

图8-236

11 进入“多边形”级别，然后选择如图8-237所示的多边形，接着在“编辑多边形”卷展栏下单击“插入”按钮 插入 后面的“设置”按钮，最后设置“数量”为30mm，如图8-238所示。

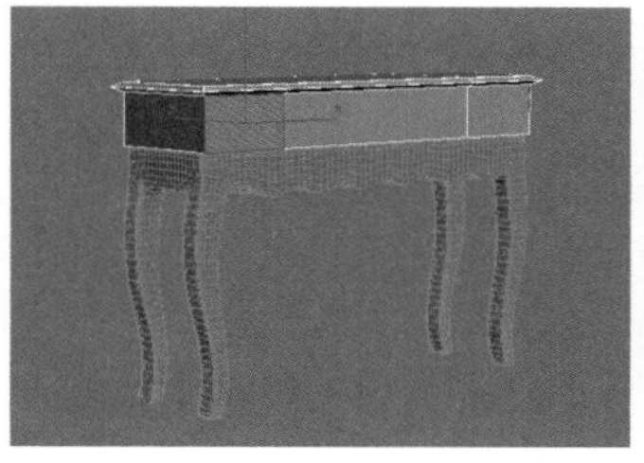

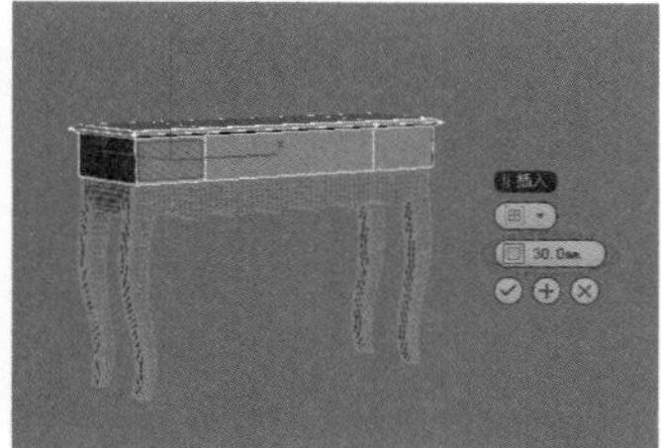

图8-237 图8-238

12 采用相同的方法插入如图8-239和图8-240所示的多边形。

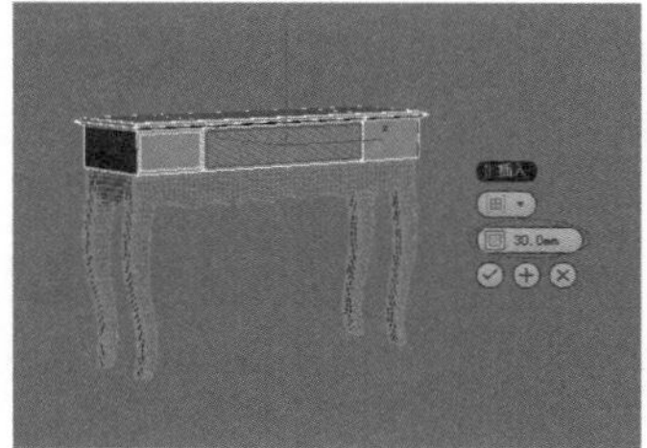

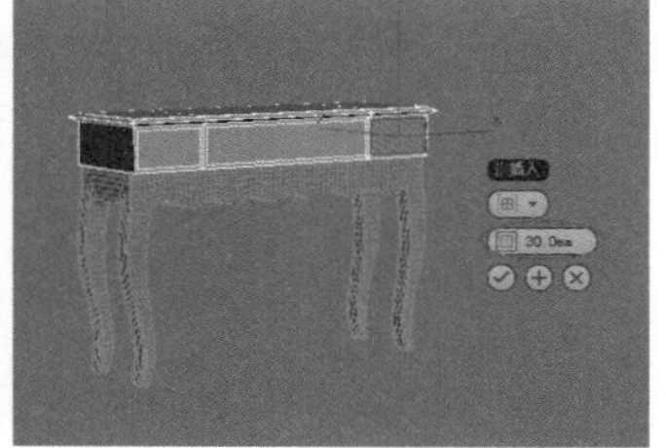

图8-239 图8-240

13 选择如图8-241所示的多边形，然后在“编辑多边形”卷展栏下单击“挤出”按钮 挤出 后面的“设置”按钮，接着设置“高度”为-30mm，如图8-242所示。

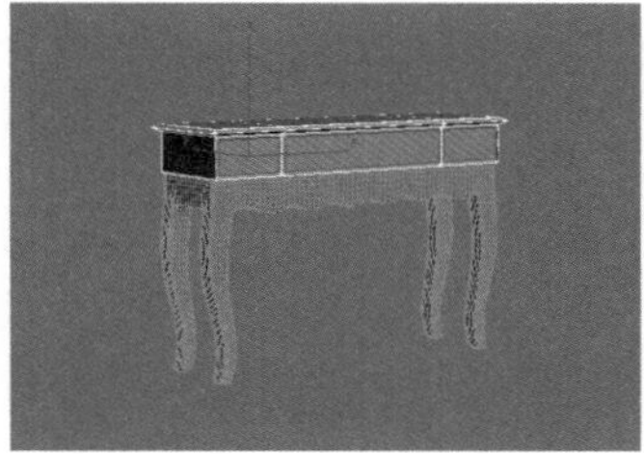

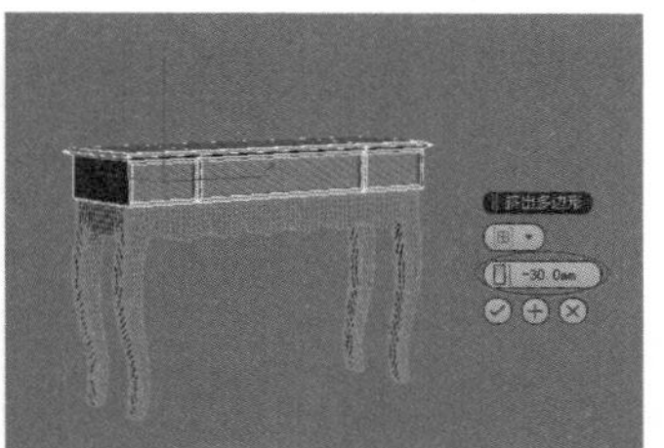

图8-241 图8-242

14 保持对多边形的选择，在“编辑多边形”卷展栏下单击“插入”按钮 插入 后面的“设置”按钮，然后设置“数量”为5mm，如图8-243所示。

15 保持对多边形的选择，在“编辑多边形”卷展栏下单击“挤出”按钮 挤出 后面的“设置”按钮，然后设置“数量”为35mm，如图8-244所示。

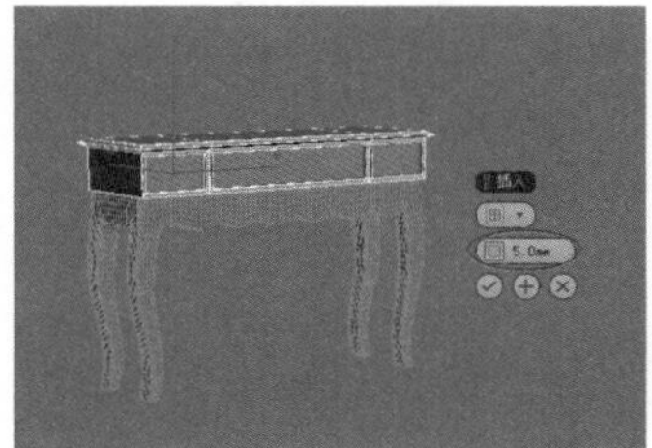

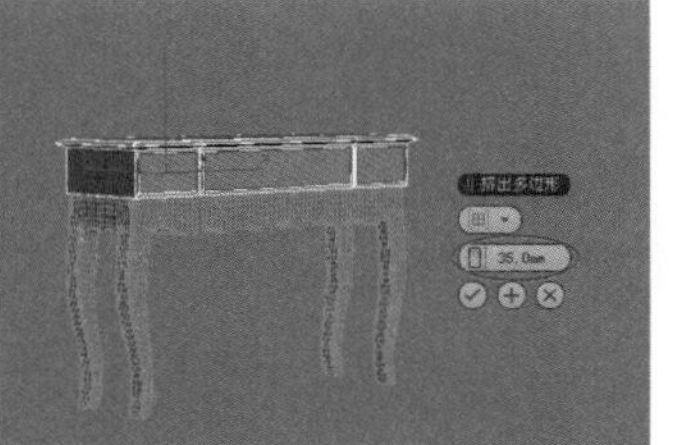

图8-243 图8-244

16 保持对多边形的选择，在“编辑多边形”卷展栏下单击“插入”按钮 插入 后面的“设置”按钮，然后设置“数量”为15mm，如图8-245所示。

17 保持对多边形的选择，在“编辑多边形”卷展栏下单击“倒角”按钮 倒角 后面的“设置”按钮，然后设置“高度”为20mm、轮廓为-3mm，如图8-246所示。

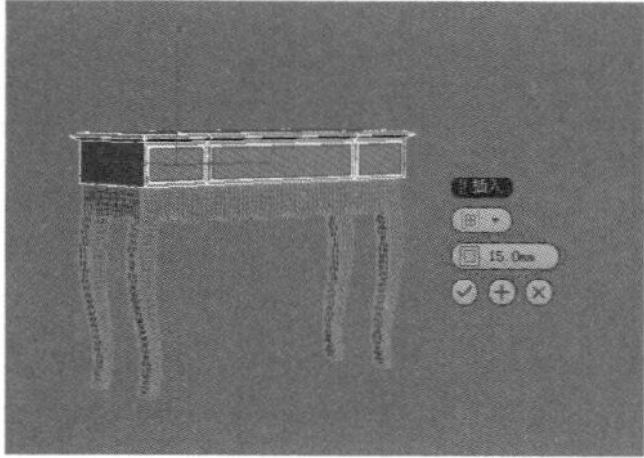

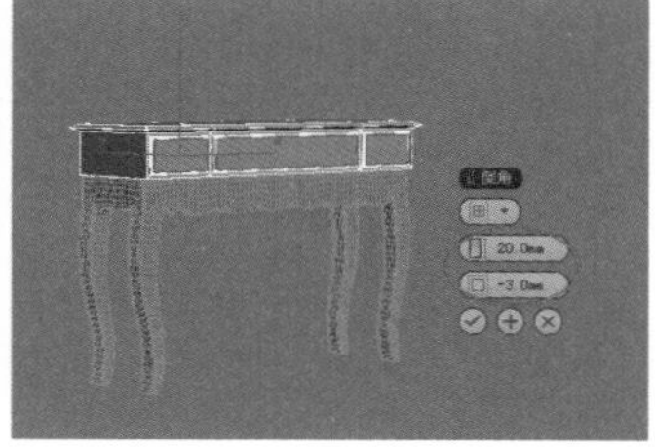

图8-245 图8-246

18 进入“边”级别，然后选择如图8-247所示的边，接着在“编辑边”卷展栏下单击“切角”按钮 切角 后面的“设置”按钮，最后设置“边切角量”为2mm、“分段”为4，如图8-248所示。

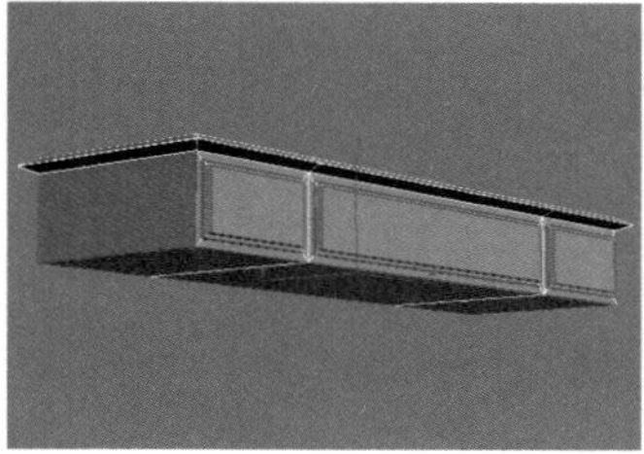

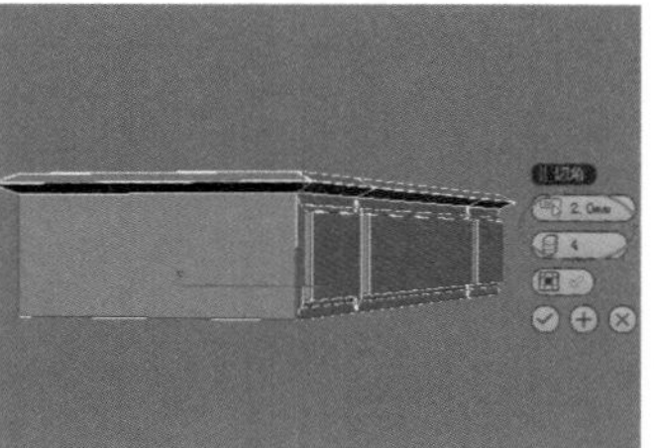

图8-247 图8-248

19 使用“线”工具 线 在前视图中绘制如图8-249所示的样条线，然后在左视图中绘制如图8-250所示的样条线。

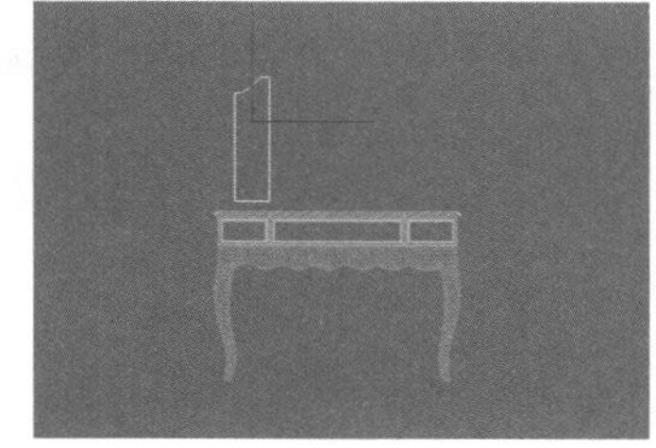

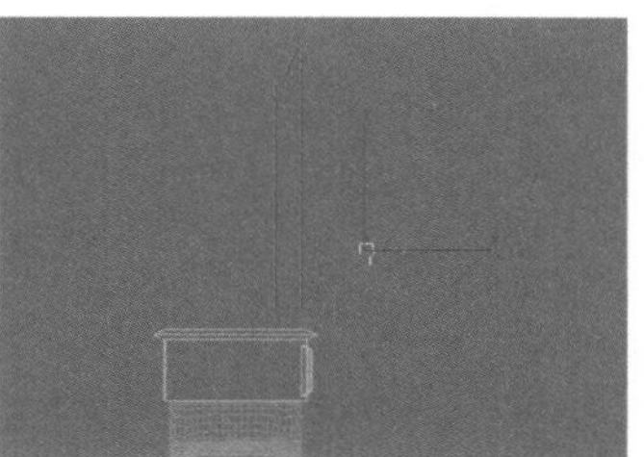

图8-249 图8-250

20 为先绘制的样条线加载一个“倒角剖面”修改器，然后在“参数“卷展栏下单击“拾取剖面”按钮 拾取剖面 ，接着在视图中拾取另一条样条线，如图8-251所示，效果如图8-252所示。

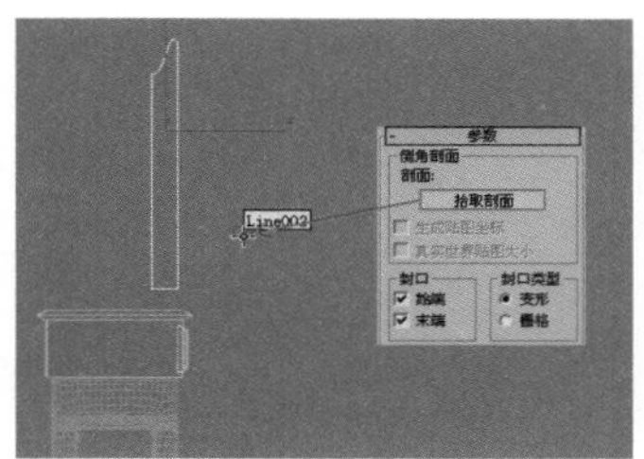

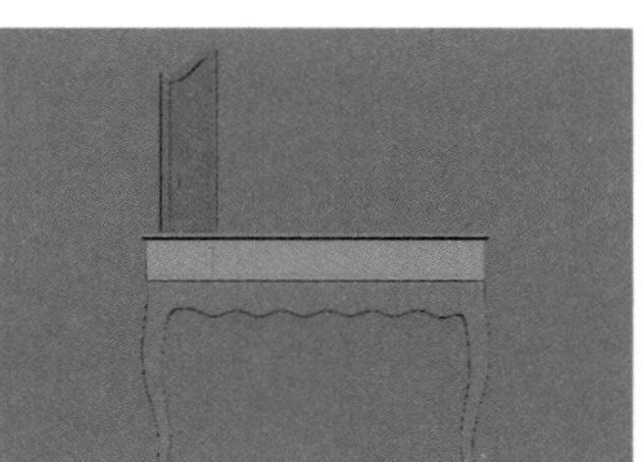

图8-251 图8-252

“倒角剖面”修改器有一个“剖面Gizmo”层级，利用变换工具可以调整“剖面Gizmo”对象的大小，如图8-253所示。

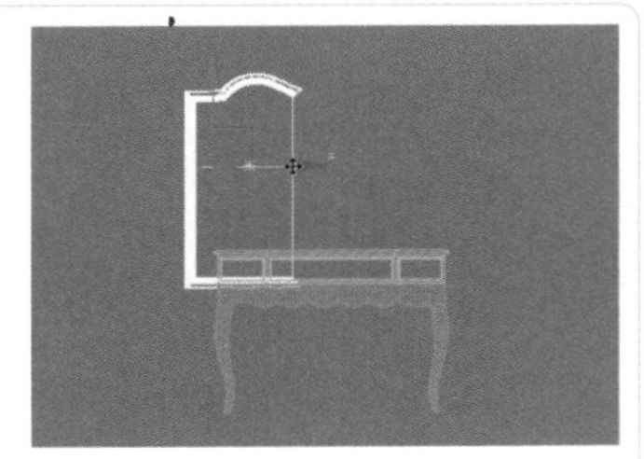
图8-253

21 使用“线”工具 线 在前视图中绘制如图8-254所示的样条线，然后为其加载一个“倒角剖面”修改器，接着在“参数“卷展栏下单击“拾取剖面”按钮 拾取剖面 ，最后在视图中拾取前面绘制的剖面路径，效果如图8-255所示。

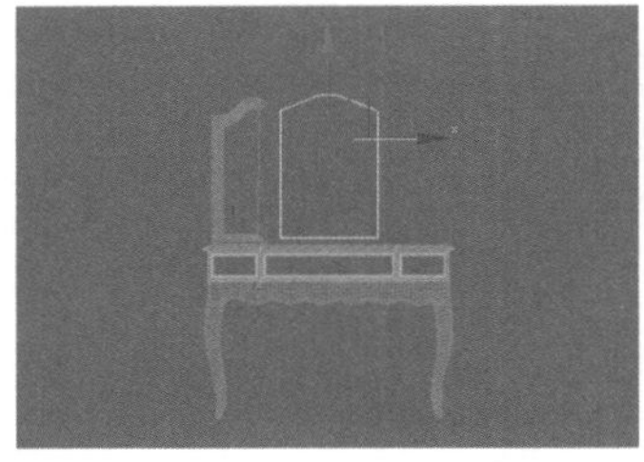
图8-254

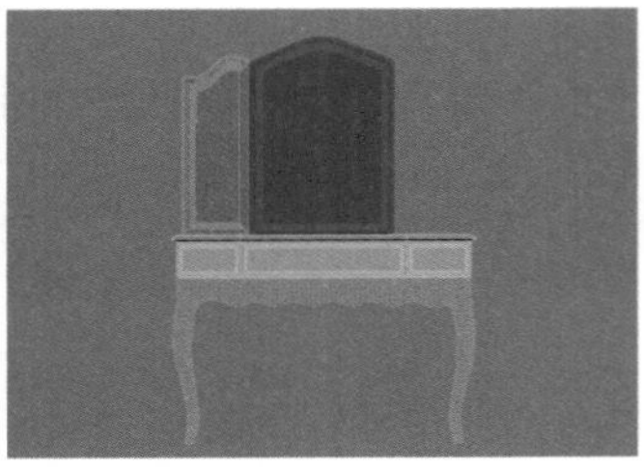

图8-255

22 使用“镜像”工具将左侧的镜子模型镜像复制一个到右侧，最终效果如图8-256所示。

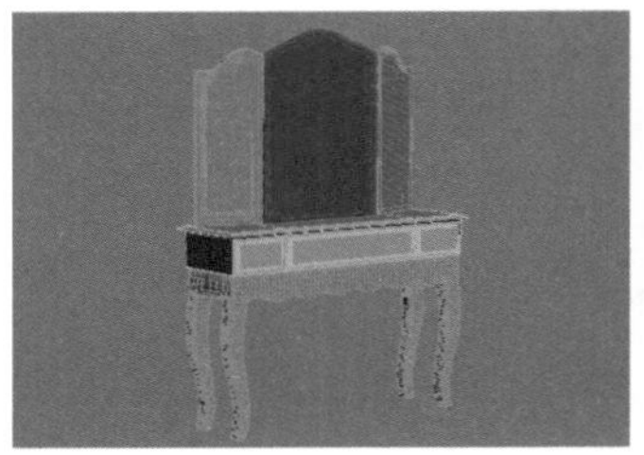
图8-256

★ 重点 ★

实战：用多边形建模制作藤椅

场景位置 无
实例位置 实例文件>CH08>实战：用多边形建模制作藤椅.max
视频位置 多媒体教学>CH08>实战：用多边形建模制作藤椅.flv
难易指数 ★★★★☆
技术掌握 桥工具、连接工具、目标焊接工具、利用所选内容创建图形工具

扫码看视频

藤椅模型的效果如图8-257所示。

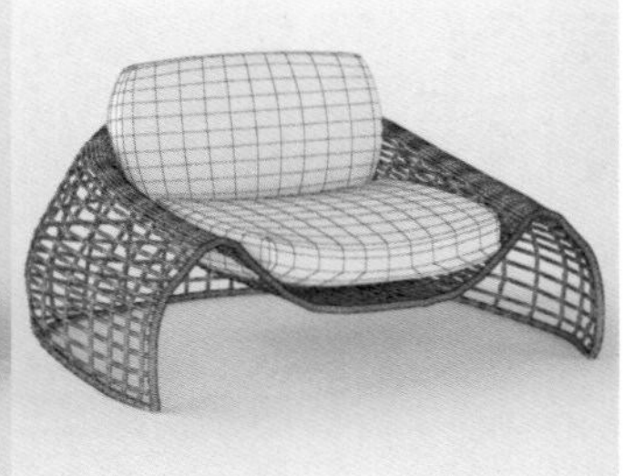
图8-257

01 下面制作竹藤模型。使用“平面”工具 平面 在场景中创建一个平面，然后在“参数”卷展栏下设置“长度”为120mm、“宽度”为100mm、“长度分段”为2、“宽度分段”为3，具体参数设置及模型效果如图8-258所示。

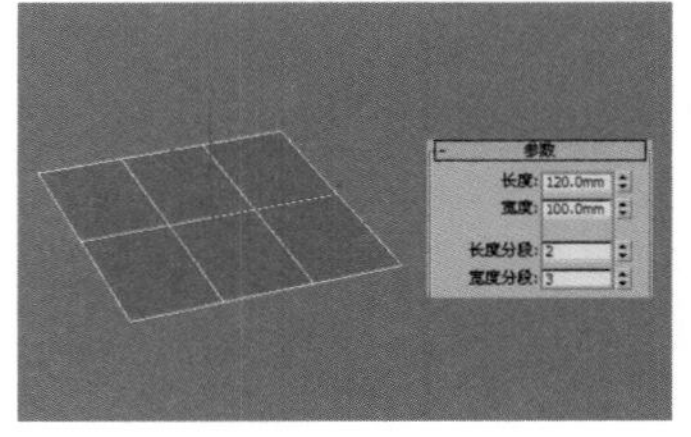

图8-258

02 将平面转换为可编辑多边形，进入“顶点”级别，然后在顶视图中选择如图8-259所示的顶点，接着使用“选择并移动”工具将其向下拖曳到如图8-260所示的位置。

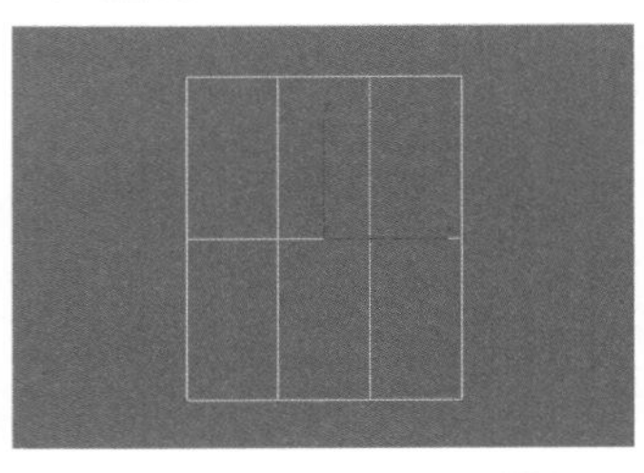
图8-259

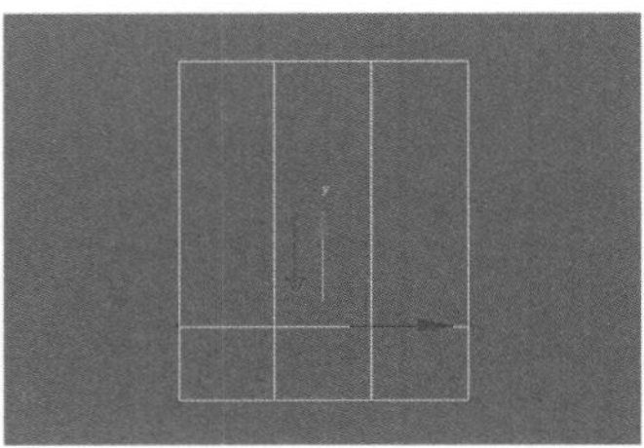
图8-260

03 在顶视图中选择如图8-261所示的顶点，然后使用“选择并均匀缩放”工具将其向内缩放成如图8-262所示的效果。

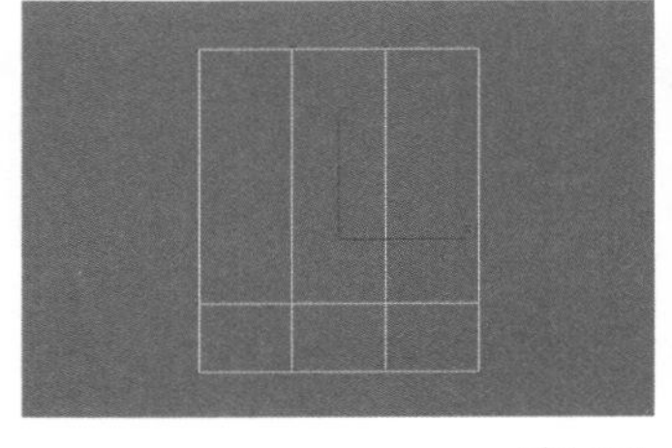
图8-261

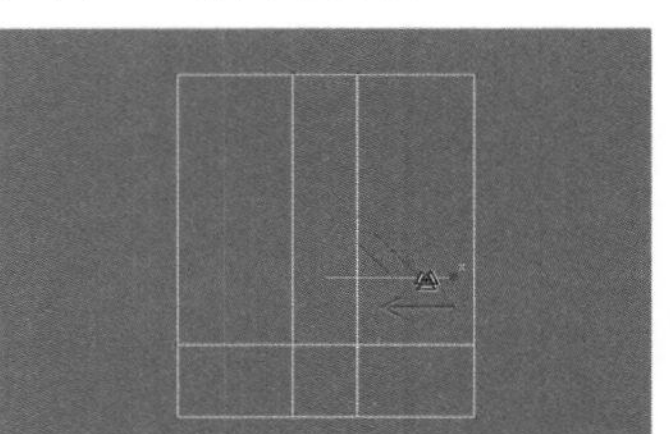
图8-262

04 在顶视图中选择如图8-263所示的顶点，然后使用“选择并移动”工具将其向下拖曳到如图8-264所示的位置，接着使用“选择并均匀缩放”工具将其向内缩放成如图8-265所示的效果。

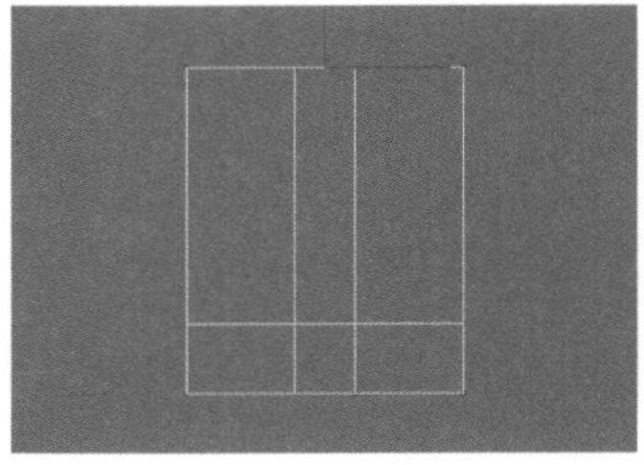
图8-263

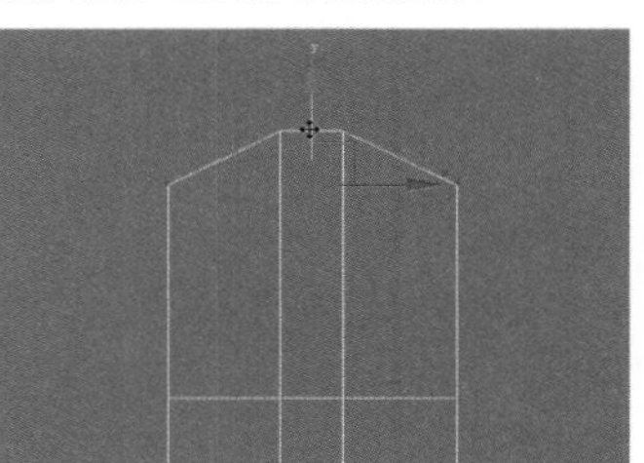
图8-264

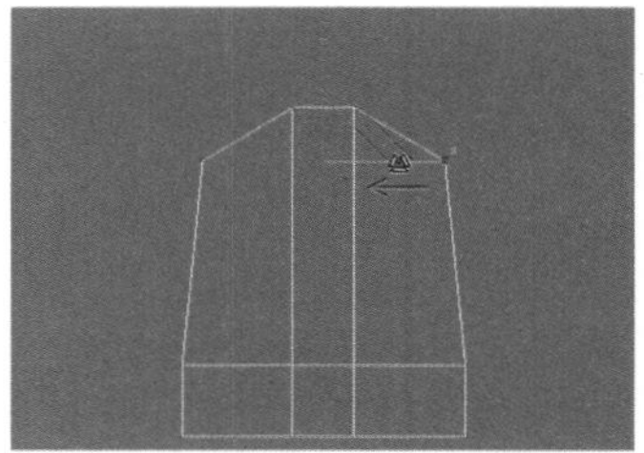
图8-265

05 继续使用“选择并均匀缩放”工具将底部的顶点缩放成如图8-266所示的效果。

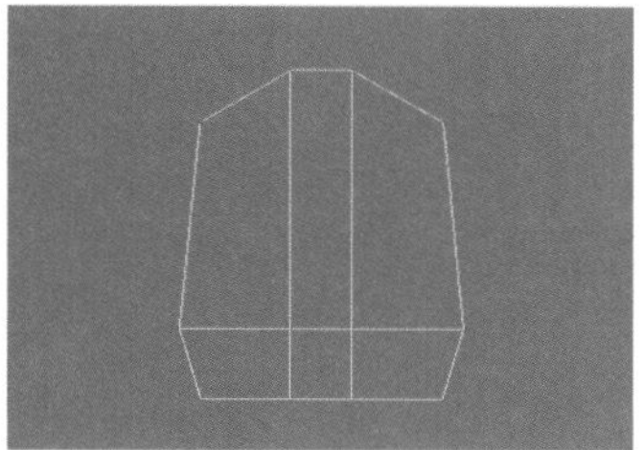
图8-266

06 进入“边”级别，然后选择如图8-267所示的边，接着按住Shift键使用“选择并移动”工具将其向上拖曳（复制）两次，得到如图8-268所示的效果。

图8-267

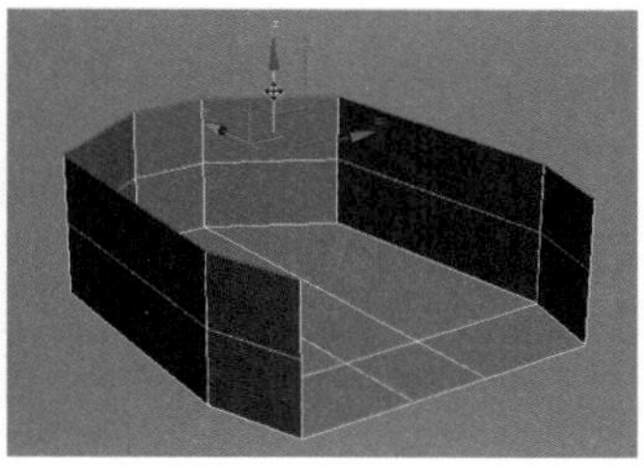

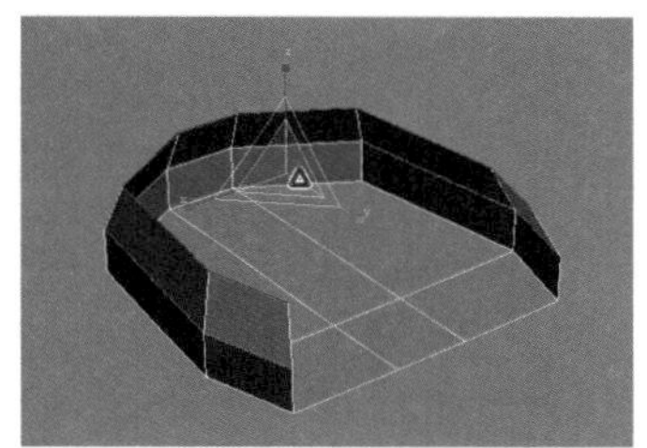
图8-268

07 使用“选择并均匀缩放”工具将所选边向内缩放成如图8-269所示的效果。

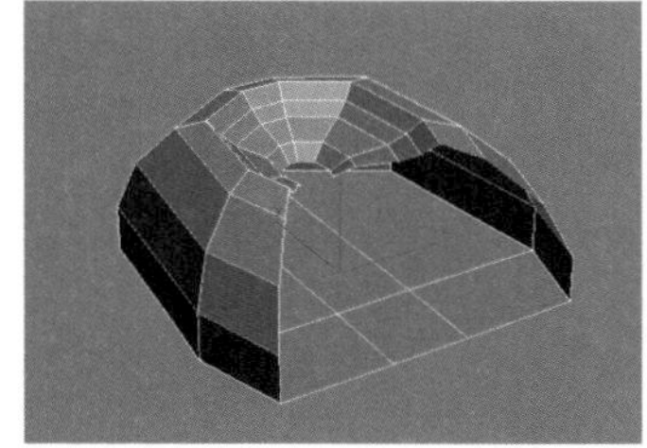
图8-269

08 采用步骤06~步骤07的方法将模型调整成如图8-270所示的效果。

图8-270

09 进入“顶点”级别，然后在顶视图中选择如图8-271所示的顶点，接着使用“选择并非均匀缩放”工具将其向下缩放成如图8-272所示的效果，最后使用“选择并移动”工具将所选顶点向下拖曳一段距离，如图8-273所示。

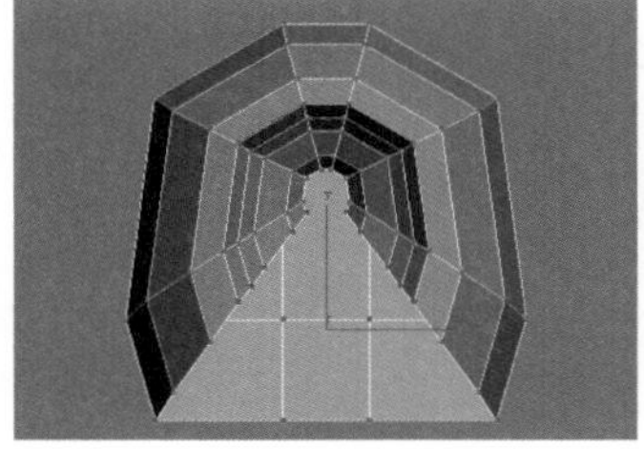
图8-271

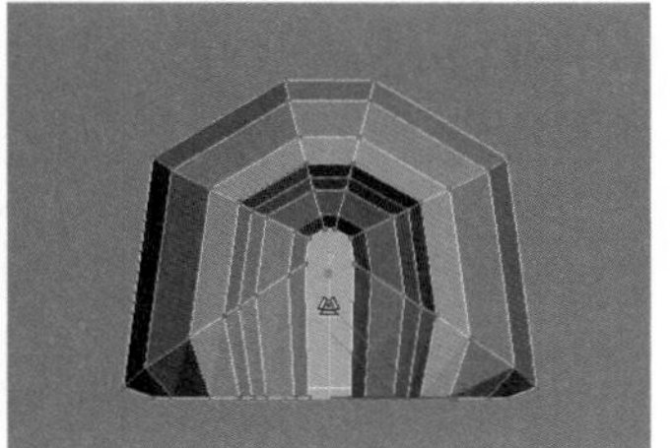
图8-272

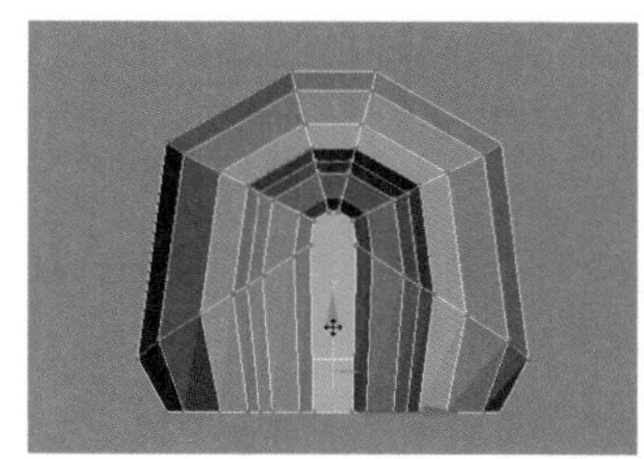
图8-273

10 在顶视图选择如图8-274所示的顶点，然后使用“选择并非均匀缩放”工具将其向下缩放成如图8-275所示的效果，接着使用“选择并移动”工具将所选顶点向下拖曳一段距离，如图8-276所示。

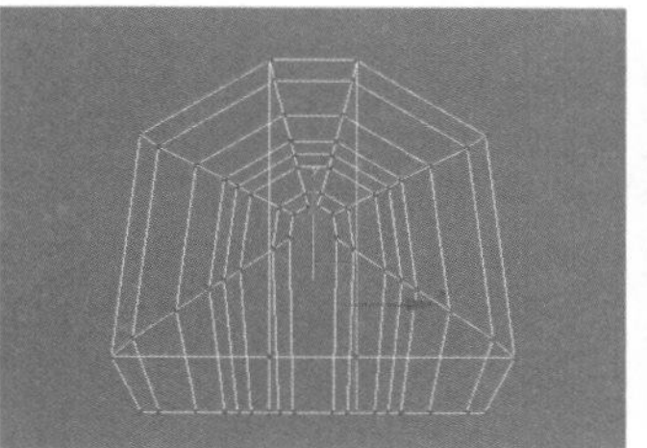
图8-274

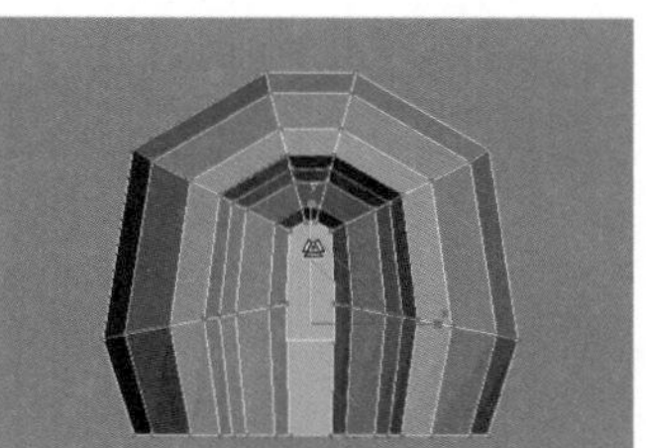
图8-275

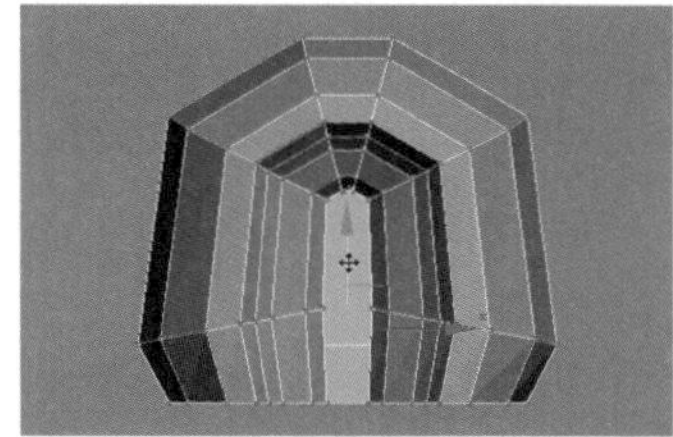
图8-276

11 进入“边”级别，然后选择如图8-277所示的边，接着在“编辑边”卷展栏下单击“桥”按钮 桥 ，效果如图8-278所示。

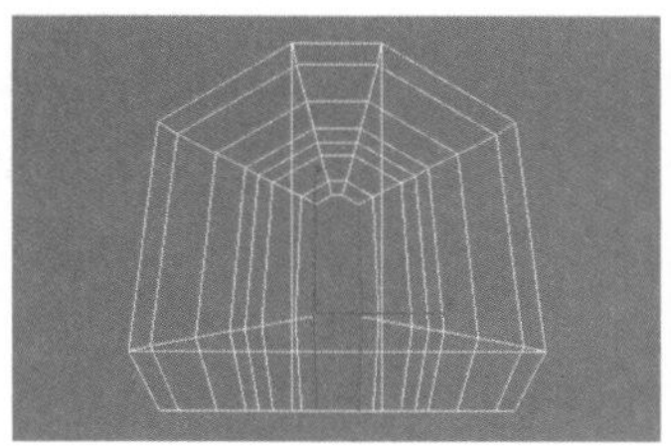
图8-277

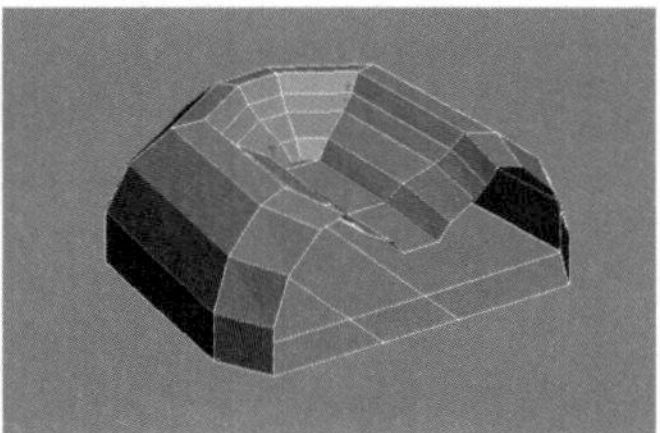
图8-278

12 在顶视图中选择如图8-279所示的边，然后在“编辑边”卷展栏下单击“链接”按钮 连接 后面的“设置”按钮，接着设置“分段”为2，如图8-280所示。

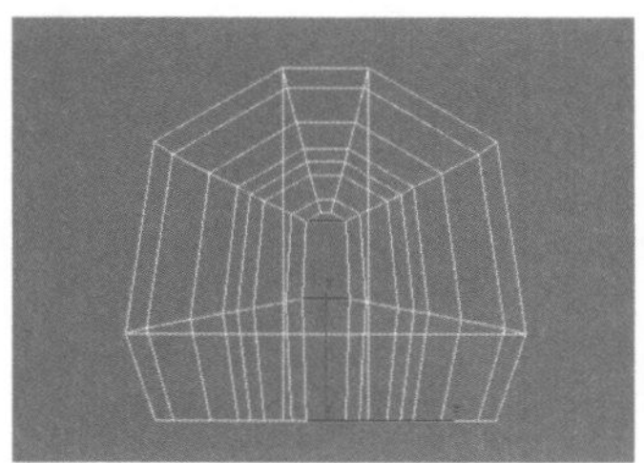
图8-279

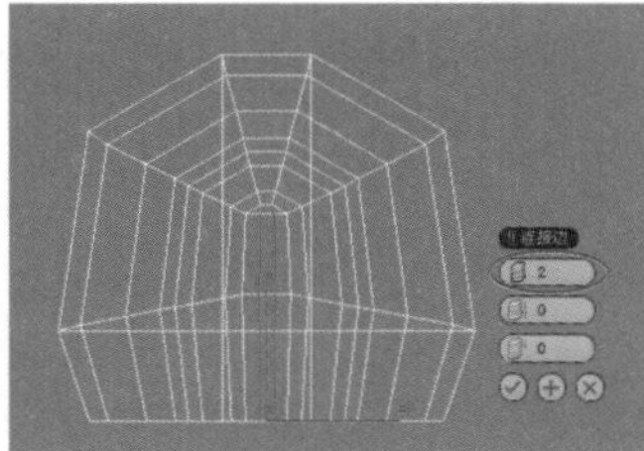
图8-280

13 进入“顶点”级别，然后选择如图8-281所示的顶点，接着在“编辑顶点”卷展栏下单击“目标焊接”按钮 目标焊接 ，最后将其拖曳到如图8-282所示的顶点上，这样可以将两个顶点焊接起来，效果如图8-283所示。

14 采用相同的方法将另外一侧的两个顶点焊接起来，完成后的效果如图8-284所示。

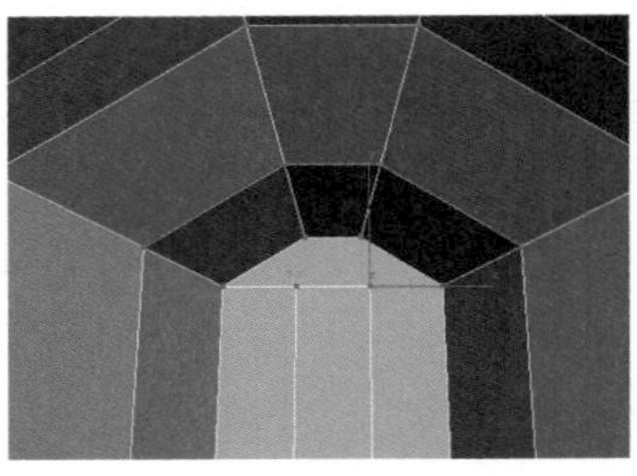
图8-281

图8-282

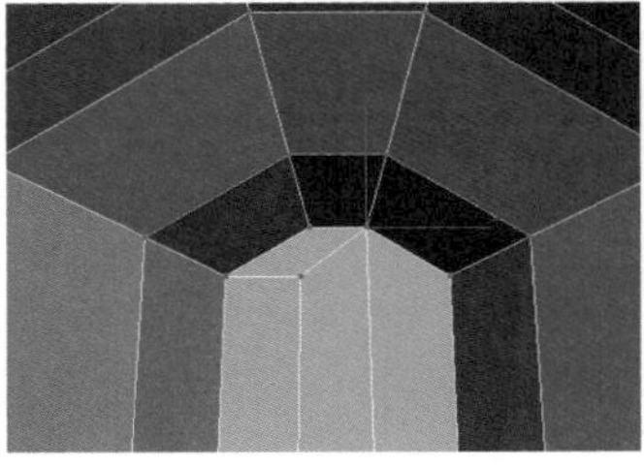
图8-283

图8-284

15 继续使用“目标焊接”工具 目标焊接 焊接如图8-285所示的顶点，完成后的效果如图8-286所示。

图8-285

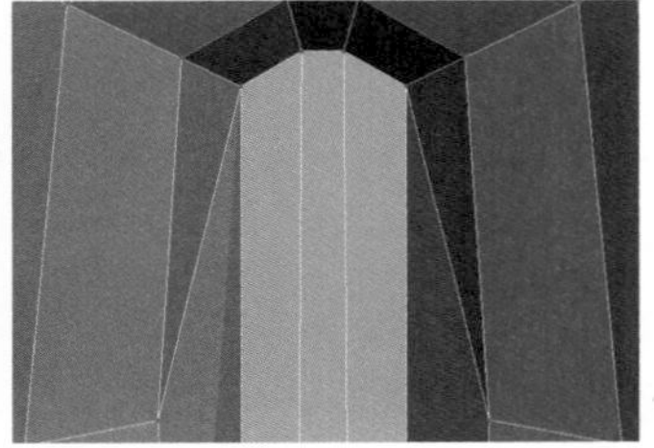
图8-286

16 选择如图8-287所示的边（注意，选择边的颜色与y轴的颜色同为红色，因此在选择边时要分清楚），然后在“编辑边”卷展栏下单击“链接”按钮 连接 后面的“设置”按钮，接着设置“分段”为1，如图8-288所示。

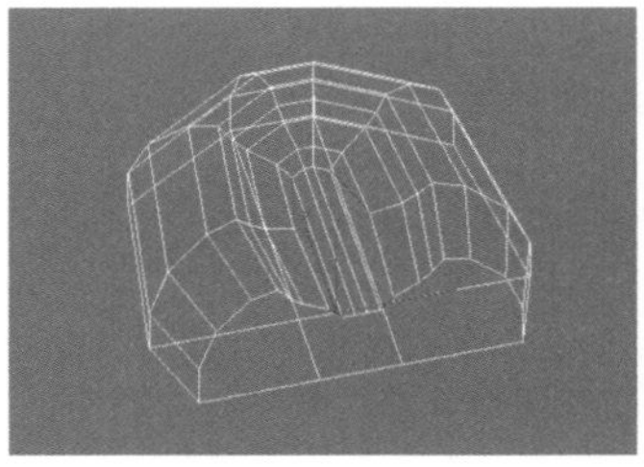
图8-287

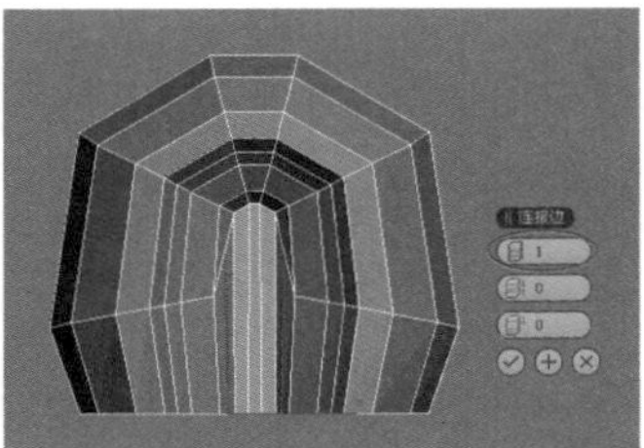
图8-288

17 继续对模型的细节（顶点）进行调节，完成后的效果如图8-289所示。

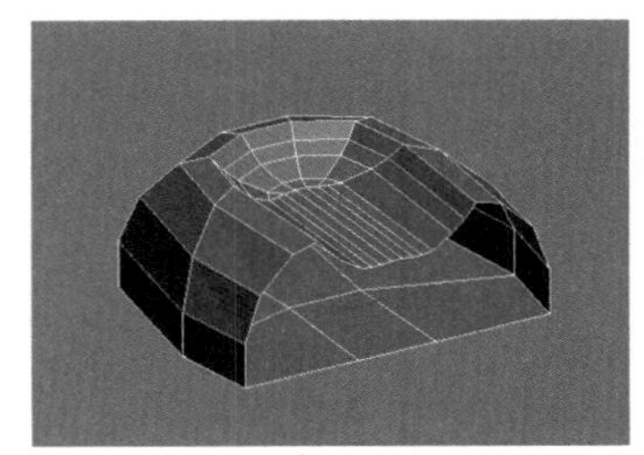
图8-289

18 进入“多边形”级别，然后选择模型底部的多边形，如图8-290所示，接着按Delete键将其删除，效果如图8-291所示。

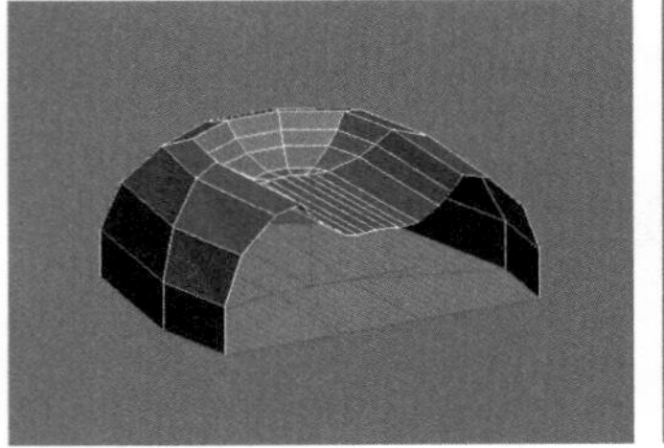
图8-290

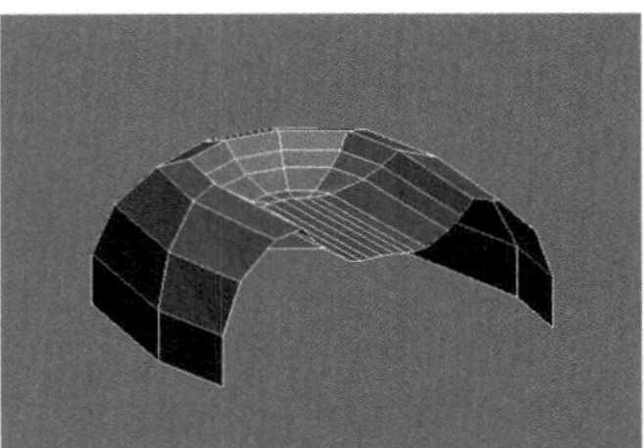
图8-291

19 为模型加载一个“细化”修改器，然后在“参数”卷展栏下设置“操作于”为“多边形”、“张力”为10、“迭代次数”为2，具体参数设置及模型效果如图8-292所示。

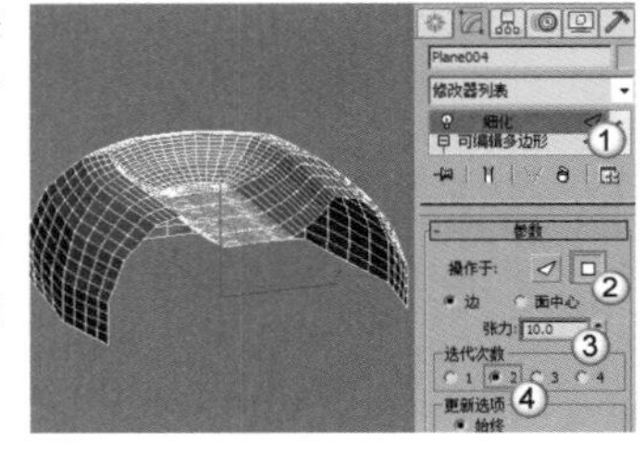
图8-292

20 将模型转换为可编辑多边形，进入“边”级别，然后选择如图8-293所示的边，接着在“编辑边”卷展栏下单击“利用所选内容创建图形”按钮 利用所选内容创建图形 ，最后在弹出的“创建图形”对话框中设置“图形类型”为“线性”，如图8-294所示。

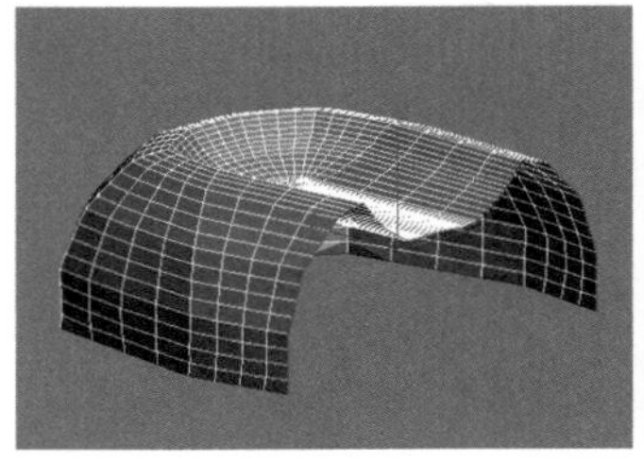
图8-293

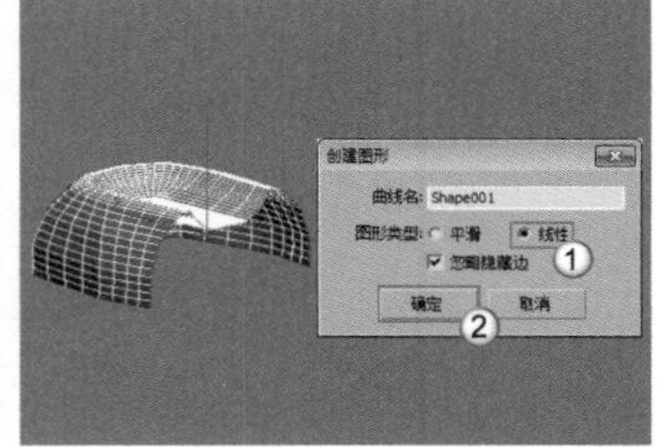
图8-294

21 选择“图形001”，然后在“渲染”卷展栏中勾选“在渲染中启用”和“在视口中启用”选项，接着设置“径向”的“厚度”为2mm，效果如图8-295所示。

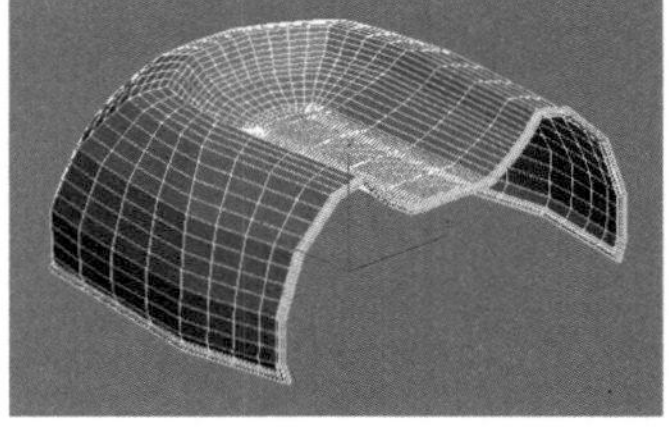
图8-295

22 选择模型，进入“边”级别，然后选择如图8-296所示的边，接着在“编辑边”卷展栏下单击“利用所选内容创建图形”按钮 利用所选内容创建图形 ，最后在弹出的“创建图形”对话框中设置“图形类型”为“线性”，如图8-297所示。

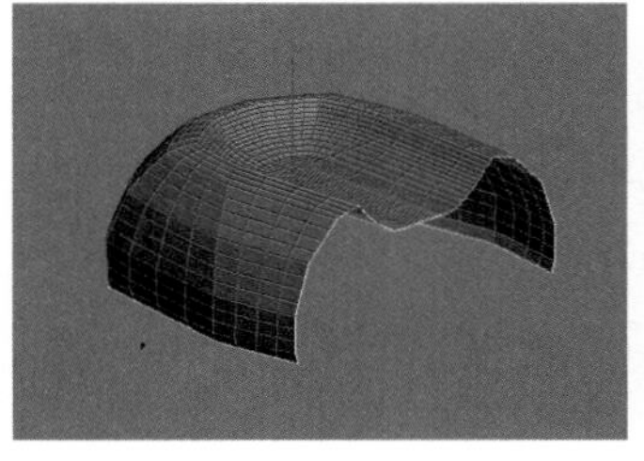

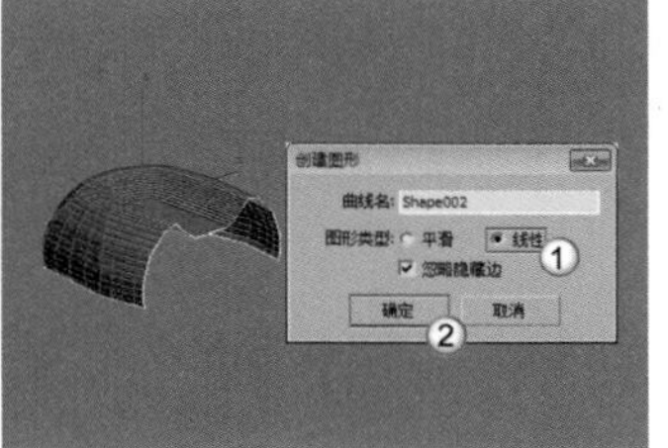

图8-296 图8-297

23 选择“图形002”，然后在“渲染”卷展栏中勾选“在渲染中启用”和“在视口中启用”选项，接着设置“径向”的“厚度”为1mm，效果如图8-298所示。

24 选择原始的藤椅模型，然后按Delete键将其删除，效果如图8-299所示。

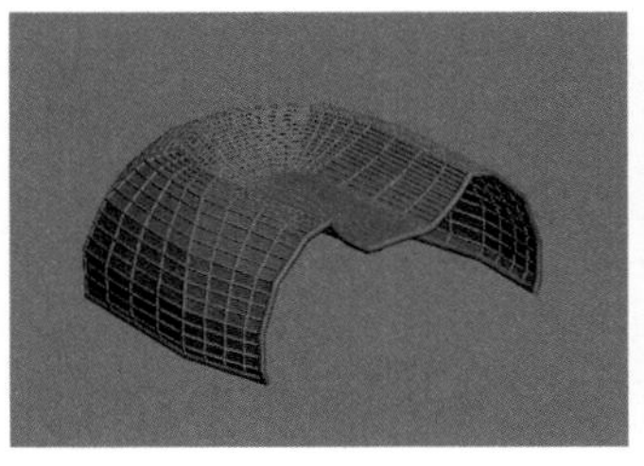

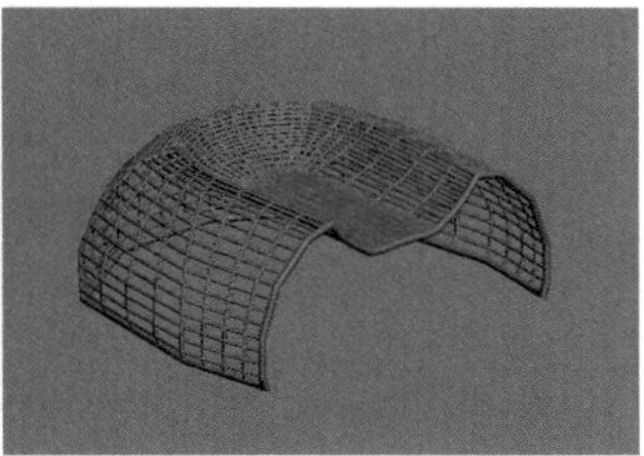

图8-298 图8-299

25 为模型加载一个FFD 3×3×3修改器，然后进入“控制点”次物体层级，接着选择如图8-300所示的控制点，最后使用“选择并移动”工具将其向上拖曳一段距离，效果如图8-301所示。

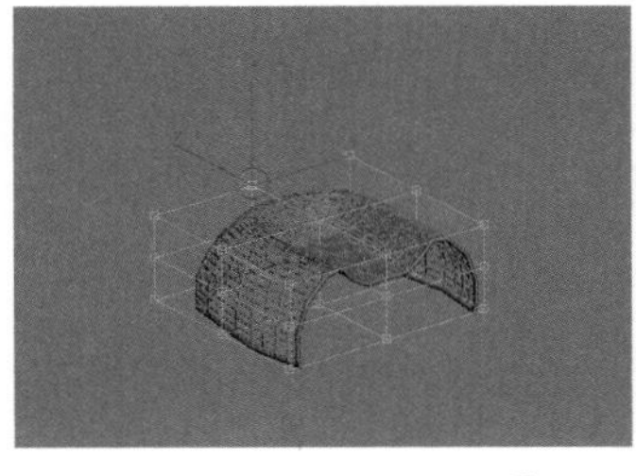

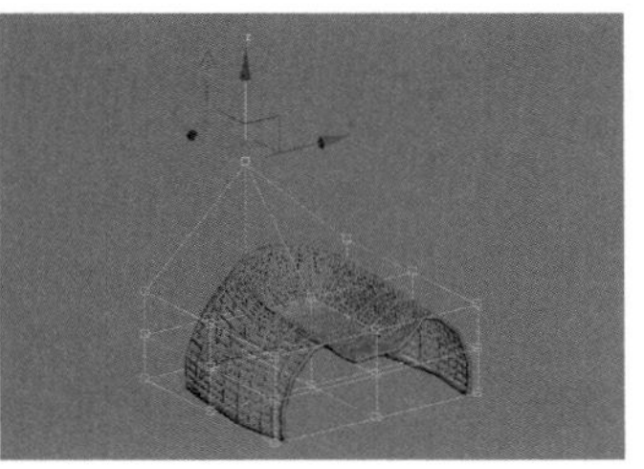

图8-300 图8-301

26 下面制作坐垫模型。使用“切角长方体”工具 切角长方体 在场景中创建一个切角长方体，然后在“参数”卷展栏下设置“长度”为65mm、“宽度”为60mm、“高度”为10mm、“圆角”为3mm、“长度分段”为10、“宽度分段”为10、“高度分段”为1、“圆角分段”为2，具体参数设置及模型位置如图8-302所示。

27 为切角长方体加载一个FFD 4×4×4修改器，然后进入“控制点”次物体层级，接着将切角长方体调整成如图8-303所示的形状。

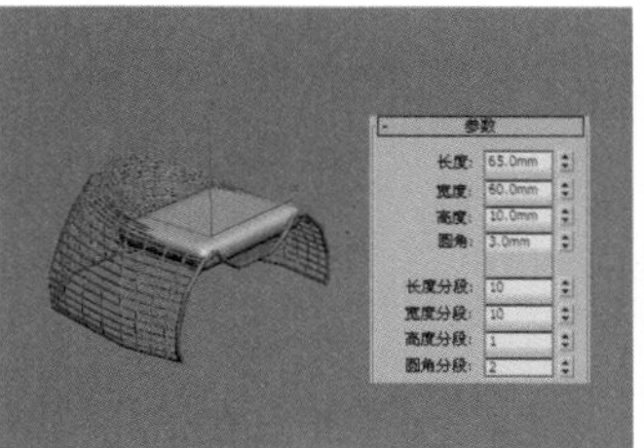

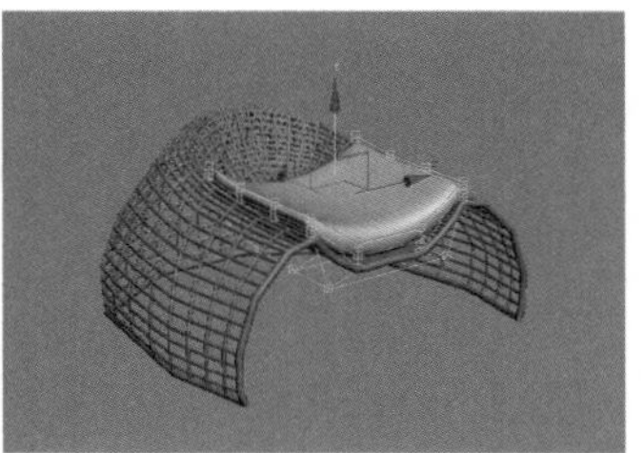

图8-302 图8-303

28 选择坐垫模型，然后按住Shift键使用“选择并旋转”工具旋转复制一个模型作为靠背，如图8-304所示，接着使用“选择并非均匀缩放”工具调整好其大小比例，最终效果如图8-305所示。

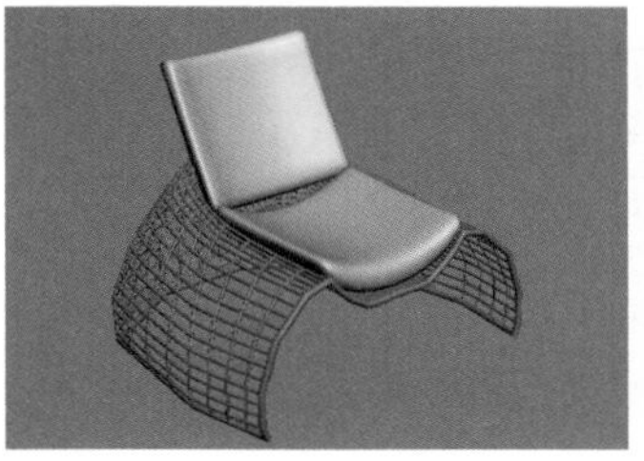

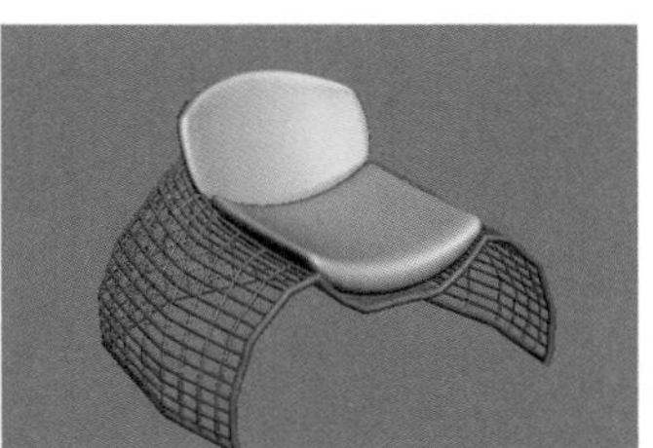

图8-304 图8-305

★ 重点 ★

实战：用多边形建模制作贵妃浴缸

场景位置 无
实例位置 实例文件>CH08>实战：用多边形建模制作贵妃浴缸.max
视频位置 多媒体教学>CH08>实战：用多边形建模制作贵妃浴缸.flv
难易指数 ★★★★☆
技术掌握 调节多边形的顶点、插入工具、挤出工具、切角工具

扫码看视频

贵妃浴缸的效果如图8-306所示。

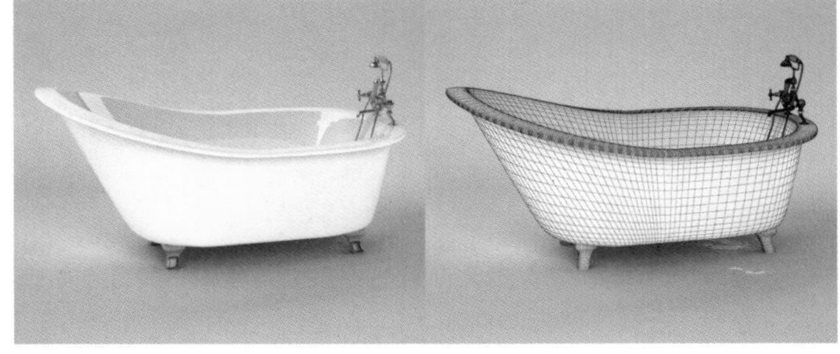

图8-306

01 使用“长方体”工具 长方体 在场景中创建一个长方体，然后在“参数”卷展栏下设置“长度”为55mm、“宽度”为120mm、“高度”为40mm、“长度分段”为4、“宽度分段”为3、“高度分段”为4，具体参数设置及模型效果如图8-307所示。

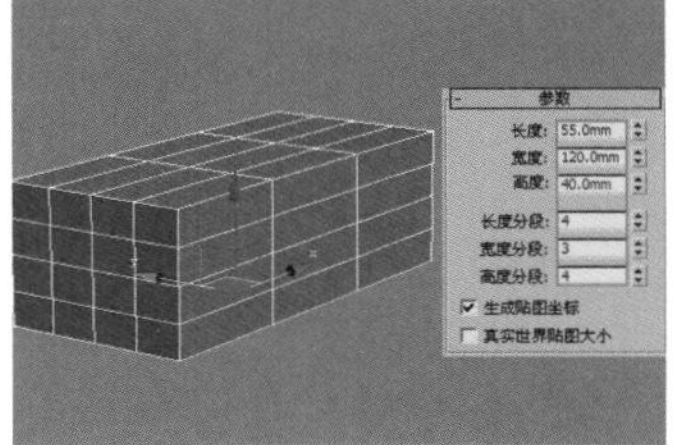

图8-307

02 将长方体转换为可编辑多边形，然后进入“顶点”级别，接着在前视图中将顶点调整成如图8-308所示的效果，最后将右侧的顶点调整成如图8-309所示的效果。

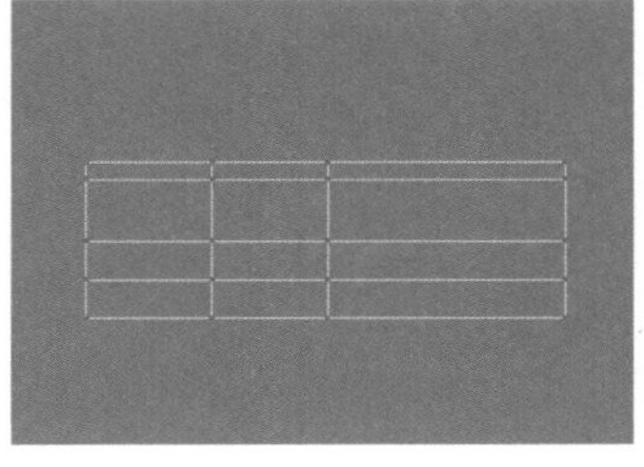

图8-308

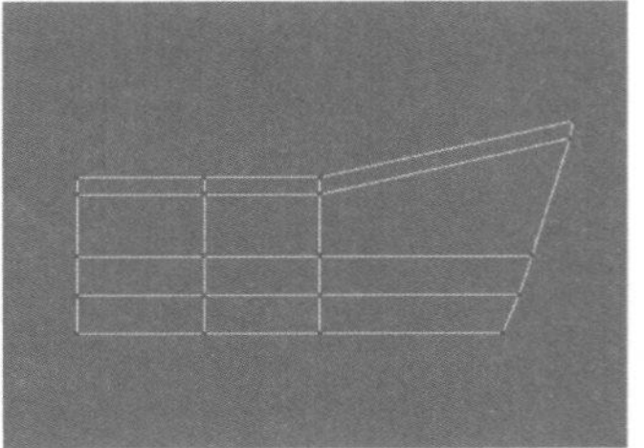

图8-309

03 继续在各个视图中对顶点进行调节，完成后的效果如图8-310所示。

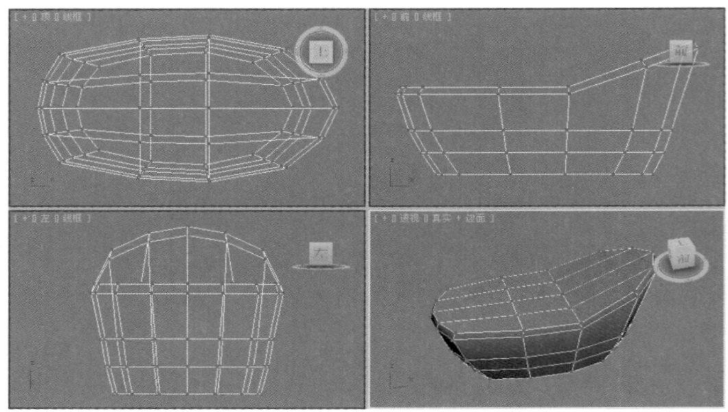

图8-310

04 进入“多边形”级别，然后选择如图8-311所示的多边形，接着在“编辑多边形”卷展栏下单击“插入”按钮 插入 后面的“设置”按钮，最后设置“数量”为2mm，如图8-312所示。

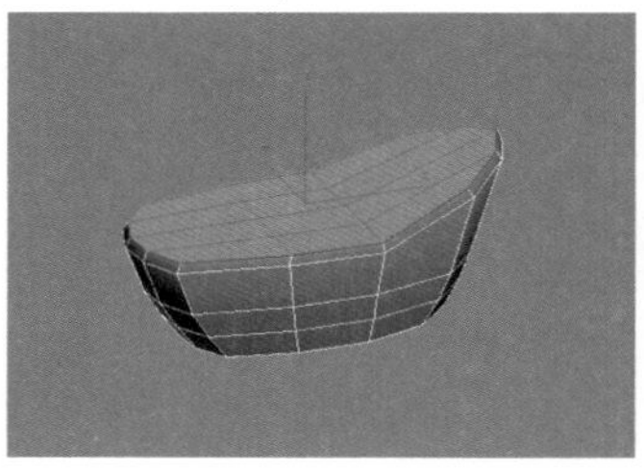

图8-311

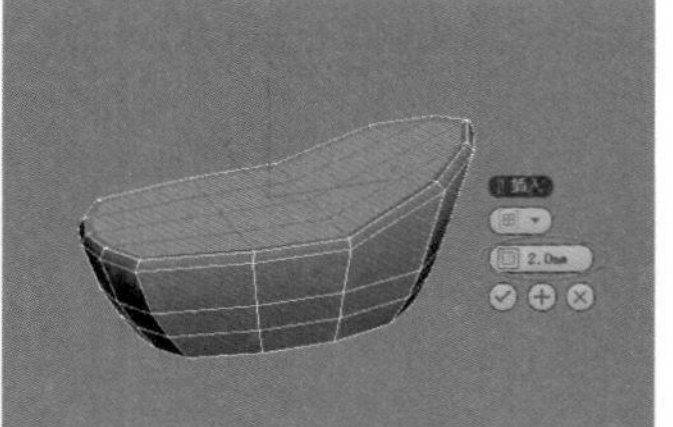

图8-312

05 保持对多边形的选择，在“编辑多边形”卷展栏下单击“挤出”按钮 挤出 后面的“设置”按钮，然后设置“高度”为-17mm，如图8-313所示。

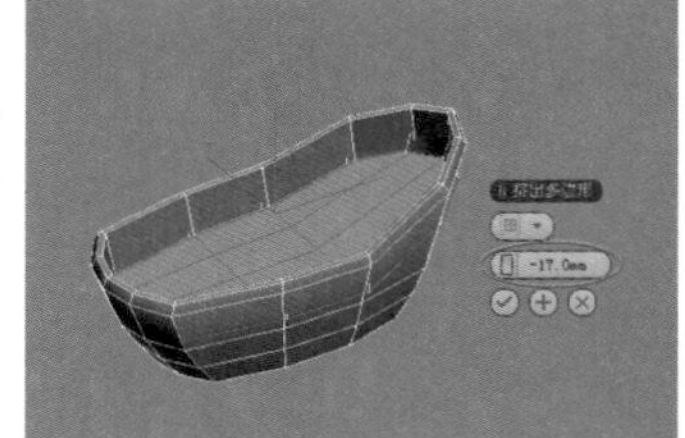

图8-313

疑难问答

问：为何挤出效果不正确？

答：这里可能会遇到一个问题，即向下挤出的垂直高度超出了浴缸的容积范围，如图8-314所示。遇到这种情况一般需要对挤出的多边形进行相应的调整。调整方法是用“选择并均匀缩放”工具在顶视图中将多边形等比例缩放到合适的大小，使其在相应位置不超出浴缸的容积范围即可，如图8-315所示。

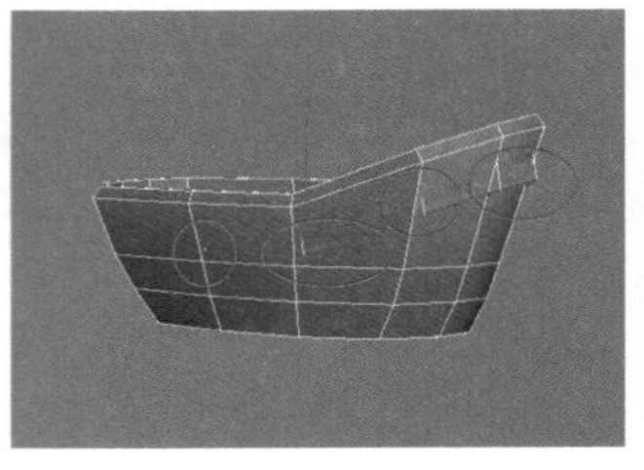

图8-314

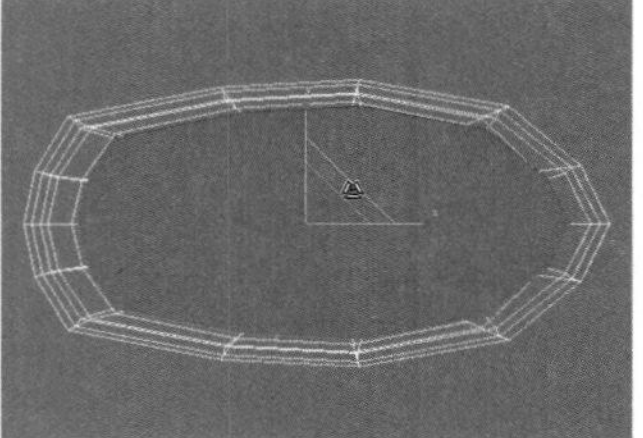

图8-315

06 保持对多边形的选择，在“编辑多边形”卷展栏下单击“挤出”按钮 挤出 后面的“设置”按钮，然后设置“高度”为-10mm，如图8-316所示，接着使用“选择并均匀缩放”工具在顶视图中将多边形等比例缩放到合适的大小，如图8-317所示。

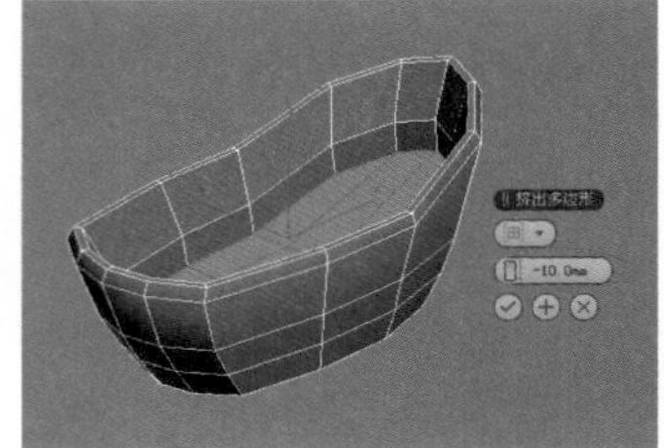

图8-316

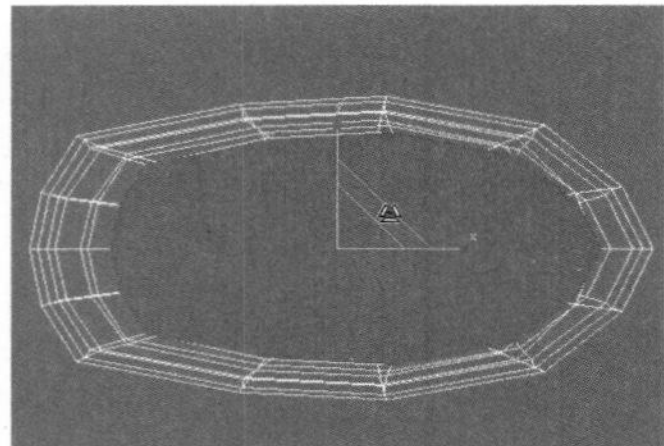

图8-317

07 保持对多边形的选择，在“编辑多边形”卷展栏下单击“挤出”按钮 挤出 后面的“设置”按钮，然后设置“高度”为-6mm，如图8-318所示，接着使用“选择并均匀缩放”工具在顶视图中将多边形等比例缩放到合适的大小，如图8-319所示。

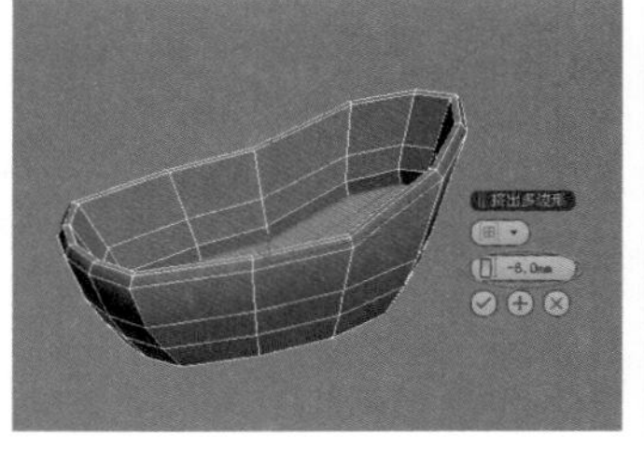

图8-318

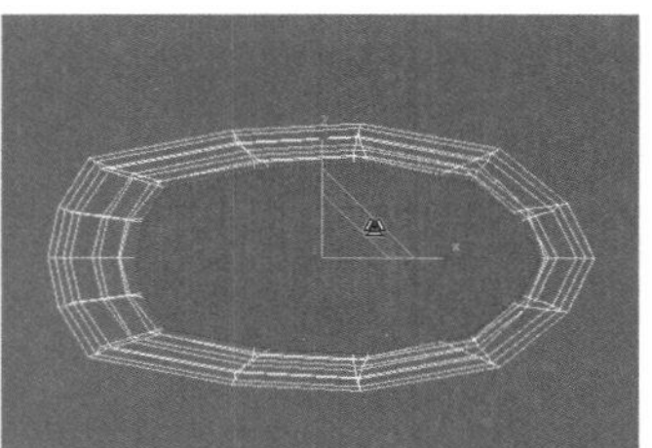

图8-319

08 选择如图8-320所示的多边形，然后在“编辑多边形”卷展栏下单击“挤出”按钮 挤出 后面的“设置”按钮，接着设置“挤出类型”为“局部法线”、“高度”为5mm，如图8-321所示。

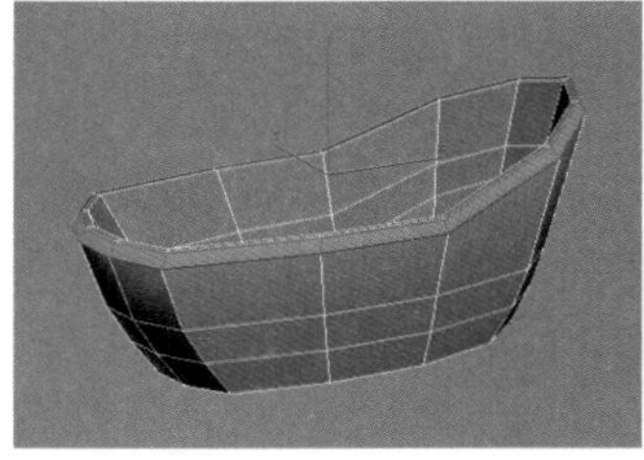

图8-320

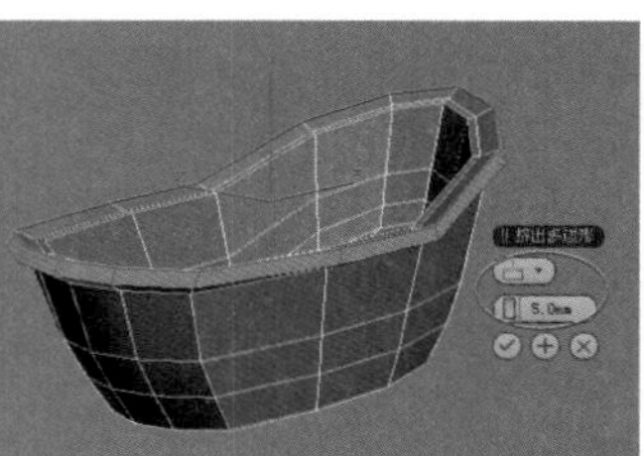

图8-321

技术专题 23 将边的选择转换为面的选择

从步骤08可以发现，要选择如此之多的多边形是一件非常耗时的事情，这里介绍一种选择多边形的简便方法，即将边的选择转换为面的选择。下面以图8-322中的一个多边形球体为例来讲解这种选择技法。

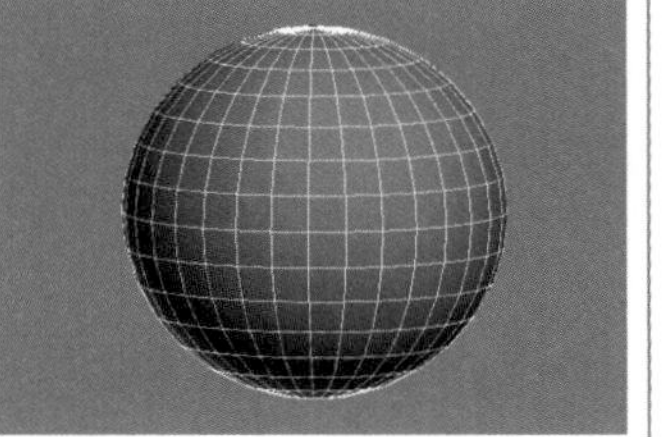
图8-322

第1步：进入"边"级别，随意选择一条横向上的边，如图8-323所示，然后在"选择"卷展栏下单击"循环"按钮 环形 ，以选择与该边在同一经度上的所有横向边，如图8-324所示。

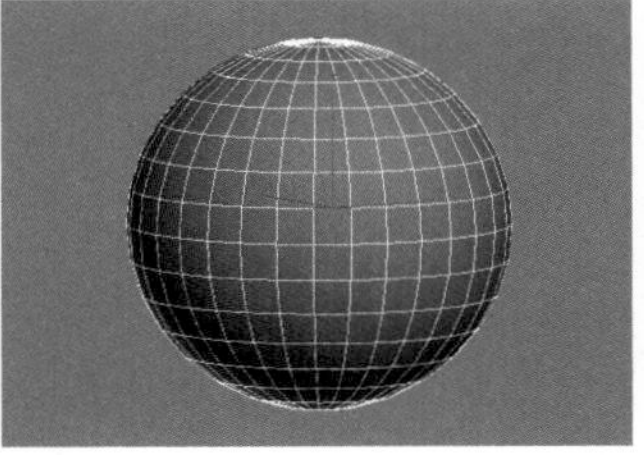
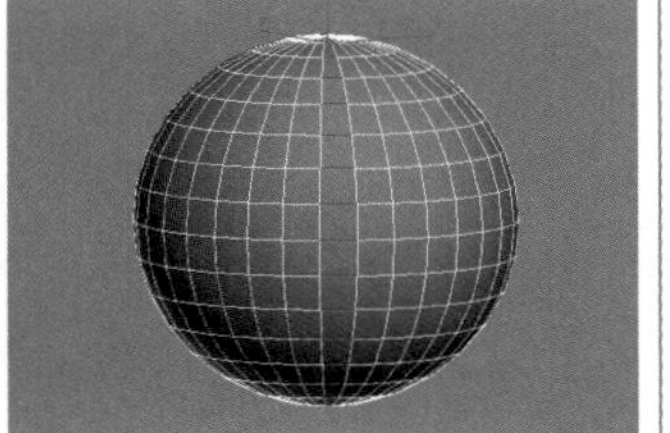
图8-323 图8-324

第2步：单击鼠标右键，然后在弹出的菜单中选择"转换到面"命令，如图8-325所示，这样就可以将边的选择转换为对面的选择，如图8-326所示。

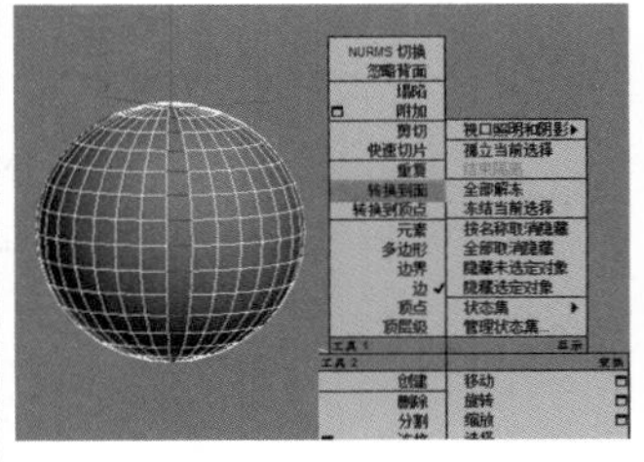
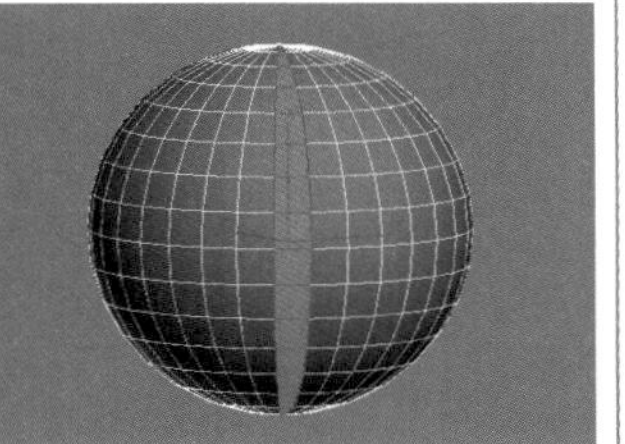
图8-325 图8-326

09 进入"边"级别，然后选择如图8-327所示的边，接着在"编辑边"卷展栏下单击"切角"按钮 切角 后面的"设置"按钮，最后设置"边切角量"为0.6mm，如图8-328所示。

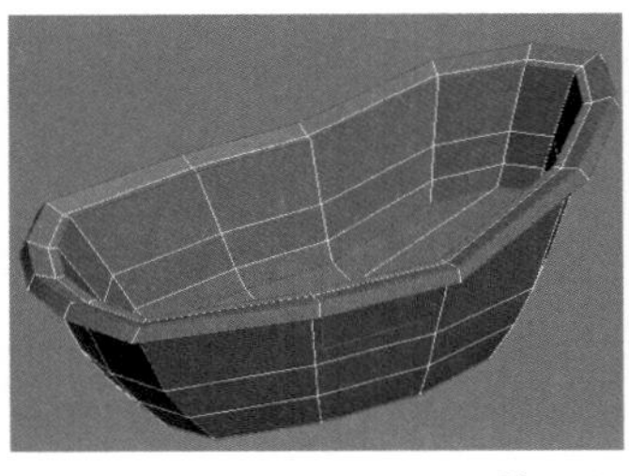
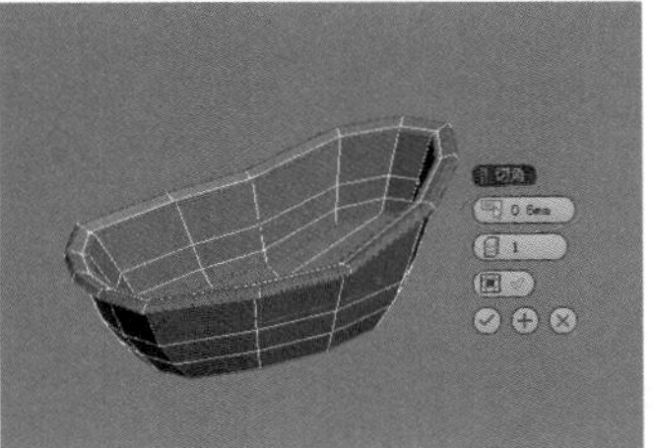
图8-327 图8-328

10 为模型加载一个"网格平滑"修改器，然后在"细分量"卷展栏下设置"迭代次数"为2，效果如图8-329所示。

11 使用"长方体"工具 长方体 在场景中创建一个长方体，然后在"参数"卷展栏下设置"长度"为6mm、"宽度"为8mm、"高度"为11mm、"长度分段"和"宽度分段"分别为1、"高度分段"为3，具体参数设置及模型位置如图8-330所示。

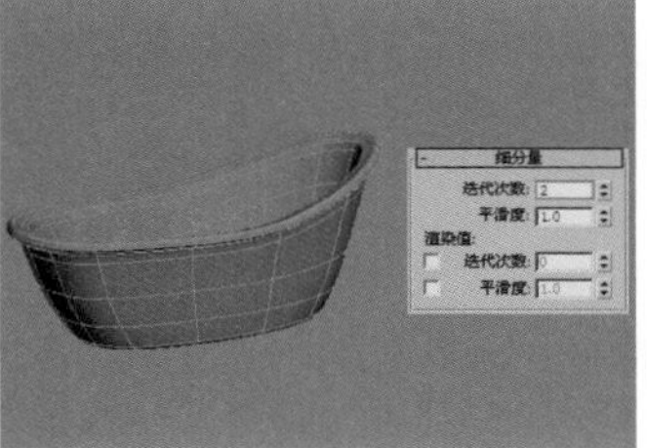
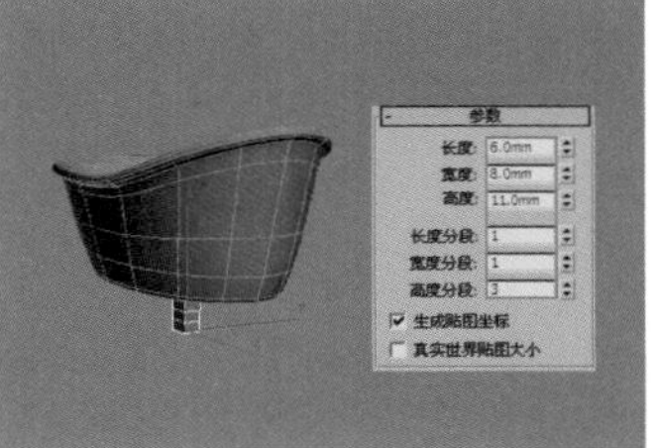
图8-329 图8-330

12 将长方体转换为可编辑多边形，然后进入"顶点"级别，接着在各个视图中将顶点调整成如图8-331所示的效果。

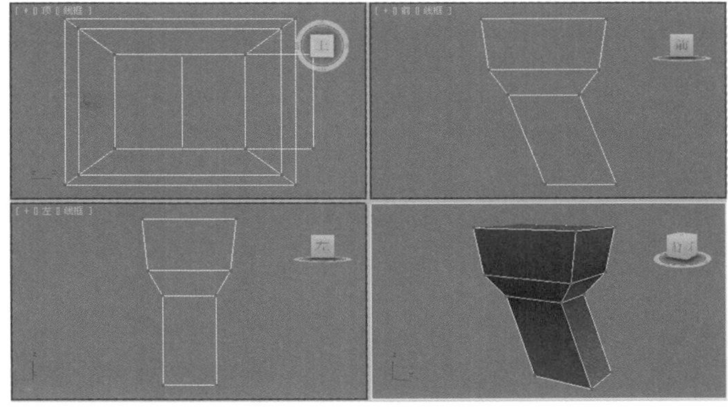
图8-331

13 进入"边"级别，然后选择如图8-332所示的边，接着在"编辑边"卷展栏下单击"切角"按钮 切角 后面的"设置"按钮，最后设置"边切角量"为0.3mm，如图8-333所示。

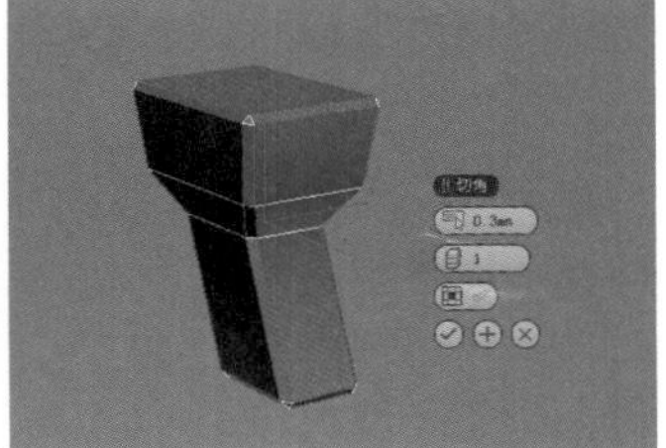
图8-332 图8-333

14 为模型加载一个"网格平滑"修改器，然后在"细分量"卷展栏下设置"迭代次数"为2，如图8-334所示，接着使用"选择并旋转"工具在顶视图中将腿部模型旋转-30°，如图8-335所示。

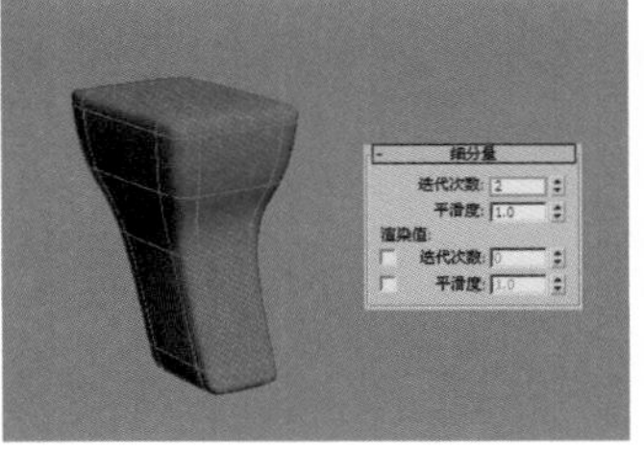
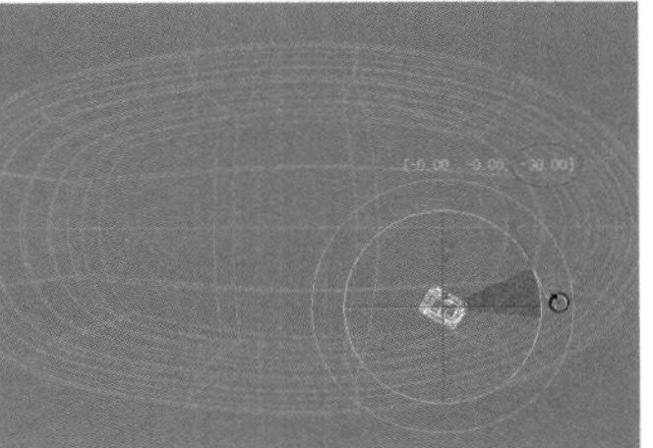
图8-334 图8-335

15 使用"镜像"工具镜像复制3个腿部模型到另外3个转角

处，最终效果如图8-336所示。

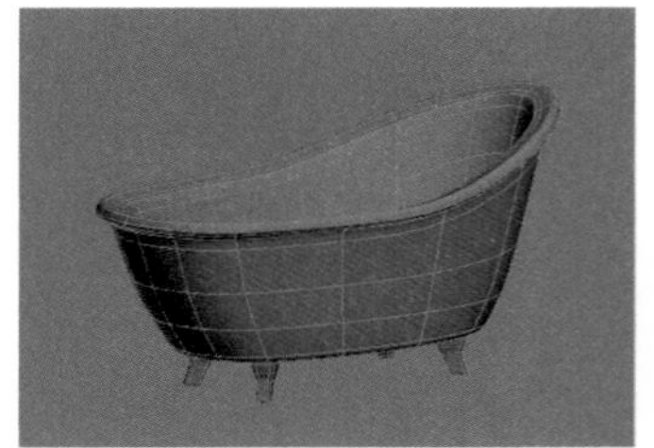

图8-336

★重点★

实战：用多边形建模制作实木门

场景位置 无
实例位置 实例文件>CH08>实战：用多边形建模制作实木门.max
视频位置 多媒体教学>CH08>实战：用多边形建模制作实木门.flv
难易指数 ★★★★☆
技术掌握 切角工具、倒角工具、连接工具、移除边技术

扫码看视频

实木门的效果如图8-337所示。

图8-337

01 使用“长方体”工具 长方体 在场景中创建一个长方体，然后在“参数”卷展栏下设置“长度”为12mm、“宽度”为130mm、“高度”为270mm、“长度分段”为1、“宽度分段”为8、“高度分段”为12，具体参数设置及模型效果如图8-338所示。

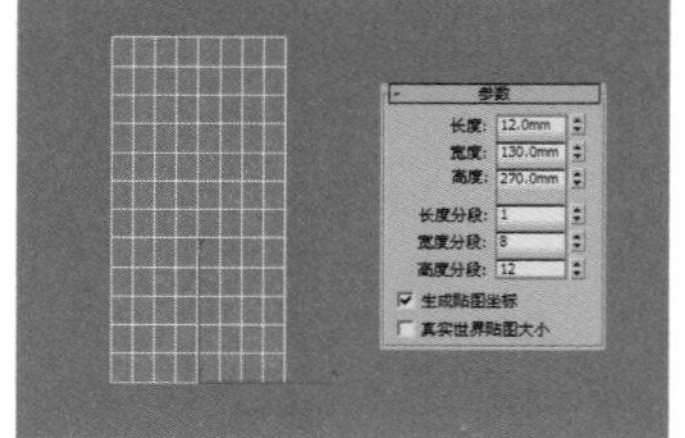

图8-338

02 将长方体转换为可编辑多边形，进入“边”级别，然后选择如图8-339所示的边，接着在“编辑边”卷展栏下单击“切角”按钮 切角 后面的“设置”按钮，最后设置“边切角量”为1.8mm，如图8-340所示。

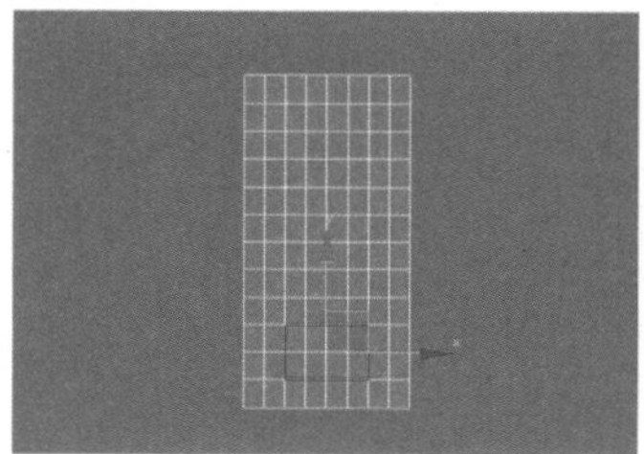

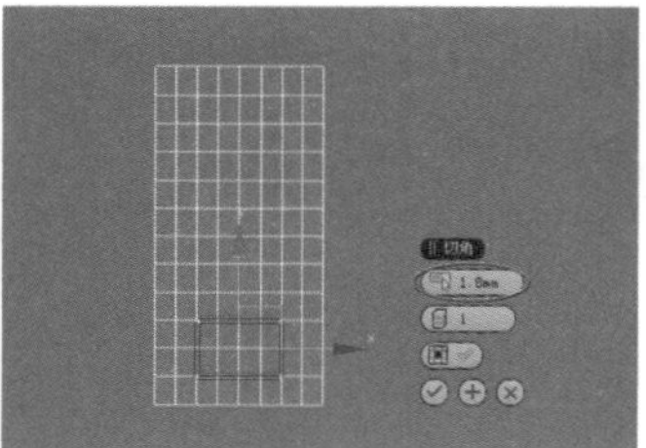

图8-339 图8-340

03 进入“多边形”级别，然后选择如图8-341所示的多边形，接着在“编辑多边形”卷展栏下单击“倒角”按钮 倒角 后面的“设置”按钮，最后设置“高度”为0.7mm、“轮廓”为-0.6mm，如图8-342所示。

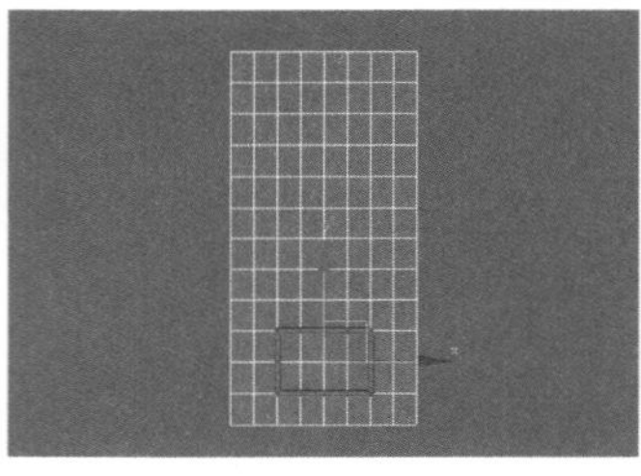

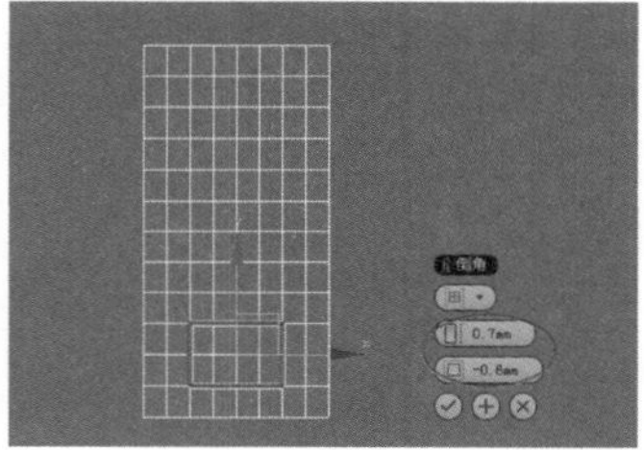

图8-341 图8-342

04 选择如图8-343所示的多边形，然后在“编辑多边形”卷展栏下单击“倒角”按钮 倒角 后面的“设置”按钮，接着设置“高度”为1.5mm、“轮廓”为-4mm，如图8-344所示。

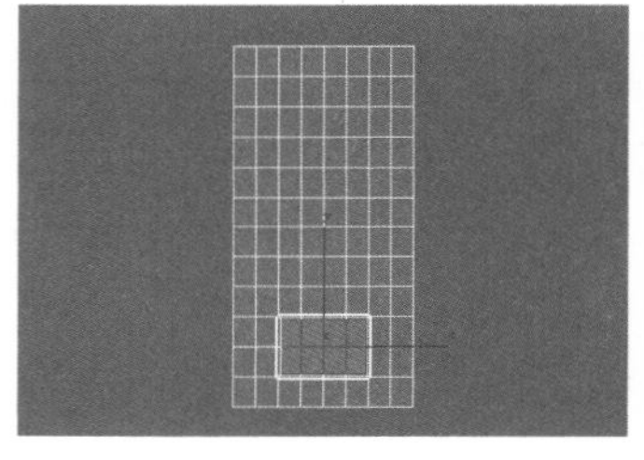

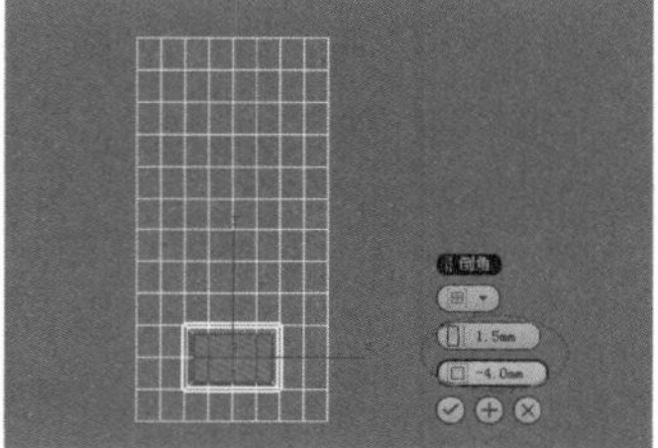

图8-343 图8-344

05 进入“顶点”级别，然后使用“选择并移动”工具在前视图中将顶部第3行的顶点调节成如图8-345所示的效果。

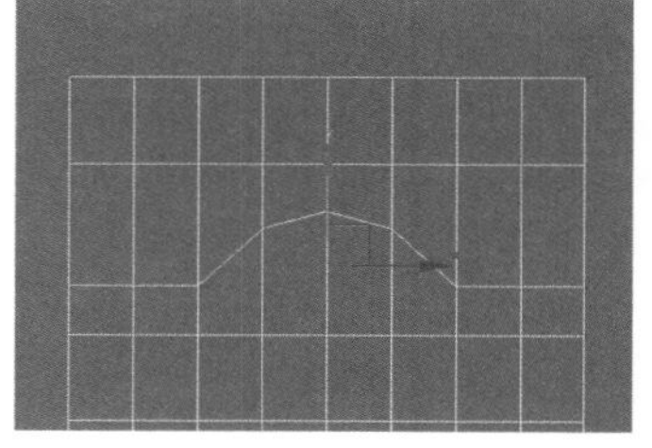

图8-345

06 进入“边”级别，然后选择如图8-346所示的边，接着在“编辑边”卷展栏下单击“切角”按钮 切角 后面的“设置”按钮，最后设置“边切角量”为1.8mm，如图8-347所示。

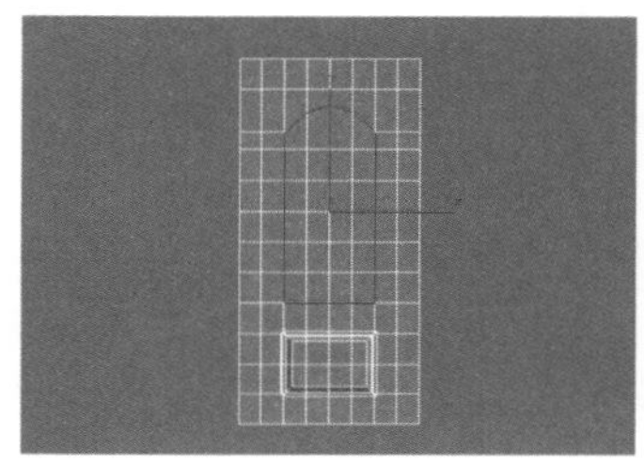

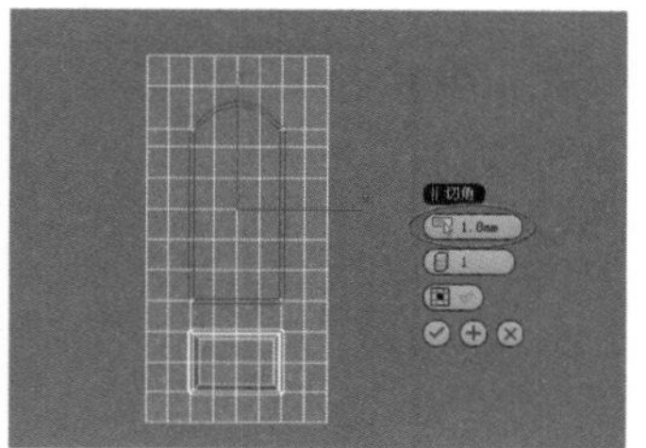

图8-346 图8-347

07 进入“多边形”级别，然后选择如图8-348所示的多边形，接着在“编辑多边形”卷展栏下单击“倒角”按钮 倒角 后面的“设置”按钮，最后设置“高度”为0.7mm、“轮廓”为-0.6mm，如图8-349所示。

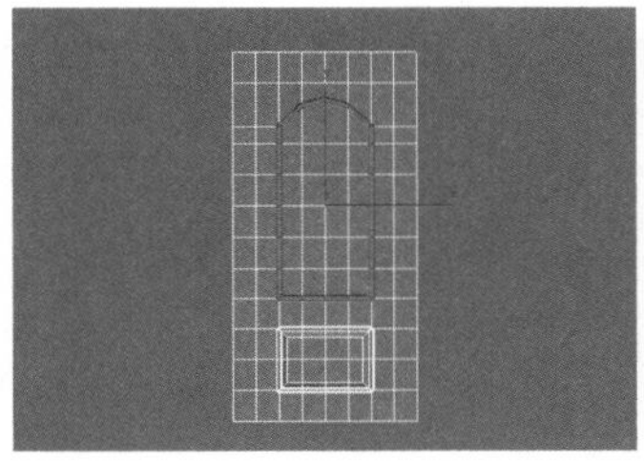

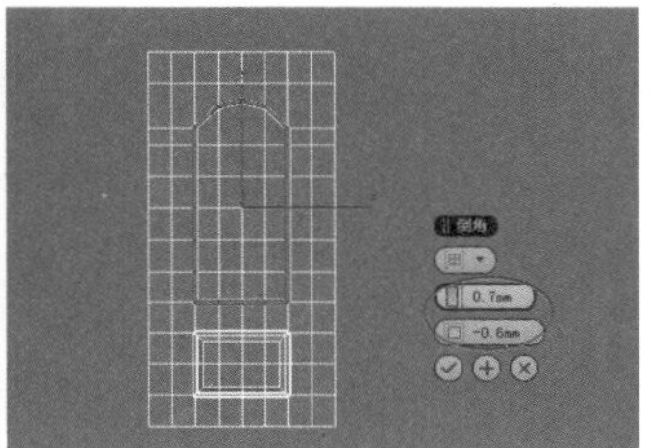

图8-348　　图8-349

08 选择如图8-350所示的多边形，然后在“编辑多边形”卷展栏下单击“倒角”按钮 倒角 后面的“设置”按钮■，接着设置“高度”为1.5mm、“轮廓”为-4mm，如图8-351所示。

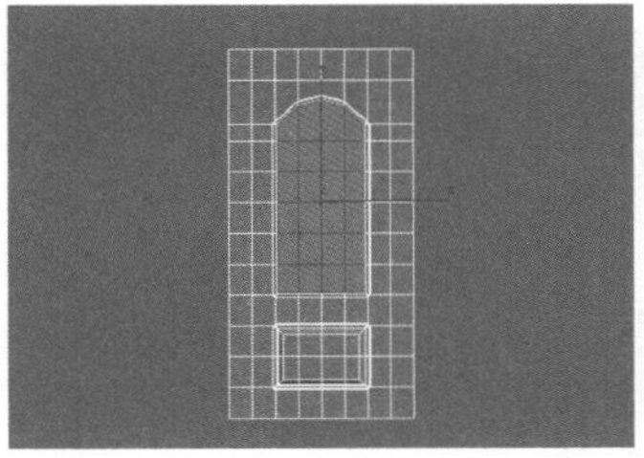

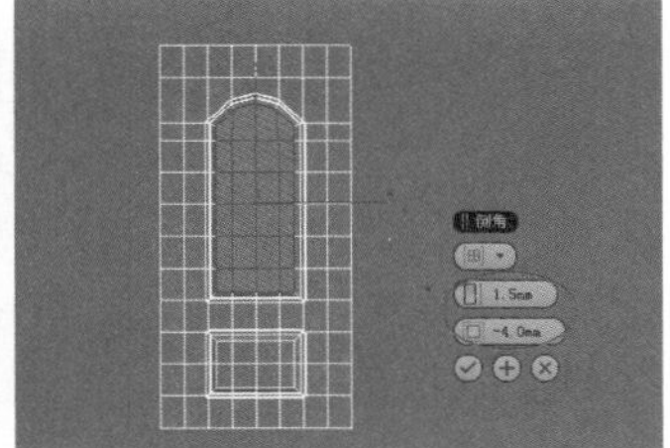

图8-350　　图8-351

09 进入“顶点”级别，然后选择左右两侧第2行的顶点，接着使用“选择并均匀缩放”工具■沿y轴将其缩放成如图8-352所示的效果，最后使用“选择并移动”工具■将顶部第2行的顶点调节成如图8-353所示的效果。

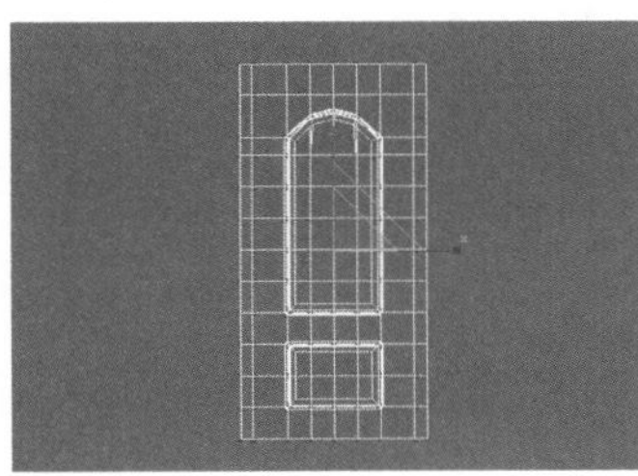

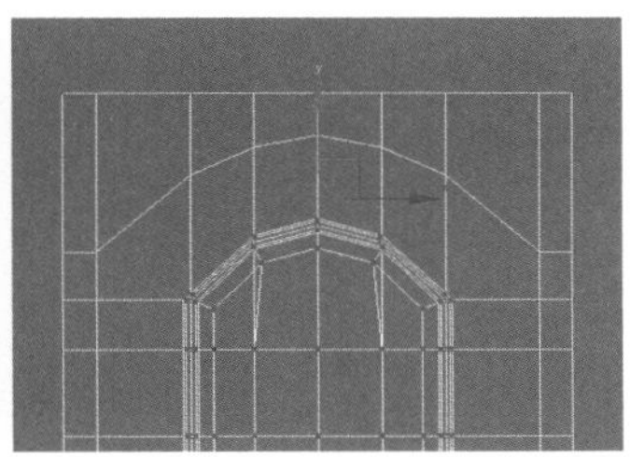

图8-352　　图8-353

10 进入“边”级别，然后选择如图8-354所示的边，接着在“编辑边”卷展栏下单击“切角”按钮 切角 后面的“设置”按钮■，最后设置“边切角量”为0.7mm，如图8-355所示。

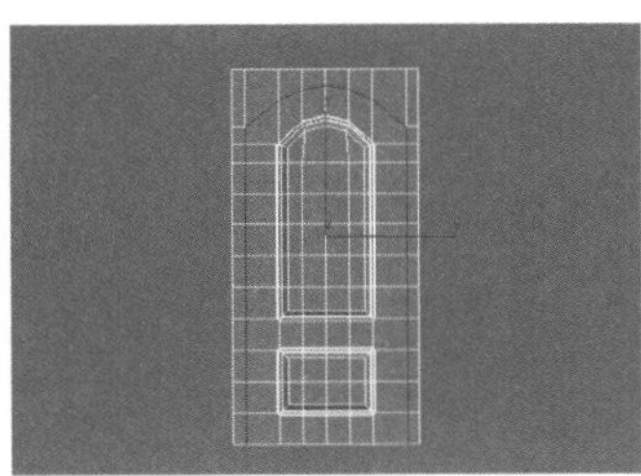

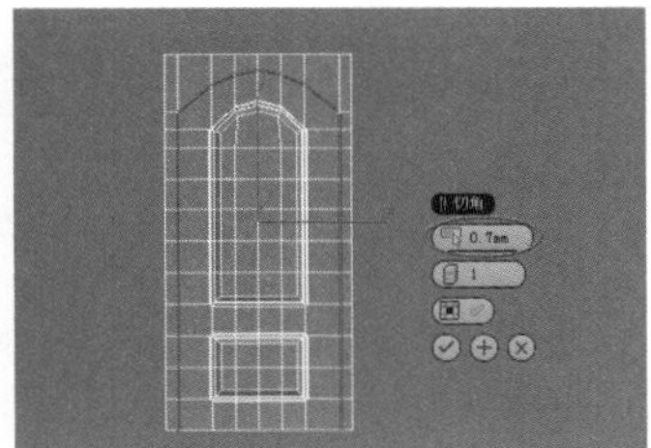

图8-354　　图8-355

11 进入“多边形”级别，然后选择如图8-356所示的多边形，接着在“编辑多边形”卷展栏下单击“倒角”按钮 倒角 后面的“设置”按钮■，最后设置“高度”为0.6mm、“轮廓”为-0.3mm，如图8-357所示。

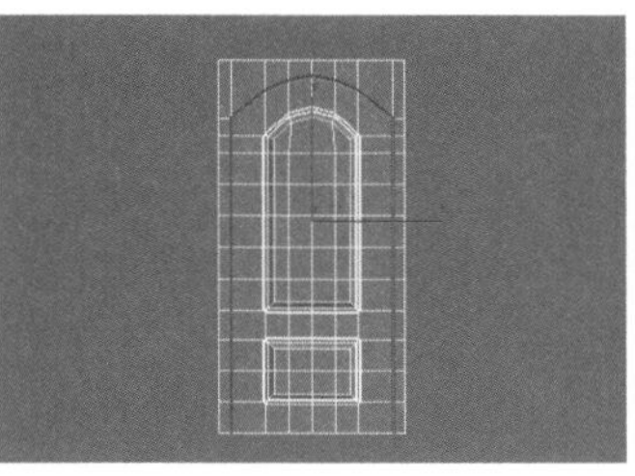

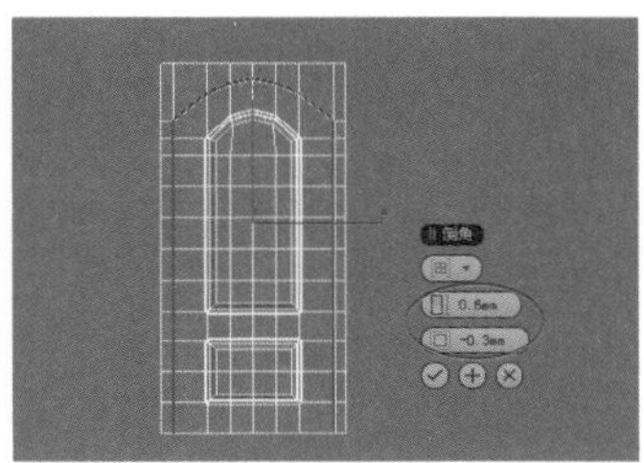

图8-356　　图8-357

12 进入“边”级别，然后选择如图8-358所示的边，接着在“编辑边”卷展栏下单击“连接”按钮 连接 后面的“设置”按钮■，最后设置“分段”为2，如图8-359所示。

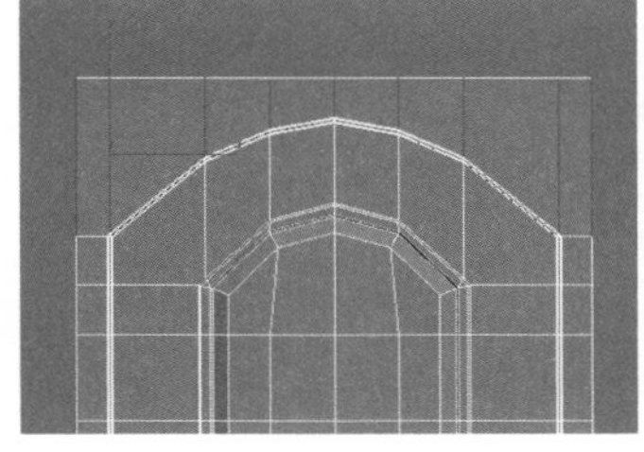

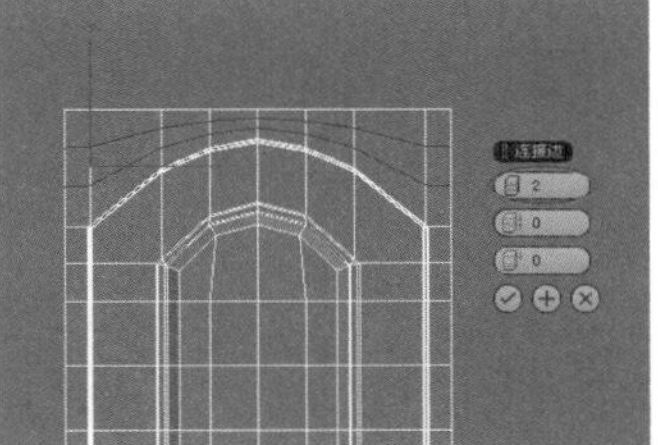

图8-358　　图8-359

13 进入“顶点”级别，然后使用“选择并移动”工具■将连接出来的顶点调节成如图8-360所示的效果。

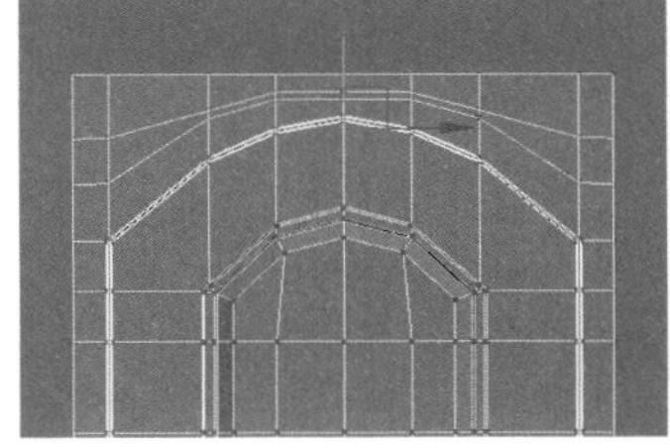

图8-360

14 进入“边”级别，然后选择如图8-361所示的边，接着在“编辑边”卷展栏下单击“连接”按钮 连接 后面的“设置”按钮■，最后设置“分段”为1，如图8-362所示。

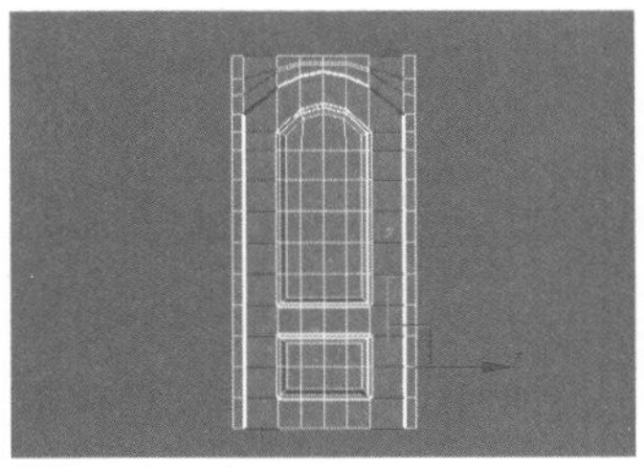

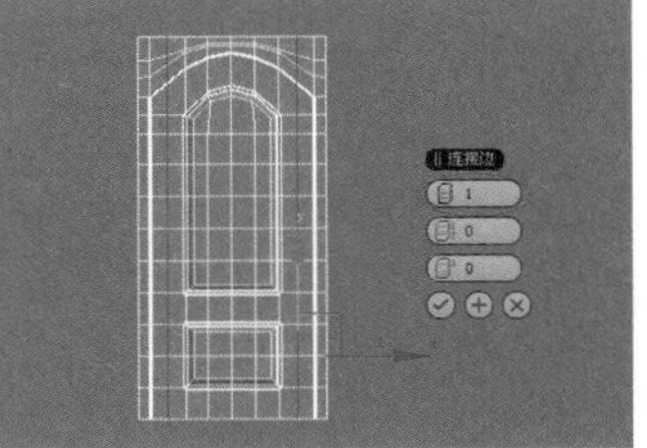

图8-361　　图8-362

15 进入“多边形”级别，然后选择如图8-363所示的多边形，接着在“编辑多边形”卷展栏下单击“倒角”按钮 倒角 后面的“设置”按钮■，最后设置“高度”为0.8mm、“轮廓”为-0.8mm，如图8-364所示。

16 进入“边”级别，然后选择如图8-365所示的边，接着在“编辑边”卷展栏下单击“切角”按钮 切角 后面的“设置”按钮■，最后设置“边切角量”为0.1mm，如图8-366所示。

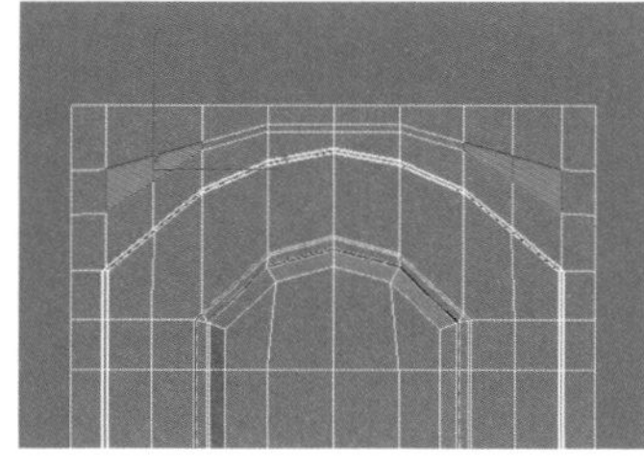

图8-363

图8-364

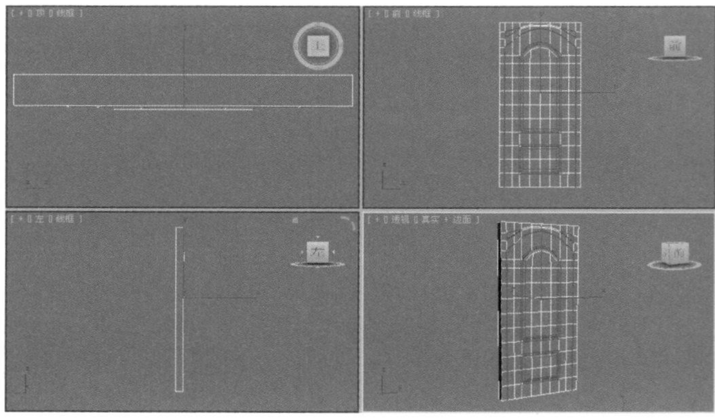

图8-365

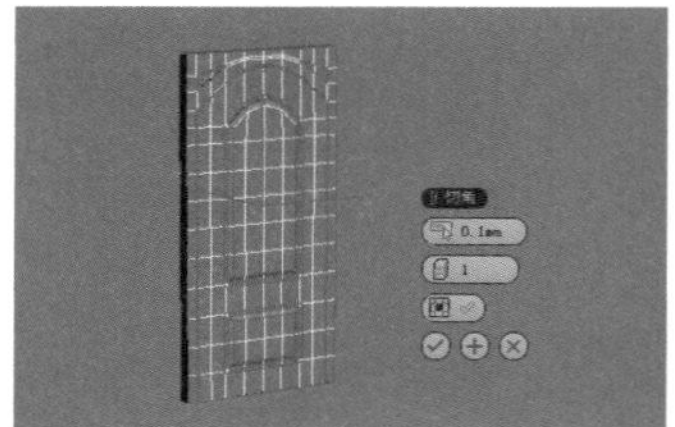

图8-366

技术专题 24 移除多余边

由于本例门的正面和背面都有边，而只有正面的边才有用，因此在选择边进行切角操作的时候，为了不选择到不该选择的边，在切角之前可以先移除没有用的边。下面以图8-367来进行讲解如何移除边（移除右侧的边）。

图8-367

第1步：进入“边”级别，选择右侧的边，如图8-368所示。

第2步：在“编辑边”卷展栏下单击“移除”按钮 移除 即可移除选定的边，如图8-369所示。

图8-368

图8-369

在移除边时要注意以下两点。

第1点：不能直接按Delete键移除边。如果是按Delete键移除边，则将删除边和边所在的面，如图8-370所示。

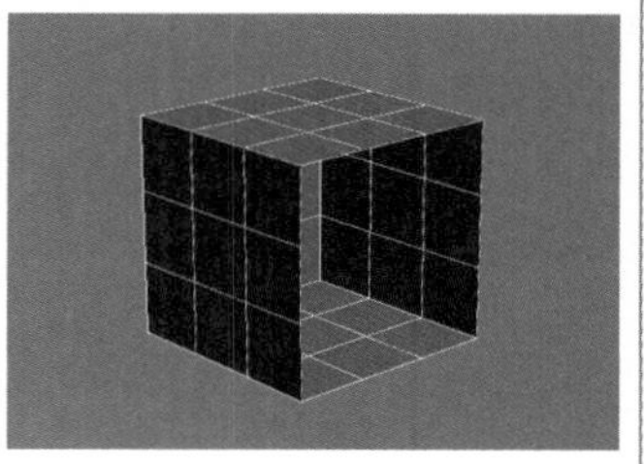

图8-370

第2点：在非特殊情况下不要移除边界上的边。如果选择了边界上的边，如图8-371所示，则移除边的同时会移除与面相邻的面，如图8-372所示。

图8-371

图8-372

17 为模型加载一个“网格平滑”修改器，然后在“细分量”卷展栏下设置“迭代次数”为3，最终效果如图8-373所示。

图8-373

★ 重点 ★

实战：用多边形建模制作酒柜

场景位置 无

实例位置 实例文件>CH08>实战：用多边形建模制作酒柜.max

视频位置 多媒体教学>CH08>实战：用多边形建模制作酒柜.flv

难易指数 ★★★★☆

技术掌握 倒角工具、挤出工具、切角工具、插入工具、连接工具

扫码看视频

酒柜的效果如图8-374所示。

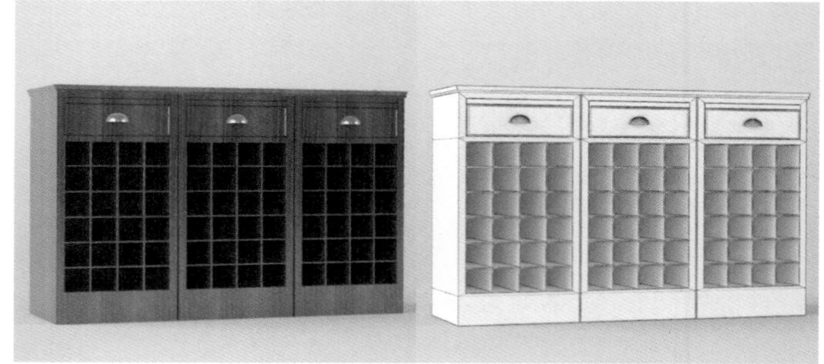

图8-374

01 下面创建柜面模型。使用“长方体”工具 长方体 在场景中创建一个长方体，然后在“参数”卷展栏下设置“长度”为92mm、“宽度”为290mm、“高度”为2mm，具体参数设置及

模型效果如图8-375所示。

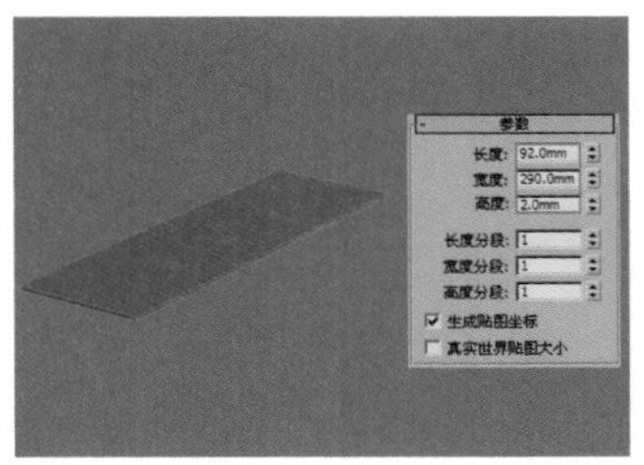

图8-375

02 将长方体转换为可编辑多边形，进入“多边形”级别，然后选择如图8-376所示的多边形，接着在“编辑多边形”卷展栏下单击“倒角”按钮 倒角 后面的“设置”按钮，最后设置“高度”为1mm、“轮廓”为-0.6mm，如图8-377所示。

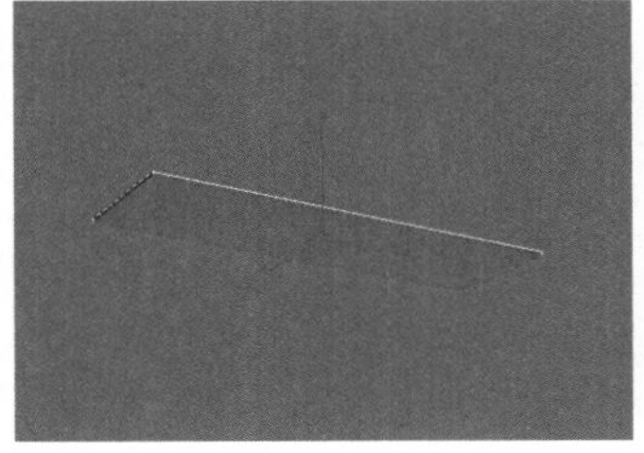

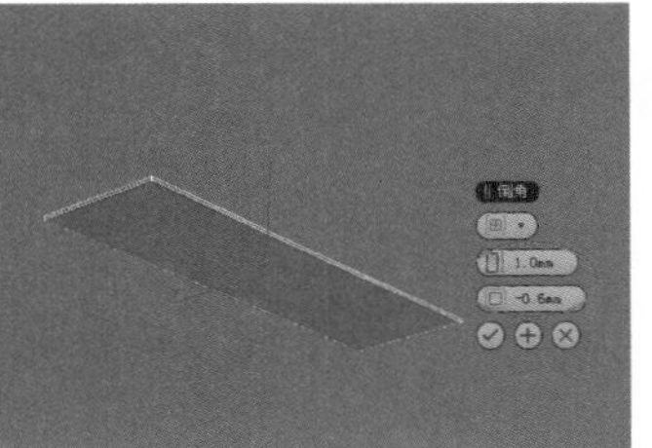

图8-376　图8-377

03 保持对多边形的选择，在“编辑多边形”卷展栏下单击“挤出”按钮 挤出 后面的“设置”按钮，然后设置“高度”为1mm，如图8-378所示。

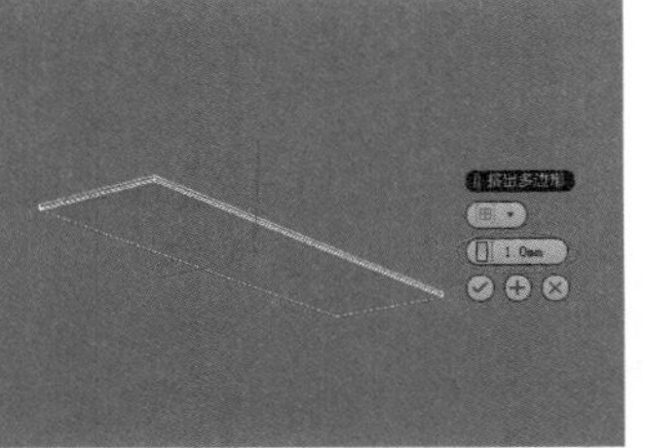

图8-378

04 进入“边”级别，然后选择所有的边，如图8-379所示，接着在“编辑边”卷展栏下单击“切角”按钮 切角 后面的“设置”按钮，最后设置“边切角量”为0.2mm、“分段”为3，如图8-380所示。

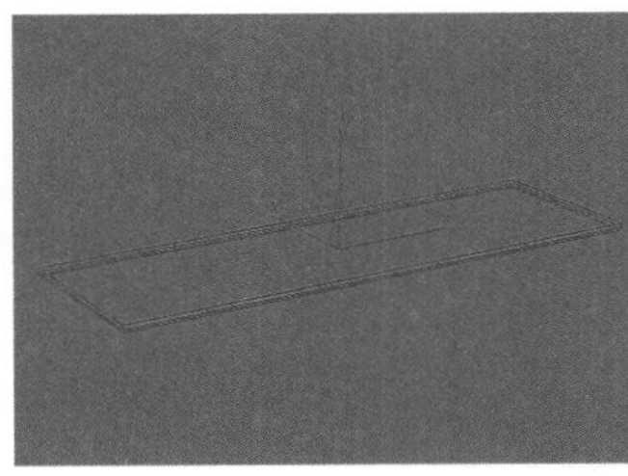

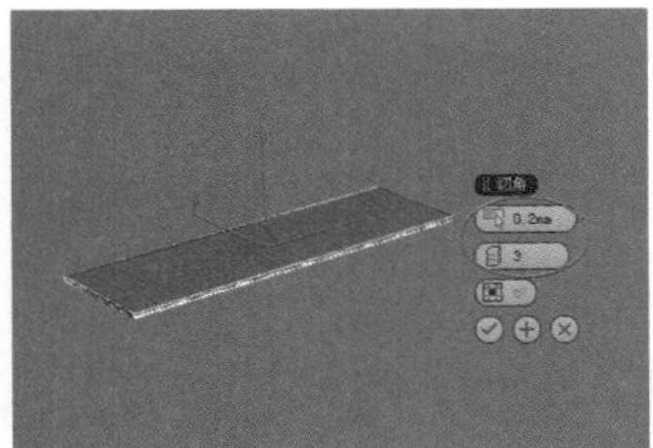

图8-379　图8-380

05 下面创建酒柜模型。使用“长方体”工具 长方体 在左视图中创建一个长方体，然后在“参数”卷展栏下设置“长度”为88mm、“宽度”为95mm、“高度”为135mm、“长度分段”和“宽度分段”分别为1、“高度分段”为3，具体参数设置及模型位置如图8-381所示。

06 将长方体转换为可编辑多边形，然后进入“顶点”级别，接着在前视图中将顶点调整成如图8-382所示的效果。

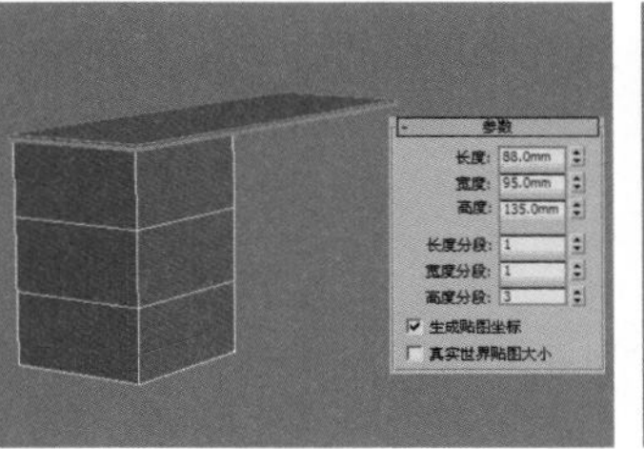

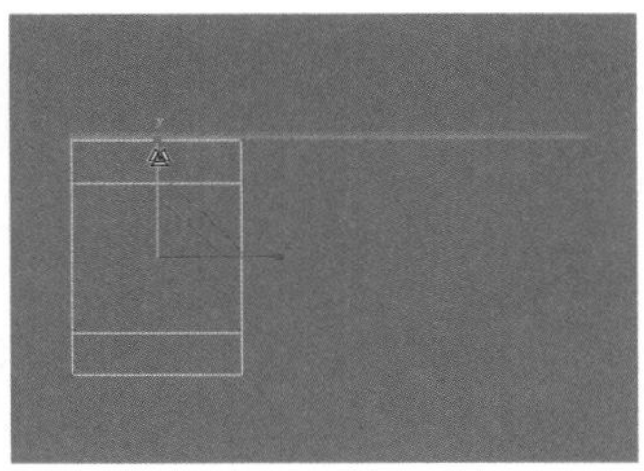

图8-381　图8-382

07 进入“多边形”级别，然后选择如图8-383所示的多边形，接着在“编辑多边形”卷展栏下单击“插入”按钮 插入 后面的“设置”按钮，最后设置“插入类型”为“按多边形”、“数量”为4.5mm，如图8-384所示。

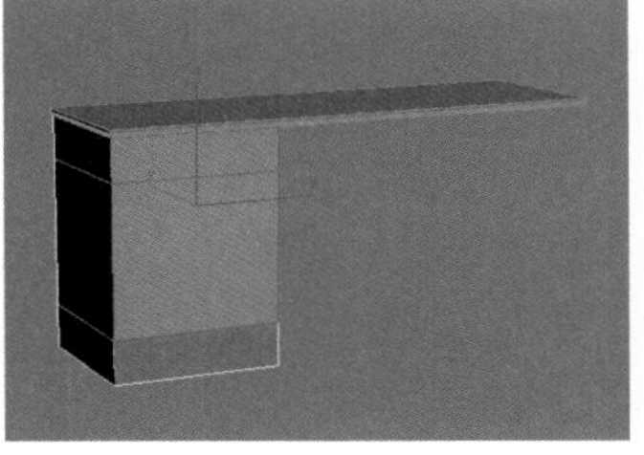

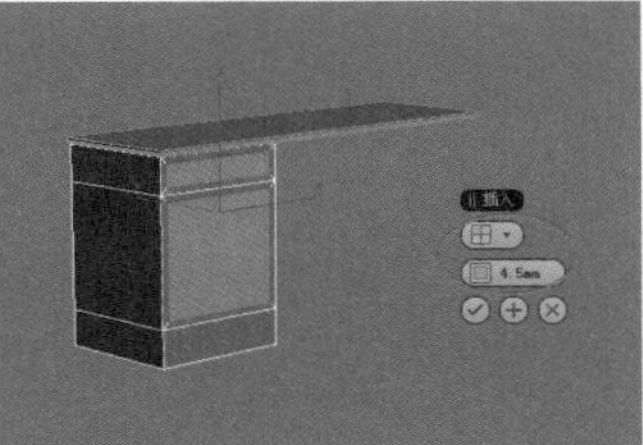

图8-383　图8-384

08 进入“边”级别，然后选择如图8-385所示的边，接着在“编辑边”卷展栏下单击“连接”按钮 连接 后面的“设置”按钮，最后设置“分段”为5，如图8-386所示。

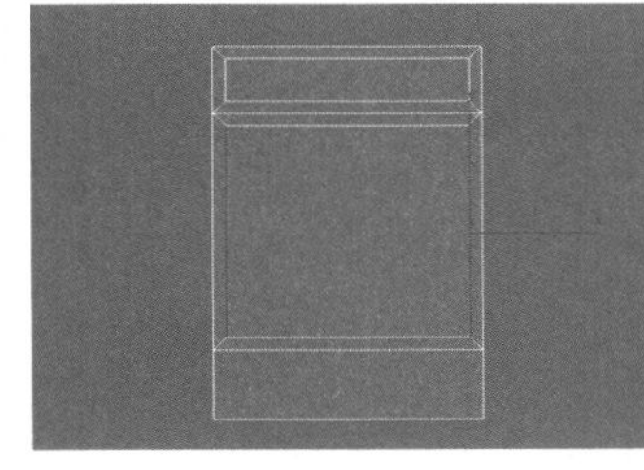

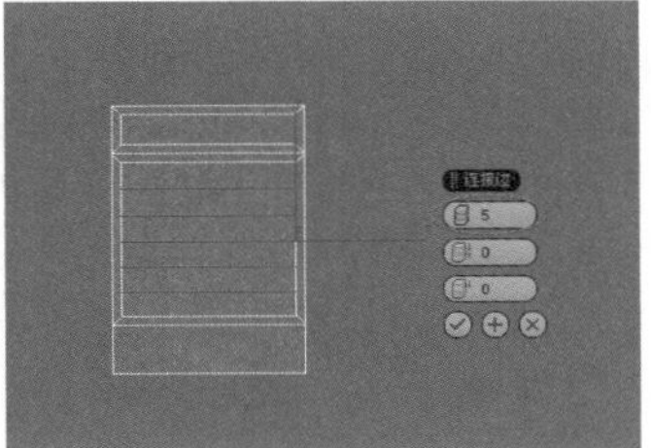

图8-385　图8-386

09 选择如图8-387所示的边，然后在“编辑边”卷展栏下单击“连接”按钮 连接 后面的“设置”按钮，接着设置“分段”为3，如图8-388所示。

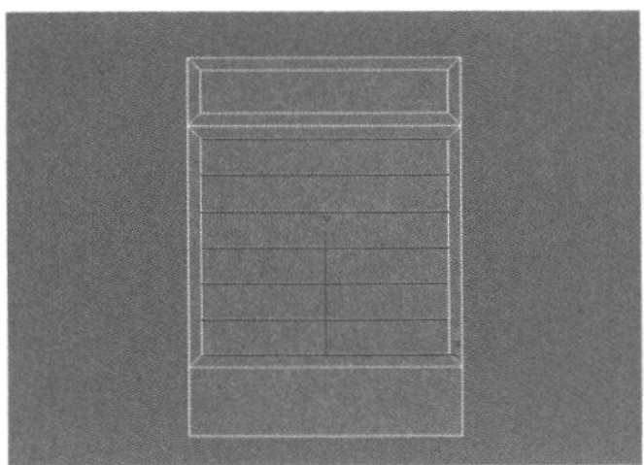

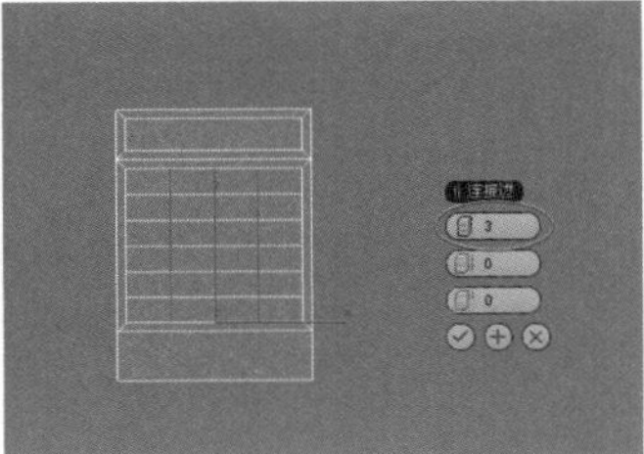

图8-387　图8-388

10 进入“多边形”级别，然后选择如图8-389所示的多边形，接着在“编辑多边形”卷展栏下单击“挤出”按钮 挤出 后面的“设置”按钮，最后设置“高度”为1mm，如图8-390所示。

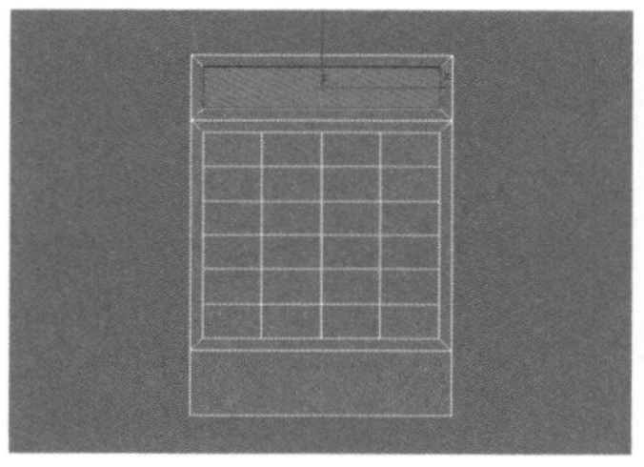

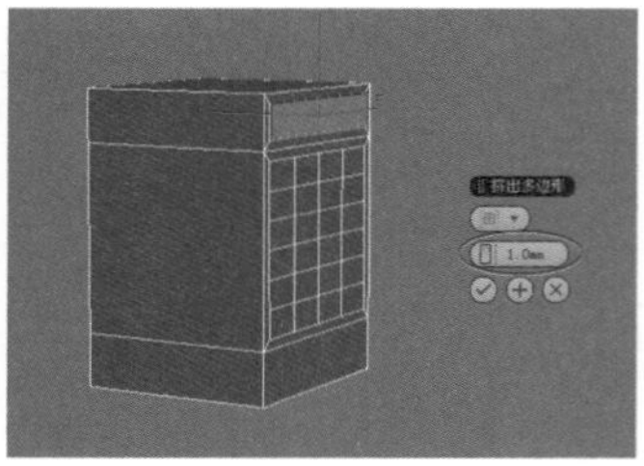

图8-389

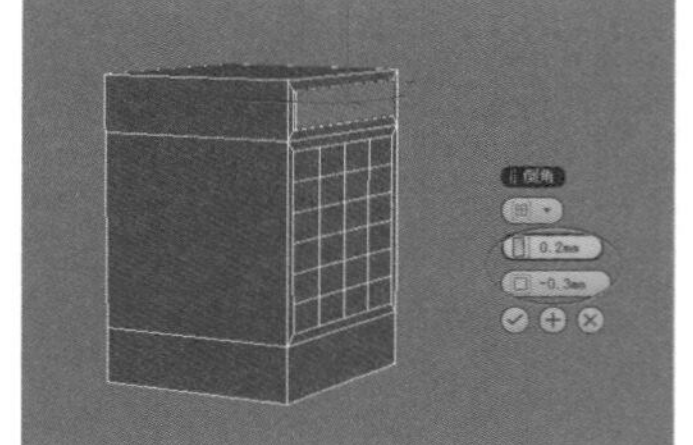

图8-390

11 保持对多边形的选择，在“编辑多边形”卷展栏下单击“倒角”按钮 倒角 后面的“设置”按钮，然后设置“高度”为0.2mm、“轮廓”为-0.3mm，如图8-391所示。

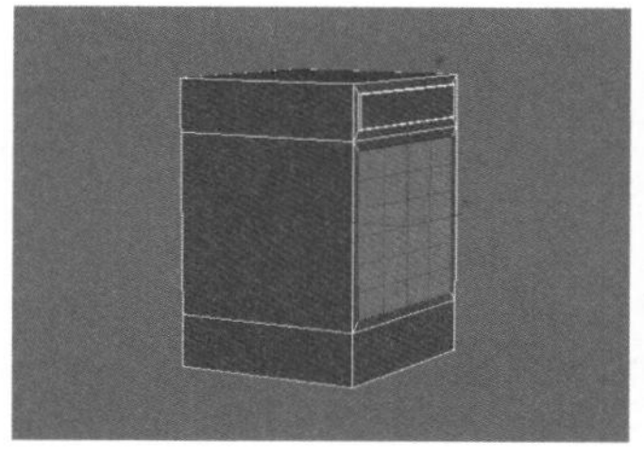

图8-391

12 选择如图8-392所示的多边形，然后在“编辑多边形”卷展栏下单击“插入”按钮 插入 后面的“设置”按钮，接着设置“插入类型”为“按多边形”、“数量”为1mm，如图8-393所示。

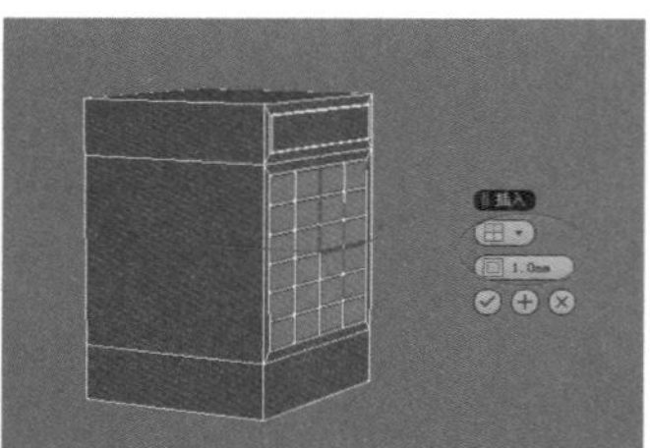

图8-392

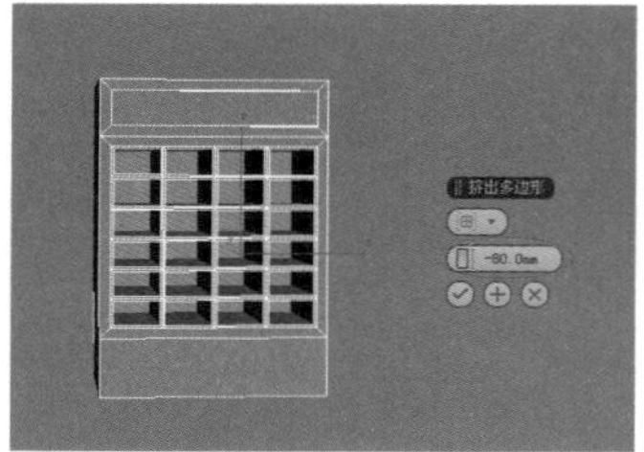

图8-393

13 保持对多边形的选择，在“编辑多边形”卷展栏下单击“挤出”按钮 挤出 后面的“设置”按钮，然后设置“高度”为-80mm，如图8-394所示。

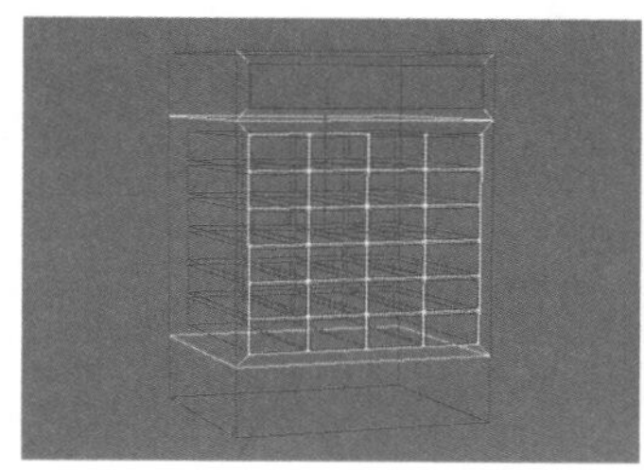

图8-394

14 进入“边”级别，然后选择如图8-395所示的边，接着在“编辑边”卷展栏下单击“切角”按钮 切角 后面的“设置”按钮，最后设置“边切角量”为0.3mm，如图8-396所示。

图8-395

图8-396

15 使用“选择并均匀缩放”工具在前视图中沿y轴将酒柜调高一些，如图8-397所示，接着调整好酒柜的位置，如图8-398所示。

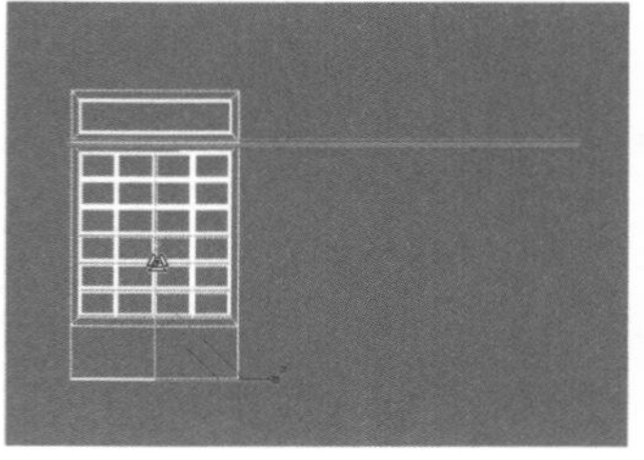

图8-397

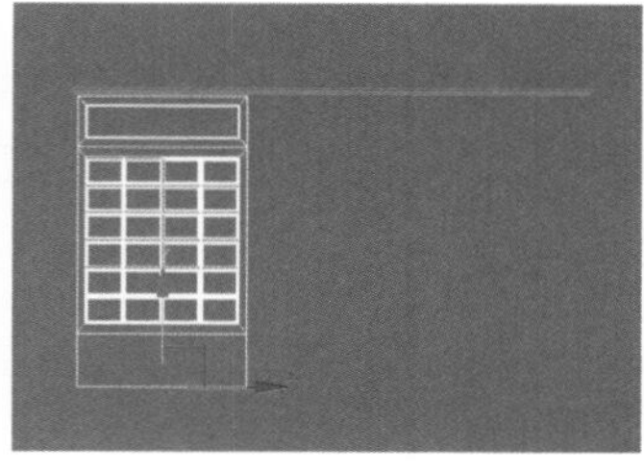

图8-398

16 按住Shift键使用“选择并移动”工具在前视图中移动复制3个酒柜，如图8-399所示。

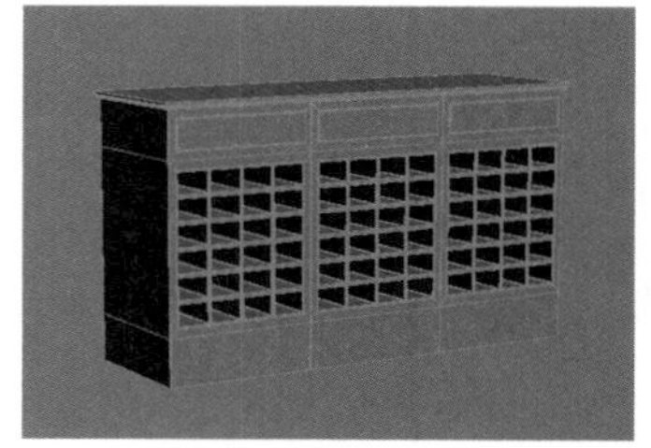

图8-399

技术专题 25 用户视图

这里要介绍一下在建模过程中的一种常用视图，即用户视图。在创建模型时，很多时候都需要在透视图中进行操作，但有时用鼠标中键缩放视图时会发现没有多大作用，或是根本无法缩放视图，这样就无法对模型进行更进一步的操作。遇到这种情况时，可以按U键将透视图切换为用户视图，这样就不会出现无法缩放视图的现象。但是在用户视图中，模型的透视关系可能会不正常，如图8-400所示，不过没有关系，将模型调整完成后按P键切换回透视图就行了，如图8-401所示。

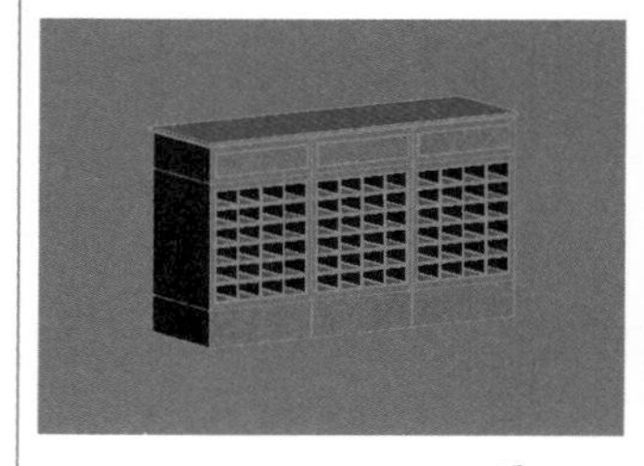

图8-400

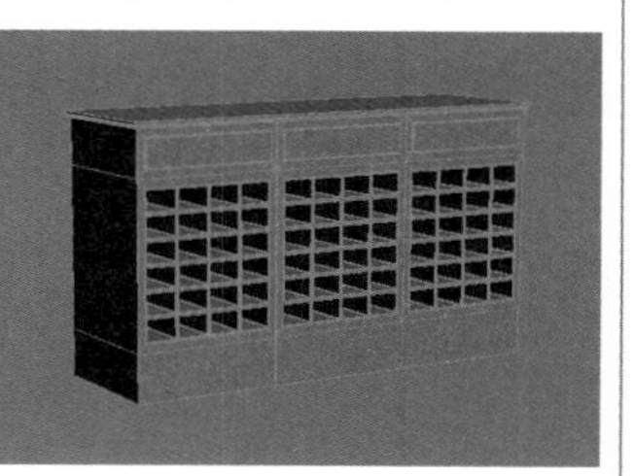

图8-401

17 下面创建把手模型。使用“球体”工具 球体 在场景中创建一个球体，然后在“参数”卷展栏下设置“半径”为8mm、“半球”为0.5，具体参数设置及模型位置如图8-402所示。

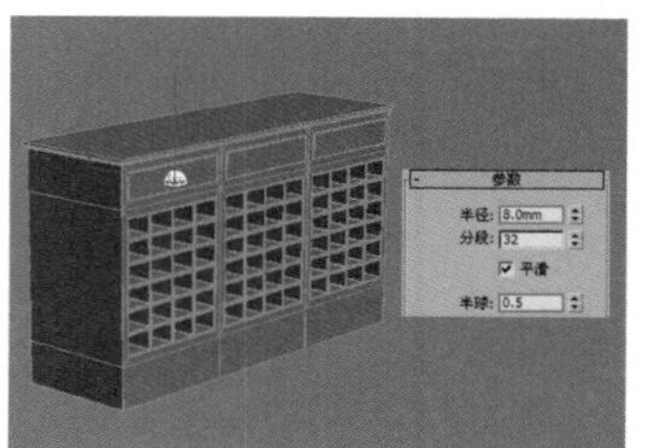

图8-402

18 将模型转换为可编辑多边形，进入“多边形”级别，然后选择如图8-403所示的多边形，接着按Delete键将其删除，效果如图8-404所示。

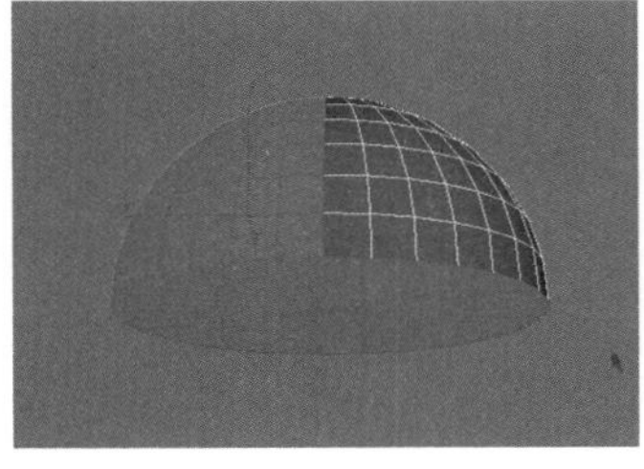

图8-403

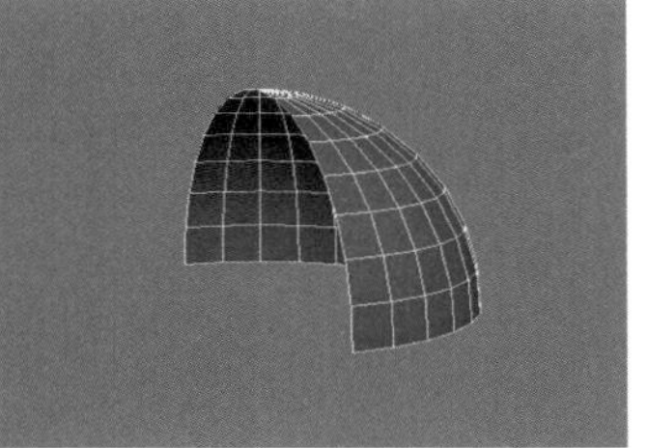

图8-404

19 为模型加载一个“壳”修改器，然后在“参数”卷展栏下设置“内部量”为0.3mm，具体参数设置及模型效果如图8-405所示。

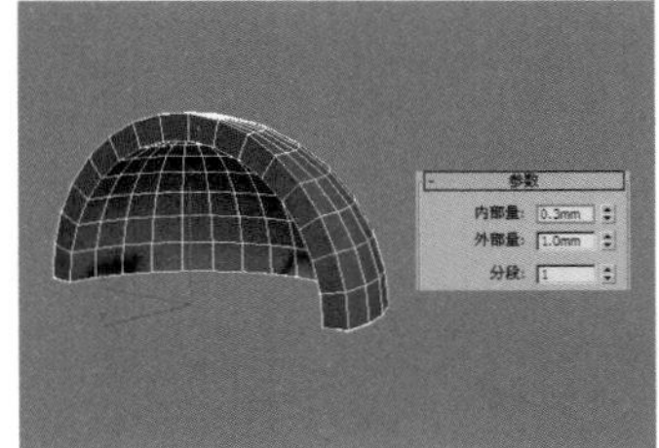

图8-405

知识链接

从图8-405中可以观察到加载“壳”修改器后有黑斑，这种问题的处理方法请参阅111页的“疑难问答：为什么椅子上有黑色的色斑？”。

20 复制两个模型到另外两个酒柜上，最终效果如图8-406所示。

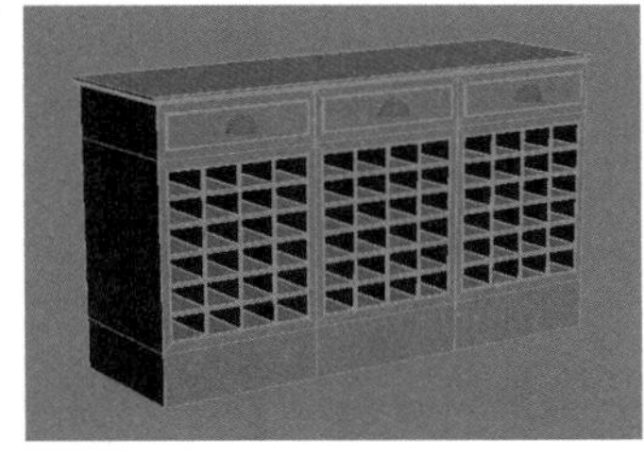

图8-406

★重点★

实战：用多边形建模制作简约别墅

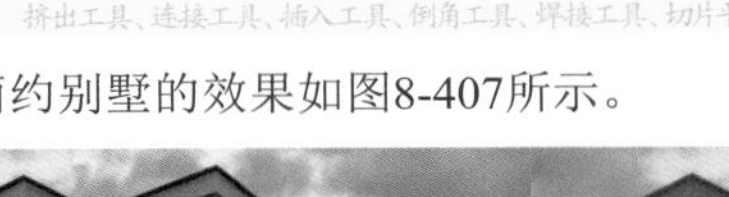

场景位置 无
实例位置 实例文件>CH08>实战：用多边形建模制作简约别墅.max
视频位置 多媒体教学>CH08>实战：用多边形建模制作简约别墅.flv
难易指数 ★★★★★
技术掌握 挤出工具、连接工具、插入工具、倒角工具、焊接工具、切片平面工具、分离工具

扫码看视频

简约别墅的效果如图8-407所示。

图8-407

01 使用“长方体”工具 长方体 在场景中创建一个长方体，然后在“参数”卷展栏下设置“长度”为6000mm、“宽度”为4000mm、“高度”为1300mm，具体参数设置及模型效果如图8-408所示。

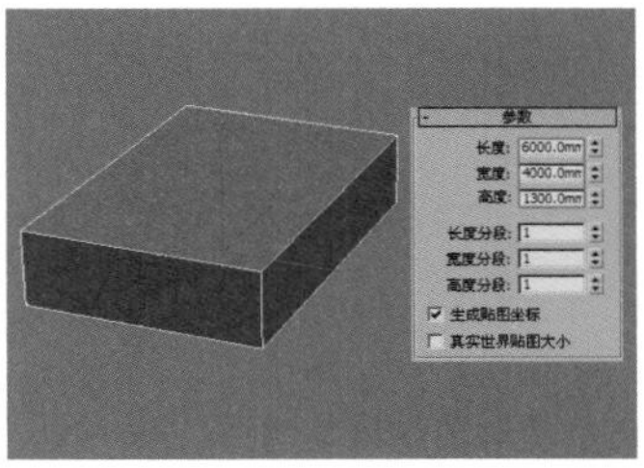

图8-408

02 将长方体转换为可编辑多边形，进入“多边形”级别，然后选择如图8-409所示的多边形，接着在“编辑多边形”卷展栏下单击“挤出”按钮 挤出 后面的“设置”按钮，最后设置“高度”为2800mm，如图8-410所示。

图8-409

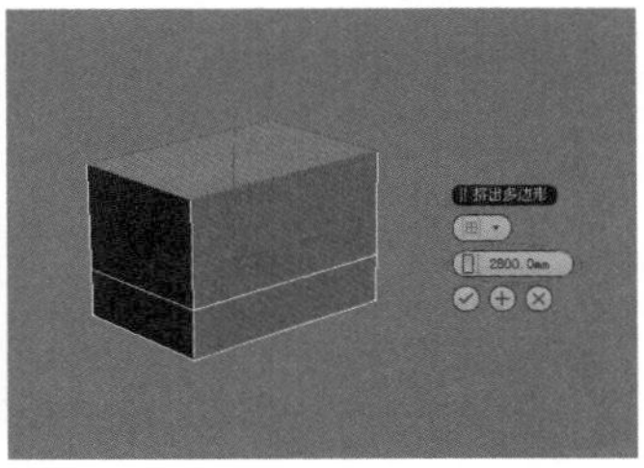

图8-410

03 保持对多边形的选择，在“编辑多边形”卷展栏下单击“挤出”按钮 挤出 后面的“设置”按钮，然后设置“高度”为450mm，如图8-411所示。

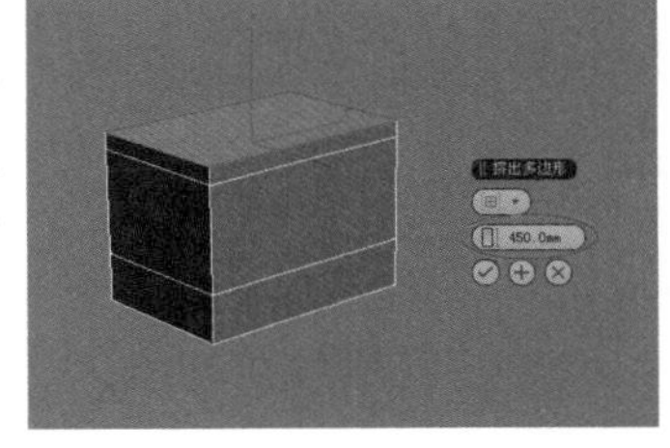

图8-411

04 选择如图8-412所示的多边形，然后在“编辑多边形”卷展栏下单击“挤出”按钮 挤出 后面的“设置”按钮，接着设置“高度”为800mm，如图8-413所示。

图8-412

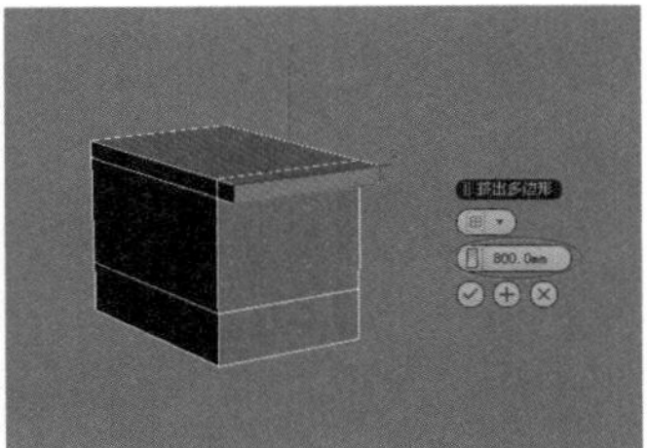

图8-413

05 选择如图8-414所示的多边形，然后在“编辑多边形”卷展栏下单击“挤出”按钮 挤出 后面的“设置”按钮，接着设置“高度”为40mm，如图8-415所示。

06 选择如图8-416所示的多边形，然后在“编辑多边形”卷展栏下单击“挤出”按钮 挤出 后面的“设置”按钮，接着设置“挤出类型”为“局部法线”、“高度”为90mm，如图8-417所示。

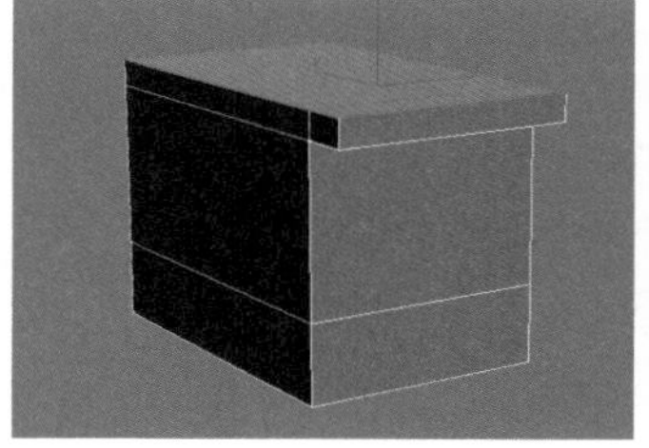

图8-414

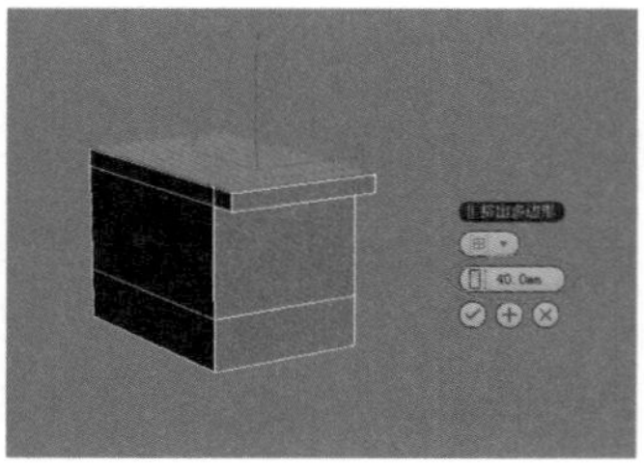

图8-415

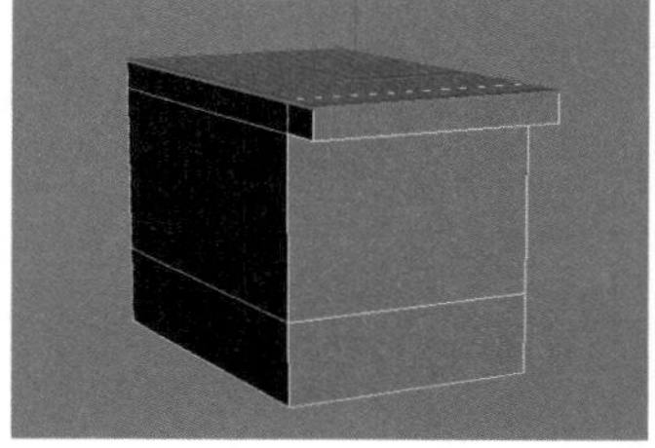

图8-416

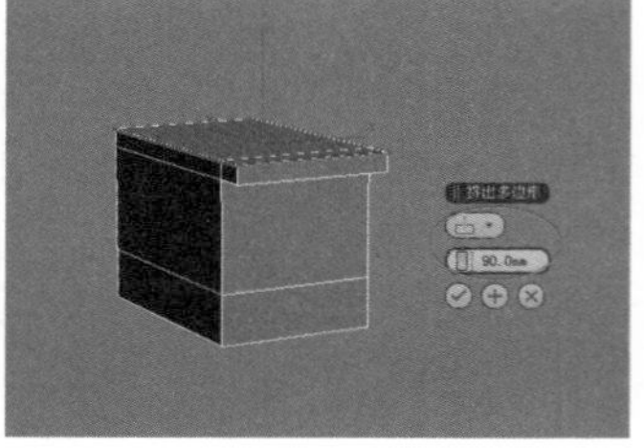

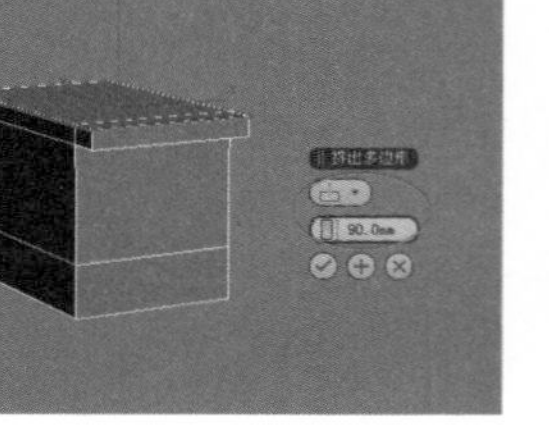

图8-417

07 进入“边”级别，然后选择如图8-418所示的边，接着在“编辑边”卷展栏下单击“连接”按钮 连接 后面的“设置”按钮，最后设置“分段”为2、“收缩”为91、“滑块”为3，如图8-419所示。

图8-418

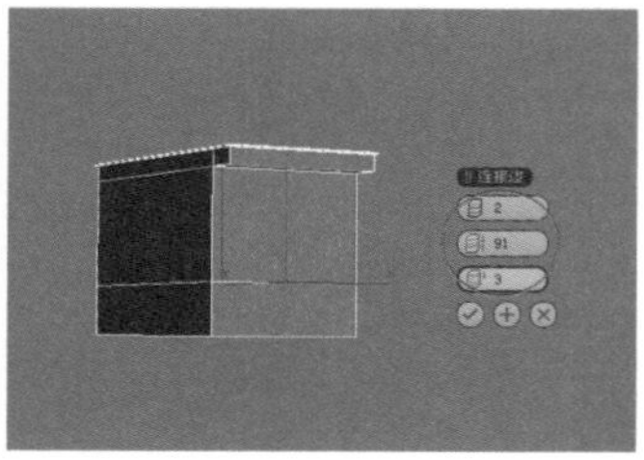

图8-419

08 选择如图8-420所示的边，然后在“编辑边”卷展栏下单击“连接”按钮 连接 后面的“设置”按钮，接着设置“分段”为2、“收缩”为-70、“滑块”为501，如图8-421所示。

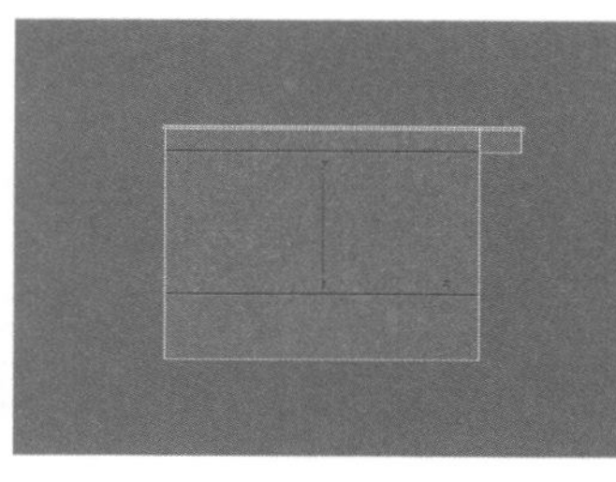

图8-420

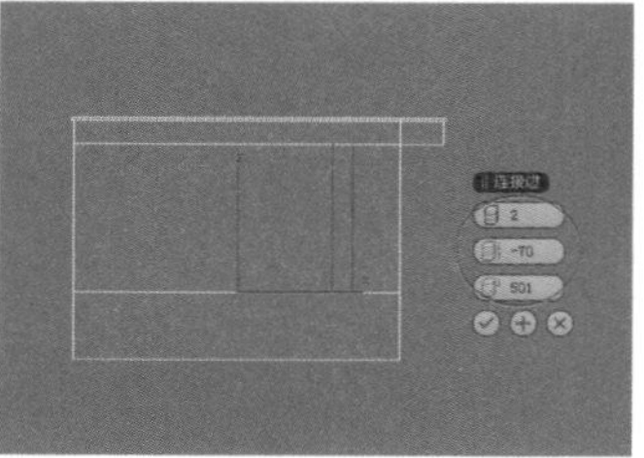

图8-421

09 选择如图8-422所示的边，然后在“编辑边”卷展栏下单击“连接”按钮 连接 后面的“设置”按钮，接着设置“分段”为2、“收缩”为-24、“滑块”为-92，如图8-423所示。

10 进入“多边形”级别，然后选择如图8-424所示的多边形，接着在“编辑多边形”卷展栏下单击“插入”按钮 插入 后面的“设置”按钮，最后设置“插入类型”为“按多边形”、“数量”为50mm，如图8-425所示。

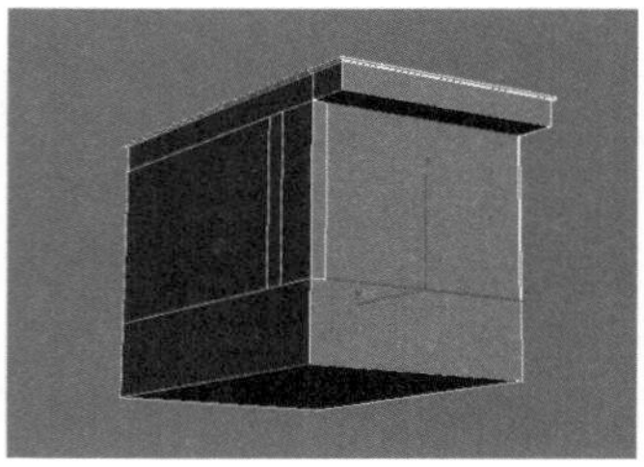

图8-422

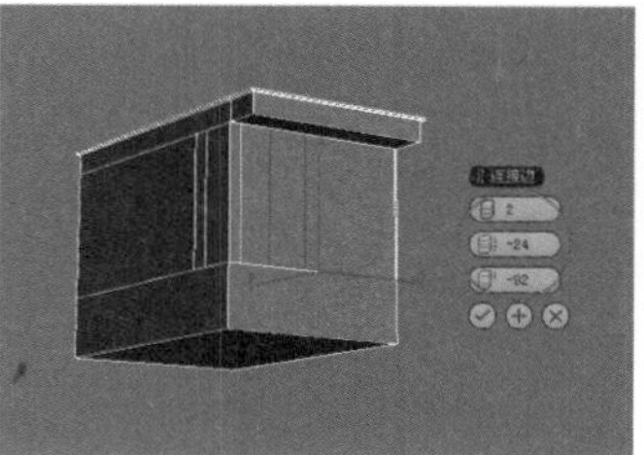

图8-423

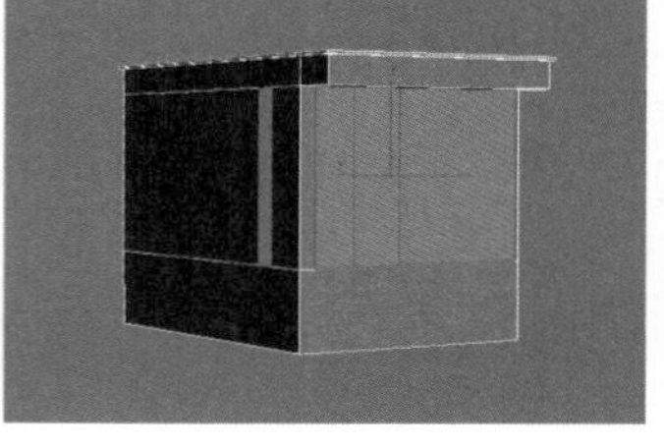

图8-424

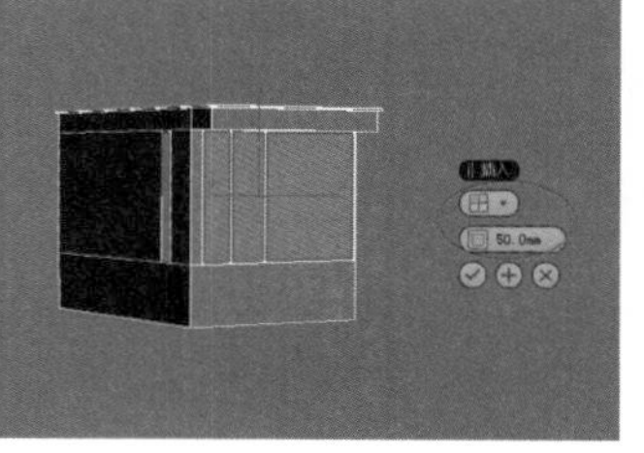

图8-425

11 保持对多边形的选择，在“编辑多边形”卷展栏下单击“倒角”按钮 倒角 后面的“设置”按钮，然后设置“高度”为-40mm、“轮廓”为-6mm，如图8-426所示。

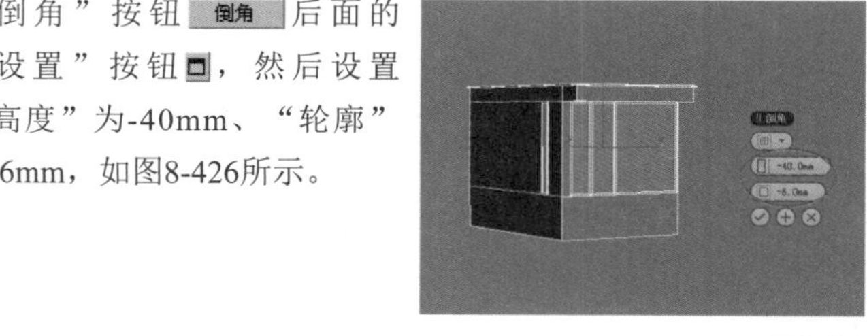

图8-426

12 进入“边”级别，然后选择如图8-427所示的边，然后在“编辑边”卷展栏下单击“连接”按钮 连接 后面的“设置”按钮，接着设置“分段”为1，如图8-428所示。

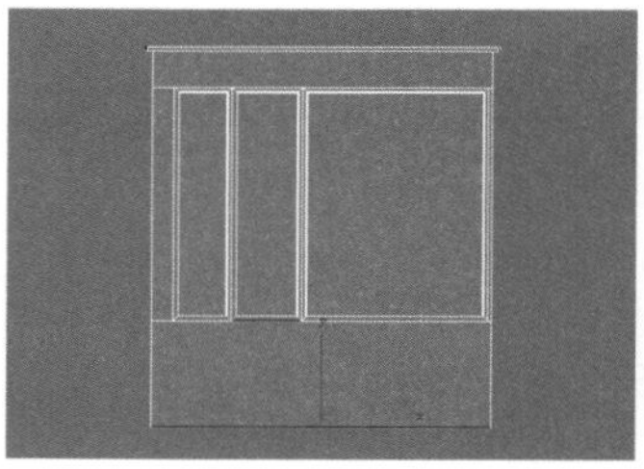

图8-427

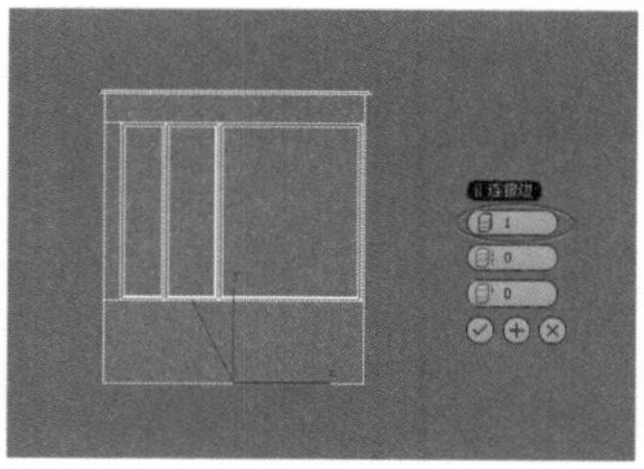

图8-428

13 进入“顶点”级别，然后使用“选择并移动”工具在前视图中将连接的顶点调整成如图8-429所示的效果。

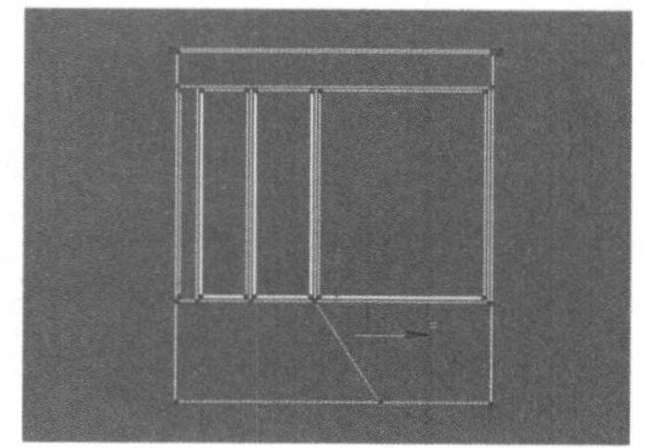

图8-429

14 选择如图8-430所示的两个顶点，然后在“编辑顶点”卷展栏下单击“焊接”按钮 焊接 后面的“设置”按钮，接着设置“焊接阈值”为2mm，如图8-431所示。

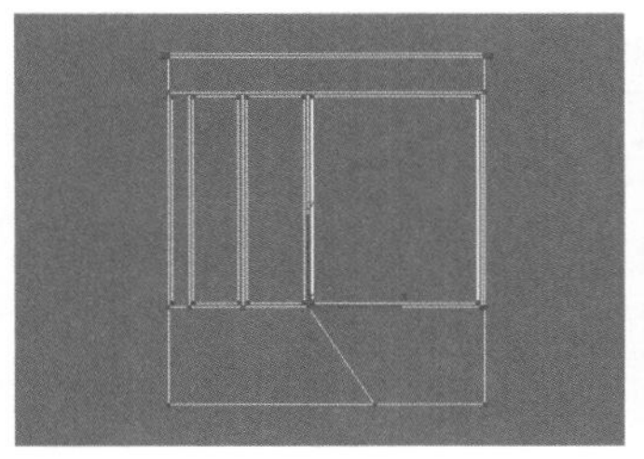

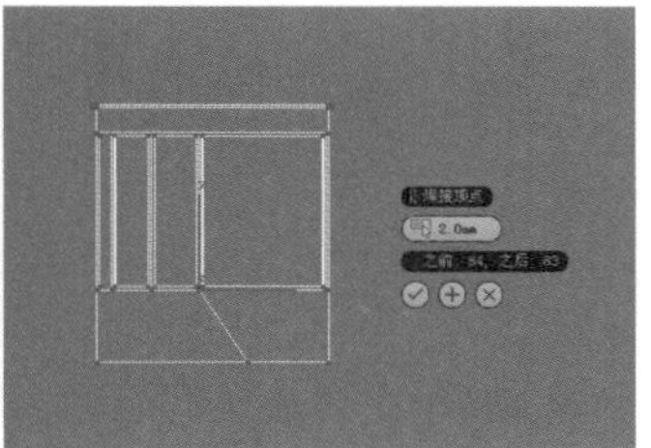

图8-430　　图8-431

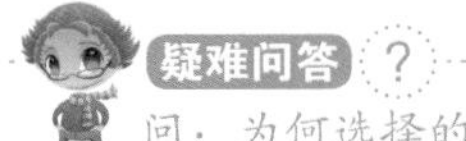

问：为何选择的是两个顶点？

答：虽然从视觉上看起来是一个顶点，但实际上是两个顶点，因为是重叠的，很难看出来。如果要观察选择了多少个顶点，可以在“选择”卷展栏下进行查看，如图8-432所示。

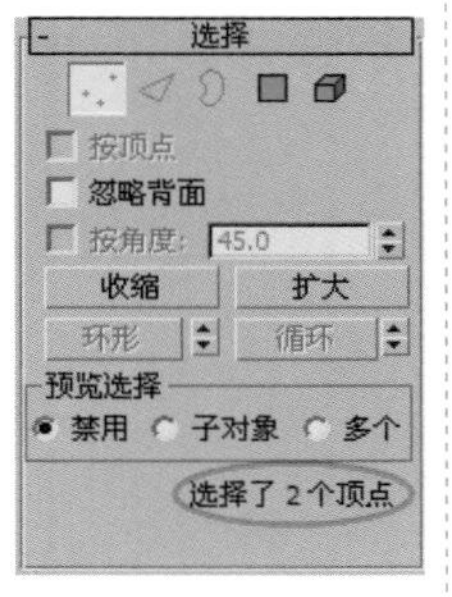

图8-432

15 进入“多边形”级别，然后选择如图8-433所示的多边形，接着在“编辑多边形”卷展栏下单击“挤出”按钮 挤出 后面的“设置”按钮，最后设置“高度”为800mm，如图8-434所示。

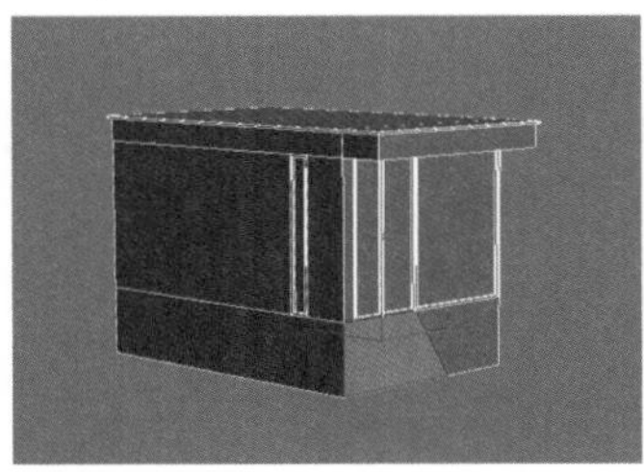

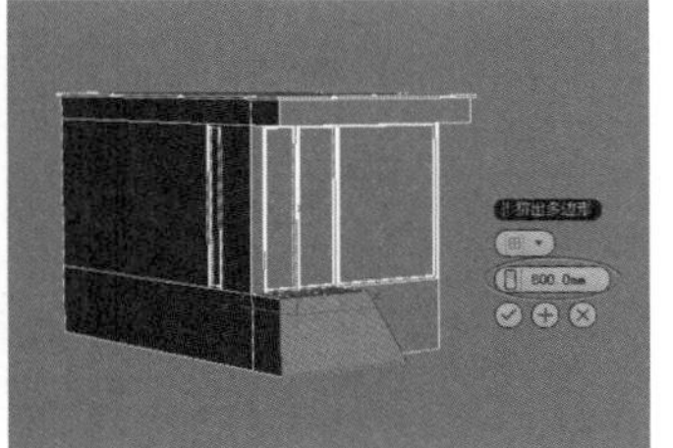

图8-433　　图8-434

16 进入“边”级别，然后选择如图8-435所示的边，接着在“编辑边”卷展栏下单击“连接”按钮 连接 后面的“设置”按钮，最后设置“分段”为1、“收缩”为0、“滑块”为59，如图8-436所示。

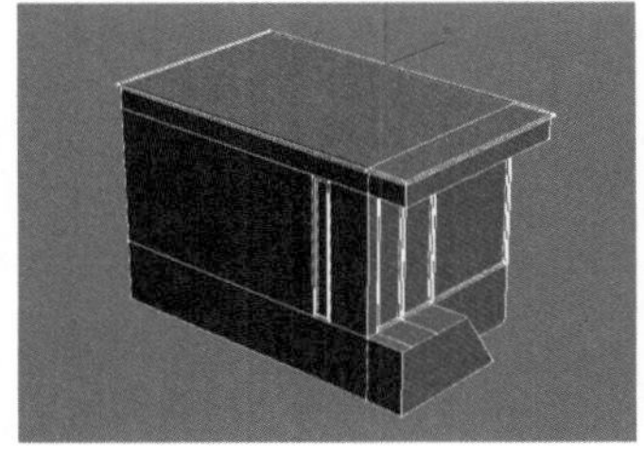

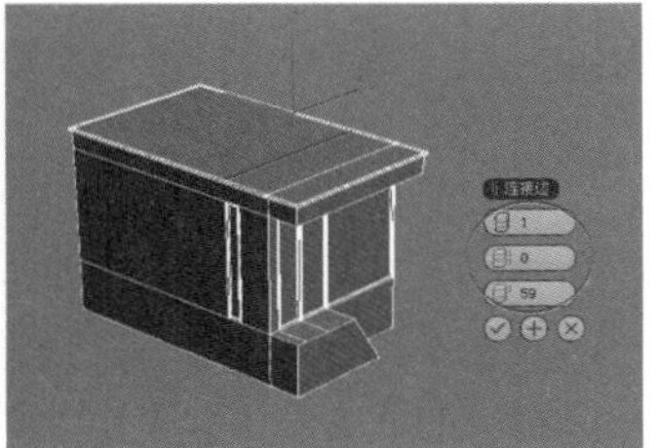

图8-435　　图8-436

17 选择如图8-437所示的边，然后在“编辑边”卷展栏下单击“连接”按钮 连接 后面的“设置”按钮，接着设置“分段”为1、“收缩”为0、“滑块”为48，如图8-438所示。

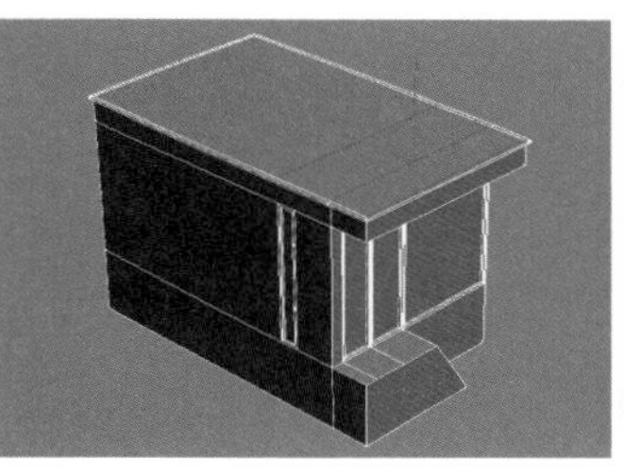

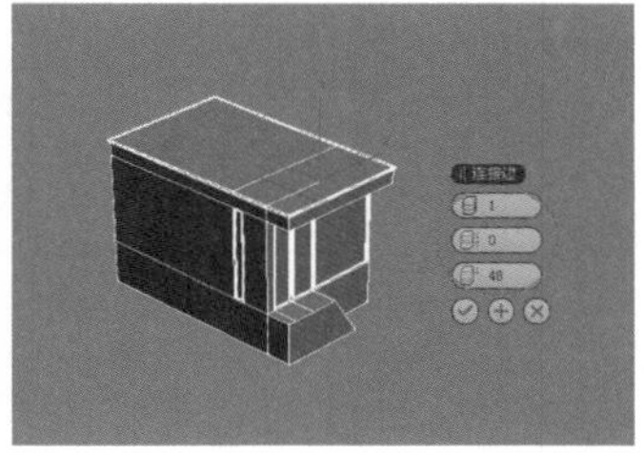

图8-437　　图8-438

18 选择如图8-439所示的边，然后在“编辑边”卷展栏下单击“连接”按钮 连接 后面的“设置”按钮，接着设置“分段”为1、“收缩”为0、“滑块”为-35，如图8-440所示。

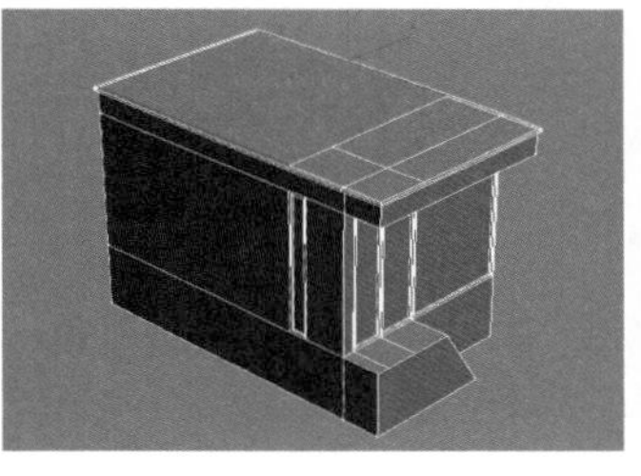

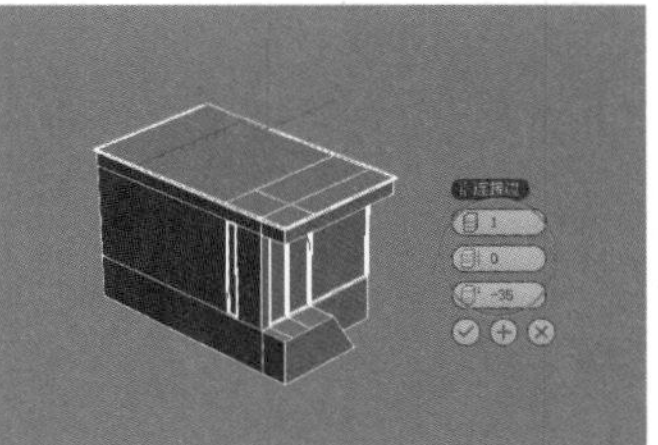

图8-439　　图8-440

19 进入“多边形”级别，然后选择如图8-441所示的多边形，接着在“编辑多边形”卷展栏下单击“挤出”按钮 挤出 后面的“设置”按钮，最后设置“高度”为2000mm，如图8-442所示。

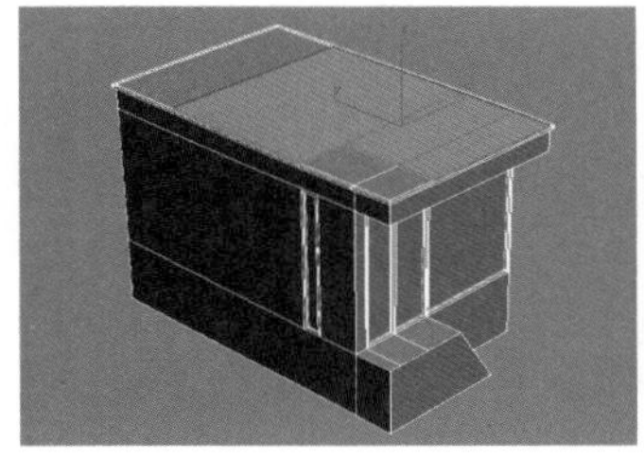

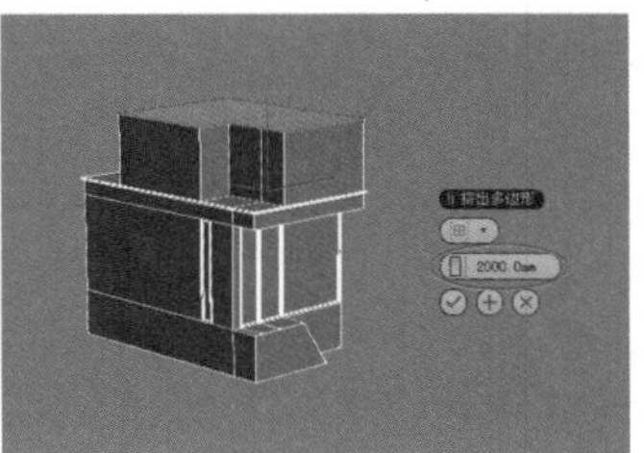

图8-441　　图8-442

20 保持对多边形的选择，在“编辑多边形”卷展栏下单击“挤出”按钮 挤出 后面的“设置”按钮，然后设置“高度”为400mm，如图8-443所示。

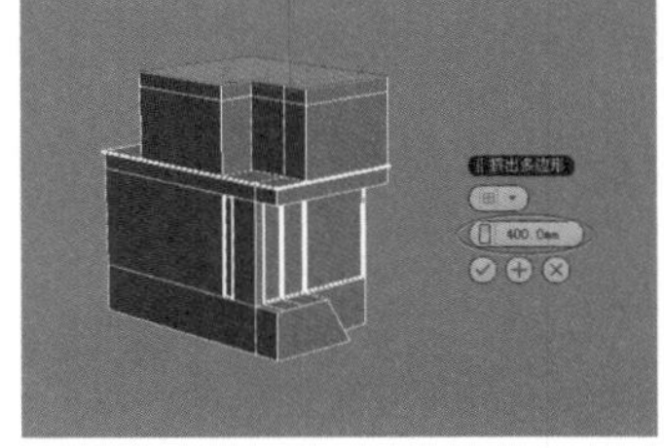

图8-443

21 选择如图8-444所示的多边形，在“编辑多边形”卷展栏下单击“挤出”按钮 挤出 后面的“设置”按钮，然后设置“高度”为1500mm，如图8-445所示。

22 进入“边”级别，然后选择如图8-446所示的边，然后在“编辑边”卷展栏下单击“连接”按钮 连接 后面的“设置”按钮，接着设置“分段”为1、“收缩”为0、“滑块”为18，如图8-447所示。

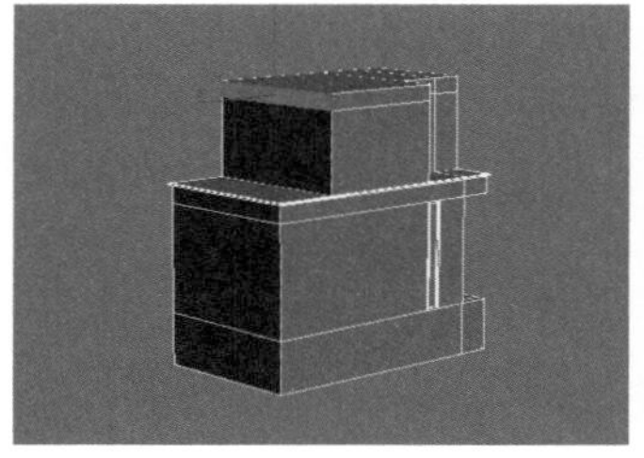

图8-444

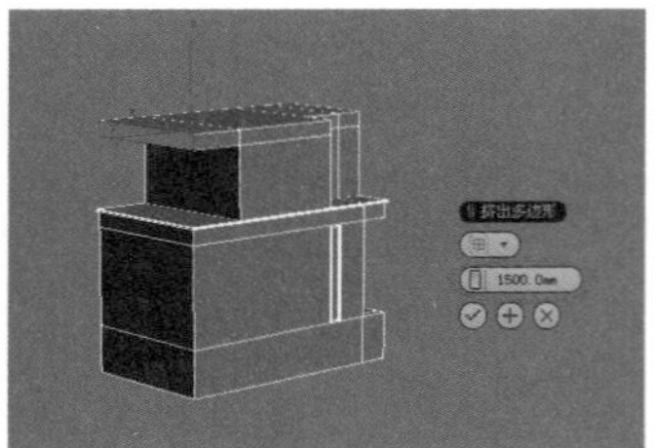

图8-445

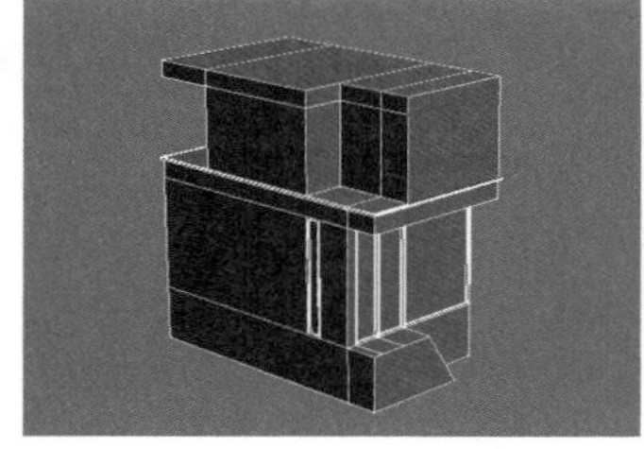

图8-446

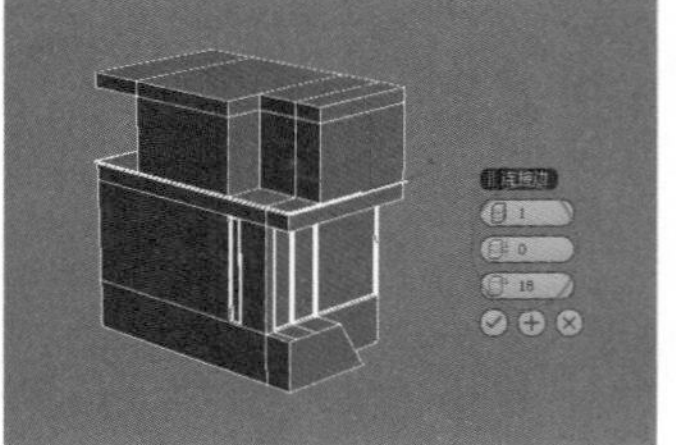

图8-447

23 选择如图8-448所示的边，然后在“编辑边”卷展栏下单击“连接”按钮 连接 后面的“设置”按钮，接着设置“分段”为1，如图8-449所示。

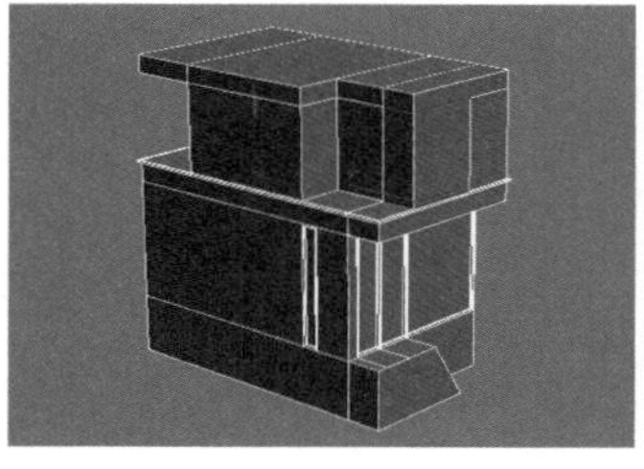

图8-448

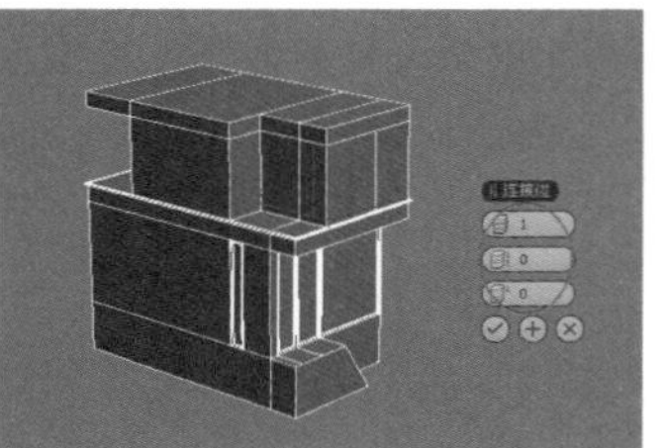

图8-449

24 进入“多边形”级别，然后选择如图8-450边形，接着在“编辑多边形”卷展栏下单击“插入”按钮 插入 后面的“设置”按钮，最后设置“插入类型”为“组”、“数量”为50mm，如图8-451所示。

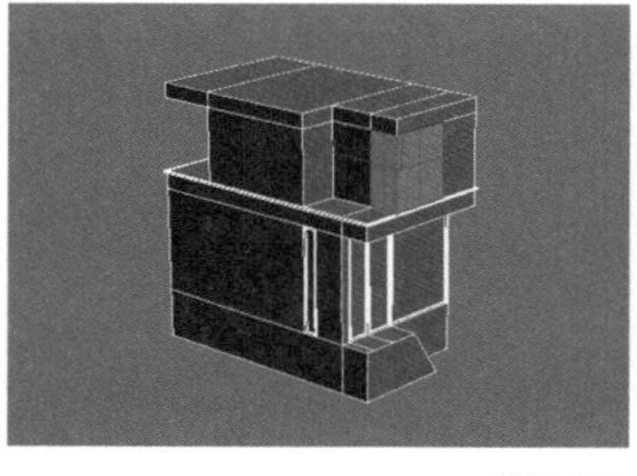

图8-450

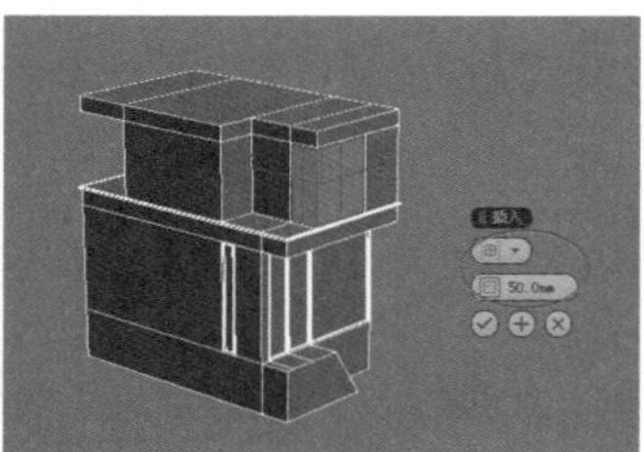

图8-451

25 保持多边形的选择，在“编辑多边形”卷展栏下单击“倒角”按钮 倒角 后面的“设置”按钮，然后设置“高度”为-40mm、“轮廓”为-6mm，如图8-452所示。

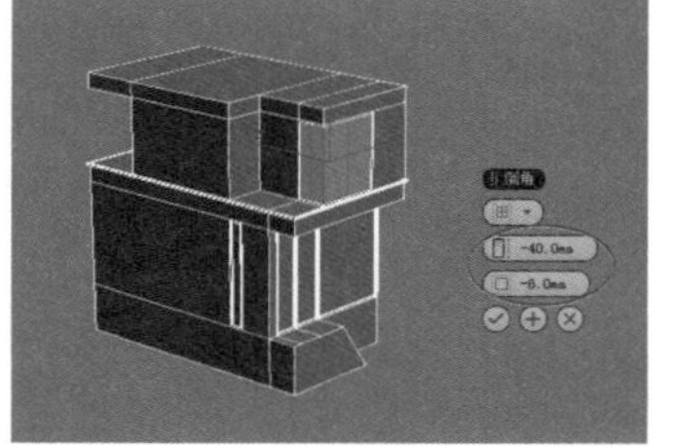

图8-452

26 进入“边”级别，选择如图8-453所示的边，然后在“编辑几何体”卷展栏下单击“切片平面”按钮 切片平面 ，此时视图中会出现一个黄色线框的平面（这就是切片平面），接着在前视图中将其向上拖曳到如图8-454所示的位置（高过门的位置），最后在“编辑几何体”卷展栏下单击“切片”按钮 切片 和“切片平面”按钮 切片平面 完成操作，效果如图8-455所示。

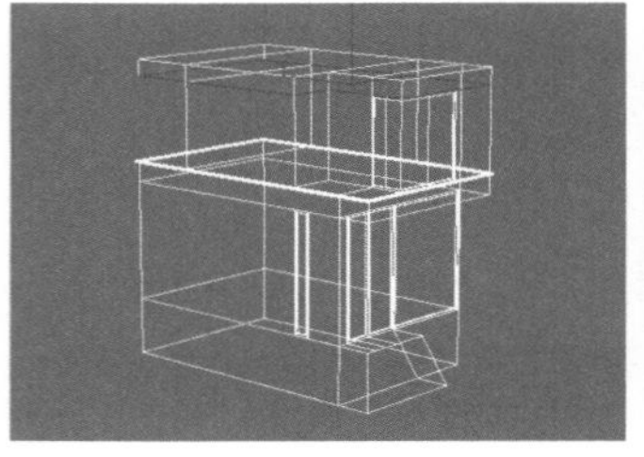

图8-453

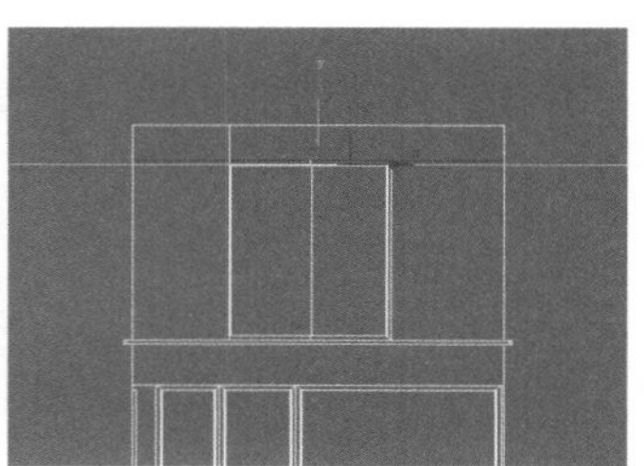

图8-454

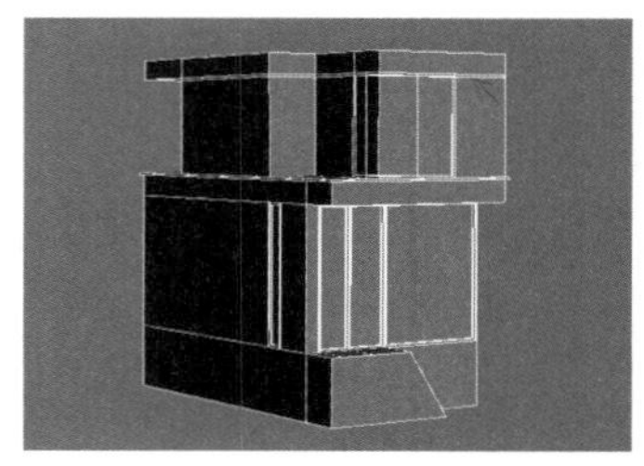

图8-455

疑难问答

问：切片平面有什么用？

答：选择好边以后，使用“切片平面”工具 切片平面 可以对选定边进行切割操作，指定切割位置以后单击“切片”按钮 切片 和“切片平面”按钮 切片平面 即可完成切割操作。

27 选择如图8-456所示的边，然后使用“切片平面”工具 切片平面 和“切片”工具 切片 对其进行切割操作，完成后的效果如图8-457所示。

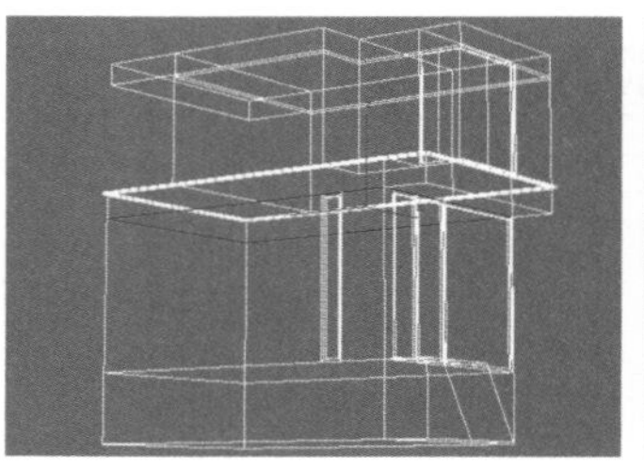

图8-456

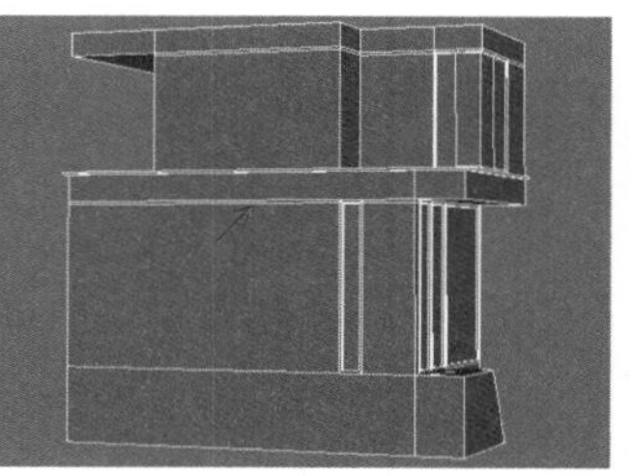

图8-457

28 选择如图8-458所示的边，然后使用“切片平面”工具 切片平面 和“切片”工具 切片 对其进行切割操作，完成后的效果如图8-459所示。

29 选择如图8-460所示的边，然后使用“切片平面”工具 切片平面 和“切片”工具 切片 对其进行切割操作，完成后的效果如图8-461所示。

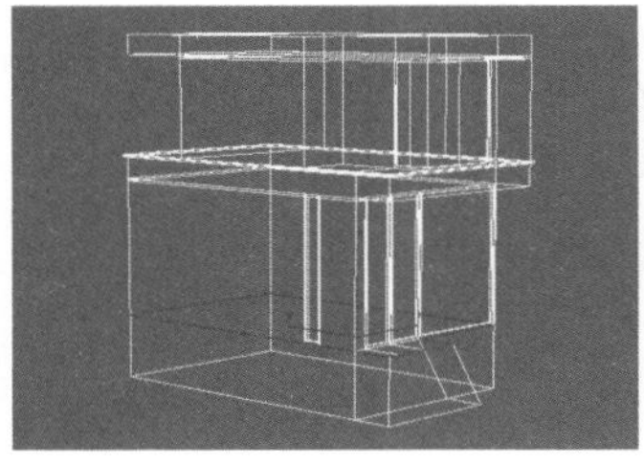
图8-458

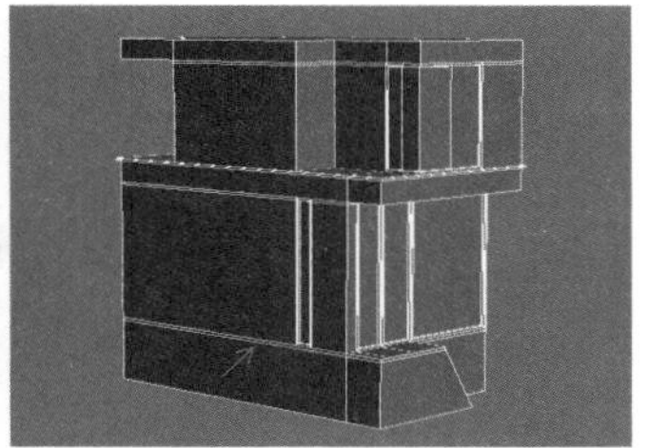
图8-459

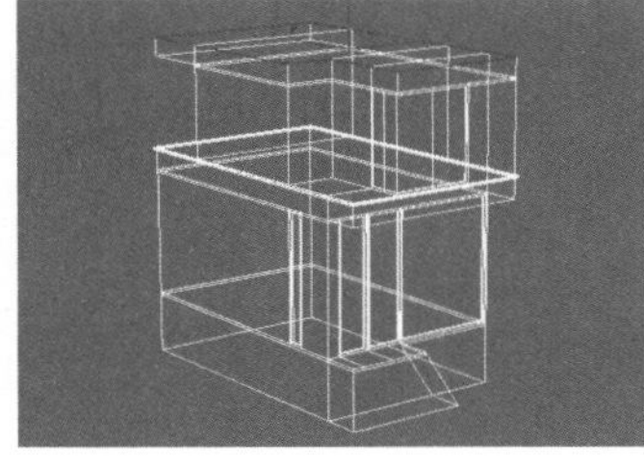
图8-460

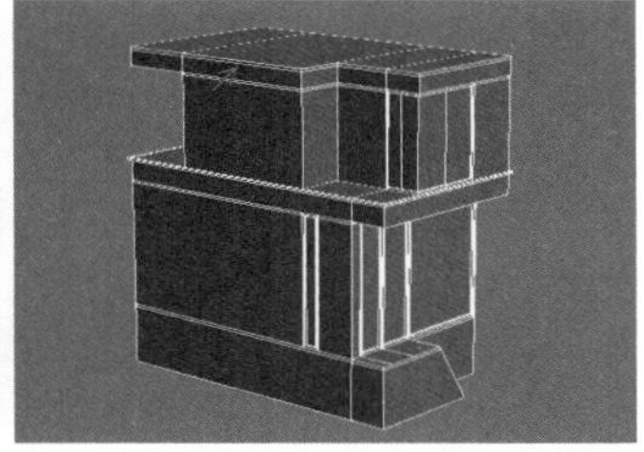
图8-461

30 进入“多边形”级别，然后选择如图8-462所示的多边形，接着在“编辑几何体”卷展栏下单击“分离”按钮 分离 ，最后在弹出的“分离”对话框中勾选“以克隆对象分离”选项，如图8-463所示。

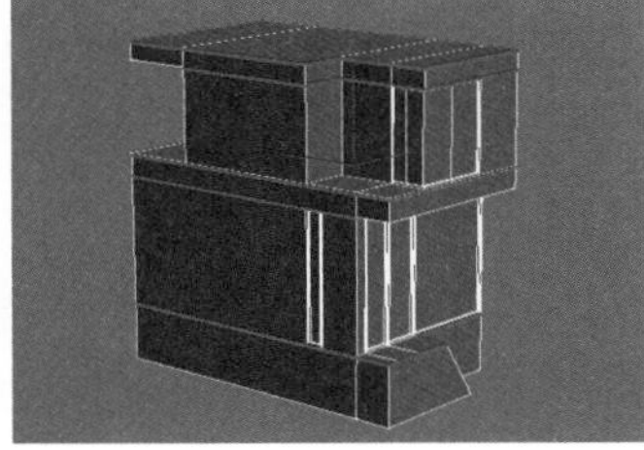
图8-462

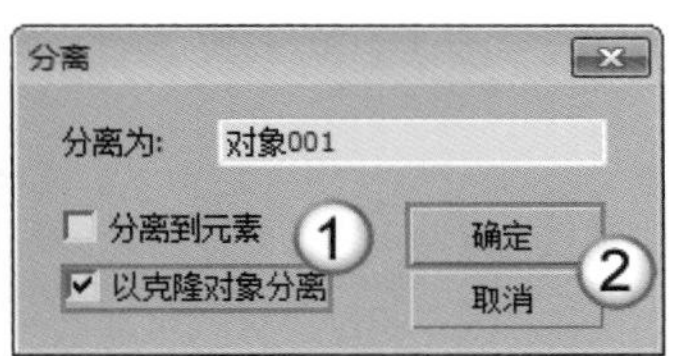

图8-463

31 按H键打开“从场景选择”对话框，然后选择“对象001”，如图8-464所示，接着为其更换一种颜色，以便识别，如图8-465所示。

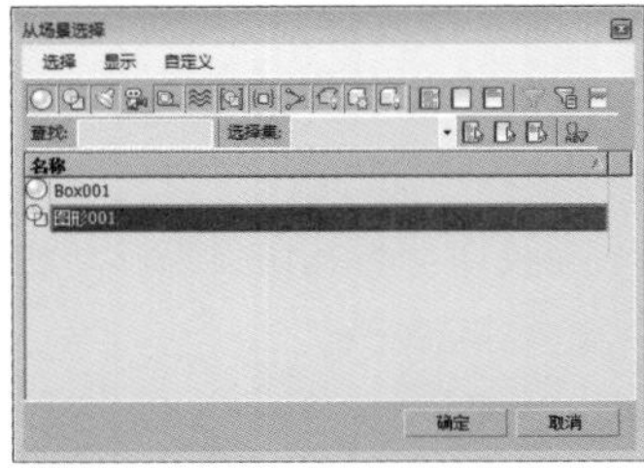

图8-464

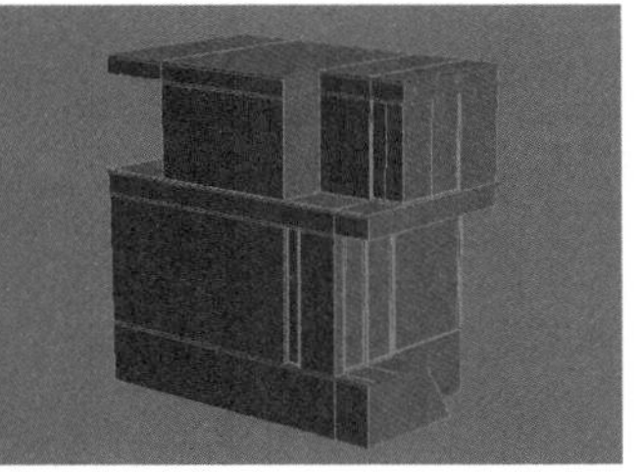
图8-465

32 继续对多边形进行分离，完成后的模型效果如图8-466所示。

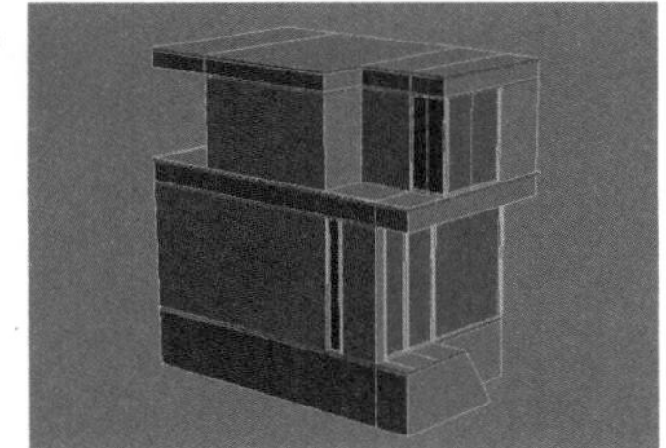
图8-466

33 下面制作栏杆。使用“线”工具 线 在顶视图中绘制一条如图8-467所示的样条线。

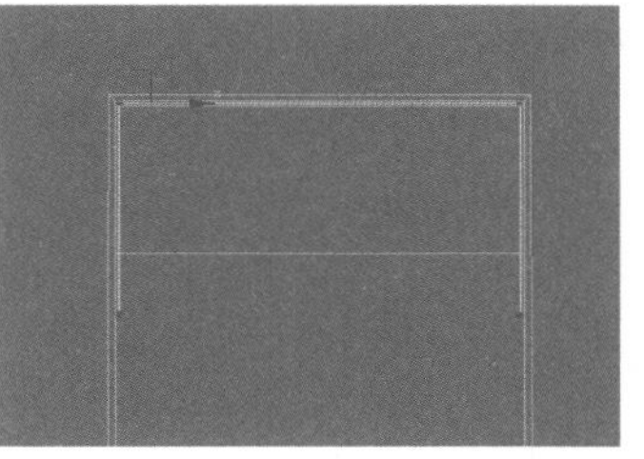
图8-467

34 设置几何体类型为“AEC扩展”，单击“栏杆”按钮 栏杆 ，在“栏杆”卷展栏下单击“拾取栏杆路径”按钮 拾取栏杆路径 ，然后拾取绘制的样条线，并勾选“匹配拐角”选项，接着在“上围栏”选项组下设置“剖面”为“方形”、“深度”为35mm、“宽度”为40mm、“高度”为850mm，最后在“下围栏”选项组下设置“剖面”为“无”，具体参数设置如图8-468所示。

35 展开“立柱”卷展栏，然后设置“剖面”为“无”，如图8-469所示。

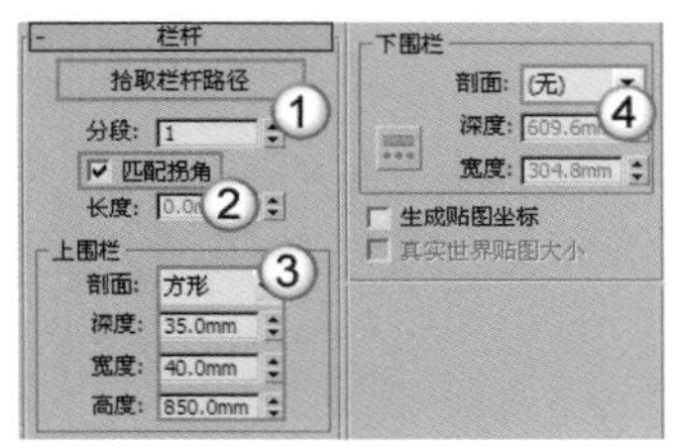

图8-468

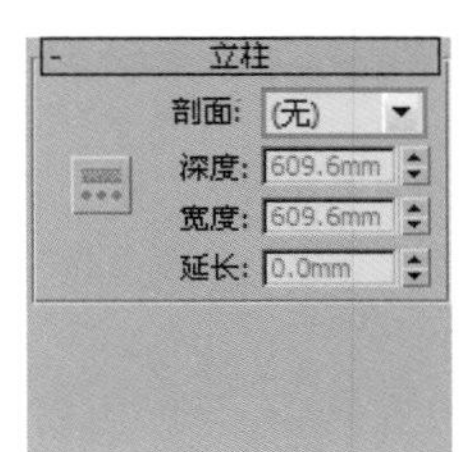

图8-469

36 展开“栅栏”卷展栏，然后设置“类型”为“支柱”，接着在“支柱”选项组下设置“剖面”为“方形”、“深度”为20mm、“宽度”为20mm，再单击“支柱间距”按钮 打开“支柱间距”对话框，最后设置“计数”为100，具体参数设置如图8-470所示，栏杆效果如图8-471所示。

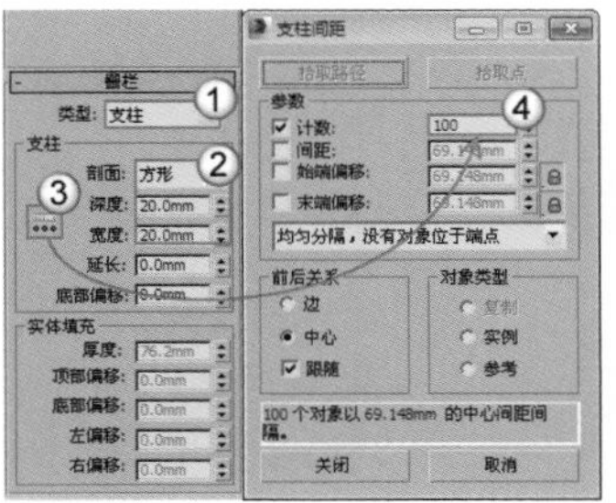

图8-470

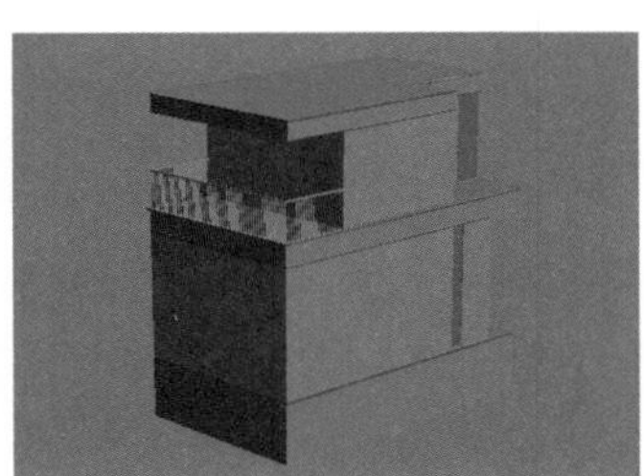
图8-471

37 采用相同的方法制作其他栏杆，最终效果如图8-472所示。

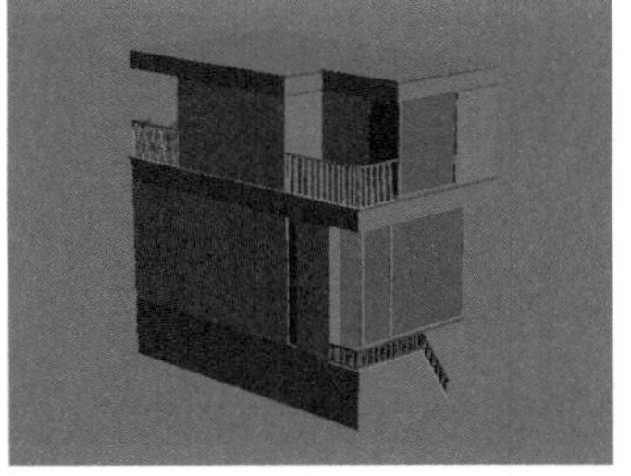
图8-472

8.3 建模工具选项卡

在3ds Max 2010之前的版本中，“建模工具”选项卡就是3ds Max的PolyBoost插件，在3ds Max 2010~3ds Max 2013版本中称为“石墨建模工具”，而在3ds Max 2014版本中则称为“建模工具”选项卡。从某种意义上来讲，“建模工具”选项卡其实就是多边形建模。

8.3.1 调出建模工具选项卡

在默认情况下，首次启动3ds Max 2014时，“建模工具”选项卡会自动出现在操作界面中，位于“主工具栏”的下方。如果关闭了“建模工具”选项卡，可以在“主工具栏”上单击“功能切换区”按钮。“建模工具”选项卡包含“建模”“自由形式”“选择”“对象绘制”和“填充”5个选项卡，其中每个选项卡下都包含许多工具（这些工具的显示与否取决于当前建模的对象及需要），如图8-473所示。在这5个选项卡中，“建模”选项卡比较常用，因此在下面的内容中，将主要讲解该选项卡下的参数用法。

图8-473

技巧与提示

“填充”选项卡主要用于制作数量众多的人物随机行走、交谈等动画效果。由于本书只讲解效果图的制作方法，因此不对该选项卡进行介绍。

8.3.2 切换建模工具选项卡的显示状态

“建模工具”选项卡的界面具有3种不同的状态，单击选项卡右侧的按钮，在弹出的菜单中即可选择相应的显示状态，如图8-474所示。

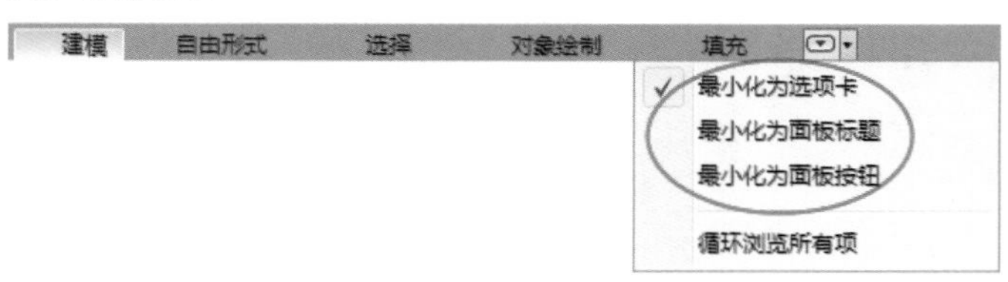

图8-474

8.3.3 建模选项卡的参数

“建模”选项卡下包含了多边形建模的大部分常用工具，它们被分成若干个不同的面板，如图8-475所示。

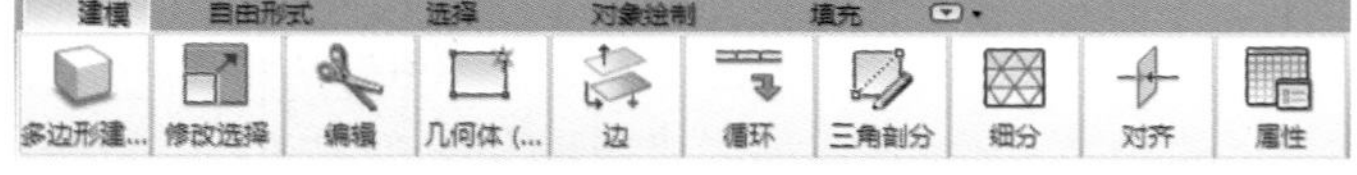

图8-475

当切换不同的子对象级别时，“建模”选项卡下的参数面板也会跟着发生相应的变化。图8-476~图8-480所示分别是“顶点”“边”“边界”“多边形”和“元素”级别下的面板。

图8-476

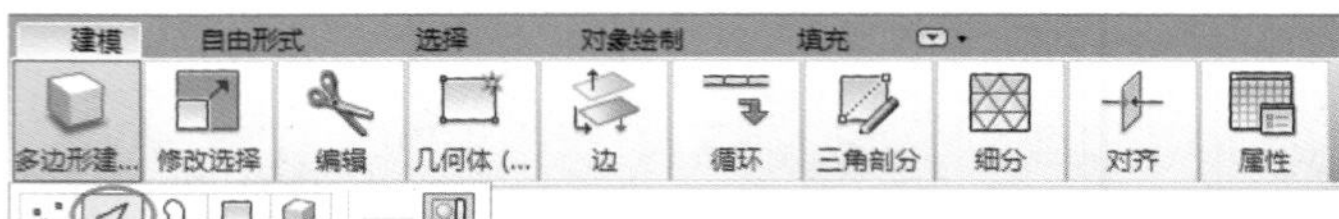

图8-477

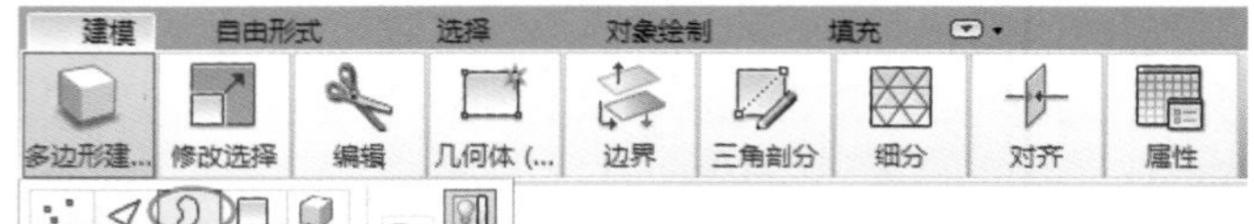

图8-478

图8-479

图8-480

技巧与提示

下面分别讲解“建模”选项卡下的各大参数面板。

多边形建模面板

“多边形建模”面板中包含了用于切换子对象级别、修改器堆栈、将对象转化为多边形和编辑多边形的常用工具和命令，如图8-481所示。由于该面板是最常用的面板，因此建议用户将其切换为浮动面板（拖曳该面板即可将其切换为浮动状态），这样使用起来会更加方便，如图8-482所示。

图8-481

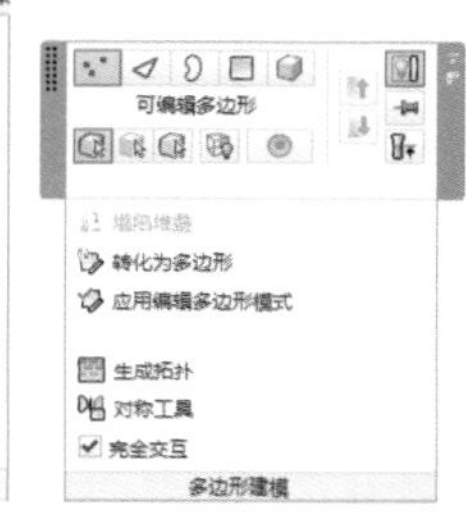

图8-482

多边形建模面板工具/参数介绍

顶点 ：进入多边形的“顶点”级别，在该级别下可以选择对象的顶点。

边 ：进入多边形的“边”级别，在该级别下可以选择对象的边。

边界 ：进入多边形的“边界”级别，在该级别下可以选择对象的边界。

多边形 ：进入多边形的“多边形”级别，在该级别下可以选择对象的多边形。

元素 ：进入多边形的“元素”级别，在该级别下可以选择对象中相邻的多边形。

“边”与“边界”级别是兼容的，所以可以在二者之间进行切换，并且切换时会保留现有的选择对象。同理，“多边形”与“元素”级别也是兼容的。

切换命令面板 ：控制“命令”面板的可见性。单击该按钮可以关闭“命令”面板，再次单击该按钮可以重新显示“命令”面板。

锁定堆栈 ：将修改器堆栈和“建模工具”控件锁定到当前选定的对象。

技巧与提示

“锁定堆栈”工具 非常适用于在保持已修改对象的堆栈不变的情况下变换其他对象。

显示最终结果 ：显示在堆栈中所有修改完毕后出现的选定对象。

下一个修改器 /上一个修改器 ：通过上移或下移堆栈以改变修改器的先后顺序。

预览关闭 ：关闭预览功能。

预览子对象 ：仅在当前子对象层级启用预览。

技巧与提示

若要在当前层级取消选择多个子对象，可以按住Ctrl+Alt组合键将光标拖曳到高亮显示的子对象处，然后单击选定的子对象，这样就可以取消选择所有高亮显示的子对象。

预览多个 ：开启预览多个对象。

忽略背面 ：开启忽略对背面对象的选择。

使用软选择 ：在软选择和“软选择”面板之间切换。

塌陷堆栈 ：将选定对象的整个堆栈塌陷为可编辑多边形。

转化为多边形 ：将对象转换为可编辑多边形格式并进入“修改”模式。

应用编辑多边形模式 ：为对象加载“编辑多边形”修改器并切换到“修改”模式。

生成拓扑 ：打开“拓扑”对话框。

对称工具 ：打开“对称工具”对话框。

完全交互：切换“快速切片”工具和“切割”工具的反馈层级以及所有的设置对话框。

 修改选择面板

“修改选择”面板中提供了用于调整对象的多种工具，如图8-483所示。

图8-483

修改选择面板工具/参数介绍

增长 ：朝所有可用方向外侧扩展选择区域。

收缩 ：通过取消选择最外部的子对象来缩小子对象的选择区域。

循环 ：根据当前选择的子对象来选择一个或多个循环。

在圆柱体末端循环 ：沿圆柱体的顶边和底边选择顶点和边循环。

如果工具按钮后面带有三角形 图标，则表示该工具有子选项。

增长循环 ：根据当前选择的子对象来增长循环。

收缩循环 ：通过从末端移除子对象来减小选定循环的范围。

循环模式 ：如果启用该按钮，则选择子对象时也会自动选择关联循环。

点循环 ：选择有间距的循环。

点循环相反 ：选择有间距的顶点或多边形循环。

点循环圆柱体 ：选择环绕圆柱体顶边和底边的非连续循环中的边或顶点。

环 ：根据当前选择的子对象来选择一个或多个环。

增长环 ：分步扩大一个或多个边环，只能用在“边”和“边界”级别中。

收缩环 ：通过从末端移除边来减小选定边循环的范围，不适用于圆形环，只能用在“边”和“边界”级别中。

环模式 ：启用该按钮时，系统会自动选择环。

点环 ：基于当前选择，选择有间距的边环。

轮廓 ：选择当前子对象的边界，并取消选择其余部分。

相似 ：根据选定的子对象特性来选择其他类似的元素。

填充 ：选择两个选定子对象之间的所有子对象。

填充孔洞 ：选择由轮廓选择和轮廓内的独立选择指定的闭合区域中的所有子对象。

步长循环 ：在同一循环上的两个选定子对象之间选择循环。

步长循环最长距离 ：使用最长距离在同一循环中的两个选定子对象之间选择循环。

步模式 ：使用“步模式”来分步选择循环，并通过选择各个

子对象增加循环长度。

点间距：指定用“点循环”选择循环中子对象之间的间距范围，或用“点环”选择环中边之间的间距范围。

编辑面板

“编辑”面板中提供了用于修改多边形对象的各种工具，如图8-484所示。

图8-484

编辑面板工具/参数介绍

保留UV：启用该按钮后，可以编辑子对象，而不影响对象的UV贴图。

扭曲：启用该按钮后，可以通过鼠标操作来扭曲UV。

重复：重复最近使用的命令。

“重复”工具不会重复执行所有操作，例如不能重复变换。使用该工具时，若要确定重复执行哪个命令，可以将光标指向该按钮，在弹出的工具提示上会显示可重复执行的操作名称。

快速切片：可以将对象快速切片，单击右键可以停止切片操作。

在对象层级中，使用“快速切片”工具会影响整个对象。

快速循环：通过单击来放置边循环。按住Shift键单击可以插入边循环，并调整新循环以匹配周围的曲面流。

NURMS：通过NURMS方法应用平滑并打开“使用NURMS”面板。

剪切：用于创建一个多边形到另一个多边形的边，或在多边形内创建边。

绘制连接：启用该按钮后，可以以交互的方式绘制边和顶点之间的连接线。

设置流□：启用该按钮时，可以使用“绘制连接”工具自动重新定位新边，以适合周围网格内的图形。

约束：可以使用现有的几何体来约束子对象的变换。

几何体（全部）面板

“几何体（全部）”面板中提供了编辑几何体的一些工具，如图8-485所示。

图8-485

几何体（全部）面板工具/参数介绍

松弛：使用该工具可以将松弛效果应用于当前选定的对象。

松弛设置：打开“松弛”对话框，在对话框中可以设置松弛的相关参数。

创建：创建新的几何体。

附加：用于将场景中的其他对象附加到选定的多边形对象。

从列表中附加：打开“附加列表”对话框，在对话框中可以将场景中的其他对象附加到选定对象。

塌陷：通过将其顶点与选择中心的顶点焊接起来，使连续选定的子对象组产生塌陷效果。

分离：将选定的子对象和附加到子对象的多边形作为单独的对象或元素分离出来。

四边形化全部/四边形化选择/从全部中选择边/从选项中选择边：一组用于将三角形转化为四边形的工具。

切片平面：为切片平面创建Gizmo，可以定位和旋转它来指定切片位置。

技巧与提示

在“多边形”或“元素”级别中，使用“切片平面”工具只能影响选定的多边形。如果要对整个对象执行切片操作，可以在其他子对象级别或对象级别中使用“切片平面”工具。

子对象面板

在不同的子对象级别中，子对象的面板的显示状态也不一样。图8-486~图8-490所示分别是“顶点”级别、“边”级别、“边界”级别、“多边形”级别和“元素”级别下的子对象面板。

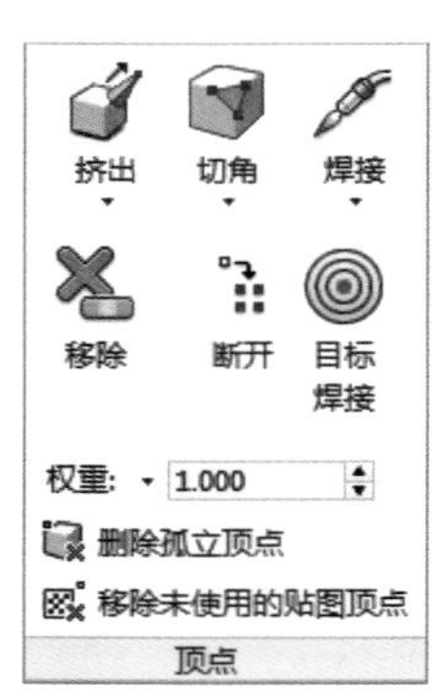

图8-486

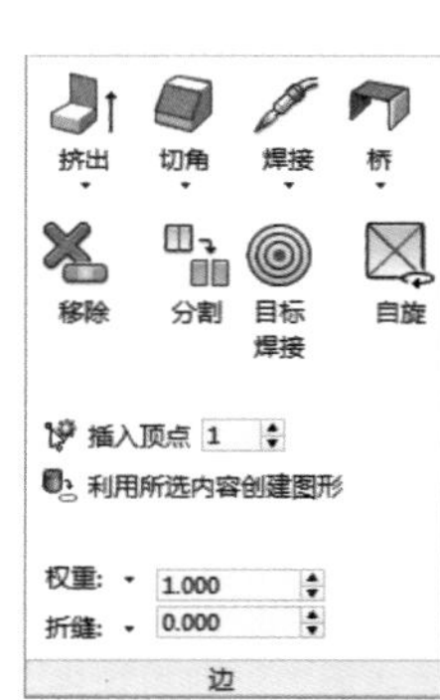

图8-487

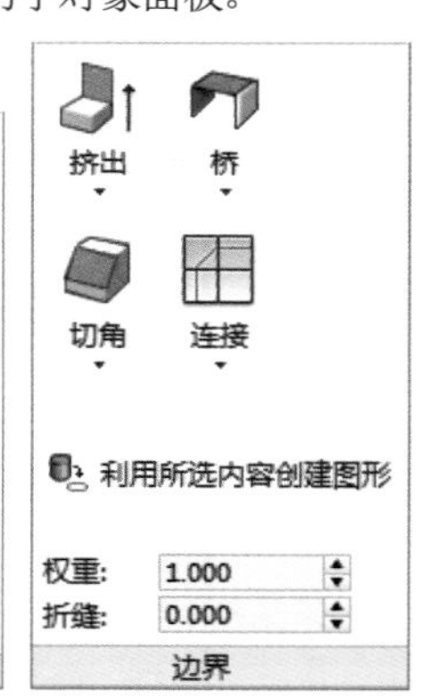

图8-488

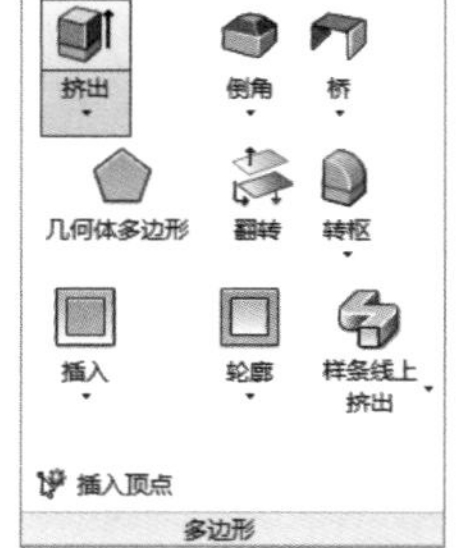

图8-489

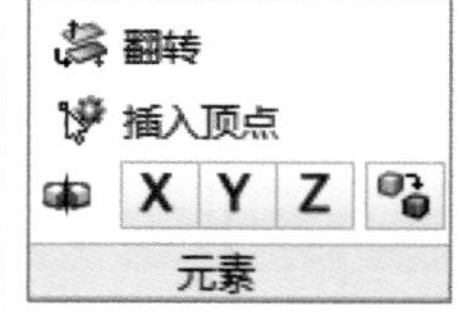

图8-490

知识链接

关于这5个子对象面板中的相关工具和参数请参阅前面的内容“8.2 编辑多边形对象”。

循环面板

“循环”面板中的工具和参数主要用于处理边循环，如图8-491所示。

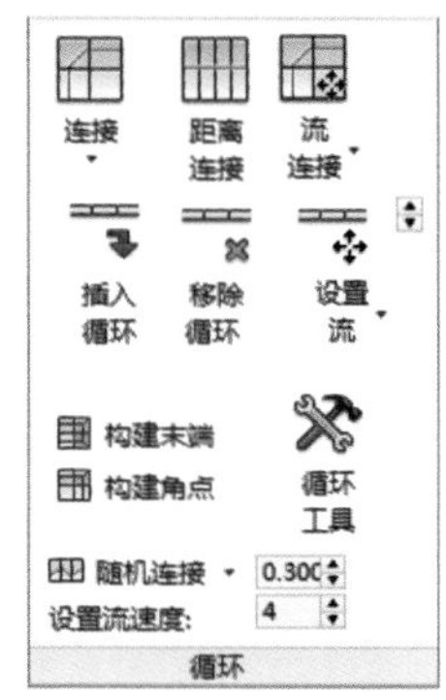

图8-491

循环面板工具/参数介绍

连接：在选中的对象之间创建新边。

连接设置：打开“连接边”对话框，在“边”级别下才可用。

距离连接：在跨越一定距离和其他拓扑的顶点和边之间创建边循环。

流连接：跨越一个或多个边环来连接选定边。

自动环：启用该选项并使用“流连接”工具后，系统会自动创建完全边循环。

插入循环：根据当前的子对象选择创建一个或多个边循环。

移除循环：称除当前子对象层级处的循环，并自动删除所有剩余顶点。

设置流：调整选定边以适合周围网格的图形。

自动循环：启用该选项后，使用“设置流”工具可以自动为选定的边选择循环。

构建末端：根据选择的顶点或边来构建四边形。

构建角点：根据选择的顶点或边来构建四边形的角点，以翻转边循环。

循环工具：打开“循环工具”对话框，该对话框中包含用于调整循环的相关工具。

随机连接：连接选定的边，并随机定位所创建的边。

自动循环：启用该选项后，应用的“随机连接”可以使循环尽可能完整。

设置流速度：调整选定边的流的速度。

细分面板

“细分”面板中的工具可以用来增加网格的数量，如图8-492所示。

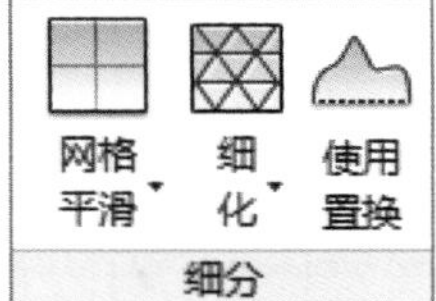

图8-492

细分面板工具/参数介绍

网格平滑：将对象进行网格平滑处理。

网格平滑设置：打开“网格平滑”对话框，在该对话框中可以指定平滑的应用方式。

细化：对所有多边形进行细化操作。

细化设置：打开“细化”对话框，在该对话框中可以指定细化的方式。

使用置换：打开“置换”面板，在该面板中可以为置换指定细分网格的方式。

三角剖分面板

“三角剖分”面板中提供了用于将多边形细分为三角形的一些方式，如图8-493所示。

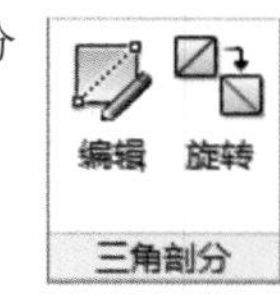

图8-493

三角剖分面板工具/参数介绍

编辑：在修改内边或对角线时，将多边形细分为三角形的方式。

旋转：通过单击对角线将多边形细分为三角形。

重复三角算法：对当前选定的多边形自动执行最佳的三角剖分操作。

对齐面板

“对齐”面板中的工具可以用在对象级别及所有子对象级别中，主要用来选择对齐对象的方式，如图8-494所示。

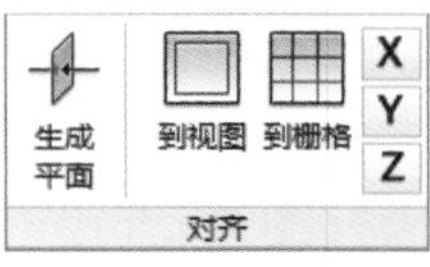

图8-494

对齐面板工具/参数介绍

生成平面：强制所有选定的子对象成为共面。

到视图：使对象中的所有顶点与活动视图所在的平面对齐。

到栅格：使选定对象中的所有顶点与活动视图所在的平面对齐。

X X/Y Y/Z Z：平面化选定的所有子对象，并使该平面与对象的局部坐标系中的相应平面对齐。

可见性面板

使用“可见性”面板中的工具可以隐藏和取消隐藏对象，如图8-495所示。

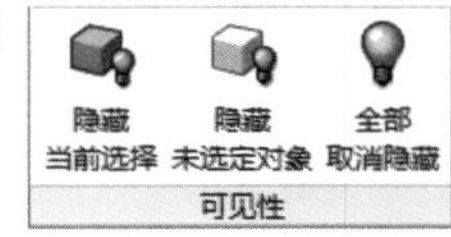

图8-495

可见性面板工具/参数介绍

隐藏当前选择：隐藏当前选定的对象。

隐藏未选定对象：隐藏未选定的对象。

全部取消隐藏：将隐藏的对象恢复为可见。

属性面板

使用“属性”面板中的工具可以调整网格平滑、顶点颜色和材质ID，如图8-496所示。

图8-496

属性面板工具/参数介绍

硬：对整个模型禁用平滑。

选定硬的：对选定的多边形禁用平滑。

平滑：对整个对象启用平滑。

平滑选定项：对选定的多边形启用平滑。

平滑30：对整个对象启用适度平滑。

已选定平滑30：对选定的多边形启用适度平滑。

颜色：设置选定顶点或多边形的颜色。

照明：设置选定顶点或多边形的照明颜色。

Alpha：为选定的顶点或多边形分配Alpha值。

平滑组：打开用于处理平滑组的对话框。

材质ID：打开用于设置材质ID、按ID和子材质名称选择的对话框。

技巧与提示

下面将安排3个比较简单的实例让用户熟悉“建模工具”的使用方法。如果用户感觉“建模工具”操作太麻烦，可以直接使用多边形建模来制作。

★★☆★

实战：用建模工具制作欧式台灯

场景位置 无
实例位置 实例文件>CH08>实战：用建模工具制作欧式台灯.max
视频位置 多媒体教学>CH08>实战：用建模工具制作欧式台灯.flv
难易指数 ★★☆☆☆
技术掌握 多边形顶点调整技法、连接工具

扫码看视频

欧式台灯的效果如图8-497所示。

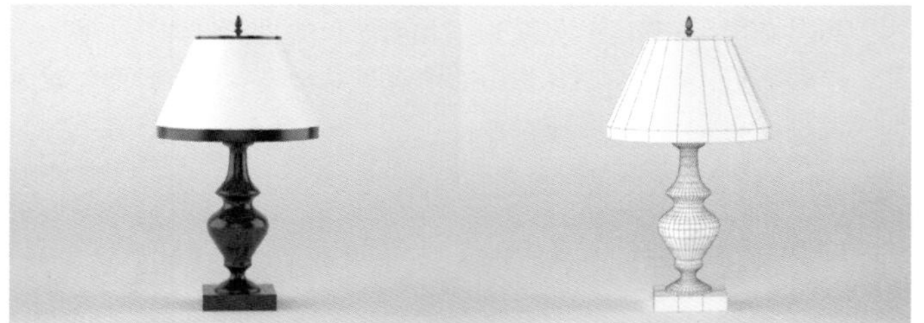

图8-497

01 使用“圆柱体”工具 圆柱体 在场景中创建一个圆柱体，然后在“参数”卷展栏下设置“半径”为20mm、“高度”为510mm、“高度分段”为10，具体参数设置及模型效果如图8-498所示。

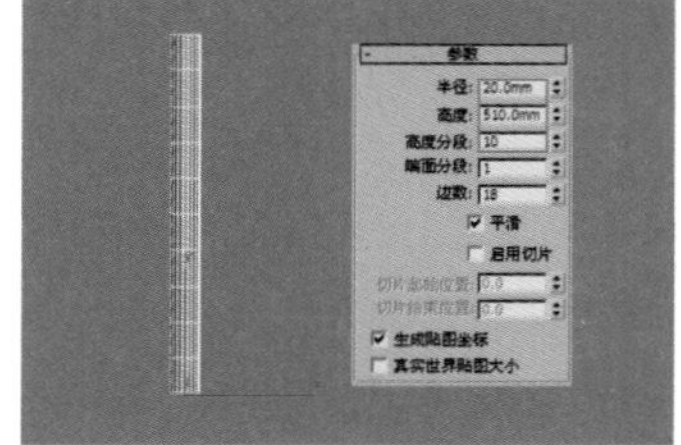

图8-498

02 将圆柱体转化为可编辑多边形，进入“顶点”级别，然后在前视图中将顶点调整成如图8-499所示的效果。

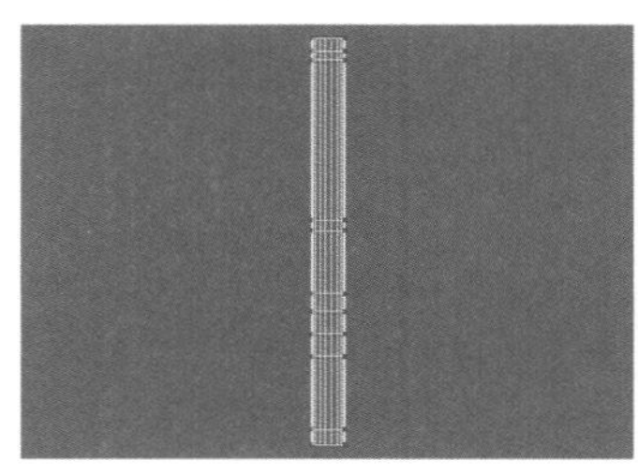

图8-499

03 使用“选择并均匀缩放”工具在顶视图中将顶点缩放成如图8-500所示的效果，在前视图中的效果如图8-501所示。

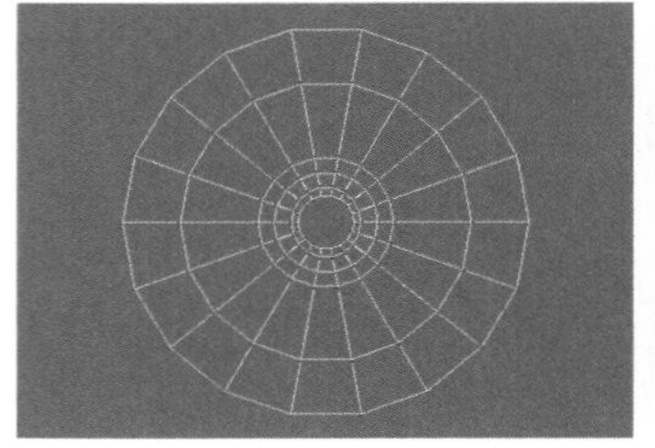

图8-500

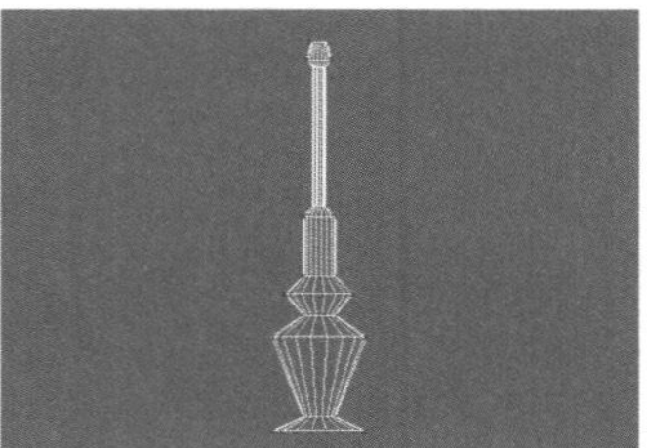

图8-501

04 进入“边”级别，然后选择如图8-502所示的边，接着在“循环”面板中单击“连接”按钮下面的“连接设置”按钮，最后设置“分段”为6，如图8-503所示。

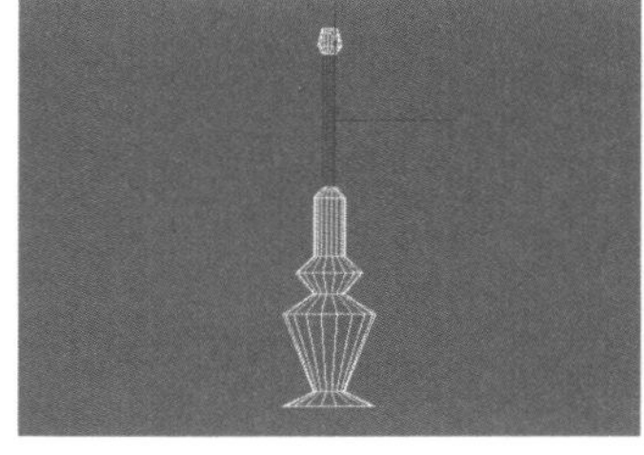

图8-502

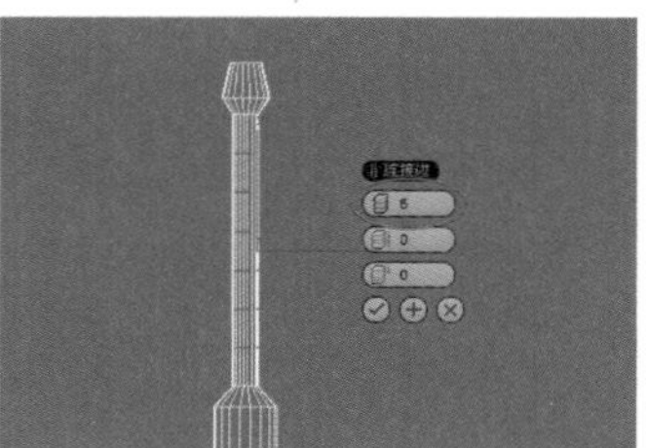

图8-503

05 进入“顶点”级别，然后分别在顶视图和前视图中对顶部的顶点进行调整，如图8-504和图8-505所示。

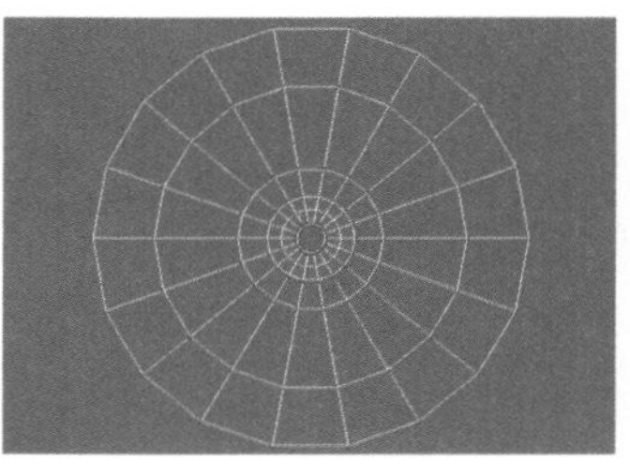

图8-504

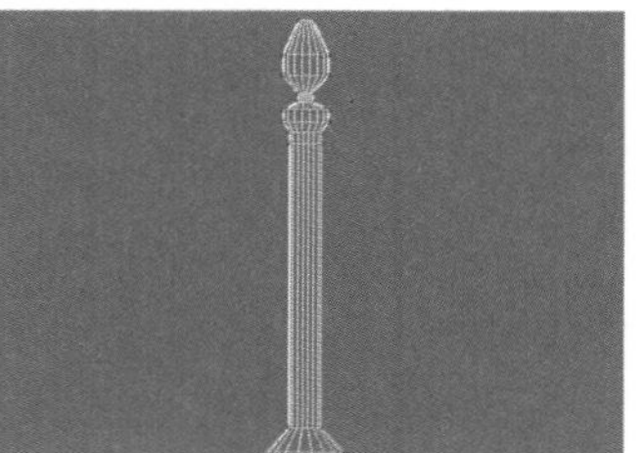

图8-505

06 继续使用“连接”工具在其他位置添加竖向边，然后将顶点调整成如图8-506所示的效果，在透视图中的效果如图8-507所示。

07 使用“圆柱体”工具 圆柱体 在场景中创建一个圆柱体，然后在“参数”卷展栏下设置“半径”为40mm、“高度”为180mm、“高度分段”为3，具体参数设置及模型位置如图8-508所示。

图8-506

图8-507

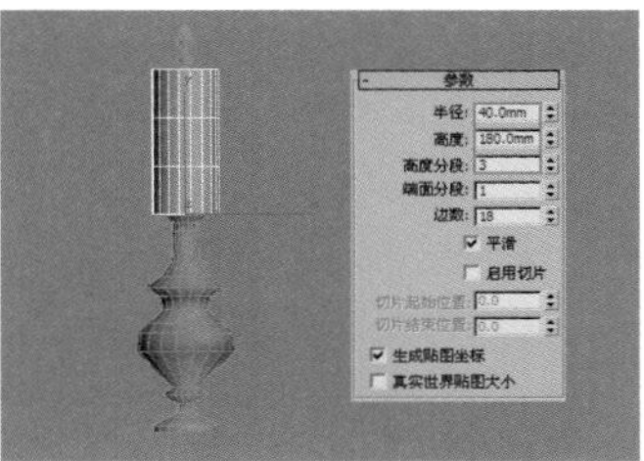
图8-508

08 将圆柱体转化为可编辑多边形，进入“顶点”级别，然后使用“选择并均匀缩放”工具分别在顶视图和前视图中对顶点进行调整，如图8-509和图8-510所示。

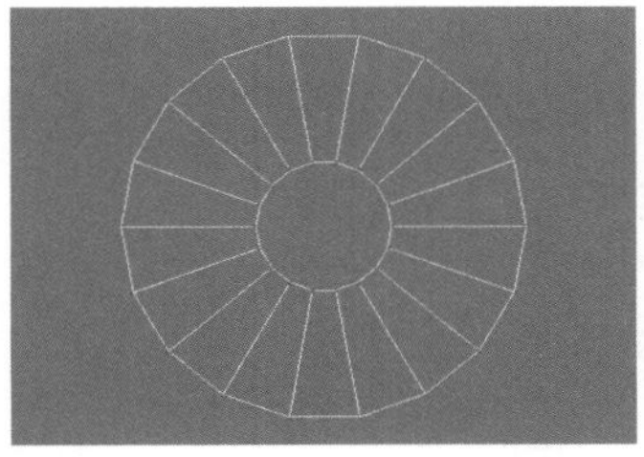
图8-509

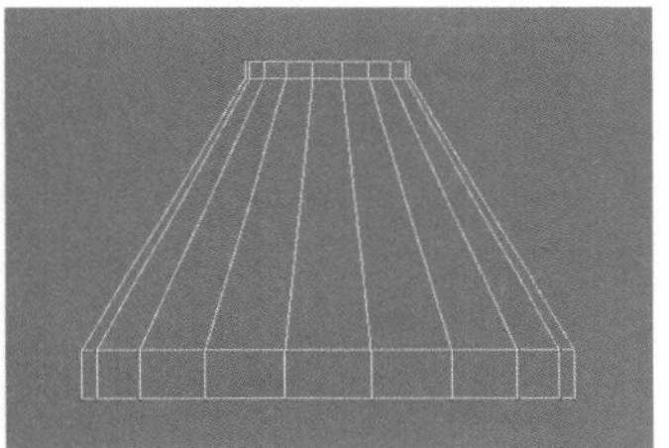
图8-510

09 进入“多边形”级别，然后选择顶部和底部的多边形，如图8-511所示，接着按Delete键将其删除，效果如图8-512所示。

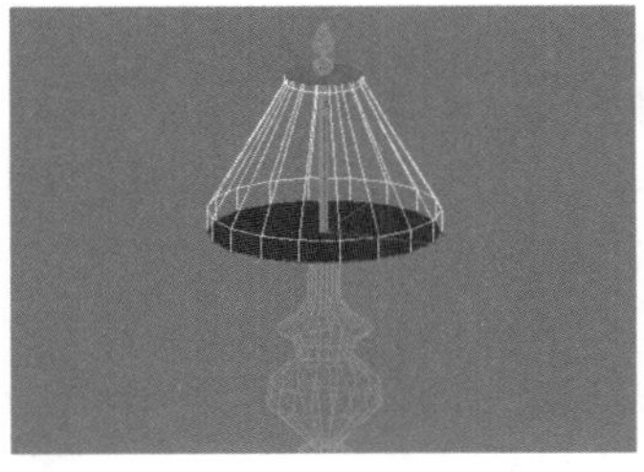
图8-511

图8-512

10 为灯柱模型加载一个“网格平滑”修改器，然后在“细分量”卷展栏下设置“迭代次数”为1，具体参数设置及模型效果如图8-513所示。

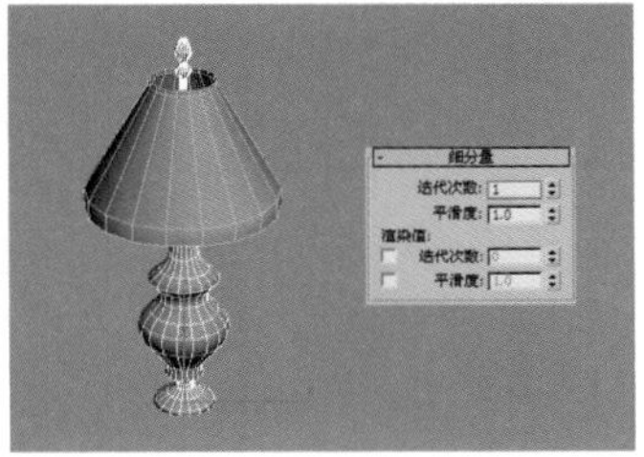
图8-513

11 使用“长方体”工具 长方体 在灯柱底部创建一个长方体，然后在“参数”卷展栏下设置“长度”和“宽度”为120mm、“高度”为30mm，最终效果如图8-514所示。

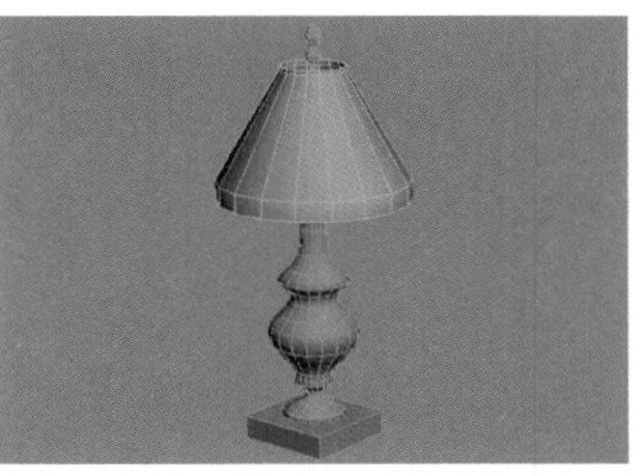
图8-514

★ 重点 ★

实战：用建模工具制作橱柜

场景位置 无
实例位置 实例文件>CH08>实战：用建模工具制作橱柜.max
视频位置 多媒体教学>CH08>实战：用建模工具制作橱柜.flv
难易指数 ★★★☆☆
技术掌握 倒角工具、切角工具

扫码看视频

橱柜的效果如图8-515所示。

图8-515

01 使用“长方体”工具 长方体 在场景中创建一个长方体，然后在“参数”卷展栏下设置“长度”为100mm、“宽度”为180mm、“高度”为200mm、“长度分段”为1、“高度分段”为3、“宽度分段”为3，具体参数设置及模型效果如图8-516所示。

02 将长方体转化为可编辑多边形，进入“顶点”级别，然后在前视图中将顶点调整成如图8-517所示的效果。

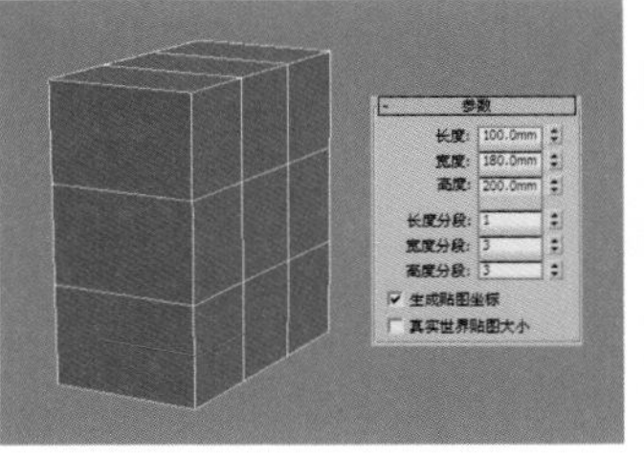
图8-516

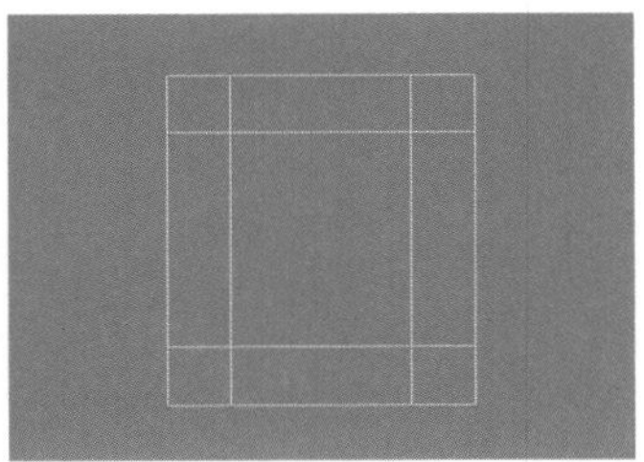
图8-517

03 进入“多边形”级别，然后选择如图8-518所示的多边形，接着在“多边形”面板中单击“倒角”按钮下面的“倒角设置”按钮，最后设置“高度”为-8mm、“轮廓”为-2mm，如图8-519所示。

04 保持对多边形的选择，在“多边形”面板中单击“倒角”按钮下面的“倒角设置”按钮，然后设置“高度”为12mm、“轮廓”为-2mm，如图8-520所示。

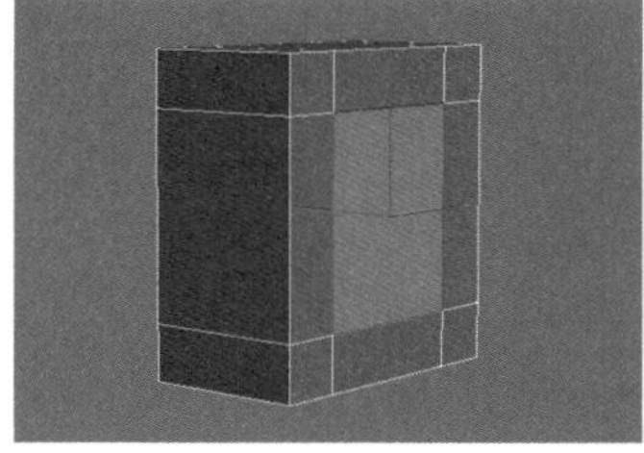

图8-518

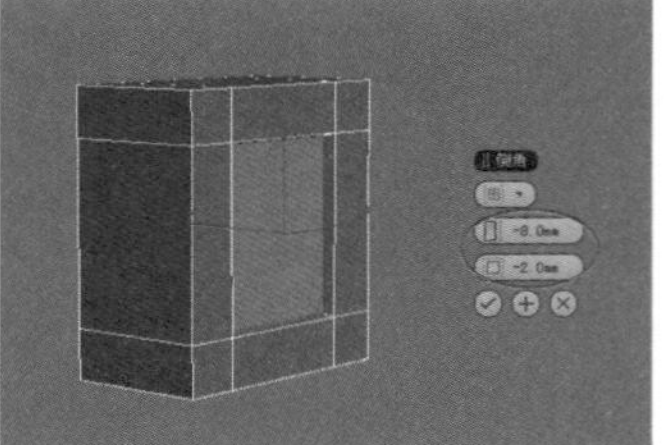

图8-519

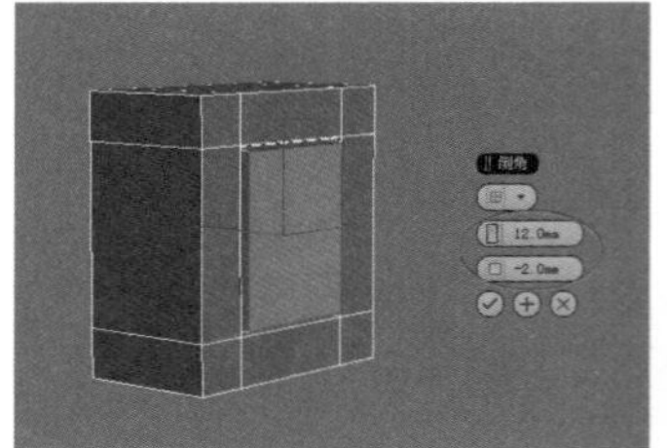

图8-520

05 进入“边”级别，然后选择如图8-521所示的边，接着在“边”面板中单击“切角”按钮下面的“切角设置”按钮切角设置，最后设置“边切角量”为5mm，如图8-522所示。

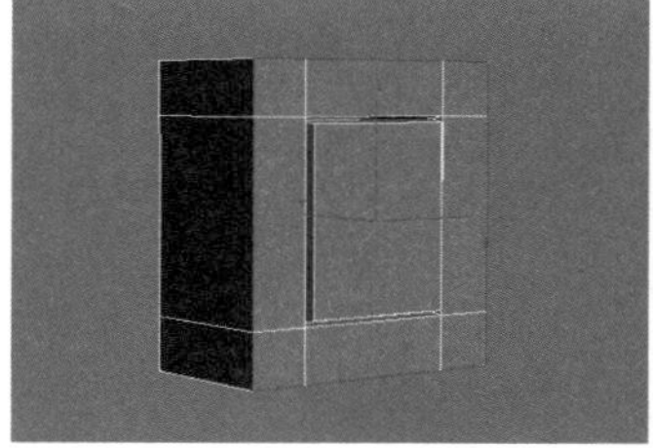

图8-521

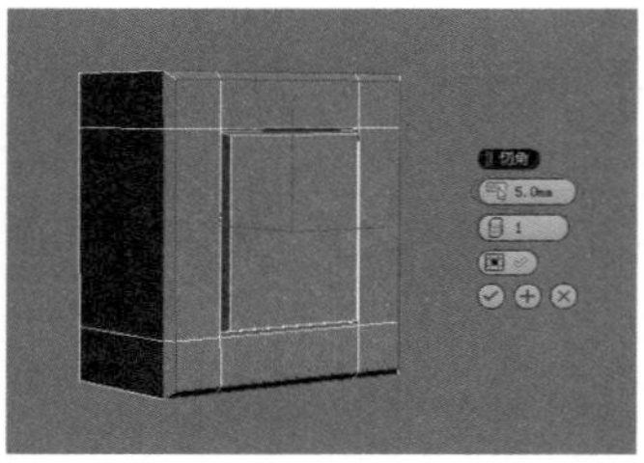

图8-522

06 切换到前视图，然后复制出如图8-523所示的模型。

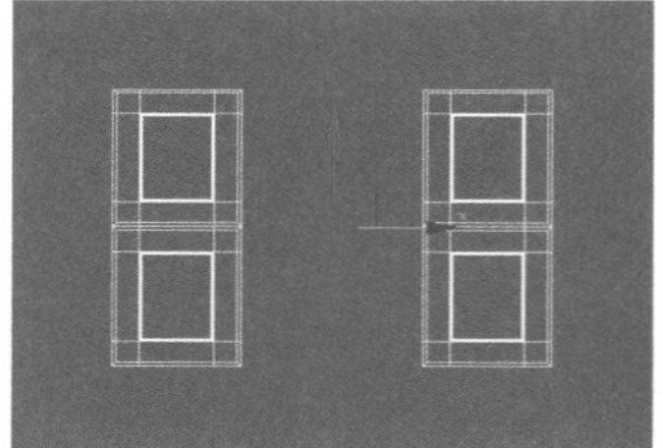

图8-523

07 使用“长方体”工具 长方体 在场景中创建一个长方体，然后在“参数”卷展栏下设置“长度”为100mm、“宽度”为280mm、“高度”为200mm、“长度分段”为1“高度分段”为3“宽度分段”为3，具体参数设置及模型位置如图8-524所示。

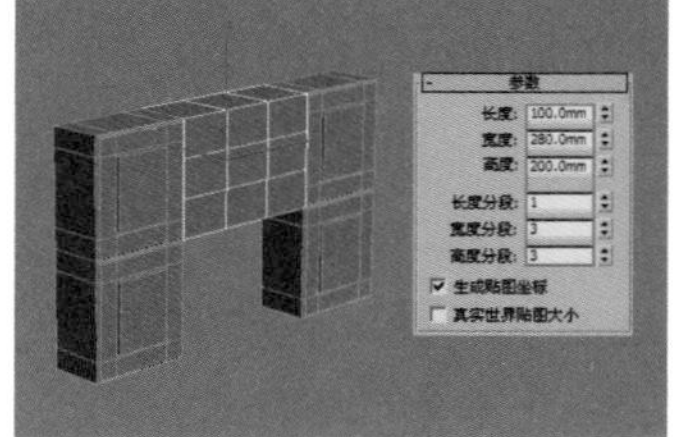

图8-524

08 将长方体转换为可编辑多边形，进入“顶点”级别，然后在前视图中将顶点调整成如图8-525所示的效果。

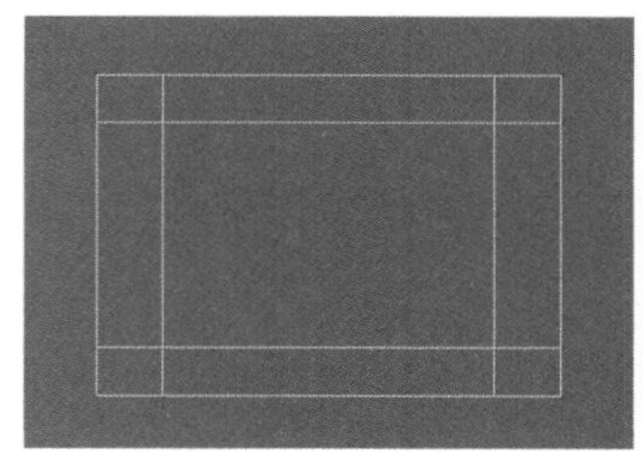

图8-525

09 进入“多边形”级别，然后选择如图8-526所示的多边形，接着在“多边形”面板中单击“倒角”按钮下面的“倒角设置”按钮倒角设置，最后设置“高度”为-8mm、“轮廓”为-2mm，如图8-527所示。

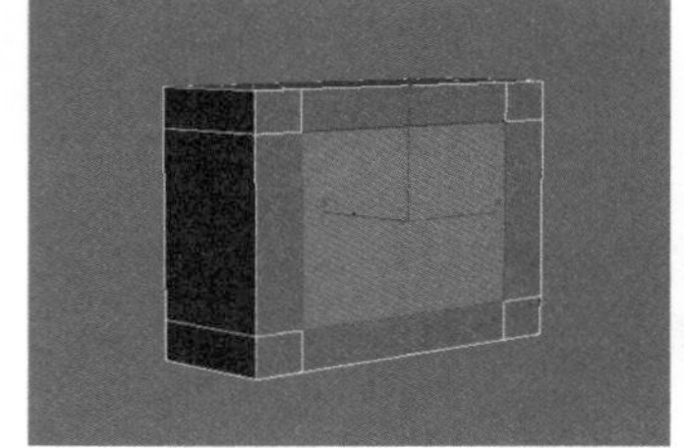

图8-526

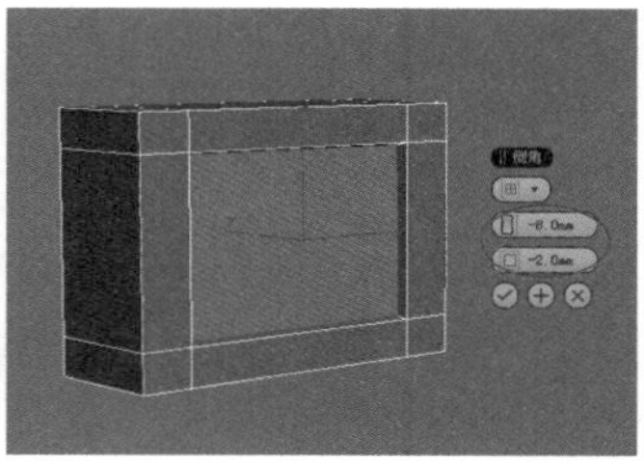

图8-527

10 保持对多边形的选择，在“多边形”面板中单击“倒角”按钮下面的“倒角设置”按钮倒角设置，然后设置“高度”为12mm、“轮廓”为-2mm，如图8-528所示。

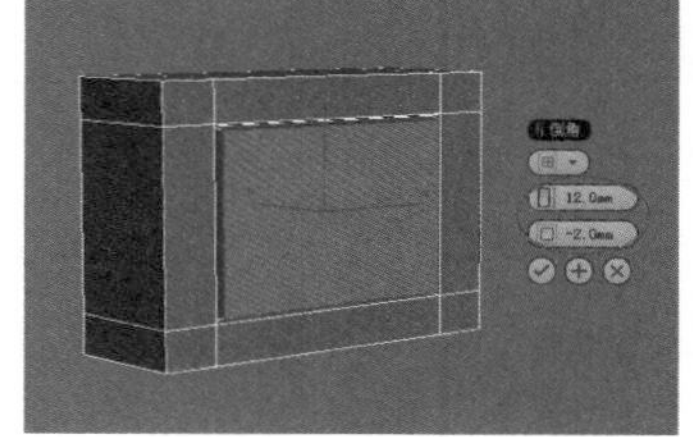

图8-528

11 进入“边”级别，然后选择如图8-529所示的边，接着在“边”面板中单击“切角”按钮下面的“切角设置”按钮切角设置，最后设置“边切角量”为5mm，如图8-530所示。

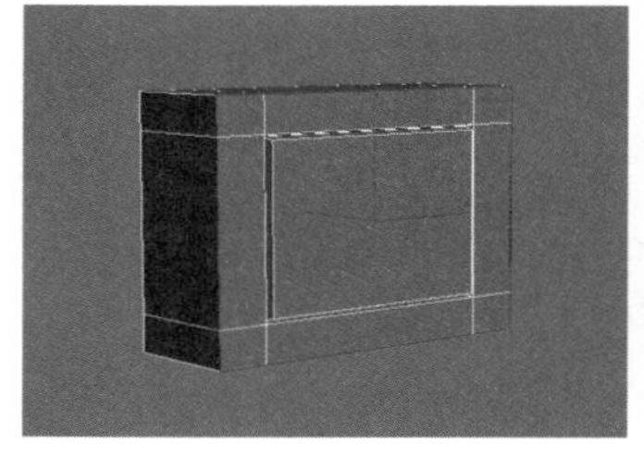

图8-529

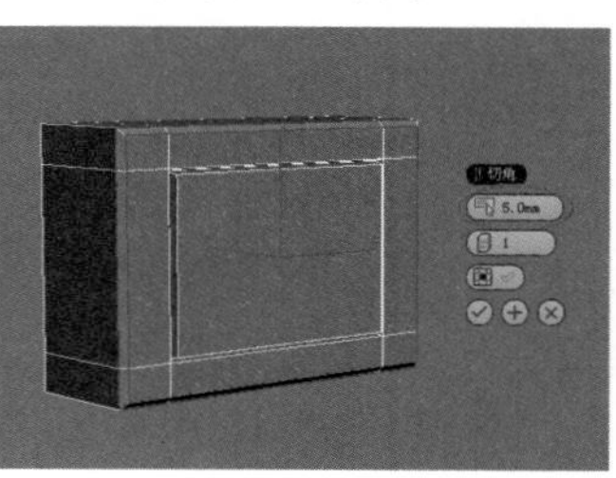

图8-530

12 选择模型，然后按住Shift键使用“选择并移动”工具向下移动复制一个模型，如图8-531所示。

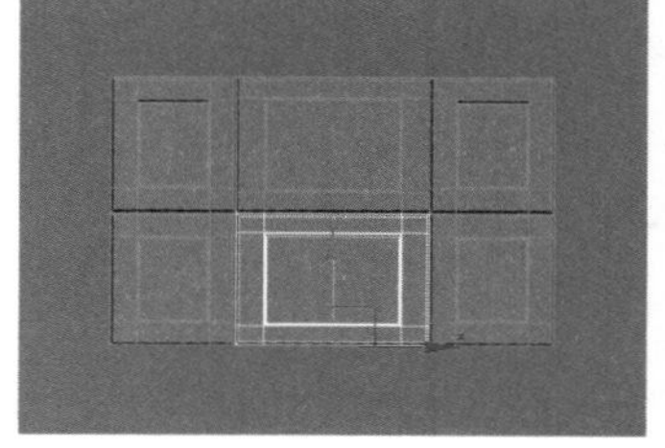

图8-531

13 使用“长方体”工具 长方体 在场景中创建一个长方体，然后在“参数”卷展栏下设置“长度”为100mm、“宽度”为280mm、“高度”为400mm、“长度分段”为1、“高度分段”为3、“宽度分段”为3，具体参数设置及模型位置如图8-532所示。

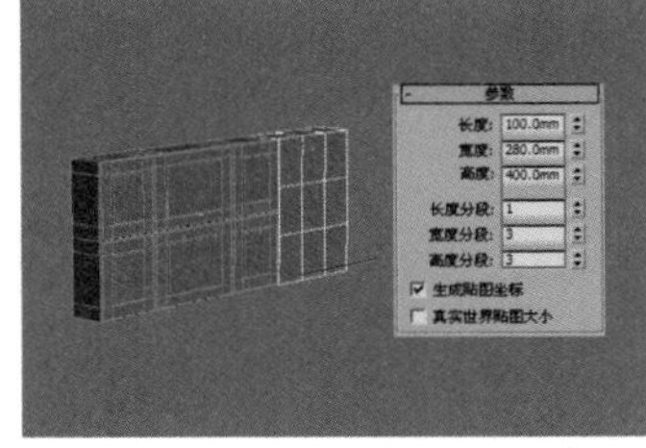

图8-532

14 将长方体转化为可编辑多边形，然后使用“建模工具”将长方体处理成如图8-533所示的效果，接着复制一些模型到如图8-534所示的位置。

图8-533

图8-534

15 使用“长方体”工具 长方体 制作柜台和侧板模型，完成后的效果如图8-535所示。

图8-535

16 使用“线”工具 线 在左视图中绘制出如图8-536所示的样条线，然后在“渲染”卷展栏下“在渲染中启用”和“在视口中启用”选项，接着设置“径向”的“厚度”为5mm，具体参数设置及模型效果如图8-537所示。

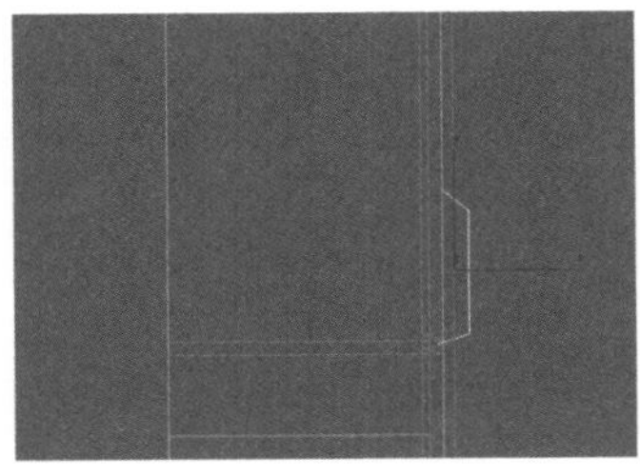

图8-536

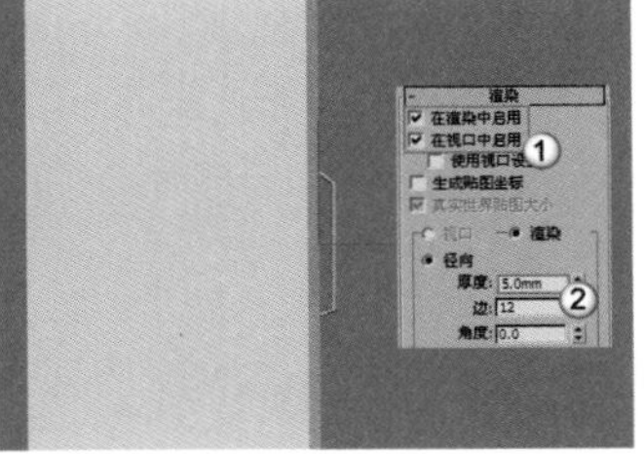

图8-537

17 继续使用“线”工具 线 在左视图中绘制一条如图8-538所示的样条线，然后在“渲染”卷展栏下勾选“在渲染中启用”和“在视口中启用”，接着设置“径向”的“厚度”为20mm，最后将其拖曳到把手模型上，效果如图8-539所示。

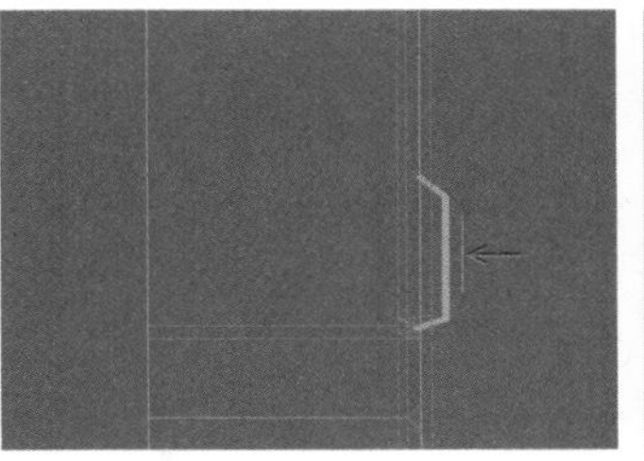

图8-538

图8-539

18 将把手模型复制一些到其他橱柜上，最终效果如图8-540所示。

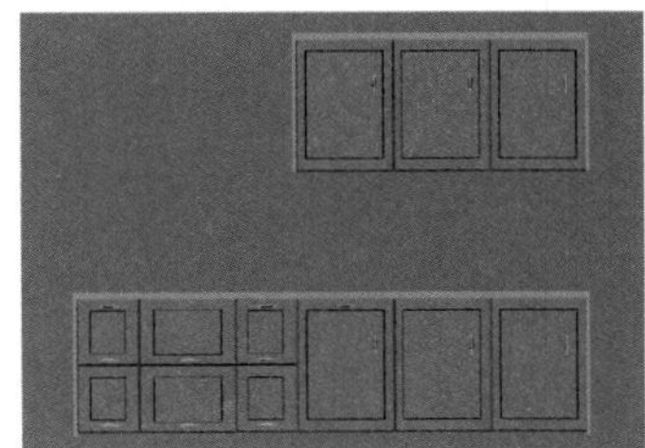

图8-540

实战：用建模工具制作麦克风

场景位置 无
实例位置 实例文件>CH08>实战：用建模工具制作麦克风.max
视频位置 多媒体教学>CH08>实战：用建模工具制作麦克风.flv
难易指数 ★★★★☆
技术掌握 生成拓扑工具、利用所选内容创建图形工具

扫码看视频

麦克风的效果如图8-541所示。

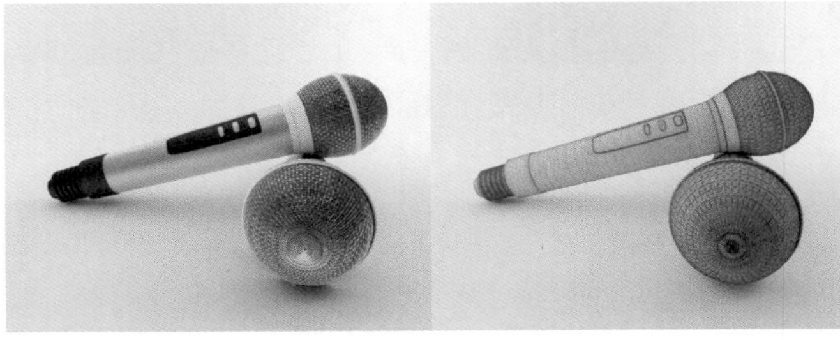

图8-541

01 下面制作麦克风的金属网膜。使用“球体”工具 球体 在场景中创建一个球体，然后在“参数”卷展栏下设置“半径”为180mm、“分段”为80，具体参数设置及模型效果如图8-542所示。

02 使用“选择并均匀缩放”工具在前视图中将球体向上缩放成如图8-543所示的效果。

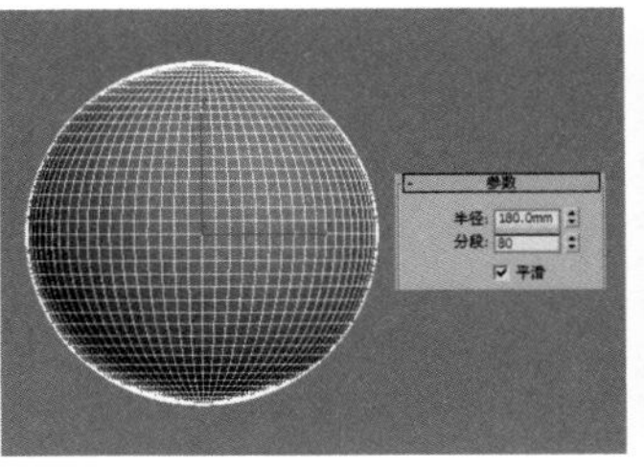

图8-542

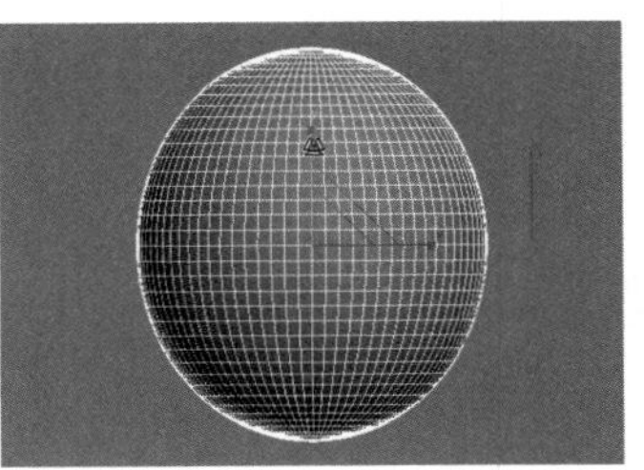

图8-543

03 将球体转化为可编辑多边形，然后在“多边形建模”面板中单击“生成拓扑”按钮，接着在弹出的“拓扑”对话框中单击

“边方向”按钮▩，如图8-544所示，效果如图8-545所示。

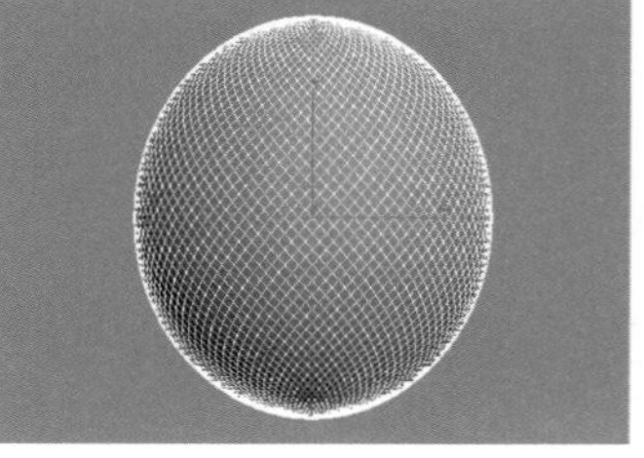

图8-544　图8-545

04 进入“边”级别，然后选择所有的边，接着在“边”面板中单击“利用所选内容创建图形”按钮，最后在弹出的“创建图形”对话框中设置“图形类型”为“线性”，如图8-546所示。

05 选择“图形001”，然后在“渲染”卷展栏下勾选“在渲染中启用”和“在视口中启用”选项，接着设置“径向”的“厚度”为2mm，具体参数设置及模型效果如图8-547所示。

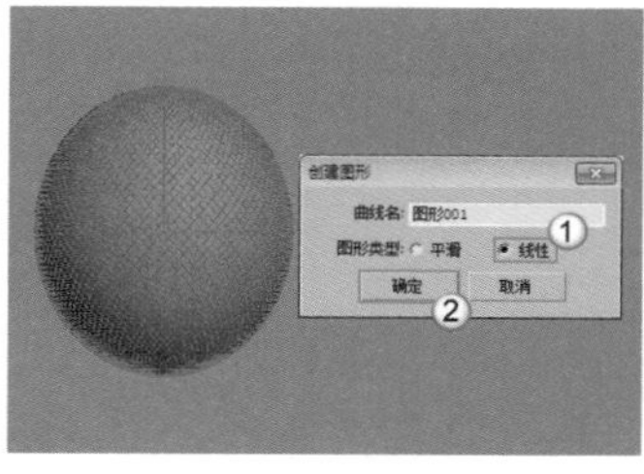

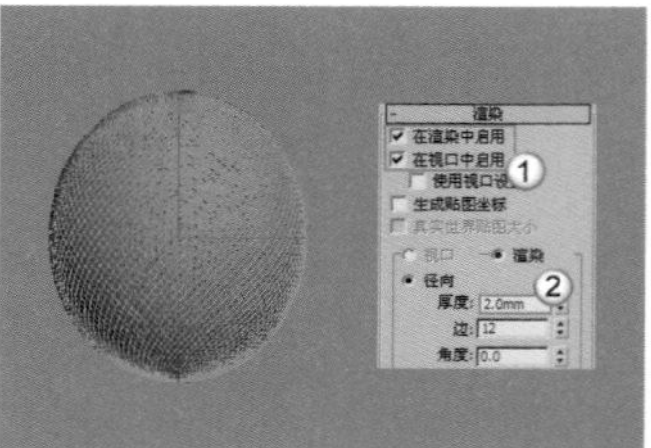

图8-546　图8-547

06 选择球体多边形，然后在“多边形建模”面板中单击“生成拓扑”按钮，接着在弹出的“拓扑”对话框中再次单击“边方向”按钮▩，效果如图8-548所示，接着用步骤04和步骤05的方法将边转换为图形，完成后的效果如图8-549所示。

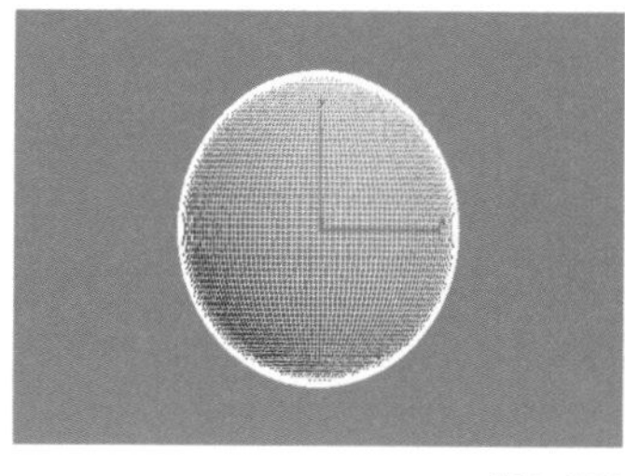

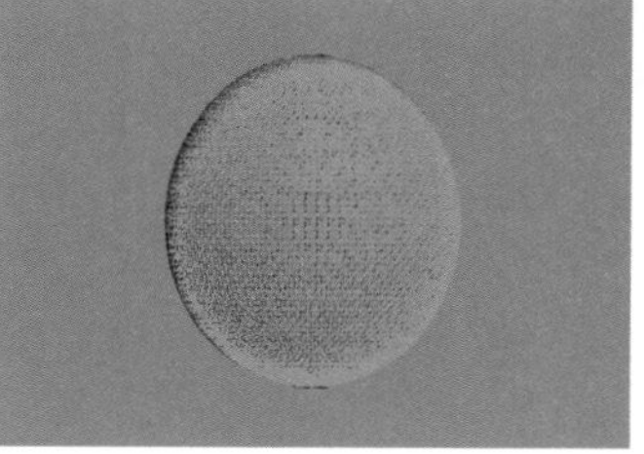

图8-548　图8-549

技术专题 26 将选定对象的显示设置为外框

制作到这里时，有些用户可能会发现自己的计算机非常卡，这是很正常的，因为此时场景中的多边形面数非常多，耗用了大部分的显示内存。下面介绍一种提高计算机运行速度的方法，即将选定对象的显示设置为外框。具体操作方法如下。

第1步：选择“图形001”和“图形002”，然后单击鼠标右键，接着在弹出的菜单中选择“对象属性”命令，如图8-550所示。

第2步：在弹出的“对象属性”对话框中的“显示属性”选项组下勾选“显示为外框”选项，如图8-551所示。设置完成后就可以发现运行速度会提高很多。

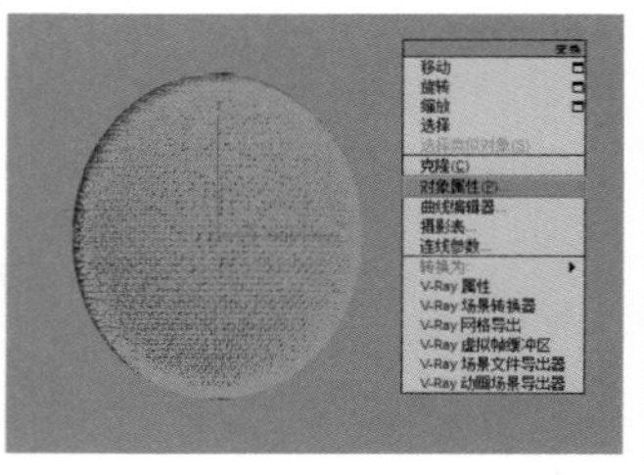

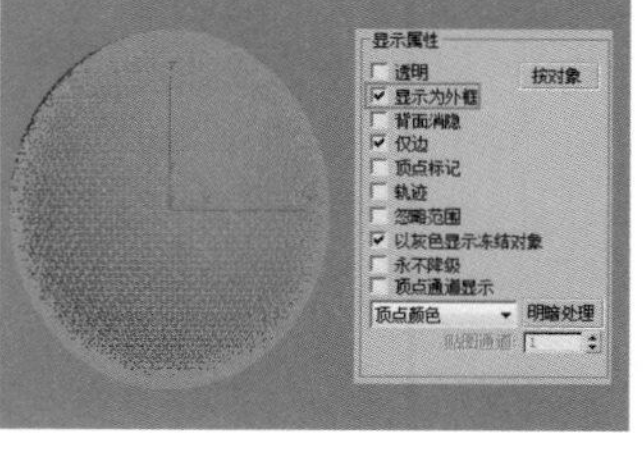

图8-550　图8-551

07 使用“管状体”工具 管状体 围绕网膜创建一个管状体，然后在“参数”卷展栏下设置“半径1”为180mm、“半径2”为188mm、“高度”为30mm、“高度分段”为6，具体参数设置及模型位置如图8-552所示。

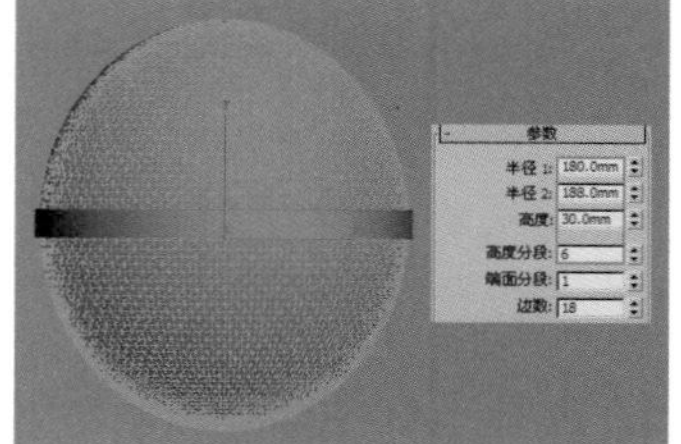

图8-552

08 将管状体转化为可编辑多边形，进入“顶点”级别，然后将顶点调整成如图8-553所示的效果。

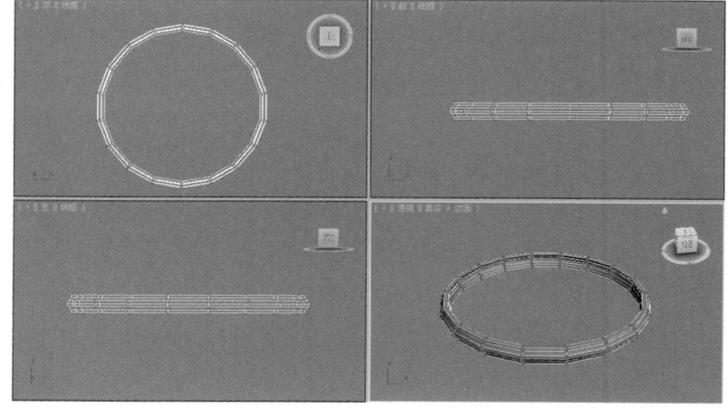

图8-553

09 为模型加载一个“网格平滑”修改器，然后在“细分量”卷展栏下设置“迭代次数”为2，具体参数设置及模型效果如图8-554所示。

10 继续使用“管状体”工具 管状体 和“建模工具”创建出网膜下的底座模型，完成后的效果如图8-555所示。

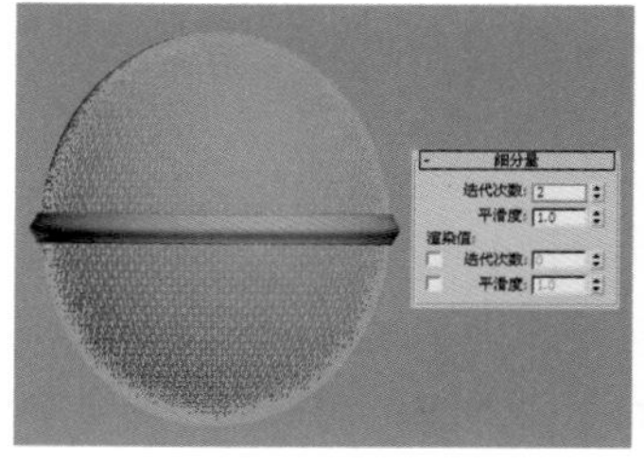

图8-554　图8-555

11 使用“圆锥体”工具 圆锥体 创建出手柄模型，如图8-556所示，然后将其转化为可编辑多边形，接着使用“建模工具”

中的“挤出”工具、“插入”工具、“连接”工具等制作出手柄上的按钮，完成后的效果如图8-557所示。

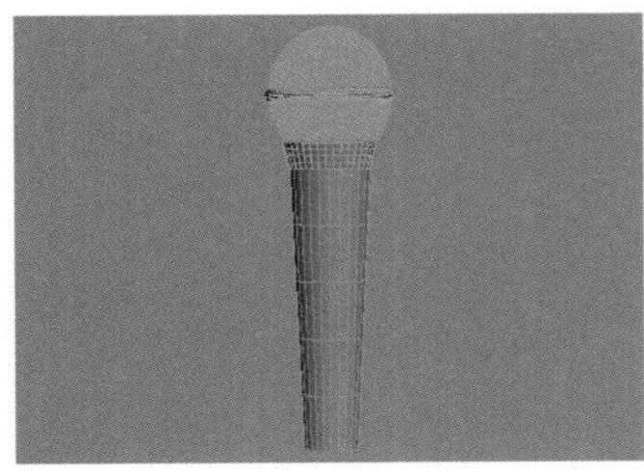
图8-556

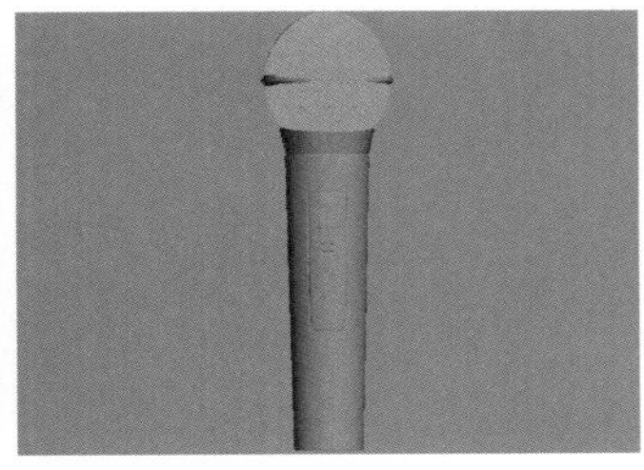
图8-557

12 使用“圆柱体”工具 圆柱体 在手柄的底部创建一个圆柱体，然后在“参数”卷展栏下设置“半径”和“高度”为100mm、“高度分段”为1，具体参数设置及模型位置如图8-558所示。

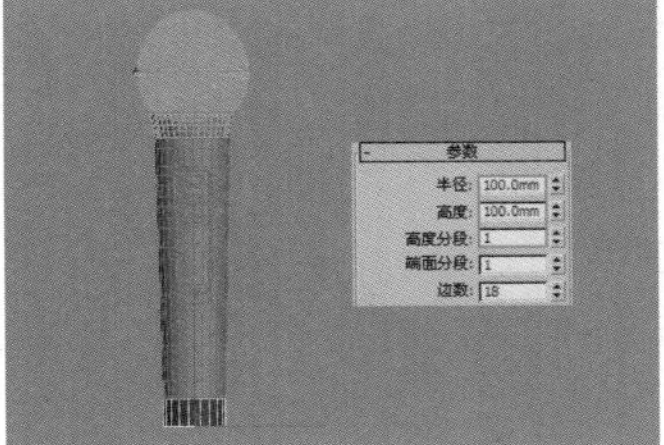

图8-558

13 将圆柱体转换为可编辑多边形，进入“多边形”级别，然后选择底部的多边形，如图8-559所示，接着在“多边形”面板中单击“插入”按钮下面的“插入设置”按钮，最后设置“数量”为40mm，如图8-560所示。

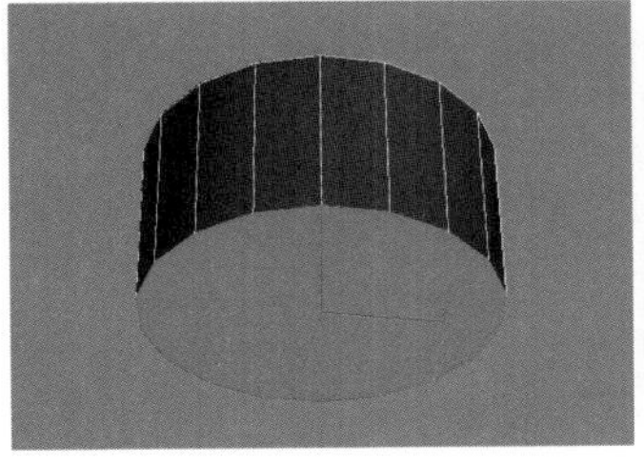
图8-559

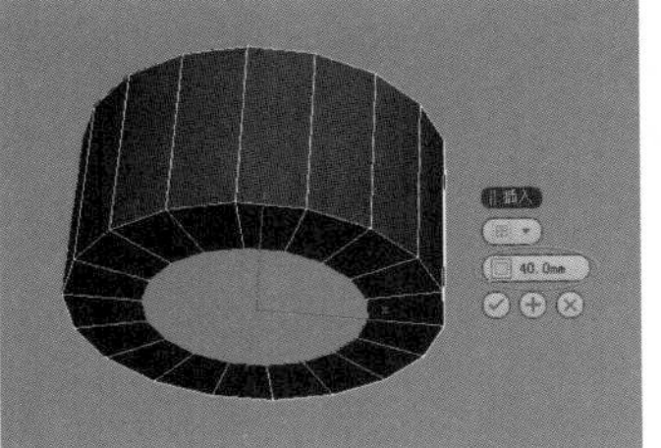
图8-560

14 保持对多边形的选择，在“多边形”面板中单击“挤出”按钮下面的“挤出设置”按钮，然后设置“数量”为180mm，如图8-561所示。

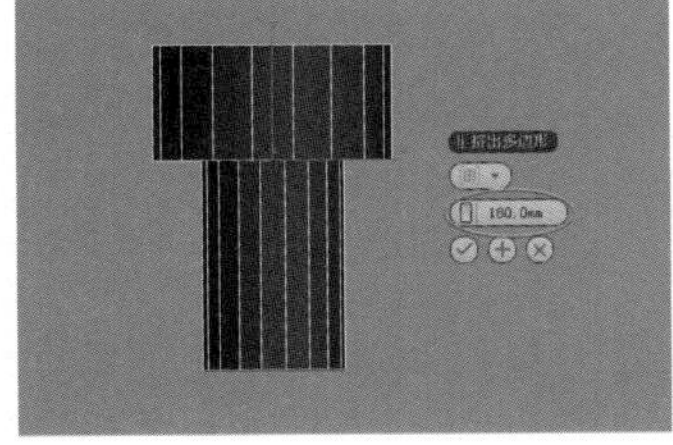
图8-561

15 进入“边”级别，然后选择如图8-562所示的边，接着在“循环”面板中单击“连接”按钮下面的“连接设置”按钮，最后设置“分段”为18，如图8-563所示。

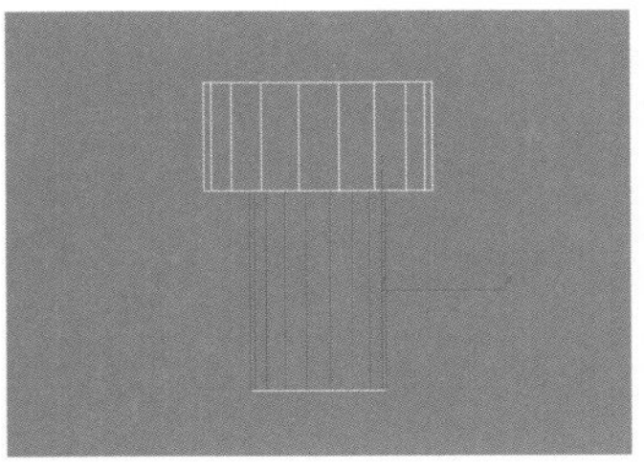
图8-562

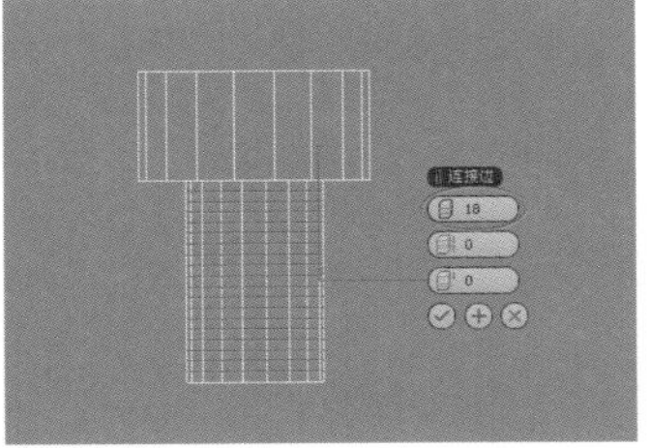
图8-563

16 进入“多边形”级别，然后选择如图8-564所示的多边形，接着在“多边形”面板中单击“倒角”按钮下面的“倒角设置”按钮，最后设置“倒角类型”为“局部法线”、“高度”为8mm、“轮廓”为-1mm，如图8-565所示。

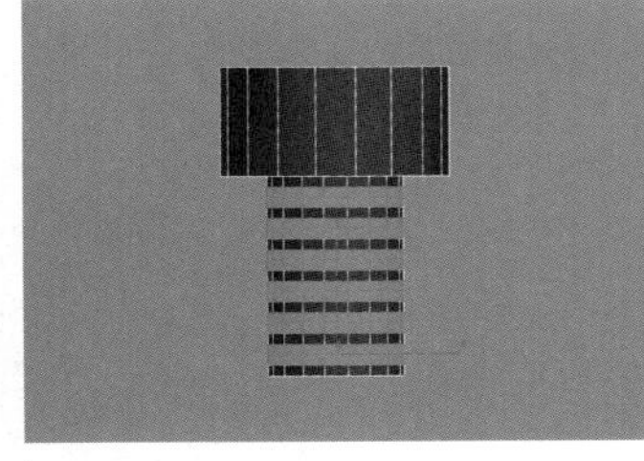
图8-564

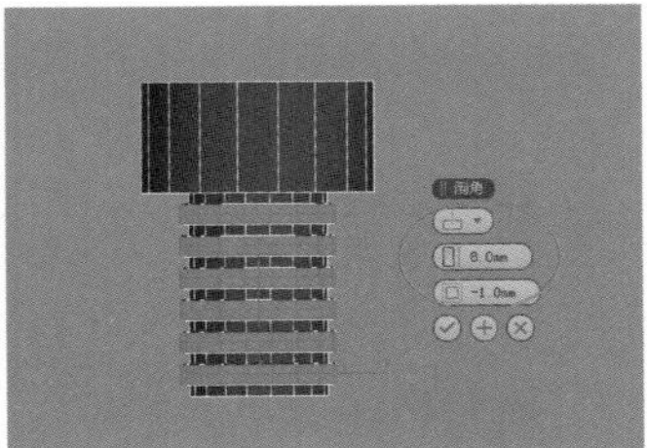
图8-565

17 进入“边”级别，然后选择如图8-566所示的边，接着在“边”面板中单击“切角”按钮下面的“切角设置”按钮，最后设置“边切角量”为1mm，如图8-567所示。

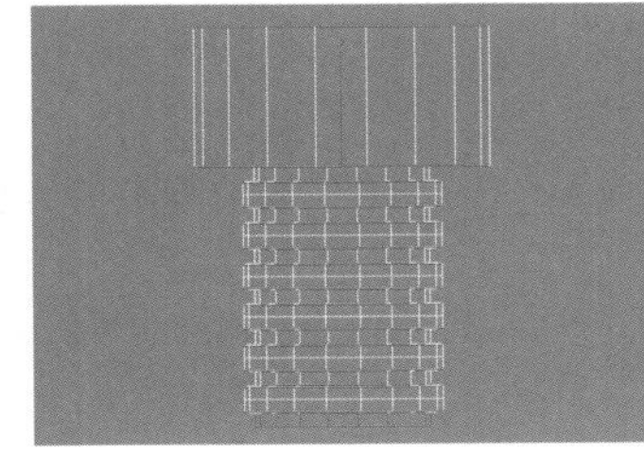
图8-566

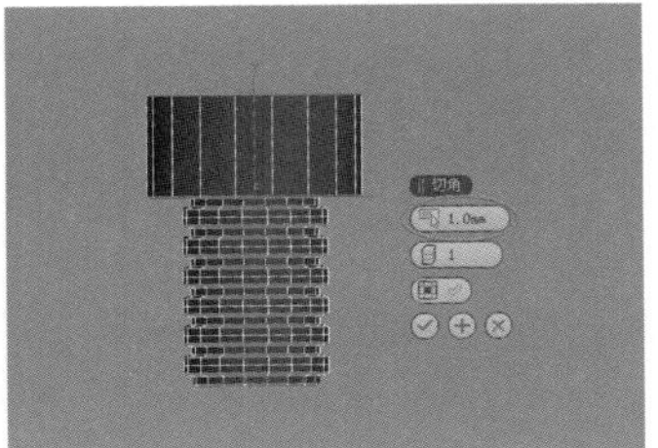
图8-567

18 继续使用“插入”工具、“挤出”工具和“切角”工具将底部的多边形处理成如图8-568所示的效果，然后为模型加载一个“网格平滑”修改器，接着在“细分量”卷展栏下设置“迭代次数”为2，最终效果如图8-569所示。

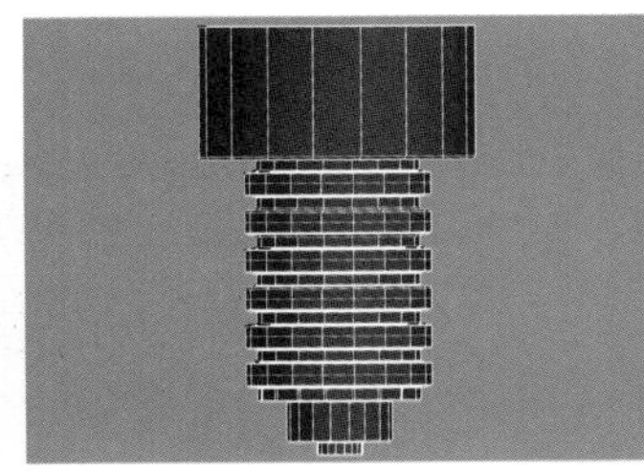
图8-568

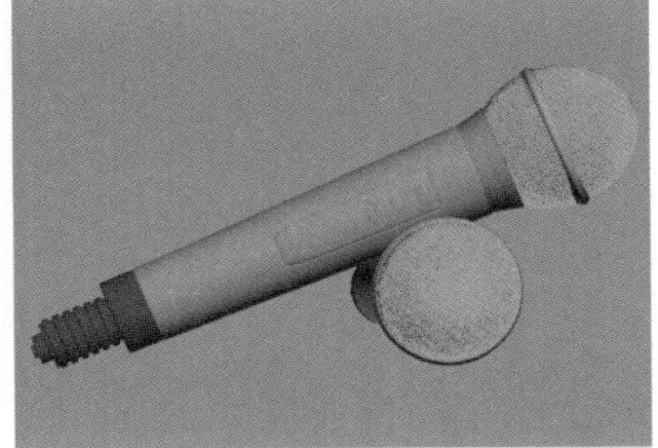
图8-569

第9章 效果图制作基本功：灯光技术

Learning Objectives 学习要点

Employment direction 从业方向

家具造型设计师

工业造型设计师

室内设计表现师

建筑设计表现师

9.1 初识灯光

没有灯光的世界将是一片黑暗，在三维场景中也是一样，即使有精美的模型、真实的材质（模型、灯光和材质是场景必不可缺的3大要素）以及完美的动画，如果没有灯光照射也毫无作用，由此可见灯光在三维表现中的重要性。自然界中存在着各种形形色色的光，比如耀眼的日光、微弱的烛光以及绚丽的烟花发出来的光等，如图9-1~图9-3所示。

图9-1

图9-2

图9-3

9.1.1 灯光的作用

有光才有影，才能让物体呈现出三维立体感，不同的灯光效果营造的视觉感受也不一样。灯光是视觉画面的一部分，其功能主要有以下3点。

第1点：提供一个完整的整体氛围，展现出影像实体，营造出空间的氛围。

第2点：为画面着色，以塑造空间和形式。

第3点：可以让人们集中注意力。

9.1.2 3ds Max中的灯光

利用3ds Max中的灯光可以模拟出真实的"照片级"画面。图9-4和图9-5所示是两张利用3ds Max制作的室内、外效果图。

图9-4

图9-5

在"创建"面板中单击"灯光"按钮，在其下拉列表中可以选择灯光的类型。3ds Max 2014中包含3种灯光类型，分别是"光度学"灯光、"标准"灯光和VRay灯光，如图9-6~图9-8所示。

图9-6

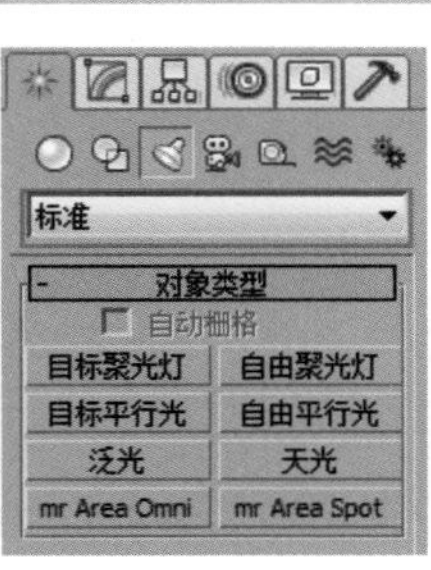

图9-7

图9-8

如果没有安装VRay渲染器，系统默认的只有“光度学”灯光和“标准”灯光。

9.2 光度学灯光

“光度学”灯光是3ds Max默认的灯光，共有3种类型，分别是“目标灯光”“自由灯光”和“mr天空入口”。

本节灯光概要

灯光名称	主要作用	重要程度
目标灯光	模拟筒灯、射灯、壁灯等	高
自由灯光	模拟发光球、台灯等	中
mr天空入口	模拟天空照明	低

9.2.1 目标灯光

目标灯光带有一个目标点，用于指向被照明物体，如图9-9所示。目标灯光主要用来模拟现实中的筒灯、射灯和壁灯等，其默认参数包含10个卷展栏，如图9-10所示。

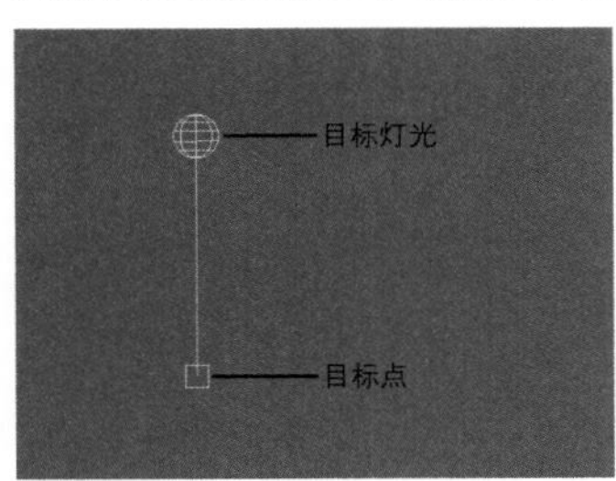

图9-9

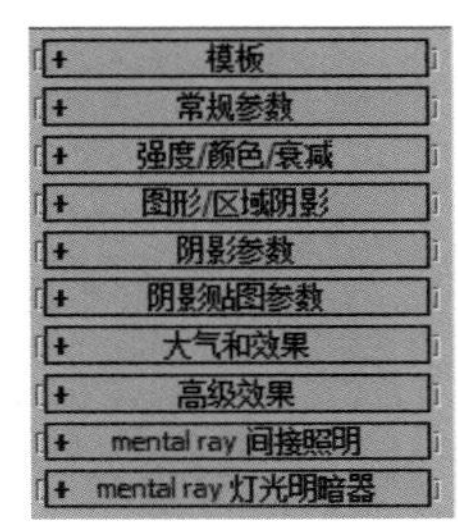

图9-10

下面主要针对目标灯光的一些常用卷展栏参数进行讲解。

常规参数卷展栏

展开“常规参数”卷展栏，如图9-11所示。该卷展栏下的参数主要用于设置目标灯光的相关属性，如是否启用灯光、目标点、灯光阴影等，同时还可以设置阴影的类型以及灯光分布类型。

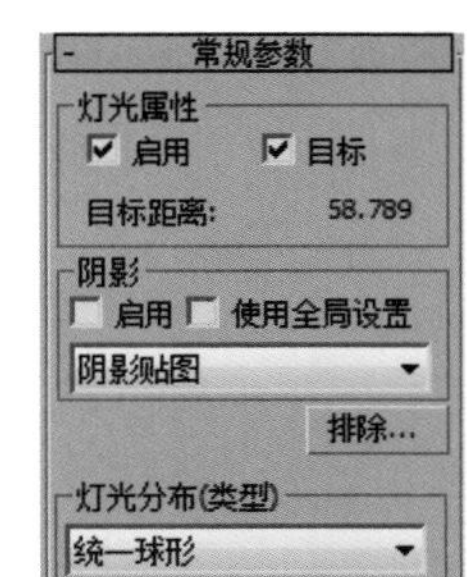

图9-11

常规参数卷展栏参数介绍

① 灯光属性选项组

启用：控制是否开启灯光。

目标：启用该选项后，目标灯光才有目标点；如果禁用该选项，目标灯光没有目标点，将变成自由灯光，如图9-12所示。

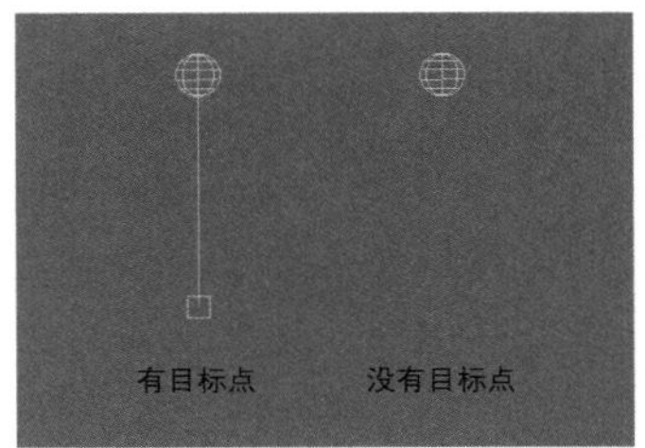

图9-12

目标灯光的目标点并不是固定不可调节的，可以对它进行移动、旋转等操作。

目标距离：用来显示目标的距离。

② 阴影选项组

启用：控制是否开启灯光的阴影效果。

使用全局设置：如果启用该选项后，该灯光投射的阴影将影响整个场景的阴影效果；如果关闭该选项，则必须选择渲染器使用哪种方式来生成特定的灯光阴影。

阴影类型列表：设置渲染器渲染场景时使用的阴影类型，包括“高级光线跟踪”“mental ray阴影贴图”“区域阴影”“阴影贴图”“光线跟踪阴影”“VRay阴影”和“VRay阴影贴图”7种类型，如图9-13所示。

图9-13

排除 排除...：将选定的对象排除于灯光效果之外。单击该按钮可以打开“排除/包含”对话框，如图9-14所示。

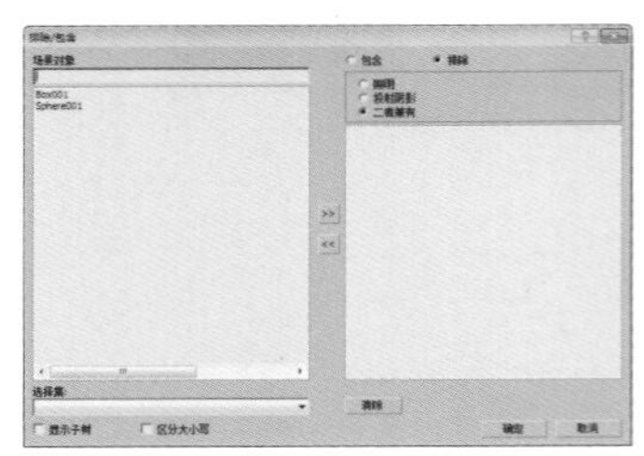

图9-14

③ 灯光分布（类型）选项组

灯光分布类型列表：设置灯光的分布类型，包含“光度学Web”“聚光灯”“统一漫反射”和“统一球形”4种类型。

强度/颜色/衰减卷展栏

展开“强度/颜色/衰减”卷展栏，如图9-15所示。

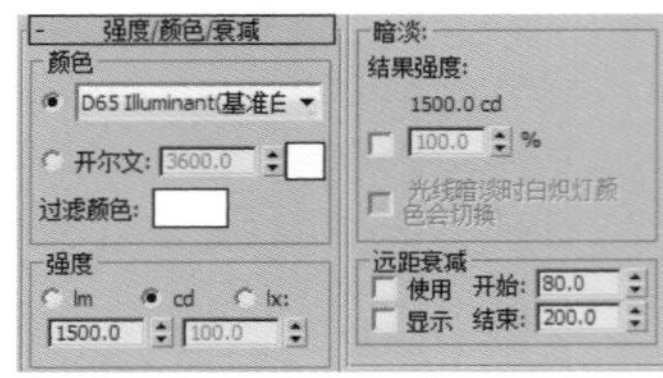

图9-15

强度/颜色/衰减卷展栏参数介绍

① 颜色选项组

灯光：挑选公用灯光，以近似灯光的光谱特征。

开尔文：通过调整色温微调器来设置灯光的颜色。

过滤颜色：使用颜色过滤器来模拟置于灯光上的过滤色效果。

② 强度选项组

lm（流明）：测量整个灯光（光通量）的输出功率。100瓦的通用灯泡约有1750 lm的光通量。

cd（坎德拉）：用于测量灯光的最大发光强度，通常沿着瞄准发射。100瓦通用灯泡的发光强度约为139 cd。

lx（lux）：测量由灯光引起的照度，该灯光以一定距离照射在曲面上，并面向灯光的方向。

③ 暗淡选项组

结果强度：用于显示暗淡所产生的强度。

暗淡百分比：启用该选项后，该值会指定用于降低灯光强度的“倍增”。

光线暗淡时白炽灯颜色会切换：启用该选项之后，灯光可以在暗淡时通过产生更多的黄色来模拟白炽灯。

④ 远距衰减选项组

使用：启用灯光的远距衰减。

显示：在视口中显示远距衰减的范围设置。

开始：设置灯光开始淡出的距离。

结束：设置灯光减为0时的距离。

图形/区域阴影卷展栏

展开“图形/区域阴影”卷展栏，如图9-16所示。

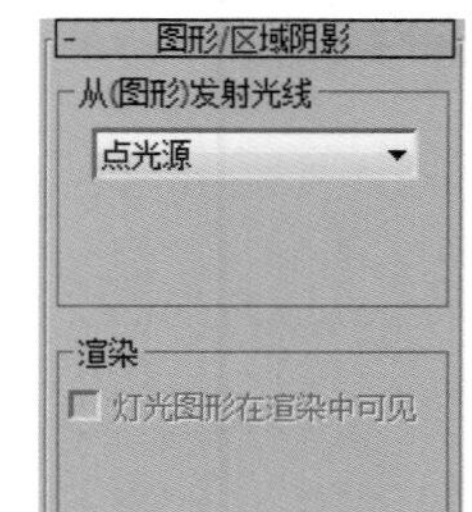

图9-16

图形/区域阴影卷展栏参数介绍

从（图形）发射光线：选择阴影生成的图形类型，包括“点光源”“线”“矩形”“圆形”“球体”和“圆柱体”6种类型。

灯光图形在渲染中可见：启用该选项后，如果灯光对象位于视野之内，那么灯光图形在渲染中会显示为自供照明（发光）的图形。

阴影参数卷展栏

展开“阴影参数”卷展栏，如图9-17所示。

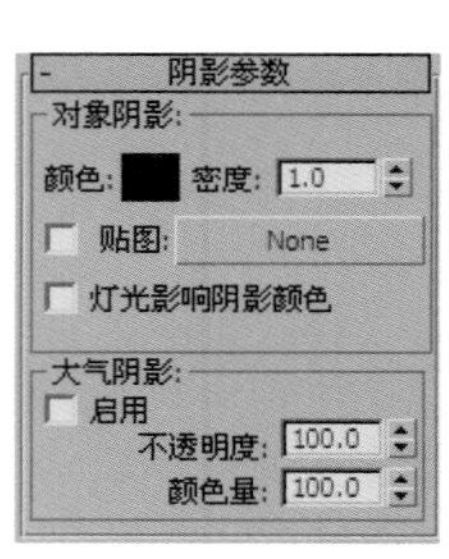

图9-17

阴影参数卷展栏参数介绍

① 对象阴影选项组

颜色：设置灯光阴影的颜色，默认为黑色。

密度：调整阴影的密度。

贴图：启用该选项，可以使用贴图来作为灯光的阴影。

None（无）None：单击该按钮可以选择贴图作为灯光的阴影。

灯光影响阴影颜色：启用该选项后，可以将灯光颜色与阴影颜色（如果阴影已设置贴图）混合起来。

② 大气阴影选项组

启用：启用该选项后，大气效果如灯光穿过它们一样投影阴影。

不透明度：调整阴影的不透明度百分比。

颜色量：调整大气颜色与阴影颜色混合的量。

阴影贴图参数卷展栏

展开“阴影贴图参数”卷展栏，如图9-18所示。

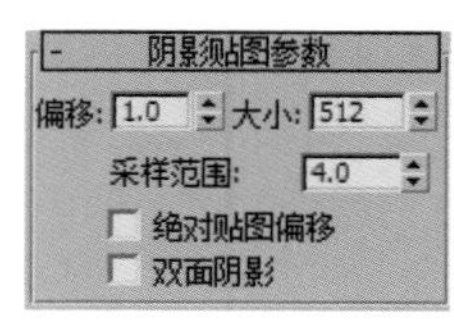

图9-18

阴影贴图参数卷展栏参数介绍

偏移：将阴影移向或移离投射阴影的对象。

大小：设置用于计算灯光的阴影贴图的大小。

采样范围：决定阴影内平均有多少个区域。

绝对贴图偏移：启用该选项后，阴影贴图的偏移是不标准化的，但是该偏移在固定比例的基础上会以3ds Max为单位来表示。

双面阴影：启用该选项后，计算阴影时物体的背面也将产生阴影。

技巧与提示

注意，这个卷展栏的名称由“常规参数”卷展栏下的阴影类型来决定，不同的阴影类型具有不同的阴影卷展栏和参数选项。

大气和效果卷展栏

展开“大气和效果”卷展栏，如图9-19所示。

图9-19

大气和效果卷展栏参数介绍

添加 添加：单击该按钮可以打开“添加大气或效果”对话框，如图9-20所示。在该对话框可以将大气或渲染效果添加到灯光中。

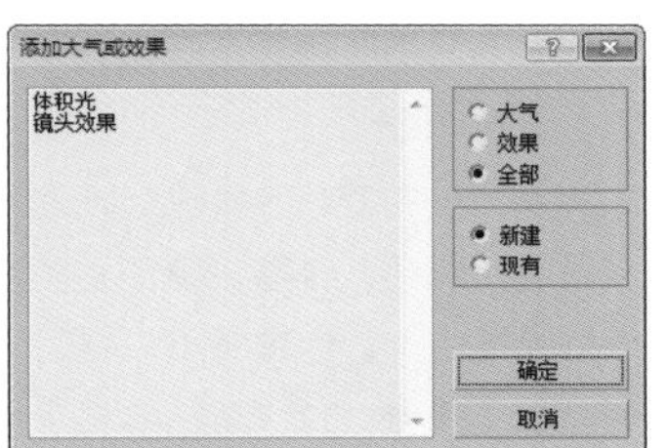

图9-20

知识链接

关于“环境和效果”的运用请参阅“第12章 环境和效果技术”。

删除 删除：添加大气或效果以后，在大气或效果列表中选择大气或效果，然后单击该按钮可以将其删除。

大气和效果列表：显示添加的大气或效果，如图9-21所示。

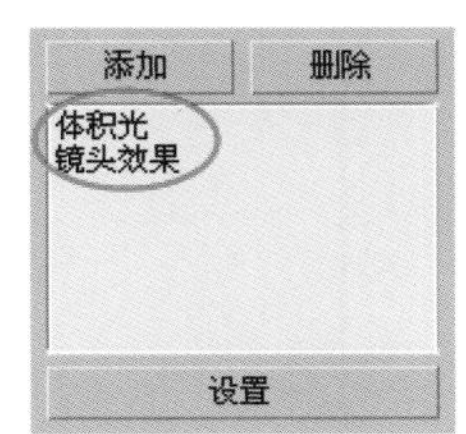

图9-21

设置 设置：在大气或效果列表中选择大气或效果以后，单击该按钮可以打开“环境和效果”对话框。在该对话框中可以对大气或效果参数进行更多的设置。

实战：用目标灯光制作墙壁射灯

场景位置 场景文件>CH09>01.max
实例位置 实例文件>CH09>实战：用目标灯光制作墙壁射灯.max
视频位置 多媒体教学>CH09实战：用目标灯光制作墙壁射灯.flv
难易指数 ★★☆☆☆
技术掌握 目标灯光模拟射灯

扫码看视频

墙壁射灯的照明效果如图9-22所示。

图9-22

01 打开“场景文件>CH09>01.max”文件，如图9-23所示。

图9-23

02 下面创建主光源。设置灯光类型为VRay，然后在左视图中创建一盏VRay灯光，其位置如图9-24所示。

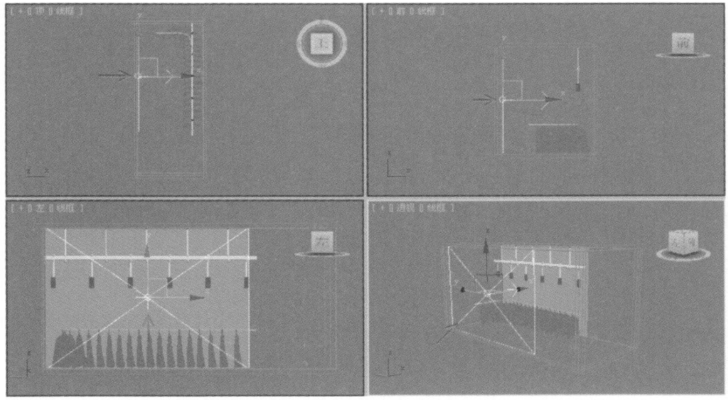

图9-24

03 选择上一步创建的VRay灯光，然后进入“修改”面板，接着展开“参数”卷展栏，具体参数设置如图9-25所示。

设置步骤

① 在“常规”选项组下设置“类型”为“平面”。

② 在“强度”选项组下设置“倍增”为1.5，然后设置“颜色”为（红:255，绿:246，蓝:232）。

③ 在“大小”选项组下设置“1/2长”为2100mm、“1/2宽”为1500mm。

④ 在“选项”选项组下勾选“不可见”选项。

⑤ 在“采样”选项组下设置“细分”为15。

04 按F9键测试渲染当前场景，效果如图9-26所示。

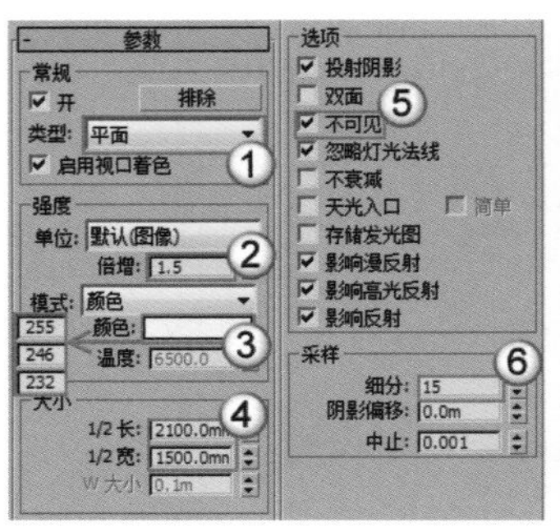

图9-25 图9-26

05 在前视图中创建一盏VRay灯光，其位置如图9-27所示。

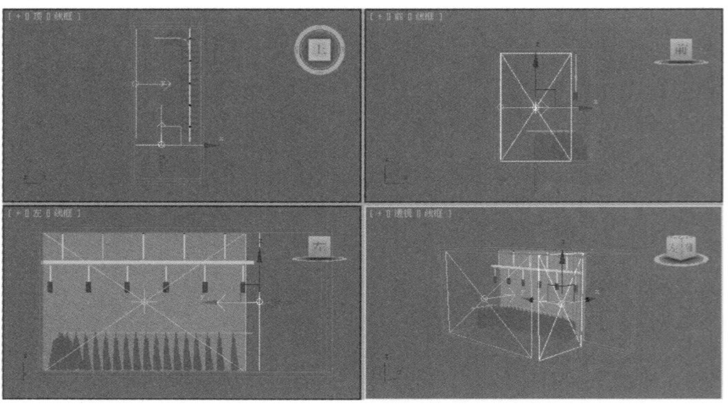

图9-27

06 选择上一步创建的VRay灯光，然后进入“修改”面板，接着展开“参数”卷展栏，具体参数设置如图9-28所示。

设置步骤

① 在“常规”选项组下设置“类型”为“平面”。

② 在“强度”选项组下设置“倍增”为1.6，然后设置“颜色”为白色。

③ 在“大小”选项组下设置“1/2长”为950mm、“1/2宽”为1500mm。

④ 在“选项”选项组下勾选“不可见”选项。

⑤ 在“采样”选项组下设置“细分”为15。

07 按F9键测试渲染当前场景，效果如图9-29所示。

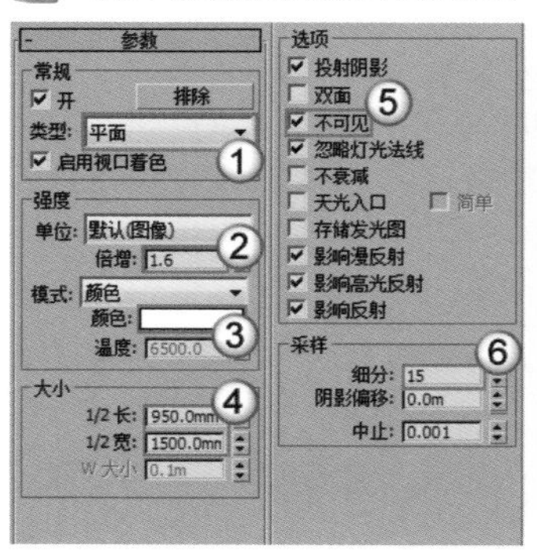

图9-28 图9-29

08 下面创建射灯。设置灯光类型为“光度学”，然后在左视图中创建6盏目标灯光，其位置如图9-30所示。

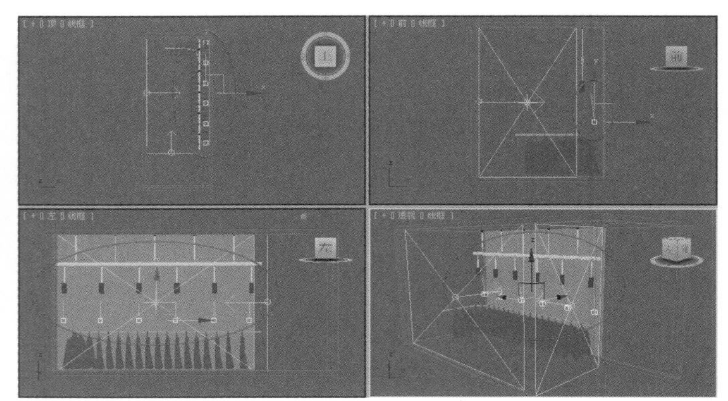

图9-30

技巧与提示

由于这6盏目标灯光的参数都相同，因此可以先创建其中一盏，然后通过移动复制的方式创建另外5盏目标灯光，这样可以节省很多时间。但是要注意一点，在复制灯光时，要选择“实例”复制方式，因为这样只需要修改其中一盏目标灯光的参数，其他目标灯光的参数就会随着改变。

09 选择上一步创建的目标灯光，然后切换到“修改”面板，具体参数设置如图9-31所示。

设置步骤

① 展开“常规参数”卷展栏，然后在“阴影”选项组下勾选“启用”选项，接着设置阴影类型为“VRay阴影”，最后在“灯光分布（类型）”选项组下设置灯光分布类型为“光度学Web”。

② 展开“分布（光度学Web）”卷展栏，然后在其通道中加载“实例文件>CH09>实战：用目标灯光制作墙壁射灯>28.ies”光域网文件。

③ 展开“强度/颜色/衰减”卷展栏，然后设置“过滤颜色”为（红:226，绿:158，蓝:69），接着设置“强度”为6000。

④ 展开“VRay阴影参数”卷展栏，然后勾选“区域阴影”和“球体”选项，接着设置“U大小”“V大小”和“W大小”都为40mm，最后设置“细分”为15。

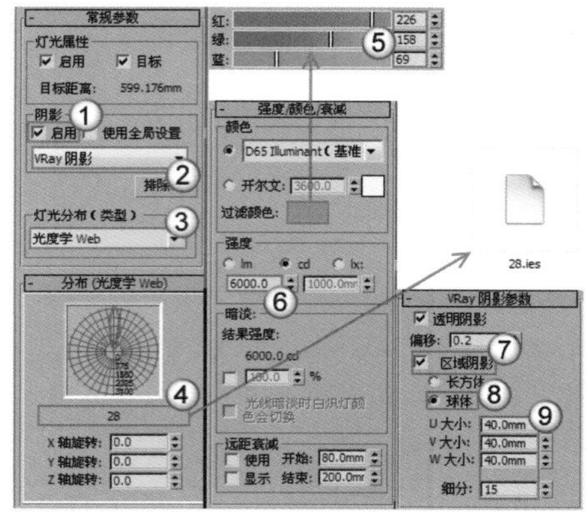

图9-31

技术专题 27 光域网详解

将“灯光分布（类型）”设置为“光度学Web”后，系统会自动增加一个“分布（光度学Web）”卷展栏，在“分布（光度学Web）”通道中可以加载光域网文件。

光域网是灯光的一种物理性质，用来确定光在空气中的发散方式。

不同的灯光在空气中的发散方式也不相同，比如手电筒会发出一个光束，而壁灯或台灯发出的光又是另外一种形状，这些不同的形状是由灯光自身的特性来决定的，也就是说这些形状是由光域网造成的。灯光之所以会产生不同的图案，是因为每种灯在出厂时，厂家都要对每种灯指定不同的光域网。在3ds Max中，如果为灯光指定一个特殊的文件，就可以产生与现实生活中相同的发散效果，这种特殊文件的标准格式为.ies。图9-32所示是一些不同光域网的显示形态，图9-33所示是这些光域网的渲染效果。

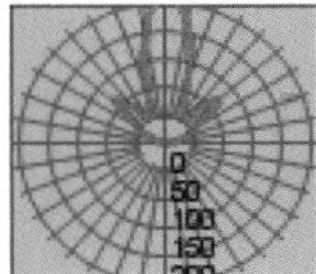

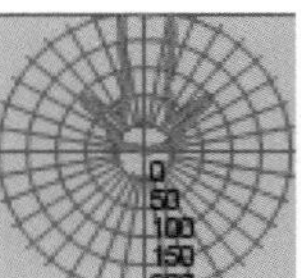

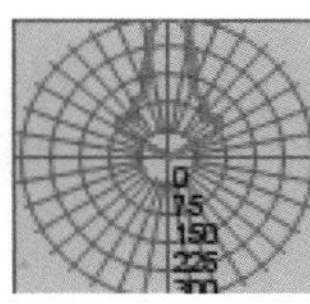

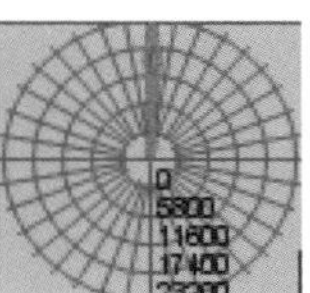

图9-32

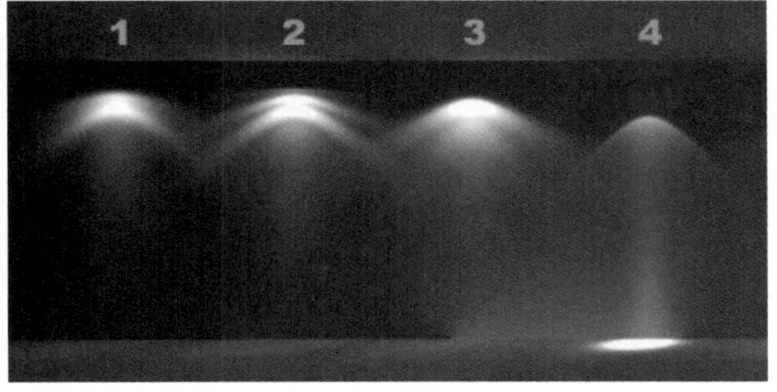

图9-33

10 按F9键渲染当前场景，效果如图9-34所示。

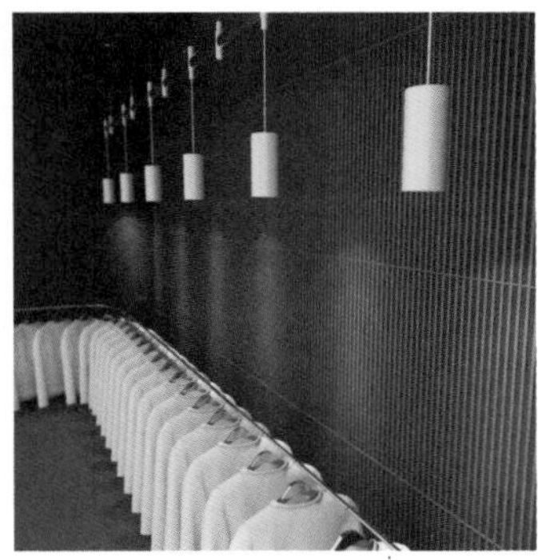

图9-34

★ 重点 ★

实战：用目标灯光制作餐厅夜晚灯光

场景位置 场景文件>CH09>02.max

实例位置 实例文件>CH09>实战：用目标灯光制作餐厅夜晚灯光.max

视频位置 多媒体教学>CH09>实战：用目标灯光制作餐厅夜晚灯光.flv

难易指数 ★★☆☆☆

技术掌握 目标灯光模拟射灯、VRay球体灯光模拟台灯、目标聚光灯模拟吊灯

扫码看视频

餐厅夜晚的灯光效果如图9-35所示。

01 打开“场景文件>CH09>02.max”文件，如图9-36所示。

图9-35

图9-36

02 设置灯光类型为“光度学”，然后在顶视图中创建6盏目标灯光，其位置如图9-37所示。

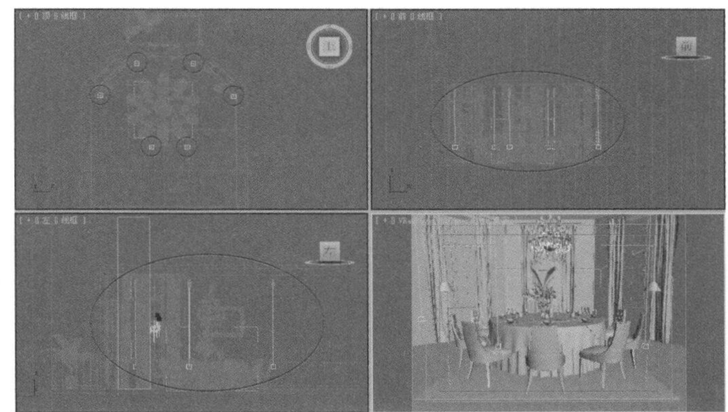

图9-37

03 选择上一步创建的目标灯光，然后进入“修改”面板，具体参数设置如图9-38所示。

设置步骤

① 展开“常规参数”卷展栏，然后在“阴影”选项组下勾选“启用”选项，接着设置阴影类型“VRay阴影”，最后设置“灯光分布（类型）”为“光度学Web”。

② 展开“分布（光度学Web）”卷展栏，然后在其通道中加载“实例文件>CH09>实战：用目标灯光制作餐厅夜晚灯光>筒灯.ies”文件。

③ 展开“强度/颜色/衰减”卷展栏，然后设置“过滤颜色”为（红:253，绿:195，蓝:143），接着设置“强度”为10。

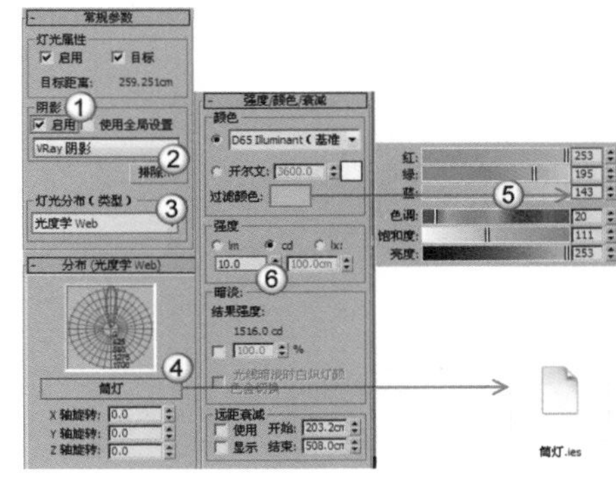

图9-38

04 设置灯光类型为VRay，然后在台灯的灯罩内创建两盏VRay灯光，其位置如图9-39所示。

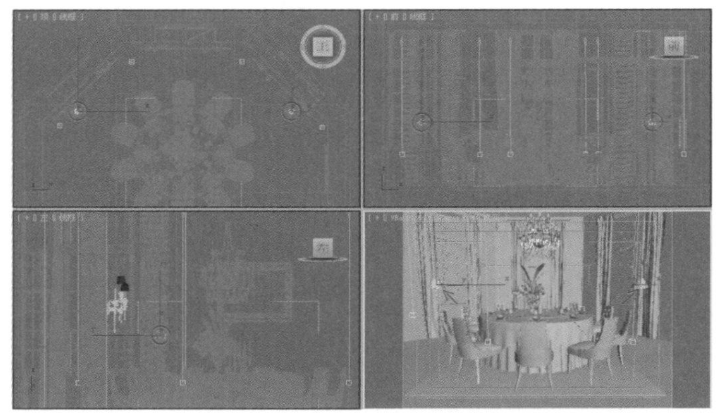

图9-39

05 选择上一步创建的VRay灯光，然后进入“修改”面板，接着展开“参数”卷展栏，具体参数设置如图9-40所示。

设置步骤

① 在“常规”选项组下设置“类型”为“球体”。

② 在“强度”选项组下设置“倍增”为6，然后设置“颜色”为（红:244，绿:194，蓝:141）。

③ 在“大小”选项组下设置“半径”为3.15mm。

④ 在“选项”选项组下勾选“不可见”选项。

⑤ 在“采样”选项组下设置“细分”为20。

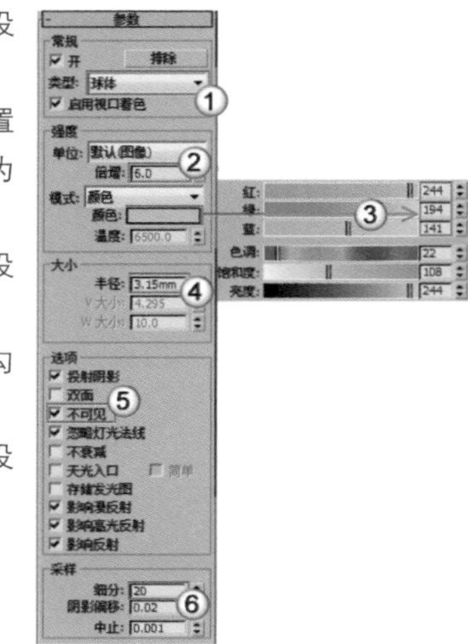

图9-40

06 在吊灯的灯泡上继续创建26盏VRay灯光（以环形方式进行创建），如图9-41所示。

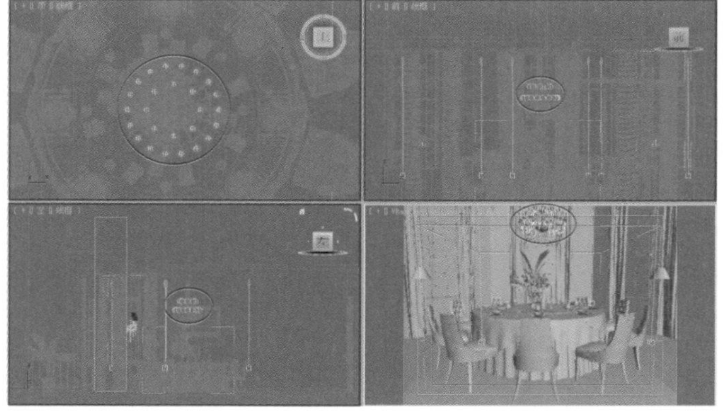

图9-41

07 选择上一步创建的VRay灯光，然后进入“修改”面板，接着展开“参数”卷展栏，具体参数设置如图9-42所示。

设置步骤

① 在“常规”选项组下设置“类型”为“球体”。

② 在“强度”选项组下设置“倍增”为10，然后设置“颜色”为（红:244，绿:194，蓝:141）。

③ 在“大小”选项组下设置“半径”为0.787mm。

④ 在“选项”选项组下勾选“不可见”选项。

⑤ 在“采样”选项组下设置“细分”为20。

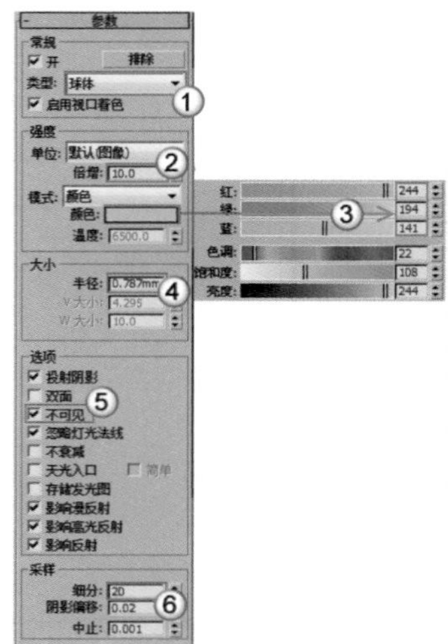

图9-42

08 设置灯光类型为“标准”，然后在吊灯正中央的下面创建一盏目标聚光灯，其位置如图9-43所示。

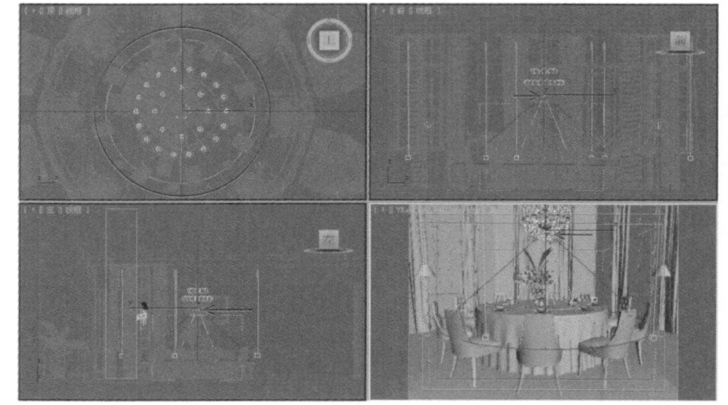

图9-43

09 选择上一步创建的目标聚光灯，然后进入“修改”面板，具体参数设置如图9-44所示。

设置步骤

① 展开“常规参数”卷展栏，然后在“阴影”选项组下勾选“启用”选项，接着设置阴影类型为“VRay阴影”。

② 展开“强度/颜色/衰减”卷展栏，然后设置“倍增”为1，接着设置“颜色”为（红:241，绿:189，蓝:144）。

③ 展开“聚光灯参数”卷展栏，然后设置“聚光区/光束”为43、“衰减区/区域”为95。

④ 展开“VRay阴影参数”卷展栏，然后勾选“区域阴影”选项，接着勾选“球体”选项，最后设置“U大小”“V大小”和“W大小”为20mm、“细分”为20。

10 按C键切换到摄影机视图，然后按F9键渲染当前场景，最终效果如图9-45所示。

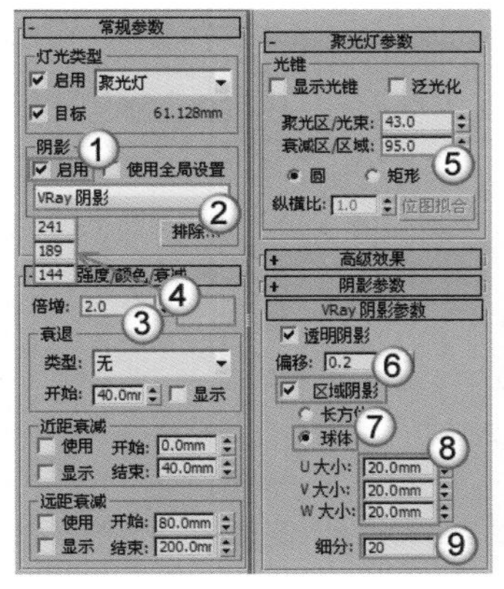

图9-44

图9-45

9.2.2 自由灯光

自由灯光没有目标点，常用来模拟发光球、台灯等。自由灯光的参数与目标灯光的参数完全一样，如图9-46所示。

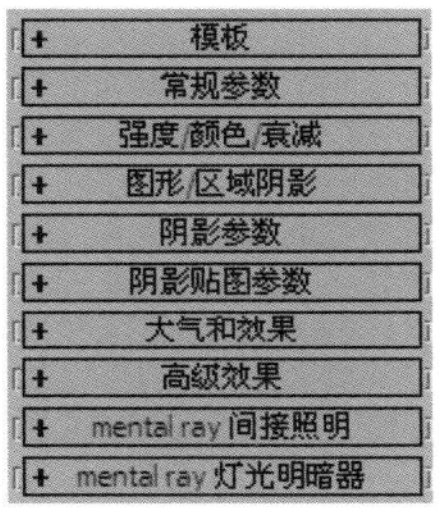

模板
常规参数
强度/颜色/衰减
图形/区域阴影
阴影参数
阴影贴图参数
大气和效果
高级效果
mental ray 间接照明
mental ray 灯光明暗器

图9-46

知识链接

关于自由灯光的参数请参阅前面的目标灯光的参数介绍。

9.2.3 mr 天空入口

mr天空入口是一种mental ray灯光，与VRay灯光比较相似，不过mr天空入口灯光必须配合天光才能使用，其参数设置面板如图9-47所示。

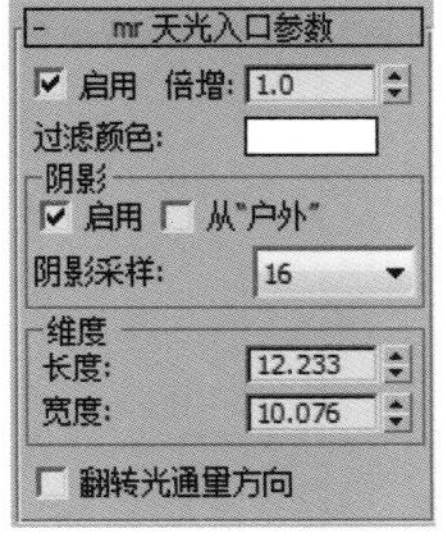

图9-47

mr天空入口灯光在实际工作中基本不会用到，因此这里不对其进行讲解。

9.3 标准灯光

“标准”灯光包括8种类型，分别是“目标聚光灯”“自由聚光灯”“目标平行光”“自由平行光”“泛光”“天光”、mr Area Omni和mr Area Spot。

本节灯光概要

灯光名称	主要作用	重要程度
目标聚光灯	模拟吊灯、手电筒等	高
自由聚光灯	模拟动画灯光	低
目标平行光	模拟自然光	高
自由平行光	模拟太阳光	中
泛光	模拟烛光	中
天光	模拟天空光	低
mr Area Omni	与泛光灯类似	低
mr Area Spot	与聚光灯类似	低

★重点★

9.3.1 目标聚光灯

目标聚光灯可以产生一个锥形的照射区域，区域以外的对象不会受到灯光的影响，主要用来模拟吊灯、手电筒等发出的灯光。目标聚光灯由透射点和目标点组成，其方向性非常好，对阴影的塑造能力也很强，如图9-48所示，其参数设置面板如图9-49所示。

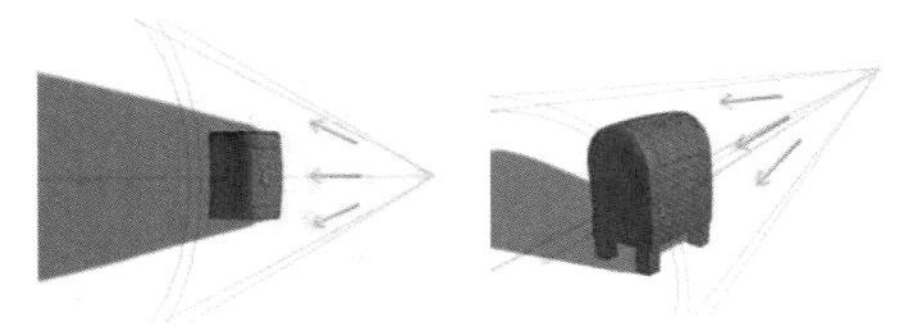

图9-48

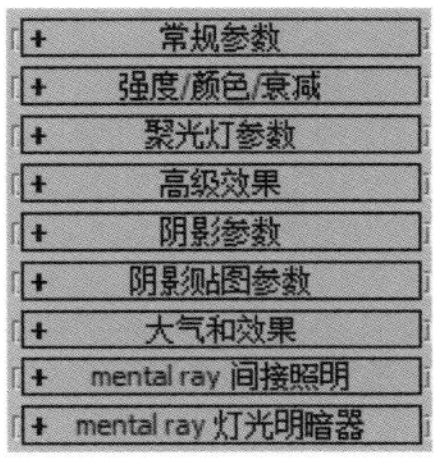

常规参数
强度/颜色/衰减
聚光灯参数
高级效果
阴影参数
阴影贴图参数
大气和效果
mental ray 间接照明
mental ray 灯光明暗器

图9-49

常规参数卷展栏

展开“常规参数”卷展栏，如图9-50所示。

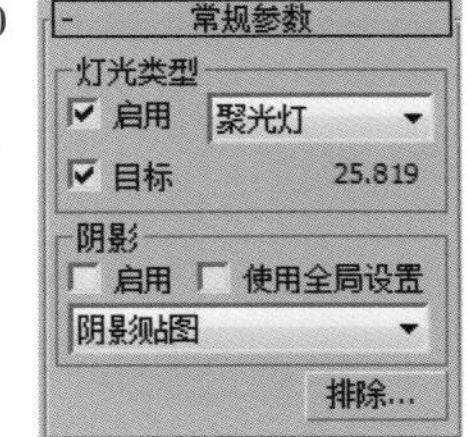

图9-50

常规参数卷展栏参数介绍

① 灯光类型选项组

启用：控制是否开启灯光。

灯光类型列表：选择灯光的类型，包含“聚光灯”“平行光”和“泛光”3种类型，如图9-51所示。

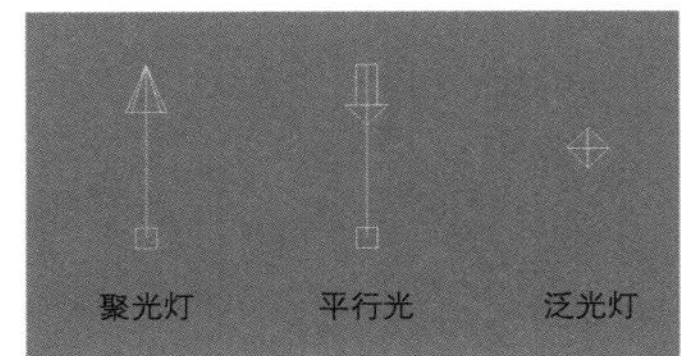

图9-51

在切换灯光类型时，可以从视图中很直接地观察到灯光外观的变化。但是切换灯光类型后，场景中的灯光就会变成当前选择的灯光。

目标：如果启用该选项后，灯光将成为目标聚光灯；如果关闭该选项，灯光将变成自由聚光灯。

② 阴影选项组

启用：控制是否开启灯光阴影。

使用全局设置：如果启用该选项，该灯光投射的阴影将影响整个场景的阴影效果；如果关闭该选项，则必须选择渲染器使用哪种方式来生成特定的灯光阴影。

阴影类型：切换阴影的类型来得到不同的阴影效果。

排除 排除...：将选定的对象排除于灯光效果之外。

强度/颜色/衰减卷展栏

展开“强度/颜色/衰减”卷展栏，如图9-52所示。

图9-52

强度/颜色/衰减卷展栏参数介绍

① 倍增选项组

倍增：控制灯光的强弱程度。

颜色：用来设置灯光的颜色。

② 衰退选项组

类型：指定灯光的衰退方式。“无”为不衰退；“倒数”为反向衰退；“平方反比”是以平方反比的方式进行衰退。

如果“平方反比”衰退方式使场景太暗，可以按大键盘上的8键打开“环境和效果”对话框，然后在“全局照明”选项组下适当加大“级别”值来提高场景亮度。

开始：设置灯光开始衰退的距离。

显示：在视口中显示灯光衰退的效果。

③ 近距衰减选项组

使用：启用灯光近距离衰退。

显示：在视口中显示近距离衰退的范围。

开始：设置灯光开始淡出的距离。

结束：设置灯光达到衰退最远处的距离。

④ 远距衰减选项组

使用：启用灯光的远距离衰退。

显示：在视口中显示远距离衰退的范围。

开始：设置灯光开始淡出的距离。

结束：设置灯光衰退为0的距离。

聚光灯参数卷展栏

展开“聚光灯参数”卷展栏，如图9-53所示。

图9-53

聚光灯卷展栏参数介绍

显示光锥：控制是否在视图中开启聚光灯的圆锥显示效果，如图9-54所示。

泛光化：开启该选项时，灯光将在各个方向投射光线。

聚光区/光束：用来调整灯光圆锥体的角度。

衰减区/区域：设置灯光衰减区的角度。图9-55所示是不同“聚光区/光束”和“衰减区/区域”的光锥对比。

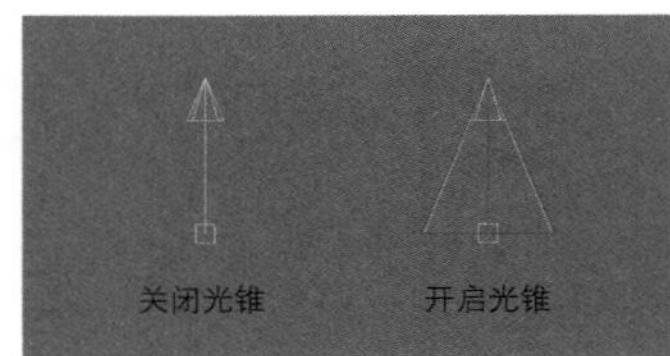

图9-54

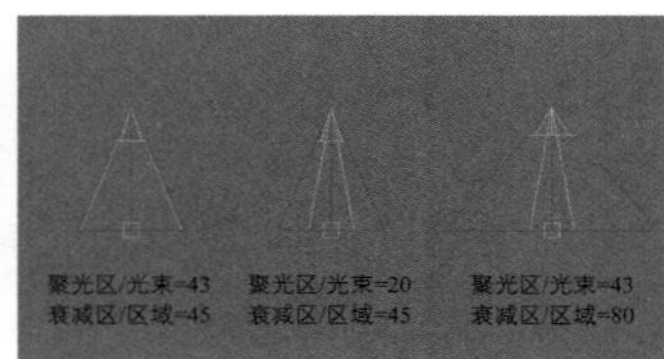

图9-55

圆/矩形：选择聚光区和衰减区的形状。

纵横比：设置矩形光束的纵横比。

位图拟合 位图拟合：如果灯光的投影纵横比为矩形，应设置纵横比以匹配特定的位图。

高级效果卷展栏

展开“高级效果”卷展栏，如图9-56所示。

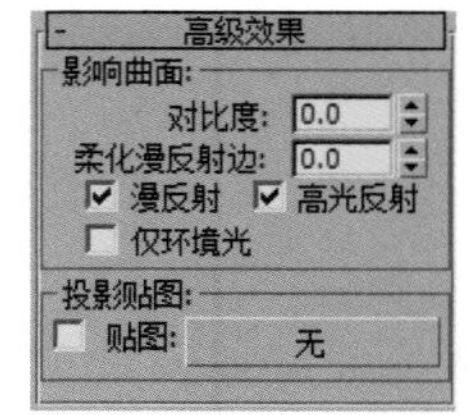

图9-56

高级效果卷展栏参数介绍

① 影响曲面选项组

对比度：调整漫反射区域和环境光区域的对比度。

柔化漫反射边：增加该选项的数值可以柔化曲面的漫反射区域和环境光区域的边缘。

漫反射：开启该选项后，灯光将影响曲面的漫反射属性。

高光反射：开启该选项后，灯光将影响曲面的高光属性。

仅环境光：开启该选项后，灯光仅仅影响照明的环境光。

② 投影贴图选项组

贴图：为投影加载贴图。

无 无：单击该按钮可以为投影加载贴图。

知识链接

关于目标聚光灯的其他参数请参阅前面目标灯光的参数介绍。

★ 重点 ★

实战：用目标聚光灯制作舞台灯光

场景位置 场景文件>CH09>03.max
实例位置 实例文件>CH09>实战：用目标聚光灯制作舞台灯光.max
视频位置 多媒体教学>CH09>实战：用目标聚光灯制作舞台灯光.flv
难易指数 ★★★☆☆
技术掌握 目标聚光灯模拟舞台灯光（投影贴图灯光和体积光）

扫码看视频

舞台的灯光效果如图9-57所示。

图9-57

01 打开“场景文件>CH09>03.max”文件，如图9-58所示。

图9-58

02 下面创建舞台灯光。设置灯光类型为“标准”，然后在前视图中创建一盏目标聚光灯，其位置如图9-59所示。

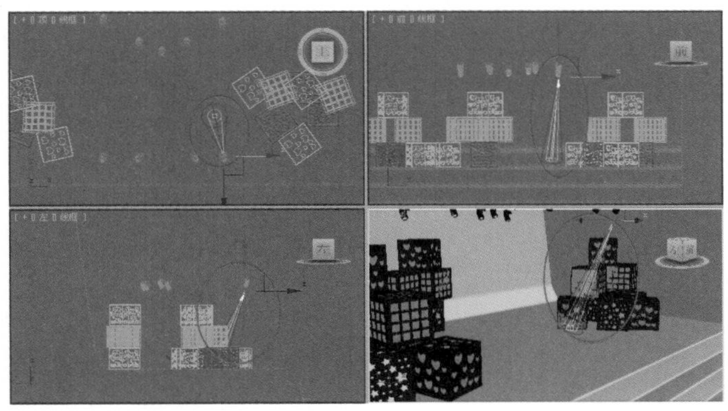

图9-59

03 选择上一步创建的目标聚光灯，然后切换到“修改”面板，具体参数设置如图9-60所示。

设置步骤

① 展开“唱歌参数”卷展栏，然后在“阴影”选项组下勾选“启用”选项，接着设置阴影类型为“阴影贴图”。

② 展开“强度/颜色/衰减”卷展栏，然后设置“倍增”为0.3，接着设置颜色为白色。

③ 展开“聚光灯参数”卷展栏，然后设置“聚光区/光束”为7.3、“衰减区/区域”为13.5，接着勾选“圆”选项。

④ 展开“高级效果”卷展栏，然后在“投影贴图”选项组下勾选“贴图”选项，接着在其通道中加载“实例文件>CH09>实战：用目标聚光灯制作舞台灯光>02.jpg”贴图文件。

04 按F9键测试渲染当前场景，效果如图9-61所示。

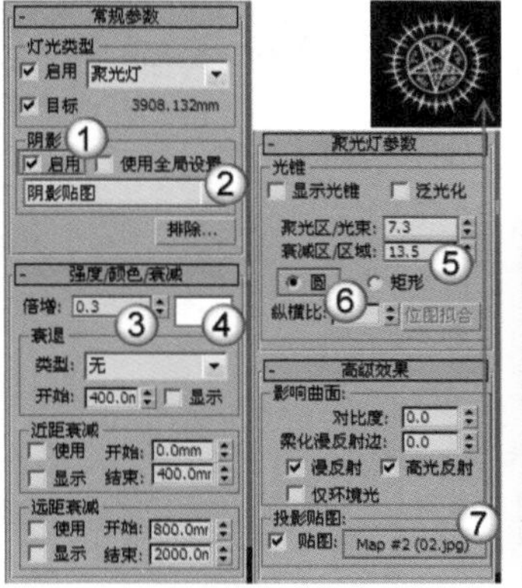

图9-60

图9-61

技巧与提示

从测试渲染效果中可以观察到舞台上产生了加载的贴图纹理效果，但是并没有产生聚光灯的光束特效，因此还需要继续对其进行设置。

05 按大键盘上的8键打开“环境和效果“对话框，然后在“大气”卷展栏下单击“添加”按钮 添加... ，接着在弹出的对话框中选择“体积光”选项，最后在“体积光参数”卷展栏下单击“拾取灯光”按钮 拾取灯光 ，并在场景中拾取目标聚光灯（拾取的灯光会在后面的列表中显示出来），如图9-62所示。

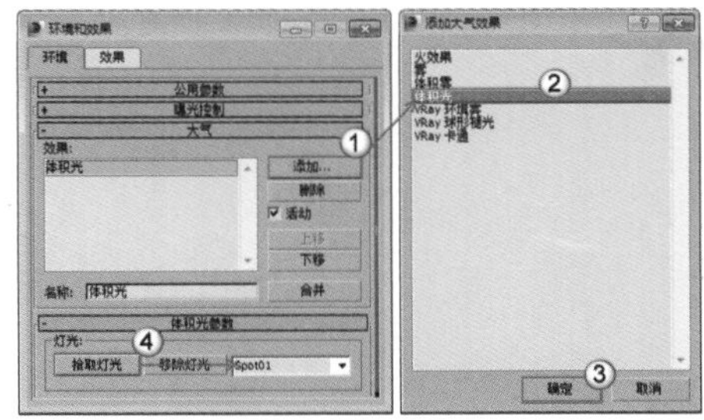

图9-62

疑难问答

问：哪里是大键盘？

答：键盘上的数字键分为两种，一种是大键盘上的数字键；另外一种是小键盘上的数字键，如图9-63所示。

图9-63

06 按F9键测试渲染当前场景，效果如图9-64所示。

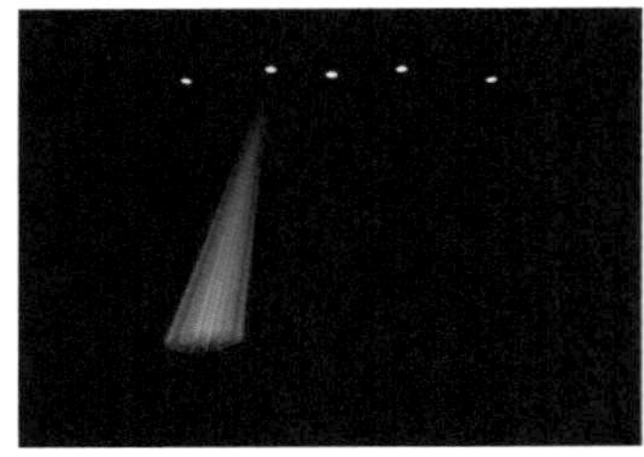

图9-64

07 继续在灯孔处创建其他目标聚光灯，如图9-65所示。

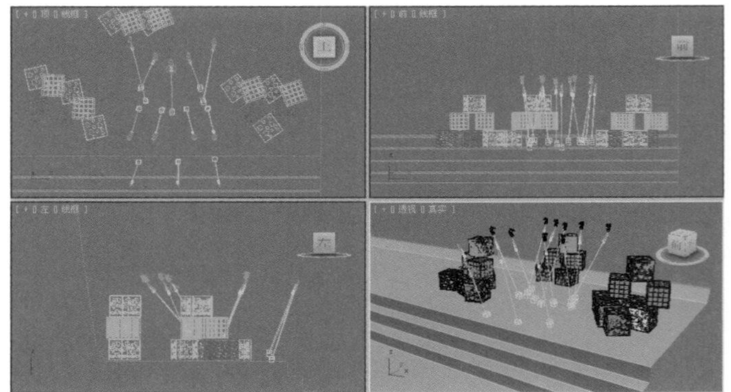

图9-65

技巧与提示

注意，一个灯孔处需要创建两盏目标聚光灯，一盏加载投影贴图，一盏不加载。另外，学习资源中提供了3张不同的投影贴图，利用这3张投影贴图可以制作出3种投影效果。

08 按F9键测试渲染当前场景，效果如图9-66所示。

图9-66

09 下面创建辅助光源。设置灯光类型为VRay，然后在顶视图中创建一盏VRay灯光，其位置如图9-67所示。

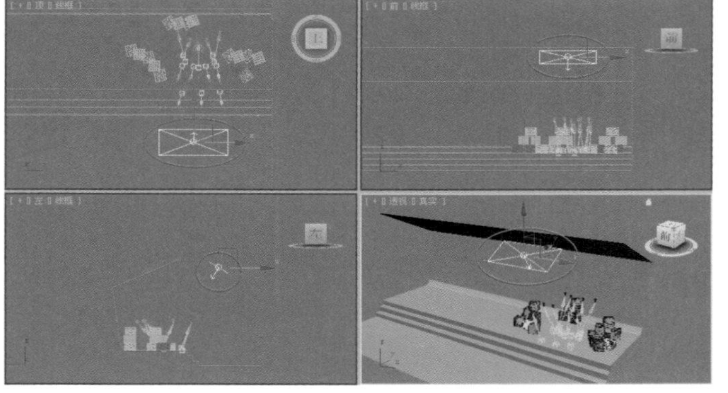

图9-67

10 选择上一步创建的VRay灯光，然后进入“修改”面板，接着展开“参数”卷展栏，具体参数设置如图9-68所示。

设置步骤

① 在“常规”选项组下设置“类型”为“平面”。

② 在“强度”选项组下设置“倍增”为5，然后设置“颜色”为白色。

③ 在“大小”选项组下设置“1/2长”为4400mm、“1/2宽”为2000mm。

④ 在“选项”选项组下勾选“不可见”选项，然后关闭“影响高光反射”和“影响反射”选项。

11 按F9键渲染当前场景，最终效果如图9-69所示。

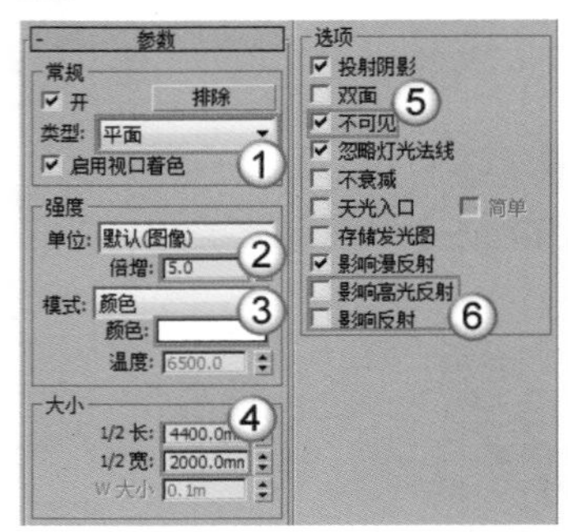

图9-68

图9-69

9.3.2 自由聚光灯

自由聚光灯与目标聚光灯的参数基本一致，只是它无法对发射点和目标点分别进行调节，如图9-70所示。自由聚光灯特别适合用来模拟一些动画灯光，如舞台上的射灯。

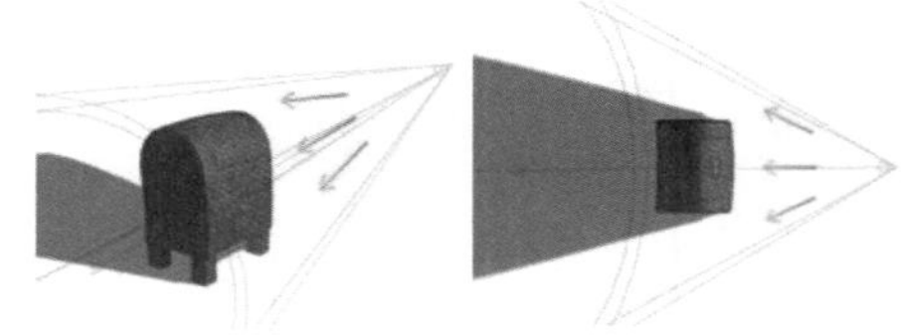

图9-70

9.3.3 目标平行光

目标平行光可以产生一个照射区域，主要用来模拟自然光线的照射效果，如图9-71所示。如果将目标平行光作为体积光来使用的话，那么可以用它模拟出激光束等效果。

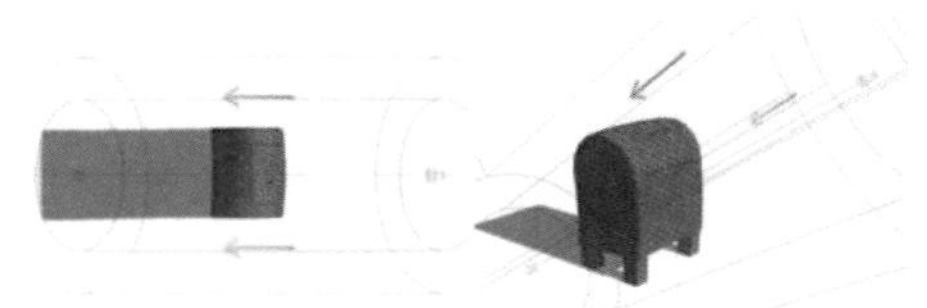

图9-71

技巧与提示

虽然目标平行光可以用来模拟太阳光，但是它与目标聚光灯的灯光类型却不相同。目标聚光灯的灯光类型是聚光灯，而目标平行光的灯光类型是平行光，从外形上看，目标聚光灯更像锥形，而目标平行光更像筒形，如图9-72所示。

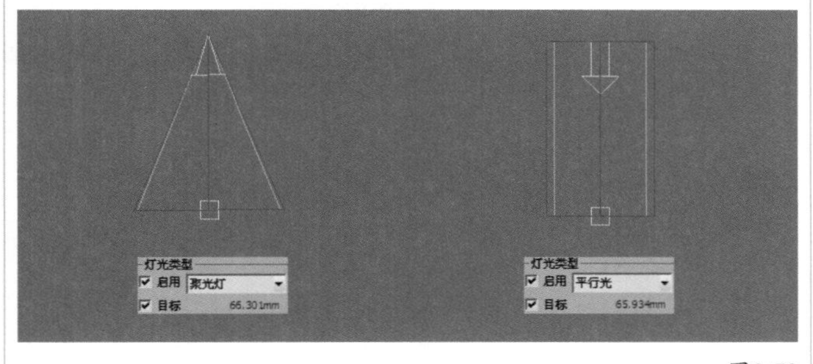

图9-72

实战：用目标平行光制作卧室日光

场景位置 场景文件>CH09>04.max
实例位置 实例文件>CH09>实战：用目标平行光制作卧室日光.max
视频位置 多媒体教学>CH09>实战：用目标平行光制作卧室日光.flv
难易指数 ★★☆☆☆
技术掌握 目标平行光模拟日光

扫码看视频

卧室的日光效果如图9-73所示。

01 打开“场景文件>CH09>04.max”文件，如图9-74所示。

图9-73

图9-74

技术专题 28 重新链接场景缺失资源

这里要讲解一个在实际工作中非常实用的技术，即追踪场景资源技术。在打开一个场景文件时，往往会缺失贴图、光域网文件。比如，用户在打开本例的场景文件时，会弹出一个“缺少外部文件”对话框，提醒用户缺少外部文件，如图9-75所示。造成这种情况的原因是移动了实例文件或贴图文件的位置（如将其从D盘移动到了E盘），造成3ds Max无法自动识别文件路径。遇到这种情况可以先单击“继续”按钮，然后再查找缺失的文件。

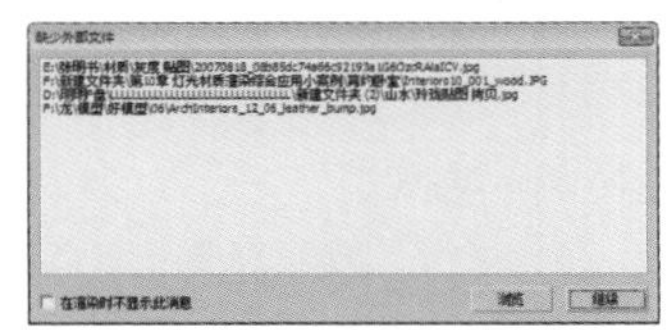

图9-75

补齐缺失文件的方法有两种，下面详细介绍一下。请用户千万要注意，这两种方法都是基于贴图和光域网等文件没有被删除的情况下。

第1种：逐个在“材质编辑器”对话框中的各个材质通道中将贴图路径重新链接好；光域网文件在灯光设置面板中进行链接。这种方法非常繁琐，一般情况下不会使用该方法。

第2种：按Shift+T组合键打开“资源追踪”对话框，如图9-76所示。在该对话框中可以观察到缺失了哪些贴图文件或光域网（光度学）文件。这时可以按住Shift键全选缺失的文件，然后单击鼠标右键，在弹出的菜单中选择“设置路径”命令，如图9-77所示，接着在弹出的对话框中链接好文件路径（贴图和光域网等文件最好放在一个文件夹中），如图9-78所示。链接好文件路径以后，有些文件可能仍然显示缺失，这是因为在前期制作中可能有多余的文件，因此3ds Max保留了下来，只要场景贴图齐备即可，如图9-79所示。

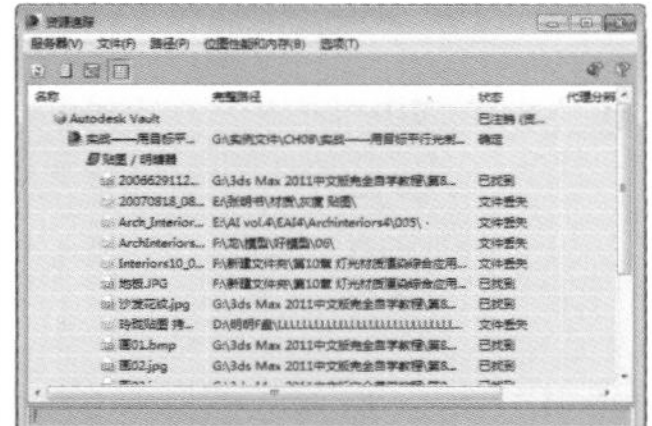

图9-76

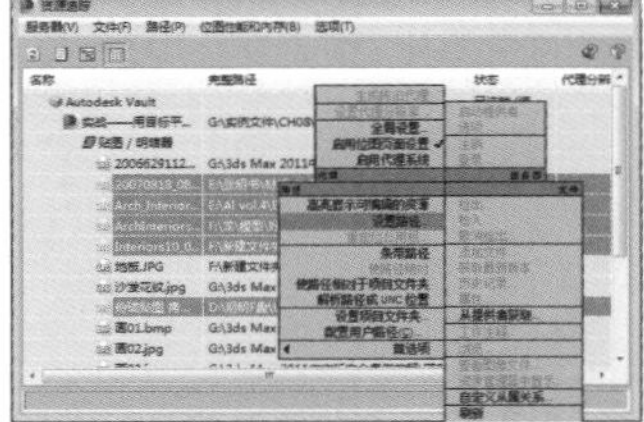

图9-77

图9-78

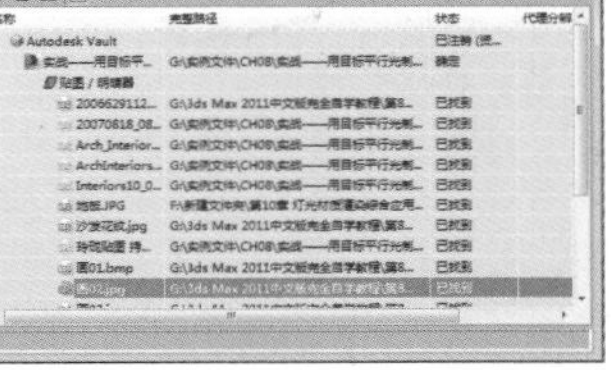

图9-79

02 设置灯光类型为“标准”，然后在室外创建一盏目标平行光，接着调整好目标点的位置，如图9-80所示。

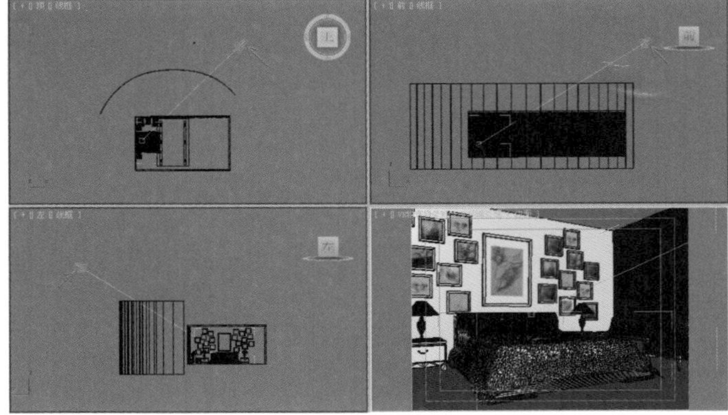

图9-80

03 选择上一步创建的目标平行光，然后进入“修改”面板，具体参数设置如图9-81所示。

设置步骤

① 展开“常规参数”卷展栏，然后在“阴影”选项组下勾选“启用”选项，接着设置阴影类型为“VRay阴影”。

② 展开“强度/颜色/衰减”卷展栏，然后设置“倍增”为3.5，

接着设置“颜色”为（红:255，绿:245，蓝:221）。

③ 展开“平行光参数”卷展栏，然后设置“聚光区/光束”为736.6cm、“衰减区/区域”为741.68cm。

④ 展开“VRay阴影参数”卷展栏，然后勾选“区域阴影”选项，接着设置“U大小”“V大小”和“W大小”为25.4cm，最后设置“细分”为12。

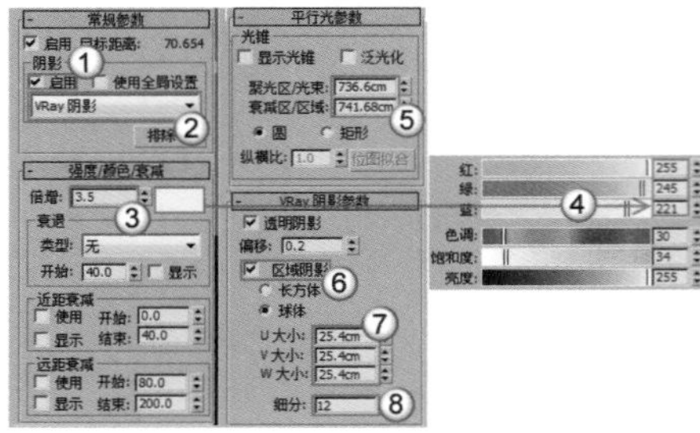

图9-81

04 设置灯光类型为VRay，然后在左侧的墙壁处创建一盏VRay灯光作为辅助灯光，其位置如图9-82所示。

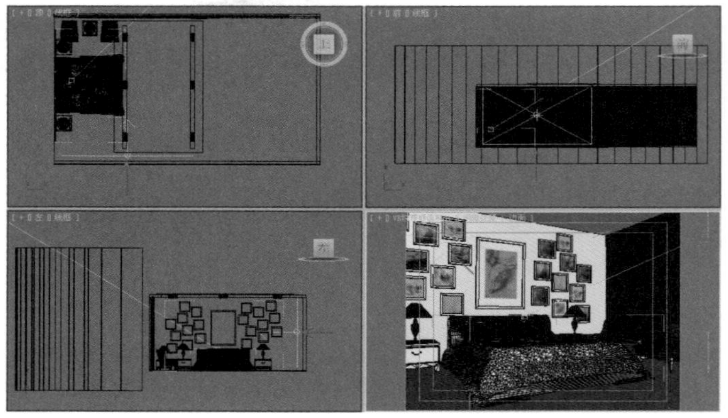

图9-82

05 选择上一步创建的VRay灯光，然后进入“修改”面板，接着展开“参数”卷展栏，具体参数设置如图9-83所示。

设置步骤

① 在“常规”选项组下设置“类型”为“平面”。

② 在“强度”选项组下设置“倍增”为4。

③ 在“大小”选项组下设置“1/2长”为210cm、“1/2宽”为115cm。

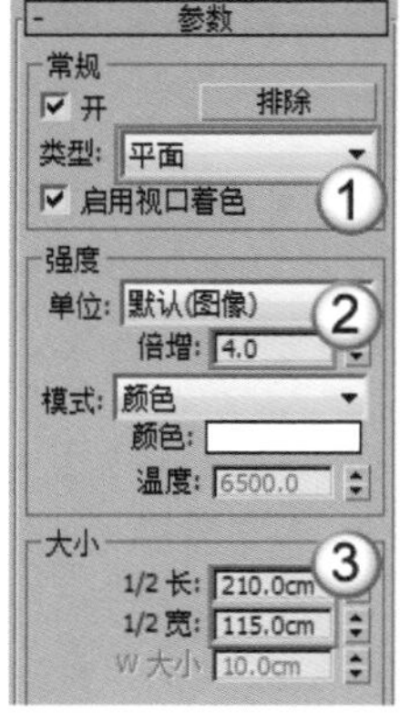

图9-83

06 按C键切换到摄影机视图，然后按F9键渲染当前场景，最终效果如图9-84所示。

图9-84

实战：用目标平行光制作柔和阴影

场景位置 场景文件>CH09>05.max
实例位置 实例文件>CH09>实战：用目标平行光制作柔和阴影.max
视频位置 多媒体教学>CH09>实战：用目标平行光制作柔和阴影.flv
难易指数 ★☆☆☆☆
技术掌握 目标平行光模拟柔和阴影

扫码看视频

柔和的阴影效果如图9-85所示。

01 打开“场景文件>CH09>05.max”文件，如图9-86所示。

图9-85

图9-86

02 设置灯光类型为“标准”，然后在场景中创建一盏目标平行光，其位置如图9-87所示。

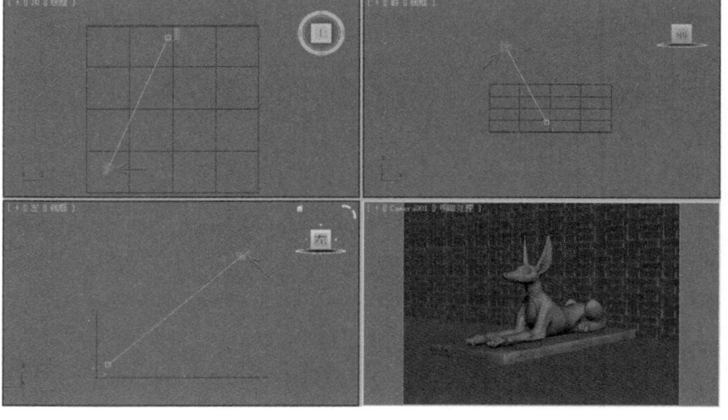

图9-87

03 选择上一步创建的目标平行光，然后进入“修改”面板，具体参数设置如图9-88所示。

设置步骤

① 展开“常规参数”卷展栏下，然后在“阴影”选项组下勾选“启用”选项，接着设置阴影类型为“VRay阴影”。

② 展开“强度/颜色/衰减”卷展栏，然后设置“倍增”为2.6，接着设置“颜色”为白色。

③ 展开“平行光参数”卷展栏，然后设置“聚光区/光束”为

1100mm、“衰减区/区域”为19999.99mm。

④ 展开“高级效果”卷展栏，然后在“投影贴图”选项组下勾选“贴图”选项，接着在贴图通道中加载“实例文件>CH09>实战：用目标平行光制作柔和阴影>阴影贴图.jpg”文件。

⑤ 展开“VRay阴影参数”卷展栏，然后设置“U大小”“V大小”和“W大小”为254mm。

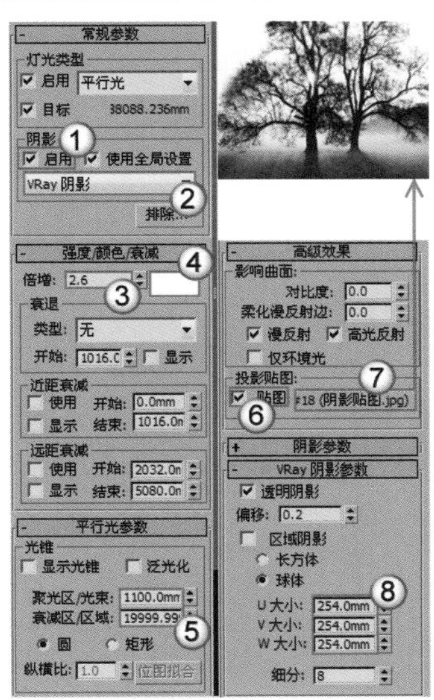

图9-88

技术专题 29 柔化阴影贴图

这里要注意一点，在使用阴影贴图时，需要先在Photoshop将其进行柔化处理，这样可以生产柔和、虚化的阴影边缘。下面以图9-89中的黑白图像来介绍一下柔化方法。

图9-89

执行“滤镜>模糊>高斯模糊”菜单命令，打开“高斯模糊”对话框，然后对“半径”数值进行调整（在预览框中可以预览模糊效果），如图9-90所示，接着单击“确定”按钮 确定 完成模糊处理，效果如图9-91所示。

图9-90

图9-91

04 按C键切换到摄影机视图，然后按F9键渲染当前场景，最终效果如图9-92所示。

图9-92

9.3.4 天光

天光主要用来模拟天空光，以穹顶方式发光，如图9-93所示。天光不是基于物理学，可以用于所有需要基于物理数值的场景。天光可以作为场景唯一的灯光，也可以与其他灯光配合使用，实现高光和投射锐边阴影。天光的参数比较少，只有一个“天光参数”卷展栏，如图9-94所示。

图9-93

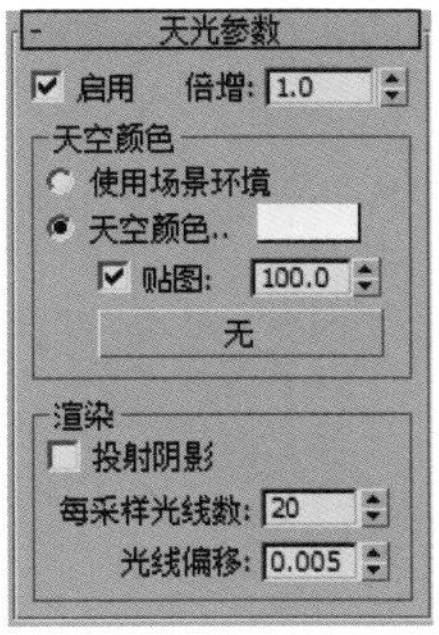

图9-94

天光重要参数介绍

启用：控制是否开启天光。

倍增：控制天光的强弱程度。

使用场景环境：使用“环境与特效”对话框中设置的“环境光”颜色作为天光颜色。

天空颜色：设置天光的颜色。

贴图：指定贴图来影响天光的颜色。

投影阴影：控制天光是否投射阴影。

每采样光线数：计算落在场景中每个点的光子数目。

光线偏移：设置光线产生的偏移距离。

9.3.5 mr Area Omni

使用mental ray渲染器渲染场景时，mr Area Omni（mr区域泛光）可以从球体或圆柱体区域发射光线，而不是从点发射光线。如果使用的是默认扫描线渲染器，mr Area Omni会像泛光灯一样发射光线。

mr Area Omni（mr区域泛光）相对于泛光灯的渲染速度要慢一些，它与泛光灯的参数基本相同，只是在mr Area Omni（mr区域泛光）增加了一个“区域灯光参数”卷展栏，如图9-95所示。

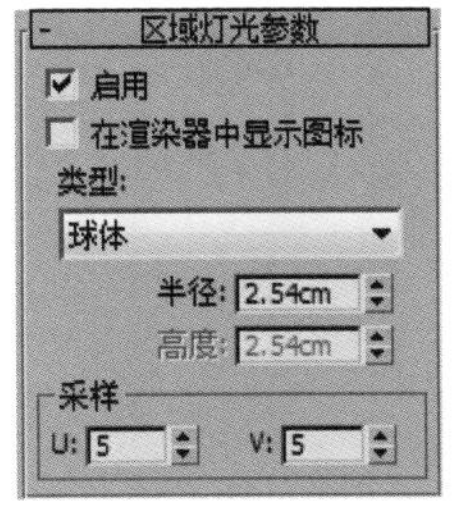

图9-95

区域灯光参数卷展栏参数介绍

启用：控制是否开启区域灯光。

在渲染器中显示图标：启用该选项后，mental ray渲染器将渲染灯光位置的黑色形状。

类型：指定区域灯光的形状。球形体积灯光一般采用“球体”

类型，而圆柱形体积灯光一般采用“圆柱体”类型。

半径：设置球体或圆柱体的半径。

高度：设置圆柱体的高度，只有区域灯光为“圆柱体”类型时才可用。

采样U/V：设置区域灯光投射阴影的质量。

对于球形灯光，U向将沿着半径来指定细分数，而V向将指定角度的细分数；对于圆柱形灯光，U向将沿高度来指定采样细分数，而V向将指定角度的细分数。图9-96和图9-97所示是U、V值分别为5和30时的阴影效果。从这两张图中可以明显地观察出U、V值越大，阴影效果就越精细。

图9-96

图9-97

9.3.6 mr Area Spot

使用mental ray渲染器渲染场景时，mr Area Spot（mr区域聚光灯）可以从矩形或蝶形区域发射光线，而不是从点发射光线。如果使用mental ray渲染器渲染场景时，mr Area Spot（mr区域聚光灯）可以从矩形或蝶形区域发射光线，而不是从点发射光线。如果使用的是默认扫描线渲染器，mr Area Spot（mr区域聚光灯）会像其他默认聚光灯一样发射光线。mr Area Spot（mr区域聚光灯）和mr Area Omni（mr区域泛光）的参数很相似，只是mr Area Omni（mr区域泛光）的灯光类型为“聚光灯”，因此它增加了一个“聚光灯参数”卷展栏，如图9-98所示。

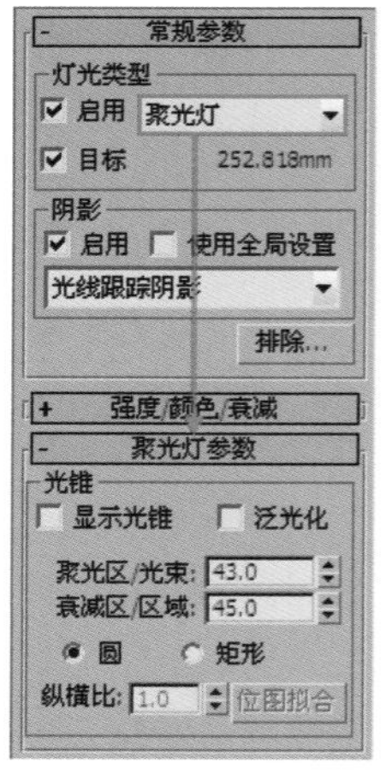

图9-98

9.4 VRay灯光

安装好VRay渲染器后，在“灯光”创建面板中就可以选择VRay灯光。VRay灯光包含4种类型，分别是“VRay灯光”“VRayIES”“VRay环境灯光”和“VRay太阳”，如图9-99所示。

图9-99

本节灯光概要

灯光名称	灯光主要作用	重要程度
VRay灯光	模拟室内环境的任何灯光	高
VRay太阳	模拟真实的室外太阳光	高
VRay天空	模拟天光	高

本节将着重讲解VRay灯光、VRay太阳以及VRay天空照明系统，另外两种灯光在实际工作中一般都不会用到。

9.4.1 VRay灯光

VRay灯光主要用来模拟室内灯光，是效果图制作中使用频率最高的一种灯光，其参数设置面板如图9-100所示。

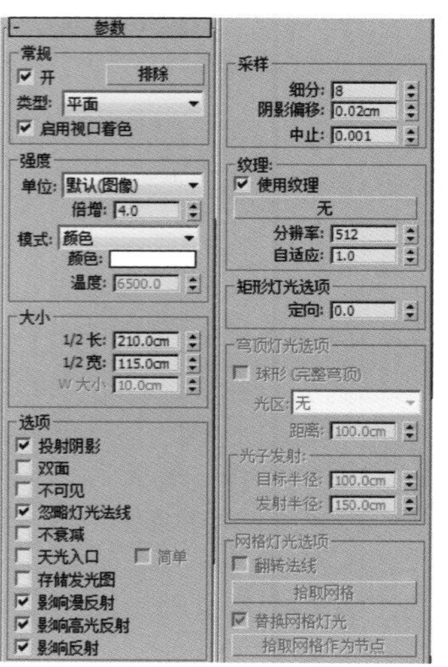

图9-100

VRay灯光参数介绍

① 常规选项组

开：控制是否开启VRay灯光。

排除 排除：用来排除灯光对物体的影响。

类型：设置VRay灯光的类型，共有“平面”“穹顶”“球体”和“网格”4种类型，如图9-101所示。

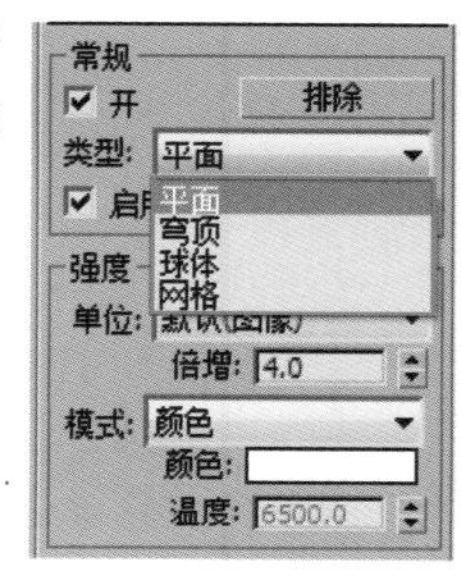

图9-101

平面：将VRay灯光设置成平面形状。

穹顶：将VRay灯光设置成边界盒形状。

球体：将VRay灯光设置成穹顶状，类似于3ds Max的天光，光线来自位于灯光z轴的半球体状圆顶。

网格：这种灯光是一种以网格为基础的灯光。

"平面""穹顶""球体"和"网格"灯光的形状各不相同，因此它们可以运用在不同的场景中，如图9-102所示。

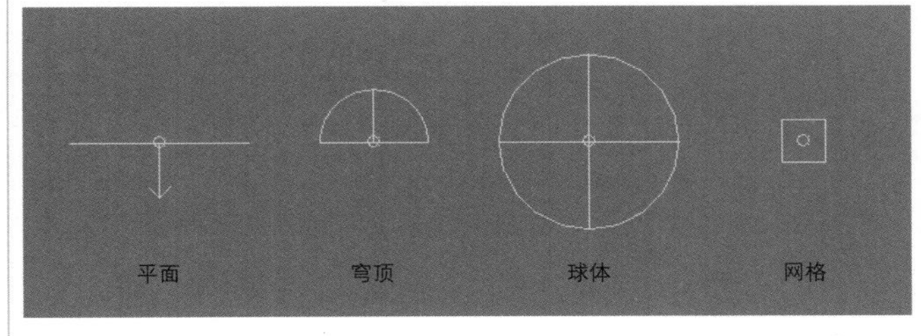

图9-102

② 强度选项组

单位：指定VRay灯光的发光单位，共有"默认（图像）""发光率（lm）""亮度（lm/ m？/sr）""辐射率（W）"和"辐射量（W/m？/sr）"5种。

默认（图像）：VRay默认单位，依靠灯光的颜色和亮度来控制灯光的最后强弱，如果忽略曝光类型的因素，灯光色彩将是物体表面受光的最终色彩。

发光率（lm）：当选择这个单位时，灯光的亮度将和灯光的大小无关（100W的亮度大约等于1500LM）。

亮度（lm/ m？/sr）：当选择这个单位时，灯光的亮度和它的大小有关系。

辐射率（W）：当选择这个单位时，灯光的亮度和灯光的大小无关。注意，这里的瓦特和物理上的瓦特不一样，如这里的100W大约等于物理上的2~3瓦特。

辐射量（W/m？/sr）：当选择这个单位时，灯光的亮度和它的大小有关系。

倍增：设置VRay灯光的强度。

模式：设置VRay灯光的颜色模式，共有"颜色"和"色温"两种。

颜色：指定灯光的颜色。

温度：以温度模式来设置VRay灯光的颜色。

③ 大小选项组

1/2长：设置灯光的长度。

1/2宽：设置灯光的宽度。

W大小：当前这个参数还没有被激活（即不能使用）。另外，这3个参数会随着VRay灯光类型的改变而发生变化。

④ 选项选项组

投射阴影：控制是否对物体的光照产生阴影。

双面：用来控制是否让灯光的双面都产生照明效果（当灯光类型设置为"平面"时有效，其他灯光类型无效）。图9-103和图9-104所示分别是开启与关闭该选项时的灯光效果。

开启双面

图9-103

关闭双面

图9-104

不可见：这个选项用来控制最终渲染时是否显示VRay灯光的形状。图9-105和图9-106所示分别是关闭与开启该选项时的灯光效果。

关闭不可见

图9-105

开启不可见

图9-106

忽略灯光法线：该选项控制灯光的发射是否按照灯光的法线进行发射。图9-107和图9-108所示分别是关闭与开启该选项时的灯光效果。

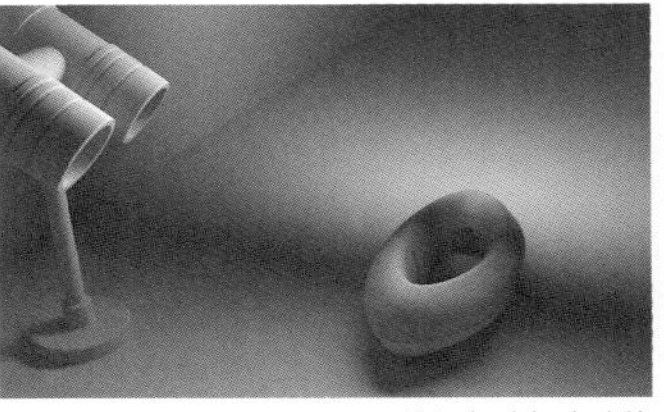

关闭忽略灯光法线

图9-107

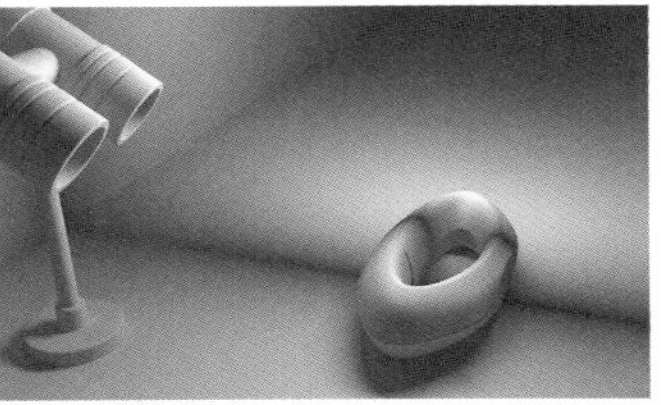

开启忽略灯光法线

图9-108

不衰减：在物理世界中，所有的光线都是有衰减的。如果勾选这个选项，VRay将不计算灯光的衰减效果。图9-109和图9-110所示分别是关闭与开启该选项时的灯光效果。

关闭不衰减

图9-109

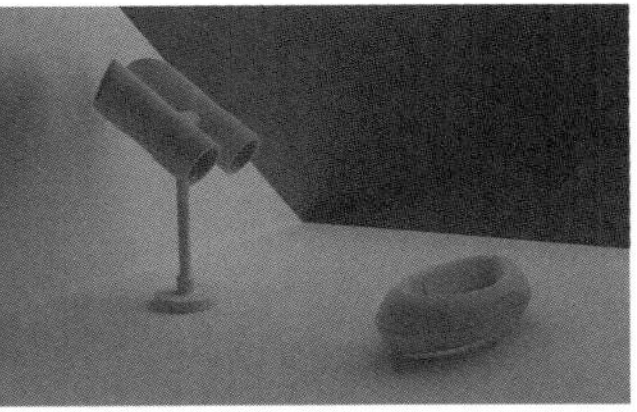

开启不衰减

图9-110

在真实世界中，光线亮度会随着距离的增大而不断变暗，也就是说远离灯光的物体的表面会比靠近灯光的物体表面更暗。

天光入口：这个选项是把VRay灯光转换为天光，这时的VRay灯光就变成了"间接照明（GI）"，失去了直接照明。当勾选这个选项时，"投射影阴影""双面""不可见"等参数将不可用，这些参数将被VRay的天光参数所取代。

存储发光图：勾选这个选项，同时将"间接照明（GI）"下的"首次反弹"引擎设置为"发光图"时，VRay灯光的光照信息将保存在"发光图"中。在渲染光子的时候将变得更慢，但是在渲染出图时，渲染速度会提高很多。当渲染完光子的时候，可以关闭或删除这个VRay灯光，它对最后的渲染效果没有影响，因为它的光照信息已经保存在了"发光贴"中。

影响漫反射：决定灯光是否影响物体材质属性的漫反射。

影响高光反射：决定灯光是否影响物体材质属性的高光。

影响反射：勾选该选项时，灯光将对物体的反射区进行光照，物体可以将灯光进行反射。

⑤ 采样选项组

细分：这个参数控制VRay灯光的采样细分。当设置比较低的值时，会增加阴影区域的杂点，但是渲染速度比较快，如图9-111所示；当设置比较高的值时，会减少阴影区域的杂点，但是会减慢渲染速度，如图9-112所示。

细分=2

图9-111

细分=20

图9-112

阴影偏移：这个参数用来控制物体与阴影的偏移距离，较高的值会使阴影向灯光的方向偏移。

中止：设置采样的最小阈值，小于这个数值采样将结束。

⑥ 纹理选项组

使用纹理：控制是否用纹理贴图作为半球灯光。

无 [无]：选择纹理贴图。

分辨率：设置纹理贴图的分辨率，最高为2048。

自适应：设置数值后，系统会自动调节纹理贴图的分辨率。

★重点★

实战：用VRay灯光制作工业产品灯光

场景位置　场景文件>CH09>06.max
实例位置　实例文件>CH09>实战：用VRay灯光制作工业产品灯光.max
视频位置　多媒体教学>CH09>实战：用VRay灯光制作工业产品灯光.flv
难易指数　★★☆☆☆
技术掌握　VRay灯光模拟工业产品灯光（三点照明）

扫码看视频

工业产品灯光的场景效果如图9-113所示。

01 打开"场景文件>CH09>06.max"文件，如图9-114所示。

图9-113

图9-114

02 在"创建"面板中单击"灯光"按钮，然后设置灯光类型为VRay，接着单击"VRay灯光"按钮 VR灯光 ，最后在左视图中创建一盏VRay灯光，其位置如图9-115所示。

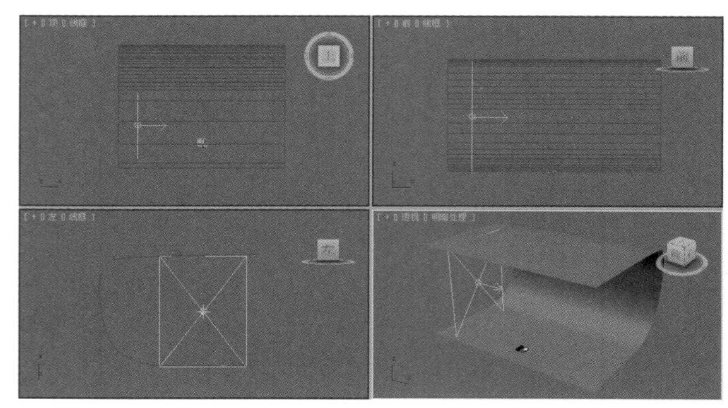

图9-115

03 选择上一步创建的VRay灯光，然后进入"修改"面板，接着展开"参数"卷展栏，具体参数设置如图9-116所示。

设置步骤

① 在"常规"选项组下设置"类型"为"平面"。

② 在"强度"选项组下设置"倍增"为10，然后设置"颜色"为（红:255，绿:251，蓝:243）。

③ 在"大小"选项组下设置"1/2长"为2.45m、"1/2宽"为3.229m。

④ 在"选项"选项组下勾选"不可见"选项。

⑤ 在"采样"选项组下设置"细分"为25。

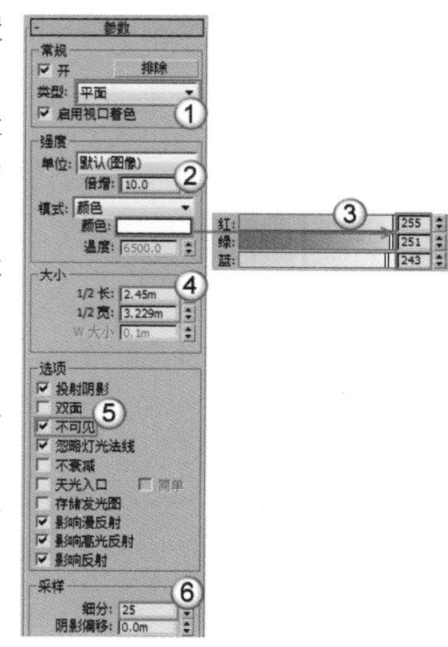

图9-116

04 按F9键测试渲染当前场景，效果如图9-117所示。

图9-117

技巧与提示

注意，在测试渲染场景时要将视图切换到摄影机视图，按C键即可切换到摄影机视图。

05 继续在左视图中创建一盏VRay灯光，其位置如图9-118所示。

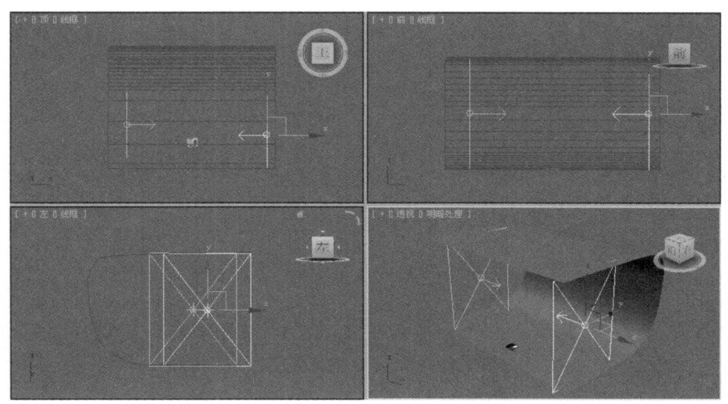

图9-118

06 选择上一步创建的VRay灯光，然后进入“修改”面板，接着展开“参数”卷展栏，具体参数设置如图9-119所示。

设置步骤

① 在“常规”选项组下设置“类型”为“平面”。

② 在“强度”选项组下设置“倍增”为8，然后设置“颜色”为（红:226，绿:234，蓝:235）。

③ 在“大小”选项组下设置“1/2长”为2.45m、“1/2宽”为3.229m。

④ 在“选项”选项组下勾选“不可见”选项。

⑤ 在“采样”选项组下设置“细分”为25。

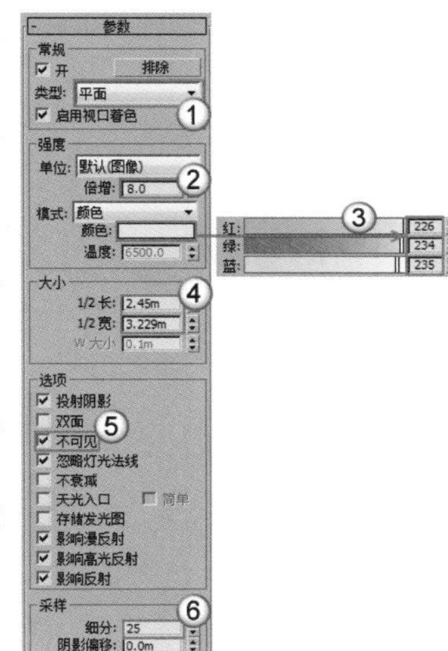

图9-119

07 在顶视图中创建一盏VRay灯光，其位置如图9-120所示。

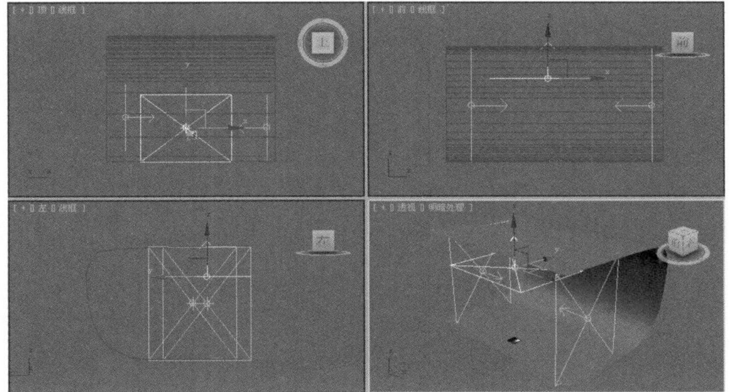

图9-120

疑难问答

问：让VRay灯光朝上照射有何作用？

答：让VRay灯光朝上进行照射，可以使光照效果更加柔和，同时在补光时可以避免曝光现象（当反光板使用）。

08 选择上一步创建的VRay灯光，然后进入“修改”面板，接着展开“参数”卷展栏，具体参数设置如图9-121所示。

设置步骤

① 在“常规”选项组下设置“类型”为“平面”。

② 在“强度”选项组下设置“倍增”为10，然后设置“颜色”为白色。

③ 在“大小”选项组下设置“1/2长”为2.45m、“1/2宽”为3.229m。

④ 在“选项”选项组下勾选“不可见”选项。

⑤ 在“采样”选项组下设置“细分”为25。

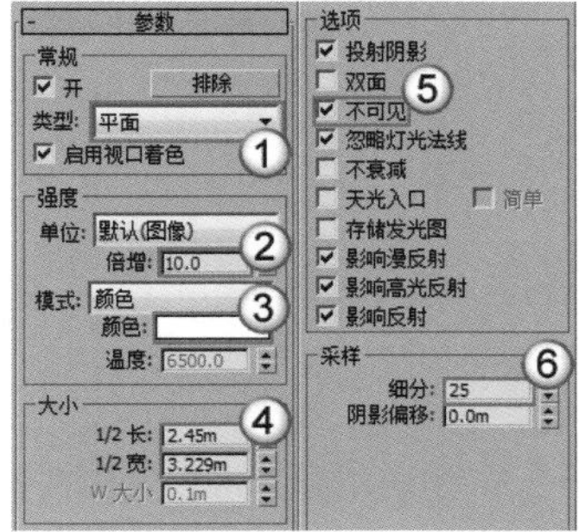

图9-121

09 按F9键渲染当前场景，最终效果如图9-122所示。

图9-122

技术专题 30 三点照明

本例是一个很典型的三点照明实例，左侧的是主光源，右侧的是辅助光源，顶部的是反光板，如图9-123所示。这种布光方法很容易表现物体的细节，很适合用于工业产品的布光。

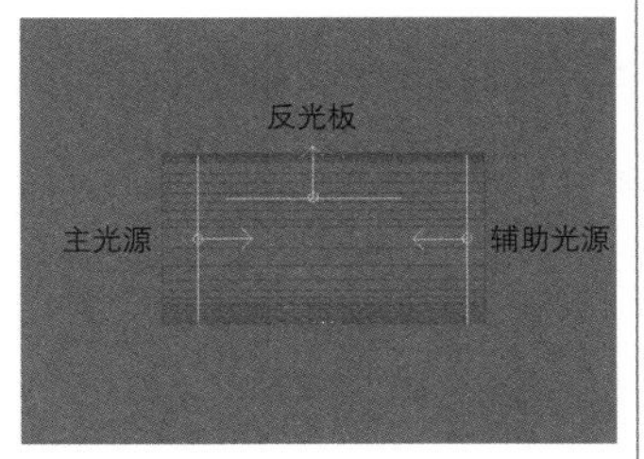

图9-123

★ 重点 ★

实战：用VRay灯光制作台灯照明

场景位置　场景文件>CH09>07.max

实例位置　实例文件>CH09>实战：用VRay灯光制作台灯照明.max

视频位置　多媒体教学>CH09>实战：用VRay灯光制作台灯照明.flv

难易指数　★★☆☆☆

技术掌握　VRay球体灯光模拟台灯

台灯的照明效果如图9-124所示。

图9-124

01 打开“场景文件>CH09>07.max”文件，如图9-125所示。

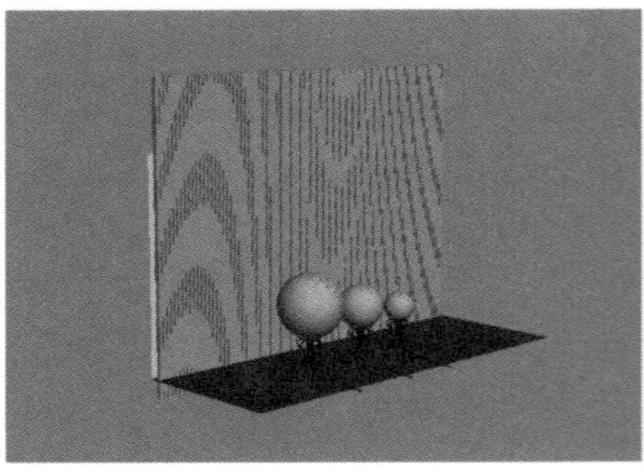

图9-125

02 设置灯光类型为VRay，然后在顶视图中创建一盏VRay灯光（放在最大的灯罩内），其位置如图9-126所示。

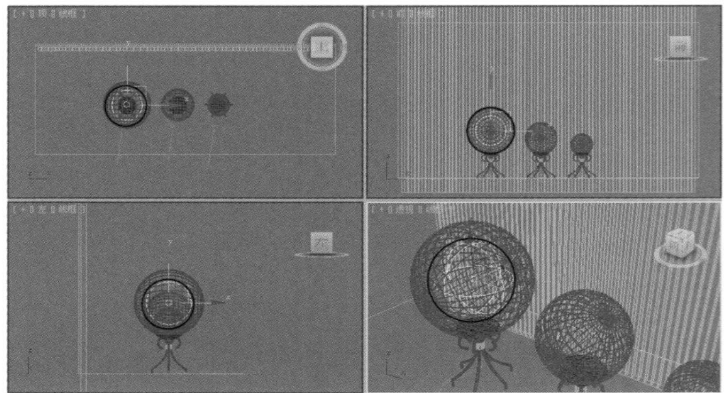

图9-126

在一般情况下，灯罩内的发光体（最典型的就是台灯）一般都用VRay球体灯光来进行模拟。

03 选择上一步创建的VRay灯光，然后进入“修改”面板，接着展开“参数”卷展栏，具体参数设置如图9-127所示。

设置步骤

① 在“常规”选项组下设置“类型”为“球体”。

② 在“强度”选项组下设置“倍增”为40，然后设置“颜色”为白色。

③ 在“大小”选项组下设置“半径”为45mm。

④ 在“选项”选项组下勾选“不可见”选项。

⑤ 在“采样”选项组下设置“细分”为15。

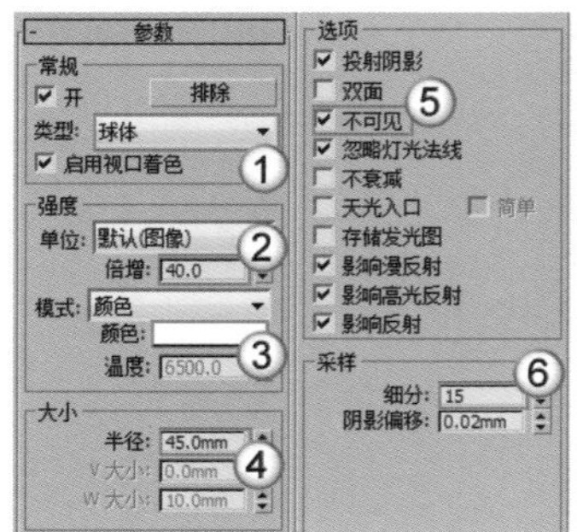

图9-127

04 继续在顶视图中创建一盏VRay灯光（放在中等大小的灯罩内），其位置如图9-128所示。

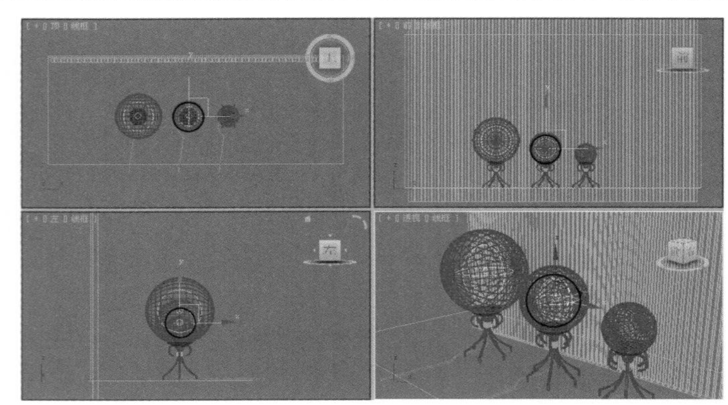

图9-128

05 选择上一步创建的VRay灯光，然后进入“修改”面板，接着展开“参数”卷展栏，具体参数设置如图9-129所示。

设置步骤

① 在“常规”选项组下设置“类型”为“球体”。

② 在“强度”选项组下设置“倍增”为40，然后设置“颜色”为白色。

③ 在“大小”选项组下设置“半径”为30mm。

④ 在“选项”选项组下勾选“不可见”选项。

⑤ 在“采样”选项组下设置“细分”为15。

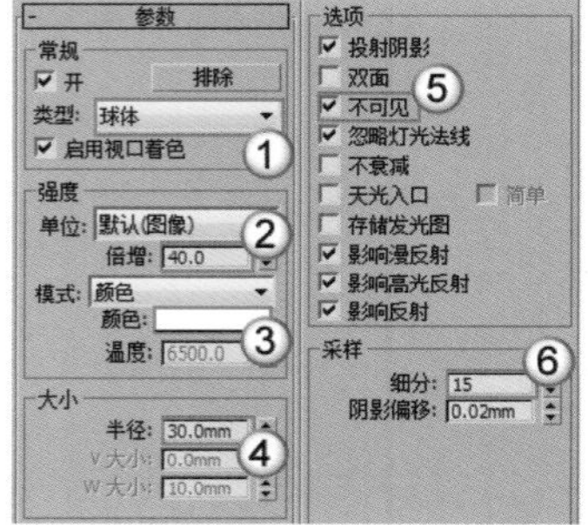

图9-129

06 继续在顶视图中创建一盏VRay灯光（放在最小的灯罩内），其位置如图9-130所示。

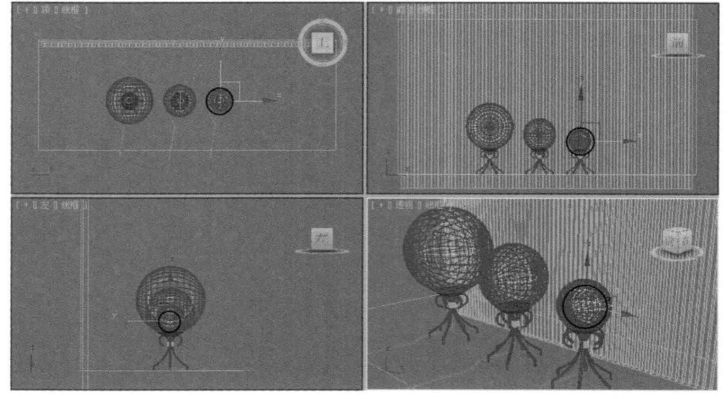

图9-130

07 选择上一步创建的VRay灯光，然后进入“修改”面板，接着展开“参数”卷展栏，具体参数设置如图9-131所示。

设置步骤

① 在“常规”选项组下设置“类型”为“球体”。

② 在“强度”选项组下设置“倍增”为40，然后设置“颜色”

为白色。

③ 在“大小”选项组下设置“半径”为20mm。

④ 在“选项”选项组下勾选“不可见”选项。

⑤ 在“采样”选项组下设置“细分”为15。

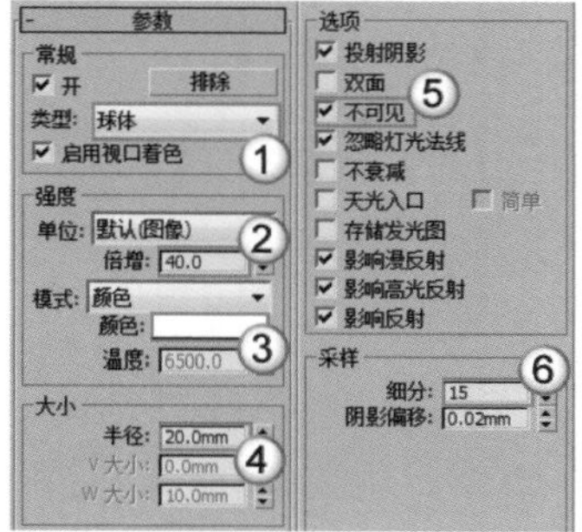

图9-131

这里可以采用复制方法来制作灯罩内的3盏灯光。先创建一盏灯光并设置好参数，然后按住Shift键使用“选择并移动”工具在顶视图中移动复制（选择“复制”方式）灯光到其他灯罩内，接着修改灯光的“半径”值即可。

08 按F9键测试渲染当前场景，效果如图9-132所示。

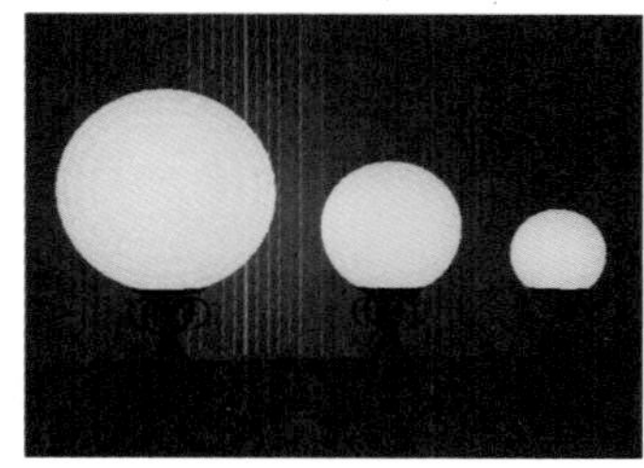

图9-132

09 在顶视图中创建一盏VRay灯光，其位置如图9-133所示。

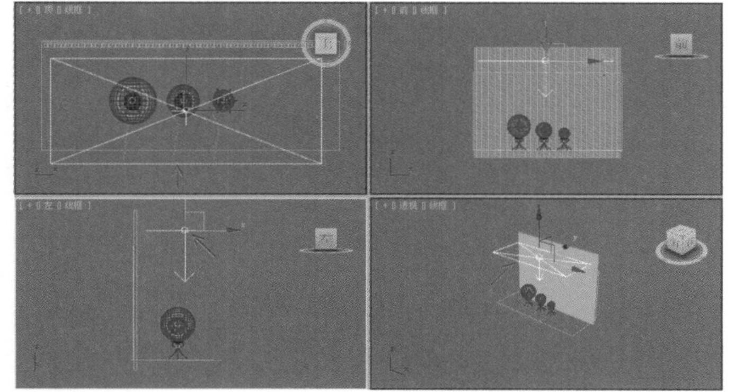

图9-133

10 选择上一步创建的VRay灯光，然后进入“修改”面板，接着展开“参数”卷展栏，具体参数设置如图9-134所示。

设置步骤

① 在“常规”选项组下设置“类型”为“平面”。

② 在“强度”选项组下设置“倍增”为5，然后设置“颜色”为白色。

③ 在“大小”选项组下设置“1/2长”为400mm、“1/2宽”为160mm。

④ 在“选项”选项组下勾选“不可见”选项，然后关闭“影响高光反射”和“影响反射”选项。

⑤ 在“采样”选项组下设置“细分”为10。

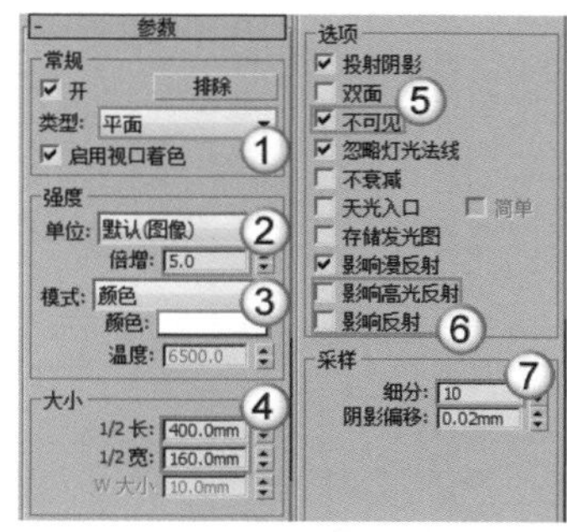

图9-134

11 按F9键渲染当前场景，最终效果如图9-135所示。

图9-135

实战：用VRay灯光制作落地灯照明

场景位置 场景文件>CH09>08.max
实例位置 实例文件>CH09>实战：用VRay灯光制作落地灯照明.max
视频位置 多媒体教学>CH09>实战：用VRay灯光制作落地灯照明.flv
难易指数 ★★★☆☆
技术掌握 VRay球体灯光模拟落地灯、目标灯光模拟射灯

扫码看视频

落地灯的照明效果如图9-136所示。

图9-136

01 打开“场景文件>CH09>08.max”文件，如图9-137所示。

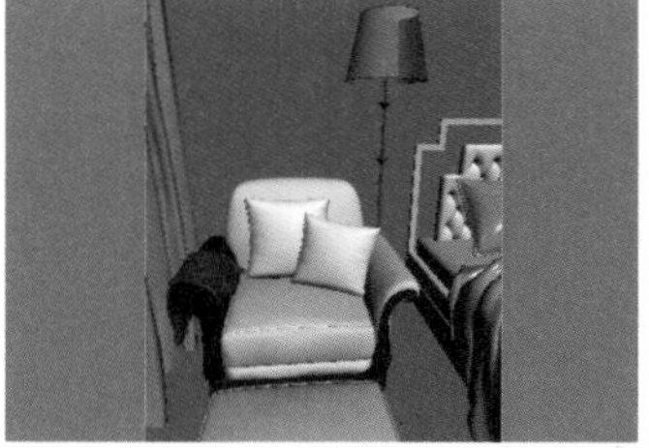

图9-137

02 下面创建主光源。设置灯光类型为VRay，然后在顶视图中创建一盏VRay灯光，其位置如图9-138所示。

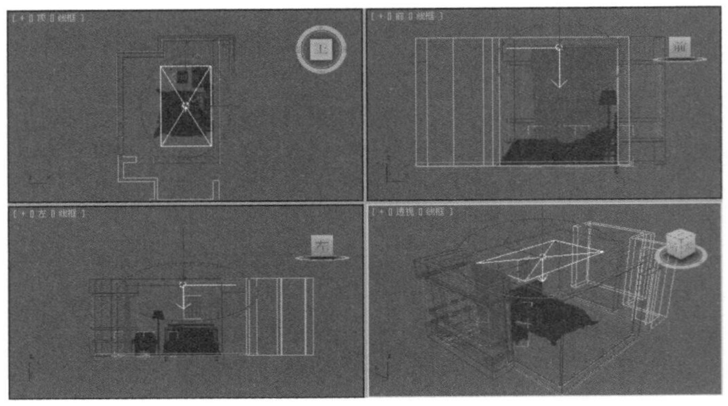

图9-138

03 选择上一步创建的VRay灯光，然后进入“修改”面板，接着展开“参数”卷展栏，具体参数设置如图9-139所示。

设置步骤

① 在“常规”选项组下设置“类型”为“平面”。

② 在“强度”选项组下设置“倍增”为2，然后设置“颜色”为（红:240，绿:211，蓝:173）。

③ 在“大小”选项组下设置“1/2长”为1300mm、“1/2宽”为1100mm。

④ 在“选项”选项组下勾选“不可见”选项。

⑤ 在“采样”选项组下设置“细分”为15。

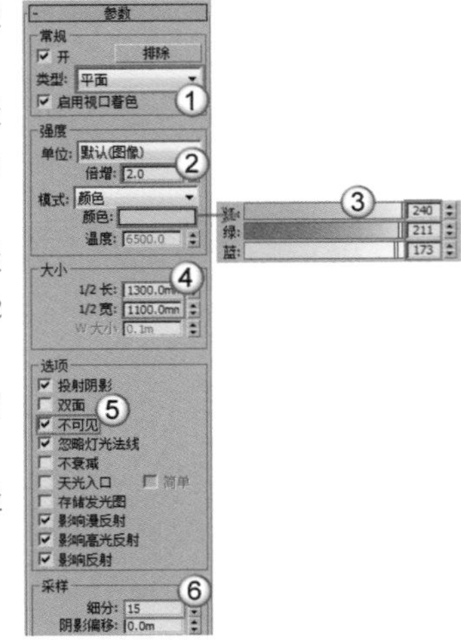

图9-139

04 按F9键测试渲染当前场景，效果如图9-140所示。

图9-140

05 下面创建落地灯。在顶视图中创建一盏VRay灯光（放在台灯的灯罩内），其位置如图9-141所示。

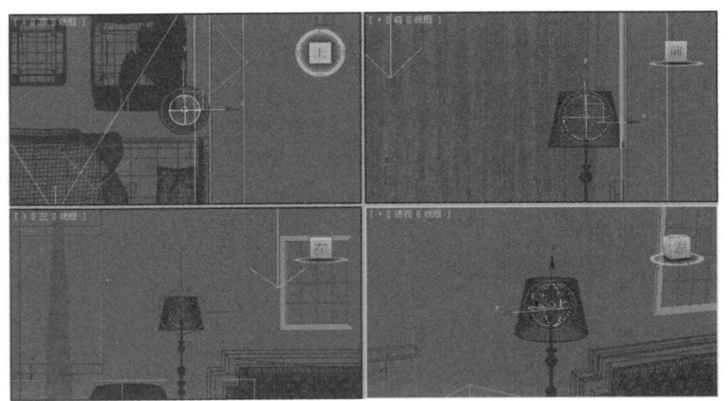

图9-141

技术专题 31 冻结与过滤对象

可能制作到这里用户会发现一个问题，那就是在调整灯光位置时总是会选择到其他物体。这里以图9-142中的场景来介绍两种快速选择灯光的方法。

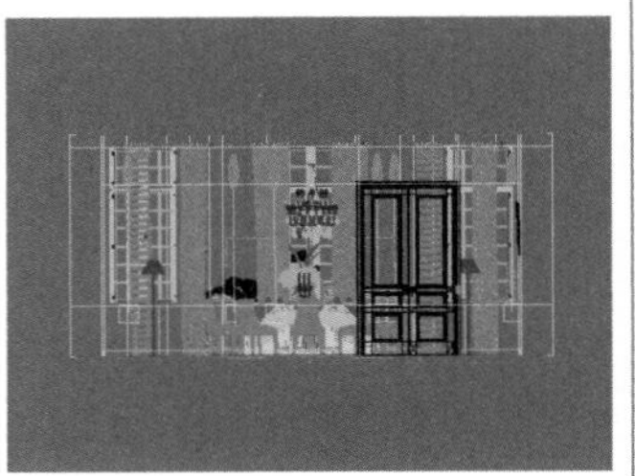

图9-142

第1种：冻结除了灯光外的所有对象。在“主工具栏”中设置“选择过滤器”类型为“G-几何体”，如图9-143所示，然后在视图中框选对象，这样选择的对象全部是几何体，不会选择到其他对象，如图9-144所示。选择好对象以后单击鼠标右键，然后在弹出的菜单中选择“冻结当前选择”命令，如图9-145所示，冻结的对象将以灰色状态显示在视图中，如图9-146所示。将“选择过滤器”类型设置为“全部”，此时无论怎么选择都不会选择到几何体了。另外，如果要解冻对象，可以在视图中单击鼠标右键，然后在弹出的菜单中选择“全部解冻”命令。

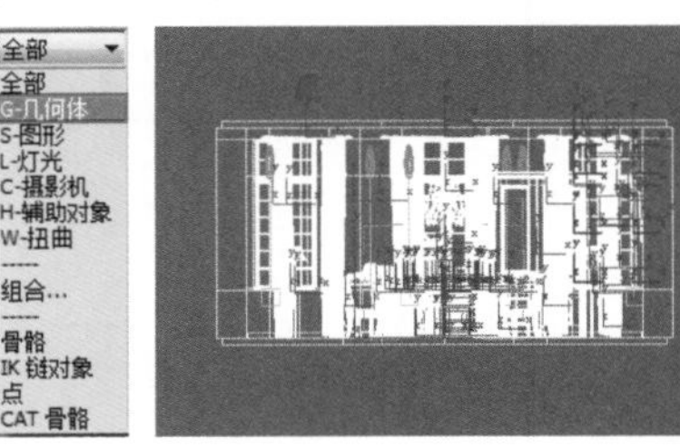

图9-143　图9-144

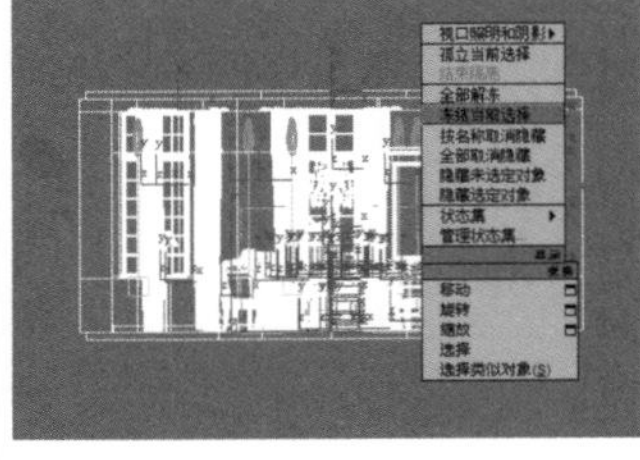

图9-145　图9-146

第2种：过滤掉灯光外的所有对象。在“主工具栏”中设置“选择过滤器”类型为“L-灯光”，如图9-147所示，这样无论怎么选择，选择的对象永远都只有灯光，不会选择到其他对象，如图9-148所示。

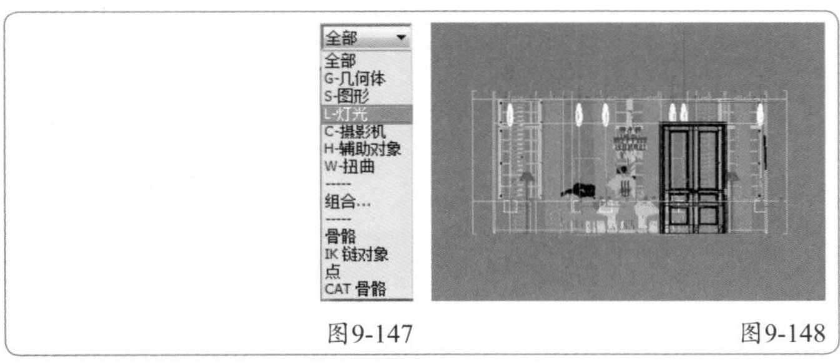

图9-147　　图9-148

06 选择上一步创建的VRay灯光，然后进入“修改”面板，接着展开“参数”卷展栏，具体参数设置如图9-149所示。

设置步骤

① 在“常规”选项组下设置“类型”为“球体”。

② 在“强度”选项组下设置“倍增”为9，然后设置“颜色”为（红:254，绿:222，蓝:187）。

③ 在“大小”选项组下设置“半径”为120mm。

④ 在“选项”选项组下勾选“不可见”选项，然后关闭“影响高光反射”和“影响反射”选项。

⑤ 在“采样”选项组下设置“细分”为15。

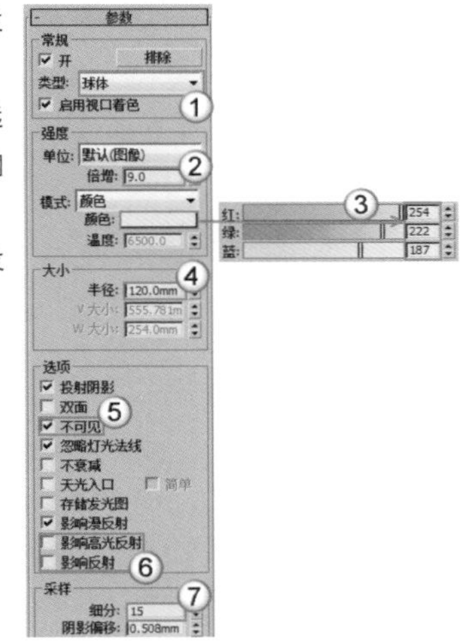

图9-149

07 按F9键测试渲染当前场景，效果如图9-150所示。

图9-150

08 设置灯光类型为“光度学”，然后在前视图中创建一盏目标灯光，其位置如图9-151所示。

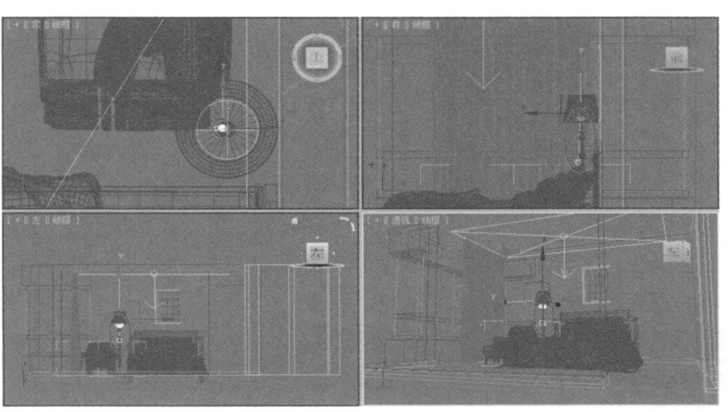

图9-151

09 选择上一步创建的目标灯光，然后切换到“修改”面板，具体参数设置如图9-152所示。

设置步骤

① 展开“常规参数”卷展栏，然后在“阴影”选项组下勾选“启用”选项，接着设置阴影类型为“VRay阴影”，最后在“灯光分布（类型）”选项组下设置灯光分布类型为“光度学Web”。

② 展开“分布（光度学Web）”卷展栏，然后在通道中加载“实例文件>CH09>实战：用VRay灯光制作落地灯照明>射灯.ies”光域网文件。

③ 展开“强度/颜色/衰减”卷展栏，然后设置“过滤颜色”为（红:255，绿:234，蓝:218），接着设置“强度”为1500。

④ 展开“VRay阴影参数”卷展栏，然后勾选“区域阴影”选项并选择“球体”选项，接着设置“U大小”“V大小”和“W大小”都为50mm，最后设置“细分”为15。

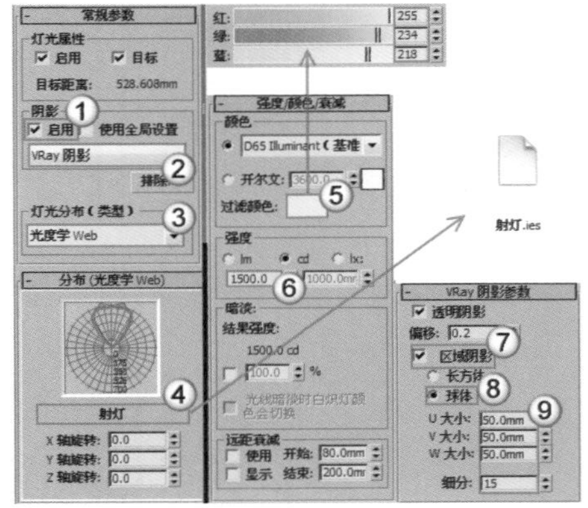

图9-152

10 继续在前视图中创建一盏目标灯光，其位置如图9-153所示。

11 选择上一步创建的目标灯光，然后切换到“修改”面板，具体参数设置如图9-154所示。

设置步骤

① 展开“常规参数”卷展栏，然后在“阴影”选项组下勾选“启用”选项，接着设置阴影类型为“VRay阴影”，最后在“灯光分布（类型）”选项组下设置灯光分布类型为“光度学Web”。

② 展开“分布（光度学Web）”卷展栏，然后在通道中加载“实例文件>CH09>实战：用VRay灯光制作落地灯照明>射灯.ies”光域网文件。

③ 展开“强度/颜色/衰减”卷展栏，然后设置“过滤颜色”为（红:255，绿:226，蓝:201），接着设置“强度”为1000。

④ 展开“VRay阴影参数”卷展栏，然后勾选“区域阴影”选项并选择“球体”选项，接着设置“U大小”“V大小”和“W大小”都为50mm，最后设置“细分”为15。

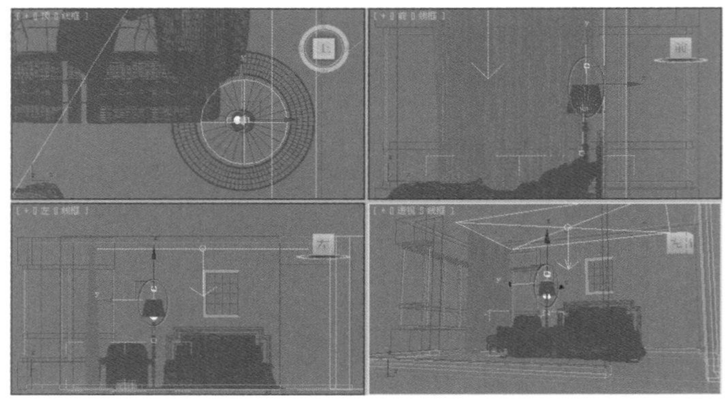

图9-153

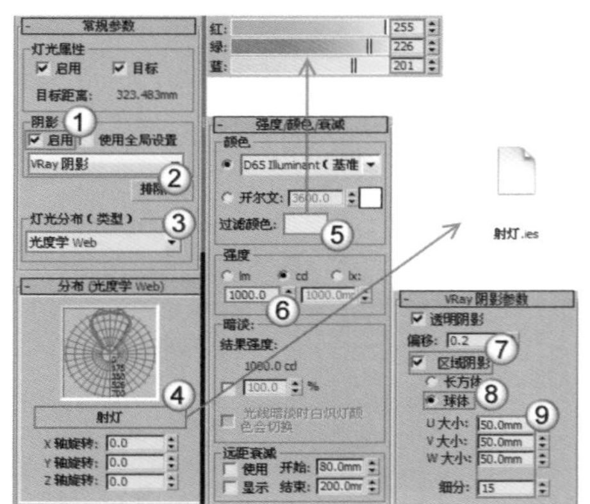

图9-154

12 按F9键渲染当前场景，最终效果如图9-155所示。

图9-155

实战：用VRay灯光制作客厅清晨阳光

场景位置 场景文件>CH09>09.max
实例位置 实例文件>CH09>实战：用VRay灯光制作客厅清晨阳光.max
视频位置 多媒体教学>CH09>实战：用VRay灯光制作客厅清晨阳光.flv
难易指数 ★★☆☆☆
技术掌握 VRay太阳模拟阳光、VRay面灯光模拟天光和室内辅助光源

扫码看视频

客厅清晨的阳光效果如图9-156所示。

图9-156

01 打开“场景文件>CH09>09.max”文件，如图9-157所示。

图9-157

02 下面创建阳光。设置灯光类型为VRay，然后在前视图中创建一盏VRay太阳，其位置如图9-158所示。

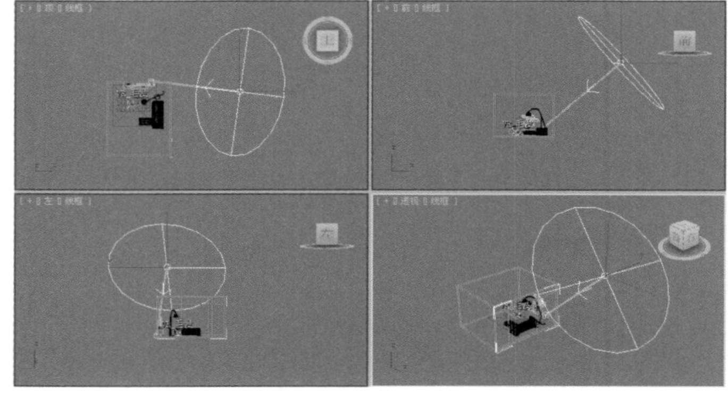

图9-158

技巧与提示

在创建VRay太阳时，3ds Max会弹出一个提示对话框，询问是否添加“VRay天空”环境贴图，如图9-159所示。这里需要添加，因此要单击“是”按钮 是(Y) 。

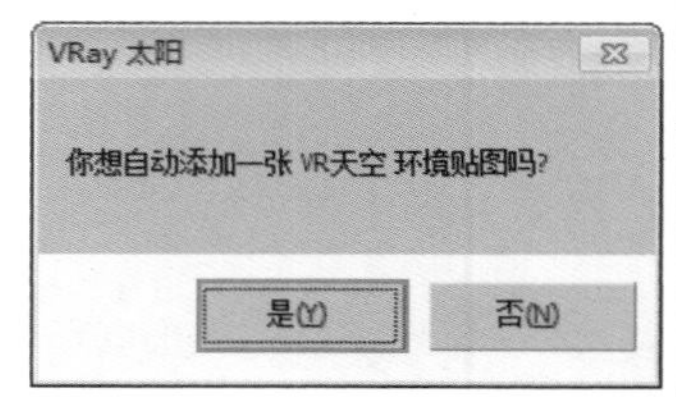

图9-159

03 选择上一步创建的VRay太阳，然后在“VRay太阳参数”卷展栏下设置“浊度”为3、“臭氧”为0.35、“强度倍增”为0.04、“大小倍增”为12、“阴影细分”为8、“阴影偏移”为0.691mm，具体参数设置如图9-160所示。

04 按F9键测试渲染当前场景，效果如图9-161所示。

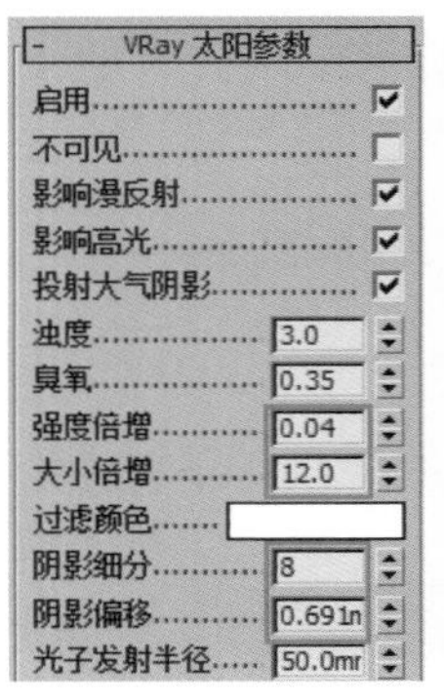

图9-160

图9-161

在渲染前需要开启“全局照明环境（天光）覆盖”功能。按F10键打开“渲染设置”对话框，然后单击VRay选项卡，展开“环境”卷展栏，接着在“全局照明环境（天光）覆盖”选项组下勾选“开”选项，最后设置“倍增”为2，如图9-162所示。

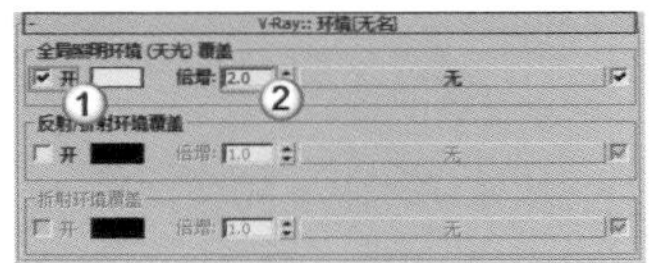

图9-162

05 下面创建天光。在左视图中创建一盏VRay灯光，其位置如图9-163所示。

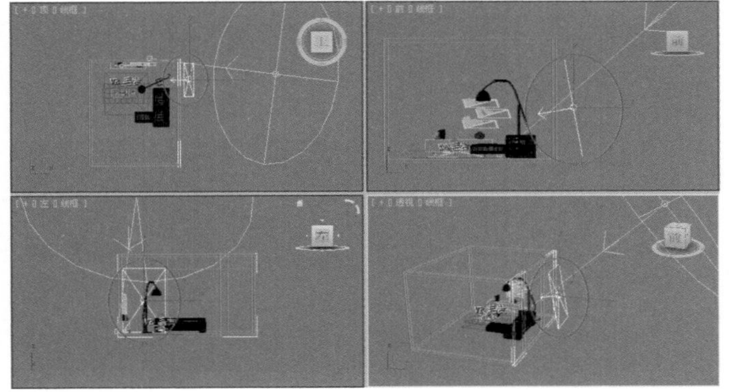

图9-163

06 选择上一步创建的VRay灯光，然后进入“修改”面板，接着展开“参数”卷展栏，具体参数设置如图9-164所示。

设置步骤

① 在“常规”选项组下设置“类型”为“平面”。

② 在“强度”选项组下设置“倍增”为6，然后设置“颜色”为（红:186，绿:208，蓝:234）。

③ 在“大小”选项组下设置“1/2长”为1200mm、“1/2宽”为1200mm。

④ 在“选项”选项组下勾选“不可见”选项。

⑤ 在“采样”选项组下设置“细分”为15。

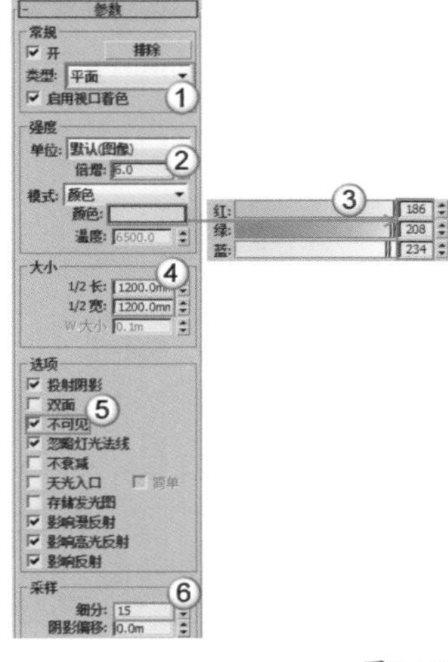

图9-164

07 按F9键测试渲染当前场景，效果如图9-165所示。

图9-165

08 下面创建室内辅助光源。在前视图中创建一盏VRay灯光，其位置如图9-166所示。

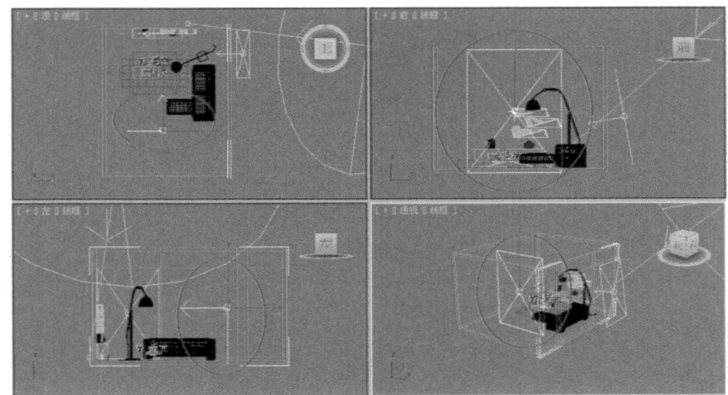

图9-166

09 选择上一步创建的VRay灯光，然后进入“修改”面板，接着展开“参数”卷展栏，具体参数设置如图9-167所示。

设置步骤

① 在“常规”选项组下设置“类型”为“平面”。

② 在“强度”选项组下设置“倍增”为1，然后设置“颜色”为（红:250，绿:238，蓝:219）。

③ 在“大小”选项组下设置“1/2长”为1900mm、“1/2宽”为1500mm。

④ 在“选项”选项组下勾选“不可见”选项。

⑤ 在“采样”选项组下设置“细分”为15。

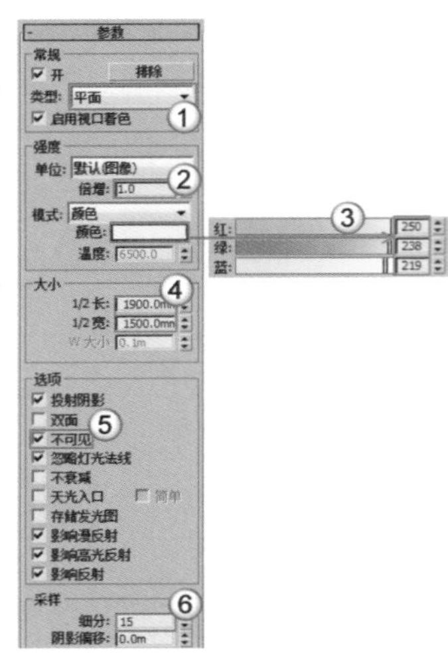

图9-167

10 在左视图中创建一盏VRay灯光，其位置如图9-168所示。

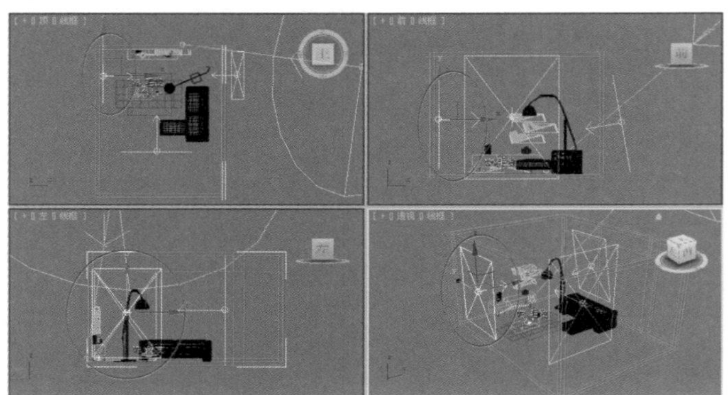

图9-168

11 选择上一步创建的VRay灯光，然后进入“修改”面板，接着展开“参数”卷展栏，具体参数设置如图9-169所示。

设置步骤

① 在“常规”选项组下设置“类型”为“平面”。

② 在“强度”选项组下设置“倍增”为1，然后设置“颜色”为（红:246，绿:235，蓝:211）。

③ 在“大小”选项组下设置“1/2长”为1500mm、“1/2宽”为1200mm。

④ 在“选项”选项组下勾选“不可见”选项。

⑤ 在“采样”选项组下设置“细分”为15。

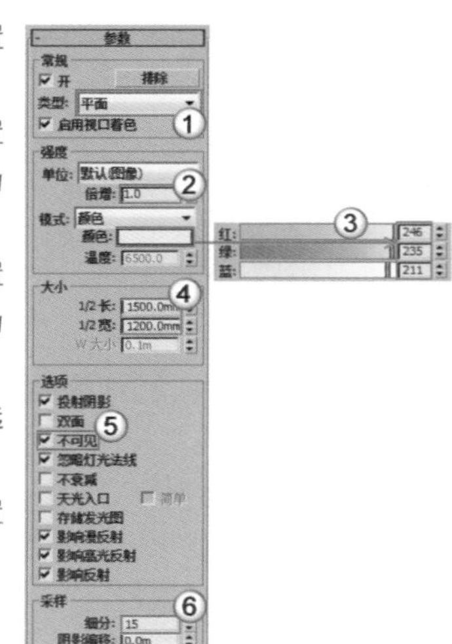

图9-169

12 按F9键渲染当前场景，效果如图9-170所示。

图9-170

实战：用VRay灯光制作餐厅柔和灯光

场景位置　场景文件>CH09>10.max
实例位置　实例文件>CH09>实战：用VRay灯光制作餐厅柔和灯光.max
视频位置　多媒体教学>CH09>实战：用VRay灯光制作餐厅柔和灯光.flv
难易指数　★★★☆☆
技术掌握　VRay面灯光模拟室内夜景灯光、目标灯光模拟射灯

扫码看视频

餐厅柔和的灯光效果如图9-171所示。

01 打开“场景文件>CH09>10.max”文件，如图9-172所示。

图9-171　图9-172

02 下面创建主光源。设置灯光类型为VRay，然后在左视图中创建一盏VRay灯光，其位置如图9-173所示。

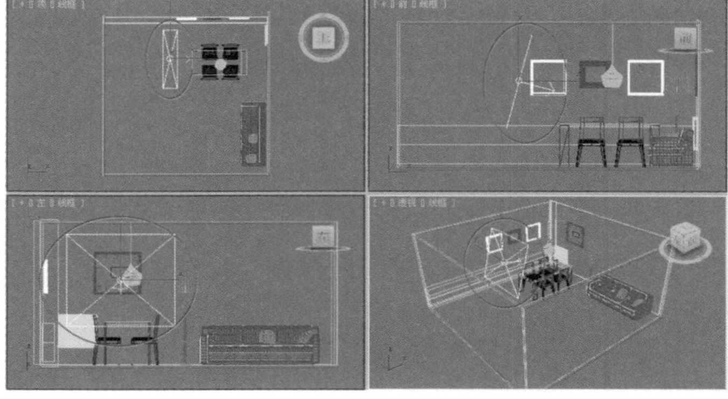

图9-173

03 选择上一步创建的VRay灯光，然后进入“修改”面板，接着展开“参数”卷展栏，具体参数设置如图9-174所示。

设置步骤

① 在“常规”选项组下设置“类型”为“平面”。

② 在“强度”选项组下设置“倍增”为5，然后设置“颜色”为（红:253，绿:198，蓝:149）。

③ 在“大小”选项组下设置“1/2长”为1100mm、“1/2宽”为1000mm。

④ 在“选项”选项组下勾选“不可见”选项。

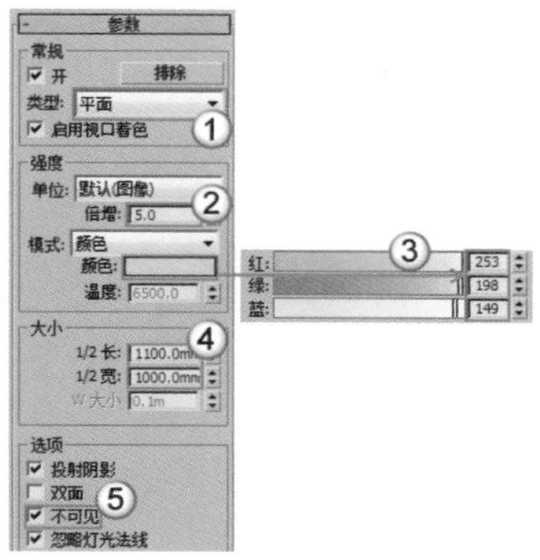

图9-174

04 按F9键测试渲染当前场景，效果如图9-175所示。

图9-175

05 下面创建辅助光源。在前视图中创建一盏VRay灯光，其位置如图9-176所示。

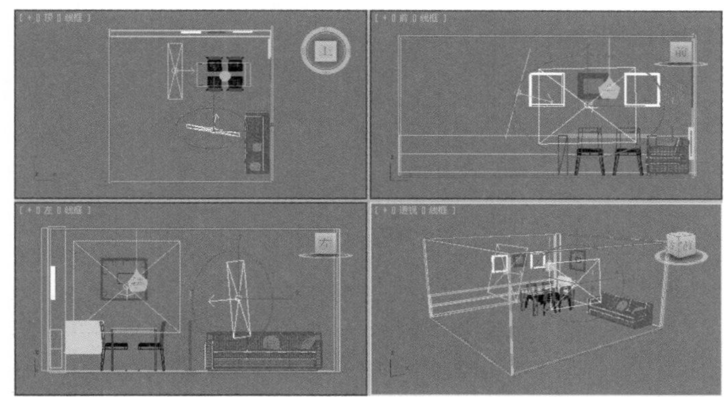

图9-176

06 选择上一步创建的VRay灯光，然后进入“修改”面板，接着展开“参数”卷展栏，具体参数设置如图9-177所示。

设置步骤

① 在“常规”选项组下设置“类型”为“平面”。

② 在“强度”选项组下设置“倍增”为2，然后设置“颜色”为（红:237，绿:201，蓝:168）。

③ 在“大小”选项组下设置“1/2长”为1000mm、“1/2宽”为800mm。

④ 在“选项”选项组下勾选“不可见”选项。

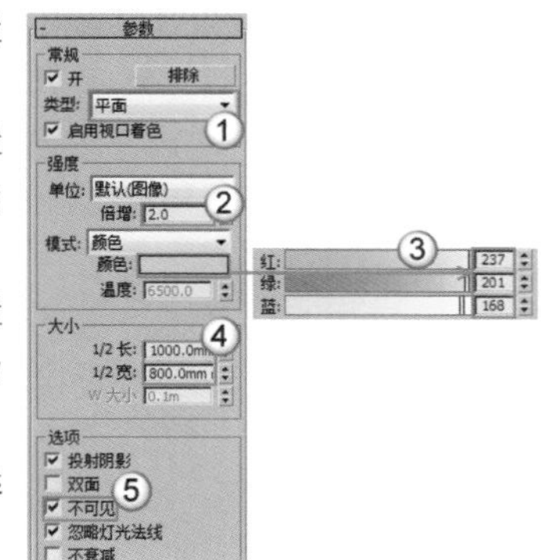

图9-177

07 按F9键测试渲染当前场景，效果如图9-178所示。

图9-178

08 下面创建射灯。设置灯光类型为“光度学”，然后在前视图中创建4盏目标灯光，其位置如图9-179所示。

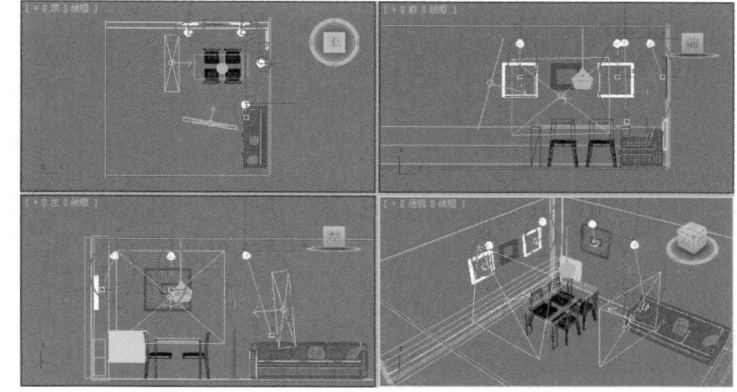

图9-179

技巧与提示

这4盏目标灯光可用实例复制的方法进行创建（但是要调节各盏灯光的目标点位置与角度）。

09 选择上一步创建的目标灯光，然后切换到“修改”面板，具体参数设置如图9-180所示。

设置步骤

① 展开“常规参数”卷展栏，然后在“阴影”选项组下勾选“启用”选项，接着设置阴影类型为“VRay阴影”，最后在“灯光分布（类型）”选项组下设置灯光分布类型为“光度学Web”。

② 展开“分布（光度学Web）”卷展栏，然后在通道中加载“实例文件>CH09>实战：用VRay灯光制作餐厅柔和灯光>001.ies”光域网文件。

③ 展开“强度/颜色/衰减”卷展栏，然后设置“过滤颜色”为（红:255，绿:253，蓝:243），接着设置“强度”为500。

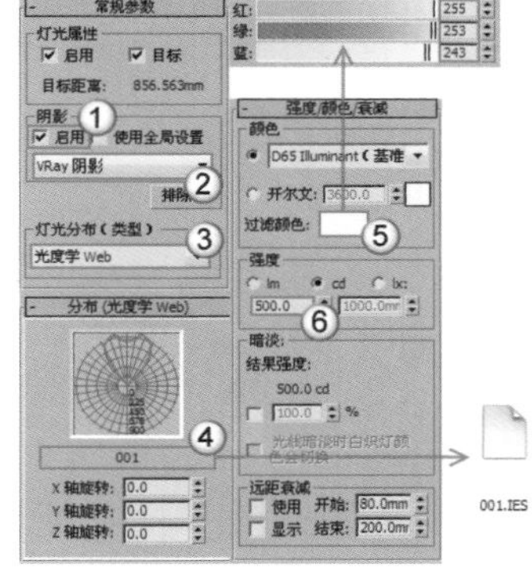

图9-180

10 按F9键测试渲染当前场景，效果如图9-181所示。

图9-181

11 下面创建吊灯。在前视图中创建一盏目标灯光（放在吊灯下方），其位置如图9-182所示。

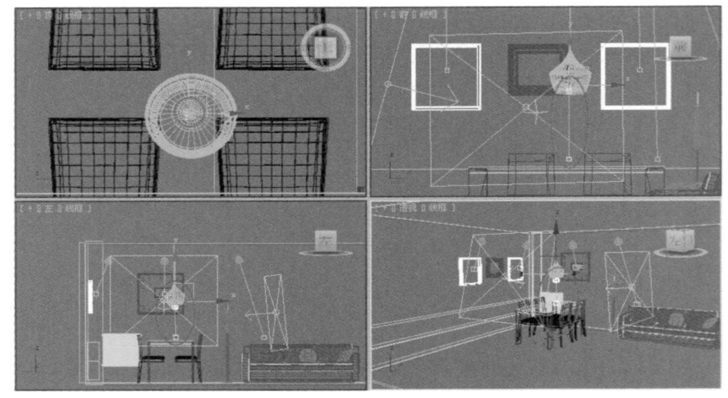

图9-182

12 选择上一步创建的目标灯光，然后切换到“修改”面板，具体参数设置如图9-183所示。

设置步骤

① 展开“常规参数”卷展栏，然后在“阴影”选项组下勾选“启用”选项，接着设置阴影类型为“VRay阴影”，最后在“灯光分布（类型）”选项组下设置灯光分布类型为“光度学Web”。

② 展开“分布（光度学Web）”卷展栏，然后在通道中加载“实例文件>CH09>实战：用VRay灯光制作餐厅柔和灯光>16.ies”光域网文件。

③ 展开“强度/颜色/衰减”卷展栏，然后设置“过滤颜色”为（红:255，绿:232，蓝:231），接着设置“强度”为2000。

④ 展开“VRay阴影参数”卷展栏，然后勾选“区域阴影”选项并选择“球体”选项，接着设置“U大小”“V大小”和“W大小”都为100mm，最后设置“细分”为8。

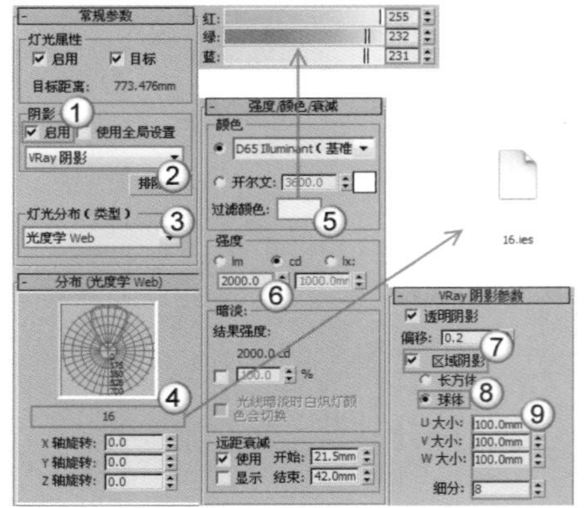

图9-183

13 设置灯光类型为VRay，然后在前视图中创建一盏VRay灯光（放在吊灯的灯罩内），其位置如图9-184所示。

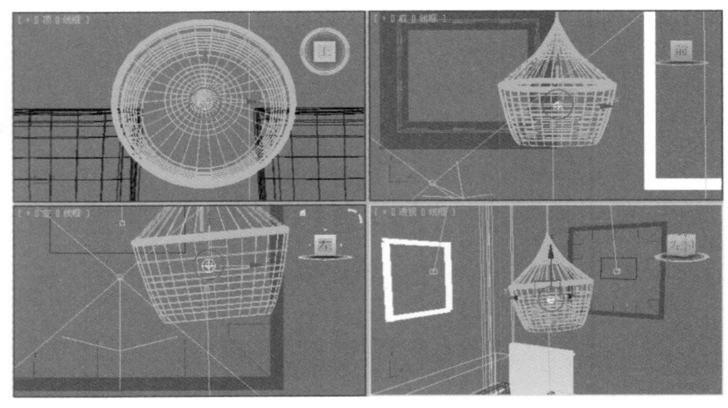

图9-184

14 选择上一步创建的VRay灯光，然后进入“修改”面板，接着展开“参数”卷展栏，具体参数设置如图9-185所示。

设置步骤

① 在“常规”选项组下设置“类型”为“球体”。

② 在“强度”选项组下设置“倍增”为16，然后设置“颜色”为（红:250，绿:139，蓝:84）。

③ 在“大小”选项组下设置“半径”为150mm。

④ 在“选项”选项组下勾选“不可见”选项。

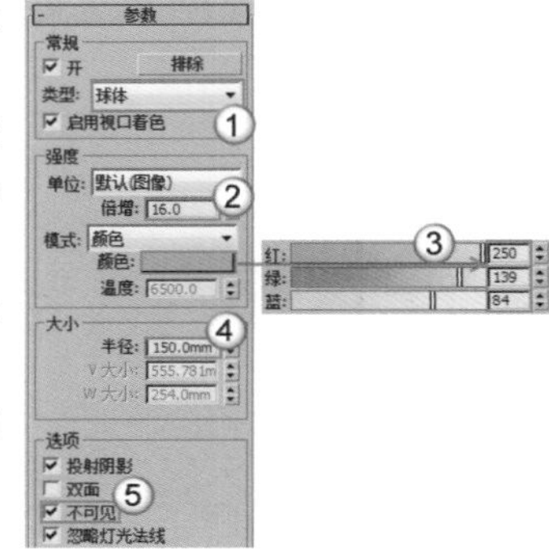

图9-185

15 按F9键测试渲染当前场景，效果如图9-186所示。

图9-186

16 下面创建落地灯。设置灯光类型为“光度学”，然后在前视图中创建一盏目标灯光，其位置如图9-187所示。

17 选择上一步创建的目标灯光，然后在“修改”面板展开各个参数卷展栏，具体参数设置如图9-188所示。

设置步骤

① 展开“常规参数”卷展栏，然后在“阴影”选项组下勾选“启用”选项，接着设置阴影类型为“VRay阴影”，最后在“灯光分布（类型）”选项组下设置灯光分布类型为“光度学Web”。

② 展开“分布（光度学Web）”卷展栏，然后在通道中加载“实例文件>CH09>实战：用VRay灯光制作餐厅柔和灯光>001.ies”光域网文件。

③ 展开“强度/颜色/衰减”卷展栏，然后设置“过滤颜色”为白色，接着设置“强度”为499。

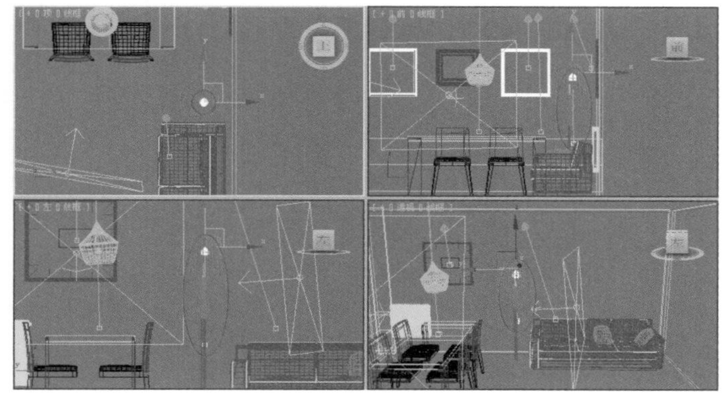

图9-187

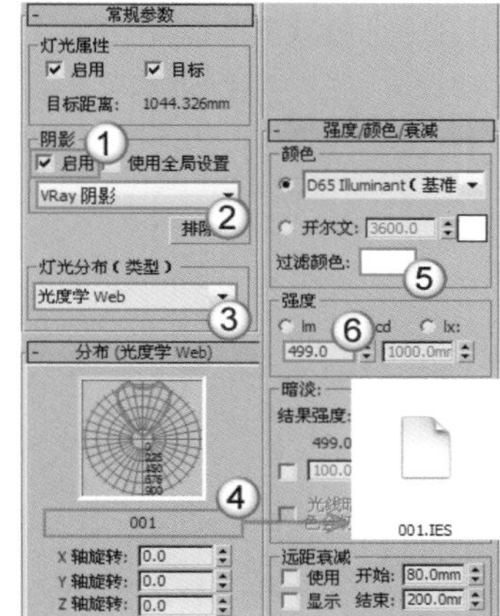

图9-188

18 设置灯光类型为VRay，然后在左视图中创建一盏VRay灯光（放在落地灯的灯罩内），其位置如图9-189所示。

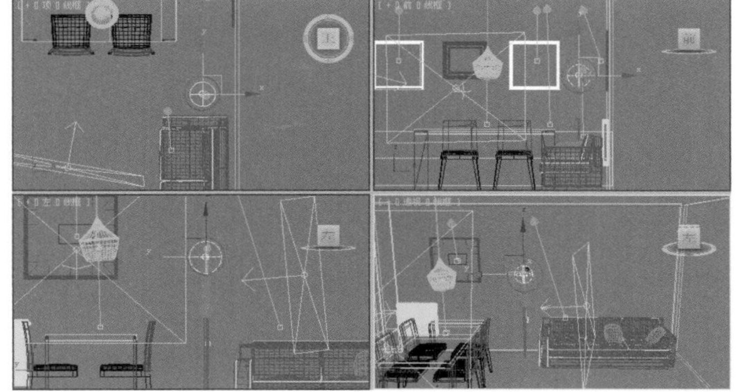

图9-189

19 选择上一步创建的VRay灯光，然后进入“修改”面板，接着展开“参数”卷展栏，具体参数设置如图9-190所示。

设置步骤

① 在“常规”选项组下设置“类型”为“球体”。

② 在“强度”选项组下设置“倍增”为5，然后设置“颜色”为（红:252，绿:204，蓝:175）。

③ 在“大小”选项组下设置“半径”为200mm。

④ 在“选项”选项组下勾选“不可见”选项。

20 按F9键渲染当前场景，最终效果如图9-191所示。

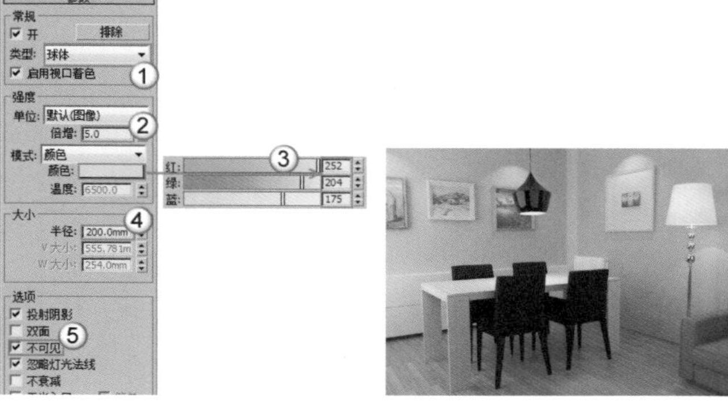

图9-190　　图9-191

★ 重点 ★

实战：用VRay灯光制作会客厅灯光

场景位置　场景文件>CH09>11.max
实例位置　实例文件>CH09>实战：用VRay灯光制作会客厅灯光.max
视频位置　多媒体教学>CH09>实战：用VRay灯光制作会客厅灯光.flv
难易指数　★☆☆☆☆
技术掌握　VRay球体灯光模拟台灯

扫码看视频

会客厅的灯光效果如图9-192所示。

01 打开“场景文件>CH09>11.max”文件，如图9-193所示。

图9-192　　图9-193

02 设置灯光类型为VRay，然后在顶视图中创建一盏VRay灯光（放在台灯的灯罩内），其位置如图9-194所示。

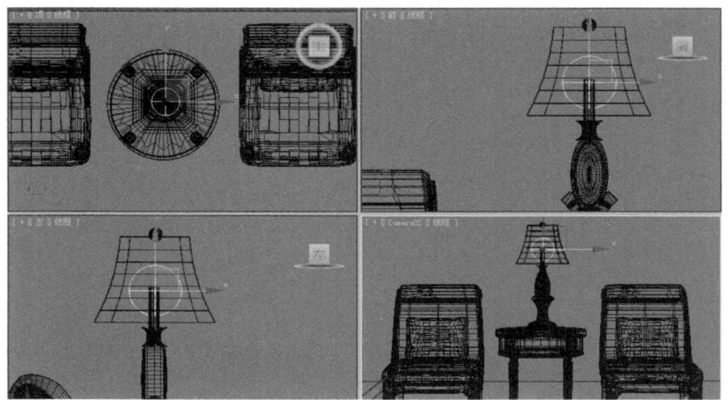

图9-194

03 选择上一步创建的VRay灯光，然后进入“修改”面板，接着展开“参数”卷展栏，具体参数设置如图9-195所示。

设置步骤

① 在“基本”选项组下设置“类型”为“球体”。

② 在“强度”选项组下设置“倍增”为70，然后设置“颜色”为（红:254，绿:179，蓝:118）。

③ 在“大小”选项组下，设置“半径”为150mm。

④ 在“选项”选项组下勾选“不可见”选项。

⑤ 在“采样”选项组下设置“细分”为20。

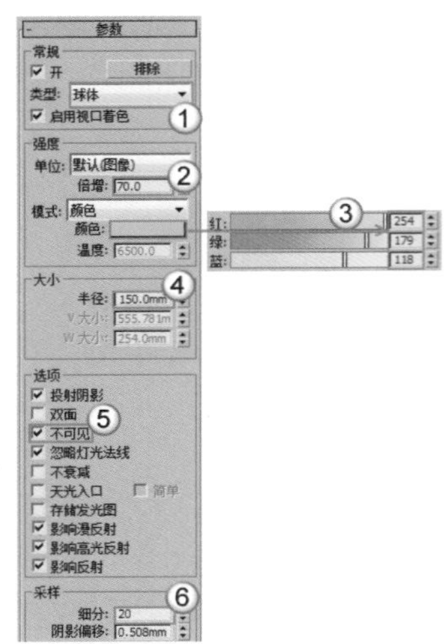

图9-195

04 按F9键渲染当前场景，最终效果如图9-196所示。

图9-196

★重点★

实战：用VRay灯光制作客厅夜景灯光

场景位置　场景文件>CH09>12.max
实例位置　实例文件>CH09>实战：用VRay灯光制作客厅夜景灯光.max
视频位置　多媒体教学>CH09>实战：用VRay灯光制作客厅夜景灯光.flv
难易指数　★★★☆☆
技术掌握　VRay球体灯光模拟落地灯、VRay面灯光模拟夜景天光、目标灯光模拟台灯

扫码看视频

客厅夜景的灯光效果如图9-197所示。

图9-197

01 打开“场景文件>CH09>12.max”文件，如图9-198所示。

图9-198

02 下面创建落地灯。设置灯光类型为VRay，然后在前视图中创建4盏VRay灯光，其位置如图9-199所示。

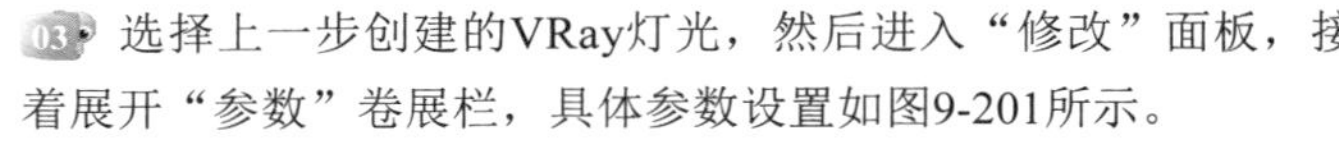

图9-199

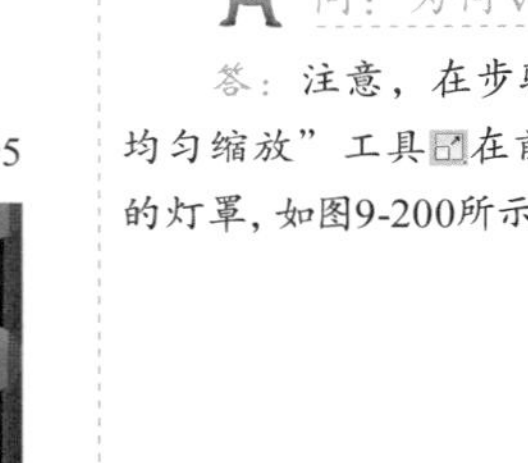

疑难问答

问：为何VRay球体灯光不是圆形的？

答：注意，在步骤02中创建VRay球体灯光时，先要用“选择并均匀缩放”工具在前视图中沿y轴将灯光“拉长”，以填满落地灯的灯罩，如图9-200所示。拉长灯光后可对其进行实例复制。

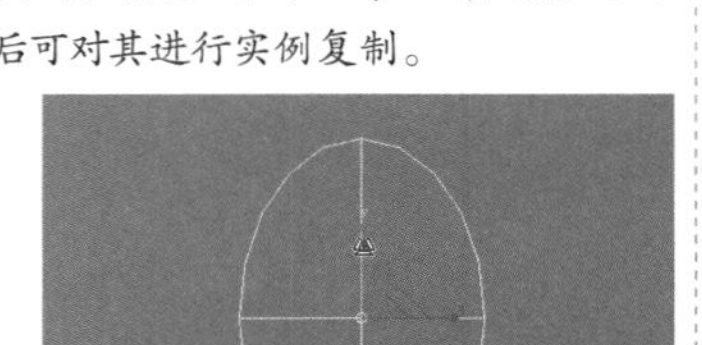

图9-200

03 选择上一步创建的VRay灯光，然后进入“修改”面板，接着展开“参数”卷展栏，具体参数设置如图9-201所示。

设置步骤

① 在“常规”选项组下设置“类型”为“球体”。

② 在“强度”选项组下设置“倍增”为50，然后设置“颜色”为（红:254，绿:204，蓝:150）。

③ 在“大小”选项组下设置“半径”为130mm。

④ 在“选项”选项组下勾选“不可见”选项。

⑤ 在“采样”选项组下设置“细分”为30。

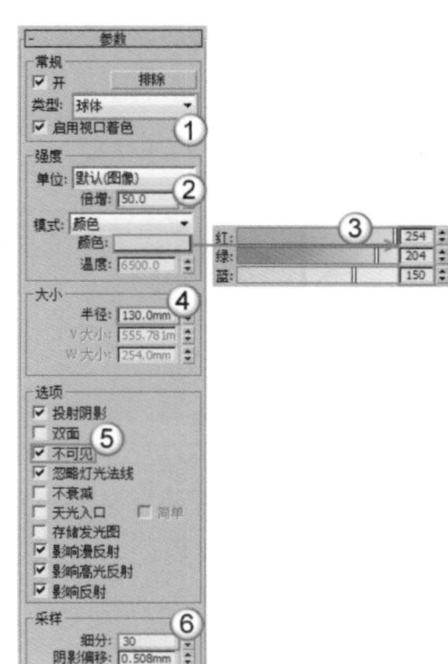

图9-201

04 按F9键测试渲染当前场景，效果如图9-202所示。

图9-202

05 下面创建夜景天光和室内辅助灯光。在左视图中创建一盏VRay灯光，其位置如图9-203所示。

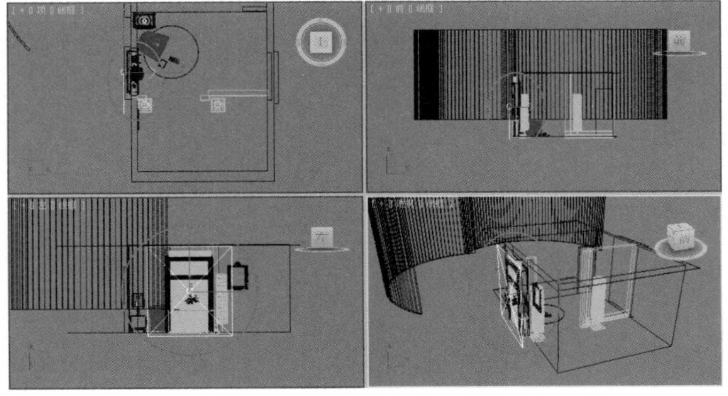

图9-203

06 选择上一步创建的VRay灯光，然后进入“修改”面板，接着展开“参数”卷展栏，具体参数设置如图9-204所示。

设置步骤

① 在“常规”选项组下设置“类型”为“平面”。

② 在“强度”选项组下设置“倍增”为4，然后设置“颜色”为（红:59，绿:110，蓝:213）。

③ 在“大小”选项组下设置“1/2长”为1503mm、“1/2宽”为1632mm。

④ 在“选项”选项组下勾选“不可见”选项。

⑤ 在“采样”选项组下设置“细分”为25。

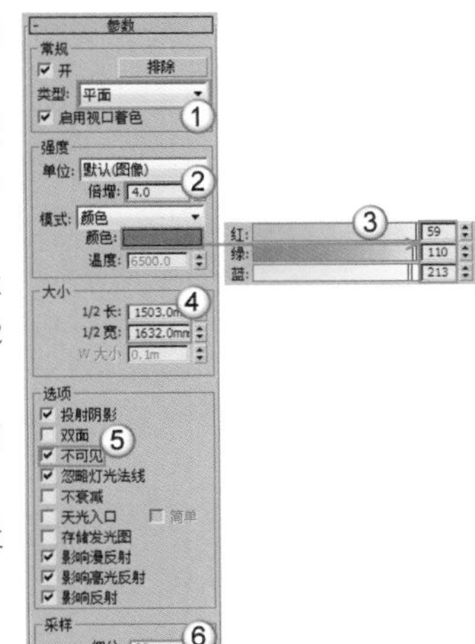

图9-204

07 继续在左视图中创建一盏VRay灯光，其位置如图9-205所示。

08 选择上一步创建的VRay灯光，然后进入“修改”面板，接着展开“参数”卷展栏，具体参数设置如图9-206所示。

设置步骤

① 在“常规”选项组下设置“类型”为“平面”。

② 在“强度”选项组下设置“倍增”为0.5，然后设置“颜色”为（红:253，绿:223，蓝:177）。

③ 在“大小”选项组下设置“1/2长”为1500mm、“1/2宽”为1630mm。

④ 在“选项”选项组下勾选“不可见”选项。

⑤ 在“采样”选项组下设置“细分”为30。

09 按F9测试渲染当前场景，效果如图9-207所示。

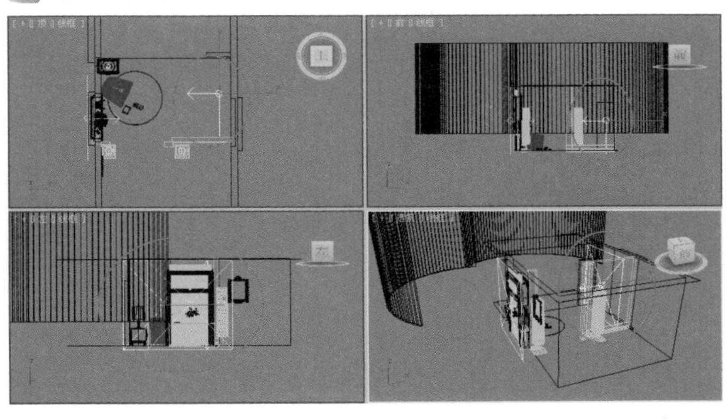

图9-205

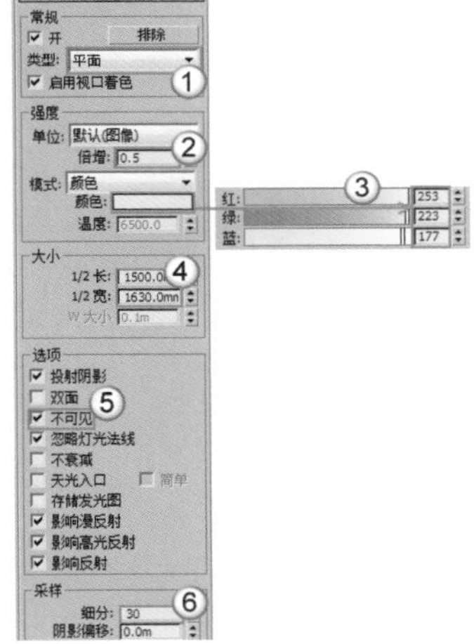

图9-206

图9-207

10 下面创建台灯。设置灯光类型为“光度学”，然后在左视图中创建一盏目标灯光（放在灯罩内），其位置如图9-208所示。

图9-208

11 选择上一步创建的目标灯光，然后切换到“修改”面板，具体参数设置如图9-209所示。

设置步骤

① 展开“常规参数”卷展栏，然后在“阴影”选项组下勾选“启用”选项，接着设置阴影类型为“VRay阴影”，最后在“灯光分布（类型）”选项组下设置灯光分布类型为“光度学Web”。

② 展开“分布（光度学Web）”卷展栏，然后在其通道中加载“实例文件>CH09>实战：制作客厅夜景灯光>20.ies”光域网文件。

③ 展开“强度/颜色/衰减”卷展栏，然后设置“过滤颜色”为（红:254，绿:218，蓝:154），接着设置“强度”为1860。

④ 展开“图形/区域阴影”卷展栏，然后设置“从（图形）发射光线”方式为“矩形”，接着设置“长度”为108mm、“宽度”为1528mm。

⑤ 展开“VRay阴影参数”卷展栏，然后勾选“区域阴影”和“球体”选项，接着设置“细分”为20。

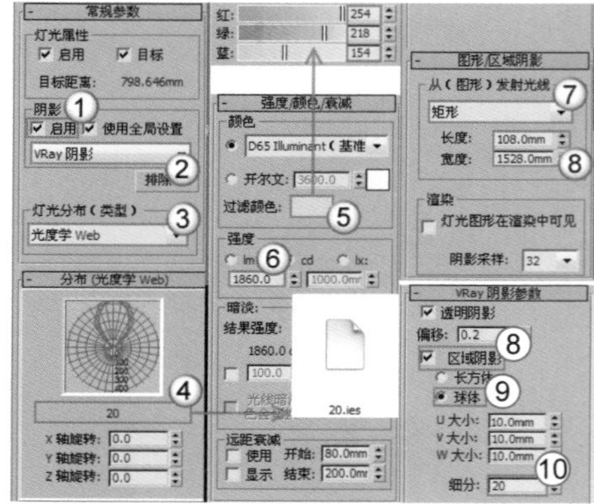

图9-209

12 按F9键渲染当前场景，最终效果如图9-210所示。

图9-210

实战：用VRay灯光制作卧室夜景灯光

场景位置 场景文件>CH09>13.max
实例位置 实例文件>CH09>实战：用VRay灯光制作卧室夜景灯光.max
视频位置 多媒体教学>CH09>实战：用VRay灯光制作卧室夜景灯光.flv
难易指数 ★★★☆☆
技术掌握 VRay面灯光模拟天花板主光源、目标灯光模拟射灯

扫码看视频

卧室夜景的灯光效果如图9-211所示。

01 打开“场景文件>CH09>13.max”文件，如图9-212所示。

图9-211

图9-212

02 下面创建主光源。设置灯光类型为VRay，然后在顶视图中创建一盏VRay灯光，其位置如图9-213所示。

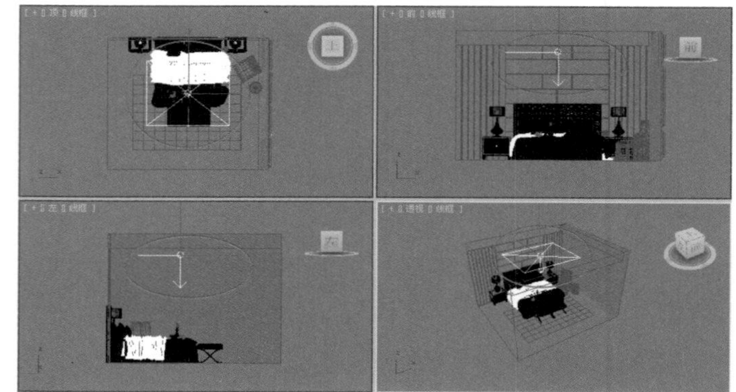

图9-213

03 选择上一步创建的VRay灯光，然后进入“修改”面板，接着展开“参数”卷展栏，具体参数设置如图9-214所示。

设置步骤

① 在“常规”参数选项组下设置“类型”为“平面”。

② 在“强度”选项组下设置“倍增”为6，然后设置“颜色”为（红:245，绿:232，蓝:212）。

③ 在“大小”选项组下设置“1/2长”为1500mm、“1/2宽”为1200mm。

④ 在“选项”选项组下勾选“不可见”选项。

⑤ 在“采样”选项组下设置“细分”为20。

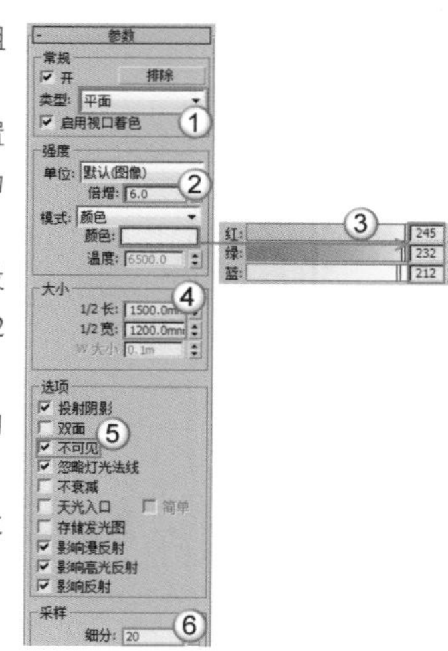

图9-214

04 按F9键测试渲染当前场景，效果如图9-215所示。

图9-215

05 下面创建射灯。设置灯光类型为“光度学”，然后在前视图中创建3盏目标灯光，其位置如图9-216所示。

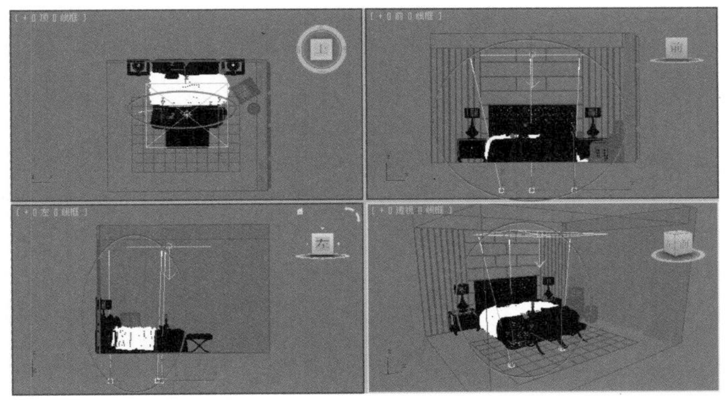

图9-216

06 选择上一步创建的目标灯光，然后切换到“修改”面板，具体参数设置如图9-217所示。

设置步骤

① 展开“常规参数”卷展栏，然后在“阴影”选项组下勾选“启用”选项，接着设置阴影类型为“VRay阴影”，最后在“灯光分布（类型）”选项组下设置灯光分布类型为“光度学Web”。

② 展开“分布（光度学Web）”卷展栏，然后在通道中加载“实例文件>CH09>实战：用VRay灯光制作卧室夜景灯光>SD-007.ies”光域网文件。

③ 展开“强度/颜色/衰减”卷展栏，然后设置“过滤颜色”为（红:255，绿:251，蓝:242），接着设置“强度”为300000。

④ 展开“VRay阴影参数”卷展栏，然后设置“U大小”“V大小”和“W大小”都为100mm，接着设置“细分”为20。

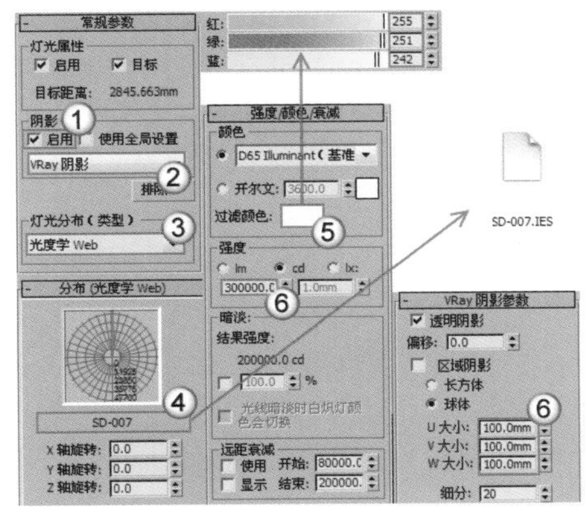

图9-217

07 按F9键测试渲染当前场景，效果如图9-218所示。

图9-218

08 在左视图中创建3盏目标灯光，其位置如图9-219所示。

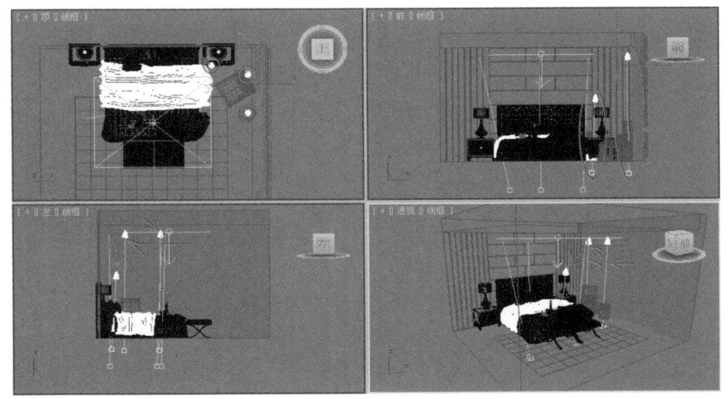

图9-219

09 选择上一步创建的目标灯光，然后在“修改”面板中展开各个参数卷展栏，具体参数设置如图9-220所示。

设置步骤

① 展开“常规参数”卷展栏，然后在“阴影”选项组下勾选“启用”选项，接着设置阴影类型为“VRay阴影”，最后在“灯光分布（类型）”选项组下设置灯光分布类型为“光度学Web”。

② 展开“分布（光度学Web）”卷展栏，然后在通道中加载“实例文件>CH09>实战：用VRay灯光制作卧室夜景灯光>SD-052.ies”光域网文件。

③ 展开“强度/颜色/衰减”卷展栏，然后设置“过滤颜色”为（红:255，绿:220，蓝:146），接着设置“强度”为2500。

④ 展开“VRay阴影参数”卷展栏，然后勾选“区域阴影”和“球体”选项，接着设置“U大小”“V大小”和“W大小”都为100mm，最后设置“细分”为15。

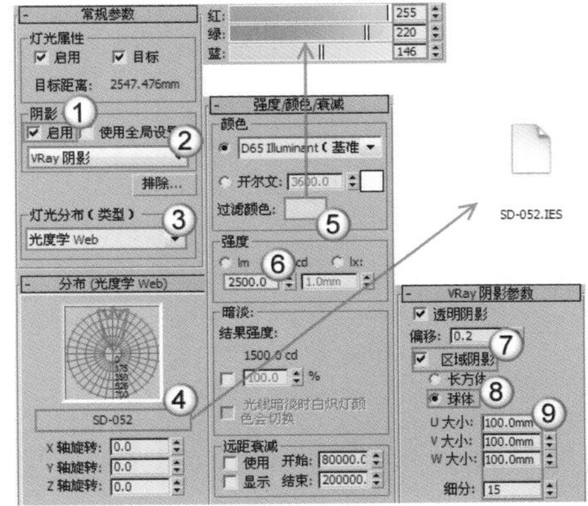

图9-220

10 按F9键渲染当前场景，效果如图9-221所示。

图9-221

9.4.2 VRay太阳

VRay太阳主要用来模拟真实的室外太阳光。VRay太阳的参数比较简单，只包含一个“VRay太阳参数”卷展栏，如图9-222所示。

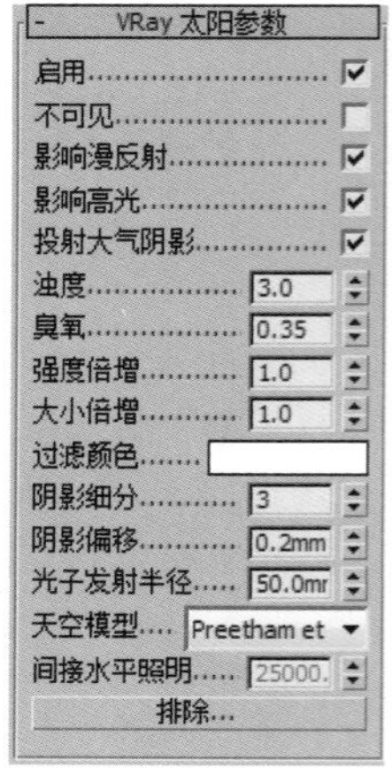

图9-222

VRay太阳重要参数介绍

启用：阳光开关。

不可见：开启该选项后，在渲染的图像中将不会出现太阳的形状。

影响漫反射：这选项决定灯光是否影响物体材质属性的漫反射。

影响高光：这选项决定灯光是否影响物体材质属性的高光。

投射大气阴影：开启该选项以后，可以投射大气的阴影，以得到更加真实的阳光效果。

浊度：这个参数控制空气的混浊度，它影响VRay太阳和VRay天空的颜色。较小的值表示晴朗干净的空气，此时VRay太阳和VRay天空的颜色比较蓝；较大的值表示灰尘含量重的空气（如沙尘暴），此时VRay太阳和VRay天空的颜色呈现为黄色甚至橘黄色。图9-223~图9-226所示分别是“浊度”值为2、3、5、10时的阳光效果。

浊度=2
图9-223

浊度=3
图9-224

浊度=5
图9-225

浊度=10
图9-226

技巧与提示

当阳光穿过大气层时，一部分冷光被空气中的浮尘吸收，照射到大地上的光就会变暖。

臭氧：这个参数是指空气中臭氧的含量，较小值的阳光比较黄，较大值的阳光比较蓝。图9-227~图9-229所示分别是“臭氧”值为0、0.5、1时的阳光效果。

臭氧=0
图9-227

臭氧=0.5
图9-228

臭氧=1
图9-229

强度倍增：这个参数是指阳光的亮度，默认值为1。

“浊度”和“强度倍增”是相互影响的，因为当空气中的浮尘多的时候，阳光的强度就会降低。“大小倍增”和“阴影细分”也是相互影响的，这主要是因为影子虚边越大，所需的细分就越多，也就是说“大小倍增”值越大，“阴影细分”的值就要适当增大，因为当影子为虚边阴影（面阴影）的时候，就会需要一定的细分值来增加阴影的采样，不然就会有很多杂点。

大小倍增：这个参数是指太阳的大小，它的作用主要表现在阴影的模糊程度上，较大的值可以使阳光阴影比较模糊。

过滤颜色：用于自定义太阳光的颜色。

阴影细分：这个参数是指阴影的细分，较大的值可以使模糊区域的阴影产生比较光滑的效果，并且没有杂点。

阴影偏移：用来控制物体与阴影的偏移距离，较高的值会使阴影向灯光的方向偏移。

光子发射半径：这个参数和“光子贴图”计算引擎有关。

天空模型：选择天空的模型，可以选晴天，也可以选阴天。

在VRay系统中，有些选项后面的参数无论怎么调节，均无法更改（不可调），这是因为VRay虽然已经开发出了该参数选项，但是还不成熟，在以后的版本中可能会正常使用。

间接水平照明：该参数目前不可用。

排除 排除...：将物体排除于阳光照射范围之外。

9.4.3 VRay天空

VRay天空是VRay灯光系统中的一个非常重要的照明系统。VRay没有真正的天光引擎，只能用环境光来代替。图9-230所示是在“环境贴图”通道中加载了一张“VRay天空”环境贴图，这样就以得到VRay的天光，再使用鼠标左键将“VRay天空”环境贴图拖曳到一个空白的材质球上就可以调节VRay天空的相关参数。

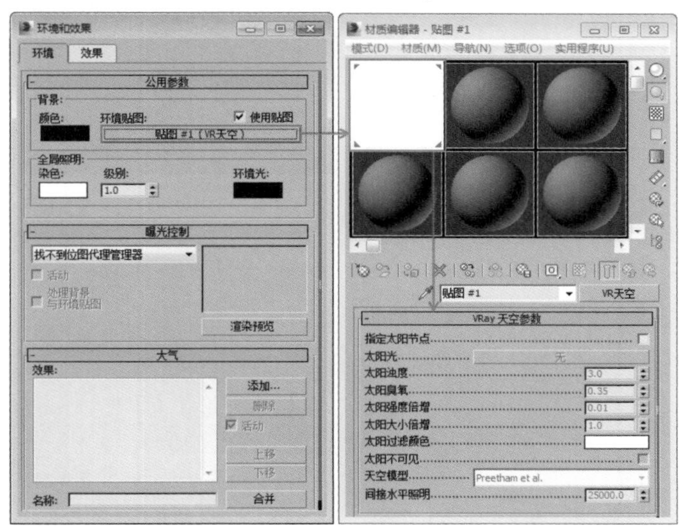

图9-230

VRay天空参数介绍

指定太阳节点：当关闭该选项时，VRay天空的参数将从场景中的VRay太阳的参数里自动匹配；当勾选该选项时，用户就可以从场景中选择不同的灯光，在这种情况下，VRay太阳将不再控制VRay天空的效果，VRay天空将用它自身的参数来改变天光的效果。

太阳光：单击后面的“无”按钮 无 可以选择太阳灯光，这里除了可以选择VRay太阳之外，还可以选择其他的灯光。

太阳浊度：与“VRay太阳参数”卷展栏下的“浊度”选项的含义相同。

太阳臭氧：与“VRay太阳参数”卷展栏下的“臭氧”选项的含义相同。

太阳强度倍增：与“VRay太阳参数”卷展栏下的“强度倍增”选项的含义相同。

太阳大小倍增：与“VRay太阳参数”卷展栏下的“大小倍增”选项的含义相同。

太阳过滤颜色：与“VRay太阳参数”卷展栏下的“过滤颜色”选项的含义相同。

太阳不可见：与“VRay太阳参数”卷展栏下的“不可见”选项的含义相同。

天空模型：与“VRay太阳参数”卷展栏下的“天空模型”选项的含义相同。

间接水平照明：该参数目前不可用。

其实VRay天空是VRay系统中一个程序贴图，主要用来作为环境贴图或作为天光来照亮场景。在创建VRay太阳时，3ds Max会弹出如图9-231所示的对话框，提示是否将“VRay天空”环境贴图自动加载到环境中。

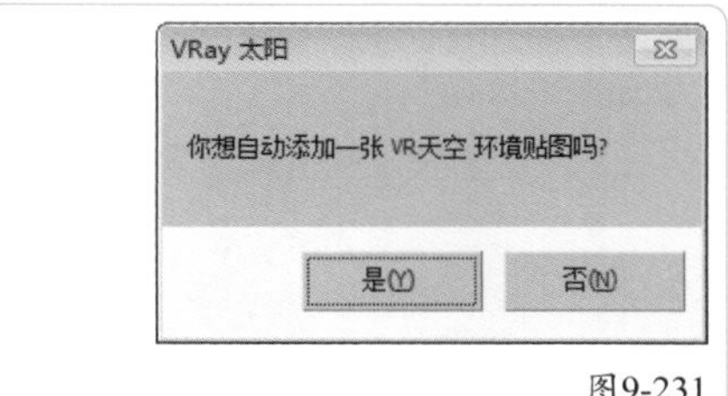

图9-231

实战：用VRay太阳制作室外高架桥阳光

场景位置 场景文件>CH09>14.max
实例位置 实例文件>CH09>实战：用VRay太阳制作室外高架桥阳光.max
视频位置 多媒体教学>CH09>实战：用VRay太阳制作室外高架桥阳光.flv
难易指数 ★☆☆☆☆
技术掌握 VRay太阳模拟室外阳光

扫码看视频

室外的阳光效果如图9-232所示。

图9-232

01 打开“场景文件>CH09>14.max”文件，如图9-233所示。

图9-233

02 设置灯光类型为VRay，然后在前视图中创建一盏VRay太阳，接着在弹出的对话框中单击“是”按钮 是(Y)，其位置如图9-234所示。

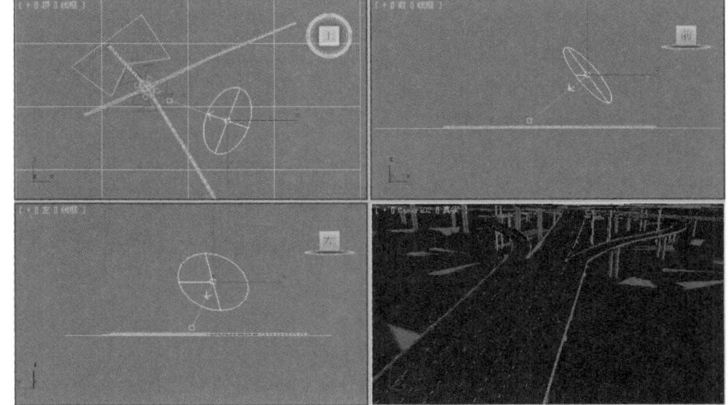

图9-234

03 选择上一步创建的VRay太阳，然后在“VRay太阳参数”卷展栏下设置“强度倍增”为0.075、“大小倍增”为10、“阴影细分”为10，具体参数设置如图9-235所示。

04 按C键切换到摄影机视图，然后按F9键渲染当前场景，最终效果如图9-236所示。

图9-235

图9-236

技术专题 32 在Photoshop中制作光晕特效

由于在3ds Max中制作光晕特效比较麻烦，而且比较耗费渲染时间，因此可以在渲染完成后在Photoshop中来制作光晕。光晕的制作方法如下。

第1步：启动Photoshop，然后打开前面渲染好的图像，如图9-237所示。

第2步：按Shift+Ctrl+N组合键新建一个“图层1”，然后设置前景色为黑色，接着按Alt+Delete组合键用前景色填充“图层1”，如图9-238所示。

图9-237

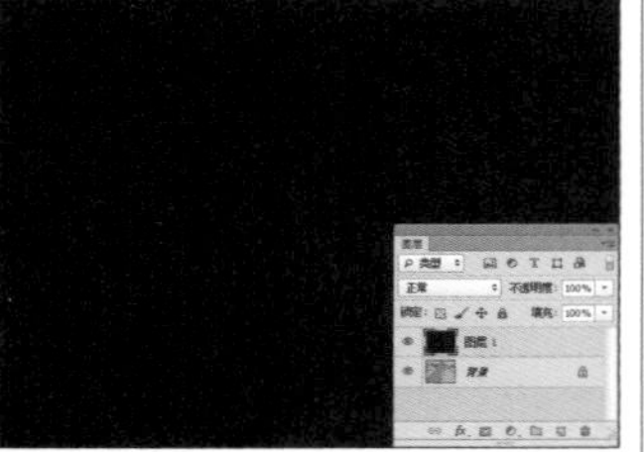
图9-238

第3步：执行“滤镜>渲染>镜头光晕”菜单命令，如图9-239所示，然后在弹出的“镜头光晕”对话框中将光晕中心（光晕中心的位置决定了光晕在图像中的最终位置）拖曳到左上角，如图9-240所示，效果如图9-241所示。

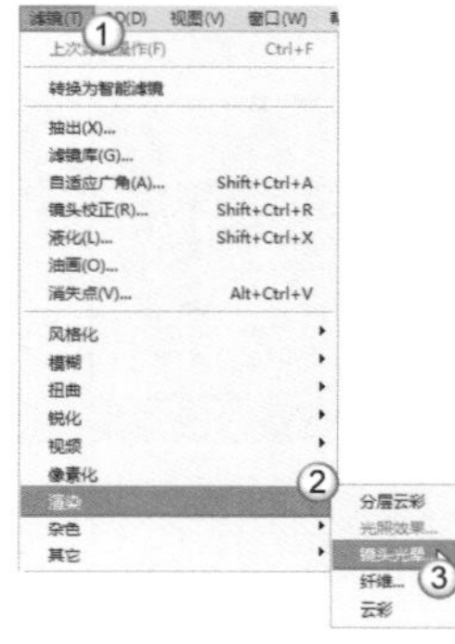

图9-239

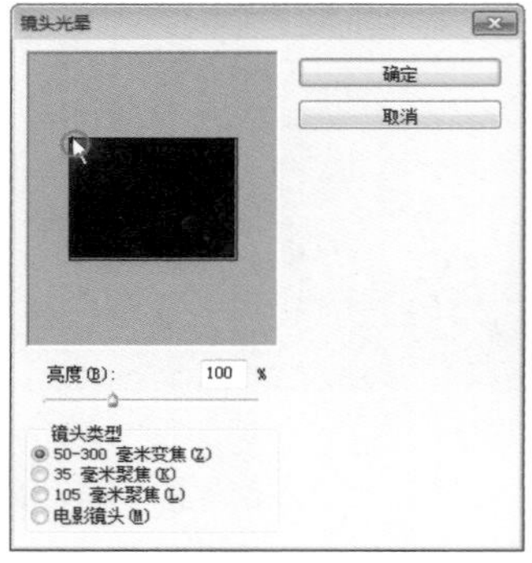

图9-240

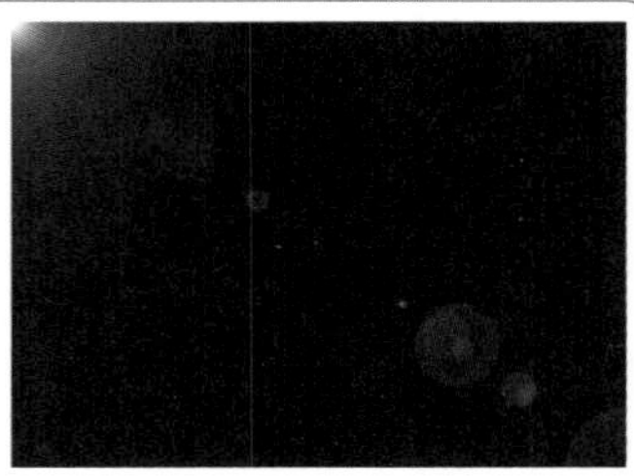
图9-241

第4步：在“图层”面板中将“图层1”的“混合模式”调整为“滤色”模式，如图9-242所示。

图9-242

第5步：为了增强光晕效果，可以按Ctrl+J组合键复制一些光晕，如图9-243所示，效果如图9-244所示。

图9-243

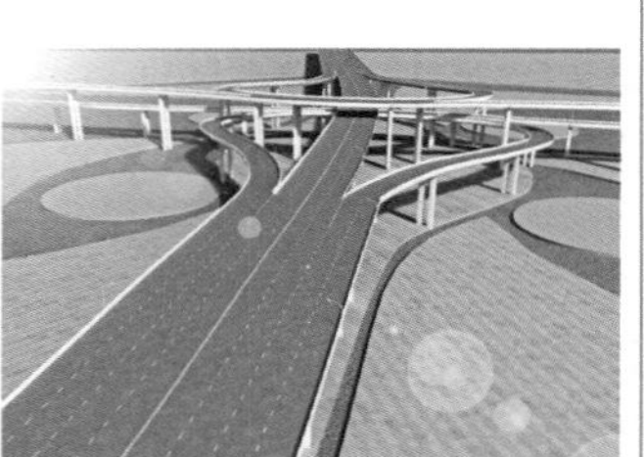
图9-244

★重点★

实战：用VRay太阳制作体育场日光

场景位置 场景文件>CH09>15.max
实例位置 实例文件>CH09>实战：用VRay太阳制作体育场日光.max
视频位置 多媒体教学>CH09>实战：用VRay太阳制作体育场日光.flv
难易指数 ★★☆☆☆
技术掌握 VRay太阳模拟室外阳光

扫码看视频

体育场的日光效果如图9-245所示。

01 打开“场景文件>CH09>15.max”文件，如图9-246所示。

图9-245

图9-246

02 设置灯光类型为VRay，然后在前视图中创建一盏VRay太阳（需要在弹出的提示对话框中单击“是”按钮 是(Y) ，以加载

"VRay天空"环境贴图），其位置如图9-247所示。

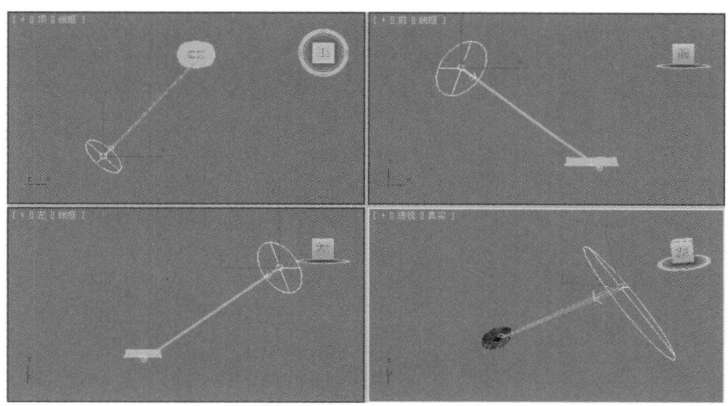

图9-247

03 选择上一步创建的VRay太阳，然后在"VRay太阳参数"卷展栏下设置"强度倍增"为0.03、"大小倍增"为3、"阴影细分"为25，具体参数设置如图9-248所示。

04 按F9键渲染当前场景，最终效果如图9-249所示。

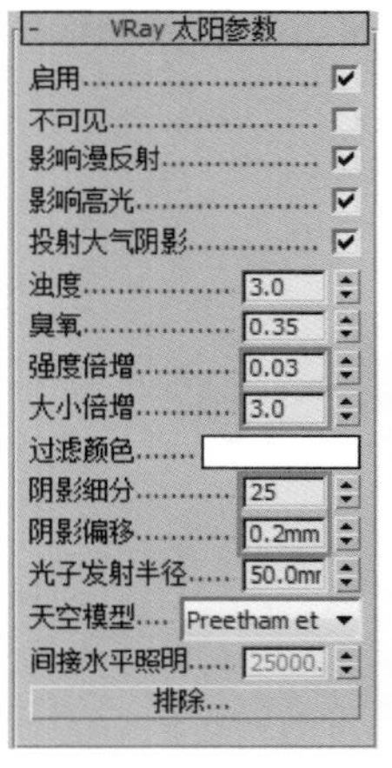

图9-248　　图9-249

技术专题 33 用Photoshop合成天空

从渲染效果中可以观察到，体育场的整体效果还是不错的，只是天空部分太过灰暗。遇到这种情况可以直接在Photoshop中进行调整。

第1步：在Photoshop中打开渲染好的图像，然后按Ctrl+J组合键将"背景"图层复制一层，如图9-250所示。

第2步：在"工具箱"中选择"魔棒工具"，然后选择天空区域，如图9-251所示。

图9-250　　图9-251

第3步：按Ctrl+M组合键打开"曲线"对话框，然后分别对RGB通道、"绿"通道和"蓝"通道进行调节，如图9-252~图9-254所示，调节完成后按Ctrl+D组合键取消选区，效果如图9-255所示。

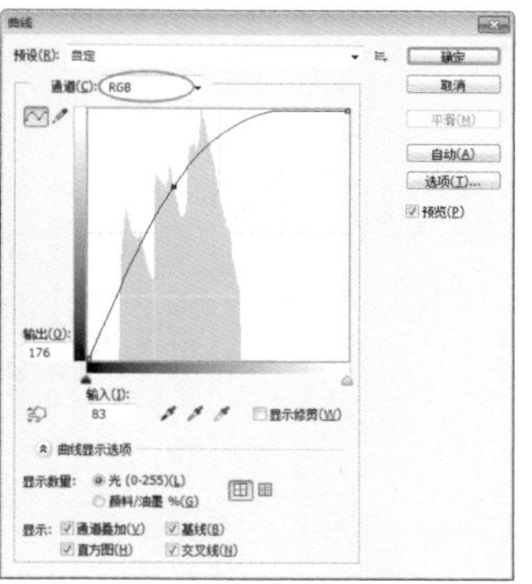

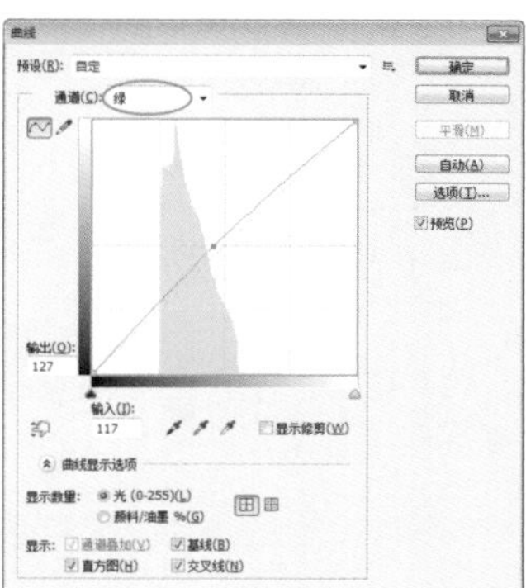

图9-252　　图9-253

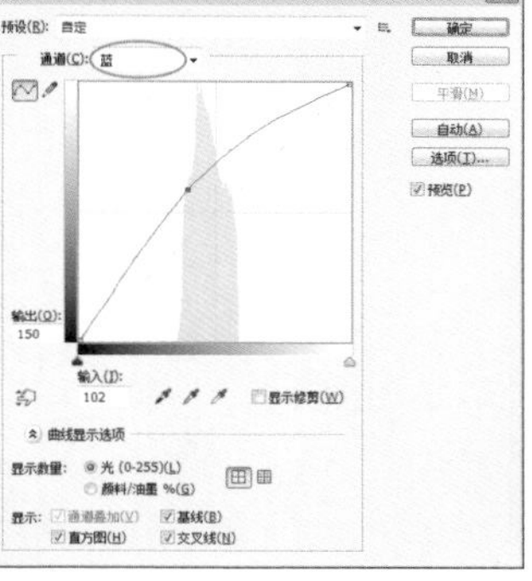

图9-254　　图9-255

第4步：按Shift+Ctrl+N组合键新建一个"图层2"，然后采用上一个技术专题的方法制作一个光晕特效，完成后的效果如图9-256所示。

图9-256

第5步：新建一个"图层3"，然后设置前景色为白色，接着在"工具箱"中选择"画笔工具"，最后在画面的右上角绘制一个白色光晕，如图9-257所示。

第6步：寻找一些天空云朵素材，然后将其合成到天空中，最终效果如图9-258所示。

图9-257　　图9-258

第10章

效果图制作基本功：摄影机技术

Learning Objectives 学习要点

283页
目标摄影机的基本参数

284页
目标摄影机的景深参数

285页
目标摄影机的运动模糊参数

288页
VRay物理摄影机的基本参数

289页
VRay物理摄影机的散景特效

289页
VRay物理摄影机的采样

Employment direction 从业方向

家具造型设计师

工业造型设计师

室内设计表现师

建筑设计表现师

10.1 真实摄影机的结构

在学习摄影机之前，我们先来了解一下真实摄影机的结构与相关名词的术语。

如果拆卸掉任何摄影机的电子装置和自动化部件，都会看到如图10-1所示的基本结构。遮光外壳的一端有一孔穴，用以安装镜头，孔穴的对面有一个容片器，用以承装一段感光胶片。

图10-1

为了在不同光线强度下都能产生正确的曝光影像，摄影机镜头有一个可变光阑，用来调节直径不断变化的小孔，这就是所谓的光圈。打开快门后，光线才能透射到胶片上。快门给了用户选择准确瞬间曝光的机会，而且通过确定某一快门速度，还可以控制曝光时间的长短。

10.2 摄影机的相关术语

其实3ds Max中的摄影机与真实的摄影机有很多术语都是相同的，如镜头、焦距、曝光、白平衡等。

10.2.1 镜头

一个结构简单的镜头可以是一块凸形毛玻璃，它折射来自被摄体上每一点被扩大了的光线。这些光线聚集起来形成连贯的点，即焦平面。当镜头准确聚集时，胶片的位置就与焦平面互相叠合。镜头一般分为标准镜头、广角镜头、远摄镜头、鱼眼镜头和变焦镜头。

标准镜头

标准镜头属于校正精良的正光镜头，也是使用最为广泛的一种镜头，其焦距长度等于或近于所用底片画幅的对角线，视角与人眼的视角相近似，如图10-2所

示。凡是要求被摄景物必须符合正常的比例关系，均需依靠标准镜头来拍摄。

图10-2

广角镜头

广角镜头的焦距短、视角广、景深长，而且均大于标准镜头，其视角超过人们眼睛的正常范围，如图10-3所示。

图10-3

广角镜头的具体特性与用途主要有以下3点。

景深大：有利于把纵深度大的被摄物体清晰地表现在画面上。

视角大：有利于在狭窄的环境中，拍摄较广阔的场面。

景深长：可使纵深景物的近大远小比例强烈，使画面透视感强。

> **技巧与提示**
>
> 广角镜的缺点是影像畸变差较大，尤其在画面的边缘部分，因此在近距离拍摄中应注意变形失真。

远摄镜头

远摄镜头也称长焦距镜头，它具有类似于望远镜的作用，如图10-4所示。这类镜头的焦距长于标准镜头，而视角小于标准镜头。

图10-4

远摄镜头主要有以下4个特点。

景深小：有利于摄取虚实结合的景物。

视角小：能远距离摄取景物的较大影像，对拍摄不易接近的物体，如动物、风光、人的自然神态，均能在远处不被干扰的情况下拍摄。

压缩透视：透视关系被大大压缩，使近大远小的比例缩小，使画面上的前后景物十分紧凑，画面的纵深感从而也缩短。

畸变小：影像畸变差小，这在人像摄影中经常可见。

鱼眼镜头

鱼眼镜头是一种极端的超广角镜头，因其巨大的视角如鱼眼而得名，如图10-5所示。它拍摄范围大，可使景物的透视感得到极大的夸张，并且可以使画面严重地桶形畸变，别有一番情趣。

图10-5

变焦镜头

变焦镜头就是可以改变焦点距离的镜头，如图10-6所示。所谓焦点距离，就是从镜头中心到胶片上所形成的清晰影像上的距离。焦距决定着被摄体在胶片上所形成的影像的大小。焦点距离越大，所形成的影像也越大。变焦镜头是一种很有魅力的镜头，它的镜头焦距可以在较大的幅度内自由调节，这就意味着拍摄者在不改变拍摄距离的情况下，能够在较大幅度内调节底片的成像比例，也就是说，一只变焦镜头实际上起到了若干个不同焦距的定焦镜头的作用。

图10-6

10.2.2 焦平面

焦平面是通过镜头折射后的光线聚集起来形成清晰的、上下颠倒的影像。通过离摄影机不同距离的运行，光线会被不同程度地折射后聚合在焦平面上，因此就需要调节聚焦装置，前后移动镜头距摄影机后背的距离。当镜头聚焦准确时，胶片的位置和焦平面应叠合在一起。

10.2.3 光圈

光圈通常位于镜头的中央，是一个环形，可以控制圆孔的开口大小，并且控制曝光时光线的亮度。当需要大量的光线来进行曝光时，就需要开大光圈的圆孔；若只需要少量光线曝光时，就需要缩小圆孔，让少量的光线进入。

光圈由装设在镜头内的叶片控制，而叶片是可动的。光圈越大，镜头里的叶片开放越大，所谓“最大光圈”就是叶片毫无动作，让可通过镜头的光源全部跑进来的全开光圈；反之光圈越小，叶片就收缩得越厉害，最后可缩小到只剩小小的一个圆点。

光圈的功能就如同人类眼睛的虹膜，是用来控制拍摄时的单位时间的进光量，一般以f/5、F5或1:5来表示。以实际而言，较小的f值表示较大的光圈。

光圈的计算单位称为光圈值（f-number）或者是级数（f-stop）。

光圈值

标准的光圈值（f-number）的编号如下。

f/1、f/1.4、f/2、f/2.8、f/4、f/5.6、f/8、f/11、f/16、f/22、f/32、f/45、f/64，其中f/1是进光量最大的光圈号数。光圈值的分母越大，进光量就越小。通常一般镜头会用到的光圈号数为f/2.8～f/22，光圈值越大的镜头，镜片的口径就越大。

级数

级数（f-stop）是指相邻的两个光圈值的曝光量差距，例如，f/8与f/11之间相差一级，f/2与f/2.8之间也相差一级。依此类推，f/8与f/16之间相差两级，f/1.4与f/4之间就差了3级。

在职业摄影领域，有时称级数为“档”或是“格”，例如，f/8与f/11之间相差了一档，或是f/8与f/16之间相差两格。

在每一级（光圈号数）之间，后面号数的进光量都是前面号数的一半。例如f/5.6的进光量只有f/4的一半，f/16的进光量也只有f/11的一半，号数越后面，进光量越小，并且以等比级数的方式递减。

技巧与提示

除了考虑进光量之外，光圈的大小还跟景深有关。景深是物体成像后在相片（图档）中的清晰程度。光圈越大，景深会越浅（清晰的范围较小）；光圈越小，景深就越长（清晰的范围较大）。大光圈的镜头非常适合低光量的环境，因为它可以在微亮光的环境下，获取更多的现场光，让我们可以用较快速的快门来拍照，以便保持拍摄时相机的稳定度。但是大光圈的镜头不易制作，必须要花较多的费用才可以获得。好的摄影机会根据测光的结果等情况来自动计算出光圈的大小，一般情况下快门速度越快，光圈就越大，以保证有足够的光线通过，所以也比较适合拍摄高速运动的物体，如行动中的汽车、下落的水滴等。

10.2.4 快门

快门是摄影机中的一个机械装置，大多设置于机身接近底片的位置（大型摄影机的快门设计在镜头中），用于控制快门的开关速度，并且决定了底片接受光线的时间长短。也就是说，在每一次拍摄时，光圈的大小控制了光线的进入量，快门的速度决定光线进入的时间长短。这样一次的动作便完成了所谓的“曝光”。

快门是镜头前阻挡光线进来的装置。一般而言，快门的时间范围越大越好。秒数低适合拍摄运动中的物体，某款摄影机就强调快门最快能到1/16000秒，可以轻松抓住急速移动的目标。不过当您要拍的是夜晚的车水马龙，快门时间就要拉长，常见照片中丝绢般的水流效果也要用慢速快门才能拍到。

快门以“秒”作为单位，它有一定的数字格式，一般在摄影机上可以见到的快门单位有以下15种。

B、1、2、4、8、15、30、60、125、250、500、1000、2000、4000、8000。

上面每一个数字单位都是分母，也就是说每一段快门分别是1秒、1/2秒、1/4秒、1/8秒、1/15秒、1/30秒、1/60秒、1/125秒、1/250秒（以下依此类推）等。一般中阶的单眼摄影机快门能达到1/4000秒，高阶的专业摄影机可以到1/8000秒。

B指的是慢快门（Bulb），B快门的开关时间由操作者自行控制，可以用快门按钮或是快门线来决定整个曝光的时间。

每一个快门之间数值的差距都是两倍，例如，1/30是1/60的两倍、1/1000是1/2000的两倍，这个跟光圈值的级数差距计算是一样的。与光圈相同，每一段快门之间的差距也被之为一级、一格或一档。

光圈级数跟快门级数的进光量其实是相同的，也就是说光圈之间相差一级的进光量，其实就等于快门之间相差一级的进光量，这个观念在计算曝光时很重要。

前面提到了光圈决定了景深，快门则是决定了被摄物的“时间”。当拍摄一个快速移动的物体时，通常需要比较高速的快门才可以抓到凝结的画面，所以在拍动态画面时，通常都要考虑可以使用的快门速度。

有时要抓取的画面可能需要有连续性的感觉，就像拍摄丝缎般的瀑布或是小河时，就必须要用到速度比较慢的快门，延长曝光的时间来抓取画面的连续动作。

10.2.5 胶片感光度

根据胶片感光度，可以把胶片归纳为3大类，分别是快速胶片、中速胶片和慢速胶片。快速胶片具有较高的ISO（国际标准协会）数值，慢速胶片的ISO数值较低，快速胶片适用于低照度下的摄影。相对而言，当感光性能较低的慢速胶片可能引起曝光不足时，快速胶片获得正确曝光的可能性就更大，但是感光度的提高会降低影像的清晰度，增加反差。慢速胶片在照度良好时，对获取高质量的照片非常有利。

在光照亮度十分低的情况下，例如在暗弱的室内或黄昏时分的户外，可以选用超快速胶片（即高ISO）进行拍摄。这种胶片对光非常敏感，即使在火柴光下也能获得满意的效果，其产生的景象颗粒度可以营造出画面的戏剧性氛围，以获得引人注目的效果；在光照十分充足的情况下，例如，在阳光明媚的户外，可以选用超慢速胶片（即低ISO）进行拍摄。

10.3 3ds Max中的摄影机

3ds Max中的摄影机在制作效果图和动画时非常有用。在制作效果图时，可以用摄影机确定出图的范围，同时还可以调节图像的亮度，或添加一些诸如景深、运动模糊等特效；在制作动画时，可以让摄影机绕着场景进行“拍摄”，从而模拟出对象在场景中漫游观察的动画效果或是实现空中鸟瞰等特殊动画效果。

3ds Max中的摄影机只包含“标准”摄影机，而“标准”摄影机又包含“目标摄影机”和“自由摄影机”两种，如图10-7所示。

安装好VRay渲染器后，摄影机列表中会增加一种VRay摄影机，而VRay摄影机又包含“VRay穹顶摄影机”和“VRay物理摄影机”两种，如图10-8所示。

图10-7

图10-8

本节摄影机概要

摄影机名称	主要作用	重要程度
目标摄影机	确定观察范围以及透视变化，同时可以配合渲染参数制作景深和模糊等特效	高
VRay物理摄影机	模拟真实单反相机对场景进行取景，能独立调整场景亮度和色彩，并能制作景深、运动模糊和散景等特效	高

技巧与提示

在实际工作中，使用频率最高的是“目标摄影机”和“VRay物理摄影机”，因此下面只讲解这两种摄影机。

10.3.1 目标摄影机

目标摄影机可以查看所放置的目标周围的区域，它比自由摄影机更容易定向，因为只需将目标对象定位在所需位置的中心即可。使用“目标”工具在场景中拖曳光标可以创建一台目标摄影机，可以观察到目标摄影机包含目标点和摄影机两个部件，如图10-9所示。

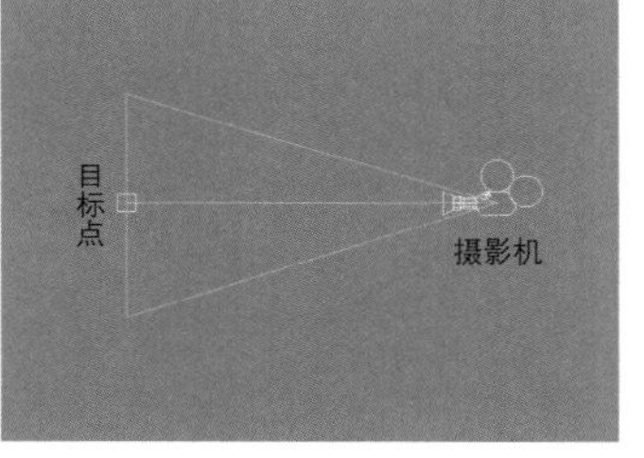

图10-9

参数卷展栏

展开“参数”卷展栏，如图10-10所示。

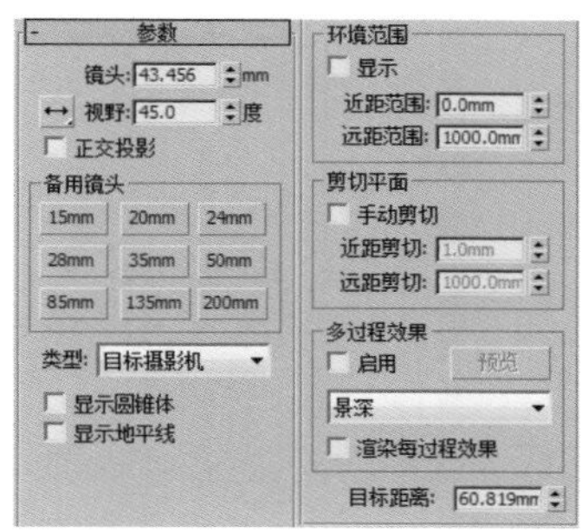

图10-10

参数卷展栏参数介绍

① 基本选项组

镜头：以mm为单位来设置摄影机的焦距。

视野：设置摄影机查看区域的宽度视野，有水平、垂直和对角线3种方式。

正交投影：启用该选项后，摄影机视图为用户视图；关闭该选项后，摄影机视图为标准的透视图。

备用镜头：系统预置的摄影机焦距镜头包含15mm、20mm、24mm、28mm、35mm、50mm、85mm、135mm和200mm。

类型：切换摄影机的类型，包含“目标摄影机”和“自由摄影机”两种。

显示圆锥体：显示摄影机视野定义的锥形光线（实际上是一个四棱锥）。锥形光线出现在其他视口，但是显示在摄影机视口中。

显示地平线：在摄影机视图中的地平线上显示一条深灰色的线条。

② 环境范围选项组

显示：显示出在摄影机锥形光线内的矩形。

近距/远距范围：设置大气效果的近距范围和远距范围。

③ 剪切平面组

手动剪切：启用该选项可定义剪切的平面。

近距/远距剪切：设置近距和远距平面。对于摄影机，比“近距剪切”平面近或比“远距剪切”平面远的对象是不可见视的。

④ 多过程效果选项组

启用：启用该选项后，可以预览渲染效果。

预览 预览：单击该按钮可以在活动摄影机视图中预览效果。

多过程效果类型：共有“景深（mental ray）”“景深”和“运动模糊”3个选项，系统默认为“景深”。

渲染每过程效果：启用该选项后，系统会将渲染效果应用于多重过滤效果的每个过程（景深或运动模糊）。

⑤ 目标距离选项组

目标距离：当使用“目标摄影机”时，该选项用来设置摄影机与其目标之间的距离。

景深参数卷展栏

景深是摄影机的一个非常重要的功能，在实际工作中的使用频率也非常高，常用于表现画面的中心点，如图10-11和图10-12所示。

图10-11

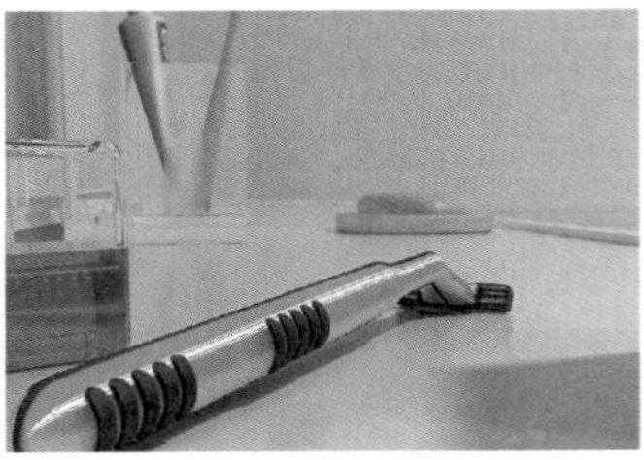
图10-12

当设置“多过程效果”为“景深”时，系统会自动显示“景深参数”卷展栏，如图10-13所示。

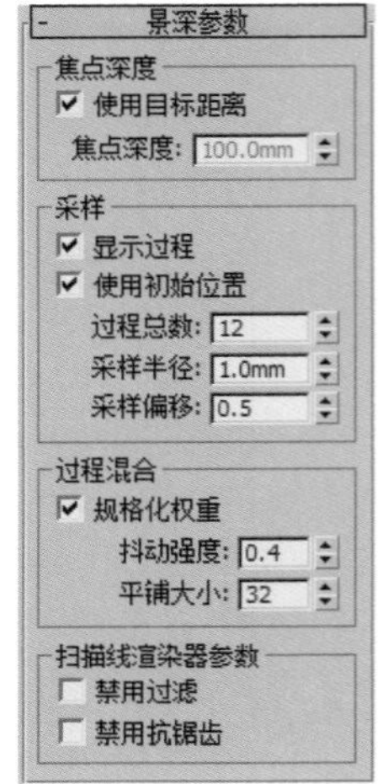

图10-13

景深参数卷展栏参数介绍

① 焦点深度选项组

使用目标距离：启用该选项后，系统会将摄影机的目标距离用作每个过程偏移摄影机的点。

焦点深度：当关闭“使用目标距离”选项时，该选项可以用来设置摄影机的偏移深度，其取值范围为0~100。

② 采样选项组

显示过程：启用该选项后，“渲染帧窗口”对话框中将显示多个渲染通道。

使用初始位置：启用该选项后，第1个渲染过程将位于摄影机的初始位置。

过程总数：设置生成景深效果的过程数。增大该值可以提高效果的真实度，但是会增加渲染时间。

采样半径：设置场景生成的模糊半径。数值越大，模糊效果越明显。

采样偏移：设置模糊靠近或远离“采样半径”的权重。增加该值将增加景深模糊的数量级，从而得到更均匀的景深效果。

③ 过程混合选项组

规格化权重：启用该选项后可以将权重规格化，以获得平滑的结果；当关闭该选项后，效果会变得更加清晰，但颗粒效果也更明显。

抖动强度：设置应用于渲染通道的抖动程度。增大该值会增加抖动量，并且会生成颗粒状效果，尤其在对象的边缘上最为明显。

平铺大小：设置图案的大小。0表示以最小的方式进行平铺；100表示以最大的方式进行平铺。

④ 扫描线渲染器参数选项组

禁用过滤：启用该选项后，系统将禁用过滤的整个过程。

禁用抗锯齿：启用该选项后，可以禁用抗锯齿功能。

技术专题 34 景深形成原理解析

“景深”就是指拍摄主题前后所能在一张照片上成像的空间层次的深度。简单地说，景深就是聚焦清晰的焦点前后“可接受的清晰区域”，如图10-14所示。

图10-14

下面讲解景深形成的原理。

1.焦点

与光轴平行的光线射入凸透镜时，理想的镜头应该是所有的光线聚集在一点后，再以锥状的形式扩散开。这个聚集所有光线的点就称为“焦点”，如图10-15所示。

2.弥散圆

在焦点前后，光线开始聚集和扩散，点的影像会变得模糊，从而形成一个扩大的圆。这个圆就称为“弥散圆”，如图10-16所示。

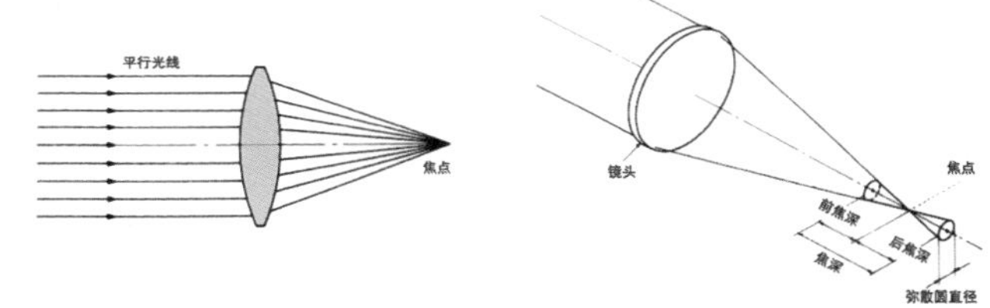

图10-15　图10-16

每张照片都有主题和背景之分，景深和摄影机的距离、焦距和光圈之间存在着以下3种关系（这3种关系可以用图10-17来表示）。

第1种：光圈越大，景深越小；光圈越小，景深越大。

第2种：镜头焦距越长，景深越小；焦距越短，景深越大。

第3种：距离越远，景深越大；距离越近，景深越小。

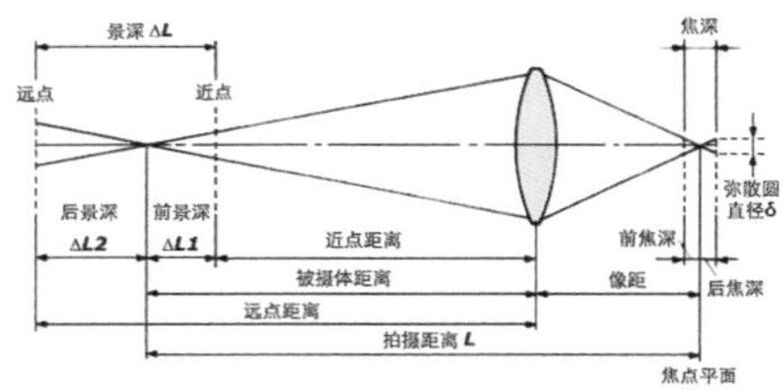

图10-17

景深可以很好地突出主题，不同的景深参数下的效果也不相同，如图10-18所示突出的是蜘蛛的头部，而图10-19所示突出的是蜘蛛和被捕食的螳螂。

图10-18

图10-19

运动模糊参数卷展栏

运动模糊一般运用在动画中，常用于表现运动对象高速运动时产生的模糊效果，如图10-20和图10-21所示。

图10-20

图10-21

当设置“多过程效果”为“运动模糊”时，系统会自动显示出“运动模糊参数”卷展栏，如图10-22所示。

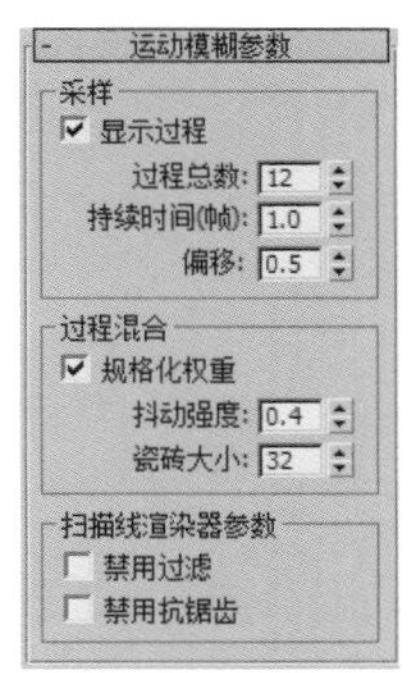

图10-22

运动模糊参数卷展栏参数介绍

① 采样选项组

显示过程：启用该选项后，“渲染帧窗口”对话框中将显示多个渲染通道。

过程总数：设置生成效果的过程数。增大该值可以提高效果的真实度，但是会增加渲染时间。

持续时间（帧）：在制作动画时，该选项用来设置应用运动模糊的帧数。

偏移：设置模糊的偏移距离。

② 过程混合选项组

规格化权重：启用该选项后，可以将权重规格化，以获得平滑的结果；当关闭该选项后，效果会变得更加清晰，但颗粒效果也更明显。

抖动强度：设置应用于渲染通道的抖动程度。增大该值会增加抖动量，并且会生成颗粒状的效果，尤其在对象的边缘上最为明显。

瓷砖大小：设置图案的大小。0表示以最小的方式进行平铺；100表示以最大的方式进行平铺。

③ 扫描线渲染器参数选项组

禁用过滤：启用该选项后，系统将禁用过滤的整个过程。

禁用抗锯齿：启用该选项后，可以禁用抗锯齿功能。

★ 重 点 ★

实战：用目标摄影机制作玻璃杯景深

场景位置 场景文件>CH10>01.max
实例位置 实例文件>CH10>实战：用目标摄影机制作玻璃杯景深.max
视频位置 多媒体教学>CH10>实战：用目标摄影机制作玻璃杯景深.flv
难易指数 ★★☆☆☆
技术掌握 用目标摄影机制作景深特效

扫码看视频

玻璃杯的景深效果如图10-23所示。

图10-23

01 打开“场景文件>CH10>01.max”文件，如图10-24所示。

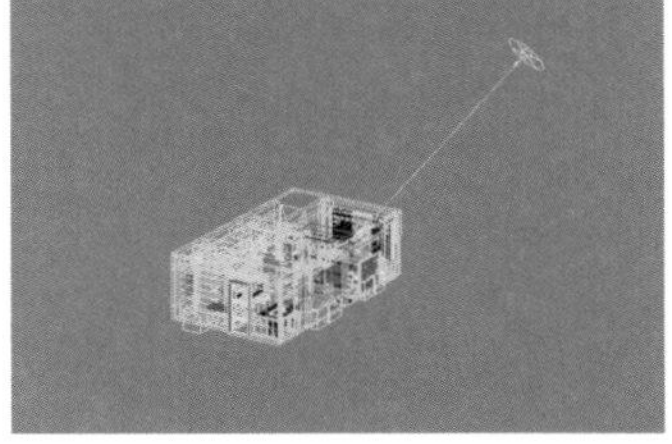
图10-24

02 设置摄影机类型为“标准”，然后在顶视图中创建一台目标摄影机，使摄影机的查看方向对准玻璃杯，如图10-25所示。

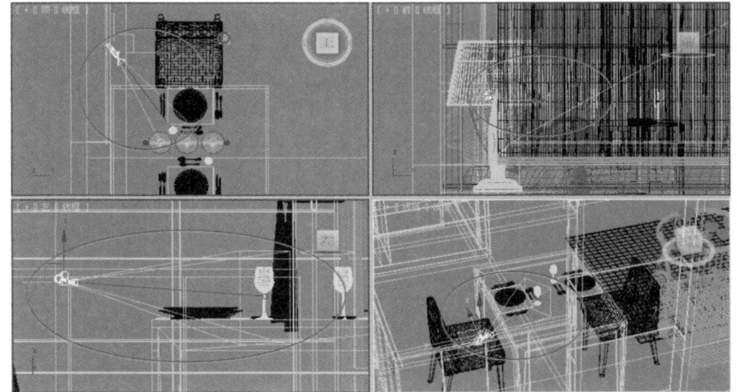
图10-25

03 选择目标摄影机，然后在“参数”卷展栏下设置“镜头”

为105mm、“视野”为19.455度，接着设置“目标距离”为637.415mm，具体参数设置如图10-26所示。

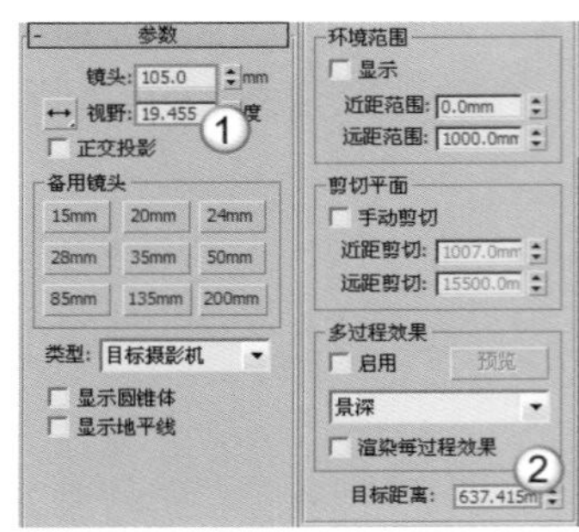

图10-26

04 在透视图中按C键切换到摄影机视图，然后按Shift+F组合键打开安全框（安全框显示渲染区域），如图10-27所示，接着按F9键测试渲染当前场景，效果如图10-28所示。

图10-27　图10-28

疑难问答

问：为何渲染出来的图像没有景深效果？

答：虽然现在创建了目标摄影机，但是并没用产生景深效果，这是因为还没有在渲染中开启景深的原因。

05 按F10键打开“渲染设置”对话框，然后单击VRay选项卡，接着展开“摄像机”卷展栏，最后在“景深”选项组下勾选“开”选项和“从摄影机获取”选项，如图10-29所示。

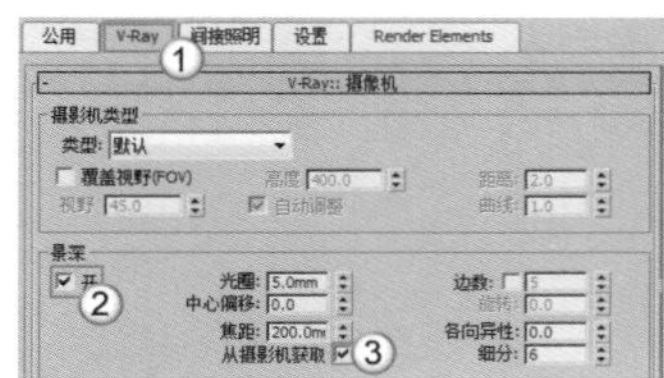

图10-29

技巧与提示

勾选“从相机获取”选项后，摄影机焦点位置的物体在画面中是最清晰的，而距离焦点越远的物体将会很模糊。

06 按F9键渲染当前场景，可以观察到从第2个酒杯开始已经产生了良好的景深特效，最终效果如图10-30所示。

图10-30

技术专题 35 “摄影机校正”修改器

在默认情况下，摄影机视图使用3点透视，其中垂直线看上去在顶点上汇聚。对摄影机应用“摄影机校正”修改器（注意，该修改器不在“修改器列表”中）以后，可以在摄影机视图中使用两点透视。在两点透视中，垂直线保持垂直。下面举例说明该修改器的具体作用。

第1步：在场景中创建一个圆柱体和一台目标摄影机，如图10-31所示。

第2步：按C键切换到摄影机视图，可以发现圆柱体在摄影机视图中与垂直线不垂直，如图10-32所示。

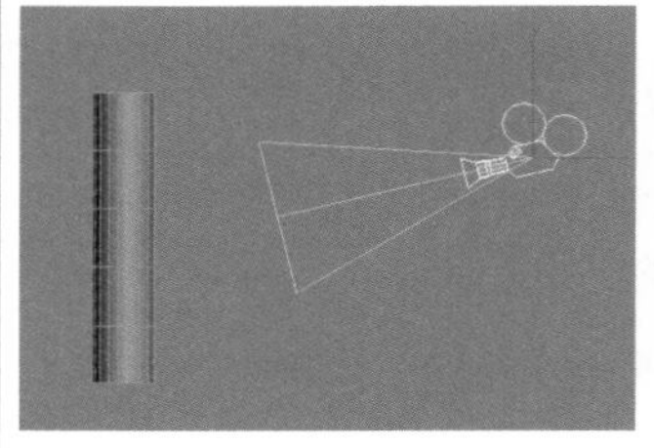

图10-31

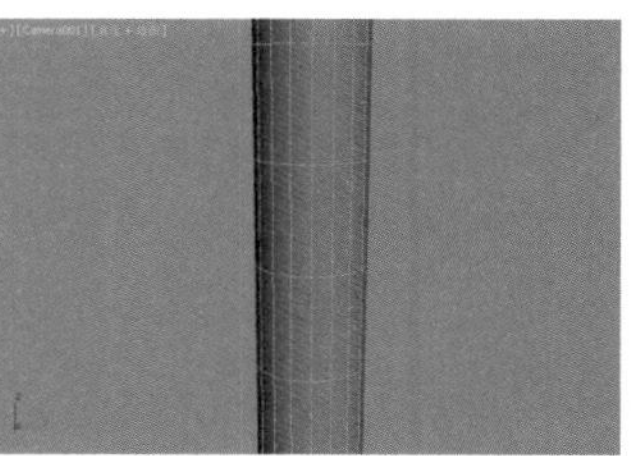

图10-32

第3步：选择目标摄影机，然后单击鼠标右键，接着在弹出的菜单中选择“应用摄影机校正修改器”命令，为目标摄影机加载“摄影机校正”修改器，如图10-33所示。这样就可以将圆柱体的垂直线与摄影机视图的垂直线保持垂直，如图10-34所示。这就是“摄影机校正”修改器的主要作用。

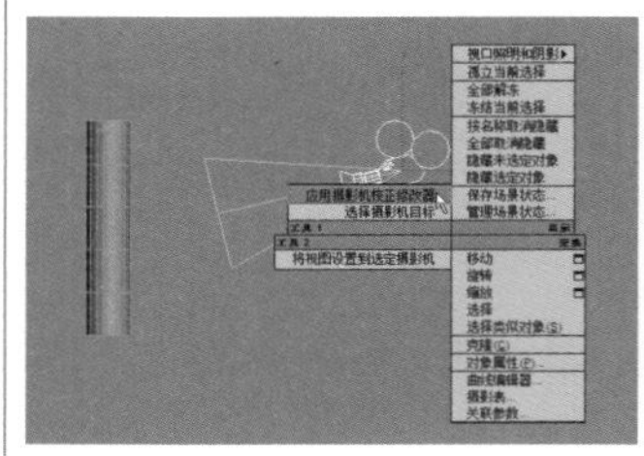

图10-33

图10-34

实战：用目标摄影机制作运动模糊特效

场景位置　场景文件>CH10>01.max
实例位置　实例文件>CH10>实战：用目标摄影机制作运动模糊特效.max
视频位置　多媒体教学>CH10>实战：用目标摄影机制作运动模糊特效.flv
难易指数　★★☆☆☆
技术掌握　用目标摄影机制作运动模糊特效

扫码看视频

运动的模糊效果如图10-35所示。

图10-35

01 打开“场景文件>CH10>02.max”文件，如图10-36所示。

图10-36

技巧与提示

本场景已经设置好了一个螺旋桨旋转动画，在“时间轴”上单击“播放”按钮▶，可以观看旋转动画。图10-37和图10-38所示分别是第3帧和第6帧的默认渲染效果，可以发现并没用产生运动模糊效果。

图10-37

图10-38

02 设置摄影机类型为“标准”，然后在左视图中创建一台目标摄影机，接着调节好目标点的位置，如图10-39所示。

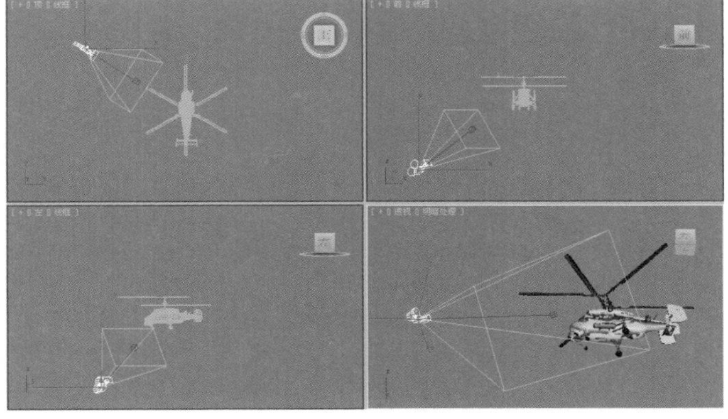

图10-39

03 选择目标摄影机，然后在“参数”卷展栏下设置“镜头”为43.456mm、“视野”为45度，接着设置“目标距离”为100000mm，如图10-40所示。

04 按F10键打开“渲染设置”对话框，然后单击VRay选项卡，接着展开“摄像机”卷展栏，最后在“运动模糊”选项组下勾选“开”选项，如图10-41所示。

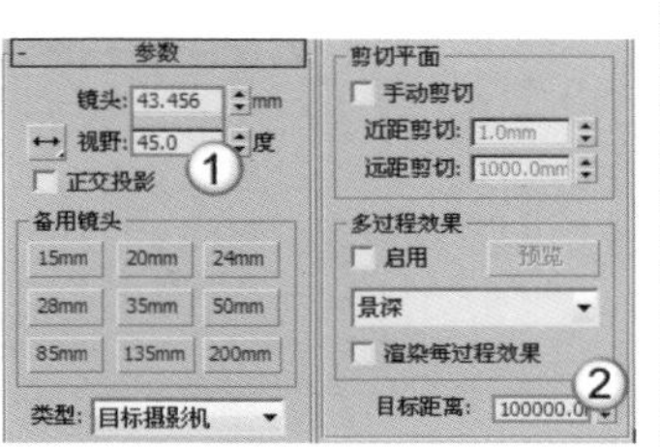

图10-40

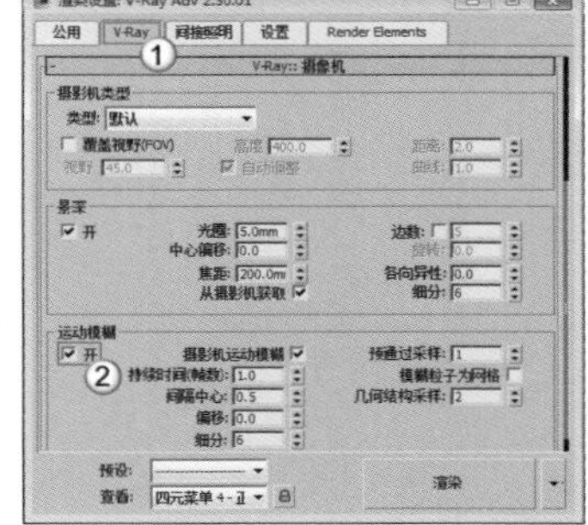

图10-41

05 在透视图中按C键切换到摄影机视图，然后将时间线滑块拖曳到第1帧，接着按F9键渲染当前场景，可以发现此时已经产生了运动模糊效果，如图10-42所示。

图10-42

06 分别将时间滑块拖曳到第4、10、15帧的位置，然后渲染出这些单帧图，最终效果如图10-43所示。

图10-43

★ 重点 ★

10.3.2 VRay物理摄影机

VRay物理摄影机相当于一台真实的摄影机，有光圈、快门、曝光、ISO等调节功能，它可以对场景进行“拍照”。使用“VRay物理摄影机”工具VR物理摄影机在视图中拖曳光标可以创建一台VRay物理摄影机，可以观察到VRay物理摄影机同样包含摄影机和目标点两个部件，如图10-44所示。

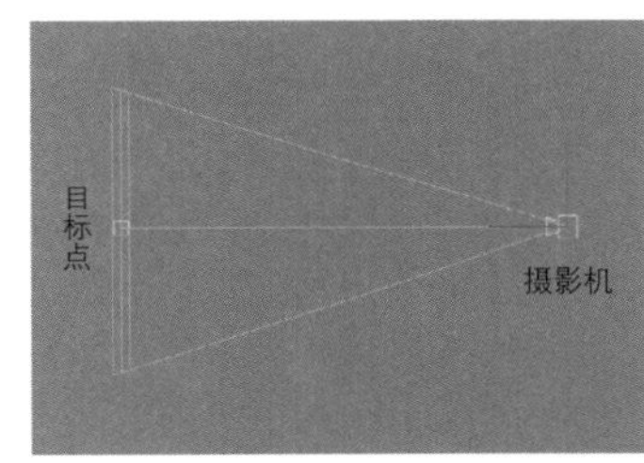

图10-44

VRay物理摄影机的参数包含5个卷展栏，如图10-45所示。

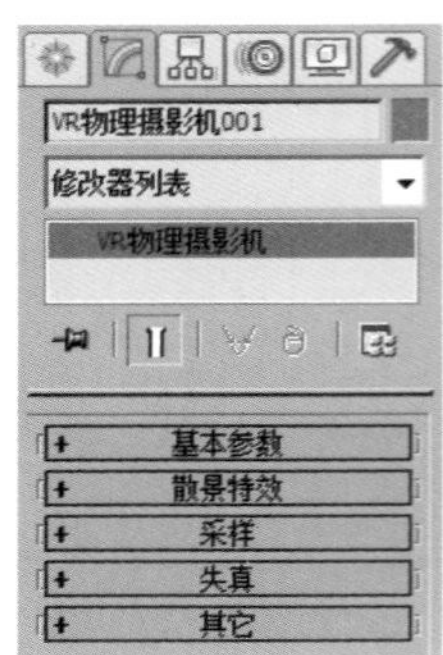

图10-45

下面只介绍“基本参数”“散景特效”和“采样”3个卷展栏下的参数。

基本参数卷展栏

展开“基本参数”卷展栏，如图10-46所示。

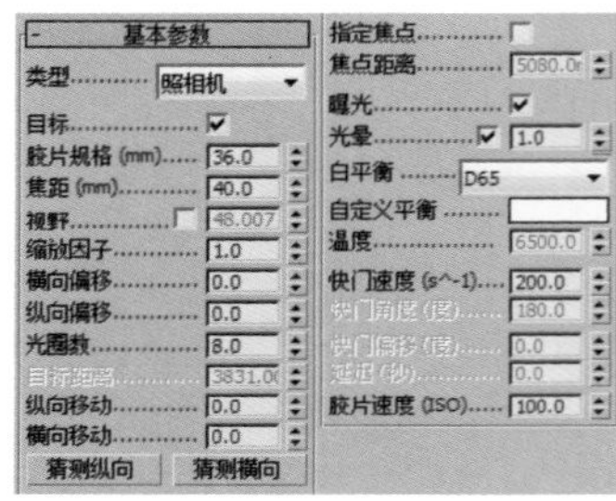

图10-46

基本参数卷展栏参数介绍

类型：设置摄影机的类型，包含“照相机”“摄影机（电影）”和“摄像机（DV）”3种类型。

照相机：用来模拟一台常规快门的静态画面照相机。

摄影机（电影）：用来模拟一台圆形快门的电影摄影机。

摄像机（DV）：用来模拟带CCD矩阵的快门摄像机。

目标：当勾选该选项时，摄影机的目标点将放在焦平面上；当关闭该选项时，可以通过下面的“目标距离”选项来控制摄影机到目标点的位置。

胶片规格（mm）：控制摄影机所看到的景色范围。值越大，看到的景象就越多。

焦距（mm）：设置摄影机的焦长，同时也会影响到画面的感光强度。较大的数值产生的效果类似于长焦效果，且感光材料（胶片）会变暗，特别是在胶片的边缘区域；较小数值产生的效果类似于广角效果，其透视感比较强，当然胶片也会变亮。

视野：启用该选项后，可以调整摄影机的可视区域。

缩放因子：控制摄影机视图的缩放。值越大，摄影机视图拉得越近。

横向/纵向偏移：控制摄影机视图的水平和垂直方向上的偏移量。

光圈数：设置摄影机的光圈大小，主要用来控制渲染图像的最终亮度。值越小，图像越亮；值越大，图像越暗。图10-47~图10-49所示分别是“光圈数”值为10、11和14的对比渲染效果。注意，光圈和景深也有关系，大光圈的景深小，小光圈的景深大。

光圈数=10

图10-47

光圈数=11

图10-48

光圈数=14

图10-49

目标距离：摄影机到目标点的距离，默认情况下是关闭的。当关闭摄影机的“目标”选项时，就可以用“目标距离”来控制摄影机的目标点的距离。

纵向/横向移动：制摄影机在垂直/水平方向上的变形，主要用于纠正三点透视到两点透视。

猜测纵向 猜测纵向 /猜测横向 猜测横向 ：用于校正垂直/水平方向上的透视关系。

指定焦点：开启这个选项后，可以手动控制焦点。

焦点距离：勾选“指定焦点”选项后，可以在该选项的数值输入框中手动输入焦点距离。

曝光：当勾选这个选项后，VRay物理摄影机中的“光圈数”“快门速度（s^-1）”和“胶片速度（ISO）”设置才会起作用。

光晕：模拟真实摄影机里的光晕效果。图10-50和图10-51所示分别是勾选“光晕”和关闭“光晕”选项时的渲染效果。

勾选光晕

图10-50

关闭光晕

图10-51

白平衡：和真实摄影机的功能一样，控制图像的色偏。例如在白天的效果中，设置一个桃色的白平衡颜色可以纠正阳光的颜色，从而得到正确的渲染颜色。

自定义白平衡：用于手动设置白平衡的颜色，从而控制图像的色偏。如图像偏蓝，就应该将白平衡颜色设置为蓝色。

温度：该选项目前不可用。

快门速度（s^-1）：控制光的进光时间，值越小，进光时间越长，图像就越亮；值越大，进光时间就越小，图像就越暗。图10-52~

图10-54所示分别是“快门速度（s^-1）”值为35、50和100时的对比渲染效果。

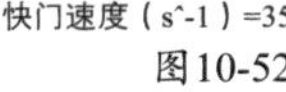
快门速度（s^-1）=35
图10-52

快门速度（s^-1）=50
图10-53

快门速度（s^-1）=100
图10-54

快门角度（度）：当摄影机选择“摄影机（电影）”类型的时候，该选项才被激活，其作用和上面“快门速度（s^-1）”的作用一样，主要用来控制图像的明暗。

快门偏移（度）：当摄影机选择“摄影机（电影）”类型的时候，该选项才被激活，主要用来控制快门角度的偏移。

延迟（秒）：当摄影机选择“摄像机（DV）”类型的时候，该选项才被激活，作用和上面“快门速度（s^-1）”的作用一样，主要用来控制图像的亮暗，值越大，表示光越充足，图像也越亮。

胶片速度（ISO）：控制图像的亮暗，值越大，表示ISO的感光系数越强，图像也越亮。一般白天效果比较适合用较小的ISO，而晚上效果比较适合用较大的ISO。图10-55~图10-57所示分别是“胶片速度（ISO）”值为80、120和160时、渲染效果。

胶片速度（ISO）=80
图10-55

胶片速度（ISO）=120
图10-56

胶片速度（ISO）=160
图10-57

散景特效卷展栏

“散景特效”卷展栏下的参数主要用于控制散景效果，如图10-58所示。当渲染景深的时候，或多或少都会产生一些散景效果，这主要和散景到摄影机的距离有关。图10-59所示是使用真实摄影机拍摄的散景效果。

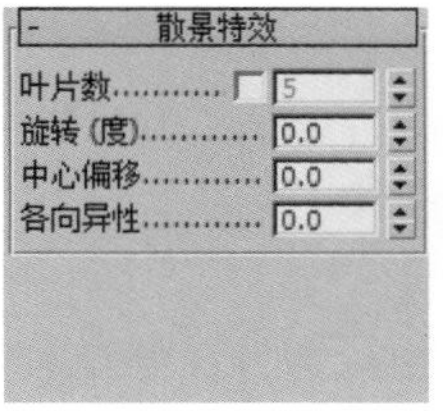

图10-58

图10-59

散景特效卷展栏参数介绍

叶片数：控制散景产生的小圆圈的边，默认值为5表示散景的小圆圈为正五边形。如果关闭该选项，那么散景就是个圆形。

旋转（度）：散景小圆圈的旋转角度。

中心偏移：散景偏移源物体的距离。

各向异性：控制散景的各向异性，值越大，散景的小圆圈拉得越长，即变成椭圆。

采样卷展栏

展开“采样”卷展栏，如图10-60所示。

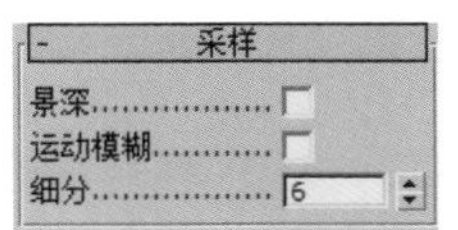

图10-60

采样卷展栏参数介绍

景深：控制是否开启景深效果。当某一物体聚焦清晰时，从该物体前面的某一段距离到其后面的某一段距离内的所有景物都是相当清晰的。

运动模糊：控制是否开启运动模糊功能。这个功能只适用于具有运动对象的场景中，对静态场景不起作用。

细分：设置“景深”或“运动模糊”的“细分”采样。数值越高，效果越好，但是会增长渲染时间。

★ 重点 ★

实战：测试VRay物理摄影机的缩放因子

场景位置 场景文件>CH10>03.max
实例位置 实例文件>CH10>实战：测试VRay物理摄影机的缩放因子.max
视频位置 多媒体教学>CH10>实战：测试VRay物理摄影机的缩放因子.flv
难易指数 ★☆☆☆☆
技术掌握 用缩放因子调整出图的远近关系

扫码看视频

测试的“缩放因子”参数效果如图10-61所示。

图10-61

01 打开“场景文件>CH10>03.max”文件，如图10-62所示。

图10-62

02 设置摄影机类型为VRay，然后在顶视图中创建一台VRay物理摄影机，接着调整好其位置，如图10-63所示。

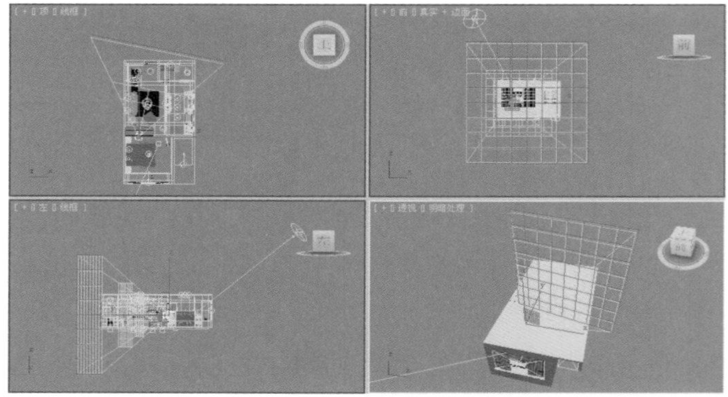

图10-63

03 选择VRay物理摄影机，然后在“基本参数”卷展栏下设置“缩放因子”为0.8、“光圈数”为2.8、“快门速度（s^-1）”为40，接着勾选“光晕”选项，如图10-64所示。

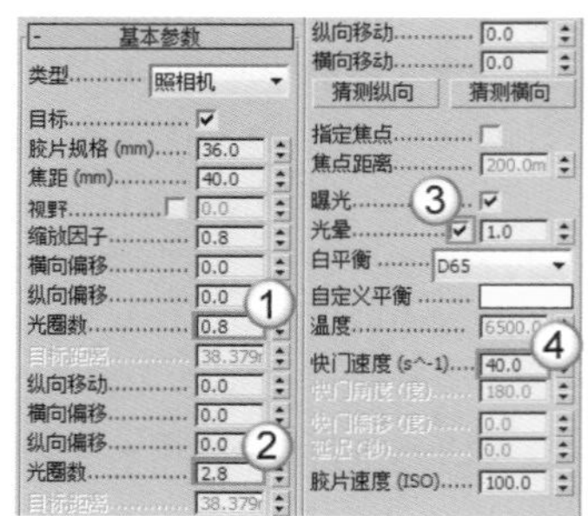

图10-64

04 在透视图中按C键切换到摄影机视图，然后按Shift+F组合键打开安全框，如图10-65所示，接着按F9键测试渲染当前场景，效果如图10-66所示。

图10-65 图10-66

05 在“基本参数”卷展栏下将“缩放因子”修改为1，其他参数保持不变，然后按F9键测试渲染当前场景，效果如图10-67所示。

06 在“基本参数”卷展栏下将“缩放因子”修改为1.8，其他参数保持不变，然后按F9键测试渲染当前场景，效果如图10-68所示。

图10-67 图10-68

技巧与提示

“缩放因子”参数非常重要，因为它可以改变摄影机视图的远近范围，从而改变物体的远近关系。

实战：测试VRay物理摄影机的光晕

场景位置 场景文件>CH10>04.max
实例位置 实例文件>CH10>实战：测试VRay物理摄影机的光晕.max
视频位置 多媒体教学>CH10>实战：测试VRay物理摄影机的光晕.flv
难易指数 ★☆☆☆☆
技术掌握 用光晕在效果图上添加光晕

扫码看视频

测试的“光晕”参数效果如图10-69所示。

图10-69

01 打开“场景文件>CH10>04.max”文件，然后设置摄影机类型为VRay，接着在场景中创建一台VRay物理摄影机，其位置如图10-70所示。

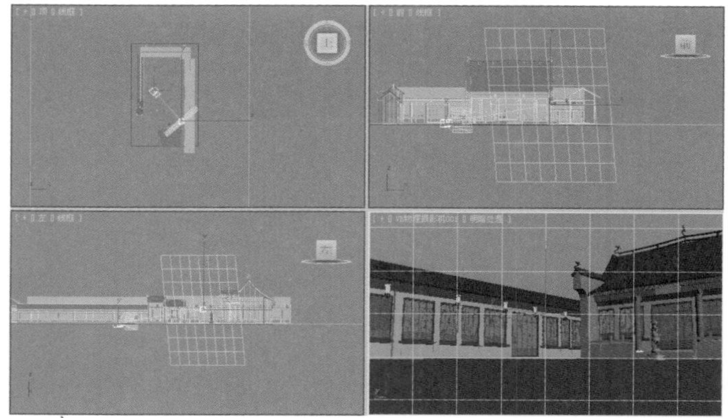

图10-70

02 选择VRay物理摄影机，然后在“基本参数”卷展栏下设置“光圈数”为2，如图10-71所示，接着按C键切换到摄影机视图，最后按F9键测试渲染当前场景，效果如图10-72所示。

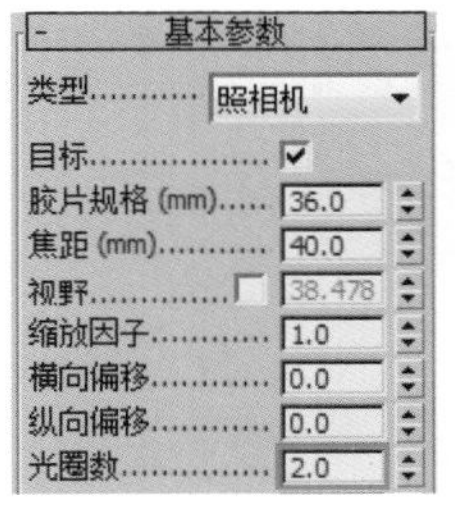

图10-71 图10-72

03 选择VRay物理摄影机，然后在“基本参数”卷展栏下勾选“光晕”选项，并设置其数值为2，如图10-73所示，接着按F9键测试渲染当前场景，效果如图10-74所示。

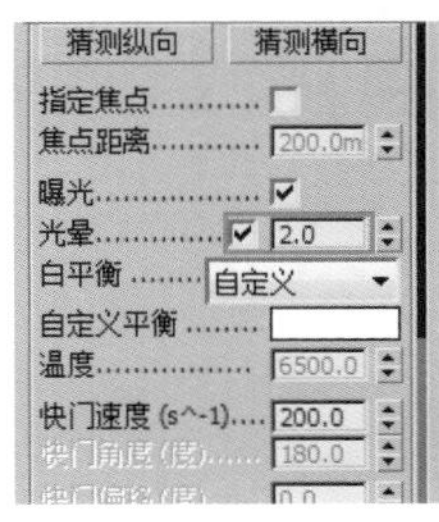

图10-73 图10-74

04 选择VRay物理摄影机，然后在“基本参数”卷展栏下将“光晕”修改为4，如图10-75所示，接着按F9键测试渲染当前场景，效果如图10-76所示。

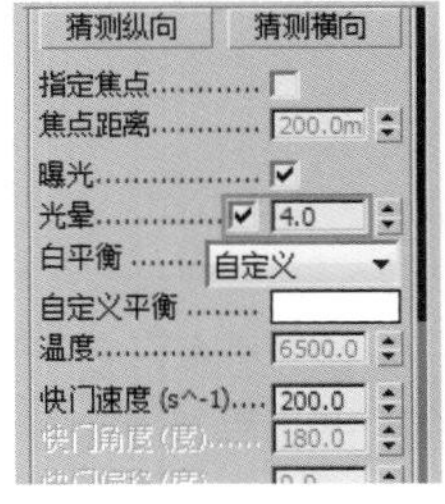

图10-75 图10-76

★ 重点 ★

实战：测试VRay物理摄影机的快门速度

场景位置　场景文件>CH10>04.max
实例位置　实例文件>CH10>实战：测试VRay物理摄影机的快门速度.max
视频位置　多媒体教学>CH10>实战：测试VRay物理摄影机的快门速度.flv
难易指数　★☆☆☆☆
技术掌握　用快门速度（s^-1）控制效果图的明暗程度

测试的“快门速度（s^-1）”参数效果如图10-77所示。

图10-77

01 打开“场景文件>CH10>04.max”文件，然后设置摄影机类型为VRay，接着在场景中创建一台VRay物理摄影机，其位置如图10-78所示。

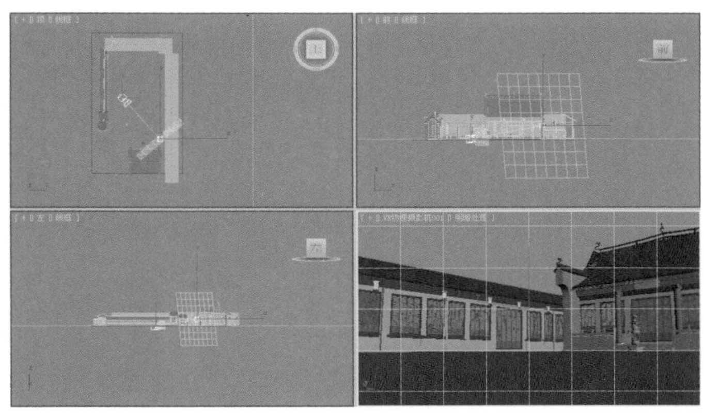

图10-78

02 选择VRay物理摄影机，然后在“基本参数”卷展栏下设置“光圈数”为2、“快门速度（s^-1）”为130，具体参数设置如图10-79所示，接着按C键切换到摄影机视图，最后按F9键测试渲染当前场景，效果如图10-80所示。

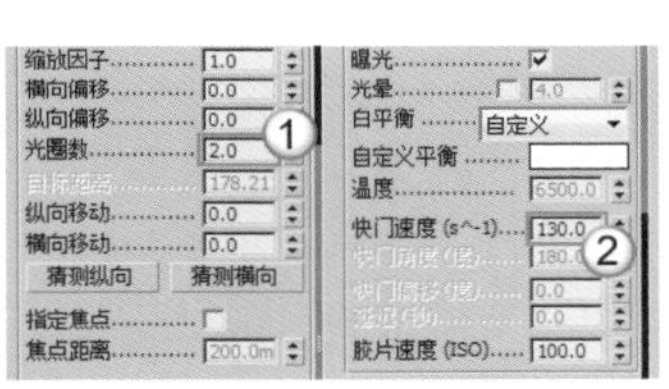

图10-79 图10-80

03 选择VRay物理摄影机，然后在“基本参数”卷展栏下将“快门速度（s^-1）”修改为200，接着按F9键测试渲染当前场景，效果如图10-81所示。

04 选择VRay物理摄影机，然后在“基本参数”卷展栏下将“快门速度（s^-1）”修改为300，接着按F9键测试渲染当前场景，效果如图10-82所示。

图10-81 图10-82

“快门速度（s^-1）”参数可以用来控制最终渲染图像的明暗程度，与现实中使用的单反相机的快门速度的道理是一样的。另外，“光圈数”选项与“胶片速度（ISO）”也可以用来调整图像的明暗度。

第11章 效果图制作基本功：材质与贴图技术

Learning Objectives 学习要点

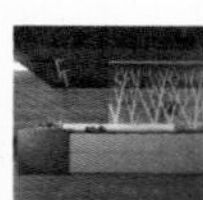

292页 材质编辑器

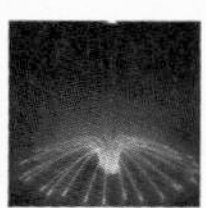

299页 标准材质

303页 多维/子对象材质

306页 VRay灯光材质

309页 VRayMtl材质

326页 位图贴图

Employment direction 从业方向

家具造型设计师

工业造型设计师

室内设计表现师

建筑设计表现师

11.1 初识材质

材质主要用于表现物体的颜色、质地、纹理、透明度和光泽等特性，依靠各种类型的材质可以制作出现实世界中的任何物体，如图11-1~图11-3所示。

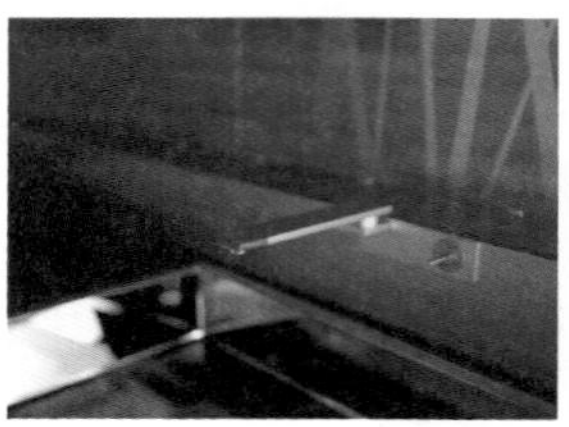

图11-1

图11-2

图11-3

通常，在制作新材质并将其应用于对象时，应该遵循以下步骤。

第1步：指定材质的名称。

第2步：选择材质的类型。

第3步：对于标准或光线追踪材质，应选择着色类型。

第4步：设置漫反射颜色、光泽度和不透明度等各种参数。

第5步：将贴图指定给要设置贴图的材质通道，并调整参数。

第6步：将材质应用于对象。

第7步：如有必要，应调整UV贴图坐标，以便正确定位对象的贴图。

第8步：保存材质。

技巧与提示

在3ds Max中，创建材质是一件非常简单的事情，任何模型都可以被赋予栩栩如生的材质。图11-4所示是一个白模场景，设置好了灯光以及正常的渲染参数，但是渲染出来的光感和物体质感都非常“平淡”，一点也不真实。而图11-5所示就是添加了材质后的场景效果，同样的场景、同样的灯光、同样的渲染参数，无论从哪个角度来看，这张图都比白模更具有欣赏性。

图11-4

图11-5

11.2 材质编辑器

“材质编辑器”对话框非常重要，因为所有的材质都在这里完成。打开“材质编辑器”对话框的方法主要有以下两种。

第1种：执行“渲染>材质编辑器>精简材质编辑器”菜单命令或“渲染>材质编辑器>Slate材质编辑器”菜单命令，如图11-6所示。

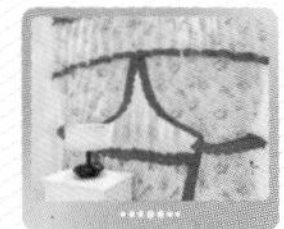

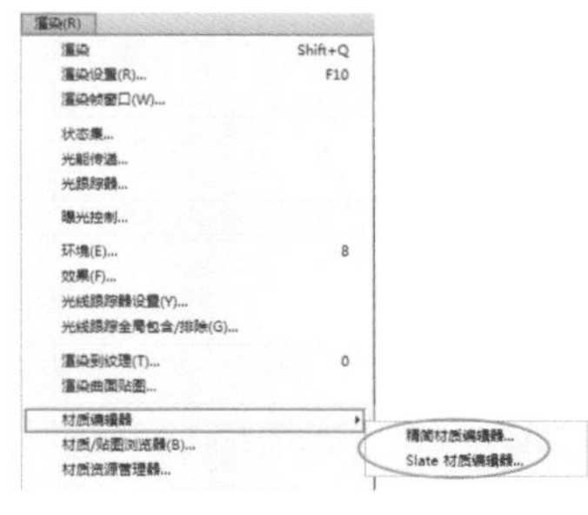

图11-6

第2种：在“主工具栏”中单击“材质编辑器”按钮或直接按M键。

在“材质编辑器”对话框中执行“模式>精简材质编辑器”命令，可以切换如图11-9所示的“材质编辑器”对话框，该对话框分为4大部分，最顶端为菜单栏，充满材质球的窗口为示例窗，示例窗左侧和下部的两排按钮为工具栏，其余的是参数控制区，如图11-7所示。

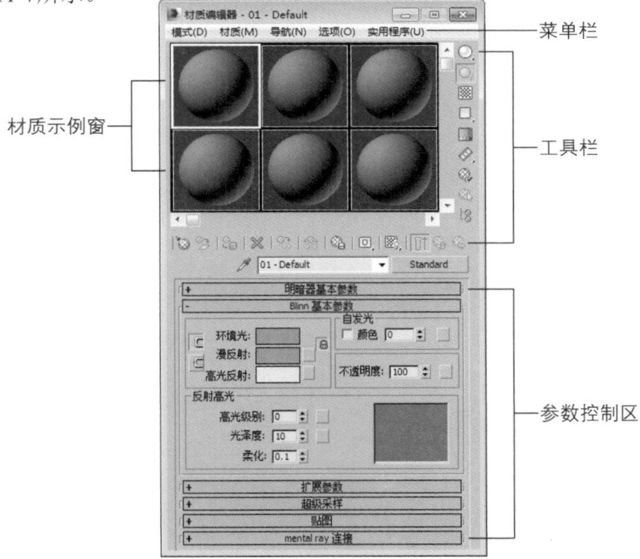

图11-7

11.2.1 菜单栏

“材质编辑器”对话框中的菜单栏包含5个菜单，分别是“模式”菜单、“材质”菜单、“导航”菜单、“选项”菜单和“实用程序”菜单。下面将针对每个菜单中的命令进行详细介绍，另外，菜单中的某些重要命令同时也被放在了工具栏中，用户可以直接使用相应工具进行操作。

模式菜单

“模式”菜单主要用来切换“精简材质编辑器”和“Slate材质编辑器”，如图11-8所示。

图11-8

模式菜单命令介绍

精简材质编辑器：这是一个简化了的材质编辑界面，它使用的对话框比“Slate材质编辑器”小，也是在3ds Max 2011版本之前唯一的材质编辑器，如图11-9所示。

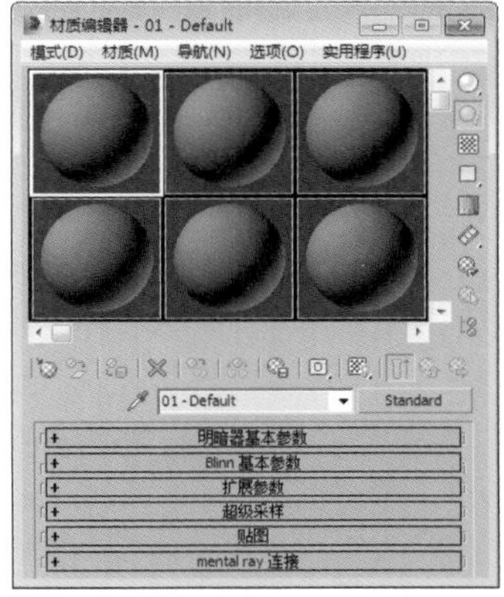

图11-9

技巧与提示

在实际工作中，一般都不会用到“Slate材质编辑器”，因此本书都用“精简材质编辑器”进行讲解。

Slate材质编辑器：这是一个完整的材质编辑界面，在设计和编辑材质时使用节点和关联以图形方式显示材质的结构，如图11-10所示。

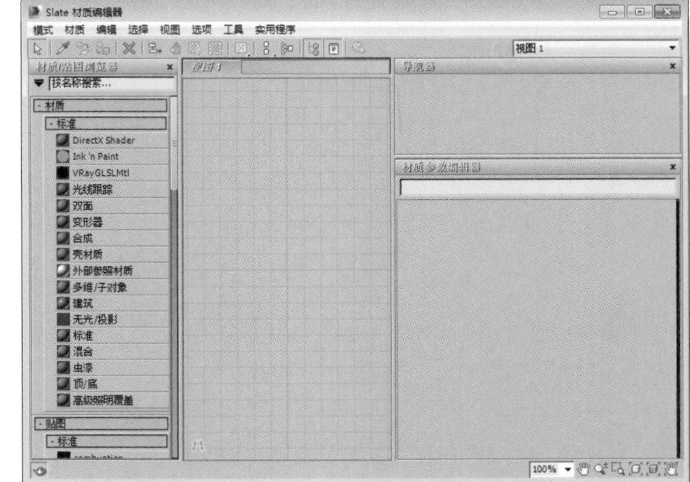

图11-10

技巧与提示

虽然“Slate材质编辑器”在设计材质时功能更强大，但“精简材质编辑器”在设计材质时更方便。

材质菜单

"材质"菜单主要用来获取材质、从对象选取材质等，如图11-11所示。

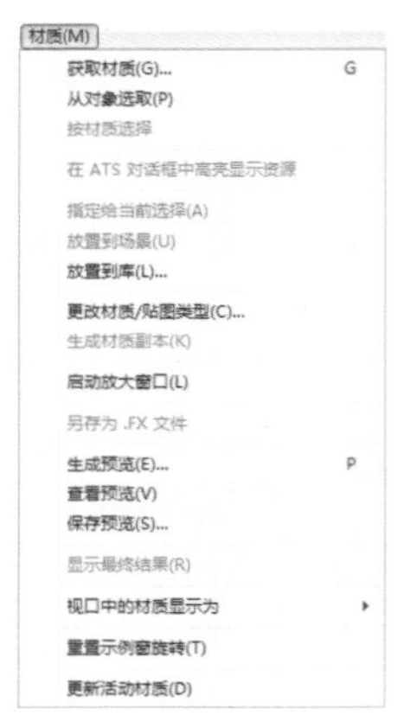

图11-11

材质菜单重要命令介绍

获取材质：执行该命令可以打开"材质/贴图浏览器"对话框，在该对话框中可以选择材质或贴图。

从对象选取：执行该命令可以从场景对象中选择材质。

按材质选择：执行该命令可以基于"材质编辑器"对话框中的活动材质来选择对象。

在ATS对话框中高亮显示资源：如果材质使用的是已跟踪资源的贴图，执行该命令将打开"资源跟踪"对话框，同时资源会高亮显示。

指定给当前选择：执行该命令可以将当前材质应用于场景中的选定对象。

放置到场景：在编辑材质完成后，执行该命令可以更新场景中的材质效果。

放置到库：执行该命令可以将选定的材质添加到材质库中。

更改材质/贴图类型：执行该命令可以更改材质或贴图的类型。

生成材质副本：通过复制自身的材质，生成一个材质副本。

启动放大窗口：将材质示例窗口放大，并在一个单独的窗口中进行显示（双击材质球也可以放大窗口）。

另存为.FX文件：将材质另外为.fx文件。

生成预览：使用动画贴图为场景添加运动，并生成预览。

查看预览：使用动画贴图为场景添加运动，并查看预览。

保存预览：使用动画贴图为场景添加运动，并保存预览。

显示最终结果：查看所在级别的材质。

视口中的材质显示为：选择在视图中显示材质的方式，共有"没有贴图的明暗处理材质""有贴图的明暗处理材质""没有贴图的真实材质"和"有贴图的真实材质"4种方式。

重置示例窗旋转：使活动的示例窗对象恢复到默认方向。

更新活动材质：更新示例窗中的活动材质。

导航菜单

"导航"菜单主要用来切换材质或贴图的层级，如图11-12所示。

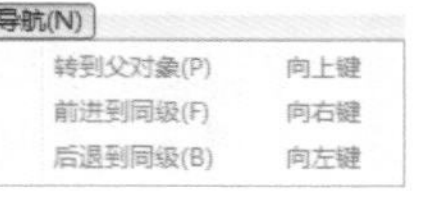

图11-12

导航菜单命令介绍

转到父对象（P）向上键：在当前材质中向上移动一个层级。

前进到同级（F）向右键：移动到当前材质中的相同层级的下一个贴图或材质。

后退到同级（B）向左键：与"前进到同级（F）向右键"命令类似，只是导航到前一个同级贴图，而不是导航到后一个同级贴图。

选项菜单

"选项"菜单主要用来更换材质球的显示背景等，如图11-13所示。

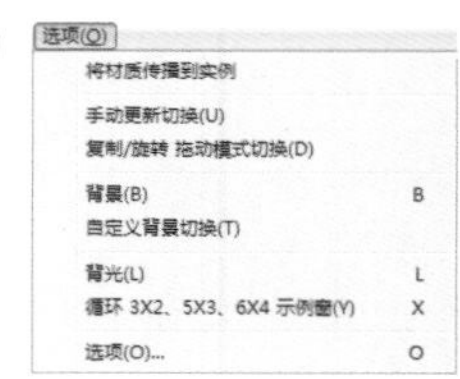

图11-13

选项菜单命令介绍

将材质传播到实例：将指定的任何材质传播到场景中对象的所有实例。

手动更新切换：使用手动的方式进行更新切换。

复制/旋转拖动模式切换：切换复制/旋转拖动的模式。

背景：将多颜色的方格背景添加到活动示例窗中。

自定义背景切换：如果已指定了自定义背景，该命令可以用来切换自定义背景的显示效果。

背光：将背光添加到活动示例窗中。

循环3×2、5×3、6×4示例窗：用来切换材质球的显示方式。

选项：打开"材质编辑器选项"对话框，如图11-14所示。在该对话框中可以启用材质动画、加载自定义背景、定义灯光亮度或颜色以及设置示例窗数目等。

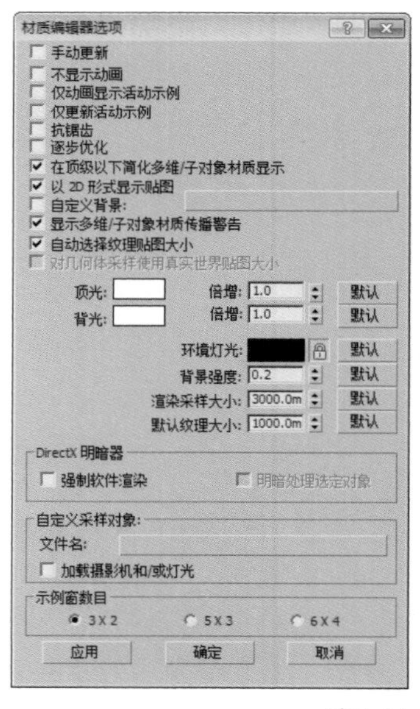

图11-14

实用程序菜单

"实用程序"菜单主要用来清理多维材质、重置"材质编辑器"对话框等，如图11-15所示。

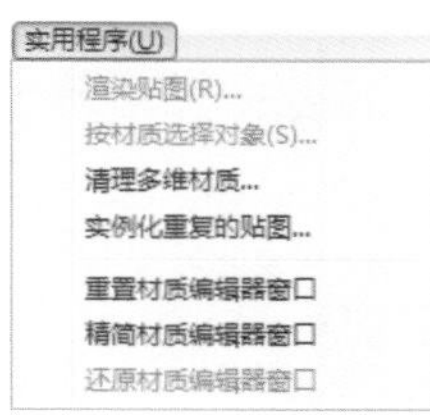

图11-15

实用程序菜单命令介绍

渲染贴图：对贴图进行渲染。

按材质选择对象：可以基于“材质编辑器”对话框中的活动材质来选择对象。

清理多维材质：对“多维/子对象”材质进行分析，然后在场景中显示所有包含未分配任何材质ID的材质。

实例化重复的贴图：在整个场景中查找具有重复位图贴图的材质，并提供将它们实例化的选项。

重置材质编辑器窗口：用默认的材质类型替换“材质编辑器”对话框中的所有材质。

精简材质编辑器窗口：将“材质编辑器”对话框中所有未使用的材质设置为默认类型。

还原材质编辑器窗口：利用缓冲区的内容还原编辑器的状态。

11.2.2 材质球示例窗

材质球示例窗主要用来显示材质效果，通过它可以很直观地观察出材质的基本属性，如反光、纹理和凹凸等，如图11-16所示。

双击材质球会弹出一个独立的材质球显示窗口，可以将该窗口进行放大或缩小来观察当前设置的材质效果，如图11-17所示。

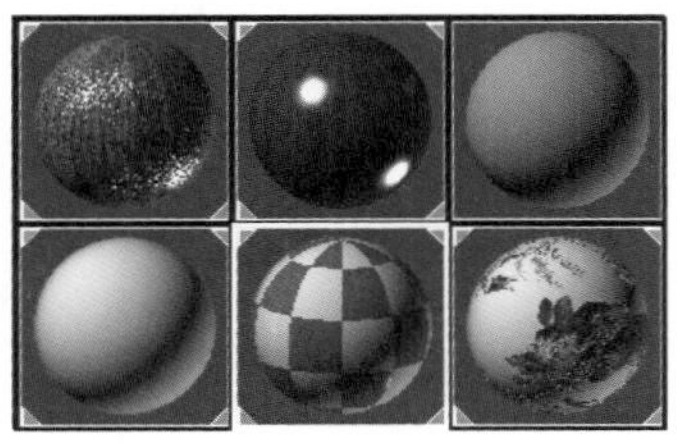

图11-16

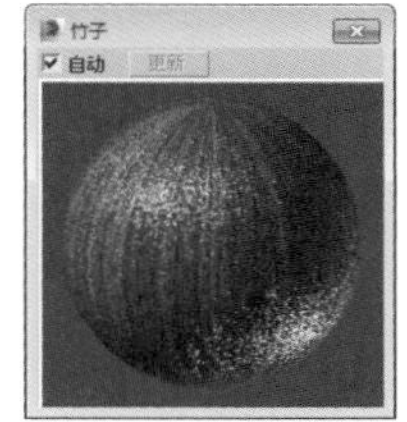

图11-17

技术专题 36 材质球示例窗的基本知识

在默认情况下，材质球示例窗中一共有12个材质球，可以拖曳滚动条显示不在窗口中的材质球，同时也可以使用鼠标中键来旋转材质球，这样可以观看到材质球其他位置的效果，如图11-18所示。

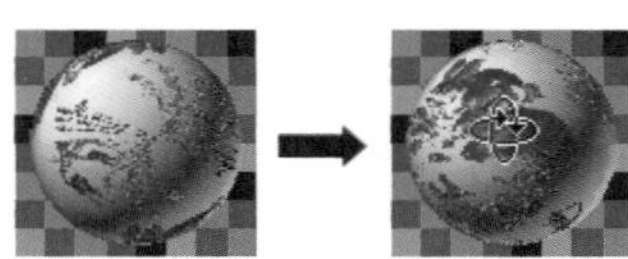

图11-18

使用鼠标左键可以将一个材质球拖曳到另一个材质球上，这样当前材质就会覆盖掉原有的材质，如图11-19所示。注意，在用这种方法覆盖（复制）材质时，材质名称也会被一起覆盖，例如将一个名称叫“花纹”的材质球拖曳到一个空白材质球上，这个空白材质球会拥有“花纹”材质，同时名称也变成“花纹”，因此在覆盖材质时，一定要记得将材质进行重命名，不要出现重名现象。

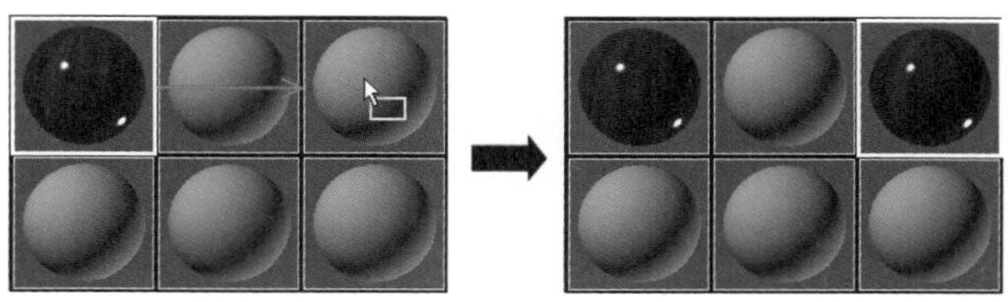

图11-19

使用鼠标左键可以将材质球中的材质拖曳到场景中的物体上（即将材质指定给对象），如图11-20所示。将材质指定给物体后，材质球上会显示4个缺角的符号，如图11-21所示。

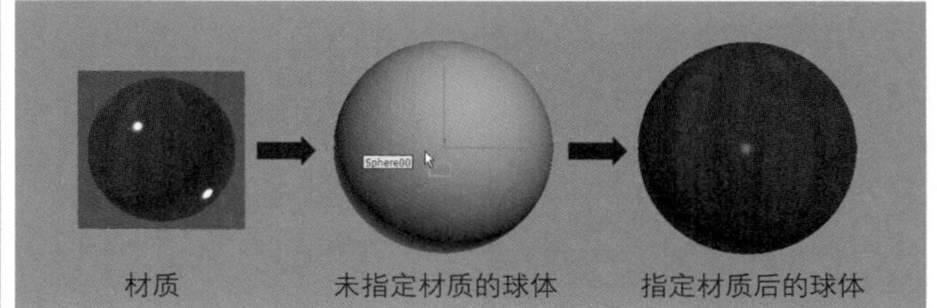

图11-20

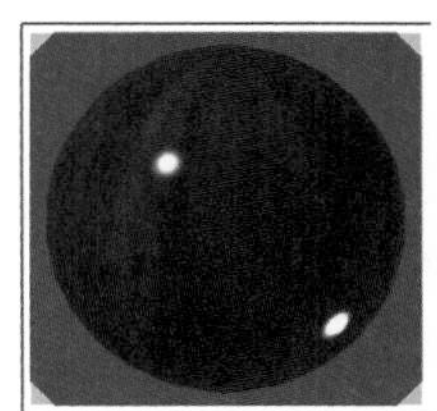

图11-21

11.2.3 工具栏

下面讲解“材质编辑器”对话框中的下方及左侧两个工具栏按钮的功能，如图11-22所示。

图11-22

工具栏工具介绍

获取材质：为选定的材质打开“材质/贴图浏览器”对话框。

将材质放入场景：在编辑好材质后，单击该按钮可以更新已应用于对象的材质。

将材质指定给选定对象：将材质指定给选定的对象。

重置贴图/材质为默认设置：删除修改的所有属性，将材质属性恢复到默认值。

生成材质副本：在选定的示例图中创建当前材质的副本。

使唯一：将实例化的材质设置为独立的材质。

放入库：重新命名材质并将其保存到当前打开的库中。

材质ID通道：为应用后期制作效果设置唯一的ID通道。

在视口中显示明暗处理材质：在视口对象上显示2D材质贴图。

显示最终结果：在实例图中显示材质以及应用的所有层次。

转到父对象：将当前材质上移一级。

转到下一个同级项：选定同一层级的下一贴图或材质。

采样类型：控制示例窗显示的对象类型，默认为球体类型，还有圆柱体和立方体类型。

背光：打开或关闭选定示例窗中的背景灯光。

背景：在材质后面显示方格背景图像，这在观察透明材质时非常有用。

采样UV平铺：为示例窗中的贴图设置UV平铺显示。

视频颜色检查：检查当前材质中NTSC和PAL制式的不支持颜色。

生成预览：用于产生、浏览和保存材质预览渲染。

选项：打开“材质编辑器选项”对话框，在该对话框中可以启用材质动画、加载自定义背景、定义灯光亮度或颜色，以及设置示例窗数目等。

按材质选择：选定使用当前材质的所有对象。

材质/贴图导航器：单击该按钮可以打开“材质/贴图导航器”对话框，在该对话框会显示当前材质的所有层级。

技术专题 37 从对象获取材质

在材质名称的左侧有一个工具叫“从对象获取材质”，这是一个比较重要的工具。图11-23所示场景中有一个指定了材质的球体，但是在材质示例窗中却没有显示出球体的材质。遇到这种情况可以需要使用“从对象获取材质”工具将球体的材质吸取出来。首选选择一个空白材质，然后单击“从对象获取材质”工具，接着在视图中单击球体，这样就可以获取球体的材质，并在材质示例窗中显示出来，如图11-24所示。

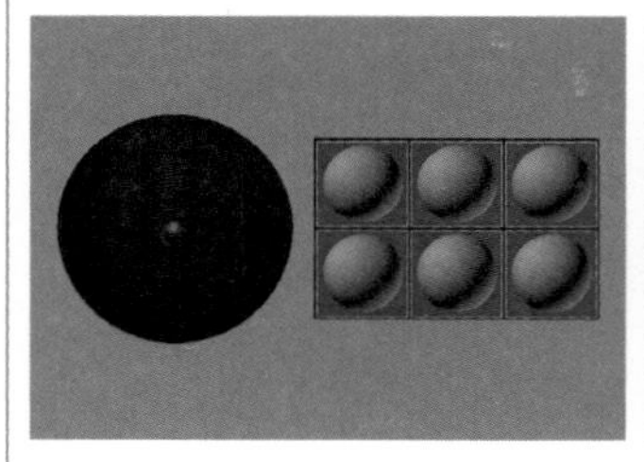

图11-23

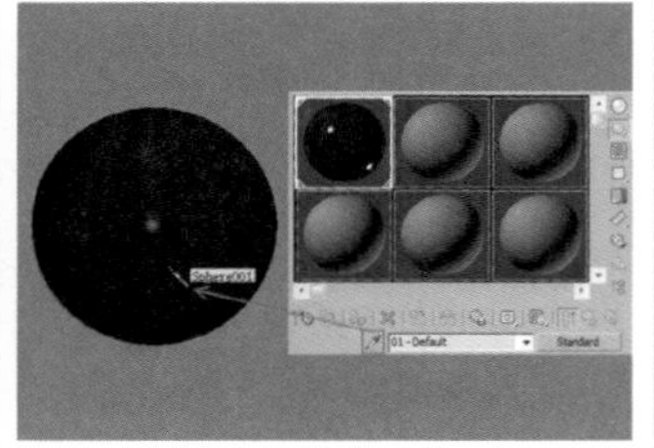

图11-24

11.2.4 参数控制区

参数控制区用于调节材质的参数，基本上所有的材质参数都在这里调节。注意，不同的材质拥有不同的参数控制区，在下面的内容中将对各种重要材质的参数控制区进行详细讲解。注意，不同的材质拥有不同的参数控制区，在下面的内容中将对各种重要材质的参数控制区进行详细讲解。

11.3 材质资源管理器

“材质资源管理器”主要用来浏览和管理场景中的所有材质。执行“渲染>材质资源管理器”菜单命令可以打开“材质管理器”对话框。

“材质管理器”对话框分为“场景”面板和“材质”面板两大部分，如图11-25所示。“场景”面板主要用来显示场景对象的材质，而“材质”面板主要用来显示当前材质的属性和纹理。

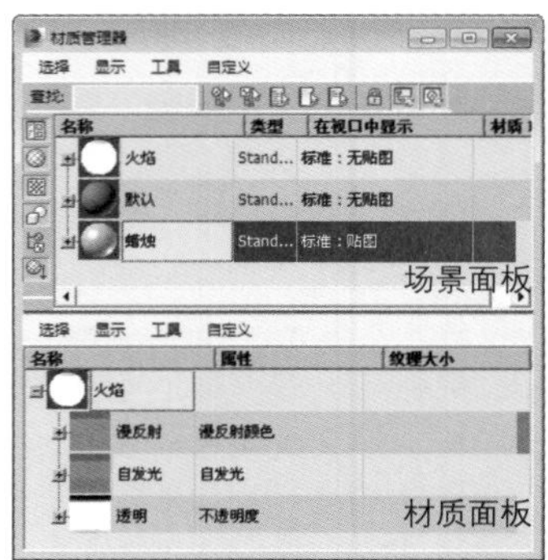

图11-25

技巧与提示

“材质管理器”对话框非常有用，使用它可以直观地观察到场景对象的所有材质，如在图11-26中，可以观察到场景中的对象包含3个材质，分别是“火焰”材质、“默认”材质和“蜡烛”材质。在“场景”面板中选择一个材质以后，在下面的“材质”面板中就会显示出与该材质的相关属性以及加载的纹理贴图，如图11-27所示。

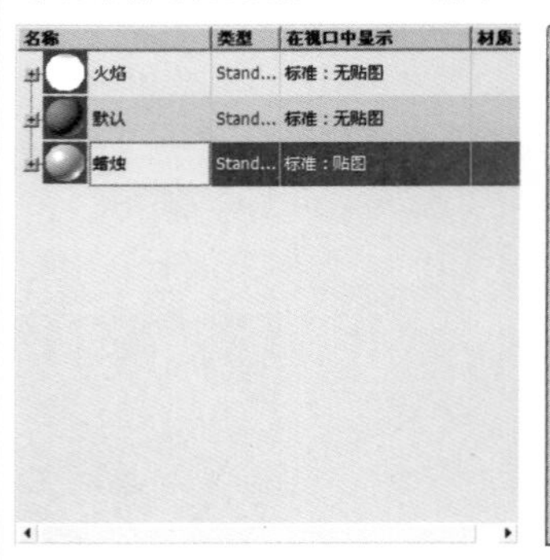

图11-26

图11-27

11.3.1 场景面板

“场景”面板分为菜单栏、工具栏、显示按钮和材质列表4大部分，如图11-28所示。

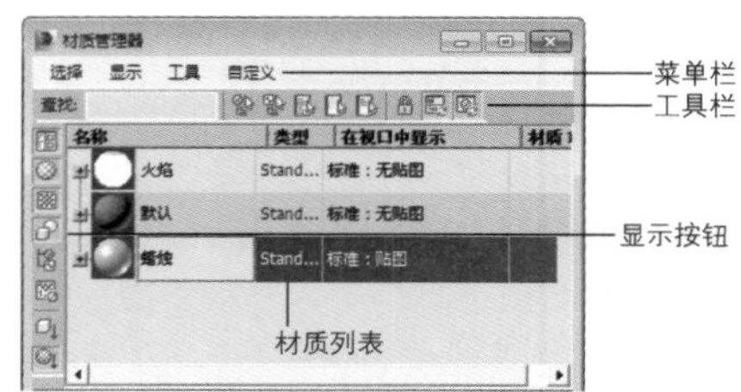

图11-28

菜单栏

工具栏中包含4组菜单，分别是“选择”“显示”“工具”

和“自定义”菜单。

1.选择菜单

展开“选择”菜单，如图11-29所示。

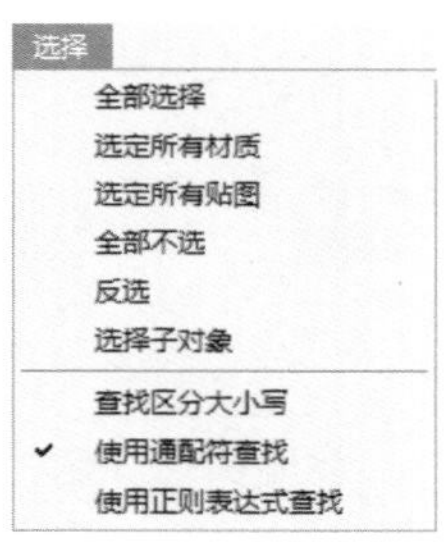

图11-29

选择菜单命令介绍

全部选择：选择场景中的所有材质和贴图。

选定所有材质：选择场景中的所有材质。

选定所有贴图：选择场景中的所有贴图。

全部不选：取消选择的所有材质和贴图。

反选：颠倒当前选择，即取消当前选择的所有对象，而选择前面未选择的对象。

选择子对象：该命令只起到切换的作用。

查找区分大小写：通过搜索字符串的大小写来查处对象，如house与House。

使用通配符查找：通过搜索字符串中的字符来查找对象，如*和?等。

使用正则表达式查找：通过搜索正则表达式的方式来查找对象。

2.显示菜单

展开“显示”菜单，如图11-30所示。

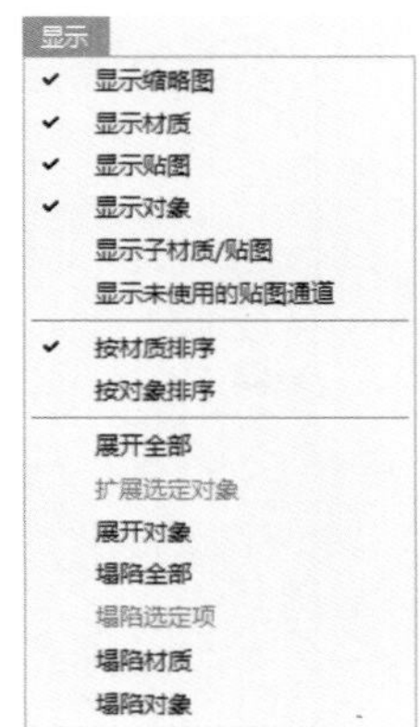

图11-30

显示菜单命令介绍

显示缩略图：启用该选项之后，“场景”面板中将显示出每个材质和贴图的缩略图。

显示材质：启用该选项之后，“场景”面板中将显示出每个对象的材质。

显示贴图：启用该选项之后，每个材质的层次下面都包括该材质所使用的所有贴图。

显示对象：启用该选项之后，每个材质的层次下面都会显示出该材质所应用的对象。

显示子材质/贴图：启用该选项之后，每个材质的层次下面都会显示用于材质通道的子材质和贴图。

显示未使用的贴图通道：启用该选项之后，每个材质的层次下面还会显示出未使用的贴图通道。

按材质排序：启用该选项之后，层次将按材质名称进行排序。

按对象排序：启用该选项之后后，层次将按对象进行排序。

展开全部：展开层次以显示出所有的条目。

展开选定对象：展开包含所选条目的层次。

展开对象：展开包含所有对象的层次。

塌陷全部：塌陷整个层次。

塌陷选定项：塌陷包含所选条目的层次。

塌陷材质：塌陷包含所有材质的层次。

塌陷对象：塌陷包含所有对象的层次。

3.工具菜单

展开“工具”菜单，如图11-31所示。

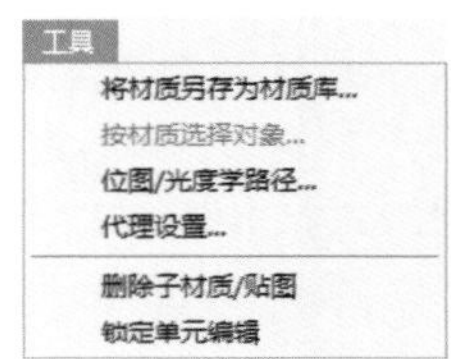

图11-31

工具菜单命令介绍

将材质另存为材质库：将材质另存为材质库（即.mat文件）文件。

按材质选择对象：根据材质来选择场景中的对象。

位图/光度学路径：打开“位图/光度学路径编辑器”对话框，在该对话框中可以管理场景对象的位图的路径，如图11-32所示。

代理设置：打开“全局设置和位图代理的默认”对话框，如图11-33所示。可以使用该对话框来管理3ds Max如何创建和并入材质中位图的代理版本。

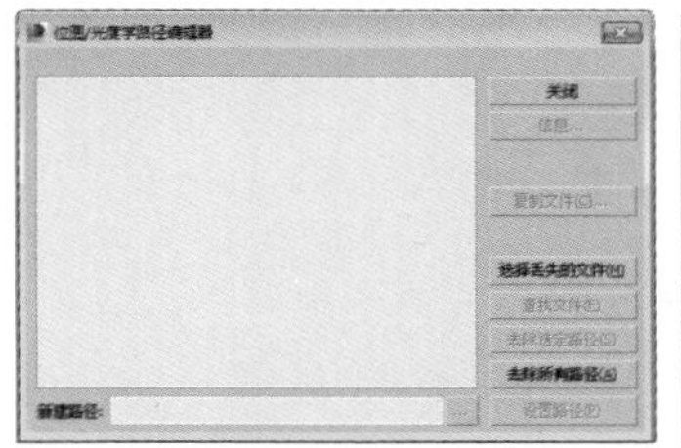

图11-32

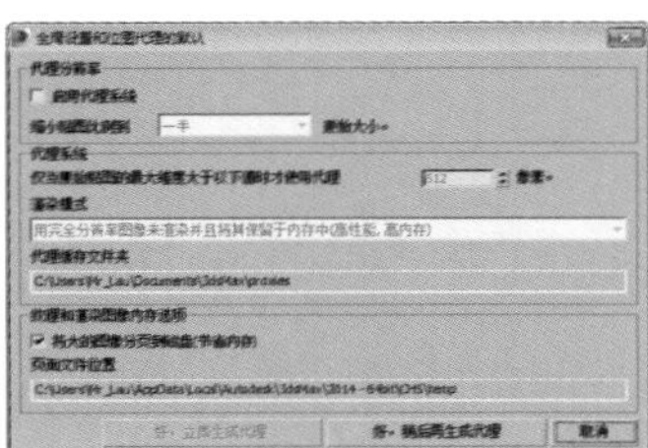

图11-33

删除子材质/贴图：删除所选材质的子材质或贴图。

锁定单元编辑：启用该选项之后，可以禁止在“材质管理器”对话框中编辑单元。

4.自定义菜单

展开“自定义”菜单，如图11-34所示。

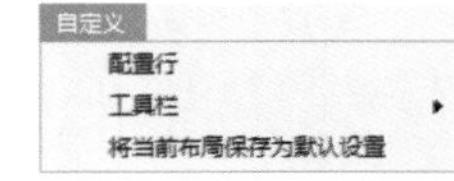

图11-34

自定义菜单命令介绍

配置行：打开“配置行”对话框，在该对话框中可以为“场景”面板添加队列。

工具栏：选择要显示的工具栏。

将当前布局保存为默认设置：保存当前“材质管理器”对话框中的布局方式，并将其设置为默认设置。

工具栏

工具栏中主要是一些对材质进行基本操作的工具，如图11-35所示。

查找:

图11-35

工具栏工具介绍

查找：输入文本来查找对象。

选择所有材质：选择场景中的所有材质。

选择所有贴图：选择场景中的所有贴图。

全部选择：选择场景中的所有材质和贴图。

全部不选：取消选择场景中的所有材质和贴图。

反选：颠倒当前选择。

锁定单元编辑：激活该按钮以后，可以禁止在“材质管理器”对话框中编辑单元。

同步到材质资源管理器：激活该按钮以后，“材质”面板中的所有材质操作将与“场景”面板保持同步。

同步到材质级别：激活该按钮以后，“材质”面板中的所有子材质操作将与“场景”面板保持同步。

显示按钮

显示按钮主要用来控制材质和贴图的显示方式，与“显示”菜单相对应，如图11-36所示。

图11-36

显示按钮介绍

显示缩略图：激活该按钮后，“场景”面板中将显示出每个材质和贴图的缩略图。

显示材质：激活该按钮后，“场景”面板中将显示出每个对象的材质。

显示贴图：激活该按钮后，每个材质的层次下面都包括该材质所使用到的所有贴图。

显示对象：激活该按钮后，每个材质的层次下面都会显示出该材质所应用到的对象。

显示子材质/贴图：激活该按钮后，每个材质的层次下面都会显示用于材质通道的子材质和贴图。

显示未使用的贴图通道：激活该按钮后，每个材质的层次下面还会显示出未使用的贴图通道。

按对象排序/按材质排序：让层次以对象或材质的方式来进行排序。

材质列表

材质列表主要用来显示场景材质的名称、类型、在视口中的显示方式以及材质的ID号，如图11-37所示。

名称	类型	在视口中显示	材质 ID
火焰	Stand...	标准：无贴图	1
默认	Stand...	标准：无贴图	0
蜡烛	Stand...	标准：贴图	0

图11-37

材质列表介绍

名称：显示材质、对象、贴图和子材质的名称。

类型：显示材质、贴图或子材质的类型。

在视口中显示：注明材质和贴图在视口中的显示方式。

材质ID：显示材质的ID号。

11.3.2 材质面板

“材质”面板分为菜单栏以及属性和纹理列表两大部分，如图11-38所示。

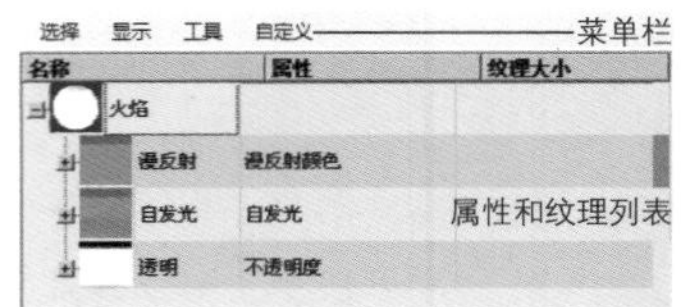

图11-38

知识链接

关于“材质”面板中的命令含义请参阅前面的“场景”面板中的命令。

11.4 常用材质

安装好VRay渲染器后，材质类型大致可分为29种。单击Standard（标准）按钮，然后在弹出的“材质/贴图浏览器”对话框中可以观察到这29种材质类型，如图11-39所示。虽然3ds Max和VRay提供了很多种材质，但是并非每个材质都很常用，因此在下面的内容中，将针对实际工作中常用的材质类型进行详细讲解，凡是标有“重点”符号的材质类型，用户都必须完全掌握其用法。

图11-39

本节材质概述

材质名称	主要作用	重要程度
标准材质	几乎可以模拟任何真实材质类型	高
混合材质	在模型的单个面上将两种材质通过一定的百分比进行混合	中
多维/子对象材质	采用几何体的子对象级别分配不同的材质	中
VRay灯光材质	模拟自发光效果	高
VRay双面材质	使对象的外表面和内表面同时被渲染，并且可以使内外表面拥有不同的纹理贴图	中
VRay混合材质	可以让多个材质以层的方式混合来模拟物理世界中的复杂材质	中
VRayMtl材质	几乎可以模拟任何真实材质类型	高

★重点★

11.4.1 标准材质

“标准”材质是3ds Max默认的材质，也是使用频率最高的材质之一，它几乎可以模拟真实世界中的任何材质，其参数设置面板如图11-40所示。

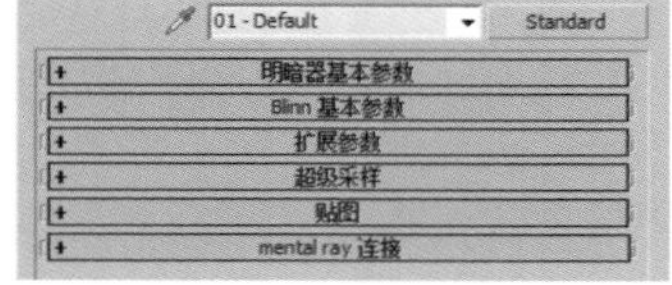

图11-40

明暗器基本参数卷展栏

在“明暗器基本参数”卷展栏下可以选择明暗器的类型，还可以设置“线框”“双面”“面贴图”和“面状”等参数，如图11-41所示。

图11-41

明暗器基本参数卷展栏参数介绍

明暗器列表：在该列表中包含了8种明暗器类型，如图11-42所示。

图11-42

各向异性：这种明暗器通过调节两个垂直于正向上可见高光尺寸之间的差值来提供了一种“重折光”的高光效果，这种渲染属性可以很好地表现毛发、玻璃和被擦拭过的金属等物体。

Blinn：这种明暗器是以光滑的方式来渲染物体表面，是最常用的一种明暗器。

金属：这种明暗器适用于金属表面，它能提供金属所需的强烈反光。

多层：“多层”明暗器与“各向异性”明暗器很相似，但“多层”明暗器可以控制两个高亮区，因此“多层”明暗器拥有对材质更多的控制，第1高光反射层和第2高光反射层具有相同的参数控制，可以对这些参数使用不同的设置。

Oren-Nayar-Blinn：这种明暗器适用于无光表面（如纤维或陶土），与Blinn明暗器几乎相同，通过它附加的“漫反射色级别”和“粗糙度”两个参数可以实现无光效果。

Phong：这种明暗器可以平滑面与面之间的边缘，也可以真实地渲染有光泽和规则曲面的高光，适用于高强度的表面和具有圆形高光的表面。

Strauss：这种明暗器适用于金属和非金属表面，与“金属”明暗器十分相似。

半透明明暗器：这种明暗器与Blinn明暗器类似，它们之间的最大的区别在于该明暗器可以设置半透明效果，使光线能够穿透半透明的物体，并且在穿过物体内部时离散。

线框：以线框模式渲染材质，用户可以在“扩展参数”卷展栏下设置线框的“大小”参数，如图11-43所示。

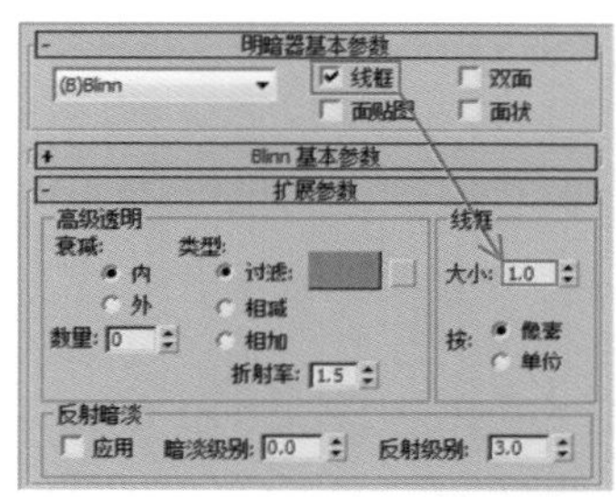

图11-43

双面：将材质应用到选定面，使材质成为双面。

面贴图：将材质应用到几何体的各个面。如果材质是贴图材质，则不需要贴图坐标，因为贴图会自动应用到对象的每一个面。

面状：使对象产生不光滑的明暗效果，把对象的每个面都作为平面来渲染，可以用于制作加工过的钻石、宝石和任何带有硬边的物体表面。

Blinn基本参数卷展栏

下面以Blinn明暗器来讲解明暗器的基本参数。展开“Blinn基本参数”卷展栏，在这里可以设置材质的“环境光”“漫反射”“高光反射”“自发光”“不透明度”“高光级别”“光泽度”和“柔化”等属性，如图11-44所示。

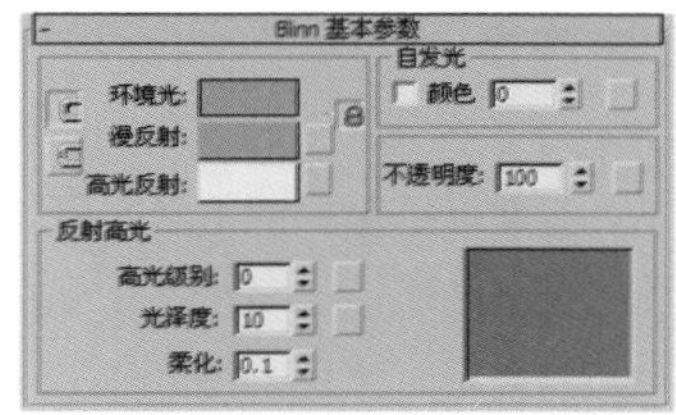

图11-44

Blinn基本参数卷展栏参数介绍

环境光：用于模拟间接光，也可以用来模拟光能传递。

漫反射：“漫反射”是在光照条件较好的情况下（比如在太阳光和人工光直射的情况下）物体反射出来的颜色，又被称作物体的“固有色”，也就是物体本身的颜色。

高光反射：物体发光表面高亮显示部分的颜色。

自发光：使用“漫反射”颜色替换曲面上的任何阴影，从而创建白炽效果。

不透明度：控制材质的不透明度。

高光级别：控制"反射高光"的强度。数值越大，反射强度越强。

光泽度：控制镜面高亮区域的大小，即反光区域的大小。数值越大，反光区域越小。

柔化：设置反光区和无反光区衔接的柔和度。0表示没有柔化效果；1表示应用最大量的柔化效果。

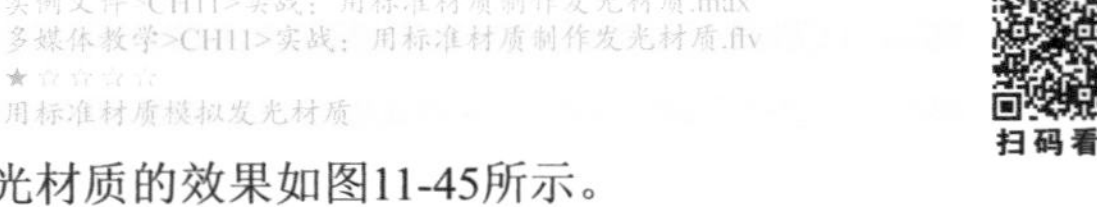

实战：用标准材质制作发光材质

场景位置 场景文件>CH11>01.max
实例位置 实例文件>CH11>实战：用标准材质制作发光材质.max
视频位置 多媒体教学>CH11>实战：用标准材质制作发光材质.flv
难易指数 ★☆☆☆☆
技术掌握 用标准材质模拟发光材质

扫码看视频

发光材质的效果如图11-45所示。

发光材质的模拟效果如图11-46所示。

图11-45

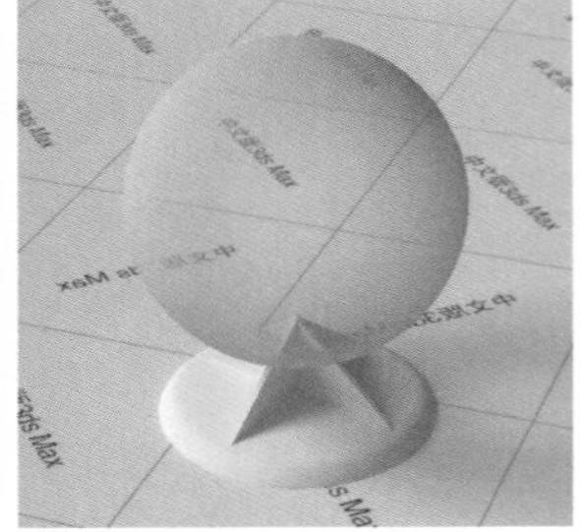

图11-46

01 打开"场景文件>CH11>01.max"文件，如图11-47所示。

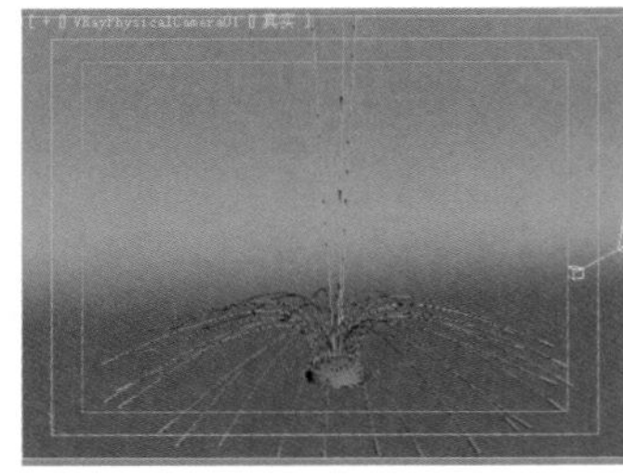

图11-47

02 选择一个空白材质球，然后设置材质类型为"标准"材质，接着将其命名为"发光材质"，具体参数设置如图11-48所示，制作好的材质球效果如图11-49所示。

设置步骤

① 设置"漫反射"颜色为（红:65，绿:138，蓝:228）。

② 在"自发光"选项组下勾选"颜色"选项，然后设置颜色为（红:183，绿:209，蓝:248）。

③ 在"不透明度"贴图通道中加载一张"衰减"程序贴图。

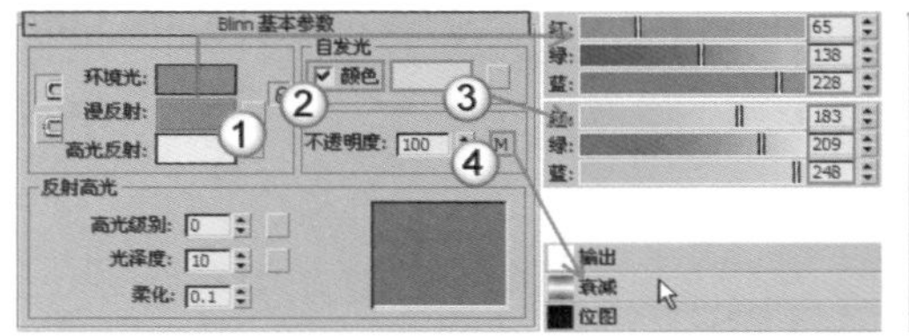

图11-48

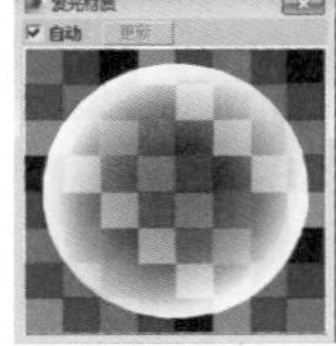

图11-49

03 在视图中选择发光条墨水，然后在"材质编辑器"对话框中单击"将材质指定给选定对象"按钮，如图11-50所示。

04 按F9键渲染当前场景，最终效果如图11-51所示。

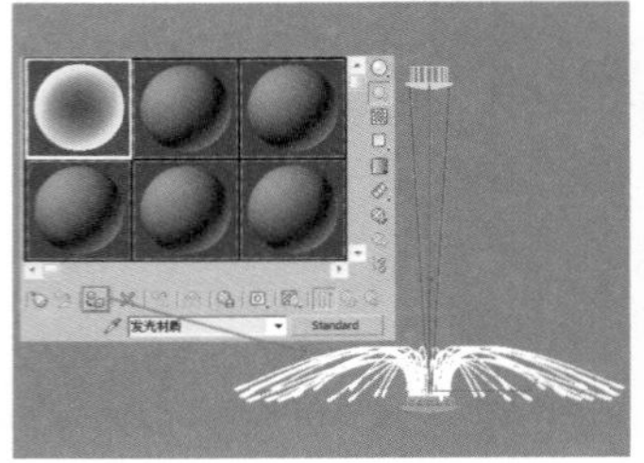

图11-50

图11-51

技巧与提示

由于本例是材质的第1个实例，因此介绍了如何将材质指定给对象。在后面的实例中，这个步骤会省去。

实战：用标准材质制作窗帘材质

场景位置 场景文件>CH11>02.max
实例位置 实例文件>CH11>实战：用标准材质制作窗帘材质.max
视频位置 多媒体教学>CH11>实战：用标准材质制作窗帘材质.flv
难易指数 ★★★☆☆
技术掌握 用标准材质、混合材质和VRayMtl材质模拟窗帘材质

扫码看视频

窗帘材质的效果如图11-52所示。

图11-52

本例共需要制作3种材质，分别是窗帘材质、裙边材质和窗纱材质，其模拟效果如图11-53~图11-55所示。

图11-53

图11-54

图11-55

01 打开"场景文件>CH11>02.max"文件，如图11-56所示。

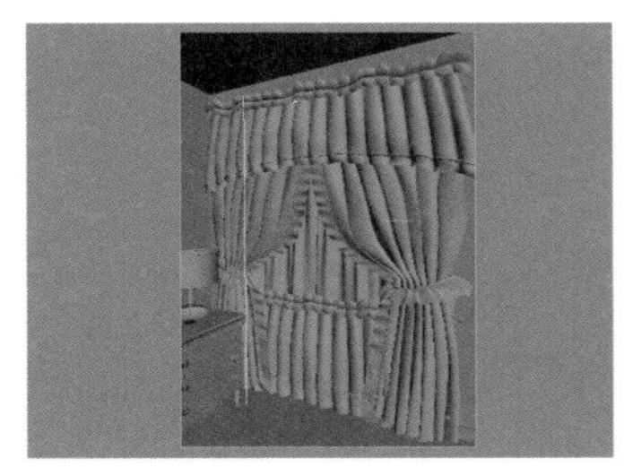

图11-56

02 下面制作窗帘材质。选择一个空白材质球，然后设置材质类型为“标准”材质，并将其命名为“窗帘”，具体参数设置如图11-57所示，制作好的材质球效果如图11-58所示。

设置步骤

① 在“明暗器基本参数”卷展栏下设置明暗器类型为（O）Oren-Nayar-Blinn。

② 展开“Oren-Nayar-Blinn基本参数”卷展栏，然后在“漫反射”贴图通道中加载“实例文件>CH11>实战：用标准材质制作窗帘材质>窗帘花纹.jpg”贴图文件，接着在“自发光”选项组下勾选“颜色”选项，最后设置“高光级别”为80、“光泽度”为20。

③ 展开“贴图”卷展栏，然后在“自发光”通道中加载一张“遮罩”程序贴图，接着设置自发光的强度为70。

④ 展开“遮罩参数”卷展栏，然后在“贴图”通道中加载一张“衰减”程序贴图，接着在“衰减参数”卷展栏下设置“衰减类型”为Fresnel；在“遮罩”贴图通道中加载一张“衰减”程序贴图，然后在“衰减参数”卷展栏下设置“衰减类型”为“阴影/灯光”。

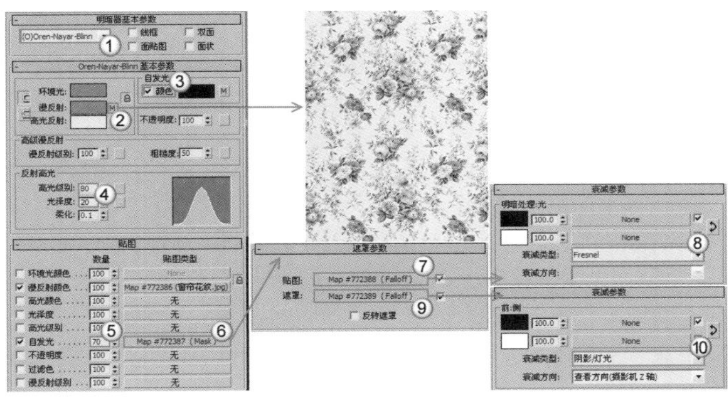

图11-57

图11-58

03 下面制作窗帘的裙边材质。选择一个空白材质球，然后设置材质类型为“标准”材质，并将其命名为“窗帘裙边”，具体参数设置如图11-59所示，制作好的材质球效果如图11-60所示。

设置步骤

① 在“明暗器基本参数”卷展栏下设置明暗器类型为（O）Oren-Nayar-Blinn。

② 展开“Oren-Nayar-Blinn基本参数”卷展栏，然后设置“漫反射”颜色为（红:95，绿:13，蓝:13）；在“自发光”选项组下勾选“颜色”选项，并在其贴图通道中加载一张“衰减”程序贴图，然后在“衰减参数”卷展栏下设置“衰减类型”为Fresnel，接着在“遮罩”贴图通道中加载一张“衰减”程序贴图，最后在“衰减参数”卷展栏下设置“衰减类型”为“阴影/灯光”；在“反射高光”选项组下设置“高光级别”和“光泽度”为15。

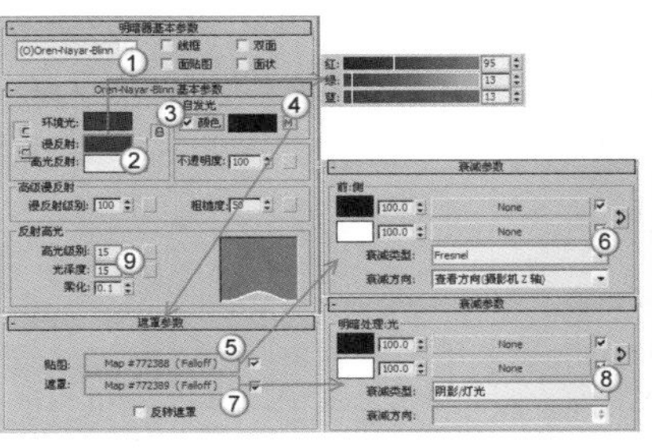

图11-59 图11-60

04 下面制作窗纱材质。选择一个空白材质球，设置材质类型为“混合”材质，并将其命名为“窗纱”，然后展开“混合基本参数”卷展栏，具体参数设置如图11-61所示，制作好的材质球效果如图11-62所示。

设置步骤

① 在“材质1”通道中加载一个“标准”材质，然后设置“漫反射”颜色为（红:237，绿:227，蓝:211）。

② 在“材质2”通道中加载一个VRayMtl材质，然后设置“漫反射”颜色为（红:225，绿:208，蓝:182），接着在“折射”贴图通道中加载一张“衰减”程序贴图，再设置“光泽度”为0.9，最后勾选“影响阴影”选项。

③ 在“遮罩”贴图通道中加载“实例文件>CH11>实战：用标准材质制作窗帘材质>窗纱遮罩.jpg”贴图文件。

05 将制作好的材质指定给场景中的模型，然后按F9键渲染当前场景，最终效果如图11-63所示。

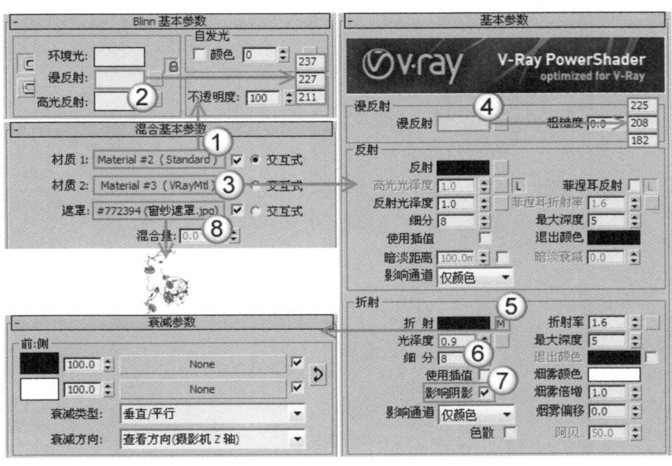

图11-61

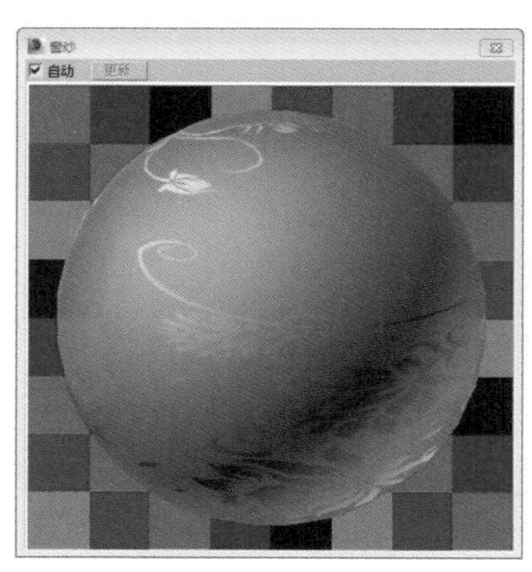

图11-62

图11-63

★重点★

11.4.2 混合材质

“混合”材质可以在模型的单个面上将两种材质通过一定的百分比进行混合，其参数设置面板如图11-64所示。

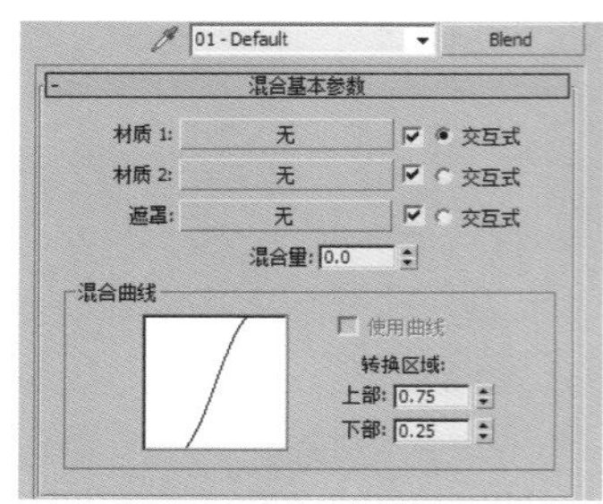

图11-64

混合材质参数介绍

材质1/材质2：可在其后面的材质通道中对两种材质分别进行设置。

遮罩：可以选择一张贴图作为遮罩。利用贴图的灰度值可以决定“材质1”和“材质2”的混合情况。

混合量：控制两种材质混合百分比。如果使用遮罩，则“混合量”选项将不起作用。

交互式：用来选择哪种材质在视图中以实体着色方式显示在物体的表面。

混合曲线：对遮罩贴图中的黑白色过渡区进行调节。

使用曲线：控制是否使用“混合曲线”来调节混合效果。

上部：用于调节“混合曲线”的上部。

下部：用于调节“混合曲线”的下部。

★重点★

实战：用混合材质制作雕花玻璃材质

场景位置 场景文件>CH11>03.max
实例位置 实例文件>CH11>实战：用混合材质制作雕花玻璃材质.max
视频位置 多媒体教学>CH11>实战：用混合材质制作雕花玻璃材质.flv
难易指数 ★★☆☆☆
技术掌握 用混合材质模拟雕花玻璃材质

扫码看视频

雕花玻璃材质的效果如图11-65所示。

雕花玻璃材质的模拟效果如图11-66所示。

图11-65　图11-66

01 打开“场景文件>CH11>03.max”文件，如图11-67所示。

02 选择一个空白材质球，然后设置材质类型为“混合”材质，接着分别在“材质1”和“材质2”通道上单击鼠标右键，并在弹出的菜单中选择“清除”命令，如图11-68所示。

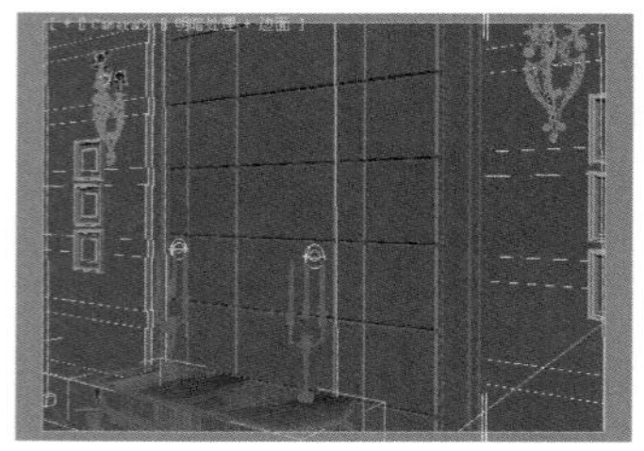

图11-67

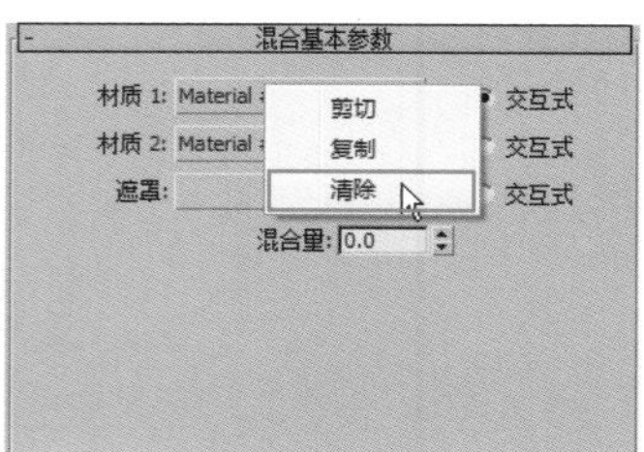

图11-68

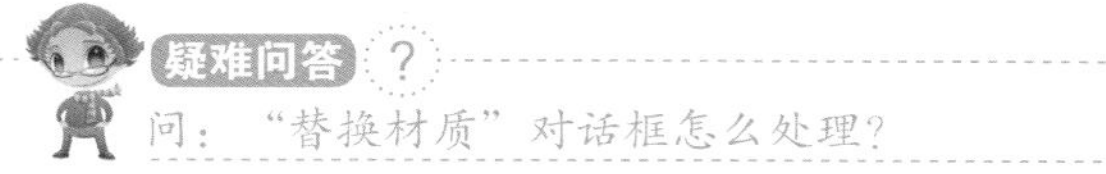

答：在将“标准”材质切换为“混合材质”时，3ds Max会弹出一个“替换材质”对话框，提示是丢弃旧材质还是将旧材质保存为子材质，用户可根据实际情况进行选择，这里选择“丢弃旧材质”选项（大多数时候都选择该选项），如图11-69所示。

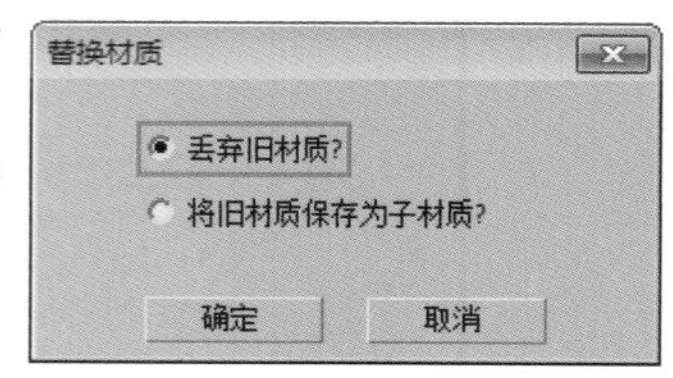

图11-69

03 在“材质1”通道中加载一个VRayMtl材质，具体参数设置如图11-70所示。

设置步骤

① 设置“漫反射”颜色为（红:56，绿:36，蓝:11）。

② 设置“反射”颜色为（红:52，绿:54，蓝:53），然后设置“细分”为12。

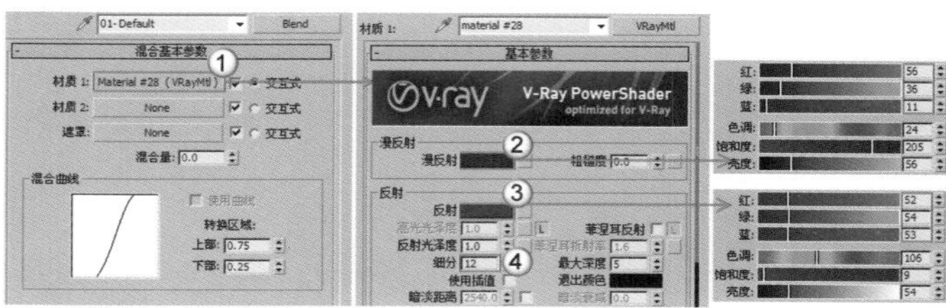

图11-70

04 返回到“混合基本参数”卷展栏，然后在“材质2”通道中加载一个VRayMtl材质，具体参数设置如图11-71所示。

设置步骤

① 设置“漫反射”颜色为（红:17，绿:17，蓝:17）。

② 设置“反射”颜色为（红:87，绿:87，蓝:87），然后设置“细分”为12。

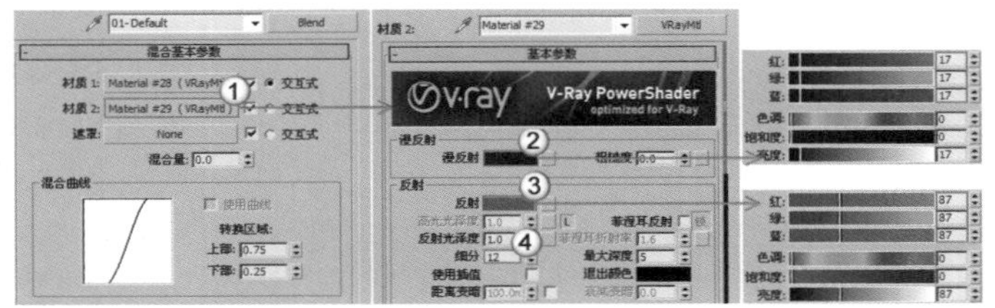

图11-71

问：如何返回上一层级？

答：这里可能会有些初学者不明白如何返回“混合基本参数”卷展栏。在“材质编辑器”对话框的工具栏上有一个“转换到父对象”按钮，单击该按钮即可返回到父层级，如图11-72所示。

图11-72

05 返回到“混合基本参数”卷展栏，然后在“遮罩”贴图通道中加载“实例文件>CH11>实战：用混合制作雕花玻璃材质>花1.jpg”文件，如图11-73所示，制作好的材质球效果如图11-74所示。

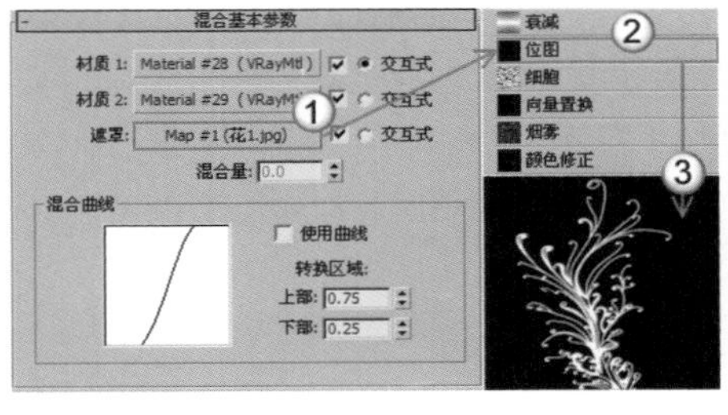

图11-73

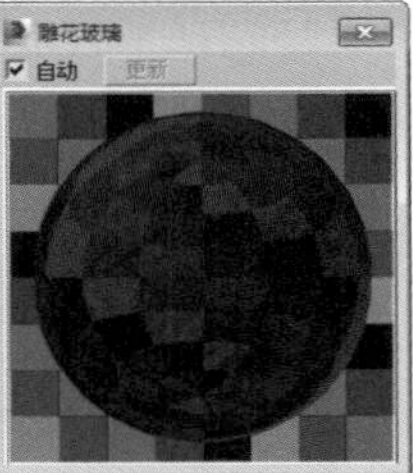

图11-74

06 将制作好的材质指定给场景中的玻璃模型，然后按F9键渲染当前场景，最终效果如图11-75所示。

图11-75

11.4.3 多维/子对象材质

使用“多维/子对象”材质可以采用几何体的子对象级别分配不同的材质，其参数设置面板如图11-76所示。

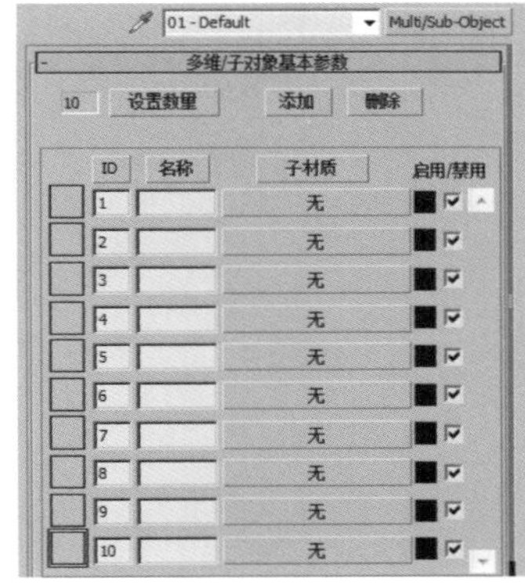

图11-76

多维/子对象材质参数介绍

数量：显示包含在“多维/子对象”材质中的子材质的数量。

设置数量 设置数量：单击该按钮可以打开“设置材质数量”对话框，如图11-77所示。在该对话框中可以设置材质的数量。

图11-77

添加 添加：单击该按钮可以添加子材质。

删除 删除：单击该按钮可以删除子材质。

ID ID：单击该按钮将对列表进行排序，其顺序开始于最低材质ID的子材质，结束于最高材质ID。

名称 名称：单击该按钮可以用名称进行排序。

子材质 子材质：单击该按钮可以通过显示于“子材质”按钮上的子材质名称进行排序。

启用/禁用：启用或禁用子材质。

子材质列表：单击子材质后面的“无”按钮 无 ，可以创建或编辑一个子材质。

技术专题 38 多维/子对象材质的用法及原理解析

很多初学者都无法理解“多维/子对象”材质的原理及用法，下面就以图11-78中的一个多边形球体来详解介绍一下该材质的原理及用法。

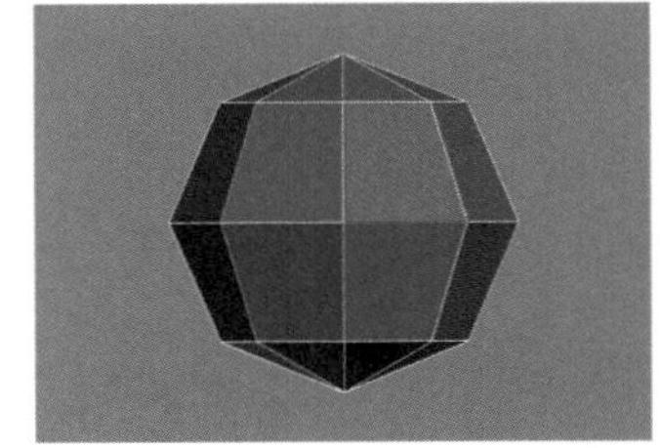

图11-78

第1步：设置多边形的材质ID号。每个多边形都具有自己的ID号，进入“多边形”级别，然后选择两个多边形，接着在“多边形：材质ID”卷展栏下将这两个多边形的材质ID设置为1，如图11-79所示。同理，用相同的方法设置其他多边形的材质ID，如图11-80和图11-81所示。

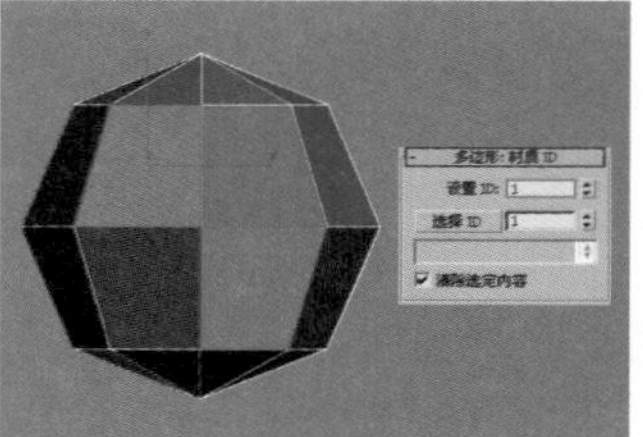

图11-79

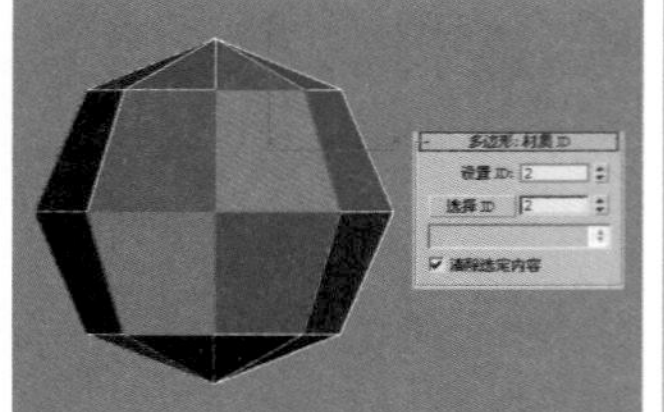

图11-80

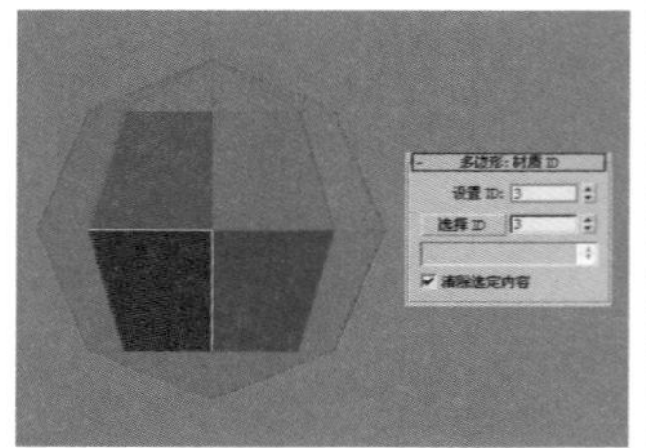

图11-81

第2步：设置“多维/子对象”材质。由于这里只有3个材质ID号。因此将“多维/子对象”材质的数量设置为3，并分别在各个子材质通道加载一个VRayMtl材质，然后分别设置VRayMtl材质的“漫反射”颜色为蓝、绿、红，如图11-82所示，接着将设置好的“多维/子对象”材质指定给多边形球体，效果如图11-83所示。

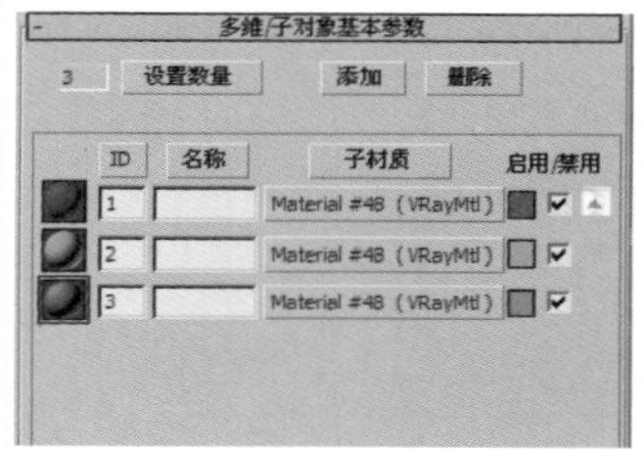

图11-82

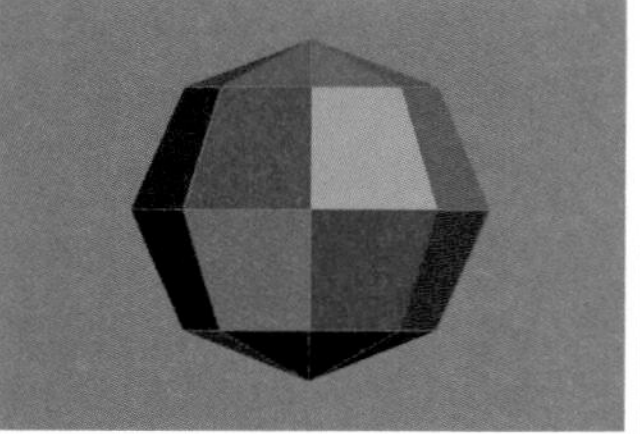

图11-83

从图11-83得出的结果可以得出一个结论：“多维/子对象”材质的子材质的ID号对应模型的材质ID号。也就是说，ID 1子材质指定给了材质ID号为1的多边形，ID 2子材质指定给了材质ID号为2的多边形，ID 3子材质指定给了材质ID号为3的多边形。

★ 重点 ★

实战：用多维/子对象材质制作地砖拼花材质

场景位置　场景文件>CH11>04.max
实例位置　实例文件>CH11>实战：用多维/子对象材质制作地砖拼花材质.max
视频位置　多媒体教学>CH11>实战：用多维/子对象材质制作地砖拼花材质.flv
难易指数　★★☆☆☆
技术掌握　用多维/子对象材质和VRayMtl材质模拟拼花材质

扫码看视频

地砖材质的效果如图11-84所示。

图11-84

地砖材质的模拟效果如图11-85所示。

图11-85

01 打开“场景文件>CH11>04.max”文件，如图11-86所示。

图11-86

02 选择一个空白材质球，然后设置材质类型为“多维/子对象”材质，并将其命名为“地砖拼花”，接着在“多维/子对象基本参数”卷展栏下单击“设置数量”按钮 设置数量 ，最后在弹出的对话框中设置“材质数量”为3，如图11-87所示。

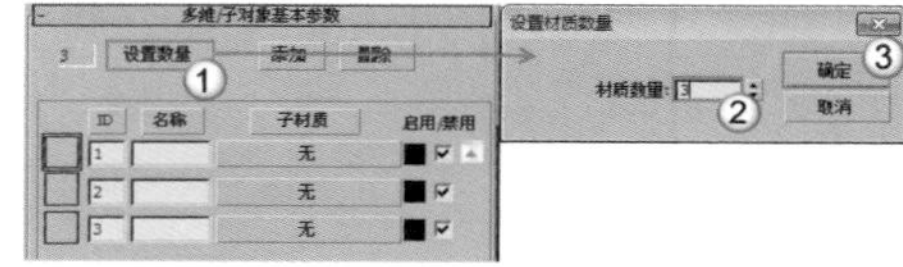

图11-87

03 分别在ID 1、ID 2和ID 3材质通道中各加载一个VRayMtl材质，如图11-88所示。

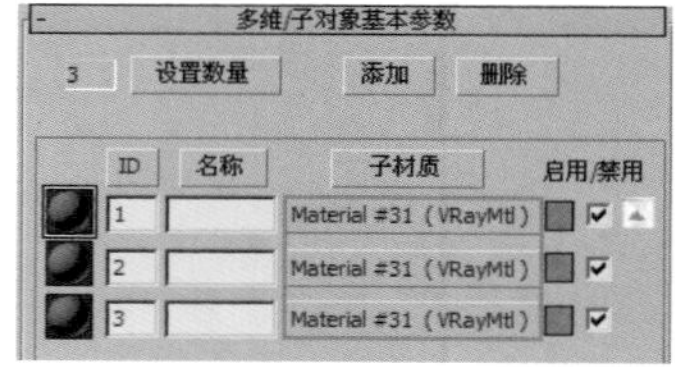

图11-88

04 单击ID 1材质通道，切换到VRayMtl材质设置面板，具体参数设置如图11-89所示。

设置步骤

① 在“漫反射”贴图通道中加载“实例文件>CH11>实战：用多维/子对象材质制作地砖拼花材质>贴图.jpg”贴图文件，然后在“坐标”卷展栏下设置“瓷砖”的U和V为3。

② 在“反射”贴图通道中加载一张“衰减”程序贴图，然后在“衰减参数”卷展栏下设置“衰减类型”为Fresnel，接着设置“细分”为10、“最大深度”为3。

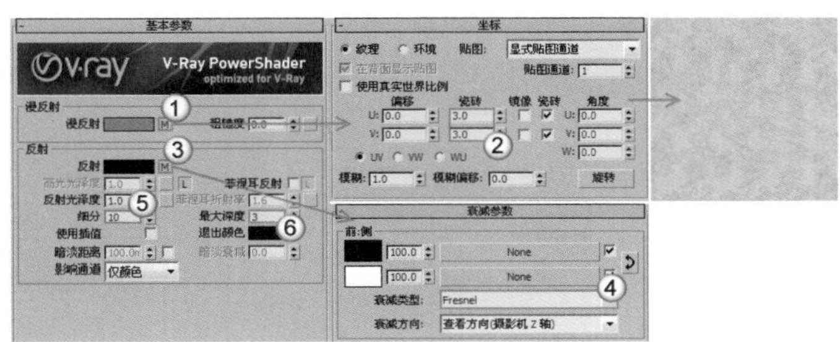

图11-89

05 单击ID 2材质通道，切换到VRayMtl材质设置面板，具体参数设置如图11-90所示。

设置步骤

① 在“漫反射”贴图通道中加载“实例文件>CH11>实战：地砖材质>黑线1.jpg”贴图文件，然后在“坐标”卷展栏下设置“瓷砖”的U和V为3。

② 在“反射”贴图通道中加载一张“衰减”程序贴图，然后在“衰减参数”卷展栏下设置“衰减类型”为Fresnel，接着设置“细分”为10、“最大深度”为3。

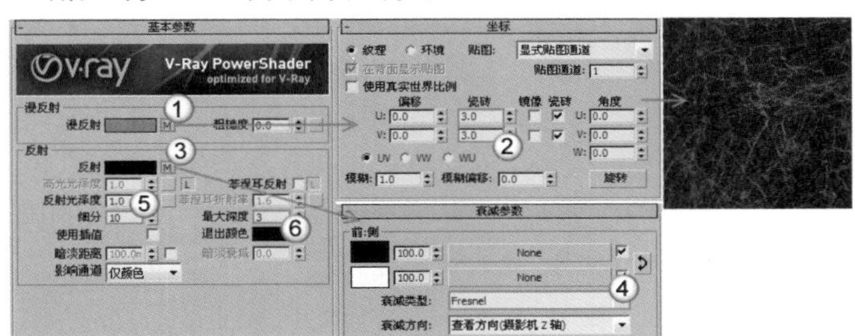

图11-90

06 单击ID 3材质通道，切换到VRayMtl材质设置面板，具体参数设置如图11-91所示，制作好的材质球效果如图11-92所示。

设置步骤

① 在“漫反射”贴图通道中加载“实例文件>CH11>实战：用多维/子对象材质制作地砖拼花材质>啡网纹02.jpg”贴图文件，然后在“坐标”卷展栏下设置“瓷砖”的U和V为4。

② 在“反射”贴图通道中加载一张“衰减”程序贴图，然后在“衰减参数”卷展栏下设置“衰减类型”为Fresnel，接着设置“细分”为10、“最大深度”为3。

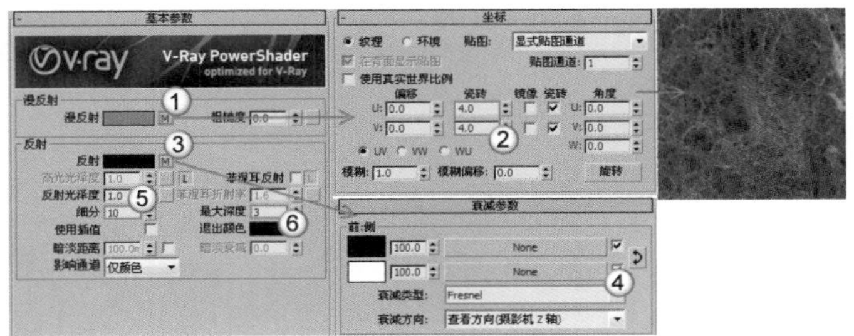

图11-91

图11-92

疑难问答

问：为何制作出来的材质球效果不一样？

答：如果用户按照步骤做出来的材质球的显示效果与书中的不同，如图11-93所示，这可能是因为勾选了“启用Gamma/LUT校正”的原因。执行“自定义>首选项”菜单命令，打开“首选项设置”对话框，然后单击“Gamma和LUT”选项卡，接着关闭“启用Gamma/LUT校正”选项、“影响颜色选择器”和“影响材质选择器”选项，如图11-94所示。关闭对话框以后材质球的显示效果就恢复正常了。

图11-93

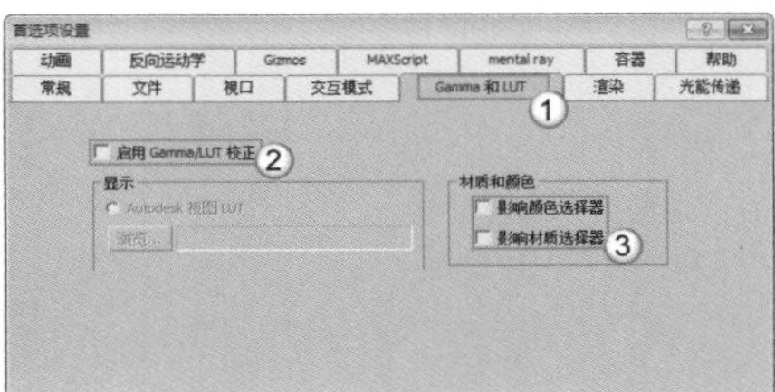

图11-94

07 将制作好的材质指定给场景中的模型，然后按F9键渲染当前场景，最终效果如图11-95所示。

图11-95

★ 重点 ★

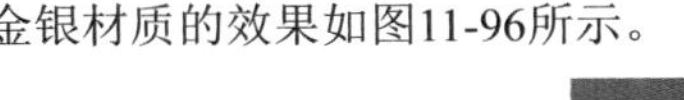

实战：用多维/子对象材质制作金银材质

场景位置 场景文件>CH11>05.max

实例位置 实例文件>CH11>实战：用多维/子对象材质制作金银材质.max

视频位置 多媒体教学>CH11>实战：用多维/子对象材质制作金银材质.flv

难易指数 ★★☆☆☆

技术掌握 用多维/子对象材质和VRayMtl材质模拟金银材质

扫码看视频

金银材质的效果如图11-96所示。

图11-96

金银材质的模拟效果如图11-97和图11-98所示。

图11-97　图11-98

01 打开“场景文件>CH11>05.max”文件，如图11-99所示。

图11-99

02 选择一个空白材质球，然后设置材质类型为“多维/子对象”材质，并将其命名为“金银”，接着设置“材质数量”为2，最后分别在ID 1和ID 2材质通道中各加载一个VRayMtl材质，如图11-100所示。

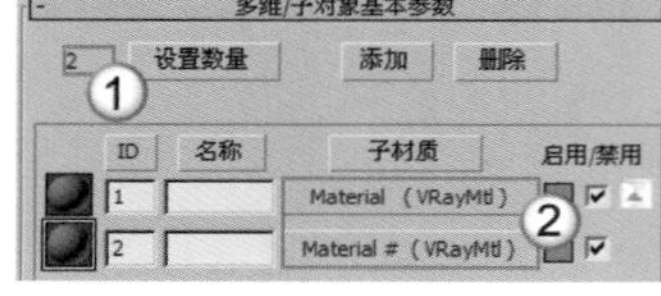

图11-100

03 单击ID 1材质通道，切换到VRayMtl材质设置面板，具体参数设置如图11-101所示。

设置步骤

① 设置“漫反射”颜色为（红:167，绿:80，蓝:10）。

② 设置“反射”颜色为（红:157，绿:158，蓝:59），然后设置“高光光泽度”为0.85、“反射光泽度”为0.85、“细分”为15。

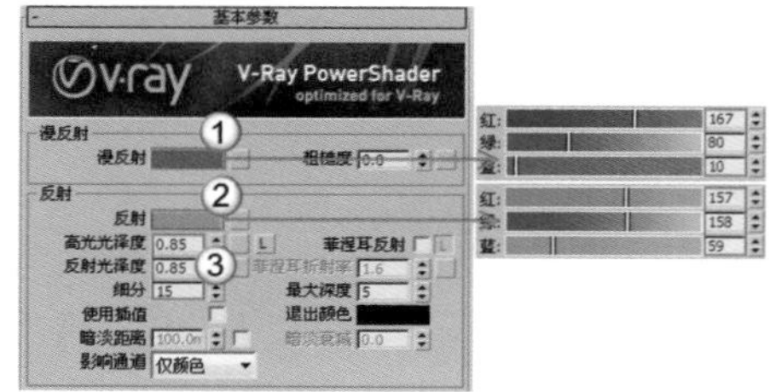

图11-101

04 单击ID 2材质通道，切换到VRayMtl材质设置面板，具体参数设置如图11-102所示，制作好的材质球效果如图11-103所示。

设置步骤

① 设置“漫反射”颜色为（红:77，绿:77，蓝:77）。

② 设置“反射”颜色为（红:59，绿:59，蓝:59），然后设置“高光光泽度”为0.85、“反射光泽度”为0.85、“细分”为15。

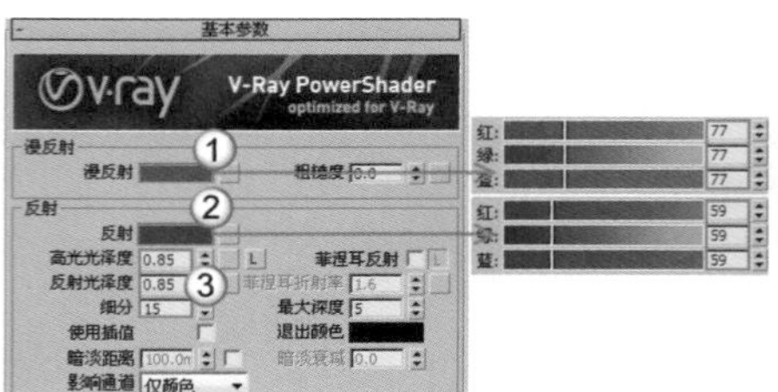

图11-102　图11-103

05 将制作好的材质指定给场景中的模型，然后按F9键渲染当前场景，最终效果如图11-104所示。

图11-104

11.4.4 VRay灯光材质

“VRay灯光材质”主要用来模拟自发光效果。当设置渲染器为VRay渲染器后，在“材质/贴图浏览器”对话框中可以找到“VRay灯光材质”，其参数设置面板如图11-105所示。

图11-105

VRay灯光材质参数介绍

颜色：设置对象自发光的颜色，后面的输入框用设置设置自发光的“强度”。通过后面的贴图通道可以加载贴图来代替自发光的颜色。

不透明度：用贴图来指定发光体的透明度。

背面发光：当勾选该选项时，它可以让材质光源双面发光。

补偿摄影机曝光：勾选该选项后，“VRay灯光材质”产生的照明效果可以用于增强摄影机曝光。

按不透明度倍增颜色：勾选该选项后，同时通过下方的“置换”贴图通道加载黑白贴图，可以通过位图的灰度强弱来控制发光强度，白色为最强。

置换：在后面的贴图通道中可以加载贴图来控制发光效果。调整数值输入框中的数值可以控制位图的发光强弱，数值越大，发光效果越强烈。

直接照明：该选项组用于控制“VRay灯光材质”是否参与直接照明计算。

开：勾选该选项后，“VRay灯光材质”产生的光线仅参与直接照明计算，即只产生自身亮度及照明范围，不参与间接光照的计算。

细分：设置"VRay灯光材质"所产生光子参与直接照明计算时的细分效果。

中止：设置"VRay灯光材质"所产生光子参与直接照明时的最小能量值，能量小于该数值时光子将不参与计算。

★重点★

实战：用VRay灯光材质制作灯管材质

场景位置　场景文件>CH11>06.max
实例位置　实例文件>CH11>实战：用VRay灯光材质制作灯管材质.max
视频位置　多媒体教学>CH11>实战：用VRay灯光材质制作灯管材质.flv
难易指数　★★☆☆☆
技术掌握　用VRay灯光材质模拟自发光材质、用VRayMtl材质模拟地板材质

扫码看视频

自发光材质的效果如图11-106所示。

图11-106

本例共需要制作两个材质，分别是自发光材质和地板材质，其模拟效果如图11-107和图11-108所示。

图11-107

图11-108

01 打开"场景文件>CH11>06.max"文件，如图11-109所示。

图11-109

02 下面制作灯管自发光材质。选择一个空白材质球，然后设置材质类型为"VRay灯光材质"，接着在"参数"卷展栏下设置发光的"强度"为2.5，如图11-110所示，制作好的材质球效果如图11-111所示。

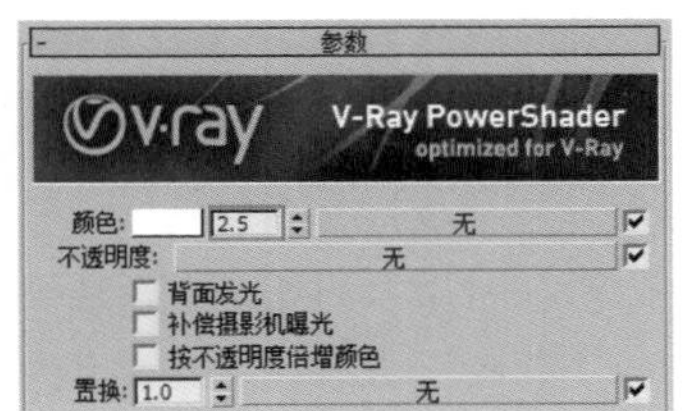

图11-110

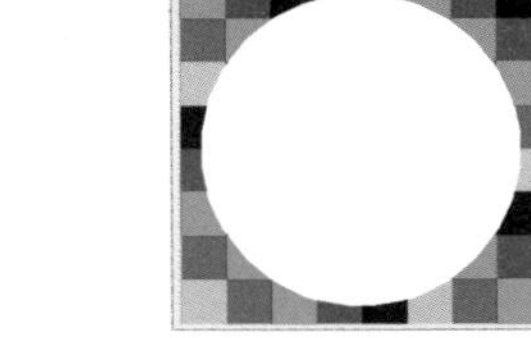

图11-111

03 下面制作地板材质。选择一个空白材质球，然后设置材质类型为VRayMtl材质，具体参数设置如图11-112所示，制作好的材质球效果如图11-113所示。

设置步骤

① 在"漫反射"贴图通道中加载"实例文件>CH11>实战：用VRay灯光材质制作灯管材质>地板.jpg"文件，然后在"坐标"卷展栏下设置"瓷砖"的U和V为5。

② 设置"反射"颜色为（红:64，绿:64，蓝:64），然后设置"反射光泽度"为0.8。

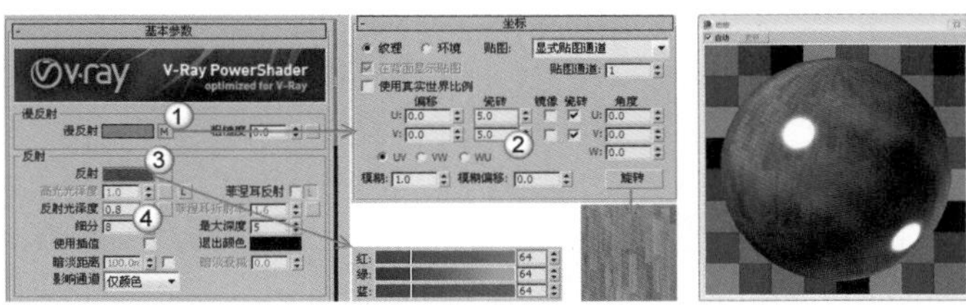

图11-112

图11-113

04 将制作好的材质指定给场景中的模型，然后按F9键渲染当前场景，最终效果如图11-114所示。

图11-114

11.4.5 VRay双面材质

"VRay双面材质"可以使对象的外表面和内表面同时被渲染，并且可以使内外表面拥有不同的纹理贴图，其参数设置面板如图11-115所示。

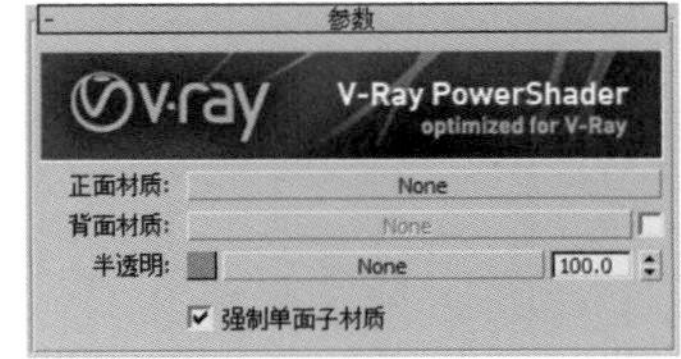

图11-115

VRay双面材质参数介绍

正面材质：用来设置物体外表面的材质。

背面材质：用来设置物体内表面的材质。

半透明：用来设置"正面材质"和"背面材质"的混合程度，可以直接设置混合值，可以用贴图来代替。值为0时，"正面材质"在外表面，"背面材质"在内表面；值为0~100时，两面材质可以相互混合；值为100时，"背面材质"在外表面，"正面材质"在内表面。

强制单面子材质：当勾选该选项时，双面互不受影响，不能透明的颜色越深，总体越亮；当关闭该选项时，半透明越黑越不透明，相互渗透越小。

11.4.6 VRay混合材质

"VRay混合材质"可以让多个材质以层的方式混合来模拟物理世界中的复杂材质。"VRay混合材质"和3ds Max里的"混合"材质的效果比较类似，但是其渲染速度比"混合"材质快很多，其参数面板如图11-116所示。

图11-116

VRay混合材质参数介绍

基本材质：可以理解为最基层的材质。

镀膜材质：表面材质，可以理解为基本材质上面的材质。

混合数量：这个混合数量是表示"镀膜材质"混合多少到"基本材质"上面，如果颜色给白色，那么这个"镀膜材质"将全部混合上去，而下面的"基本材质"将不起作用；如果颜色给黑色，那么这个"镀膜材质"自身就没什么效果。混合数量也可以由后面的贴图通道来代替。

相加（虫漆）模式：选择这个选项，"VRay混合材质"将和3ds Max里的"虫漆"材质效果类似，一般情况下不勾选它。

★ 重点 ★

实战：用VRay混合材质制作钻戒材质

场景位置　场景文件>CH11>07.max
实例位置　实例文件>CH11>实战：用VRay混合材质制作钻戒材质.max
视频位置　多媒体教学>CH11>实战：用VRay混合材质制作钻戒材质.flv
难易指数　★★☆☆☆
技术掌握　用VRay混合材质模拟钻石材质、用VRayMtl材质模拟金材质

扫码看视频

钻戒材质的效果如图11-117所示。

图11-117

本例共需要制作两个材质，分别是钻石材质和金材质，其模拟效果如图11-118和图11-119所示。

图11-118

图11-119

01 打开"场景文件>CH11>07.max"文件，如图11-120所示。

图11-120

02 下面制作钻石材质。选择一个空白材质球，设置材质类型为"VRay混合材质"，并将其命名为"钻石"，然后在第1个"镀膜材质"通道中加载一个VRayMtl材质，接着将其命名为Diamant R，具体参数设置如图11-121所示。

设置步骤

① 在"基本参数"卷展栏下设置"漫反射"颜色为黑色、"反射"颜色为白色，然后勾选"菲涅耳反射"选项，并设置"最大深度"为6，接着设置"折射"颜色为白色，最后设置"折射率"为2.5、"最大深度"为6。

② 在"双向反射分布函数"卷展栏下明暗器类型为"多面"。

③ 在"选项"卷展栏下关闭"双面"选项，并勾选"背面反射"选项，然后设置"能量保存模式"为"单色"。

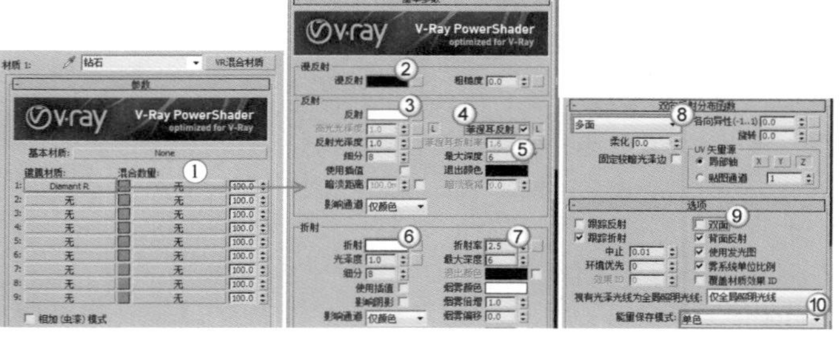

图11-121

技巧与提示

在加载"VRay混合材质"时，3ds Max会弹出"替换材质"对话框，在这里选择第1个选项，如图11-122所示。

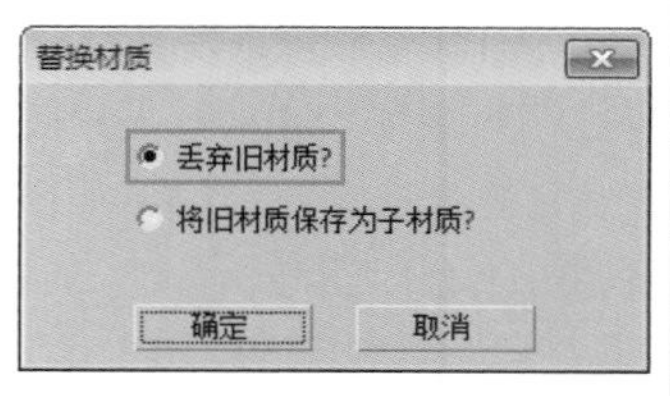

图11-122

03 返回到"VRay混合材质"参数设置面板，然后使用鼠标左键将Diamant R材质拖曳在第2个"镀膜材质"的通道上，接着在弹出的对话框中设置"方法"为"复制"，最后将其命名为Diamant G，如图11-123所示。

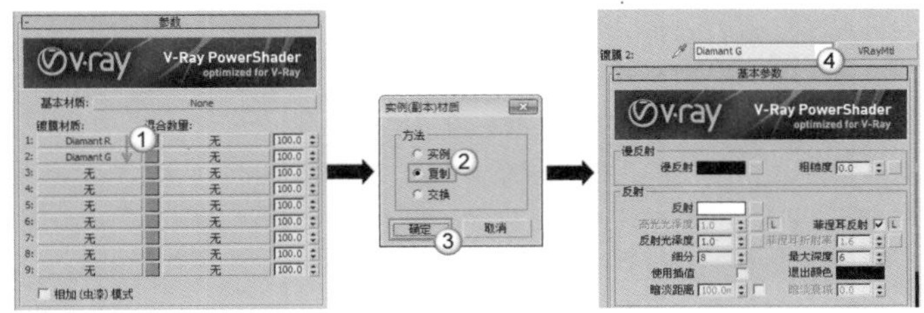

图11-123

04 继续复制一份材质到第3个“镀膜材质”的通道上，并将其命名为Diamant B，然后分别将3种材质的颜色修改为红、绿、蓝，用这3种颜色来进行混合，如图11-124所示，制作好的材质球效果如图11-125所示。

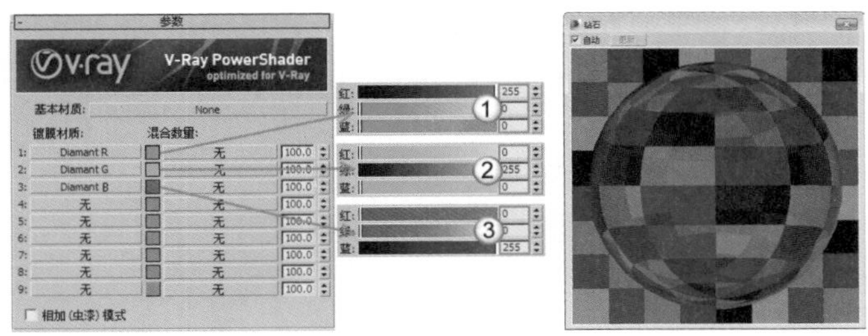

图11-124　　图11-125

05 下面制作金材质。选择一个空白材质球，然后设置材质类型为VRayMtl材质，接着将其命名为“金”，具体参数设置如图11-126所示，制作好的材质球效果如图11-127所示。

设置步骤

① 设置“漫反射”颜色为黑色。

② 设置“反射”颜色为（红:234，绿:197，蓝:117），然后设置“反射光泽度”为0.9、“细分”设置为20。

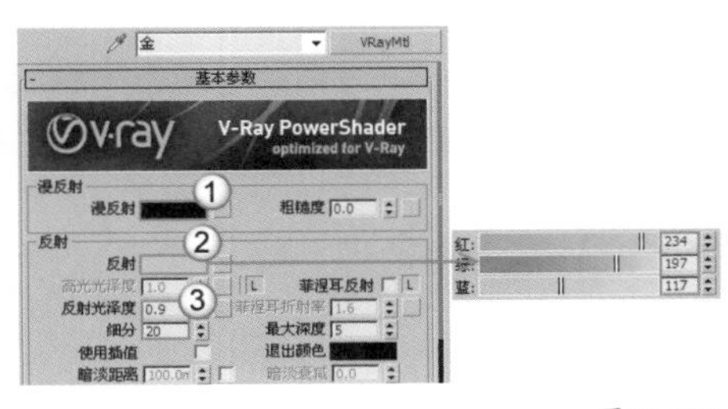

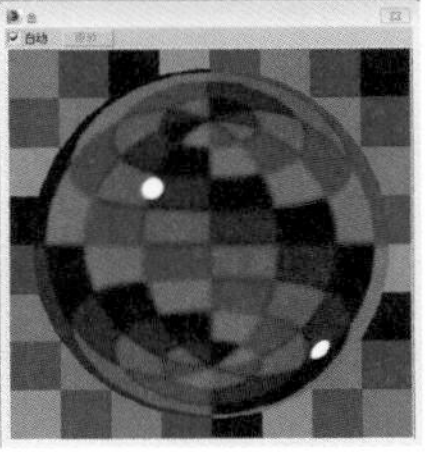

图11-126　　图11-127

06 将制作好的材质分别指定给相应的模型，然后按F9键渲染当前场景，最终效果如图11-128所示。

图11-128

11.4.7 VRayMtl材质

VRayMtl材质是使用频率最高的一种材质，也是使用范围最广的一种材质，常用于制作室内外效果图。VRayMtl材质除了能完成一些反射和折射效果外，还能出色地表现出SSS以及BRDF等效果，其参数设置面板如图11-129所示。

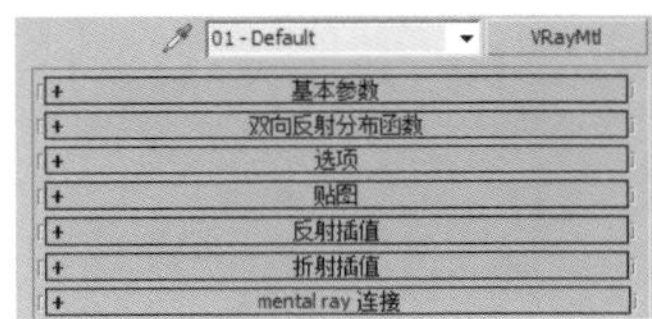

图11-129

基本参数卷展栏

展开“基本参数”卷展栏，如图11-130所示。

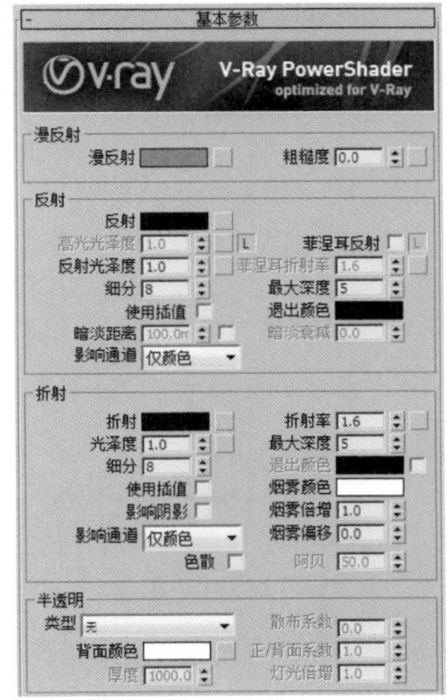

图11-130

基本参数卷展栏参数介绍

① 漫反射选项组

漫反射：物体的漫反射用来决定物体的表面颜色。通过单击它的色块，可以调整自身的颜色。单击右边的■按钮可以选择不同的贴图类型。

粗糙度：数值越大，粗糙效果越明显，可以用该选项来模拟绒布的效果。

② 反射选项组

反射：这里的反射是靠颜色的灰度来控制，颜色越白反射越亮，越黑反射越弱；而这里选择的颜色则是反射出来的颜色，和反射的强度是分开计算的。单击旁边的■按钮，可以使用贴图的灰度来控制反射的强弱。

菲涅耳反射：勾选该选项后，反射强度会与物体的入射角度有关系，入射角度越小，反射越强烈。当垂直入射的时候，反射强度最弱。同时，菲涅耳反射的效果也和下面的“菲涅耳折射率”有关。当“菲涅耳折射率”为0或100时，将产生完全反射；而当“菲涅耳折射率”从1变化到0时，反射越强烈；同样，当菲涅耳折射率从1变化到100时，反射也越强烈。

技巧与提示

“菲涅耳反射”是模拟真实世界中的一种反射现象，反射的强度与摄影机的视点和具有反射功能的物体的角度有关。角度值接近0时，反射最强；当光线垂直于表面时，反射功能最弱，这也是物理世界中的现象。

菲涅耳折射率：在“菲涅耳反射”中，菲涅耳现象的强弱衰减率可以用该选项来调节。

高光光泽度：控制材质的高光大小，默认情况下和“反射光泽度”一起关联控制，可以通过单击旁边的L按钮L来解除锁定，从而可以单独调整高光的大小。

反射光泽度：通常也被称为“反射模糊”。物理世界中所有的物体都有反射光泽度，只是或多或少而已。默认值1表示没有模糊效果，而比较小的值表示模糊效果越强烈。单击右边的按钮，可以通过贴图的灰度来控制反射模糊的强弱。

细分：用来控制“反射光泽度”的品质，较高的值可以取得较平滑的效果，而较低的值可以让模糊区域产生颗粒效果。注意，细分值越大，渲染速度越慢。

使用插值：当勾选该参数时，VRay能够使用类似于“发光贴图”的缓存方式来加快反射模糊的计算。

最大深度：是指反射的次数，数值越高，效果越真实，但渲染时间也更长。

技巧与提示

渲染室内的玻璃或金属物体时，反射次数需要设置大一些，渲染地面和墙面时，反射次数可以设置少一些，这样可以提高渲染速度。

退出颜色：当物体的反射次数达到最大次数时就会停止计算反射，这时由于反射次数不够造成的反射区域的颜色就用退出色来代替。

暗淡距离：勾选该选项后，可以手动设置参与反射计算对象间的距离，与产生反射对象的距离大于设定数值的对象就不会参与反射计算。

暗淡衰减：通过后方的数值设定对象在反射效果中衰减强度

影响通道：选择反射效果是否影响对应图像通道，通常保持默认的设置即可。

③ 折射选项组

折射：和反射的原理一样，颜色越白，物体越透明，进入物体内部产生折射的光线也就越多；颜色越黑，物体越不透明，产生折射的光线也就越少。单击右边的按钮，可以通过贴图的灰度来控制折射的强弱。

折射率：设置透明物体的折射率。

技巧与提示

真空的折射率是1，水的折射率是1.33，玻璃的折射率是1.5，水晶的折射率是2，钻石的折射率是 2.4，这些都是制作效果图常用的折射率。

光泽度：用来控制物体的折射模糊程度。值越小，模糊程度越明显；默认值1不产生折射模糊。单击右边的按钮，可以通过贴图的灰度来控制折射模糊的强弱。

最大深度：和反射中的最大深度原理一样，用来控制折射的最大次数。

细分：用来控制折射模糊的品质，较高的值可以得到比较光滑的效果，但是渲染速度会变慢；而较低的值可以使模糊区域产生杂点，但是渲染速度会变快。

退出颜色：当物体的折射次数达到最大次数时就会停止计算折射，这时由于折射次数不够造成折射区域的颜色就用退出色来代替。

使用插值：当勾选该选项时，VRay能够使用类似于“发光贴图”的缓存方式来加快“光泽度”的计算。

影响阴影：这个选项用来控制透明物体产生的阴影。勾选该选项时，透明物体将产生真实的阴影。注意，这个选项仅对“VRay灯光”和“VRay阴影”有效。

影响通道：设置折射效果是否影响对应图像通道，通常保持默认的设置即可。

烟雾颜色：这个选项可以让光线通过透明物体后使光线变少，就好像和物理世界中的半透明物体一样。这个颜色值和物体的尺寸有关，厚的物体颜色需要设置谈一点才有效果。

技巧与提示

默认情况下的“烟雾颜色”为白色，是不起任何作用的，也就是说白色的雾对不同厚度的透明物体的效果是一样的。在图11-131中，“烟雾颜色”为淡绿色，“烟雾倍增”为0.08，由于玻璃的侧面比正面尺寸厚，所以侧面的颜色就会深一些，这样的效果与现实中的玻璃效果是一样的。

图11-131

烟雾倍增：可以理解为烟雾的浓度。值越大，雾越浓，光线穿透物体的能力越差。不推荐使用大于1的值。

烟雾偏移：控制烟雾的偏移，较低的值会使烟雾向摄影机的方向偏移。

色散：勾选该选项后，光线在穿过透明物体时会产生色散现象。

阿贝：用于控制色散的强度，数值越小，色散现象越强烈。

④ 半透明选项组

类型：半透明效果（也叫3S效果）的类型有3种，一种是“硬（蜡）模型”，如蜡烛；一种是“软（水）模型”，如海水；还有一种是“混合模型”。

背面颜色：用来控制半透明效果的颜色。

厚度：用来控制光线在物体内部被追踪的深度，也可以理解为光线的最大穿透能力。较大的值，会让整个物体都被光线穿透；较小的值，可以让物体比较薄的地方产生半透明现象。

散布系数：物体内部的散射总量。0表示光线在所有方向被物体内部散射；1表示光线在一个方向被物体内部散射，而不考虑物体内部的曲面。

正/背面系数：控制光线在物体内部的散射方向。0表示光线沿着灯光发射的方向向前散射；1表示光线沿着灯光发射的方向向后散射；0.5表示这两种情况各占一半。

灯光倍增：设置光线穿透能力的倍增值。值越大，散射效果越强。

技巧与提示

半透明参数所产生的效果通常也叫3S效果。半透明参数产生的效果与雾参数所产生的效果有一些相似，很多用户分不太清楚。其实半透明参数所得到的效果包括了雾参数所产生的效果，更重要的是它还能得到光线的次表面散射效果，也就是说当光线直射到半透明物体时，光线会在半透明物体内部进行分散，然后会从物体的四周发散出来。也可以理解为半透明物体为二次光源，能模拟现实世界中的效果，如图11-132所示。

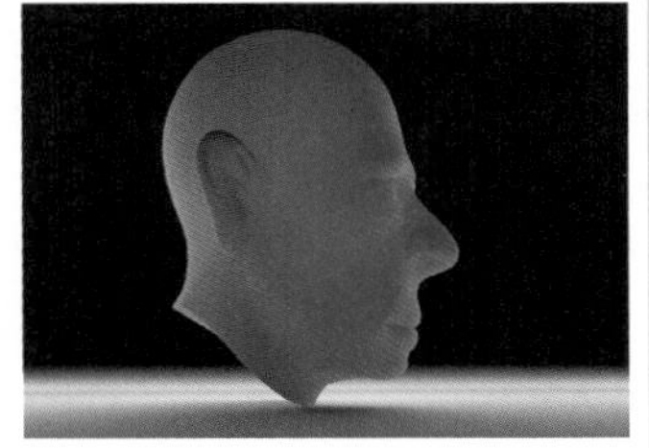

图11-132

双向反射分布函数卷展栏

展开“双向反射分布函数”卷展栏，如图11-133所示。

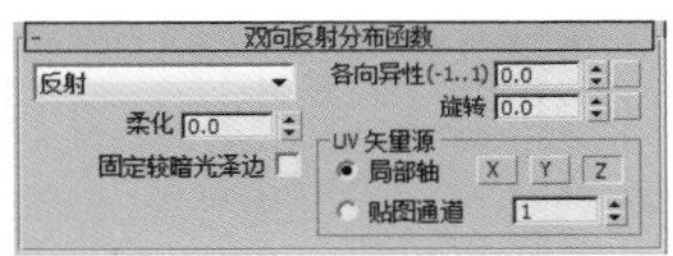

图11-133

双向反射分布函数卷展栏参数介绍

明暗器列表：包含3种明暗器类型，分别是反射、多面和沃德。反射适合硬度很高的物体，高光区很小；多面适合大多数物体，高光区适中；沃德适合表面柔软或粗糙的物体，高光区最大。

各向异性（-1..1）：控制高光区域的形状，可以用该参数来设置拉丝效果。

旋转：控制高光区的旋转方向。

UV矢量源：控制高光形状的轴向，也可以通过贴图通道来设置。

局部轴：有x、y、z这3个轴可供选择。

贴图通道：可以使用不同的贴图通道与UVW贴图进行关联，从而实现一个物体在多个贴图通道中使用不同的UVW贴图，这样可以得到各自相对应的贴图坐标。

技巧与提示

关于双向反射现象，在物理世界中随处可见。如在图11-134中，我们可以看到不锈钢锅底的高光形状是由两个锥形构成的，这就是双向反射现象。这是因为不锈钢表面是一个有规律的均匀的凹槽（如常见的拉丝不锈钢效果），当光反射到这样的表面上就会产生双向反射现象。

图11-134

选项卷展栏

展开“选项”卷展栏，如图11-135所示。

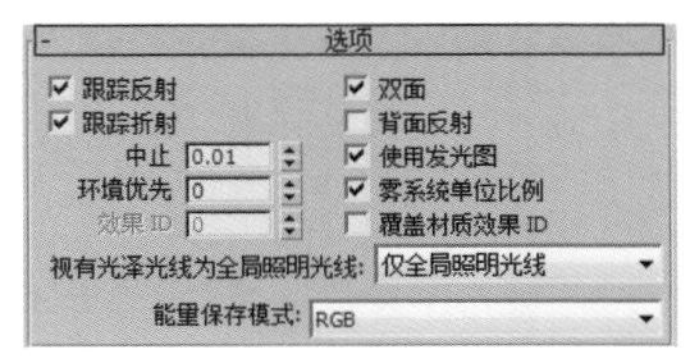

图11-135

选项卷展栏参数介绍

跟踪反射：控制光线是否追踪反射。如果不勾选该选项，VRay将不渲染反射效果。

跟踪折射：控制光线是否追踪折射。如果不勾选该选项，VRay将不渲染折射效果。

中止：中止选定材质的反射和折射的最小阈值。

环境优先：控制“环境优先”的数值。

效果ID：设置ID号，以覆盖材质本身的ID号。

覆盖材质效果ID：勾选该选项后，同时可以通过左侧的“效果ID”选项设置的ID号，可以覆盖掉材质本身的ID。

双面：控制VRay渲染的面是否为双面。

背面反射：勾选该选项时，将强制VRay计算反射物体的背面产生反射效果。

使用发光图：控制选定的材质是否使用“发光贴图”。

雾系统单位比例：控制是否使用雾系统单位比例，通常保持默认即可。

视有光泽光线为全局照明光线：该选项在效果图制作中一般都默认设置为“仅全局照明光线”。

能量保存模式：该选项在效果图制作中一般都默认设置为RGB模型，因为这样可以得到彩色效果。

贴图卷展栏

展开“贴图”卷展栏，如图11-136所示。

贴图			
漫反射	100.0	✓	无
粗糙度	100.0	✓	无
反射	100.0	✓	无
高光光泽度	100.0	✓	无
反射光泽度	100.0	✓	无
菲涅耳折射率	100.0	✓	无
各向异性	100.0	✓	无
各向异性旋转	100.0	✓	无
折射	100.0	✓	无
光泽度	100.0	✓	无
折射率	100.0	✓	无
半透明	100.0	✓	无
凹凸	30.0	✓	无
置换	100.0	✓	无
不透明度	100.0	✓	无
环境		✓	无

图11-136

贴图卷展栏参数介绍

漫反射：同“基本参数”卷展栏下的“漫反射”选项相同。

粗糙度：同“基本参数”卷展栏下的“粗糙度”选项相同。

反射：同“基本参数”卷展栏下的“反射”选项相同。

高光光泽度：同“基本参数”卷展栏下的“高光光泽度”选项相同。

菲涅耳折射率：同“基本参数”卷展栏下的“菲涅耳折射率”选项相同。

各向异性：同“基本参数”卷展栏下的“各向异性（-1..1）”选项相同。

各向导性旋转：同“双向反射分布函数”卷展栏下的“旋转”选项相同。

折射：同“基本参数”卷展栏下的“折射”选项相同。

光泽度：同“基本参数”卷展栏下的“光泽度”选项相同。

折射率：同“基本参数”卷展栏下的“折射率”选项相同。

半透明：同“基本参数”卷展栏下的“半透明”选项相同。

疑难问答 ?

问：贴图通道名称后面的数值有何作用？

答：在每个贴图通道后面都有一个数值输入框，该输入框内的数值主要有以下两个功能。

第1个：用于调整参数的强度。如在“凹凸”贴图通道中加载了凹凸贴图，那么该参数值越大，所产生的凹凸效果就越强烈。

第2个：用于调整参数颜色通道与贴图通道的混合比例。如在“漫反射”通道中既调整了颜色，又加载了贴图，如果此时数值为100，就表示只有贴图产生作用；如果数值调整为50，则两者各作用一半；如果数值为0，则贴图将完全失效，只表现为调整的颜色效果。

凸凹：主要用于制作物体的凹凸效果，在后面的通道中可以加载一张凸凹贴图。

置换：主要用于制作物体的置换效果，在后面的通道中可以加载一张置换贴图。

不透明度：主要用于制作透明物体，如窗帘、灯罩等。

环境：主要是针对上面的一些贴图而设定的，如反射、折射等，只是在其贴图的效果上加入了环境贴图效果。

如果制作场景中的某个物体不存在环境效果，就可以用“环境”贴图通道来完成。比如在图11-137中，如果在“环境”贴图通道中加载一张位图贴图，那么就需要将“坐标”类型设置为“环境”才能正确使用，如图11-138所示。

图11-137

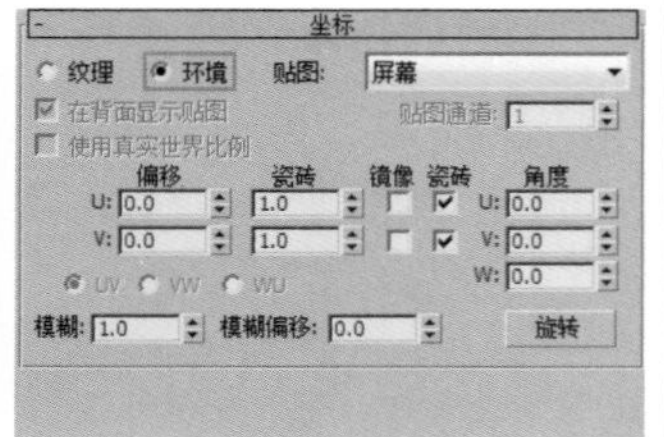

图11-138

反射插值卷展栏

展开“反射插值”卷展栏，如图11-139所示。该卷展栏下的参数只有在“基本参数”卷展栏中的“反射”选项组下勾选“使用插值”选项时才起作用。

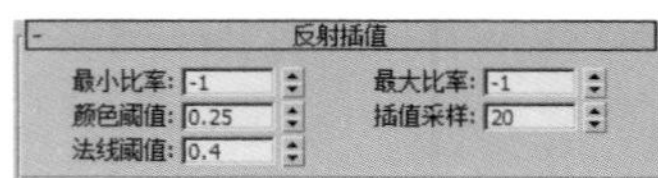

图11-139

反射插值卷展栏重要参数介绍

最小比率：在反射对象不丰富（颜色单一）的区域使用该参数所设置的数值进行插补。数值越高，精度就越高，反之精度就越低。

最大比率：在反射对象比较丰富（图像复杂）的区域使用该参数所设置的数值进行插补。数值越高，精度就越高，反之精度就越低。

颜色阈值：指的是插值算法的颜色敏感度。值越大，敏感度就越低。

法线阈值：指的是物体的交接面或细小的表面的敏感度。值越大，敏感度就越低。

插值采样：用于设置反射插值时所用的样本数量。值越大，效果越平滑模糊。

由于“折射插值”卷展栏中的参数与“反射插值”卷展栏中的参数相似，因此这里不再进行讲解。“折射插值”卷展栏中的参数只有在“基本参数”卷展栏中的“折射”选项组下勾选“使用插值”选项时才起作用。

★ 重点 ★

实战：用VRayMtl材质制作木纹材质

场景位置　场景文件>CH11>08.max

实例位置　实例文件>CH11>实战：用VRayMtl材质制作木纹材质.max

视频位置　多媒体教学>CH11>实战：用VRayMtl材质制作木纹材质.flv

难易指数　★★☆☆☆

技术掌握　用VRayMtl材质模拟木纹材质

扫码看视频

木纹材质的效果如图11-140所示。

图11-140

本例共需要制作4种木纹材质，其模拟效果如图11-141~图11-144所示。

图11-141

图11-142

图11-143

图11-144

01 打开“场景文件>CH11>08.max”文件，如图11-145所示。

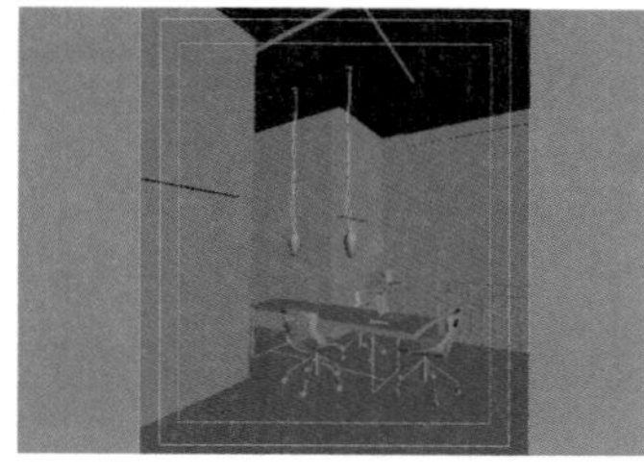

图11-145

02 下面制作桌面木纹材质。选择一个空白材质球，然后设置材质类型为VRayMtl材质，接着将其命名为“桌面木纹”，具体参数设置如图11-146所示，制作好的材质球效果如图11-147所示。

设置步骤

① 在“漫反射”贴图通道中加载“实例文件>CH11>实战：用VRayMtl材质制作木纹材质>桌面木纹.jpg”贴图文件。

② 在“反射”贴图通道中加载一张“衰减”程序贴图，然后在“衰减参数”卷展栏下设置“侧”通道的颜色为（红:178，绿:209，蓝:252），接着设置“衰减类型”为Fresnel，最后设置“高光光泽度”为0.63、“反射光泽度”为0.85、“细分”为12。

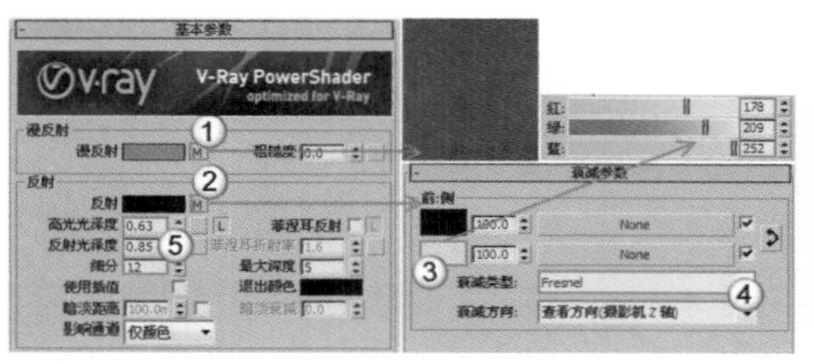

图11-146　图11-147

问：为什么设置不了“高光光泽度”？

答：在默认情况下，“高光光泽度”“菲涅耳折射率”等选项都处于锁定状态，是不能改变其数值的。如果要修改参数值，需要单击后面的L按钮L对其解锁后才能修改其数值。

03 下面制作墙面木纹材质。选择一个空白材质球，然后设置材质类型为VRayMtl材质，接着将其命名为“墙面木纹”，具体参数设置如图11-148所示，制作好的材质球效果如图11-149所示。

设置步骤

① 在“漫反射”贴图通道中加载“实例文件>CH11>实战：用VRayMtl材质制作木纹材质>墙面木纹.jpg”贴图文件。

② 在“反射”选项组下设置“反射”颜色为（红:47，绿:47，蓝:47），然后设置“高光光泽度”为0.95、“反射光泽度”为0.85、“细分”为12。

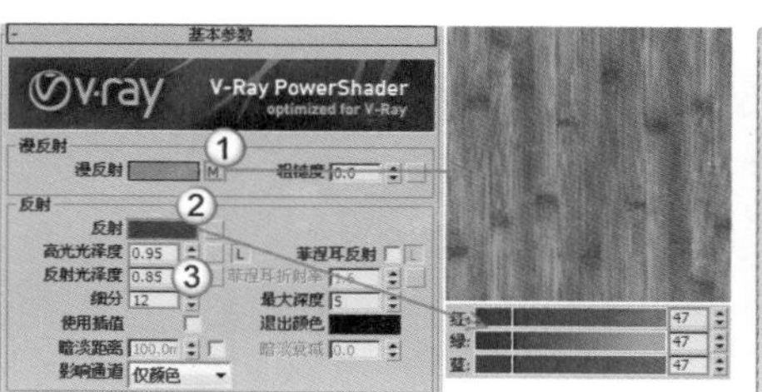

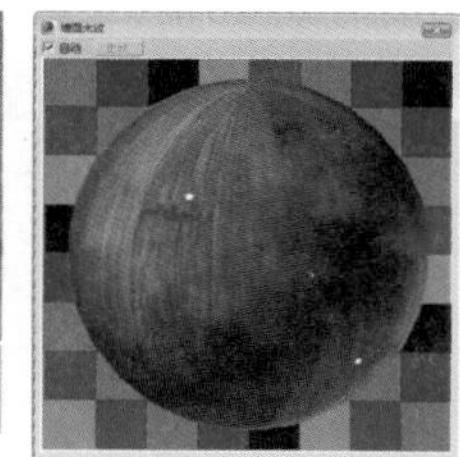

图11-148　图11-149

04 下面制作顶棚木纹材质。选择一个空白材质球，然后设置材质类型为VRayMtl材质，接着将其命名为“棚木木纹”，具体参数设置如图11-150所示，制作好的材质球效果如图11-151所示。

设置步骤

① 在“漫反射”贴图通道中加载“实例文件>CH11>实战：用VRayMtl材质制作木纹材质>顶棚木纹.jpg”贴图文件。

② 在“反射”贴图通道中加载一张“衰减”程序贴图，然后在“衰减参数”卷展栏下设置“侧”通道的颜色为（红:223，绿:239，蓝:254），接着设置“衰减类型”为Fresnel，最后设置“高光光泽度”为0.7、“反射光泽度”为0.85、“细分”为12。

图11-150　图11-151

05 下面制作地面木纹材质。选择一个空白材质球，然后设置材质类型为VRayMtl材质，接着将其命名为“地面木纹”，具体参数设置如图11-152所示，制作好的材质球效果如图11-153所示。

设置步骤

① 在“漫反射”贴图通道中加载一张“实例文件>CH11>实战：用VRayMtl材质制作木纹材质>地面木纹.jpg”贴图文件。

② 在“反射贴图”通道中加载一张“衰减”程序贴图，然后在“衰减参数”卷展栏下设置“侧”通道的颜色为（红:223，绿:239，蓝:254），接着设置“衰减类型”为Fresnel，最后设置“高光光泽度”为0.7、“反射光泽度”为0.85、“细分”为12。

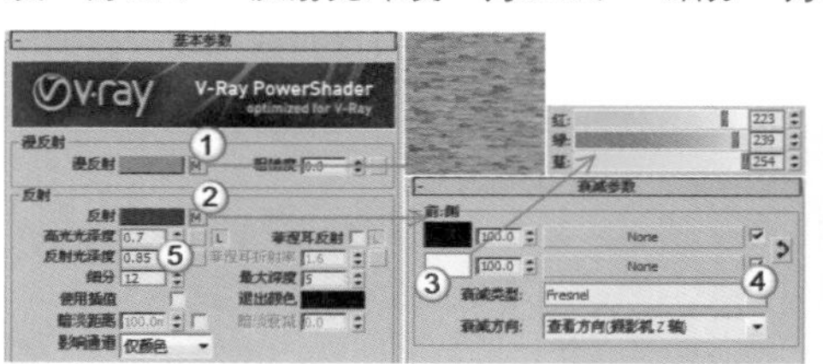

图11-152　图11-153

06 将制作好的材质指定给场景中的模型，然后按F9键渲染当前场景，最终效果如图11-154所示。

图11-154

★ 重 点 ★

实战：用VRayMtl材质制作地板材质

场景位置　场景文件>CH11>09.max
实例位置　实例文件>CH11>实战：用VRayMtl材质制作地板材质.max
视频位置　多媒体教学>CH11>实战：用VRayMtl材质制作地板材质.flv
难易指数　★☆☆☆☆
技术掌握　用VRayMtl材质模拟地板材质

扫码看视频

地板材质的效果如图11-155所示。

地板材质的模拟效果如图11-156所示。

图11-155

图11-156

01 打开“场景文件>CH11>09.max”文件，如图11-157所示。

图11-157

02 选择一个空白材质球，然后设置材质类型为VRayMtl材质，接着将其命名为“地板”，具体参数设置如图11-158所示，制作好的材质球效果如图11-159所示。

设置步骤

① 在“漫反射”贴图通道中加载“实例文件>CH11>实战：用VRayMtl材质制作地板材质>地板.jpg”贴图文件。

② 设置“反射”颜色为（红:54，绿:54，蓝:54），然后设置“高光光泽度”为0.8、“反射光泽度”为0.8、“细分”为20、“最大深度”为3。

③ 展开“贴图”卷展栏，然后将“漫反射”贴图通道中的贴图拖曳到“凹凸”贴图通道上，接着在弹出的对话框中设置“方法”为“实例”，并设置“凹凸”强度为50，最后在“环境”贴图通道中加载一张“输出”程序贴图。

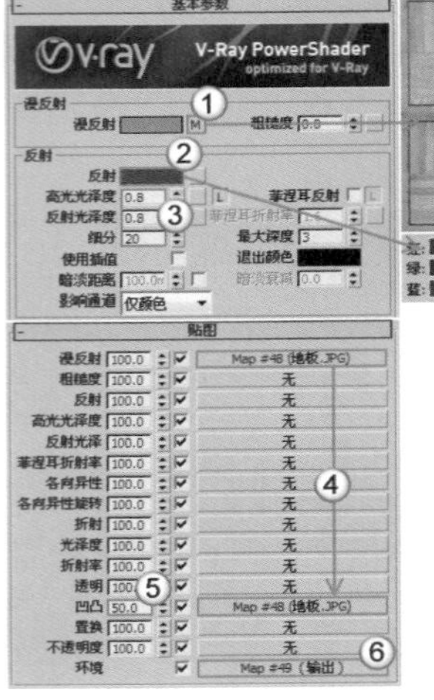

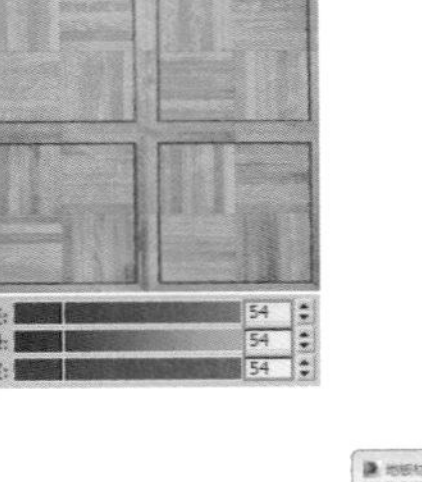

图11-158

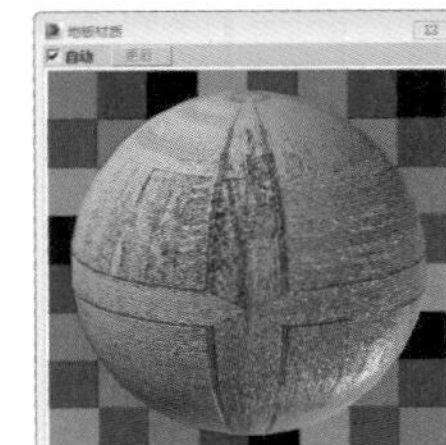

图11-159

03 将制作好的材质指定给场景中的模型，然后按F9键渲染当前场景，最终效果如图11-160所示。

图11-160

★ 重 点 ★

实战：用VRayMtl材质制作不锈钢材质

场景位置　场景文件>CH11>10.max
实例位置　实例文件>CH11>实战：用VRayMtl材质制作不锈钢材质.max
视频位置　多媒体教学>CH11>实战：用VRayMtl材质制作不锈钢材质.flv
难易指数　★★☆☆☆
技术掌握　用VRayMtl材质模拟不锈钢材质和磨砂不锈钢材质

扫码看视频

不锈钢材质和磨砂不锈钢材质的效果如图11-161所示。

图11-161

本例共需要制作两种不锈钢材质，分别是不锈钢材质和磨砂不锈钢材质，其模拟效果如图11-162和图11-163所示。

图11-162

图11-163

01 打开“场景文件>CH11>10.max”文件，如图11-164所示。

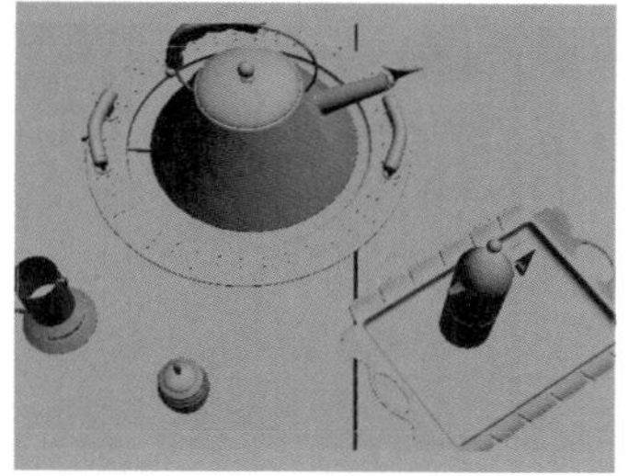

图11-164

02 下面制作不锈钢材质。选择一个空白材质球，然后设置材质类型为VRayMtl材质，接着将其命名为“不锈钢”，具体参数设置如图11-165所示，制作好的材质球效果如图11-166所示。

设置步骤

① 在“漫反射”选项组下设置“漫反射”颜色为黑色。

② 设置“反射”颜色为（红:194，绿:199，蓝:204），然后设置“高光光泽度”为0.82、“反射光泽度”为0.95、“细分”为20、“最大深度”为8。

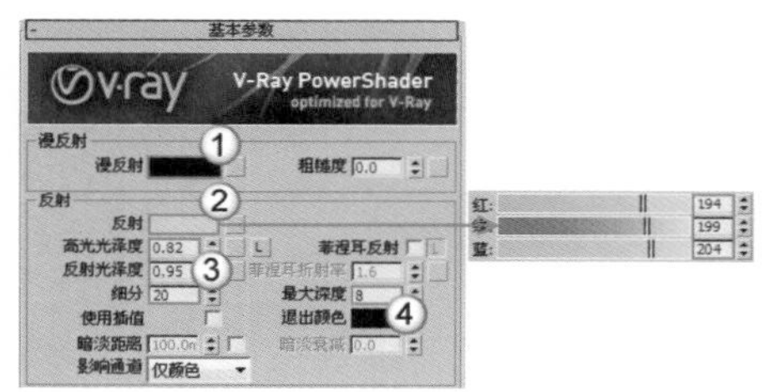

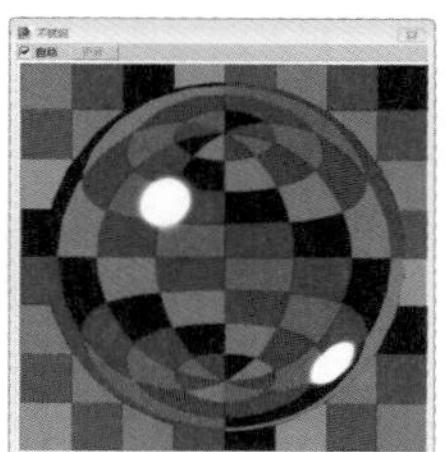

图11-165　图11-166

03 下面制作磨砂不锈钢材质。选择一个空白材质球，然后设置材质类型为VRayMtl材质，接着将其命名为“磨砂不锈钢”，具体参数设置如图11-167所示，制作好的材质球效果如图11-168所示。

设置步骤

① 在“漫反射”选项组下设置“漫反射”颜色为（红:17，绿:17，蓝:17）。

② 设置“反射”颜色为（红:194，绿:199，蓝:204），然后设置“高光光泽度”为0.85、“反射光泽度”为0.85、“细分”为20、“最大深度”为8。

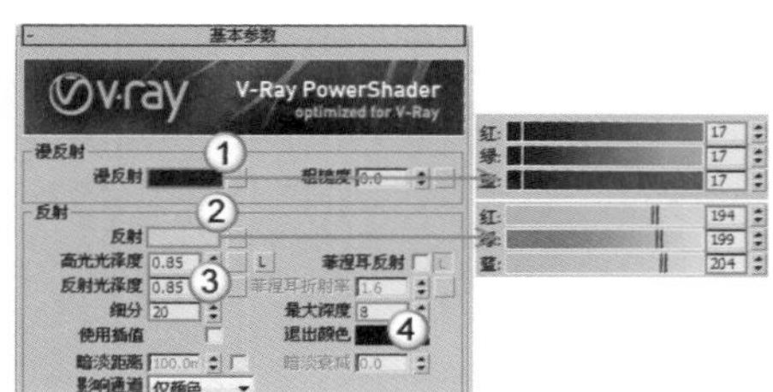

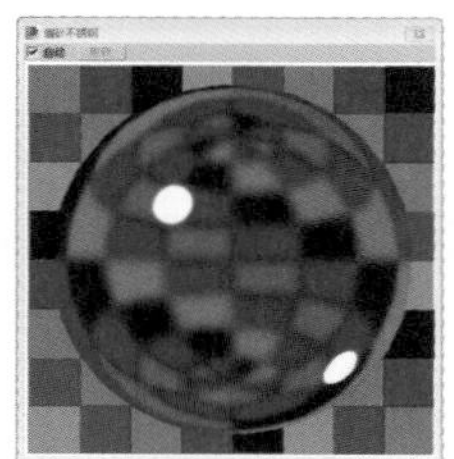

图11-167　图11-168

04 将制作好的材质指定给场景中的模型，然后按F9键渲染当前场景，最终效果如图11-169所示。

图11-169

★ 重点 ★

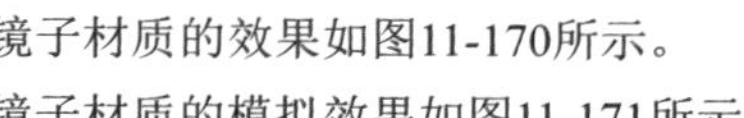

实战：用VRayMtl材质制作镜子材质

场景位置　场景文件>CH11>11.max
实例位置　实例文件>CH11>实战：用VRayMtl材质制作镜子材质.max
视频位置　多媒体教学>CH11>实战：用VRayMtl材质制作镜子材质.flv
难易指数　★☆☆☆☆
技术掌握　用VRayMtl材质模拟镜子材质

扫码看视频

镜子材质的效果如图11-170所示。

镜子材质的模拟效果如图11-171所示。

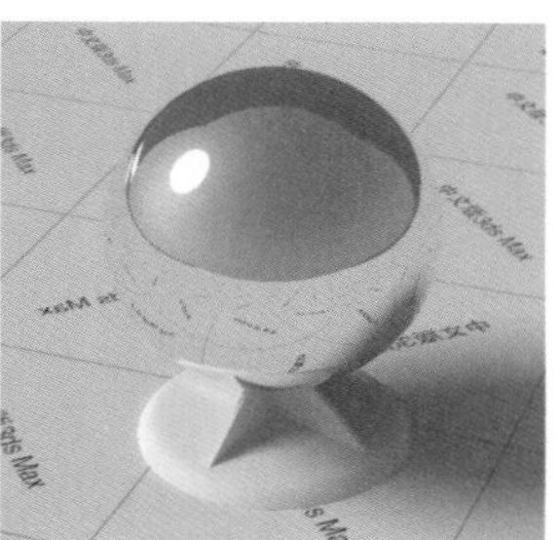

图11-170　图11-171

01 打开“场景文件>CH11>11.max”文件，如图11-172所示。

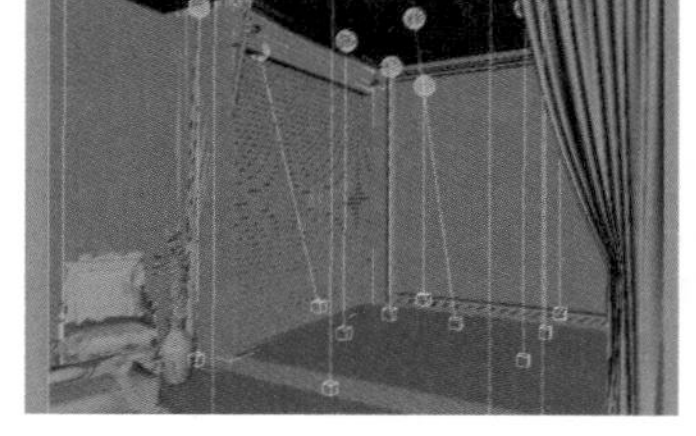

图11-172

02 选择一个空白材质球，然后设置材质类型为VRayMtl材质，接着将其命名为“镜子”，具体参数设置如图11-173所示，制作好的材质球效果如图11-173所示。

设置步骤

① 设置“漫反射”颜色为（红:24，绿:24，蓝:24）。

② 设置“反射”颜色为（红:239，绿:239，蓝:239）。

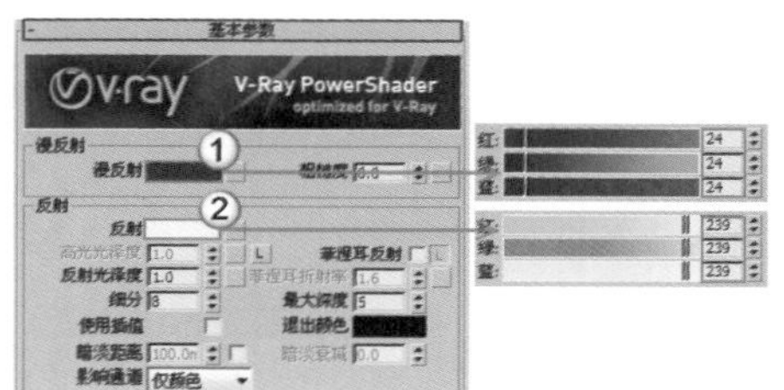

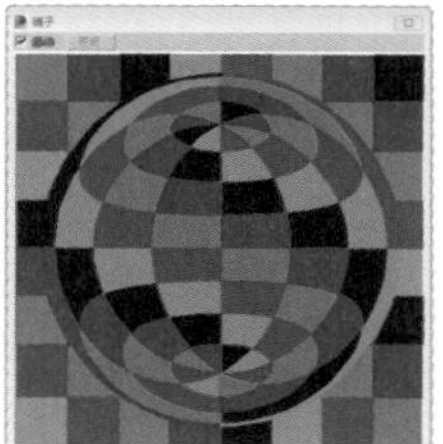

图11-173　图11-174

03 将制作好的材质指定给场景中的模型，然后按F9键渲染当前场景，最终效果如图11-175所示。

图11-175

★重点★

实战：用VRayMtl材质制作玻璃材质

场景位置　场景文件>CH11>12.max
实例位置　实例文件>CH11>实战：用VRayMtl材质制作玻璃材质.max
视频位置　多媒体教学>CH11>实战：用VRayMtl材质制作玻璃材质.flv
难易指数　★☆☆☆☆
技术掌握　用VRayMtl材质模拟玻璃材质

扫码看视频

玻璃材质的效果如图11-176所示。

玻璃材质的模拟效果如图11-177所示。

图11-176

图11-177

01 打开“场景文件>CH11>12.max”文件，如图11-178所示。

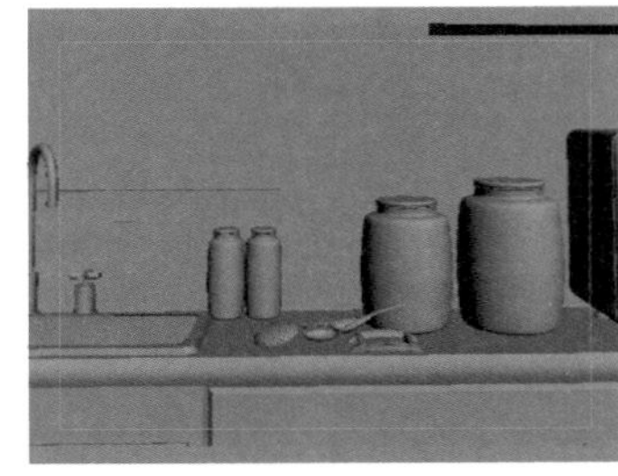

图11-178

02 选择一个空白材质球，然后设置材质类型为VRayMtl材质，接着将其命名为“玻璃”，具体参数设置如图11-179所示，制作好的材质球效果如图11-180所示。

设置步骤

① 设置“漫反射”颜色为（红:135，绿:89，蓝:40）。

② 设置“反射”颜色为（红:50，绿:50，蓝:50），然后设置“高光光泽度”为0.8、“反射光泽度”为0.95、“细分”为10。

③ 设置“折射”颜色为（红:235，绿:235，蓝:235），然后设置“折射率”为1.57、“细分”为10，接着勾选“影响阴影”选项，最后设置“烟雾倍增”为0.1。

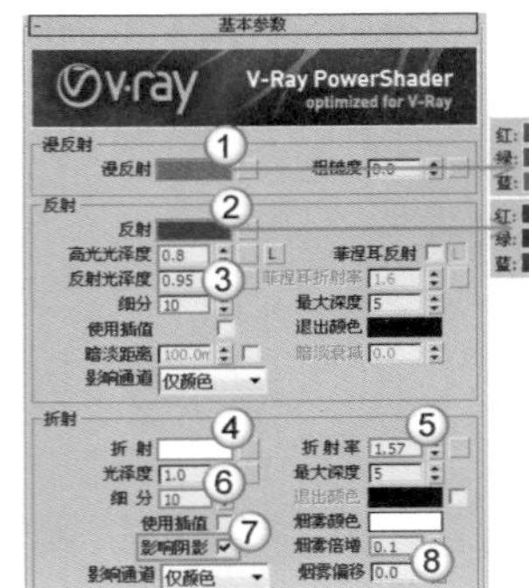

图11-179

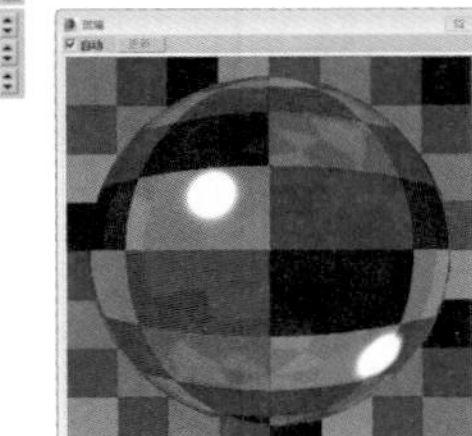

图11-180

03 将制作好的材质指定给场景中的模型，然后按F9键渲染当前场景，最终效果如图11-181所示。

图11-181

★重点★

实战：用VRayMtl材质制作水和红酒材质

场景位置　场景文件>CH11>13.max
实例位置　实例文件>CH11>实战：用VRayMtl材质制作水和红酒材质.max
视频位置　多媒体教学>CH11>实战：用VRayMtl材质制作水和红酒材质.flv
难易指数　★★★☆☆
技术掌握　用VRayMtl材质模拟水材质和红酒材质

扫码看视频

水材质和红酒材质的效果如图11-182所示。

图11-182

水材质和红酒材质的模拟效果如图11-183和图11-184所示。

图11-183

图11-184

01 打开“场景文件>CH11>13.max”文件，如图11-185所示。

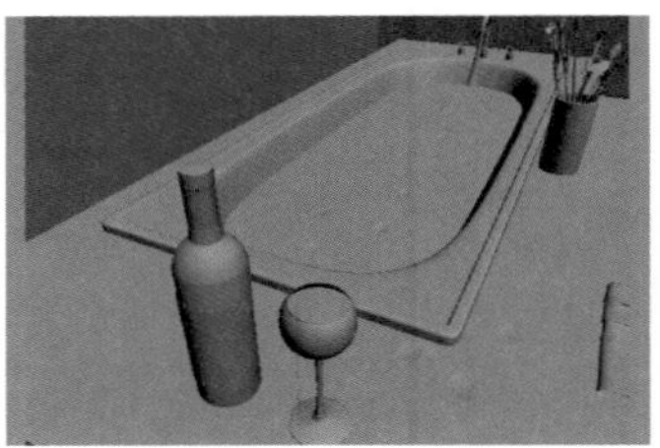

图11-185

02 下面制作水材质。选择一个空白材质球，然后设置材质类型为VRayMtl材质，接着将其命名为“水”，具体参数设置如图11-186所示，制作好的材质球效果如图11-187所示。

设置步骤

① 设置“漫反射”颜色为（红:124，绿:124，蓝:124）。

② 设置“反射”颜色为白色，然后勾选“菲涅耳反射”选项，接着设置“细分”为15。

③ 设置“折射”颜色为（红:242，绿:242，蓝:242），然后设置“折射率”为1.33、“细分”为20，接着勾选“影响阴影”选项。

④ 展开“贴图”卷展栏，然后在“凹凸”贴图通道中加载一张“噪波”程序贴图，接着在“噪波参数”卷展栏下设置“噪波类型”为“规则”，并设置“大小”为80，最后设置“凹凸”的强度为40。

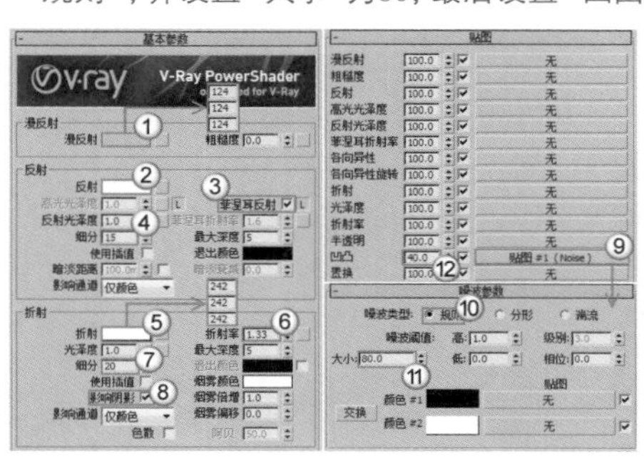

图11-186

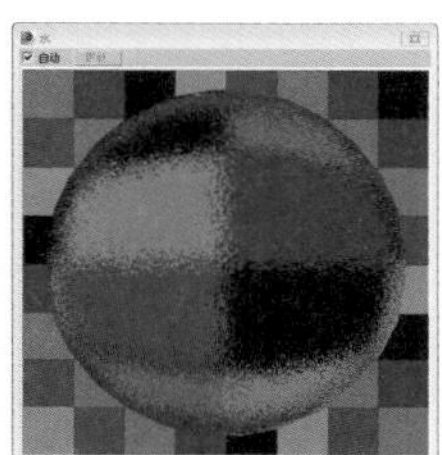

图11-187

03 下面制作红酒水材质。选择一个空白材质球，然后设置材质类型为VRayMtl材质，接着将其命名为“红酒”，具体参数设置如图11-188所示，制作好的材质球效果如图11-189所示。

设置步骤

① 设置“漫反射”颜色为（红:58，绿:2，蓝:2）。

② 设置“反射”颜色为（红:47，绿:47，蓝:47），然后设置“细分”为20。

③ 设置“折射”颜色为（红:108，绿:13，蓝:13），然后设置“折射率”为1.333、“细分”为20，接着勾选“影响阴影”选项。

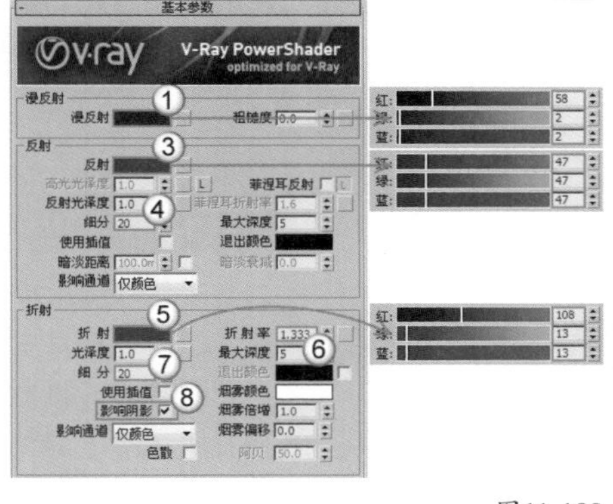

图11-188

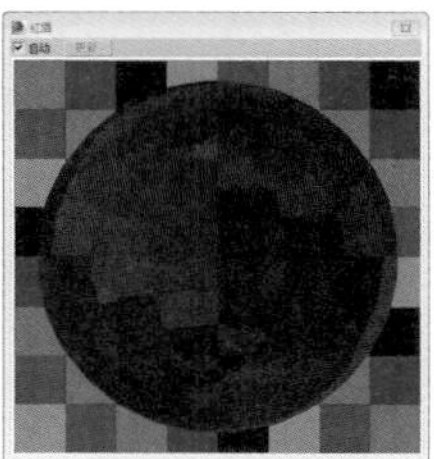

图11-189

知识链接

在制作具有折射效果的材质时，一定要注意这种材质的折射率。在本书的最后附有常见物体的折射率表。

04 将制作好的材质指定给场景中的模型，然后按F9键渲染当前场景，最终效果如图11-190所示。

图11-190

★ 重点 ★

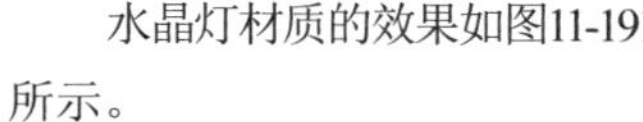

实战：用VRayMtl材质制作水晶灯材质

场景位置　场景文件>CH11>14.max
实例位置　实例文件>CH11>实战：用VRayMtl材质制作水晶灯材质.max
视频位置　多媒体教学>CH11>实战：用VRayMtl材质制作水晶灯材质.flv
难易指数　★★☆☆☆
技术掌握　用VRayMtl材质模拟水晶材质

扫码看视频

水晶灯材质的效果如图11-191所示。

图11-191

水晶灯材质的模拟效果如图11-192所示。

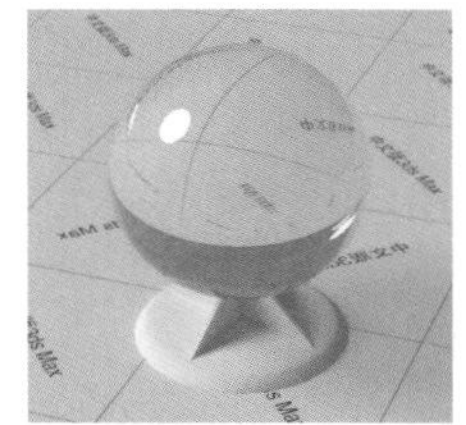

图11-192

01 打开“场景文件>CH11>14.max”文件，如图11-193所示。

图11-193

02 选择一个空白材质球，然后设置材质类型为VRayMtl材质，接着将其命名为“水晶灯”，具体参数设置如图11-194所示，制作好的材质球效果如图11-195所示。

设置步骤

① 设置“漫反射”颜色为白色。

② 设置“反射”为白色，然后勾选“菲涅耳反射”选项。

③ 设置“折射”颜色为（红:215，绿:224，蓝:226），然后勾选“影响阴影”选项，接着设置“影响通道”为“颜色+alpha”。

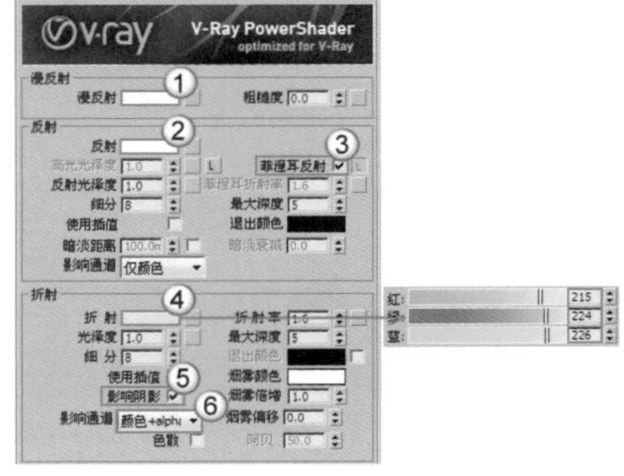

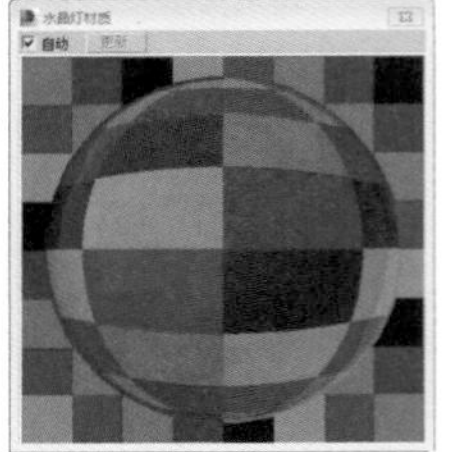

图11-194　图11-195

03 将制作好的材质指定给场景中的模型，然后按F9键渲染当前场景，最终效果如图11-196所示。

图11-196

★ 重点 ★

实战：用VRayMtl材质制作灯罩和橱柜材质

场景位置　场景文件>CH11>15.max
实例位置　实例文件>CH11>实战：用VRayMtl材质制作灯罩和橱柜材质.max
视频位置　多媒体教学>CH11>实战：用VRayMtl材质制作灯罩和橱柜材质.flv
难易指数　★★☆☆☆
技术掌握　用VRayMtl材质模拟灯罩材质和橱柜材质

扫码看视频

灯罩和橱柜材质的效果如图11-197所示。

图11-197

灯罩和橱柜材质的模拟效果如图11-198和图11-199所示。

图11-198　图11-199

01 打开“场景文件>CH11>15.max”文件，如图11-200所示。

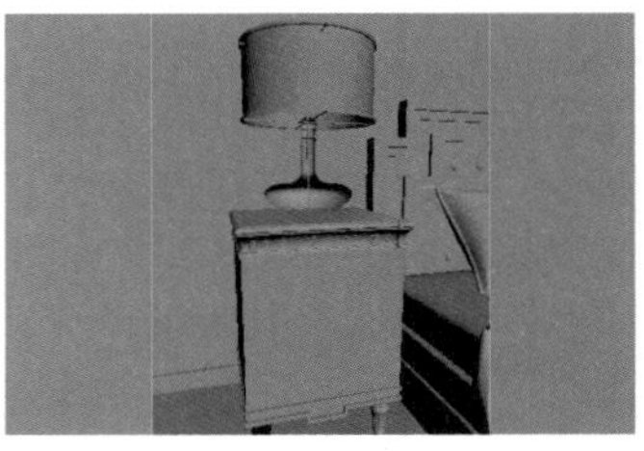

图11-200

02 下面制作灯罩材质。选择一个空白材质球，然后设置材质类型为VRayMtl材质，接着将其命名为“灯罩”，具体参数设置如图11-201所示，制作好的材质球效果如图11-202所示。

设置步骤

① 在“漫反射”贴图通道中加载一张“衰减”程序贴图，然后在“衰减参数”卷展栏下设置“前”通道的颜色为（红:187，绿:166，蓝:141）、“侧”通道的颜色为（红:238，绿:233，蓝:226），接着设置“衰减类型”为Fresnel。

② 设置“折射”颜色为（红:60，绿:60，蓝:60），然后设置“光泽度”为0.5，接着勾选“影响阴影”选项。

③ 展开“贴图”卷展栏，然后在“不透明度”通道中加载一张“混合”程序贴图，展开“混合”卷展栏，接着设置“颜色#1”为白色、“颜色#2”为（红:170，绿:170，蓝:170），最后在“混合量”贴图通道中加载“实例文件>CH11>实战：用VRayMtl材质制作灯罩和橱柜材质>灯罩黑白.jpg”贴图文件。

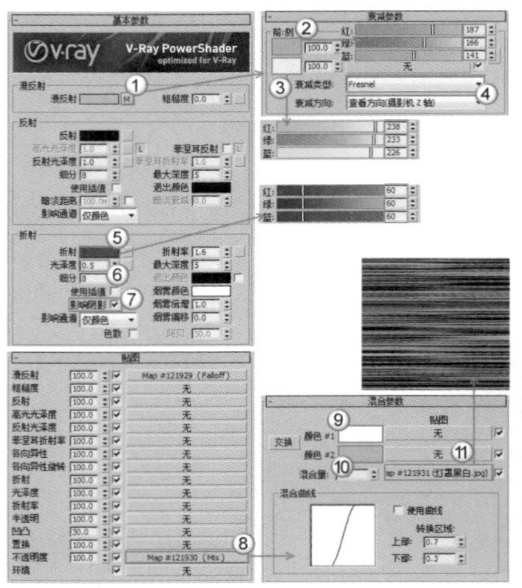

图11-201　图11-202

03 下面制作橱柜材质。选择一个空白材质球，然后设置材质类型为VRayMtl材质，接着将其命名为“橱柜”，具体参数设置如图11-203所示，制作好的材质球效果如图11-204所示。

设置步骤

① 设置“漫反射”颜色为（红:252，绿:250，蓝:240）。

② 在“反射”贴图通道中加载一张“衰减”程序贴图，然后在“衰减参数”卷展栏下设置“衰减类型”为Fresnel，接着设置“高光光泽度”为0.7、“反射光泽度”为0.85、“细分”为24。

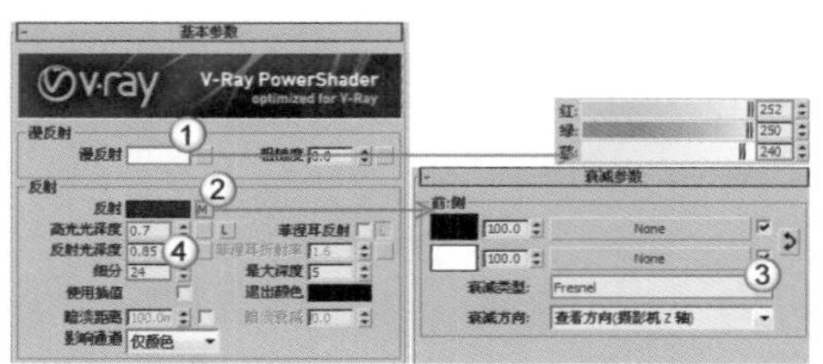

图11-203　　图11-204

04 将制作好的材质指定给场景中的模型，然后按F9键渲染当前场景，最终效果如图11-205所示。

图11-205

★ 重点 ★

实战：用VRayMtl材质制作陶瓷材质

场景位置　场景文件>CH11>16.max
实例位置　实例文件>CH11>实战：用VRayMtl材质制作陶瓷材质.max
视频位置　多媒体教学>CH11>实战：用VRayMtl材质制作陶瓷材质.flv
难易指数　★★★☆☆
技术掌握　用VRayMtl材质模拟单色陶瓷材质、用混合材质和VRayMtl材质模拟花纹陶瓷材质

扫码看视频

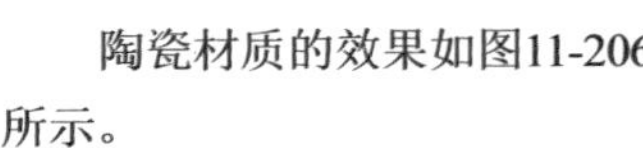

陶瓷材质的效果如图11-206所示。

图11-206

本例共需要制作5种陶瓷材质，其模拟效果如图11-207~图11-211所示。

图11-207　　图11-208　　图11-209

图11-210　　图11-211

01 打开“场景文件>CH11>16.max”文件，如图11-212所示。

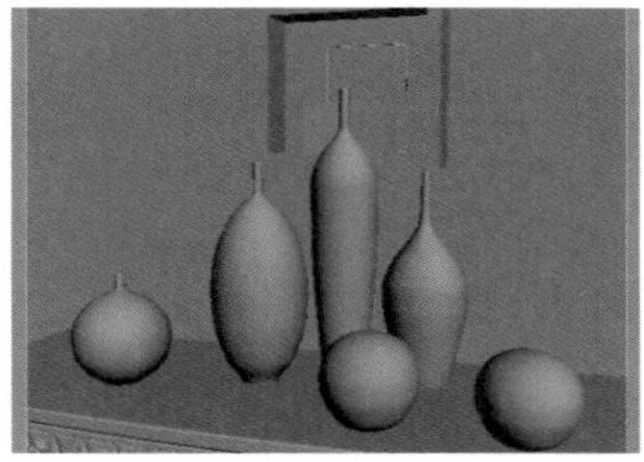

图11-212

02 下面制作白色陶瓷材质。选择一个空白材质球，然后设置材质类型为VRayMtl材质，并将其命名为“陶瓷1”，具体参数设置如图11-213所示，制作好的材质球效果如图11-214所示。

设置步骤

① 设置“漫反射”颜色为白色。

② 设置“反射”颜色为白色，然后勾选“菲涅耳反射”选项，接着设置“反射光泽度”为0.98、“细分”为15。

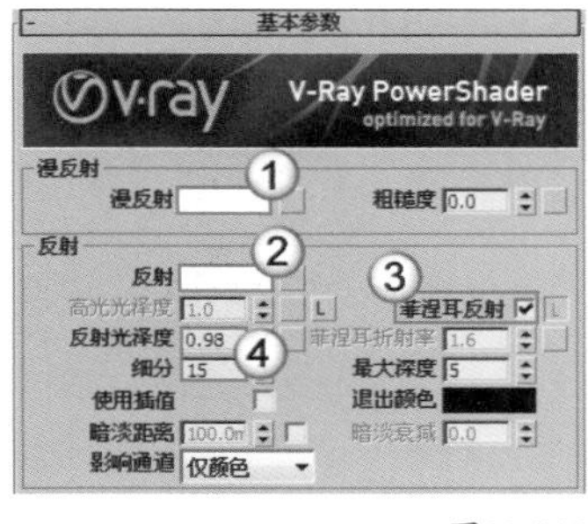

图11-213　　图11-214

技术专题 39 用衰减贴图制作陶瓷材质

制作陶瓷材质的方法有很多种，在这里介绍一下如何用“衰减”程度贴图来制作陶瓷材质。设置“漫反射”颜色为白色，接着在“反射”贴图通道中加载一张“衰减”程序贴图，在“衰减参数”卷展栏下设置“衰减类型”为Fresnel，最后设置“反射光泽度”为0.98、“细分”为15，具体参数设置如图11-215所示，制作好的材质球效果如图11-216所示。

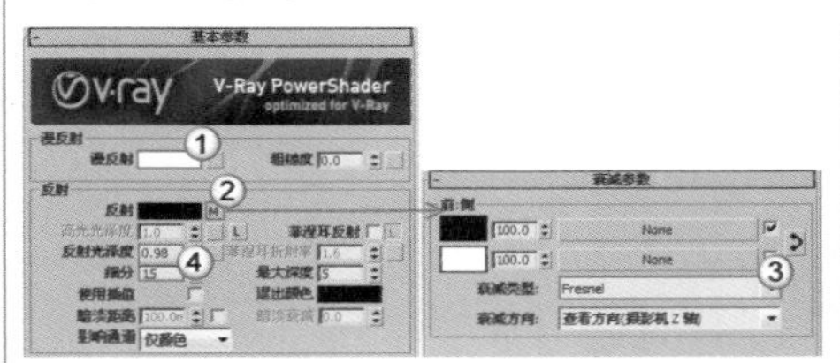

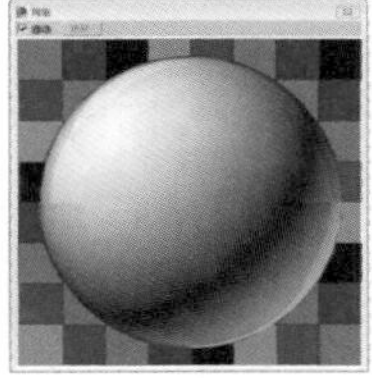

图11-215　　图11-216

03 下面制作红色陶瓷材质。选择一个空白材质球，然后设置

材质类型为VRayMtl材质，并将其命名为“陶瓷2”，具体参数设置如图11-217所示，制作好的材质球效果如图11-218所示。

设置步骤

① 设置“漫反射”颜色为（红:204，绿:40，蓝:40）。

② 设置“反射”颜色为白色，然后勾选“菲涅耳反射”选项，接着设置“反射光泽度”为0.98、“细分”为15。

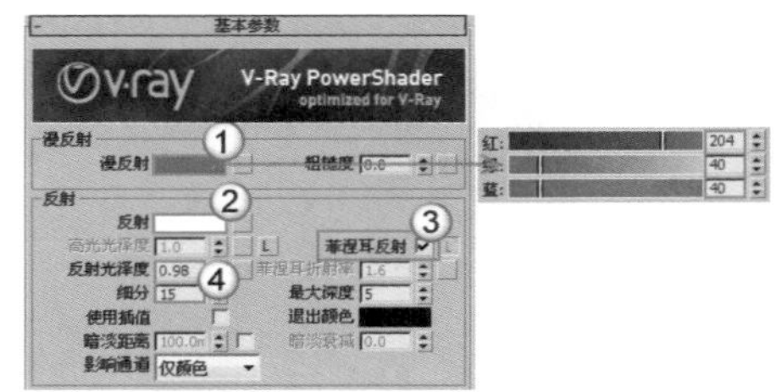

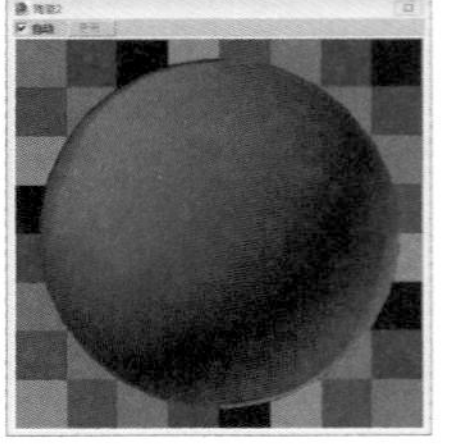

图11-217　　图11-218

04 下面制作棕色陶瓷材质。选择一个空白材质球，然后设置材质类型为VRayMtl材质，并将其命名为“陶瓷3”，具体参数设置如图11-219所示，制作好的材质球效果如图11-220所示。

设置步骤

① 在“漫反射”选项组下设置“漫反射”颜色为（红:18，绿:9，蓝:11）。

② 设置“反射”颜色为(红:255，绿:255，蓝:255)，然后勾选“菲涅耳反射”选项，接着设置“反射光泽度”为0.98、“细分”为15。

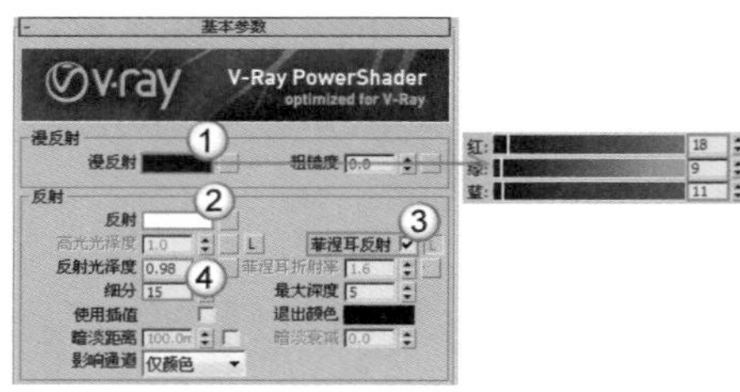

图11-219　　图11-220

05 下面制作牡丹花陶瓷材质。选择一个空白材质球，然后设置材质类型为VRayMtl材质，并将其命名为“花纹陶瓷1”，具体参数设置如图11-221所示，制作好的材质球效果如图11-222所示。

设置步骤

① 在“漫反射”贴图通道中加载“实例文件>CH11>实战：用VRayMtl材质制作陶瓷材质>花纹.jpg”贴图文件。

② 设置“反射”颜色为（红:255，绿:255，蓝:255），然后设置“细分”为15，接着勾选“菲涅耳反射”选项。

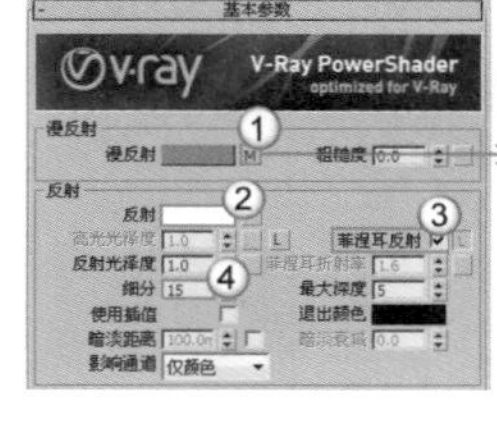

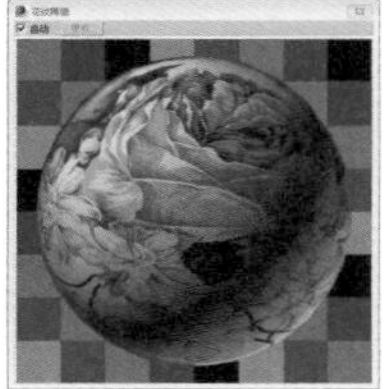

图11-221　　图11-222

06 下面制作绿色花纹陶瓷材质。选择一个空白材质球，然后设置材质类型为“混合”材质，并将其命名为“花纹陶瓷2”，具体参数设置如图11-223所示，制作好的材质球效果如图11-224所示。

设置步骤

① 在“材质1”通道中加载一个VRayMtl材质，然后设置“漫反射”颜色为（红:26，绿:100，蓝:8），接着设置“反射”颜色为白色，再勾选“菲涅耳反射”选项，最后设置“细分”为15。

② 在“材质2”通道中加载一个VRayMtl材质，然后设置“漫反射”颜色和“反射”颜色为白色，接着勾选“菲涅耳反射”选项，最后设置“细分”为15。

③ 返回到“混合基本参数”卷展栏，然后在“遮罩”贴图通道中加载“实例文件>CH11>实战：用VRayMtl材质制作陶瓷材质>花纹遮罩.jpg”贴图文件。

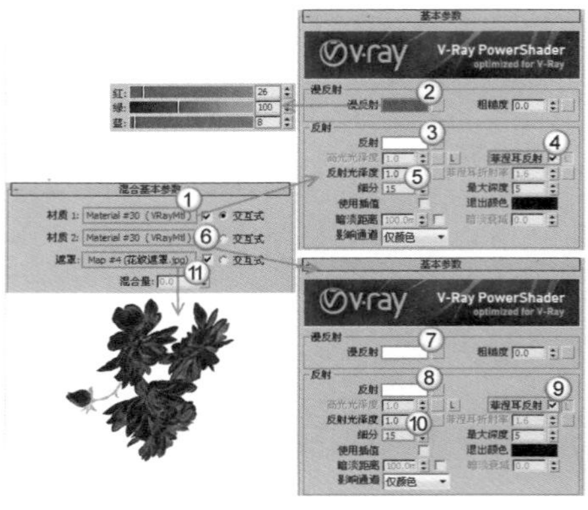

图11-223　　图11-224

07 将制作好的材质指定给场景中的模型，然后按F9键渲染当前场景，最终效果如图11-225所示。

图11-225

技巧与提示

其实本例还有一个蓝色花纹陶瓷材质，该材质的制作方法与牡丹花陶瓷材质的制作方法完全相同，因此这里不再重复介绍。

★ 重点 ★

实战：用VRayMtl材质制作毛巾材质

场景位置　场景文件>CH11>17.max
实例位置　实例文件>CH11>实战：用VRayMtl材质制作毛巾材质.max
视频位置　多媒体教学>CH11>实战：用VRayMtl材质制作毛巾材质.flv
难易指数　★★★☆☆
技术掌握　用VRayMtl材质、置换贴图和凹凸贴图模拟毛巾材质

扫码看视频

毛巾材质效果如图11-226所示。

本例共需要制作两种毛巾材质，其模拟效果如图11-227和图11-228所示。

图11-226

图11-227

图11-228

01 打开“场景文件>CH11>17.max”文件，如图11-229所示。

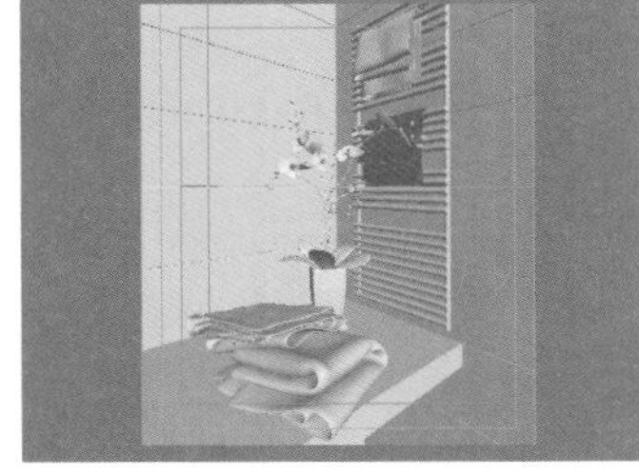

图11-229

02 下面制作棕色毛巾材质。选择一个空白材质球，然后设置材质类型为VRayMtl材质，并将其命名为“毛巾1”，具体参数设置如图11-230所示，制作好的材质球效果如图11-231所示。

设置步骤

① 展开“贴图”卷展栏，然后在“漫反射”贴图通道中加载一张“VRay颜色”程序贴图，接着展开“VRay颜色参数”卷展栏，最后设置“红”为0.028、“绿”为0.018、“蓝”为0.018。

② 在“置换”贴图通道中加载“实例文件>CH11>实战：用VRayMtl材质制作毛巾材质>毛巾置换.jpg”贴图文件，然后设置“置换”的强度为5。

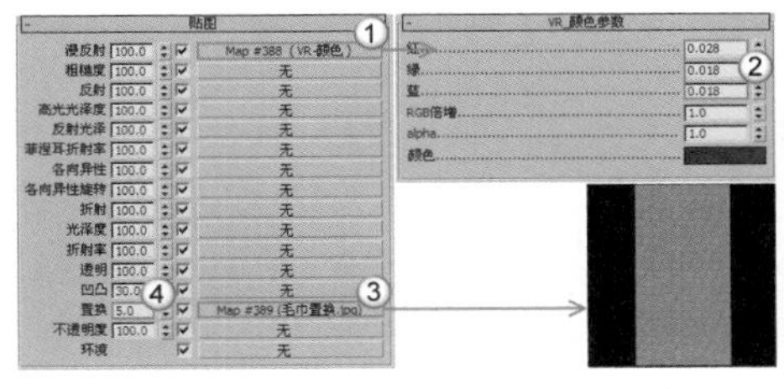

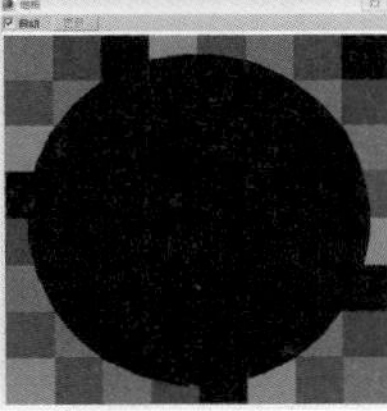

图11-230　图11-231

03 选择如图11-232所示的毛巾模型，然后为其加载一个“VRay置换修改”修改器，接着在“纹理贴图”通道中加载“实例文件>CH11>实战：用VRayMtl材质制作毛巾材质>毛巾置换.jpg”贴图文件，最后设置“数量”为0.3mm、“分辨率”为2048，具体参数设置如图11-233所示。

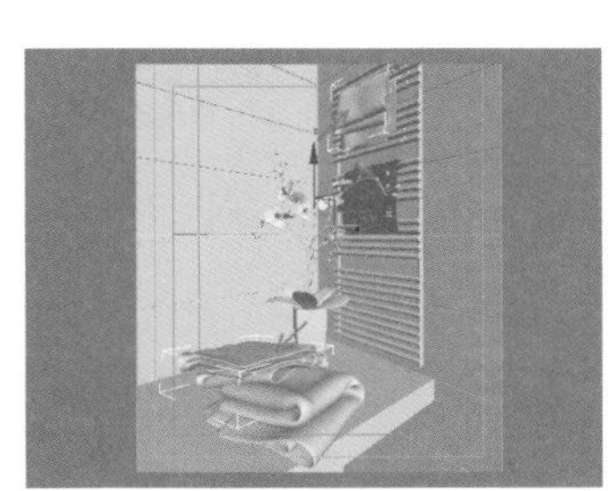

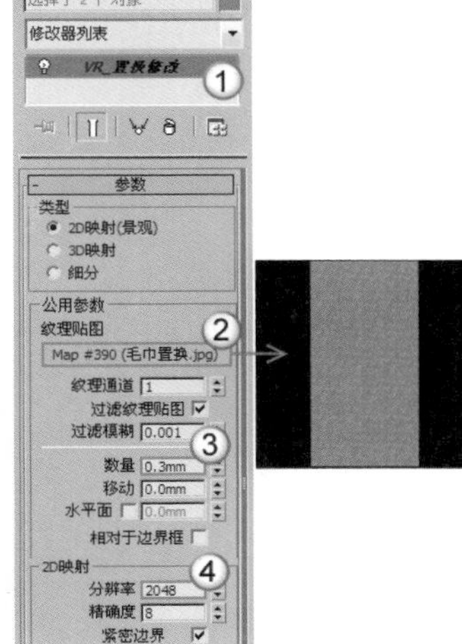

图11-232　图11-233

04 下面制作白色毛巾材质。选择一个空白材质球，然后设置材质类型为VRayMtl材质，并将其命名为“毛巾2”，具体参数设置如图11-234所示，制作好的材质球效果如图11-235所示。

设置步骤

① 展开“贴图”卷展栏，然后在“漫反射”贴图通道中加载一张“VRay颜色”程序贴图，接着展开“VRay颜色参数”卷展栏，最后设置“红”为0.932、“绿”为0.932、“蓝”为0.932。

② 在“凹凸”贴图通道中加载“实例文件>CH11>实战：用VRayMtl材质制作毛巾材质>毛巾置换.jpg”贴图文件，然后设置“凹凸”的强度为5。

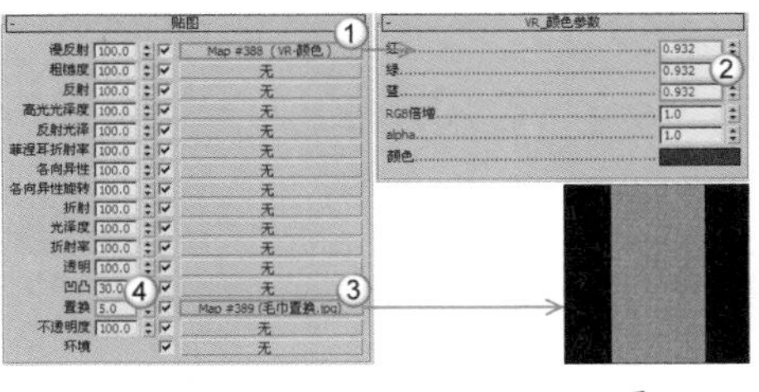

图11-234　图11-235

技术专题 40 置换和凹凸的区别

在3ds Max中制作凹凸不平的材质时，可以用“凹凸”贴图通道和“置换”贴图通道两种方法来完成，这两个方法各有利弊。凹凸贴图渲染速度快，但渲染质量不高，适合于对渲染质量要求比较低或是测试时使用；置换贴图会产生很多三角面，因此渲染质量很高，但渲染速度非常慢，适合于对渲染质量要求比较高且计算机配置较好的用户。

05 选择如图11-236所示的毛巾模型，然后为其加载一个“VRay置换修改”修改器，接着采用步骤03的方法设置好其参数。

06 将制作好的材质指定给场景中的模型，然后按F9键渲染当前场景，最终效果如图11-237所示。

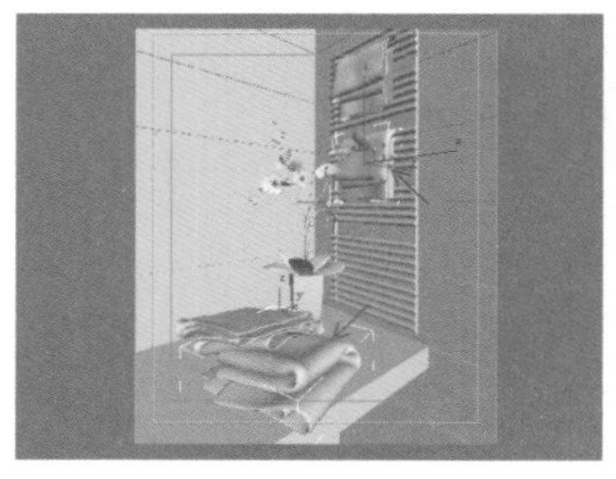

图11-236

图11-237

11.5 各种贴图总览

贴图主要用于表现物体材质表面的纹理，利用贴图可以不用增加模型的复杂程度就可以表现对象的细节，并且可以创建反射、折射、凹凸和镂空等多种效果。通过贴图可以增强模型的质感，完善模型的造型，使三维场景更加接近真实的环境，如图11-238和图11-239所示。

图11-238

图11-239

展开VRayMtl材质的“贴图”卷展栏，在该卷展栏下有很多贴图通道，在这些贴图通道中可以加载贴图来表现物体的相应属性，如图11-240所示。

贴图			
漫反射	100.0	☑	无
粗糙度	100.0	☑	无
反射	100.0	☑	无
高光光泽度	100.0	☑	无
反射光泽度	100.0	☑	无
菲涅耳折射率	100.0	☑	无
各向异性	100.0	☑	无
各向异性旋转	100.0	☑	无
折射	100.0	☑	无
光泽度	100.0	☑	无
折射率	100.0	☑	无
半透明	100.0	☑	无
凹凸	30.0	☑	无
置换	100.0	☑	无
不透明度	100.0	☑	无
环境		☑	无

图11-240

随意单击一个通道，在弹出的“材质/贴图浏览器”对话框中可以观察到很多贴图，主要包括“标准”贴图和VRay的贴图，如图11-241所示。

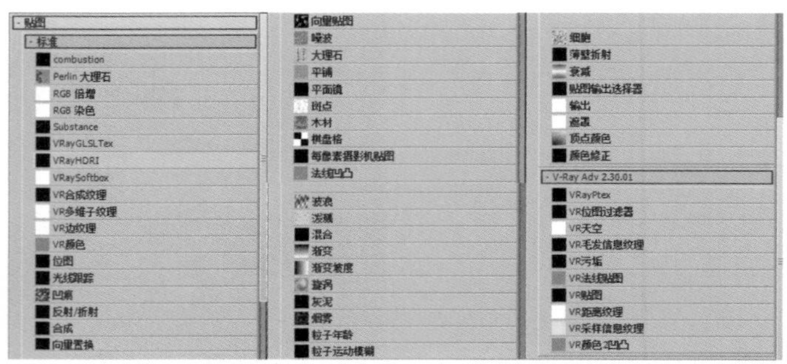

图11-241

各种贴图简介

cmbustion：可以同时使用Autodesk Combustion 软件和 3ds Max以交互方式创建贴图。使用Combustion在位图上进行绘制时，材质将在“材质编辑器”对话框和明暗处理视口中自动更新。

Perlin大理石：通过两种颜色混合，产生类似于珍珠岩的纹理，如图11-242所示。

图11-242

RGB倍增：通常用作凹凸贴图，但是要组合两个贴图，以获得正确的效果。

RGB染色：可以调整图像中3种颜色通道的值。3种色样代表3种通道，更改色样可以调整其相关颜色通道的值。

Substance：使用这个纹理库，可获得各种范围的材质。

VRayGLSL Tex：根据模型的不同ID号分配相应的贴图。

VRayHDRI：VRayHDRI可以翻译为高动态范围贴图，主要用来设置场景的环境贴图，即把HDRI当作光源来使用。

技术专题 41 HDRI贴图

HDRI拥有比普通RGB格式图像（仅8bit的亮度范围）更大的亮度范围，标准的RGB图像最大亮度值是（255，255，255），如果用这样的图像结合光能传递照明一个场景的话，即使是最亮的白色也不足以提供足够的照明来模拟真实世界中的情况，渲染结果看上去会很平淡，并且缺乏对比，原因是这种图像文件将现实中的大范围的照明信息仅用一个8bit的RGB图像描述。而使用HDRI的话，相当于将太阳光的亮度值（如6000%）加到光能传递计算以及反射的渲染中，得到的渲染结果将会非常真实、漂亮。另外，在本书的学习资源中将赠送用户180个稀有的HDRI贴图。图11-243~图11-245所示就是其中的几个。

图11-243

图11-244

图11-245

VRaySoftbox：可以通过两个颜色进行色彩控制，如在发光贴图内加载该贴图，可以设置基础颜色为白色，再设置色彩颜色为蓝色，则此时拥有该材质的模型将渲染为白色，但其产生的灯光色彩为蓝色。

VRay合成纹理：可以通过两个通道里贴图色度、灰度的不同来进行加、减、乘、除等操作。

VRay多维子纹理：根据模型的不同ID号分配相应的贴图。

VRay边纹理：是一个非常简单的程序贴图，效果和3ds Max中的“线框”类似，常用于渲染线框图，如图11-246所示。

VRay颜色：可以用来设置任何颜色。

位图：通常在这里加载磁盘中的位图贴图，这是一种最常用的贴图，如图11-247所示。

光线跟踪：可以模拟真实的完全反射与折射效果。

凹痕：这是一种3D程序贴图。在扫描线渲染过程中，“凹痕”贴图会根据分形噪波产生随机图案，如图11-248所示。

图11-246

图11-247

图11-248

反射/折射：可以产生反射与折射效果。

合成：可以将两个或两个以上的子材质合成在一起。

向量置换：可以在3个维度上置换网格，与法线贴图类似。

向量贴图：通过加载向量贴图文件形成置换网格效果。

噪波：通过两种颜色或贴图的随机混合，产生一种无序的杂点效果，如图11-249所示。

大理石：针对彩色背景生成带有彩色纹理的大理石曲面，如图11-250所示。

平铺：可以用来制作平铺图像，如地砖，如图11-251所示。

图11-249

图11-250

图11-251

平面镜：使共平面的表面产生类似于镜面反射的效果。

斑点：一种3D贴图，可以生成斑点状的表面图案，如图11-252所示。

木材：用于制作木材效果，如图11-253所示。

图11-252

图11-253

棋盘格：可以产生黑白交错的棋盘格图案，如图11-254所示。

每像素摄影机贴图：将渲染后的图像作为物体的纹理贴图，以当前摄影机的方向贴在物体上，可以进行快速渲染。

法线凹凸：可以改变曲面上的细节和外观。

波浪：这是一种可以生成水花或波纹效果的3D贴图，如图11-255所示。

泼溅：产生类似油彩飞溅的效果，如图11-256所示。

图11-254

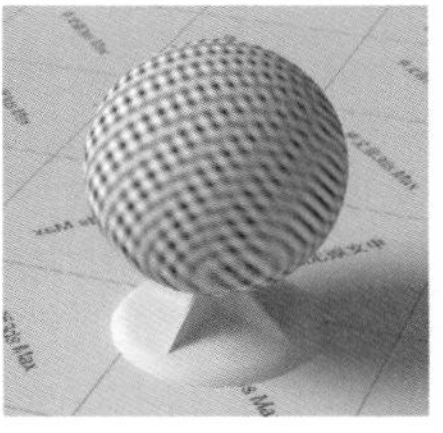
图11-255

图11-256

混合：将两种贴图混合在一起，通常用来制作一些多个材质渐变融合或覆盖的效果。

渐变：使用3种颜色创建渐变图像，如图11-257所示。

渐变坡度：可以产生多色渐变效果，如图11-258所示。

漩涡：可以创建两种颜色的漩涡形效果，如图11-259所示。

图11-257

图11-258

图11-259

灰泥：用于制作腐蚀生锈的金属和破败的物体，如图11-260所示。

烟雾：产生丝状、雾状或絮状等无序的纹理效果，如图11-261所示。

粒子年龄：专门用于粒子系统，通常用来制作彩色粒子流动的效果。

粒子运动模糊：根据粒子速度产生模糊效果。

细胞：可以用来模拟细胞图案，如图11-262所示。

图11-260

图11-261

图11-262

薄壁折射：模拟缓进或偏移效果，如果查看通过一块玻璃的图像就会看到这种效果。

衰减：基于几何体曲面上面法线的角度衰减来生成从白到黑的过渡效果，如图11-263所示。

贴图输出选择器：该贴图是多输出贴图（如 Substance）和它连接到的材质之间的必需中介。它的主要功能是告诉材质将使用哪个贴图输出。

输出：专门用来弥补某些无输出设置的贴图。

遮罩：使用一张贴图作为遮罩。

顶点颜色：根据材质或原始顶点的颜色来调整RGB或RGBA纹理，如图11-264所示。

图11-263

图11-264

颜色修正：用来调节材质的色调、饱和度、亮度和对比度。

VRayPtex：是一个非常简单的程序贴图，它可以编辑贴图纹理的x、y轴向。

VRay位图过滤器：是一个非常简单的程序贴图，它可以编辑贴图纹理的x、y轴向。

VRay天空：这是一种环境贴图，用来模拟天空效果。

VRay毛发信息纹理：这是一种环境贴图，用来模拟天空效果。

VRay污垢：可以用来模拟真实物理世界中的物体上的污垢效果，比如墙角上的污垢、铁板上的铁锈等效果。

VRay法线贴图：可以用来制作真实的凹凸纹理效果。

VRay贴图：因为VRay不支持3ds Max里的光线追踪贴图类型，所以在使用3ds Max的“标准”材质时的反射和折射就用“VRay贴图”来代替。

VRay距离纹理：可以用来模拟真实物理世界中的物体上的污垢效果，比如墙角上的污垢、铁板上的铁锈等效果。

VRay采样信息纹理：可以用来模拟真实物理世界中的物体上的污垢效果，如墙角上的污垢、铁板上的铁锈等效果。

VRay颜色2凹凸：可以用来模拟真实物理世界中的物体上的污垢效果，比如墙角上的污垢、铁板上的铁锈等效果。

11.6 常用贴图

在前面大致介绍了各种贴图的作用，在下面的内容中，将针对实际工作中最常用的一些贴图进行详细讲解，如“不透明度”贴图、“棋盘格”贴图、“位图”贴图、“衰减”贴图和“混合”贴图。

本节贴图概述

贴图名称	主要作用	重要程度
不透明度贴图	控制材质是否透明、不透明或者半透明	高
棋盘格贴图	模拟双色棋盘效果	中
位图贴图	加载各种位图贴图	高
渐变贴图	设置3种颜色的渐变效果	高
平铺贴图	创建类似于瓷砖的贴图	中
衰减贴图	控制材质强烈到柔和的过渡效果	高
噪波贴图	将噪波效果添加到物体的表面	中
混合贴图	模拟材质之间的混合效果	中
法线凹凸贴图	表现高精度模型的凹凸效果	中
VRayHDRI贴图	模拟场景的环境贴图	中

11.6.1 不透明度贴图

“不透明度”贴图主要用于控制材质是否透明、不透明或者半透明，遵循了“黑透、白不透”的原理，如图11-265所示。

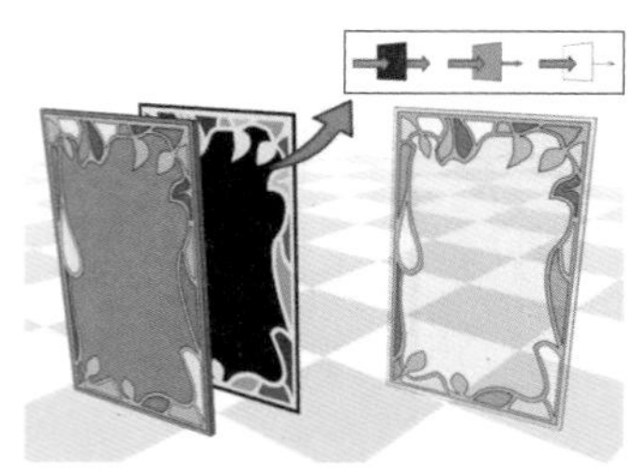
图11-265

技术专题 42 不透明度贴图的原理解析

“不透明度”贴图的原理是通过在“不透明度”贴图通道中加载一张黑白图像，遵循“黑透、白不透”的原理，即黑白图像中黑色部分为透明，白色部分为不透明。比如在图11-266中，场景中并没有真实的树木模型，而是使用了很多面片和“不透明度”贴图来模拟真实的叶子和花瓣模型。

图11-266

下面详细讲解使用“不透明度”贴图模拟树木模型的制作流程。

第1步：在场景中创建一些面片，如图11-267所示。

图11-267

第2步：打开“材质编辑器”对话框，然后设置材质类型为“标准”材质，接着在“贴图”卷展栏下的“漫反射颜色”贴图通道中加载一张树贴图，最后在“不透明度”贴图通道中加载一张树的黑白贴图，如图11-268所示，制作好的材质球效果如图11-269所示。

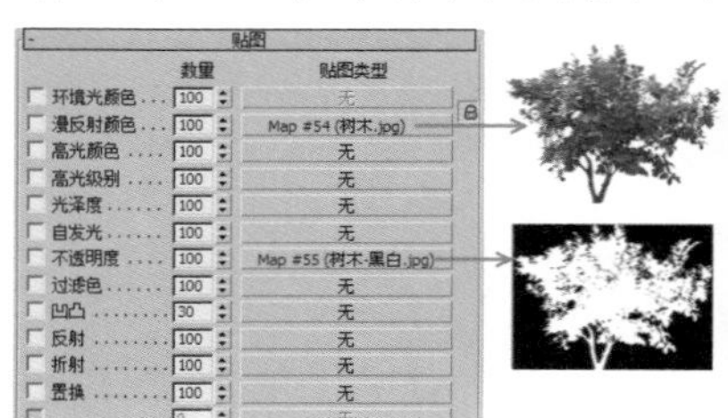

图11-268

图11-269

第3步：将制作好的材质指定给面片，如图11-270所示，然后按F9键渲染场景，可以观察到面片已经变成了真实的树木效果，如图11-271所示。

图11-270

图11-271

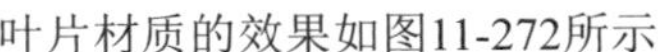
★ 重点 ★

实战：用不透明度贴图制作叶片材质

场景位置　场景文件>CH11>18.max
实例位置　实例文件>CH11>实战：用不透明度贴图制作叶片材质.max
视频位置　多媒体教学>CH11>实战：用不透明度贴图制作叶片材质.flv
难易指数　★★☆☆☆
技术掌握　用不透明度贴图模拟叶片材质

扫码看视频

叶片材质的效果如图11-272所示。

图11-272

本例共需要制作两个叶片材质，其模拟效果如图11-273和图11-274所示。

图11-273

图11-274

01 打开“场景文件>CH11>18.max”文件，如图11-275所示。

图11-275

02 选择一个空白材质球，然后设置材质类型为“标准”材质，接着将其命名为“叶子1”，具体参数设置如图11-276所示，制作好的材质球效果如图11-277所示。

设置步骤

① 在“漫反射”贴图通道中加载“实例文件>CH11>实战：用不透明度贴图制作叶片材质>oreg_ivy.jpg”文件。

② 在“不透明度”贴图通道中加载“实例文件>CH11>实战：用不透明度贴图制作叶片材质>oreg_ivy副本.jpg”文件。

③ 在“反射高光”选项组下设置“高光级别”为40、“光泽度”为50。

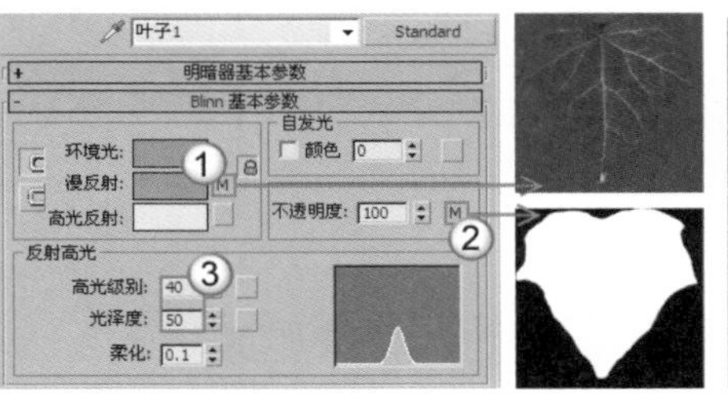

图11-276

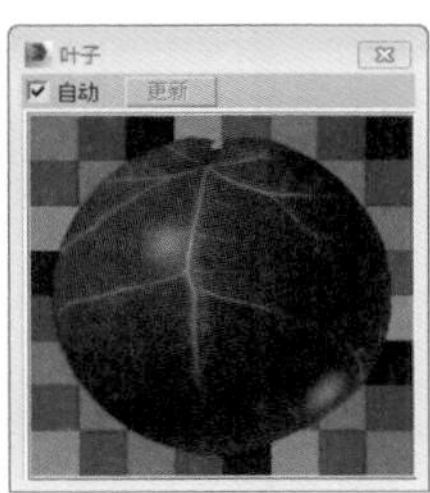

图11-277

03 选择一个空白材质球，然后设置材质类型为“标准”材质，接着将其命名为“叶子2”，具体参数设置如图11-278所示，制作好的材质球效果如图11-279所示。

设置步骤

① 在“漫反射”贴图通道中加载“实例文件>CH11>实战：用不透明度贴图制作叶片材质>archmodels58_001_leaf_diffuse.jpg”文件。

② 在“不透明度”贴图通道中加载“实例文件>CH11>实战：用不透明度贴图制作叶片材质>archmodels58_001_leaf_opacity.jpg”文件。

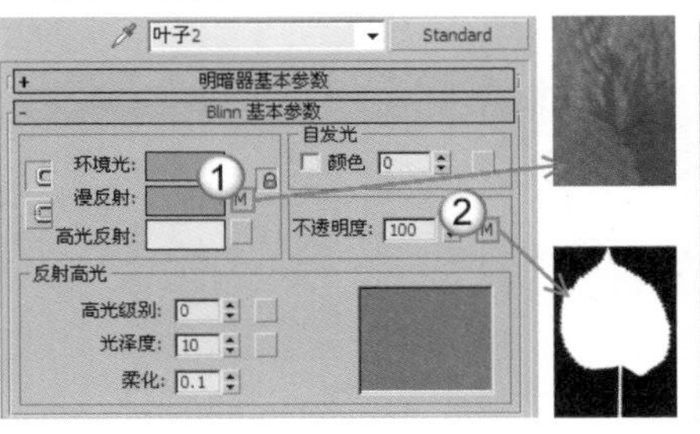

图11-278

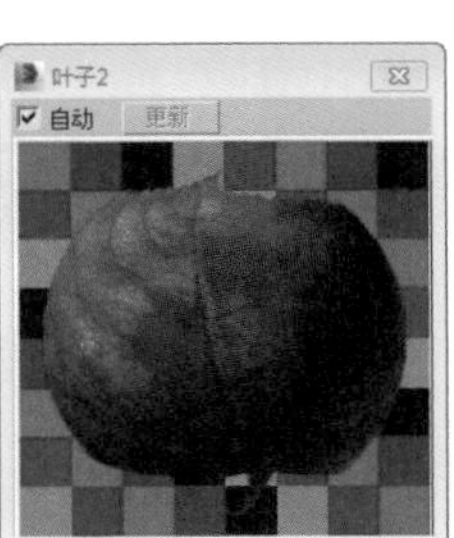

图11-279

04 将制作好的材质分别指定给场景中相应的模型，然后按F9键渲染当前场景，最终效果如图11-280所示。

图11-280

11.6.2 棋盘格贴图

“棋盘格”贴图可以用来制作双色棋盘效果，也可以用来检测模型的UV是否合理。如果棋盘格有拉伸现象，那么拉伸处的UV也有拉伸现象，如图11-281所示。

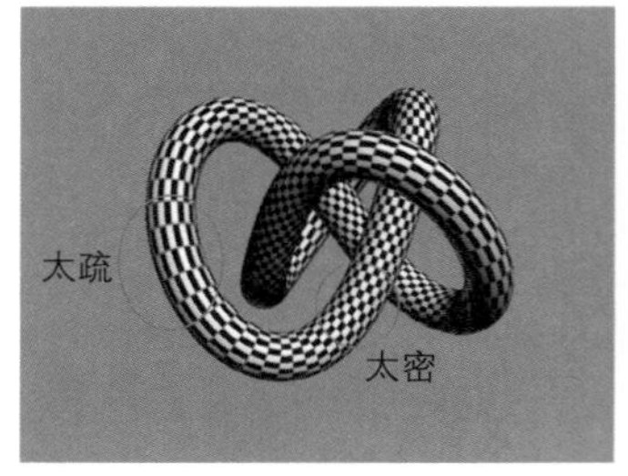

图11-281

技术专题 43 棋盘格贴图的使用方法

在“漫反射”贴图通道中加载一张“棋盘格”贴图，如图11-282所示。

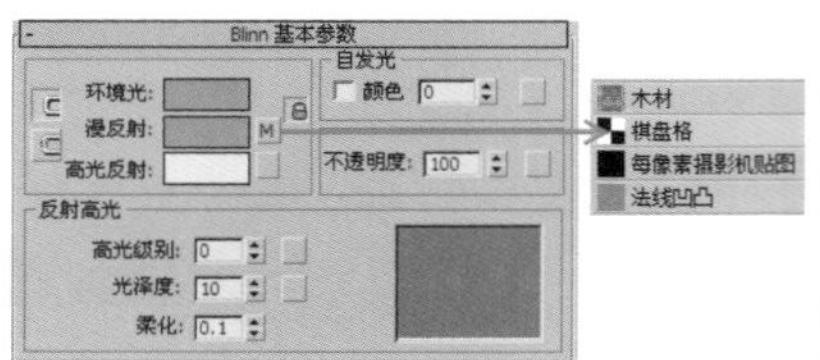

图11-282

加载“棋盘格”贴图后，系统会自动切换到“棋盘格”参数设置面板，如图11-283所示。

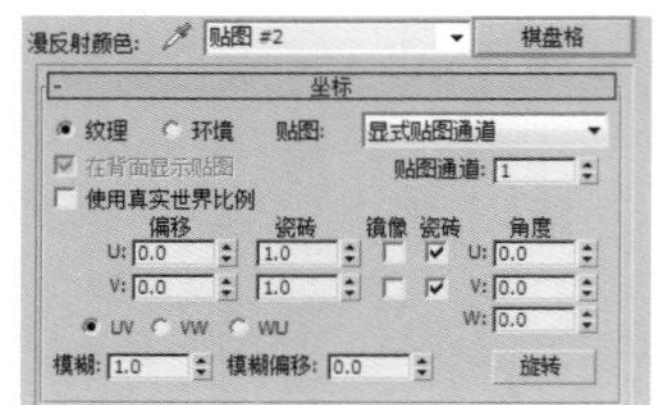

图11-283

在这些参数中，使用频率最高的是“瓷砖”选项，该选项可以用来改变棋盘格的平铺数量，如图11-284和图11-285所示。

“颜色#1”和“颜色#2”参数主要用来控制棋盘格的两个颜色，如图11-286所示。

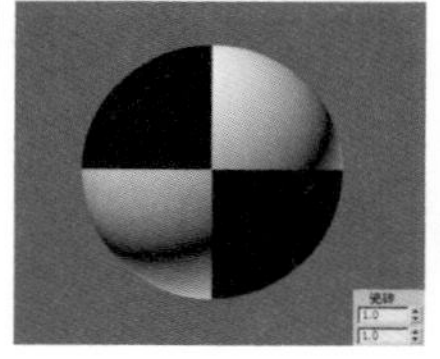

图11-284

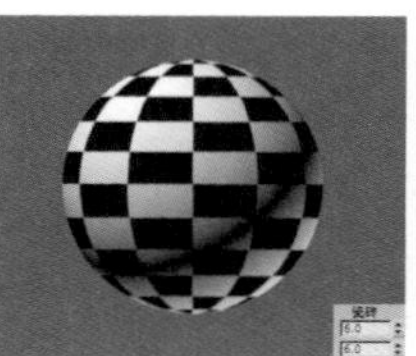

图11-285

图11-286

11.6.3 位图贴图

位图贴图是一种最基本的贴图类型，也是最常用的贴图类型。位图贴图支持很多种格式，包括FLC、AVI、BMP、GIF、JPEG、PNG、PSD和TIFF等主流图像格式，如图11-287所示。图11-288~图11-290所示是一些常见的位图贴图。

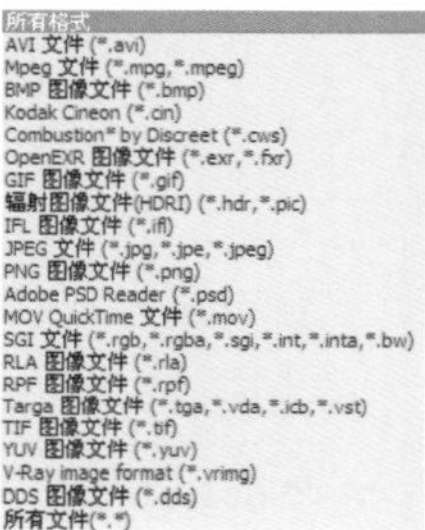

图11-287

图11-288

图11-289

图11-290

技术专题 44 位图贴图的使用方法

在所有的贴图通道中都可以加载位图贴图。在“漫反射”贴图通道中加载一张木质位图贴图，如图11-291所示，然后将材质指定给一个球体模型，接着按F9键渲染当前场景，效果如图11-292所示。

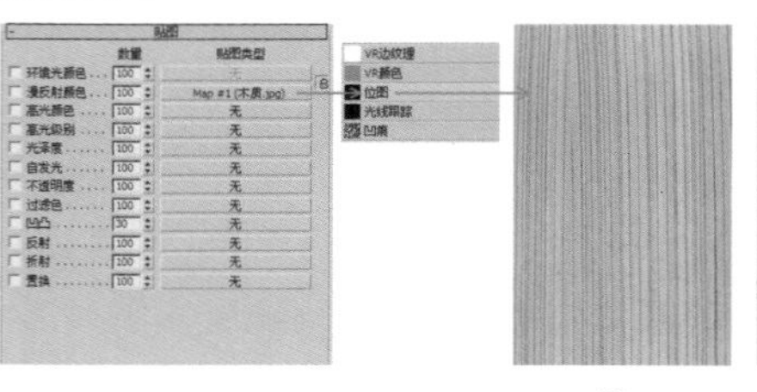

图11-291

图11-292

加载位图后，3ds Max会自动弹出位图的参数设置面板，如图11-293所示。这里的参数主要用来设置位图的“偏移”值、“瓷砖”（即位图的平铺数量）值和“角度”值。图11-294所示是“瓷砖”的V为3、U为1时的渲染效果。

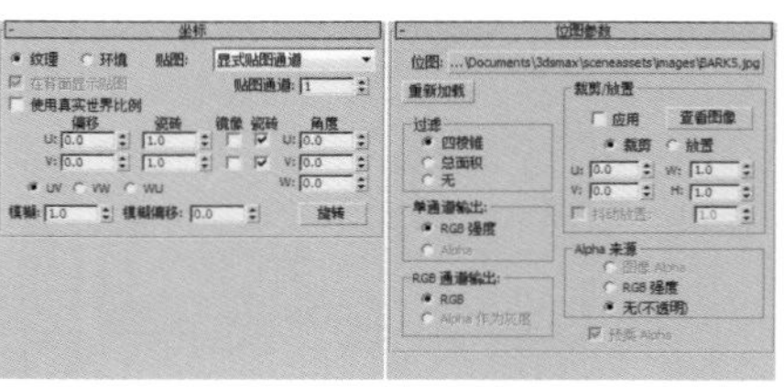

图11-293

图11-294

勾选“镜像”选项后，贴图就会变成镜像方式，当贴图不是无缝贴图时，建议勾选“镜像”选项。图11-295所示是勾选该选项时的渲染效果。

当设置“模糊”为0.01时，可以在渲染时得到最精细的贴图效果，如图11-296所示；如果设置为1或更大的值（注意，数值低于1并不表示贴图不模糊，只是模糊效果不是很明显），则可以得到模糊的贴图效果，如图11-297所示。

图11-295

图11-296

图11-297

在“位图参数”卷展栏下勾选“应用”选项，然后单击后面的“查看图像”按钮 查看图像 ，在弹出的对话框中可以对位图的应用区域进行调整，如图11-298所示。

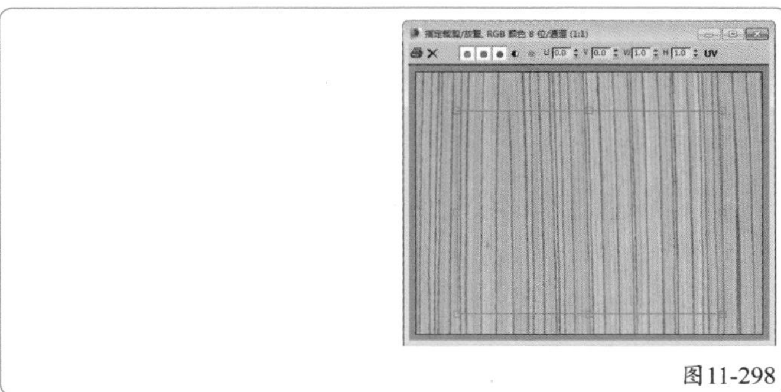

图11-298

★ 重 点 ★

实战：用位图贴图制作书本材质

场景位置 场景文件>CH11>19.max
实例位置 实例文件>CH11>实战：用位图贴图制作书本材质.max
视频位置 多媒体教学>CH11>实战：用位图贴图制作书本材质.flv
难易指数 ★☆☆☆☆
技术掌握 用位图贴图模拟书本材质

扫码看视频

书本材质的效果如图11-299所示。

书本材质的模拟效果如图11-300所示。

图11-299 图11-300

01 打开“场景文件>CH11>19.max”文件，如图11-301所示。

图11-301

02 选择一个空白材质球，然后设置材质类型为VRayMtl材质，接着将其命名为“书页”，具体参数设置如图11-302所示，制作好的材质球效果如图11-303所示。

设置步骤

① 在“漫反射”贴图通道中加载一张“实例文件>CH11>实战：用位图贴图制作书本材质>011.jpg”文件。

② 设置“反射”颜色为（红:80，绿:80，蓝:80），然后设置“细分”为20，接着勾选“菲涅耳反射”选项。

03 用相同的方法制作另外两个书页材质，然后将制作好的材质分别指定给相应的模型，接着按F9键渲染当前场景，最终效果如图11-304所示。

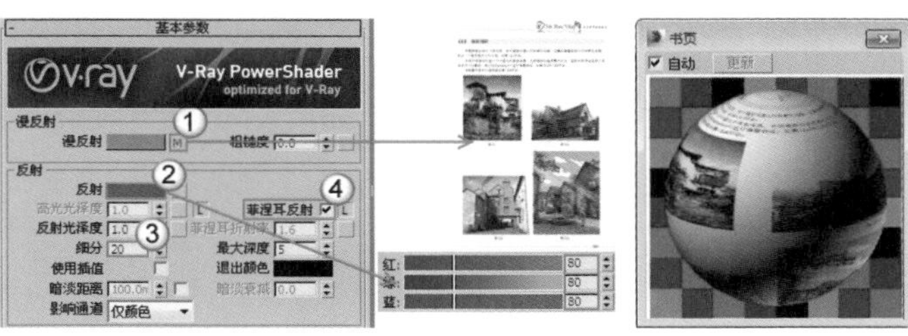

图11-302 图11-303

图11-304

★ 重 点 ★

11.6.4 渐变贴图

使用“渐变”程序贴图可以设置3种颜色的渐变效果，其参数设置面板如图11-305所示。

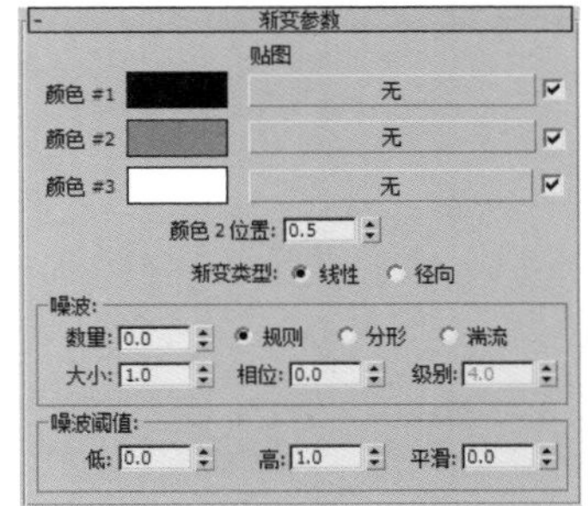

图11-305

技巧与提示

渐变颜色可以任意修改，修改后的物体材质颜色也会随之改变。图11-306和图11-307所示分别是默认的渐变颜色及将渐变颜色修改为红、绿、蓝后的渲染效果。

图11-306 图11-307

★ 重 点 ★

实战：用渐变贴图制作渐变花瓶材质

场景位置 场景文件>CH11>20.max
实例位置 实例文件>CH11>实战：用渐变贴图制作渐变花瓶材质.max
视频位置 多媒体教学>CH11>实战：用渐变贴图制作渐变花瓶材质.flv
难易指数 ★★★☆☆
技术掌握 用渐变贴图模拟渐变玻璃材质

扫码看视频

渐变花瓶材质的效果如图11-308所示。

图11-308

本例共需要制作两种花瓶的渐变玻璃材质，其模拟效果如图11-309和图11-310所示。

图11-309

图11-310

01 打开“场景文件>CH11>20.max”文件，如图11-311所示。

图11-311

02 下面制作第1个花瓶材质。选择一个空白材质球，然后设置材质类型为VRayMtl材质，接着将其命名为“花瓶1”，具体参数设置如图11-312所示，制作好的材质球效果如图11-313所示。

设置步骤

① 在“漫反射”贴图通道中加载一张“渐变”程序贴图，然后在“渐变参数”卷展栏下设置“颜色#1”为（红:19，绿:156，蓝:0）、“颜色#2”为（红:255，绿:218，蓝:13）、“颜色#3”为（红:192，绿:0，蓝:255）。

② 设置“反射”颜色为（红:161，绿:161，蓝:161），然后设置“高光光泽度”为0.9，接着勾选“菲涅耳反射”选项，并设置“菲涅耳折射率”为2。

③ 设置“折射”颜色为（红:201，绿:201，蓝:201），然后设置“细分”为10，接着勾选“影响阴影”选项，并设置“影响通道”为“颜色+alpha”，最后设置“烟雾颜色”为（红:240，绿:255，蓝:237），并设置“烟雾倍增”为0.03。

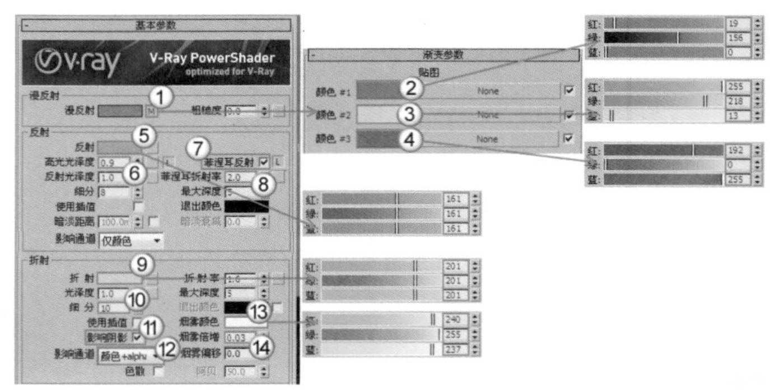

图11-312

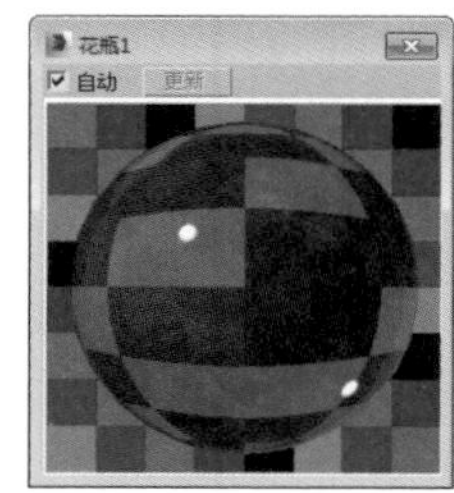

图11-313

03 下面制作第2个花瓶材质。将“花瓶1”材质球拖曳（复制）到一个空白材质球上，然后将其命名为“花瓶2”，接着将“渐变”程序贴图的“颜色#1”修改为（红:90，绿:0，蓝:255）、“颜色#2”修改为（红:4，绿:207，蓝:255）、“颜色#3”修改为（红:155，绿:255，蓝:255），如图11-314所示，制作好的材质球效果如图11-315所示。

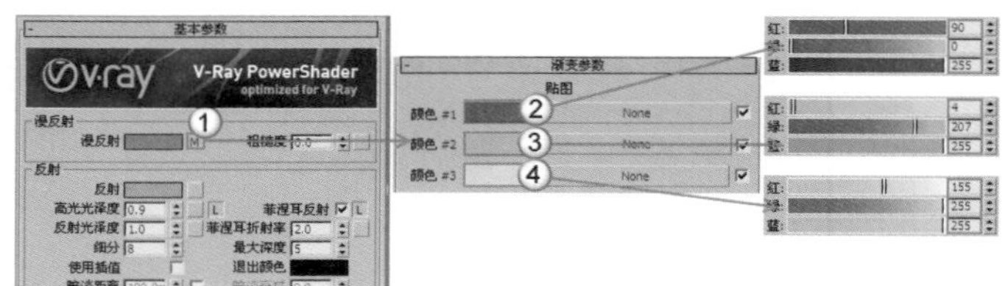

图11-314

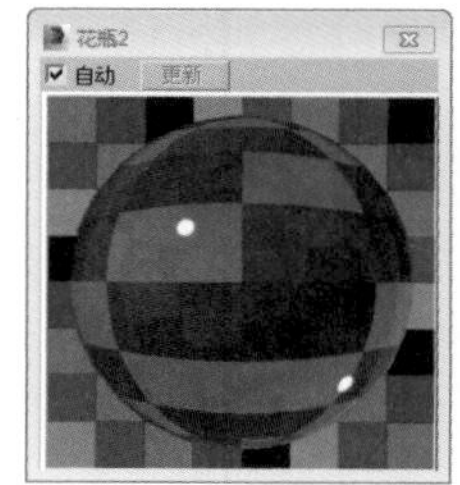

图11-315

技巧与提示

从步骤3可以看出，在制作同种类型或是参数差异不大的材质时，可以先制作其中一个材质，然后对材质进行复制，接着对局部参数进行修改即可。但是，一定要对复制出来的材质球进行重命名，否则3ds Max会对相同名称的材质产生混淆。

04 将制作好的材质分别指定给场景中相应的模型，然后按F9

键渲染当前场景，最终效果如图11-316所示。

图11-316

11.6.5 平铺贴图

使用“平铺”程序贴图可以创建类似于瓷砖的贴图，通常在制作有很多建筑砖块图案时使用，其参数设置面板如图11-317所示。

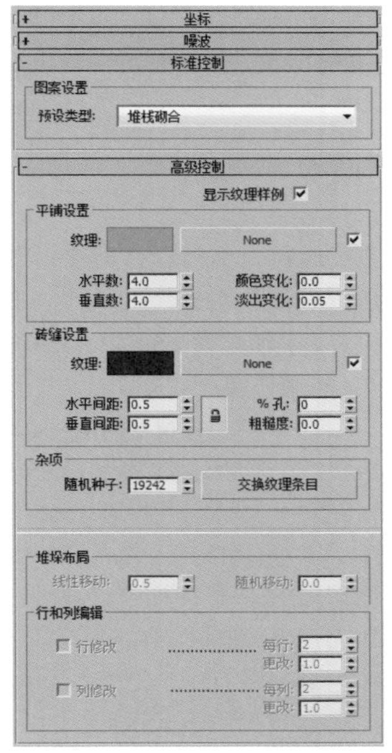

图11-317

实战：用平铺贴图制作地砖材质

场景位置 场景文件>CH11>21.max
实例位置 实例文件>CH11>实战：用平铺贴图制作地砖材质.max
视频位置 多媒体教学>CH11>实战：用平铺贴图制作地砖材质.flv
难易指数 ★★☆☆☆
技术掌握 用平铺贴图模拟地砖材质

扫码看视频

地砖材质的效果如图11-318所示。

地砖材质的模拟效果如图11-319所示。

图11-318

图11-319

01 打开“场景文件>CH11>21.max”文件，如图11-320所示。

图11-320

02 选择一个空白材质球，然后设置材质类型为VRayMtl材质，接着将其命名为“地砖”，具体参数设置如图11-321所示，制作好的材质球效果如图11-322所示。

设置步骤

① 在“漫反射”贴图通道中加载一张“平铺”程序贴图，然后在“高级控制”卷展栏下的“纹理”贴图通道中加载“实例文件>CH11>实战：用平铺贴图制作地砖材质>地面.jpg”文件，接着设置“水平数”和“垂直数”为20，最后设置“水平间距”和“垂直间距”为0.02。

② 在“反射”贴图通道中加载一张“衰减”程序贴图，然后在“衰减参数”卷展栏下设置“侧”通道的颜色为（红:180，绿:180，蓝:180），接着设置“衰减类型”为Fresnel，最后设置“反射光泽度”为0.85、“细分”为20、“最大深度”为2。

③ 展开“贴图”卷展栏，然后使用鼠标左键将“漫反射”通道中的贴图拖曳到“凹凸”通道上，接着设置“凹凸”的强度为5。

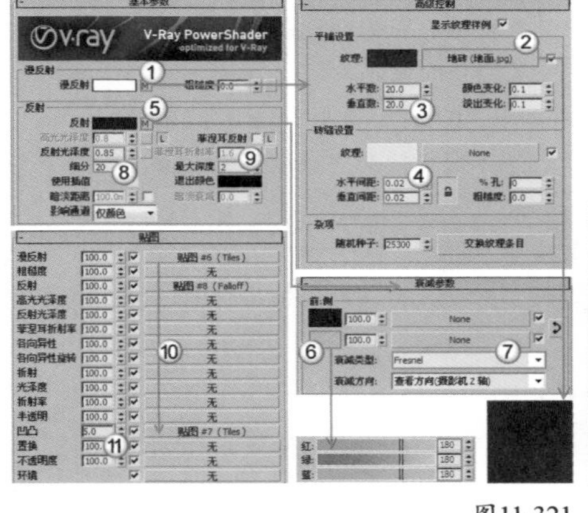

图11-321

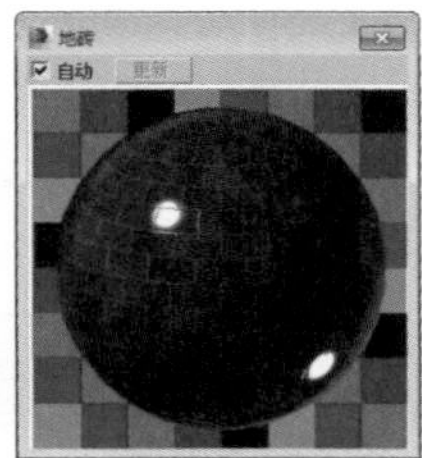

图11-322

03 将制作好的材质指定给场景中的地板模型，然后按F9键渲染当前场景，最终效果如图11-323所示。

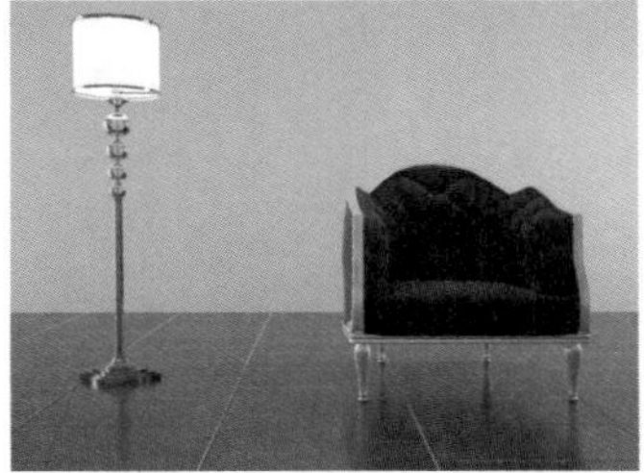

图11-323

★ 重 点 ★

11.6.6 衰减贴图

“衰减”程序贴图可以用来控制材质强烈到柔和的过渡效果，使用频率比较高，其参数设置面板如图11-324所示。

图11-324

衰减程序贴图重要参数介绍

衰减类型：设置衰减的方式，共有以下5种。

垂直/平行：在与衰减方向相垂直的面法线和与衰减方向相平行的法线之间设置角度衰减范围。

朝向/背离：在面向衰减方向的面法线和背离衰减方向的法线之间设置角度衰减范围。

Fresnel：基于IOR（折射率）在面向视图的曲面上产生暗淡反射，而在有角的面上产生较明亮的反射。

阴影/灯光：基于落在对象上的灯光，在两个子纹理之间进行调节。

距离混合：基于“近端距离”值和“远端距离”值，在两个子纹理之间进行调节。

衰减方向：设置衰减的方向。

混合曲线：设置曲线的形状，可以精确地控制由任何衰减类型所产生的渐变。

★ 重 点 ★

实战：用衰减贴图制作水墨材质

场景位置　场景文件>CH11>22.max
实例位置　实例文件>CH11>实战：用衰减贴图制作水墨材质.max
视频位置　多媒体教学>CH11>实战：用衰减贴图制作水墨材质.flv
难易指数　★★☆☆☆
技术掌握　用衰减贴图模拟水墨材质

扫码看视频

水墨材质的效果如图11-325所示。

图11-325

水墨材质的模拟效果如图11-326所示。

图11-326

01 打开“场景文件>CH11>22.max”文件，如图11-327所示。

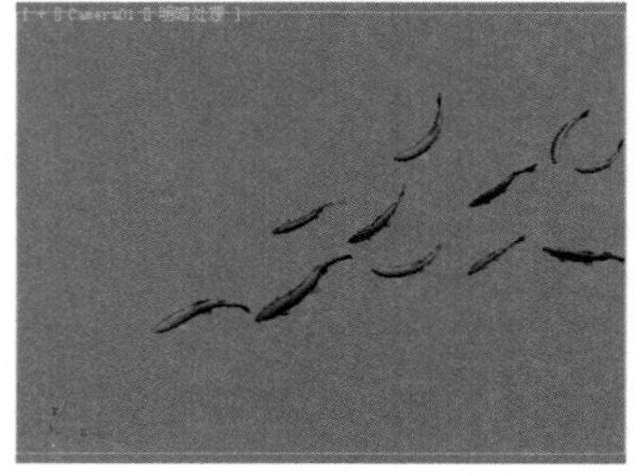

图11-327

02 选择一个空白材质球，然后设置材质类型为“标准”材质，接着将其命名为“鱼”，具体参数设置如图11-328所示，制作好的材质球效果如图11-329所示。

设置步骤

① 在“漫反射”贴图通道中加载一张“衰减”程序贴图，然后在“混合曲线”卷展栏下调节好曲线的形状，接着设置“高光级别”为50、“光泽度”为30。

② 展开“贴图”卷展栏，然后使用鼠标左键将“漫反射颜色”通道中的贴图拖曳到“高光颜色”和“不透明度”通道上。

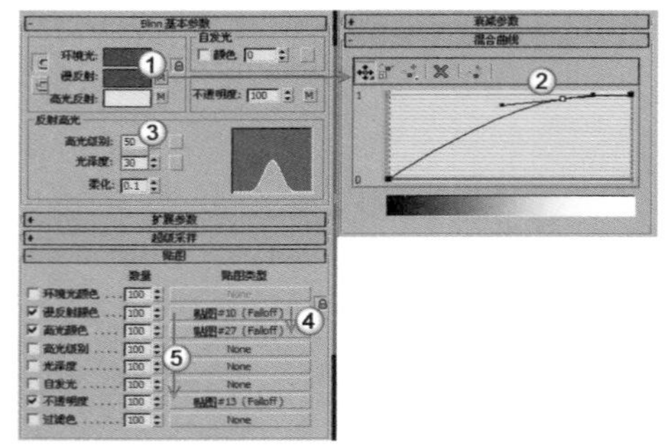

图11-328

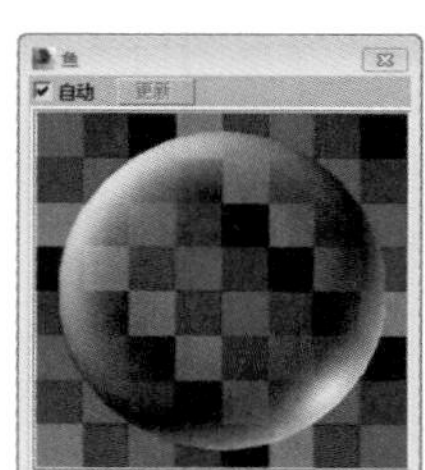

图11-329

03 将制作好的材质指定给场景中的鱼模型，然后用3ds Max默认的扫描线渲染器渲染当前场景，效果如图11-330所示。

图11-330

技巧与提示

在渲染完场景以后，需要将图像保存为png格式，这样可以很方便地在Photoshop中合成背景。

04 启动Photoshop，然后打开“实例文件>CH11>实战：用衰减贴图制作水墨画材质>背景.jpg”文件，如图11-331所示。

05 导入前面渲染好的水墨鱼图像，然后将其放在合适的位置，最终效果如图11-332所示。

图11-331

图11-332

★ 重点 ★

11.6.7 噪波贴图

使用“噪波”程序贴图可以将噪波效果添加到物体的表面，以突出材质的质感。“噪波”程序贴图通过应用分形噪波函数来扰动像素的UV贴图，从而表现出非常复杂的物体材质，其参数设置面板如图11-333所示。

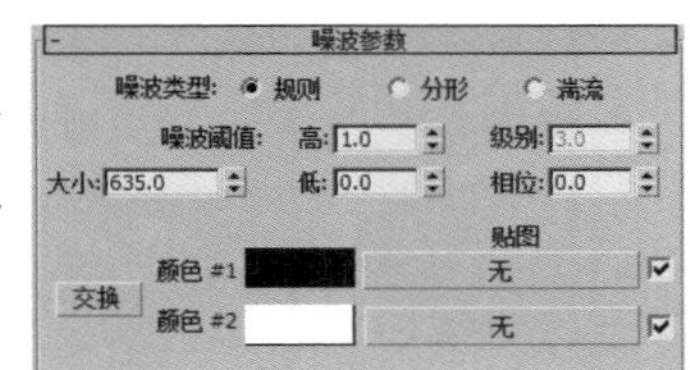

图11-333

噪波程序贴图重要参数介绍

噪波类型：共有3种类型，分别是“规则”“分形”和“湍流”。

规则：生成普通噪波，如图11-334所示。

分形：使用分形算法生成噪波，如图11-335所示。

湍流：生成应用绝对值函数来制作故障线条的分形噪波，如图11-336所示。

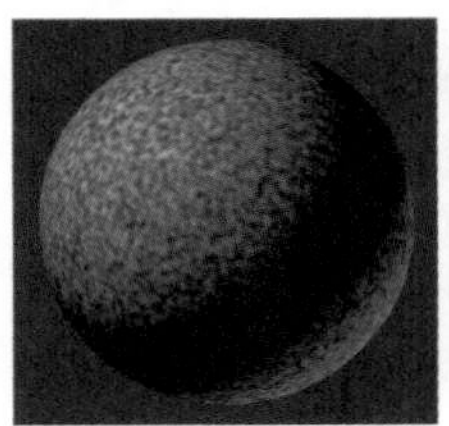

图11-334

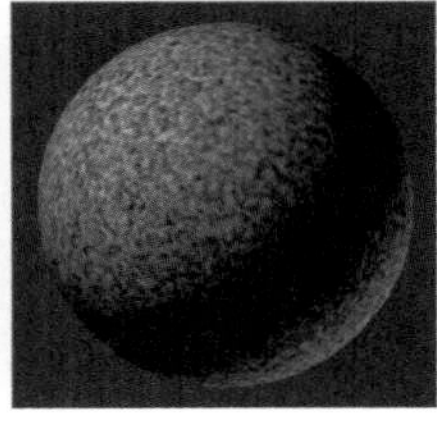

图11-335

图11-336

大小：以3ds Max为单位设置噪波函数的比例。

噪波阈值：控制噪波的效果，取值范围为0~1。

级别：决定有多少分形能量用于分形和湍流噪波函数。

相位：控制噪波函数的动画速度。

交换 交换：交换两个颜色或贴图的位置。

颜色#1/2：可以从两个主要噪波颜色中进行选择，将通过所选的两种颜色来生成中间颜色值。

★ 重点 ★

实战：用噪波贴图制作茶水材质

场景位置　场景文件>CH11>23.max
实例位置　实例文件>CH11>实战：用噪波贴图制作茶水材质.max
视频位置　多媒体教学>CH11>实战：用噪波贴图制作茶水材质.flv
难易指数　★★★☆☆
技术掌握　用位图贴图模拟青花瓷材质、用噪波贴图模拟波动的水材质

扫码看视频

茶水材质的效果如图11-337所示。

图11-337

本例共需要制作两种材质，分别是青花瓷材质和茶水材质，其模拟效果如图11-338和图11-339所示。

图11-338

图11-339

01 打开“场景文件>CH11>23.max”文件，如图11-340所示。

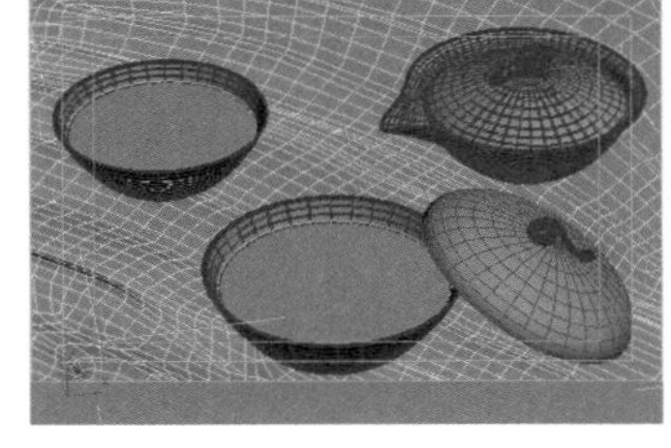

图11-340

02 下面制作青花瓷材质。选择一个空白材质球，然后设置材质类型为VRayMtl材质，接着其命名为“青花瓷”，具体参数设置如图11-341所示，制作好的材质球效果如图11-342所示。

设置步骤

① 在“漫反射”贴图通道中加载“实例文件>CH11>实战：用噪波贴图制作茶水材质>青花瓷.jpg”文件，然后在“坐标”卷展栏下关闭“瓷砖”的U和V选项，接着设置“瓷砖”的U为2，最后设置“模糊”为0.01。

② 设置“反射”颜色为白色，然后勾选“菲涅耳反射”选项。

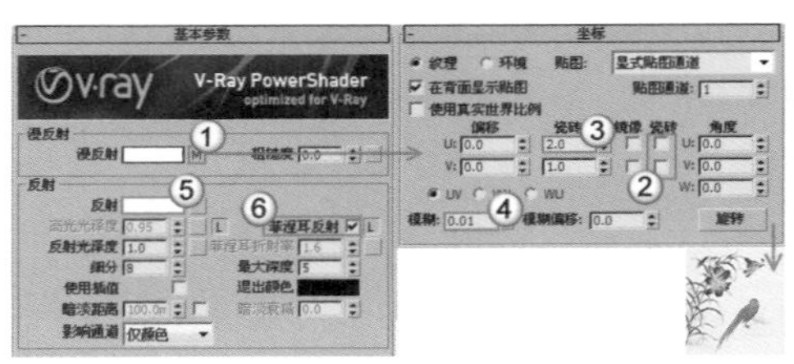
图11-341

图11-342

03 下面制作茶水材质。选择一个空白材质球，然后设置材质类型为VRayMtl材质，并其命名为“茶水”，具体参数设置如图11-343所示。

设置步骤

① 设置“漫反射”颜色为黑色。

② 在“反射”贴图通道中加载一张“衰减”程序贴图，然后在“衰减参数”卷展栏下设置“侧”通道的颜色为（红:221，绿:255，蓝:223），接着设置“细分”为30。

③ 设置“折射”颜色为（红:253，绿:255，蓝:252），然后设置“折射率”为1.2、“细分”为30，接着勾选“影响阴影”选项，再设置“烟雾颜色”为（红:246，绿:255，蓝:226），最后设置“烟雾倍增”为0.2。

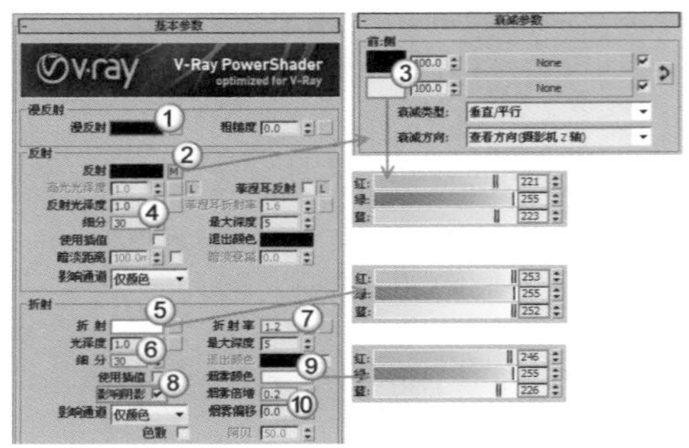
图11-343

04 展开“贴图”卷展栏，在“凹凸”贴图通道中加载一张“噪波”程序贴图，然后在“坐标”卷展栏下设置“瓷砖”为*x*、*y*、*z*为0.1，接着在“噪波参数”卷展栏下设置“噪波类型”为“分形”“大小”为30，最后设置“凹凸”的强度为20，具体参数设置如图11-344所示，制作好的材质球效果如图11-345所示。

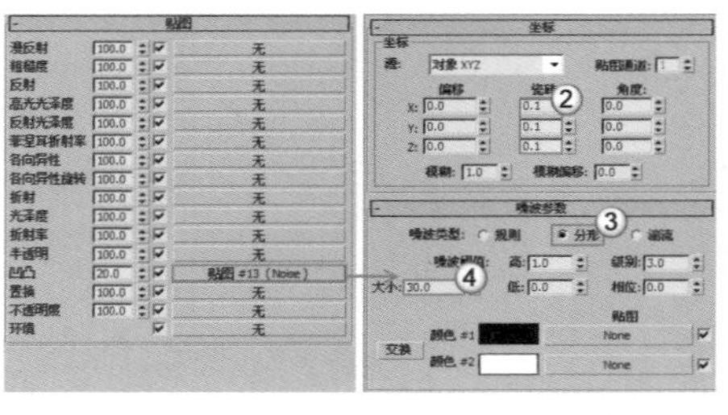
图11-344

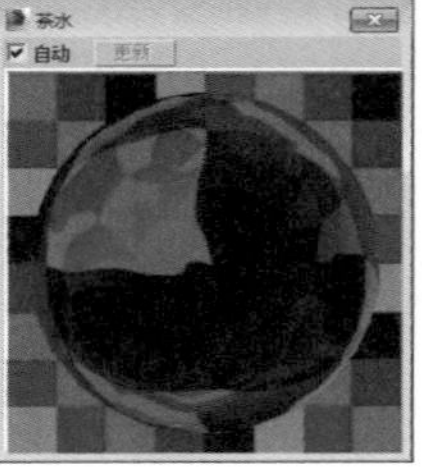
图11-345

05 将制作好的材质分别指定给场景中相应的模型，然后按F9键渲染当前场景，最终效果如图11-346所示。

图11-346

11.6.8 混合贴图

“混合”程序贴图可以用来制作材质之间的混合效果，其参数设置面板如图11-347所示。

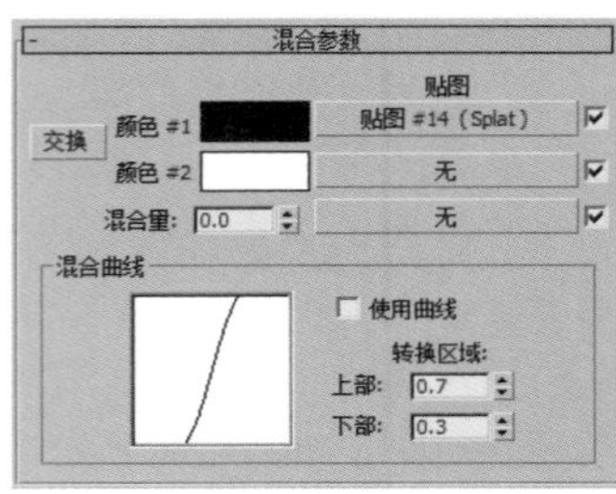
图11-347

混合程序贴图参数介绍

交换 交换：交换两个颜色或贴图的位置。

颜色#1/2：设置混合的两种颜色。

混合量：设置混合的比例。

混合曲线：用曲线来确定对混合效果的影响。

转换区域：调整“上部”和“下部”的级别。

实战：用混合贴图制作颓废材质

场景位置 场景文件>CH11>24.max
实例位置 实例文件>CH11>实战：用混合贴图制作颓废材质.max
视频位置 多媒体教学>CH11>实战：用混合贴图制作颓废材质.flv
难易指数 ★☆☆☆☆
技术掌握 用混合贴图模拟破旧材质

扫码看视频

颓废材质的效果如图11-348所示。

颓废（墙）材质的模拟效果如图11-349所示。

图11-348

图11-349

01 打开“场景文件>CH11>24.max”文件，如图11-350所示。

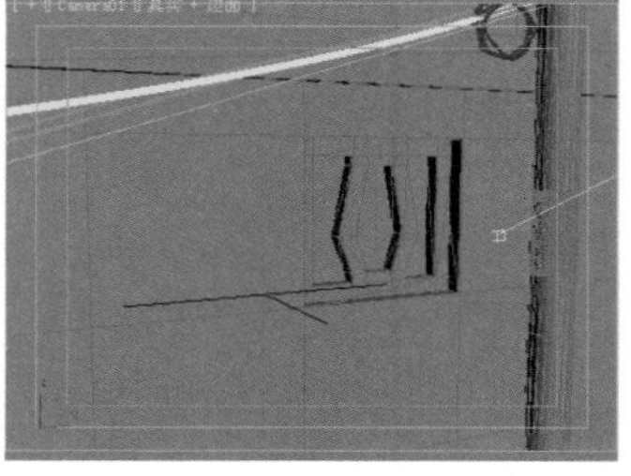
图11-350

02 选择一个空白材质球，设置材质类型为“标准”材质，然后将其命名为“墙”，接着展开“贴图”卷展栏，具体参数设置如图11-351所示，制作好的材质球效果如图11-352所示。

设置步骤

① 在“漫反射颜色”贴图通道中加载一张“混合”程序贴图，然

后展开“混合参数”卷展栏，接着分别在“颜色#1”贴图通道、“颜色#1”贴图通道和“混合量”贴图通道加载“实例文件>CH11>实战：用混合贴图制作颓废材质>墙.jpg、图.jpg、通道0.jpg”文件。

② 使用鼠标左键将“漫反射颜色”通道中的贴图拖曳到“凹凸”贴图通道上。

03 将制作好的材质指定给场景中的墙模型，然后按F9键渲染当前场景，最终效果如图11-353所示。

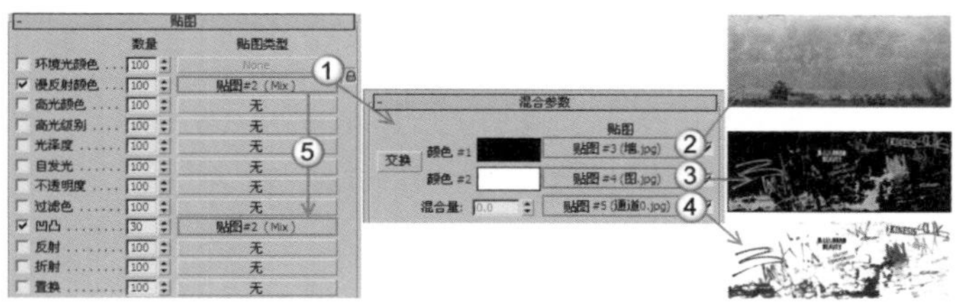

图11-351

图11-352 图11-353

11.6.9 法线凹凸贴图

“法线凹凸”程序贴图是使用纹理烘焙的法线贴图，主要用于表现来物体表面的真实凹凸效果，其参数设置面板如图11-354所示。

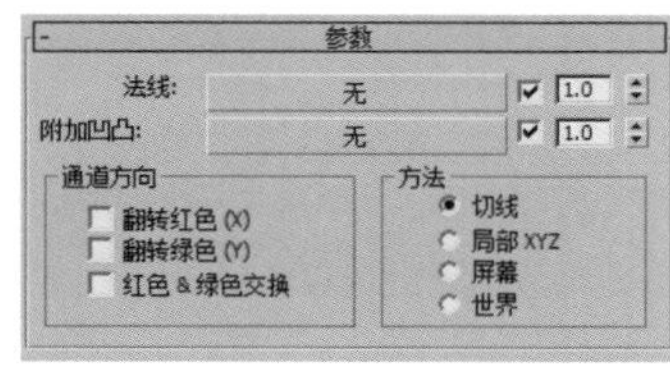

图11-354

法线凹凸贴图参数介绍

法线：可以在其后面的通道中加载法线贴图。

附加凹凸：包含其他用于修改凹凸或位移的贴图。

翻转红色（X）：翻转红色通道。

翻转绿色（Y）：翻转绿色通道。

红色&绿色交换：交换红色和绿色通道，这样可使法线贴图旋转90°。

切线：从切线方向投射到目标对象的曲面上。

局部XYZ：使用对象局部坐标进行投影。

屏幕：使用屏幕坐标进行投影，即在z轴方向上的平面进行投影。

世界：使用世界坐标进行投影。

★ 重 点 ★

实战：用法线凹凸贴图制作水果材质

场景位置 场景文件>CH11>25.max
实例位置 实例文件>CH11>实战：用法线凹凸贴图制作水果材质.max
视频位置 多媒体教学>CH11>实战：用法线凹凸贴图制作水果材质.flv
难易指数 ★★★★☆
技术掌握 用法线凹凸贴图模拟凹凸效果

扫码看视频

食物材质的效果如图11-355所示。

图11-355

本例共需要制作3种材质，分别是葡萄材质、葡萄枝干材质和草莓材质，其模拟效果如图11-356~图11-358所示。

图11-356 图11-357 图11-358

01 打开“场景文件>CH11>25.max”文件，如图11-359所示。

图11-359

02 下面制作葡萄材质。选择一个空白材质球，然后设置材质类型为“多维/子对象”材质，并将其命名为“葡萄-绿”，接着设置“材质数量”为2，最后分别在ID 1和ID 2材质通道中各加载一个VRayMtl材质，如图11-360所示。

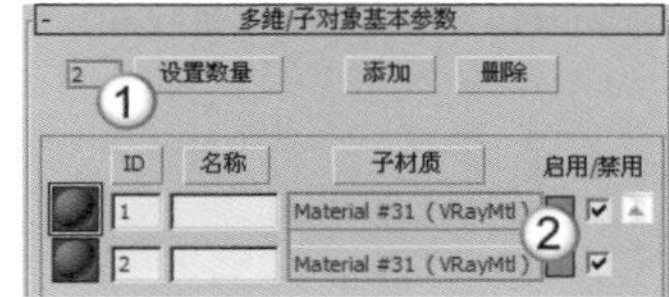

图11-360

03 单击ID 1材质通道，切换到VRayMtl材质设置面板，具体参数设置如图11-361所示。

设置步骤

① 在“漫反射”贴图通道中加载“实例文件>CH11>实战：用

法线凹凸贴图制作水果材质>绿色葡萄.jpg”贴图文件。

② 在“反射”贴图通道中加载一张“衰减”程序贴图，然后在“衰减参数”卷展栏下设置“衰减类型”为Fresnel，接着设置“反射光泽度”为0.89、“细分”为12。

③ 设置“折射”颜色为（红:195，绿:195，蓝:195），然后设置“光泽度”为0.85、“细分”为30、“折射率”为1.51，接着设置“烟雾颜色”为（红:205，绿:205，蓝:95），并设置“烟雾倍增”为0.3，最后勾选“影响阴影”选项。

④ 在“半透明”选项组下设置“类型”为“混合模型”，接着设置“背面颜色”为（红:249，绿:255，蓝:63）。

04 单击ID 2材质通道，切换到VRayMtl材质设置面板，然后在“漫反射”贴图通道中加载“实例文件>CH11>实战：用法线凹凸贴图制作水果材质>葡萄枝干.jpg”贴图文件，如图11-362所示，制作好的材质球效果如图11-363所示。

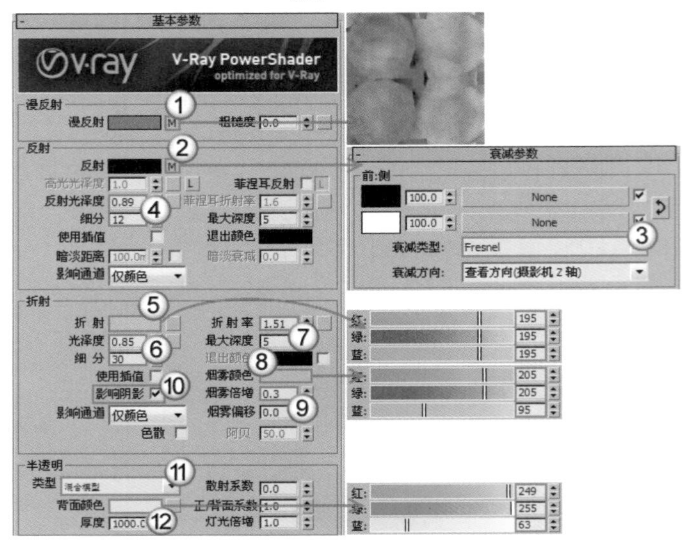

图11-361

图11-362

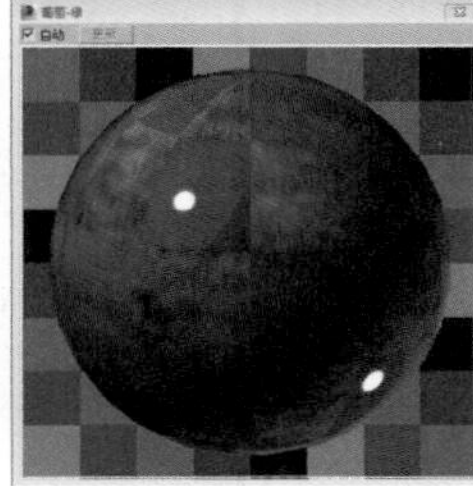

图11-363

05 下面制作草莓材质。选择一个空白材质球，然后设置材质类型为VRayMtl材质，接着将其命名为“草莓”，具体参数设置如图11-364所示。

设置步骤

① 在“漫反射”贴图通道中加载“实例文件>CH11>实战：用法线凹凸贴图制作水果材质>草莓.jpg”贴图文件。

② 在“反射”贴图通道中加载一张“衰减”程序贴图，然后在“衰减参数”卷展栏下的“侧”贴图通道上加载“实例文件>CH11>实战：用法线凹凸贴图制作水果材质>archmodels76_002_strawberry1-refl.jpg”贴图文件，接着设置“衰减类型”为Fresnel，最后设置“反射光泽度”为0.74、“细分”为12。

③ 设置“折射”颜色为（红:12，绿:12，蓝:12），然后设置“光泽度”为0.8，接着设置“烟雾颜色”为（红:251，绿:59，蓝:33），并设置“烟雾倍增”为0.001，最后勾选“影响阴影”选项。

④ 在“半透明”选项组下设置“类型”为“硬（蜡）模型”，然后设置“背面颜色”为（红:251，绿:48，蓝:21）。

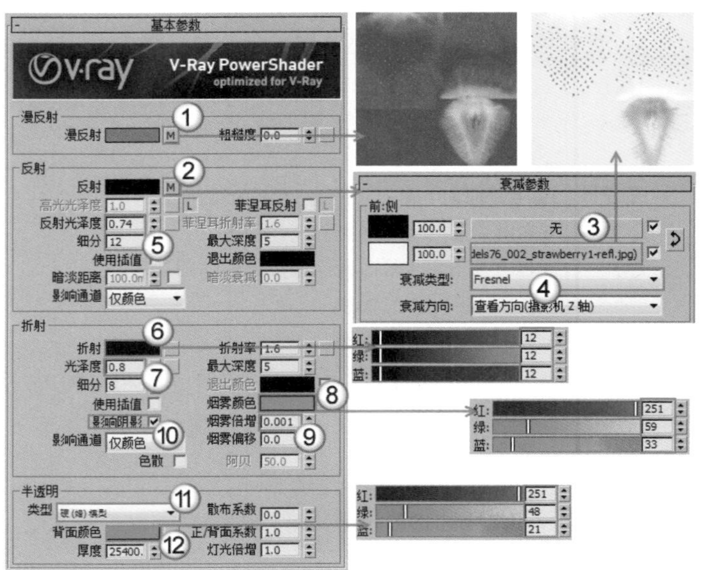

图11-364

06 展开“贴图”卷展栏，然后在“凹凸”贴图通道中加载一张“法线凹凸”程序贴图，接着展开“参数”卷展栏，最后在“法线”贴图通道中加载“实例文件>CH11>实战：用法线凹凸贴图制作水果材质>草莓法线贴图.jpg”贴图文件，如图11-365所示，制作好的材质球效果如图11-366所示。

07 将制作好的材质指定给场景中的模型，然后按F9键渲染当前场景，最终效果如图11-367所示。

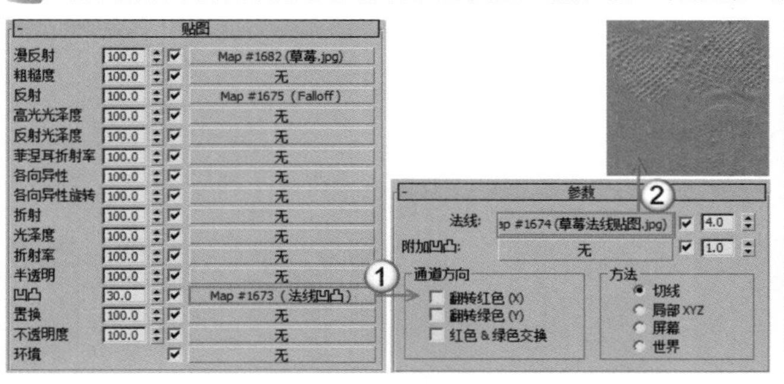

图11-365

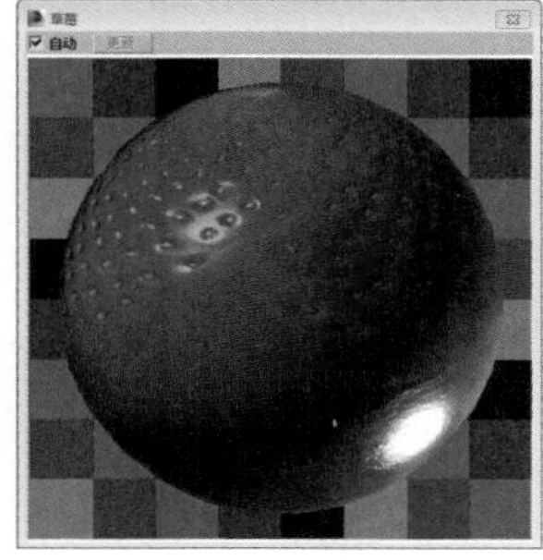
图11-366

图11-367

11.6.10 VRayHDRI贴图

VRayHDRI可以翻译为高动态范围贴图，主要用来设置场景的环境贴图，即把HDRI当作光源来使用，其参数设置面板，如图11-368所示。

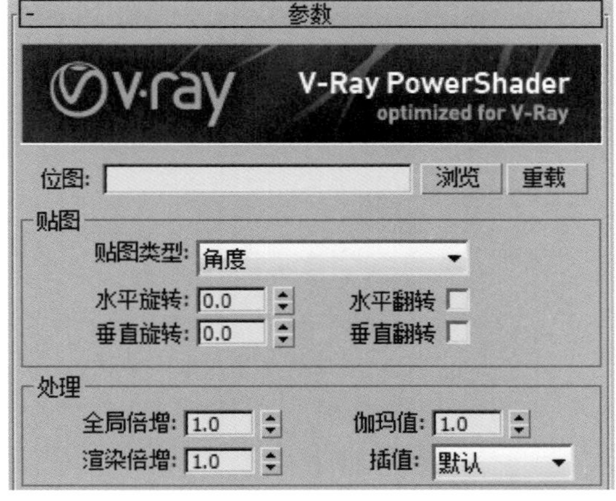

图11-368

VRayHDRI贴图参数介绍

位图：单击后面的“浏览”按钮 浏览 可以指定一张HDR贴图。

贴图类型：控制HDRI的贴图方式，共有以下5种。

角度：主要用于使用了对角拉伸坐标方式的HDRI。

立方：主要用于使用了立方体坐标方式的HDRI。

球形：主要用于使用了球形坐标方式的HDRI。

球状镜像：主要用于使用了镜像球体坐标方式的HDRI。

3ds Max标准：主要用于对单个物体指定环境贴图。

水平旋转：控制HDRI在水平方向的旋转角度。

水平翻转：让HDRI在水平方向上翻转。

垂直旋转：控制HDRI在垂直方向的旋转角度。

垂直翻转：让HDRI在垂直方向上翻转。

全局倍增：用来控制HDRI的亮度。

渲染倍增：设置渲染时的光强度倍增。

伽玛值：设置贴图的伽玛值。

第12章

效果图制作基本功：环境和效果技术

Learning Objectives 学习要点

Employment direction 从业方向

家具造型设计师

工业造型设计师

室内设计表现师

建筑设计表现师

12.1 环境

在现实世界中，所有物体都不是独立存在的，周围都存在相对应的环境。身边最常见的环境有闪电、大风、沙尘、雾、光束等，如图12-1~图12-3所示。环境对场景的氛围起到了至关重要的作用。在3ds Max 2014中，可以为效果图场景添加云、雾、火、体积雾和体积光等环境效果。

图12-1

图12-2

图12-3

本节环境技术概述

环境名称	主要作用	重要程度
背景与全局照明	设置场景的环境/背景与全局照明效果	高
曝光控制	调整渲染的输出级别和颜色范围的插件组件	中
大气	模拟云、雾、火和体积光等环境效果	中

★ 重点 ★

12.1.1 背景与全局照明

一副优秀的作品，不仅要有着精细的模型、真实的材质和合理的渲染参数，同时还要求有符合当前场景的背景和全局照明效果，这样才能烘托出场景的气氛。在3ds Max中，背景与全局照明都在“环境和效果”对话框中进行设定。

打开“环境和效果”对话框的方法主要有以下3种。

第1种：执行“渲染>环境”菜单命令。

第2种：执行“渲染>效果”菜单命令。

第3种：按大键盘上的8键。

打开的“环境和效果”对话框如图12-4所示。

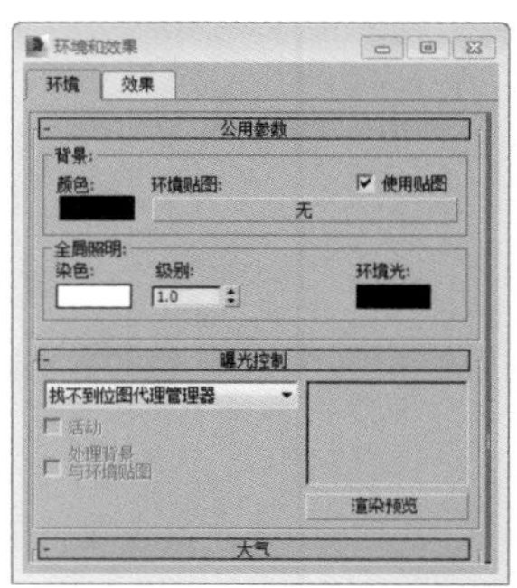

图12-4

背景与全局照明重要参数介绍

① 背景选项组

颜色：设置环境的背景颜色。

环境贴图：在其贴图通道中加载一张“环境”贴图来作为背景。

使用贴图：使用一张贴图作为背景。

② 全局照明选项组

染色：如果该颜色不是白色，那么场景中的所有灯光（环境光除外）都将被染色。

级别：增强或减弱场景中所有灯光的亮度。值为1时，所有灯光保持原始设置；增加该值可以加强场景的整体照明；减小该值可以减弱场景的整体照明。

环境光：设置环境光的颜色。

★ 重 点 ★

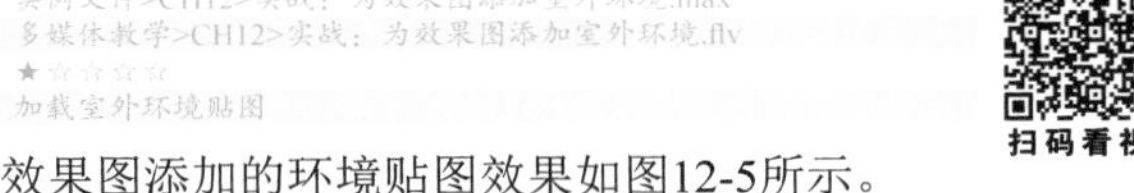

实战：为效果图添加室外环境

场景位置　场景文件>CH12>01.max
实例位置　实例文件>CH12>实战：为效果图添加室外环境.max
视频位置　多媒体教学>CH12>实战：为效果图添加室外环境.flv
难易指数　★☆☆☆☆
技术掌握　加载室外环境贴图

扫码看视频

为效果图添加的环境贴图效果如图12-5所示。

图12-5

01 打开“场景文件>CH12>01.max”文件，如图12-6所示，然后按F9键测试渲染当前场景，效果如图12-7所示。

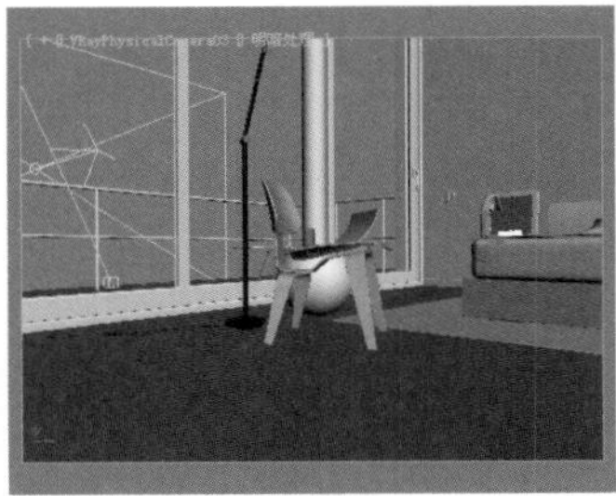

图12-6

图12-7

技巧与提示

在默认情况下，背景颜色都是黑色，也就是说渲染出来的背景颜色是黑色。如果更改背景颜色，则渲染出来的背景颜色也会跟着改变。而图12-7中的背景是天蓝色的，这是因为加载了“VRay天空”环境贴图的原因。

02 按大键盘上的8键打开“环境和效果”对话框，然后在“环境贴图”选项组下单击“无”按钮 无 ，接着在弹出的“材质/贴图浏览器”对话框中单击“位图”选项，最后在弹出的“选择位图图像文件”对话框中选择“实例文件>CH12>实战：为效果图添加室外环境>背景.jpg”文件，如图12-8所示。

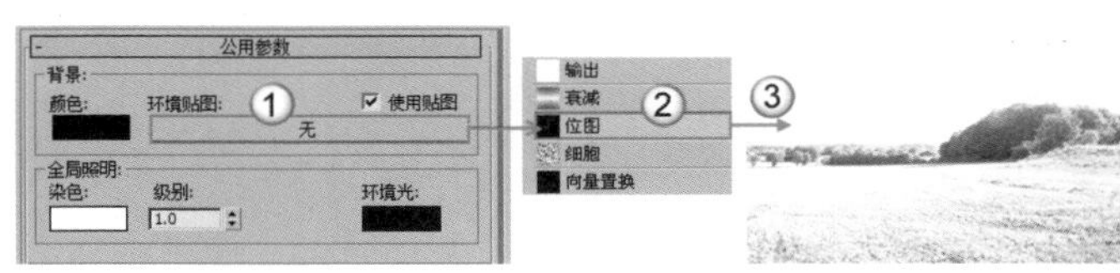

图12-8

03 按C键切换到摄影机视图，然后按F9键渲染当前场景，最终效果如图12-9所示。

图12-9

技巧与提示

背景图像可以直接渲染出来，当然也可以在Photoshop中进行合成，不过这样比较麻烦，能在3ds Max中完成的尽量在3ds Max中完成。

实战：测试全局照明

场景位置　场景文件>CH12>02.max
实例位置　实例文件>CH12>实战：测试全局照明.max
视频位置　多媒体教学>CH12>实战：测试全局照明.flv
难易指数　★☆☆☆☆
技术掌握　调节全局照明的染色及级别

扫码看视频

测试的全局照明效果如图12-10所示。

图12-10

01 打开“场景文件>CH12>02.max”文件，如图12-11所示。

图12-11

02 按大键盘上的8键打开“环境和效果”对话框，然后在“全局照明”选项组下设置“染色”为白色，接着设置“级别”为1，如图12-12所示，最后按F9键测试渲染当前场景，效果如图12-13所示。

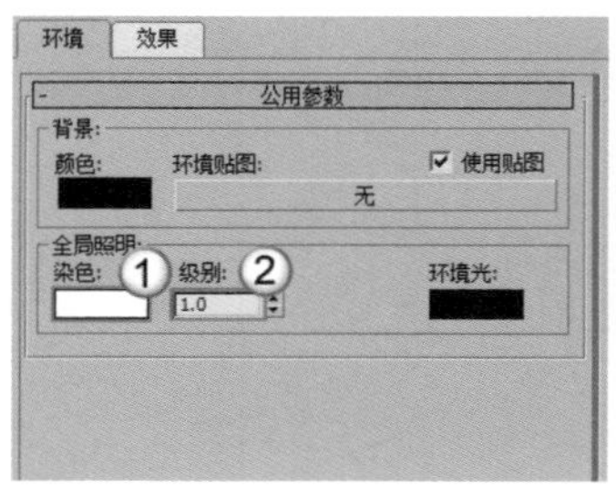

图12-12　　　　图12-13

03 在“全局照明”选项组下设置“染色”为蓝色（红:121，绿:175，蓝:255），然后设置“级别”为1.5，如图12-14所示，接着按F9键测试渲染当前场景，效果如图12-15所示。

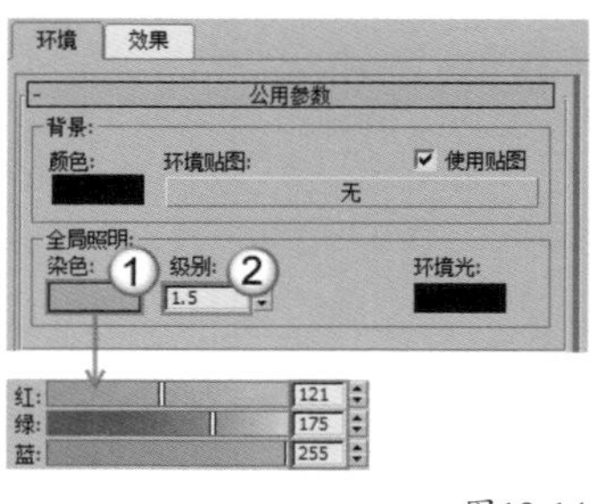

图12-14　　　　图12-15

04 在“全局照明”选项组下设置“染色”为黄色（红:247，绿:231，蓝:45），然后设置“级别”为0.5，如图12-16所示，接着按F9键测试渲染当前场景，效果如图12-17所示。

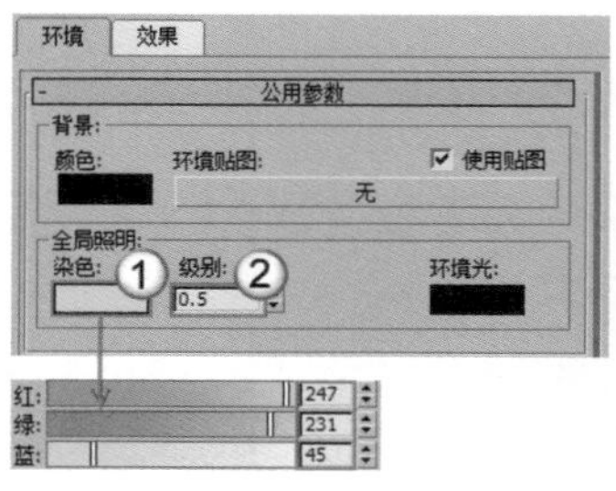

图12-16　　　　图12-17

从上面的3种测试渲染对比效果中可以观察到，当改变“染色”颜色时，场景中的物体会受到“染色”颜色的影响而发生变化；当增大“级别”数值时，场景会变亮，而减小“级别”数值时，场景会变暗。

12.1.2 曝光控制

“曝光控制”是用于调整渲染的输出级别和颜色范围的插件组件，就像调整胶片曝光一样。展开“曝光控制”卷展栏，可以观察到3ds Max 2014的曝光控制类型共有6种，如图12-18所示。

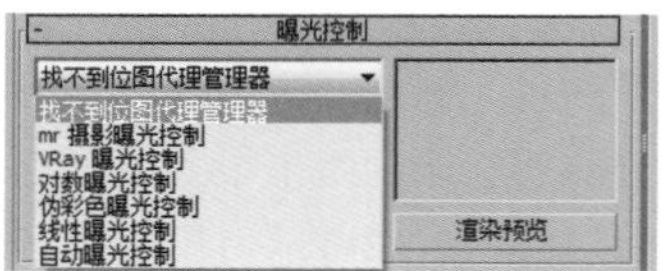

图12-18

曝光控制类型介绍

mr摄影曝光控制：可以提供像摄影机一样的控制，包括快门速度、光圈和胶片速度以及对高光、中间调和阴影的图像控制。

VRay曝光控制：用来控制VRay的曝光效果，可调节曝光值、快门速度、光圈等数值。

对数曝光控制：用于亮度、对比度，以及在有天光照明的室外场景中。“对数曝光控制”类型适用于“动态阈值”非常高的场景。

伪彩色曝光控制：实际上是一个照明分析工具，可以直观地观察和计算场景中的照明级别。

线性曝光控制：可以从渲染中进行采样，并且可以使用场景的平均亮度来将物理值映射为RGB值。“线性曝光控制”最适合用在动态范围很低的场景中。

自动曝光控制：可以从渲染图像中进行采样，并生成一个直方图，以便在渲染的整个动态范围中提供良好的颜色分离。

自动曝光控制

在“曝光控制”卷展栏下设置曝光控制类型为“自动曝光控制”，其参数设置面板如图12-19所示。

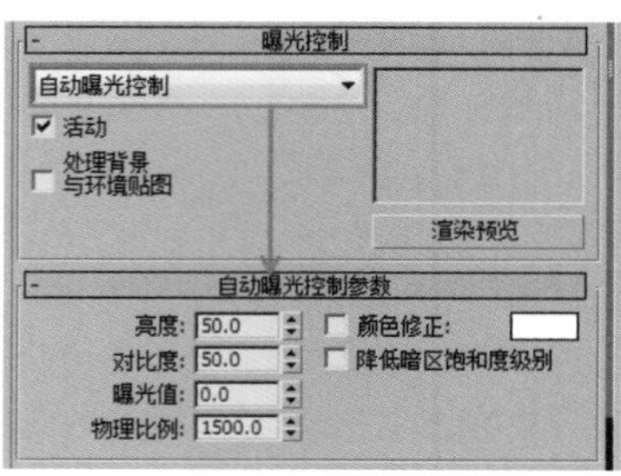

图12-19

自动曝光控制参数介绍

活动：控制是否在渲染中开启曝光控制。

处理背景与环境贴图：启用该选项时，场景背景贴图和场景环境贴图将受曝光控制的影响。

渲染预览 渲染预览：单击该按钮可以预览要渲染的缩略图。

亮度：调整转换颜色的亮度，范围为0~200，默认值为50。

对比度：调整转换颜色的对比度，范围为0~100，默认值为50。

曝光值：调整渲染的总体亮度，范围为-5~5。负值可以使图像变暗，正值可使图像变亮。

物理比例：设置曝光控制的物理比例，主要用在非物理灯光中。

颜色修正：勾选该选项后，“颜色修正”会改变所有颜色，使色样中的颜色显示为白色。

降低暗区饱和度级别：勾选该选项后，渲染出来的颜色会变暗。

对数曝光控制

在“曝光控制”卷展栏下设置曝光控制类型为“对数曝光控制”，其参数设置面板如图12-20所示。

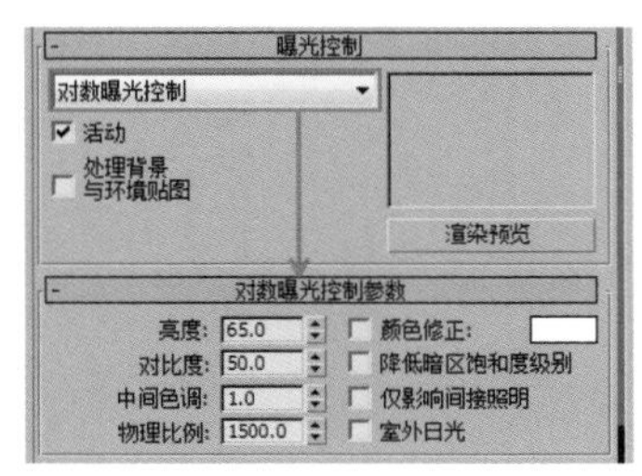

图12-20

对数曝光控制参数介绍

仅影响间接照明：启用该选项时，“对数曝光控制”仅应用于间接照明的区域。

室外日光：启用该选项时，可以转换适合室外场景的颜色。

> 知识链接
>
> 关于“对数曝光控制”的其他参数请参阅“自动曝光控制”。

伪彩色曝光控制

在“曝光控制”卷展栏下设置曝光控制类型为“伪彩色曝光控制”，其参数设置面板如图12-21所示。

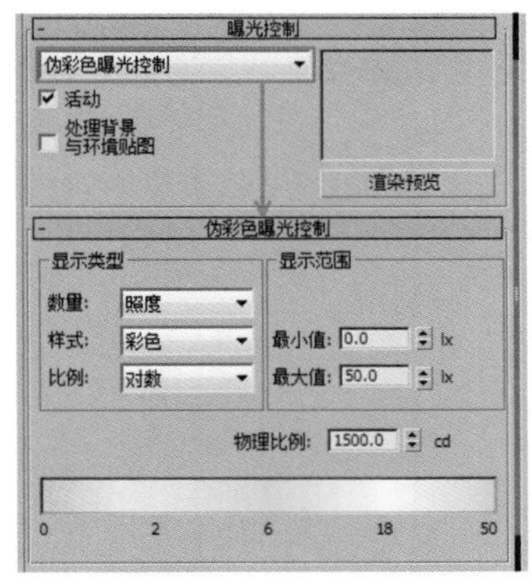

图12-21

伪彩色曝光控制重要参数介绍

数量：设置所测量的值。

照度：显示曲面上的入射光的值。

亮度：显示曲面上的反射光的值。

样式：选择显示值的方式。

彩色：显示光谱。

灰度：显示从白色到黑色范围的灰色色调。

比例：选择用于映射值的方法。

对数：使用对数比例。

线性：使用线性比例。

最小值：设置在渲染中要测量和表示的最小值。

最大值：设置在渲染中要测量和表示的最大值。

物理比例：设置曝光控制的物理比例，主要用于非物理灯光。

光谱条：显示光谱与强度的映射关系。

线性曝光控制

“线性曝光控制”从渲染图像中采样，使用场景的平均亮度将物理值映射为RGB值，非常适合用于动态范围很低的场景，其参数设置面板如图12-22所示。

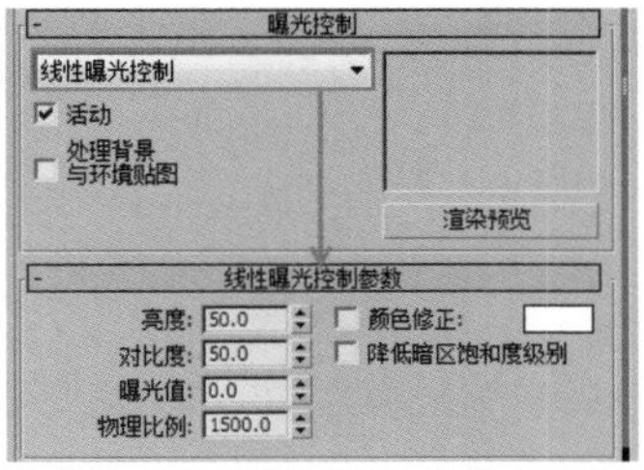

图12-22

> 知识链接
>
> 关于“线性曝光控制”的参数请参阅“自动曝光控制”。

12.1.3 大气

3ds Max中的大气环境效果可以用来模拟自然界中的云、雾、火和体积光等环境效果。使用这些特殊环境效果可以逼真地模拟出自然界的各种气候，同时还可以增强场景的景深感，使场景显得更为广阔，有时还能起到烘托场景气氛的作用，其参数设置面板如图12-23所示。

图12-23

大气参数介绍

效果：显示已添加的效果名称。

名称：为列表中的效果自定义名称。

添加 添加...：单击该按钮可以打开“添加大气效果”对话框，在该对话框中可以添加大气效果，如图12-24所示。

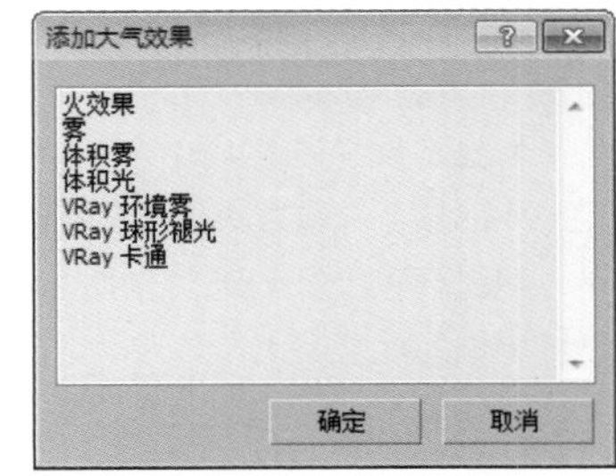

图12-24

删除 删除：在“效果”列表中选择效果以后，单击该按钮可以删除选中的大气效果。

活动：勾选该选项可以启用添加的大气效果。

上移 上移/下移 下移：更改大气效果的应用顺序。

合并 ：合并其他3ds Max场景文件中的效果。

火效果

使用“火效果”环境可以制作出火焰、烟雾和爆炸等效果，如图12-25和图12-26所示。

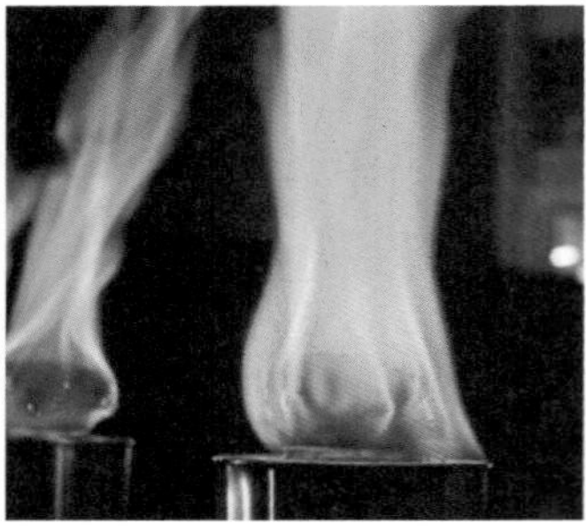

图12-25　　图12-26

“火效果”不产生任何照明效果，其参数设置面板如图12-27所示，若要模拟产生的灯光效果，需要添加灯光来实现。

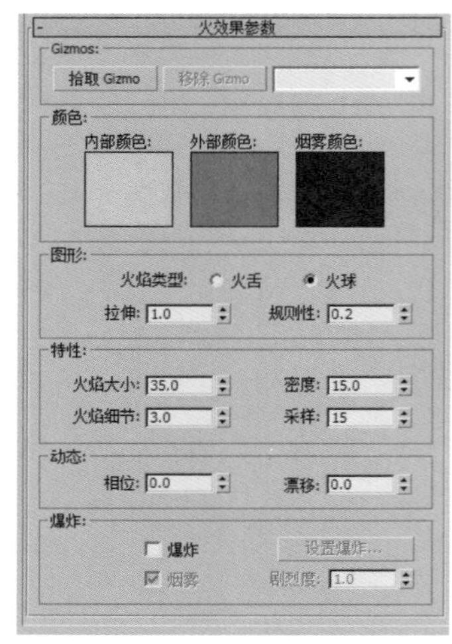

图12-27

火效果参数介绍

拾取Gizmo：单击该按钮可以拾取场景中要产生火效果的Gizmo对象。

移除Gizmo：单击该按钮可以移除列表中所选的Gizmo。移除Gizmo后，Gizmo仍在场景中，但是不再产生火效果。

内部颜色：设置火焰中最密集部分的颜色。

外部颜色：设置火焰中最稀薄部分的颜色。

烟雾颜色：当勾选“爆炸”选项时，该选项才可以，主要用来设置爆炸的烟雾颜色。

火焰类型：共有“火舌”和“火球”两种类型。“火舌”是沿着中心使用纹理创建带方向的火焰，这种火焰类似于篝火，其方向沿着火焰装置的局部z轴；“火球”是创建圆形的爆炸火焰。

拉伸：将火焰沿着装置的z轴进行缩放，该选项最适合创建“火舌”火焰。

规则性：修改火焰填充装置的方式，范围为1~0。

火焰大小：设置装置中各个火焰的大小。装置越大，需要的火焰也越大，使用15~30范围内的值可以获得最佳的火效果。

火焰细节：控制每个火焰中显示的颜色更改量和边缘的尖锐度，范围为0~10。

密度：设置火焰效果的不透明度和亮度。

采样数：设置火焰效果的采样率。值越高，生成的火焰效果越细腻，但是会增加渲染时间。

相位：控制火焰效果的速率。

漂移：设置火焰沿着火焰装置的z轴的渲染方式。

爆炸：勾选该选项后，火焰将产生爆炸效果。

设置爆炸 ：单击该按钮可以打开“设置爆炸相位曲线”对话框，在该对话框中可以调整爆炸的“开始时间”和“结束时间”。

烟雾：控制爆炸是否产生烟雾。

剧烈度：改变“相位”参数的涡流效果。

雾

使用3ds Max的“雾”环境可以创建出雾、烟雾和蒸汽等特殊环境效果，如图12-28和图12-29所示。

图12-28　　图12-29

“雾”效果的类型分为“标准”和“分层”两种，其参数设置面板如图12-30所示。

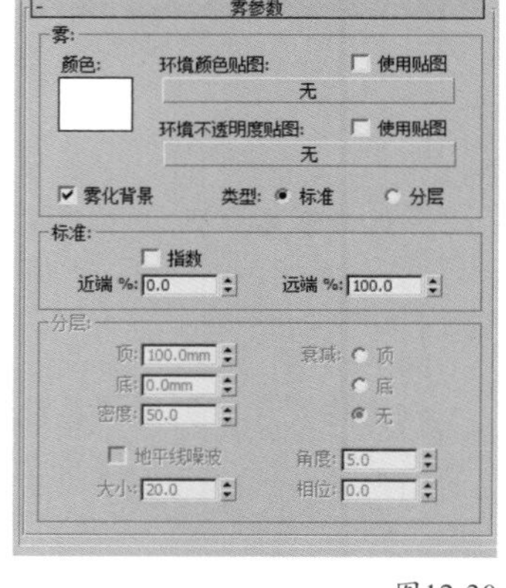

图12-30

雾效果参数介绍

颜色：设置雾的颜色。

环境颜色贴图：从贴图导出雾的颜色。

使用贴图：使用贴图来产生雾效果。

环境不透明度贴图：使用贴图来更改雾的密度。

雾化背景：将雾应用于场景的背景。

标准：使用标准雾。

分层：使用分层雾。

指数：随距离按指数增大密度。

近端%：设置雾在近距范围的密度。

远端%：设置雾在远距范围的密度。

顶：设置雾层的上限（使用世界单位）。

底：设置雾层的下限（使用世界单位）。

密度：设置雾的总体密度。

衰减顶/底/无：添加指数衰减效果。

地平线噪波：启用“地平线噪波”系统。“地平线噪波”系统仅影响雾层的地平线，用来增强雾的真实感。

大小：应用于噪波的缩放系数。

角度：确定受影响的雾与地平线的角度。

相位：用来设置噪波动画。

体积雾

“体积雾”环境可以允许在一个限定的范围内设置和编辑雾效果。“体积雾”和“雾”最大的一个区别在于“体积雾”是三维的雾，是有体积的。“体积雾”多用来模拟烟云等有体积的气体，其参数设置面板如图12-31所示。

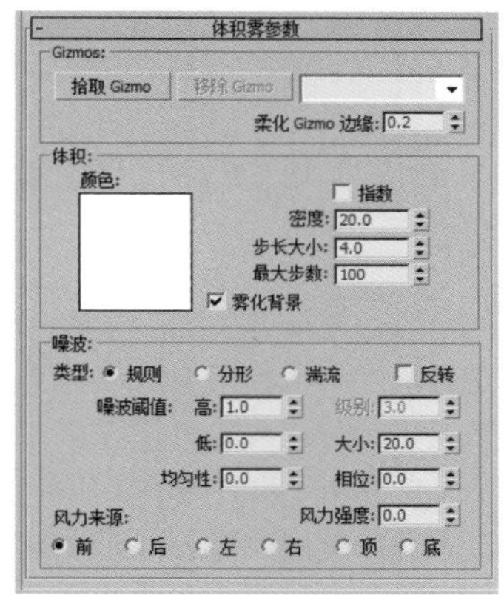

图12-31

体积雾参数介绍

拾取Gizmo：单击该按钮可以拾取场景中要产生体积雾效果的Gizmo对象。

移除Gizmo：单击该按钮可以移除列表中所选的Gizmo。移除Gizmo后，Gizmo仍在场景中，但是不再产生体积雾效果。

柔化Gizmo边缘：羽化体积雾效果的边缘。值越大，边缘越柔滑。

颜色：设置雾的颜色。

指数：随距离按指数增大密度。

密度：控制雾的密度，范围为0~20。

步长大小：确定雾采样的粒度，即雾的“细度”。

最大步数：限制采样量，以便雾的计算不会永远执行。该选项适合于雾密度较小的场景。

雾化背景：将体积雾应用于场景的背景。

类型：有“规则”“分形”“湍流”和“反转”4种类型可供选择。

噪波阈值：限制噪波效果，范围为0~1。

级别：设置噪波迭代应用的次数，范围为1~6。

大小：设置烟卷或雾卷的大小。

相位：控制风的种子。如果“风力强度”大于0，雾体积会根据风向来产生动画。

风力强度：控制烟雾远离风向（相对于相位）的速度。

风力来源：定义风来自于哪个方向。

体积光

“体积光”环境可以用来制作带有光束的光线，可以指定给灯光（部分灯光除外，如VRay太阳）。这种体积光可以被物体遮挡，从而形成光芒透过缝隙的效果，常用来模拟树与树之间的缝隙中透过的光束，如图12-32和图12-33所示，其参数设置面板如图12-34所示。

图12-32

图12-33

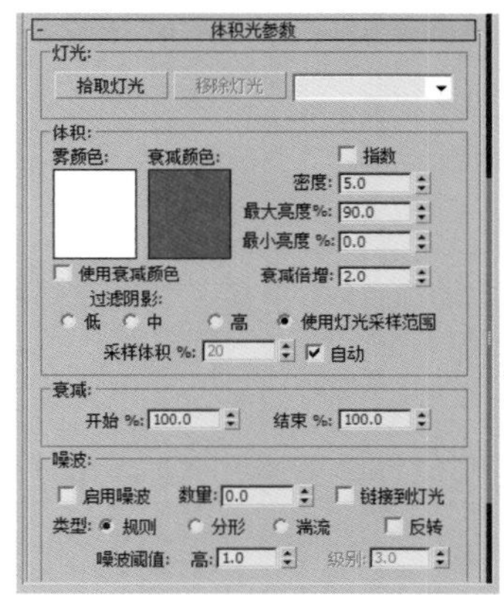

图12-34

体积光参数介绍

拾取灯光：拾取要产生体积光的光源。

移除灯光：将灯光从列表中移除。

雾颜色：设置体积光产生的雾的颜色。

衰减颜色：体积光随距离而衰减。

使用衰减颜色：控制是否开启“衰减颜色”功能。

指数：随距离按指数增大密度。

密度：设置雾的密度。

最大/最小亮度%：设置可以达到的最大和最小的光晕效果。

衰减倍增：设置“衰减颜色”的强度。

过滤阴影：通过提高采样率（以增加渲染时间为代价）来获得更高质量的体积光效果，包括“低”“中”“高”3个级别。

使用灯光采样范围：根据灯光阴影参数中的“采样范围”值来使体积光中投射的阴影变模糊。

采样体积%：控制体积的采样率。

自动：自动控制“采样体积%”的参数。

开始%/结束%：设置灯光效果开始和结束衰减的百分比。

启用噪波：控制是否启用噪波效果。

数量：应用于雾的噪波的百分比。

链接到灯光：将噪波效果链接到灯光对象。

★ 重点 ★

实战：用体积光为场景添加体积光

场景位置 场景文件>CH12>03.max
实例位置 实例文件>CH12>实战：用体积光为场景添加体积光.max
视频位置 多媒体教学>CH12>实战：用体积光为场景添加体积光.flv
难易指数 ★★★☆☆
技术掌握 用体积光制作体积光

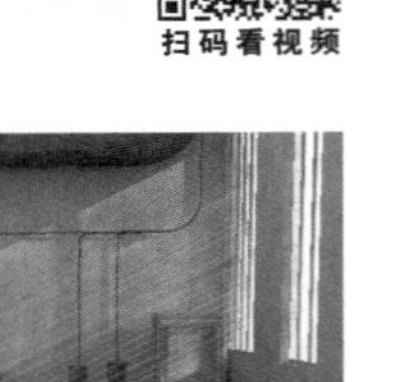
扫码看视频

场景体积光的效果如图12-35所示。

图12-35

01 打开"场景文件>CH12>03.max"文件，如图12-36所示。

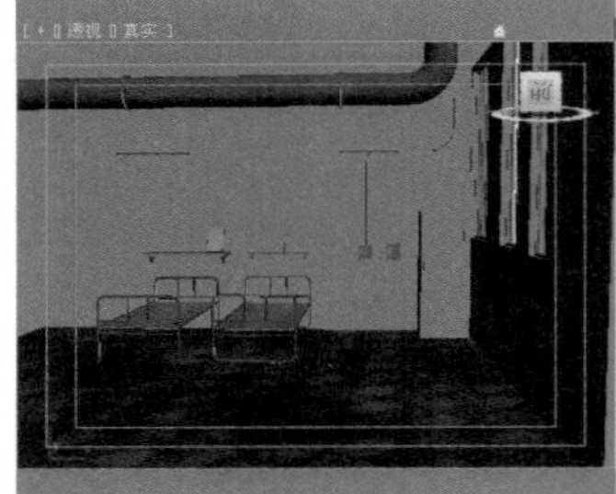

图12-36

02 设置灯光类型为VRay，然后在天空中创建一盏VRay太阳，其位置如图12-37所示。

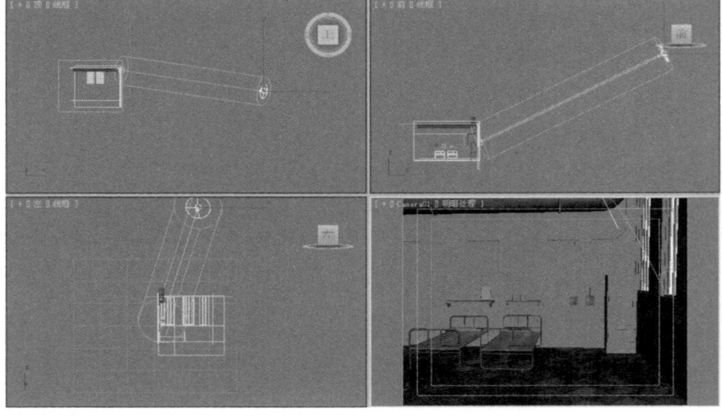

图12-37

03 选择VRay太阳，然后在"VRay太阳参数"卷展栏下设置"强度倍增"为0.06、"阴影细分"为8、"光子发射半径"为495 mm，具体参数设置如图12-38所示，接着按F9键测试渲染当前场景，效果如图12-39所示。

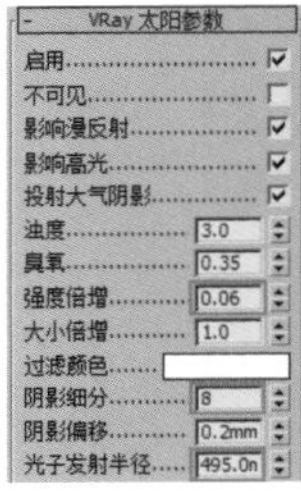

图12-38

图12-39

问：为何渲染出来的场景那么黑？

答：这是因为窗户外面有个面片将灯光遮挡住了，如图12-40所示。如果不修改这个面片的属性，灯光就不会射进室内。

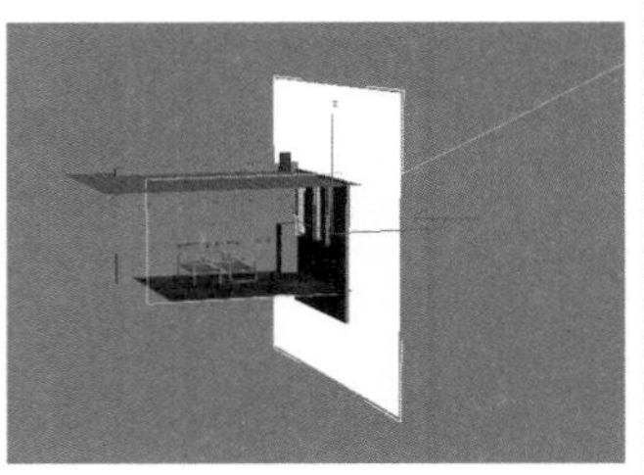

图12-40

04 选择窗户外面的面片，然后单击鼠标右键，接着在弹出的菜单中选择"对象属性"命令，最后在弹出的"对象属性"对话框中关闭"投影阴影"选项，如图12-41所示。

05 按F9键测试渲染当前场景，效果如图12-42所示。

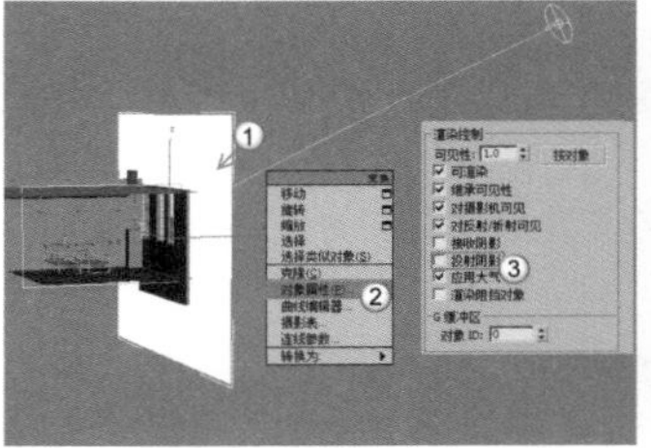

图12-41

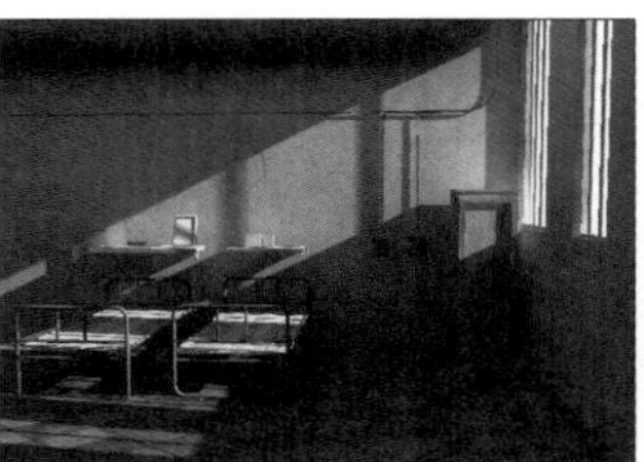

图12-42

06 在前视图中创建一盏VRay灯光作为辅助光源，其位置如图12-43所示。

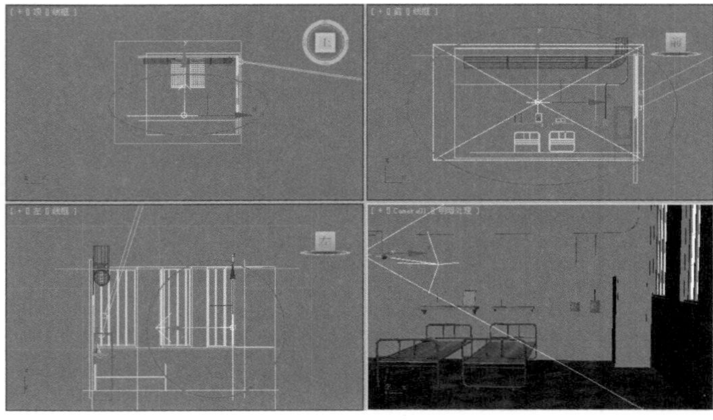

图12-43

07 选择上一步创建的VRay灯光，然后进入“修改”面板，接着展开“参数”卷展栏，具体参数设置如图12-44所示。

设置步骤

① 在“常规”选项组下设置“类型”为“平面”。

② 在“大小”选项组下设置“1/2长”为975mm、“1/2宽”为550mm。

③ 在“选项”选项组下勾选“不可见”选项。

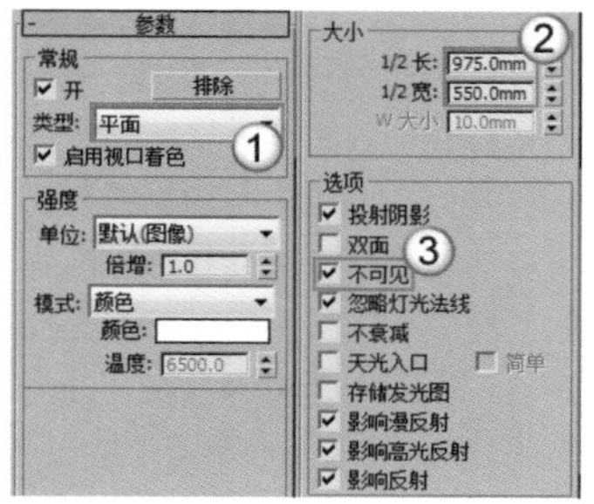

图12-44

08 设置灯光类型为“标准”，然后在天空中创建一盏目标平行光，其位置如图12-45所示（与VRay太阳的位置相同）。

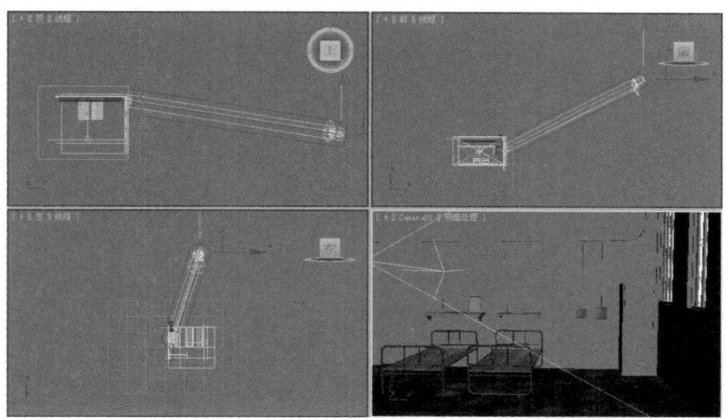

图12-45

09 选择上一步创建的目标平行光，然后进入“修改”面板，具体参数设置如图12-46所示。

设置步骤

① 展开“常规参数”卷展栏，然后设置阴影类型为“VRay阴影”。

② 展开“强度/颜色/衰减”卷展栏，然后设置“倍增”为0.9。

③ 展开“平行光参数”卷展栏，然后设置“聚光区/光束”为150mm、“衰减区/区域”为300mm。

④ 展开“高级效果”卷展栏，然后在“投影贴图”通道中加载“实例文件>CH12>实战：用体积光为CG场景添加体积光>55.jpg”文件。

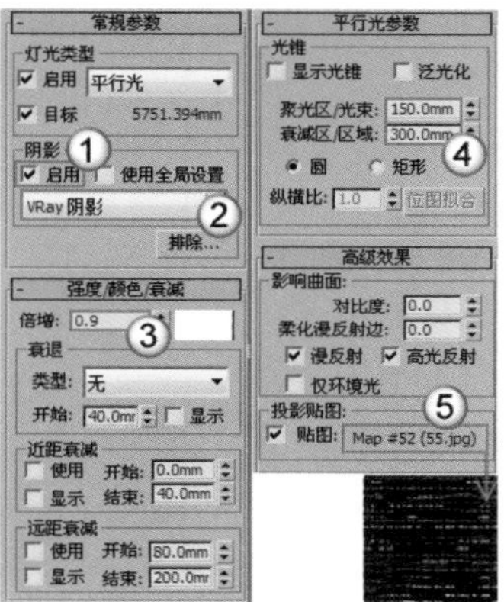

图12-46

10 按F9键测试渲染当前场景，效果如图12-47所示。

图12-47

虽然在“投影贴图”通道中加载了黑白贴图，但是灯光还没有产生体积光束效果。

11 按大键盘上的8键打开“环境和效果”对话框，然后展开“大气”卷展栏，接着单击“添加”按钮 添加... ，最后在弹出的“添加大气效果”对话框中选择“体积光”选项，如图12-48所示。

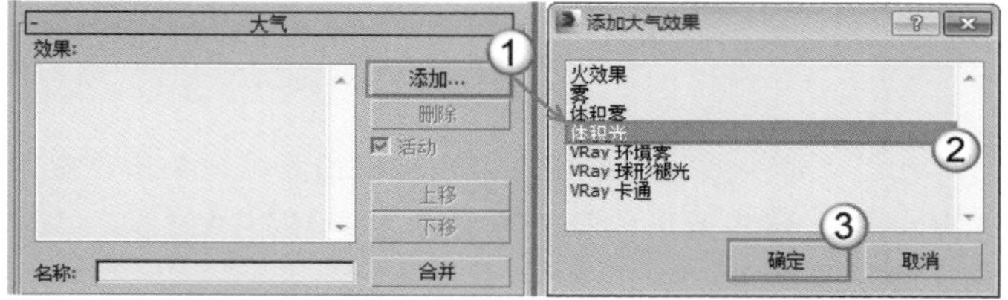

图12-48

12 在“效果”列表中选择“体积光”选项，在“体积光参数”卷展栏下单击“拾取灯光”按钮 拾取灯光 ，然后在场景中拾取目标平行灯光，接着设置“雾颜色”为（红:247，绿:232，蓝:205），再勾选“指数”选项，并设置“密度”为3.8，最后设置“过滤阴影”为“中”，具体参数设置如图12-49所示。

13 按F9键渲染当前场景，最终效果如图12-50所示。

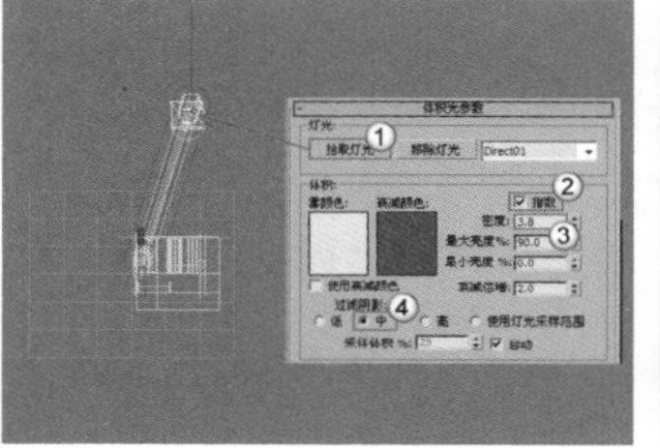

图12-49

图12-50

12.2 效果

在“效果”面板中可以为场景添加“毛发和毛皮”“镜头效果”“模糊”“亮度和对比度”“色彩平衡”“景深”“文件输出”“胶片颗粒”“照明分析图像叠加”“运动模糊”和“VRay镜头效果”效果，如图12-51所示。

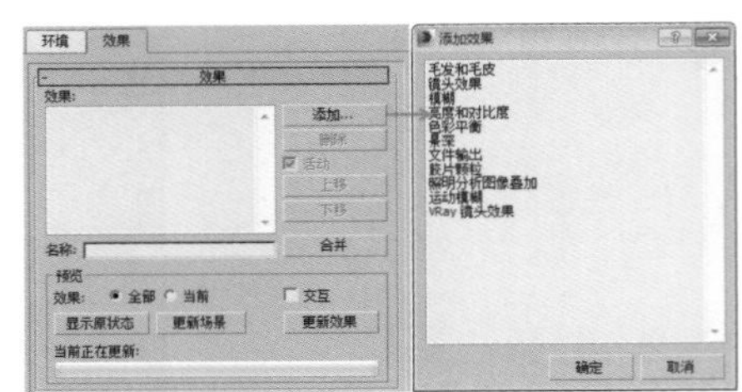
图12-51

本节效果技术概述

效果名称	主要作用	重要程度
镜头效果	模拟照相机拍照时镜头所产生的光晕效果	中
模糊	使渲染画面变得模糊	低
亮度和对比度	调整画面的亮度和对比度	低
色彩平衡	调整画面的色彩	低
胶片颗粒	为场景添加胶片颗粒	低

本节仅对“镜头效果”“模糊”“亮度和对比度”“色彩平衡”和“胶片颗粒”效果进行讲解。

12.2.1 镜头效果

使用“镜头效果”可以模拟照相机拍照时镜头所产生的光晕效果，这些效果包括“光晕”“光环”“射线”“自动二级光斑”“手动二级光斑”“星形”和“条纹”，如图12-52所示。

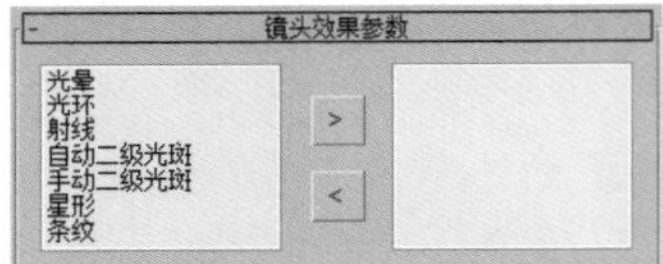
图12-52

在“镜头效果参数”卷展栏下选择镜头效果，单击>按钮可以将其加载到右侧的列表中，以应用镜头效果；单击<按钮可以移除加载的镜头效果。

“镜头效果”包含一个“镜头效果全局”卷展栏，该卷展栏分为“参数”和“场景”两大面板，如图12-53和图12-54所示。

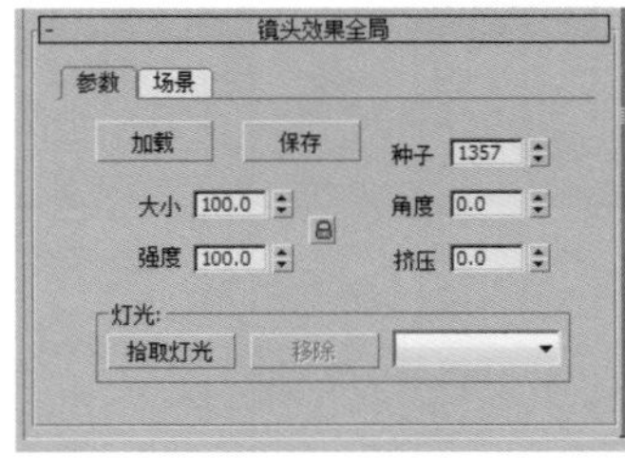
图12-53

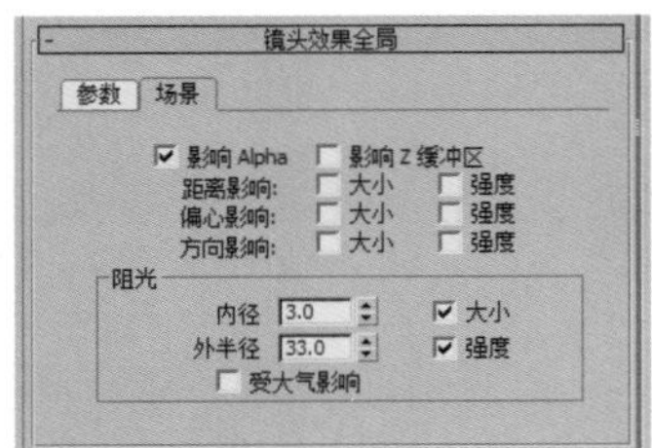
图12-54

镜头效果全局卷展栏参数介绍

① 参数面板

加载 加载：单击该按钮可以打开“加载镜头效果文件”对话框，在该对话框中可选择要加载的lzv文件。

保存 保存：单击该按钮可以打开“保存镜头效果文件”对话框，在该对话框中可以保存lzv文件。

大小：设置镜头效果的总体大小。

强度：设置镜头效果的总体亮度和不透明度。值越大，效果越亮越不透明；值越小，效果越暗越透明。

种子：为“镜头效果”中的随机数生成器提供不同的起点，并创建略有不同的镜头效果。

角度：当效果与摄影机的相对位置发生改变时，该选项用来设置镜头效果从默认位置的旋转量。

挤压：在水平方向或垂直方向挤压镜头效果的总体大小。

拾取灯光 拾取灯光：单击该按钮可以在场景中拾取灯光。

移除 移除：单击该按钮可以移除所选择的灯光。

② 场景面板

影响Alpha：如果图像以32位文件格式来渲染，那么该选项用来控制镜头效果是否影响图像的Alpha通道。

影响Z缓冲区：存储对象与摄影机的距离。z缓冲区用于光学效果。

距离影响：控制摄影机或视口的距离对光晕效果的大小和强度的影响。

偏心影响：产生摄影机或视口偏心的效果，影响其大小和或强度。

方向影响：聚光灯相对于摄影机的方向，影响其大小或强度。

内径：设置效果周围的内径，另一个场景对象必须与内径相交才能完全阻挡效果。

外半径：设置效果周围的外径，另一个场景对象必须与外径相交才能开始阻挡效果。

大小：减小所阻挡的效果的大小。

强度：减小所阻挡的效果的强度。

受大气影响：控制是否允许大气效果阻挡镜头效果。

实战：用镜头效果制作镜头特效

场景位置 场景文件>CH12>04.max
实例位置 实例文件>CH12>实战：用镜头效果制作镜头特效.max
视频位置 多媒体教学>CH12>实战：用镜头效果制作镜头特效.flv
难易指数 ★★★☆☆
技术掌握 用镜头效果制作各种镜头特效

扫码看视频

各种镜头的特效如图12-55所示。

图12-55

01 打开“场景文件>CH12>04.max”文件，如图12-56所示。

图12-56

02 按大键盘上的8键打开“环境和效果”对话框，然后在“效果”选项卡下单击“添加”按钮 添加... ，接着在弹出的“添加效果”对话框中选择“镜头效果”选项，如图12-57所示。

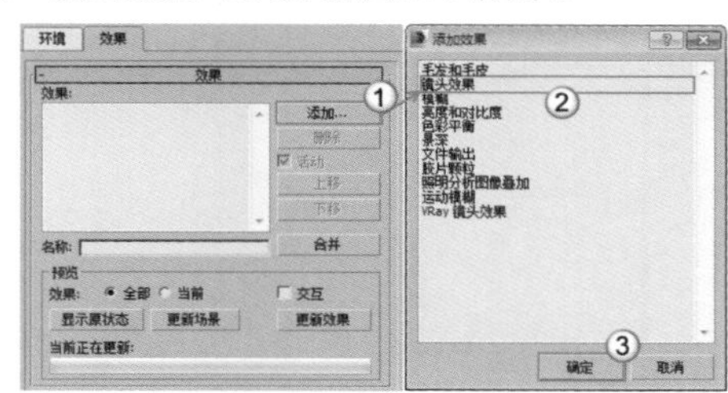

图12-57

03 选择“效果”列表框中的“镜头效果”选项，然后在“镜头效果参数”卷展栏下的左侧列表选择“光晕”选项，接着单击 > 按钮将其加载到右侧的列表中，如图12-58所示。

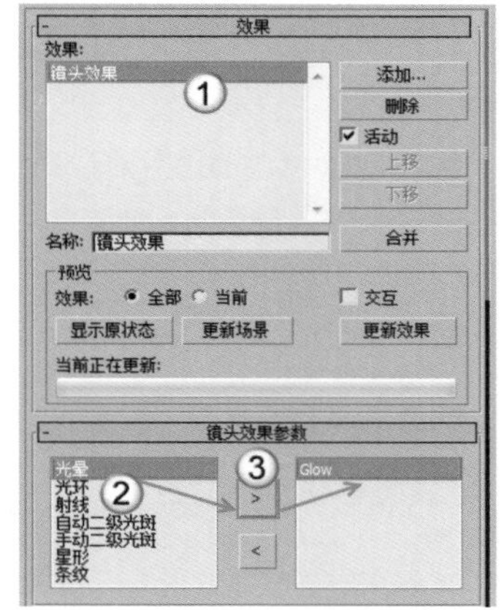

图12-58

04 展开“镜头效果全局”卷展栏，然后单击“拾取灯光”按钮 拾取灯光 ，接着在视图中拾取两盏泛光灯，如图12-59所示。

05 展开“光晕元素”卷展栏，然后在“参数”选项卡下设置“强度”为60，接着在“径向颜色”选项组下设置“边缘颜色”为（红:255，绿:144，蓝:0），具体参数设置如图12-60所示。

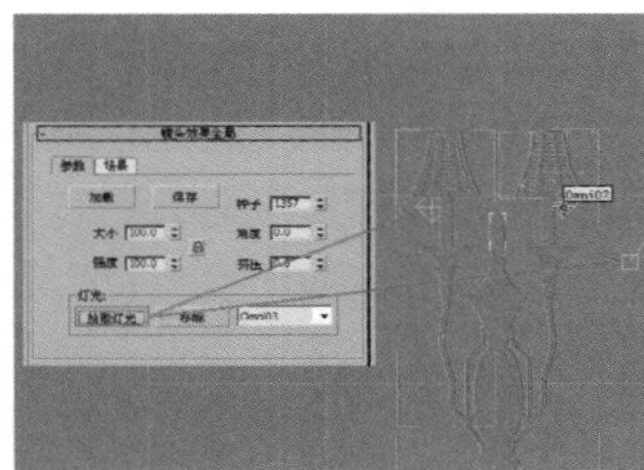

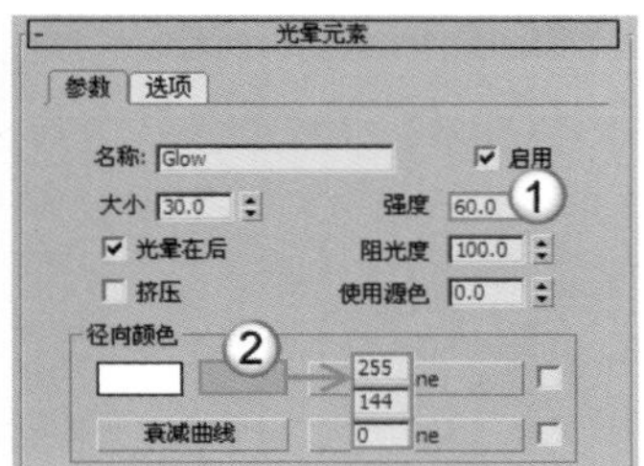

图12-59 图12-60

06 返回到“镜头效果参数”卷展栏，然后将左侧的条纹效果加载到右侧的列表中，接着在“条纹元素”卷展栏下设置“强度”为5，如图12-61所示。

07 返回到“镜头效果参数”卷展栏，然后将左侧的“射线”效果加载到右侧的列表中，接着在“射线元素”卷展栏下设置“强度”为28，如图12-62所示。

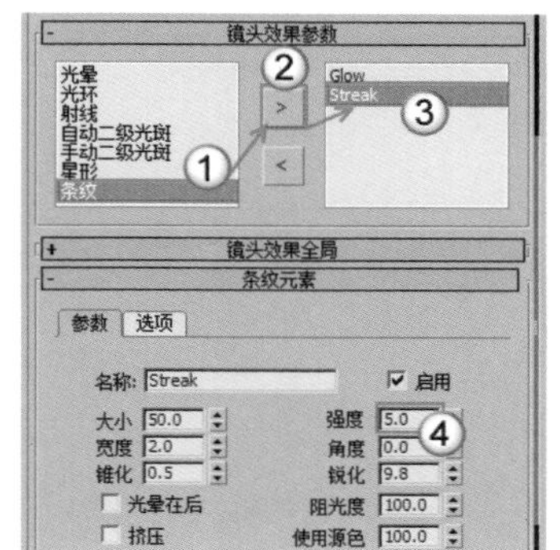

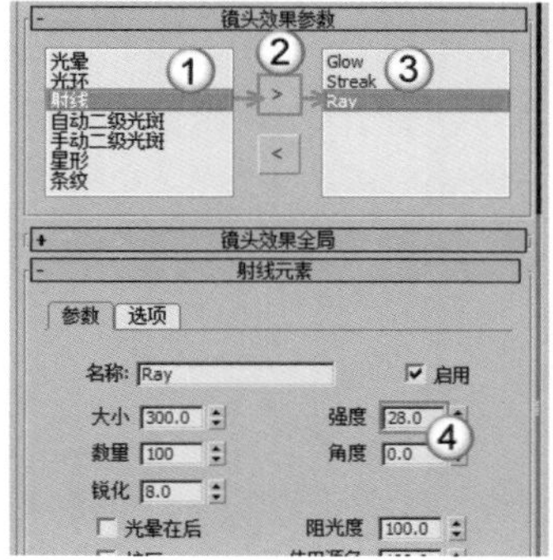

图12-61 图12-62

08 返回到“镜头效果参数”卷展栏，然后将左侧的“手动二级光斑”效果加载到右侧的列表中，接着在“手动二级光斑元素”卷展栏下设置“强度”为35，如图12-63所示，最后按F9键渲染当前场景，效果如图12-64所示。

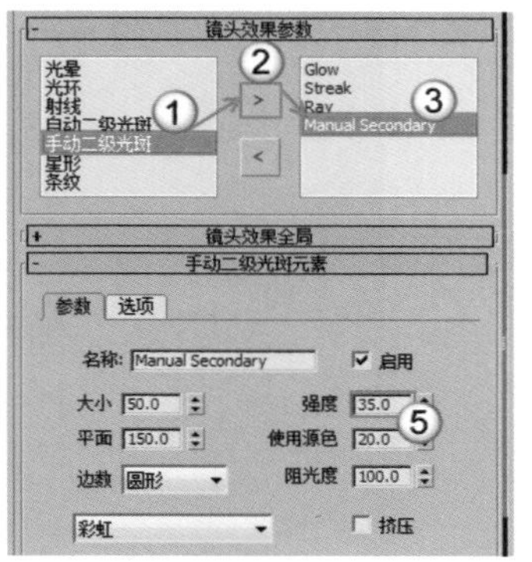

图12-63 图12-64

前面的步骤是制作的各种效果的叠加效果，下面制作单个镜头特效。

09 将前面制作好的场景文件保存好，然后重新打开“场景文件>CH12>04.max”文件，下面制作射线特效。在“效果”卷展栏下加载一个“镜头效果”，然后在“镜头效果参数”卷展栏下将“射线”效果加载到右侧的列表中，接着在“射线元素”卷展栏下设置“强度”为80，具体参数设置如图12-65所示，最后按F9键渲染当前场景，效果如图12-66所示。

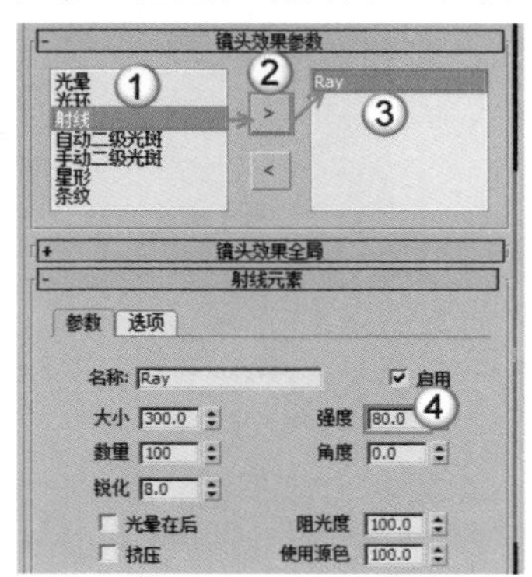

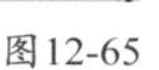

图12-65 图12-66

技巧与提示

注意，这里省略了一个步骤，在加载“镜头效果”以后，同样要拾取两盏泛光灯，否则不会生成射线效果。

10 下面制作手动二级光斑特效。将上一步制作好的场景文件保存好，然后重新打开“场景文件>CH12>04.max”文件。在“效果”卷展栏下加载一个“镜头效果”，然后在“镜头效果参数”卷展栏下将“手动二级光斑”效果加载到右侧的列表中，接着在“手动二级光斑元素”卷展栏下设置“强度”为400、“边数”为“六”，具体参数设置如图12-67所示，最后按F9键渲染当前场景，效果如图12-68所示。

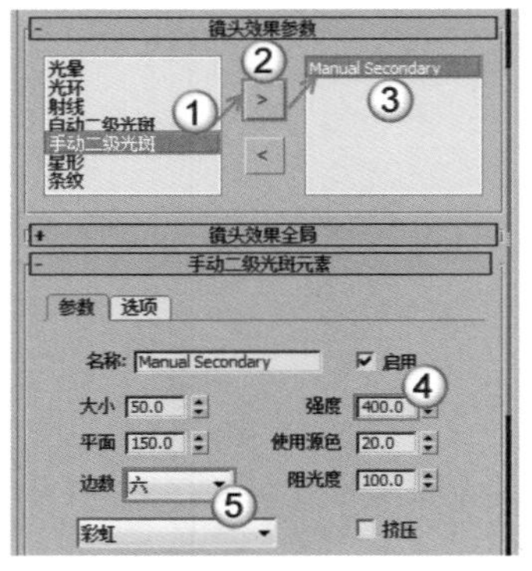

图12-67

图12-68

11 下面制作条纹特效。将上一步制作好的场景文件保存好，然后重新打开“场景文件>CH12>04.max”文件。在“效果”卷展栏下加载一个“镜头效果”，然后在“镜头效果参数”卷展栏下将“条纹”效果加载到右侧的列表中，接着在“条纹元素”卷展栏下设置“强度”为300、“角度”为45，具体参数设置如图12-69所示，最后按F9键渲染当前场景，效果如图12-70所示。

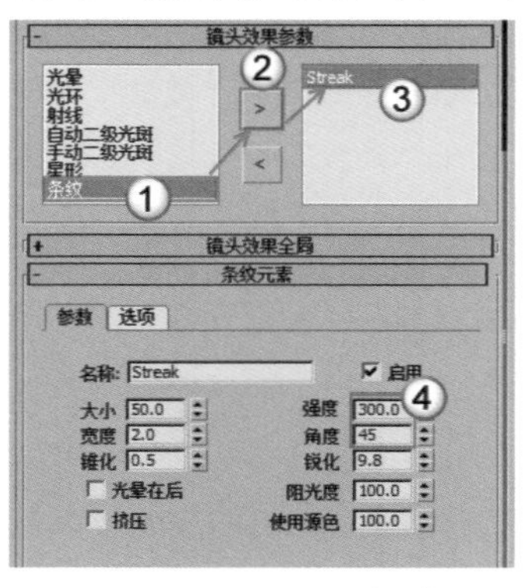

图12-69

图12-70

12 下面制作星形特效。将上一步制作好的场景文件保存好，然后重新打开“场景文件>CH12>04.max”文件。在“效果”卷展栏下加载一个“镜头效果”，然后在“镜头效果参数”卷展栏下将“星形”效果加载到右侧的列表中，接着在“星形元素”卷展栏下设置“强度”为250、“宽度”为1，具体参数设置如图12-71所示，最后按F9键渲染当前场景，效果如图12-72所示。

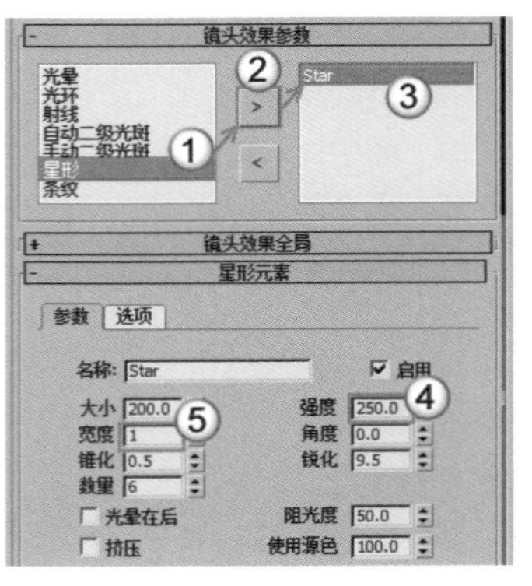

图12-71

图12-72

13 下面制作自动二级光斑特效。将上一步制作好的场景文件保存好，然后重新打开“场景文件>CH12>04.max”文件。在“效果”卷展栏下加载一个“镜头效果”，然后在“镜头效果参数”卷展栏下将“自动二级光斑”效果加载到右侧的列表中，接着在“自动二级光斑元素”卷展栏下设置“最大”为80、“强度”为200、“数量”为4，具体参数设置如图12-73所示，最后按F9键渲染当前场景，效果如图12-74所示。

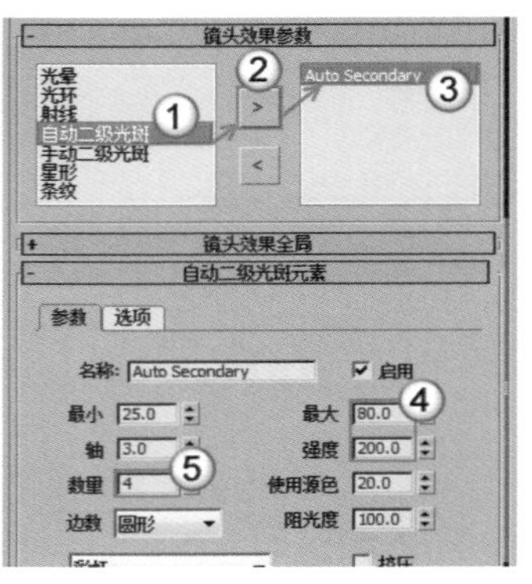

图12-73

图12-74

12.2.2 模糊

使用“模糊”效果可以通过3种不同的方法使图像变得模糊，分别是“均匀型”“方向型”和“径向型”。“模糊”效果根据“像素选择”选项卡下所选择的对象来应用各个像素，使整个图像变模糊，其参数包含“模糊类型”和“像素选择”两大部分，如图12-75和图12-76所示。

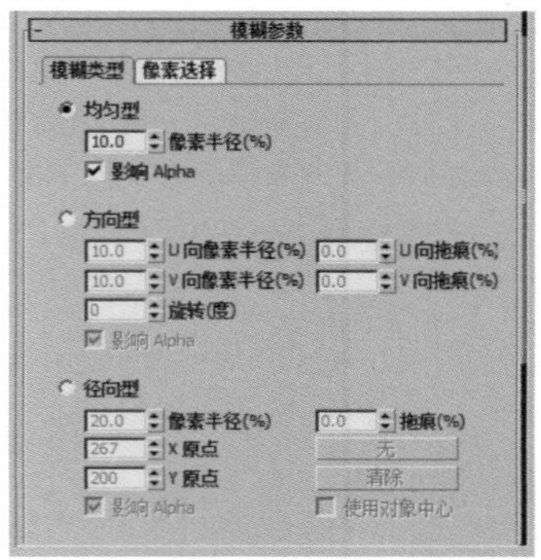

图12-75

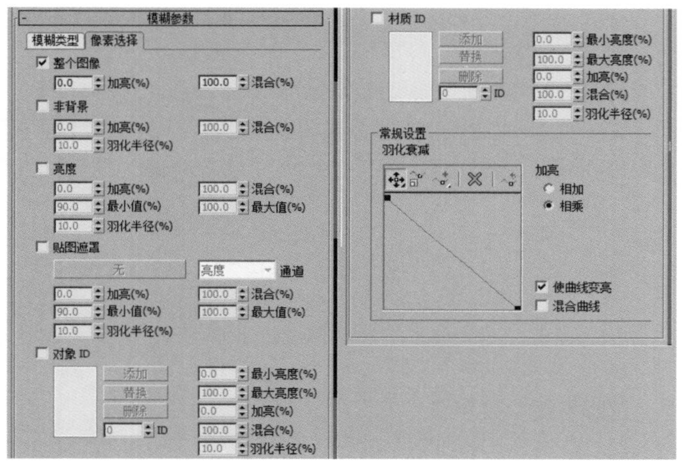

图12-76

模糊参数卷展栏参数介绍

① 模糊类型面板

均匀型：将模糊效果均匀应用在整个渲染图像中。

像素半径：设置模糊效果的半径。

影响Alpha：启用该选项时，可以将“均匀型”模糊效果应用于Alpha通道。

方向型：按照“方向型”参数指定的任意方向应用模糊效果。

U/V向像素半径（%）：设置模糊效果的水平/垂直强度。

U/V向拖痕（%）：通过为U/V轴的某一侧分配更大的模糊权重来为模糊效果添加方向。

旋转（度）：通过“U向像素半径（%）”和“V向像素半径（%）”来应用模糊效果的U向像素和V向像素的轴。

影响Alpha：启用该选项时，可以将“方向型”模糊效果应用于Alpha通道。

径向型：以径向的方式应用模糊效果。

像素半径（%）：设置模糊效果的半径。

拖痕（%）：通过为模糊效果的中心分配更大或更小的模糊权重来为模糊效果添加方向。

X/Y原点：以“像素”为单位，对渲染输出的尺寸指定模糊的中心。

无 [无]：指定以中心作为模糊效果中心的对象。

清除按钮 [清除]：移除对象名称。

影响Alpha：启用该选项时，可以将“径向型”模糊效果应用于Alpha通道。

使用对象中心：启用该选项后，“无”按钮 [无] 指定的对象将作为模糊效果的中心。

② 像素选择面板

整个图像：启用该选项后，模糊效果将影响整个渲染图像。

加亮（%）：加亮整个图像。

混合（%）：将模糊效果和“整个图像”参数与原始的渲染图像进行混合。

非背景：启用该选项后，模糊效果将影响除背景图像或动画以外的所有元素。

羽化半径（%）：设置应用于场景的非背景元素的羽化模糊效果的百分比。

亮度：影响亮度值介于“最小值（%）”和“最大值（%）”微调器之间的所有像素。

最小/大值（%）：设置每个像素要应用模糊效果所需的最小和最大亮度值。

贴图遮罩：通过在“材质/贴图浏览器”对话框选择的通道和应用的遮罩来应用模糊效果。

对象ID：如果对象匹配过滤器设置，会将模糊效果应用于对象或对象中具有特定对象ID的部分（在G缓冲区中）。

材质ID：如果材质匹配过滤器设置，会将模糊效果应用于该材质或材质中具有特定材质效果通道的部分。

常规设置羽化衰减：使用曲线来确定基于图形的模糊效果的羽化衰减区域。

12.2.3 亮度和对比度

使用“亮度和对比度”效果可以调整图像的亮度和对比度，其参数设置面板如图12-77所示。

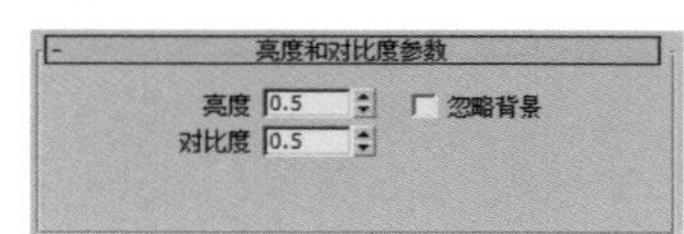

图12-77

亮度和对比度参数介绍

亮度：增加或减少所有色元（红色、绿色和蓝色）的亮度，取值范围为0~1。

对比度：压缩或扩展最大黑色和最大白色之间的范围，其取值范围为0~1。

忽略背景：是否将效果应用于除背景以外的所有元素。

实战：用亮度和对比度调整效果图的亮度与对比度

场景位置　场景文件>CH12>05.max
实例位置　实例文件>CH12>实战：用亮度和对比度调整效果图的亮度与对比度.max
视频位置　多媒体教学>CH12>实战：用亮度和对比度调整效果图的亮度与对比度.flv
难易指数　★☆☆☆☆
技术掌握　用亮度和对比度效果调整效果图的亮度与对比度

扫码看视频

调整效果图亮度与对比度后的效果如图12-78所示。

图12-78

01 打开“场景文件>CH12>05.max”文件，如图12-79所示。

02 按大键盘上的8键打开“环境和效果”对话框，然后在“效果”卷展栏下加载一个“亮度和对比度”效果，接着按F9键测试渲染当前场景，效果如图12-80所示。

图12-79

图12-80

03 展开“亮度和对比度参数”卷展栏，然后设置“亮度”为0.65、“对比度”为0.62，如图12-81所示，接着按F9键测试渲染当前场景，最终效果如图12-82所示。

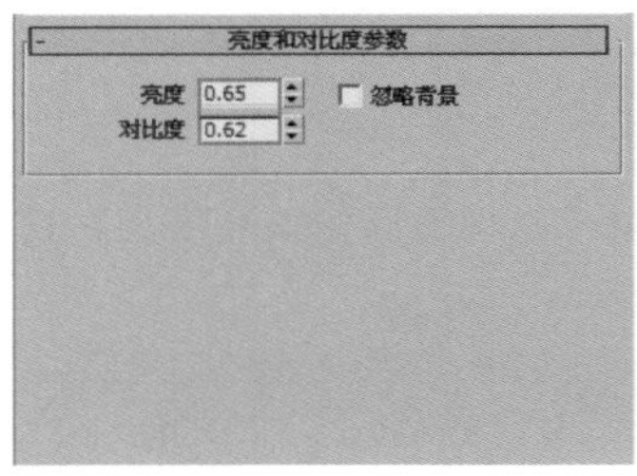

图12-81

图12-82

技术专题 45 用Photoshop调整亮度与对比度

从图12-82中可以发现，当修改“亮度”和“对比度”数值以后，渲染画面的亮度与对比度都很协调了，但是这样会耗费很多的渲染时间，从而大大降低工作效率。下面介绍一下如何在Photoshop中调整图像的亮度与对比度。

第1步：在Photoshop中打开默认渲染的图像，如图12-83所示。

图12-83

第2步：执行“图像>调整>亮度/对比度”菜单命令，打开“亮度/对比度”对话框，然后对“亮度”和“对比度”数值进行调整，直到得到最佳的画面为止，如图12-84和图12-85所示。

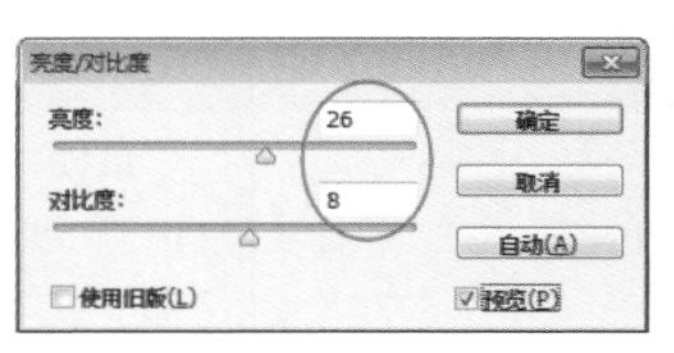

图12-84

图12-85

12.2.4 色彩平衡

使用“色彩平衡”效果可以通过调节“青-红”“洋红-绿”和“黄-蓝”3个通道来改变场景或图像的色调，其参数设置面板如图12-86所示。

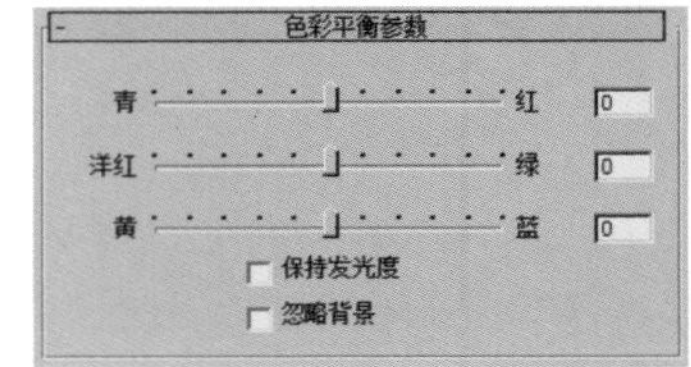

图12-86

色彩平衡参数介绍

青-红：调整“青-红”通道。

洋红-绿：调整“洋红-绿”通道。

黄-蓝：调整“黄-蓝”通道。

保持发光度：启用该选项后，在修正颜色的同时将保留图像的发光度。

忽略背景：启用该选项后，可以在修正图像时不影响背景。

实战：用色彩平衡效果调整效果图的色调

场景位置　场景文件>CH12>06.max
实例位置　实例文件>CH12>实战：用色彩平衡调整效果图的色调.max
视频位置　多媒体教学>CH12>实战：用色彩平衡调整效果图的色调.flv
难易指数　★☆☆☆☆
技术掌握　用色彩平衡效果调整效果图的色调

扫码看视频

调整场景色调后的效果如图12-87所示。

图12-87

01 打开“场景文件>CH12>06.max”文件，如图12-88所示。

02 按大键盘上的8键打开“环境和效果”对话框，然后在“效果”卷展栏下加载一个“色彩平衡”效果，接着按F9键测试渲染当前场景，效果如图12-89所示。

图12-88

图12-89

03 展开“色彩平衡参数”卷展栏，然后设置“青-红”为15、“洋红-绿”为-15、“黄-蓝”为0，如图12-90所示，接着按F9键测试渲染当前场景，效果如图12-91所示。

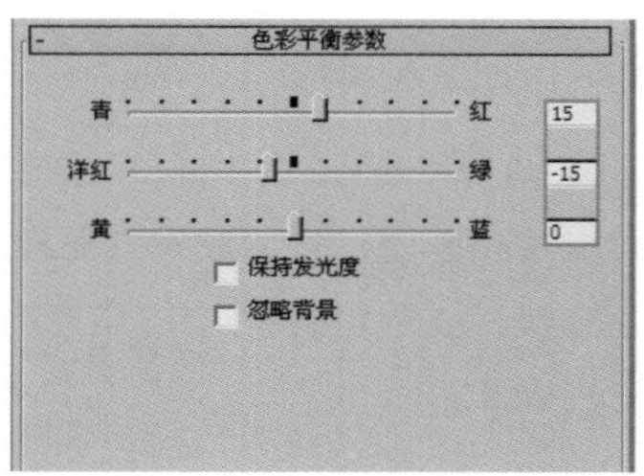

图12-90　　图12-91

04 在“色彩平衡参数”卷展栏下重新将“青-红”修改为-15、“洋红-绿”修改为0、“黄-蓝”为15，如图12-92所示，按F9键测试渲染当前场景，效果如图12-93所示。

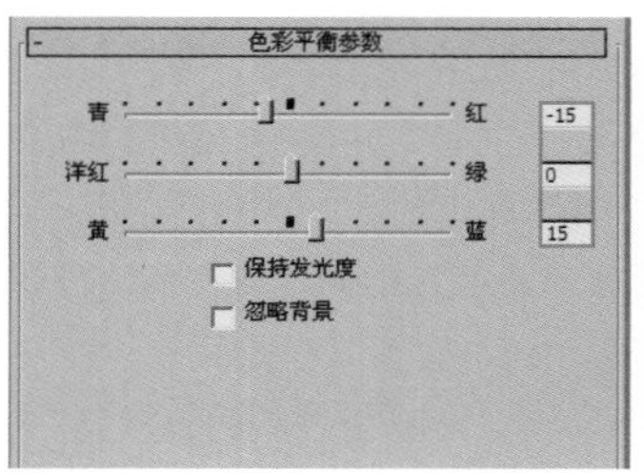

图12-92　　图12-93

技术专题 46 用Photoshop调整色彩平衡

与调整图像的“亮度/对比度”一样，色彩平衡也可以在Photoshop中进行调节，且操作方法也非常简单，具体操作步骤如下。

第1步：在Photoshop中打开默认渲染的图像，如图12-94所示。

图12-94

第2步：执行“图像>调整>色彩平衡”菜单命令或按Ctrl+B组合键打开“色彩平衡”对话框，如果要向图像中添加偏暖的色调，比如向图像中加入洋红色，就可以将“洋红-绿色”滑块向左拖曳，如图12-95和图12-96所示。

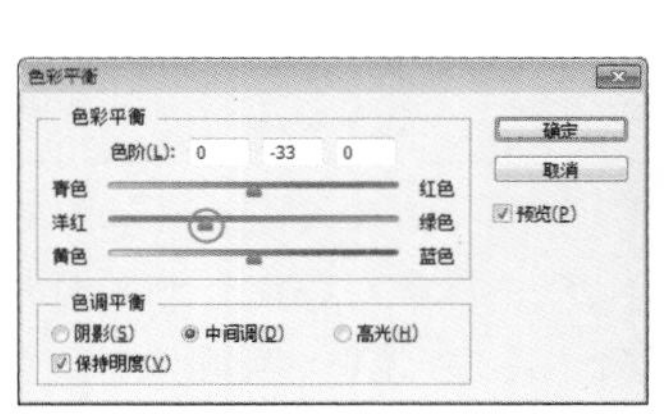

图12-95　　图12-96

第3步：同理，如果要向图像中加入偏冷的色调，比如向图像中加入青色，就可以将“青色-红色”滑块向左拖曳，如图12-97和图12-98所示。

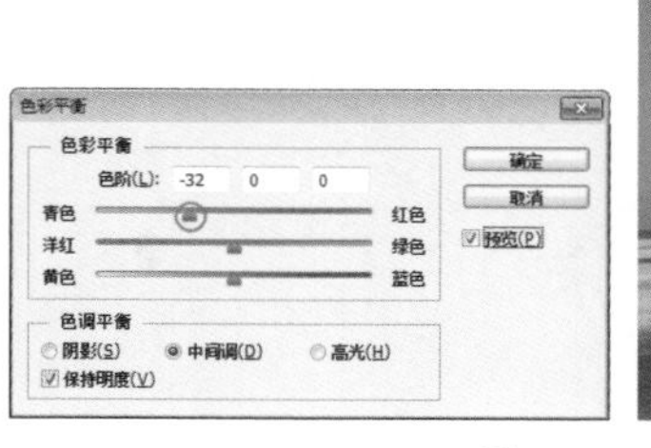

图12-97　　图12-98

12.2.5 胶片颗粒

“胶片颗粒”效果主要用于在渲染场景中重新创建胶片颗粒，同时还可以作为背景的源材质与软件中创建的渲染场景相匹配，其参数设置面板如图12-99所示。

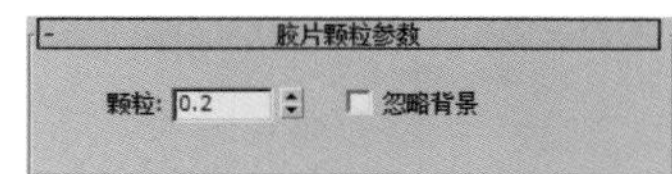

图12-99

胶片颗粒参数介绍

颗粒：设置添加到图像中的颗粒数，其取值范围为0~1。

忽略背景：屏蔽背景，使颗粒仅应用于场景中的几何体对象。

第13章 效果图制作基本功：VRay渲染技术

Learning Objectives
学习要点

Employment direction
从业方向

家具造型设计师

工业造型设计师

室内设计表现师

建筑设计表现师

13.1 显示器的校色

一张作品的效果除了本身的质量以外还有一个很重要的因素，那就是显示器的颜色是否准确。显示器的颜色是否准确决定了最终的打印效果，但现在的显示器品牌太多，每一种品牌的色彩效果都不尽相同，不过原理都一样，这里就以CRT显示器来介绍一下如何校正显示器的颜色。

CRT显示器是以RGB颜色模式来显示图像的，其显示效果除了自身的硬件因素以外还有一些外在的因素，如近处电磁干扰可以使显示器的屏幕发生抖动现象，而磁铁靠近也可以改变显示器的颜色。

在解决了外在因素以后就需要对显示器的颜色进行调整，可以用专业的软件（如Adobe Gamma）来进行调整，也可以用流行的图像处理软件（如Photoshop）来进行调整，调整的方向主要有显示器的对比度、亮度和伽马值。

下面以Photoshop作为调整软件来学习显示器的校色方法。

13.1.1 调节显示器的对比度

在一般情况下，显示器的对比度调到最高为宜，这样就可以表现出效果图中的细微细节，在显示器上有相对应的对比度调整按钮。

13.1.2 调节显示器的亮度

首先将显示器中的颜色模式调成sRGB模式，如图13-1所示，然后在Photoshop中执行“编辑>颜色设置”菜单命令，打开“颜色设置”对话框，接着将RGB模式调成sRGB，如图13-2所示，这样Photoshop就与显示器中的颜色模式相同，接着将显示器的亮度调节到最低。

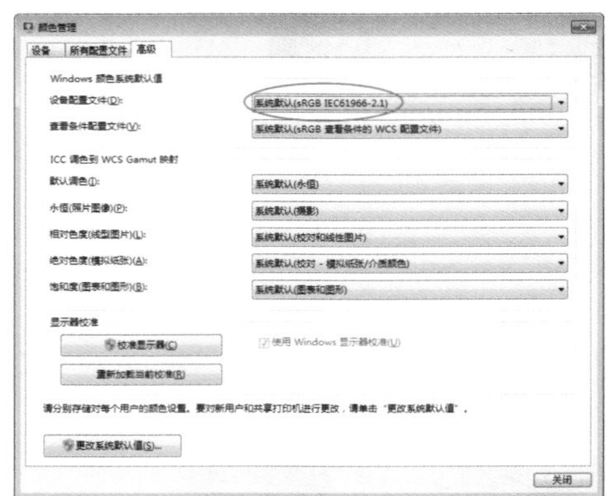

图13-1

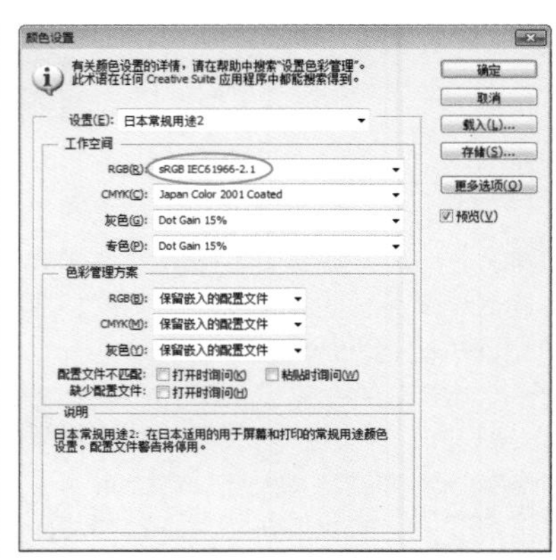

图13-2

在Photoshop中新建一个空白文件，并用黑色填充“背景”图层，然后使用“矩形选框工具”选择填充区域的一半，接着执行“图像>调整>色相/饱和度”菜单命令或按Ctrl+U组合键打开“色相/饱和度”对话框，并设置“明度”为3，如图13-3所示，最后观察选区内和选区外的明暗变化，如果被调区域依然是纯黑色，这时可以调整显示器的亮度，直到两个区域的亮度有细微的区别，这样就调整好了显示器的亮度，如图13-4所示。

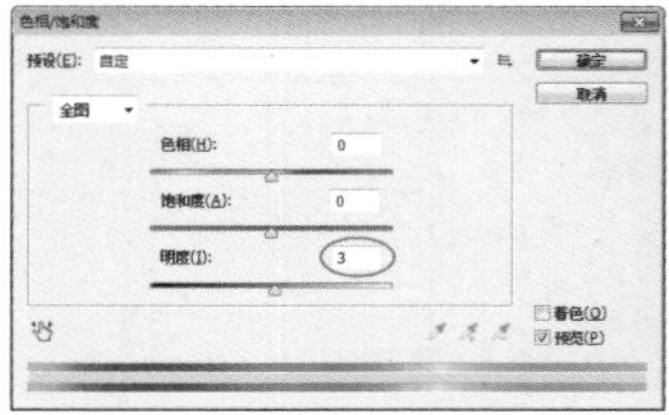

图13-3

图13-4

13.1.3 调节显示器的伽马值

伽马值是曲线的优化调整，是亮度和对比度的辅助功能，强大的伽马功能可以优化和调整画面细微的明暗层次，同时还可以控制整个画面的对比度。设置合理的伽马值，可以得到更好的图像层次效果和立体感，大大优化画面的画质、亮度和对比度。校对伽马值的正确方法如下。

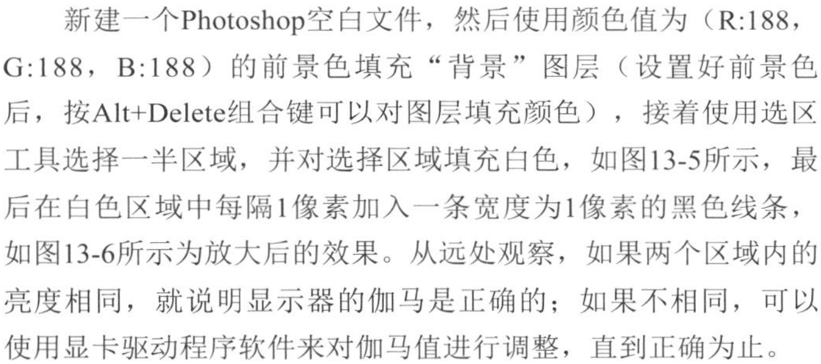

新建一个Photoshop空白文件，然后使用颜色值为（R:188，G:188，B:188）的前景色填充“背景”图层（设置好前景色后，按Alt+Delete组合键可以对图层填充颜色），接着使用选区工具选择一半区域，并对选择区域填充白色，如图13-5所示，最后在白色区域中每隔1像素加入一条宽度为1像素的黑色线条，如图13-6所示为放大后的效果。从远处观察，如果两个区域内的亮度相同，就说明显示器的伽马是正确的；如果不相同，可以使用显卡驱动程序软件来对伽马值进行调整，直到正确为止。

图13-5

图13-6

13.2 渲染的基本常识

使用3ds Max创作作品时，一般都遵循“建模→灯光→材质→渲染”这个最基本的步骤，渲染是最后一道工序（后期处理除外）。渲染的英文为Render，翻译为“着色”，也就是对场景进行着色的过程。

渲染需要经过相当复杂的运算，运算完成后将虚拟的三维场景投射到二维平面上就形成了视觉上的3D效果，这个过程需要对渲染器进行复杂的设置（注意，在设置渲染参数时，要根据不同场景来设置最合适的渲染参数）。图13-7和图13-8所示是一些比较优秀的渲染作品。

图13-7

图13-8

13.2.1 渲染器的类型

渲染场景的引擎有很多种，如VRay渲染器、Renderman渲染器、mental ray渲染器、Brazil渲染器、FinalRender渲染器、Maxwell渲染器和Lightscape渲染器等。

3ds Max 2014默认的渲染器有iray渲染器、mental ray渲染器、“Quicksilver硬件渲染器”“VUE文件渲染器”和“默认扫描线渲染器”，在安装好VRay渲染器之后也可以使用VRay渲染器来渲染场景，如图13-9所示。当然也可以安装一些其他的渲染插件，如Renderman、Brazil、FinalRender、Maxwell和Lightscape等。

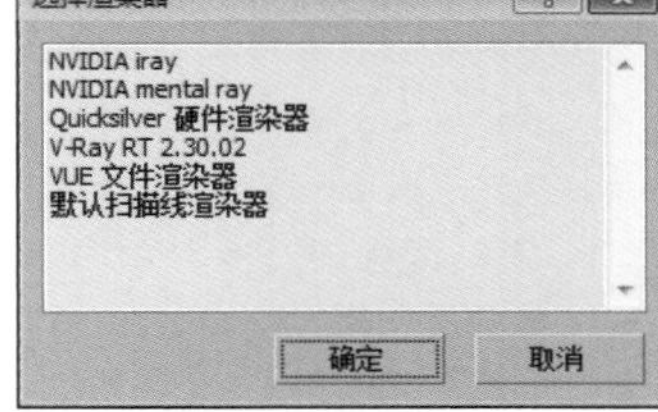

图13-9

13.2.2 渲染工具

在“主工具栏”右侧提供了多个渲染工具，如图13-10所示。

图13-10

各种渲染工具简介

渲染设置：单击该按钮可以打开“渲染设置”对话框，基本上所有的渲染参数都在该对话框中完成。

渲染帧窗口：单击该按钮可以打开“渲染帧窗口”对话框，在该对话框中可以选择渲染区域、切换通道和储存渲染图像等任务。下面以一个技术专题来详细介绍该对话框的用法。

技术专题 47 详解“渲染帧窗口”对话框

单击“渲染帧窗口”按钮，3ds Max会弹出“渲染帧窗口”对话框，如图13-11所示。下面详细介绍一下该对话框的用法。

图13-11

要渲染的区域：该下拉列表中提供了要渲染的区域选项，包括“视图”“选定”“区域”“裁剪”和“放大”。

编辑区域：可以调整控制手柄来重新调整渲染图像的大小。

自动选定对象区域：激活该按钮后，系统会将“区域”“裁剪”和“放大”自动设置为当前选择。

视口：显示当前渲染的哪个视图。若渲染的是透视图，那么在这里就显示为透视图。

锁定到视口：激活该按钮后，系统就只渲染视图列表中的视图。

渲染预设：可以从下拉列表中选择与预设渲染相关的选项。

渲染设置：单击该按钮可以打开“渲染设置”对话框。

环境和效果对话框（曝光控制）：单击该按钮可以打开“环境和效果”对话框，在该对话框中可以调整曝光控制的类型。

产品级/迭代：“产品级”是使用“渲染帧窗口”对话框、“渲染设置”对话框等所有当前设置进行渲染；“迭代”是忽略网络渲染、多帧渲染、文件输出、导出至MI文件以及电子邮件通知，同时使用扫描线渲染器进行渲染。

渲染 渲染：单击该按钮可以使用当前设置来渲染场景。

保存图像：单击该按钮可以打“保存图像”对话框，在该对话框可以保存多种格式的渲染图像。

复制图像：单击该按钮可以将渲染图像复制到剪贴板上。

克隆渲染帧窗口：单击该按钮可以克隆一个“渲染帧窗口”对话框。

打印图像：将渲染图像发送到Windows定义的打印机中。

清除：清除“渲染帧窗口”对话框中的渲染图像。

启用红色/绿色/蓝色通道：显示渲染图像的红/绿/蓝通道。图13-12~图13-14所示分别是单独开启红色、绿色、蓝色通道的图像效果。

图13-12

图13-13

图13-14

显示Alpha通道：显示图像的Aplha通道。

单色：单击该按钮可以将渲染图像以8位灰度的模式显示，如图13-15所示。

图13-15

切换UI叠加：激活该按钮后，如果“区域”“裁剪”或“放大”区域中有一个选项处于活动状态，则会显示表示相应区域的帧。

切换UI：激活该按钮后，“渲染帧窗口”对话框中的所有工具与选项均可使用；关闭该按钮后，不会显示对话框顶部的渲染控件以及对话框下部单独面板上的mental ray控件，如图13-16所示。

图13-16

渲染产品：单击该按钮可以使用当前的产品级渲染设置来渲染场景。

渲染迭代：单击该按钮可以在迭代模式下渲染场景。

ActiveShade（动态着色）：单击该按钮可以在浮动的窗口中执行“动态着色”渲染。

13.3 默认扫描线渲染器

“默认扫描线渲染器”是一种多功能渲染器，可以将场景渲染为从上到下生成的一系列扫描线，如图13-17所示。“默认扫描线渲染器”的渲染速度特别快，但是渲染功能不强。

图13-17

按F10键打开“渲染设置”对话框，3ds Max默认的渲染器就是“默认扫描线渲染器”，如图13-18所示。

图13-18

技巧与提示

“默认扫描线渲染器”的参数共有“公用”“渲染器”、Render Elements（渲染元素）、“光线跟踪器”和“高级照明”5大选项卡。在一般情况下，都不会用到该渲染器，因为其渲染质量不高，并且渲染参数也特别复杂，因此这里不讲解其参数，用户只需要知道有这么一个渲染器就行了。

实战：用默认扫描线渲染器渲染水墨画

场景位置 场景文件>CH13>01.max
实例位置 实例文件>CH13>实战：用默认扫描线渲染器渲染水墨画.max
视频位置 多媒体教学>CH13>实战：用默认扫描线渲染器渲染水墨画.flv
难易指数 ★★☆☆☆
技术掌握 默认扫描线渲染器的使用方法

扫码看视频

水墨画的效果如图13-19所示。

水墨画材质的模拟效果如图13-20所示。

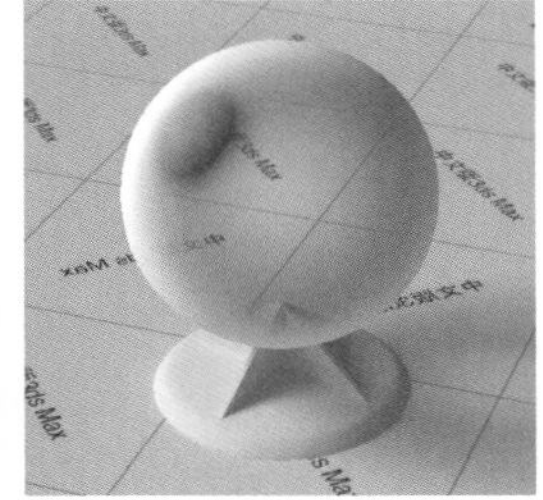

图13-19　　图13-20

01 打开“场景文件>CH13>01.max”文件，如图13-21所示。

图13-21

02 下面制作水墨画材质。按M键打开“材质编辑器”对话框，选择一个空白材质球，然后将材质命名为“水墨画”，具体参数设置如图13-22所示，制作好的材质球效果如图13-23所示。

设置步骤

① 设置“环境光”的颜色为(红:87, 绿:87, 蓝:87)，然后在“漫反射”贴图通道中加载一张“衰减”程序贴图，接着在在“混合曲线”卷展栏调节好曲线的形状，最后使用鼠标左键将“漫反射”通道中的“衰减”程序贴图复制到“高光反射”和“不透明度”通道上。

② 在“反射高光”选项组下设置“高光级别”为50、“光泽度”为30。

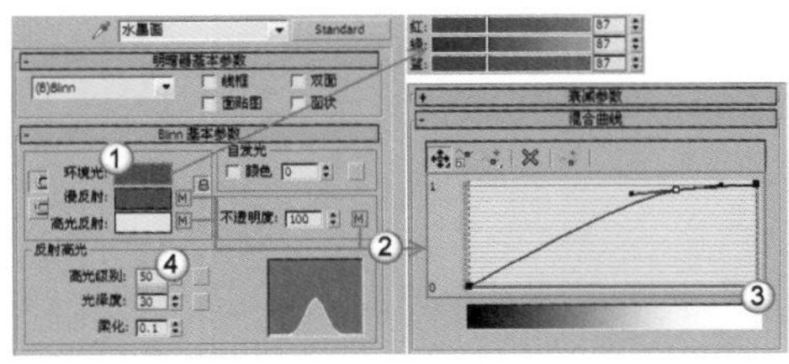

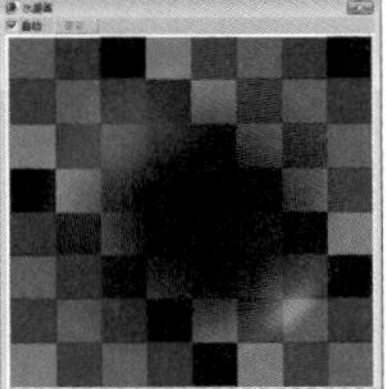

图13-22　　图13-23

03 下面设置渲染参数。按F10键打开“渲染设置”对话框，然后单击“公用”选项卡，接着在“公用参数“卷展栏下设置“宽度”为1500、“高度”为966，如图13-24所示。

04 按F9键渲染当前场景，渲染完成后将图像保存为png格式，效果如图13-25所示。

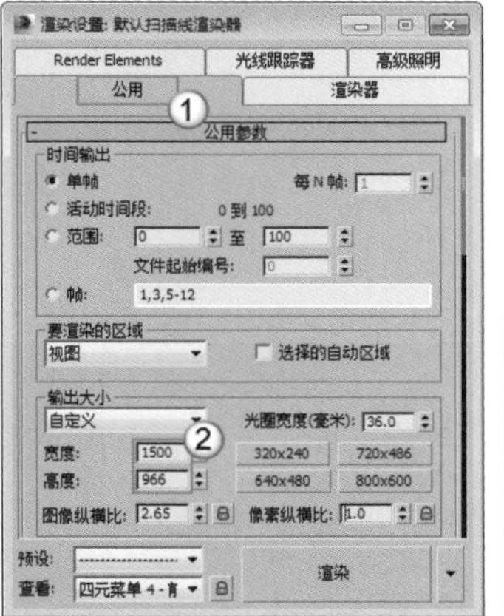

图13-24　　图13-25

疑难问答

问：为何要保存为png格式？

答：png格式的图像非常适合后期处理，因为这种格式的图像的背景是透明的，也就是说，除了竹子和鱼之外，其他区域都是透明的，如图13-26所示。

图13-26

05 下面进行后期合成。启动Photoshop，然后打开“实例文件>CH13>实战：用默认扫描线渲染器渲染水墨画>水墨背景.jpg”文件，如图13-27所示。

06 将前面渲染好的png格式的水墨图像导入到Photoshop中，然后将其放在背景图像的右侧，最终效果如图13-28所示。

图13-27　　图13-28

13.4 mental ray渲染器

mental ray是早期出现的两个重量级的渲染器之一（另外一个是Renderman），为德国Mental Images公司的产品。在刚推出的时候，集成在著名的3D动画软件Softimage3D中作为其内置的渲染引擎。正是凭借着mental ray高效的速度和质量，Softimage3D一直在好莱坞电影制作中作为首选制作软件。

相对于Renderman而言，mental ray的操作更加简便，效率也更高，因为Renderman渲染系统需要使用编程技术来渲染场景，而mental ray只需要在程序中设定好参数，然后便会“智能”地对需要渲染的场景进行自动计算，所以mental ray渲染器也叫“智能”渲染器。

自mental ray渲染器诞生以来，CG艺术家就利用它制作出了很多令人惊讶的作品。图13-29和图13-30所示是一些比较优秀的mental ray渲染作品。

图13-29

图13-30

如果要将当前渲染器设置为mental ray渲染器，可以按F10键打开“渲染设置”对话框，然后在“公用”选项卡下展开“指定渲染器”卷展栏，接着单击“产品级”选项后面的“选择渲染器”按钮...，最后在弹出的对话框中选择mental ray渲染器，如图13-31所示。

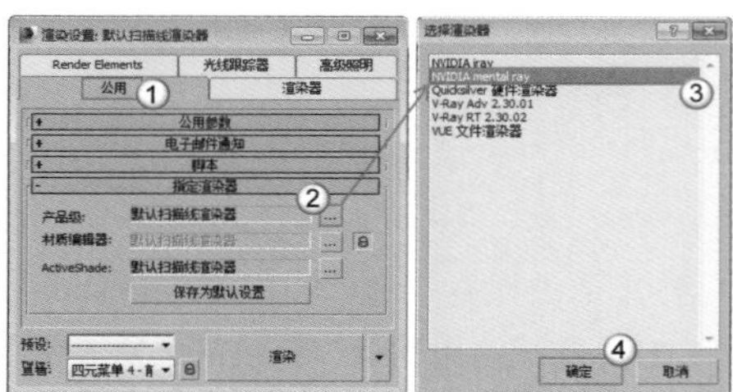

图13-31

将渲染器设置为mental ray渲染器后，在“渲染设置”对话框中将会出现“公用”“渲染器”“全局照明”“处理”和Render Elements（渲染元素）5个选项卡。下面对“全局照明”和“渲染器”两个选项卡下的参数进行讲解。

本节mental ray渲染技术概述

技术名称	主要作用	重要程度
天光和环境照明（IBL）	控制mental ray天光及环境光的来源	中
最终聚集（FG）	模拟指定点的全局照明	中
焦散和光子贴图（GI）	设置焦散和全局照明效果	中
重用（最终聚集和全局照明磁盘缓存）	控制用于生成和使用最终聚集贴图和光子贴图的文件	低
采样质量	设置抗锯齿渲染图像时执行采样的方式	中

13.4.1 全局照明选项卡

“全局照明”选项卡下的参数主要用来控制环境照明、焦散、全局照明和最终聚焦等效果，如图13-32所示。

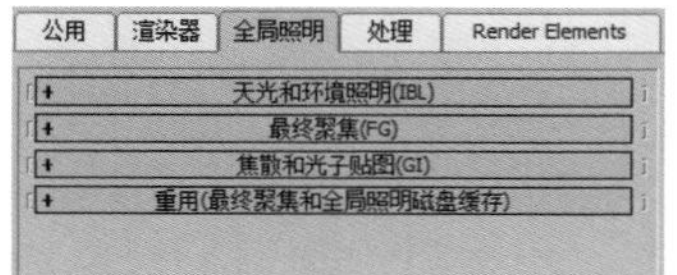

图13-32

天光和环境照明（IBL）卷展栏

“天光和环境照明（IBL）”卷展栏用于控制mental ray天光及环境光的来源，如图13-33所示。

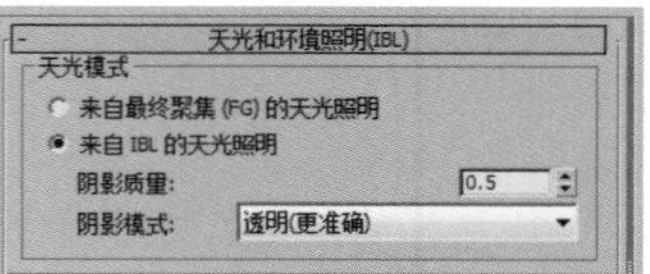

图13-33

天光和环境照明（IBL）卷展栏参数介绍

来自最终聚集（FG）的天光照明：勾选该选项后，mental ray渲染器会使用最终聚焦来创建天光照明。

来自IBL的天光照明：勾选该选项后，天光照明将由“基于图像照明”提供，同时可以通过下方的“阴影质量”与“阴影模式”选项来控制该天光产生的阴影细节效果。

最终聚焦（FG）卷展栏

“最终聚集”是一项技术，用于模拟指定点的全局照明。对于漫反射场景，最终聚集通常可以提高全局照明解决方案的质量。如果不使用最终聚集，漫反射曲面上的全局照明由该点附近的光子密度（和能量）来估算；如果使用最终聚集，将发送许多新的光线来对该点上的半球进行采样，以决定直接照明。展开“最终聚焦（FG）”卷展栏，如图13-34所示。

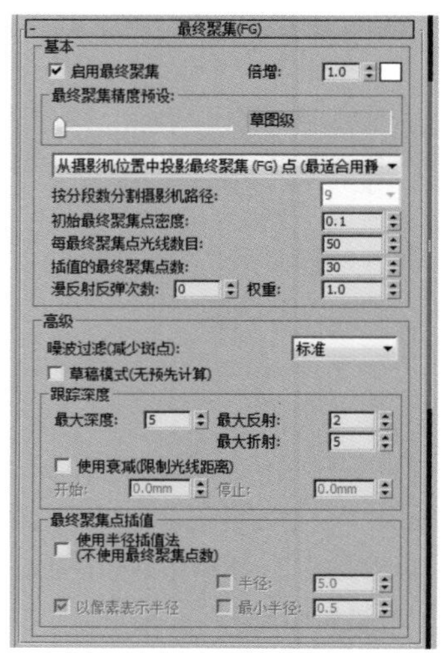

图13-34

最终聚焦（FG）卷展栏参数介绍

① 基本选项组

启用最终聚焦：开启该选项后，mental ray渲染器会使用最终聚焦来创建全局照明或提高渲染质量。

倍增：控制累积的间接光的强度和颜色。

最终聚焦精度预设：为最终聚焦提供快速、轻松的解决方案，包括“草图级”“低”“中”“高”及“很高”5个级别。

按分段数细分摄影机路径：在上面的列表中选择“沿摄影机路径的位置投影点”选项时，该选项才被激活。

初始最终聚集点密度：最终聚焦点密度的倍增。增加该值会增加图像中最终聚焦点的密度。

每最终聚集点光线数目：设置使用多少光线来计算最终聚焦中的间接照明。

插值的最终聚集点数：控制用于图像采样的最终聚焦点数。

漫反射反弹次数：设置mental ray为单个漫反射光线计算的漫反射光反弹的次数。

权重：控制漫反射反弹有多少间接光照影响最终聚焦的解决方案。

② 高级选项组

噪波过滤（减少斑点）：使用从同一点发射的相邻最终聚集光线的中间过滤器。可以从后面的下拉列表中选择一个预设，包含“无”、“标准”、“高”、“很高”和“极端高”5个选项。

草图模式（无预先计算）：启用该选项之后，最终聚集将跳过预先计算阶段。这将造成渲染不真实，但是可以更快速地开始进行渲染，因此非常适用于进行测试渲染。

最大深度：制反射和折射的组合。当光线的反射和折射总数等于“最大深度”数值时将停止。

最大反射：设置光线可以反射的次数。0表示不会发生反射；1表示光线只可以反射一次；2表示光线可以反射两次，以此类推。

最大折射：设置光线可以折射的次数。0表示不发生折射；1表示光线只可以折射一次；2表示光线可以折射两次，以此类推。

使用衰减（限制光线距离）：启用该选项后，可以利用“开始”和“停止”数值限制使用环境颜色前用于重新聚集的光线的长度。

使用半径插值法（不使用最终聚集点数）：启用该选项之后，以下参数可可用。

半径：启用该选项之后，将设置应用最终聚集的最大半径。如果禁用“以像素表示半径”和“半径”，则最大半径的默认值是最大场景半径的 10%，采用世界单位。

最小半径：启用该选项，可以设置必须在其中使用最终聚集的最小半径。

以像素表示半径：启用该选项之后，将以“像素”来指定半径值；关闭禁用该选项后，半径单位取决于半径切换的值。

焦散和光子贴图（GI）卷展栏

展开“焦散和光子贴图（GI）”卷展栏，如图13-35所示。在该卷展栏下可以设置焦散和全局照明效果。

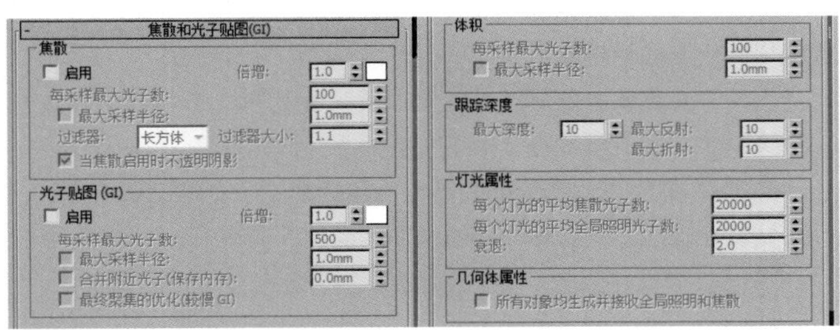

图13-35

焦散和光子贴图（GI）卷展栏参数介绍

① 焦散选项组

启用：启用该选项后，mental ray渲染器会计算焦散效果。

倍增：控制焦散累积的间接光的强度和颜色。

每采样最大光子数：设置用于计算焦散强度的光子个数。

最大采样半径：启用该选项后，可以设置光子大小。

过滤器：指定锐化焦散的过滤器，包括“长方体”“圆锥体”和Gauss（高斯）3种过滤器。

过滤器大小：选择“圆锥体”作为焦散过滤器时，该选项用来控制焦散的锐化程度。

当焦散启用时不透明阴影：启用该选项后，阴影为不透明。

② 光子贴图（GI）选项组

启用：启用该选项后，mental ray渲染器会计算全局照明。

每采样最大光子数：设置用于计算焦散强度的光子个数。增大该值可以使焦散产生较少的噪点，但图像会变得模糊。

最大采样半径：启用该选项后，可以使用微调器来设置光子大小。

合并附近光子（保存内存）：启用该选项后，可以减少光子贴图的内存使用量。

最终聚焦的优化（较慢GI）：如果在渲染场景之前启用该选项，那么mental ray渲染器将计算信息，以加速重新聚集的进程。

③ 体积选项组

每采样最大光子数：设置用于着色体积的光子数，默认值为100。

最大采样半径：启用该选项时，可以设置光子的大小。

④ 跟踪深度选项组

最大深度：限制反射和折射的组合。当光子的反射和折射总数等于“最大深度”设置的数值时将停止。

最大反射：设置光子可以反射的次数。0表示不会发生反射；1表示光子只能反射一次；2表示光子可以反射两次，以此类推。

最大折射：设置光子可以折射的次数。0表示不发生折射；1表示光子只能折射一次；2表示光子可以折射两次，以此类推。

⑤ 灯光属性选项组

每个灯光的平均焦散光子数：设置用于焦散的每束光线所产生的光子数量。

每个灯光的平均全局照明光子数：设置用于全局照明的每束光线产生的光子数量。

衰退：当光子移离光源时，该选项用于设置光子能量的衰减方式。

⑥ 几何体属性选项组

所有对象均生成并接收全局照明和焦散：启用该选项后，在渲染场景时，场景中的所有对象都会产生并接收焦散和全局照明。

重用（最终聚集和全局照明磁盘缓存）卷展栏

展开“焦散和光子贴图（GI）”卷展栏，如图13-36所示。该卷展栏包含所有用于生成和使用最终聚集贴图（FGM）和光子贴图（PMAP）文件的控件，而且通过在最终聚集贴图文件之间插值，可以减少或消除渲染动画时的闪烁现象。

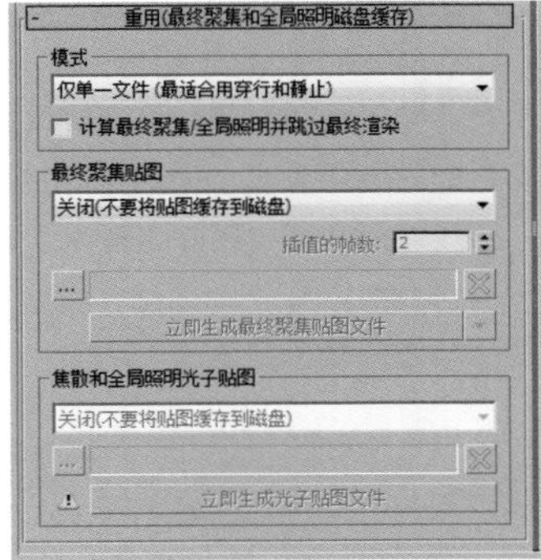

图13-36

重用（最终聚集和全局照明磁盘缓存）卷展栏参数介绍

① 模式选项组

模式列表：用于选择3ds Max生成缓存文件的方法，包含以下两个选项。

仅单一文件（最适合用穿行和静止）：创建一个包含所有最终聚集贴图点的FGM文件。在渲染静态图像或在渲染只有摄影机移动的动画时可以使用这种方法。

每个帧一个文件（最适合用于动画对象）：为每个动画帧创建单独的FGM文件。动画期间对象在场景中移动时可以使用这种方法。

计算最终聚集/全局照明并跳过最终渲染：启用该选项时，在渲染场景时，mental ray会计算最终聚集和全局照明的解决方案，但不执行实际渲染。

② 最终聚集贴图选项组

最终聚集贴图列表：用于选择生成和/或使用最终聚集贴图文件的方法，包含以下3种方法。

关闭（不要将贴图缓存到磁盘）：该选项为默认选项，此时可以通过启用最终聚集进行渲染，但不会保存最终聚集贴图文件。

逐渐将最终聚集点添加到最终聚集贴图文件：选择该选项后，在渲染或生成聚集贴图文件时可以根据需要创建缓存文件。

仅从现有贴图文件中读取最终聚集点：选择该选项后，此时将使用之前渲染时保存的最终聚集贴图内的相关数据，而不生成任何新数据。

插值的帧数：提高该数值，可以减少或消除渲染动画中的最终聚集闪烁现象。

浏览...：用于指定最终聚集贴图文件的名称，以及保存该文件的文件夹。

删除文件：删除当前最终聚集贴图文件。

立即生成最终聚集贴图文件 立即生成最终聚集贴图文件：为所有动画帧处理最终聚集过程。

③ 焦散和全局照明光子贴图选项组

焦散和全局照明光子贴图列表：用于控制mental ray如何计算和使用间接照明的光子贴图文件，包含以下3种方法。

关闭（不要将贴图缓存到磁盘）：渲染时可以根据需要计算光子贴图。

将光子读取/写入到光子贴图文件：选择该选项时，如果没有光子贴图文件，则mental ray会在渲染时生成一个新的贴图文件。

仅从现有的贴图文件中读取光子：选择该选项时，将直接使用现有的光子贴图文件计算当前效果，不会发生新的光子贴图计算。

浏览...：为光子贴图（PMAP）文件指定名称和路径。

删除文件：删除当前光子贴图文件。

立即生成光子贴图文件 立即生成光子贴图文件：为所有动画帧处理光子贴图过程。

13.4.2 渲染器选项卡

“渲染器”选项卡下的参数可以用来设置采样质量、渲染算法、摄影机效果、阴影与置换等，如图13-37所示。

下面重点讲解“采样质量”卷展栏下的参数，如图13-38所示。该卷展栏主要用来设置mental ray渲染器为抗锯齿渲染图像时执行采样的方式。

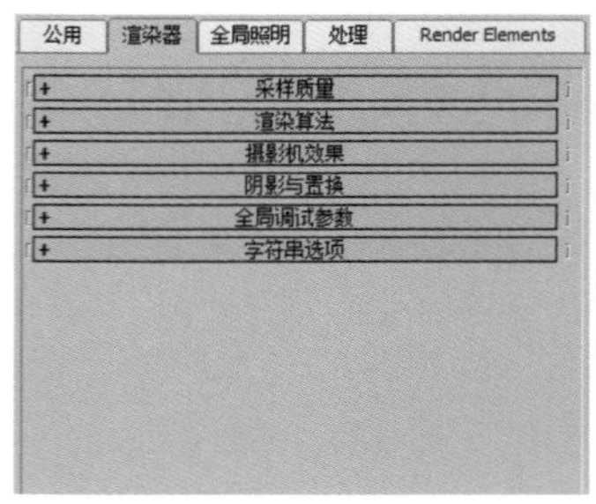

图13-37

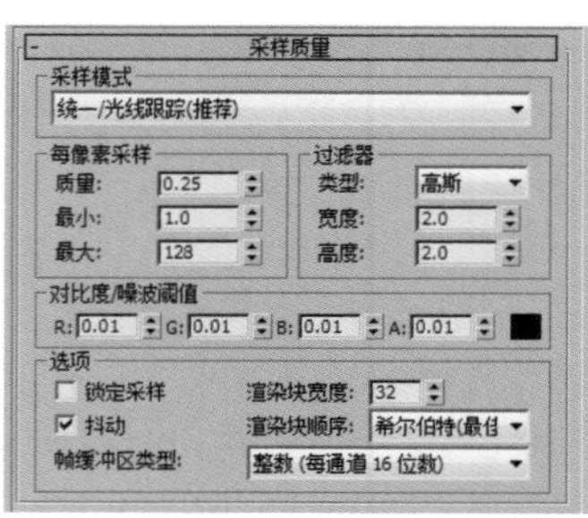

图13-38

采样质量卷展栏参数介绍

① 采样模式选项组

采样模式列表：选择mental ray的采样方式，通常保持为默认的“统一/光线跟踪（推荐）”选项即可。

② 每像素采样选项组

质量：设置采样总体质量平均数。

最小：设置最小采样率。该值代表每个像素的采样数量，大于或等于1时表示对每个像素进行一次或多次采样；分数值代表对n个像素进行一次采样（例如，对于每4个像素，1/4就是最小的采样数）。

最大：设置最大采样率。

③ 过滤器选项组

类型：指定过滤器的类型。

宽度/高度：设置过滤器的大小。

④ 对比度/噪波阈值选项组

R/G/B：指定红、绿、蓝采样组件的阈值。

A：指定采样Alpha组件的阈值。

⑤ 选项选项组

锁定采样：启用该选项后，mental ray渲染器对于动画的每一帧都使用同样的采样模式。

抖动：开启该选项后可以避免出现锯齿现象。

渲染块宽度：设置每个渲染块的大小（以“像素”为单位）。

渲染块顺序：指定 mental ray渲染器选择下一个渲染块的方法。

帧缓冲区类型：选择输出帧缓冲区的位深的类型。

实战：用mental ray渲染器渲染牛奶场景

场景位置　场景文件>CH13>02.max
实例位置　实例文件>CH13>实战：用mental ray渲染器渲染牛奶场景.max
视频位置　多媒体教学>CH13>实战：用mental ray渲染器渲染牛奶场景.flv
难易指数　★★☆☆☆
技术掌握　mental ray渲染器的使用方法

扫码看视频

牛奶场景的效果如图13-39所示。

图13-39

01 打开“场景文件>CH13>02.max”文件，如图13-40所示。

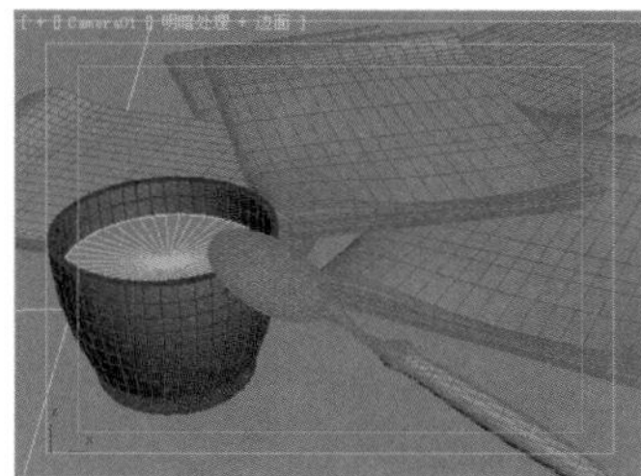

图13-40

02 设置灯光类型为“标准”，然后在左视图中创建一盏mr Area Spot（区域聚光灯），其位置如图13-41所示。

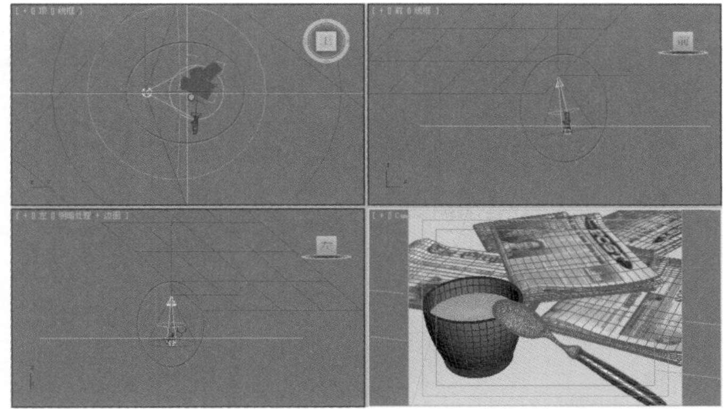

图13-41

技巧与提示

在使用mental ray渲染器渲染场景时，最好使用mental ray类型的灯光，因为这种灯光与mental ray渲染器衔接得非常好，渲染速度比其他灯光要快很多。这里创建的这盏mr区域聚光灯采用默认设置。

03 下面设置渲染参数。按F10键打开“渲染设置”对话框，然后设置渲染器为mental ray渲染器，接着单击“公用”选项卡，最后在“公用参数”卷展栏下设置“宽度”为1200、“高度”为900，如图13-42所示。

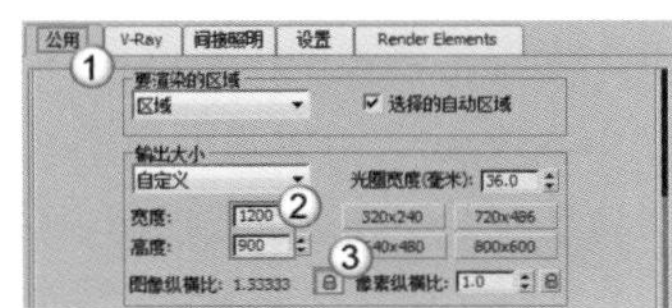

图13-42

04 单击“渲染器”选项卡，然后在“采样质量”卷展栏下设置“最小”为1、“最大”为16，接着在“选项”选项组下关闭“抖动”选项，最后设置“帧缓冲区类型”为“浮点数（每通道32位数）”，具体参数设置如图13-43所示。

05 单击“间接照明”选项卡，展开“焦散和光子贴图（GI）”卷展栏，然后在“焦散”选项组下勾选“启用”选项，接着设置“每采样最大光子数”为30，最后在“光子贴图（GI）”选项组下勾选“启用”选项，并设置“每采样最大光子数”为500，具体参数设置如图13-44所示。

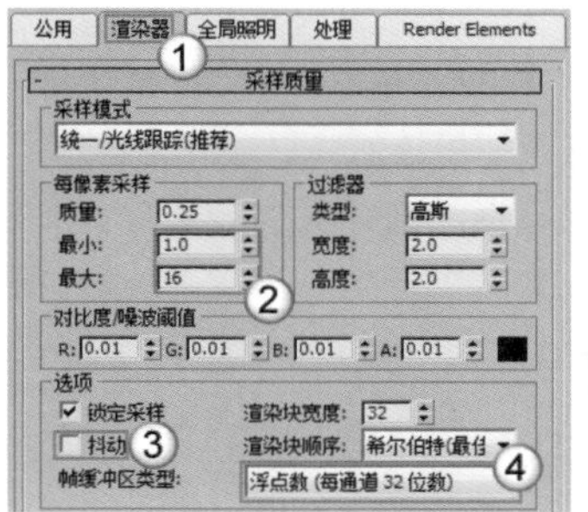

图13-43

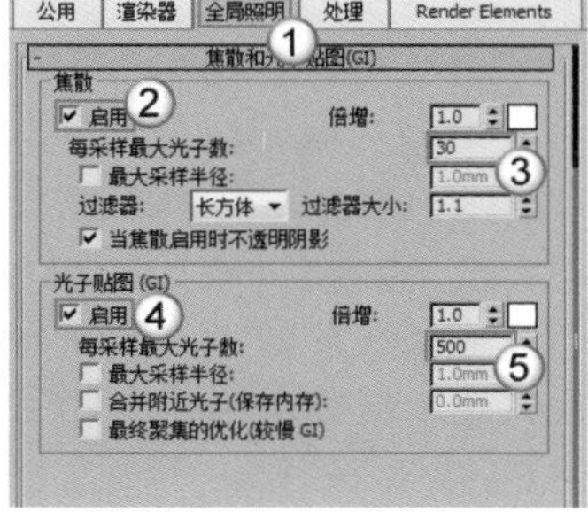

图13-44

06 按大键盘上的8键，打开“环境和效果”对话框，然后在“曝光控制”卷展栏下设置曝光类型为“对数曝光控制”，接着在“对数曝光控制参数”卷展栏下设置“强度”为50、“对比度”为70、“中间色调”为1、“物理比例”为1500，具体参数设置如图13-45所示。

07 在透视图中按C键切换到摄影机视图，然后按F9键渲染当前场景，最终效果如图13-46所示。

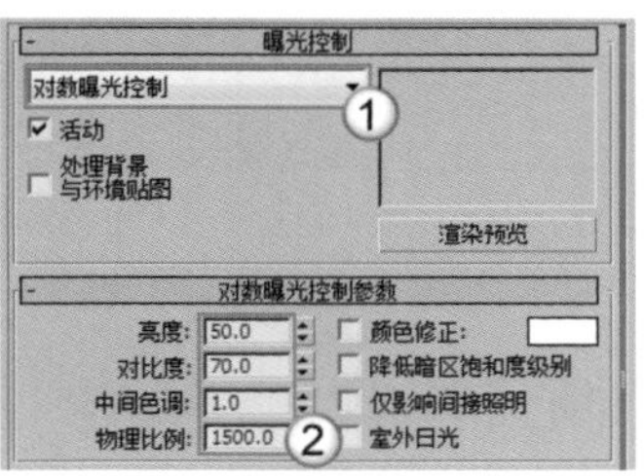

图13-45

图13-46

13.5 VRay渲染器

VRay渲染器是保加利亚的Chaos Group公司开发的一款高质量渲染引擎，主要以插件的形式应用在3ds Max、Maya、SketchUp等软件中。由于VRay渲染器可以真实地模拟现实光照，并且操作简单，可控性也很强，因此被广泛应用于建筑表现、工业设计和动画制作等领域。

13.5.1 VRay渲染器的运用领域

VRay的渲染速度与渲染质量比较均衡，也就是说，在保证较高渲染质量的前提下也具有较快的渲染速度，所以它是目前效果图制作领域最为流行的渲染器。图13-47和图13-48所示是一些比较优秀的效果图作品。

图13-47

图13-48

13.5.2 加载VRay渲染器

安装好VRay渲染器之后，若想使用该渲染器来渲染场景，可以按F10键打开“渲染设置”对话框，然后在“公用”选项卡下展开“指定渲染器”卷展栏，接着单击“产品级”选项后面的“选择渲染器”按钮...，最后在弹出的“选择渲染器”对话框中选择VRay渲染器即可，如图13-49所示。

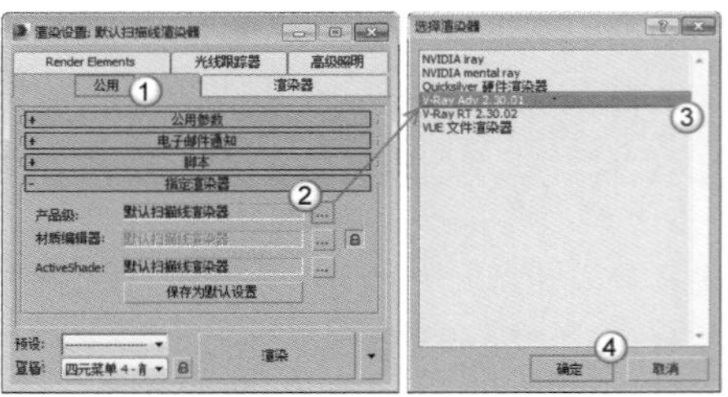

图13-49

VRay渲染器参数主要包括“公用”、VRay、“间接照明”“设置”和Render Elements（渲染元素）5个选项卡，如图13-50所示。

图13-50

技巧与提示

在后面的内容中，将重点讲解VRay、“间接照明”和“设置”这3个选项卡下的参数。

13.5.3 VRay渲染的一般流程

在一般情况下，使用VRay渲染器渲染场景的一般流程如下。

第1步：创建好摄影机以确定要表现的内容。

第2步：制作好场景中的材质。

第3步：设置测试渲染参数，然后逐步布置好场景中的灯光，并通过测试渲染确定效果。

第4步：设置最终渲染参数，然后渲染最终成品图。

★重点★

实战：按照一般流程渲染场景

场景位置　场景文件>CH13>03.max
实例位置　实例文件>CH13>实战：按照一般流程渲染场景.max
视频位置　多媒体教学>CH13>实战：按照一般流程渲染场景.flv
难易指数　★★★★☆
技术掌握　用VRay渲染器渲染场景的一般流程

扫码看视频

本例将通过一个书房空间来详细介绍一下VRay渲染的一般流程，效果如图13-51所示。

图13-51

01 下面创建场景中的摄影机。打开“场景文件>CH13>03.max”文件，如图13-52所示。可以观察到场景的框架十分简单，有高细节的书架与椅子等模型，接下来就创建一台摄影机来确定要表现的主体。

图13-52

02 设置摄影机类型为VRay，然后在顶视图中创建一台VRay物理摄影机，接着在左视图中调整好其高度，如图13-53所示。

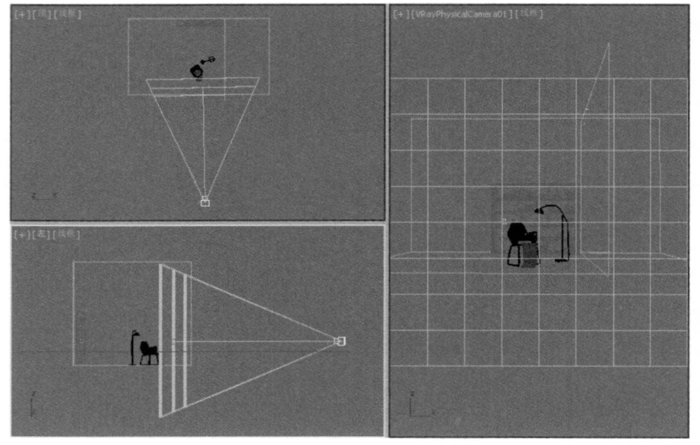

图13-53

技巧与提示

在创建摄影机时，通常要将视口调整为三视口，其中顶视图用于观察摄影机的位置，左（前）视图用于观察高度，而另外一个视口则用于实时观察。

03 由于摄影机视图内模型的显示过小，因此选择创建好的VRay物理摄影机，然后在“基本参数”卷展栏下设置“焦距”为120，如图13-54所示。

04 在摄影机视图中按Shift+F组合键打开渲染安全框，效果如图13-55所示，可以观察到模型的显示大小比较合适，但视图的长宽比例并不理想，当前所表现出的空间感比较压抑。

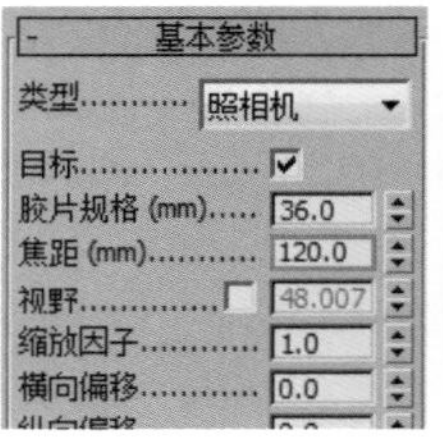

图13-54

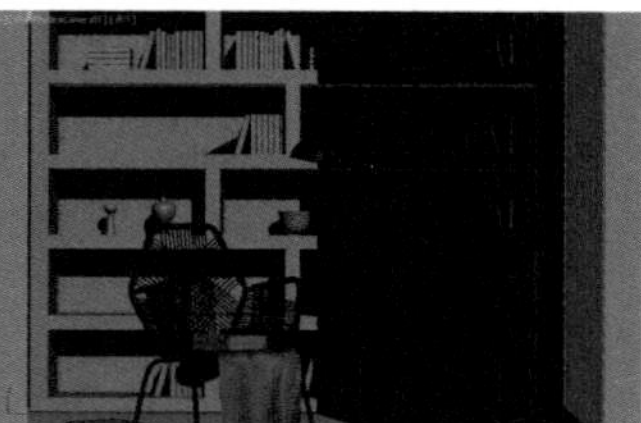

图13-55

05 按F10键打开“渲染设置”对话框，然后单击“公用”选项卡，接着在“公用参数”卷展栏下设置“宽度”为405、“高度”为450，如图13-56所示。经过调整后，摄影机视图的显示效果就很正常了，如图13-57所示。至此，本场景的摄影机创建完毕，接下来开始设置场景中的材质。

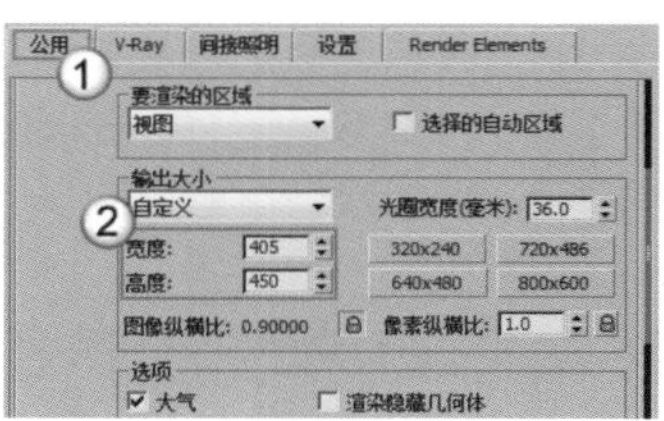

图13-56

图13-57

技巧与提示

如果在设置"输出大小"前已经激活了"锁定图像纵横比"按钮🔒，则需要在设置时单击该按钮进行解锁（否则在调整其中一个参数时，另外一个参数也会跟着比例进行相应变化），待设置完成后重新将其激活。

06 下面制作墙面的白色涂料材质。选择一个空白材质球，然后设置材质类型为VRayMtl材质，并将其命名为qmcz，接着设置"漫反射"为白色，如图13-58所示，制作好的材质球效果如图13-59所示。

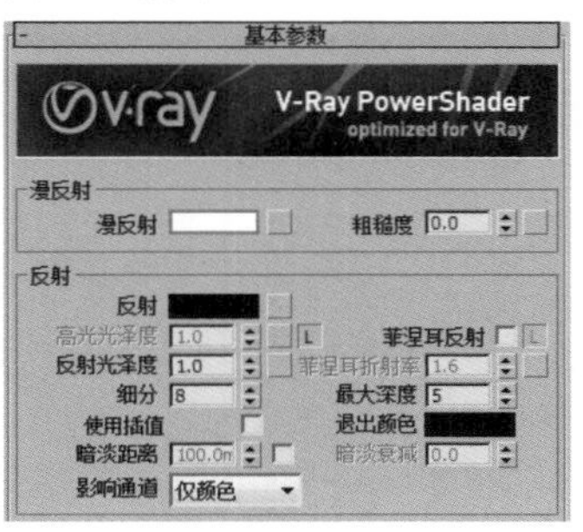

图13-58

图13-59

技巧与提示

本场景中的对象材质主要包括地毯材质、绸缎材质、木纹材质、书本材质和金属材质，如图13-60所示。

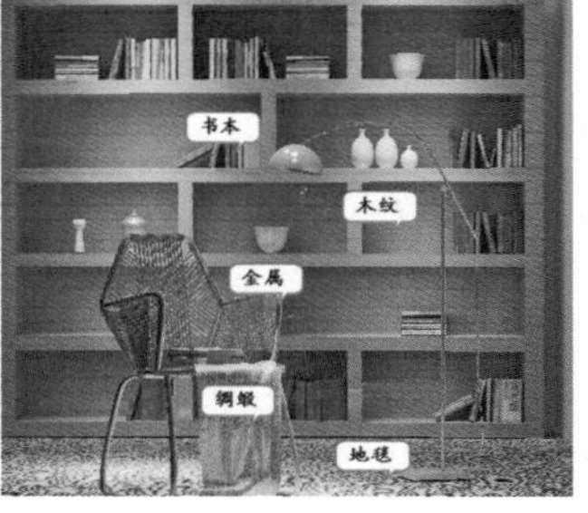

图13-60

07 下面制作地毯布纹材质。选择一个空白材质球，然后设置材质类型为VRayMtl材质，并将其命名为dtbw，接着展开"贴图"卷展栏，具体参数设置如图13-61所示，制作好的材质球效果如图13-62所示。

设置步骤

① 在"漫反射"贴图通道中加载"实例文件>CH13>实战：按照一般流程渲染场景>地毯.jpg"文件。

② 使用鼠标左键将"漫反射"通道中的贴图拖曳到"凹凸"贴图通道上，然后设置"凹凸"的强度为300。

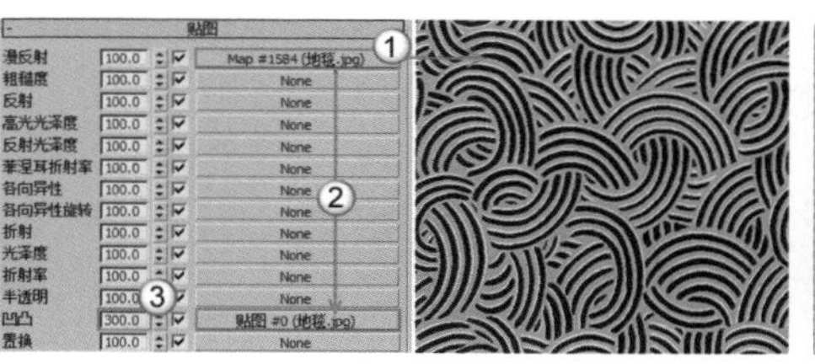

图13-61　　图13-62

08 下面制作书架木纹材质。选择一个空白材质球，然后设置材质类型为VRayMtl材质，并将其命名为sjmw，具体参数设置如图13-63所示，制作好的材质球效果如图13-64所示。

设置步骤

① 在"漫反射"贴图通道中加载"实例文件>CH13>实战：按照一般流程渲染场景>木纹.jpg"文件，然后在"坐标"卷展栏下设置"瓷砖"的U和V为2、"模糊"为0.01。

② 设置"反射"颜色为（红:69，绿:69，蓝:69），然后勾选"菲涅尔反射"选项，接着设置"高光光泽度"为0.9、"反射光泽度"为0.95。

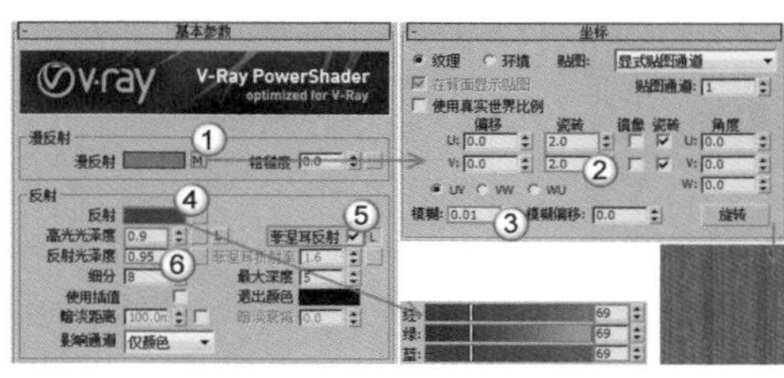

图13-63

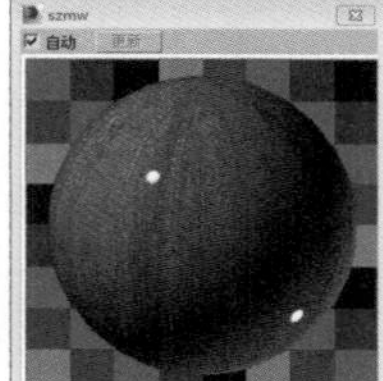

图13-64

09 下面制作书本材质。选择一个空白材质球，然后设置材质类型为VRayMtl材质，并将其命名为sjcz，接着在"漫反射"贴图通道中加载"实例文件>CH13>实战：按照一般流程渲染场景>书02.jpg"文件，如图13-65所示，制作好的材质球效果如图13-66所示。

图13-65

图13-66

10 由于加载的贴图为多本书的书脊，为了表现理想的效果，需要为书本模型加载一个"UVW贴图"修改器，然后设置"贴图"为"长方体"，接着设置"长度"为762.587mm、"宽度"为597.466mm、"高度"为796.282mm，具体参数设置如图13-67所示。

11 下面制作绸缎材质。选择一个空白材质球，然后设置材质类型为VRayMtl材质，并将其命名为cdcz，具体参数设置如图13-68所示，制作好的材质球效果如图13-69所示。

设置步骤

① 在"漫反射"贴图通道中加载"实例文件>CH13>实战：按

照一般流程渲染场景>绸缎.jpg”文件。

② 设置“反射”颜色为（红:59，绿:44，蓝:20），然后设置“高光光泽度”为0.6、“反射光泽度”为0.8。

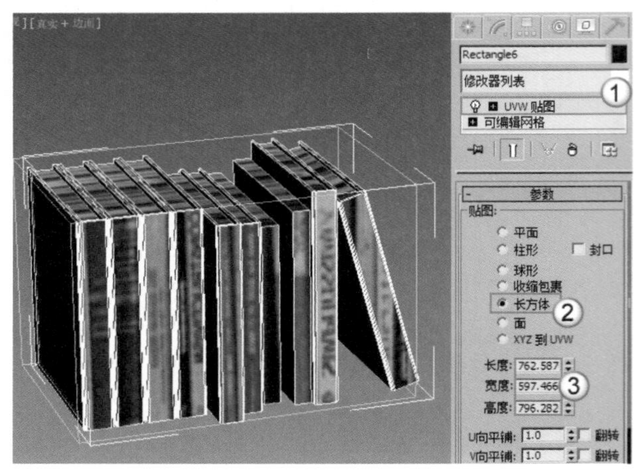

图13-67

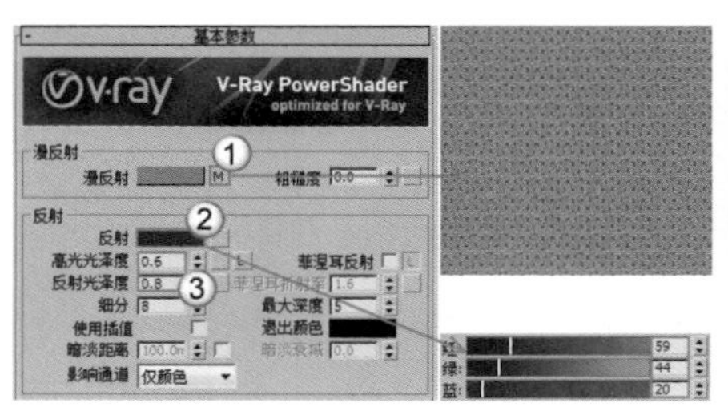

图13-68　　图13-69

12 下面制作金属材质。选择一个空白材质球，然后设置材质类型为VRayMtl材质，并将其命名为yzjs，接着设置“反射”颜色为（红:165，绿:162，蓝:133），最后设置“高光光泽度”为0.85、“反射光泽度”为0.8，具体参数设置如图13-70所示，制作好的材质球效果如图13-71所示。

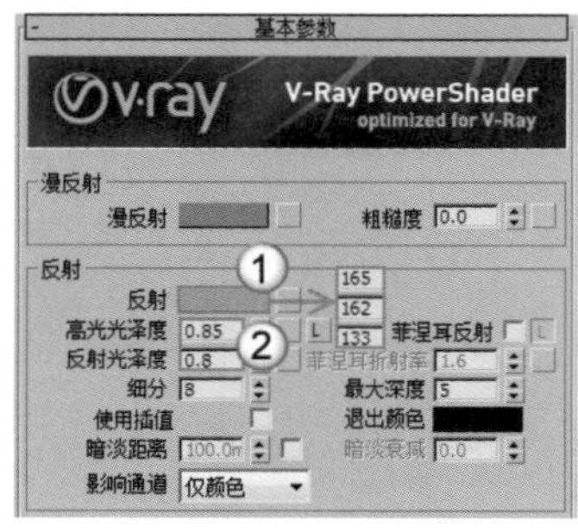

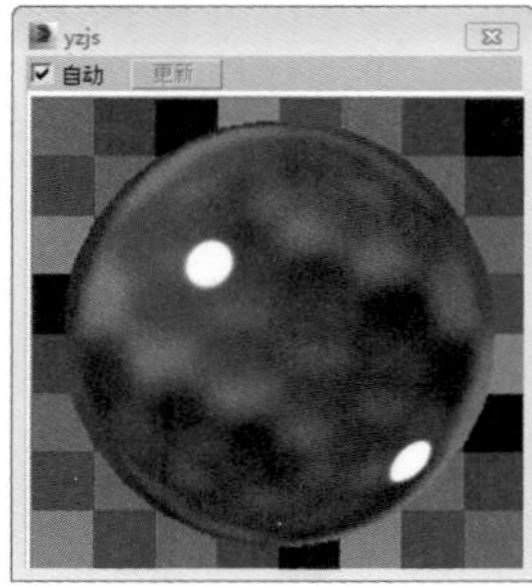

图13-70　　图13-71

知识链接

材质设置完成后，需要将设置好的材质指定给场景中所对应的模型对象。关于将材质指定给模型的方法请参阅第11章中的“实战：用标准材质制作发光材质”。

13 下面设置测试渲染参数。按F10键打开“渲染设置”对话框，设置渲染器为VRay渲染器，然后单击VRay选项卡，接着在“全局开关”卷展栏下关闭“隐藏灯光”和“光泽效果”选项，最后设置“二次光线偏移”为0.001，如图13-72所示。

14 展开“图形采样器（反锯齿）”卷展栏，然后设置“图像采样器”类型为“固定”，接着在“抗锯齿过滤器”选项组下关闭“开”选项，如图13-73所示。

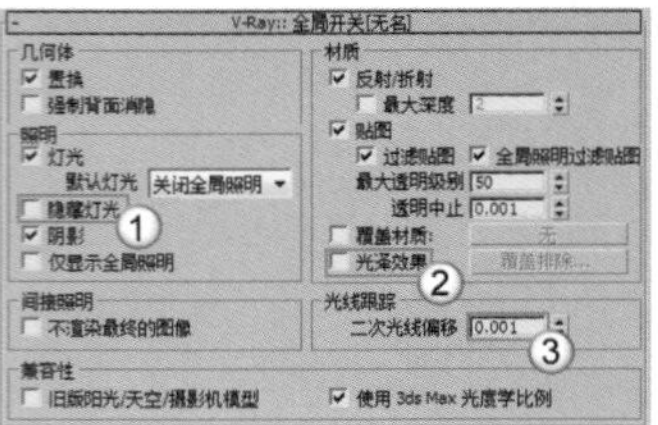

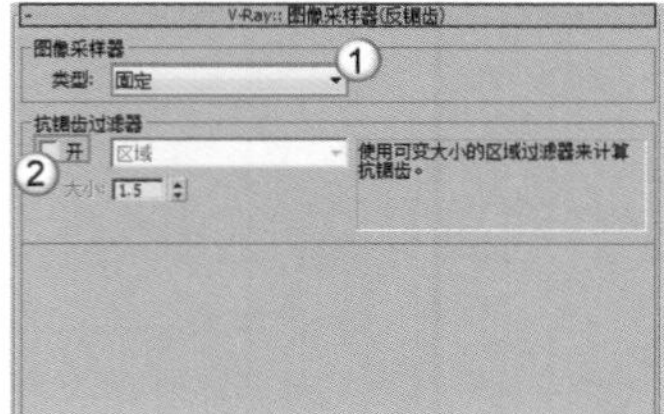

图13-72　　图13-73

15 单击“间接照明”选项卡，然后在“间接照明（GI）”卷展栏下勾选“开”选项，接着设置“首次反弹”的“全局照明引擎”为“发光图”、“二次反弹”的“全局照明引擎”为“灯光缓存”，如图13-74所示。

16 展开“发光图”卷展栏，然后设置“当前预置”为“非常低”，接着设置“半球细分”为50、“插值采样”为20，最后勾选“显示计算过程”和“显示直接光”选项，如图13-75所示。

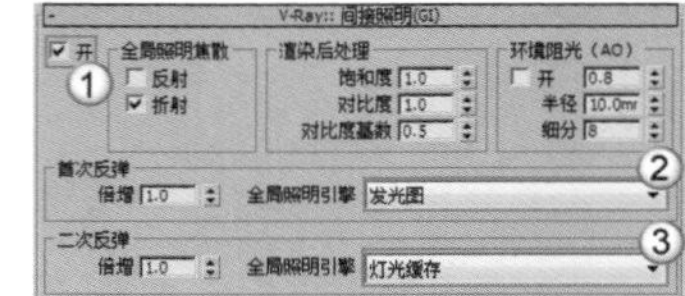

图13-74　　图13-75

注意，在设置测试渲染参数时，一般都将“半球细分”设置为50、“插值采样”设置为20。

17 展开“灯光缓存”卷展栏，然后设置“细分”为100，接着勾选“存储直接光”和“显示计算相位”选项，如图13-76所示。

18 单击“设置”选项卡，然后在“系统”卷展栏下设置“区域排序”为Top->Bottom（从上->下），最后在“VRay日志”选项组下关闭“显示窗口”选项，如图13-77所示。

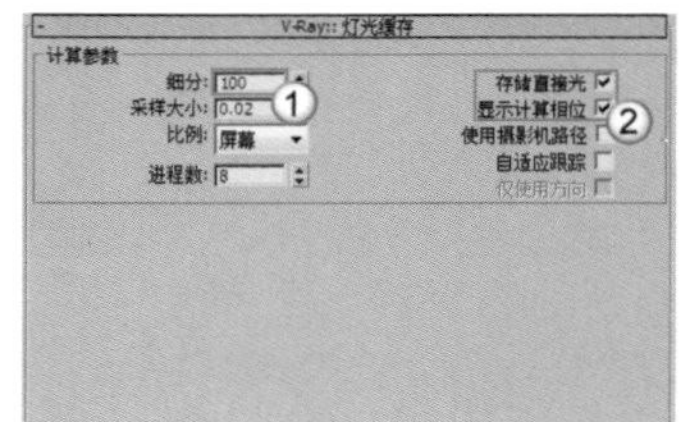

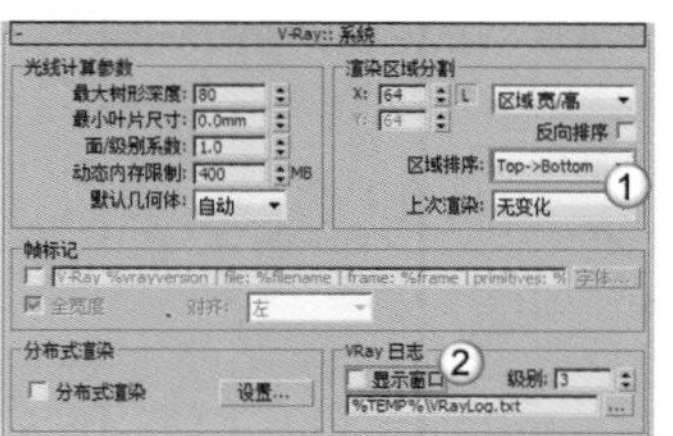

图13-76　　图13-77

在渲染时最好关闭“显示窗口”选项，这样可以避免在渲染前显示信息造成的短暂卡机现象，但如果场景在渲染过程出现了问题，可以重新勾选该选项查看相关原因。

19 下面创建场景中的灯光，首先创建环境光。设置灯光类型为VRay，然后在顶视图中创建一盏VRay灯光，其位置如图13-78所示。

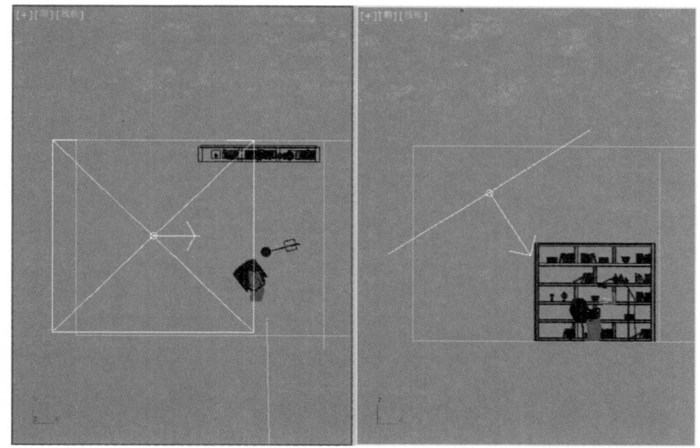

图13-78

技术专题 48 场景灯光的基本创建顺序

在一般情况下，创建灯光时都应该按照以下3个步骤的先后顺序进行创建。

第1步：创建阳光（月光）以及环境光，确定好场景灯光的整体基调。

第2步：根据空间中真实灯光的照明强度、影响范围并结合表现意图，逐步创建好空间中真实存在的灯光。

第3步：根据渲染图像所要表现出的效果创建补光，完善最终灯光效果。

20 选择上一步创建的VRay灯光，然后展开“参数”卷展栏，具体参数设置如图13-79所示。

设置步骤

① 在“常规”选项组下设置“类型”为“平面”。

② 在“强度”选项组下后设置“倍增”为2，然后设置“颜色”为（红:245，绿:245，蓝:245）。

③ 在“大小”选项组下设置“1/2长”为100cm、“1/2宽”为80cm。

④ 在“选项”选项组下勾选“不可见”选项。

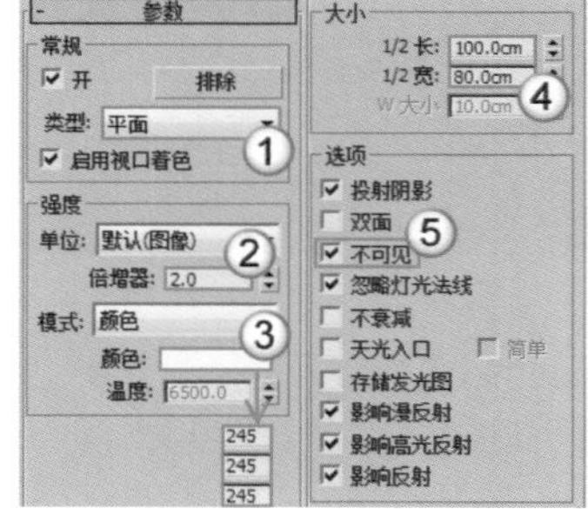

图13-79

21 按C键切换到摄影机视图，然后按Shift+Q组合键或F9键测试渲染当前场景，效果如图13-80所示，可以看到场景一片漆黑，这是由于VRay物理摄影机的感光度过低造成的。

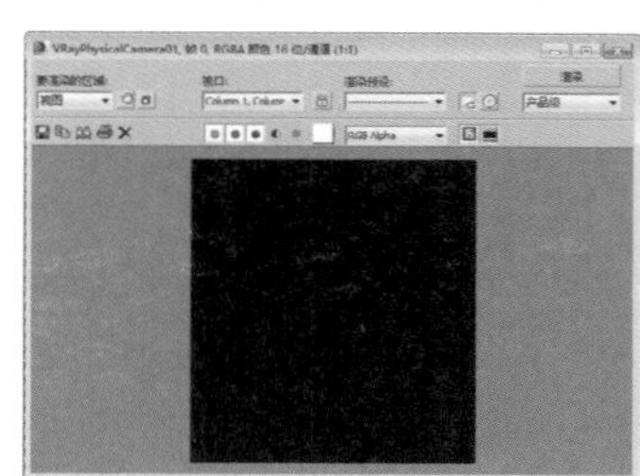

图13-80

22 选择场景中的VRay物理摄影机，然后在“基本参数”卷展栏下设置“光圈数”为2，如图13-81所示，接着按F9键测试渲染当前场景，效果如图13-82所示，此时可以看到场景中产生了基本的亮度。

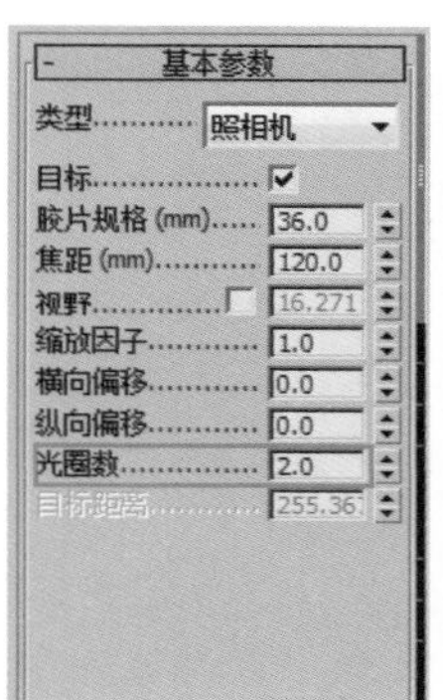

图13-81

图13-82

23 下面创建书架上的射灯。设置灯光类型为“光度学”，然后在书架上方创建两盏目标灯光，其位置如图13-83所示。

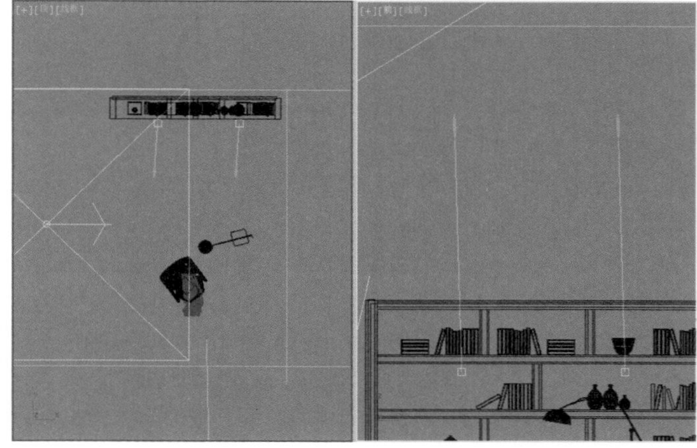

图13-83

24 选择上一步创建的目标灯光，然后进入“修改”面板，具体参数设置如图13-84所示。

设置步骤

① 展开“常规参数”卷展栏，然后在“阴影”选项组下勾选“启用”选项，接着设置阴影类型“VRay阴影”，最后设置“灯光分布（类型）”为“光度学Web”。

② 展开“分布（光度学Web）”卷展栏，然后在其通道中加载“实例

文件>CH13>实战：按照一般流程渲染场景>02.ies"文件。

③ 展开"强度/颜色/衰减"卷展栏，然后设置"过滤颜色"为（红:255，绿:217，蓝:168），接着设置"强度"为60000。

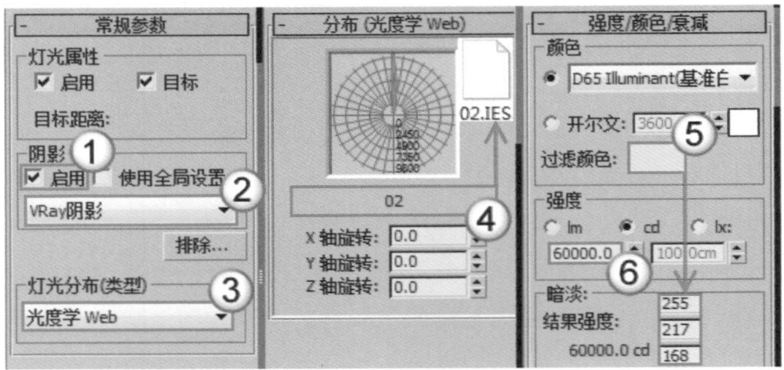

图13-84

25 按F9键测试渲染当前场景，效果如图13-85所示。

图13-85

26 下面创建落地灯。设置灯光类型为"标准"，然后在床左侧的落地灯处创建一盏目标聚光灯，其位置如图13-86所示。

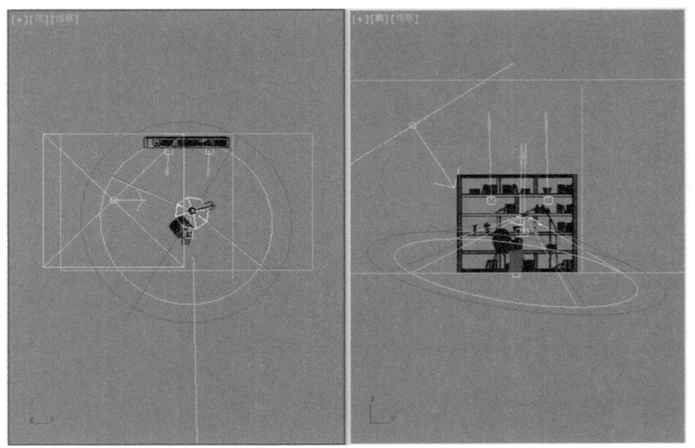

图13-86

27 选择上一步创建的目标聚光灯，然后展开"参数"卷展栏，具体参数设置如图13-87所示。

设置步骤

① 展开"常规参数"卷展栏，然后在"阴影"选项组下勾选"启用"选项。

② 展开"强度/颜色/衰减"卷展栏，然后设置"倍增"为0.45、"颜色"为（红:251，绿:170，蓝:65）。

③ 展开"聚光灯参数"卷展栏，然后设置"聚光区/光束"为126.6、"衰减区/区域"为135.4。

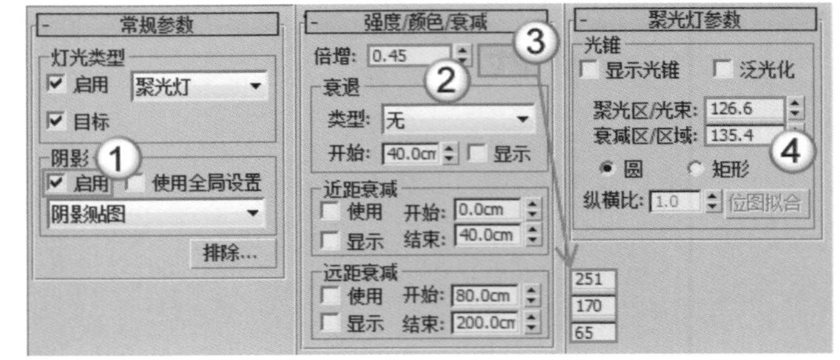

图13-87

28 按F9键测试渲染当前场景，效果如图13-88所示。至此，场景中的真实灯光创建完毕，接下来在椅子与落地灯上方创建点缀补光，以突出画面内容。

图13-88

29 下面创建点缀补光。设置灯光类型为"光度学"，然后在椅子及落地灯上方创建两盏目标灯光，其位置如图13-89所示。

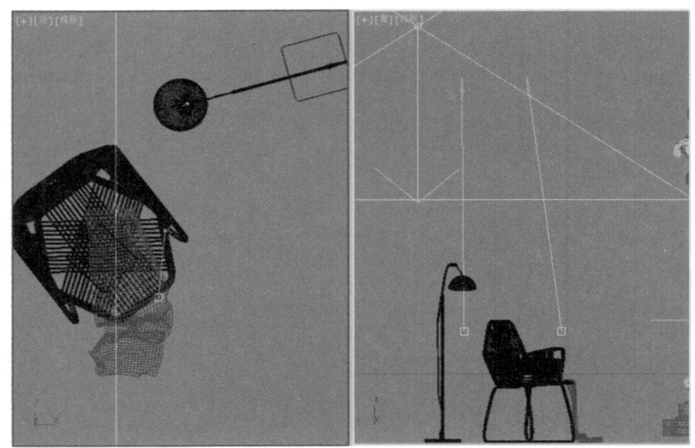

图13-89

30 选择上一步创建的目标灯光，然后进入"修改"面板，具体参数设置如图13-90所示。

设置步骤

① 展开"常规参数"卷展栏，然后在"阴影"选项组下勾选"启用"选项，接着设置阴影类型为"VRay阴影"，最后设置"灯光分布（类型）"为"光度学Web"。

② 展开"分布（光度学Web）"卷展栏，然后在其通道中加载"实例

文件>CH13>实战：按照一般流程渲染场景>02.ies”文件。

③ 展开“强度/颜色/衰减”卷展栏，然后设置“过滤颜色”为(红:255，绿:217，蓝:168)，接着设置“强度”为5000。

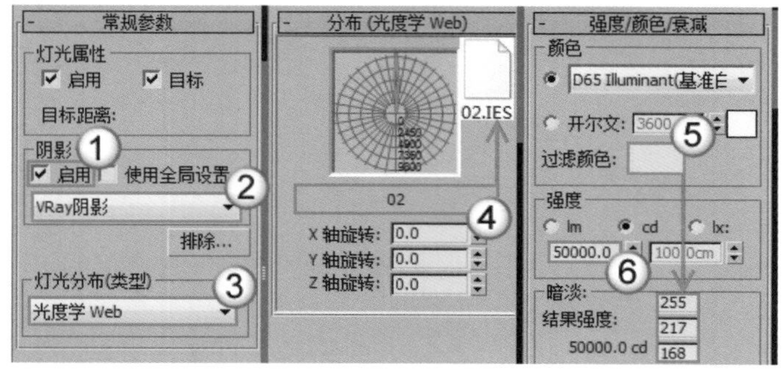

图13-90

31 按F9键测试渲染当前场景，效果如图13-91所示。至此，场景灯光创建完毕，接下来通过调整VRay物理摄影机的参数来确定渲染图像的最终亮度与色调。

32 选择VRay物理摄影机，然后在“基本参数”卷展栏下设置“光圈数”为1.68（提高场景亮度），接着关闭“光晕”选项，最后设置“自定义平衡”的颜色为(红:255，绿:255，蓝:237)，如图13-92所示。

图13-91　　图13-92

问：调整白平衡的颜色有何作用？

答：由于场景内的灯光均为暖色，因此会造成图像整体偏黄，调整“自定义平衡”的颜色为偏白色可以有效纠正偏色。

33 按F9键测试渲染当前场景，效果如图13-93所示。

图13-93

技巧与提示

灯光设置完成后，下面就要对场景中的材质与灯光细分进行调整，以得到最精细的渲染效果。

34 提高材质细分有利于减少图像中的噪点等问题，但过高的材质细分也会影响渲染速度。在本例中主要将书架木纹材质“反射”选项组下的“细分”值调整到24即可，如图13-94所示。其他材质的“细分”值控制在16即可。

35 提高灯光细分也有利于减少图像中的噪点等问题，同样过高的灯光细分也会影响到渲染速度。在本例中主要将模拟环境光的VRay灯光的“细分”值提高到30，如图13-95所示。其他灯光的“细分”值控制在24即可。

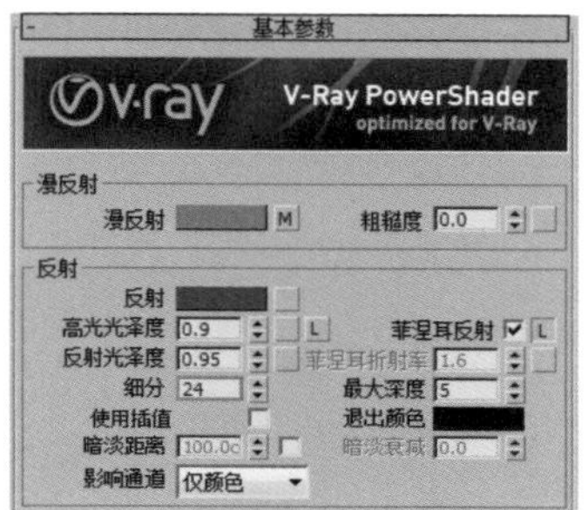

图13-94

图13-95

36 下面设置最终渲染参数。按F10键打开“渲染设置”对话框，然后展开“公共参数”卷展栏，接着设置“宽度”为1800、“高度”为2000，如图13-96所示。

37 单击VRay选项卡，然后在“全局开关”卷展栏下勾选“光泽效果”选项，如图13-97所示。

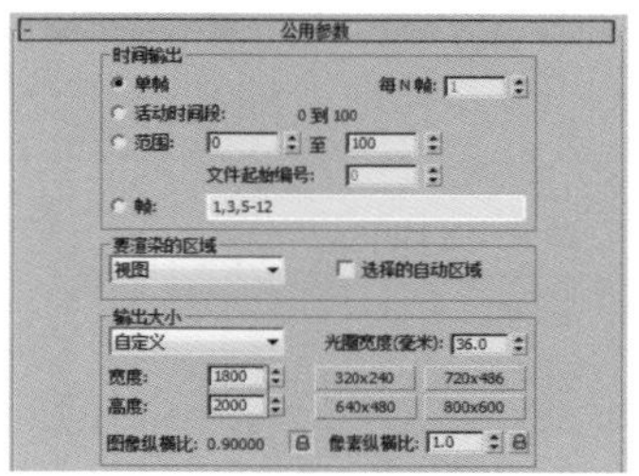

图13-96

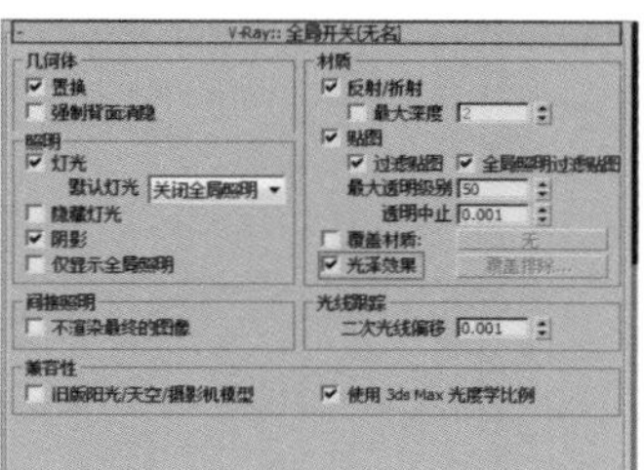

图13-97

38 在“图形采样器（反锯齿）”卷展栏下设置“图像采样器”类型为“自适应细分”，接着在“抗锯齿过滤器”选项组下勾选“开”选项，并设置“抗锯齿过滤器”为Catmull-Rom，如图13-98所示。

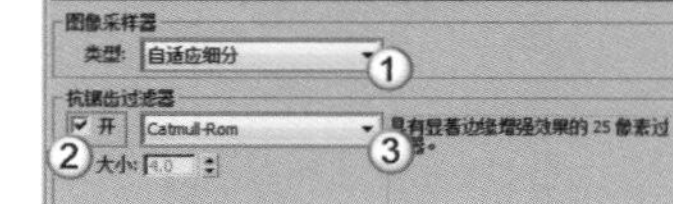

图13-98

39 单击“间接照明”选项卡，然后在“发光图”卷展栏下设置“当前预置”为“中”，接着设置“半球细分”为60、“插值采样”为30，如图13-99所示。

40 展开“灯光缓存”卷展栏，然后设置“细分”1000，如图13-100所示。

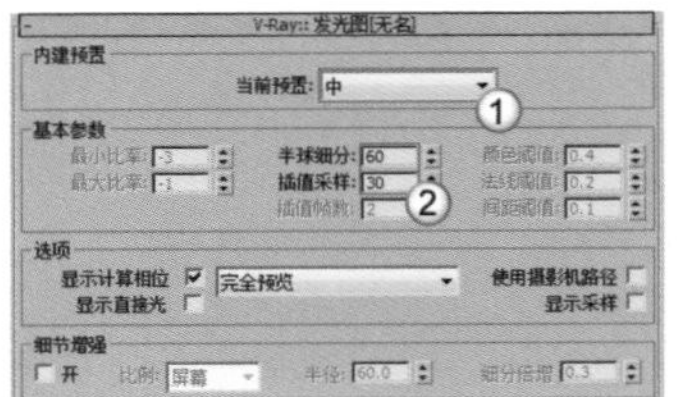

图13-99

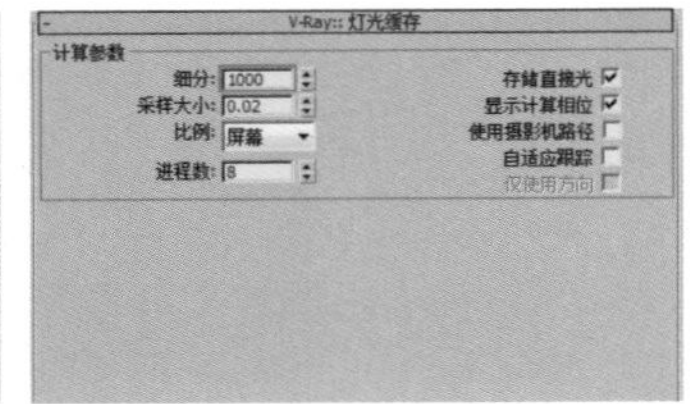

图13-100

41 单击“设置”选项卡，然后展开“DMC采样器”卷展栏，接着设置“噪波阈值”为0.005、“最少采样”为12，如图13-101所示。

图13-101

42 按F9键渲染当前场景，最终效果如图13-102所示。

图13-102

技巧与提示

在大致了解VRay渲染的基本流程以后，下面将针对VRay渲染器的各大重要参数进行详细讲解，同时将安排很多实战对一些重要参数进行深入练习。

13.6 VRay选项卡

VRay选项卡包含9个卷展栏，如图13-103所示。下面重点讲解“帧缓冲区”“全局开关”“图像采样器（反锯齿）”“自适应DMC图像采样器”“环境”和“颜色贴图”6个卷展栏下的参数。

图13-103

技巧与提示

在本节所要介绍的6个卷展栏中，除了“帧缓冲区”卷展栏不是很重要以外，其他5个卷展栏中的参数必须完全掌握。

本节知识概要

知识名称	主要作用	重要程度
帧缓冲区	代替3ds Max自身的帧缓存窗口	中
全局开关	对场景中的灯光、材质、置换等进行全局设置	高
图像采样器（反锯齿）	决定图像的渲染精度和渲染时间	高
自适应DMC图像采样器	适合用于拥有少量的模糊效果或者具有高细节的纹理贴图以及具有大量几何体面的场景	高
环境	设置天光的亮度、反射、折射和颜色	高
颜色贴图	控制整个场景的颜色和曝光方式	高

13.6.1 帧缓冲区卷展栏

“帧缓冲区”卷展栏下的参数可以代替3ds Max自身的帧缓存窗口。这里可以设置渲染图像的大小，以及保存渲染图像等，如图13-104所示。

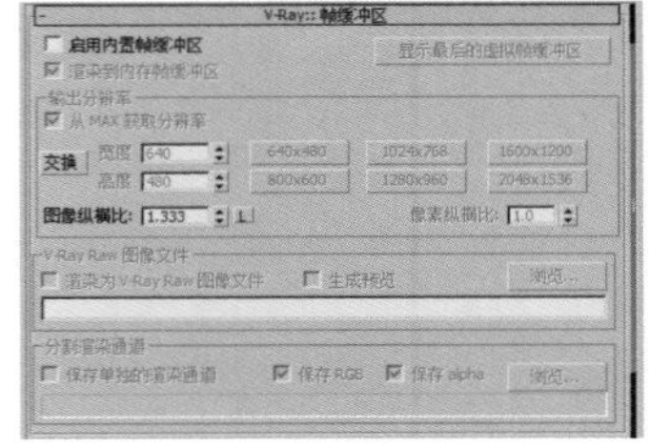

图13-104

帧缓存卷展栏参数介绍

① 帧缓存选项组

启用内置帧缓冲区：当选择这个选项的时候，用户就可以使用VRay自身的渲染窗口。同时需要注意，应该关闭3ds Max默认的“渲染帧窗口”选项，这样可以节约一些内存资源，如图13-105所示。

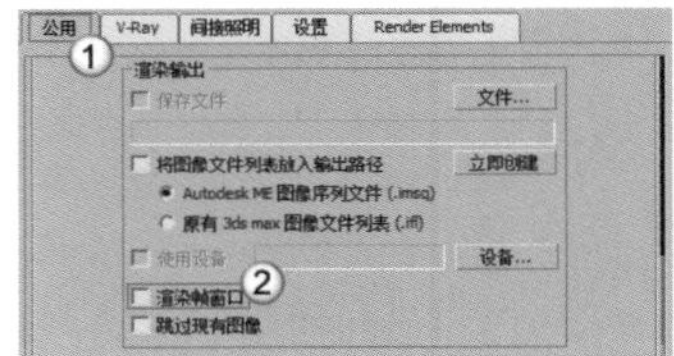

图13-105

技术专题 49 详解“VRay帧缓冲区”对话框

在“帧缓存”卷展栏下勾选“启用内置帧缓存”选项后，按F9键渲染场景，3ds Max会弹出“VRay帧缓冲区”对话框，如图13-106所示。

图13-106

切换颜色显示模式：分别为“切换到RGB通道”“查看红色通道”“查看绿色通道”“查看蓝色通道”“切换到alpha通道”和“灰度模式”。

保存图像：将渲染好的图像保存到指定的路径中。

载入图像：载入VRay图像文件。

清除图像：清除帧缓存中的图像。

复制到3ds Max的帧缓存：单击该按钮可以将VRay帧缓存中的

图像复制到3ds Max中的帧缓存中。

渲染时跟踪鼠标：强制渲染鼠标所指定的区域，这样可以快速观察到指定的渲染区域。

区域渲染：使用该按钮可以在VRay帧缓存中拖出一个渲染区域，再次渲染时就只渲染这个区域内的物体。

最后渲染：重复一次最后进行的渲染。

显示校正控制器：单击该按钮会弹出“颜色校正”对话框，在该对话框中可以校正渲染图像的颜色。

强制颜色钳位：单击该按钮可以对渲染图像中超出显示范围的色彩不进行警告。

显示像素信息：激活该按钮后，使用鼠标右键在图像上单击会弹出一个与像素相关的信息通知对话框。

使用色彩校正：在“颜色校正”对话框中调整明度的阈值后，单击该按钮可以将最后调整的结果显示或不显示在渲染的图像中。

使用颜色曲线校正：在“颜色校正”对话框中调整好曲线的阈值后，单击该按钮可以将最后调整的结果显示或不显示在渲染的图像中。

使用曝光校正：控制是否对曝光进行修正。

显示在sRGB色颜色空间：SRGB是国际通用的一种RGB颜色模式，还有Adobe RGB和ColorMatch RGB模式，这些RGB模式主要的区别就在于Gamma值的不同。

使用LUT校正：在“颜色校正”对话框中加载LUT校正文件后，单击该按钮可以将最后调整的结果显示或不显示在渲染的图像中。

显示VFB历史窗口：单击该按钮后将弹出“渲染历史”对话框，该对话框用于查看之前渲染过的图像文件的相关信息。

使用像素纵横比：当渲染图像比例不当造成像素失真时，可以单击该按钮进行自动校正。注意，此时校正的是图像内单个像素的纵横比，因此对画面整体的影响并不明显。

立体红色/青色：如果需要输出具有立体感的画面，可以通过该按钮分别输出立体红色及立体青色图像，然后经过后期合成制作立体画面效果。

渲染到内存帧缓冲区：当勾选该选项时，可以将图像渲染到内存中，然后再由帧缓冲窗口显示出来，这样可以方便用户观察渲染的过程；当关闭该选项时，不会出现渲染框，而直接保存到指定的硬盘文件夹中，这样的好处是可以节约内存资源。

② 输出分辨率选项组

从MAX获取分辨率：当勾选该选项时，将从“公用”选项卡的“输出大小”选项组中获取渲染尺寸；当关闭该选项时，将从VRay渲染器的“输出分辨率”选项组中获取渲染尺寸。

宽度：设置像素的宽度。

长度：设置像素的长度。

交换：交换“宽度”和“高度”的数值。

图像纵横比：设置图像的长宽比例，单击后面的L按钮可以锁定图像的长宽比。

像素纵横比：控制渲染图像的像素长宽比。

③ VRay Raw图像文件选项组

渲染为VRay Raw图像：控制是否将渲染后的文件保存到所指定的路径中。勾选该选项后渲染的图像将以raw格式进行保存。

生成预览：勾选该参数将在VRay Raw图像渲染完成后，生成预览效果。

技巧与提示

在渲染较大的场景时，计算机会负担很大的渲染压力，而勾选“渲染为VRay原始格式图像”选项后（需要设置好渲染图像的保存路径），渲染图像会自动保存到设置的路径中。

④ 分割渲染通道选项组

保存单独的渲染通道：控制是否单独保存渲染通道。

保存RGB：控制是否保存RGB色彩。

保存alpha：控制是否保存Alpha通道。

浏览：单击该按钮可以保存RGB和Alpha文件。

实战：使用VRay帧缓冲区

场景位置 场景文件>CH13>04.max
实例位置 实例文件>CH13>实战：使用VRay帧缓冲区.max
视频位置 多媒体教学>CH13>实战：使用VRay帧缓冲区.flv
难易指数 ★☆☆☆☆
技术掌握 VRay帧缓冲区的调出方法

扫码看视频

“VRay帧缓冲区” 相对于3ds Max自带的渲染窗口更为丰富，是VRay渲染器的渲染缓冲窗口，如图13-107所示。

图13-107

01 打开“场景文件>CH13>04.max”文件，如图13-108所示。

02 按F9键测试渲染当前场景，默认设置下将使用3ds Max自带的帧缓冲区，如图13-109所示。接下来启用VRay帧缓冲区。

图13-108

图13-109

03 按F10键打开“渲染设置”对话框，然后单击VRay选项卡，接着在“帧缓冲区”卷展栏下勾选“启用内置帧缓冲区”选项、“渲染到内存帧缓冲区”和“从MAX获取分辨率”选项，如图13-110所示。

04 在启用VRay帧缓冲区以后，默认的3ds Max帧缓冲区仍在后台工作，为了降低计算机的负担，可以单击“公用”选项卡，然后在“公用参数”卷展栏下关闭“渲染帧窗口”选项，如图13-111所示。

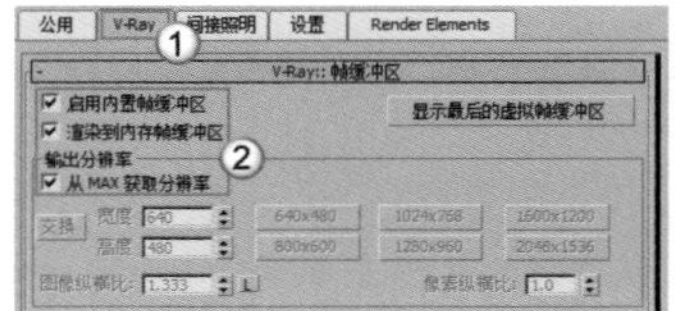

图13-110

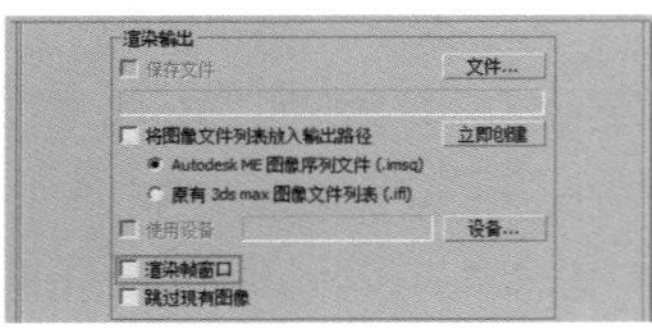

图13-111

05 再次按F9键测试渲染当前场景，此时将弹出VRay的帧缓冲区，如图13-112所示。

图13-112

13.6.2 全局开关卷展栏

“全局开关”展卷栏下的参数主要用来对场景中的灯光、材质、置换等进行全局设置，如是否使用默认灯光、是否开启阴影、是否开启模糊等，如图13-113所示。

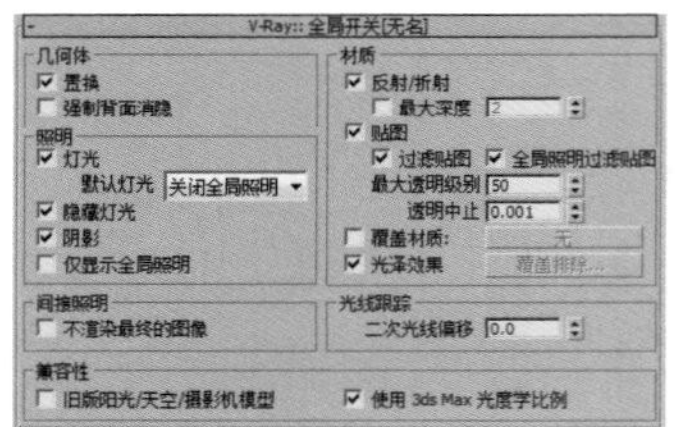

图13-113

全局开关卷展栏参数介绍

① 几何体选项组

置换：控制是否开启场景中的置换效果。在VRay的置换系统中，一共有两种置换方式，分别是材质置换方式和“VRay置换模式”修改器方式，如图13-114和图13-115所示。当关闭该选项时，场景中的两种置换都不会起作用。

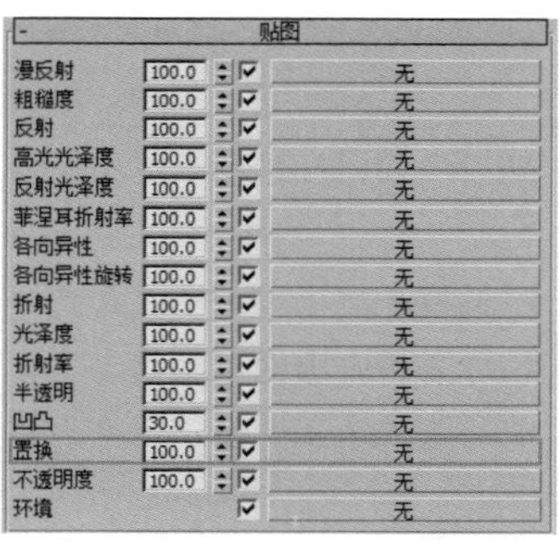

图13-114

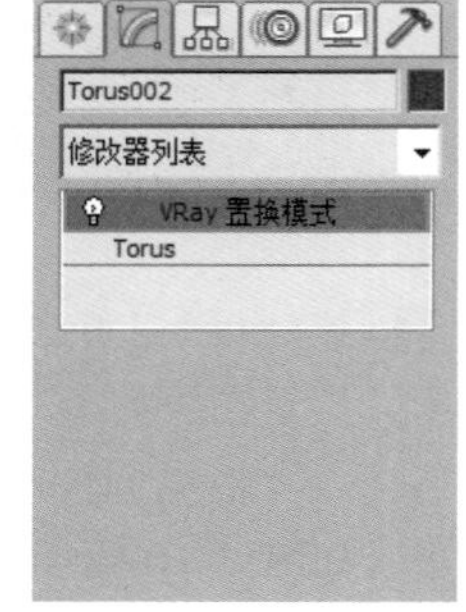

图13-115

强制背面消隐：执行3ds Max中的“自定义>首选项”菜单命令，打开“首选项设置”对话框，在“视口”选项卡下有一个“创建对象时背面消隐”选项，如图13-116所示。“背面强制隐藏”与“创建对象时背面消隐”选项相似，但“创建对象时背面消隐”只用于视图，对渲染没有影响，而“强制背面隐藏”是针对渲染而言的，勾选该选项后反法线的物体将不可见。

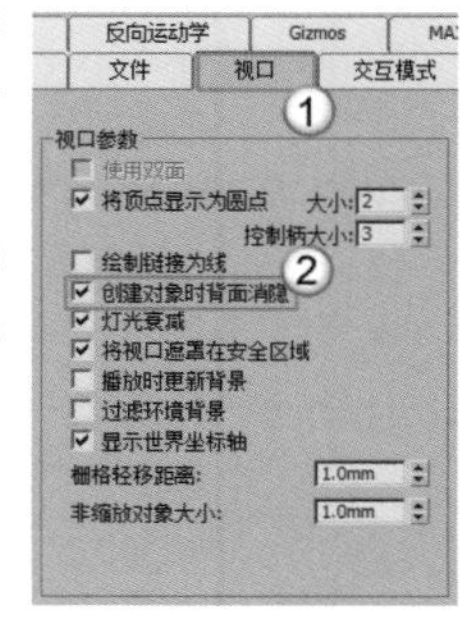

图13-116

② 照明选项组

灯光：控制是否开启场景中的光照效果。当关闭该选项时，场景中放置的灯光将不起作用。

默认灯光：控制场景是否使用3ds Max系统中的默认光照，一般情况下都不设置它。

隐藏灯光：控制场景是否让隐藏的灯光产生光照。这个选项对于调节场景中的光照非常方便。

阴影：控制场景是否产生阴影。

仅显示全局照明：当勾选该选项时，场景渲染结果只显示全局照明的光照效果。虽然如此，渲染过程中也是计算了直接光照的。

③ 间接照明选项组

不渲染最终的图像：控制是否渲染最终图像。如果勾选该选项，VRay将在计算完光子以后，不再渲染最终图像，这对跑小光子图非常方便。

④ 材质选项组

反射/折射：控制是否开启场景中的材质的反射和折射效果。

最大深度：控制整个场景中的反射、折射的最大深度，后面的输入框数值表示反射、折射的次数。

贴图：控制是否让场景中的物体的程序贴图和纹理贴图渲染出来。如果关闭该选项，那么渲染出来的图像就不会显示贴图，取而代之的是漫反射通道里的颜色。

过滤贴图：这个选项用来控制VRay渲染时是否使用贴图纹理过滤。如果勾选该选项，VRay将用自身的“抗锯齿过滤器”来对贴图纹理进行过滤，如图13-117所示；如果关闭该选项，将以原始图像进行渲染。

图13-117

全局照明过滤贴图：控制是否在全局照明中过滤贴图。

最大透明级别：控制透明材质被光线追踪的最大深度。值越高，被光线追踪的深度越深，效果越好，但渲染速度会变慢。

透明中止：控制VRay渲染器对透明材质的追踪终止值。当光线透明度的累计比当前设定的阀值低时，将停止光线透明追踪。

覆盖材质：是否给场景赋予一个全局材质。当在后面的通道中设置一个材质后，那么场景中所有的物体都将使用该材质进行渲染，这在测试阳光效果及检查模型完整度时非常有用。

光泽效果：是否开启反射或折射模糊效果。当关闭该选项时，场景中带模糊的材质将不会渲染出反射或折射模糊效果。

⑤ 光线跟踪选项组

二次光线偏移：这个选项主要用来控制有重面的物体在渲染时不会产生黑斑。如果场景中有重面，在默认值为0的情况下将会产生黑斑，一般通过设置一个比较小的值来纠正渲染错误，比如0.0001。但是如果这个值设置得比较大，比如10，那么场景中的间接照明将变得不正常。比如在图13-118中，地板上放了一个长方体，它的位置刚好和地板重合，当“二次光线偏移”数值为0时，渲染结果不正确，出现黑块；当“二次光线偏移”数值为0.001时，渲染结果正常，没有黑斑，如图13-119所示。

图13-118

图13-119

★ 重点 ★

实战：测试全局开关的隐藏灯光

场景位置 场景文件>CH13>05.max
实例位置 实例文件>CH13>实战：测试全局开关的隐藏灯光.max
视频位置 多媒体教学>CH13>实战：测试全局开关的隐藏灯光.flv
难易指数 ★☆☆☆☆
技术掌握 隐藏灯光选项的功能

扫码看视频

“隐藏灯光”选项用于控制场景内隐藏的灯光是否参与渲染照明作用，在同一场景内该选项勾选前后的效果对比如图13-120和图13-121所示。

开启隐藏灯光
图13-120

关闭隐藏灯光
图13-121

01 打开“场景文件>CH13>05.max”文件，如图13-122所示。

02 按F9键测试渲染当前场景，效果如图13-123所示。从渲染效果中可以观察到，餐厅空间内产生了良好的夜晚灯光效果，其中以墙壁上的射灯照明最为明显，下面就通过这些射灯来了解“隐藏灯光”选项的功能。

图13-122

图13-123

03 选择场景中所有的射灯，然后单击鼠标右键，接着在弹出的菜单中选择“隐藏选定对象”命令，将所选灯光隐藏起来，如图13-124所示。

04 按F9键测试渲染当前场景，效果如图13-125所示，可以看到场景中的射灯仍然产生了照明作用，这是因为“隐藏灯光”选项在默认情况下处于开启状态。

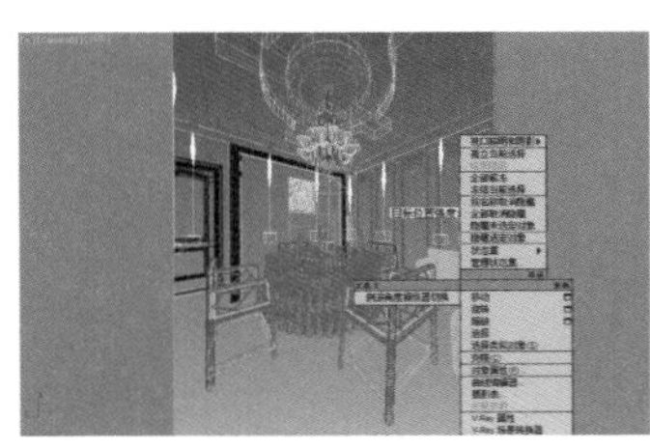
图13-124

图13-125

05 关闭“隐藏灯光”选项，如图13-126所示，然后再次按F9键测试渲染当前场景，效果如图13-127所示，此时可以看到射灯已经不再产生照明效果。

图13-126

图13-127

在灯光测试阶段应该关闭“隐藏灯光”选项，从而方便单独调整单个或某个区域灯光的细节效果。

★ 重点 ★

实战：测试全局开关的覆盖材质

场景位置　场景文件>CH13>06.max
实例位置　实例文件>CH13>实战：测试全局开关的覆盖材质.max
视频位置　多媒体教学>CH13>实战：测试全局开关的覆盖材质.flv
难易指数　★☆☆☆☆
技术掌握　覆盖材质选项的功能

扫码看视频

“覆盖材质”选项用于统一控制场景内所有模型的材质效果，该功能通常用于检查场景模型是否完整，如图13-128所示。

图13-128

01 打开“场景文件>CH13>06.max”文件，如图13-129所示。

02 选择一个空白材质球，然后设置材质类型为VRayMtl材质，并将其命名为cscz，接着设置“漫反射”颜色为白色，如图13-130所示。

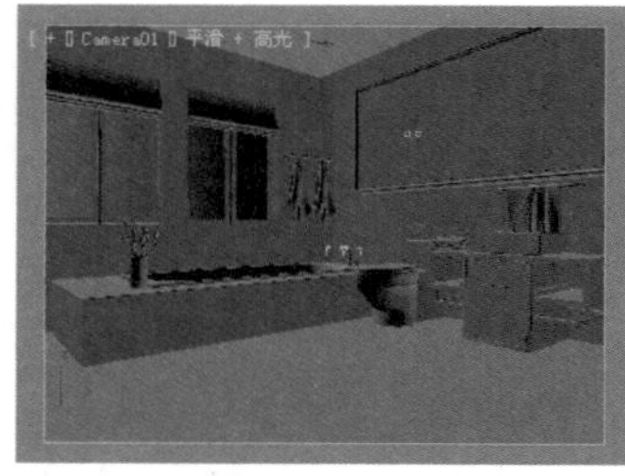

图13-129　　图13-130

03 按F10键打开“渲染设置”对话框，然后在“全局开关”卷展栏下勾选“覆盖材质”选项，接着使用鼠标左键将cscz材质以“实例”方式复制到“覆盖材质”选项后面的None（无）按钮 None 上，如图13-131所示。

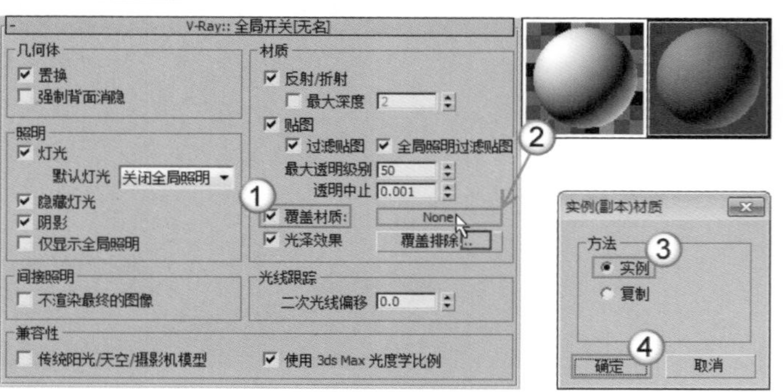

图13-131

04 为了快速产生照明效果，可以展开“环境”卷展栏，然后在“全局照明环境（天光）覆盖”选项组下勾选“开”选项，接着设置“倍增”为2，如图13-132所示。

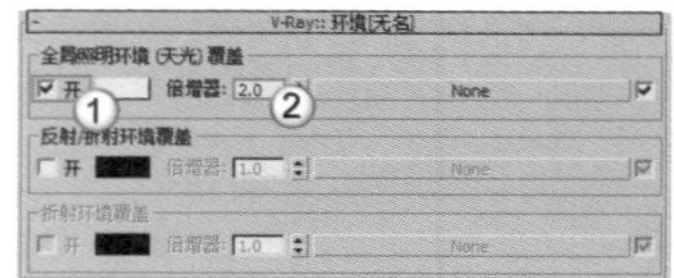

图13-132

05 按F9键测试渲染当前场景，效果如图13-133所示，可以看到所有对象均显示为灰白色，如果模型有破面、漏光现象就会非常容易发现，如图13-134和图13-135所示。

图13-133　　图13-134

图13-135

★ 重点 ★

实战：测试全局开关的光泽效果

场景位置　场景文件>CH13>07.max
实例位置　实例文件>CH13>实战：测试全局开关的光泽效果.max
视频位置　多媒体教学>CH13>实战：测试全局开关的光泽效果.flv
难易指数　★☆☆☆☆
技术掌握　光泽效果选项的功能

扫码看视频

“光泽效果”选项用于统一控制场景内的模糊反射效果，该选项开启前后的场景渲染效果与耗时对比如图13-136和图13-137所示。

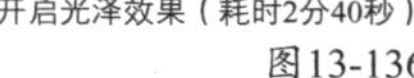

开启光泽效果（耗时2分40秒）

图13-136

关闭光泽效果（耗时1分25秒）

图13-137

01 打开“场景文件>CH13>07.max”文件，如图13-138所示。

02 按F9键测试渲染当前场景，效果如图13-139所示。由于默认情况下勾选了“光泽效果”选项，因此当前的边柜漆面产生了比较真实的模糊效果，整体渲染时间约为2分40秒。

图13-138

图13-139

知识链接

关于渲染图像中时间的显示请参阅本章中的“实战：测试系统的帧标记”。

03 按F10键打开“渲染设置”对话框，然后在“全局开关”卷展栏下关闭“光泽效果”选项，如图13-140所示。

04 再次按F9键测试渲染当前场景，效果如图13-141所示，可以看到渲染出了光亮的漆面效果，渲染时间也大幅降低到约1分25秒。

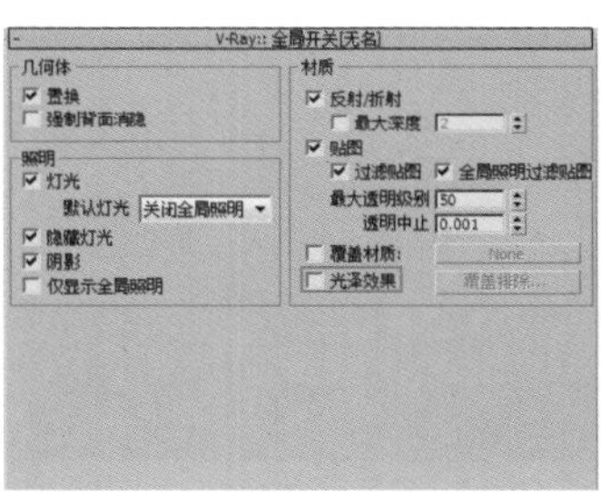

图13-140

图13-141

技巧与提示

由于材质的光泽效果对灯光照明效果的影响十分小，因此在测试渲染灯光效果时，可以关闭“光泽效果”选项以加快渲染速度。而在成品图的渲染时则需要勾选该选项，以体现真实的材质模糊反射细节。

13.6.3 图像采样器（反锯齿）卷展栏

反（抗）锯齿在渲染设置中是一个必须调整的参数，其数值的大小决定了图像的渲染精度和渲染时间，但反锯齿与全局照明精度的高低没有关系，只作用于场景物体的图像和物体的边缘精度，其参数设置面板如图13-142所示。

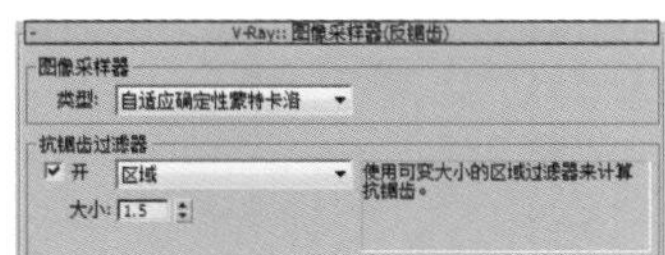

图13-142

图像采样器（反锯齿）卷展栏参数介绍

① 图像采样器选项组

类型：用来设置“图像采样器”的类型，包括“固定”“自适应DMC”和“自适应细分”3种类型。

固定：对每个像素使用一个固定的细分值。该采样方式适合拥有大量的模糊效果（如运动模糊、景深模糊、反射模糊、折射模糊等）或者具有高细节纹理贴图的场景。在这种情况下，使用“固定”方式能够兼顾渲染品质和渲染时间。

自适应确定性蒙特卡洛：这是最常用的一种采样器，在下面的内容中还要单独介绍，其采样方式可以根据每个像素以及与它相邻像素的明暗差异来使不同像素使用不同的样本数量。在角落部分使用较高的样本数量，在平坦部分使用较低的样本数量。该采样方式适合用于拥有少量的模糊效果或者具有高细节的纹理贴图以及具有大量几何体面的场景。

自适应细分：这个采样器具有负值采样的高级抗锯齿功能，适用于在没有或者有少量的模糊效果的场景中，在这种情况下，它的渲染速度最快，但是在具有大量细节和模糊效果的场景中，它的渲染速度会非常慢，渲染品质也不高，这是因为它需要去优化模糊和大量的细节，这样就需要对模糊和大量细节进行预计算，从而把渲染速度降低。同时该采样方式是3种采样类型中最占内存资源的一种，而“固定”采样器占的内存资源最少。

② 抗锯齿过滤器选项组

开：当勾选“开”选项以后，可以从后面的下拉列表中选择一个抗锯齿过滤器来对场景进行抗锯齿处理；如果不勾选“开”选项，那么渲染时将使用纹理抗锯齿过滤器。抗锯齿过滤器的类型有以下16种。

区域：用区域大小来计算抗锯齿，如图13-143所示。

清晰四方形：来自Neslon Max算法的清晰9像素重组过滤器，如图13-144所示。

Catmull-Rom：一种具有边缘增强的过滤器，可以产生较清晰的图像效果，如图13-145所示。

图13-143

图13-144

图13-145

图版匹配/MAX R2：使用3ds Max R2的方法（无贴图过滤）将摄影机和场景或“无光/投影”元素与未过滤的背景图像相匹配，如图13-146所示。

图13-146

四方形：和“清晰四方形”相似，能产生一定的模糊效果，如图13-147所示。

立方体：基于立方体的25像素过滤器，能产生一定的模糊效果，如图13-148所示。

视频：适合于制作视频动画的一种抗锯齿过滤器，如图13-149所示。

图13-147

图13-148

图13-149

柔化：用于程度模糊效果的一种抗锯齿过滤器，如图13-150所示。

Cook变量：一种通用过滤器，较小的数值可以得到清晰的图像效果，如图13-151所示。

混合：一种用混合值来确定图像清晰或模糊的抗锯齿过滤器，如图13-152所示。

图13-150

图13-151

图13-152

Blackman：一种没有边缘增强效果的抗锯齿过滤器，如图13-153所示。

Mitchell-Netravali：一种常用的过滤器，能产生微量模糊的图像效果，如图13-154所示。

VRayLanczosFilter/VRaySincFilter：这两个过滤器可以很好地平衡渲染速度和渲染质量，如图13-155所示。

图13-153

图13-154

图13-155

VRayBoxFilter（盒子过滤器）/VRayTriangleFilter（三角形过滤器）：这两个过滤器以“盒子”和“三角形”的方式进行抗锯齿。

大小：设置过滤器的大小。

★ 重 点 ★

实战：测试图像采样器的采样类型

场景位置　场景文件>CH13>08.max
实例位置　实例文件>CH13>实战：测试图像采样器的采样类型.max
视频位置　多媒体教学>CH13>实战：测试图像采样器的采样类型.flv
难易指数　★★☆☆☆
技术掌握　3种图像采样器的作用

扫码看视频

图像采样指的是VRay渲染器在渲染时对渲染图像中每个像素使用的采样方式，VRay渲染器共有“固定”“自适应细分”以及“自适应确定性蒙特卡洛”3种采样方式，其生成的效果与耗时对比如图13-156~图13-158所示。接下来了解各采样器的特点与使用方法。

固定（耗时1分27秒）
图13-156

自适应细分（耗时3分27秒）
图13-157

自适应确定性蒙特卡洛（耗时2分59秒）
图13-158

01 打开“场景文件>CH13>08.max”文件，如图13-159所示。

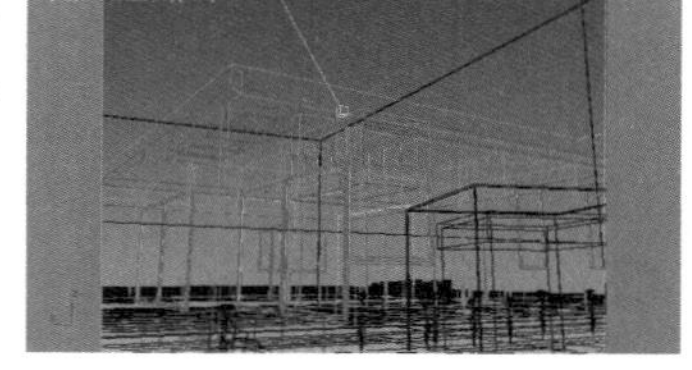
图13-159

02 下面测试“固定”采样器的作用。在“图像采样器（反锯齿）”卷展栏下设置“图像采样器”类型为“固定”采样器，如图13-160所示。该采样器是VRay最简单的采样器，对于每一个像素使用一个固定数量的样本，选择该采样方式后将自动添加一个“固定图像采样器”卷展栏，如图13-161所示。

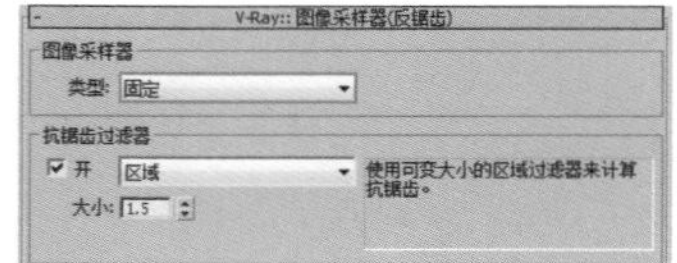

图13-160

图13-161

“固定”采样器的效果由“固定图像采样器”卷展栏下的“细分”数值控制，设定的“细分”值表示每个像素使用的样本数量。

03 保持“细分”值为1，按F9键测试渲染当前场景，效果如图13-162所示，细节放大效果如图13-163所示，可以看到图像中的锯齿现象比较明显，但对于材质与灯光的查看并没有影响，耗时约为1分27秒。

图13-162　图13-163

04 在“固定图像采样器”卷展栏下将“细分”值修改为2，然后按F9键测试渲染当前场景，效果如图13-164所示，细节放大效果如图13-165所示，可以看到图像中的锯齿现象虽然得到了改善，但图像细节反而变得更模糊，而耗时则增加到约3分56秒。

图13-164　图13-165

技巧与提示

经过上面的测试可以发现，在使用“固定”采样器并保持默认的“细分”值为1时，可以快速渲染出用于观察材质与灯光效果的图像，但如果增大“细分”值则会使图像变得模糊，同时大幅增加渲染时间。因此，通常用默认设置的“固定”采样器类来测试灯光效果，而如果需要渲染大量的模糊特效（如运动模糊、景深模糊、反射模糊和折射模糊），则可以考虑提高“细分”值，以达到质量与耗时的平衡。

05 下面测试“自适应细分”采样器的作用。在“图像采样器（反锯齿）”卷展栏下设置“图像采样器”类型为“自适应细分”采样器，如图13-166所示。该采样器是用得最多的采样器，对于模糊和细节要求不太高的场景，它可以得到速度和质量的平衡，在室内效果图的制作中，这个采样器几乎可以适用于所有场景。选择该采样方式后将自动添加一个“自适应细分图像采样器”卷展栏，如图13-167所示。

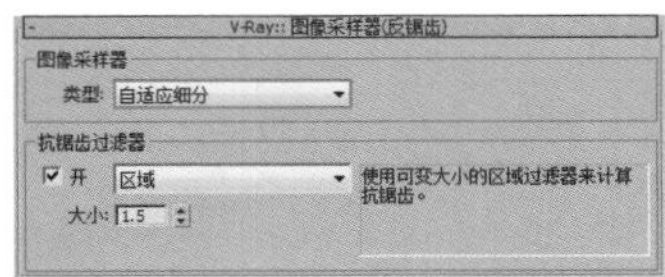

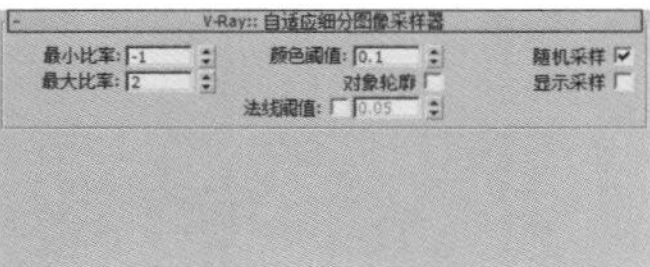

图13-166　图13-167

06 保持默认的“自适应细分”采样器设置，按F9键测试渲染当前场景，效果如图13-168所示，可以看到图像没有明显的锯齿现象，材质与灯光的表现也比较理想，耗时约为3分27秒。

图13-168

07 在“自适应细分图像采样器”卷展栏下将“最小比率”修改为0，然后测试渲染当前场景，效果如图13-169所示，可以看到图像并没有产生明显的变化，而耗时则增加到约3分58秒。

08 将“最小比率”数值还原为-1，然后将“最大比率”修改为3，接着测试渲染当前场景，效果如图13-170所示，可以看到图像效果并没有明显的变化，而耗时则增加到约5分24秒。

图13-169　图13-170

技巧与提示

经过上面的测试可以发现，使用“自适应细分”采样器时，通常情况下“最小比率”为-1、“最大比率”为2时就能得到较好的效果。而提高“最小比率”或“最大比率”并不会明显改善图像的质量，但渲染时间会大幅增加，因此在使用该采样器时保持默认设置即可。

09 下面测试“自适应确定性蒙特卡洛”采样器的作用。在“图像采样器（反锯齿）”卷展栏下设置“图像采样器”类型为“自适应确定性蒙特卡洛”采样器，如图13-171所示。该采样器是最为复杂的采样器，它根据每个像素和它相邻像素的明暗差异来产生不同数量的样本，从而使需要表现细节的地方使用更多的采样，使效果更为精细，而在细节较少的地方减少采样，以缩短计算时间。选择该采样方式后将自动添加一个“自适应DMC图像采样器”卷展栏，如图13-172所示。

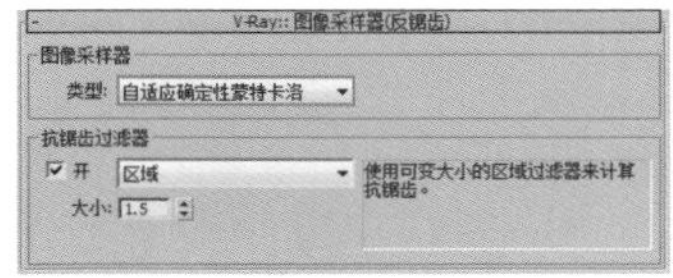

图13-171　图13-172

知识链接

关于“自适应DMC图像采样器”卷展栏下的参数含义与作用请参阅“13.6.4 自适应DMC图像采样器卷展栏”下的相关内容。

10 保持默认的“自适应确定性蒙特卡洛”采样器设置，按F9键测试渲染当前场景，效果如图13-173所示，可以看到图像没有明显的锯齿效果，材质与灯光的表达也比较理想，耗时约为2分59秒。

图13-173

11 在“自适应DMC图像采样器”卷展栏卷展栏下将“最小细分”修改为2，然后测试渲染当前场景，效果如图13-174所示，可以看到图像效果并没有明显的变化，而耗时则增加到约3分24秒。

12 将“最小细分”数值还原1，然后将“最大细分”修改为5，接着测试渲染当前场景，效果如图13-175所示，可以看到图像效果并没有明显的变化，而耗时则增加到约3分51秒。

图13-174

图13-175

技巧与提示

经过以上的测试并对比“自适应细分”采样器的渲染质量与时间可以发现，“自适应确定性蒙特卡洛”采样器在取得相近的图像质量的前提下，所耗费的时间相对更少，因此当场景具有大量微小细节，如在具有VRay毛发或模糊效果（景深和运动模糊等）的场景中，为了尽可能提高渲染速度，该采样器是最佳选择。

★重点★

实战：测试图像采样器的反锯齿类型

场景位置　场景文件>CH13>09.max
实例位置　实例文件>CH13>实战：测试图像采样器的反锯齿类型.max
视频位置　多媒体教学>CH13>实战：测试图像采样器的反锯齿类型.flv
难易指数　★★☆☆☆
技术掌握　常用反锯齿过滤器的作用

扫码看视频

VRay渲染器支持3ds Max内置的绝大部分反锯齿类型，在本例中主要介绍最常用的3种类型，分别是“区域”、Catmull-Rom以及Mitchell-Netravali，生成的效果与耗时对比如图13-176~图13-178所示。

区域（耗时2分52秒）

图13-176

Catmull-Rom（耗时2分55秒）

图13-177

Mitchell-Netravali（耗时2分52秒）

图13-178

01 打开“场景文件>CH13>09.max”文件，如图13-179所示。

02 展开“图像采样器（反锯齿）”卷展栏，可以观察到“抗锯齿过滤器”的“开”选项处于关闭状态，这表示没有使用任何抗锯齿过滤器，如图13-180所示。

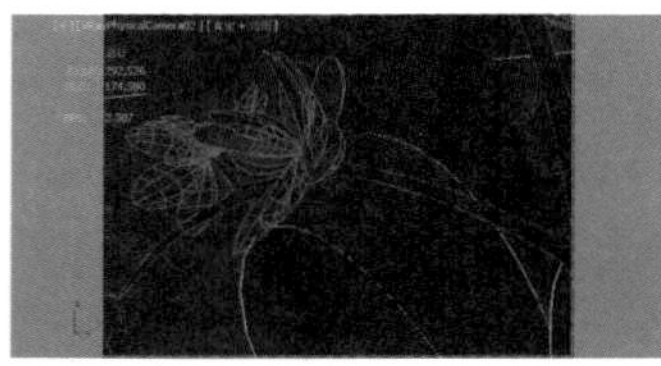

图13-179

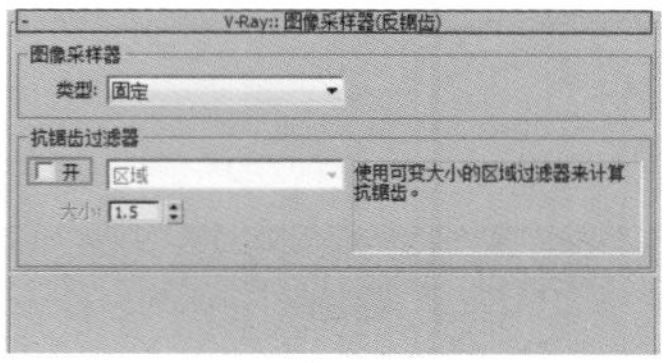

V-Ray:: 图像采样器(反锯齿)
图像采样器
类型: 固定
抗锯齿过滤器
开　区域　使用可变大小的区域过滤器来计算抗锯齿。
大小: 1.5

图13-180

03 按F9键测试渲染当前场景，渲染效果如图13-181所示，细节放大效果如图13-182所示。

图13-181

图13-182

04 下面测试“区域”反锯齿过滤器的作用。展开“图像采样器（反锯齿）”卷展栏，然后在“抗锯齿过滤器”选项组下勾选“开”选项，并设置类型为“区域”，如图13-183所示，接着测试渲染当前场景，效果如图13-184所示，细节放大效果如图13-185所示，可以看到图像整体变得相对平滑，但细节稍有些模糊（注意叶片上的条纹），耗时增加到约2分52秒。

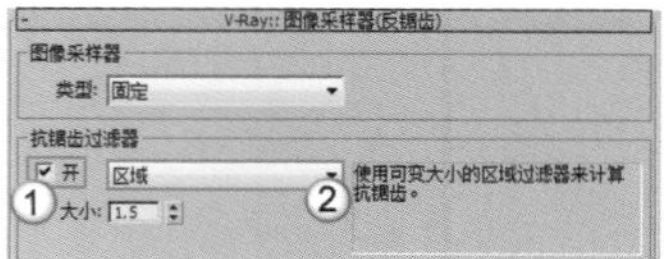

图13-183

图13-184

图13-185

05 下面测试Catmull-Rom反锯齿过滤器。在“图像采样器（反锯齿）”卷展栏下设置“抗锯齿过滤器”类型为Catmull-Rom，如图13-186所示，然后测试渲染当前场景，效果如图13-187所示，细节放大效果如图13-188所示，可以看到图像整体变得比较平滑，但图像细节变得比较锐利，耗时增加到约2分55秒。

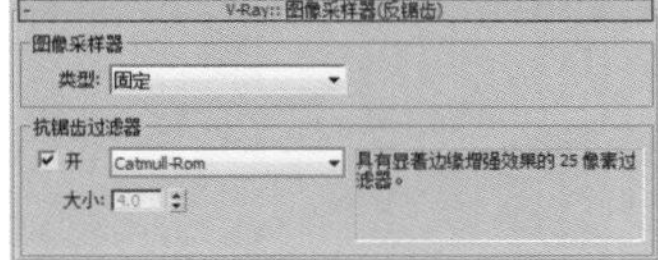

图13-186

图13-187

图13-188

06 下面测试Mitchell-Netravali反锯齿过滤器。在“图像采样器（反锯齿）”卷展栏下设置“抗锯齿过滤器”类型为Mitchell-Netravali，如图13-189所示，然后测试渲染当前场景，效果如图13-190所示，细节放大效果如图13-191所示，可以看到图像整体变得平滑，但图像细节损失较大，耗时约为2分52秒。

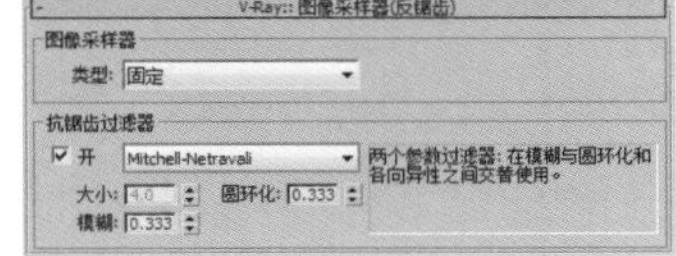

图13-189

图13-190

图13-191

经过上面的测试对比可以发现，如果要得到清晰锐利的图像效果，最好选择Catmull-Rom反锯齿过滤器；如果是渲染有模糊特效的场景则应选择Mitchell-Netravali反锯齿过滤器。在通常情况下，选择“区域”反锯齿过滤器可以取得渲染质量与渲染时间的平衡。

13.6.4 自适应DMC图像采样器卷展栏

“自适应DMC图像采样器”是一种高级抗锯齿采样器，适合用于拥有少量的模糊效果或者具有高细节的纹理贴图以及具有大量几何体面的场景。展开“图像采样器（反锯齿）”卷展栏，然后在“图像采样器”选项组下设置“类型”为“自适应DMC”，此时系统会增加一个“自适应DMC图像采样器”卷展栏，如图13-192所示。

图13-192

自适应DMC图像采样器卷展栏参数介绍

最小细分：定义每个像素使用样本的最小数量。

最大细分：定义每个像素使用样本的最大数量。

颜色阈值：色彩的最小判断值，当色彩的判断达到这个值以后，就停止对色彩的判断。具体一点就是分辨哪些是平坦区域，哪些是角落区域。这里的色彩应该理解为色彩的灰度。

显示采样：勾选该选项后，可以看到“自适应DMC”的样本分布情况。

使用确定性蒙特卡洛采样器阈值：如果勾选了该选项，“颜色阈值”选项将不起作用，取而代之的是采用DMC（自适应确定性蒙特卡洛）图像采样器中的阈值。

13.6.5 环境卷展栏

“环境”卷展栏分为“全局照明环境（天光）覆盖”“反射/折射环境覆盖”和“折射环境覆盖”3个选项组，如图13-193所示。在该卷展栏下可以设置天光的亮度、反射、折射和颜色等。

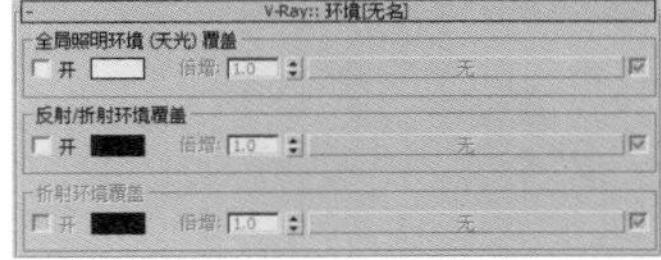

图13-193

环境卷展栏参数介绍

① 全局照明环境（天光）覆盖选项组

开：控制是否开启VRay的天光。当使用这个选项以后，3ds Max默认的天光效果将不起光照作用。

颜色：设置天光的颜色。

倍增：设置天光亮度的倍增。值越高，天光的亮度越高。

无 无 ：选择贴图来作为天光的光照。

② 反射/折射环境覆盖选项组

开：当勾选该选项后，当前场景中的反射环境将由它来控制。

颜色：设置反射环境的颜色。

倍增：设置反射环境亮度的倍增。值越高，反射环境的亮度越高。

无 无 ：选择贴图来作为反射环境。

③ 折射环境覆盖选项组

开：当勾选该选项后，当前场景中的折射环境由它来控制。

颜色：设置折射环境的颜色。

倍增：设置反射环境亮度的倍增。值越高，折射环境的亮度越高。

无 无 ：选择贴图来作为折射环境。

★ 重点 ★

实战：测试环境的全局照明环境（天光）覆盖

场景位置　场景文件>CH13>10.max
实例位置　实例文件>CH13>实战：测试环境的全局照明环境（天光）覆盖.max
视频位置　多媒体教学>CH13>实战：测试环境的全局照明环境（天光）覆盖.flv
难易指数　★☆☆☆☆
技术掌握　全局照明环境（天光）覆盖的作用

扫码看视频

通过“全局照明环境（天光）覆盖”选项可以快速模拟出环境光效果，开启该功能前后的对比效果如图13-194和图13-195所示。

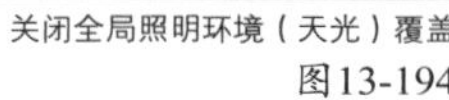

关闭全局照明环境（天光）覆盖

图13-194

开启全局照明环境（天光）覆盖

图13-195

01 打开“场景文件>CH13>10.max”文件，如图13-196所示。本场景中已经创建好了太阳光。

02 测试渲染当前场景，效果如图13-197所示，可以看到图像出现了日光光影效果，但是在日光直射的区域外围出现了十分暗淡的阴影（左侧的树木与右侧的草地）。

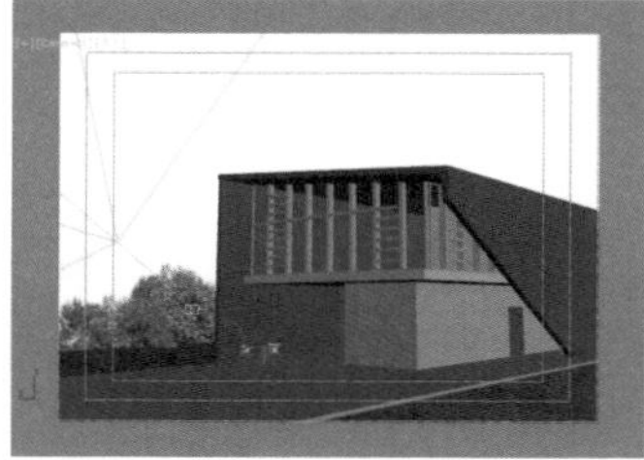

图13-196

图13-197

03 展开“环境”卷展栏，然后在“全局照明环境（天光）覆盖”选项组勾选“开”选项，如图13-198所示，接着测试渲染当前场景，效果如图13-199所示，可以看到图像整体变得更为明亮，左侧的树木与右侧的草地等区域的照明效果也得到了良好的改善。

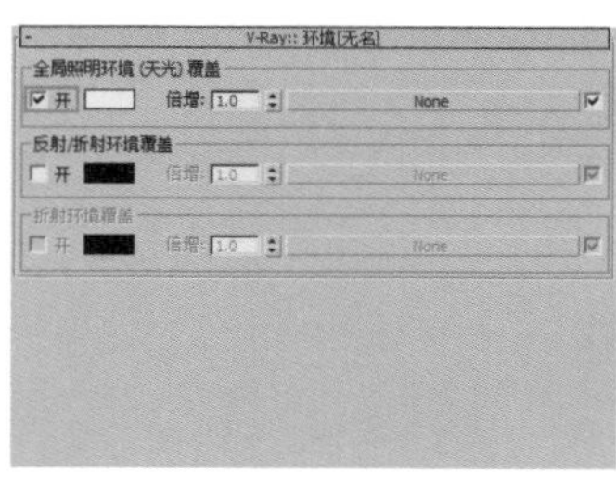

图13-198

图13-199

★ 重点 ★

实战：测试环境的反射/折射环境覆盖

场景位置　场景文件>CH13>11.max
实例位置　实例文件>CH13>实战：测试环境的反射/折射环境覆盖.max
视频位置　多媒体教学>CH13>实战：测试环境的反射/折射环境覆盖.flv
难易指数　★☆☆☆☆
技术掌握　反射/折射环境覆盖的作用

扫码看视频

通过“反射/折射环境覆盖”选项可以快速在场景内添加反射和折射细节，开启该功能的前后效果对比如图13-200和图13-201所示。

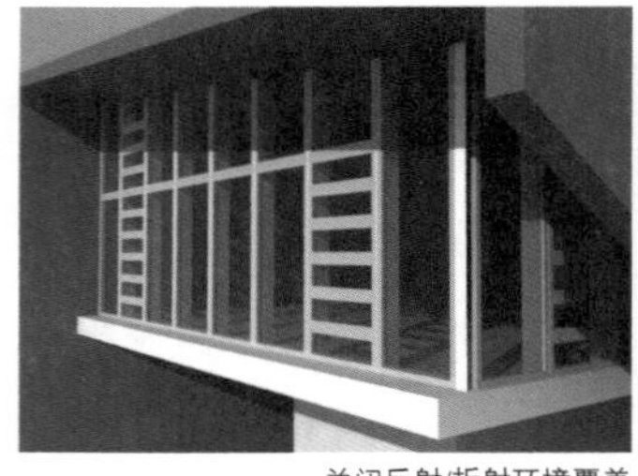

关闭反射/折射环境覆盖

图13-200

开启反射/折射环境覆盖

图13-201

01 打开“场景文件>CH13>11.max”文件，如图13-202所示。

02 测试渲染当前场景，效果如图13-203所示，可以看到由于没有开启“反射/折射环境覆盖”功能，玻璃的质感并不强。

图13-202

图13-203

03 展开“环境”卷展栏，然后在“反射/折射环境覆盖”选项组下勾选“开”选项，接着在后面的贴图通道中加载一个VRayHDRI环境贴图，如图13-204所示。

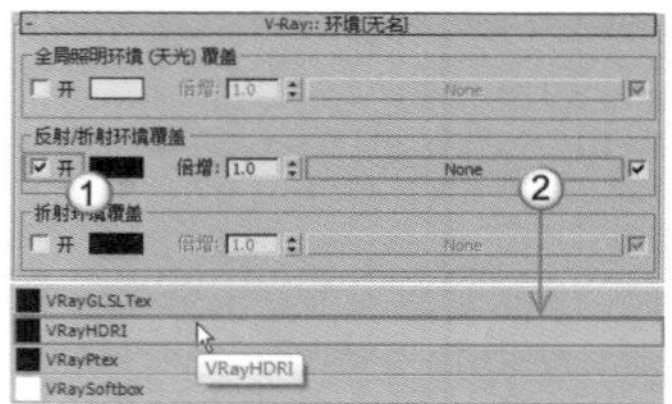

图13-204

04 按M键打开“材质编辑器”对话框，然后使用鼠标左键将“反射/折射环境覆盖”通道中的VRayHDRI环境贴图拖曳到一个空白材质球上，接着在弹出的对话框中设置“方法”为“实例”，如图13-205所示。

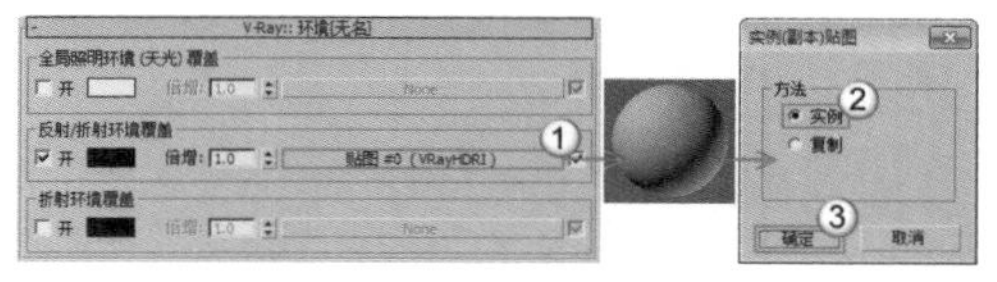

图13-205

05 展开“参数”卷展栏，然后单击“浏览”按钮 浏览 ，在弹出的对话框中选择“实例文件>CH13>实战：测试环境的反射/折射环境覆盖>户外.hdr”文件，接着设置“贴图类型”为“球形”，如图13-206所示，最后测试渲染当前场景，效果如图13-207所示，可以看到玻璃上出现了反射等细节，质感也得到了明显增强。

图13-206

图13-207

06 如果要增强反射的影响程度，可以提高"全局倍增"数值，如图13-208所示，然后再次测试渲染当前场景，效果如图13-209所示。

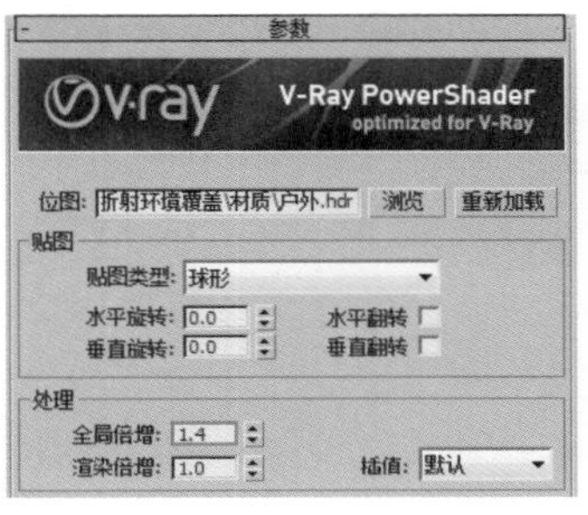

图13-208

图13-209

13.6.6 颜色贴图卷展栏

"颜色贴图"卷展栏下的参数主要用来控制整个场景的颜色和曝光方式，如图13-210所示。

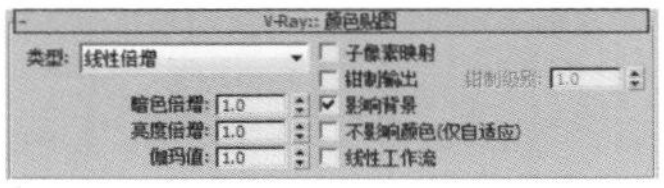

图13-210

颜色贴图卷展栏参数介绍

类型：提供不同的曝光模式，包括"线性倍增""指数""HSV指数""强度指数""伽玛校正""强度伽玛"和"菜因哈德"7种模式。

线性倍增：这种模式将基于最终色彩亮度来进行线性的倍增，可能会导致靠近光源的点过分明亮，如图13-211所示。"线性倍增"模式包括3个局部参数；"暗色倍增"是对暗部的亮度进行控制，加大该值可以提高暗部的亮度；"亮度倍增"是对亮部的亮度进行控制，加大该值可以提高亮部的亮度；"伽玛值"主要用来控制图像的伽玛值。

指数：这种曝光是采用指数模式，它可以降低靠近光源处表面的曝光效果，同时场景颜色的饱和度会降低，如图13-212所示。"指数"模式的局部参数与"线性倍增"一样。

HSV指数：与"指数"曝光比较相似，不同点在于可以保持场景物体的颜色饱和度，但是这种方式会取消高光的计算，如图13-213所示。"HSV指数"模式的局部参数与"线性倍增"一样。

图13-211

图13-212

图13-213

强度指数：这种方式是对上面两种指数曝光的结合，既抑制了光源附近的曝光效果，又保持了场景物体的颜色饱和度，如图13-214所示。"强度指数"模式的局部参数与"线性倍增"相同。

伽玛校正：采用伽玛来修正场景中的灯光衰减和贴图色彩，其效果和"线性倍增"曝光模式类似，如图13-215所示。"伽玛校正"模式包括"倍增""反向伽玛"和"伽马值"3个局部参数。"倍增"主要用来控制图像的整体亮度倍增；"反向伽玛"是VRay内部转化的，比如输入2.2就是和显示器的伽玛2.2相同；"伽马值"主要用来控制图像的伽玛值。

强度伽玛：这种曝光模式不仅拥有"伽玛校正"的优点，同时还可以修正场景灯光的亮度，如图13-216所示。

图13-214

图13-215

图13-216

菜因哈德：这种曝光方式可以把"线性倍增"和"指数"曝光混合起来。它包括一个"加深值"局部参数，主要用来控制"线性倍增"和"指数"曝光的混合值，0表示"线性倍增"不参与混合，如图13-217所示；1表示"指数"不参加混合，如图13-218所示；0.5表示"线性倍增"和"指数"曝光效果各占一半，如图13-219所示。

图13-217

图13-218

图13-219

子像素映射：在实际渲染时，物体的高光区与非高光区的界限处会有明显的黑边，而开启"子像素映射"选项后就可以缓解这种现象。

钳制输出：当勾选这个选项后，在渲染图中有些无法表现出来的色彩会通过限制来自动纠正。但是当使用HDRI（高动态范围贴图）的时候，如果限制了色彩的输出会出现一些问题。

影响背景：控制是否让曝光模式影响背景。当关闭该选项时，背景不受曝光模式的影响。

不影响颜色（仅自适应）：在使用HDRI（高动态范围贴图）和“VRay发光材质”时，若不开启该选项，“颜色贴图”卷展栏下的参数将对这些具有发光功能的材质或贴图产生影响。

线性工作流：当使用线性工作流时，可以勾选该选项。

★ 重点 ★

实战：测试颜色贴图的曝光类型

场景位置　场景文件>CH13>12.max
实例位置　实例文件>CH13>实战：测试颜色贴图的曝光类型.max
视频位置　多媒体教学>CH13>实战：测试颜色贴图的曝光类型.flv
难易指数　★☆☆☆☆
技术掌握　用颜色贴图快速调整场景的曝光度

扫码看视频

在“颜色贴图”卷展栏下有一个曝光（“类型”选项）功能，利用该功能可以快速改变场景的曝光效果，从而达到调整渲染图像亮度和对比度的目的，常用的曝光类型有“线性倍增”“指数”以及“莱因哈德”3种，其在相同灯光与相同渲染参数（除曝光方式不同外）下的效果对比如图13-220~图13-222所示。

线性倍增
图13-220

指数
图13-221

莱因哈德
图13-222

01 打开“场景文件>CH13>12.max”文件，如图13-223所示。

图13-223

02 下面测试“线性倍增”曝光模式。展开“颜色贴图”卷展栏，然后设置“类型”为“线性倍增”，如图13-224所示。“线性倍增”曝光模式是基于最终图像色彩的亮度来进行简单的亮度倍增，太亮的颜色成分将会被限制，但是这种模式可能会导致靠近光源的点过于明亮。

按F9键测试渲染当前场景，效果如图13-225所示，可以看到使用“线性倍增”曝光模式产生的图像很明亮，色彩也比较艳丽。

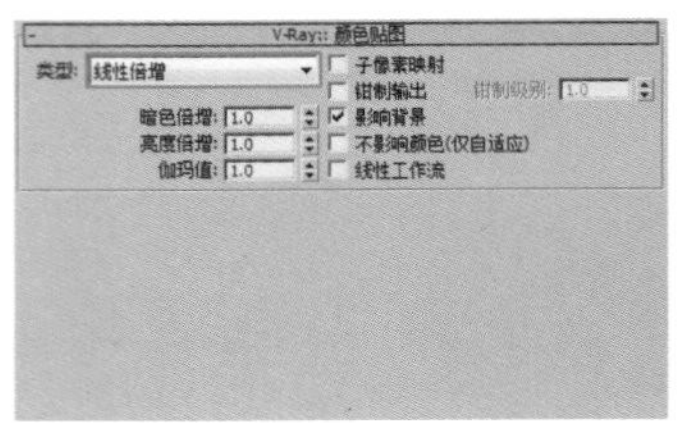

图13-224

图13-225

03 如果要提高图像的亮部与暗部的对比，可以降低“暗色倍增”数值的同时提高“亮度倍增”的数值，如图13-226所示，然后测试渲染当前场景，效果如图13-227所示，可以看到图像的明暗对比加强了一些，但窗口的一些区域却出现了曝光过度的现象。

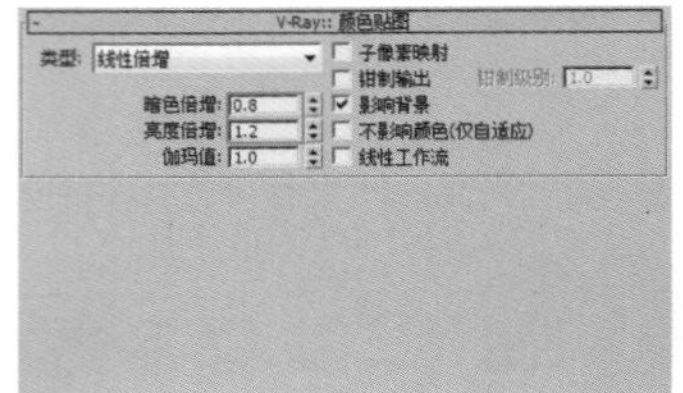

图13-226

图13-227

技巧与提示

经过上面的测试可以发现，“线性倍增”模式所产生的曝光效果整体明亮，但容易在局部产生曝光过度的现象。此外，“暗色倍增”与“亮度倍增”选项分别控制图像亮部与暗部的亮度。

04 下面测试“指数”曝光模式。“指数”曝光模式与“线性倍增”曝光模式相比，不容易曝光，而且明暗对比也没有那么明显。该模式基于亮度使图像更加饱和，这对防止非常明亮的区域产生过度曝光十分有效，但是这个模式不会钳制颜色范围，而是让它们更饱和（降低亮度）。在“颜色贴图”卷展栏下设置“类型”为“指数”，如图13-228所示。

05 测试渲染当前场景，效果如图13-229所示，可以看到使用“指数”曝光模式产生的图像整体较暗，色彩也比较平淡。

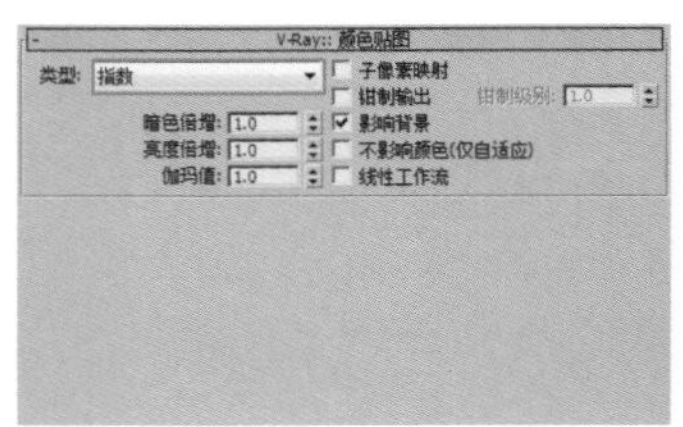

图13-228

图13-229

06 如果要增大图像的亮部与暗部的对比，可以降低“暗色倍增”数值的同时提高“亮度倍增”的数值，如图13-230所示，然后测试渲染当前场景，效果如图13-231所示，可以看到场景的明暗对比加强了，但是整体的色彩还是不如“线性倍增”曝光模式的艳丽。

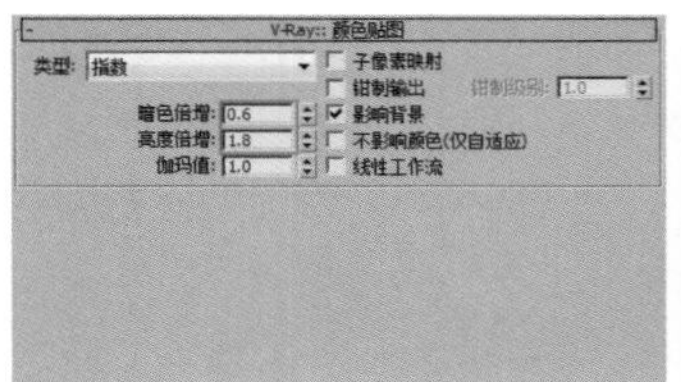

图13-230

图13-231

经过上面的测试可以发现，“指数”曝光模式所产生的曝光效果整体偏暗，通过“暗色倍增”与“亮度倍增”选项的调整可以改善亮度与对比效果（该模式下数值的变动幅度需要大一些才能产生较明显的效果），但在色彩的表现力上还是不如“线性倍增”曝光模式。

07 下面测试“莱因哈德”曝光模式。展开“颜色贴图”卷展栏，然后设置“类型”为“莱因哈德”，如图13-232所示。这种曝光模式是“线性倍增”曝光模式与“指数”曝光模式的结合模式。在该模式下主要通过调整“伽玛值”参数来校正图像的亮度与对比度细节。

08 测试渲染当前场景，效果如图13-233所示，可以看到使用“莱因哈德”曝光模式产生的图像亮度适中，明暗对比较强，色彩表现力也较理想。

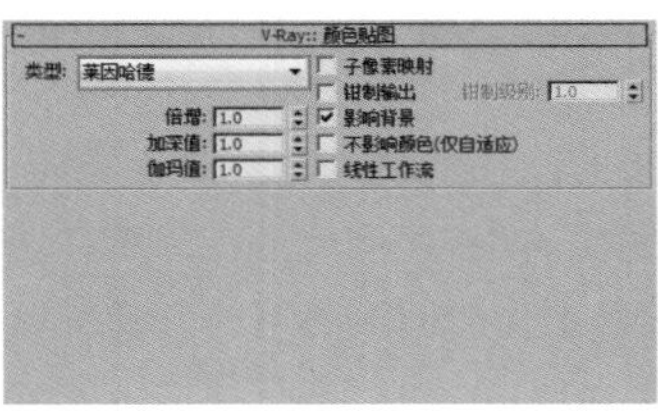

图13-232

图13-233

09 在“颜色贴图”卷展栏下将“伽玛值”提高为1.4，如图13-234所示，然后测试渲染当前场景，效果如图13-235所示，可以看到图像的整体亮度提高了，而明暗对比度则会变弱。

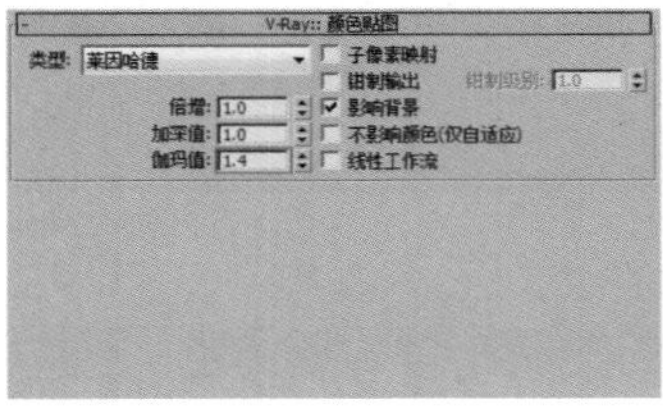

图13-234

图13-235

10 在“颜色贴图”卷展栏下将“伽玛值”降低为0.6，如图13-236所示，然后测试渲染当前场景，效果如图13-237所示，可以看到图像的整体亮度降低了，而明暗对比度则会变强。

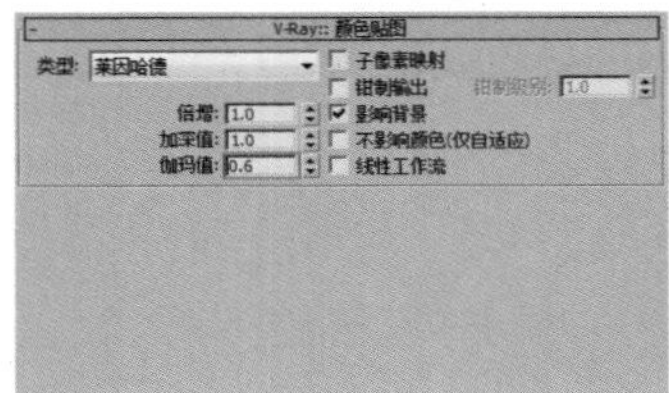

图13-236

图13-237

技巧与提示

经过上面的测试可以发现，“莱因哈德”曝光模式是一种比较灵活的曝光模式，如果场景室外灯光亮度很高，为了防止过度曝光并保持图像的色彩效果，这种模式是最佳选择。

13.7 间接照明选项卡

“间接照明”选项卡包含4个卷展栏，如图13-238所示。下面重点讲解“间接照明（GI）”“发光图”“灯光缓存”和“焦散”卷展栏下的参数。

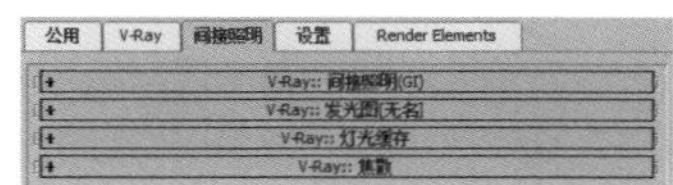

图13-238

问：“灯光缓存”卷展栏在哪？

答：在默认情况下是没有“灯光缓存”卷展栏的，要调出这个卷展栏，需要先在“间接照明（GI）”卷展栏下将“二次反弹”的“全局照明引擎”设置为“灯光缓存”，如图13-239所示。

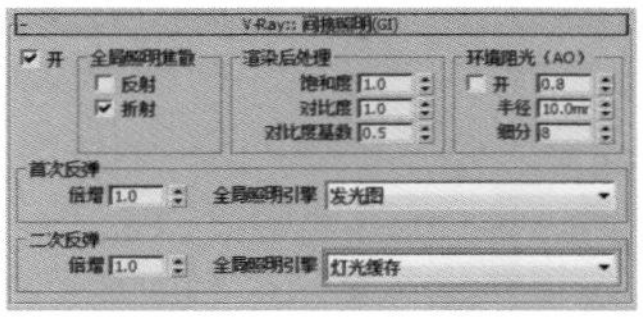

图13-239

本节知识概要

知识名称	主要作用	重要程度
间接照明（GI）	让光线在物体与物体间互相反弹，并让光线计算更加准确，图像更加真实	高
发光图	描述三维空间中的任意一点以及全部可能照射到这点的光线	高
灯光缓存	与“发光图”相似，都是将最后的光发散到摄影机后得到最终图像，只是“灯光缓存”与“发光图”的光线路径是相反的	高
焦散	用于制作焦散特效	中

13.7.1 间接照明（GI）卷展栏

在VRay渲染器中，如果没有开启间接照明时的效果就是直接照明效果，开启后就可以得到间接照明效果。开启间接照明后，光线会在物体与物体间互相反弹，因此光线计算会更加准确，图像也更加真实，其参数设置面板如图13-240所示。

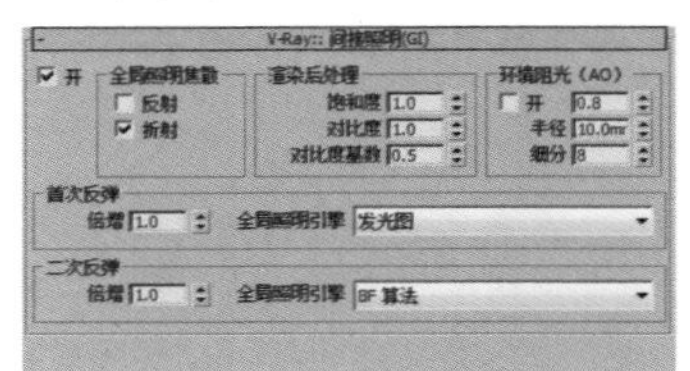

图13-240

间接照明（GI）卷展栏参数介绍

① 基本选项组

开：勾选该选项后，将开启间接照明效果。

② 全局照明焦散选项组

反射：控制是否开启反射焦散效果。

折射：控制是否开启折射焦散效果。

技巧与提示

注意，“全局照明焦散”选项组下的参数只有在“焦散”卷展栏下勾选“开”选项后该才起作用。

③ 渲染后处理选项组

饱和度：可以用来控制色溢，降低该数值可以降低色溢效果。图13-241和图13-242所示是“饱和度”数值为0和2时的效果对比。

饱和度=0

图13-241

饱和度=2

图13-242

对比度：控制色彩的对比度。数值越高，色彩对比越强；数值越低，色彩对比越弱。

对比度基数：控制“饱和度”和“对比度”的基数。数值越高，“饱和度”和“对比度”效果越明显。

④ 环境阻光（AO）选项组

开：控制是否开启“环境阻光”功能。

半径：设置环境阻光的半径。

细分：设置环境阻光的细分值。数值越高，阻光越好；反之越差。

⑤ 首次反弹选项组

倍增：控制“首次反弹”的光的倍增值。值越高，“首次反弹”的光的能量越强，渲染场景越亮，默认情况下为1。

全局照明引擎：设置“首次反弹”的GI引擎，包括“发光图”“光子图”“BF算法”和“灯光缓存”4种。

⑥ 二次反弹选项组

倍增：控制“二次反弹”的光的倍增值。值越高，“二次反弹”的光的能量越强，渲染场景越亮，最大值为1，默认情况下也为1。

全局照明引擎：设置“二次反弹”的GI引擎，包括“无”（表示不使用引擎）、“光子图”“BF算法”和“灯光缓存”4种。

技术专题 50 首次反弹与二次反弹的区别

在真实世界中，光线的反弹一次比一次减弱。VRay渲染器中的全局照明有“首次反弹”和“二次反弹”，但并不是说光线只反射两次。“首次反弹”可以理解为直接照明的反弹，光线照射到A物体后反射到B物体，B物体所接收到的光就是“首次反弹”，B物体再将光线反射到D物体，D物体再将光线反射到E物体……，D物体以后的物体所得到的光的反射就是“二次反弹”，如图13-243所示。

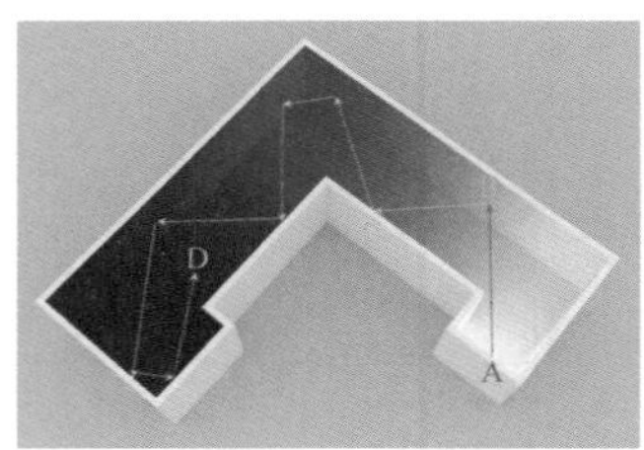

图13-243

★重点★

实战：测试间接照明（GI）

场景位置 场景文件>CH13>13.max
实例位置 实例文件>CH13>实战：测试间接照明（GI）.max
视频位置 多媒体教学>CH13>实战：测试间接照明（GI）.flv
难易指数 ★★☆☆☆
技术掌握 间接照明（GI）的作用

扫码看视频

在现实生活中，光源所产生的光照有“直接照明”与“间接照明”之分。“直接照明”指的是光线直接照射在对象上产生的直接照明效果，而“间接照明”指的是光线被阻挡（如墙面、沙发）后不断反弹所产生的额外照明，这也是真实物理世界中存在的现象。但由于计算间接照明效果十分复杂，因此不是每款渲染器都能产生理想的模拟效果，有的渲染器甚至只计算“直接光照”（如3ds Max自带的扫描线渲染器），而VRay渲染器则可以在全局光（即直接照明+间接照明）进行计算。图13-244~图13-246所示是在同一场景未开启间接照明、开启间接照明与调整了间接照明强度的效果对比。

关闭间接照明

图13-244

开启间接照明

图13-245

调整合适的间接照明参数

图13-246

01 打开“场景文件>CH13>13.max”文件，如图13-247所示。本场景只创建了一盏太阳光。

02 单击“间接照明”选项卡，然后展开“间接照明（GI）”卷展栏，可以看到在默认情况下没有开启“间接照明（GI）”功能，也就是说此时场景中没有间接照明效果，如图13-248所示。

图13-247

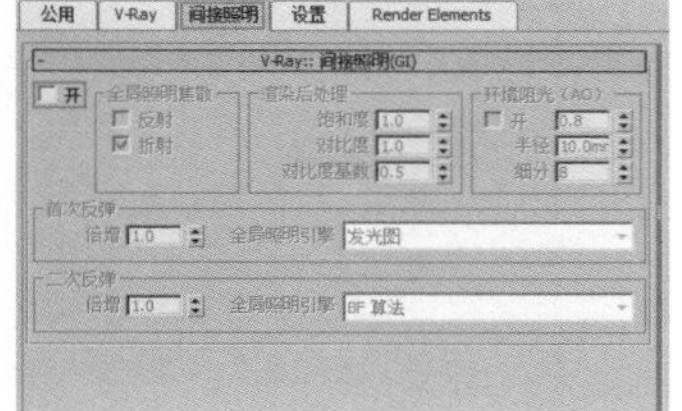

图13-248

03 测试渲染当前场景，效果如图13-249所示，可以看到由于没有间接照明反弹光线，此时仅阳光投射的区域产生了较明亮的亮度，而在其他区域则变得十分昏暗，甚至看不到一点光亮。

图13-249

04 在“间接照明（GI）”卷展栏下勾选“开”选项，然后设置“首次反弹”的“全局照明引擎”为“发光图”、“二次反弹”的“全局照明引擎”为“灯光缓存”，如图13-250所示。

05 测试渲染当前场景，效果如图13-251所示，可以看到由于间接照明反弹光线，此时整体室内空间都获得了一定的亮度，但整体效果还需要进一步调整。

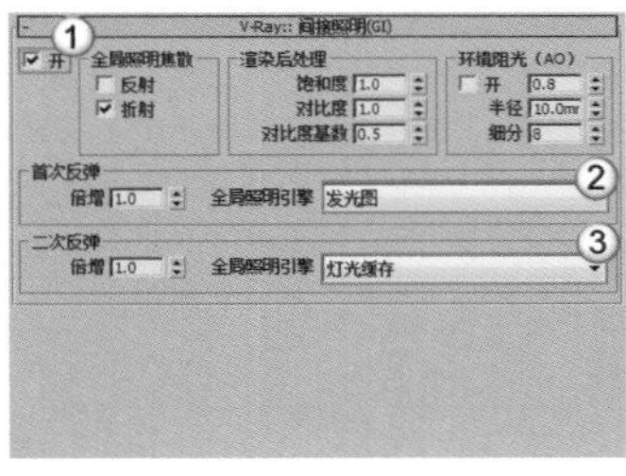

图13-250

图13-251

06 将“首次反弹”的“倍增”值提高为2，如图13-252所示，然后测试渲染当前场景，效果如图13-253所示，可以看到此时的光照得到了一定的改善。

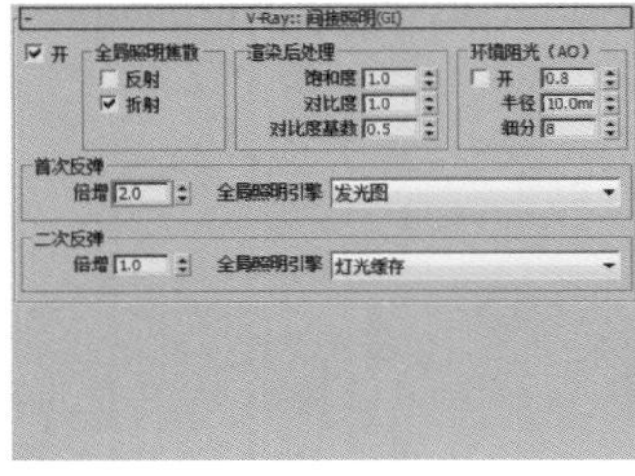

图13-252

图13-253

07 将“首次反弹”的“倍增”值还原为1，然后将“二次反弹”的“倍增”值设置为0.5（注意，该值最大为1，如果降低数值将减弱间接照明的反弹强度），如图13-254所示，接着测试渲染当前场景，效果如图13-255所示，可以看到由于减弱了间接照明的反弹强度，场景又变得非常昏暗。

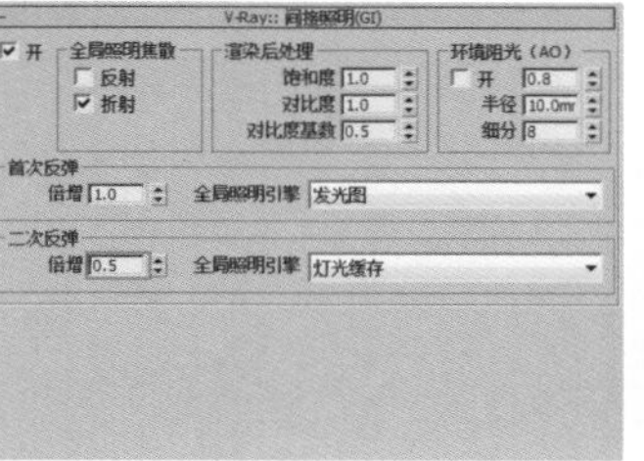

图13-254

图13-255

技术专题 51 环境阻光技术解析

在“间接照明（GI）”卷展栏下有一个比较常用的“环境阻光（AO）”选项组，这个选项组下的3个选项可以用来刻画模型交接面（如墙面交线）以及角落处的暗部细节效果，如图13-256所示，渲染后得到的效果如图13-257所示，可以看到在墙线等位置产生了较明显的阴影细节。

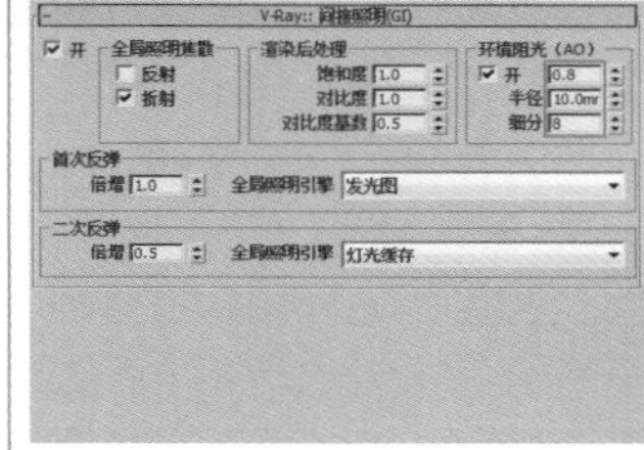

图13-256

图13-257

13.7.2 发光图卷展栏

“发光图”中的“发光”描述了三维空间中的任意一点以及全部可能照射到这点的光线，它是一种常用的全局光引擎，只存在于“首次反弹”引擎中，其参数设置面板如图13-258所示。

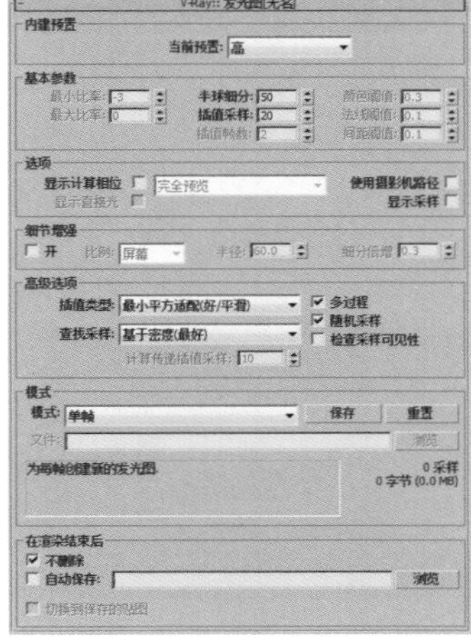

图13-258

发光图卷展栏参数介绍

① 内建预置选项组

当前预置：设置发光图的预设类型，共有以下8种。

自定义：选择该模式时，可以手动调节参数。

非常低：这是一种非常低的精度模式，主要用于测试阶段。

低：一种比较低的精度模式，不适合用于保存光子贴图。

中：一种中级品质的预设模式。

中-动画：用于渲染动画效果，可以解决动画闪烁的问题。

高：一种高精度模式，一般用在光子贴图中。

高-动画：比中等品质效果更好的一种动画渲染预设模式。

非常高：是预设模式中精度最高的一种，可以用来渲染高品质的效果图。

② 基本参数选项组

最小比率：控制场景中平坦区域的采样数量。0表示计算区域的每个点都有样本；-1表示计算区域的1/2是样本；-2表示计算区域的1/4是样本。图13-259和图13-260所示是“最小比率”为-2和-5时的对比效果。

最小比率=-2
图13-259

最小比率=-5
图13-260

最大比率：控制场景中的物体边线、角落、阴影等细节的采样数量。0表示计算区域的每个点都有样本；-1表示计算区域的1/2是样本；-2表示计算区域的1/4是样本。图13-261和图13-262所示是“最大比率”为0和-1时的效果对比。

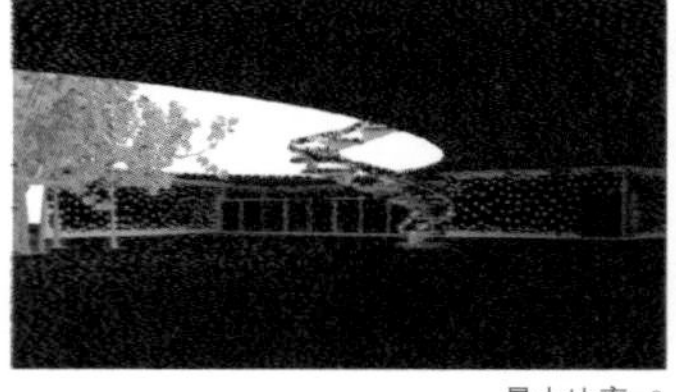
最大比率=0
图13-261

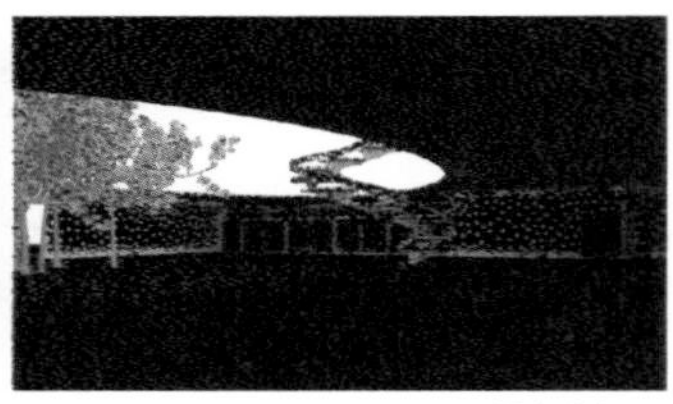
最大比率=-1
图13-262

半球细分：因为VRay采用的是几何光学，所以它可以模拟光线的条数。这个参数就是用来模拟光线的数量，值越高，表现的光线越多，那么样本精度也就越高，渲染的品质也越好，同时渲染时间也会增加。图13-263和图13-264所示是“半球细分”为20和100时的效果对比。

半球细分=20
图13-263

半球细分=100
图13-264

插值采样：这个参数是对样本进行模糊处理，较大的值可以得到比较模糊的效果，较小的值可以得到比较锐利的效果。图13-265和图13-266所示是“插值采样”为2和20时的效果对比。

插值帧数：该选项当前不可用。

颜色阈值：这个值主要是让渲染器分辨哪些是平坦区域，哪些不是平坦区域，它是按照颜色的灰度来区分的。值越小，对灰度的敏感度越高，区分能力越强。

插值采样=2
图13-265

插值采样=20
图13-266

法线阈值：这个值主要是让渲染器分辨哪些是交叉区域，哪些不是交叉区域，它是按照法线的方向来区分的。值越小，对法线方向的敏感度越高，区分能力越强。

间距阈值：这个值主要是让渲染器分辨哪些是弯曲表面区域，哪些不是弯曲表面区域，它是按照表面距离和表面弧度的比较来区分的。值越高，表示弯曲表面的样本越多，区分能力越强。

③ 选项选项组

显示计算相位：勾选这个选项后，用户可以看到渲染帧里的GI预计算过程，同时会占用一定的内存资源。

显示直接光：在预计算的时候显示直接照明，以方便用户观察直接光照的位置。

使用摄影机路径：该参数主要用于渲染动画，勾选后会改变光子采样自摄影机射出的方式，它会自动调整为从整个摄影机的路径发射光子，因此每一帧发射的光子与动画帧更为匹配，可以解决动画闪烁等问题。

显示采样：显示采样的分布以及分布的密度，帮助用户分析GI的精度够不够。

④ 细节增强选项组

开：是否开启“细部增强”功能。

比例：细分半径的单位依据，有“屏幕”和“世界”两个单位选项。“屏幕”是指用渲染图的最后尺寸来作为单位；“世界”是用3ds Max系统中的单位来定义的。

半径：表示细节部分有多大区域使用“细节增强”功能。“半径”值越大，使用“细部增强”功能的区域也就越大，同时渲染时间也越慢。

细分倍增：控制细部的细分，但是这个值和“发光图”里的“半球细分”有关系，0.3代表细分是“半球细分”的30%；1代表和“半球细分”的值一样。值越低，细部就会产生杂点，渲染速度比较快；值越高，细部就可以避免产生杂点，同时渲染速度会变慢。

⑤ 高级选项选项组

插值类型：VRay提供了4种样本插补方式，为“发光图”的样本的相似点进行插补。

权重平均值（好/强）：一种简单的插补方法，可以将插补采样以一种平均值的方法进行计算，能得到较好的光滑效果。

最小平方适配（好/平滑）：默认的插补类型，可以对样本进行最适合的插补采样，能得到比“权重平均值（好/强）”更光滑的效果。

Delone三角剖分（好/精确）：最精确的插补算法，可以得到非常精确的效果，但是要有更多的“半球细分”才不会出现斑驳效果，且渲染时间较长。

最小平方权重/泰森多边形权重（测试）：结合了“权重平均值（好/强）”和“最小平方适配（好/平滑）”两种类型的优点，但是渲染时间较长。

查找采样：它主要控制哪些位置的采样点是适合用来作为基础插补的采样点。VRay内部提供了以下4种样本查找方式。

平衡嵌块（好）：它将插补点的空间划分为4个区域，然后尽量在它们中寻找相等数量的样本，它的渲染效果比“最近（草图）”效果好，但是渲染速度比“临近采样（草图）”慢。

最近（草图）：这种方式是一种草图方式，它简单地使用“发光图”里的最靠近的插补点样本来渲染图形，渲染速度比较快。

重叠（很好/快速）：这种查找方式需要对“发光图”进行预处理，然后对每个样本半径进行计算。低密度区域样本半径比较大，而高密度区域样本半径比较小。渲染速度比其他3种都快。

基于密度（最好）：它基于总体密度来进行样本查找，不但物体边缘处理非常好，而且在物体表面也处理得十分均匀。它的效果比“重叠（很好/快速）”更好，其速度也是4种查找方式中最慢的一种。

计算传递插值采样：用在计算“发光图”过程中，主要计算已经被查找后的插补样本的使用数量。较低的数值可以加速计算过程，但是会导致信息不足；较高的值计算速度会减慢，但是所利用的样本数量比较多，所以渲染质量也比较好。官方推荐使用10~25的数值。

多过程：当勾选该选项时，VRay会根据“最大采样比”和“最小采样比”进行多次计算。如果关闭该选项，那么就强制一次性计算完。一般根据多次计算以后的样本分布会均匀合理一些。

随机采样：控制“发光图”的样本是否随机分配。如果勾选该选项，那么样本将随机分配，如图13-267所示；如果关闭该选项，那么样本将以网格方式来进行排列，如图13-268所示。

开启随机采样

图13-267

关闭随机采样

图13-268

检查采样可见性：在灯光通过比较薄的物体时，很有可能会产生漏光现象，勾选该选项可以解决这个问题，但是渲染时间就会长一些。通常在比较高的GI情况下，也不会漏光，所以一般情况下不勾选该选项。当出现漏光现象时，可以试着勾选该选项。图13-269所示是右边的薄片出现的漏光现象。图13-270所示是勾选了“检查采样可见性”以后的效果，从图中可以观察到没有了漏光现象。

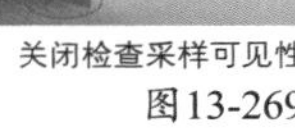

关闭检查采样可见性

图13-269

开启检查采样可见性

图13-270

⑥ 模式选项组

模式：一共有以下8种模式。

单帧：一般用来渲染静帧图像。

多帧增量：这个模式用于渲染仅有摄影机移动的动画。当VRay计算完第1帧的光子以后，在后面的帧里根据第1帧里没有的光子信息进行新计算，这样就节约了渲染时间。

从文件：当渲染完光子以后，可以将其保存起来，这个选项就是调用保存的光子图进行动画计算（静帧同样也可以这样）。

添加到当前贴图：当渲染完一个角度时，可以把摄影机转一个角度再全新计算新角度的光子，最后把这两次的光子叠加起来，这样的光子信息更丰富、更准确，同时也可以进行多次叠加。

增量添加到当前贴图：这个模式和“添加到当前贴图”相似，只不过它不是全新计算新角度的光子，而是只对没有计算过的区域进行新的计算。

块模式：把整个图分成块来计算，渲染完一个块再进行下一个块的计算，但是在低GI的情况下，渲染出来的块会出现错位的情况。它主要用于网络渲染，速度比其他方式快。

动画（预通过）：适合动画预览，使用这种模式要预先保存好光子贴图。

动画（渲染）：适合最终动画渲染，这种模式要预先保存好光子贴图。

保存 保存 ：将光子图保存到硬盘。

重置 重置 ：将光子图从内存中清除。

文件：设置光子图所保存的路径。

浏览 浏览 ：从硬盘中调用需要的光子图进行渲染。

⑦ 在渲染结束后选项组

不删除：当光子渲染完以后，不把光子从内存中删掉。

自动保存：当光子渲染完以后，自动保存在硬盘中，单击“浏览”按钮 浏览 就可以选择保存位置。

切换到保存的贴图：当勾选了“自动保存”选项后，在渲染结束时会自动进入“从文件”模式并调用光子贴图。

★ 重点 ★

实战：测试发光图

场景位置 场景文件>CH13>14.max

实例位置 实例文件>CH13>实战：测试发光图.max

视频位置 多媒体教学>CH13>实战：测试发光图.flv

难易指数 ★★★☆☆

技术掌握 发光图的作用

扫码看视频

“发光图”全局照明引擎仅计算场景中某些特定点的间接照明，然后对剩余的点进行插值计算。其优点是速度要快于直接计算，特别是具有大量平坦区域的场景，产生的噪波较少。“发光图”不但可以保存，也可以调用，特别是在渲染相同场景的不同方向的图像或动画的过程中可以加快渲染速度，还可以加速从面积光源产生的直接漫反射灯光的计算。当然，“发光图”也是有缺点的，由于采用了插值计算，间接照明的一些细节可能会丢失或模糊，如果参数过低，可能会导致在渲染动画的过程中产生闪烁，需要占用较大的内存，运动模糊中的运动物体的间接照明可能不是完全正确的，也可能会导致一些噪波的产生，发光图所产生的质量、渲染时间与“发光图”卷展栏下的很多参数设置有关。图13-271~图13-273所示是不同参数所产生的发光图效果与耗时对比。

耗时1分28秒

图13-271

耗时2分29秒

图13-272

耗时23分45秒

图13-273

01 打开“场景文件>CH13>14.max”文件，如图13-274所示。

02 单击“间接照明”选项卡，然后展开“间接照明（GI）”卷展栏，接着设置“首次反弹”的“倍增”为3、“全局照明引擎”为“发光图”，最后设置“二次反弹”的“全局照明引擎”为“灯光缓存”，如图13-275所示。

图13-274

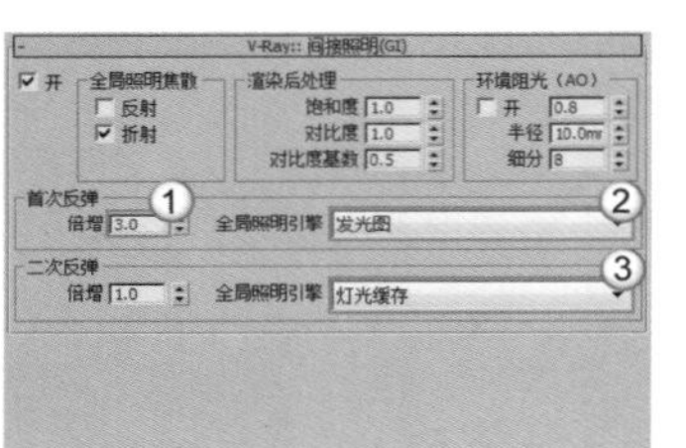

图13-275

03 在“发光图”卷展栏下设置“当前预置”为“非常低”，此时的“最小比率”为-4、“最大比率”为-3，如图13-276所示，然后测试渲染当前场景，效果如图13-277所示，可以看到图像的质量较差，墙面交线出现了不正确的高光，墙壁上的挂画也没有体现明显的边框立体感，感觉照片是直接贴在墙上的，耗时约为1分28秒。

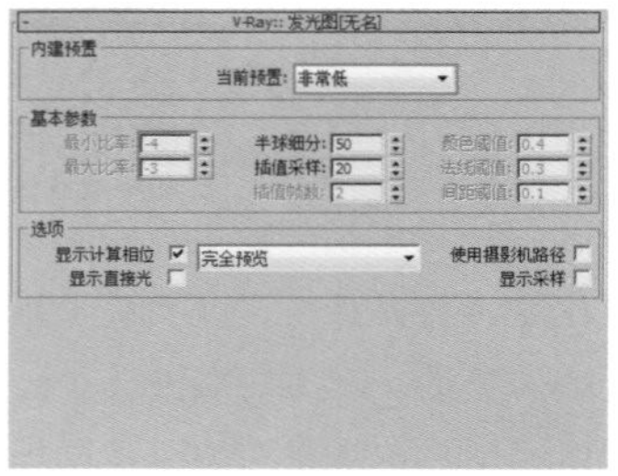

图13-276

图13-277

技巧与提示

虽然在“非常低”模式下出现了很多的图像品质问题，但其所表现的灯光整体亮度与色彩却是不错的。考虑到该模式的渲染时间，在测试灯光效果时也可以直接使用。

04 在“发光图”卷展栏下设置“当前预置”为“中”，此时的“最小比率”为-3、“最大比率”为-1，如图13-278所示，然后测试渲染当前场景，效果如图13-279所示，可以看到图像质量得到了一定的改善，墙面交线的高光错误得到了一定程度的纠正，墙壁上的挂画边框立体感也变得比较强，而耗时增加到约2分29秒。

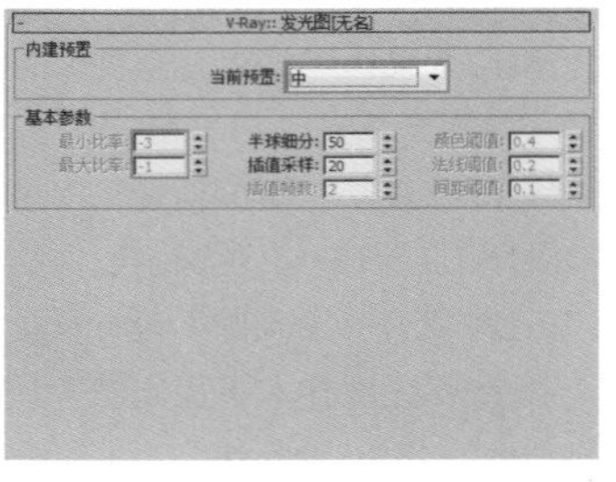

图13-278

图13-279

05 在“发光图”卷展栏下设置“当前预置”为“非常高”，此时的“最小比率”为-3、“最大比率”为1，如图13-280所示，然后测试渲染当前场景，效果如图13-281所示，可以看到图像的质量得到了进一步的改善，墙面交线的高光错误基本消除，墙壁上的挂画整体立体感也十分理想，但耗时也剧增到约23分45秒。

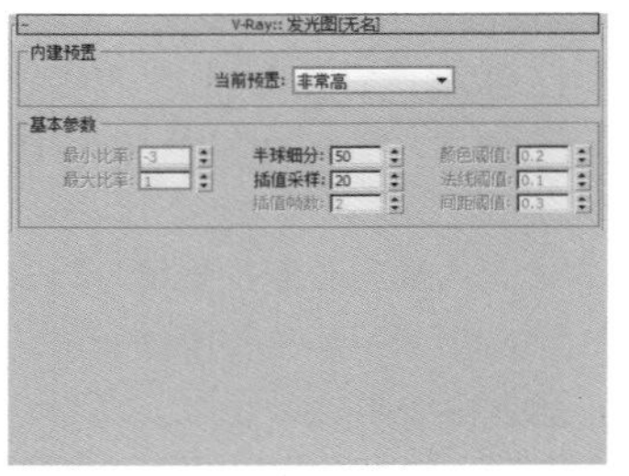

图13-280

图13-281

技巧与提示

对比上面的3张测试渲染图可以发现，在不同级别的预置模式下，“最小比率”与“最大比率”两个参数值有所不同，下面对这两个参数的作用与区别进行详细介绍。

最小比率：主要控制场景中比较平坦且面积较大的面的发光图计算质量，这个参数确定全局照明中首次传递的分辨率。0意味着使用与最终渲染图像相同的分辨率，这将使发光图类似于直接计算GI的方法；-1意味着使用最终渲染图像一半的分辨率。在一般情况下都需要将其设置为负值，以便快速计算大而平坦的区域的GI，这个参数类似于“自适应细分”采样器的“最小比率”参数（尽管不完全一样），测试渲染时可以设置为-5或-4，渲染成品图时则可以设置为-2或-1。

最大比率：主要控制场景中细节比较多且弯曲较大的物体表面或物体交汇处的质量，这个参数确定GI传递的最终分辨率，类似于“自适应细分”采样器的“最大比率”参数。测试渲染时可以设置为-5或-4，最终出图时可以设置为-2、-1或0。

这两个参数的解释比较复杂，简单来说其决定了发光图的计算精度，两者差值越大，计算越精细，所耗费的时间也越长。但仅仅调整这两个参数并不能产生较理想的效果，也不便控制渲染时间，接下来通过“自定义”模式来平衡渲染品质与渲染速度。

06 在“发光图”卷展栏下设置“当前预置”为“自定义”，然后设置“最小比率”为-3、“最大比率”为0、“半球细分”为70、“插值采样”为35，具体参数设置如图13-282所示，接着测试渲染当前场景，效果如图13-283所示。可以观察到本次渲染得到的图像质量变得更为理想，而且耗时也减少到约7分30秒。

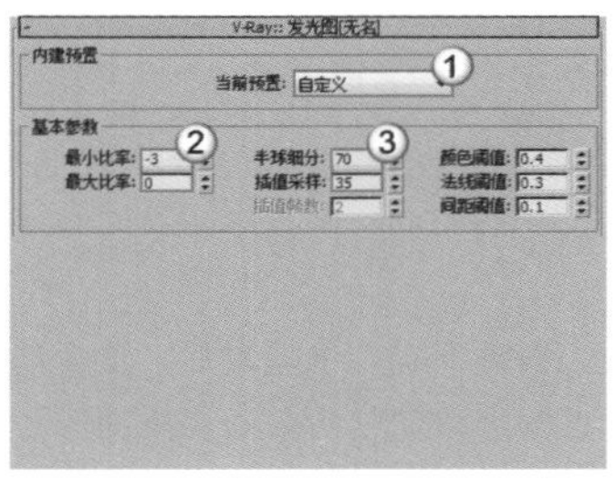

图13-282

图13-283

技巧与提示

半球细分：决定单独的全局照明样本的数量，对整图的质量有重要影响。较小的取值可以获得较快的渲染速度，但是也可能会产生黑斑；较高的取值可以得到平滑的图像。注意，“半球细分”并不代表被追踪光线的实际数量，光线的实际数量接近于这个参数的平方值。测试渲染时可以设置为10~15，以提高渲染速度，但图像质量很差，最终出图时可以设置为40~75，这样可以模拟光线条数和光线数量，值越高表现的光线越多，样本精度也越高，品质也越好。

插值采样：控制场景中的黑斑，值越大黑斑越平滑，但设置太大会造成阴影显得不真实，较小的取值会产生更平滑的细节，但是也可能产生黑斑。测试渲染时采用默认设置即可，而需要表现高品质图像时可以设置为30~40。

★重点★

13.7.3 灯光缓存卷展栏

“灯光缓存”与“发光图”比较相似，都是将最后的光发散到摄影机后得到最终图像，只是“灯光缓存”与“发光图”的光线路径是相反的，“发光图”的光线追踪方向是从光源发射到场景的模型中，最后再反弹到摄影机，而“灯光缓存”是从摄影机开始追踪光线到光源，摄影机追踪光线的数量就是“灯光缓存”的最后精度。由于“灯光缓存”是从摄影机方向开始追踪光线的，所以最后的渲染时间与渲染图像的像素没有关系，只与其中的参数有关，一般适用于“二次反弹”，其参数设置面板如图13-284所示。

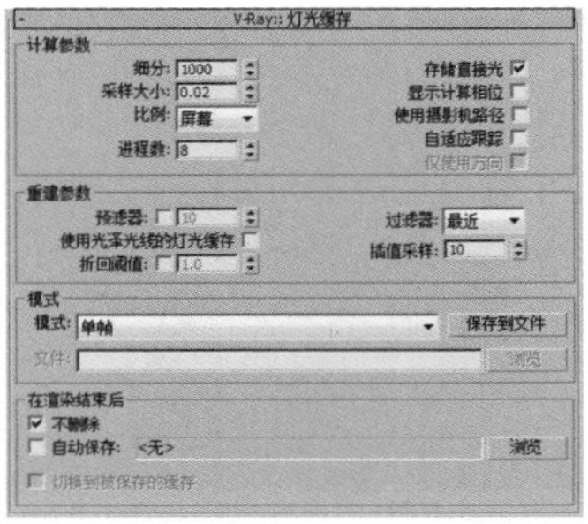

图13-284

灯光缓存卷展栏参数介绍

① 计算参数选项组

细分：用来决定“灯光缓存”的样本数量。值越高，样本总量越多，渲染效果越好，渲染时间越慢。图13-285和图13-286所示是“细分”值为200和800时的渲染效果对比。

细分=200

图13-285

细分=800

图13-286

采样大小：用来控制“灯光缓存”的样本大小，比较小的样本可以得到更多的细节，但是同时需要更多的样本，图13-287和图13-288所示是“采样大小”为0.04和0.01时的渲染效果对比。

采样大小=0.04

图13-287

采样大小=0.01

图13-288

比例：主要用来确定样本的大小依靠什么单位，这里提供了以下两种单位。一般在效果图中使用“屏幕”选项，在动画中使用“世界”选项。

进程数：这个参数由CPU的个数来确定，如果是单CUP单核单线程，那么就可以设定为1；如果是双核，就可以设定为2。注意，这个值设定得太大会让渲染的图像有点模糊。

存储直接光：勾选该选项以后，“灯光缓存”将保存直接光照信息。当场景中有很多灯光时，使用这个选项会提高渲染速度。因为它已经把直接光照信息保存到“灯光缓存”里，在渲染出图的时候，不需要对直接光照再进行采样计算。

显示计算相位：勾选该选项以后，可以显示“灯光缓存”的计算过程，方便观察。

使用摄影机路径：该参数主要用于渲染动画，用于解决动画渲染中闪烁问题。

自适应跟踪：这个选项的作用在于记录场景中的灯光位置，并在光的位置上采用更多的样本，同时模糊特效也会处理得更快，但是会占用更多的内存资源。

仅使用方向：当勾选“自适应跟踪”选项以后，该选项才被激活。它的作用在于只记录直接光照的信息，而不考虑间接照明，可以加快渲染速度。

② 重建参数选项组

预滤器：当勾选该选项以后，可以对“灯光缓存”样本进行提前过滤，它主要是查找样本边界，然后对其进行模糊处理。后面的值越高，对样本进行模糊处理的程度越深。图13-289和图13-290所示是“预滤器”为10和50时的对比渲染效果。

预滤器=10

图13-289

预滤器=50

图13-290

使用光泽光线的灯光缓存：是否使用平滑的灯光缓存，开启该功能后会使渲染效果更加平滑，但会影响到细节效果。

过滤器：该选项是在渲染最后成图时，对样本进行过滤，其下拉列表中共有以下3个选项。

无：对样本不进行过滤。

最近：当使用这个过滤方式时，过滤器会对样本的边界进行查找，然后对色彩进行均化处理，从而得到一个模糊效果。当选择该选项以后，下面会出现一个“插补采样”参数，其值越高，模糊程度越深。图13-291和图13-292所示是“过滤器”都为“邻近”，“插值采样”为10和50时的渲染效果对比。

过滤器=邻近、插值采样=10

图13-291

过滤器=邻近、插值采样=50

图13-292

固定：这个方式和“邻近”方式的不同点在于，它采用距离的判断来对样本进行模糊处理。同时它也附带一个“过滤大小”参数，其值越大，表示模糊的半径越大，图像的模糊程度越深。图13-293和图13-294所示是“过滤器”方式都为“固定”，而“过滤大小”为0.02和0.06时的对比渲染效果。

过滤器=固定、过滤大小=0.02

图13-293

过滤器=固定、过滤大小=0.06

图13-294

折回阈值：勾选该选项以后，会提高对场景中反射和折射模糊效果的渲染速度。

插值采样：通过后面参数控制插值精度，数值越高采样越精细，耗时也越长。

③ 模式选项组

模式：设置光子图的使用模式，共有以下4种。

单帧：一般用来渲染静帧图像。

穿行：这个模式用在动画方面，它把第1帧到最后1帧的所有样本都融合在一起。

从文件：使用这种模式，VRay要导入一个预先渲染好的光子贴图，该功能只渲染光影追踪。

渐进路径跟踪：这个模式就是常说的PPT，它是一种新的计算方式，和“自适应DMC”一样是一个精确的计算方式。不同的是，它不停地去计算样本，不对任何样本进行优化，直到样本计算完毕为止。

保存到文件 保存到文件：将保存在内存中的光子贴图再次进行保存。

浏览 浏览：从硬盘中浏览保存好的光子图。

④ 渲染结束时光子图处理选项组

不删除：当光子渲染完以后，不把光子从内存中删掉。

自动保存：当光子渲染完以后，自动保存在硬盘中，单击“浏览”按钮 浏览 可以选择保存位置。

切换到被保存的缓存：当勾选“自动保存”选项以后，这个选项才被激活。当勾选该选项以后，系统会自动使用最新渲染的光子图来进行大图渲染。

★ 重 点 ★

实战：测试灯光缓存

场景位置　场景文件>CH13>15.max

实例位置　实例文件>CH13>实战：测试灯光缓存.max

视频位置　多媒体教学>CH13>实战：测试灯光缓存.flv

难易指数　★☆☆☆☆

技术掌握　灯光缓存的作用

扫码看视频

“灯光缓存”全局照明引擎是一种近似于场景中全局光照明的技术，“二次反弹”的全局照明引擎一般都使用它。“灯光缓存”是建立在追踪从摄影机可见的许多光线路径的基础上（即只计算渲染视图中的可见光），每一次沿路径的光线反弹都会储存照明信息，它们组成了一个3D结构。

“灯光缓存”的优点是对于细小物体的周边和角落可以产生正确的效果，并且可以节省大量的计算时间；缺点是独立于视口，并且是在摄影机的特定位置产生的，它为间接可见的部分场景产生一个近似值（例如在一个封闭的房间内使用一个灯光贴图就可以近似完全的计算全局光照），同时它只支持VRay自带的材质，对凹凸类的贴图支持也不够好，不能完全正确计算运动模糊中的运动物体。相对于复杂的“发光图”参数，“灯光缓冲”的控制较为简单，通常调整其下的“细分”值即可。图13-295和图13-296所示是不同“细分”值所产生的效果与耗时对比。

细分=200、耗时为1分35秒

图13-295

细分=600、耗时为2分14秒

图13-296

01 打开“场景文件>CH13>15.max”文件，如图13-297所示。

图13-297

02 展开“灯光缓存”卷展栏，然后设置“细分”为200，如图13-298所示，接着测试渲染当前场景，效果如图13-299所示，可以看到图像中的整体灯光效果还算理想，仅在墙面交线等位置出现了较小范围的高光错误，此时的耗时约为1分35秒。

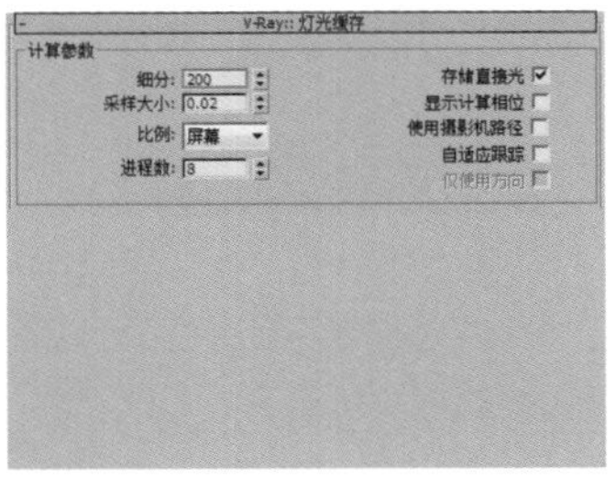

图13-298

图13-299

03 将“细分”值提高到600，如图13-300所示，然后测试渲染当前场景，效果如图13-301所示，可以看到高光错误已经得到了纠正，耗时增加到约2分14秒。

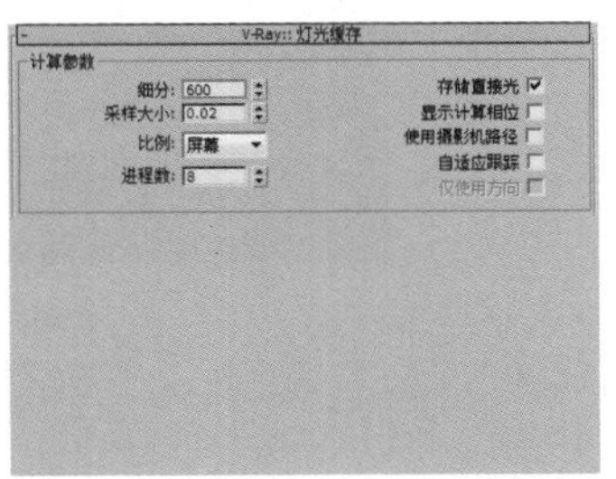

图13-300

图13-301

技巧与提示

经过以上测试可以发现“灯光缓存”是一种可以在渲染质量与渲染时间上取得良好平衡的全局光引擎，其主要影响参数是“细分”值，值越大质量越好，但所增加的计算时间也比较明显，测试渲染时可以设置为100~300，最终渲染时可以设置为800~1200。

★重点★

13.7.4 焦散卷展栏

“焦散”是一种特殊的物理现象，在VRay渲染器里有专门的焦散效果调整功能面板，其参数面板如图13-302所示。

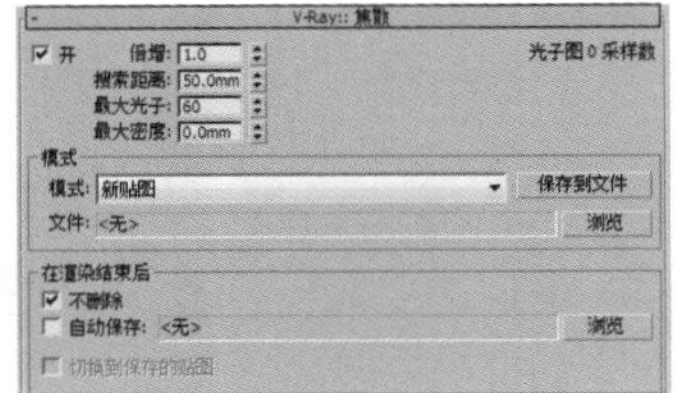

图13-302

焦散卷展栏参数介绍

开：勾选该选项后，就可以渲染焦散效果。

倍增：焦散的亮度倍增。值越高，焦散效果越亮。图13-303和图13-304所示分别是“倍增”为4和12时的对比渲染效果。

倍增=4

图13-303

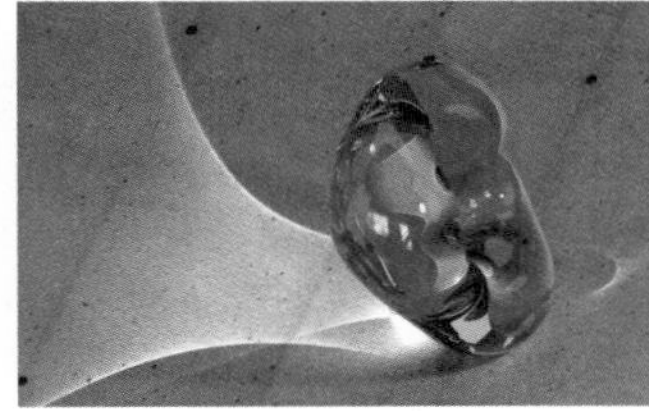

倍增=12

图13-304

搜索距离：当光子追踪撞击在物体表面的时候，会自动搜寻位于周围区域同一平面的其他光子，实际上这个搜寻区域是一个以撞击光子为中心的圆形区域，其半径就是由这个搜寻距离确定的。较小的值容易产生斑点；较大的值会产生模糊焦散效果。图13-305和图13-306所示分别是“搜索距离”为0.1mm和2mm时的对比渲染效果。

搜索距离=0.1mm

图13-305

搜索距离=2mm

图13-306

最大光子：定义单位区域内的最大光子数量，然后根据单位区域内的光子数量来均分照明。较小的值不容易得到焦散效果；而较大的值会使焦散效果产生模糊现象。图13-307和图13-308所示分别是“最大光子”为1和200时的对比渲染效果。

最大光子=1

图13-307

最大光子=200

图13-308

最大密度：控制光子的最大密度，默认值0表示使用VRay内部确定的密度，较小的值会让焦散效果比较锐利。图13-309和图13-310所示分别是“最大密度”为0.01mm和5mm时的对比渲染效果。

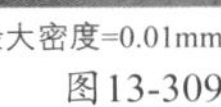

最大密度=0.01mm

图13-309

最大密度=5mm

图13-310

知识链接

关于“模式”及“在渲染结束后”选项组中的参数请参阅“发光图”卷展栏下的相应参数。

13.8 设置选项卡

“设置”选项卡下包含3个卷展栏，分别是“DMC采样器”“默认置换”和“系统”卷展栏，如图13-311所示。

图13-311

本节知识概要

知识名称	主要作用	重要程度
DMC采样器	控制整体的渲染质量和速度	高
默认置换	用灰度贴图来实现物体表面的凸凹效果	中
系统	影响渲染速度以及渲染的显示和提示功能等	高

13.8.1 DMC采样器卷展栏

“DMC采样器”卷展栏下的参数可以用来控制整体的渲染质量和速度，其参数设置面板如图13-312所示。

图13-312

DMC采样器卷展栏参数介绍

适应数量：主要用来控制适应的百分比。

噪波阈值：控制渲染中所有产生噪点的极限值，包括灯光细分、抗锯齿等。数值越小，渲染品质越高，渲染速度就越慢。

独立时间：控制是否在渲染动画时对每一帧都使用相同的“DMC采样器”参数设置。

最小采样值：设置样本及样本插补中使用的最少样本数量。数值越小，渲染品质越低，速度就越快。

全局细分倍增器：VRay渲染器有很多“细分”选项，该选项是用来控制所有细分的百分比。

路径采样器：设置样本路径的选择方式，每种方式都会影响渲染速度和品质，在一般情况下选择默认方式即可。

实战：测试DMC采样器的适应数量

场景位置　场景文件>CH13>16.max
实例位置　实例文件>CH13>实战：测试DMC采样器的适应数量.max
视频位置　多媒体教学>CH13>实战：测试DMC采样器的适应数量.flv
难易指数　★☆☆☆☆
技术掌握　适应数量的作用

扫码看视频

“适应数量”选项可以控制图像中的光斑等细节，该数值为采样时最小的终止数量，因此较小的数值可以使采样更为精细，但也会耗费更多的计算时间。图13-313~图13-315所示是不同“适应数量”值渲染得到的图像效果与耗时对比。

适应数量=0.75、耗时为0分53秒

图13-313

适应数量=1、耗时为0分36秒

图13-314

适应数量=0.1、耗时为4分7秒

图13-315

01 打开“场景文件>CH13>16.max”文件，如图13-316所示。

图13-316

02 单击“设置”选项卡，然后展开“DMC采样器”卷展栏，可以看到“适应数量”的默认值为0.75，如图13-317所示。

03 测试渲染当前场景，效果如图13-318所示，可以看到灯光尚可接受，但远处墙面上出现了较大面积的光斑，耗时约为53秒。

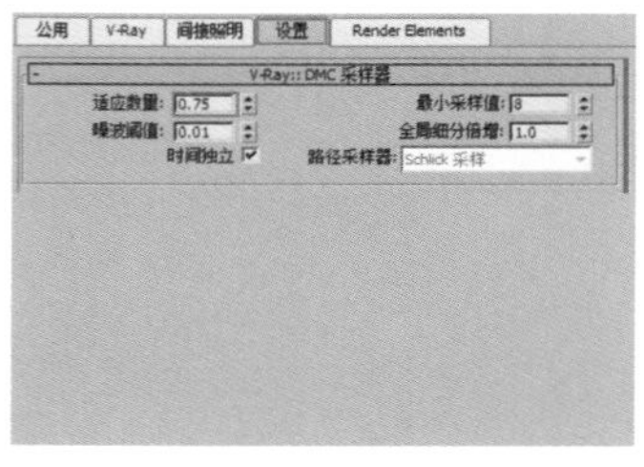

图13-317

图13-318

04 在“DMC采样器”卷展栏下设置“适应数量”为1，然后测试渲染当前场景，效果如图13-319所示，可以看到提高数值后，远处墙面的光斑变得更为明显，近处的透明纱窗上也出现了一些光斑，耗时降低到约36秒。

05 在“DMC采样器”卷展栏下设置“适应数量”至0.55，然后测试渲染当前场景，效果如图13-320所示，可以看到降低该数值后，远处墙面及近处的透明纱窗变得平滑，但耗时增加到约53秒。

06 在“DMC采样器”卷展栏下设置“适应数量”为0.1，然后再次测试渲染当前场景，效果如图13-321所示，可以看到相对于0.55的设置，此时的图像并没有太多变化，但耗时剧增到约为4分7秒。

图13-319

图13-320

图13-321

技巧与提示

经过以上的测试可以发现，适当降低“适应数量”值可以在较合理的时间内得到较高品质的图像，在测试渲染时通常保持默认值0.75即可，在渲染成品图时控制在0.55~0.75之间，设置太低并不能进一步改善图像质量，反而会大幅增加渲染时间。

★重点★

实战：测试DMC采样器的噪波阈值

场景位置　场景文件>CH13>17.max
实例位置　实例文件>CH13>实战：测试DMC采样器的噪波阈值.max
视频位置　多媒体教学>CH13>实战：测试DMC采样器的噪波阈值.flv
难易指数　★☆☆☆☆
技术掌握　噪波阈值的作用

扫码看视频

“噪波阈值”选项可以控制图像的噪点等，VRay渲染器在评估一种模糊效果是否足够好的时候，最小接受值即为该选项设定的数值，小于该数值的采样在最后的结果中将直接转化为噪波。因此，较小的取值意味着较少的噪波，同时使用更多的样本以获得更好的图像品质，但也会耗费更多的计算时间。图13-322~图13-324所示是不同“噪波阈值”数值渲染得到的图像效果与耗时对比。

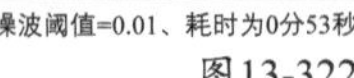

噪波阈值=0.01、耗时为0分53秒

图13-322

噪波阈值=0.1、耗时为0分51秒

图13-323

噪波阈值=0.001、耗时为1分31秒

图13-324

01 打开“场景文件>CH13>17.max”文件，如图13-325所示。

图13-325

02 展开“DMC采样器”卷展栏，可以观察到“噪波阈值”的默认值为0.01，如图13-326所示。

图13-326

03 测试渲染当前场景，效果如图13-327所示，可以看到图像存在很多噪点，远处的墙面上尤为明显，耗时约53秒。

04 在“DMC采样器”卷展栏下设置“适应数量”为0.1，然后测试渲染当前场景，效果如图13-328所示，可以看到此时的噪点更为明显，耗时降低到约51秒。

05 在“DMC采样器”卷展栏下设置“适应数量”为0.001，然后再次测试渲染当前场景，效果如图13-329所示，可以看到此时的噪点得到了控制，墙面变得比较光滑，耗时则增加都约1分31秒。

图13-327

图13-328

图13-329

技巧与提示

经过以上的测试可以发现，适当降低“噪波阈值”参数值可以有效地消除模型表面的噪点，在测试渲染时保持默认即可，渲染最终成品图时可以设置为0.001~0.005以获得高品质图像。

★重点★

实战：测试DMC采样器的最小采样值

场景位置　场景文件>CH13>18.max
实例位置　实例文件>CH13>实战：测试DMC采样器的最小采样值.max
视频位置　多媒体教学>CH13>实战：测试DMC采样器的最小采样值.flv
难易指数　★☆☆☆☆
技术掌握　最小采样值的作用

扫码看视频

“最小采样值”选项可以进一步消除图像中的噪点，该参数设定的数值为VRay渲染器早期终止算法生效时必须获得的最少样本数量，较高的取值将会减慢渲染速度，但同时会使早期终止算法更加可靠。图13-330~图13-332所示是不同“最小采样值”渲染得到的图像效果与耗时对比。

最小采样值=8、耗时为1分35秒

图13-330

最小采样值=2、耗时为1分17秒

图13-331

最小采样值=36、耗时为1分40秒

图13-332

01 打开“场景文件>CH13>18.max”文件，如图13-333所示。

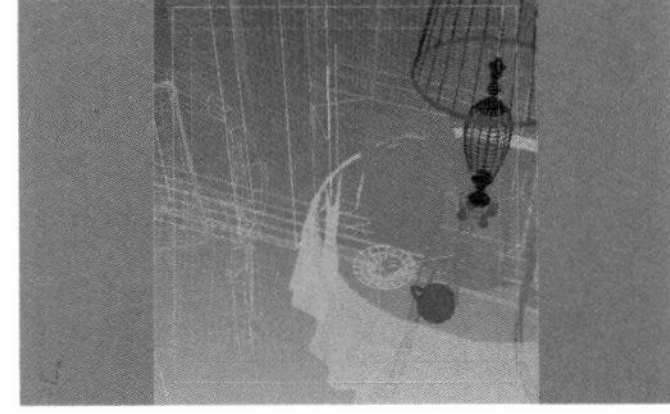

图13-333

02 展开“DMC采样器”卷展栏，可以看到“最小采样值”的默认值为8，如图13-334所示。

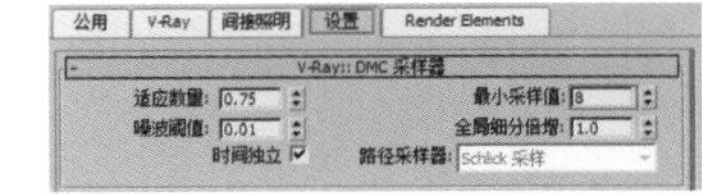

图13-334

03 测试渲染当前场景，效果如图13-335所示，可以看到模型的表面存在噪点，此时耗时约1分35秒。

04 在“DMC采样器”卷展栏下设置“最小采样值”为2，然后测试渲染当前场景，效果如图13-336所示，可以看到此时的噪点变得更为明显，耗时约1分17秒。

05 在“DMC采样器”卷展栏下设置“噪波阈值”为36，然后再次测试渲染当前场景，效果如图13-337所示，此时可以看到噪点得了有效控制，耗时约1分40秒。

图13-335

图13-336

图13-337

经过以上的测试可以发现，适当增加“最小采样值”可以比较彻底地消除噪点，在测试渲染时通常保持默认数值8即可，在渲染成品图时控制在16~32之间即可。要注意的是在实际工作中如果“最小采样值”设置为32时，噪点仍然比较明显，可以通过提高下面的“全局细分倍增”来进一步校正。图13-338所示是设置该值为1时的渲染效果；图13-339所示是提高到4时的渲染效果。“全局细分倍增”参数值是渲染过程中任何地方任何参数的细分值的倍数值，因此可以较大程度地提高图像的采样品质，但所增加的渲染时间也比较多。

图13-338

图13-339

13.8.2 默认置换卷展栏

“默认置换”卷展栏下的参数是用灰度贴图来实现物体表面的凸凹效果，它对材质中的置换起作用，而不作用于物体表面，其参数设置面板如图13-340所示。

图13-340

默认置换卷展栏参数介绍

覆盖MAX设置：控制是否用“默认置换”卷展栏下的参数来替代3ds Max中的置换参数。

边长：设置3D置换中产生最小的三角面长度。数值越小，精度越高，渲染速度越慢。

依赖于视图：控制是否将渲染图像中的像素长度设置为“边长”的单位。若不开启该选项，系统将以3ds Max中的单位为准。

最大细分：设置物体表面置换后可产生的最大细分值。

数量：设置置换的强度总量。数值越大，置换效果越明显。

相对于边界框：控制是否在置换时关联（缝合）边界。若不开启该选项，在物体的转角处可能会产生裂面现象。

紧密边界：控制是否对置换进行预先计算。

13.8.3 系统卷展栏

“系统”卷展栏下的参数不仅对渲染速度有影响，而且还会影响渲染的显示和提示功能，同时还可以完成联机渲染，其参数设置面板如图13-341所示。

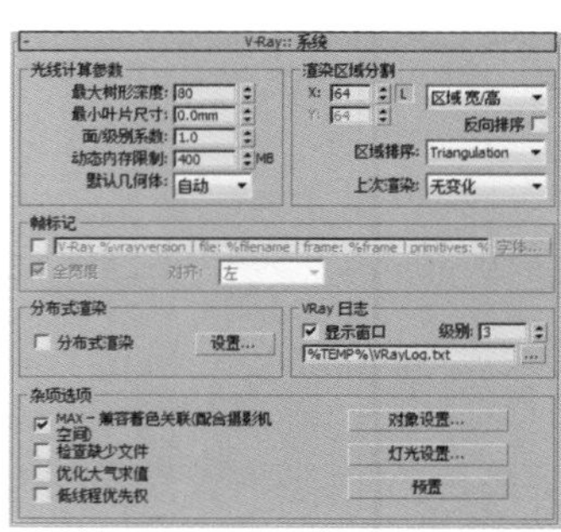

图13-341

系统卷展栏参数介绍

① 光线计算参数选项组

最大树形深度：控制根节点的最大分支数量。较高的值会加快渲染速度，同时会占用较多的内存。

最小叶片尺寸：控制叶节点的最小尺寸，当达到叶节点尺寸以后，系统停止计算场景。0表示考虑计算所有的叶节点，这个参数对速度的影响不大。

面/级别系数：控制一个节点中的最大三角面数量，当未超过临近点时计算速度较快；当超过临近点以后，渲染速度会减慢。所以，这个值要根据不同的场景来设定，进而提高渲染速度。

动态内存限制：控制动态内存的总量。注意，这里的动态内存被分配给每个线程，如果是双线程，那么每个线程各占一半的动态内存。如果这个值较小，那么系统经常在内存中加载并释放一些信息，这样就减慢了渲染速度。用户应该根据自己的内存情况来确定该值。

默认几何体：控制内存的使用方式，共有以下3种方式。

自动：VRay会根据使用内存的情况自动调整使用静态或动态的方式。

静态：在渲染过程中采用静态内存会加快渲染速度，同时在复杂场景中，由于需要的内存资源较多，经常会出现3ds Max跳出的情况。这是因为系统需要更多的内存资源，这时应该选择动态内存。

动态：使用内存资源交换技术，当渲染完一个块后就会释放占用的内存资源，同时开始下个块的计算。这样就有效地扩展了内存的使用。注意，动态内存的渲染速度比静态内存慢。

② 渲染区域分割选项组

X：当在后面的列表中选择“区域宽/高”时，它表示渲染块的像素宽度；当后面的选择框里选择“区域计算”时，它表示水平方向一共有多少个渲染块。

Y：当后面的列表中选择“区域宽/高”时，它表示渲染块的像素高度；当后面的选择框里选择“区域计算”时，它表示垂直方向一共有多少个渲染块。

L L：当单击该按钮使其凹陷后，将强制*x*和*y*的值相同。

反向排序：当勾选该选项以后，渲染顺序将和设定的顺序相反。

区域排序：控制渲染块的渲染顺序，共有以下6种方式。

Top–>Botton（从上–>下）：渲染块将按照从上到下的渲染顺序渲染。

Left–> Right（从左–>右）：渲染块将按照从左到右的渲染顺序渲染。

Checker（棋盘格）：渲染块将按照棋格方式的渲染顺序渲染。

Spiral（螺旋）：渲染块将按照从里到外的渲染顺序渲染。

Triangulation（三角剖分）：这是VRay默认的渲染方式，它将图形分为两个三角形依次进行渲染。

Hilbert cruve（稀耳伯特曲线）：渲染块将按照“希耳伯特曲线”方式的渲染顺序渲染。

上次渲染：这个参数确定在渲染开始的时候，在3ds Max默认的帧缓存框中以什么样的方式处理先前的渲染图像。这些参数的设置不会影响最终渲染效果，系统提供了以下6种方式。

无变化：与前一次渲染的图像保持一致。

交叉：每隔 2 个像素图像被设置为黑色。

场：每隔一条线设置为黑色。

变暗：图像的颜色设置为黑色。

蓝色：图像的颜色设置为蓝色。

清除：清除上一闪渲染的图像。

③ 帧标记选项组

V-Ray %vrayversion | file: %filename | frame: %frame | primitives: %：当勾选该选项后，就可以显示水印。

字体 字体...：修改水印里的字体属性。

全宽度：水印的最大宽度。当勾选该选项后，它的宽度和渲染图像的宽度相当。

对齐：控制水印里的字体排列位置，有“左”“中”“右”3个选项。

④ 分布式渲染选项组

分布式渲染：当勾选该选项后，可以开启“分布式渲染”功能。

设置 设置...：控制网络中的计算机的添加、删除等。

⑤ VRay日志选项组

显示窗口：勾选该选项后，可以显示“VRay日志”的窗口。

级别：控制“VRay日志”的显示内容，一共分为4个级别。1表示仅显示错误信息；2表示显示错误和警告信息；3表示显示错误、警告和情报信息；4表示显示错误、警告、情报和调试信息。

%TEMP%\VRayLog.txt：可以选择保存“VRay日志”文件的位置。

⑥ 杂项选项选项组

MAX-兼容着色关联（配合摄影机空间）：有些3ds Max插件（如大气等）是采用摄影机空间来进行计算的，因为它们都是针对默认的扫描线渲染器而开发。为了保持与这些插件的兼容性，VRay通过转换来自这些插件的点或向量的数据，模拟在摄影机空间计算。

检查缺少文件：当勾选该选项时，VRay会自己寻找场景中丢失的文件，并将它们进行列表，然后保存到C:\VRayLog.txt中。

优化大气求值：当场景中拥有大气效果，并且大气比较稀薄的时候，勾选这个选项可以得到比较优秀的大气效果。

低线程优先权：当勾选该选项时，VRay将使用低线程进行渲染。

对象设置 对象设置...：单击该按钮会弹出“VRay对象属性”对话框，在该对话框中可以设置场景物体的局部参数。

灯光设置 灯光设置...：单击该按钮会弹出“VRay灯光属性”对话框，在该对话框中可以设置场景灯光的一些参数。

预置 预置：单击该按钮会打开“VRay预置”对话框，在该对话框中可以保持当前VRay渲染参数的各种属性，方便以后调用。

实战：测试系统的光线计算参数

场景位置　场景文件>CH13>19.max
实例位置　实例文件>CH13>实战：测试系统的光线计算参数.max
视频位置　多媒体教学>CH13>实战：测试系统的光线计算参数.flv
难易指数　★☆☆☆☆
技术掌握　最大树形深度的作用

扫码看视频

VRay渲染器在计算场景光线时，为了准确模拟光线与场景模型的碰撞和反弹，VRay会将场景中的几何体信息组织成一个特别的结构，这个结构称之为“二元空间划分树（BSP树，即Binary Space Partitioning）”。“BSP树”是一种分级数据结构，是通过将场景细分成两个部分建立的，然后在每一个部分中寻找并依次细分它们，这两个部分称之为“BSP树的节点”。

设置“光线计算参数”选项组下的“最大树形深度”可以定义“BSP树”的最大深度，较大的值将占用更多的内存，但是渲染会很快，一直到一些临界点，超过临界点（每一个场景不一样）以后会开始减慢；较小的值将使“BSP树”少占用系统内存，但是整个渲染速度会变慢。图13-342~图13-344所示是不同的“最大树形深度”值渲染得到的效果与耗时对比。

最大树形深度=80、耗时为3分13秒
图13-342

最大树形深度=20、耗时为8分11秒
图13-343

最大树形深度=100、耗时为4分18秒
图13-344

01 打开“场景文件>CH13>19.max”文件，如图13-345所示。

图13-345

02 展开“系统”卷展栏，可以看到“最大树形深度”的默认值为80，如图13-346所示。

03 测试渲染当前场景，效果如图13-347所示，此时耗时约3分14秒。

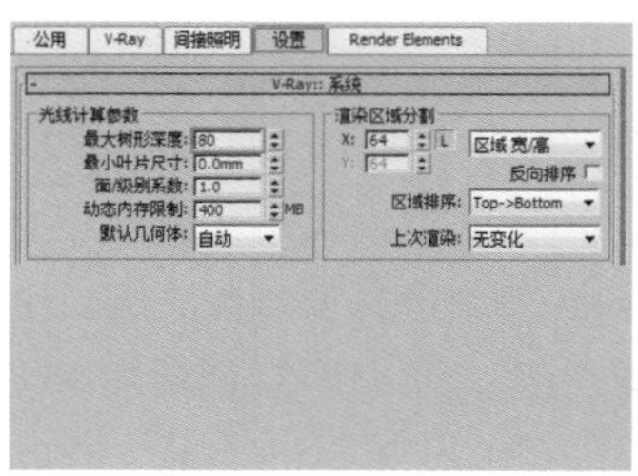

图13-346　图13-347

04 在“系统”卷展栏下设置“最大树形深度”为20，然后测试渲染当前场景，效果如图13-348所示，可以看到图像的质量没有发生变化，但耗时剧增到约8分11秒。

05 在“系统”卷展栏下设置“最大树形深度”为最大值100，然后测试渲染场景，效果如图13-349所示，可以看到图像质量没有发生变化，但耗时降低到约3分8秒。

图13-348　图13-349

经过以上的测试可以发现，适当提高“最大树形深度”值可以有效加快渲染速度，但越大的数值需要使用的内存也越多，因此如果计算机配置比较高，可以提高到最大值100，但如果是计算机配置相对比较低的用户，为了保证3ds Max的稳定运行，保持为默认值80即可。

此外，VRay渲染器可以通过“光计算参数”选项组下的“动态内存限制”选项来指定其在进行光线计算时所能占用的内存最大值。该数值越大，渲染速度越快，如图13-350和图13-351所示。但是该参数的具体限定同样要根据计算机的配置而定，通常默认的数值可以保证3ds Max的稳定运行，而在硬件条件允许的情况下可以适当提高数值以加快渲染速度。此外，如果在渲染时出现动态内存不足而自动关闭3ds Max时，也可以尝试增大该数值。

动态内存限制=200、耗时为4分18秒
图13-350

动态内存限制=1200、耗时为2分49秒
图13-351

实战：测试系统的渲染区域分割

场景位置　场景文件>CH13>20.max
实例位置　实例文件>CH13>实战：测试系统的渲染区域分割.max
视频位置　多媒体教学>CH13>实战：测试系统的渲染区域分割.flv
难易指数　★☆☆☆☆
技术掌握　渲染区域分割的x/y参数的作用

扫码看视频

“系统”卷展栏下有一个“渲染区域分割”选项组，该选项组中的x/y参数可以用来调整渲染时每次计算的渲染块大小。修改这两个参数值时，并不能影响渲染的图像效果，如图13-352所示，但是可以在渲染耗时上体现出变化，如图13-353和图13-354所示。

渲染块示意图
图13-352

x=64、耗时为0分54秒
图13-353

x=128、耗时为0分57秒
图13-354

01 打开“场景文件>CH13>20.max”文件，如图13-355所示。

图13-355

02 展开“系统”卷展栏，可以看到x/y的默认值为64，如图13-356所示。

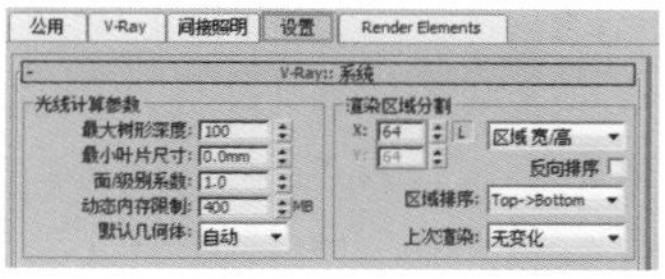

图13-356

03 测试渲染当前场景，此时的渲染块大小如图13-357所示，效果及耗时如图13-358所示，当前耗时约54.2秒。

图13-357

图13-358

04 在“系统”卷展栏中设置x为32，然后测试渲染当前场景，此时的渲染块大小如图13-359所示，效果及耗时如图13-360所示，当前耗时约54.1秒。

图13-359

图13-360

05 在“系统”卷展栏中设置x为128，然后测试渲染当前场景，此时的渲染块大小如图13-361所示，效果及耗时如图13-362所示，当前耗时约57.2秒。

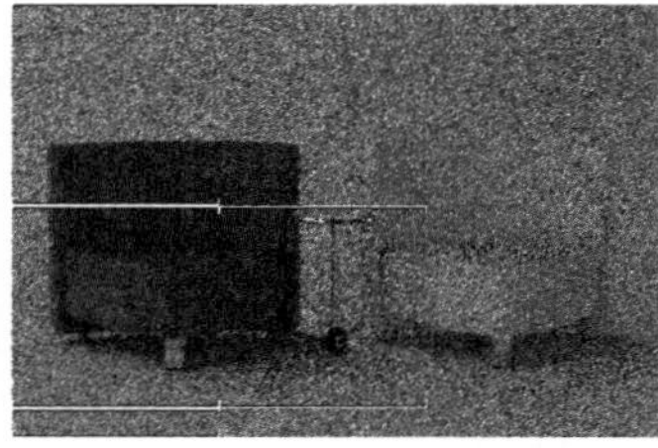
图13-361

图13-362

经过以上测试可以发现，相对较小的渲染块可以较快地完成图像渲染。在测试渲染时保持x/y参数为默认值即可，在最终渲染时可以调整到32以提高渲染速度。

实战：测试系统的帧标记

场景位置 场景文件>CH13>21.max
实例位置 实例文件>CH13>实战：测试系统的帧标记.max
视频位置 多媒体教学>CH13>实战：测试系统的帧标记.flv
难易指数 ★☆☆☆☆
技术掌握 帧标记的作用

扫码看视频

“系统”卷展栏下的“帧标记”选项可以在渲染图像上显示渲染的相关信息，不同的函数设置及字体可以显示不同的信息量及字体等效果，如图13-363和图13-364所示。

图13-363

图13-364

01 打开“场景文件>CH13>21.max”文件，如图13-365所示。

02 展开“系统”卷展栏，然后勾选“帧标记”选项，如图13-366所示。

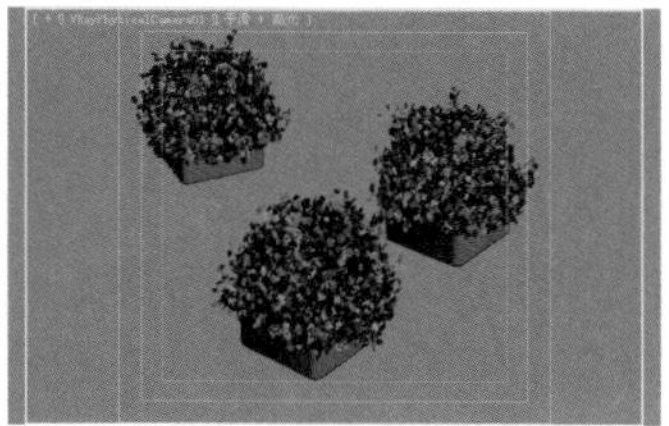
图13-365

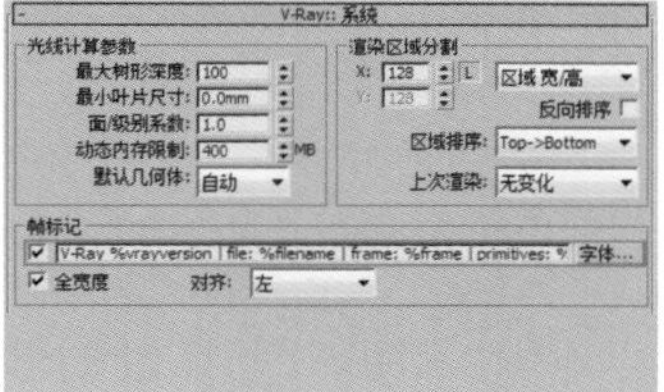
图13-366

03 测试渲染当前场景，效果如图13-367所示。默认的帧标记从左至右依次显示了VRay渲染器的版本、渲染场景名称、渲染帧数、光线交叉数以及渲染时间。

图13-367

04 如果需要显示渲染时间并显示较大的字体，可以删除其他标记函数，然后单击右侧的“字体”按钮字体...，如图13-368所示，接着在弹出的“字体”对话框选择一种合适的字体类型，最后设置好字形以及字体大小，如图13-369所示。

05 测试渲染当前场景，效果如图13-370所示，可以看到此时只显示了渲染时间，同时字体也变大了。

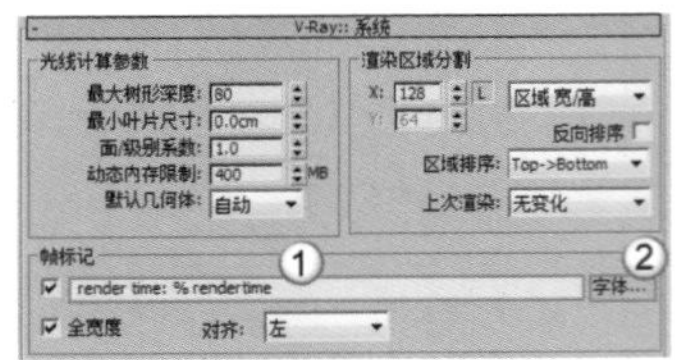
图13-368

图13-369

图13-370

技术专题 52 其他帧标记函数概览

除了默认显示的帧标记函数，VRay渲染器还可以通过下列函数显示对应的渲染信息。

%computername：网络中计算机的名称。

%date：显示当前系统日期。

%time：显示当前系统时间。

%w：以“像素”为单位的图像宽度。

%h：以“像素”为单位的图像高度。

%camera：显示帧中使用的摄影机名称（如果场景中不存在摄影机，则显示为空）。

%ram：显示系统中物理内存的数量。

%vmem：显示系统中可用的虚拟内存。

%mhz：显示系统CPU的时钟频率。

%os：显示当前使用的操作系统。

实战：测试系统的VRay日志

场景位置 无
实例位置 无
视频位置 多媒体教学>CH13>实战：测试系统的VRay日志.flv
难易指数 ★☆☆☆☆
技术掌握 VRay日志的作用

扫码看视频

“系统”卷展栏下的“VRay日志”选项可以在渲染时以文本形式记录渲染的过程，如图13-371所示。

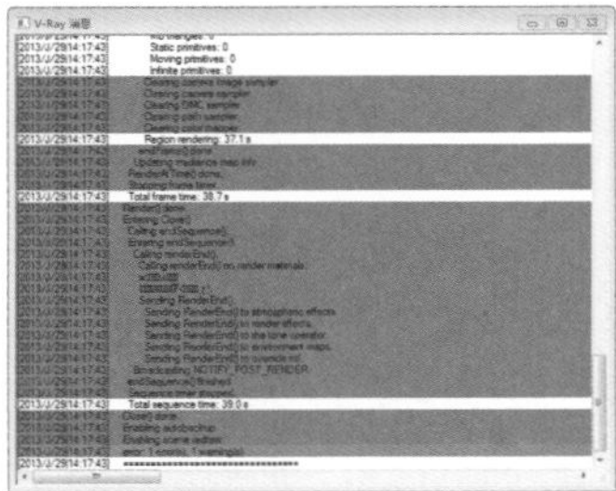
图13-371

01 任意打开一个场景文件，然后展开“系统”卷展栏，接着在“VRay日志”选项组下勾选“显示窗口”选项，如图13-372所示。

02 测试渲染场景，此时将生成如图13-373所示的“VRay消息”对话框。注意，错误信息会以error开头并以棕色为底色显示，而警告消息则以warning开头并以绿色为底色显示（不同版本的VRay渲染器在色彩上可能有所不同），而白色为底色文字通常为场景相关的信息，如渲染对象数量和渲染灯光数量等。

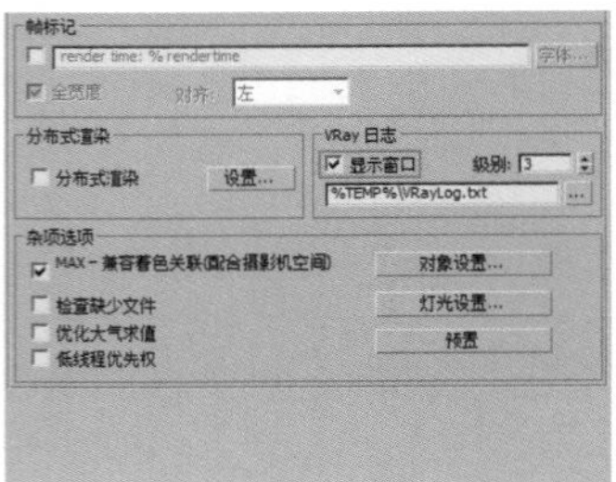
图13-372

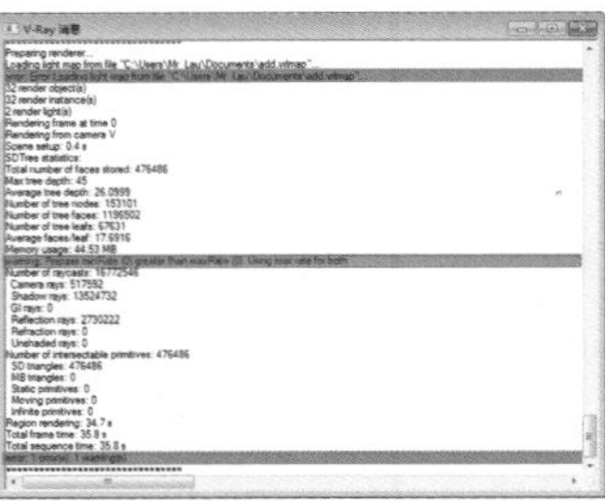
图13-373

03 如果将“VRay日志”选项组下的“级别”数值调整到4，图13-374所示，则在渲染时将以紫色为底色显示详细的渲染进程（步骤），如图13-375所示。可以观察到此时的信息量十分大，但可参考的价值并不多，因此通常保持默认值3即可。

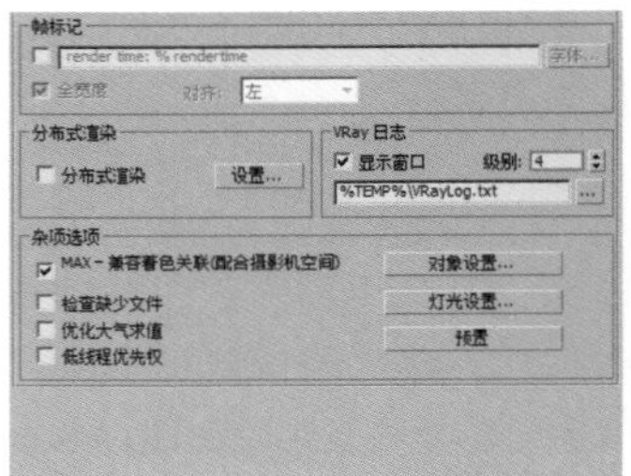
图13-374

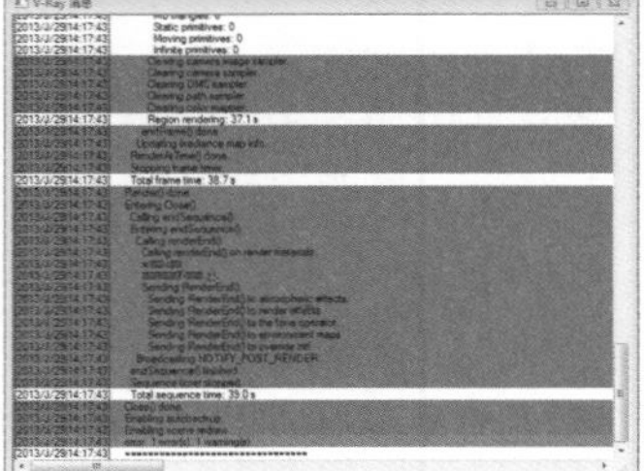
图13-375

技巧与提示

默认设置下的“级别”为3，此时会显示错误、警告及正常信息；调整到2则只显示错误与警告信息；调整到1则只显示错误信息。

04 如果要以文本的形式保存VRay日志，可以在“VRay日志”选项组的右下角单击...按钮，然后在弹出的对话框中设置好文本的保存名称与路径，如图13-376所示。在渲染完成后，打开保存的文件即可查看相关的渲染信息，如图13-377所示。

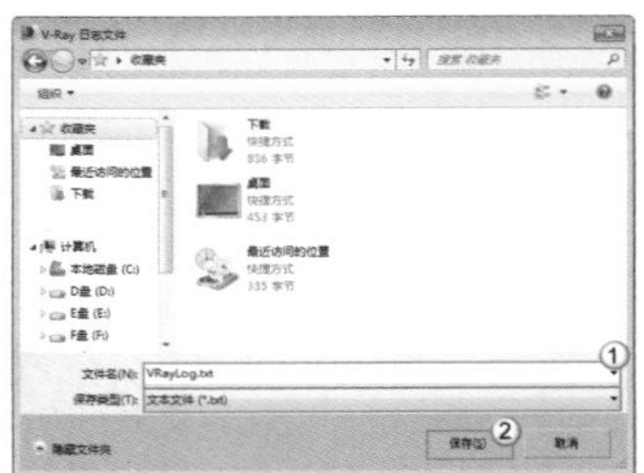
图13-376

图13-377

实战：测试系统的预置

场景位置 无
实例位置 无
视频位置 多媒体教学>CH13>实战：测试系统的预置.flv
难易指数 ★☆☆☆☆
技术掌握 预置的作用

扫码看视频

在“系统”卷展栏下单击“预置”按钮，可以将当前设置的渲染文件保存为预置文件，在下次需要使用到相同渲染参数时可以直接调用。

01 任意打开一个场景文件，展开“系统”卷展栏，然后在“杂项选项”选项组下单击的“预置”按钮，接着在弹出的“VRay预置”对话框中全选右侧列表中的所有参数，并在左侧列表中输入当前渲染参数的名称，最后单击“保存”按钮进行保存，如图13-378所示。

02 关闭当前场景，然后打开一个不同的场景文件，并设置渲染器为VRay渲染器，接着在“杂项选项”选项组下单击的“预置”按钮，在弹出的“VRay预置”对话框可以查看到之前保存的预置文件，单击“加载”按钮即可快速将之前设置好的测试渲染参数加载到新打开的场景中，如图13-379所示。

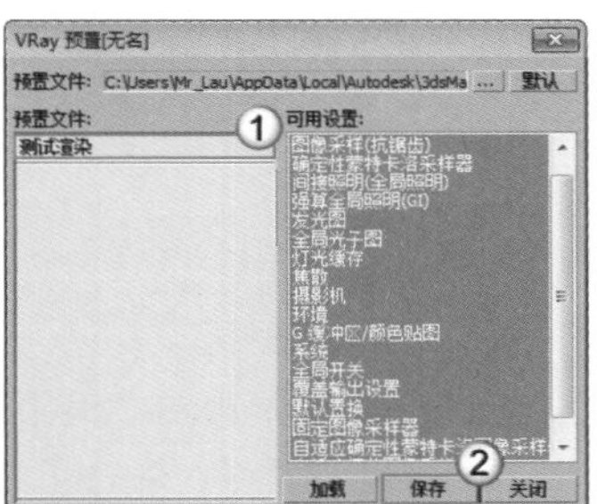
图13-378

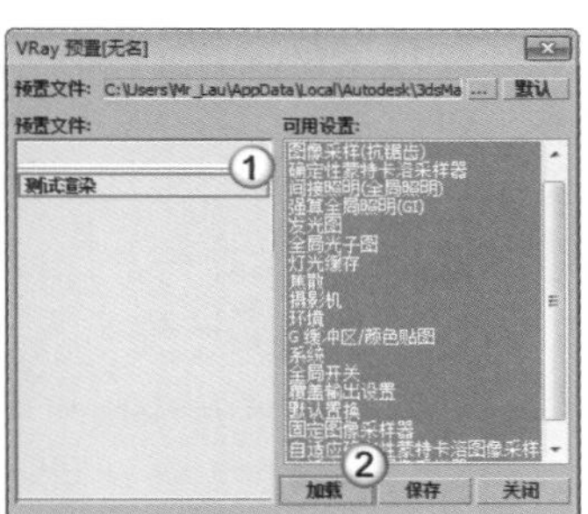
图13-379

13.9 渲染的其他常用技巧

在前面的内容中详细介绍了VRay的重要渲染参数，下面将介绍渲染的一些常用技巧，包含如何渲染后期处理要用到的彩色通道图、如何批量渲染同一个场景中的多角度效果以及如何在渲染完成后自动保存并关机。

13.9.1 渲染后期处理的彩色通道图

VRay渲染器有一个Render Elements（渲染元素）选项卡，该选项卡下只包含一个“渲染元素”卷展栏，如图13-380所示。该卷展栏的最大作用就是用来渲染Photoshop后期处理要用到的彩色通道图像（将不同模型渲染成不同的单色块，有利于在Photoshop中创建选区，创建选区后可以对其进行调色、模糊、修补等后期处理）。下面以一个实战来详细介绍彩色通道图的渲染方法。

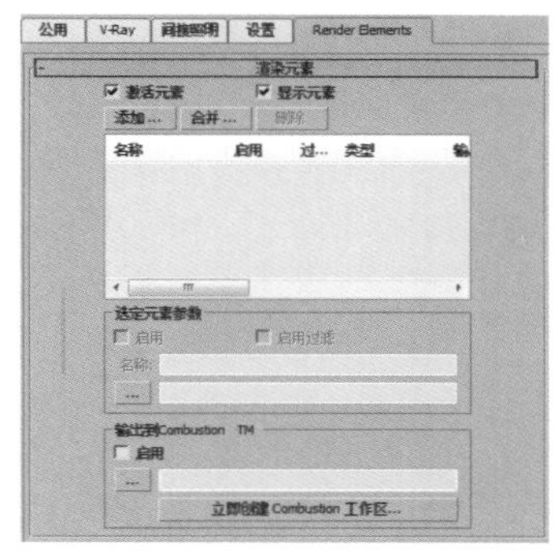
图13-380

实战：渲染彩色通道图

场景位置 场景文件>CH13>22.max
实例位置 实例文件>CH13>实战：渲染彩色通道图.max
视频位置 多媒体教学>CH13>实战：渲染彩色通道图.flv
难易指数 ★☆☆☆☆
技术掌握 渲染元素的作用

扫码看视频

01 打开“场景文件>CH13>22.max”文件，如图13-381所示，然后测试渲染当前场景，效果如图13-382所示。

图13-381

图13-382

02 单击Render Elements（渲染元素）选项卡，然后在“渲染元素”卷展栏下单击“添加”按钮，接着在弹出的“渲染元素”对话框中选择“VRay渲染ID”元素，最后单击“确定”按钮，如图13-383所示。

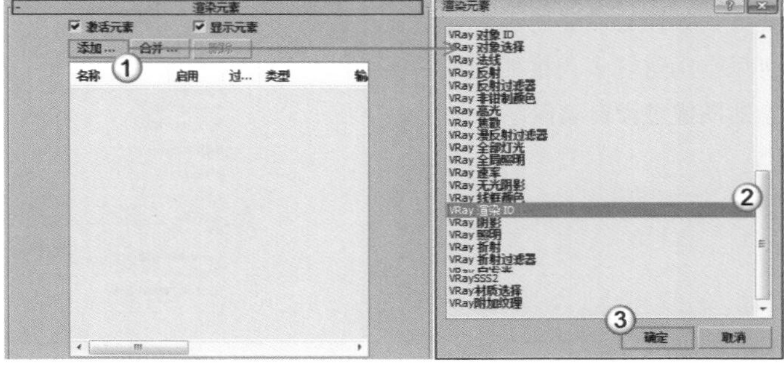
图13-383

技巧与提示

除了可以用“VRay渲染ID”元素来渲染彩色通道图以外，还可以用“VRay线框颜色”元素来渲染彩色通道图。

03 选择“VRay渲染ID”元素后，先勾选“显示元素”选项，然后在“选定元素参数”选项组下“启用”选项，然后设置好渲染元素的保存名称与路径，如图13-384所示。

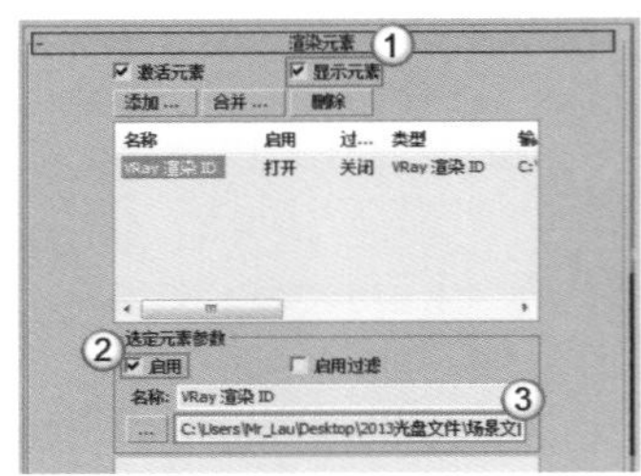
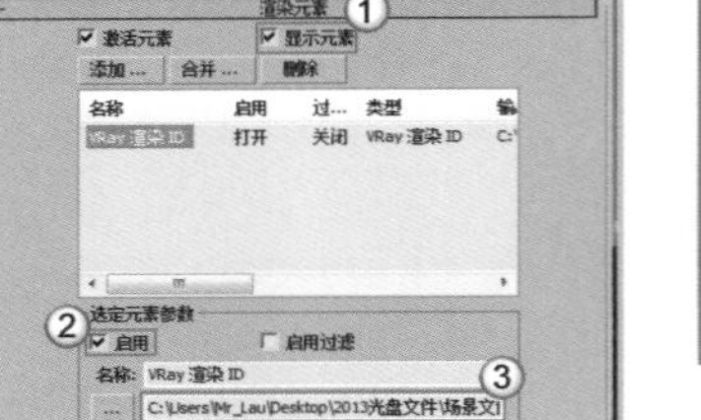

图13-384

技巧与提示

勾选"显示元素"选项后，可以在图像渲染完成后自动弹出一个对话框以显示生成的渲染元素效果。

04 测试渲染当前场景，效果如图13-385所示。可以观察到同时生成了渲染图像以及彩色通道图像，这样在使用Photoshop进行后期处理时，可以通过魔棒等工具精确选择到各个色块区域，方便图像局部细节的调整。

图13-385

13.9.2 批处理渲染

在实际工作中，同一场景经常需要进行多个角度的表现，此时可以通过执行"渲染>批处理渲染"菜单命令来完成该任务，如图13-386所示。使用该功能不仅可以自动进行多角度的渲染，还可以对渲染的图像进行自动保存。

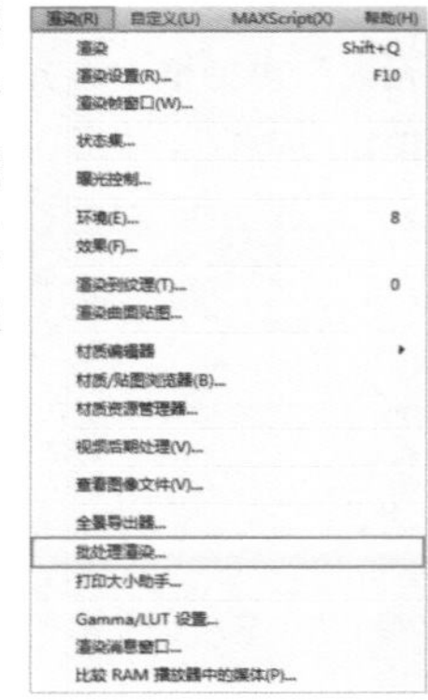

图13-386

实战：多角度批处理渲染

场景位置　场景文件>CH13>23.max
实例位置　实例文件>CH13>实战：多角度批处理渲染.max
视频位置　多媒体教学>CH13>实战：多角度批处理渲染.flv
难易指数　★☆☆☆☆
技术掌握　如何批处理渲染多个角度

扫码看视频

01 打开"场景文件>CH13>23.max"文件，该场景设置了两个渲染角度（按C键可以切换不同的摄影机渲染角度），如图13-387和图13-388所示。

图13-387

图13-388

02 执行"渲染>批处理渲染"菜单命令，然后在弹出的"批处理渲染"对话框中连续单击两次"添加"按钮添加(A)...，创建两个视角，如图13-389所示。

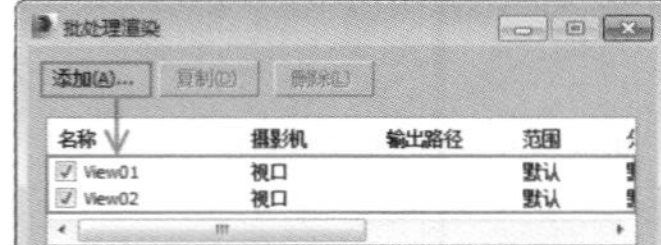

图13-389

03 选择View01视角，然后在"摄影机"下拉列表中选择Camera001，接着单击"输出路径"选项后面的按钮...设置好渲染文件的保存路径，如图13-390所示。设置完成后采用相同的方法设置好View02视角，如图13-391所示。

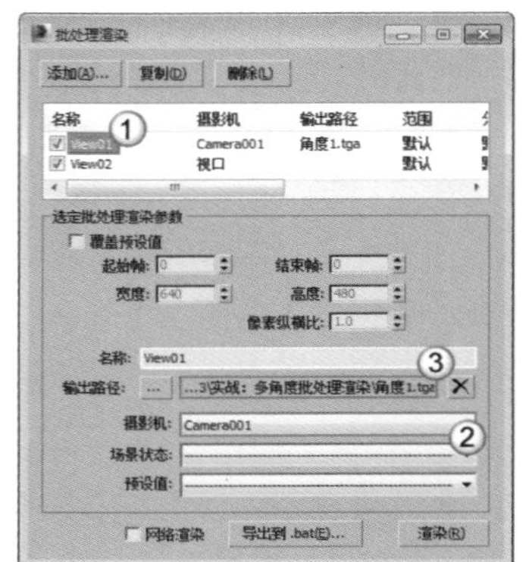

图13-390

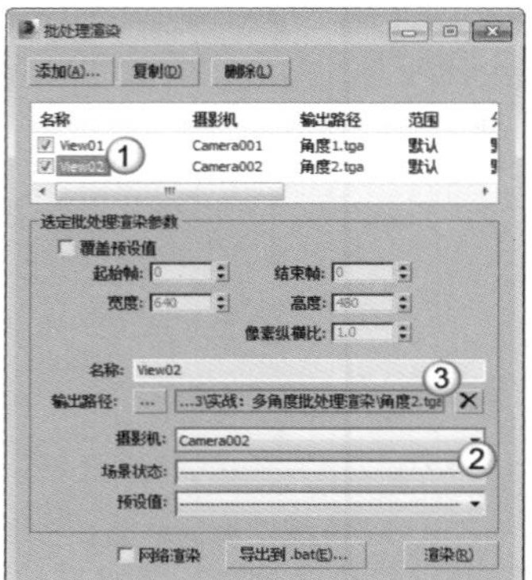

图13-391

04 在"批处理渲染"对话框中单击"渲染"按钮渲染(R)，此时将弹出一个显示渲染进度的"批处理渲染进度"对话框，如图13-392所示，渲染完成后在设置好的文件保存路径下即可找到渲染好的图像，如图13-393所示。

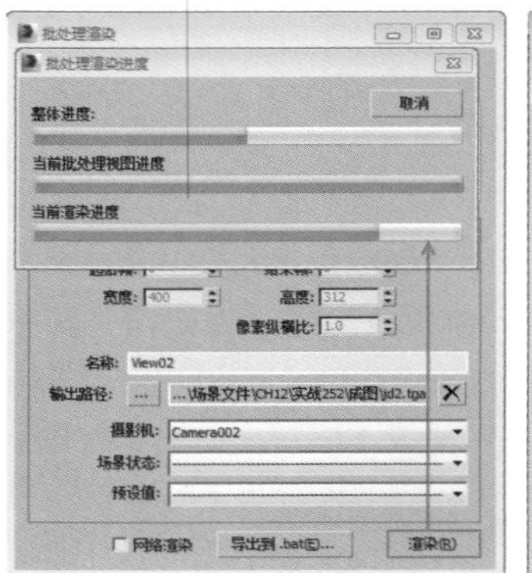

图13-392

图13-393

13.9.3 渲染自动保存与关机

在实际工作中，最终成品图的渲染通常需要很长的时间，为了方便在外出或是休息，可以为场景设置一个自动保存渲染图像和计算机关闭功能。

实战：为场景设置自动保存并关闭计算机

场景位置 场景文件>CH13>24.max
实例位置 实例文件>CH13>实战：为场景设置自动保存并关闭计算机.max
视频位置 多媒体教学>CH13>实战：为场景设置自动保存并关闭计算机.flv
难易指数 ★☆☆☆☆
技术掌握 自动保存渲染图像并自动关机

扫码看视频

01 打开“场景文件>CH13>24.max”文件，如图13-394所示。为了确定最终渲染的图像质量，先测试渲染当前场景，然后查看效果是否满意，如图13-395所示。

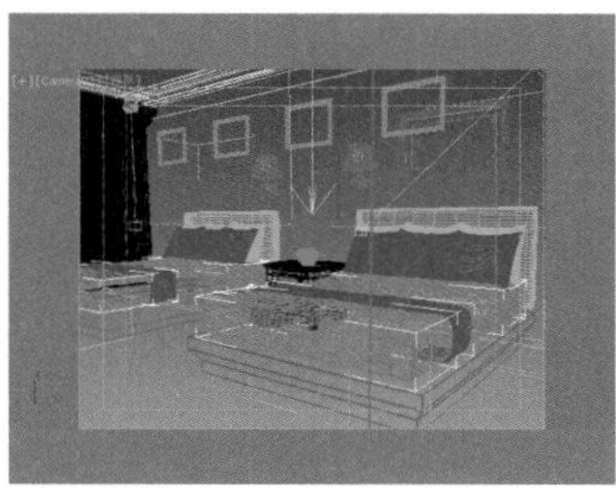

图13-394

图13-395

由于在设置自动关机后，只要进行了渲染，则不管是渲染正常完成还是手动终止，计算机都会自动关机，因此必须先渲染一张小图查看图像效果是否达到要求。

02 单击“公用”选项卡，然后在“渲染输出”选项组下单击“文件”按钮 文件... ，接着在弹出的对话框中设置好最终图像的名称与保存路径，如图13-396所示。

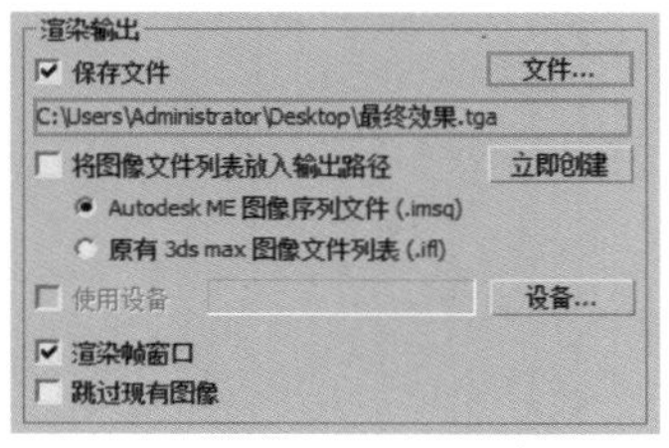

图13-396

03 展开“脚本”卷展栏，然后在“渲染后期”选项组下单击“文件”按钮 文件... ，如图13-397所示，接着在弹出的对话框中选择“实例文件>CH13>实战：为场景设置自动保存并关闭计算机>渲染完自动关机.ms”脚本文件，最后单击“打开”按钮 打开(O) ，如图13-398所示。

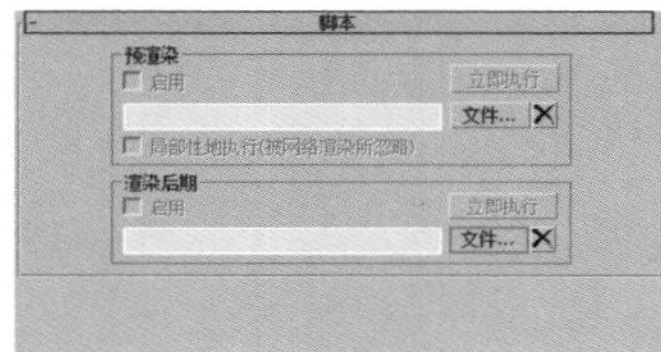

图13-397

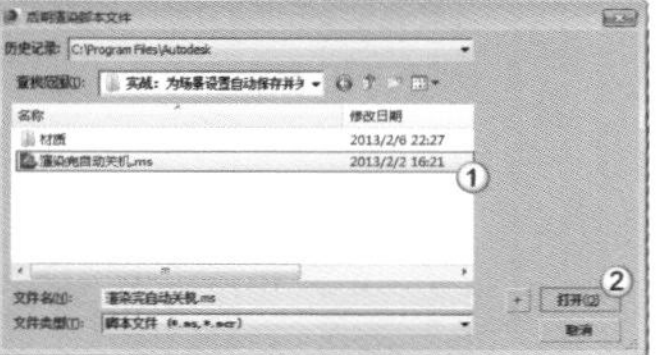

图13-398

对于“渲染完自动关机.ms”脚本文件，用户可以在实际工作中直接调用。

04 渲染当前场景，在渲染完成后将弹出一个自动关机的提示对话框，如图13-399所示，待提示时间结束后将自动进入关机程序。

图13-399

第14章 效果图制作基本功：Photoshop后期处理

Learning Objectives 学习要点

397页 调整效果图的亮度

399页 调整效果图的层次感

401页 调整效果图的清晰度

402页 调整效果图的色彩

404页 调整效果图的光效

407页 调整效果图的环境

Employment direction 从业方向

家具造型设计师

工业造型设计师

室内设计表现师

建筑设计表现师

14.1 后期处理概述

所谓后期处理就是对效果图进行修饰，将效果图在渲染中不能实现的效果在后期处理中完美体现出来。后期处理是效果图制作中非常关键的一步，这个环节相当重要。在一般情况下都是使用Adobe公司的Photoshop来进行后期处理。图14-1所示是Photoshop CS6的启动画面。

图14-1

另外，请用户特别注意，在实际工作中不要照搬本章实例的参数，因为每幅效果图都有不同的要求。因此，本章的精粹在于“方法”，而不是“技术”。

14.1.1 后期处理的原则

在效果图后期处理中，必须遵循以下3点最基本的原则。

第1点：尊重设计师和业主的设计要求。

第2点：遵循大多数人的审美观。

第3点：保留原图的真实细节，在保证美观的前提下尽量不要进行过多修改。

14.1.2 后期处理的方向与要用到的工具

对于一幅效果图的后期处理，首先要清楚这幅效果图要处理哪些方面，如图像的亮度、层次、清晰度、色彩或是图像的光效和环境等。清楚效果图的调整方向以后，就需要用到Photoshop的专业工具或是命令来进行调整，如工具箱中的相关工具、调色命令、特殊滤镜和混合模式等，如图14-2~图14-5所示。

图14-2

图14-3

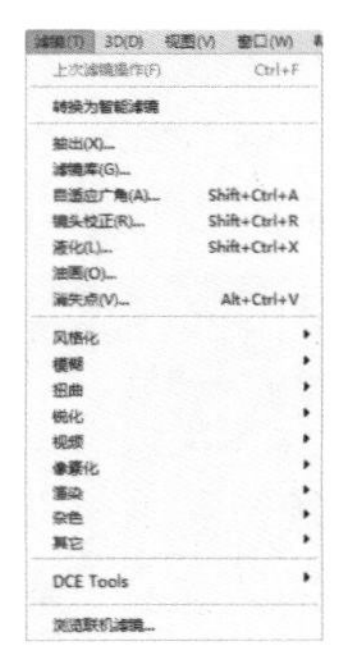

图14-4

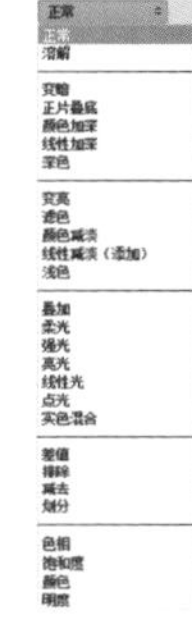

图14-5

14.2 调整效果图的亮度

本节将针对如何调整效果图的画面亮度进行详细讲解，涉及的知识包含“曲线”命令、“亮度/对比度”命令、“正片叠底”模式和“滤色”模式。

实战：用曲线调整效果图的亮度

场景位置　场景文件>CH14>素材01.png
实例位置　实例文件>CH14>实战：用曲线调整效果图的亮度.psd
视频位置　多媒体教学>CH14>实战：用曲线调整效果图的亮度.flv
难易指数　★☆☆☆☆
技术掌握　用曲线命令调整效果图的亮度

扫码看视频

用“曲线”命令调整效果图亮度的前后对比效果如图14-6所示。

图14-6

01 启动Photoshop CS6，然后按Ctrl+O组合键打开“场景文件>CH14>素材01.png”文件，如图14-7所示，打开后的界面效果如图14-8所示。

图14-7

图14-8

疑难问答

问：在Photoshop中打开图像的方法有哪些？

答：在Photoshop中打开图像的方法主要有以下3种。

第1种：按Ctrl+O组合键。

第2种：执行“文件>打开”菜单命令。

第3种：直接将文件拖曳到操作界面中。

02 在“图层”面板中选择“背景”图层，然后按Ctrl+J组合键将该图层复制一层，得到“图层1”，如图14-9所示。

图14-9

技巧与提示

在实际工作中，为了节省操作时间，一般都使用快捷键来进行操作，复制图层的快捷键为Ctrl+J组合键。

03 执行“图像>调整>曲线”菜单命令或按Ctrl+M组合键，打开“曲线”对话框，然后将曲线调整成弧形状，如图14-10所示，效果如图14-11所示。

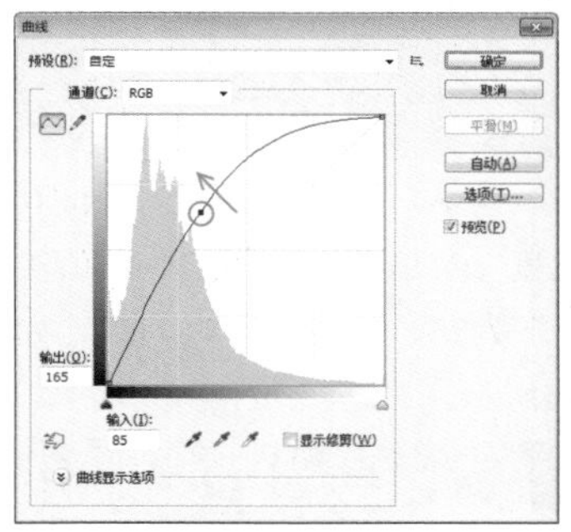

图14-10　图14-11

04 执行“文件>存储为”菜单命令或按Shift+Ctrl+S组合键，打开“存储为”对话框，然后为文件命名，并设置存储格式为psd格式，如图14-12所示。

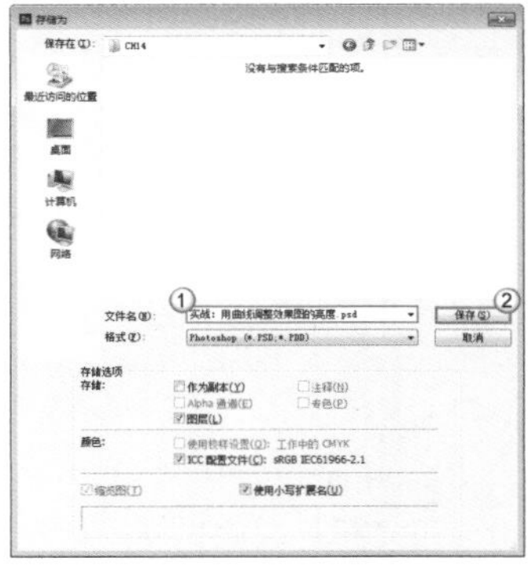

图14-12

实战：用亮度/对比度调整效果图的亮度

场景位置　场景文件>CH14>素材02.png
实例位置　实例文件>CH14>实战：用亮度/对比度调整效果图的亮度.psd
视频位置　多媒体教学>CH14>实战：用亮度/对比度调整效果图的亮度.flv
难易指数　★☆☆☆☆
技术掌握　用亮度/对比度命令调整效果图的亮度

扫码看视频

用“亮度/对比度”命令调整效果图亮度的前后对比效果如图14-13所示。

图14-13

01 打开“场景文件>CH14>素材02.png”文件，如图14-14所示。

图14-14

02 执行“图像>调整>亮度/对比度”菜单命令，打开“亮度/对比度”对话框，然后设置“亮度”为26、“对比度”为53，如图14-15所示，最终效果如图14-16所示。

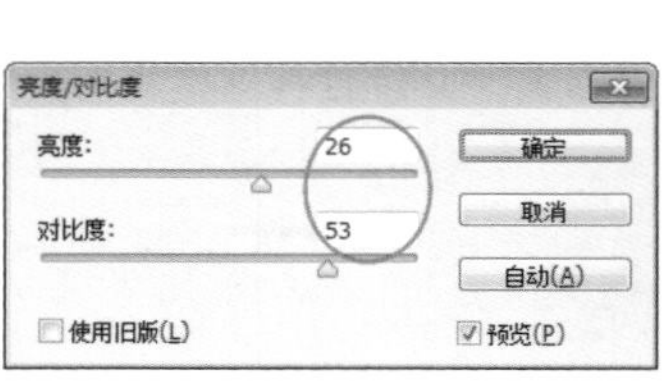

图14-15

图14-16

实战：用正片叠底调整过亮的效果图

场景位置　场景文件>CH14>素材03.png
实例位置　实例文件>CH14>实战：用正片叠底调整过亮的效果图.psd
视频位置　多媒体教学>CH14>实战：用正片叠底调整过亮的效果图.flv
难易指数　★☆☆☆☆
技术掌握　用正片叠底模式调整过亮的效果图

扫码看视频

用“正片叠底”模式调整过亮效果图的前后对比效果如图14-17所示。

图14-17

01 打开“场景文件>CH14>素材03.png”文件，如图14-18所示。从图中可以观察到图像的暗部（阴影）区域并不明显。

图14-18

02 按Ctrl+J组合键将“背景”图层复制一层，得到“图层1”，然后在“图层”面板中设置“图层1”的“混合模式”为“正片叠底”，接着设置该图层的“不透明度”为38%，如图14-19所示，最终效果如图14-20所示。

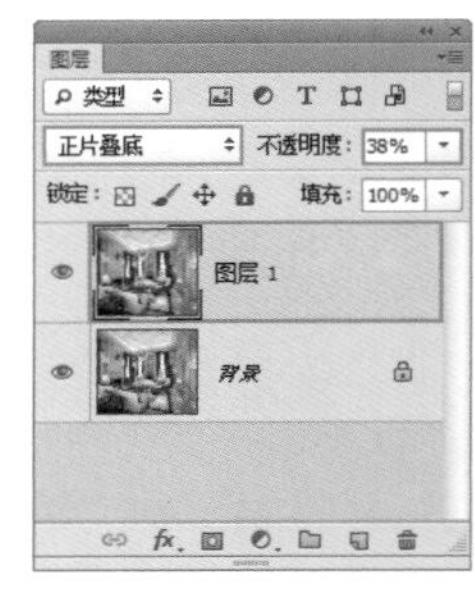

图14-19

图14-20

实战：用滤色调整效果图的过暗区域

场景位置　场景文件>CH14>素材04.png
实例位置　实例文件>CH14>实战：用滤色调整效果图的过暗区域.psd
视频位置　多媒体教学>CH14>实战：用滤色调整效果图的过暗区域.flv
难易指数　★☆☆☆☆
技术掌握　用滤色模式调整效果图的过暗区域

扫码看视频

用“滤色”模式调整过暗效果图的前后对比效果如图14-21所示。

图14-21

01 打开“场景文件>CH14>素材04.png”文件，如图14-22所示。从图中可以观察到画面的亮部区域并不明显。

图14-22

02 按Ctrl+J组合键将“背景”图层复制一层，得到“图层1”，然后设置“图层1”的“混合模式”为“滤色”，接着设置该图层的“不透明度”为60%，如图14-23所示，最终效果如图14-24所示。

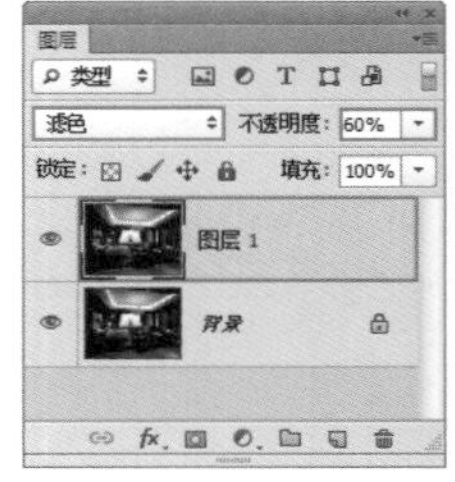

图14-23

图14-24

图层的混合模式在效果图后期处理中的使用频率非常频繁。用混合模式可以调整画面的细节效果，也可以用来调整画面的整体或局部的明暗及色彩关系。

14.3 调整效果图的层次感

在一幅优秀的效果图作品中，画面的层次感非常关键，否则画面就会看上去很平淡，没有明暗对比。通常来说，增强灯光的明暗对比可以让画面的层次感更强一些。

实战：用色阶调整效果图的层次感

场景位置 场景文件>CH14>素材05.png
实例位置 实例文件>CH14>实战：用色阶调整效果图的层次感.psd
视频位置 多媒体教学>CH14>实战：用色阶调整效果图的层次感.flv
难易指数 ★☆☆☆☆
技术掌握 用色阶命令调整效果图的层次感

用“色阶”命令调整效果图层次感的前后对比效果如图14-25所示。

图14-25

01 打开“场景文件>CH14>素材05.png”文件，如图14-26所示。

图14-26

02 执行“图像>调整>色阶”菜单命令或按Ctrl+L组合键，打开“色阶”对话框，然后设置“输入色阶”的灰度色阶为0.7，如图14-27所示，效果如图14-28所示。

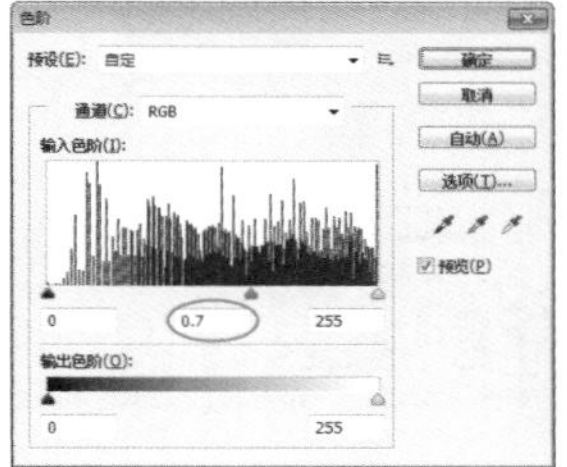

图14-27

图14-28

03 再次按Ctrl+L组合键打开“色阶”对话框，然后设置“输入色阶”的灰度色阶为0.77，接着设置“输出色阶”的白色色阶为239，如图14-29所示，最终效果如图14-30所示。

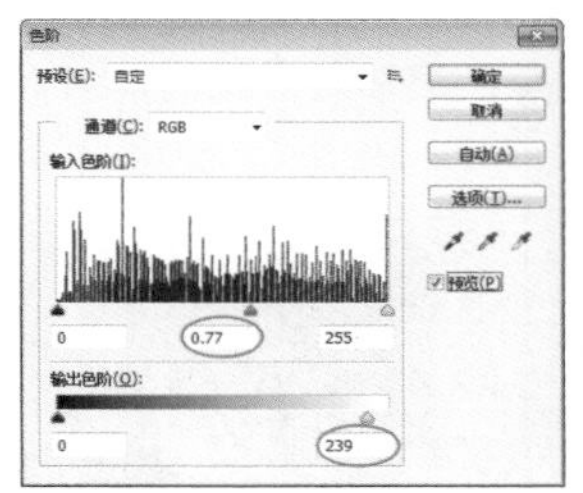

图14-29

图14-30

实战：用曲线调整效果图的层次感

场景位置 场景文件>CH14>素材06.png
实例位置 实例文件>CH14>实战：用曲线调整效果图的层次感.psd
视频位置 多媒体教学>CH14>实战：用曲线调整效果图的层次感.flv
难易指数 ★☆☆☆☆
技术掌握 用曲线命令调整效果图的层次感

用“曲线”命令调整效果图层次感的前后对比效果如图14-31所示。

图14-31

01 打开"场景文件>CH14>素材06.png"文件，如图14-32所示。

图14-32

02 执行"图像>调整>曲线"菜单命令，打开"曲线"对话框，然后将曲线调整成如图14-33所示的形状，最终效果如图14-34所示。

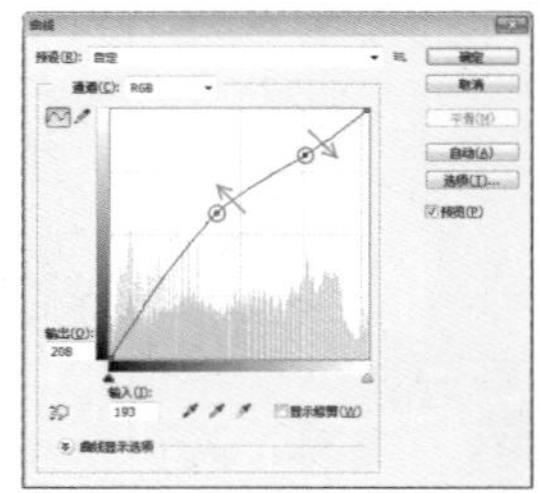

图14-33

图14-34

实战：用智能色彩还原调整效果图的层次感

场景位置 场景文件>CH14>素材07.png
实例位置 实例文件>CH14>实战：用智能色彩还原调整效果图的层次感.psd
视频位置 多媒体教学>CH14>实战：用智能色彩还原调整效果图的层次感.flv
难易指数 ★☆☆☆☆
技术掌握 用智能色彩还原滤镜调整效果图的层次感

用"智能色彩还原"滤镜调整效果图层次感的前后对比效果如图14-35所示。

图14-35

01 打开"场景文件>CH14>素材07.png"文件，如图14-36所示。

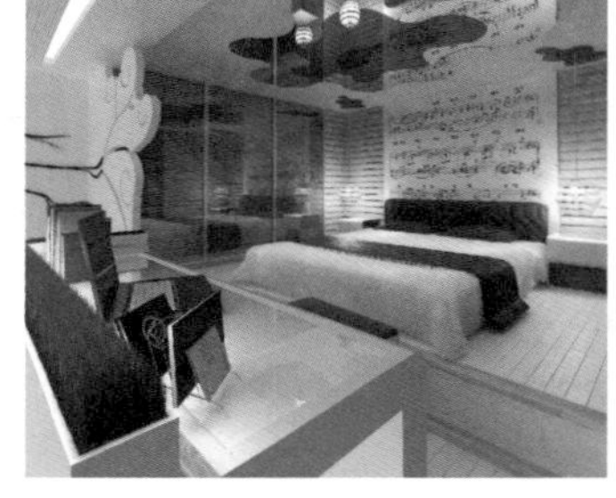

图14-36

02 执行"滤镜>DCE Tools>智能色彩还原"菜单命令，然后在弹出的"智能色彩还原"对话框中勾选"色彩还原"选项，接着设置"色彩还原"为21，最后勾选"闪光灯开启"选项，如图14-37所示，最终效果如图14-38所示。

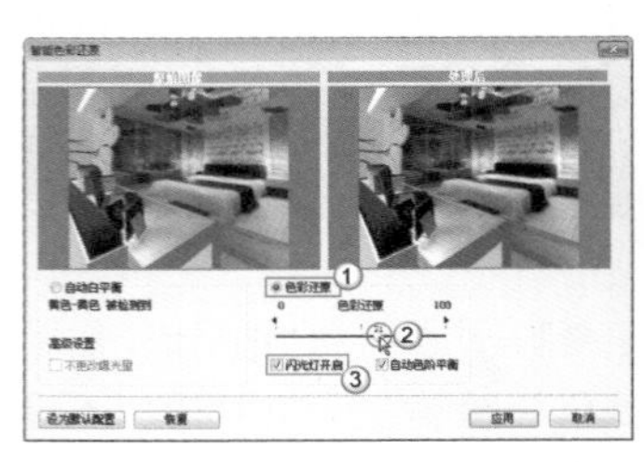

图14-37　图14-38

> **疑难问答**
>
> 问："智能色彩还原"是什么滤镜？
>
> 答："智能色彩还原"滤镜是DCE Tools外挂滤镜集合中的一个，主要用来修缮和还原图像的原始色彩。DCE Tools滤镜集合是调整效果图层次感的重要工具。

实战：用明度调整效果图的层次感

场景位置 场景文件>CH14>素材08.png
实例位置 实例文件>CH14>实战：用明度调整效果图的层次感.psd
视频位置 多媒体教学>CH14>实战：用明度调整效果图的层次感.flv
难易指数 ★☆☆☆☆
技术掌握 用明度模式调整效果图的层次感

扫码看视频

用"明度"模式调整效果图层次感的前后对比效果如图14-39所示。

图14-39

01 打开"场景文件>CH14>素材08.png"文件，如图14-40所示。

02 按Ctrl+J组合键将"背景"图层复制一层，得到"图层1"，然后执行"图像>调整>去色"菜单命令或按Shift+Ctrl+U组合键，将彩色图像调整成灰度图像，如图14-41所示。

图14-40

图14-41

03 在“图层”面板中设置“图层1”的“混合模式”为“明度”，如图14-42所示，最终效果如图14-43所示。

图14-42

图14-43

效果图的后期调整方法有很多，使用混合模式只是其中之一，无论采用何种方法进行调整，只要能达到最理想的效果就是好方法。

14.4 调整效果图的清晰度

在3ds Max/VRay中，效果图的清晰度是用“反（抗）锯齿”功能来完成的，在后期调整中主要使用一些常用的锐化滤镜来进行调整。

实战：用USM锐化调整效果图的清晰度

场景位置 场景文件>CH14>素材09.png
实例位置 实例文件>CH14>实战：用USM锐化调整效果图的清晰度.psd
视频位置 多媒体教学>CH14>实战：用USM锐化调整效果图的清晰度.flv
难易指数 ★☆☆☆☆
技术掌握 用USM锐化滤镜调整效果图的清晰度

扫码看视频

用“USM锐化”滤镜调整效果图清晰度的前后对比效果如图14-44所示。

图14-44

01 打开“场景文件>CH14>素材09.png”文件，如图14-45所示。

图14-45

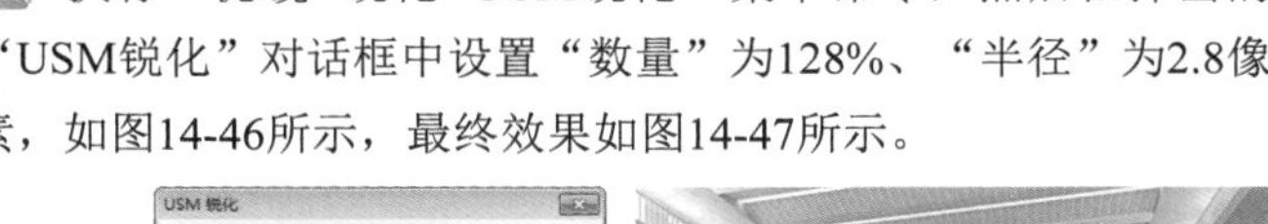

02 执行“滤镜>锐化>USM锐化”菜单命令，然后在弹出的“USM锐化”对话框中设置“数量”为128%、“半径”为2.8像素，如图14-46所示，最终效果如图14-47所示。

图14-46

图14-47

实战：用自动修缮调整效果图的清晰度

场景位置 场景文件>CH14>素材10.png
实例位置 实例文件>CH14>实战：用自动修缮调整效果图的清晰度.psd
视频位置 多媒体教学>CH14>实战：用自动修缮调整效果图的清晰度.flv
难易指数 ★☆☆☆☆
技术掌握 用自动修缮滤镜调整效果图的清晰度

扫码看视频

用“自动修缮”滤镜调整效果图清晰度的前后对比效果如图14-48所示。

图14-48

01 打开“场景文件>CH14>素材10.png”文件，如图14-49所示。

图14-49

02 执行“滤镜>DCE Tools>自动修缮”菜单命令，然后在弹出的“自动修缮”对话框中设置“锐化”为139，如图14-50所示，最终效果如图14-51所示。

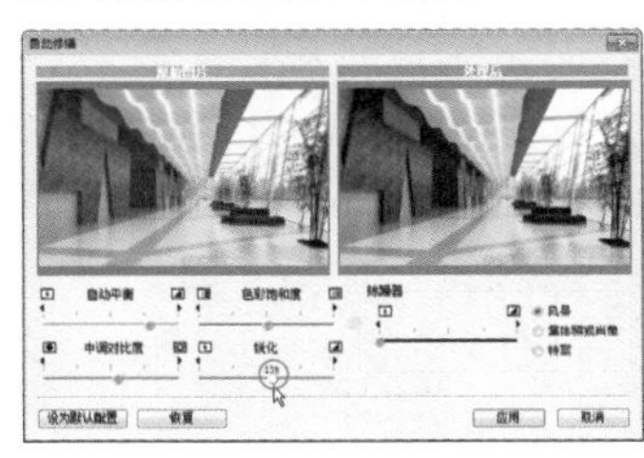

图14-50

图14-51

技巧与提示

图像的清晰度设置尽量在渲染中完成，因为Photoshop是一个二维图像处理软件，没有三维软件中的空间分析程序。在VRay中一般使用反（抗）锯齿来设置图像的清晰度，同时也可以在材质的贴图通道中改变“模糊”值来完成，如图14-52所示。

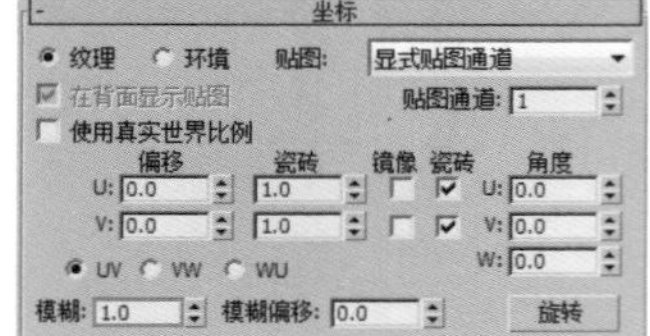

图14-52

14.5 调整效果图的色彩

效果图给人的第一视觉印象就是色彩，色彩是人们判断画面美感的主要依据。效果图色彩的调整主要考虑两个方面：一是图像是否存在偏色问题，另一个是色彩是否过艳和过淡。

实战：用自动颜色调整偏色的效果图

场景位置　场景文件>CH14>素材11.png
实例位置　实例文件>CH14>实战：用自动颜色调整偏色的效果图.psd
视频位置　多媒体教学>CH14>实战：用自动颜色调整偏色的效果图.flv
难易指数　★☆☆☆☆
技术掌握　用自动颜色命令调整偏色的效果图

扫码看视频

用“自动颜色”命令调整偏色效果图的前后对比效果如图14-53所示。

图14-53

01 打开“场景文件>CH14>素材11.png”文件，如图14-54所示。从图中可以看到图像的色彩过于偏绿。

图14-54

02 执行“图像>自动颜色”菜单命令，此时Photoshop会根据当前图像的色彩进行自动调整，最终效果如图14-55所示。

图14-55

实战：用色相/饱和度调整色彩偏淡的效果图

场景位置　场景文件>CH14>素材12.png
实例位置　实例文件>CH14>实战：用色相/饱和度调整色彩偏淡的效果图.psd
视频位置　多媒体教学>CH14>实战：用色相/饱和度调整色彩偏淡的效果图.flv
难易指数　★☆☆☆☆
技术掌握　用色相/饱和度命令调整色彩偏淡的效果图

扫码看视频

用“色相/饱和度”命令调整色彩偏淡的效果图的前后对比效果如图14-56所示。

图14-56

01 打开“场景文件>CH14>素材12.png”文件，如图14-57所示。从图中可以看到图像的色彩过于偏淡。

图14-57

02 执行“图像>调整>色相/饱和度”菜单命令，然后在弹出的“色相/饱和度”对话框中设置“饱和度”为50，如图14-58所示，最终效果如图14-59所示。

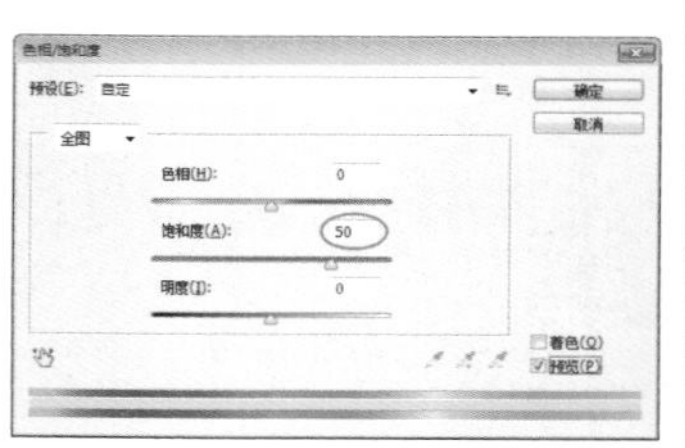

图14-58

图14-59

实战：用智能色彩还原调整色彩偏淡的效果图

场景位置 场景文件>CH14>素材13.png
实例位置 实例文件>CH14>实战：用智能色彩还原调整色彩偏淡的效果图.psd
视频位置 多媒体教学>CH14>实战：用智能色彩还原调整色彩偏淡的效果图.flv
难易指数 ★☆☆☆☆
技术掌握 用智能色彩还原滤镜调整色彩偏淡的效果图

扫码看视频

用“智能色彩还原”滤镜调整色彩偏淡的效果图的前后对比效果如图14-60所示。

图14-60

01 打开“场景文件>CH14>素材10.png”文件，如图14-61所示。从图中可以看到图像的色彩过于偏淡。

图14-61

02 执行“滤镜>DCE Tools>智能色彩还原”菜单命令，然后在弹出的“智能色彩还原”对话框中设置“色彩还原”为9，如图14-62所示，最终效果如图14-63所示。

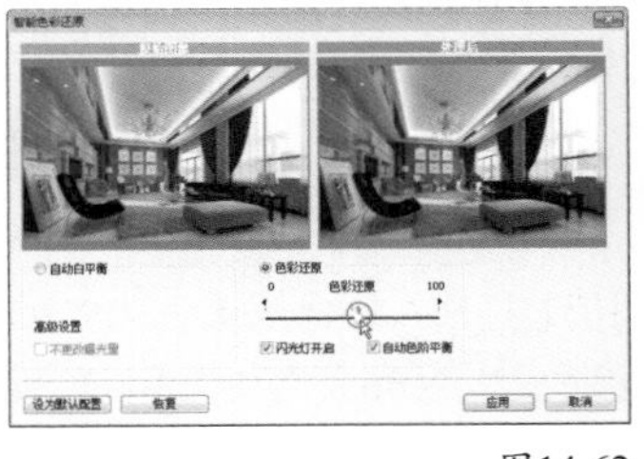
图14-62

图14-63

实战：用照片滤镜统一效果图的色调

场景位置 场景文件>CH14>素材14.png
实例位置 实例文件>CH14>实战：用照片滤镜统一效果图的色调.psd
视频位置 多媒体教学>CH14>实战：用照片滤镜统一效果图的色调.flv
难易指数 ★☆☆☆☆
技术掌握 用照片滤镜调整图层统一效果图的色调

扫码看视频

用“照片滤镜”调整图层统一效果图色调的前后对比效果如图14-64所示。

图14-64

01 打开“场景文件>CH14>14.png”文件，如图14-65所示。从图中可以看到画面的色调不是很统一。

图14-65

02 在“图层”面板下面单击“创建新的填充或调整图层”按钮，然后在弹出的菜单中选择“照片滤镜”命令，为“背景”图层添加一个“照片滤镜”调整图层，如图14-66所示。

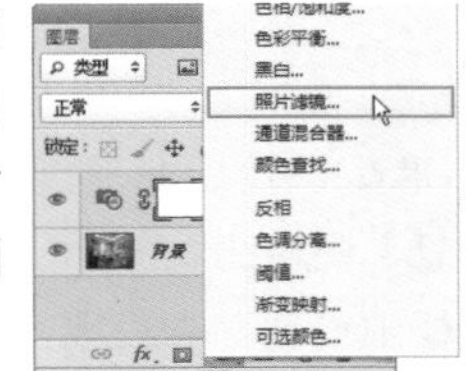

图14-66

03 在“属性”面板中勾选“颜色”选项，然后设置“颜色”为（R:248，G:120，B:198），接着设置“浓度”为50%，如图14-67所示，最终效果如图14-68所示。

图14-67

图14-68

技巧与提示

在效果图制作中，统一画面色调是非常有必要的。所谓统一画面色调并不是将画面的所有颜色使用一个色调来表达，而是要将画面的色调用一个主色调和多个次色调来表达，这样才能体现出和谐感、统一感。

实战：用色彩平衡统一效果图的色调

场景位置 场景文件>CH14>素材15.png
实例位置 实例文件>CH14>实战：用色彩平衡统一效果图的色调.psd
视频位置 多媒体教学>CH14>实战：用色彩平衡统一效果图的色调.flv
难易指数 ★☆☆☆☆
技术掌握 用色彩平衡调整图层统一效果图的色调

扫码看视频

用“色彩平衡”调整图层统一效果图色调的前后对比效果如图14-69所示。

图14-69

01 打开“场景文件>CH14>15.png”文件，如图14-70所示。从图中可以看到画面的色调不是很统一。

图14-70

02 在“图层”面板下面单击“创建新的填充或调整图层”按钮，然后在弹出的菜单中选择“色彩平衡”命令，为“背景”图层添加一个“色彩平衡”调整图层，接着在“调整”面板中设置“青色-红色”为5、“洋红-绿色”为-16、“黄色-蓝色”为6，如图14-71所示，最终效果如图14-72所示。

图14-71

图14-72

14.6 调整效果图的光效

光效在效果图中占据着非常重要的地位。没有光，就看不到任何物体；没有良好的光照，就观察不到物体的细节。

实战：用滤色增强效果图的天光

场景位置　场景文件>CH14>素材16.png
实例位置　实例文件>CH14>实战：用滤色增强效果图的天光.psd
视频位置　多媒体教学>CH14>实战：用滤色增强效果图的天光.flv
难易指数　★★☆☆☆
技术掌握　用滤色模式增强效果图的天光

扫码看视频

用“滤色”模式增强效果图天光的前后对比效果如图14-73所示。

图14-73

01 打开“场景文件>CH14>素材13.png”文件，如图14-74所示。从图中可以看到窗口处的光感比较平淡。

02 按Shift+Ctrl+N组合键新建一个“图层1”，然后在“工具箱”中选择“魔棒工具”，接着在窗口处选择如图14-75所示的区域。

图14-74

图14-75

03 按Shift+F6组合键打开“羽化选区”对话框，然后设置“羽化半径”为20像素，如图14-76所示，羽化后的选区效果如图14-77所示。

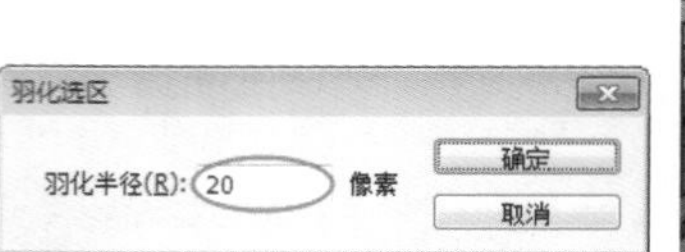

图14-76

图14-77

04 设置前景色为（R:191，G:255，B:255），然后按Alt+Delete组合键用前景色填充选区，接着按Ctrl+D组合键取消选区，效果如图14-78所示。

图14-78

05 在“图层”面板中设置“图层1”的“混合模式”为“滤色”，然后设置该图层的“不透明度”为66%，如图14-79所示，最终效果如图14-80所示。

图14-79

图14-80

实战：用叠加增强效果图光域网的光照

场景位置　场景文件>CH14>素材17.png
实例位置　实例文件>CH14>实战：用叠加增强效果图光域网的光照.psd
视频位置　多媒体教学>CH14>实战：用叠加增强效果图光域网的光照.flv
难易指数　★★★☆☆
技术掌握　用叠加模式增强效果图的光域网光照

扫码看视频

用“叠加”模式增强效果图的光域网光照的前后对比效果如图14-81所示。

图14-81

01 打开“场景文件>CH14>素材17.png”文件，如图14-82所示。从图中可以看到左侧的窗帘处缺少光域网效果。

图14-82

02 按Shift+Ctrl+N组合键新建一个“图层1”，然后在“工具箱”中选择“钢笔工具”，接着绘制如图14-83所示的路径。

03 按Ctrl+Enter组合键将路径转换为选区，然后按Shift+F6组合键打开“羽化选区”对话框，接着设置“羽化半径”为2像素，如图14-84所示。

图14-83　图14-84

04 设置前景色为白色，然后按Alt+Delete组合键用前景色填充选区，接着按Ctrl+D组合键取消选区，效果如图14-85所示。

05 在“图层”面板中设置“图层1”的“混合模式”为“叠加”，效果如图14-86所示。

图14-85　图14-86

06 在“图层”面板下面单击“添加图层蒙版”按钮，为“图层1”添加一个图层蒙版，如图14-87所示。

图14-87

07 设置前景色为黑色，然后在“工具箱”中选择“画笔工具”，然后图层蒙版中进行绘制，将光效涂抹成如图14-88所示的效果。

08 按Ctrl+J组合键复制一个“图层1副本”图层，然后在“图层”面板中设置该图层的“不透明度”为30%，最终效果如图14-89所示。

图14-88　图14-89

实战：用叠加为效果图添加光晕

场景位置　场景文件>CH14>素材18.png
实例位置　实例文件>CH14>实战：用叠加为效果图添加光晕.psd
视频位置　多媒体教学>CH14>实战：用叠加为效果图添加光晕.flv
难易指数　★★☆☆☆
技术掌握　用叠加模式为效果图添加光晕

扫码看视频

用“叠加”模式为效果图添加光晕的前后对比效果如图14-90所示。

图14-90

01 打开“场景文件>CH14>素材18.png”文件，如图14-91所示。

图14-91

02 按Shift+Ctrl+N组合键新建一个“图层1”，然后在“工具箱”中选择“椭圆选框工具”，接着在蜡烛上绘制一个如图14-92所示的椭圆选区。

03 按Shift+F6组合键打开“羽化选区”对话框，然后设置“羽化半径”为6像素，接着设置前景色为白色，再按Alt+Delete组合键用前景色填充选区，最后按Ctrl+D组合键取消选区，效果如图14-93所示。

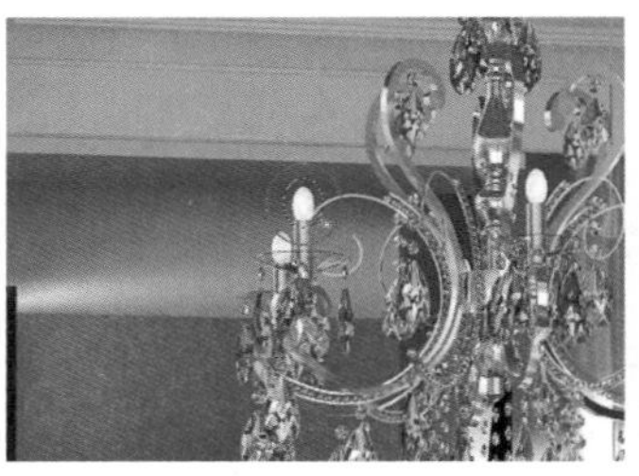

图14-92

图14-93

04 设置“图层1”的“混合模式”为“叠加”，效果如图14-94所示，然后按Ctrl+J组合键复制一个“图层1副本”图层，并设置该图层的“不透明度”为50%，效果如图14-95所示。

图14-94

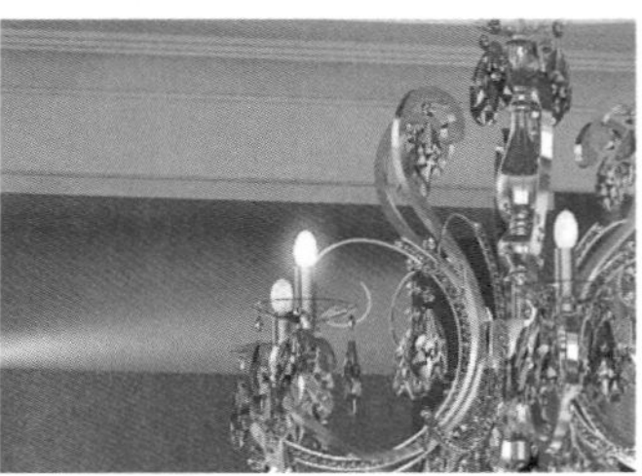

图14-95

05 复制一些光晕到其他的蜡烛上，最终效果如图14-96所示。

图14-96

光晕效果也可以使用混合模式中的“颜色减淡”和“线性减淡”模式来完成。

实战：用柔光为效果图添加体积光

场景位置　场景文件>CH14>素材19.png
实例位置　实例文件>CH14>实战：用柔光为效果图添加体积光.psd
视频位置　多媒体教学>CH14>实战：用柔光为效果图添加体积光.flv
难易指数　★★☆☆☆
技术掌握　用柔光模式为效果图添加体积光

扫码看视频

用“柔光”模式为效果图添加体积光的前后对比效果如图14-97所示。

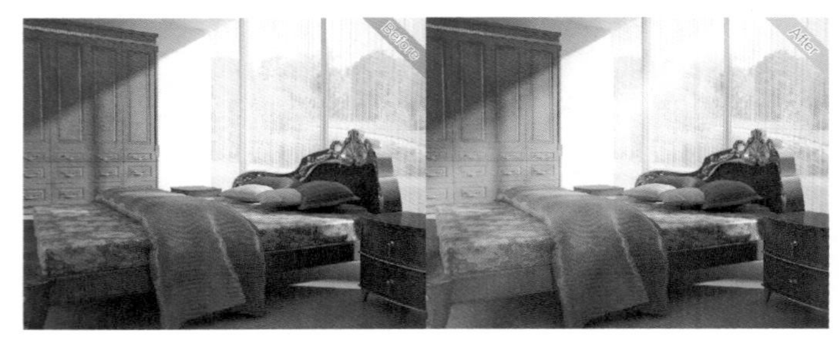

图14-97

01 打开“场景文件>CH14>19.png”文件，如图14-98所示。

图14-98

02 按Shift+Ctrl+N组合键新建一个“图层1”，然后在“工具箱”中选择“多边形套索工具”，接着在绘图区域勾勒出如图14-99所示的选区。

03 将选区羽化10像素，然后设置前景色为白色，接着按Alt+Delete组合键用前景色填充选区，最后按Ctrl+D组合键取消选区，效果如图14-100所示。

图14-99

图14-100

04 在“图层”面板中设置“图层1”的“混合模式”为“柔光”“不透明度”为80%，效果如图14-101所示。

05 采用相同的方法制作出其他的体积光，最终效果如图14-102所示。

图14-101

图14-102

技巧与提示

在3ds Max中，体积光是在“环境和效果”对话框中进行添加的。但是添加体积光后，渲染速度会慢很多，因此在制作大场景时，最好在后期中添加体积光。

实战：用色相为效果图制作四季光效

场景位置 场景文件>CH14>素材20.png
实例位置 实例文件>CH14>实战：用色相为效果图制作四季光效.psd
视频位置 多媒体教学>CH14>实战：用色相为效果图制作四季光效.flv
难易指数 ★★☆☆☆
技术掌握 用色相模式为效果图制作四季光效

扫码看视频

用“色相”模式为效果图制作四季光效的前后对比效果如图14-103所示。

图14-103

01 打开“场景文件>CH14>素材20.png”文件，如图14-104所示。

02 按Shift+Ctrl+N组合键新建一个“图层1”，然后从标尺栏中拖曳两条如图14-105所示的参考线，将图像分割成4个区域。

图14-104

图14-105

03 用“矩形选框工具”沿参考线绘制一个如图14-106所示的矩形选区，接着设置前景色为（R:249，G:255，B:175），最后按Alt+Delete组合键用前景色填充选区，效果如图14-107所示。

图14-106

图14-107

04 分别设置前景色为（R:102，G:227，B:0）、（R:176，G:215，B:255）和（R:227，G:195，B:0），然后用这3种颜色填充其他3个区域，完成后的效果如图14-108所示。

05 在“图层”面板中设置“图层1”的“混合模式”为“色相”，最终效果如图14-109所示。

图14-108

图14-109

14.7 为效果图添加环境

一张完美的效果图，不但要求能突出特点，更需要有合理的室外环境与之搭配。为效果图添加室外环境主要表现在窗口和洞口处。

实战：用魔棒工具为效果图添加室外环境

场景位置 场景文件>CH14>素材21-1.png、素材21-2.png
实例位置 实例文件>CH14>实战：用魔棒工具为效果图添加室外环境.psd
视频位置 多媒体教学>CH14>实战：用魔棒工具为效果图添加室外环境.flv
难易指数 ★★☆☆☆
技术掌握 用魔棒工具为效果图添加室外环境

扫码看视频

用“魔棒工具”为效果图添加室外环境的前后对比效果如图14-110所示。

图14-110

01 打开“场景文件>CH14>素材21-1.png”文件，如图14-111所示。从图中可以看到窗外没有室外环境。

02 导入“场景文件>CH14>素材21-2.png”文件，得到“图层1”，如图14-112所示。

图14-111

图14-112

03 选择“背景”图层，然后按Ctrl+J组合键将其复制一层，得到“图层2”，接着将其放在“图层1”的上一层，如图14-113所示。

04 在“工具箱”中选择“魔棒工具”，然后选择窗口区域，如图14-114所示。

图14-113

图14-114

05 将选区羽化1像素，然后按Delete键删除选区内的图像，接着按Ctrl+D组合键取消选区，效果如图14-115所示。

06 在“图层”面板中设置“图层1”的“不透明度”为60%，最终效果如图14-116所示。

图14-115

图14-116

实战：用透明通道为效果图添加室外环境

场景位置 场景文件>CH14>素材22-1.png、素材22-2.png
实例位置 实例文件>CH14>实战：用透明通道为效果图添加室外环境.psd
视频位置 多媒体教学>CH14>实战：用透明通道为效果图添加室外环境.flv
难易指数 ★☆☆☆☆
技术掌握 用透明通道为效果图添加室外环境

扫码看视频

用透明通道为效果图添加室外环境的前后对比效果如图14-117所示。

图14-117

01 打开“场景文件>CH14>素材22-1.png”文件，如图14-118所示。

图14-118

疑难问答

问：为什么窗口处是透明的？

答：在3ds Max中渲染好图像后，不管加载与没有加载环境贴图，只要将其保存为png格式的图像，背景都是透明的。

02 导入“场景文件>CH14>素材22-2.png”文件，如图14-119所示，然后将得到的“图层1”放置在“图层”面板的最底层，最终效果如图14-120所示。

图14-119

图14-120

实战：为效果图添加室内配饰

场景位置 场景文件>CH14>素材23-1.png、素材23-2.png
实例位置 实例文件>CH14>实战：为效果图添加室内配饰.psd
视频位置 多媒体教学>CH14>实战：为效果图添加室内配饰.flv
难易指数 ★★☆☆☆
技术掌握 室内配饰的添加方法

扫码看视频

为效果图添加室内配饰的前后对比效果如图14-121所示。

图14-121

01 打开“场景文件>CH14>素材23-1.png”文件，如图14-122所示。从图中可以看到天花板上没有灯饰。

图14-122

02 导入“场景文件>CH14>素材23-2.png”文件，得到“图层1”，如图14-123所示。

03 按Ctrl+T组合键进入“自由变换”状态，然后按住Shift+Alt组合键将吊灯等比例缩小到如图14-124所示的大小。

图14-123

图14-124

04 在“图层1”的下一层新建一个“图层2”，然后用“椭圆选框工具”在天花板上绘制一个如图14-125所示的椭圆选区。

05 将选区羽化20像素，然后设置前景色为（R:253，G:227，B:187），接着按Alt+Delete组合键用前景色填充选区，最后按Ctrl+D组合键取消选区，效果如图14-126所示。

图14-125

图14-126

06 在“图层”面板中设置“图层2”的“混合模式”为“滤色”，效果如图14-127所示。

07 用相同的方法继续制作一层阴影，最终效果如图14-128所示。

图14-127

图14-128

技术专题 53 在效果图中添加配饰的要求

配饰在效果图中占据着相当重要的地位，虽然很多饰品现在都可以在三维软件中制作出来，但是有时为了节省建模时间就可以直接在后期中加入相应的配饰来搭配环境。

在为效果图添加配饰时需要注意以下4点。

第1点：比例及方位。加入的配饰要符合当前效果图的空间方位和透视比例关系。

第2点：光线及阴影。加入的配饰要根据场景中的光线方向来对配饰进行高光及阴影设置。

第3点：环境色。添加的配饰要符合场景材质的颜色。

第4点：反射及折射。在添加配饰时要考虑环境对配饰的影响，同时也要考虑配饰对环境的影响。

实战：为效果图增强发光灯带环境

场景位置　场景文件>CH14>素材24.png
实例位置　实例文件>CH14>实战：为效果图增强发光灯带环境.psd
视频位置　多媒体教学>CH14>实战：为效果图增强发光灯带环境.flv
难易指数　★☆☆☆☆
技术掌握　用高斯模糊滤镜和叠加模式为效果图增强发光灯带环境

扫码看视频

为效果图增强发光灯带环境的前后对比效果如图14-129所示。

图14-129

01 打开“场景文件>CH14>24.png”文件，如图14-130所示。从图中可以看到顶部的灯带的发光强度不是很强。

图14-130

技巧与提示

大部分的光照效果都是在渲染中完成的，但是有时渲染的光照效果并不能达到理想效果，这时就需要进行后期调整来加强光照效果。

02 按Shift+Ctrl+N组合键新建一个“图层1”，然后在“工具箱”中选择“魔棒工具”，接着选择灯带区域，如图14-131所示。

图14-131

03 设置前景色为白色，然后按Alt+Delete组合键用前景色填充选区，接着按Ctrl+D组合键取消选区，效果如图14-132所示。

04 执行“滤镜>模糊>高斯模糊”菜单命令，然后在弹出的对话框中设置“半径”为9.8像素，如图14-133所示。

05 在“图层”面板中设置“图层1”的“混合模式”为“叠加”，最终效果如图14-134所示。

图14-132

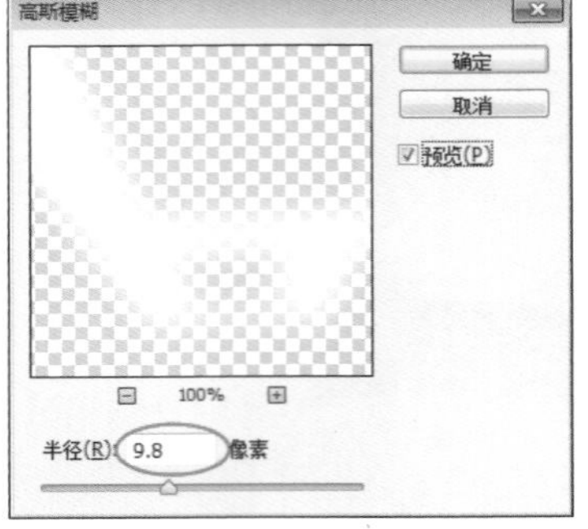

图14-133

图14-134

实战：为效果图增强地面反射环境

场景位置 场景文件>CH14>素材25.png
实例位置 实例文件>CH14>实战：为效果图增强地面反射环境.psd
视频位置 多媒体教学>CH14>实战：为效果图增强地面反射环境.flv
难易指数 ★★☆☆☆
技术掌握 用快速选择工具和动态模糊滤镜制作地面反射环境

扫码看视频

为效果图增强地面反射环境的前后效果对比如图14-135所示。

图14-135

01 打开“场景文件>CH14>25.png”文件，如图14-136所示。从图中可以看到地面的反射效果不是很强烈。

02 在“工具箱”中选择“快速选择工具”，然后勾选出地面区域，如图14-137所示，接着按Ctrl+J组合键将选区内的图像复制到一个新的“图层1”中，如图14-138所示。

图14-136

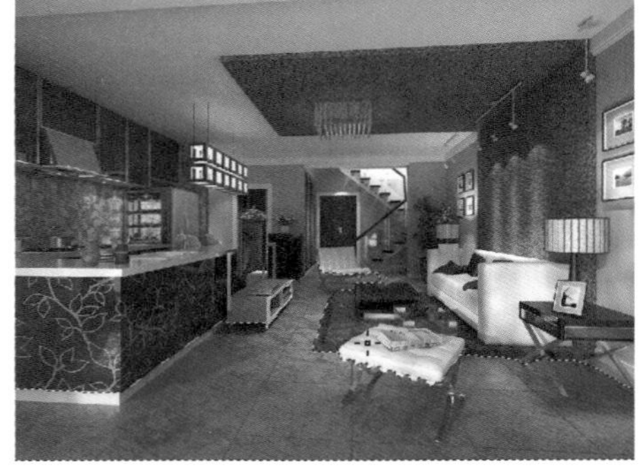

图14-137

图14-138

03 执行“滤镜>模糊>动感模糊”菜单命令，然后在弹出的对话框中设置“角度”为90度、“距离”为50像素，如图14-139所示，效果如图14-140所示。

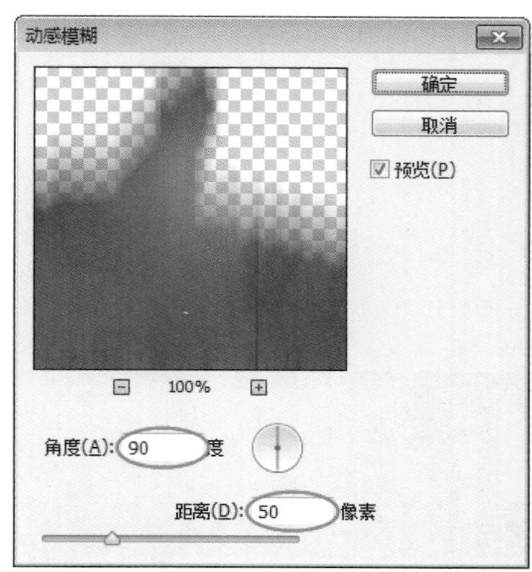

图14-139

图14-140

04 在“图层”面板中设置“图层1”的“不透明度”为60%，最终效果如图14-141所示。

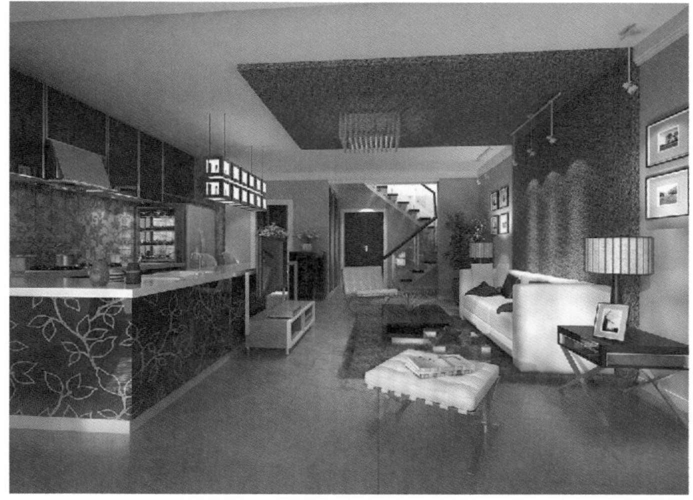

图14-141

第15章

商业项目实训：家装篇

Learning Objectives 学习要点

Employment direction 从业方向

家具造型设计师

工业造型设计师

室内设计表现师

建筑设计表现师

15.1 精通半开放空间：休息室纯日光表现

扫码看视频

扫码看电子书

- 场景位置：实例文件>CH15>01.max
- 实例位置：实例文件>CH15>精通半开放空间：休息室纯日光表现.max
- 视频位置：多媒体教学>CH15>精通半开放空间：休息室纯日光表现.flv
- 难易指数：★★★★☆
- 技术掌握：砖墙材质、藤椅材质和花叶材质的制作方法；半开放空间纯日光效果的表现方法

本例是一个半开放的休息室空间，其中砖墙材质、藤椅材质和花叶材质的制作方法以及纯日光效果的表现方法是本例的学习要点。

15.2 精通半封闭空间：书房柔和阳光表现

扫码看视频

扫码看电子书

- 场景位置：实例文件>CH15>02.max
- 实例位置：实例文件>CH15>精通半封闭空间：书房柔和阳光表现.max
- 视频位置：多媒体教学>CH15>精通半封闭空间：书房柔和阳光表现.flv
- 难易指数：★★★★☆
- 技术掌握：钢化玻璃材质、窗纱材质和玻璃钢材质的制作方法；半封闭空间柔和阳光效果的表现方法

本例是一个半封闭的书房空间，其中钢化玻璃材质、窗纱材质和玻璃钢材质的制作方法以及柔和阳光效果的表现方法是本例的学习要点。

15.3 精通全封闭空间：卫生间室内灯光表现

扫码看视频

扫码看电子书

- 场景位置：实例文件>CH15>03.max
- 实例位置：实例文件>CH15>精通全封闭空间：卫生间室内灯光表现.max
- 视频位置：多媒体教学>CH15>精通全封闭空间：卫生间室内灯光表现.flv
- 难易指数：★★★★☆
- 技术掌握：灯管材质、墙面材质、金属材质、白漆材质和白瓷材质的制作方法；全封闭空间灯光效果的表现方法

本例是一个全封闭的卫生间空间，其中灯管材质、墙面材质、金属材质、白漆材质和白瓷材质的制作方法以及室内灯光效果的表现方法是本例的学习要点。

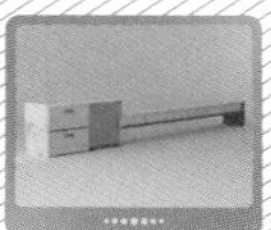
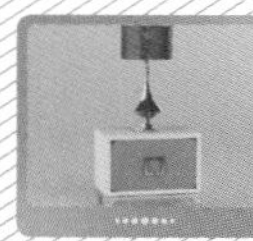

15.4 精通现代空间：客厅日景灯光综合表现

- 场景位置：实例文件>CH15>04.max
- 实例位置：实例文件>CH15>精通现代空间：客厅日景灯光综合表现.max
- 视频位置：多媒体教学>CH15>精通现代空间：客厅日景灯光综合表现.flv
- 难易指数：★★★★☆
- 技术掌握：地板材质、沙发材质、大理石材质和音响材质的制作方法；现代风格空间日景灯光效果的表现方法

扫码看视频 扫码看电子书

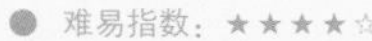

本例是一个现代风格的客厅空间，其中地板材质、沙发材质、大理石材质和音响材质的制作方法以及日景灯光效果的表现方法是本例的学习要点。

15.5 精通欧式空间：卧室夜晚灯光综合表现

- 场景位置：实例文件>CH15>05.max
- 实例位置：实例文件>CH15>精通欧式空间：卧室夜晚灯光综合表现.max
- 视频位置：多媒体教学>CH15>精通欧式空间：卧室夜晚灯光综合表现.flv
- 难易指数：★★★★☆
- 技术掌握：地板材质、床单材质、窗帘材质和灯罩材质的制作方法；欧式风格空间夜景灯光的表现方法

扫码看视频 扫码看电子书

本例是一个欧式风格的豪华卧室空间，其中地板材质、床单材质、窗帘材质、灯罩材质以及夜晚灯光效果的表现方法是本例的学习要点。

15.6 精通中式空间：别墅中庭复杂灯光综合表现

- 场景位置：实例文件>CH15>06.max
- 实例位置：实例文件>CH15>精通中式空间：别墅中庭复杂灯光综合表现.max
- 视频位置：多媒体教学>CH15>精通中式空间：别墅中庭复杂灯光综合表现.flv
- 难易指数：★★★★★
- 技术掌握：窗纱材质、沙发材质、灯罩材质和瓷器材质的制作方法；大纵深空间灯光效果的表现方法

扫码看视频 扫码看电子书

本例是一个纵深比较大的中式别墅中庭空间，其中窗纱材质、沙发材质、灯罩材质和瓷器材质的制作方法以及大纵深空间灯光效果的表现方法是本例的学习要点。

第16章

商业项目实训：工装篇

Learning Objectives 学习要点

Employment direction 从业方向

家具造型设计师

工业造型设计师

室内设计表现师

建筑设计表现师

16.1 精通中式空间：接待室日光表现

扫码看视频

扫码看电子书

- 场景位置：实例文件>CH16>01.max
- 实例位置：实例文件>CH16>精通中式空间：接待室日光表现.max
- 视频位置：多媒体教学>CH16>精通中式空间：接待室日光表现.flv
- 难易指数：★★★★☆
- 技术掌握：画材质和窗纱材质的制作方法；中式接待室日光效果的表现方法

本例是一个中式风格的接待室空间，画材质和窗纱材质的制作方法以及日光效果的表现方法是本例的学习要点。

16.2 精通现代空间：办公室柔和灯光表现

扫码看视频

扫码看电子书

- 场景位置：实例文件>CH16>02.max
- 实例位置：实例文件>CH16>精通现代空间：办公室柔和灯光表现.max
- 视频位置：多媒体教学>CH16>精通现代空间：办公室柔和灯光表现.flv
- 难易指数：★★★★☆
- 技术掌握：玻璃材质、大理石材质、沙发材质和玻璃钢材质的制作方法；现代办公室柔和灯光的表现方法

本例是一个现代风格的办公室空间，玻璃材质、大理石材质、沙发材质和玻璃钢材质的制作方法以及柔和灯光效果的表现方法是本例的学习要点。

16.3 精通简欧空间：电梯厅夜间灯光表现

扫码看视频

扫码看电子书

- 场景位置：实例文件>CH16>03.max
- 实例位置：实例文件>CH16>精通简欧空间：电梯厅夜间灯光表现.max
- 视频位置：多媒体教学>CH16>精通简欧空间：电梯厅夜间灯光表现.flv
- 难易指数：★★★★★
- 技术掌握：玻璃幕墙材质和沙发材质的制作方法；电梯厅夜晚灯光效果的表现方法

本例是一个简欧风格的电梯厅空间，玻璃幕墙材质和沙发材质的制作方法以及夜晚灯光效果的表现方法是本例学习的要点。

第17章 商业项目实训：建筑篇

Learning Objectives 学习要点

检查场景模型是否完整

渲染光子图

制作草地材质

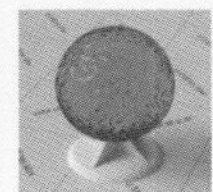
制作池水材质

Employment direction 从业方向

家具造型设计师

工业造型设计师

室内设计表现师

建筑设计表现师

17.1 精通建筑日景制作：地中海风格别墅多角度表现

- 场景位置：场景文件>CH17>01.max
- 实例位置：实例文件>CH17>精通建筑日景制作：地中海风格别墅多角度表现.max
- 视频位置：多媒体教学>CH17>精通建筑日景制作：地中海风格别墅多角度表现.flv
- 难易指数：★★★★★
- 技术掌握：多个摄影机角度的创建方法；模型的检测方法；大型室外建筑场景的制作流程与相关技巧

扫码看视频

扫码看电子书

本例是一个超大型地中海风格的别墅场景，灯光、材质的设置方法很简单，重点在于掌握大型室外场景的制作流程，即“调整出图角度→检测模型是否存在问题→制作材质→创建灯光→设置最终渲染参数”这个流程。

17.2 精通建筑夜景制作：现代风格别墅多角度表现

- 场景位置：场景文件>CH17>02.max
- 实例位置：实例文件>CH17>精通建筑夜景制作：现代风格别墅多角度表现.max
- 视频位置：多媒体教学>CH17>精通建筑夜景制作：现代风格别墅多角度表现.flv
- 难易指数：★★★★★
- 技术掌握：石材、木纹、木纹、池水材质的制作方法；别墅夜景灯光的表现方法；光子图的渲染方法

扫码看视频

扫码看电子书

本例是一个超大型现代风格的别墅外观场景，墙面石材材质、地面石材、地板木纹以及池水材质是本例的学习重点，在灯光表现上主要学习月夜环境光以及多层空间布光的方法。由于本例的场景非常大，因此在材质与灯光的制作思路上与前面所讲的实例有些许不同。本例先将材质与灯光的“细分”值设置得非常低，以方便测试渲染，待渲染成品图时再提高“细分”值。另外，本例还介绍了光子图的渲染方法。

附录A 本书索引

一、3ds Max快捷键索引

主界面快捷键

操作	快捷键
显示降级适配（开关）	O
适应透视图格点	Shift+Ctrl+A
排列	Alt+A
角度捕捉（开关）	A
动画模式（开关）	N
改变到后视图	K
背景锁定（开关）	Alt+Ctrl+B
前一时间单位	.
下一时间单位	,
改变到顶视图	T
改变到底视图	B
改变到摄影机视图	C
改变到前视图	F
改变到等用户视图	U
改变到右视图	R
改变到透视图	P
循环改变选择方式	Ctrl+F
默认灯光（开关）	Ctrl+L
删除物体	Delete
当前视图暂时失效	D
是否显示几何体内框（开关）	Ctrl+E
显示第一个工具条	Alt+1
专家模式，全屏（开关）	Ctrl+X
暂存场景	Alt+Ctrl+H
取回场景	Alt+Ctrl+F
冻结所选物体	6
跳到最后一帧	End
跳到第一帧	Home
显示/隐藏摄影机	Shift+C
显示/隐藏几何体	Shift+O
显示/隐藏网格	G
显示/隐藏帮助物体	Shift+H
显示/隐藏光源	Shift+L
显示/隐藏粒子系统	Shift+P
显示/隐藏空间扭曲物体	Shift+W
锁定用户界面（开关）	Alt+0
匹配到摄影机视图	Ctrl+C
材质编辑器	M
最大化当前视图（开关）	W
脚本编辑器	F11
新建场景	Ctrl+N
法线对齐	Alt+N
向下轻推网格	小键盘-
向上轻推网格	小键盘+
NURBS表面显示方式	Alt+L或Ctrl+4
NURBS调整方格1	Ctrl+1
NURBS调整方格2	Ctrl+2
NURBS调整方格3	Ctrl+3
偏移捕捉	Alt+Ctrl+Space（Space键即空格键）
打开一个max文件	Ctrl+O
平移视图	Ctrl+P
交互式平移视图	I
放置高光	Ctrl+H
播放/停止动画	/
快速渲染	Shift+Q
回到上一场景操作	Ctrl+A
回到上一视图操作	Shift+A
撤销场景操作	Ctrl+Z
撤销视图操作	Shift+Z
刷新所有视图	1
用前一次的参数进行渲染	Shift+E或F9
渲染配置	Shift+R或F10
在XY/YZ/ZX锁定中循环改变	F8
约束到X轴	F5
约束到Y轴	F6
约束到Z轴	F7
旋转视图模式	Ctrl+R或V
保存文件	Ctrl+S
透明显示所选物体（开关）	Alt+X
选择父物体	PageUp
选择子物体	PageDown
根据名称选择物体	H
选择锁定（开关）	Space（Space键即空格键）
减淡所选物体的面（开关）	F2
显示所有视图网格（开关）	Shift+G
显示/隐藏命令面板	3
显示/隐藏浮动工具条	4
显示最后一次渲染的图像	Ctrl+I
显示/隐藏主要工具栏	Alt+6
显示/隐藏安全框	Shift+F
显示/隐藏所选物体的支架	J
百分比捕捉（开关）	Shift+Ctrl+P
打开/关闭捕捉	S
循环通过捕捉点	Alt+Space（Space键即空格键）
间隔放置物体	Shift+I
改变到光线视图	Shift+4
循环改变子物体层级	Ins
子物体选择（开关）	Ctrl+B
贴图材质修正	Ctrl+T
加大动态坐标	+
减小动态坐标	-
激活动态坐标（开关）	X
精确输入转变量	F12
全部解冻	7
根据名字显示隐藏的物体	5
刷新背景图像	Alt+Shift+Ctrl+B
显示几何体外框（开关）	F4
视图背景	Alt+B
用方框快显几何体（开关）	Shift+B
打开虚拟现实	数字键盘1
虚拟视图向下移动	数字键盘2
虚拟视图向左移动	数字键盘4

虚拟视图向右移动	数字键盘6
虚拟视图向中移动	数字键盘8
虚拟视图放大	数字键盘7
虚拟视图缩小	数字键盘9
实色显示场景中的几何体（开关）	F3
全部视图显示所有物体	Shift+Ctrl+Z
视窗缩放到选择物体范围	E
缩放范围	Alt+Ctrl+Z
视窗放大两倍	Shift++（数字键盘）
放大镜工具	Z
视窗缩小两倍	Shift+-（数字键盘）
根据框选进行放大	Ctrl+W
视窗交互式放大	[
视窗交互式缩小	]

轨迹视图快捷键

操作	快捷键
加入关键帧	A
前一时间单位	<
下一时间单位	>
编辑关键帧模式	E
编辑区域模式	F3
编辑时间模式	F2
展开对象切换	O
展开轨迹切换	T
函数曲线模式	F5或F
锁定所选物体	Space（Space键即空格键）
向上移动高亮显示	↓
向下移动高亮显示	↑
向左轻移关键帧	←
向右轻移关键帧	→
位置区域模式	F4
回到上一场景操作	Ctrl+A
向下收拢	Ctrl+↓
向上收拢	Ctrl+↑

渲染器设置快捷键

操作	快捷键
用前一次的配置进行渲染	F9
渲染配置	F10

示意视图快捷键

操作	快捷键
下一时间单位	>
前一时间单位	<
回到上一场景操作	Ctrl+A

Active Shade快捷键

操作	快捷键
绘制区域	D
渲染	R
锁定工具栏	Space（Space键即空格键）

视频编辑快捷键

操作	快捷键
加入过滤器项目	Ctrl+F
加入输入项目	Ctrl+I
加入图层项目	Ctrl+L
加入输出项目	Ctrl+O
加入新的项目	Ctrl+A
加入场景事件	Ctrl+S
编辑当前事件	Ctrl+E
执行序列	Ctrl+R
新建序列	Ctrl+N

NURBS编辑快捷键

操作	快捷键
CV约束法线移动	Alt+N
CV约束到U向移动	Alt+U
CV约束到V向移动	Alt+V
显示曲线	Shift+Ctrl+C
显示控制点	Ctrl+D
显示格子	Ctrl+L
NURBS面显示方式切换	Alt+L
显示表面	Shift+Ctrl+S
显示工具箱	Ctrl+T
显示表面整齐	Shift+Ctrl+T
根据名字选择本物体的子层级	Ctrl+H
锁定2D所选物体	Space（Space键即空格键）
选择U向的下一点	Ctrl+→
选择V向的下一点	Ctrl+↑
选择U向的前一点	Ctrl+←
选择V向的前一点	Ctrl+↓
根据名字选择子物体	H
柔软所选物体	Ctrl+S
转换到CV曲线层级	Alt+Shift+Z
转换到曲线层级	Alt+Shift+C
转换到点层级	Alt+Shift+P
转换到CV曲面层级	Alt+Shift+V
转换到曲面层级	Alt+Shift+S
转换到上一层级	Alt+Shift+T
转换降级	Ctrl+X

FFD快捷键

操作	快捷键
转换到控制点层级	Alt+Shift+C

二、本书实战速查表

三、本书综合实例速查表

四、本书疑难问题速查表

五、本书技术专题速查表

附录B 效果图制作实用附录

一、常见物体折射率

材质折射率

物体	折射率	物体	折射率	物体	折射率
空气	1.0003	液体二氧化碳	1.200	冰	1.309
水（20℃）	1.333	丙酮	1.360	30% 的糖溶液	1.380
普通酒精	1.360	酒精	1.329	面粉	1.434
溶化的石英	1.460	Calspar2	1.486	80% 的糖溶液	1.490
玻璃	1.500	氯化钠	1.530	聚苯乙烯	1.550
翡翠	1.570	天青石	1.610	黄晶	1.610
二硫化碳	1.630	石英	1.540	二碘甲烷	1.740
红宝石	1.770	蓝宝石	1.770	水晶	2.000
钻石	2.417	氧化铬	2.705	氧化铜	2.705
非晶硒	2.920	碘晶体	3.340		

液体折射率

物体	分子式	密度（g/cm³）	温度（℃）	折射率
甲醇	CH_3OH	0.794	20	1.3290
乙醇	C_2H_5OH	0.800	20	1.3618
丙酮	CH_3COCH_3	0.791	20	1.3593
苯	C_6H_6	1.880	20	1.5012
二硫化碳	CS_2	1.263	20	1.6276
四氯化碳	CCl_4	1.591	20	1.4607
三氯甲烷	$CHCl_3$	1.489	20	1.4467
乙醚	$C_2H_5 \cdot O \cdot C_2H_5$	0.715	20	1.3538
甘油	$C_3H_8O_3$	1.260	20	1.4730
松节油		0.87	20.7	1.4721
橄榄油		0.92	0	1.4763
水	H_2O	1.00	20	1.3330

晶体折射率

物体	分子式	最小折射率	最大折射率
冰	H_2O	1.309	1.313
氟化镁	MgF_2	1.378	1.390
石英	SiO_2	1.544	1.553
氢氧化镁	$Mg(OH)_2$	1.559	1.580
锆石	$ZrSiO_2$	1.923	1.968
硫化锌	ZnS	2.356	2.378
方解石	$CaCO_3$	1.486	1.740
钙黄长石	$2CaO \cdot Al_2O_3 \cdot SiO_2$	1.658	1.669
碳酸锌（菱锌矿）	$ZnCO_3$	1.618	1.818
三氧化二铝（金刚砂）	Al_2O_3	1.760	1.768
淡红银矿	$3Ag_2S \cdot As_2S_3$	2.711	2.979

二、常见家具尺寸

单位：mm

家具	长度	宽度	高度	深度	直径
衣橱		700（推拉门）	400~650（衣橱门）	600~650	
推拉门		750~1500	1900~2400		
矮柜		300~600（柜门）		350~450	
电视柜			600~700	450~600	
单人床	1800、1806、2000、2100	900、1050、1200			
双人床	1800、1806、2000、210	1350、1500、1800			
圆床					>1800
室内门		800~950、1200（医院）	1900、2000、2100、2200、2400		
卫生间、厨房门		800、900	1900、2000、2100		
窗帘盒			120~180	120（单层布）、160~180（双层布）	
单人式沙发	800~950		350~420（坐垫）、700~900（背高）	850~900	
双人式沙发	1260~1500			800~900	
三人式沙发	1750~1960			800~900	
四人式沙发	2320~2520			800~900	
小型长方形茶几	600~750	450~600	380~500（380最佳）		
中型长方形茶几	1200~1350	380~500或600~750			
正方形茶几	750~900	430~500			
大型长方形茶几	1500~1800	600~800	330~420（330最佳）		
圆形茶几			330~420		750、900、1050、1200
方形茶几		900、1050、1200、1350、1500	330~420		
固定式书桌			750	450~700（600最佳）	
活动式书桌			750~780	650~800	
餐桌		1200、900、750（方桌）	750~780（中式）、680~720（西式）		
长方桌	1500、1650、1800、2100、2400	800、900、1050、1200			
圆桌					900、1200、1350、1500、1800
书架	600~1200	800~900		250~400（每格）	

三、室内物体常用尺寸

墙面尺寸

单位：mm

物体	高度
踢脚板	60~200
墙裙	800~1500
挂镜线	1600~1800

餐厅

单位：mm

物体	高度	宽度	直径	间距
餐桌	750~790			>500（其中座椅占500）
餐椅	450~500			
二人圆桌			500或800	
四人圆桌			900	
五人圆桌			1100	
六人圆桌			1100~1250	
八人圆桌			1300	
十人圆桌			1500	
十二人圆桌			1800	
二人方餐桌		700×850		
四人方餐桌		1350×850		
八人方餐桌		2250×850		
餐桌转盘			700~800	
主通道		1200~1300		
内部工作道宽		600~900		
酒吧台	900~1050	500		
酒吧凳	600~750			

商场营业厅

单位：mm

物体	长度	宽度	高度	厚度	直径
单边双人走道		1600			
双边双人走道		2000			
双边三人走道		2300			
双边四人走道		3000			
营业员柜台走道		800			
营业员货柜台			800~1000	600	
单靠背立货架			1800~2300	300~500	
双靠背立货架			1800~2300	600~800	
小商品橱窗			400~1200	500~800	
陈列地台			400~800		
敞开式货架			400~600		
放射式售货架					2000
收款台	1600	600			

饭店客房

单位：mm/ m²

物体	长度	宽度	高度	面积	深度
标准间				25（大）、16~18（中）、16（小）	
床			400~450、850~950（床靠）		
床头柜		500~800	500~700		
写字台	1100~1500	450~600	700~750		
行李台	910~1070	500	400		
衣柜		800~1200	1600~2000		500
沙发		600~800	350~400、1000（靠背）		
衣架			1700~1900		

卫生间

单位：mm/ m²

物体	长度	宽度	高度	面积
卫生间				3~5
浴缸	1220、1520、1680	720	450	
坐便器	750	350		
冲洗器	690	350		
盥洗盆	550	410		
淋浴器		2100		
化妆台	1350	450		

交通空间

单位：mm

物体	宽度	高度
楼梯间休息平台	≥2100	
楼梯跑道	≥2300	
客房走廊		≥2400
两侧设座的综合式走廊	≥2500	
楼梯扶手		850~1100
门	850~1000	≥1900
窗	400~1800	
窗台		800~1200

灯具

单位：mm

物体	高度	直径
大吊灯	≥2400	
壁灯	1500~1800	
反光灯槽		≥2倍灯管直径
壁式床头灯	1200~1400	
照明开关	1000	

办公用具

单位：mm

物体	长度	宽度	高度	深度
办公桌	1200~1600	500~650	700~800	
办公椅	450	450	400~450	
沙发		600~800	350~450	
前置型茶几	900	400	400	
中心型茶几	900	900	400	
左右型茶几	600	400	400	
书柜		1200~1500	1800	450~500
书架		1000~1300	1800	350~450

附录C 常见材质参数设置索引

一、玻璃材质

材质名称	示例图	贴图	参数设置		用途
普通玻璃材质			漫反射	漫反射颜色=红:129，绿:187，蓝:188	家具装饰
			反射	反射颜色=红:20，绿:20，蓝:20、高光光泽度=0.9、反射光泽度=0.95、细分=10、菲涅耳反射=勾选	
			折射	折射颜色=红:240，绿:240，蓝:240、细分=20、影响阴影=勾选、烟雾颜色=红:242，绿:255，蓝:253、烟雾倍增=0.2	
			其他		
窗玻璃材质			漫反射	漫反射颜色=红:193，绿:193，蓝:193	窗户装饰
			反射	反射通道=衰减贴图、侧=红:134，绿:134，蓝:134、衰减类型=Fresnel、反射光泽度=0.99、细分=20	
			折射	折射颜色=白色、光泽度=0.99、细分=20、影响阴影=勾选、烟雾颜色=红:242，绿:243，蓝:247、烟雾倍增=0.001	
			其他		
彩色玻璃材质			漫反射	漫反射颜色=黑色	家具装饰
			反射	反射颜色=白色、细分=15、菲涅耳反射=勾选	
			折射	折射颜色=白色、细分=15、影响阴影=勾选、烟雾颜色=自定义、烟雾倍增=0.04	
			其他		
磨砂玻璃材质			漫反射	漫反射颜色=红:180，绿:189，蓝:214	家具装饰
			反射	反射颜色=红:57，绿:57，蓝:57、菲涅耳反射=勾选、反射光泽度=0.95	
			折射	折射颜色=红:180，绿:180，蓝:180、光泽度=0.95、影响阴影=勾选、折射率=1.2、退出颜色=勾选、退出颜色=红:3，绿:30，蓝:55	
			其他		
龟裂缝玻璃材质			漫反射	漫反射颜色=红:213，绿:234，蓝:222	家具装饰
			反射	反射颜色=红:119，绿:119，蓝:119、高光光泽度=0.8、反射光泽度=0.9、细分=15	
			折射	折射颜色=红:217，绿:217，蓝:217、细分=15、影响阴影=勾选、烟雾颜色=红:247，绿:255，蓝:255、烟雾倍增=0.3	
			其他	凹凸通道=贴图、凹凸强度=-20	
镜子材质			漫反射	漫反射颜色=红:24，绿:24，蓝:24	家具装饰
			反射	反射颜色=红:239，绿:239，蓝:239	
			折射		
			其他		
水晶材质			漫反射	漫反射颜色=红:248，绿:248，蓝:248	家具装饰
			反射	反射颜色=红:250，绿:250，蓝:250、菲涅耳反射=勾选	
			折射	折射颜色=红:130，绿:130，蓝:130、折射率=2、影响阴影=勾选	
			其他		

二、金属材质

材质名称	示例图	贴图	参数设置		用途
亮面不锈钢材质			漫反射	漫反射颜色=红:49，绿:49，蓝:49	家具及陈设品装饰
			反射	反射颜色=红:210，绿:210，蓝:210、高光光泽度=0.8、细分=16	
			折射		
			其他	双向反射=沃德	
哑光不锈钢材质			漫反射	漫反射颜色=红:40，绿:40，蓝:40	家具及陈设品装饰
			反射	反射颜色=红:180，绿:180，蓝:180、高光光泽度=0.8、反射光泽度=0.8、细分=20	
			折射		
			其他	双向反射=沃德	
拉丝不锈钢材质			漫反射		家具及陈设品装饰
			反射	反射颜色=红:77，绿:77，蓝:77、反射通道=贴图、反射光泽度=0.95、反射光泽度通道=贴图、细分=20	
			折射		
			其他	双向反射=沃德、各向异性（-1..1）=0.6、旋转=-15 凹凸通道=贴图	
银材质			漫反射	漫反射颜色=红:103，绿:103，蓝:103	家具及陈设品装饰
			反射	反射颜色=红:98，绿:98，蓝:98、反射光泽度=0.8、细分=为20	
			折射		
			其他	双向反射=沃德	
黄金材质			漫反射	漫反射颜色=红:133，绿:53，蓝:0	家具及陈设品装饰
			反射	反射颜色=红:225，绿:124，蓝:24、反射光泽度=0.95、细分=为15	
			折射		
			其他	双向反射=沃德	
黄铜材质			漫反射	漫反射颜色=红:70，绿:26，蓝:4	家具及陈设品装饰
			反射	反射颜色=红:225，绿:124，蓝:24、高光光泽度=0.7、反射光泽度=0.65、细分=为20	
			折射		
			其他	双向反射=沃德、各向异性（-1..1）=0.5	

三、布料材质

材质名称	示例图	贴图	参数设置		用途
绒布材质（注意，材质类型为标准材质）			明暗器	（O）Oren-Nayar-Blin	家具装饰
			漫反射	漫反射通道=贴图	
			自发光	自发光=勾选、自发光通道=遮罩贴图、贴图通道=衰减贴图（衰减类型=Fresnel）、遮罩通道=衰减贴图（衰减类型=阴影/灯光）	
			反射高光	高光级别=10	
			其他	凹凸强度=10、凹凸通道=噪波贴图、噪波大小=2（注意，这组参数需要根据实际情况进行设置）	

材质	效果	贴图	参数	设置	用途
单色花纹绒布材质（注意，材质类型为标准材质）			明暗器	（O）Oren-Nayar-Blin	家具装饰
			自发光	自发光=勾选、自发光通道=遮罩贴图、贴图通道=衰减贴图（衰减类型=Fresnel）、遮罩通道=衰减贴图（衰减类型=阴影/灯光）	
			反射高光	高光级别=10	
			其他	漫反射颜色+凹凸通道=贴图、凹凸强度=-180（注意，这组参数需要根据实际情况进行设置）	
麻布材质			漫反射	通道=贴图	
			反射		
			折射		
			其他	凹凸通道=贴图、凹凸强度=20	
抱枕材质			漫反射	漫反射通道=抱枕贴图、模糊=0.05	家具装饰
			反射	反射颜色=红:34，绿:34，蓝:34、反射光泽度=0.7、细分=20	
			折射		
			其他	凹凸通道=凹凸贴图、凹凸强度=50	
毛巾材质			漫反射	漫反射颜色=红:243，绿:243，蓝:243	家具装饰
			反射		
			折射		
			其他	置换通道=贴图、置换强度=8	
半透明窗纱材质			漫反射	漫反射颜色=红:240，绿:250，蓝:255	家具装饰
			反射		
			折射	折射通道=衰减贴图、前=红:180，绿:180，蓝:180、侧=黑色、光泽度=0.88、折射率=1.001、影响阴影=勾选	
			其他		
花纹窗纱材质（注意，材质类型为混合材质）			材质1	材质1通道=VRayMtl材质、漫反射颜色=红:98，绿:64，蓝:42	家具装饰
			材质2	材质2通道=VRayMtl材质、漫反射颜色=红:164，绿:102，蓝:35、反射颜色=红:162，绿:170，蓝:75、高光光泽度=0.82、反射光泽度=0.82细分=15	
			遮罩	遮罩通道=贴图	
			其他		
软包材质			漫反射	漫反射通道=衰减贴图、前通道=软包贴图、模糊=0.1、侧=红:248，绿:220，蓝:233	家具装饰
			反射		
			折射		
			其他	凹凸通道=软包凹凸贴图、凹凸强度=45	
普通地毯			漫反射	漫反射通道=衰减贴图、前通道=地毯贴图、衰减类型=Fresnel	家具装饰
			反射		
			折射		
			其他	凹凸通道=地毯凹凸贴图、凹凸强度=60	
普通花纹地毯			漫反射	漫反射通道=贴图	家具装饰
			反射		
			折射		
			其他		

四、木纹材质

材质名称	示例图	贴图	参数设置		用途
高光木纹材质			漫反射	漫反射通道=贴图	家具及地面装饰
			反射	反射颜色=红:40，绿:40，蓝:40、高光光泽度=0.75、反射光泽度=0.7、细分=15	
			折射		
			其他	凹凸通道=贴图、环境通道=输出贴图	
哑光木纹材质			漫反射	漫反射通道=贴图、模糊=0.2	家具及地面装饰
			反射	反射颜色=红:213，绿:213，蓝:213、反射光泽度=0.6、菲涅耳反射=勾选	
			折射		
			其他	凹凸通道=贴图、凹凸强度=60	
木地板材质			漫反射	漫反射通道=贴图、瓷砖（平铺）U/V=6	地面装饰
			反射	反射颜色=红:55，绿:55，蓝:55、反射光泽度=0.8、细分=15	
			折射		
			其他		

五、石材材质

材质名称	示例图	贴图	参数设置		用途
大理石地面材质			漫反射	漫反射通道=贴图	地面装饰
			反射	反射颜色=红:228，绿:228，蓝:228、细分=15、菲涅耳反射=勾选	
			折射		
			其他		
人造石台面材质			漫反射	漫反射通道=贴图	台面装饰
			反射	反射通道=衰减贴图、衰减类型=Fresnel、高光光泽度=0.65、反射光泽度=0.9、细分=20	
			折射		
			其他		
拼花石材材质			漫反射	漫反射通道=贴图	地面装饰
			反射	反射颜色=红:228，绿:228，蓝:228、细分=15、菲涅耳反射=勾选	
			折射		
			其他		
仿旧石材材质			漫反射	漫反射通道=混合贴图、颜色#1通道=旧墙贴图、颜色#1通道=破旧纹理贴图、混合量=50	墙面装饰
			反射		
			折射		
			其他	凹凸通道=破旧纹理贴图、凹凸强度=10、置换通道=破旧纹理贴图、置换强度=10	

文化石材质			漫反射	漫反射通道=贴图	墙面装饰
			反射	反射颜色=红:30，绿:30，蓝:30 高光光泽度=0.5	
			折射		
			其他	凹凸通道=贴图、凹凸强度=50	
砖墙材质			漫反射	漫反射通道=贴图	墙面装饰
			反射	反射通道=衰减贴图、侧=红:18，绿:18，蓝:18、衰减类型=Fresnel、高光光泽度=0.5、反射光泽度=0.8	
			折射		
			其他	凹凸通道=灰度贴图、凹凸强度=120	
玉石材质			漫反射	漫反射颜色=红:180，绿:214，蓝:163	陈设品装饰
			反射	反射颜色=红:67，绿:67，蓝:67、高光光泽度=0.8、反射光泽度=0.85、细分=25	
			折射	折射颜色=红:220，绿:220，蓝:220、光泽度=0.6、细分=20、折射率=1、影响阴影=勾选、烟雾颜色=红:105，绿:150，蓝:115、烟雾倍增=0.1	
			其他	半透明类型=硬（蜡）模型、正/背面系数=0.5、正/背面系数=1.5	

六、陶瓷材质

材质名称	示例图	贴图	参数设置		用途
白陶瓷材质			漫反射	漫反射颜色=白色	陈设品装饰
			反射	反射颜色=红:131，绿:131，蓝:131、细分=15、菲涅耳反射=勾选	
			折射	折射颜色=红:30，绿:30，蓝:30、光泽度=0.95	
			其他	半透明类型=硬（蜡）模型、厚度=0.05mm（该参数要根据实际情况而定）	
青花瓷材质			漫反射	漫反射通道=贴图、模糊=0.01	陈设品装饰
			反射	反射颜色=白色、菲涅耳反射=勾选	
			折射		
			其他		
马赛克材质			漫反射	漫反射通道=马赛克贴图	墙面装饰
			反射	反射颜色=红:10，绿:10，蓝:10、反射光泽度=0.95	
			折射		
			其他	凹凸通道=灰度贴图	

七、漆类材质

材质名称	示例图	贴图	参数设置		用途
白色乳胶漆材质			漫反射	漫反射颜色=红:250，绿:250，蓝:250	墙面装饰
			反射	反射通道=衰减贴图、衰减类型=Fresnel、高光光泽度=0.85、反射光泽度=0.9、细分=12	
			折射		
			其他	环境通道=输出贴图、输出量=3	

彩色乳胶漆材质（注意，材质类型为VRay材质包裹器材质）			基本材质	基本材质通道=VRayMtl材质	墙面装饰
			漫反射	漫反射颜色=红:205，绿:164，蓝:99	
			反射	细分=15	
			其他	生成全局照明=0.2、跟踪反射=关闭	
烤漆材质			漫反射	漫反射颜色=黑色	电器及乐器装饰
			反射	反射颜色=红:233，绿:233，蓝:233、反射光泽度=0.9、细分=20、菲涅耳反射=勾选	
			折射		
			其他		

八、皮革材质

材质名称	示例图	贴图	参数设置		用途
亮光皮革材质			漫反射	漫反射颜色=黑色	家具装饰
			反射	反射颜色=白色、高光光泽度=0.7、反射光泽度=0.88、细分=30、菲涅耳反射=勾选	
			折射		
			其他	凹凸通道=凹凸贴图	
哑光皮革材质			漫反射	漫反射通道=贴图	家具装饰
			反射	反射颜色=红:38，绿:38，蓝:38、反射光泽度=0.75、细分=15	
			折射		
			其他		

九、壁纸材质

材质名称	示例图	贴图	参数设置		用途
壁纸材质			漫反射	通道=贴图	墙面装饰
			反射		
			折射		
			其他		

十、塑料材质

材质名称	示例图	贴图	参数设置		用途
普通塑料材质			漫反射	漫反射颜色=自定义	陈设品装饰
			反射	反射通道=衰减贴图、前=红:22，绿:22，蓝:22、侧=红:200，绿:200，蓝:200、衰减类型=Fresnel、高光光泽度=0.8、反射光泽度=0.7、细分=15	
			折射		
			其他		
半透明塑料材质			漫反射	漫反射颜色=自定义	陈设品装饰
			反射	反射颜色=红:51，绿:51，蓝:51、高光光泽度=0.4、反射光泽度=0.6、细分=10	
			折射	折射颜色=红:221，绿:221，蓝:221、光泽度=0.9、细分=10、影响阴影=勾选、烟雾颜色=漫反射颜色、烟雾倍增=0.05	
			其他		

材质名称	示例图	贴图	参数设置		用途
塑钢材质			漫反射	漫反射颜色=黑色	家具装饰
			反射	反射颜色=红:233，绿:233，蓝:233、反射光泽度=0.9、细分=20、菲涅耳反射=勾选	
			折射		
			其他		

十一、液体材质

材质名称	示例图	贴图	参数设置		用途
清水材质			漫反射	漫反射颜色=红:123，绿:123，蓝:123	室内装饰
			反射	反射颜色=白色、菲涅耳反射=勾选、细分=15	
			折射	折射颜色=红:241，绿:241，蓝:241、细分=20、折射率=1.333、影响阴影=勾选	
			其他	凹凸通道=噪波贴图、噪波大小=3（该参数要根据实际情况而定）	
游泳池水材质			漫反射	漫反射颜色=红:15，绿:162，蓝:169	公用设施装饰
			反射	反射颜色=红:132，绿:132，蓝:132、反射光泽度=0.97、菲涅耳反射=勾选	
			折射	折射颜色=红:241，绿:241，蓝:241、折射率=1.333、影响阴影=勾选、烟雾颜色=漫反射颜色、烟雾倍增=0.01	
			其他	凹凸通道=噪波贴图、噪波大小=3（该参数要根据实际情况而定）	
红酒材质			漫反射	漫反射颜色=红:146，绿:17，蓝:60	陈设品装饰
			反射	反射颜色=红:57，绿:57，蓝:57、细分=20、菲涅耳反射=勾选	
			折射	折射颜色=红:222，绿:157，蓝:191、细分=30、折射率=1.333、影响阴影=勾选、烟雾颜色=红:169，绿:67，蓝:74	
			其他		

十二、自发光材质

材质名称	示例图	贴图	参数设置		用途
灯管材质（注意，材质类型为VRay灯光材质）			颜色	颜色=白色、强度=25（该参数要根据实际情况而定）	电器装饰
电脑屏幕材质（注意，材质类型为VRay灯光材质）			颜色	颜色=白色、强度=25（该参数要根据实际情况而定）、通道=贴图	电器装饰
灯带材质（注意，材质类型为VRay灯光材质）			颜色	颜色=自定义、强度=25（该参数要根据实际情况而定）	陈设品装饰

环境材质（注意，材质类型为VRay灯光材质）			颜色	颜色=白色、强度=25（该参数要根据实际情况而定）、通道=贴图	室外环境装饰

十三、其他材质

材质名称	示例图	贴图	参数设置		用途
叶片材质（注意，材质类型为标准材质）			漫反射	漫反射通道=叶片贴图	室内/外装饰
			不透明度	不透明度通道=黑白遮罩贴图	
			反射高光	高光级别=40、光泽度=50	
			其他		
水果材质			漫反射	漫反射通道=草莓贴图	室内/外装饰
			反射	反射通道=衰减贴图、侧通道=草莓衰减贴图、衰减类型=Fresnel、反射光泽度=0.74、细分=12	
			折射	折射颜色=红:12，绿:12，蓝:12、光泽度=0.8、影响阴影=勾烟雾颜色=红:251，绿:59，蓝:3烟雾倍增=0.001	
			其他	半透明类型=硬（蜡）模型、背面颜色=红:251，绿:48，蓝:21、凹凸通道=发现凹凸贴图、法线通道=草莓法线贴图	
草地材质			漫反射	漫反射通道=草地贴图	室外装饰
			反射	反射颜色=红:28，绿:43，蓝:25、反射光泽度=0.85	
			折射		
			其他	跟踪反射=关闭、草地模型=加载VRay置换模式修改器、类型=2D贴图（景观）、纹理贴图=草地贴图、数量=150mm（该参数要根据实际情况而定）	
镂空藤条材质（注意，材质类型为标准材质）			漫反射	漫反射通道=藤条贴图	家具装饰
			不透明度	不透明度通道=黑白遮罩贴图	
			反射高光	高光级别=60	
			其他		
沙盘楼体材质			漫反射	漫反射颜色=红:237，绿:237，蓝:237	陈设品装饰
			反射		
			折射		
			其他	不透明度通道=VRay边纹理贴图、颜色=白色、像素=0.3	
书本材质			漫反射	漫反射通道=贴图	陈设品装饰
			反射	反射颜色=红:80，绿:80，蓝:8、细分=20、菲涅耳反射=勾选	
			折射		
			其他		

画材质			漫反射	漫反射通道=贴图	陈设品装饰
			反射		
			折射		
			其他		
毛发地毯材质（注意，该材质用VRay毛皮工具进行制作）			根据实际情况，对VRay毛皮的参数进行设定，如长度、厚度、重力、弯曲、结数、方向变量和长度变化。另外，毛发颜色可以直接在“修改”面板中进行选择		地面装饰